Christine Fischer, Roland Hübner, Hubertus Karsten

Physik

für Fachoberschulen, Berufsoberschulen, Berufliche Gymnasien und Gymnasien

2. Auflage

D1696823

Bestellnummer 79920

Bildungsverlag EINS

Haben Sie Anregungen oder Kritikpunkte zu diesem Produkt?
Dann senden Sie eine E-Mail an 79920_002@bv-1.de
Autoren und Verlag freuen sich auf Ihre Rückmeldung.

www.bildungsverlag1.de

Bildungsverlag EINS GmbH
Hansestraße 115, 51149 Köln

ISBN 978-3-427-**79920**-7

Vorwort

Das vorliegende Buch wurde geschrieben für Schülerinnen und Schüler der Fachoberschule, des Beruflichen Gymnasiums und der beruflichen Oberstufe mit dem Unterrichtsfach Physik. Für Gymnasien oder vergleichbare Schulen ist es ebenfalls geeignet.

Der **Inhalt** basiert auf den geltenden Lehrplänen der Bundesländer in Deutschland. Er umfasst den Gesamtbereich der Physik für die Sekundarstufe II, die mit der Fachhochschulreife oder Hochschulreife abschließt. Das Buch kann im zwei- oder mehrstündigen bzw. vertiefenden Physikunterricht eingesetzt werden. Es beginnt mit elementaren Grundlagen und endet mit Themen aus der Atom- und Kernphysik. Einen genauen Überblick gibt das Inhaltsverzeichnis. Während die ersten Abschnitte (Grundlagen) aufeinander aufbauen, lassen die späteren Kapitel einen Quereinstieg zu. So wird z. B. der Feldbegriff sowohl in der Gravitation wie in der Elektrik unabhängig voneinander behandelt.

Methodisch-didaktischer Ansatz:
Themen werden meist mit einem Versuch eingeführt; dies ermöglicht Beobachtung, Messung und Auswertung. In der Regel handelt es sich um elementare, gut nachvollziehbare Versuche, die nach Bedarf durch andere oder durch eine Computersimulation ersetzt oder ergänzt werden können.
Ausführliche Erklärungen mit physikalischen Definitionen schließen sich an. Mathematische Zusammenhänge und physikalische Gesetze werden größtenteils vollständig hergeleitet und häufig interpretiert.
Etwa 600 auf den Text abgestimmte Abbildungen fördern das Verständnis und den Lernprozess. Fettgedruckte Wörter kennzeichnen Stellen, an denen ein Fachbegriff erklärt wird. Mit den farbig unterlegten Zusammenfassungen erleichtern sie die Wiederholung des Lehrstoffs.
Zahlreiche Beispiele und Aufgaben vertiefen und erweitern den behandelten Stoff. Sie helfen Lösungen gezielt zu erarbeiten und Ergebnisse sachgerecht zu deuten.
Grundkenntnisse aus der Physik der Sekundarstufe I (mittlere Reife) sind hilfreich, aber nicht zwingend erforderlich.
Algebraische und trigonometrische Grundlagen müssen vorhanden sein. Fehlende Kenntnisse aus der Analysis und Vektoralgebra gleicht der begleitende Mathematikunterricht aus.

Ziel:
Das Buch
- stellt interessante Aspekte aus der Welt der Naturerscheinungen vor und weckt Neugierde,
- regt zu kritischer Fragestellung und Interpretation, insbesondere von Messwerten, an,
- erklärt die Natur mithilfe von Experiment, Modell und Theorie und führt dadurch in die naturwissenschaftliche Denkweise ein,
- hilft Leistungsnachweise und Prüfungen im Fach Physik **erfolgreich** zu bestehen.

Hinweise zu den Lösungen: Kurzlösungen finden Sie bei „BuchplusWeb". Ausführliche Lösungen mit Zusatzaufgaben erhalten Sie unter der Bestellnummer 79921DL.

Wir wünschen den Leserinnen und Lesern einen kenntnis- und erkenntnisfördernden Gebrauch des Buches.

Sachkritik ist willkommen.

Die Verfasser

Inhaltsverzeichnis

1.1 Die Naturwissenschaft Physik

Physik ist die Wissenschaft von den Vorgängen in der unbelebten Natur, sofern sie experimentell erforschbar, messbar und mathematisch darstellbar sind. Ihre Methoden, Definitionen und Theorien werden auch in anderen Naturwissenschaften wie der Chemie, Biologie, Medizin, Astronomie, Technik usw. angewendet. Daher ist die Physik eine grundlegende Wissenschaft.

Die Physik hat folgende Hauptaufgaben:

- Sie untersucht physikalische Phänomene (Naturvorgänge, Naturerscheinungen) und erfasst, beschreibt und erklärt sie.

- Sie deckt Zusammenhänge auf.

- Sie führt komplizierte Vorgänge und unterschiedliche Erscheinungen auf einfache gemeinsame Gesetzmäßigkeiten und Bestandteile zurück.

Das methodische Vorgehen der Physik bildet eine Einheit aus Experiment und Theorie, Hypothese (= wissenschaftliche Vermutung auf der Basis physikalischer Grundlagen, Beobachtungen usw.), Bestätigung (Verifikation) und Widerlegung (Falsifikation). Diese wissenschaftliche Denk- und Arbeitsweise ist Richtschnur für andere Wissenschaften.

Der Physiker hat einen beobachteten Naturvorgang verstanden, wenn er ihn als Experiment wiedergeben kann. Dadurch wird das Naturgeschehen im Labor beliebig wiederholbar (reproduzierbar), nimmt einen gewollten Verlauf und gestattet Voraussagen über den zukünftigen Prozess. Außerdem lassen sich durch Messung Daten ermitteln. Sie führen mittels Auswertung zu Funktionsgleichungen, also physikalischen Gesetzen, zwischen den untersuchten physikalischen Größen. Auf diese Weise werden Naturprozesse abstrahiert. Schließlich werden physikalische Gesetze zu grundlegenden physikalischen Theorien verallgemeinert.

Galileo Galilei (1564–1642): Untersuchungen zur Mechanik, Optik, Astronomie

Induktion und Deduktion

Eine Arbeitsmethode, die von der Hypothese und vom Experiment ausgeht, bezeichnet man als induktive Methode oder Induktion. Da bei einem Experiment immer nur eine beschränkte Anzahl von Messungen vorgenommen werden kann, ist eine durch Induktion gewonnene Aussage stets nur mit einer gewissen Wahrscheinlichkeit wahr. Die Sicherheit der gefundenen Ergebnisse wächst mit jeder weiteren Versuchsbestätigung. Eine absolute Gewissheit der gewonnenen Erkenntnisse gibt es im Bereich der Physik und aller seriösen Wissenschaften nicht.

Christiaan Huygens (1629–1695): Wellentheorie des Lichts

▸ **Unter Induktion versteht man die Herleitung von physikalischen Gesetzen aus wenigen experimentellen Beobachtungsergebnissen.**

Dem induktiven Verfahren des Schließens von einer oder wenigen Einzelaussagen (dem Besonderen) auf alle Fälle einer Gesamtheit (dem Allgemeinen) steht das deduktive Verfahren gegenüber. Bei der Deduktion werden neue Gesetze aus physikalischen Theorien durch logisches Schließen hergeleitet. Man folgert also vom Allgemeinen auf Einzelaussagen. Deduktiv gewonnene Gesetze müssen grundsätzlich durch ein Experiment verifiziert werden. Insbesondere die theoretische Physik bedient sich der deduktiven Arbeitsmethode.

▸ **Unter Deduktion versteht man die Herleitung von Einzelaussagen aus allgemeinen Gesetzen durch logischen Schluss.**

Die überragende Bedeutung des Experiments in der Physik besteht also in zweifacher Hinsicht: Es dient einerseits der Gewinnung neuer Gesetze und Erkenntnisse, andererseits der Bestätigung oder Widerlegung von Theorien.

Teilgebiete der Physik

Aus historischen und sachlichen Gründen unterteilt man das Gesamtgebiet der Physik heute in die klassische und die moderne Physik. Zur klassischen Physik zählen alle untersuchten Erscheinungen und Vorgänge, für die bis zu Beginn des 20. Jahrhunderts abgeschlossene Theorien vorlagen und die anschaulich in Zeit und Raum beschreibbar sind. Dazu gehören zum Beispiel die Mechanik, Optik, Akustik, Wärmelehre und Elektrik. Eine Themenauswahl aus diesen Bereichen behandelt das vorliegende Buch.

Die moderne Physik entwickelt sich seit Beginn des 20. Jahrhunderts. Sie umfasst die nicht mehr anschaulich und elementar in Raum und Zeit beschreibbaren physikalischen Phänomene und solche, die unstetig ablaufen. Hierzu zählen etwa die Spezialbereiche Atomphysik, Kernphysik, Festkörperphysik, Halbleiterphysik, Quantenphysik, Relativitätstheorie, Elementarteilchenphysik usw. Einige Bereiche aus diesen Fachgebieten werden ebenfalls behandelt.

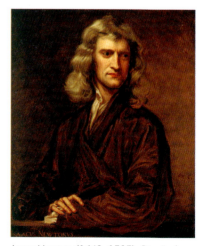

Isaac Newton (1643–1727): Begründer der klassischen theoretischen Physik

Die starre Einteilung der Physik verliert oftmals an Bedeutung, da sich hinter den vielfältigen Erscheinungsformen der Natur meist gleiche Strukturen verbergen. Trotz vielfacher Forschung ist die Einordnung der Gesamtheit aller physikalischen Erscheinungsformen unter einem allumfassenden Gesichtspunkt bis heute nicht gelungen.

1.2 Elementare Grundlagen

1.2.1 Physikalische Modelle

Große Bedeutung in der physikalischen Erkenntnisgewinnung haben physikalische Modelle. Es handelt sich vielfach um einfache reale Objekte oder gedankliche Bilder, die mit dem zu untersuchenden Naturvorgang oder Gegenstand mindestens in einer Eigenschaft so genau wie möglich übereinstimmen. Modelle dienen zur Veranschaulichung und Messung, für Berechnungen und Erklärungszwecke. Sie sollen das Verstehen physikalischer Sachverhalte erleichtern, aber auch zu neuen Aussagen führen. Modelle entwickelt man in der Regel aus gesicherter Erkenntnis in Wechselwirkung zwischen Hypothesenbildung, Beobachtung und messendem Experiment. Auch Experimente sind Modelle beobachteter Naturerscheinungen.

Alessandro Volta (1745–1827): Erforschung der Elektrizität

Beispiele

1. Das Strahlenmodell des Lichts beschreibt die Lichtausbreitung mithilfe mathematischer Strahlen. Diese haben einen Anfang, aber kein Ende; sie verlaufen linear. Das Strahlenmodell eignet sich zur Erklärung der linearen Lichtausbreitung und der Schattenbildung. Es beschreibt die Wirkungsweise von Hohlspiegeln und Linsen, versagt aber beispielsweise beim Durchgang des Lichts durch engste Spalte.

2. Der Globus ist ein Modell der Erde. Er berücksichtigt die genaue geografische Lage der Erdteile, Meere, Länder, Berge, Flüsse usw. Kleine Flüsse und Berge fehlen. Der Aufbau des Erdinnern bleibt unbeachtet. Weggelassen werden zum Beispiel die Atmosphäre, momentaner Schneefall oder die Temperatur zu bestimmten Zeiten.

3. Ein Modell unseres Planetensystems veranschaulicht genau die Abstände der Planeten zur Sonne und den Verlauf der Planetenbahnen, es lässt aber die Massen der Sonne und der Planeten außer Acht, ebenso den Aufbau dieser Körper, ihre Größe usw.

4. Läuft ein realer Körper von einem Punkt im Raum zu einem anderen auf einer bestimmten Bahn, dann sind seine wirkliche Ausdehnung oder Gestalt oder sein Aufbau für den eigentlichen Bewegungsablauf bedeutungslos. Deshalb ersetzt man ihn durch einen **Massenpunkt**.

Michael Faraday (1791–1867): Untersuchung elektrischer Phänomene

Der Massenpunkt eines realen Körpers ist ein mathematischer Punkt; er hat keine Ausdehnung. Er vereinigt in sich die ganze Körpermasse. Massenpunkte gibt es in der realen Welt nicht. Vielmehr handelt es sich bei diesem Modell um eine Vereinfachung realer Körper. Es erfasst lediglich eine Eigenschaft genau, nämlich ihre Masse m. Andere Eigenschaften derselben realen Körper wie Volumen, Stoffart, Körperform, Temperatur usw. bleiben unbeachtet.

5. Das Atom als elementarer Baustein jedes Elements wird durch verschiedene Modelle mit unterschiedlicher Aussagequalität beschrieben. Das Kugelmodell nimmt das Atom als elastische Vollkugel mit homogen verteilter Masse wahr; es genügt den Anforderungen der kinetischen Gastheorie. Das bohrsche Atommodell beschreibt das Atom als Kern mit umkreisenden Elektronen in bestimmten Bahnen, vergleichbar dem Planetenmodell unseres Sonnensystems. Es macht vor allem die Spektren des Wasserstoffatoms verständlich. Andere Phänomene wie Radioaktivität, Kernzerfall usw. sind mit diesem Modell nicht erklärbar. Es gibt weitere Atommodelle, die jeweils andere Eigenschaften eines Atoms darstellen und sie verstehen helfen.

An diesen Beispielen wird deutlich, dass Modelle in der Regel nur bestimmte als wichtig erkannte Eigenschaften des physikalischen Objekts herausgreifen, andere Eigenschaften dagegen außer Acht lassen. Sie vereinfachen also das reale Objekt. Häufig besitzen sie eine gewisse Anschaulichkeit und lassen sich mathematisch behandeln. Es ist kaum möglich, ein physikalisches Objekt der Natur vollständig durch ein einziges Modell zu beschreiben. Man wird vielmehr zwei oder mehr Modelle nebeneinander benutzen, um allen Seiten des Objekts gerecht zu werden.

1.2.2   Physikalische Größen und ihre Messung

Die Physik untersucht Körper (z. B. Himmelskörper, Elektron), Zustände (z. B. Gas, Flüssigkeit), Vorgänge (z. B. Abbremsen eines bewegten Körpers) und Erscheinungen (z. B. Licht, Magnetismus). Man spricht von **physikalischen Objekten**, die in der Regel eine oder mehrere Eigenschaften besitzen. Eine einzelne genau festgelegte Eigenschaft eines physikalischen Objekts heißt **physikalische Größe**. Sie kann qualitativ und quantitativ mithilfe einer Messung bestimmt werden. Für physikalische Größen gibt es heute weltweit festgelegte Formelzeichen. Man schreibt sie stets als Produkt aus Messwert mal Einheit.

Nicolas Carnot (1796–1832):
Arbeiten zur Wärmetheorie

▸ **Physikalische Größen sind messbare Eigenschaften physikalischer Objekte. Sie werden als Produkt aus Messwert mal Einheit geschrieben.**

Beispiele

1. Das physikalische Objekt Elektron hat die messbaren Eigenschaften Masse und Ladung. Für diese physikalischen Größen schreibt man: $m = 9{,}109 \cdot 10^{-31}$ kg bzw. $Q = 1{,}602 \cdot 10^{-19}$ C. Andere Eigenschaften kommen hinzu.

2. Das physikalische Objekt Licht hat beispielsweise die messbaren physikalischen Größen Frequenz (=Farbe) und Geschwindigkeit mit den Formelzeichen f bzw. c.

Zur Bestimmung des Messwertes einer physikalischen Größe stellt man fest, wie oft ein Normal in dieser Größe enthalten ist. Als **Normal** bezeichnet man eine Größe gleicher Art, die durch Absprache als physikalische Messeinheit gewählt wird. Das Normal erhält einen Namen. Es wird nach der Festlegung bei der Eichbehörde eines Landes bereitgehalten.

Messen ist also das Vergleichen einer physikalischen Größe mit einer vereinbarten (definierten) Einheit bzw. einem Normal. Man bestimmt, welches Vielfache der Einheit die zu messende Größe darstellt, und erhält so den Zahlen- oder Messwert der physikalischen Größe. Der Zahlenwert ist die quantitative, die Einheit die qualitative Aussage einer physikalischen Größe.

Christian Doppler
(1803–1853): Dopplereffekt

Basisgröße und abgeleitete Größe

Eigentlich müsste man für jede einzelne physikalische Größe eine Einheit und ein Messverfahren festlegen. Da es zu viele gibt, führte man weltweit wenige Grund- oder Basisgrößen ein. Nur sie werden durch ein Messverfahren definiert, das folgende Bedingungen umfasst: Man wählt auf physikalischer Grundlage das Normal, legt seine Einheit fest und gibt ihr einen Namen. Danach bestimmt man durch das Zusammenfügen von zwei und mehr Normalen die Maßvielfachheit.

Beispiel

Die Physik legte im 19. Jahrhundert die Längeneinheit als den vierzigmillionsten Teil des (angeblich) unveränderlichen Erdumfangs fest. Die so definierte Kreisbogenlänge erhielt den Namen Meter. Sie wurde in 100 oder 1000 Teile zerlegt; so entstand der Längenmaßstab. Das Tausendfache des Meters ist ein Kilometer. Die gegenwärtige Meterdefinition basiert auf der sehr viel komplizierteren Tatsache, dass Licht im Vakuum während der Dauer 1/299 792 458 Sekunden immer die gleiche Streckenlänge durchläuft. Diese Länge wählt man heute als Meternormal.

Hermann von Helmholtz
(1821–1894): Begründer des
Energieprinzips

Die Grundgrößen sind unabhängig voneinander und frei von zufälligen Materialeigenschaften. Sie sind im internationalen Einheitensystem (**SI-Einheitensystem**) zusammengefasst und per Gesetz Grundlage des Messwesens in Deutschland und anderswo.

SI-Basisgrößen			
Name	Formelzeichen	Einheit	Name
Länge	l	m	Meter
Masse	m	kg	Kilogramm
Zeit	t	s	Sekunde
elektrische Stromstärke	I	A	Ampere
thermodynamische Temperatur	T	K	Kelvin
Stoffmenge	n	mol	Mol
Lichtstärke	I	cd	Candela

Aus den Basisgrößen leitet sich eine Vielzahl anderer physikalischer Größen ab. Die zugehörigen abgeleiteten Einheiten werden nicht durch ein Messverfahren definiert, sondern durch Multiplikation und/oder Division aus den Basiseinheiten gebildet. Außerdem hat man für jede abgeleitete Größe nur noch eine einzige bevorzugte Einheit vorgesehen.

▸ **Abgeleitete Größen entstehen aus Grundgrößen.**

Beispiele

für abgeleitete Einheiten, die durch Basiseinheiten ausgedrückt werden:

abgeleitete Größe im SI	Einheit
Fläche A	m^2
Volumen V	m^3
Geschwindigkeit v, c	ms^{-1}
Beschleunigung a	ms^{-2}
Dichte ρ	kgm^{-3}

William Thomson (Lord Kelvin) (1824–1907): Arbeiten zur Thermodynamik

1.2.3 Das Experiment in der Physik

Beobachten und Messen von Naturerscheinungen sind Verfahren der Physik. Als wichtigste Arbeitsmethode gilt das **Experiment**, also die Untersuchung von Naturvorgängen unter künstlich herbeigeführten Bedingungen. Historisch gesehen brachte der italienische Naturforscher Galileo Galilei im Jahr 1610 diese Arbeitsmethode in die Physik ein.

▸ **Ein Experiment ist ein vom Physiker vorbereiteter, ausgelöster und beobachteter Naturvorgang.**

Im Experiment stellt der Physiker gezielte Fragen an die Natur und erwartet physikalisch aufschlussreiche, von Zufälligkeiten freie Ergebnisse. Es ist daher zielbewusst zu planen, zu gestalten und auszuwerten. Der zu untersuchende Naturvorgang wird im Experiment einfach und übersichtlich dargestellt und auf wenige Einflussgrößen beschränkt. Er wird also idealisiert, um die Erfassung der meist komplexen, also von vielen Einflussgrößen abhängigen,

Naturerscheinungen überhaupt erst zu ermöglichen. Die Natur wird im Experiment nur näherungsweise beschrieben. Man beschränkt sich auf die Abhängigkeit einer physikalischen Größe von einer ersten Einflussgröße. Alle anderen Einflussgrößen, sofern vorhanden, bleiben konstant. Danach untersucht man die Abhängigkeit derselben physikalischen Größe von der zweiten Einflussgröße und hält jetzt die erste und die weiteren konstant usw.

Der Idealisierung der Naturvorgänge folgt das Aufstellen einer (Arbeits-)**Hypothese**. Es handelt sich dabei um physikalisch fundierte Annahmen oder Vorstellungen über den Zusammenhang verschiedener physikalischer Größen, die am beobachteten Naturgeschehen beteiligt sind. An der Richtigkeit dieser Annahmen oder Vorstellungen besteht noch Zweifel, der durch Experimente beseitigt oder bestätigt werden muss. Hypothesen sind also die Voraussetzungen für eine sinnvolle Fragestellung an die Natur und damit der erste Schritt für die Durchführung geeigneter Experimente, die wiederum die Fragen beantworten sollen.

Wilhelm Conrad Röntgen (1845–1923): Entdecker der Röntgenstrahlung

Im Experiment lassen sich die grundlegenden Zusammenhänge zwischen den physikalischen Größen beliebig oft wiederholen und besser erkennen als bei direkter Naturbeobachtung. Der Ablauf ist variierbar. Man gewinnt Messdaten, deckt unbekannte Zusammenhänge auf und bestätigt oder widerlegt eine physikalische Theorie. In der Physik gilt ein Gesetz immer nur auf der Basis eines Experiments mit den darin enthaltenen Messfehlern und Grenzen. Man kann auch sagen: In der Physik ist ein Gesetz solange richtig, wie seine Ungültigkeit experimentell nicht nachgewiesen werden kann.

Über das Experiment wird ein **Protokoll** geführt. Es umfasst in sauberer Darstellung und in einer für den Fachmann verständlichen Sprache folgende Angaben:

Albert Abraham Michelson (1852–1931): Konstanz der Vakuumlichtgeschwindigkeit

- die Problemstellung oder gestellte Aufgabe, das Datum der Ausführung und den Namen des Experimentators

- die Versuchsbeschreibung: Sie beinhaltet den Versuchsaufbau mit den benötigten Geräten in Form einer Versuchsskizze mit Legende oder einer genauen Beschreibung, die stichwortartige Besprechung der Versuchsdurchführung und das Messprotokoll mit den tabellarisch aufgeführten Messwerten.

- die Versuchsauswertung mit den numerisch und/oder grafisch ausgewerteten Messreihen und das Messergebnis oder die physikalische Gesetzmäßigkeit

- die Überlegungen zur Messgenauigkeit und die Fehlerrechnung

- die Betrachtungen über den Gültigkeitsbereich des experimentell ermittelten physikalischen Gesetzes

Bei der Abfassung des Protokolls ist zu beachten, dass es sämtliche zur Nachprüfung der Messung erforderlichen Angaben enthält. Ein Experiment und sein Ergebnis müssen stets reproduzierbar sein.

1.2.4   Messung physikalischer Größen und Messfehler, 1. Teil

Ein wesentlicher Arbeitsteil des Experiments besteht im Messen physikalischer Größen. Deshalb soll auf diese Tätigkeit näher eingegangen werden (s. Kap. 1.2.2).

Unter Messen versteht man das Vergleichen einer physikalischen Größe mit einer vereinbarten Einheit oder einem Normal. Dabei wird derjenige Zahlenwert bestimmt, der angibt, wie oft diese Einheit bzw. das Normal in der zu messenden Größe, der Messgröße, enthalten ist. Danach beschreibt man die physikalische Größe als Produkt aus Messwert und Einheit. Der Messwert ist eine quantitative, die Einheit eine qualitative Aussage.

In der Mathematik sind Zahlenangaben exakt. Beispielsweise ist die Zahl π exakt, eine Näherung lautet 3,14, eine bessere Näherung 3,14159 usw. Ebenso ist die Zahl $7,38 = 7,38000... = 7\frac{38}{100}$ exakt. Dagegen ist jede Messung fehlerbehaftet, selbst wenn sie mit den vollkommensten Messgeräten der jeweiligen Messtechnik sorgfältig durchgeführt wird. In der Praxis gibt es keine fehlerfreien Messgeräte und Normale, der Experimentator bringt zusätzliche Messfehler in die Messung. Bei allen Messgeräten ist

Henri Becquerel (1852–1908): Entdecker der radioaktiven Strahlung

also der angezeigte oder ausgegebene Messwert grundsätzlich mit einer Unsicherheit versehen. Dies gilt ebenso für physikalische Größen, die durch Rechnung entstehen, da ihnen Messungen zugrunde liegen.

▸ **In der Physik hat jeder Messwert einer physikalischen Größe trotz größter Sorgfalt eine Messunsicherheit. Sein wahrer Wert, den eine fehlerfreie Messung ergäbe, kann im Experiment nicht ermittelt werden.**

Bei Messungen und Messergebnissen sind die physikalischen und sonstigen Bedingungen zu benennen, unter denen sie zustande kommen (z. B. Druck, Luftfeuchtigkeit, Temperatur, Anzahl der Einzelmesswerte, Art des Materials usw.), soweit diese von Einfluss sind.

Jeder Messung haftet eine Messunsicherheit an. Die Ursachen liegen im Messinstrument oder in der Verhaltensweise des Beobachters bzw. Experimentators.

Unzulänglichkeiten der Messgeräte führen zu **systematischen** Fehlern. Sie verfälschen ein Messergebnis immer um den gleichen Betrag in die gleiche Richtung und lassen sich weder durch wiederholte Messung noch durch Rechnung verringern. Hier helfen nur Eingriffe in den Messvorgang und die Messgeräte.

Der Experimentator ist Ursache des **zufälligen** Fehlers bzw. der zufälligen Unsicherheit. In diesem Fall kann der Fehler durch Messwiederholung und eine geeignete Auswertung in seiner Größe abgeschätzt werden. Er ist prinzipiell unvermeidbar und tritt in das Messergebnis ein.

Hendrik Anton Lorentz (1853–1928): Begründer der Elektronentheorie

Im einfachsten Fall erhält man den Messwert einer physikalischen Größe aus einer einzigen Messung. Das Messergebnis ist ungenau, aber für Abschätzungen und Einordnungen oft brauchbar.

Im Normalfall wird man die Messung einer Größe möglichst häufig unter gleichen Versuchsbedingungen vornehmen. Der Messwert einer physikalischen Größe wird in der Regel dann als richtig angenommen, wenn er als Mittelwert aus (vielen) Einzelmessungen entsteht.

Der **richtige Messwert** oder **Bestwert** einer physikalischen Größe ist also das arithmetische Mittel, der Mittelwert $\bar{x}$, aus n Einzelmesswerten x_i. Man schreibt mathematisch kurz:

$$\bar{x} = \frac{1}{n}(x_1 + x_2 + \ldots + x_n) = \frac{1}{n}\sum_{i=1}^{i=n} x_i$$

Durch Zusatzüberlegungen versucht man die Bedeutung der nicht zu vermeidenden Messfehler im Experiment abzuschätzen. Die Fehlergröße entscheidet, ob eine Messung ihren Zweck erfüllt oder nicht. Sie gestattet auch, einen eindeutigen Entschluss über die Gültigkeit einer Theorie zu treffen. Den Messfehler erfasst man auf zwei Arten.

Der **absolute Fehler** Δx einer Messung entsteht als Differenz aus dem angezeigtem Einzelmesswert x_i des Messgeräts und dem als richtig erkannten Wert oder Bestwert $\bar{x}$. Die Differenz kann positiv oder negativ sein. Mit dem Betragszeichen fasst man beide Möglichkeiten zusammen, sodass gilt: $\Delta x = |x_i - \bar{x}| > 0$.
Unter Verwendung von Bestwert und absolutem Fehler schreibt man das Messergebnis in der Form:
wahrer Wert = Bestwert ± absoluter Fehler; $x = \bar{x} \pm \Delta x$.

Joseph John Thomson (1856–1940): atomistische Struktur der Elektrizität

Zur Beurteilung der Genauigkeit und Qualität eines Messwertes kommt es nicht so sehr auf den absoluten Wert des Fehlers an, sondern darauf, welchen Bruchteil der zu messenden Größe der Fehler ausmacht. Diesen Bruchteil bezeichnet man als **relativen Fehler** oder als **relative Unsicherheit**. Er entsteht, wenn man den absoluten Fehler durch den richtigen (oder wahrscheinlichen) Wert dividiert:

$\left|\dfrac{\Delta x}{\bar{x}}\right| = \left|\dfrac{x_i - \bar{x}}{\bar{x}}\right|$. Der prozentuale Fehler hat die Form: $F_p = \left|\dfrac{\Delta x}{\bar{x}}\right| \cdot 100\,\%$.

Beispiele finden sich im nächsten Abschnitt.

1.2.5 Messung physikalischer Größen und Messfehler, 2. Teil

Für Messungen sind noch weitere Hinweise wichtig:

- Das zu messende Objekt darf durch den Messprozess nicht beeinflusst werden. Das bedeutet: Die Messgeräte müssen dem Messobjekt angepasst sein und die Messwerte (möglichst) nicht ändern. Sie müssen Sondencharakter haben.

- Durch die Art des Messgerätes ist die Ablesegenauigkeit festgelegt. Sie gibt den kleinsten am Messgerät noch genau erfassbaren Wert an und ist voll auszunutzen.

Messgerät	Ablesegenauigkeit
Geodreieck	0,1 cm = 1 mm
Schieblehre	0,01 cm
Schraubenmikrometer	0,001 cm

Nikola Tesla (1856–1943): Drehstrom-, Hochfrequenztechnik

- Die Ablesegenauigkeit bestimmt die Anzahl der Stellen eines Messwerts. Die Stellenanzahl umfasst die als zuverlässig erkannten Stellen oder Ziffern, in denen sich ein Messfehler mit großer Wahrscheinlichkeit noch nicht auswirkt. Man bezeichnet sie auch als **signifikante** Stellen. Die letzte Stelle des Messwertes ist unsicher und heißt **Schätzwert**. Sie ist ein Bruchteil eines Skalenteils am Messgerät und daher ungenau. Signifikante Stellen und Schätzwert ergeben die geltenden oder zählenden Ziffern des Messwerts.

Beispiele

1. Längenmessung mit Maßstäben unterschiedlicher Messgenauigkeit (B 1):

Bild 1: Längenmessung

Maßstab I: Physikalisch sinnvoller Messwert: $l_I = 5{,}7$ cm oder $l_I = 5{,}8$ cm oder $l_I = 5{,}6$ cm. Geltende Ziffern sind 5 und 7 (oder 5 und 8 oder 5 und 6). Die Ziffer 7 (oder 8 oder 6) ist die unsichere oder geschätzte Stelle. Sie hängt zum Beispiel vom Blickwinkel des Messenden und seiner Konzentration (nach vielen Messungen), von der Qualität der Messgeräte und von einer Reihe weiterer Faktoren ab. Sie ist nicht eindeutig und daher nicht diskutierbar.

Welchen Sinn sollte im Beispiel bei dieser Betrachtung aber die Längenangabe $l_I = 5{,}74$ cm machen, wenn schon die Zehntelstelle geschätzt ist? Die Ziffer 4 in der Hundertstelstelle ist sinnlos: Die Angabe 5,74 cm deutet eine Messgenauigkeit auf Einhundertstel an, obwohl bereits die Zehntelstelle ein Schätzwert ist. Tatsächlich wird durch die Ziffer 4 eine Messgenauigkeit vorgetäuscht, die mit diesem Maßstab nicht zu erreichen ist. Solche Scheingenauigkeiten sollte man vermeiden.

Maßstab II (Geodreieck): $l_{II} = 5{,}62$ cm. Der Messwert hat die geltenden Ziffern 5, 6, 2. Die ersten beiden Ziffern 5, 6 sind mit dem verwendeten Maßstab klar erkennbar. Die Ziffer 2 (oder z. B. 0 oder 4) ist die erste unsichere Stelle. Die Angabe $l_{II} = 5{,}624$ cm ist sinnlos, weil schon die Ziffer 2 (oder 0 oder 4) geschätzt ist. Aber auch die Messangabe $l_{II} = 5{,}620$ cm ist in diesem Beispiel unbrauchbar, weil mit dem gewählten Maßstab vier geltende Ziffern nicht möglich sind.

Man unterscheide: $l_{II} = 5{,}62$ cm; der verwendete Maßstab führt zu drei geltenden Stellen; Schätzwert ist 2.

$l_{II} = 5{,}620$ cm; ein feiner unterteilter Maßstab liefert vier geltende Stellen; Schätzwert ist 0.

Heinrich Rudolf Hertz (1857–1894): Untersuchung elektromagnetischer Wellen

2. Die Länge eines Kupferstabes, der nicht unter Druck oder Spannung steht, wird bei der Temperatur $\vartheta = 20{,}0$ °C zehn Mal gemessen. Der verwendete Maßstab lässt drei geltende

Ziffern zu, die dritte ist der Schätzwert. Die Messung wird in einer Messtabelle oder Messreihe festgehalten:

Nummer der Messung	1	2	3	4	5	6	7	8	9	10
l in 10^{-2} m	8,03	8,02	8,05	8,04	8,01	8,03	8,02	8,06	8,04	8,04

Das physikalische Objekt Stab hat die Eigenschaft Länge. Die physikalische Größe lautet: l = Messwert · cm.

Richtiger Messwert l:

$$l = \frac{1}{10}(8,03 + 8,02 + 8,05 + 8,04 + 8,01 + 8,03, + 8,02 + 8,06 + 8,04 + 8,04)\ \text{cm},$$

$l = 8,03$ cm.

Absoluter Fehler jeder Einzelmessung:

$\Delta x_1 = |8,03 - 8,03|$ cm = 0 cm; $\Delta x_2 = |8,02 - 8,03|$ cm = $|-0,01|$ cm = 0,01 cm;

$\Delta x_3 = |8,05 - 8,03|$ cm = $|0,02|$ cm = 0,02 cm; $\Delta x_4 = 0,01$ cm; $\Delta x_5 = 0,02$ cm;

$\Delta x_6 = 0$ cm; $\Delta x_7 = 0,01$ cm; $\Delta x_8 = 0,03$ cm; $\Delta x_9 = 0,01$ cm; $\Delta x_{10} = 0,01$ cm.

Mittlerer absoluter Fehler:

$$\Delta \bar{x} = \frac{1}{10}(0 + 0,01 + 0,02 + 0,01 + 0,02 + 0 + 0,01 + 0,03 + 0,01 + 0,01)\ \text{cm},$$

$\Delta \bar{x} = 0,01$ cm.

Messergebnis: Die Stablänge beträgt unter den genannten Versuchsbedingungen l = 8,03 cm ± 0,01 cm = (8,03 ± 0,01) cm.

Das bedeutet: Die wahre (unbekannte) Stablänge l^* liegt aus Gründen der mathematischen Statistik mit einer Sicherheit von 68,3 % innerhalb des Messintervalls 8,02 cm < l^* < 8,04 cm. Mit wachsender Anzahl Messungen wird die Sicherheit des Messergebnisses immer höher; sie erreicht aber nie den Wert 100 %. Die exakte Länge kann nicht gewonnen werden.

Prozentualer Fehler der Messung: $F_p = \dfrac{0,01\ \text{cm}}{8,03\ \text{cm}} \cdot 100\ \% = 0,1\ \%$.

3. Die Schallgeschwindigkeit c beträgt in Luft bei der Temperatur $\vartheta = 10,0\ °C$, bei normalem Luftdruck, einer relativen Luftfeuchtigkeit von 25 % (und unter weiteren Bedingungen) $c = (337 \pm 4)\ \text{ms}^{-1}$. Also besteht für die wahre Geschwindigkeit c^* die Aussage: 333 ms^{-1} < c^* < 341 ms^{-1}.

Prozentualer Fehler: $F_p = \dfrac{4}{337} \cdot 100\ \% = 1,2\ \%$.

Ernest Rutherford (1871–1937): Atombau, radioaktive Zerfallstheorie

- Bei Umrechnungen einer physikalischen Größe in andere Einheiten bleibt die Anzahl der geltenden Stellen im Zahlenwert erhalten.

Beispiel

Richtige Schreibweise: l = 18,87 cm = 0,1887 m = 188,7 mm.
Falsche Schreibweise: l = 18,87 cm = 0,18870 m = 188,700 mm.

Der verwendete Maßstab liefert nur vier geltende Ziffern. Die Endziffern 0 bzw. 00 weisen auf eine höhere Messgenauigkeit hin, die hier nicht erreicht wird.

- Zur Bestimmung der Anzahl geltender Ziffern in einem Messwert, den man nicht durch eigene Messung gewonnen hat, sondern übernehmen muss (z. B. in Aufgaben), gibt es einige einfache Regeln:

1. Endnullen sind bei ganzen Zahlen keine geltenden Ziffern, es sei denn, man hat dies ausdrücklich vereinbart. Sie geben nur die Größenordnung der Zahl an. Die Länge $l = 137\,000$ m hat demnach drei geltende Ziffern, Schätzwert ist 7. Bessere Schreibweise: $l = 1,37 \cdot 10^5$ m; die Endnullen hängen nicht mit der Messgenauigkeit zusammen, daher lässt man sie weg. Die Kraft $F = 90$ N hat eine geltende Ziffer. Die Ziffer 9 ist bereits Schätzwert. Andere Schreibweise: $F = 9 \cdot 10$ N $\neq 9,0 \cdot 10$ N; zuerst eine, dann zwei geltende Ziffern. Im zweiten Fall ist die Ziffer 0 unsicher.

2. Führende Nullen sind keine geltenden Ziffern. Die Messwerte $m = 0,8510$ kg, $m = 0,08510$ kg, $m = 0,008510$ kg haben alle vier geltende Ziffern mit dem Schätzwert 0 am Ende. $m = 0,000851000$ kg hat sechs geltende Ziffern mit der unsicheren Stelle 0 am Ende. Man schreibt besser: $m = 8,51000 \cdot 10^{-4}$ kg. Die 0-Ziffern am Ende dürfen nicht weggelassen werden, sie markieren die Messgenauigkeit des verwendeten Messgeräts.

Lise Meitner (1878–1968): Uranspaltung und frei werdende Energie

3. Alle sonstigen Ziffern sind geltende Ziffern; die Lage eines etwa vorhandenen Kommas ist dabei gleichgültig.

Beispiele

$v = 170$ ms$^{-1} = 1,7 \cdot 10^2$ ms^{-1}: zwei geltende Ziffern, unsichere Stelle 7.
$A = 5003,0$ m$^2 = 5,0030 \cdot 10^3$ m^2: fünf geltende Ziffern, Schätzwert 0.
$t = 3100$ s: zwei geltende Ziffern, Ziffer 1 unsicher.
$t = 3100,00$ s: sechs geltende Ziffern, Ziffer 0 am Ende unsicher.
Bessere Schreibweisen:
$t = 3,1 \cdot 10^3$ s bzw. $t = 3,10000 \cdot 10^3$ s.

- Bei Aufgaben ist außerdem folgende Faustregel hilfreich. Ein Messwert ist gegeben und fehlerbehaftet. Der zugehörige wahre Wert liegt zwischen zwei Grenzen, die sich aus der unsicheren letzten Ziffer des Messwerts ergeben, wenn man diese stellengemäß um ± 1 verändert.

Albert Einstein (1879–1955): Relativitätstheorie

Beispiele

1. Einer Aufgabe entnimmt man die Angabe $t = 1,37$ s; dann liegt der wahre Wert t^* mit hoher Sicherheit zwischen $t_1 = 1,36$ s und $t_2 = 1,38$ s, es gilt also: $1,36$ s $< t^* < 1,38$ s. Andere Schreibweise: $t = (1,37 \pm 0,01)$ s.

2. Ist die physikalische Größe $m = 5,397 \cdot 10^{-6}$ kg in einem Text gegeben, dann gilt für den wahren Wert ziemlich sicher:

    $5,396 \cdot 10^{-6}$ kg $< m^* < 5,398 \cdot 10^{-6}$ kg.

    Andere Schreibweise: $m = (5,397 \pm 0,001) \cdot 10^{-6}$ kg.

3. Der gegebene Messwert $U = 220$ V $= 2,2 \cdot 10^2$ V kann auch in die Darstellung $U = (2,2 \pm 0,1) \cdot 10^2$ V gebracht werden. Das bedeutet mit hoher Sicherheit für den wahren Messwert: 210 V $< U^* < 230$ V.

1.2.6 Einfache Fehlerrechnung

Das Rechnen mit fehlerbehafteten Messwerten wird durch eine Reihe von Regeln vereinfacht. Sie leiten sich aus einer exakten Fehlerrechnung her, auf die hier verzichtet wird. Bei den nachfolgenden Regeln handelt sich um „Faustregeln". Sie gelten also nur mit Einschränkung. Wichtig ist, mit ihrer Hilfe die Genauigkeit physikalischer Messwerte kritisch zu betrachten, zu viele oder zu wenige Stellen im Messwert zu vermeiden und Taschenrechner physikalisch sinnvoll einzusetzen.

James Frank (1882–1964): quantenhafter Energieaustausch zwischen Elektronen

- **Regel 1:** Die Multiplikation oder Division mit einer physikalischen Konstanten oder einer exakten Zahl verändert die Anzahl geltender Stellen nicht.

    Beispiel: Der Kreisumfang $U = 2r\pi$ mit dem Messwert $r = 3,78$ m führt zu
    $U = 2 \cdot 3,142 \cdot 3,78$ m $= 23,8$ m.
    Eine Flächenberechnung ergibt $A = 44,9$ m^2.

- **Regel 2:** Eine Summe oder Differenz von Messwerten ist höchstens so genau wie der ungenaueste Messwert.

    Beispiel: $U = 15,257$ V $- 6,4$ V $+ 5,27$ V $= 14$ V. Die Messgenauigkeit ist bei diesen Spannungsmessungen sehr unterschiedlich. Im Messwert $6,4$ V ist bereits die Zehntelstelle unsicher. Grundsätzlich sollte man Messwerte mit stark unterschiedlicher Messgenauigkeit vermeiden.

- **Regel 3:** Ein Produkt oder Quotient von Messwerten hat höchstens so viele geltende Ziffern wie der Messwert mit der kleinsten Anzahl geltender Ziffern in der Rechnung.

    Beispiel: Berechnung einer Rechteckfläche aus den Messwerten $l = 72,8534$ m und $b = 4,12$ m: $A = l \cdot b$, $A = 72,8534$ m $\cdot 4,12$ m $= 3,00 \cdot 10^2$ m^2.

- **Regel 4:** Wird ein Ergebnis als Zwischenergebnis verwendet, dann empfiehlt es sich, eine Stelle mehr beizubehalten, als es den Regeln 2 und 3 entspricht.

Fehlerfortpflanzung

Messfehler lassen sich durch Rechnung nicht korrigieren. Durch Fehlerrechnung gelingt es aber, Aussagen über die Größe der Messunsicherheit zu machen und abzuschätzen, wie stark Messfehler in ein Ergebnis eingehen. Dazu benötigt man die Rechenregeln der **Fehlerfortpflanzung**. Sie werden nun für einfache Fälle angegeben und an Beispielen plausibel gemacht, aber nicht hergeleitet.

Zwei durch Messung gewonnene Messwerte $x_1 = \bar{x}_1 \pm \Delta x_1$, $x_2 = \bar{x}_2 \pm \Delta x_2$ werden addiert, subtrahiert, multipliziert und dividiert. Das Ergebnis ist der Messwert $y = \bar{y} \pm \Delta y$. Natürlich sind alle Regeln auch auf umfangreiche Rechnungen anwendbar.

- **Regel 5:** Für die Summe bzw. Differenz zweier Messwerte gilt: $y = x_1 \pm x_2$ bzw. $\bar{y} \pm \Delta y = (\bar{x}_1 \pm \Delta x_1) \pm (\bar{x}_2 \pm \Delta x_2)$ mit $\bar{y} = \bar{x}_1 \pm \bar{x}_2$ und $\Delta y = \Delta \bar{x}_1 + \Delta \bar{x}_2$.

  Niels Bohr (1885–1962): Atombau

  Beispiel: Ein Versuch führt zu folgenden Messwerten: $I_1 = (9,08 \pm 0,03)$ A, $I_2 = (11,06 \pm 0,01)$ A, $I_3 = (24,09 \pm 0,02)$ A. Zu berechnen sind die Gesamtstromstärke oder resultierende Stromstärke $I_{rsl} = I_1 - I_2 + I_3$ und der prozentuale Fehler.

  Gesamtstromstärke: $I_{rsl} = (9,08 - 11,06 + 24,09)$ A $= 22,11$ A

  Absoluter Fehler: $\Delta I = |\pm 0,03\ \text{A}| + |\pm 0,01\ \text{A}| + |\pm 0,02\ \text{A}| = 0,06$ A

  Relativer Fehler: $\dfrac{\Delta I}{I_{rsl}} = \dfrac{0,06\ \text{A}}{22,11\ \text{A}} = 0,0027$, in Prozent: $F_p = 0,27$ %

- **Regel 6:** Für den relativen Fehler eines Produkts aus zwei Messwerten, $y = x_1 \cdot x_2$, bzw. einer Potenz eines Messwerts, $y = x_1^n$, gilt:

  $$\left|\frac{\Delta y}{\bar{y}}\right| = \left|\frac{\Delta x_1}{\bar{x}_1}\right| + \left|\frac{\Delta x_2}{\bar{x}_2}\right| \text{ mit } \bar{y} = \bar{x}_1 \bar{x}_2 \text{ bzw.}$$

  $$\left|\frac{\Delta y}{\bar{y}}\right| = |n|\left|\frac{\Delta x_1}{\bar{x}_1}\right| \text{ mit } \bar{y} = \bar{x}_1^n.$$

  Beispiel: Bei der geradlinigen Bewegung mit konstanter Beschleunigung besteht zwischen zurückgelegtem Weg s, Zeitdauer t und Beschleunigung a der Zusammenhang $s = \dfrac{1}{2}at^2$, falls sich der bewegte Körper zum Zeitpunkt $t_0 = 0$ am Ort $s_0 = 0$ in Ruhe befindet. Eine Messung ergibt $t = 8,363$ s $\pm 0,005$ s und $a = 2,73$ ms^{-2} $\pm 0,03$ ms^{-2}. Die Zeitmessung ist mit größerer Genauigkeit durchführbar als die Messung der Beschleunigung, der Faktor $\dfrac{1}{2}$ ist exakt. Dann beträgt der zurückgelegte Weg:

  Gustav Ludwig Hertz (1887–1975): quantenhafter Energieaustausch zwischen Elektronen

  $$s = \frac{1}{2} \cdot 2,73\ \text{ms}^{-2} \cdot (8,363\ \text{s})^2 = 95,5\ \text{m}.$$

  Relative Fehler von s: $\left|\dfrac{\Delta s}{s}\right| = \left|\dfrac{\Delta a}{a}\right| + |2|\left|\dfrac{\Delta t}{t}\right|$, $\left|\dfrac{\Delta s}{s}\right| = \left|\dfrac{0,03}{2,73}\right| + |2|\left|\dfrac{0,005}{8,363}\right| = 0,012.$

Absolute Fehler von s: $\Delta s = 0,012 \cdot s$, $\Delta s = 0,012 \cdot 95,5$ m $= 1,1$ m.
Das Messergebnis für den zurückgelegten Weg lautet: $s = (95,5 \pm 1,1)$ m.
Dieses und das nächste Beispiel verdeutlichen, dass Messfehler in Potenzen besonders heftig durchschlagen.

- **Regel 7:** Für den relativen Fehler eines Quotienten aus zwei Messwerten, $y = \dfrac{x_1}{x_2}$, gilt:

$$\left| \frac{\Delta y}{y} \right| = \left| \frac{\Delta x_1}{x_1} \right| + \left| \frac{\Delta x_2}{x_2} \right| \text{ mit } y = \frac{x_1}{x_2}.$$

Beispiel:

Mit den Messwerten $m = (6,803 \pm 0,004)$ kg und $r = (5,73 \pm 0,06) \cdot 10^{-2}$ m sollen die unbekannte Dichte eines kugelförmigen Körpers und ihr absoluter Fehler ermittelt werden. Die Dichte erhält man aus $\rho = \dfrac{m}{V}$ mit $V = \dfrac{4}{3} r^3 \pi$.

Dann gilt: $\rho = \dfrac{3}{4} \dfrac{m}{r^3 \pi}$.

Messwert der Dichte durch Rechnung: $\rho = \dfrac{3}{4} \dfrac{6,803 \text{ kg}}{(5,73 \cdot 10^{-2} \text{m})^3 \pi} = 8,63 \cdot 10^3 \dfrac{\text{kg}}{\text{m}^3}$.

Relativer Fehler: $\left| \dfrac{\Delta \rho}{\rho} \right| = \left| \dfrac{\Delta m}{m} \right| + |3| \left| \dfrac{\Delta r}{r} \right|$, $\left| \dfrac{\Delta \rho}{\rho} \right| = \left| \dfrac{0,004}{6,803} \right| + |3| \left| \dfrac{0,06}{5,73} \right| = 0,032$ bzw.

$F_p = 3,2\,\%$.

Absoluter Fehler: $\Delta \rho = 0,032 \cdot 8,63 \cdot 10^3 \dfrac{\text{kg}}{\text{m}^3} = 0,28 \cdot 10^3 \dfrac{\text{kg}}{\text{m}^3}$.

Messergebnis der Dichte: $\rho = (8,63 \pm 0,28) \cdot 10^3 \text{ kgm}^{-3}$

Nach Formelsammlung kann es sich um eine Kadmiumkugel handeln.

1.2.7 Gültigkeitsbereich eines physikalischen Gesetzes

Mathematische Funktionsgleichungen oder Formeln gelten stets im gesamten Definitionsbereich. Ein physikalisches Gesetz dagegen ist in seiner Aussagekraft beschränkt auf den Bereich, in dem es experimentell, also durch Messung, hergeleitet wurde. Diesen Bereich bezeichnet man als den **Gültigkeitsbereich** des physikalischen Gesetzes. Er ist durch die Natur und durch physikalisch-technische Bedingungen und Vorgaben begrenzt. Schon die Festlegung der Versuchsbedingungen während der Beobachtungs- und Messphase nimmt Einfluss auf das zu ermittelnde Gesetz.

Erwin Schrödinger (1887–1961): Begründer der Wellenmechanik

Beispiel: Die Luftatmosphäre der Erde ist nicht gleichmäßig und gleichartig aufgebaut, sie ist nicht homogen. Sie besteht vielmehr aus Schichten unterschiedlicher Temperatur und setzt sich aus verschiedenen Gasen und atomaren Teilchen zusammen. Daher hat die Schallgeschwindigkeit in den einzelnen Luftschichten unterschiedliche Messwerte.

Louis-Victor de Broglie (1892–1987): Welleneigenschaften von Materie

Vielfach gibt es örtliche Begrenzungen (z. B. ist eine reale Messstrecke für das Labor zu lang), die Festigkeit des verwendeten Materials setzt Grenzen (z. B. bricht Glas bei zu starker Belastung), ein Stoff enthält Verunreinigungen (z. B. ist Silicium durch Spuren eines anderen Elements verunreinigt und nicht mehr reinst) usw.

Außerdem kann man physikalische Gesetze nicht ohne Weiteres über den Gültigkeitsbereich hinaus anwenden (extrapolieren). Daher muss der Gültigkeitsbereich aufgeführt werden, Einschränkungen sind anzugeben.

Beispiele

1. Die mathematische Funktionsgleichung $y = 3x$ gilt für alle reelle Zahlen, falls $x \in D_f = \mathbb{R}$. Der Graph ist eine Ursprungsgerade ohne Anfang und ohne Ende.

2. Das hookesche Gesetz $F = 3{,}0 \, \dfrac{\text{N}}{\text{m}} \cdot s$ gilt nur im elastisch deformierbaren Bereich eines Körpers; bei einer Schraubenfeder also z. B. für $0{,}11 \text{ m} < s \leq 0{,}25 \text{ m}$. Der Körper nimmt nach Beendigung der deformierenden Kraft F in diesem Abschnitt seine ursprüngliche Gestalt wieder vollständig an (Idealzustand). Der zugehörige Graph ist eine Strecke auf der (mathematischen) Ursprungsgeraden. In der Realität kehrt der Körper nicht vollständig in seine alte Form zurück.

Aufgaben

1. a) Kennzeichnen Sie mit wahr (w) bzw. falsch (f) folgende Aussagen zu Messwerten:
   $31\,700 \text{ s} = 0{,}31700 \cdot 10^5 \text{ s}$; $523{,}7400 \text{ kg} = 5{,}237400 \cdot 10^2 \text{ kg}$; $0{,}0080 \text{ N} = 8{,}0 \text{ mN}$.
   b) Erklären Sie die Begriffe „induktive" und „deduktive" Arbeitsweise der Physik.

2. Stellen Sie fest, welche der folgenden Messwerte physikalisch richtig, welche gleich sind.

   a) $t = \dfrac{2}{3} \text{ s}$.

   b) $m_1 = 315 \text{ kg}$, $m_2 = 315\,000 \text{ g}$

   c) $F_1 = 0{,}007140 \text{ N}$, $F_2 = 7{,}140 \text{ N} \cdot 10^{-3} \text{ N}$

   d) $l_1 = 2{,}00 \text{ mm}$, $l_2 = 2{,}0 \cdot 10^{-1} \text{ cm}$, $l_3 = 2 \cdot 10^{-2} \text{ dm}$

   e) $l_1 = 20{,}0 \text{ cm}$, $l_2 = 2{,}00 \text{ dm}$, $l_3 = 0{,}200 \text{ m}$

   f) $v_1 = 430 \, \dfrac{cm}{s}$, $v_2 = 4{,}30 \cdot 10^3 \, \dfrac{mm}{s}$, $v_3 = 4{,}3 \, \dfrac{m}{s}$.

3. Geben Sie die Messwerte für t und A in anderer Schreibweise an, falls gilt: $0{,}572 \text{ s} \leq t \leq 0{,}578 \text{ s}$;

   $$9{,}5 \cdot 10^{-1} \text{ m}^2 \leq A \leq 9{,}7 \cdot 10^{-1} \text{ m}^2.$$

4. Zur experimentellen Ermittlung der Federkonstanten einer Schraubenfeder wurden folgende Größen gemessen: $m = (250 \pm 5) \text{ g}$, $T = (0{,}74 \pm 0{,}01) \text{ s}$.
   Berechnen Sie (mithilfe der Formelsammlung) die Federkonstante D mit ihren Fehlergrenzen.

5. Gegeben sind die Masse $m = 204 \text{ g} \pm 2 \text{ g}$ an einer elastischen Schraubenfeder, die Fallbeschleunigung $g = 9{,}81 \text{ ms}^{-2} \pm 2\,\%$ und eine Längenänderung $\Delta l = 3{,}0 \text{ cm} \pm 2 \text{ mm}$.
   Berechnen Sie die Federkonstante D und ihre Fehlerschranke.

6. Der Messwert der physikalischen Größe Temperatur beträgt $\vartheta = 5{,}27 \,^\circ\text{C}$. Geben Sie den Bereich an, in dem der wahre Wert der Temperatur mit hoher Sicherheit liegt.

7. Bei einem Versuch zur Bestimmung der Dichte ρ eines Körpers wurden folgende physikalischen Größen gemessen:

Arthur Holly Compton (1892–1962): Comptoneffekt

Messwerte	m_1	m_2	m_3	m_4
	$(25{,}13 \pm 0{,}01) \text{ g}$	$(50{,}01 \pm 0{,}01) \text{ g}$	$(32{,}17 \pm 0{,}01) \text{ g}$	$(54{,}32 \pm 0{,}01) \text{ g}$

Berechnen Sie die Dichte ρ mit ihren Fehlergrenzen, wenn gilt: $\rho = \dfrac{m_3 - m_1}{m_2 + m_3 - m_1 - m_4} \cdot \rho_w$ und

$\rho_w = (0{,}998 \pm 0{,}001) \text{ gcm}^{-3}$ aus einer Tabelle entnommen wurde.

8. *Zur Ermittlung der Kraft F, die für die Bewegung eines Körpers verantwortlich ist, wurden folgende physikalischen Größen gemessen:*

$F_z = (25{,}7 \pm 0{,}3)$ N	$l_1 = (17{,}3 \pm 0{,}2)$ cm	$l_2 = (20{,}5 \pm 0{,}2)$ cm
$m = (9{,}5 \pm 0{,}1)$ kg	$\mu = 0{,}085 \pm 0{,}002$	$g = 9{,}81 \ ms^{-2}$

Für die Berechnung der Kraft gilt folgende Vorschrift:

$$F = F_z \frac{l_1}{l_2} - \frac{1}{2}\,\mu m g.$$

a) *Berechnen Sie die Kraft F mit ihren Fehlergrenzen.*
b) *Geben Sie den prozentualen Fehler der Kraft F an.*

9. *Als Messwert der physikalischen Größe Stromstärke wurde $I = 7{,}23$ A ermittelt. Geben Sie den Bereich an, in dem man den wahren Wert der Stromstärke erwartet.*

10. *Zur experimentellen Ermittlung einer Kraft F wurden folgende physikalischen Größen gemessen: $m = (18{,}9 \pm 0{,}2)$ kg, $v = (4{,}70 \pm 0{,}05)\,\frac{m}{s}$, $s_1 = (3{,}87 \pm 0{,}02)$ m, $\mu = 0{,}23 \pm 0{,}01$, $s_2 = (2{,}15 \pm 0{,}01)$ m, $g = 9{,}81 \ ms^{-2}$.*

Für die Berechnung dieser Kraft gilt: $F = m\,\dfrac{v^2}{s_1 - s_2} - \mu m g$.

a) *Berechnen Sie die Kraft F und ihre Fehlergrenzen.*
b) *Geben Sie den prozentualen Fehler der Kraft F an.*

Werner Heisenberg (1901–1976): Mitbegründer der Quantenmechanik

2 Geradlinige Bewegung

Dieser Abschnitt behandelt einfache Bewegungen in geeignet gewählten Bezugssystemen. Nach der Bereitstellung von Grundlagen werden ausgehend von Experiment und Messung elementare Bewegungsgesetze durch Auswertung erarbeitet und die Ergebnisse interpretiert. Erste Anwendungen schließen sich an. Anschließend wird gezeigt, wie sich Bewegungen überlagern und komplizierte Bahnen und Bewegungsabläufe entstehen. Die Lehre von der Bewegung der Körper ist ein Teilbereich der Mechanik. Sie heißt **Kinematik**.

2.1 Grundbewegungsarten

Der Mensch beobachtet in seiner Umgebung sehr unterschiedliche Bewegungen. Man betrachte etwa die Bewegung der Blätter im Wind oder der Hände während einer Arbeitsverrichtung. Auch ein Fußmarsch von einem Ort zu einem anderen oder Fahrten mit einem Auto von einer Stadt zur anderen sind in der Regel komplizierte Bewegungsvorgänge, die mathematisch oft kaum beschreibbar und/oder physikalisch uninteressant sind. Derartige Bewegungen schließen wir aus. Wir beschränken uns in den nächsten Abschnitten auf geradlinige Bewegungen von Körpern längs einer Strecke und auf Kreisbewegungen. Aus der Gesamtheit aller möglichen Bewegungen filtern wir also einen sehr kleinen Spezialbereich heraus. Die Beschaffenheit der Körper ist zur Erfassung und Beschreibung ihrer Bewegungsabläufe bedeutungslos. Für eine Schildkröte, einen Fußgänger oder ein Rennauto gelten unter gleichen Versuchsbedingungen die gleichen Bewegungsgesetze. Deshalb verwendet man anstelle der realen Körper den physikalisch neutralen Massenpunkt (s. Kap. 1.2.1). Der Massenpunkt hat die Masse des jeweiligen Körpers, für den er steht, aber keine Ausdehnung. An ihm greift die bewegungsändernde Kraft an (s. Kap. 3.4).

Die geradlinig fortschreitende Bewegung eines Körpers von einem Anfangspunkt A zu einem Endpunkt B heißt **Translation**. Alle Punkte eines realen, also ausgedehnten, Körpers beschreiben geradlinige, zueinander gleichlange, parallele Bahnen (B 2).

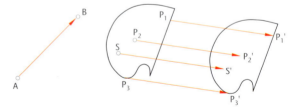

Bild 2: Beispiele für eine Translation; S, S': Schwerpunkt

Translationen sind in der Natur selten; z.B. gehört die Ausbreitung des Schalls dazu. Die Schallwellen bewegen sich linear vom Erzeuger, dem Stimmband im Kehlkopf, zum Empfänger, dem Ohr des Zuhörers. Vorausgesetzt wird ein homogener Gasraum mit konstanter Temperatur ohne Schmutz- und Wasserpartikel usw. Ein anderes Beispiel: Ein Auto mit allen seinen Bauteilen fährt auf einem geraden Straßenabschnitt.

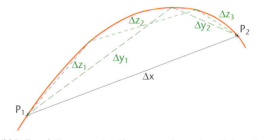

Bild 3: Translationen zur Annäherung an den wahren Bahnverlauf

Tatsächlich findet die Translation auch bei komplizierten Bewegungen auf beliebiger Bahn Anwendung. Benötigt ein realer Körper oder Massenpunkt für die Bewegung auf einer krummlinigen Bahn zwischen den Bahnpunkten P_1 und P_2 die Zeitdauer Δt, so kann man es einrichten, dass er bei einer Translation längs der Strecke mit der Länge Δx den Endpunkt P_2 ebenfalls in der Zeitdauer Δt erreicht. Bessere Annäherungen an die wahre Bahnkurve sind Translationen längs Δy_1, Δy_2 oder längs Δz_1, Δz_2, Δz_3 usw. Längs dieser Strecken verwendet man die Bewegungsgesetze der (unten folgenden) geradlinigen Bewegung (B 3).

Eine Ansammlung von zwei oder mehr Körpern bzw. Massenpunkten, die nach einer bestimmten Regel zusammengehören und ein geordnetes Ganzes bilden, bezeichnet man als ein **System.** So ergeben z.B. ein Traktor und ein Anhänger, die über eine Kopplungsstange miteinander verbunden sind, ein System aus zwei Körpern. Sind die Körper eines Systems starr miteinander verbunden, so kann es wie ein zusammengesetzter Einzelkörper behandelt werden. Starre Körper sind z.B. ausgedehnte Körper (Stein, Baum, Himmelskörper). Ihre Massenteilchen (Atome, Moleküle, Kristalle) sind mit festen gegenseitigen Abständen angeordnet.

Die Drehbewegung eines ausgedehnten Körpers um eine bestimmte Achse (Rotationsachse) oder einen festen Punkt (Rotationszentrum) heißt **Rotation** (B 4). Achse oder Punkt können inner- oder außerhalb des

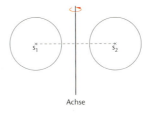
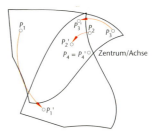

Bild 4: Beispiele für eine Rotation

Körpers liegen. Bewegte Zahnräder in Maschinen und rollende Autoreifen vollführen Rotationen. Der Erdkörper rotiert um seine Achse. In B 4 rotieren ausgedehnte Kugeln, deren Schwerpunkte S_1 und S_2 verbunden sind, um die gemeinsame Achse.

In Natur und Technik kommen sehr häufig **Kreisbewegungen** vor (B 5). Ein realer Körper oder Massenpunkt bewegt sich auf einer Kreisbahn um den Kreismittelpunkt M. Vorausgesetzt wird, dass die größte Ausdehnung des Körpers sehr viel kleiner ist als der Kreisbahnradius r. Erde und Planeten vollziehen in guter Näherung Kreisbewegungen um die Sonne. Ein Auto durchfährt eine Straßenkurve, deren Radius deutlich größer ist als das längste Fahrzeugmaß. Mit einer speziellen Kreisbewegung beschäftigt sich Kapitel 4.

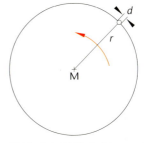

Bild 5: Beispiel für Kreisbewegung: $d \ll r$

2.2   Bezugssystem, Ort, Ortsvektor

Ob sich ein Körper bewegt oder ob er ruht, ist nicht einfach zu entscheiden. Auch der genaue Bahnverlauf einer Körperbewegung wirft Fragen auf.

Beispiele

1. Der Physiklehrer durchläuft mit ausgestreckter Hand das Klassenzimmer. Auf der Hand liegt ein Stück Kreide. Bewegt sich die Kreide oder bewegt sie sich nicht? Der Lehrer behauptet, dass die Kreide ruht. Die Schüler widersprechen. Sie sagen, dass die Kreide die gleiche Bewegung wie der Lehrer ausführt. Welche Aussage stimmt?

2. Eine Eisläuferin gleitet gleichförmig und geradlinig auf der Bahn. Gleichzeitig wirft sie einen reflektierenden Ball senkrecht hoch, der in der verdunkelten Halle angestrahlt wird. Anschließend behauptet der Trainer, eine krummlinige Ballbewegung wahrgenommen

zu haben. Die Läuferin widerspricht. Sie habe den Ball senkrecht nach oben geworfen, anschließend kam er ebenso senkrecht zurück. Sie beharrt auf einem linearen Bewegungsablauf (B 6). Wer von beiden hat recht?

3. Der Insasse eines Fahrzeugs erklärt dem Fahrer mit Blick aus dem Fenster, dass Bäume, Häuser und Menschen an ihm vorbeiziehen, sich also bewegen. Er selbst ruhe neben dem Fahrer im Auto. Die Leute am Straßenrand bemerken eine Bewegung von Fahrzeug und Mitfahrern. Sie behaupten von sich ebenfalls zu ruhen. Wer hat recht?

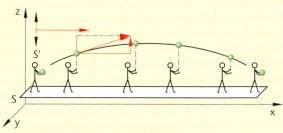

Bild 6: Bewegung in den Bezugssystemen S und S'

Will man Bewegungen erkennen und messen oder (mathematisch) beschreiben, so benötigt man zwingend ein **Bezugssystem**. Es besteht aus einem ruhenden Bezugspunkt und einer oder mehreren Koordinatenachsen. Man setzt sie zweckmäßig zueinander senkrecht. Es handelt sich um Zahlengeraden, die mit einer Einheit versehen sind. Die Zahl 0 der Achsen liegt meist im Bezugspunkt. Der Durchlaufsinn der Achsen, ihre Orientierung, kann willkürlich festgelegt werden.

Die Wahl eines Bezugssystems ist frei. Sie kann günstig oder ungünstig erfolgen, aber nicht falsch sein. Günstig bedeutet, die Bewegung eines Körpers lässt sich mit mathematisch einfachen Gesetzen erfassen. Meist hält man sich an die beobachtete Bewegung selbst. Nach Festlegung eines Bezugssystems kann jedem Raumpunkt oder Bahnpunkt eines Bewegungsvorgangs eine (oder mehrere) feste oder zeitabhängige, messbare Koordinate oder Stelle, ein Ort, eindeutig zugeordnet werden. Zusätzlich benötigt man zur Zeitmessung eine mit dem Bezugssystem fest verbundene Uhr.

Lösungen und Ergänzungen zu den drei Beispielen von oben:

1. Im Eingangsbeispiel haben Lehrer und Schüler recht. Denn jeder bezieht die Aussage auf sein frei gewähltes Bezugssystem. Der Lehrer nimmt sich selbst als Bezugspunkt. Er sieht die Kreide ruhend auf seiner Hand liegen. Für einen auf der Kreide fest sitzenden Beobachter bewegen sich Schüler, Schulbänke und Klassenzimmer, während der Lehrer aus seiner Sicht ruht. Die Schüler wählen das mit der Erde verbundene Klassenzimmer als Bezugssystem. Es ist das System der alltäglichen Erfahrung. Sie ruhen in diesem System, dagegen bewegen sich Lehrer und Kreide. Beide Systeme sind gleichwertig und gleich richtig.

2. Die Eisläuferin nimmt sich selbst als ruhenden Bezugspunkt wahr (System S'). Sie sieht nur die lineare Auf- und Abbewegung des Balls bezogen auf ihre eigene Person, also einen geraden Bahnverlauf. Der Trainer am Rand wählt die Halle als Bezugspunkt mit drei räumlichen Achsen (System S). Für ihn fliegt der Ball auf einer gekrümmten Bahn. Sie setzt sich aus der Eigenbewegung des Balls und der Bewegung der Eisläuferin zusammen. Bei genauer Betrachtung erkennt er sogar eine parabelförmige Bahn (B 6).

3. Ein Auto, allgemein ein Massenpunkt (B 7), bewegt sich vom Anfangspunkt P linear zum Endpunkt Q. Zur Erfassung und Beschreibung der Bewegung ist ein Bezugssystem notwendig. Seine Wahl richtet sich zweckmäßigerweise nach dem beobachteten Bahnverlauf. Deshalb wählt man hier das Bezugssystem aus einem ruhenden Bezugspunkt B und einer Koordinatenachse parallel zur linearen Bahn. Die Lage des Bezugspunktes B ist frei. Sehr günstig ist die Wahl P = B

(siehe nächstes Beispiel). Die Achse liegt auf der Bahn selbst oder verläuft parallel zu ihr. Die Achsenorientierung entsteht aus dem beobachteten Bewegungsablauf, hier von P nach Q. Die Achse trägt im Beispiel die Einheit 1 cm. Der Beobachter in B beschreibt alle Punkte der Bahn durch Koordinaten bzw. Stellen bzw. Orte auf der Achse. Verschiedene eindeutige Zuordnungen und Aussagen sind möglich:

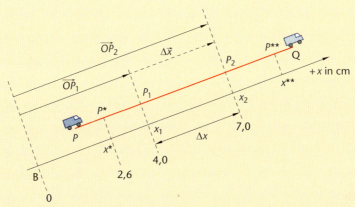

Bild 7: Bezugssystem und lineare Bewegung: B = O ≠ P

Bahnpunkt $\mapsto$ Ort, Koordinate, Stelle; $P_1 \mapsto x_1(t_1)$, $P_2 \mapsto x_2(t_2)$ …
Der Bahnpunkt P_1 hat die Koordinate x_1 mit der Einheit 1 cm; Bahnpunkt und Koordinate werden während der Bewegung eindeutig im Zeitpunkt t_1 erreicht usw.
Im Beispiel gilt: $P_1 \mapsto x_1(t_1 = 1{,}4\ \text{s}) = 4{,}0\ \text{cm}$, $P_2 \mapsto x_2(t_2 = 9{,}7\ \text{s}) = 7{,}0\ \text{cm}$.

Ort, Koordinate, Stelle $\mapsto$ Bahnpunkt; $x^*(t^*) \mapsto P^*$, $x^{**}(t^{**}) \mapsto P^{**}$ …
Zum Ort x^* (in cm) im Zeitpunkt t^* (in s) gehört eindeutig der Bahnpunkt P^*.
Im Beispiel gilt: $x^*(t^* = 1{,}2\ \text{s}) = 2{,}6\ \text{cm}$, $x^* \mapsto P^*$.

Zeit- und Ortsänderung: Bewegt sich ein Körper auf der gegebenen linearen Bahn von links nach rechts, dann wird mit $t_1 < t_2$ der Bahnpunkt P_1 vor dem Bahnpunkt P_2 erreicht. Er benötigt für die Ortsänderung $\Delta x = x_2 - x_1 > 0$ genau die Zeitdauer oder Zeitänderung $\Delta t = t_2 - t_1 > 0$. Die Zuordnungen $\Delta x \mapsto \Delta t$ und $\Delta t \mapsto \Delta x$ sind jeweils eindeutig.
Im Beispiel gilt: $\Delta x = 7{,}0\ \text{cm} - 4{,}0\ \text{cm} = 3{,}0\ \text{cm}$, $\Delta t = 9{,}7\ \text{s} - 1{,}4\ \text{s} = 8{,}3\ \text{s}$.

Die Streckenlänge zwischen P_1 und P_2 lässt sich ebenso in der Differenzform $x_1 - x_2$ angeben, wobei $x_1 - x_2 < 0$. Deshalb fasst man beide Möglichkeiten der Längenberechnung aus den Koordinaten zusammen zu: $\Delta x = |x_2 - x_1| > 0$. Die Streckenlänge zwischen zwei Punkten ist der Betrag der Differenz aus Endkoordinate und Anfangskoordinate.

Nach Wahl des Bezugssystems gehört zu jedem Bahnpunkt P eindeutig ein **Ortsvektor** $\overrightarrow{OP}$. So bezeichnet man einen stets im Bezugspunkt beginnenden Pfeil, der in P endet. Mathematisch gesehen ist $\overrightarrow{OP}$ kein Vektor, sondern der Repräsentant oder Pfeil eines Vektors, der aus allen zu $\overrightarrow{OP}$ parallelgleichen Pfeilen besteht. Für den Ortsvektor verwendet man bei einer Achse wie hier im Beispiel auch die Schreibweise $\overrightarrow{OP} = (x_1(t))$. Die Zuordnungen $P_1 \mapsto \overrightarrow{OP_1} = (x_1(t_1))$, $P_2 \mapsto \overrightarrow{OP_2} = (x_2(t_2))$ … sind ebenso eindeutig wie die umgekehrten Zuordnungen $\overrightarrow{OP_1} \mapsto P_1$, $\overrightarrow{OP_2} \mapsto P_2$ …

Mit diesen Vorgaben lässt sich die Bewegung eines Körpers von P_1 nach P_2 auch vektoriell beschreiben. Im Beispiel gilt die Vektorgleichung: $\overrightarrow{OP_1} + \Delta \vec{x} = \overrightarrow{OP_2}$ bzw.
$\Delta \vec{x} = \overrightarrow{OP_2} - \overrightarrow{OP_1}$ mit $|\Delta \vec{x}| = \Delta x = |x_2(t_2) - x_1(t_1)|$ (siehe oben!). Diese Gleichungen gelten unabhängig vom gewählten Bezugssystem.

Unter Verwendung der Grundlagen im vorangehenden Beispiel ist eine erste Definition überfällig. Wiederholt wurde der Begriff Bewegung verwendet. Es wurde aber nicht gesagt, was die Physik darunter versteht. Er folgte bisher gewissermaßen aus der Alltagserfahrung: Jeder meint zu wissen, was eine Bewegung ist. Vom physikalischen Standpunkt aus reicht diese anschauliche Sicht nicht. Die Physik spricht dann von der Bewegung eines Körpers oder Massenpunktes, wenn er im frei gewählten Bezugssystem innerhalb einer beliebigen Zeitdauer bzw. Zeitänderung $\Delta t = |t_2 - t_1| > 0$ eine Ortsänderung $\Delta x = |x_2 - x_1| > 0$ vollzieht.

▸▸ **Bewegung eines Körpers bzw. Massenpunktes ist die Ortsänderung $\Delta x > 0$ im frei gewählten Bezugssystem in der Zeitänderung bzw. Zeitdauer $\Delta t > 0$.**

Nach dieser Festlegung sind Ruhe oder Bewegung relativ, also abhängig von der Wahl des Bezugssystems. Ein Körper, der in einem gewählten Bezugssystem ruht, $\Delta x = 0$ für $\Delta t > 0$, kann in einem anderen Bezugssystem durchaus eine Bewegung zeigen, falls gilt: $\Delta x > 0$ für $\Delta t > 0$.

Beispiel

Fallen im 3. vorangegangenen Beispiel Bezugspunkt B, Ursprung der Koordinatenachse und Startpunkt der Bewegung im Zeitpunkt $t_0 = 0$ zusammen, dann ergeben sich mehrere Vereinfachungen (B 8).

Entfernung des Bahnpunktes P_1 von B:

$\Delta x = |x_2 - x_1|$ mit $x_2 = x_1$ (Koordinate von P_1, Endkoordinate) und $x_1 = 0$ (Koordinate von B, Anfangskoordinate), dann folgt: $\Delta x = |x_1 - 0| = |x_1| > 0$.

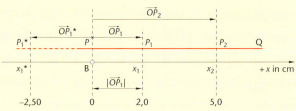

Im Beispiel: $P_1 \mapsto x_1 = 2,0$ cm, $\Delta x = |2,0$ cm $- 0$ cm$| = |2,0$ cm$| = 2,0$ cm.

Bild 8: Bezugssystem und lineare Bewegung: B = O = P

Zusätzlich ist hier für den Ortsvektor $\overrightarrow{OP_1}$ die Aussage $|\overrightarrow{OP_1}| = |\Delta \vec{x}_1| = |x_1|$ zulässig. Die Länge des Ortsvektors ist gleich der Entfernung des Bahnpunktes P_1 zum Bezugspunkt B ist gleich der Streckenlänge von B nach P_1 ist gleich dem Betrag seiner Koordinate.

Im Beispiel: $|\overrightarrow{OP_1}| = |x_1| = |4,0$ cm$| = 4,0$ cm.

Für die Zeitdauer gilt analog: $\Delta t = |t_2 - t_1|$ mit $t_2 = t_1$ (der Körper erreicht den Endpunkt P_1 im Zeitpunkt t_1) und $t_1 = t_0 = 0$ (Beginn der Bewegung im Bezugspunkt B bzw. Koordinatenursprung). Somit folgt für die Zeitdauer der Bewegung zwischen B und P_1: $\Delta t = |t_1 - 0| = |t_1| = t_1$.

Im Beispiel: Bahnpunkt P_1 wird im Zeitpunkt $t_1 = 14,3$ s erreicht; Zeitdauer der Bewegung zwischen B und P_1: $\Delta t_1 = t_1 - 0$ s $= 14,3$ s. Zeitdauer und Zeitpunkt haben gleichen Zahlenwert und gleiche Einheit, aber unterschiedliche physikalische Bedeutung.

Der Bahnpunkt P_1^* hat die negative Koordinate x_1^* (B 8). Daher gilt konsequent:

$|\overrightarrow{OP_1^*}| = |\Delta \vec{x}_1^*| = |x_1^*| = -x_1^* > 0$. Im Beispiel: $P_1^* \mapsto x_1^* = -2,50$ cm,

$|\overrightarrow{OP_1^*}| = |(-2,50$ cm$) - 0$ cm$| = |-2,50$ cm$| = -(-2,50$ cm$) = +2,50$ cm, der Bahnpunkt P^* ist vom Bezugspunkt B 2,50 cm entfernt.

Bestehen die anfangs genannten Voraussetzungen nicht (B $\neq 0$, $t_0 \neq 0$), so muss man streng zwischen dem Betrag eines Vektors und seinen Koordinaten bzw. Orten bzw. Stellen unterscheiden.

2.3   Geradlinige Bewegung mit konstanter Geschwindigkeit

Bei der Translation von Körpern und Massenpunkten im Experiment ist zuerst über mögliche Einflussgrößen nachzudenken, die von Bedeutung sein können. Nach Wahl eines geeigneten Bezugssystems gehören dazu sicher die Bahnpunkte und ihre Koordinaten oder Orte. Die Zeit spielt eine Rolle, ebenso die Reibung oder wirkende Kräfte. Danach versucht man, die verschiedenen Einflussgrößen in einem einzigen Experiment unterzubringen und messbar zu machen. In der Realität des Forschens dauert dieser Prozess oft Monate bis Jahrzehnte.

Das fertig entwickelte Experiment ermöglicht durch Messung und Auswertung, den Zusammenhang zwischen den Einflussgrößen mathematisch darzustellen.

Alle nachfolgenden Experimente beruhen auf der Arbeit und den Überlegungen von Physikern vergangener Generationen. Diese Experimente führen unter gleichen Versuchsbedingungen zu immer gleichen, eindeutigen Ergebnissen. Sie werden mit jeder weiteren Wiederholung noch sicherer, aber niemals wahr. Ein derartiger Denk- und Handlungsansatz ist Basis seriöser Forschung.

Geradlinige Bewegung ohne Antrieb (Fahrbahn mit Wagen, Luftkissenfahrbahn mit Funkenschreiber oder PC-Anschluss) (B 9)

① Lineare Fahrbahn mit Bezugssystem (Bezugspunkt B, eine Achse parallel zur Fahrbahn als Längenmaßstab, Durchlaufsinn frei gewählt nach rechts)
② Versuchswagen
③ Antrieb, z. B. Wägestück
④ Zeitmessung mit zwei Lichtschranken
⑤ Haltemagnet

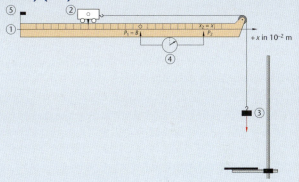

VERSUCH

Bild 9: Geradlinige Bewegung ohne Antrieb

Versuchsdurchführung:
Die Wahl des Bezugssystems orientiert sich am Versuchsaufbau. Das System ist mit der Erde fest verbunden. Der Versuchswagen wird zunächst magnetisch festgehalten. Ein sehr dünner, fast masseloser, fester Faden verbindet ihn über eine nahezu masselose Rolle mit dem Wägestück. Idealerweise sind also die Massen nur in Wagen und Wägestück vereinigt.

Gibt man den Magneten frei, so löst sich der Wagen unter der Wirkung des ziehenden Wägestücks. Er läuft auf gerader Bahn. Bis zum Erreichen des Bezugspunktes B bzw. Bahnpunktes P_1 wird er immer schneller. Dann trifft das Wägestück auf einen vorbereiteten Teller. Gleichzeitig löst die in B angebrachte Lichtschranke die Zeitmessung aus. Sie endet bei Erreichen von Bahnpunkt P_2. Zwischen P_1 und P_2 vollzieht der Wagen eine geradlinige, antriebsfreie Bewegung. Nur dieser Bereich ist hier von Interesse.

Alternativ: Ein Funkenschreiber löst nach stets gleicher Zeitdauer, die vorher eingerichtet wurde, einen Funken aus. Im speziellen Papierstreifen entstehen kleine Brandlöcher, deren Abstand zu B und untereinander sich leicht messen lässt.

Im Bahnpunkt B = P_1 gilt folgender Bewegungszustand des Wagens: Er hat hier, also im festgesetzten Zeitpunkt $t_0 = 0$, den Ort $x(t_0 = 0) = x_0 = 0$ und als Folge der Antriebsphase die Geschwindigkeit $v(t_0 = 0) = v_0 > 0$. Die Bewegung zwischen P_1 und P_2 ist antriebslos. Den

Begriff Geschwindigkeit verwendet man vorerst aus der Alltagserfahrung heraus ohne genauere Festlegung. Diesen Anfangszustand der Bewegung im Zeitpunkt $t_0 = 0$, also im Bezugspunkt B, bezeichnet man in der Physik als **Anfangsbedingung** der Bewegung. Sie lautet: $x_0 = 0 \wedge v_0 = \text{konstant} > 0$.

Durch leichte Neigung der Fahrbahn kompensiert man den Einfluss der Reibung (Rollreibung, Luftreibung) so gut wie möglich. Sie fällt damit als Einflussgröße (vorerst) weg. Dennoch beeinflusst sie in geringer Weise die Messgenauigkeit von Ort und Zeit. Eine zu genaue Messung der physikalischen Größen Ort und Zeit, beispielsweise im Bereich von 10^{-5} m oder 10^{-6} s, ist daher physikalisch-messtechnisch sinnlos. Ebenso lassen wir andere Einflussgrößen wie die Gleitreibung, die realen Massen von Faden und Rolle oder sonstige Kräfte außer Acht. Wir vereinfachen also den tatsächlichen Bewegungsprozess, wir idealisieren ihn.

Messbare Größen sind die Zeitdauer Δt mithilfe zweier Lichtschranken und die Koordinaten bzw. Orte mit dem Maßstab. Die Koordinate $x_0 = 0$ des Bezugspunktes B und der ersten Lichtschranke liegen fest, der Antrieb endet hier. Die Koordinate des Bahnpunktes P_2 ändert man durch Verschiebung der zweiten Lichtschranke nach rechts. Messbar sind also die Ortsänderung $\Delta x = x_2 - x_0 = x_2 - 0 = x_2$ und die Zeitänderung $\Delta t = t_2 - t_0 = t_2 - 0 = t_2$. Aufgrund der Anfangsbedingung stimmt die Ortsänderung mit dem Ort x_2 von Bahnpunkt P_2, die Zeitdauer Δt mit dem Zeitpunkt t_2 überein. Zur weiteren Vereinfachung, und weil Missverständnisse hier kaum möglich sind, nimmt man noch die Indizes weg. Man schreibt kurz: $\Delta x = x$, $\Delta t = t$.

Grundsätzlich sind in der Physik alle Einflussgrößen gleichwertig und gleichwichtig. Der Experimentator legt fest, welche Einflussgröße frei oder unabhängig sein und welche von der oder den anderen abhängen soll.

Im obigen Versuch wählt man die Zeitdauer als unabhängige Einflussgröße, dann ist die Ortsänderung beeinflusst. Nach Wahl freier Zeitdauern misst man mit dem Maßstab jeweils den zugehörigen Ort ab Bezugspunkt $B = P_1$. Am Funkenschreiber stellen wir zum Beispiel den Funkenabstand $\Delta t = 0,50$ s fest ein. Folgende Messreihe entsteht:

$\Delta t = t_2 = t$ in s	0	0,50	1,00	1,50	2,00	2,50
$\Delta x = x_2 = x$ in 10^{-2} m	0	14,2	28,0	41,8	55,7	69,6

In der ersten Zeile der Messtabelle steht die unabhängige Einflussgröße, das mathematische Argument. Sie wird mit Einheit in einem nicht zu kleinen Koordinatensystem nach rechts auf der mathematischen x-Achse, der Abszissenachse, abgetragen. In der zweiten Zeile der Messreihe findet man die abhängige Einflussgröße, den mathematischen Funktionswert. Im Koordinatensystem erscheint sie mit Einheit auf der mathematischen y-Achse, der Ordinatenachse (B 10).

Die grafische Darstellung zusammengehörender Größen im Koordinatensystem heißt **Diagramm**. Sie hat folgende Eigenschaften (B 10):

- Die unabhängige Einflussgröße liegt auf der Horizontalachse, die abhängige Einflussgröße auf der Vertikalachse.

- Man wählt auf jeder Achse eine günstige Einheit.

Formeln und Gesetze in der Physik stellen einen eindeutigen Zusammenhang zwischen zwei oder mehreren physikalischen Einflussgrößen her. Es handelt sich um mathematische Funktionsgleichungen. Sie werden nach Erstellen der Messreihe durch grafische oder rechnerische Auswertung gewonnen.

Der einfachste (und in diesem Buch meist vorkommende) Fall einer grafischen Auswertung soll nun exemplarisch behandelt werden.

Man erinnere sich an folgende mathematische Grundlagen:

- Die grafische Darstellung der ermittelten Messreihe, also das Diagramm, ist eine Ursprungsgerade, wenn die Verdoppelung, Verdreifachung, Vervierfachung … der unabhängigen Einflussgröße in der ersten Zeile (mathematisch x) eine Verdoppelung, Verdreifachung, Vervierfachung … der abhängigen Einflussgröße in der zweiten Zeile (mathematisch y) zur Folge hat. Diese Art der Abhängigkeit heißt direkte Proportionalität. Man sagt: y ist (direkt) proportional zu x, und man schreibt: $y \sim x$.

- Die Proportionalität $y \sim x$ lässt sich direkt in die Gleichungsform $y = kx$ bringen. Der zugehörige Graph ist eine Ursprungsgerade. Der konstante Faktor k bedeutet mathematisch die Steigung dieser Geraden. Er heißt auch Steigungsfaktor, später Differenzenquotient. In der Physik nennt man ihn bei gleicher Bedeutung Proportionalitätsfaktor. Da er zusätzlich eine physikalische Größe mit einer Einheit ist, muss er von Fall zu Fall auf physikalischer Basis gedeutet werden.

- Alle Messwerte der Messreihe sind fehlerbehaftet. Zeichnet man sie in ein Koordinatensystem ein, so liegen die zugehörigen Messpunkte nicht zwangsläufig genau auf einer Geraden. Man fügt diese so ein, dass sämtliche Messpunkte (aus Gründen der Statistik) möglichst gleichmäßig zu beiden Seiten verteilt liegen. Man sagt: „Die Messpunkte streuen um die Ausgleichsgerade."

Grafische Auswertung

Schon ein erster Blick auf die vorangegangene Messreihe deutet trotz der Messfehler die direkte Proportionalität von x und t an. Folgendes Vorgehen ist angebracht:

1. Man legt ein rechtwinkliges Koordinatensystem fest, in dem die Achsen geeignet mit Einheiten versehen werden (B 10). Die horizontale x-Achse wird zum Träger der unabhängigen Einflussgröße t in s, die vertikale y-Achse zum Träger der abhängigen Einflussgröße x in 10^{-2} m.

2. Man zeichnet mithilfe der Messreihe das Diagramm. Die Lage der Messpunkte weist auf eine Gerade hin. Man legt sie mit möglichst gleichem Abstand durch sämtliche (fehlerbehafteten) Messpunkte und (falls machbar) durch den Ursprung. Im Rahmen der Messgenauig-

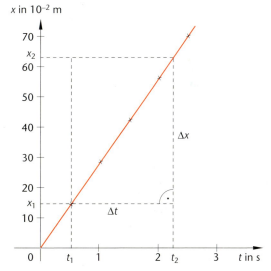

Bild 10: Grafische Auswertung

keit entsteht tatsächlich eine Ursprungsgerade, genauer: eine Strecke als Teil dieser Geraden. Aus dieser Tatsache folgen automatisch die Aussagen $x \sim t$ und $x = kt$. Begründung: Nur die lineare Funktion $f : x \mapsto y$, $y = mx$, $x \in D_f = R$ hat als Graph eine Ursprungsgerade.

3. Den Proportionalitätsfaktor k erhält man zeichnerisch mithilfe eines möglichst großen, rechtwinkligen Steigungsdreiecks, dessen Hypotenuse auf der Geraden liegt. Die Trigonometrie lehrt für rechtwinklige Dreiecke:

$$k = \tan\alpha = \frac{\text{Gegenkathete}}{\text{Ankathete}}, k = \frac{\Delta x}{\Delta t} = \frac{x_2 - x_1}{t_2 - t_1}, t_2 \neq t_1.$$ Dabei ist Δx die Ortsänderung des

Körpers auf der Fahrbahn innerhalb der Zeitänderung Δt. Man liest die Koordinaten x_2, x_1, t_2, t_1 direkt an den Achsen ab oder man verwendet zur Messung von Δx und Δt ein Geodreieck. Im Beispiel ist mit $\Delta x = 49{,}0 \cdot 10^{-2}$ m, $\Delta t = 1{,}74$ s:

$$k = \frac{49{,}0 \cdot 10^{-2}\ \text{m}}{1{,}74\ \text{s}} = 28{,}2 \cdot 10^{-2}\ \text{ms}^{-1} = \text{konstant}.$$

4. Nun interpretiert man die Proportionalitätskonstante. Sie bedeutet hier:

$$k = \frac{\Delta x}{\Delta t} = \frac{\text{Ortsänderung}}{\text{Zeitänderung}} \quad \text{bzw.}\quad k = 28{,}2 \cdot 10^{-2}\ \text{ms}^{-1} = \frac{28{,}2 \cdot 10^{-2}\ \text{m}}{1\ \text{s}}.$$ Sie besagt, dass der

Körper auf der Fahrbahn in einer Sekunde die Ortsänderung $28{,}0 \cdot 10^{-2}$ m vollzieht, und zwar gleichmäßig in jeder Sekunde, weil die Bewegung antriebslos abläuft. Eine Bewegung mit der Ortsänderung $92{,}8 \cdot 10^{-2}$ m in einer Sekunde, also $\dfrac{92{,}8 \cdot 10^{-2}\ \text{m}}{1\ \text{s}}$, ist schneller als die Bewegung im Versuch, eine mit der Ortsänderung $3{,}05 \cdot 10^{-2}$ m in einer Sekunde ist langsamer. Je höher also die jeweilige Ortsänderung in einer Sekunde ist, umso schneller bewegt sich ein Körper in seiner linearen (oder sonstigen) Bahn. Der Proportionalitätsfaktor k ist somit ein Maß für die Schnelligkeit eines Körpers. Er wird **Geschwindigkeit** genannt. Weil er wichtig ist, bekommt er ein eigenes Formelzeichen, nämlich v bei Körperbewegungen in der Mechanik oder c bei Wellen. Damit ist folgende Definition der Geschwindigkeit physikalisch sinnvoll:

$$\text{Geschwindigkeit} = \frac{\text{Ortsänderung}}{\text{Zeitänderung}}$$

$$\text{Formelmäßig:}\quad v = \frac{\Delta x}{\Delta t} = \frac{x_2 - x_1}{t_2 - t_1} \wedge t_2 \neq t_1 \ \text{bzw.}\ \Delta t \neq 0$$

5. Den Zusammenhang zwischen den in der Messreihe auftretenden Einflussgrößen $\Delta t = t$ und $\Delta x = x$ schreibt man als Funktionsgleichung oder Formel oder Gesetz. Der Körper bewegt sich im vorliegenden Experiment geradlinig mit der konstanten Geschwindigkeit $v = 28{,}2 \cdot 10^{-2}\ \text{ms}^{-1}$. Es gilt wegen $x(t) = kt$ das Zeit-Ort-Gesetz $x(t) = 28{,}2 \cdot 10^{-2}\ \text{ms}^{-1}\, t$.

Neben der grafischen Auswertung einer Messreihe gibt es auch die rechnerische. Beide sind gleich wichtig und führen zu gleichen Ergebnissen. In der Regel wendet man nur eines der beiden Auswertungsverfahren an. Dieses Mal wird für die obige Messung die rechnerische Auswertung exemplarisch mitbehandelt.

Lässt der Blick auf eine Messreihe wie oben eine direkte Proportionalität der Messgrößen erwarten, so bildet man stets den Quotienten aus abhängiger und unabhängiger Einflussgröße, im Beispiel $\dfrac{\Delta x}{\Delta t} = \dfrac{x}{t}$. Mathematischer Hintergrund ist die Eigenschaft aller Funktionen der direkten Proportionalität, dass ihre sämtlichen Zahlenpaare, außer (0/0), quotientengleich sind. Für alle Zahlenpaare dieses Funktionstyps gilt also zwingend $\dfrac{\Delta x}{\Delta t} = \dfrac{x}{t} = \text{konstant}.$

Rechnerische Auswertung

Die rechnerische Auswertung nimmt folgenden Verlauf:

1. Man bildet aus allen zusammengehörenden Zahlenpaaren der Messreihe, außer (0/0), den Quotienten aus abhängiger und unabhängiger Einflussgröße unter Einbeziehung der Einheiten:

$\dfrac{x}{t}$ in 10^{-2} ms^{-1}	$\dfrac{14,2}{0,50}$	$\dfrac{28,0}{1,00}$	$\dfrac{41,8}{1,50}$	$\dfrac{55,7}{2,00}$	$\dfrac{69,6}{2,50}$
$\dfrac{x}{t}$ in 10^{-2} ms^{-1}	28,4	28,0	27,9	27,9	27,8

2. Man erkennt, dass die Quotientenwerte im Rahmen der vorliegenden Messgenauigkeit (drei geltende Ziffern, die dritte ist Schätzwert) konstant sind:

$\dfrac{\Delta x}{\Delta t} = \dfrac{x}{t} =$ konstant. Aus dieser Tatsache folgt der schon bekannte Ablauf. Die Quotientengleichheit führt direkt zu den Aussagen $\Delta x \sim \Delta t$ bzw. $x \sim t$ (unter Berücksichtigung der Anfangsbedingung) und $x = kt$.

3. Welcher Quotientenwert aus 1. ist aber der „richtige"? Da alle fehlerhaft sind, nimmt man bei der rechnerischen Auswertung den arithmetischen Mittelwert aller Quotientenwerte. Er entspricht in seiner Bedeutung einer Ausgleichsgeraden.

$$k = \dfrac{28,4 + 28,0 + 27,9 + 27,9 + 27,8}{5} \cdot 10^{-2}\,\text{ms}^{-1} = 28,0 \cdot 10^{-2}\,\text{ms}^{-1}$$

Das Zeit-Ort-Gesetz der vorliegenden Bewegung lautet daher wie oben:

$$x(t) = 28,0 \cdot 10^{-2}\,\text{ms}^{-1}$$

Wie man erkennt, hängt das Zeit-Ort-Gesetz der gleichförmigen Bewegung im Versuch nicht von der Art der Auswertung ab. Die unterschiedlichen dritten Ziffern in k können im Rahmen der vorliegenden Messgenauigkeit akzeptiert werden.

Bemerkungen zur Geschwindigkeit v eines Körpers:

- Der Proportionalitätsfaktor k beschreibt die Ortsänderung Δx in der zugehörigen Zeitänderung Δt. Er wird Geschwindigkeit genannt. Die Geschwindigkeit v ist demnach eine abgeleitete physikalische Größe mit der Einheit:

$$[v] = \dfrac{[\Delta x]}{[\Delta t]},\ [v] = \dfrac{1\,\text{m}}{1\,\text{s}} = 1\dfrac{\text{m}}{\text{s}} = 1\,\text{ms}^{-1}$$

- Eine Körperbewegung auf gerader Bahn, z. B. mit der konstanten Geschwindigkeit

$v = 2{,}53\,\text{ms}^{-1} = \dfrac{2{,}53\,\text{m}}{1\,\text{s}}$, kann sehr unterschiedlich

verlaufen. B 11 zeigt drei lineare Bahnen mit dem gemeinsamem Startpunkt S. Die Zielpunkte liegen in Z_1, Z_2 und Z_3. Die Angabe der Geschwindigkeit allein reicht offensichtlich nicht zur vollständigen Erfassung der Bewegung aus. Sinnvoll sind zusätzlich die Angaben der Richtung und des Durchlaufsinns bzw. der Orientierung der Geschwindigkeit. Man beachte außerdem: Die Körperbewegung von S nach Z_2 ist ungleich der von Z_2 nach S.

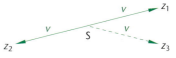

Bild 11: Bahngeschwindigkeit $v = 2{,}53\,\text{m/s}^{-1} =$ konstant mit unterschiedlichen Richtungen und Orientierungen

- Mathematisch gesehen haben nur Geraden eine Richtung. Sie kommt im Steigungsfaktor m bzw. k zum Ausdruck. Zusätzlich hat eine Gerade zwei Durchlaufmöglichkeiten, die man durch Pfeilspitzen markiert (B 12).

- In der Mathematik bezeichnet man Gebilde mit einer Länge, einer Richtung und einem Durchlaufsinn als (anschauliche) Pfeilvektoren oder

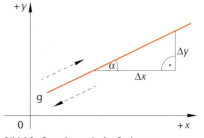

Bild 12: Gerade g mit der Steigung $m = k = \tan\alpha = \dfrac{\Delta y}{\Delta x}$ und zwei Durchlaufmöglichkeiten

geometrische **Vektoren** Man schreibt sie in der Form $\vec{a}$ oder $\overrightarrow{PQ}$ (B 13). Vektoren kann man in Ebene und Raum parallel verschieben, addieren oder subtrahieren oder mit einer reellen Zahl multiplizieren. Auch andere Verknüpfungen wie das Skalarprodukt oder Vektorprodukt sind möglich. Mit diesen Themen befasst sich die Vektoralgebra.

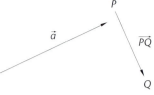

Bild 13: Darstellung von Vektoren

- Vektoraddition (B 14): $\vec{a} + \vec{b} = \vec{c}$.

Der Anfang des zweiten Vektors wird ans Ende des ersten angehängt. Der Ergebnisvektor oder resultierende Vektor verläuft vom Anfang des ersten zum Ende des zweiten Vektors.

Die algebraische Definition mit $\vec{a} = \begin{pmatrix} a_1 \\ a_2 \\ a_3 \end{pmatrix}, \vec{b} = \begin{pmatrix} b_1 \\ b_2 \\ b_3 \end{pmatrix}$

lautet: $\vec{a} = \vec{b} \begin{pmatrix} a_1 + b_2 \\ a_2 + b_2 \\ a_3 + b_3 \end{pmatrix} = \vec{c}$

Beispiel: $\begin{pmatrix} -3 \\ 0 \\ 5 \end{pmatrix} + \begin{pmatrix} -7 \\ -4 \\ 9 \end{pmatrix} = \begin{pmatrix} -10 \\ -4 \\ 14 \end{pmatrix}$

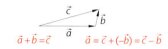

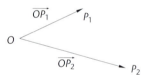

Es gilt das Kommutativgesetz der Vektoraddition: $\vec{a} + \vec{b} = \vec{b} + \vec{a}$

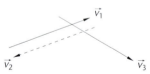

Bild 14: Vektoraddition und S-Multiplikation

- S-Multiplikation oder Multiplikation eines Vektors mit einer reellen Zahl: $s\vec{a} = \vec{c}$:

Falls $s \in R$, $\vec{a} = \begin{pmatrix} a_1 \\ a_2 \\ a_3 \end{pmatrix}$, gilt: $s\vec{a} = \begin{pmatrix} sa_1 \\ sa_2 \\ sa_3 \end{pmatrix} = \vec{c}$.

Beispiel: $(-6)\begin{pmatrix} 0 \\ -1 \\ 5 \end{pmatrix} = \begin{pmatrix} 0 \\ 6 \\ -30 \end{pmatrix}$

Bei dieser Art von Multiplikation entsteht wiederum ein Vektor. Der Ergebnisvektor $\vec{c}$ ist immer parallel zu $\vec{a}$. Er ist gleich- ($s > 0$) oder gegensinnig ($s < 0$; wie in B 14) zu $\vec{a}$, gleich lang ($|s| = 1$), länger oder kürzer.

Bild 15: Zwei Längenvektoren $\overrightarrow{OP}_1 \neq \overrightarrow{OP}_2$

Fasst man diese Überlegungen zusammen, so wird klar, dass man zur vollständigen Beschreibung einer Geschwindigkeit den Messwert mit Einheit, die Richtung und den Durchlaufsinn benötigt. Daher ist die Geschwindigkeit ein Vektor. Die gleichen Überlegungen gelten auch für Längen. Die Längenangabe $x = 3,8$ m besagt nichts über die Lage der geraden Bahn im Raum und wie man sie durchläuft. Man kennt lediglich ihre Länge. Unter Einbeziehung des Längenvektors $\vec{x}$ folgt damit für die Geschwindigkeit: $\vec{v} = \dfrac{\Delta \vec{x}}{\Delta t}$ bzw. $\Delta \vec{x} = \Delta \vec{v}\, t$.

Bild 15: Drei verschiedene Geschwindigkeitsvektoren mit $|\vec{v}_1| = |\vec{v}_2| = |\vec{v}_3| = v$; $\vec{v}_1 \parallel \vec{v}_2$

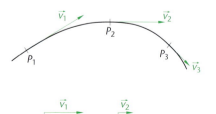

Bild 15: $\vec{v}_1, \vec{v}_2, \dots$ tangential zum Bahnverlauf

Bei krummliniger Bahn zeigt der Geschwindigkeitsvektor $\vec{v}$ in jedem Bahnpunkt in Richtung der zugehörigen Tangente. Er verläuft bei der hier behandelten Bewegung parallel zur geraden Bahn (B 15). Gilt zusätzlich wie im Eingangsversuch $\vec{v}_1 = \vec{v}_2$, so haben beide Vektoren gleiche Länge, Richtung und Orientierung. Daher reicht zur vollständigen Beschreibung der Geschwindigkeit ein Vektor $\vec{v}$.

Der Messwert der Geschwindigkeit ist in der Vektorschreibweise enthalten. Man schreibt: $|\vec{v}| = v = 28{,}0 \cdot 10^{-2}\ \mathrm{ms^{-1}}$. Zeitpunkt und Zeitdauer sind wie die Körpermasse m oder die elektrische Stromstärke I skalare Größen. Sie werden bereits durch den Messwert mit Einheit physikalisch vollständig erfasst.

Gültigkeitsbereich des experimentell gewonnenen Zeit-Ort-Gesetzes

Jedes durch Auswertung gewonnene Gesetz ist kritisch zu überprüfen, die Kritikpunkte sind in die Auswertung aufzunehmen.

Die durch Messung gewonnene Geschwindigkeit $v = 28{,}0 \cdot 10^{-2}\ \mathrm{ms^{-1}}$ im Experiment gilt nur mit einer bestimmten Wahrscheinlichkeit zwischen 0 und 1. Sie ergibt sich im vorliegenden Fall aus der Messgenauigkeit der Einzelmesswerte für den Ort x und den Zeitpunkt t. Mit jeder Versuchswiederholung bei gleichem Ergebnis verbessert sich die Sicherheit der Aussage, ohne je die Wahrscheinlichkeit 1 (= die Wahrheit) zu erreichen. Ein weiterer Kritikpunkt bezieht sich auf die allzu geringe Anzahl von Messwerten in der Messreihe. Auch mit zunehmender Anzahl (fast) gleicher Messwerte steigt die Sicherheit eines Ergebnisses. Man sollte sich also strikt hüten, aus wenigen Messwerten auf eine allgemeine Gesetzlichkeit zu schließen. Gegen diesen mathematischen Grundsatz wird vielfach verstoßen.

Neben dem Gesagten sind noch weitere Überlegungen zum Gültigkeitsbereich des ermittelten Zeit-Ort-Gesetzes zweckmäßig. Das Zeit-Ort-Gesetz $x(t) = 28{,}0 \cdot 10^{-2}\ \mathrm{ms^{-1}}\, t$ gilt streng genommen nur für das obige Experiment, nur in der Messzeit t, $0 \leq t \leq 2{,}50\ \mathrm{s}$ und nur für die Anfangsbedingung $x(t_0 = 0) = 0$, $v(t_0 = 0) = $ konstant > 0 auf einer geraden reibungsfreien Bahn. Viele tausend Wiederholungen im Lauf von Jahrhunderten in unterschiedlichsten Labors mit anderen Messwerten bestätigten aber immer aufs Neue das Ergebnis $\Delta x \sim \Delta t$ bei gleicher Anfangsbedingung.

Keine Bedeutung für die Bewegung und ihr Gesetz haben die Art des bewegten Körpers, seine Form, Temperatur, stoffliche Beschaffenheit usw. Unter gleichen Versuchsbedingungen hätte man anstelle des Versuchswagens auch einen beliebigen anderen realen Gegenstand verwenden können. Die Gültigkeit der Proportionalität bleibt immer bestehen. Nur der konstante Proportionalitätsfaktor k hätte einen anderen Messwert, wenn man anstelle des Versuchswagens einen Holzquader, Stein oder Wassertropfen verwenden würde. Daher benutzt man in der Kinematik den neutralen Massenpunkt als Modell für reale Körper.

Anders gesagt: Alle Körper, die sich frei, also von außen unbeeinflusst, bewegen, vollziehen von Natur aus im Raum eine Bewegung mit der konstanten Geschwindigkeit $\vec{v}$.

$\vec{v}$ = konstant bedeutet stets, dass sie auf linearer Bahn mit fester Richtung und eindeutigem Durchlaufsinn gleichförmig (z. B. mit $v = 28{,}0 \cdot 10^{-2}\ \mathrm{ms^{-1}}$) laufen.

Zusammenfassung: Körper im Raum ohne Antrieb bewegen sich mit der Geschwindigkeit $\vec{v}$ = konstant. Besteht die Anfangsbedingung $x_0 = 0$, v = konstant, so gelten die Bewegungsgesetze:

v = konstant;   vektoriell: $\vec{v}$ = konstant;

$x(t) = vt$;   vektoriell: $\vec{x}(t) = \vec{v}\, t$, $\vec{x} \uparrow\uparrow \vec{v}$; die Vektoren $\vec{x}$ und $\vec{v}$ verlaufen gleichsinnig parallel, falls $t > 0$.

Zeit-Geschwindigkeit-Diagramm der Bewegung

Die grafische Auswertung der Messreihe ergibt das Zeit-Ort-Diagramm der Bewegung (B 10). Es ist gleichzeitig der Graph der Zeit-Ort-Funktionsgleichung $x(t) = 28,0 \cdot 10^{-2}\,\text{ms}^{-1}\,t$. Die Geschwindigkeit kann man ebenfalls grafisch erfassen. Dazu wählt man ein rechtwinkliges x-y-Koordinatensystem. Auf der x-Achse liegt die unabhängige Einflussgröße t in s, auf der y-Achse die abhängige Einflussgröße v in $10^{-2}\,\text{ms}^{-1}$ (B 16).

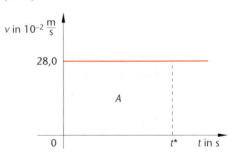

Da $v(t) = $ konstant, ist der Graph eine Gerade bzw. Strecke parallel zur t-Achse. Aus dem Diagramm liest man direkt die Geschwindigkeit v des Körpers im Zeitpunkt t ab. Außerdem kann man dem Diagramm den Weg entnehmen, den der Körper oder Massenpunkt zwischen den Zeitpunkten $t_0 = 0$ und t^* zurücklegt. Mit der Zuordnung $t^* \mapsto v$ im Diagramm entsteht eindeutig ein Rechteck; es hat den Flächeninhalt $A = l \cdot b$. Wenn man bedenkt, dass die Länge l der Geschwindigkeit v, die Breite b der Zeitdauer $\Delta t = t^*$ entspricht, so entspricht A dem Produkt vt^*.

Bild 16: t-v-Diagramm; v = konstant

$x = vt^*$ ist aber gerade der bis zum Zeitpunkt t^* zurückgelegte Weg des Körpers. Oder anders gesagt: Die Maßzahl der Rechteckfläche und die Maßzahl des Weges bis zum Zeitpunkt t^* sind gleich. Der Weg lässt sich somit durch die Fläche einer (einfachen) geometrischen Figur darstellen und über ihren Flächeninhalt ermitteln. Gleich sind jedoch nur die Maßzahlen, nicht die Einheiten, da $[A] = 1\,\text{m}^2 \neq 1\,\text{m} = [x]$.

▸ **Allgemein ist festzustellen: Jede physikalische Größe, die das Produkt zweier anderer physikalischer Größen ist, lässt sich durch eine (einfache oder komplizierte) Fläche so darstellen, dass ihre Maßzahl gleich der der Fläche ist.**

Zur Flächenberechnung verwendet man möglichst elementare Figuren wie Dreieck, Rechteck oder Trapez. Bei komplizierten Flächen setzt man die Integralrechnung ein.

Alle vorangehenden Überlegungen, Erklärungen und Begründungen haben allgemeinen Charakter. Sie gelten auch im Folgenden. Da sie sich wiederholen, werden sie nicht mehr mit gleicher Ausführlichkeit behandelt. Besonderheiten behalten weiterhin Bedeutung.

Beispiele

1. Man berechne die Strecke, die ein Radrennfahrer bei der Tour de France in 25 Minuten zurücklegt, wenn er eine konstante Geschwindigkeit von $12\,\text{ms}^{-1}$ beibehält.

   Lösung:
   Man stellt die Gleichung $v = \dfrac{\Delta x}{\Delta t}$ nach Δx um:

   $\Delta x = v \cdot \Delta t$. Dann setzt man die gegebenen Größen ein:
   $\Delta x = 12\,\text{ms}^{-1} \cdot 25 \cdot 60,0\,\text{s} = 18 \cdot 10^3\,\text{m} = 18\,\text{km}$.

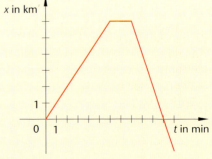

2. Das t-x-Diagramm zeigt die geradlinige Bewegung eines Motorradfahrers.
   a) Man berechne die Geschwindigkeiten in den einzelnen Zeitintervallen und zeichne das zugehörige t-v-Diagramm.
   b) Man interpretiere den Bewegungsablauf.

   Bild 16.1

Lösung:

a) Für alle Zeitintervalle gilt $v = \frac{\Delta x}{\Delta t}$. Im Zeitintervall $I_1 = [0\ \text{min};\ 6,0\ \text{min}]$ fährt der Motorrad-

fahrer mit der konstanten Geschwindigkeit $v_1 = \dfrac{6,0\ \text{km}}{6,0\ \text{min}} = \dfrac{6,0 \cdot 10^3\,\text{m}}{6,0 \cdot 60,0\ \text{s}} = 17\ \text{ms}^{-1}$

Für $I_2 = [6,0\ \text{min};\ 8,0\ \text{min}]$ gilt: $v_2 = \dfrac{0}{2,0\ \text{min}} = 0\ \text{ms}^{-1}$. In $I_3 = [8,0\ \text{min};\ 12,0\ \text{min}]$ bewegt sich

das Motorrad mit der konstanten Geschwindigkeit $v_3 = \dfrac{(-2,0 - 6,0)\,\text{km}}{(12,0 - 8,0)\,\text{min}} = \dfrac{-8,0 \cdot 10^3\,\text{m}}{4,0 \cdot 60,0\ \text{s}} =$

$-33\ \text{ms}^{-1}$. Das Minuszeichen gibt an, dass sich der Fahrer gegen den Verlauf der x-Achse bewegt.

b) Der Motorradfahrer fährt sechs Minuten mit der konstanten Geschwindigkeit v_1 gleichsinnig parallel zur x-Achse. Dann verharrt er zwei Minuten lang am festen Ort, $x_2 = 6,0\ \text{km}$ vom Startpunkt entfernt: $v_2 = 0$. Schließlich fährt er vier Minuten lang mit der Geschwindigkeit v_3 zurück, wobei er sich noch zwei Kilometer über den Startpunkt hinaus bewegt.

3. Nach dem bohrschen Atommodell umkreisen Elektronen den positiv geladenen Atomkern. Beim Wasserstoffatom besitzt das Elektron auf der innersten Bahn mit dem Radius $r = 0,53 \cdot 10^{-10}$ m die Geschwindigkeit $v = 2,2 \cdot 10^6\ \text{ms}^{-1}$.
   a) Man berechne die Umlaufdauer T.
   b) Man ermittle, welche Strecke das Elektron in 18 Sekunden zurücklegt, und bestimme, wie oft der Atomkern dabei umlaufen wird.

Lösung:

a) Vorausgesetzt wird, dass die Elektronenbewegung auf der Kreisbahn gleichförmig abläuft. Auch in diesem Fall darf das t-s-Gesetz $s = v\,t$ verwendet werden. Bei gleichförmiger Bewegung auf beliebiger Bahn kann man nach B3 verfahren. Für den Kreisumfang gilt: $U = 2r\pi$, $v = \Delta s / \Delta t =$

$\dfrac{U}{T} = \dfrac{2r\pi}{T} \Rightarrow T = \dfrac{2r\pi}{v}$.

Mit Messwerten: $T = \dfrac{2 \cdot 0,53 \cdot 10^{-10}\,\text{m} \cdot \pi}{2.2 \cdot 10^6\ \text{ms}^{-1}} = 1,51 \cdot 10^{-16}$ s.

b) $\Delta s = v \cdot \Delta t$, $\Delta s = 2,2 \cdot 10^6$ m/s $\cdot$ 18 s $= 4,0 \cdot 10^7$ m = Erdumrundung am Äquator.

Anzahl N der Umläufe: $N = \dfrac{18\ \text{s}}{1,51 \cdot 10^{-16}\ \text{s}} = 1,2 \cdot 10^{17}$.

2.4 Geradlinige Bewegung mit konstanter Beschleunigung

Geradlinige Bewegung mit konstantem Antrieb

Wir wiederholen den Versuch aus Kapitel 2.3 mit geringen Änderungen (B 17). Der Bezugspunkt liegt jetzt im Startpunkt der Bewegung am Haltemagnet. Dort befinden sich der ruhende (Punkt-)Körper und die erste Lichtschranke. Der Antrieb erfolgt für $t > 0$ durch die gleichbleibende Gewichtskraft des Wägestücks. Durch Neigung der Fahrbahn wird die Reibung weitgehend ausgeglichen: $F_R \approx 0$. Es liegt eine geradlinige Bewegung aus der Ruhelage heraus vor mit einem permanenten und konstanten Antrieb. Die Anfangsbedingung lautet: $x(t_0 = 0) = x_0 = 0$, $v(t_0 = 0) = v_0 = 0$. Damit gilt auch: $\Delta x = x_2 = x$, $\Delta t = t_2 = t$.

VERSUCH

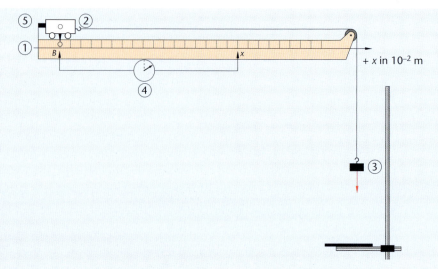

Bild 17: Geradlinige Bewegung mit konstanter Beschleunigung aus der Ruhelage

Messung:

Reihe 1:	t in s	0	1,00	2,00	3,00	4,00	5,00	6,00
Reihe 2:	x in 10^{-2} m	0	4,00	16,2	35,9	64,3	100,0	143,6
Reihe 3:	$\dfrac{x}{t}$ in 10^{-2} m/s		4,00	8,10	12,0	16,1	20,0	23,9
Reihe 4:	$\Delta\bar{v} = \dfrac{\Delta x}{\Delta t}$ in 10^{-2} ms^{-1}		4,00	8,10	12,0	16,1	20,0	23,9
Reihe 5:	v in 10^{-2} ms^{-1}		3,84	12,1	20,1	27,8	36,0	48,3

Auswertung, erster Teil:

In den Reihen 1 und 2 der Messreihe nehmen Zeitpunkt t und Ort x zu. Daher kommt die Vermutung $x \sim t$ auf. Erstellt man das Zeit-Ort-Diagramm der Bewegung, so erscheint keine Gerade, sondern eine gekrümmte Kurve, die an eine Parabel erinnert (B 18). Funktionen des Typs $f: x \mapsto y = x^2, x \in D_f = R$ haben Parabeln als Graphen. Auch der Quotient aus x und t, also x/t, ist nicht konstant (Reihe 3). Daher ist die neue Bewegung zwar geradlinig, aber nicht gleichförmig. Eine neue Bewegungsart liegt vor.

Die Vermutung von eben deutet zumindest den richtigen Weg an. Man verändert nämlich die Messreihe (und diesen Trick sollte man sich merken), indem man eine der beiden Einflussgrößen quadriert, hier die Zeit t. Oder man zieht aus einer der beiden Ein-

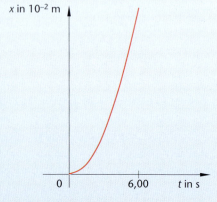

Bild 18: t-x-Diagramm

flussgrößen die Quadratwurzel, hier aus der Größe x. Beide Wege führen zum Ziel. Eine feste Regel gibt es nicht. Erfahrung und Übung sind alles. Dabei entsteht Folgendes:

t^2 in s^2	0	1,00	4,00	9,00	16,0	25,0	36,0
x in 10^{-2} m	0	4,00	16,2	35,9	64,3	100,0	143,6

B 19 zeigt das zugehörige t^2-x-Diagramm. Im Rahmen der Messgenauigkeit ist der Graph eine Ursprungsgerade; daher gilt $x \sim t^2$ oder $x = kt^2$ (oder $\sqrt{x} \sim t$ bzw. $\sqrt{x} = k^{*}t$ mit einem anderen Steigungsfaktor k^{*}). Dem Steigungsdreieck entnimmt man (*):

$$k = \tan\alpha = \frac{\Delta x}{\Delta t^2} \text{ bzw. } k = \frac{90{,}0 \cdot 10^{-2}\,\text{m}}{23{,}0\,\text{s}^2} = 0{,}039\ \text{ms}^{-2}.$$

Erstes Ergebnis: Zur geradlinigen Bewegung mit konstantem gleichförmigem Antrieb gemäß Versuchsbeschreibung gehört das Zeit-Ort-Gesetz $x(t) = 0{,}039\ \text{ms}^{-2} t^2$. Der zugehörige Graph ist eine Parabel.

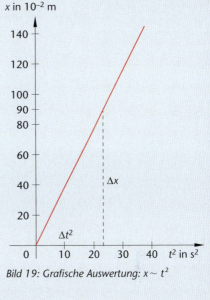

Bild 19: Grafische Auswertung: $x \sim t^2$

Auswertung, zweiter Teil:
Schon die Versuchsbeobachtung zeigt, dass die Geschwindigkeit des Körpers nicht konstant, sondern zeitabhängig ist. Er wird umso schneller, je länger die Bewegung dauert. Mit der Geschwindigkeitsdefinition $v = \dfrac{\Delta x}{\Delta t}$ lassen sich immer nur die mittleren Geschwindigkeiten $\bar{v}$ zwischen zwei Zeitpunkten der Messung berechnen (Reihe 4): Mit $\Delta\bar{v} = \dfrac{x_2 - x_1}{t_2 - t_1} = \dfrac{\Delta x}{\Delta t}$ gilt:

$$\Delta\bar{v}_1 = \frac{4{,}00 \cdot 10^{-2}\ \text{m} - 0}{1{,}00\ \text{s} - 0} = 4{,}00 \cdot 10^{-2}\ \text{ms}^{-1}, \ \bar{v}_2 = \frac{16{,}2 \cdot 10^{-2}\ \text{m}}{2{,}00\ \text{s}} = 8{,}10 \cdot 10^{-2}\ \text{ms}^{-1} \ldots$$

Deshalb kehrt man zur experimentellen Geschwindigkeitsmessung zurück. Man nimmt den Antrieb nach genau 1 s, 2 s, 3 s, … weg, indem man das Wägestück erneut auf den Teller lenkt. Danach ist die Bewegung gleichförmig, die Geschwindigkeitsmessung erfolgt wie in 2.3. Es entsteht die jeweilige Momentan- oder Augenblicksgeschwindigkeit am Ende des Zeitintervalls, also genau in den Zeitpunkten $t_1 = 1{,}00$ s, $t_2 = 2{,}00$ s, …

Bei einer geradlinigen Bewegung mit konstantem Antrieb aus der Ruheposition heraus ist die Momentangeschwindigkeit v des Körpers im Zeitpunkt t diejenige Geschwindigkeit, mit der er sich ab t antriebsfrei und damit gleichförmig weiterbewegt.

Reihe 5 zeigt das Ergebnis der experimentellen Geschwindigkeitsmessung, also v abhängig von t. Der Graph ist eine Ursprungsgerade (B 20); folglich gilt im Rahmen der Messgenauigkeit: $v \sim t$ bzw. $v(t) = k't$. Ein Steigungsdreieck führt zu

$$k' = \frac{\Delta v}{\Delta t} = \frac{v_2 - v_1}{t_2 - t_1}, \ k' = \frac{39{,}8 \cdot 10^{-2}\ \text{ms}^{-1}}{5{,}0\ \text{s}} = \frac{39{,}8 \cdot 10^{-2}\ \text{m}}{5{,}0\ \text{s}^2}$$
$$= 7{,}96 \cdot 10^{-2}\ \text{ms}^{-2}.$$

Da die Konstante k' wichtig ist, ersetzt man sie durch das Formelzeichen a. Der Quotient $k' = a = \dfrac{\Delta v}{\Delta t}$ erfasst die Geschwindigkeitsänderung in der Zeitänderung. Der Messwert $a = 7{,}96 \cdot 10^{-2}\ \text{ms}^{-2} = \dfrac{7{,}96 \cdot 10^{-2}\ \text{ms}^{-1}}{1\ \text{s}}$ gibt an, wie stark sich die Geschwindigkeit in einer Sekunde ändert. Er ist im Versuch konstant.

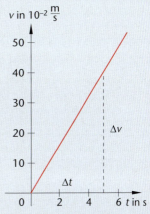

Bild 20: t-v-Diagramm zur Bestimmung von a

Diese Geschwindigkeitsänderung Δv in der Zeitänderung Δt nennt man in der Physik die Beschleunigung eines Körpers. Sie ist eine abgeleitete physikalische Größe mit der Einheit:

$$[a] = \frac{[\Delta v]}{[\Delta t]}, \ [a] = \frac{1\ \text{m/s}}{1\ \text{s}} = \frac{1\ \text{m}}{\text{s}^2} = 1\ \text{ms}^{-2}.$$

Wie die Geschwindigkeit ist die Beschleunigung ein Vektor. Sie hat also einen Messwert mit Einheit, eine Richtung und einen Durchlaufsinn. Somit kann man schreiben: $a = \dfrac{\Delta v}{\Delta t} = \dfrac{1}{\Delta t}\Delta v$ oder $\vec{a} = \dfrac{\Delta \vec{v}}{\Delta t} = \dfrac{1}{\Delta t}\Delta \vec{v}$ mit $\vec{a} \uparrow\uparrow \Delta\vec{v}$, da $\dfrac{1}{\Delta t} > 0$. Je höher die Geschwindigkeitsänderung eines Körpers in einer Sekunde ist, desto größer ist seine Beschleunigung.

Im vorliegenden Versuch gilt für die Körperbewegung aus der Ruhe heraus bei konstanter Antriebskraft das Zeit-Geschwindigkeit-Gesetz $v(t) = at$, hier: $v(t) = 7{,}96 \cdot 10^{-2}\ \mathrm{ms^{-2}}t$.

Eine weitere Besonderheit: Die Einheiten $\mathrm{ms^{-2}}$ von k aus (*) und von a stimmen überein; beide sind gleiche physikalische Größen. Zudem unterscheiden sich die beiden Messwerte im Rahmen der Messgenauigkeit nur durch den Faktor $\dfrac{1}{2} = 0{,}5$. Man schreibt daher: $k = \dfrac{1}{2}a$ bzw. $a = 2k$. Damit ist für das Zeit-Ort-Gesetz dieser Bewegung die Schreibweise $x(t) = \dfrac{1}{2}at^2$ möglich mit $\dfrac{1}{2}a = 0{,}039\ \mathrm{ms^{-2}}$ oder $a = 0{,}0780\ \mathrm{ms^{-2}} = $ konstant.

Zusammenfassung: Für die geradlinige Bewegung mit konstantem Dauerantrieb aus der Ruhe heraus gelten unter Verwendung der Anfangsbedingung $x_0 = 0$, $v_0 = 0$ die Bewegungsgesetze:

$x(t) = \dfrac{1}{2}at^2$;   vektoriell: $\vec{x}(t) = \dfrac{1}{2}a t^2$, $\vec{x} \uparrow\uparrow \vec{a}$, da $0{,}5t^2 > 0$.

$v(t) = at$;   vektoriell: $\vec{v}(t) = \vec{a}t$, $\vec{v} \uparrow\uparrow \vec{a}$, da $t > 0$.

$a = $ konstant;   vektoriell: $\vec{a} = $ konstant.

Bemerkungen:

- Folgende Merkregel wiederholt sich:

  – $a > 0$, falls $\vec{a} \uparrow\uparrow +$ Bezugsachse;

  – $a < 0$, falls $\vec{a} \uparrow\downarrow +$ Bezugsachse.

- Im obigen Experiment wirkt die konstant antreibende Kraft des Wägestücks gleichsinnig parallel zur linearen Bewegung des Wagens, es gilt $\vec{a} \uparrow\uparrow +$ Bezugsachse. Man spricht von einer geradlinigen Bewegung mit konstanter Beschleunigung; es gilt $a > 0$. Der Körper wird immer schneller.

- Wirkt die Kraft einer Bewegung entgegen, wie z. B. die Reibungskraft beim fahrenden Auto, so spricht man von einer geradlinigen Bewegung mit konstanter Verzögerung oder konstanter negativer Beschleunigung; es gilt $a < 0$, da $\vec{a} \uparrow\downarrow +$ Bezugsachse. Der Körper wird immer langsamer.

- Endet die konstant wirkende beschleunigende Kraft im Zeitpunkt t einer Bewegung, so behält der Körper oder Massenpunkt die erreichte Momentangeschwindigkeit $\vec{v}(t)$ bei, er vollzieht anschließend eine geradlinige Bewegung mit der konstanten Geschwindigkeit $\vec{v}(t)$.

- Es gibt den Fall, dass die konstante Beschleunigung einen Körper weder schneller noch langsamer macht. Die Beschleunigung wirkt dann ausschließlich richtungsändernd, wie Kapitel 4 zeigt.

- Die im Alltag wichtigste geradlinige Bewegung mit konstanter Beschleunigung ist der freie Fall eines Körpers senkrecht zur Erdoberfläche hin mit der konstanten mittleren Fallbeschleunigung $a = g = 9{,}81\ \mathrm{ms^{-2}}$ (s. Kap. 2.6).

- Die geradlinige Bewegung mit konstanter Beschleunigung aus der Ruheposition heraus hat eine konstant wirkende Kraft als Ursache. In der Praxis ist sie meist nur kurzzeitig realisierbar, zum Beispiel beim Anfahren eines Autos oder Motorrads, bei Raketenstarts oder beim Einhundertmeterlauf in der Startphase.

Zeit-Beschleunigung-Diagramm der Bewegung

Die Geschwindigkeit $v = at$ ist ein Produkt aus zwei Faktoren. Sie ist daher durch eine Fläche zu erfassen (B 21). Die Maßzahl der Fläche bestimmt die Maßzahl der Geschwindigkeit, die ein konstant beschleunigter Körper oder Massenpunkt aus der Ruhe heraus bis zum Zeitpunkt t^* erreicht.

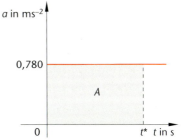

Bild 21: t-a-Diagramm; a = konstant
$A = l \cdot b; v = a \cdot t^*$
$l \triangleq a; b \triangleq t^*$ $\Big\rangle l \cdot b = A \triangleq v = a \cdot t^*$

Mittlere Geschwindigkeit und Momentangeschwindigkeit

Ein Autofahrer benötigt für die 592-km-Strecke von München nach Berlin die Fahrzeit 8,25 Stunden oder 30 300 Sekunden. Fragt man ihn nach der Fahrgeschwindigkeit, so berechnet er sie mithilfe der Geschwindigkeitsdefinition: $\frac{\Delta x}{\Delta t} = \frac{592 \cdot 10^3 \text{ m}}{30\,300 \text{ s}} = 19,5 \text{ ms}^{-1}$. Diese Geschwindigkeit ist eine mittlere Geschwindigkeit oder Durchschnittsgeschwindigkeit unter realen Fahrbedingungen und konstant. Sie bezieht Umwege wegen Straßenarbeiten, Stau, schnelles und langsames Fahren ein. Sie besagt: Bewegt sich das Auto auf einer geraden Bahn mit der konstanten Geschwindigkeit $\frac{\Delta x}{\Delta t} = 19,5 \text{ ms}^{-1}$ genau 8,25 Stunden lang, so durchläuft es ebenfalls die Streckenlänge von 592 km. Die mittlere Geschwindigkeit mit dem Formelzeichen $\bar{v}$ ist von der tatsächlichen Fahrgeschwindigkeit $v(t)$ des Autos in jedem Augenblick der Bewegung zu unterscheiden. $v(t)$ ist zeitabhängig und heißt Momentan- oder Augenblicksgeschwindigkeit.

Die konstante mittlere Geschwindigkeit $\bar{v} = \frac{\Delta x}{\Delta t} = \frac{x_2 - x_1}{t_2 - t_1}$ dient dazu, die zeitabhängige, oft unbekannte oder mathematisch kaum beschreibbare tatsächliche Geschwindigkeit $v(t)$ eines bewegten Körpers geeignet anzunähern. Das bedeutet: Die reale Bewegung wird durch eine geradlinige Bewegung mit konstanter Geschwindigkeit so ersetzt, dass es innerhalb der Zeitdauer Δt in beiden Fällen zur gleichen Ortsänderung Δx kommt. Die mittlere Geschwindigkeit lässt sich bei gleichförmigen und komplizierten Bewegungen und bei jedem Bahnverlauf ansetzen. Im Versuch von Kapitel 2.4 gilt $v = \bar{v}$ = konstant, im Versuch dieses Abschnitts nimmt $\bar{v}$ von Zeitintervall zu Zeitintervall zu (Reihe 4 der Messtabelle).

B 22 zeigt den Graphen eines Zeit-Ort-Gesetzes. Der tatsächliche Bahnverlauf zwischen den Punkten $P_1(t_1/x_1(t_1))$ und $P_2(t_2/x_2(t_2))$ wird durch eine Strecke ersetzt, die wahre zeitabhängige Bewegung durch eine geradlinige Bewegung mit konstanter mittlerer Geschwindigkeit $\bar{v}$ angenähert. Wie das Steigungsdreieck verdeutlicht, beträgt die Steigung der Strecke $\bar{v} = \frac{\Delta x}{\Delta t}$.

Wandert nun der Bahnpunkt P_2 längs des Graphen zum Punkt P_1, so wird Δt immer kürzer, strebt also gegen null (ohne null zu werden); dafür schreibt man $\Delta t \to 0$. Man spricht von einem Grenzübergang und verwendet dafür das Symbol „limes" (lateinisch: Grenze). Die Strecke geht in die Tangente g des Graphen im Punkt P_1 über. Deren Steigung m_g hat die mathematische Form $v(t_1) = \lim_{\Delta t \to 0} \frac{\Delta x}{\Delta t} = \dot{x}(t_1)$.

Man sagt: „Die Momentan-
geschwindigkeit $v(t_1)$ ist
die erste Ableitung des
Ortes x nach der Zeit t im
Zeitpunkt t_1". Man erkennt
auch, dass der mathemati-
sche Grenzübergang an der
physikalischen Geschwin-
digkeitsdefinition $\frac{\Delta x}{\Delta t}$ selbst
nichts ändert.

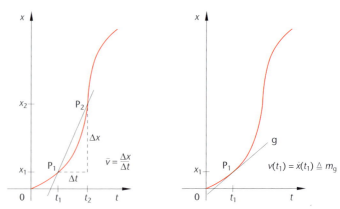

Bild 22: Mittlere konstante und Momentangeschwindigkeit

▸ **Allgemein gilt: Die Momentangeschwindigkeit $v(t)$ einer Bewegung ergibt sich aus dem Zeit-Ort-Gesetz als erste Ableitung des Ortes x nach der Zeit t: $v(t) = \dot{x}(t)$. Dieses Verfahren der Geschwindigkeitsfindung ist sehr einfach und immer möglich, sofern das Zeit-Ort-Gesetz bekannt und differenzierbar ist. Genaue Einzelheiten lehrt die Mathematik.**

Ein Zeit-Geschwindigkeit-Diagramm verhilft mit gleicher Überlegung wie vorher zu folgender Aussage:

▸▸ **Die Momentanbeschleunigung $a(t)$ einer Bewegung ist die erste Ableitung der Geschwindigkeit $v(t)$ nach der Zeit t oder die zweite Ableitung des Ortes x nach der Zeit t. Man schreibt: $a(t) = \lim\limits_{\Delta t \to 0} \dfrac{\Delta v}{\Delta t} = \dot{v}(t) = \ddot{x}(t)$. Das t-x-Gesetz oder das t-v-Gesetz der Bewegung muss gegeben und ableitbar sein.**

Beispiele

1. Eine Bewegung wird durch das t-x-Gesetz $x(t) = 3{,}29 \text{ ms}^{-2} t^2$ beschrieben. Man ermittle das zugehörige t-v-Gesetz und das t-a-Gesetz.

    Lösung t-v-Gesetz:
    Die Geschwindigkeit $v(t)$ ist die erste Ableitung der gegebenen Gleichung $x(t) = 3{,}29 \text{ ms}^{-2} t^2$ nach der Zeit t. Diese ist ganzrational vom Typ $y(x) = ax^2$ und daher ableitbar. $y(x) = ax^2$ hat nach einfachen Regeln die Ableitung $y'(x) = 2ax$, da ein konstanter Faktor nicht ableitbar und die Ableitung der Potenz x^2 gleich $2x$ ist. Allgemein hat die Potenz $y(x) = x^n$ die Ableitung $y'(x) = nx^{n-1}$.

    Daher heißt das t-v-Gesetz $v(t) = 2 \cdot 3{,}29 \text{ ms}^{-2} t^{2-1} = 6{,}58 \text{ ms}^{-2} t$. Die physikalischen Einheiten werden wie konstante Faktoren behandelt. Sie sind bei einer Ableitung zwingend mitzunehmen, denn dadurch bleibt die entstehende Gleichung einheitenmäßig immer richtig. Die Ableitung nach der Zeit t kennzeichnet man nicht durch einen Strich, sondern durch einen Punkt.

    Übung: $v(t_0) = 0$, $v(t_1 = 16{,}4 \text{ s}) = 6{,}58 \text{ ms}^{-1} \cdot 16{,}4 \text{ s} = 108 \text{ ms}^{-1} = 1{,}08 \cdot 10^2 \text{ ms}^{-1}$.

    Lösung t-a-Gesetz:
    Leitet man das t-v-Gesetz nochmals ab, also das t-x-Gesetz zum zweiten Mal, so entsteht das t-a-Gesetz der Bewegung: $a(t) = \dot{v}(t) = \ddot{x}(t)$; hier: $a(t) = 1 \cdot 6{,}58 \text{ ms}^{-2} t^{1-1} = 6{,}58 \text{ ms}^{-2} = $ konstant, da $t^0 = 1$. Ist die Bewegung linear, so erhält man die Beschleunigung auch durch direkten Vergleich mit der allgemeinen Bewegungsgleichung $x(t) = \frac{1}{2}at^2$:

    $x(t) = 3{,}29 \text{ ms}^{-2} t^2$ und $x(t) = \frac{1}{2}at^2$ führen zu $\frac{1}{2}a = 3{,}29 \text{ ms}^{-2}$, $a = 6{,}58 \text{ ms}^{-2}$.

2. Das t-v-Gesetz einer linearen Bewegung lautet $v(t) = 8{,}91 \cdot 10^2 \text{ ms}^{-2}\, t - 2{,}49 \cdot 10^2 \text{ ms}^{-1}$. Damit liegt eine geradlinige Bewegung vor, die im Zeitpunkt $t_0 = 0$ bereits die Geschwindigkeit $v_0 = -2{,}49 \cdot 10^2 \text{ ms}^{-1}$ hat; das Minuszeichen zeigt an, dass der Geschwindigkeitsvektor $\vec{v}_0$ zur Bezugsachse entgegengesetzt orientiert ist. Zu bestimmen ist das t-a-Gesetz.

Lösung: Es gilt $a(t) = \dot{v}(t)$. Da die Ableitung eines konstanten Summanden immer null ist, erhält man sofort: $a(t) = 1 \cdot 8{,}91 \cdot 10^2 \text{ ms}^{-2}\, t^0 + 0 = 8{,}91 \cdot 10^2 \text{ ms}^{-2} = \text{konstant}$.

Übung: $v_1(t_1 = 0{,}135 \text{ s}) = -1{,}29 \cdot 10^2 \text{ ms}^{-1}$; die Bewegung läuft gegen die Bezugsachse.
$v_2(t_2 = 1{,}35 \text{ s}) = 9{,}54 \cdot 10^2 \text{ ms}^{-1}$; die Bewegung verläuft jetzt mit der x-Achse. Zwischen den Zeitpunkten t_1 und t_2 erreicht der Massenpunkt seine größte Entfernung vom Bezugspunkt 0 im negativen Koordinatenbereich.

In welchem Zeitpunkt t^* kehrt sich der Bewegungsverlauf um? Der Geschwindigkeitsvektor $\vec{v}_1$ gegen die Bezugsachse geht nur über den Geschwindigkeitsvektor $\vec{v}_0 = \vec{0}$ mit $v_0 = 0$ in den Vektor $\vec{v}_2$ mit der Bezugsachse über. Also muss gelten:
$v(t) = 8{,}91 \cdot 10^2 \text{ ms}^{-2}\, t^* - 2{,}49 \cdot 10^2 \text{ ms}^{-1} = 0$,

$$t^* = \frac{2{,}49 \cdot 10^2 \text{ ms}^{-1}}{8{,}91 \cdot 10^2 \text{ ms}^{-2}} = 0{,}279 \text{ s}.$$

Die Umkehrung des Bewegungsverlaufs erfolgt im Zeitpunkt $t^* = 0{,}279$ s; wie vorhergesagt, gilt: $t_1 < t^* < t_2$.

Aufgaben

Ein Körper K bewegt sich reibungsfrei auf einem im Labor ruhenden Wagen mit der Geschwindigkeit $\vec{v}$ = konstant.
a) *Geben Sie ein Bezugssystem an, in dem die beschriebene Bewegung von K genau sichtbar ist.*
b) *Wählen Sie ein Bezugssystem, in dem die Bewegung von K nicht sichtbar ist.*
c) *Nun erteilt ein Elektromotor dem Wagen zusätzlich die konstante Beschleunigung $\vec{a}$ unter dem Winkel $\alpha = 90°$ zur geradlinigen Bahn von K. Beschreiben Sie die Bewegung von K, falls der Betrachter B Bezugspunkt ist und im Labor ruht (*); auf dem Körper K ruht (**); auf dem Laborwagen ruht (***).*

2.5   Der freie Fall

Die wichtigste geradlinige Bewegung mit konstanter Beschleunigung im Alltag ist der freie Fall von Körpern senkrecht zur ideal kugelförmig gedachten Erdoberfläche hin.

Man beobachtet, dass ein Blatt Papier langsam zu Boden segelt; zusammengeknüllt ist es deutlich schneller. Noch rascher fällt eine Metallkugel aus gleicher Höhe. Luftreibung und unterschiedliche Gewichtskraft der Körper könnten die Ursache für die unterschiedlichen Fallgeschwindigkeiten sein. Klärung bieten zwei einfache Versuche.

Evakuierte Fallröhre mit einer Bleimünze und einer Vogelfeder (B 23)

Man lässt in einer (weitgehend) luftleer gepumpten Glasröhre eine Metallmünze und eine Vogelfeder gleichzeitig frei fallen. Beobachtung: Beide Körper treffen zum selben Zeitpunkt am Glasboden auf.

VERSUCH

Fehlt der Luftwiderstand, so fallen alle Körper offensichtlich gleich schnell. Sie erfahren die gleiche Fall- oder Erdbeschleunigung aus der Ruhelage heraus. Körpereigenschaften, die in der Realität Einfluss auf Luftwiderstand und Reibung nehmen, sind im Vakuum ohne Bedeutung.

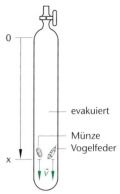

▸▸ **Fällt ein Körper im luftleeren Raum oder ohne Berücksichtigung seines Luftwiderstandes unter der Wirkung seiner Gewichtskraft, so spricht man vom freien Fall.**

Die für alle Körper gemeinsame Fall- oder Erdbeschleunigung erbringt der folgende Versuch.

Bild 23: Evakuierte Fallröhre

VERSUCH

Messung der Fallbeschleunigung (B 24)

① Haltemagnet mit Stahlkugel in Ruhe
② zwei Lichtschranken zur Zeitmessung
③ Längenmaßstab

Nach Öffnen des Stromkreises fällt eine kleine Stahlkugel senkrecht abwärts durch zwei Lichtschranken hindurch. Die erste Schranke setzt die Zeitmessung in Gang, die zweite unterbricht sie. Man misst die Falldauer $\Delta t = t$ in Abhängigkeit von der vorher eingestellten Fallstrecke $\Delta x = x$. Folgende Messreihe entsteht:

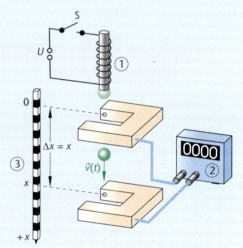

Bild 24: Messung der Fallbeschleunigung g

x in m	0,200	0,400	0,600	0,800	1,000
t in s	0,203	0,281	0,350	0,404	0,448
$\dfrac{x}{t^2}$ in ms^{-2}	4,85	5,07	4,90	4,90	4,98

Der Quotient $\dfrac{x}{t^2}$ ist im Rahmen der Messgenauigkeit konstant. Also folgt $x \sim t^2$ bzw. $x = kt^2$ mit $k = \dfrac{1}{5}(4,85 + 5,07 + 4,90 + 4,98)$ ms^{-2} = 4,94 ms^{-2} = konstant. Daraus entsteht die am Messort konstante Erdbeschleunigung. Sie erhält das Formelzeichen g.
Es gilt wie in Abschnitt 2.4 gezeigt: $g = 2k$, $g = 2 \cdot 4,94$ ms^{-2} = 9,88 ms^{-2}.
In vollständiger Darstellung ist die Fallbeschleunigung ein Vektor: $\vec{g}$. Einfach betrachtet, zeigt er an jedem Fallort zum Schwerpunkt des Erdkörpers hin.

Genaue Messungen ergeben, dass der Messwert von g auf der Erde unterschiedlich ist. Er hängt vom Messort ab und nimmt Werte zwischen 9,78 ms^{-2} am Äquator und 9,83 ms^{-2} an den Erdpolen an. Der geografische Breitengrad, der Aufbau der Erdkruste am Messort und die Entfernung vom Erdmittelpunkt sind bestimmend. Andere Einflussgrößen kommen hinzu.

Die mittlere Fallbeschleunigung für den gesamten Erdkörper beträgt 9,766 ms^{-2}. Jeder Himmelskörper hat auf der Oberfläche eine eigene konstante mittlere Beschleunigung. Für den Mond gilt: $g_M \approx \dfrac{1}{6} g$. Die Messwerte für die Fallbeschleunigung auf den Planetenoberflächen des Sonnensystems entnimmt man einer Formelsammlung.

▸▸ **Der freie Fall ist eine geradlinige Bewegung von Körpern im luftleeren Raum mit der am festen Ort gemeinsamen konstanten Erd- oder Fallbeschleunigung g. Ursache ist die konstante Gewichtskraft der Körper. Die Fallgesetze aus der Ruhelage heraus lauten:**

$$x = \frac{1}{2}gt^2, \qquad v = gt \text{ bzw. } v = \sqrt{2gx}, \qquad g = \text{konstant.}$$

Sie gelten auch für andere Himmelskörper mit dem dort jeweils gültigen Messwert von g auf der Oberfläche.

Bemerkungen zum freien Fall:

- Fallweg und Fallgeschwindigkeit hängen nicht von der Masse oder der Form eines frei fallenden Körpers ab. Alle Körper erfahren am gleichen Ort auf der Erdoberfläche die gleiche Fallbeschleunigung, sie fallen ohne Luftwiderstand gleich schnell.

- In der Erdatmosphäre unterliegt der freie Fall vielen Einflüssen. Die Luftreibung wirkt als verzögernde Kraft $\vec{F}_W$ der Gewichtskraft $\vec{F}_G$ eines Körpers entgegen. Auftriebskraft $\vec{F}_A$ und Seitenwinde kommen hinzu. Aus diesen Gründen läuft die Fallbewegung für Körper sehr unterschiedlich ab. In windfreier Atmosphäre und ohne Berücksichtigung der Auftriebskraft wächst der Luftwiderstand mit der quadrierten Fallgeschwindigkeit v. Die den Körper beschleunigende Kraft $\vec{F}_{rsl} = \vec{F}_G + \vec{F}_W$ bzw. $F_{rst} = F_G - F_W$ nimmt ab und strebt gegen null. Schließlich vollzieht der Körper eine geradlinige Bewegung mit konstanter Geschwindigkeit abwärts (B 25). Je schwerer der fallende Körper ist, umso später wird dieser Bewegungszustand erreicht. Die Auftriebskraft ist vor allem bei voluminösen Körpern zu berücksichtigen. Regentropfen schweben mit Geschwindigkeiten zwischen 0,05 ms^{-1} und 8,0 ms^{-1} gleichmäßig zu Boden, Fallschirmspringer mit etwa 5 ms^{-1} bis 7 ms^{-1}.

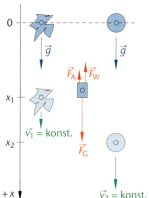

Bild 25: Freier Fall in der Luftatmosphäre

- Die von vielen Einflussgrößen abhängige Fallbeschleunigung g wird weltweit regelmäßig überprüft. Zu diesem Zweck hat man den Erdkörper mit einem Netz von 1854 Messstationen überzogen. Einer dieser Messorte ist das Geoforschungszentrum in Potsdam. Dort wurde der heute gültige Messwert der Fallbeschleunigung bestimmt. Er beträgt $g = 9,812601$ ms^{-2}.

- Die Normfallbeschleunigung ist in Deutschland per Definition festgelegt. Sie beträgt in Meeresspiegelhöhe $g = 9,80665$ ms^{-2}. Meist verwendet man aber den gerundeten Mittelwert $g = 9,81$ ms^{-2}. Für Überschlagsrechnungen ist $g = 10$ ms^{-2} ein sinnvoller Näherungswert.

- Die Fallgesetze gehen auf den italienische Physiker und Astronomen Galileo Galilei zurück. Er konnte sie 1609 theoretisch herleiten und später mithilfe von Fallrinnen experimentell erhärten.

- Aus dem Fallgesetz $x = \frac{1}{2}gt^2$ folgt durch Ableitung nach der Zeit t die Geschwindigkeit $v = \dot{x} = gt$ abhängig von der Zeit t und daraus durch eine weitere Ableitung die Beschleunigung $g = \dot{v} =$ konstant.

Beispiel

Ein Hubschrauber in der Höhe $h = 1,00$ km über Grund verharrt ruhend über einem Zielpunkt in unbewegter Luft. Er gibt eine stromlinienförmige Messsonde frei. In 0,300 km Höhe öffnet sich der Fallschirm.

a) Man berechne die maximale Geschwindigkeit v der Sonde.
b) Man bestimme die Flugdauer Δt mit dem Fallschirm unter Beibehaltung von v.
c) Tatsächlich zeigen die Messgeräte eine höhere Geschwindigkeit als v an. Man nenne einen Grund.

Lösung:

a) Die Messsonde vollzieht in der stehenden Luft aufgrund ihrer Form eine nahezu perfekte geradlinige Bewegung mit der konstanten Fallbeschleunigung $g = 9,81$ ms^{-2} aus der Ruheposition heraus. Die Höhenangabe bezieht man günstigerweise auf den Hubschrauber als Bezugspunkt und eine Achse senkrecht zur Erdoberfläche hin. Der Öffnungspunkt des Fallschirms hat dann die Koordinate $h_1 = +0,700$ km, die Erdoberfläche die Koordinate $h_2 = +1,00$ km. Es gelten die Bewegungsgleichungen: $h = \frac{1}{2}gt^2$ und $v = gt$. Mit $t = \frac{v}{g}$ folgt allgemein: $h = \frac{1}{2}g\left(\frac{v}{g}\right)^2 = \frac{1}{2}\frac{v^2}{g}$ bzw. $v = \sqrt{2gh}$. Mit Messwerten gilt: $v = \sqrt{2 \cdot 9,81 \text{ ms}^{-2} \cdot 7,00 \cdot 10^2 \text{ m}} = 117 \text{ ms}^{-1}$. Diese Maximalgeschwindigkeit wird im Moment der Fallschirmöffnung erreicht.

b) Die Sonde mit Fallschirm bewegt sich auf der Reststrecke geradlinig mit der konstanten Geschwindigkeit v. Für diese Bewegung gilt mit $\Delta h = h_2 - h_1$: $\Delta h = v\Delta t$ bzw. $\Delta t = \frac{\Delta h}{v}$. Mit Messwerten: $\Delta t = \frac{3,00 \cdot 10^2 \text{ m}}{117,2 \text{ ms}^{-1}} = 2,56$ s. Die Sonde würde bei dieser Aufprallgeschwindigkeit vermutlich Schaden erleiden.

c) Liegt der Messwert der Geschwindigkeit auch bei mehrfacher Versuchswiederholung über der berechneten Maximalgeschwindigkeit v, so könnte sich unter dem Zielgebiet z. B. ein Eisenerzlager befinden, das die Fallbeschleunigung erhöht.

2.6 Zusammengesetzte Bewegungen, Überlagerungsprinzip

Es kommt vor, dass ein Körper zur gleichen Zeit dem Einfluss verschiedener Bewegungsvorgänge ausgesetzt ist.

Beispiele: Ein Kind läuft im Kaufhaus gegen die Bewegungsrichtung der Rolltreppe; das Trommelfell im Ohr nimmt gleichzeitig Sprache, Musik und Geräusche aus verschiedenen Tonquellen wahr; ein Auto gerät während der Fahrt in starken Seiten- oder Gegenwind. Zu untersuchen ist, ob sich die Einzelbewegungen beim Zusammentreffen am gleichen Ort zur gleichen Zeit gegenseitig beeinflussen und welche Bewegung ein Betrachter registriert. Für die Untersuchung genügen zwei geradlinige Einzelbewegungen am gleichen Ort zur gleichen Zeit, um das Wesentliche zu verstehen.

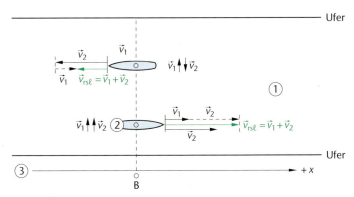

Bild 26: Überlagerung (Superposition) zweier linearer Einzelbewegungen;
$$\vec{v}_1 \parallel \vec{v}_2$$

In einem Flussbett sind folgende Bedingungen gegeben (B 26):

① Wasser fließt mit $\vec{v}_1$ = konstant relativ zum ruhenden Ufer nach rechts

② ein Boot fährt mit $\vec{v}_2$ = konstant relativ zum ruhenden Ufer

③ gewählt wird ein Bezugssystem mit dem ruhenden Bezugspunkt B = 0 am Ufer und einer Achse parallel zum Uferverlauf; der Bezugspunkt B ist Startpunkt der Bewegungen

Für die Geschwindigkeitsvektoren gilt $\vec{v}_1 \uparrow\uparrow \vec{v}_2$. Ein Betrachter im Bezugspunkt B beobachtet das Boot. Dessen Eigenbewegung nimmt er nicht wahr. B sieht vielmehr eine zusammengesetzte oder resultierende Bewegung oder Gesamtbewegung. Sie setzt sich aus den geradlinigen Einzelbewegungen von Wasser und Boot zusammen. Das Boot vollzieht für B eine geradlinige Bewegung mit der konstanten Geschwindigkeit $\vec{v}_{rsl} = \vec{v}_1 + \vec{v}_2$ bzw. mit $v_{rsl} = v_1 + v_2$ = konstant nach rechts. Ebenso gilt das Zeit-Ort-Gesetz $\vec{x}_{rst}(t) = \vec{x}_1(t) + \vec{x}_2(t)$ bzw. $x_{rsl}(t) = x_1(t) + x_2(t)$. Mit $x_1(t) = v_1 t$ und $x_2(t) = v_2 t$ entsteht $x_{rsl}(t) = v_1 t + v_2 t = (v_1 + v_2) t$. Für (hier nicht vorhandene) Beschleunigungsvektoren ergibt eine ähnliche Überlegung das Ergebnis: $\vec{a}_{rsl} = \vec{a}_1 + \vec{a}_2$ bzw. $a_{rsl} = a_1 + a_2$.

Fährt das Boot (B 26) gegen die Wasserströmung, gilt also $\vec{v}_1 \uparrow\downarrow \vec{v}_2$ und $v_1 < v_2$, so ändert sich an den vorgenannten Vektorgleichungen nichts. Für die Beträge folgt daraus: $v_{rsl} = + v_1 - v_2$ = konstant < 0, $x_{rsl} = (v_1 - v_2)$ t; das Boot fährt nach links.

▸ **Die Vorzeichen + oder − in einer Bewegungsgleichung beziehen sich auf den Verlauf der Vektoren zur gewählten + Bezugsachse.**

Sind die Vektoren $\vec{v}_1$ und $\vec{v}_2$ gegensinnig parallel und gilt $v_1 > v_2$, so bewegt sich das Boot langsamer als das Wasser nach rechts. Gilt $v_1 = v_2$, so sieht der Betrachter B das Boot in Ruhe; für den resultierenden Vektor gilt: $\vec{v}_{rsl} = \vec{0}$. Ist $v_1 < v_2$ wie in Abbildung B 26, so beobachtet B eine geradlinige Bewegung des Bootes nach links gegen die Wasserströmung. Beide Beispiele ermöglichen folgende Aussage:

Vollführt ein Körper gleichzeitig zwei (oder mehr) unabhängige Einzelbewegungen, so überlagern sie sich ungestört, sie beeinflussen sich nicht gegenseitig in ihrem Ablauf. Man kann einfache Bewegungen zu einer komplizierten zusammensetzten (**Superposition**) und umgekehrt eine komplizierte Bewegung auf einfache Grundbewegungen zurückführen. Die resultierenden Orte, Geschwindigkeiten und Beschleunigungen entstehen durch vektorielle Addition der (zeitabhängigen) Einzelgrößen.

Gilt $\vec{v}_1 \perp \vec{v}_2$ (B 27 rechts), so fährt das Boot rechtwinklig zur Wasserströmung. Der Betrachter B sieht eine Gesamtbewegung, die sich wie bisher aus den Einzelbewegungen vektoriell zusammensetzt. Das Boot gelangt infolge seiner Eigengeschwindigkeit $\vec{v}_2$ zum anderen Ufer; gleichzeitig wird es durch das Wasser mit der Geschwindigkeit $\vec{v}_1$ flussabwärts getrieben. Es kommt am Uferpunkt Q an. Erneut gelten die Vektorgleichungen $\vec{v}_{rsl} = \vec{v}_1 + \vec{v}_2$ und $\vec{x}_{rst}(t) = \vec{x}_1(t) + \vec{x}_2(t)$. Die resultierende Geschwindigkeit gewinnt man dieses Mal nicht durch einfache Addition oder Subtraktion, sondern mit dem Satz des Pythagoras:

$$v_{rsl}^2 = v_1^2 + v_2^2, \quad v_{rsl} = \sqrt{v_1^2 + v_2^2} = \text{konstant}$$

und analog

$$x_{rsl}^2 = x_1^2 + x_2^2, \quad x_{rsl}(t) = \sqrt{v_1^2 + v_2^2}\, t.$$

Liegt der Startpunkt der Bewegungen nicht in B = 0 (B 28), so entsteht der resultierende Ortsvektor ebenfalls nach der Vektorgleichung

$$\vec{x}_{rsl}(t) = \vec{x}_0 + \vec{x}_1(t) + \vec{x}_2(t).$$

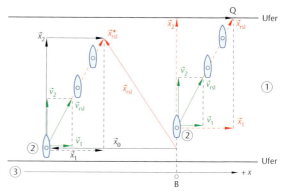

Bild 27: Überlagerung (Superposition) zweier linearer Einzelbewegungen; $\vec{v}_1 \perp \vec{v}_2$

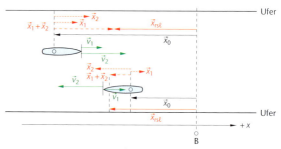

Bild 28: Überlagerung mit $\vec{v}_1 \perp \vec{v}_2$, B = 0 nicht Startpunkt

Betragsmäßig gilt für die Fälle in Abbildung B 28 mit

$\vec{v}_1 \uparrow\uparrow \vec{v}_2$: $x_{rsl}(t) = -x_0 + v_1 t + v_2 t = -x_0 + (v_1 + v_2)t$.

$\vec{v}_1 \uparrow\downarrow \vec{v}_2$: $x_{rsl}(t) = -x_0 + x_1(t) - x_2(t)$,

$$x_{rsl}(t) = -x_0 + v_1 t - v_2 t = -x_0 + (v_1 - v_2)t.$$

Ist der Startpunkt nicht B = 0 und $\vec{v}_1 \perp \vec{v}_2$ (B 27 links), so besteht die Vektorgleichung $\vec{x}_{rsl}(t) = \vec{x}_0 + \vec{x}_1(t) + \vec{x}_2(t)$ fort, aber die Betragsgleichung wird schwierig. Neben dem Satz von Pythagoras ist meist auch der Sinus- und/oder Kosinussatz einzusetzen. Hier im Beispiel gilt:

$[x_{rsl}(t)]^2 = [-x_0 + x_1(t)]^2 + x_2^2(t) = x_1^2(t) - 2x_0 x_1(t) + x_0^2 + x_2^2(t) = (v_1 t)^2 - 2x_0 v_1 t + x_0^2 + (v_2 t)^2$.

▸▸ **Überlagerungsprinzip**, Unabhängigkeitssatz für Bewegungen, Superposition

Zwei oder mehr unabhängige Einzelbewegungen zur gleichen Zeit am gleichen Ort überlagern sich ungestört. Die resultierenden Größen ergeben sich als Vektorsumme der Einzelgrößen. Es gilt für

den resultierenden Ort: $\vec{x}_{rsl}(t) = \vec{x}_1(t) + \vec{x}_2(t)$,

die resultierende Geschwindigkeit: $\vec{v}_{rsl}(t) = \vec{v}_1(t) + \vec{v}_2(t)$,

die resultierende Beschleunigung: $\vec{a}_{rsl}(t) = \vec{a}_1(t) + \vec{a}_2(t)$.

Die zugehörigen Beträge bildet man einfach durch Addition oder Subtraktion, falls $\vec{v}_1 \| \vec{v}_2$, oder mit dem Satz des Pythagoras, falls $\vec{v}_1 \perp \vec{v}_2$ und $\vec{x}_0 = \vec{0}$.

Bemerkung:

Die bisherigen Überlegungen haben in gleicher Weise Bedeutung für die Überlagerung von mehr als zwei Einzelbewegungen und ebenso für Kräfte (s. Kap. 3). Allerdings gilt dieses Überlagerungsprinzip nur in der klassischen Physik, also für Körpergeschwindigkeiten $v < 0,1\ c_0$ mit $c_0 \approx 3,00 \cdot 10^8\ \mathrm{ms}^{-1}$ als Vakuumlichtgeschwindigkeit.

Verallgemeinerung der Bewegungsgleichungen

Ein Körper habe im Zeitpunkt $t_1 = 0$ die Anfangsgeschwindigkeit $v(t_1) = v_0$ und den Anfangsort $x(t_1 = 0) = x(0) = 0$ (B 28.1). Ohne weitere Einwirkung von außen bewegt er sich im gewählten Bezugssystem gleichförmig linear nach rechts. Unterliegt er ab $t_1 = 0$ zusätzlich einer konstanten Beschleunigung a nach rechts, so erreicht er im späteren Zeitpunkt t_2 die größere Endgeschwindigkeit $v_2 = v$ am Ort x. Zur geradlinigen Bewegung mit der konstanten Geschwindigkeit $\vec{v}$ kommt gleich-

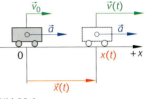

Bild 28.1

zeitig eine mit der konstanten Beschleunigung $\vec{a}$ hinzu. Beide beeinflussen oder stören sich gegenseitig nicht. Ein Beobachter von außen sieht diese Einzelbewegungen nicht; er nimmt nur die Gesamtbewegung wahr, die sich aus beiden nach dem Überlagerungsprinzip zusammensetzt. Für die Beschleunigung a der resultierenden Bewegung gilt:

$$a = \frac{\Delta v}{\Delta t} = \frac{v(t_2) - v(t_1)}{t_2 - t_1} = \frac{v(t_2) - v_0}{t_2 - 0}; \quad v(t_2) = at_2 + v_0.$$

Daraus entsteht im (beliebigen) Zeitpunkt $t_2 = t > 0$ das t-v-Gesetz: $v(t) = at + v_0$.

Die Auflösung nach t ergibt $t = \dfrac{v(t) - v_0}{a}$.   (*)

Der Momentanort im Zeitpunkt t ist nach dem Überlagerungsprinzip $x(t) = v_0 t + \dfrac{1}{2}at^2$. (**)

Eliminiert man in dieser Gleichung t durch (*), so erhält man einen wichtigen Zusammenhang zwischen dem Momentanort x und der Momentangeschwindigkeit v.

$$x(t) = v_0 \frac{v(t) - v_0}{a} + \frac{a[v(t) - v_0]^2}{2a^2} = \frac{2v_0 v - 2v_0^2 + v^2 - 2v_0 v + v_0^2}{2a} = \frac{v^2 - v_0^2}{2a}, \quad 2ax = v^2 - v_0^2.$$

Die Endgeschwindigkeit $v(x) = \sqrt{2ax + v_0^2}$ hängt nicht mehr vom Zeitpunkt t ab, sondern vom bis dahin erreichten Ort x.

Ist zusätzlich $v_0 = 0$, so verkürzt sich dieses Ergebnis zu $2ax = v^2$ bzw. $v = \sqrt{2ax}$.

Hat ein Körper im gewählten Bezugssystem die Anfangsbedingungen $x(t_1 = 0) = x_0 \neq 0$ und $v_0 \neq 0$, so erweitert sich (**) zu $x(t) = x_0 + v_0 t + \dfrac{1}{2}at^2$.

▸ **Bewegungsgleichungen und Bewegungsdiagramme:**

Für die geradlinige Bewegung mit konstantem Dauerantrieb gelten unter Verwendung der Anfangsbedingungen $x(t = 0) = x_0$ und $v(t_0 = 0) = v_0 \neq 0$ die Bewegungsgesetze:

(I) $a(t) =$ konstant   (II) $v(t) = v_0 + at$ (III) $x(t) = x_0 + v_0 t + \dfrac{1}{2}at^2$

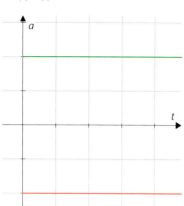

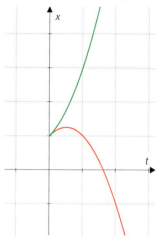

t-a-Diagramm t-v-Diagramm t-x-Diagramm

Mathematisch ist der Zusammenhang zwischen Funktionsgleichung (in Abhängigkeit von t) und Funktionsgraph eindeutig: Zur konstanten Funktion gehört eine Parallele zur t-Achse.

Zur linearen Funktion erhält man eine Gerade mit der Steigung a und dem Achsenabschnitt v_0. Die quadratische Funktion liefert eine Parabel.

Die Bewegungsgleichungen (II) und (III) ergeben für $x_0 = 0$, wie im vorangegangenen Text gezeigt, zusätzlich einen einfachen Zusammenhang zwischen den physikalischen Größen v, v_0, x und a: $2ax = v^2 - v_0^2$. Diese Formel eignet sich besonders bei Problemstellungen, bei denen der Zeitpunkt t nicht bekannt ist.

Beispiele

1. Ein Rennauto durchfährt eine Kurve mit der konstanten Geschwindigkeit $v_0 = 165 \dfrac{\text{km}}{\text{h}}$.
    Auf der nachfolgenden Geraden beschleunigt es 2,5 s lang mit $a = 8,5 \text{ ms}^{-2} =$ konstant.
    a) Berechnen Sie die Endgeschwindigkeit v_t nach 2,5 s.
    b) Berechnen Sie die Strecke, die das Rennauto dabei auf der Geraden zurücklegt.

    Lösung:

    a) $v(t) = v_0 + at$; $v(2,5 \text{ s}) = (165 : 3,6) \text{ ms}^{-1} + 8,5 \text{ ms}^{-2} \cdot 2,5 \text{ s} = 67 \text{ ms}^{-1} = 2,4 \cdot 10^2 \dfrac{\text{km}}{\text{h}}$.

    b) Wählt man auf der geraden Fahrbahn das Bezugssystem so, dass $x(t_0 = 0) = 0$ und $\vec{a} \uparrow\uparrow + x$-Achse gilt, dann erhält man: $x(t) = v_0 t + \dfrac{1}{2}at^2$.

    Mit Messwerten: $x(t = 2,5 \text{ s}) = (165 : 3,6) \text{ ms}^{-1} \cdot 2,5 \text{ s} + \dfrac{1}{2} \cdot 8,5 \text{ ms}^{-2} \cdot (2,5 \text{ s})^2 = 1,4 \cdot 10^2 \text{ m}$.

2. Für die geradlinige Bewegung eines D-Zuges erhält man das t-v-Diagramm in B 28.2.
    a) Man berechne die Strecke, die der Zug in den ersten sieben Minuten zurücklegt.
    b) Man zeichne für $0 \le t \le 10$ min das t-a-Diagramm.

c) Man beschreibe den Bewegungsablauf für die Zeit t, 6 min $\leq t \leq$ 10 min.

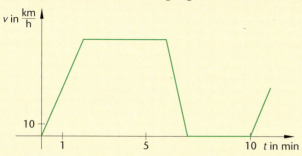

Bild 28.2

Lösung:

a) Der Flächeninhalt unter dem Graphen im t-v-Diagramm entspricht dem zurückgelegten Weg.
Mit der Formel für den Flächeninhalt $A = \dfrac{1}{2}(a + c)h$ eines Trapezes erhält man:

$$s = \frac{1}{2}(7 \text{ min} + 4 \text{ min}) \cdot \left(80 \,\frac{\text{km}}{\text{h}}\right) = \frac{1}{2}(11 \cdot 60 \text{ s})\,(80 : 3{,}6)\,\text{ms}^{-1} = 7 \text{ km}$$

Alternativ kann man die Strecke s natürlich auch in drei Teilstrecken zerlegen:

$$s_1 = \frac{1}{2}a_1 t^2, \; s_1 = \frac{1}{2}\frac{80 : 3{,}6 \text{ ms}^{-1}}{2 \cdot 60 \text{ s}}(2 \cdot 60 \text{ s})^2 = 1 \text{ km},$$

$$s_2 = v_0 t + \frac{1}{2}a_2 t^2 = v_0 t, \text{ da } a_2 = 0, \; s_2 = (80 : 3{,}6)\,\text{ms}^{-1} \cdot 4 \cdot 60 \text{ s} = 5 \text{ km},$$

$$s_3 = (80 : 3{,}6)\,\text{ms}^{-1} \cdot 60 \text{ s} + \frac{1}{2}\frac{0 - 80 : 3{,}6 \text{ ms}^{-1}}{60 \text{ s}}(60 \text{ s})^2 = 1 \text{ km},$$

$$s = s_1 + s_2 + s_3; \; s = 7 \text{ km}.$$

b) Aus a) folgt das t-a-Diagramm mit $a_1 = 0{,}2 \text{ ms}^{-2}, a_2 = 0, a_3 = -0{,}4 \text{ ms}^{-2}, a_4 = 0$, da $\Delta v = 0$
(B 28.3).

c) Der D-Zug bremst mit der konstanten Beschleunigung a_3 und steht im Zeitpunkt $t^* = 7$ min. Er
hat im Bahnhof drei Minuten Aufenthalt (danach beschleunigt er wieder konstant).

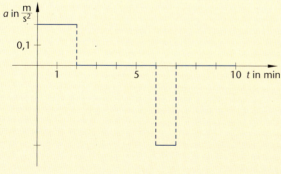

Bild 28.3

3. Zwei Autos fahren mit der Geschwindigkeit 72 km/h auf gerader Strecke im Abstand von
40 m hintereinander her. An einer übersichtlichen Stelle setzt der hintere Autofahrer (A_1)
zum Überholen an. Dabei beschleunigt er innerhalb von 2 s auf 108 km/h. Er schert vor
dem langsameren Fahrer (A_2) ein, wenn der Abstand wieder auf 20 m angewachsen ist.
Die Autos sollen hierbei als Massenpunkte angenommen werden.
a) Man berechne, zu welchem Zeitpunkt t_1 sich beide Autos auf gleicher Höhe befinden.
b) Man berechne die Dauer des Überholvorgangs.

c) Man bestimme, welche Strecke der Überholende auf der Gegenfahrbahn zurücklegt.
d) Man zeichne für $0 \leq t \leq 6$ s das t-v- und das t-x-Diagramm beider Fahrzeuge.

Lösung:

a) Man behandelt den Überholvorgang in zwei Schritten.

1. Schritt für $t < 2$ s: Man legt für beide Autos ein ruhendes Bezugssystem fest, wobei sich z. B. der Ursprung des Koordinatensystem im (Massenpunkt des) hinteren Autos befindet und die positive x–Achse in Fahrtrichtung zeigt. Damit erhält man folgende Bewegungsgleichungen für

A_1: $x_1(t) = v_0\, t + \dfrac{1}{2}\, a_1\, t^2$, mit $v_0 = 72\ \dfrac{\text{km}}{\text{h}} = 20\ \text{ms}^{-1}$ und $a_1 = \dfrac{\Delta v}{\Delta t}$ bzw. $a_1 = \dfrac{10\ \text{ms}^{-1}}{2\ \text{s}} = 5\ \text{ms}^{-2}$

A_2: $x_2(t) = x_2 + v_0\, t$, mit $x_2 = 40$ m und $v_0 = 20\ \text{ms}^{-1}$

Nach 2 s hat A_1 die Wegmarke $x_1(2\ \text{s}) = 50$ m und A_2 die Wegmarke $x_2(2\ \text{s}) = 80$ m erreicht. Der Vorsprung von A_2 ist also auf 30 m geschrumpft.

2. Schritt für $t > 2$ s: Beide Autos fahren jetzt mit der konstanten Geschwindigkeit $v_1 = 30\ \text{ms}^{-1}$ bzw. $v_0 = 20\ \text{ms}^{-1}$. Bei der Relativgeschwindigkeit $v_{\text{rel}} = 10\ \text{ms}^{-1}$ ist der Rückstand von 30 m des A_1 in genau 3 s aufgeholt. Zum Zeitpunkt $t_1 = 5$ s befinden sich daher A_1 und A_2 auf gleicher Höhe.

b) Zum neuen Zeitpunkt $t_0 = 0$ befinden sich beide Autos auf gleicher Höhe. Die Bewegungsgleichungen lauten jetzt $x_1(t) = v_1 t$, $x_2(t) = v_0\, t$, mit $v_1 = 108\ \dfrac{\text{km}}{\text{h}} = 30\ \text{ms}^{-1}$; $v_0 = 20\ \text{ms}^{-1}$.

A_1 hat bezogen auf A_2 am Ende des Überholvorgangs 20 m mehr Weg zurückgelegt; damit gilt der Ansatz: $v_1 t = v_0 t + 20$ m $\leftrightarrow (v_1 - v_0)\, t = 20$ m $\leftrightarrow$

$t = \dfrac{20\ \text{m}}{(v_1 - v_0)} \rightarrow t = \dfrac{20\ \text{m}}{(30\ \text{ms}^{-1} - 20\ \text{ms}^{-1})} = 2$ s.

Also dauert der Überholvorgang insgesamt 7 s.

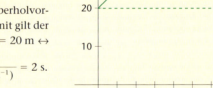

Bild 28.4

c) Fahrer A_2 verhindert das Einscheren von A_1 längs der Strecke Δx:

$\Delta x = v_0\, \Delta t + 40$ m $+ 20$ m, $\Delta x = 20\ \text{ms}^{-1} \cdot 7\ \text{s} + 60$ m $= 200$ m. Aus dieser langen Überholstrecke auf der Gegenfahrbahn können sich für den Überholenden Gefahren ergeben!

d) B 28.4 stellt die Geschwindigkeiten von A_1 und A_2 in Abhängigkeit von t grafisch dar.

Zu A_1 gehören die t-v-Gesetze $v_1(t) = 20\ \text{ms}^{-1} + 5{,}0\ \text{ms}^{-2}\, t$ für $0 \leq t \leq 2$ s und $v_1(t) = 30\ \text{ms}^{-1} =$ konstant für $2\ \text{s} \leq t \leq 6$ s. Zu A_2 gehört das t-v-Gesetz $v_2(t) = 20\ \text{ms}^{-1} =$ konstant für $0 \leq t \leq 6$ s.

B 28.5 zeigt die t-x-Diagramme. Den gleichförmigen Bewegungen beider Fahrzeuge entsprechen Geraden mit den konstanten Steigungen v_1 und v_0; sie unterscheiden sich im Achsenabschnitt.

Die beschleunigte Bewegung von A_1 wird vom Parabelteil erfasst. Man skizziert ihn mithilfe der Funktionswerte $x_1(0\ \text{s}) = 0$ m, $x_1(1\ \text{s}) = 22{,}5$ m und $x_1(2\ \text{s}) = 50$ m.

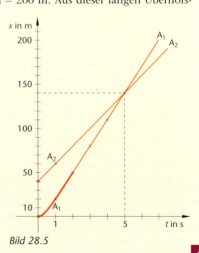

Bild 28.5

Zwei ausführliche Bespiele zur Überlagerung sollen den Stoff vertiefen.

2.6.1 Waagrechter Wurf

Aus einem Glas strömt Wasser seitwärts aus Öffnungen in unterschiedlichen Höhen (B 29). Die Wasserstrahlen sehen alle parabelförmig aus. Je höher die Wassersäule im Gefäß steht, umso größer sind Wasserdruck, konstante horizontale Austrittsgeschwindigkeit $\vec{v}_0$ und Öffnungsweite der Bahnen. Die Wassertröpfchen im Strahl unterliegen beim Austritt einer gleichförmigen Horizontalbewegung nach rechts und einem freien Fall abwärts mit $\vec{g}$ = konstant.

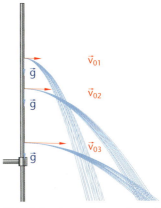

▸▸ Eine Körperbewegung, die sich aus einer geradlinigen Bewegung mit konstanter horizontaler Anfangsgeschwindigkeit $\vec{v}_0$ und einem freien Fall zusammensetzt, heißt **waagrechter Wurf**. Den parabelförmigen Bahnverlauf nennt man Wurfparabel.

Bild 29: Parabelförmig ausströmendes Wasser

Waagrechter Wurf und freier Fall im Vergleich (B 30)

① Stahlkugel am Haltemagnet
② vom außenstehenden Betrachter beobachteter Bahnverlauf

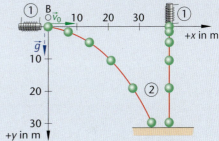

Bild 30: Waagrechter Wurf und freier Fall

Versuchsdurchführung:
Zwei Stahlkugeln in gleicher Höhe über dem Laborwagen mit gleicher oder unterschiedlicher Masse werden gleichzeitig ausgelöst und fallen frei. Die linke Kugel erhält zusätzlich die waagrechte konstante Anfangsgeschwindigkeit $\vec{v}_0$.

Beobachtung:
Die beiden Kugeln schlagen im gleichen Zeitpunkt t^* auf dem Wagen auf, unabhängig von ihrer Masse und der gewählten Fallhöhe. Die linke Kugel bewegt sich offensichtlich auf einer Parabelbahn.

Erklärung:
Die Gewichtskraft veranlasst beide Kugeln ab Startzeitpunkt $t_0 = 0$ zum freien Fall mit der gemeinsamen konstanten Fallbeschleunigung g. Die linke Kugel fällt frei; gleichzeitig entfernt sie sich von der Tischkante nach rechts; freier

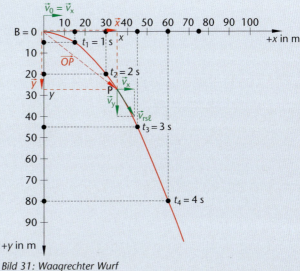

Bild 31: Waagrechter Wurf

VERSUCH

Fall und waagrechte Bewegung mit der konstanten Horizontalgeschwindigkeit $\vec{v}_0$ beeinflussen sich gegenseitig nicht.

Zur mathematischen Beschreibung der linken Bahn in B 30 wählt man einen beliebigen Bahnpunkt P im Zeitpunkt $t > 0$ vor Auftreffen der Kugel auf den Wagen (B 31). Folgendes Vorgehen ist angebracht:

1. In Anlehnung an die beobachtete Bahn wählt man ein Bezugssystem aus Bezugspunkt B = 0 und zwei zueinander senkrechten Achsen. Die Bewegung beginnt in B. Die y-Achse ist abwärts, die x-Achse nach rechts positiv orientiert.

2. In horizontaler $+x$-Richtung gilt: Die Kugel bewegt sich geradlinig mit der konstanten Anfangsgeschwindigkeit $\vec{v}_x = \vec{v}_0$ bzw. $v_x = v_0$. Diese Bewegung wird durch nichts beeinflusst. Sie läuft so lange ab, bis der Körper unten auf dem Wagen ankommt. Sie sorgt für die Entfernung von der Tischkante. Mit der Anfangsbedingung $x(t_0 = 0) = x_0 = 0$, $v_x(t_0 = 0) = v_0 > 0$ gelten die Bewegungsgleichungen $x(t) = v_x t$ und $v_x = v_0 = $ konstant.

3. In vertikaler $+y$-Richtung gilt: Die Fallbewegungen der linken und der rechten Kugel verlaufen nach B 30 gleich. Mit der Anfangsbedingung $y(t_0 = 0) = 0$, $v_y(t_0 = 0) = 0$ unterliegen beide den Bewegungsgleichungen des freien Falls, nämlich $y(t) = \dfrac{1}{2}gt^2, v_y(t) = gt$, $g = $ konstant. Daher treffen beide Kugeln im gleichen Zeitpunkt auf dem Wagen auf.

4. Der in B ruhende Betrachter beobachtet in seinem Bezugssystem nur die Gesamtbewegung der linken Kugel und nicht die Einzelbewegungen, aus denen sie sich zusammensetzt. Die Gesamtbewegung lässt sich aus den Einzelbewegungen aufbauen. Vektor der resultierenden Geschwindigkeit tangential zur Bahnkurve im Bahnpunkt P: $\vec{v}_{rsl} = \vec{v}_x + \vec{v}_y$, betragsmäßig: $v_{rsl}^2 = v_x^2 + v_y^2$. Mit $v_x = v_0$, $v_y(t) = gt$ folgt:

$$v_{rsl}(t) = \sqrt{v_0^2 + g^2 t^2}.$$

Für den Ortsvektor des Bahnpunktes P(x/y) gilt die Vektorgleichung:

$$\overrightarrow{OP}(t) = \vec{x}(t) + \vec{y}(t); \text{ betragsmäßig } |\overrightarrow{OP}|^2 = x^2(t) + y^2(t), |\overrightarrow{OP}(t)| = \sqrt{v_0^2 t^2 + \frac{1}{4}g^2 t^4}.$$

Der Betrag des Ortsvektors, also die Länge $|\overrightarrow{OP}|$, erfasst die momentane Entfernung des Bahnpunkts P vom Bezugspunkt B = 0. Sie hat nichts mit der Länge der gekrümmten Bahn zwischen B und P zu tun.

Man beachte, dass alle zeitabhängigen Größen und Gleichungen nur zwischen dem Startzeitpunkt $t_0 = 0$ und dem Auftreffzeitpunkt t_f gelten. Im Zeitpunkt t_f endet der waagrechte Wurf, es ist der Endzeitpunkt.

5. Es wurde zuvor die Vermutung geäußert, dass die tatsächliche Bahnkurve parabelförmig sei. Dies soll jetzt rechnerisch bestätigt werden. P ist irgendein Bahnpunkt mit den zeitabhängigen Koordinaten $x(t)$ und $y(t)$; x ist Argument und $y(x)$ der Funktionswert. Daher eliminiert man den gemeinsamen Zeitparameter t und gewinnt so die Funktionsgleichung in der üblichen Form $y = f(x)$.

$x(t) = v_x t$, $t = \dfrac{x}{v_x}$ wird in $y(t) = \dfrac{1}{2}gt^2$ eingesetzt. Es entsteht $y(x) = \dfrac{1}{2}g\dfrac{x^2}{v_x^2} = \dfrac{g}{2v_x^2}x^2$.

Da $\dfrac{g}{2v_x^2} = $ konstant, gilt $y \sim x^2$. Die quadratische Funktionsgleichung $y(x) = kx^2$

hat eine Parabel als Graph. Der Vergleich der Gleichungen bestätigt direkt die Vermutung. Die Bahnkurve des waagrechten Wurfs ist tatsächlich parabelförmig.

6. Wie heißen die Bewegungsgleichungen des waagrechten Wurfes, falls die y-Achse senkrecht nach oben positiv orientiert ist?

Lösung: $y(t) = -\dfrac{1}{2}gt^2;\ v(t) = -gt;\ v_{\text{rsl}}(t) = \sqrt{v_0^2 + (-gt)^2} = \sqrt{v_0^2 + g^2t^2}$,

$$|\overrightarrow{OP}(t)| = \sqrt{t^2\left(v_0^2 + \frac{1}{4}g^2t^2\right)}.$$

2.6.2   Der senkrechte Wurf

Ein Körper mit konstanter Anfangsgeschwindigkeit $\vec{v}_0$ wird senkrecht zur ideal kugelförmig gedachten Erdoberfläche nach oben geworfen (B 32). Während der Bewegung unterliegt er permanent der konstanten Fallbeschleunigung $\vec{g}$ am Versuchsort. Seine Geschwindigkeit nimmt längs der geraden Bahn aufwärts mit der Zeit t ab. Im höchsten Punkt U(0/H) der Bahn, dem oberen Umkehrpunkt, ist sie null. Danach bewegt sich der Körper mit zunehmender Geschwindigkeit abwärts; er schlägt mit maximaler Geschwindigkeit auf der Erde auf.

▸▸ **Eine Körperbewegung, die sich aus einer geradlinigen Bewegung mit konstanter vertikaler Anfangsgeschwindigkeit $\vec{v}_0$ und einem freien Fall zusammensetzt, heißt senkrechter Wurf.**

Zur Beschreibung der Bewegung geht man wie beim waagrechten Wurf vor (B 32).

1. Man wählt zuerst ein günstiges Bezugssystem. Der Bezugspunkt B = 0 wird auf die Erdoberfläche gelegt. Die einzige Achse, senkrecht zur Oberfläche und nach oben positiv orientiert, lehnt sich an den beobachteten linearen Bahnverlauf an. Die Bewegung beginnt am Punkt P_0 mit der konstanten Anfangsgeschwindigkeit $\vec{v}_0$, wobei $\vec{g} \uparrow\downarrow \vec{v}_0$. Zu P_0 gehört der Ortsvektor $\vec{y}_0$. Die Anfangsbedingung für den senkrechten Wurf lautet:

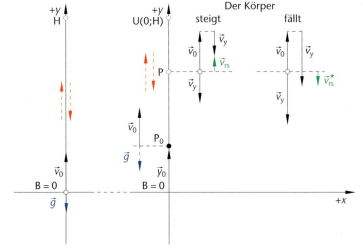

Bild 32: Senkrechter Wurf

$\vec{y}(t_0 = 0) = \vec{y}_0,\ \vec{v}(t_0 = 0) = \vec{v}_0 =$ konstant $\neq \vec{0}$. Am Körper werden längs der Bahn gleichzeitig eine geradlinige Bewegung mit konstanter Geschwindigkeit $\vec{v}_0$ senkrecht aufwärts und der freie Fall mit $\vec{g} =$ konstant senkrecht abwärts wirksam. Beide Einzelbewegungen beeinflussen sich nicht, führen aber zur in B beobachteten Gesamtbewegung.

2. In vertikaler y-Richtung aufwärts gilt im Bahnpunkt P: Es liegt eine geradlinige Bewegung mit der konstanten Geschwindigkeit $\vec{v}_0$ vor. Das t-y-Gesetz lautet $y_1(t) = +v_0 t$ und besteht, solange die Gesamtbewegung anhält, also über den U-Durchgang hinaus auch während der Abwärtsbewegung. Begründung: Es existiert kein Einfluss, der diese Einzelbewegung stört oder aufhebt.

   Gleichzeitig vollzieht der Körper einen freien Fall, ungestört und nicht durch Einflüsse von außen beeinträchtigt, mit der konstanten Fallbeschleunigung $\vec{g}$. Da $\vec{g} \uparrow\downarrow +y$-Achse, heißen die zugehörigen Bewegungsgesetze:

   $$v_y(t) = -gt, \; y_2(t) = -\frac{1}{2}gt^2.$$

3. Der Betrachter in B beschreibt nach dem Überlagerungsprinzip die Gesamtbewegung folgendermaßen:

   Momentangeschwindigkeit: $\vec{v}_{rsl}(t) = \vec{v}_0 + \vec{v}_y(t)$ bzw. $v_{rsl}(t) = v_0 + v_y(t) = v_0 - gt$.

   Momentanort: $\qquad\qquad y_{rsl}(t) = y_0 + y_1(t) + y_2(t)$ bzw.

   $$y_{rsl}(t) = y_0 + v_0 t - \frac{1}{2}gt^2.$$

4. Mit $\vec{y}_0 = \vec{0}$ liegt ein wichtiger Sonderfall vor. Der senkrechte Wurf beginnt dann im Bezugspunkt $B = 0$. Die Bewegungsgesetze verkürzen sich zu $v_{rsl}(t) = v_0 - gt$ und

   $$y_{rsl}(t) = y_1(t) + y_2(t) = v_0 t - \frac{1}{2}gt^2.$$

   In diesem Fall fragt man manchmal nach der Steigdauer T, also der Zeitlänge zwischen B und U, und der Steighöhe H, der y-Koordinate des oberen Umkehrpunktes U.

   Im Punkt U des senkrechten Wurfs gilt $v_{rsl}(t = T) = 0$, der Geschwindigkeitsvektor wechselt seine Orientierung. $\vec{v}_{rsl} \uparrow\uparrow +y$-Achse bei der Aufwärtsbewegung geht in $\vec{v}_{rsl} \uparrow\downarrow +y$-Achse bei der Abwärtsbewegung über.

   Mit dem Ansatz $v_{rsl}(t = T) = 0$ entsteht $v_0 - gT = 0$, $T = \dfrac{v_0}{g}$. Da g = konstant, ist $T \sim v_0$.

   Unter idealen Bedingungen steuert man die Wurfhöhe H allein über die Anfangsgeschwindigkeit v_0. In der Realität nehmen Luftströmung und -reibung massiven Einfluss auf den Bahnverlauf. Meist entsteht eine ballistische Kurve.

   Berechnung der Wurfhöhe H: $y_{rsl}(t) = v_0 t - \dfrac{1}{2}gt^2$, $t = T = \dfrac{v_0}{g}$; somit:

   $$y_{rsl}(t = T) = H = v_0 T - \frac{1}{2}gT^2 = v_0 \frac{v_0}{g} - \frac{1}{2}g\frac{v_0^2}{g^2} = \frac{1}{2}\frac{v_0^2}{g}.$$

Wegen $H \sim v_0^2$, $\dfrac{1}{2g}$ = konstant, ist die Wurfhöhe besonders stark von v_0 abhängig. Schon eine kleine Erhöhung der Anfangsgeschwindigkeit ruft eine deutliche Zunahme der Wurfhöhe hervor.

Schließlich kann man die Auftreffgeschwindigkeit des Körpers auf den Boden bestimmen bzw. die Endgeschwindigkeit v_f der Bewegung.

Die rechnerische Herleitung mithilfe der vorangehenden Überlegungen ist einfach, das Ergebnis lautet:
$v_f = -v_0$ (B 33).

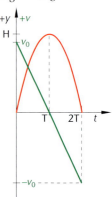

Bild 33: t-x- und t-v-Diagramm beim senkrechten Wurf

B 33 zeigt das t-y- und das t-v-Diagramm für den senkrechten Wurf. Man erkennt, dass die Steig- und Fallbewegung symmetrisch ablaufen. Außerdem entnimmt man den Ort und die Bahngeschwindigkeit nach der Steigdauer T und im Zeitpunkt $t^* = 2T$.

Aufgaben

1. Ein Dragster beschleunigt in 4,5 s von null auf 350 km/h. Berechnen Sie die (mittlere) Beschleunigung a und den Beschleunigungsweg x.

2. Ein Motorrad hat die Geschwindigkeit $v = 40,0$ m/s. Berechnen Sie die Endgeschwindigkeit v_f, die bei der konstanten Verzögerung $a = 8,0$ m/s² nach 5,0 s eingenommen wird.

3. Ein Auto fährt auf einer horizontalen Landstraße mit der konstanten Geschwindigkeit $v_0 = 108$ km/h. Plötzlich springt eine Kuh in 70 m Entfernung vor dem Pkw auf die Fahrbahn. Nach einer Reaktionszeit von $t_p = 0,50$ s bremst der Fahrer das Fahrzeug mit der konstanten Verzögerung $a = 8,0$ m/s² ab.

   a) Die (orientierungslose) Kuh rennt nach einer Reaktionszeit von $t_k = 2,0$ s mit der (durchschnittlichen) Geschwindigkeit $v_k = 5,0$ m/s dem Auto entgegen. Ermitteln Sie, mit welcher Geschwindigkeit v das Auto auf die Kuh prallt.

   b) Ermitteln Sie, ob der Zusammenstoß mit der Kuh vermieden wird, wenn diese nach einer Reaktionszeit von $t_k = 2,0$ s mit der Geschwindigkeit $v_k = 0,50$ m/s in Fahrtrichtung des Autos flieht.

   c) Bestimmen Sie, mit welcher Geschwindigkeit v* das Auto auf die Kuh trifft, wenn sie vor Schreck erstarrt stehen bleibt.

4. Zwei Radrennfahrer nähern sich der Ziellinie mit jeweils 60,0 km/h. Im Abstand von 15 m auf den Vordermann beginnt der zweite aus dem Windschatten heraus eine Attacke. Nach einer 6,5 s langen konstanten Beschleunigung überholt er ihn auf der Ziellinie (Fotofinish). Berechnen Sie die (mittlere) Beschleunigung a und die Zielgeschwindigkeit des Siegers.

5. Ein Mann steht auf einem 50,0 m hohen Aussichtsturm. Er lässt einen Stein senkrecht nach unten fallen und wirft 0,50 s später einen zweiten mit einer Geschwindigkeit von 10,0 m/s hinterher. Ermitteln Sie, nach welcher Zeit t_1 die beiden Steine auf gleicher Höhe sind, und berechnen Sie deren Relativgeschwindigkeit v_{rel} zum Zeitpunkt t_1.

6. Ein physikinteressierter Schüler steht am äußeren Rand des 5-m-Bretts im Schwimmbad (B 33.1). Er wirft einen Ball mit der Geschwindigkeit $v_0 = 18,0$ ms^{-1} senkrecht nach oben. Der Ball verlässt die Hand des Schülers in der Höhe 1,50 m über dem Sprungbrett und fällt bei der Abwärtsbewegung an der Hand und am Sprungbrett vorbei. Der Luftwiderstand ist zu vernachlässigen.

   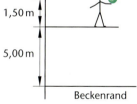

   a) Berechnen Sie, nach welcher Zeit t* der Ball wieder den Ausgangspunkt der Bewegung erreicht.

   b) Berechnen Sie, wie hoch der Ball maximal über den Beckenrand steigt.

   c) Berechnen Sie, nach welcher Zeit t_1 und mit welcher Geschwindigkeit v_1 der Ball den Beckenrand passiert.

   Bild 33.1

7. Ein Pilot möchte in einem Katastrophengebiet ein Hilfspaket auf eine markierte Stelle abwerfen. Er fliegt mit der konstanten Geschwindigkeit $v = 148$ km/h in der Höhe $h = 180$ m horizontal zum Erdreich.

   a) Berechnen Sie, in welcher Entfernung x* vor dem Ziel er das Paket freigeben muss, damit das Vorhaben gelingt.

   b) Berechnen Sie die Auftreffgeschwindigkeit v_f und den Auftreffwinkel des Pakets auf dem Erdboden.

3 Kraft und Masse

Die Versuche im vorangegangenen Kapitel zeigen, dass man mithilfe von Wägestücken Körper beschleunigen kann. Körper sind aus Materie zusammengesetzte räumliche Gebilde. Die Physik erfasst Materie durch die Größe Masse. Jede Masse erfährt durch die Erdanziehung eine Kraft, die man Gewichtskraft nennt.

Die physikalischen Größen Masse und Kraft sind wichtige, aber schwierige Begriffe. Tatsächlich kann die Physik das Wesen einer Masse oder einer Kraft nicht erklären. Sie beschreibt beide Größen vielmehr durch kennzeichnende bzw. charakteristische Eigenschaften. Diese Vorgehensweise ist für Naturwissenschaften bezeichnend. Fragen nach dem Urgrund der Dinge (Was genau ist eine Kraft? Was genau ist eine Masse?) sind philosophischer Natur, sie sind bis heute unbeantwortet. Die beiden folgenden Abschnitte erinnern an einige Grundeigenschaften von Masse und Kraft.

3.1 Physikalische Grundlagen der Masse

Alle festen, flüssigen und gasförmigen Körper besitzen eine Masse und ein Volumen. An einem festen Ort kann sich gleichzeitig immer nur ein Körper befinden. **Masse** verfügt über zwei charakteristische Eigenschaften, durch die sie eindeutig erkennbar ist.

Eine Masse widersetzt sich jeder Änderung ihrer augenblicklichen Bewegung. Um eine Bewegungsänderung zu erreichen, bedarf es immer einer Kraft von außen. Ohne diese Kraftwirkung eines anderen Körpers behält eine Masse ihre Momentanbewegung bei. Man sagt: Masse ist träge, Masse besitzt Trägheit.

Gleichzeitig äußert sich jede Masse durch ihre Schwere oder Gravitation. Damit ist die Anziehung gemeint, die sie durch die Erde oder einen anderen Himmelskörper erfährt. Diese Anziehung zeigt sich auf der Erdoberfläche in der Gewichtskraft $\vec{F}_G$ der Masse.

▸ **Trägheit und Schwere sind kennzeichnende und gleichwertige Eigenschaften aller Massen.**

Die Masse ist eine Basisgröße der Physik mit der Einheit ein Kilogramm: $[m] = 1\,\text{kg}$ (B 34). Ein Kilogramm ist die Masse des Internationalen Kilogrammprototyps. Er lagert in Paris und heißt Urkilogramm. Seine Masse stimmt mit der Masse von reinem Wasser bei 4 °C in einem Würfel mit genau zehn Zentimeter Kantenlänge überein. Aus verschiedenen Gründen ist beabsichtigt, dieses anschauliche Urkilogramm durch eine neue Masseneinheit zu ersetzen.

Wenn ein Körper, unabhängig von seiner Beschaffenheit und anderen Eigenschaften, die Masse 1 kg hat, dann bedeutet dies physikalisch:

▪ Er ist genauso schwer wie das Urkilogramm. Beide Körper werden am selben konkreten Ort von der Erde gleich stark angezogen. Sie erfahren die gleiche Gewichtskraft F_G.

Bild 34: Urkilogramm aus Platin-Iridium

- Er ist genauso träge wie das Urkilogramm. Beide Körper erfahren an allen Orten durch die gleiche Kraft die gleiche Beschleunigung.

- Zur Beschreibung der Masse eines Körpers genügt es also, seine Trägheit oder seine Schwere anzugeben. Mit der einen Angabe ist gleichzeitig die andere mitbestimmt. Träge und schwere Masse sind in Messwert und Einheit gleich.

Jeder Körper verfügt über einen Schwerpunkt S. Es handelt sich um einen gedachten mathematischen Punkt innerhalb oder außerhalb seiner Körpergrenzen. In ihm denkt man sich die gesamte Masse des Körpers vereinigt. In S greift die Schwerkraft oder Gewichtskraft an. Wird ein Körper im Schwerpunkt unterstützt, so kann er nicht fallen. Häufig ersetzt man reale Körper durch einen Massenpunkt im Schwerpunkt S.

Beispiele

1. Der Schwerpunkt S einer idealen Kugel mit r = konstant und völlig gleichmäßigem und gleichartigem stofflichem, also homogenem, Aufbau liegt exakt im Kugelmittelpunkt M, dem Symmetriezentrum. Für reale Kugeln ist diese Aussage nur angenähert richtig.

2. Der Schwerpunkt S eines Dreiecks liegt innerhalb der Figur und gehört somit nicht zum Dreieck.

3. Der Schwerpunkt des Zweikörpersystems Erde-Mond befindet sich innerhalb der Erde zwischen Eroberfläche und Erdmittelpunkt auf der Verbindungsstrecke beider Einzelkörperschwerpunkte.

Jeder Umgang mit realen Körpern zeigt, dass Massen konstant sind. Fünf Liter destilliertes Wasser hat am Äquator auf Meereshöhe, auf einem hohen Berg oder auf dem Mond stets die Masse fünf Kilogramm. Handel, Handwerk und Verbraucher verlassen sich darauf.

Die von Einstein im Jahr 1905 veröffentlichte Spezielle Relativitätstheorie lehrt jedoch, dass die Masse der Körper nicht konstant, sondern geschwindigkeitsabhängig ist. Sind c_0 die Vakuumlichtgeschwindigkeit und v die Geschwindigkeit eines Körpers in einem Bezugssystem, so gilt bei

- $v \leq \frac{1}{10}c_0$: Die Masse m ist in sehr guter Näherung geschwindigkeitsunabhängig, also konstant. Sie heißt Ruh(e)masse des Körpers. Sie ist die Masse des Alltags und der klassischen Physik.

- $v > \frac{1}{10}c_0$: Die Masse ist von der Geschwindigkeit abhängig und heißt bewegte Masse. Sie nimmt mit steigendem v zu. Dabei wächst nicht die Materiemenge, die sie aufbaut, sondern ihre Trägheit. Das bedeutet: Man benötigt immer mehr Kraft und Energie, um die gleiche Geschwindigkeitszunahme zu erzielen.

3.2   Physikalische Grundlagen der Kraft

Hängt man ein Wägestück an eine elastische Schraubenfeder, so verlängert seine Gewichtskraft die Feder. Ein Körper verformt einen anderen. Darauf beruht ein Messverfahren für Kräfte. Zwei Kräfte sind gleich, wenn sie an ein und demselben elastischen Körper die gleiche Verformung hervorrufen. Eine n-fache Kraft ruft die n-fache Verformung hervor. Die Kraft $\vec{F}_F$

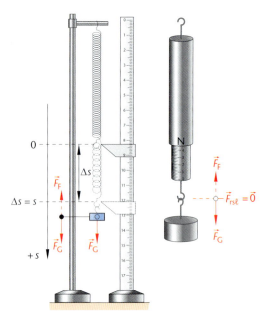

Bild 35: Federkraftmesser und statisches Gleichgewicht

der verlängerten Schraubenfeder aufwärts und die Gewichtskraft $\vec{F}_G$ des angehängten Wäge-stücks abwärts rufen im Endzustand keine Bewegungsänderung hervor (B 35). Dieser Kräfte-zustand heißt **statisch**; es gilt: $\vec{F}_G + \vec{F}_F = \vec{F}_{rsl} = \vec{0}$.

Weitere Beispiele: Ein Erwachsener spannt einen Bogen stärker als ein Kind. Die Verformung des Bogens hängt vom Betrag der verformenden Kraft ab. Unter der Wirkung einer Kraft ver-formt sich ein Schwamm, ein Auto an der Leitplanke oder ein Kunststoffrohr, das man biegt.

Kraft zeigt sich bei der Verformung bzw. Formänderung eines Körpers.

Im Versuch des Kapitels 2.5 erteilt die Gewichtskraft des Wägestücks dem Versuchswagen eine konstante Beschleunigung aus der Ruheposition heraus, er wird immer schneller. Dagegen kommt ein bewegter Körper ohne Antrieb auf beliebiger Bahn stets nach einiger Zeit zum Stillstand, wie Beobachtung und Erfahrung lehren. Ursache ist die verzögernde Wir-kung der Reibungskraft $\vec{F}_R$ (B 36).

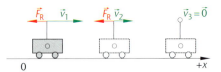

Bild 36: Antriebsfreie Bewegung ($\vec{F} = \vec{0}$) mit Reibung und Luftwiderstand ($\vec{F}_R \neq \vec{0}$)

Läuft eine Stahlkugel an einem Stabmagneten vor-bei, so ändert sich ihre Bewegungsrichtung unter dem Einfluss der Magnetkraft. In B 37 gilt: $\vec{v}_1 \neq \vec{v}_2$, aber $v_1 = v_2$.

Kraft äußert sich auch durch Änderung des Bewe-gungszustandes eines Körpers.

Diese Änderung umfasst drei prinzipielle Möglich-keiten:

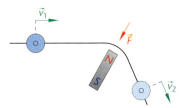

Bild 37: Richtungsänderung; $\vec{v}_1 \neq \vec{v}_2$, aber $v_1 = v_2$

- Beschleunigen: Unter der Wirkung einer Kraft wird ein Körper immer schneller.

- Verzögern: Unter der Wirkung einer Kraft wird ein Körper immer langsamer; Verzögern ist negatives Beschleunigen.

- Richtung ändern: Unter der Wirkung einer Kraft kann ein Körper seine Bewegungsrichtung ändern, ohne schneller oder langsamer zu werden; er behält seine Geschwindigkeit betragsmäßig bei; er bewegt sich gleichförmig.

▸ **Verformung eines Körpers und Änderung des Bewegungszustandes eines Körpers sind die charakteristischen Wirkungsweisen jeder Kraft.**

Beobachtet man an einem Körper eine Form- oder Bewegungsänderung, so weiß man zwingend, dass an ihm eine Kraft angreift. Oft ist unbekannt, wer die Kraft auslöst. In der Astronomie etwa legen Unregelmäßigkeiten im beobachteten Bahnverlauf eines Sterns die Vermutung nahe, dass ein naher Himmelskörper, etwa ein lichtschwacher und damit unsichtbarer Planet, der Verursacher ist.

Aus der Alltagserfahrung heraus weiß man, dass zur Übertragung der Kraft von einem Körper auf einen anderen immer eine mechanische **Kopplung** (Metallgestänge, Hand und Arm, Seil) benötigt wird. Je härter diese Kopplung ist, umso schneller und vollständiger erfolgt die Kraftübertragung. Beispiele: Lkw und Anhänger sind mit einem Metallgestänge verbunden; ein Gewichtheber hält eine Hantel an Hand und Arm; eine Last hängt am Seil eines Kranes; eine Fahrradkette verbindet das Kettenrad der Tretkurbel mit dem Hinterrad. In B 35 dagegen scheint zwischen der anziehenden Erde und dem angezogenen Wägestück keine Kopplung vorhanden zu sein, ebenso keine in B 37 zwischen Stahlkugel und Magnet. Für dieses Problem fand die Physik eine schwierige, aber elegante Lösung, die in den Kapiteln 8.6 und 9.3 behandelt wird.

Im Gegensatz zur Masse ist die Kraft eine abgeleitete physikalische Größe mit dem Formelzeichen F und der Einheit $[F] = 1\,N$. Namensgeber ist der englische Physiker Isaac Newton.

Zur vollständigen Kennzeichnung einer Kraft gehört neben dem Messwert mit Einheit auch die Angabe ihrer Richtung und Orientierung. Kräfte sind vektorielle Größen. Die Länge eines Kraftvektors $\vec{F}$ stimmt mit dem Messwert der Kraft überein: $|\vec{F}| = F$.

Man unterscheidet schließlich noch **äußere** und **innere** Kräfte. Eine Kraft, die von Körpern außerhalb eines Systems auf irgendeinen Körper im System ausgeübt wird, heißt äußere Kraft. Zieht ein Traktor mit einem Seil das System aus Auto und Anhänger aus einem Graben, so wirkt die durch das Seil vermittelte Kraft auf das ganze System. Innere Kräfte wirken zwischen zwei Körpern innerhalb des Systems. So stößt z.B. ein Wassermolekül im gleichen Teich ein benachbartes.

3.3   Das Trägheitsprinzip der Körper

Die nun folgenden Beispiele und Bilder schildern Bewegungen von Körpern, die trotz aller Unterschiedlichkeit physikalische Übereinstimmungen aufweisen. Daraus entwickelte Newton vor etwa 200 Jahren grundlegende Aussagen der Mechanik.

- **Fall (a):** Ein Fußball bleibt auf dem Elfmeterpunkt liegen, wenn kein Stoß durch einen Spieler erfolgt. Ein Auto verharrt in Ruhe auf dem Parkplatz, wenn der Antrieb fehlt. Von selbst kommen weder Ball noch

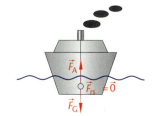

Bild 38: Zum Trägheitsprinzip

Auto in Bewegung (B 38). Ein Schiff im Wasser versinkt nicht, wenn sich Gewichtskraft $\vec{F}_G$ und Auftriebskraft $\vec{F}_A$ kompensieren; für die Gesamtkraft gilt $\vec{F}_{rsl} = \vec{F}_G + \vec{F}_A = \vec{0}$ mit $|\vec{0}| = 0$.

Ergebnis: Ein Körper verharrt im Zustand der Ruhe, wenn keine Kraft von außen auf ihn einwirkt oder wenn die resultierende der angreifenden Kräfte der Nullvektor mit dem Betrag null ist. Es stellt sich keine Ortsänderung Δx in der Zeitdauer $\Delta t > 0$ ein.

- **Fall (b):** Zwei gerade Rinnen sind durch ein bewegliches Gelenk verbunden. Die linke Rinne bleibt fest, die rechte wird abgesenkt, bis sie horizontal liegt. Eine Kugel in der linken Rinne rollt aus einer festen Ausgangshöhe h reibungsfrei abwärts. Auf der

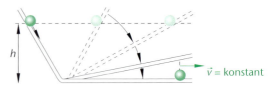

Bild 39: Zum Trägheitsprinzip; Reibung fehlt

rechten Seite kehrt sie immer zur Ausgangshöhe zurück, wobei sich der zurückgelegte Weg mit dem Absenken mehr und mehr verlängert. Liegt die rechte Rinne schließlich horizontal, dann ist die Weglänge bis zum Erreichen der Ausgangshöhe gewissermaßen unbegrenzt lang, die Bewegung hört nicht auf (B 39).

Ergebnis: Ein linear bewegter Körper, der nicht durch Kräfte beeinflusst wird, verharrt in seiner Bewegung. Eine einmal erlangte Geschwindigkeit $\vec{v}$ wird beibehalten. Auf gerader Bahn ohne Antrieb gilt $\vec{v}$ = konstant.

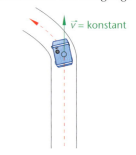

Bild 40: Zum Trägheitsprinzip

- **Fall (c):** Der Beifahrer in einem Auto, der sich nicht festhält, mit dem Fahrzeug also nicht gekoppelt ist, behält bei einer Kurvenfahrt seine Bewegung in gerader Richtung bei (B 40). Ergebnis: Ohne Wirkung von Kräften verharren Körper in ihrer Bewegungsrichtung.

Newton fasste diese Fälle zu einer Aussage zusammen. Man bezeichnet sie heute als das Beharrungsprinzip der Körper oder als **Trägheitsprinzip** (B 41).

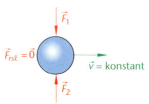

Bild 41: Zum Trägheitsprinzip

▸ **Alle Körper sind träge. Ist die an einem Körper angreifende resultierende Kraft $\vec{F}_{rsl} = \vec{0}$ oder wirkt keine Kraft auf ihn ein, so behält er seine Geschwindigkeit nach Betrag und Richtung bei. Es gilt: $\vec{v}$ = konstant.**

Wie erreicht man eine Bewegungsänderung träger Körper? Zur Klärung der Frage dient folgende Überlegung: Ein ruhender Betrachter B und ein Körper bzw. Massenpunkt befinden sich im gleichen Bezugssystem. Der Körper hat die Geschwindigkeit $\vec{v}_0$ = konstant, er bewegt sich also gleichförmig auf gerader Bahn. Auf ihn wirkt eine konstante Kraft $\vec{F} \neq \vec{0}$ in unterschiedlicher Weise ein (B 42). Was beobachtet B?

- **Fall (d):** Es gilt $\vec{F}_1 \uparrow\uparrow \vec{v}_0$; daraus folgt: $v_1 > v_0$.
  Der lineare Bahnverlauf bleibt erhalten. Der Körper wird durch $\vec{F}_1$ gleichförmig beschleunigt und damit schneller, eine Bewegungsänderung tritt ein.

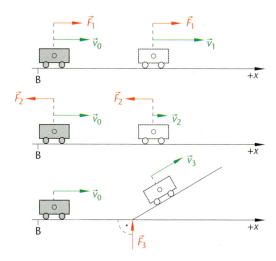

Bild 42: Trägheitsprinzip

- **Fall (e):** Es gilt $\vec{F}_2 \uparrow\downarrow \vec{v}_0$; daraus folgt: $v_2 < v_0$.
  Die lineare Bahn bleibt erhalten. Der Körper wird durch $\vec{F}_2$ gleichmäßig verzögert und damit langsamer. Erneut liegt eine Bewegungsänderung vor.

- **Fall (f):** Es gilt $\vec{F}_3 \perp \vec{v}_0$; daraus folgt: $v_3 = v_0$.
  Die lineare Bahn geht in eine neue lineare Bahn über, es kommt durch $\vec{F}_3$ zu einer Richtungsänderung unter Beibehaltung des Geschwindigkeitsbetrages. Dagegen ändert sich der Geschwindigkeitsvektor: $\vec{v}_3 \neq \vec{v}_0$, aber $v_3 = v_0$.

Neben diesen drei Fällen gibt es keine weitere Möglichkeit einer Bewegungsänderung. Ergebnis: Ein Körper ändert seinen Bewegungszustand nur unter der Wirkung einer Kraft $\vec{F} \neq \vec{0}$. Er wird dabei schneller oder langsamer oder er behält die Geschwindigkeit v bei und ändert die Bewegungsrichtung.

▸ **Eine Bewegungsänderung entsteht als Folge einer wirkenden Kraft. Ohne Kraftwirkung gibt es keine Bewegungsänderung.**

Aussagen über Ruhe und Bewegung eines Körpers beziehen sich auf ein gewähltes Bezugssystem. Ein Autofahrer ruht im System Auto. Er muss sich aus physikalischer Sicht nicht festhalten, solange es geradlinig und gleichförmig fährt. Dennoch sollte er sich aus Sicherheitsgründen immer anschnallen. Ein Betrachter am Straßenrand ruht im System Straße. Für ihn bewegen sich Auto und Fahrer gemeinsam geradlinig mit der konstanten Geschwindigkeit $\vec{v}$.

Nun beschleunigt der Fahrer sein zunächst ruhendes Auto stark. Er ist unbesonnen und hält sich nicht fest; zudem besteht das Sitzpolster aus einem glatten Stoff. Der Betrachter im System Straße bemerkt in diesem Fall für einen kurzen Moment, dass der Fahrer nicht sofort an der Autobeschleunigung teilnimmt, sondern ruhend in seiner Ausgangsposition verharrt; er zeigt Trägheit. Grund: Der Autositz nimmt den Fahrer mangels Anfangskopplung erst nach einer kurzen Zeitspanne mit. Danach bewegen sich Fahrer und Auto gemeinsam beschleunigt weiter.

Auto und Fahrer haben nun die konstante Geschwindigkeit $\vec{v}^\star$, $v^\star > v$, erreicht. Beim heftigen Abbremsen des Autos verhält sich der Fahrer für den Beobachter am Straßenrand ein weiteres Mal träge. Der Beobachter sieht nämlich, wie es den Fahrer einen Augenblick lang mit $\vec{v}^\star$ = konstant nach vorn zum Lenkrad treibt, bis schließlich der Sicherheitsgurt greift und ihn stoppt.

Der Betrachter im ruhenden Bezugssystem Straße findet in beiden Bewegungsphasen des Autos die Aussagen des Trägheitssatzes bezogen auf den Fahrer voll bestätigt. Daher heißt sein Bezugssystem **Inertialsystem**.

Dagegen macht der Fahrer im beschleunigten Bezugssystem Auto eine völlig andere Erfahrung. Beim starken Beschleunigen drückt es ihn unerwartet nach hinten in den Autositz und beim Abbremsen fällt er ohne Ursache nach vorn gegen das Lenkrad. Beide Male unterliegt er eindeutig einer Bewegungsänderung relativ zum System Auto. Er sucht nach verursachenden Kräften in seiner Umgebung, findet aber keine. Sie sind nicht da. Eine Bewegungsänderung ohne äußere Kraftwirkung widerspricht eindeutig dem Trägheitsprinzip. Es hat im (positiv oder negativ) beschleunigten Bezugssystem Auto offensichtlich keinen Bestand.

▸▸ Bezugssysteme, in denen das Trägheitsprinzip gilt, bezeichnet man als Inertialsysteme. Beschleunigte Systeme sind keine Inertialsysteme.

Beispiele

1. Ein Motorrad versucht auf vereister Fahrbahn eine Kurve zu nehmen. Zwischen Reifen und Straße fehlt weitgehend die Reibung. Die Kurvenfahrt misslingt. Nach dem Trägheitssatz bewegt es sich geradlinig mit konstanter Geschwindigkeit auf den Straßenrand zu.

2. Ein Massestück ist über eine Schnur mit der Decke und einem Griff verbunden. An welcher Stelle A bzw. B reißt die Schnur, wenn man den Griff langsam bzw. ruckartig senkrecht nach unten zieht (B 43)?

    Langsam: Die Schnur reißt in A. Dort greifen die Kraft der Hand und die Gewichtskraft der Masse an. An der unteren Schnur in B greift nur die Handkraft an.

    Ruckartig: Die Schnur reißt in B. Die Trägheit der Masse verzögert die Dehnung der oberen Schnur, nicht aber die der unteren. Bevor die obere Schnur reißt, geht die untere entzwei.

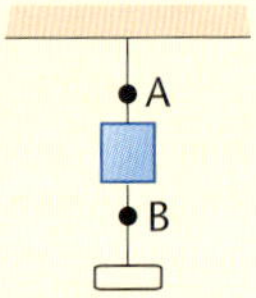

    Bild 43:
    Trägheit in der
    Anwendung

3. Nach aller Erfahrung kommt jeder bewegte Körper ohne Antrieb mehr oder weniger schnell zum Stillstand. Ursache dafür ist nach dem Trägheitsprinzip eine Kraft, die die Bewegung verzögert. Sie heißt Reibungskraft $\vec{F}_R$. Luftwiderstand und Reibung zwischen Körper und Umgebung lösen sie aus. Sie kann nur durch eine weitere Kraft in Bewegungsrichtung des Körpers kompensiert werden. Fasst $\vec{F}_R$ die gesamte Reibung zusammen, der ein Körper unterliegt, und $\vec{F}_a$ alle beschleunigenden Kräfte, dann entsteht genau dann eine Körperbewegung mit $\vec{v}$ = konstant, wenn $\vec{F}_R + \vec{F}_a = \vec{0}$ bzw. $\vec{F}_R = -\vec{F}_a$; betragsmäßig gilt: $-F_R + F_a = 0$ bzw. $F_a = F_R$. Die Kräfte befinden sich im statischen Gleichgewicht. Bei $F_a > F_R$ wird der Körper beschleunigt und schneller.

4. Gleiche Massen benötigen für die gleiche Bewegungsänderung die gleiche Ursache, also die gleiche bewegungsändernde Kraft. Sie sind gleich träge, auch wenn sie sich in anderen Eigenschaften unterscheiden. Diese Aussage erlaubt Massen ohne Waage zu messen.

5. Ein Bezugssystem, das mit der Erde starr verbunden ist, ist streng genommen kein Inertialsystem. Durch die Erdrotation erfährt jeder Punkt auf der Erdoberfläche eine kleine Beschleunigung zur Erdachse hin. Wegen der Erddrehung um die Sonne besteht eine weitere geringe Beschleunigung. Diese Beschleunigungen in der Größenordnung von etwa $0{,}01 \ \mathrm{ms}^{-2}$ sind so gering, dass man Bezugssysteme, die mit der Erde fest verbunden sind, in guter Näherung als Inertialsysteme ansehen kann (s. Kap. 4).

Aufgaben

1. *Autounfälle, die auf dem Trägheitsprinzip beruhen, können zu Verletzungen führen.*
   a) *Nennen Sie einige Gefahrenbeispiele.*
   b) *Überdenken Sie, mit welcher Technik die Autoindustrie dem Trägheitsprinzip begegnet.*
2. *Warnschilder in der Straßenbahn fordern auf, sich festzuhalten. Dennoch steht ein Fahrgast frei im Mittelgang. Begründen Sie, welcher Bewegung er unterliegt, wenn die Straßenbahn anfährt (*), sich geradlinig mit konstanter Geschwindigkeit bewegt (**) oder eine Kurve durchläuft (***).*
3. a) *Überlegen Sie, wie Flügeltüren bei Fahrzeugen angebracht sein müssen, um Gefahren während der Bewegung zu reduzieren.*
   b) *Begründen Sie, weshalb man den Stiel eines Hammers auf eine feste Unterlage staucht, wenn man den losen Hammerkopf befestigen will.*

3.4   Das Aktionsprinzip der Mechanik

Nach den bisherigen Untersuchungen verursacht eine Kraft, die an einem Körper angreift, eine Bewegungsänderung (oder Formänderung). Eine konstante Kraft ergibt eine konstante Bewegungsänderung.

Aus Erfahrung weiß man, dass eine große Kraft F einem Fahrzeug mit der konstanten Masse m eine starke Beschleunigung a erteilt, eine schwache Kraft eine geringe Beschleunigung.

Ferner muss bei einem schwer beladenen Fahrzeug eine größere Kraft F zum Erreichen einer bestimmten konstanten Beschleunigung a wirken als bei einem wenig beladenen.

Diese Erfahrungen fasste Newton erstmals zusammen. Er verband Kraft F, Masse m und Beschleunigung a gleichungsmäßig zum **Aktionsprinzip der Mechanik**. Es lautet:

$F = ma$; vektoriell: $\vec{F} = m\vec{a}$.

Wegen $m > 0$ gilt $\vec{F} \uparrow\uparrow \vec{a}$. Außerdem sind alle beteiligten Größen (vorerst) konstant.

▶▶ **Das Aktionsprinzip besagt: Eine konstante Kraft erteilt einer konstanten Masse eine konstante Beschleunigung. Oder: Die konstante Beschleunigung einer konstanten Masse erfordert eine konstante Kraft. Das Aktionsprinzip hat die Gleichungsform:**
$F = ma$; vektoriell: $\vec{F} = m\vec{a}$ mit $\vec{F} \uparrow\uparrow \vec{a}$.

Die Kraft ist eine abgeleitete physikalische Größe mit der Einheit:

$[F] = [a] \cdot [m]$, $[F] = 1 \text{ kg} \cdot 1\,\dfrac{\text{m}}{\text{s}^2} = 1\,\dfrac{\text{kg} \cdot \text{m}}{\text{s}^2} = 1 \text{ Newton} = 1 \text{ N}$. Ein Newton ist die Kraft, die einem Körper mit der Masse 1 kg die Beschleunigung 1 ms^{-2} erteilt.

Bemerkungen:

- Das Trägheitsprinzip mit $\vec{F} = \vec{0}$ ist ein Sonderfall des Aktionsprinzips. Ohne Kraftwirkung vollzieht ein Körper in einem Inertialsystem eine Bewegung mit $\vec{v}$ = konstant, also eine geradlinige Bewegung mit konstanter Geschwindigkeit v, die den Ruhefall einschließt.

- Eine wichtige Kraft ist die Gewichtskraft $\vec{F}_{\text{G}} = m\vec{g}$ eines Körpers im erdnahen Bereich mit der (ortsabhängigen) Fallbeschleunigung $\vec{g}$. Meist verwendet man den Näherungswert $g = 9{,}81 \text{ ms}^{-2}$ = konstant (s. Kap. 2.6).

- Jede reale Bewegung unterliegt immer der verzögernden, nämlich bremsenden, Reibungskraft $F_{\text{R}} = \mu F_{\text{G}} = \mu mg$ mit dem Reibungskoeffizienten μ (s. Kap. 3.6).

- Kraft kann man grundsätzlich auf zwei Arten messen, nämlich durch die Verformung eines Körpers und durch die Änderung seines Bewegungszustandes. Man hängt einen Körper an eine elastische, geeichte Schraubenfeder (B 35). Die Feder verlängert sich, bis sich ein statisches Gleichgewicht zwischen der durch Verformung hervorgerufenen Federkraft und der zu messenden Kraft einstellt.
  Bei der dynamischen Kraftmessung misst man die konstante Beschleunigung a eines Körpers und seine Masse m. Die beschleunigende Kraft folgt aus $F = ma$. Beide Arten der Kraftmessung ergeben gleiche Ergebnisse, sie sind gleichberechtigt.

- Das Aktionsprinzip entwickelte Newton aus der praktischen Erfahrung mit bewegten Körpern. Man gewinnt die Gleichung $F = ma$ auch durch Auswertung eines Experiments und spricht dann von der **Grundgleichung der Mechanik**. In diesem Fall treten die beiden Haupteigenschaften einer Masse, nämlich ihre Trägheit und Schwere, experimentell hervor. Aufgabe 3. geht darauf ein. Man hat dort zwischen der schweren Masse m_s und der trägen Masse m_t des Körpers zu unterscheiden. Außerdem wird die Gleichheit $m_s = m_t$ herausgearbeitet. Sie gilt ohne Einschränkung. Deshalb spricht man nur von der Masse m eines Körpers.

- Zur Vertiefung des Kraft- und Massebegriffs empfiehlt sich die Wiederholung der Kapitel 3.1 und 3.2.

- Genau genommen hat Newton das Aktionsprinzip ohne die einschränkende Konstanz der beteiligten Größen formuliert. Einzelheiten findet man im Kapitel 6.3.

Zusammensetzen und Zerlegen von Kräften

Die Wirkung der Kraft auf einen starren Körper hängt vom jeweiligen Angriffspunkt ab. Sie ändert sich nicht, wenn der Angriffspunkt in der Wirkungslinie verschoben wird. Meist ersetzt man reale starre Körper durch einen Massenpunkt im Schwerpunkt S. Dann ist die Kraftwirkung eindeutig. In B 44 sind alle Kräfte betragsgleich. Die Kraft $\vec{F}_1$ drückt den Körper auf die Unterlage, die Kraft $\vec{F}_2$ kippt ihn. Die Kräfte $\vec{F}_3$ und $\vec{F}_4$ mit gemeinsamer Wirkungslinie rufen die gleiche Wirkung hervor, beide beschleunigen den Körper nach rechts.

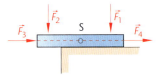

Bild 44

Im Kapitel 2.6 wurde das Überlagerungsprinzip für Bewegungen behandelt. Es lässt sich sinngemäß auf das Zusammenwirken von Einzelkräften übertragen, die zur gleichen Zeit im gleichen Punkt eines Körpers angreifen oder am gleichen Massenpunkt. Sie beeinflussen sich gegenseitig nicht. Keine Kraft stört oder ändert eine andere. Damit lassen sich Einzelkräfte ohne Änderung der Wirkung vektoriell zu einer resultierenden Kraft oder Gesamtkraft zusammensetzen. Zusammenfassung und Zerlegung von Kräften basieren auf der Addition von Vektoren: $\vec{F}_{rsl} = \vec{F}_1 + \vec{F}_2 + ...$

▸ **Das Überlagerungsprinzip gilt auch beim Zusammensetzen unabhängiger Einzelkräfte zu einer resultierenden Kraft und beim Zerlegen einer Kraft in Einzelkräfte: $\vec{F}_{rsl} = \vec{F}_1 + \vec{F}_2$. Die Einzelkräfte greifen dabei gemeinsam im gleichen Punkt eines realen Körpers an oder im Massenpunkt, der ihn ersetzt.**

In B 45.1 greifen die konstanten Einzelkräfte $\vec{F}_1$ und $\vec{F}_2$ gemeinsam am Massenpunkt m an und erteilen ihm die konstante Beschleunigung $\vec{a}_{rsl}$. Sie können durch die **resultierende Kraft $\vec{F}_{rsl} = \vec{F}_1 + \vec{F}_2$** mit gleicher Wirkung ersetzt werden. $\vec{F}_{rsl}$ ermöglicht m ebenfalls die konstante Beschleunigung $\vec{a}_{rsl}$ längs $\vec{F}_{rsl}$. Die zeichnerische Zusammenfassung zweier Kräfte heißt **Kräfteparallelogramm**. Die zu $\vec{F}_{rsl}$ entgegengesetzt orientierte Zusatzkraft $-\vec{F}_{rsl}$ würde die

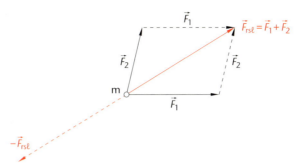

Bild 45.1: Resultierende Kraft $+\vec{F}_{rsl}$ und Gegenkraft $-\vec{F}_{rsl}$

Beschleunigung $\vec{a}_{rsl}$ verhindern. In diesem Fall bleibt die Masse m nach dem Trägheitsprinzip in Ruhe oder bewegt sich mit der (schon vorhandenen) Geschwindigkeit $\vec{v}$ = konstant. Kraft $\vec{F}_{rsl}$ und zugehörige **Gegenkraft** $-\vec{F}_{rsl}$ haben gleichen Betrag, gleiche Richtung und entgegengesetzten Durchlaufsinn.

B 45.2 zeigt die schnelle Zusammenfassung von drei (oder mehr) Kräften. Sie basiert auf der mehrfachen Verwendung des Kräfteparallelogramms.

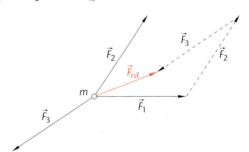

Bild 45.2: Zusammenfassung dreier Kräfte

In gleicher Weise zerlegt man eine Gesamtkraft vektoriell in zwei oder mehr Einzelkräfte oder Kraftkomponenten. Diese folgen meist einer Wirklinie, die aus der Fragestellung vorher zu erschließen ist. Die zeichnerische Zerlegung einer gegebenen Kraft in mindestens zwei Komponenten heißt **Kräfteplan.** Auftretende Kräfte erfasst man in einer Legende oder beschreibt sie ausführlich in Textform.

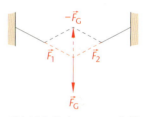

Bild 46.1: Zerlegung von Kräften

In B 46.1 hängt eine Straßenlampe an einem gespannten Seil. Die Wirklinien sind durch die Seilhälften festgelegt. Nur von diesen kann die Gewichtskraft $\vec{F}_G$ der Lampe aufgenommen werden. $-\vec{F}_G = \vec{F}_1 + \vec{F}_2$ ist die Gegenkraft zu $\vec{F}_G$, sodass gilt: $\vec{F}_G + (-\vec{F}_G) = \vec{F}_G - \vec{F}_G = \vec{0}$ bzw. $\vec{F}_G + \vec{F}_1 + \vec{F}_2 = \vec{0}$.

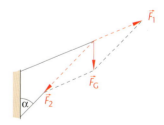

Bild 46.2: Zerlegung von Kräften

B 46.2 zeigt die Kraftzerlegung bei einem Wandkran, an dem eine Last mit der Gewichtskraft $\vec{F}_G$ hängt. Die Wirkungslinien sind durch das an der Mauer befestigte Gestänge bestimmt. Hier gilt $\vec{F}_G = \vec{F}_1 + \vec{F}_2$ bzw. $\vec{F}_G - \vec{F}_1 - \vec{F}_2 = \vec{0}$. Die Kraft $\vec{F}_1$ ist eine Zugkraft, die Kraft $\vec{F}_2$ übt über die Metallstange einen Druck auf die Mauer aus. Die Stange für die Zugkraft $\vec{F}_1$ kann durch ein Seil ersetzt werden.

B 46.3 zeigt die Zerlegung einer Kraft $\vec{F}$ in zwei rechtwinklige Komponenten $\vec{F}_x$ und $\vec{F}_y$, wobei gilt: $\vec{F} = \vec{F}_x + \vec{F}_y$. Pythagoras und Trigonometrie ergeben zusätzlich: $F_x{}^2 + F_y{}^2 = F^2$ und $\sin\alpha = \dfrac{F_y}{F}$ bzw. $\cos\alpha = \dfrac{F_x}{F}$.

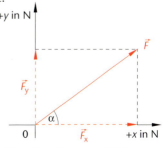

Bild 46.3: Zerlegung von Kräften

Beispiel

Nach B 46.4 ist ein Wagen der Masse m_2 = 2,3 kg über einen (fast masselosen) Faden mit dem Gewichtsstück m_1 = 0,10 kg verbunden. Er wird aus der Ruheposition beschleunigt und bewegt sich reibungsfrei.

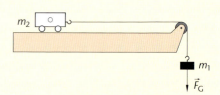

a) Man berechne die Beschleunigung a, mit welcher sich der Wagen in Bewegung setzt.
b) Man berechne die Geschwindigkeit v des Wagens nach t = 5,3 s und die bis zu diesem Zeitpunkt zurückgelegte Strecke s.

Bild 46.4: Grundgleichung der Mechanik in der Anwendung

Lösung:

a) Am Gespann mit der Masse $(m_1 + m_2)$ greift die Gewichtskraft von m_1 als „Motor" an und erteilt ihm die konstante Beschleunigung a. Es gilt daher:

1. $F = ma$
2. $F = F_G = m_1 g$
3. $m = m_1 + m_2$.

Somit: $(m_1 + m_2)a = m_1 g,\ a = \dfrac{m_1}{m_1 + m_2}g$.

Mit Messwerten: $a = \dfrac{0,10\ \text{kg}}{0,10\ \text{kg} + 2,3\ \text{kg}} \cdot 9,81\ \text{ms}^{-2} = 0,41\ \text{ms}^{-2}$.

Das Gespann erfährt die konstante Beschleunigung a = 0,41 m^{-2}.

b) Das Gespann bewegt sich aus der Ruhe geradlinig mit der konstanten Beschleunigung a = 0,41 ms^{-2}. Daher gilt: $v = at$. Mit Messwerten: $v(t = 5,3\ \text{s}) = 0,408\ \text{ms}^{-2} \cdot 5,3\ \text{s} = 2,2\ \text{ms}^{-1}$.

Die zurückgelegte Strecke erhält man einfach mithilfe der Formel $v = \sqrt{2as}$ bzw. $2as = v^2$ bzw. $s = \dfrac{v^2}{2a}$. Mit Messwerten: $s = \dfrac{(2,16\ \text{ms}^{-1})^2}{2 \cdot 0,408\ \text{ms}^{-2}} = 5,7\ \text{m}$.

Der Wagen erreicht nach s = 5,7 m die Geschwindigkeit v = 2,2 ms^{-1}.

Aufgaben

1. a) Gegeben ist die Kraft F = 39 N. Man deute diese Kraft auf zwei Arten.
   b) Ein Körper mit der Masse m erfährt die Kraft $\vec{F} = \vec{0}$ (*), dann die Kraft $\vec{F} \neq \vec{0}$ (**). Nennen Sie Auswirkungen auf die Geschwindigkeit $\vec{v}$ des Körpers und geben Sie an, in welchem Fall das Trägheitsprinzip gilt.
   c) Skizzieren Sie die beliebig krummlinige Bahn eines bewegten Körpers, an dem im Bahnpunkt P die Kraft $\vec{F} \neq \vec{0}$ angreift, und erklären Sie durch geeignete Zerlegung in Kraftkomponenten ihre Wirkung auf die Bewegung.
2. In einem Glastrog befindet sich eine Flüssigkeit mit dem Volumen V = 4,20 dm³. Sie unterliegt der Gewichtskraft F_G = 557 N. Berechnen Sie ihre Dichte ρ und geben Sie an, um welche Flüssigkeit es sich handeln könnte.
3. Durch einen Fahrbahnversuch soll der Zusammenhang zwischen beschleunigender Kraft F und hervorgerufener Beschleunigung a ermittelt werden. Beschleunigende Kraft ist die Gewichtskraft auf die angehängten Massestücke m. Sie setzt das Gespann aus den Massestücken m und der Masse m* des Wagens in Bewegung.

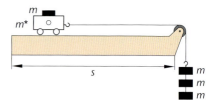

   a) Geben Sie für die in B 46.5 dargestellte Situation die Masse m_1 an, die beschleunigt wird, und die Masse m_2, die die Beschleunigung auslöst.

Bild 46.5: Experimenteller Nachweis für $m_{träge} = m_{schwer}$

b) *Überlegen Sie, wie bei dieser Versuchsanordnung die Variation der beschleunigenden Kraft F erreicht wird und welche Größe dabei unbedingt konstant zu halten ist.*

c) *Bei einer Versuchsdurchführung wurden für verschiedene Kräfte F die Zeiten t gemessen, die der jeweils aus der Ruhe startende Wagen zum Durchfahren der festen Strecke s = 1,00 m benötigte:*

F in 10^{-2} N	0	9,81	19,6	29,4	39,2
t in s	0	2,21	1,56	1,28	1,10

Ermitteln Sie rechnerisch die bei den einzelnen Messungen auftretenden Beschleunigungen a, stellen Sie die verursachende Kraft F in Abhängigkeit von a grafisch dar und geben Sie den gleichungsmäßigen Zusammenhang zwischen F und a an.

d) *Die Proportionalitätskonstante k* der Funktionsgleichung in c) ist ein Maß für die träge Masse des Gespanns. Erläutern Sie diese Aussage.*
In einem Zusatzversuch mit einem anderen Gespann hält man die beschleunigende Kraft F konstant und variiert stattdessen die beschleunigte Masse m_1 des Gespanns (die Zahl der angehängten Massestücke m darf also nicht verändert werden).

e) *Mit einer Federwaage erhält man die Messwerte m = 0,100 kg und m* = 0,300 kg. Man bezeichnet sie als die schweren Massen der Körper. Erklären Sie den Begriff „schwere Masse".*

f) *Nun wird immer nur ein Massestück m angehängt. Auf dem Wagen liegen während der Versuchsdurchführung N Massestücke. Analog zu oben misst man die Zeit t, die der aus der Ruhe startende Wagen zum Durchfahren der festen Strecke s = 1,00 m benötigt:*

Anzahl N der Massestücke	0	1	2	3
Beschleunigungszeit t in s	0,903	1,019	1,106	1,195

Stellen Sie in einer Wertetabelle für jede Messung der schweren Masse des Gespanns $m_{1,schwer}$ dessen träge Masse $m_{1,träge}$ gegenüber. Dann vergleichen Sie die Wertepaare und formulieren Sie einen wichtigen Schluss.

3.5 Das Wechselwirkungsprinzip

Beim Krafttraining zieht ein Sportler mithilfe eines Seils an einem Kraftgerät (B 47, oben). Er übt eine Kraft $\vec{F}_1$ nach rechts aus. Das Gerät wirkt auf den Sportler mit der Kraft $\vec{F}_2$ nach links zurück. Beide Kräfte sind betragsgleich und gegensinnig parallel. Für die zugehörigen Kraftvektoren gilt: $\vec{F}_1 \uparrow\downarrow \vec{F}_2$ und $\vec{F}_1 + \vec{F}_2 = \vec{0}$. Die Kräfte greifen aber an verschiedenen Körpern an. Daher liegt kein statisches Kräftegleichgewicht vor. Dort greifen alle Kräfte im selben Punkt eines einzigen Körpers an, z. B. in seinem Schwerpunkt.

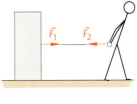

Presst eine Hand einen aufgeblasenen Luftballon nach unten in eine mit Wasser gefüllte Wanne, so spürt sie eine gleich große Kraft nach oben (B 47, unten). Diese geht vom verdrängten Wasser aus. Je größer die Eintauchtiefe werden soll, umso mehr Kraft benötigt die Hand abwärts. Gleichzeitig nimmt die vom Ballon verdrängte Wassermenge zu und damit die aufwärts gerichtete Kraft. Kraft abwärts und Kraft

Bild 47: Zum Wechselwirkungsprinzip

aufwärts sind betragsgleich, greifen aber erneut an verschiedenen Körpern an. Die Kraft der Hand nach unten verdrängt das Wasser, die Kraft des Wassers nach oben will das Einsinken des Ballons verhindern. Vektoriell gilt: $\vec{F}_1 + \vec{F}_2 = \vec{0}$ mit $|\vec{F}_1| = |\vec{F}_2|$ und $\vec{F}_1 \uparrow\downarrow \vec{F}_2$. Die Kräfte wirken gleichzeitig an verschiedenen Körpern, sie bilden ein **Wechselwirkungspaar.**

Man erkennt: Eine Kraft, die ein Körper A auf einen von ihm verschiedenen Körper B ausübt, löst immer eine gleich große entgegengesetzt gerichtete Kraft aus, mit der dann B auf A einwirkt. Die eine Kraft heißt **actio**, die andere **reactio**.

Das Wechselwirkungsprinzip der Physik hat abgewandelt auch bei politischen oder zwischenmenschlichen Prozessen Bedeutung. Wer kennt nicht das Sprichwort: Wie man in den Wald hineinruft, so schallt es zurück?

In Verallgemeinerung der vorstehenden Beispiele formulierte Newton das **Wechselwirkungs prinzip** oder **Gesetz von actio und reactio:**

▸ **Übt ein Körper A auf einen von ihm verschiedenen Körper B die Kraft $\vec{F}_1$ aus, dann wirkt der Körper B mit der Kraft $\vec{F}_2$ auf A zurück, wobei gilt: $\vec{F}_2 = -\vec{F}_1$. Beide Kräfte haben gleichen Betrag, gleiche Richtung, aber entgegengesetzten Durchlaufsinn.**

Beispiele

1. Ein leichtes, begehbares Boot mit der Masse m_B ruht im Wasser (B 48). Ein Beobachter am Ufer sieht, dass ein Mann mit der Masse m vom linken Bootsende auf geradem Weg nach rechts läuft. Gleichzeitig bewegt sich das Boot von rechts nach links. Es gilt ohne Reibung:

    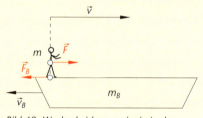

    Bild 48: Wechselwirkungsprinzip in der Anwendung

    $v_B < v$, falls $m_B > m$;

    $v_B = v$, falls $m_B = m$;

    $v_B > v$, falls $m_B < m$.

    Begründung: Mann und Boot wirken wechselseitig mit gleichem Kraftbetrag aufeinander ein. Um vorwärts zu kommen, stößt sich der Mann mit dem Fuß am Bootsboden ab. Er übt auf das Boot eine Kraft $\vec{F}_B$ nach links aus. Gleichzeitig erteilt ihm das Boot eine beschleunigende Kraft $\vec{F}$ nach rechts. Beide Kräfte greifen an verschiedenen Körpern an. Sie sind betragsgleich und entgegengesetzt gerichtet. Es besteht die Kräftegleichung $\vec{F}_B + \vec{F} = \vec{0}$.

    Nach Erreichen des rechten Bootsendes läuft der Mann von rechts nach links in gleicher Weise zurück. An welcher Stelle befindet sich das Boot für den Betrachter am Ufer, wenn der Mann am linken Bootsende ankommt? Natürlich liegt es an der gleichen Stelle wie zu Beginn des Bewegungsablaufs. Die Laufgeschwindigkeit spielt dabei keine Rolle, da $\vec{F}_B$ und $\vec{F}$ immer ein Wechselwirkungspaar ergeben.

2. Ein Mensch befindet sich in einem vollkommen abgeschlossenen Wagen. Bewegt er sich wie im 1. Beispiel von links nach rechts und dann von rechts nach links, so verändert er die Wagenposition nicht. Die herrschenden Kräfte beruhen auf dem Wechselwirkungsprinzip (B 49).

    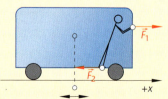

    Bild 49: Kein Kräftewechselwirkungspaar

Nun drückt er mit den Armen fest gegen die rechte Wand, um den Wagen vorwärts zu treiben. Der Wagen bleibt stehen. Begründung: Die Armkraft nach rechts gegen die Wand wird von der Fußkraft nach links am Wagenboden ausgeglichen. Beide Kräfte greifen am selben Wagen an. Jetzt liegt ein statisches Gleichgewicht vor; es gilt: $\vec{F}_1 + \vec{F}_2 = \vec{0} = \vec{F}_{rsl}$.

Bemerkungen:

- Der englische Physiker und Mathematiker Isaac Newton (1643–1727) erarbeitete nicht nur die nach ihm benannten drei Prinzipien in Form von Axiomen, sondern er entwickelte weitere wichtige Methoden und Gesetze der mechanischen Physik. Er gilt heute als Begründer der klassischen theoretischen Physik, der Himmelsmechanik und überhaupt der Naturwissenschaft der Neuzeit.

- Die newtonschen Prinzipien besagen, dass jede Ursache eine Wirkung zur Folge hat und gleiche Ursachen unter gleichen Bedingungen zu gleichen Wirkungen führen. Umgekehrt gibt es keine Wirkung ohne Ursache. Diesen Zusammenhang bezeichnet man als **Kausalitätsprinzip.** Kennt man bei einem Prozess zusätzlich die Anfangsbedingung, so kann man nach diesem Prinzip den Ablauf eindeutig voraussagen. Daher ist es möglich, aus heutigen Messungen z. B. künftige oder zurückliegende Sonnenfinsternisse herzuleiten. Außerdem lassen sich Abläufe unter genau definierten Bedingungen reproduzieren, z. B. die Fallgesetze Galileis. Man bezeichnet diese Betrachtungsweise als **deterministisch.** Sie ist das Denkmodell der klassischen Physik.

- Die klassische Physik endet etwa mit dem Beginn des 20. Jahrhunderts. Neue Naturbeobachtungen und Messergebnisse ebenso wie außergewöhnliche theoretische Denkansätze in der Physik ab dieser Zeit lassen sich klassisch nicht mehr deuten. Relativitätstheorie und Quantenphysik setzen neue Maßstäbe. Auch die von Charles Darwin vor 200 Jahren entwickelte Evolutionslehre mit Mutation, Selektion und der Bildung neuer Arten kann nicht oder nur unzureichend deterministisch erklärt werden. Kausalität und klassische Physik beherrschen aber nach wie vor unseren gewöhnlichen Alltag.

Aufgaben

1. *An einem Wagen greifen Kräfte nach B 49.1 an. Nennen Sie Kräfte, die sich im statischen Gleichgewicht befinden, und Wechselwirkungspaare.*

2. *Ein frei hängender Körper wird durch einen Federkraftmesser nach B 49.2 im statischen Gleichgewicht gehalten. Bestimmen Sie die vom Kraftmesser aufzubringende Kraft F_r durch eine geeignete Zerlegung der Gewichtskraft $\vec{F}_G$.*

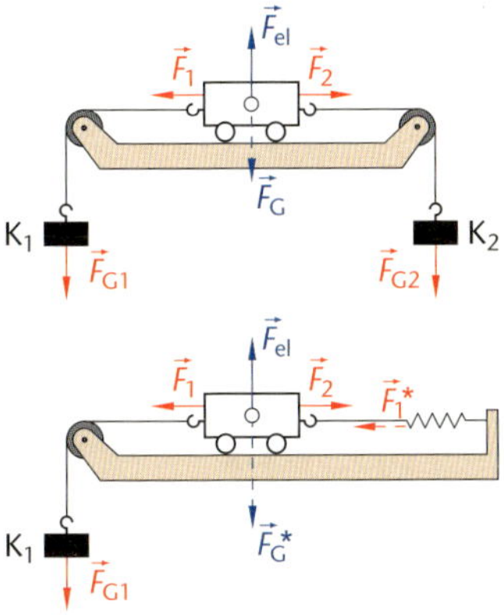

3. *Zwei Schüler gleicher Masse m stehen sich auf ihren Skateboards gegenüber und halten die Enden eines straff gespannten Seiles in den Händen.*

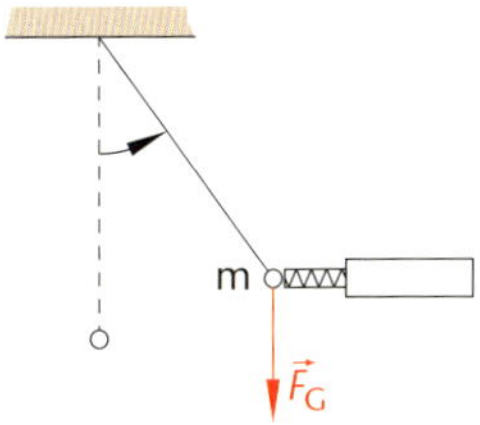

   a) *Beschreiben Sie die Bewegung der Schüler, wenn beide gleichzeitig am Seil ziehen.*

   b) *Beschreiben Sie die Bewegung, wenn einer der Schüler am Seil zieht und der andere das Seil fest oder lose hält.*

Bild 49.2

Bild 49.1

4. *Die Masse einer Frau beträgt m = 56,3 kg. Berechnen Sie die Kraft F, mit der die Frau den Erdkörper anzieht, und begründen Sie, weshalb man die Fallbewegung der Erde nicht wahrnimmt.*

3.6 Reibung

Im Folgenden wird an einige Grundlagen der Reibung erinnert (B 50, 51).

Reale Bewegungen mit konstanter Geschwindigkeit v auf dem Land, im Wasser oder in der Luft erfordern eine permanente Antriebskraft. Ursache ist die Reibungskraft $\vec{F}_R$, die der Bewegung eines Körpers ständig entgegenwirkt. Eine konstante Geschwindigkeit auf linearer Bahn erfordert eine beschleunigende (Motor-) Kraft $\vec{F}$, die die Reibungskraft $\vec{F}_R$ gerade kompensiert. Beide Kräfte greifen am gleichen Körper an, es besteht das statische Gleichgewicht $\vec{F} + \vec{F}_R = \vec{0}$. Für eine gleichförmige Bewegung auf beliebiger Bahn unter Einbeziehung der Reibung lautet die Kraftgleichung: $\vec{F} + \vec{F}_R = \vec{F}_{rsl} \neq \vec{0}$. Soll sich also ein Körper gleichförmig bewegen, so bedarf es zur Beibehaltung dieses Bewegungszustandes einer von außen permanent angreifenden Kraft.

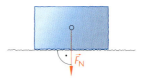

Bild 50: Reibung durch
        Rauigkeit; Normalkraft

Bild 51: Verformung einer
        Unterlage durch eine
        rollende Kugel (die
        ebenfalls verformt wird)

Die Reibung kommt, vereinfacht gesagt, durch die Rauigkeit der Oberflächen zustande (B 50, 52). Man unterscheidet zwischen der **Haftreibungskraft** und der **Gleitreibungskraft**. Beide Kräfte sind proportional zur Normalkraft F_N: $F_R \sim F_N$. Die **Normalkraft** ist eine Kraft senkrecht zur Auflagefläche. Mit dieser Kraft belastet sie der Körper. Unter Einbeziehung der Proportionalitätskonstanten μ entsteht die Gleichung $F_R = \mu F_N$. μ ist als Haftreibungszahl oder Gleitreibungszahl ein reiner materialabhängiger Zahlenfaktor mit Messwerten zwischen 0 und 1. Er ist für Anwendungen in Tabellen aufgelistet.

Haftreibungskraft ist erforderlich, um das Gleiten einer ebenen Fläche auf einer anderen zu starten. Sie ermöglicht das Gehen auf ebenen oder geneigten Flächen, den festen Halt von Schrauben und Nägeln und den Antrieb selbstfahrender Fahrzeuge. Gleitreibung tritt auf, wenn ebene Flächen fester Körper aufeinander gleiten. In allen folgenden Beispielen sind die Bewegungen gleitend. Außerdem gibt es die **Rollreibung** (B 51). Sie entsteht durch eine unsymmetrische Verformung der Auflagefläche während der Bewegung.

3.7 Schiefe Ebene

Am Beispiel der schiefen Ebene werden nochmals die Zusammensetzung und Zerlegung von Kräften und die newtonschen Prinzipien dargestellt. Außerdem wird erstmals der Einfluss der Reibung auf die Bewegung von Körpern einbezogen.

▸▸ **Eine Ebene, die mit der horizontalen Ebene den Neigungswinkel α, 0° ≤ α ≤ 90°, einschließt, heißt schiefe Ebene (B 52).**

Ein Körper K_1 mit der Masse m_1 und der konstanten Gewichtskraft $\vec{F}_G$, $F_G = m_1 g$, auf einer schiefen Ebene und ein zweiter Körper K_2 mit der Masse m_2 und der Gewichtskraft $\vec{F}_G^\star$, $F_G^\star = m_2 g = $ konstant, sind gekoppelt (B 52). Kopplungsmechanismus ist ein Faden, der über eine Rolle geführt ist. Faden und Rolle sind gegenüber den Körpermassen bedeutungslos klein. Die gekoppelten Körper K_1 und K_2 bilden zusammen eine Einheit, ein System aus zwei Körpern. K_1 auf der schiefen Ebene E bewegt sich unter dem Einfluss von K_2 hangaufwärts (oder hangabwärts). Während der Bewegung greift an K_1 die konstante Reibungskraft $\vec{F}_R$, $F_R = \mu m_1 g$, an. K_2 ist Antriebskörper und bewegt sich unter dem Einfluss seiner Gewichtskraft $\vec{F}_G^*$ reibungsfrei und konstant beschleunigt senkrecht nach unten zur horizontalen Ebene E* hin. Aufbau, Form und sonstige Körpereigenschaften von K_1 und K_2 sind bedeutungslos. Man betrachtet sie als Massenpunkte. Die folgenden Überlegungen gelten demnach für irgendwelche zwei Körper.

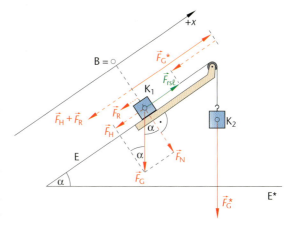

Bild 52: Schiefe Ebene

Beispiele

a) Man wähle ein geeignetes Bezugssystem zur Beschreibung der Bewegung von K_1.

Lösung:

Im System verharrt K_1 irgendwo auf E in Ruhe oder gleitet längs E hangabwärts oder hangaufwärts. Es ist daher sinnvoll, den Ruhezustand von K_1 als Bezugspunkt B = 0 eines Inertialsystems zu wählen, das mit dem Labor verbunden ist. Eine Achse parallel zu E reicht aus; sie ist hangaufwärts positiv (oder negativ) orientiert.

b) Man erläutere alle Kräfte, die an K_1 wirksam werden.

Lösung:

K_1 mit der Masse m_1 auf E hat die Gewichtskraft $\vec{F}_G$. Daher müsste K_1 eigentlich zu E* hin frei fallen. Dies verhindert die stabile Unterlage E. K_1 lastet auf E mit der Normalkraft $\vec{F}_N$. E übt auf K_1 die elastische Gegenkraft $-\vec{F}_N$ aus, sodass das statische Gleichgewicht $\vec{F}_N + (-\vec{F}_N) = \vec{0}$ besteht. Nach dem Trägheitsprinzip unterbleibt daher eine vertikale Abwärtsbewegung.

Außerdem bewegt sich K_1 unter dem Einfluss von K_2 hangaufwärts (oder hangabwärts). Dazu ist nach dem Trägheitsprinzip zwingend eine Kraft erforderlich. Also zerlegt man $\vec{F}_G$ in die als notwendig erkannten Richtungen senkrecht und parallel zu E. Es entsteht die Normalkraft $\vec{F}_N \perp E$. Sie heißt auch Auflagekraft von K_1 und beeinflusst die Reibungskraft $\vec{F}_R$. Längs E wirkt die Hangabtriebskraft $\vec{F}_H$. Sie erteilt K_1 nach der Grundgleichung der Mechanik, also nach $\vec{F}_H = m\vec{a}_H$ bzw. $F_H = ma_H$, die Hangabtriebsbeschleunigung $\vec{a}_H$. Die Hangabtriebskraft allein ist nach dem newtonschen Aktionsprinzip Ursache einer geradlinigen Bewegung von K_1 hangabwärts mit $\vec{a}_H$ = konstant.

Das Kräfteparallelogramm in B 52 veranschaulicht die Zerlegung von $\vec{F}_G$. Dabei gilt: $\vec{F}_G = \vec{F}_H + \vec{F}_N$; alle beteiligten Kräfte sind konstant. Es umfasst zwei rechtwinklige Dreiecke. Beide enthalten den Neigungswinkel α der schiefen Ebene. Die Begründung liefert ein Satz der Mathematik, der noch häufiger auftauchen wird: Stehen die Schenkel zweier Winkel paarweise aufeinander senkrecht, so sind die von ihnen eingeschlossenen Winkel gleich (oder ergänzen sich zu 180°). Das trifft hier für beide Dreiecke zu. Innerhalb des Parallelogramms ist α ein Wechselwinkel.

Während der Bewegung von K_1 hangaufwärts greift die Reibungskraft $\vec{F}_R$ hangabwärts an; deshalb gilt: $\vec{F}_R \uparrow\uparrow \vec{F}_H$ bzw. $\vec{F}_R \uparrow\downarrow \vec{F}_G^*$. Den Antrieb besorgt $\vec{F}_G^*$.

K_1 erfährt die resultierende Kraft $\vec{F}_{rsl} = \vec{F}_H + \vec{F}_R + \vec{F}_G^\star$ bzw. $F_{rsl} = -F_H - F_R + F_G^\star$, $F_{rsl} > 0$. Sie zwingt K_1 aus der Ruhelage heraus (zusammen mit K_2) zu einer geradlinigen Bewegung mit der konstanten resultierenden Beschleunigung $\vec{a}_{rsl}$ hangaufwärts.

Reicht die Gewichtskraft von K_2 nicht aus, so kann K_1 (zusammen mit K_2) auch hangabwärts gleiten. Dann gilt ebenfalls $\vec{F}_{rsl} = \vec{F}_H + \vec{F}_R + \vec{F}_G^\star$, jetzt mit $F_{rsl} = -F_H + F_R + F_G^\star$, $F_{rsl} < 0$.

K_1 bleibt in Ruhe, falls $\vec{F}_{rsl} = \vec{0}$ mit $F_{rsl} = 0$ bzw. $-F_H + F_G^\star = 0$. In diesem Fall fehlt jegliche Reibung. Ein statisches Gleichgewicht liegt vor. Alle Kräfte greifen an K_1 an. Ist die Bezugsachse hangabwärts positiv orientiert, dann besteht die Vektorgleichung $\vec{F}_{rsl} = \vec{F}_H + \vec{F}_R + F_G^\star$ für K_1 unverändert weiter. Bei einer Bewegung nach rechts oben, hangaufwärts, gilt jedoch $F_{rsl} = +F_H + F_R - F_G^\star$, $F_{rsl} < 0$; bei der Bewegung nach links unten, hangabwärts, ist $F_{rsl} = +F_H - F_R - F_G^\star$, $F_{rsl} > 0$.

c) Man erläutere das Auftreten der drei newtonschen Prinzipien.

Lösung:

Trägheitsprinzip: $\quad$ K_1 sinkt nicht in die Ebene E hinein, da gilt: $\vec{F}_N + (-\vec{F}_N) = \vec{0}$. Ergeben alle an K_1 angreifenden Kräfte die resultierende Kraft $\vec{F}_{rsl} = \vec{0}$, also $F_{rsl} = 0$, dann bleibt K_1 in Ruhe (oder bewegt sich geradlinig mit einer schon vorhandenen Geschwindigkeit $\vec{v} = $ konstant).

Aktionsprinzip: $\quad$ Die in b) begründeten Kräfte $F_{rsl} > 0$ oder $F_{rsl} < 0$ ergeben wegen $F_{rsl} = ma_{rsl}$ eine geradlinige Bewegung mit konstanter Beschleunigung $a_{rsl} > 0$ oder $a_{rsl} < 0$. Immer gilt $\vec{F}_{rsl} = m\vec{a}_{rsl}$ mit $\vec{F}_{rsl} \uparrow\uparrow \vec{a}_{rsl}$. Nun bilden aber die Körper K_1 und K_2 wegen der Fadenkopplung eine Einheit, nämlich ein System aus zwei Körpern. Dieses vollzieht die Bewegung mit der konstanten Beschleunigung $\vec{a}_{rsl}$ gemeinsam, ausgelöst durch $\vec{F}_{rsl} = m\vec{a}_{rsl}$. m ist hierbei die Gesamtmasse $(m_1 + m_2)$ des Systems. Daher gilt $\vec{F}_{rsl} = (m_1 + m_2)\vec{a}_{rsl}$ bzw. $F_{rsl} = (m_1 + m_2)a_{rsl}$.

Wechselwirkungsprinzip: $\quad$ Man erkennt das Wechselwirkungsprinzip am besten im Ruhezustand von K_1 und K_2. K_2 zieht mithilfe der Kopplung an K_1 und K_1 betragsgleich, aber gegensinnig parallel, an K_2. Beide Körper sind verschieden. Greift K_1 am anderen Körper K_2 mit der Kraft $\vec{F}_H$ an, dann wirkt K_2 auf K_1 mit $-\vec{F}_H$ zurück und umgekehrt. Dabei gilt: $|\vec{F}_H| = |-\vec{F}_H| = F_H = F_G^\star$.

d) Man berechne unter Verwendung von a) und b) die resultierende Kraft F_{rsl} und die resultierende Beschleunigung a_{rsl}, falls sich K_1 unter der Wirkung von K_2 hangaufwärts bewegt. Die Gesamtkraft an m_1 ist nach b):

Lösung:

1. $F_{rsl} = -F_H - F_R + F_G^\star$

Dem Kräfteparallelogramm mit den rechtwinkligen Dreiecken entnimmt man:

2. $\sin \alpha = \dfrac{F_H}{F_G} = \dfrac{F_H}{m_1 g}$; $F_H = m_1 g \sin \alpha$; (Hangabtriebskraft)

3. $\cos \alpha = \dfrac{F_N}{F_G} = \dfrac{F_N}{m_1 g}$; $F_N = m_1 g \cos \alpha$; (Normalkraft)

Sonderfälle: $\alpha_1 = 0°$: $F_H = m_1 g \sin 0° = 0$; die „schiefe" Ebene E liegt horizontal.

$\qquad\qquad F_N = m_1 g \cos 0° = m_1 g = F_G$; Normalkraft = Gewichtskraft.

$\qquad \alpha_2 = 90°$: $F_H = m_1 g \sin 90° = m_1 g = F_G$; die Hangabtriebskraft wird zur Gewichtskraft.

$\qquad\qquad F_N = m_1 g \cos 90° = 0$; K_1 lastet nicht auf E.

$\qquad$ Beide Kräfte liegen also in den Bereichen $0 \le F_H(\alpha) \le F_G = m_1 g$ bzw.

$\qquad 0 \le F_N(\alpha) \le F_G = m_1 g$.

4. Die Reibungskraft $\vec{F}_R$ mit $\vec{F}_R \uparrow\uparrow \vec{F}_H$ und $F_R = \mu F_N$ verzögert die Bewegung von m_1 hangaufwärts. Es gilt: $F_R = \mu F_N = \mu m_1 g \cos \alpha$.

Die resultierende Kraft an m_1 lautet somit: $F_{rsl} = -m_1 g \sin \alpha - m_1 g \cos \alpha + m_2 g$; sie erteilt dem System aus K_1 und K_2 wegen $F_{rsl} = (m_1 + m_2) a_{rsl}$ die gemeinsame konstante Beschleunigung

$a_{rsl} = \dfrac{F_{rsl}}{m_1 + m_2}$. Das System vollzieht eine konstant beschleunigte Bewegung aus der Ruhelage

heraus. Die geradlinigen Bahnen beider Körper haben unterschiedliche Richtung.

e) Zur Übung: Man überlege sich das t-x-Gesetz des Körpers K_1, falls er in der Mitte von E liegt, der Bezugspunkt B = 0 mit dem Anfang der schiefen Ebene zusammenfällt und die einzige Bezugsachse hangaufwärts positiv orientiert ist.

Ergebnis bei Bewegung hangaufwärts: $x(t) = x_0 + 0{,}5 a_{rsl} t^2$ mit $a_{rsl} > 0$;

hangabwärts: $\qquad\qquad\qquad\qquad x(t) = x_0 + 0{,}5 a_{rsl} t^2$ mit $a_{rsl} < 0$.

Ist die Achse hangabwärts positiv orientiert, gilt bei Bewegung

hangaufwärts: $x(t) = -x_0 + 0{,}5 a_{rsl} t^2$ mit $a_{rsl} < 0$ bzw.

hangabwärts: $x(t) = -x_0 + 0{,}5 a_{rsl} t^2$ mit $a_{rsl} > 0$.

Aufgaben

1. Auf einer schiefen Ebene aus Stahl mit dem Neigungswinkel α gleitet ein Stahlquader mit der Beschleunigung a hangabwärts. Die Gleitreibungszahl μ ist unbekannt.
   a) Berechnen Sie die Beschleunigung a des Quaders in Abhängigkeit von μ, α und g allgemein und für den Sonderfall $\alpha = 90°$.
   b) Nun wird der Neigungswinkel auf den Wert α_0 so eingestellt, dass der Quader gerade noch nicht abwärts gleitet. Ermitteln Sie den mathematischen Zusammenhang zwischen α_0 und μ.
   c) Bestimmen Sie die Reibungszahl μ von Stahl auf Stahl, falls der Neigungswinkel $\alpha_0 = 14{,}9°$ gemessen wird.

2. Ein Rennrodler der Masse $m = 65$ kg beschleunigt seinen Schlitten mit der Gewichtskraft $F_G = 145$ N auf waagrechter Unterlage in 8,4 s aus der Ruhelage auf die Geschwindigkeit $v_1 = 6{,}7$ ms^{-1}.
   a) Berechnen Sie die Kraft F_1, die der Rodler während der Beschleunigung aufwendet, und interpretieren Sie sie.
   b) Bestimmen Sie die während der Beschleunigung zurückgelegte Strecke s.
   c) Der Rodler durchfährt die Ziellinie mit der Geschwindigkeit $v_2 = 95$ kmh^{-1}. Danach bringt er den Schlitten gleichmäßig verzögernd auf der Strecke $\Delta s = 32$ m zum Stehen. Ermitteln Sie die neben der Reibungskraft $F_R(\mu = 0{,}058)$ vom Rodler aufzubringende Kraft F_2.
   d) Berechnen Sie Zeitdauer Δt^* des Bremsvorgangs.

4.1   Gleichförmige Kreisbewegung

Bewegt sich ein realer Körper auf einer Kreisbahn um den festen Kreismittelpunkt M und ist seine Ausdehnung sehr viel kleiner als der Kreisbahnradius r, so spricht man von einer **Kreisbewegung**. Sie kommt in Natur und Wissenschaft in guter Näherung recht häufig vor. In Kapitel 2.1 wurden einige Beispiele genannt; weitere sind: Satellitenbahnen um die Erde verlaufen kreisförmig; alle Körper der Erdoberfläche auf demselben Breitengrad umkreisen die Erdachse; der Schwenk eines Flugzeugs in der Luft erfolgt auf einem Kreisbogen um einen gedachten Mittelpunkt; Elektronen und andere geladene Teilchen werden in Beschleuniger-anlagen auf Kreisbahnen gezwungen. Verschiedene Atommodelle betrachten die Bewegung der Elektronen um den Atomkern als Kreisbewegung.

Zur Erinnerung: Massive Räder und Zahnräder an Fahrzeugen, in Maschinen und Uhren voll-führen Rotationen.

Kreisbewegung eines Massenpunktes (B 53)

① Motor mit veränderlicher Drehzahl
② Massenpunkt mit der Masse m
③ Metallarm mit der Länge $r > 0$ zwischen Drehachse und Massenpunkt
④ Lichtschranke mit Uhr

Versuchsdurchführung und Beobachtung:
Ein Massenpunkt mit der Masse m oder ein Kör-per mit kleinen Ausmaßen bezogen auf r hat von einem Punkt M die Entfernung $r > 0$. Nach Ein-schalten des Motors vollzieht m je nach Drehzahl gleichförmige oder ungleichförmige, schnelle oder langsame Kreisbewegungen mit $r = $ kons-tant. Mithilfe einer Lichtschranke bestimmt man die Anzahl N der vollständigen Umläufe, mit einer Uhr die dazu benötigte Zeitdauer Δt.

Von allen möglichen Kreisbewegungen interes-siert nur die gleichförmige. Der Bewegungsablauf ist in diesem Fall in der Regel periodisch. Er wie-derholt sich also innerhalb fester Zeitabstände und zeitunabhängig in völlig gleicher Weise. Der Massenpunkt ersetzt reale Körper (B 53).

Zur physikalischen Beschreibung der Kreisbe-wegung wählt man ein ruhendes rechtwinkliges x-y-Koordinatensystem als Bezugssystem. Der Ursprung bzw. Bezugspunkt liegt im Mittelpunkt M der Kreisbahn. Startpunkt der Bewegung im Zeitpunkt $t_0 = 0$ ist der Bahnpunkt P_0 mit den

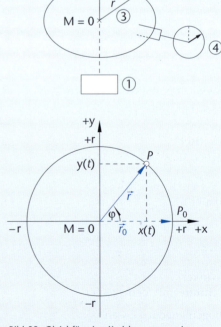

Bild 53: Gleichförmige Kreisbewegung eines Massenpunktes

Koordinaten $x_0 = +r$, $y_0 = 0$. Die Anfangsbedingung lautet vektoriell: $\vec{r}_0(t_0 = 0) = \begin{pmatrix} r \\ 0 \end{pmatrix}$.

Für $t \geq 0$ ist allen Bahnpunkten P eindeutig der zeitabhängige Ortsvektor $\vec{r}(t) = \begin{pmatrix} x(t) \\ y(t) \end{pmatrix}$ zugeordnet. Er ändert ständig seine Richtung, sein Betrag bleibt konstant.

Es gilt also für $t_1 \neq t_2$: $\vec{r}_1(t_1) \neq \vec{r}_2(t_2)$, aber $|\vec{r}_1| = |\vec{r}_2| = r =$ konstant. Man nennt diesen Ortsvektor auch **Radiusvektor** oder **Fahrstrahl**.

Misst man die Zeitdauer Δt für N Umläufe, so erfasst $T = \dfrac{\Delta t}{N}$ die Zeitdauer oder Periodendauer

T für einen einzigen vollständigen Umlauf. Mit $f = \dfrac{N}{\Delta t} = \dfrac{1}{T}$ erhält man die Anzahl der Umläufe in einer Sekunde, die Drehfrequenz f. Für eine Periode benötigt man die Zeitdauer $\Delta t = T$. f hat

die Einheit: $[f] = \dfrac{1}{s} = 1\ s^{-1}$.

Drehfrequenz und Periodendauer derselben Kreisbewegung sind umgekehrt proportional zueinander. Das bedeutet: Je größer die Drehfrequenz f ist, umso kleiner wird T. Man schreibt dafür $f \sim \dfrac{1}{T}$ und liest: f direkt proportional zu $\dfrac{1}{T}$.

Beispiel

$N_1 = 15{,}0 \mapsto \Delta t = 5{,}0\ s \Rightarrow f_1 = \dfrac{15{,}0}{5{,}0\ s} = \dfrac{3{,}0}{s} = 3{,}0\ s^{-1}$, also drei Perioden je Sekunde;

$N_2 = 48{,}0 \mapsto \Delta t = 12{,}0\ s \Rightarrow f_2 = \dfrac{48{,}0}{12{,}0\ s} = \dfrac{4{,}0}{s} = 4{,}0\ s^{-1} > f_1$.

Sind f_1 und f_2 konstant, so laufen beide Kreisbewegungen gleichförmig ab, wegen $f_1 < f_2$ ist die zweite schneller als die erste.

Unter Verwendung der neuen Größen heißt eine Kreisbewegung gleichförmig, falls $f =$ konstant.

Ebenfalls zeitabhängig ist der Drehwinkel $\varphi(t)$. Es ist der Winkel zwischen der $+x$-Achse und dem Ortsvektor $\vec{r}(t)$. Die Drehung des Ortsvektors gegen den Uhrzeigersinn heißt **mathematisch positiv** ($\varphi > 0$), im Uhrzeigersinn **mathematisch negativ** ($\varphi < 0$). Die physikalischen Gesetze bleiben in beiden Fällen gleich. Für Erklärungen wählt man meist $\varphi > 0$.

Weitere Beobachtung: Der Ortsvektor $\vec{r}(t)$ vollzieht bei $f =$ konstant in der gleichen Zeitdauer $\Delta t = t_2 - t_1$ stets die gleiche Drehwinkeländerung $\Delta\varphi = \varphi(t_2) - \varphi(t_1)$.

4.2   Winkel im Bogenmaß

Winkel werden im Gradmaß oder im Bogenmaß angegeben. B 54 zeigt ähnliche Kreisausschnitte mit dem gemeinsamen Drehwinkel φ. Aus den Radien r_i und den zugehörigen Bogenlängen x_i lassen sich die Quotienten $\dfrac{x_1}{r_1} = \dfrac{x_2}{r_2} = \dfrac{x_3}{r_3} = \dots$ bilden. Sie haben den gleichen reellen Wert.

Für φ = konstant ist also $\dfrac{x_i}{r_i}$ = konstant.

Diesen Quotientenwert verwendet man als Maß des Winkels und nennt ihn **Bogenmaß**.

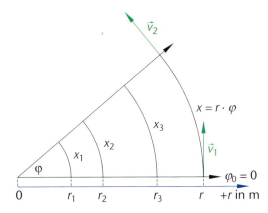

▸ Unabhängig vom Radius r des Kreises gehört zu jedem festen Winkel φ ein eigener eindeutiger Quotientenwert $\dfrac{x}{r}$. Man wählt ihn als Maß für den Winkel φ: $\varphi = \dfrac{x}{r}$. φ ist eine reelle Zahl, das Bogenmaß des Winkels, x die Bogenlänge zum Winkel φ. Das Vorzeichen + oder − bezieht sich auf den Drehsinn.

Bild 54: Winkel im Bogenmaß

Da $[\varphi] = \dfrac{[x]}{[r]} = \dfrac{1\,\mathrm{m}}{1\,\mathrm{m}} = 1$, hat das Bogenmaß eigentlich keine Einheit. Trotzdem hat man für ebene Winkel die Einheit $[\varphi] = 1$ Radiant = 1 rad eingeführt. Sie bleibt beim praktischen Rechnen meistens weg.

Im Einheitskreis K (M = 0, r = 1) sind Bogenmaß des Winkels φ und Maßzahl der zum Winkel gehörigen Bogenlänge x gleich (B 55).

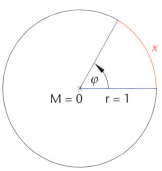

Unter Verwendung des Einheitskreises lassen sich Gradmaß und Bogenmaß leicht ineinander umrechnen. Er hat wegen r = 1 den Kreisumfang $U = 2\pi$. Dann besteht die eindeutige Zuordnung $x = U = 2\pi \mapsto \varphi = 360°$ bzw. π (rad) $\mapsto 180°$

Bild 55: Bogenmaß im Einheitskreis:
$$\varphi = \frac{x}{1} = x$$

(und umgekehrt). Mit π (rad) ≈ 3 (rad) folgt daraus eine Faustregel für die rasche Überschlagsrechnung: 1 (rad) ≈ 60°. Aus dieser Überlegung entstehen die Umrechnungsformeln $x = \dfrac{\varphi}{180°}\,\pi$ und $\varphi = \dfrac{180°}{\pi}\,x$. Oder man verwendet eine einfache Dreisatzrechnung wie im folgenden Beispiel.

▸ **Merkregel: π (rad) = 180° und 1 (rad) ≈ 60°.**

Beispiele

1. Gegeben $\varphi = 217°$; man berechne das Bogenmaß: $\pi = 180°$ |: 180 | · 217, $\varphi = 217° = \dfrac{\pi}{180} \cdot 217$ rad = 3,79 rad. Der Winkel (+)3,79 (rad) entsteht durch Drehung des Ortsvektors $\vec{r}\,(t)$ im mathematisch positiven Drehsinn.

2. Gegeben $\varphi = -11{,}07$ rad; das zugehörige Gradmaß ist:
   π rad = 180° |: π rad | · (−11,07), $\varphi = -11{,}07$ rad $= -\dfrac{180°}{\pi\ \mathrm{rad}} \cdot 11{,}07$ rad = −634,3°.
   Der Winkel −634,3° entsteht durch Drehung des Ortsvektors $\vec{r}\,(t)$ im mathematisch negativen Drehsinn, also im Uhrzeigersinn. Fast zwei Umläufe finden statt.

3. Überschlagsrechnungen: 0,78 = 48°; −4,2 = −252°; 95° = (0,5π + 0,1) = 1,7; −742° = −(4π + 0,4) = −13. Hintergrund: 1 rad ≈ 60° und 0,1 rad ≈ 6°.

4.3   Winkelgeschwindigkeit

Bei der gleichförmigen Kreisbewegung ändern sich mit der Zeit t die Lage der Bahnpunkte P und deren Ortsvektoren. Auch der Drehwinkel φ ist zeitabhängig. Innerhalb der Zeitdauer Δt kommt es zu einer Winkeländerung $\Delta \varphi = \varphi(t_2) - \varphi(t_1)$ für $t_2 > t_1$. In Anlehnung an die Definition der Bahngeschwindigkeit v ist es deshalb sinnvoll, eine neue Geschwindigkeit für die Kreisbewegung einzuführen, die Winkelgeschwindigkeit ω.

▸▸ **Die Winkelgeschwindigkeit ω ist der Quotient aus der Winkeländerung $\Delta\varphi$ und der dabei erfolgten Zeitänderung Δt: $\omega = \dfrac{\Delta\varphi}{\Delta t}$.**

Einheit dieser abgeleiteten physikalischen Größe:

$$[\omega] = \frac{[\Delta\varphi]}{[\Delta t]}, \ [\omega] = \frac{1\,(\text{rad})}{1\,\text{s}} = 1\frac{(\text{rad})}{\text{s}} = \frac{1}{\text{s}} = 1\,\text{s}^{-1}.$$

Je größer die Winkeländerung in einer Sekunde ist, umso schneller dreht sich der Massenpunkt um den ruhenden Bezugspunkt B = M. Bei der gleichförmigen Kreisbewegung sind $f =$ konstant und $\omega =$ konstant gleichwertige Aussagen.

Der Winkeländerung $\Delta\varphi = 2\pi$ in einer Periode entspricht genau die Umlaufdauer $\Delta t = T$. Damit kann ein Zusammenhang zwischen der Winkelgeschwindigkeit ω, der Periodendauer T und der Drehfrequenz f hergestellt werden. Es gilt unter Verwendung der Definition von ω:

$$\omega = \frac{\Delta\varphi}{\Delta t} = \frac{2\pi}{T} = 2\pi\frac{1}{T} = 2\pi f.$$

Mit der Anfangsbedingung $\vec{r}_0(t_0 = 0) = \begin{pmatrix} r \\ 0 \end{pmatrix}$ bzw.

$\varphi_0(t_0) = 0$ entsteht schließlich $\omega = \dfrac{\varphi}{t}$.

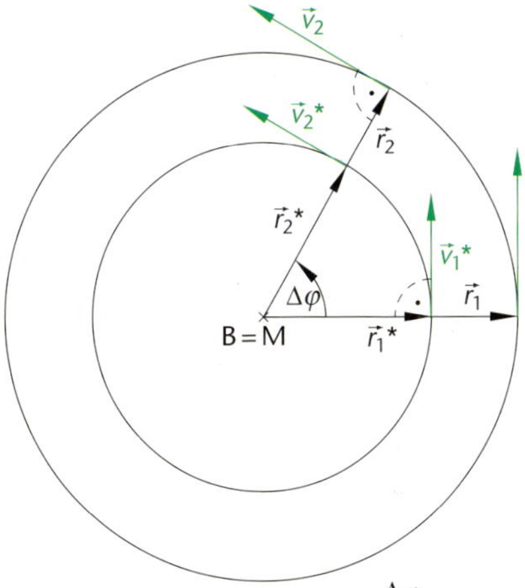

Während einer Periode durchläuft ein Massenpunkt den Kreisumfang $U = 2r\pi = \Delta x$; er benötigt hierfür die Zeitdauer $\Delta t = T$. Seine Bahngeschwindigkeit v beträgt dann:

Bild 56: Kreisbewegung mit $\omega = \dfrac{\Delta\varphi}{\Delta t} =$ konstant

$$v = \frac{\Delta x}{\Delta t} = \frac{2r\pi}{T} = \frac{2\pi}{T}r = \omega r.$$

Wegen $\omega =$ konstant folgt sofort $v \sim r$. Alle Punkte einer rotierenden Scheibe haben unabhängig von r die gleiche Winkelgeschwindigkeit. Aus $r_1^* < r_1$ folgt aber $v_1^* < v_1$.

Für $\omega =$ konstant und $r =$ konstant ist auch $v =$ konstant. Dagegen ändert der zugehörige Bahngeschwindigkeitsvektor $\vec{v}$ zeitabhängig seine Richtung. Für $t_2 > t_1$ ist $\vec{v}_1(t_1) \neq \vec{v}_2(t_2)$, aber $|\vec{v}_1| = |\vec{v}_2| = v =$ konstant.

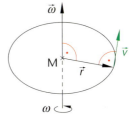

Bild 57: Winkelgeschwindigkeit $\vec{\omega}: \vec{v} = \vec{\omega} \times \vec{r}$ mit $\vec{\omega} \perp \vec{r}$ und $\vec{v} \perp \vec{\omega}, \vec{v} \perp \vec{r}$

Auch die Winkelgeschwindigkeit ist ein Vektor. Er verläuft parallel zur Drehachse der Kreisbewegung, wobei gilt: $\vec{\omega} \perp \vec{r} \wedge \vec{\omega} \perp \vec{v}$. Man schreibt mithilfe der Vektoralgebra: $\vec{v} = \vec{\omega} \times \vec{r}$. $\vec{v}$ ist das Vektorprodukt aus $\vec{\omega}$ und $\vec{r}$ (B 57).

4.4 Zeitabhängige Richtungsänderung der Bahngeschwindigkeit $\vec{v}(t)$

Es liegt eine Kreisbewegung mit ω = konstant bzw. $\vec{\omega}$ = konstant vor. Dann sind den verschiedenen Bahnpunkten P_1 und P_2 eindeutig die Bahngeschwindigkeiten $\vec{v}_1$ und $\vec{v}_2$, $v_1 = v_2 = v$, zugeordnet. P_1 und P_2 können sich direkt nebeneinander befinden. Weil sie in diesem Fall anschaulich nicht zu unterscheiden sind, werden sie zum besseren Verständnis weit auseinander liegend platziert. Jedenfalls ändert die Bahngeschwindigkeit $\vec{v}$ von Bahnpunkt zu Bahnpunkt ihre Richtung, der Betrag bleibt: $|\vec{v}| = v$ = konstant (B 56; 58). Ursache dieser Änderung ist nach dem Trägheitsprinzip Newtons eine Beschleunigung $\vec{a}$. Eine einfache Überlegung hilft weiter.

Man erinnere sich an die Vektoraddition. Aus $\vec{a}$ entsteht der Ergebnisvektor $\vec{c}$, indem man zum ersten Vektor den weiteren Vektor $\vec{b}$ addiert: $\vec{a} + \vec{b} = \vec{c}$. Außerdem dürfen nur Vektoren gleicher physikalischer Größen addiert werden. Um also vom $\vec{v}_1$ zum Vektor $\vec{v}_2$ mit neuer Richtung und gleichem Betrag zu gelangen, bedarf es der Geschwindigkeitsänderung $\Delta\vec{v}$, damit gilt: $\vec{v}_1 + \Delta\vec{v} = \vec{v}_2$. Sie erfolgt in der Zeitänderung $\Delta t > 0$. Der Quotient $\dfrac{\Delta\vec{v}}{\Delta t}$ ist bekanntlich der Beschleunigungsvektor $\vec{a} = \dfrac{\Delta\vec{v}}{\Delta t}$, er zeigt zu B = M hin. Wegen Δv = konstant gilt auch $a_{rad} = \dfrac{\Delta v}{\Delta t}$ = konstant.

Lässt man gedanklich die Zeitdifferenz Δt immer kleiner werden, $\Delta t \to 0$, so entsteht die momentane Beschleunigung in einem bestimmten Zeitpunkt t. Der Beschleunigungsvektor a_{rad} zeigt während der Kreisbewegung genau zum Zentrum hin. Damit verbunden ist $\vec{a}_{rad}(t) \uparrow\downarrow \vec{r}(t)$. (*)

Man spricht von der **Zentripetalbeschleunigung** oder **Radialbeschleunigung** a_{rad} zum Zentrum B = M hin.

Das Besondere an dieser Beschleunigung ist, dass sie den Massenpunkt ständig auf die Kreisbahn um den Bezugspunkt B = M zwingt. Sie dient also allein der permanenten

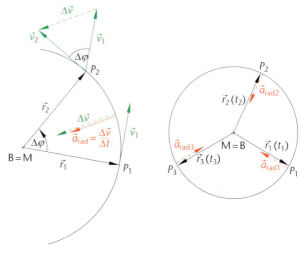

Bild 58: Zentripetalbeschleunigung $\vec{a}_{rad}$

Richtungsänderung von $\vec{v}$, ohne den Massenpunkt schneller oder langsamer zu machen; $|\vec{v}| = v$ bleibt zeitunabhängig konstant. Demnach ist die gleichförmige Kreisbewegung eine beschleunigte Bewegung mit a_{rad} = konstant. Wie $\vec{r}$ ändert auch $\vec{a}_{rad}$ ständig die Richtung.

Die Ortsvektoren zu P_1 und P_2, also $\vec{r}_1(t_1)$ und $\vec{r}_2(t_2)$, schließen den kleinen Drehwinkel $\Delta\varphi$ ein, ebenso die Geschwindigkeitsvektoren $\vec{v}_1$ und $\vec{v}_2$, da $\vec{v}_1 \perp \vec{r}_1$, $\vec{v}_2 \perp \vec{r}_2$ (B 59). Weiterhin sind $|\vec{r}_1| = |\vec{r}_2| = r$ und $|\vec{v}_1| = |\vec{v}_2| = v$ die Radien zweier Kreise und Δx und Δv die Bogenlängen zum gemeinsamen $\Delta\varphi$. Dann ergibt eine einfache Betrachtung mit $\Delta\varphi = \dfrac{\Delta x}{r}$ und $\Delta\varphi = \dfrac{\Delta v}{v}$:

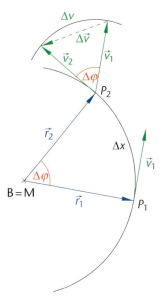

$$\frac{\Delta v}{v} = \frac{\Delta x}{r}, \quad v\Delta x = r\Delta v \mid : \Delta t\ (>0);$$

somit: $v\dfrac{\Delta x}{\Delta t} = r\dfrac{\Delta v}{\Delta t}.$ \qquad (**)

Für $\Delta t \to 0$ wird $\Delta\varphi$ immer kleiner; gleichzeitig wandeln sich $\dfrac{\Delta x}{\Delta t}$ zur momentanen Bahngeschwindigkeit $v\left(\lim\limits_{\Delta t \to 0}\dfrac{\Delta x}{\Delta t} = v\right)$ und $\dfrac{\Delta v}{\Delta t}$ zur Momentanbeschleunigung $a_{rad}\left(\lim\limits_{\Delta t \to 0}\dfrac{\Delta v}{\Delta t} = a_{rad}\right).$

Nach dem Grenzübergang entsteht schließlich aus (**):

$$v\,v = r\,a_{rad} \text{ bzw. } a_{rad} = \frac{v^2}{r}.$$

Mit $v = \omega r$ und $\omega = \dfrac{v}{r}$ schreibt man auch $a_{rad} = \omega^2\,r.$

Bild 59: Zentripetalbeschleunigung:
$$a_{rad} = \omega^2\,r = \frac{v^2}{r}$$

4.5 Zentripetalkraft

Nach dem Aktionsprinzip der Mechanik ist die Ursache jeder Beschleunigung eine Kraft. Ursache der Zentripetalbeschleunigung $\vec{a}_{rad}$ ist die **Zentripetalkraft** $\vec{F}_{rad}$. Den Zusammenhang zwischen beiden liefert die Grundgleichung der Mechanik, die bisher allerdings nur auf geradlinige Bewegungen bezogen wurde. Zumindest theoretisch erhält man für die Kreisbewegung:

1. $F_{rad} = m a_{rad}$

2. $a_{rad} = \dfrac{v^2}{r} = \omega^2 r$

Somit: $F_{rad} = m\dfrac{v^2}{r} = m\omega^2 r$; dieses deduktiv bestimmte Ergebnis muss experimentell überprüft werden.

Vektoriell gilt: $\vec{F}_{rad} = m\vec{a}_{rad}$ mit $\vec{F}_{rad} \uparrow\uparrow \vec{a}_{rad}$ oder $\vec{F}_{rad} = -m\omega^2\vec{r}$, weil $\vec{F}_{rad} \uparrow\downarrow \vec{r}$ ((*) in Kap. 4.4).

$\vec{F}_{rad}$ heißt auch Zentralkraft oder Radialkraft zum Zentrum hin. Trotz ständiger Richtungsänderung gilt wiederum $|\vec{F}_{rad}| = F_{rad} = $ konstant, denn m, ω und r sind ebenfalls konstant.

Die deduktive Herleitung der Zentripetalkraft verlangt den experimentellen Nachweis. Außerdem muss geprüft werden, ob die Grundgleichung für Kreisbewegungen überhaupt zur Verfügung steht. Dazu dient das Zentralkraftgerät. Es gestattet, die Zentripetalkraft F_{rad} in Abhängigkeit von der Masse m des Massenpunktes, von der Winkelgeschwindigkeit ω und dem Bahnradius r zu untersuchen.

VERSUCH

Zentralkraftgerät zur Untersuchung der Zentripetalkraft F_{rad} (B 60)

① Zentralkraftgerät mit Umlaufmasse m
② Lichtschranke
③ mechanischer oder elektronischer Kraftmesser
④ Elektromotor mit variabler Drehfrequenz f bzw. ω

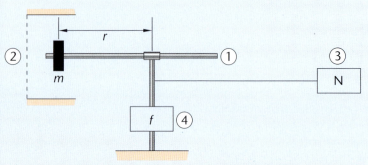

Bild 60: Zentralkraftgerät

Versuchsdurchführung und Messung:
Das Zentralkraftgerät in Verbindung mit dem Kraftmesser bietet ein Verfahren zur Messung der Kraft F_{rad} in Abhängigkeit von den drei unabhängigen Einflussgrößen, nämlich Masse m des umlaufenden starren Körpers, Drehfrequenz f der Kreisbewegung und Radius r der Kreisbahn, wie vom theoretischen Ergebnis verlangt. Mit den Lichtschranken misst man f bzw. ω. Insgesamt sind drei Messreihen nötig. Während jeder Messung hält man zwei der drei Einflussgrößen konstant, eine verändert man frei. Fasst man alle drei Messreihen zu einer zusammen, so entsteht eine sogenannte Multitabelle:

Messung Nr.	1	2	3	4	5	6	7	8	9	10
F_{rad} in N	0,12	0,52	1,13	2,04	0,27	0,78	1,02	1,03	1,49	2,01
m in kg	0,050	0,050	0,050	0,050	0,050	0,050	0,050	0,100	0,150	0,200
r in dm	1,0	1,0	1,0	1,0	0,50	1,5	2,0	1,0	1,0	1,0
ω in s^{-1}	5,0	10,0	15,0	20,0	10,0	10,0	10,0	10,0	10,0	10,0
ω^2 in s^{-2}	25,0	100,0	225,0	400,0	100,0	100,0	100,0	100,0	100,0	100,0

Um die Abhängigkeit der Kraft F_{rad} von der Winkelgeschwindigkeit ω (bzw. ω^2) zu bestimmen, müssen die Einflussgrößen r und m konstant gehalten werden (B 61). Das ist in den Messungen Nr. 1 bis 4 der Fall.
Um die Abhängigkeit der Kraft F_{rad} vom Radius r zu gewinnen, müssen die Einflussgrößen ω und m konstant sein (B 62), wie in den Messungen Nr. 2, 5, 6, 7 gegeben.

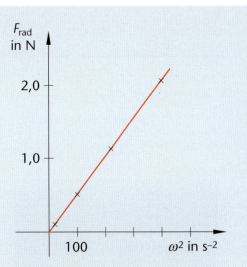

Bild 61

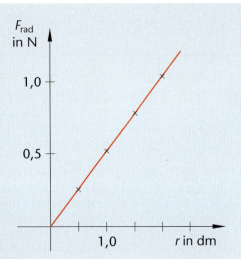

Bild 62

Aus den Messungen Nr. 1 bis Nr. 4 ($m = 0{,}050$ kg = konstant; $r = 1{,}0$ dm konstant) folgt:

Es liegt im Rahmen der Messgenauigkeit eine Ursprungsgerade vor; daher gilt: $F_{rad} \sim \omega^2$.

Die Messungen Nr. 2, 5, 6, 7 ($m = 0{,}050$ kg = konstant; $\omega = 10{,}0$ s = konstant) liefern das Ergebnis $F_{rad} \sim r$.

Auf gleiche Art erhält man das Ergebnis $F_{rad} \sim m$. Welche Messungen können hierzu genutzt werden? (2; 8; 9; 10)

Die Versuchsergebnisse sind eindeutig. Es gilt: $F_{rad} \sim m$, falls ω und r konstant sind;
$$F_{rad} \sim \omega^2, \text{ falls } m \text{ und } r \text{ konstant sind;}$$
$$F_{rad} \sim r, \text{ falls } m \text{ und } \omega \text{ konstant bleiben.}$$

Die Zusammenfassung lautet: $F_{rad} \sim m\omega^2 r$ oder $F_{rad} = km\omega^2 r$ oder $k = \dfrac{F_{rad}}{m\omega^2 r}$.

Zur Deutung von k nimmt man zuerst eine Einheitenbetrachtung vor:

$$[k] = \frac{[F_{rad}]}{[m][\omega^2][r]} = \frac{1 \text{ N}}{1 \text{ kg} \cdot 1 \text{ s}^{-2} \cdot 1 \text{ m}} = 1 \frac{\text{kg} \cdot \text{m} \cdot \text{s}^{-2}}{\text{kg} \cdot \text{s}^{-2} \cdot \text{m}} = 1; \; k \text{ ist dimensionslos.}$$

Zur Abschätzung des Messwertes von k verwendet man z. B. die Messwerte der Spalte Nr. 4:

$$k = \frac{F_{rad}}{m\omega^2 r}, \; k = \frac{2{,}04 \text{ N}}{0{,}050 \text{ kg} \cdot 4{,}0 \cdot 10^2 \text{ s}^{-2} \cdot 0{,}10 \text{ m}} = 1{,}0.$$

Im Rahmen der Messgenauigkeit hat die dimensionslose Konstante k den Messwert 1. Man kann daher k einfach weglassen.

Experimentell zeigt sich, dass die theoretisch ermittelte Zentripetalkraft $F_{rad} = m\omega^2 r$ Bestand hat. Die Grundgleichung der Mechanik kann ab sofort auch bei der Kreisbewegung oder allgemein bei nicht linearer Bewegung verwendet werden.

Bemerkungen:

- Die Zentripetalkraft $\vec{F}_{rad}$ ist die Kraft auf die umlaufende Masse m, die radial zum Kreismittelpunkt hin wirkt. Obwohl $\vec{F}_{rad} \uparrow\downarrow \vec{r}$, darf die Zentripetalkraft nicht etwa als Gegenkraft der umlaufenden Masse auf den Kreismittelpunkt aufgefasst werden. Sie hält vielmehr die

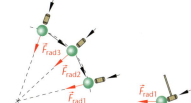

Bild 63: Die Kugel beschreibt eine Kreisbahn, weil sie ständig die Zentripetalkraft $\vec{F}_{rad}$ zu B = M hin erfährt.

Masse auf der Kreisbahn, weil sie stets zum Kreismittelpunkt hinzeigt. In B 63 erfährt die Kugel in jedem Bahnpunkt durch einen Hammerschlag von außen zu M hin eine permanente Richtungsänderung und vollzieht deshalb eine Kreisbewegung.

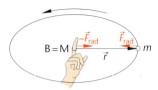

Bild 64: Wechselwirkungspaar aus $\vec{F}_{rad}$ und $-\vec{F}_{rad}$

Tatsächlich zieht die Masse m gleichgerichtet zu $\vec{r}$ an einer gedachten Person in M mit der Kraft $-\vec{F}_{rad}$. Der Finger in B 64 nimmt sie real wahr. Nach dem Wechselwirkungsprinzip ergeben $\vec{F}_{rad}$ und $-\vec{F}_{rad}$ ein Wechselwirkungspaar oder Kraft-Gegenkraft-Paar. Hört die Wirkung von $\vec{F}_{rad}$ plötzlich auf, so behält die Masse nach dem Trägheitsprinzip ihre soeben eingenommene Bahngeschwindigkeit $\vec{v}$ bei; sie bewegt sich mit $\vec{v}$ = konstant weiter, also geradlinig und tangential zur Kreisbahn mit v = konstant. In B 65 verlassen die abgeschliffenen, verbrennenden Eisenspäne den rotierenden Schleifstein tangential mit konstanter Geschwindigkeit $\vec{v}$.

- Die Zentripetalkraft kommt vielfach zur Anwendung, wie spätere Abschnitte zeigen.

Bild 65: Schleifstein mit tangentialem Funkenflug

4.6 Zentripetalkraft und Zentrifugalkraft

Die Zentripetalkraft wird häufig mit der Zentrifugalkraft verwechselt. Beide sind streng zu unterscheiden. Es ist zu trennen, ob man eine gleichförmige Kreisbewegung in einem ruhenden oder in einem beschleunigten Bezugssystem beobachtet.

Beispiele

1. Inertialsystem ist, wie bisher, das Klassenzimmer. In ihm ruht der Beobachter B_1. Ein Körper mit der Masse m vollzieht eine Kreisbewegung mit ω = konstant. B_1 erkennt an der Verlängerung des Kraftmessers zwischen Drehpunkt M und Masse m, dass ständig eine Kraft zu M hin wirkt (B 64; 66). B_1 macht diese Zentripetalkraft $\vec{F}_{rad}$ für die Kreisbewegung von m um M verantwortlich. Für ihn erzwingt sie die Richtungsänderung von m, sie beschleunigt m ständig zu M hin.

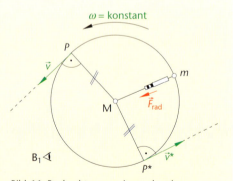

Bild 66: Beobachtungen eines ruhenden Betrachters B_1 im Inertialsystem

Unterbricht man die Kopplung plötzlich im Bahnpunkt P, so verhält sich der Körper für B_1 nach dem Trägheitsprinzip. Er bewegt sich wegen seiner Trägheit mit der im Moment des Freilassens vorhandenen Bahngeschwindigkeit $\vec{v}$ = konstant weiter. B_1 beobachtet demnach eine geradlinige Bewegung des Körpers mit der konstanten Geschwindigkeit v tangential zur Kreisbahn. Nach

Beendigung der Kopplung wirkt keine Kraft mehr auf die Masse m, ihre Bewegung ist unbeschleunigt.

2. Bezugssystem ist eine rotierende Kreisscheibe mit ω = konstant (B 67). B_2 und Masse m ruhen im System. Wie B_1 beobachtet auch B_2 am Kraftmesser die an m permanent angreifende Zentripetalkraft; für B_2 hält $\vec{F}_{rad}$ m auf der Kreisbahn. Da B_2 und der Körper relativ zueinander ruhen, müsste sich m unter der Wirkung von $\vec{F}_{rad}$ zum Drehpunkt M bewegen. Dies geschieht aber nicht, m bleibt in Ruhe. Daher verlangt B_2 die Existenz einer Kraft radial nach außen, die $\vec{F}_{rad}$ gerade kompensiert. Diese Gegenkraft zu $\vec{F}_{rad}$ heißt **Zentrifugalkraft** $\vec{F}_Z$ oder Fliehkraft. Sie ist für B_2 real vorhanden, B_1 dagegen bemerkt sie nicht. Der mitbewegte Beobachter B_2 registriert also ohne erkennbaren Grund eine weitere Kraft, für die es nach dem Wechselwirkungsprinzip keine Gegenkraft durch einen anderen Körper gibt. Die Newton-Axiome gelten nicht. Eine derartige Kraft in einem konstant beschleunigten Bezugssystem ohne Gegenkraft durch einen anderen Körper nennt man allgemein eine **Scheinkraft** oder **Trägheitskraft**. Die Zentrifugalkraft ist eine Scheinkraft, das Bezugssystem kein Inertialsystem.

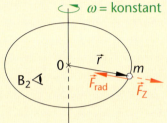

Bild 67: Gleichgewicht von $\vec{F}_Z$ und $-\vec{F}_{rad}$ im rotierenden Bezugssystem

Da die Zentrifugalkraft im gleichmäßig beschleunigten Bezugssystem der Kreisbewegung radial nach außen wirkt und die Zentripetalkraft kompensiert, falls m im System ruht, berechnet man F_Z wie F_{rad}: $F_Z = m\omega^2 r = m\dfrac{v^2}{r}$; vektoriell gilt: $\vec{F}_Z = m\omega^2\vec{r}$.

Für den mitbewegten Beobachter ruht ein Körper auf einer Kreisbahn, falls das nicht statische Kräftegleichgewicht $\vec{F}_Z = -\vec{F}_{rad}$ bzw. $\vec{F}_Z + \vec{F}_{rad} = \vec{0}$ besteht.

▸ **Scheinkräfte oder Trägheitskräfte treten nur in konstant beschleunigten Bezugssystemen auf. Man erkennt sie, weil Gegenkräfte nach dem Wechselwirkungsprinzip fehlen. Derartige Bezugssysteme sind keine Inertialsysteme.**

Unterbricht man wie im 1. Beispiel die Kopplung plötzlich im Bahnpunkt P, so verhält sich der Körper für B_1 konsequent nach dem Trägheitsprinzip. Er bewegt sich wie dort beschrieben. Der mit dem konstant beschleunigten Bezugssystem fest verbundene Betrachter B_2 aber beobachtet, dass sich der Körper mit der Masse m auf einer krummlinigen Bahn entfernt. Für B_2 erfordert dieser Verlauf eine Beschleunigung und diese eine Kraft, die gewissermaßen aus dem Nichts kommt. Es handelt sich um die Scheinkraft $\vec{F}_Z$ (B 68).

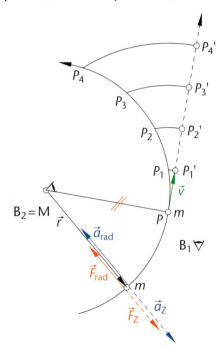

Bild 68: Beobachtungen eines mitbewegten Betrachters B_2 im beschleunigten Bezugssystem

Außerdem ergeben sich Scheinkraft als Ursache und Beschleunigung als Wirkung aus folgender Überlegung: Wegen ω = konstant durchläuft m für B$_1$ in der Zeitdauer Δt die Streckenlänge $\mathrm{PP_1}'$, innerhalb $2\,\Delta t$ die Streckenlänge $\mathrm{PP_2}' = 2\mathrm{PP_1}'$ usw. Gleichzeitig durchläuft m für B$_2$ innerhalb Δt die Bogenlänge $\mathrm{PP_1}$, innerhalb $2\,\Delta t$ die Bogenlänge $\mathrm{PP_2} = 2\mathrm{PP_1}$ usw. Für die Bogenlänge auf der von B$_2$ wahrgenommenen krummlinigen Bahn der sich entfernenden Masse m trifft diese Aussage der Proportionalität nicht zu, denn man erkennt in B 68 sofort: $\mathrm{P_2P_2'} > 2\mathrm{P_1P_1'}$; $\mathrm{P_3P_3'} > 3\mathrm{P_1P_1'}$ usw. Also läuft für B$_2$ die Bewegung beschleunigt ab, verursacht durch die Zentrifugalkraft $\vec{F}_Z$.

4.7 Kreisbewegung in der Anwendung

Beispiele

1. Geschwindigkeitsregler (B 69)

An einer Drehachse sind zwei schwenkbare Metallarme angebracht, an deren Enden sich Kugeln mit der gleichen Masse m befinden. Das Gerät wird zur Regelung und Steuerung von Maschinen verwendet oder als Drehzahlmesser.

Beobachtung: Die Arme heben oder senken sich während der Drehung. Der von Achse und Arm eingeschlossene Winkel α ist von der Winkelgeschwindigkeit ω abhängig. Man berechne α in Abhängigkeit von ω.

Vor Lösung derartiger Fragestellungen wird die Erstellung eines Kräfteplans mit Legende empfohlen. Außerdem ist anzugeben, ob die Kreisbewegung aus der Sicht des ruhenden oder des mitbewegten Beobachters gesehen wird.

Der Betrachter ruht in einem Inertialsystem, ist also außenstehend.
Kräfteplan mit Legende (B 69):

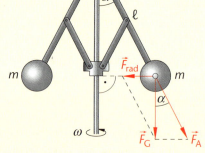

$\vec{F}_G$: Gewichtskraft der Masse m

$\vec{F}_{rad}$: erforderliche Zentripetalkraft zur Einhaltung der Kreisbewegung

$\vec{F}_A$: vom Metallarm aufzubringende Kraft, damit die Masse m nicht fällt und gleichzeitig auf der Kreisbahn bleibt

Dem Kräfteplan entnimmt man:

Bild 69: Geschwindigkeits-, Fliehkraftregler

1. $F_G = mg$,

2. $F_{rad} = m\omega^2 r$, **3.** $\tan \alpha = \dfrac{F_{rad}}{F_G}$.

Dann gilt: $\tan \alpha = \dfrac{m\omega^2 r}{mg} = \dfrac{r}{g}\omega^2$; oder wegen $\dfrac{r}{g}$ = konstant: $\tan \alpha \sim \omega^2$.

Deutung: Die Kugelmassen m am Ende der Metallarme gehen nicht in die Problemlösung $\alpha(\omega)$ ein; sie können frei gewählt werden. Zu bedenken sind aber möglicherweise der Luftwiderstand während der Drehung oder die Qualität des verwendeten Metallgestänges bei Dauerbelastung.
Der Winkel α kann theoretisch zwischen 0 und $0{,}5\pi$ liegen. $\alpha_1 = 0$: Der Regler ruht.
$\alpha_2 \to 0{,}5\pi$, falls $\omega \to \infty$; die Metallarme nehmen mehr und mehr eine horizontale Lage ein;

dann gilt $\vec{F}_N \approx \vec{F}_Z$ und tan $\alpha \to \infty$; eine unbegrenzt große Zentripetalkraft F_{rad} müsste die Massen m auf der Kreisbahn halten.

Im Kräfteplan fällt auf, dass die Kraft am Kraftarm größer als die Gewichtskraft von m ist.

F_A entsteht nach Plan aus cos $\alpha = \dfrac{F_G}{F_A}$, $F_A = \dfrac{F_G}{\cos \alpha}$; mit wachsendem α verringert sich cos α und

F_A nimmt weiter zu. Das hat Auswirkungen auf die Qualität der verwendeten Metalle und die Verankerung der Achse.

Löst man das Problem aus der Sicht eines mitrotierenden Betrachters, dann kommt die Fliehkraft ins Spiel, die Ergebnisse bleiben gleich. Aus dem Geschwindigkeitsregler wird der Fliehkraftregler.

2. Oberfläche einer rotierenden Flüssigkeit (B 70)

Ein ruhendes Zylindergefäß mit Flüssigkeit wird in Drehung um seine Mittelachse versetzt. Die Drehfrequenz f ist variabel.

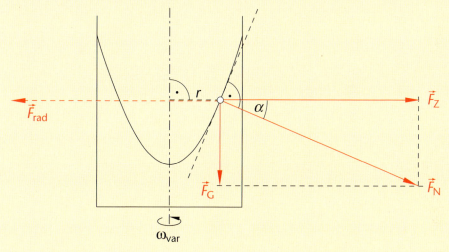

Bild 70: Flüssigkeitsoberfläche in einem rotierenden Gefäß

Beobachtung: Die Flüssigkeitsoberfläche nimmt während der Drehung Formen an, die an eine Parabel erinnern. Die Steilheit der Parabel hängt von f bzw. ω ab. Für ω = konstant ist die Oberfläche stabil. Sie bildet ein Rotationsparaboloid. Untersucht wird der Einfluss von ω auf andere Größen.

Bezugsystem: Der Beobachter ruht gedanklich auf der stabilen Flüssigkeitsoberfläche, das Bezugsystem ist konstant beschleunigt. Er wählt ein beliebiges Flüssigkeitsteilchen mit der Masse m, das die Mittelachse auf einer Kreisbahn mit r = konstant umläuft. Die Kreisbahnebene liegt senkrecht zur Achse. Der Radius r ist sehr viel größer als das Maß des Teilchens. Man beachte: Beobachter und Teilchen befinden sich relativ zueinander in Ruhe.

Für die Problemlösung hält man ω konstant. Nach Start der Kreisbewegung oder bei jeder Einstellung einer neuen Winkelgeschwindigkeit ω destabilisiert sich die Flüssigkeitsoberfläche für kurze Zeit. Grund: Die Flüssigkeitsteilchen sind träge und relativ frei gegenseitig verschiebbar. Sie bewegen sich daher bei einer Änderung von ω wegen ihrer Trägheit zunächst tangential weiter, wegen $v = \omega r$ außen stärker als innen. Daher hebt sich die Flüssigkeitsoberfläche an der Außenwandung und sinkt in Achsennähe ab.

Beschrifteter Kräfteplan (B 70):

$\vec{F}_G$: Gewichtskraft eines Flüssigkeitsteilchens

$\vec{F}_Z$: Zentrifugalkraft radial nach außen im Gleichgewicht mit $\vec{F}_{rad}$ zur Drehachse hin; das Teilchen bleibt für den mitbewegten Beobachter in Ruhe

$\vec{F}_N$: Normalkraft des Teilchens senkrecht zur Flüssigkeitsoberfläche; dann ändert sich die Oberfläche nicht, sie ist stabil

$\vec{F}_{rad}$: Zentripetalkraft; sie beschleunigt das Teilchen gleichförmig zur Drehachse hin; bei stabiler Oberfläche gilt: $\vec{F}_Z + \vec{F}_{rad} = \vec{0}$

α: Neigungswinkel zwischen $\vec{F}_Z$ und $\vec{F}_N$ am ausgewählten Teilchen

Aus dem Kräfteplan gewinnt man folgenden Zusammenhang z. B. zwischen α und ω :

$$1.\,F_G = mg, \qquad 2.\, \sin\alpha = \frac{F_G}{F_N};\; F_N = \frac{mg}{\sin\alpha}, \qquad 3.\, F_Z = m\omega^2 r, \qquad 4.\, \tan\alpha = \frac{F_G}{F_Z} = \frac{mg}{m\omega^2 r} = g\frac{1}{\omega^2 r}.$$

Wegen g = konstant besteht die Proportionalität $\tan\alpha \sim \dfrac{1}{\omega^2 r}$. Nur Teilchen auf einem Kreis um die Drehachse mit r = konstant haben bei konstantem ω den gleichen Winkel α zwischen $\vec{F}_Z$ und $\vec{F}_N$. Ist der Winkel α gegeben, dann kann aus der Gewichtskraft $F_G = mg$ mit der 4. Gleichung die Zentrifugalkraft berechnet werden: $F_Z = mg \cdot (\tan\alpha)^{-1} = F_{rad}$.

Aus $\omega \to \infty$ folgen $\tan\alpha \to 0$ und $\alpha \to 0$ bzw. $F_N = F_Z$. Die Flüssigkeit klebt als dünner Film auf der Gefäßinnenwand, die Parabeläste werden (fast) zu Geraden. Wegen dieser Besonderheit und aus technischen Gründen ist es sinnvoll, ω (und damit α) nach oben zu begrenzen.

3. Beschleunigtes Bezugssystem (B 71)

Im ruhenden Bezugssystem S (Labor) bewegt sich ein Tisch T auf Rollen geradlinig mit $\vec{a}$ = konstant nach links. T bildet das Bezugssystem S'. Ein weiterer Tisch T' auf Rollen ruht auf T, also im System S'. Reibung wird ausgeschlossen.

a)   Man beschreibe die Bewegungen von T und T' aus der Sicht des Beobachters A, der in S ruht, und aus der Sicht des Beobachters B, der in S' ruht.

Lösung:
Für A entfernt sich T bzw. S' mit $\vec{a}$ = konstant geradlinig nach links, T' dagegen bleibt ortsfest ($x_{T'}$ = konstant), also in Ruhe. T rollt unter T' nach links hinweg. Gleichzeitig sieht B in S' den Rolltisch T' geradlinig mit $-\vec{a}$ = konstant auf sich zukommen, während T bzw. S' ruht.

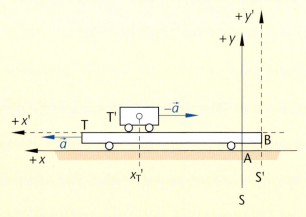

Bild 71

b)   Man erkläre die wirkenden Kräfte auf T und T' aus der Sicht von A und B.

Lösung:
Erklärung für A: A in S sieht eine geradlinige Bewegung mit der konstanten Beschleunigung $\vec{a}$ von T bzw. S' nach links. Zu ihr gehören die Bewegungsgesetze $v = at$ und $x = 0{,}5at^2$. Ursache der Beschleunigung ist nach der Grundgleichung der Mechanik eine verursachende konstante Kraft $\vec{F}$ mit $\vec{F} \uparrow\uparrow \vec{a}$. Dagegen beobachtet A keine Kraftwirkung auf den ruhenden Tisch T'.

Für beide Beobachtungen gilt das Trägheitsprinzip. System S ist ein Inertialsystem.

Erklärung für B: B in S' sieht eine geradlinige Bewegung mit $-\vec{a}$ = konstant des Rolltisches T'. Er meldet seine Beobachtung an A, der nicht an der Aussage von B zweifelt (beide sind seriös). A kommt zu dem Schluss, dass im System von B Beschleunigungen, allgemein Bewegungsänderungen, ohne Kraftwirkung möglich sind. Dann gilt das Trägheitsprinzip in S' nicht. System S' ist aus der Sicht von A kein Inertialsystem.

▸ **Das Trägheitsprinzip bleibt nur beim Übergang von einem Inertialsystem zu einem anderen gültig, nicht aber beim Übergang von einem Inertialsystem zu einem beschleunigten Bezugssystem.**

c) Man erläutere den Begriff der Scheinkraft.

Lösung:

Scheinkräfte treten nur in beschleunigten Bezugssystemen auf; sie sind nur für B vorhanden, nicht für A. Auch B erfasst die Beschleunigung $-\vec{a}$ des Rolltisches T' als Wirkung einer Kraft $\vec{F}_{tr}$, die jedoch nicht von einem anderen Körper ausgeht. Daher wirkt T', an dem $\vec{F}_{tr}$ angreift, mit keiner Reaktionskraft auf einen anderen Körper zurück. Das Wechselwirkungsprinzip besteht nicht. B stellt aber fest, dass $\vec{F}_{tr}$ der beschleunigenden Kraft $\vec{F}$ im System S entgegengerichtet und mit ihr betragsgleich ist. Die Kraft $\vec{F}_{tr}$ ist folglich keine Wechselwirkungskraft, sondern eine Scheinkraft oder Trägheitskraft mit $F_{tr} = -ma$.

▸ **Mit der Einführung der Scheinkraft bzw. Trägheitskraft wird in beschleunigten Bezugssystemen die Gültigkeit des Trägheitsprinzips und des newtonschen Aktionsprinzips hergestellt.**

d) Man beantworte die Fragen a) und b), falls sich der Tisch T bzw. das System S selbst mit $\vec{v}$ = konstant bewegt. Man nenne Folgerungen, die sich aus den Antworten für c) ergeben.

Aufgaben

1. Ein Kunstradfahrer durchfährt mit der Geschwindigkeit $v = 21\ \mathrm{kmh}^{-1}$ eine waagrechte Kreisbahn mit dem Radius $r = 13$ m.
   a) Berechnen Sie den Winkel α, um den sich der Fahrer zur sicheren Durchfahrt gegen die Vertikale neigen muss, in Abhängigkeit von r und v allgemein und mit den gegebenen Messwerten.
   b) Bestimmen Sie die Zentripetalkraft F_{rad}, die das System Fahrer – Rad erfährt, wenn die Systemmasse m = 76 kg beträgt.
   c) Ermitteln Sie den Mindestwert der Reibungszahl μ, bei der das Rad gerade noch nicht wegrutscht.
2. Ein Pkw der Masse m = 1280 kg fährt mit der konstanten Geschwindigkeit $v = 82{,}7\ \mathrm{kmh}^{-1}$ über eine konvex (nach oben) gewölbte Brücke mit dem Radius r = 58,5 m. Ermitteln Sie, um wie viel Prozent sich das Auflagegewicht des Pkw auf der Brückenmitte gegenüber dem horizontalen Straßenverlauf verringert, und nennen Sie Gefahren, die sich daraus ergeben.
3. Ein Rotor mit dem Radius r auf dem Rummelplatz hat die Umlaufdauer T.
   a) Berechnen Sie allgemein den Mindestwert der Reibungszahl μ zwischen Außenwand und Person, für die gefahrlos der Boden des Rotors während der Drehung abgesenkt werden kann.
   b) Zeichnen Sie für den festen Radius r = 2,31 m das T-μ-Diagramm im Zeitbereich $0 \leq T \leq 3{,}0$ s.
   c) Entnehmen Sie dem Diagramm den Mindestwert für μ^*, der bei der Umlaufdauer $T^* = 1{,}8$ s das Absenken des Rotorbodens ohne Gefährdung der Person erlaubt.
4. Eine radförmige Weltraumstation besitzt den Radius r = 105 m. Mannschaftsräume befinden sich im Außenring, Antrieb und Zentrale in der Nabe der Station.
   a) Berechnen Sie die Bahngeschwindigkeit v des Rings so, dass in den Räumen gerade die normale Erdbeschleunigung g vorherrscht.
   b) Überlegen Sie, wie Fußboden und Decke in den Räumen bezüglich der durch die Nabe verlaufenden Drehachse sinnvoll anzuordnen sind.
   c) Berechnen Sie die Umlaufdauer T des Außenrings.

5 Arbeit und Energie

Die Begriffe Arbeit und Energie spielen im Alltag eine große Rolle. Menschen gehen zur Arbeit. Ein Schreiner teilt mit der Handsäge ein Brett, eine Schülerin löst eine Physikaufgabe, ein Opernsänger übt eine Arie ein. Energiesparen ist angesagt, Energiemangel ist zu befürchten, Energie wird teuer. Was versteht eigentlich die Physik unter Arbeit und Energie? Stimmen Alltagsverständnis und physikalische Definition der Begriffe überein?

Vorweg gesagt: Arbeit und Energie gehören zu den wichtigen Größen der Physik. Der physikalische Arbeitsbegriff leitet sich aus mechanischen Ansätzen ab. Der Mensch baute schon zurzeit der Griechen einfache Maschinen. Er entwickelte Hebel, Rolle und schiefe Ebene und stellte fest, dass sich mit diesen Geräten „Kraft gewinnen" lässt zulasten des zurückgelegten Weges. Später bemerkte er, dass man den zeitlichen Ablauf von Körperbewegungen nicht unbedingt genau kennen muss, um dennoch qualifizierte Aussagen zum Beispiel über ihren Endzustand machen zu können.

5.1 Definition der physikalischen Größe Arbeit

Die physikalische Größe Arbeit soll nun verständlich gemacht werden. Sie wird an realen Körpern verrichtet. Während dieses Vorgangs soll sich der Körper mit den ihn aufbauenden Teilen oder Teilchen gemeinsam in die gleiche Richtung bewegen. Deshalb kann man ihn durch einen Massenpunkt ersetzen. So lässt sich z. B. ein Auto mit Fahrer als ein Punktobjekt oder teilchenartiges Objekt auffassen. Dann entspricht die Verschiebung des Angriffspunktes der Kraft der Verschiebung des Massenpunktes. Arbeit wird an einem System oder innerhalb eines Systems verrichtet. Oft besteht das System aus einem Einzelkörper. Reibung bleibt vorerst unberücksichtigt.

Aus Kapitel 2.2 ist bekannt, dass eine Ansammlung aus zwei oder mehr Körpern oder Massenpunkten, die nach bestimmten Regeln zusammengehören und ein geordnetes Ganzes ergeben, ein System bilden.

1. Fall (B 72.1)

Ein Massenpunkt m ruht im gewählten linearen Bezugssystems am Ort s_1. Eine konstante Kraft $\vec{F}$ verschiebt ihn längs einer geraden Bahn um die Strecke $\Delta \vec{s} = \vec{s}_2 - \vec{s}_1$, wobei $\Delta \vec{s} \parallel \vec{F}$, $\Delta s = s_2 - s_1$. Bei der Verschiebung bzw. Überführung von m treten also eine konstante Kraft $\vec{F}$ und eine Ortsänderung $\Delta \vec{s}$ mit $\vec{F} \parallel \Delta \vec{s}$ auf. Beide Größen verwendet man zur Definition der physikalischen Größe

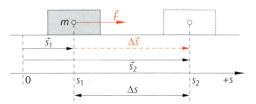

Bild 72.1: Zur Definition der physikalischen Größe Arbeit

Arbeit W. Dann ist die von der konstanten Kraft längs der linearen Bahn an m verrichtete Arbeit das Produkt aus F und Δs: $W = F\Delta s$; vektoriell: $W = \vec{F} \circ \Delta \vec{s}$.

Dieses Produkt zweier Vektoren bezeichnet die Mathematik als Skalarprodukt; der Produktwert ist bekanntlich eine reelle Zahl.

Häufig gilt $s_1 = 0$; dann ist $\Delta s = s_2 = s$. Man schreibt für die Arbeit kurz: $W = Fs$ bzw. vektoriell $W = \vec{F} \circ \vec{s} \in R$.

▸ **Verschiebt eine konstante Kraft $\vec{F}$ einen Massenpunkt längs der Strecke $\Delta \vec{s}$, so verrichtet sie an ihm die Arbeit $W = \vec{F} \circ \Delta \vec{s}$ bzw. $W = F\Delta s$.**

Der Vektor $\Delta \vec{s}$ heißt Vektor der Ortsänderung, Verschiebungs- oder Überführungsvektor. Die Arbeit ist eine abgeleitete physikalische Größe und ein Skalar, also ohne Richtung. Einheit:

$$[W] = [F][\Delta s] = 1\,\text{N} \cdot 1\,\text{m} = 1\,\text{Nm} = 1\,\frac{\text{kgm}^2}{\text{s}^2} = 1\,\text{Joule} = 1\,\text{J}.$$

2. Fall (B 72.2)

Eine konstante Kraft $\vec{F}$ verschiebt einen Massenpunkt mit der Anfangskoordinate s_1 längs der Strecke $\Delta \vec{s} = \vec{s}_2 - \vec{s}_1$ mit $\Delta s = s_2 - s_1$. Die beiden Vektoren schließen jetzt den Winkel α ein, $\vec{F}$ und $\Delta \vec{s}$ haben unterschiedliche Richtungen. Für α gilt: $0 \le \alpha = \sphericalangle(\vec{F}; \Delta \vec{s}) \le \pi$. Dieser Fall geht aus dem ersten hervor. Man bedenke nämlich, dass nach der vorangehenden Definition nur die zu $\Delta \vec{s}$ parallele Komponente $\vec{F}_s$ der Kraft $\vec{F}$ die Verschiebung des Massenpunktes auslöst. Dann folgt rechnerisch:

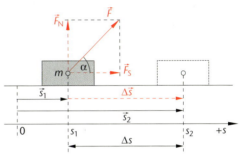

Bild 72.2: Zur Definition der physikalischen Größe Arbeit

1. $W = F_s \Delta s$ mit $\vec{F}_s = $ konstant, $\vec{F}_s \parallel \Delta \vec{s}$

2. $\cos \alpha = \cos\sphericalangle(\vec{F}; \Delta \vec{s}) = \dfrac{F_s}{F} = \dfrac{|\vec{F}_s|}{|\vec{F}|}$, $F_s = F \cos \alpha$ bzw. $|\vec{F}_s| = |\vec{F}| \cos\sphericalangle(\vec{F}; \Delta \vec{s})$ in 1.:

$W = F\Delta s \cos \alpha$ bzw. $W = |\vec{F}||\Delta \vec{s}| \cos\sphericalangle(\vec{F}; \Delta \vec{s}) = \vec{F} \circ \Delta \vec{s} \in R$, unter Verwendung des mathematischen Skalarproduktes. Wie schon im ersten Fall ist die Arbeit W das Skalarprodukt des konstanten Kraftvektors $\vec{F}$ und des Verschiebungsvektors $\Delta \vec{s}$. Man erkennt sofort, dass der erste Fall im zweiten mit $\alpha = 0$ enthalten ist, denn dann ist $W = F\Delta s \cos 0 = F\Delta s$.

▸ **Verschiebt eine konstante Kraft $\vec{F}$ einen Massenpunkt längs der Strecke $\Delta \vec{s}$ und ist α der von beiden Vektoren eingeschlossene Winkel mit $0 \le \alpha = \sphericalangle(\vec{F}; \Delta \vec{s}) \le \pi$, so verrichtet sie an ihm die Arbeit $W = \vec{F} \circ \Delta \vec{s}$ bzw. $W = F\Delta s \cos \alpha$.**

Mit der häufigsten Startkoordinate $s_1 = 0$ entstehen $\Delta s = s_2 - 0 = s_2 = s$ und $W = |\vec{F}||\vec{s}| \cos\sphericalangle(\vec{F}; \vec{s}) = \vec{F} \circ \vec{s} \in R$ bzw. $W = Fs \cos \alpha$. Da $F > 0$ und $s > 0$, hängt das Vorzeichen von W allein von $\cos \alpha$ und damit von α ab. Es bestehen drei Möglichkeiten (B 73):

- $0 \le \alpha < \dfrac{\pi}{2}$: Dann ist $W = Fs\cos \alpha > 0$, da $\cos \alpha > 0$. Eine Kraft $\vec{F}$ verrichtet eine positive Arbeit, wenn sie eine Kraftkomponente $\vec{F}_s$ gleichsinnig parallel zu $\vec{s}$ besitzt. Diese Aussage lässt sich zweifach deuten.

  - Entweder: Am Massenpunkt wird von außen Arbeit verrichtet. Ein Gewichtheber stemmt z. B. eine Hantel in die Höhe.

  - Oder: Ein System verrichtet am Massenpunkt, der Teil des Systems ist, Arbeit, z. B. verrichtet die Gewichtskraft des Systems Erde – Fallschirmspringer am gleichmäßig fallenden Springer Arbeit.

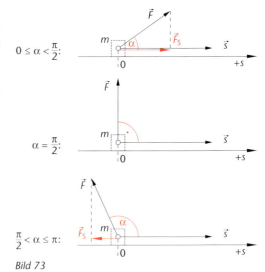

Bild 73

- $\alpha = \dfrac{\pi}{2}$: Es ist $W = Fs\cos \dfrac{\pi}{2} = 0$, da $\cos \dfrac{1}{2}\pi = 0$. Falls $\vec{F} \perp \vec{s}$, wird von der Kraft am Massenpunkt keine Arbeit verrichtet. So wendet z. B. die Erde am umlaufenden Mond keine Arbeit auf.

- $\dfrac{\pi}{2} < \alpha \le \pi$: Es ist $W = Fs\cos \alpha < 0$, da $\cos \alpha < 0$. Eine Kraft verrichtet negative Arbeit, wenn sie eine Kraftkomponente $\vec{F}_s$ gegensinnig parallel zu $\vec{s}$ besitzt. Erneut sind zwei Deutungen möglich.

  - Entweder: Der Massenpunkt gibt nach außen Arbeit ab, er verrichtet an einem anderen Objekt Arbeit, z. B. treibt strömendes Wasser aus einem hoch gelegenen Speichersee eine elektrische Turbine im Tal an und verlangsamt dabei.

  - Oder: Gegen das System wird an einem Massenpunkt, der Teil des Systems ist, Arbeit verrichtet, z. B. übt ein Sportler am Kraftgerät gegen das System Feder – Arm Arbeit aus, wenn er die Feder mit dem Arm dehnt.

Die bei der Zerlegung von $\vec{F}$ entstehende zweite Kraftkomponente $\vec{F}_N$ im Bild 72.2 ist die Normalkraft zur Unterlage. Sie fehlt im Bild 73. Sie reduziert die Gewichtskraft $\vec{F}_G$ der Masse m und beeinflusst die (hier unberücksichtigte) Reibungskraft $\vec{F}_R$.

3. Fall (B 74)

Ein weiteres Mal wird ein Massenpunkt durch die Kraft $\vec{F}$ längs der Strecke $\Delta \vec{s} = \vec{s}_2 - \vec{s}_1$ mit $\Delta s = s_2 - s_1$ überführt. Die Kraft habe eine konstante Richtung, aber einen ortsabhängigen Betrag. Dieser Fall lässt sich auf den zweiten zurückführen. Dazu zerlegt man die lineare Gesamtstrecke Δs in n Teilstrecken: $\Delta s = \Delta s_1 + \Delta s_2 + \Delta s_3 + \dots + \Delta s_n = \displaystyle\sum_{i=1}^{n} \Delta s_i$.

Nimmt man die Kraftkomponente $\vec{F}_{s_1}, \vec{F}_{s_2}, \vec{F}_{s_3} \ldots$ längs jeder Teilstrecke als konstant an, dann berechnet sich die Gesamtarbeit näherungsweise aus $W \approx F_{s_1}\Delta s_1 + F_{s_2}\Delta s_2 + \ldots + F_{s_n}\Delta s_n = \sum\limits_{i=1}^{n} F_{s_i}\Delta s_i$.

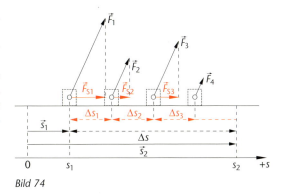

Bild 74

Diese Näherung verbessert sich mit zunehmender Anzahl der Teilstrecken Δs_i; sie werden dabei immer enger. Die zugehörigen Kraftkomponenten $\vec{F}_{s1}, \vec{F}_{s2}, \vec{F}_{s3}$, ... können sich kaum noch ändern, sie sind, wie vorausgesetzt, konstant. Durch den Grenzübergang $\Delta s_i \mapsto 0$ entsteht die tatsächliche Arbeit in der Form

$$W = \lim_{\Delta s_i \to 0} \sum_{i=1}^{i=n} F_{s_i}\Delta s_i = \int_{s_1}^{s_2} F_s ds,$$

vektoriell: $W = \int\limits_{s_1}^{s_2} \vec{F}_s \circ d\vec{s}$.

Der rechte mathematische Term ist ein Summenwert, der durch einen Grenzübergang entsteht. Er heißt bestimmtes Integral in den Grenzen von s_1 bis s_2. Einzelheiten lehrt die Mathematik.

▸ **Die Kraft $\vec{F}$, deren Betrag ortsabhängig und deren Richtung konstant ist, verrichtet an einem durch sie bewegten Massenpunkt längs einer Geraden von s_1 nach s_2 die Arbeit**

$$W = \lim_{\Delta s_i \to 0} \sum_{i=1}^{i=n} F_{s_i}\Delta s_i = \int_{s_1}^{s_2} F_s ds. \text{ Vektoriell gilt: } W = \int_{s_1}^{s_2} \vec{F}_s \circ d\vec{s}$$

Herleitung und Ergebnis gelten auch bei einem krummlinigen Bahnverlauf.

Bemerkungen:

▪ Arbeit im physikalischen Sinn verrichtet in den Eingangsbeispielen nur der Schreiner, wenn er beispielsweise von Hand ein Holzbrett hebt oder senkt oder sägt. Die Schülerin, die eine schwere Physikaufgabe löst, arbeitet ebenso wenig wie der Sänger, der eine Arie einstudiert (von kleinen körperlichen Anstrengungen abgesehen). Die physikalische Arbeitsdefinition stimmt also nicht mit dem Alltagsbegriff der Arbeit überein.

▪ Greifen zwei oder mehr Kräfte an einem Körper an, so erhält man die resultierende Arbeit oder Gesamtarbeit auf zwei Arten:

Man berechnet zuerst die resultierende Kraft $\vec{F}_{rsl} = \vec{F}_1 + \vec{F}_2 + \ldots$ und setzt sie in ein geeignetes Arbeitsgesetz von oben ein.

Oder man berechnet die von jeder Einzelkraft verrichtete Arbeit und addiert alle Arbeiten anschließend: $W_{rsl} = W_1 + W_2 + \ldots$ (B 74).

Arbeitsdiagramm

Die Arbeit W als Produkt zweier Faktoren lässt sich grafisch in einem Weg-Kraft-Koordinatensystem darstellen. Dazu trägt man die Kraft F in Abhängigkeit vom Ort s auf. Zwischen Graph und s-Achse in den Grenzen von s_1 bis s_2 entsteht eine ebene Figur. Die Maßzahl ihres Flächeninhalts ist ein Maß für die Arbeit W.

Beispiele

1. Die wirkende Kraft ist längs des Weges Δs konstant, der Graph im s-F-Diagramm dann eine Parallele zur s-Achse zwischen s_1 und s_2. Die Maßzahl der Rechteckfläche ist die Maßzahl der von der konstanten Kraft auf der Länge Δs verrichteten Arbeit $W = F\Delta s$ (B 75).

    Die konstante Kraft $F = 18,6$ N wirkt zwischen $s_1 = 1,7$ m und $s_2 = 5,9$ m parallel zur Verschiebungsstrecke. Die verrichtete Arbeit W soll grafisch ermittelt werden.
    Flächeninhalt des Rechtecks: $A = lb$, $l = (5,9 - 1,7)$ m $= 4,2$ m, $b \,\hat{=}\, 18,6$ N.

    $A = 4,2 \cdot 18,6$ m^2 $= 78$ m^2.
    Verrichtete Arbeit: $W = 78$ J.

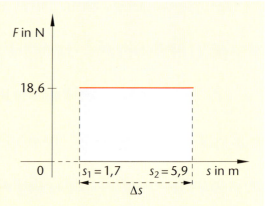

Bild 75: Arbeitsdiagramm bei $\vec{F}$ = konstant

2. Die wirkende Kraft ist ortsabhängig, $F = F(s)$, ändert sich aber stetig und nicht sprunghaft. Dann kann der s-F-Graph einfach oder kompliziert sein. Mithilfe der Flächenformeln für elementare Figuren (Rechteck, Dreieck, Trapez usw.) oder der Integralrechnung ermittelt man den Flächeninhalt und kennt damit die von der ortsabhängigen Kraft verrichtete Arbeit (B 76.1; 76.2).

    Man berechne die von der ortsabhängigen Kraft $F(\Delta s) = 8,4$ Nm$^{-1}\Delta s$ zwischen $s_1 = 0$ und $s_2 = 5,0$ m verrichtete Arbeit W. Die Kraftgleichung lautet in einfacherer Form: $F(s) = 8,4$ Nm^{-1}s; die Grenzen bleiben. Die Kraft F ist also direkt proportional zum Ort s. Der Graph liegt auf einer Ursprungsgeraden. Er schließt mit der s-Achse zwischen $s_1 = 0$ und $s_2 = s$ ein Dreieck mit dem Inhalt $A = 0,5gh$ ein. g entspricht dem erreichten Ort s, h der Kraft $F(s = 5,0$ m$) = 8,4$ Nm$^{-1} \cdot 5,0$ m $= 42$ N. Dann beträgt der Flächeninhalt des Dreiecks innerhalb der Grenzen: $A = 0,5 \cdot 5,0$ m $\cdot 42$ m $= 1,1 \cdot 10^2$ m^2. Die von der ortsabhängigen Kraft innerhalb der Grenzen verrichtete Arbeit beträgt $W = 1,1 \cdot 10^2$ J.

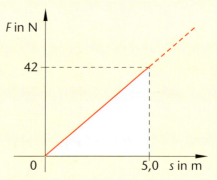

Bild 76.1: Arbeitsdiagramm, falls $F(s) \sim s$

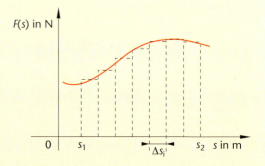

Bild 76.2: Arbeitsdiagramm bei beliebiger ortsabhängiger Kraft $F(s)$

3. Die Kraft F hängt nicht linear von s ab. Der zugehörige Graph schließt mit der s-Achse zwischen s_1 und s_2 eine Fläche ein. Mithilfe des Verfahrens nach B 74 oder (schneller) unter Verwendung der Integralrechnung ermittelt man den Flächeninhalt A der Figur.

Wiederum stimmen Maßzahl der Fläche und Maßzahl der von F verrichteten Arbeit innerhalb der Grenzen s_1 und s_2 überein (B 76.2). Man schreibt kurz: $W = \int_{s_1}^{s_2} F_s \, ds$.

Nach B 76.2 erhält man A in guter Näherung auch als Summe von Rechteckflächen.

5.2   Verschiedene Arten von Arbeit, Beispiele

Im Folgenden verdeutlichen Beispiele die Anwendung der Arbeitsdefinition. Als Ergebnis entstehen spezielle Arten von Arbeit in Alltag und Technik.

5.2.1   Hubarbeit, Arbeit im erdnahen Raum mit $\vec{g}$ = konstant

Eine Last der Masse m wird senkrecht zur Erdoberfläche vom Start- oder Anfangspunkt P_1 in den Endpunkt P_2 gebracht. Die Fallbeschleunigung $\vec{g}$ im erdnahen Bereich ist konstant mit $g = 9{,}81 \text{ ms}^{-2}$. Für derartige Positionsänderungen verwendet man ein Bezugssystem mit einer Achse senkrecht zur Oberfläche (B 77). Zu berechnen ist die Arbeit W_{12} während der Überführung. Sie heißt **Hubarbeit, Verschiebungs-** oder **Überführungsarbeit**. Wie bei der allgemeinen Behandlung des Themas Arbeit in Kapitel 5.1, 2. Fall, gesagt wurde, gibt es zwei physikalisch unterschiedliche Betrachtungs- und Berechnungsarten. Beide sollen erprobt werden.

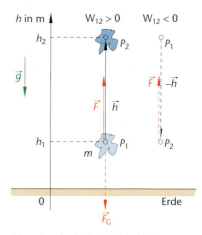

Bild 77: Hubarbeit, 1. Möglichkeit

1. Möglichkeit: Ein Kran verschiebt unter Kraftaufwand die Last m vom Startpunkt P_1 gleichförmig radial nach außen zum Endpunkt P_2 (B 77).

m: Masse der Last

h_1: Koordinate des Anfangspunktes P_1 der Bewegung; m in Ruhe

h_2: Koordinate des Endpunktes P_2 der Bewegung; m in Ruhe

$\vec{h}$: Verschiebungsvektor mit $|\vec{h}| = h = h_2 - h_1; h_2 > h_1$

$\vec{F}$: vom Kran an die Last von außen angelegte konstante Kraft

Nach Arbeitsdefinition gilt:

1. $W^*_{12} = F \Delta s \cos \alpha$; die Bedingungen $\vec{F}$ = konstant, $\vec{F} \parallel \Delta \vec{s}$ sind erfüllt.

2. $\Delta s = |\vec{h}| = h = h_2 - h_1$

3. $F = F_G = mg$; die angelegte Kraft ist betragsgleich zur Gewichtskraft der Last, aber entgegengesetzt gerichtet.

4. $\alpha = 0$, denn die Vektoren $\vec{F}$ und $\Delta \vec{s} = \vec{h}$ sind gleichsinnig parallel; insgesamt entsteht:
    $W^*_{12} = mgh \cos 0 = mg(h_2 - h_1)1 = mg(h_2 - h_1)$.

$W^*_{12} > 0$, falls $h_1 < h_2$; P_1 liegt unterhalb von P_2 in Ruhe. Der Kran zieht die Last nach oben, also radial von der Erde weg, und legt sie in der Ruhelage P_2 ab. Ein Körper verrichtet am anderen positive Arbeit. Diese Hubarbeit ist die wohl wichtigste Alltagsarbeit. Dabei gewinnt die Last selbst eigene Arbeitsfähigkeit. Stürzt sie bei einer Panne ab, so zertrümmert sie zum Beispiel eine Lagerhalle. Der positiven Arbeit entspricht ein positiver Zuwachs an Arbeitsvermögen, das man potenzielle Energie nennt (s. Kap. 5.2.5). Beide Größen haben gleiches Vorzeichen. Man muss sich genau überlegen, ob man gerade die aktive Arbeit oder die passive Arbeitsfähigkeit meint.

$W^*_{12} < 0$, falls $h_1 > h_2$; P_1 liegt nun oberhalb von P_2. Der Kran senkt die ruhende Last gleichförmig in die tiefere Ruhelage P_2 ab. Jetzt verrichtet ein Körper am anderen negative Hubarbeit. Auch sie ist alltäglich. Mit Abnahme der Höhe verringert sich gleichzeitig das Arbeitsvermögen der Last. Arbeit des Krans und Arbeitsfähigkeit der Last mit der Masse m nehmen beide ab. Erneut fehlt eine strenge Unterscheidung zwischen aktiver Arbeitsphase und noch verfügbarer unverbrauchter Arbeitsfähigkeit.

Sonderfall: Aus $h_2 = h$, $h_1 = 0$ folgt: $W^*_{12} = mgh$. Die Last mit der Masse m am Kai wird auf ein Schiffsdeck in der Höhe h angehoben.

2. Möglichkeit: Last und Erde bilden ein System aus zwei Körpern. Während der Verschiebung längs $\vec{h}$ mit $h = h_2 - h_1$ radial nach außen greift die Erde permanent mit der konstanten Anziehungs-, Gravitations- oder Gewichtskraft $\vec{F}_G$, $F_G = mg$, an m an. m ruht am Anfang und Ende der Bewegung. $\vec{F}_G$ und $\vec{h}$ liegen gegensinnig parallel, also ist $\alpha = \pi$. Nach Arbeitsdefinition gilt:

1. $W_{12} = F\Delta s \cos \alpha$ mit $\vec{F}$ = konstant längs $\vec{s}$
2. $\Delta s = |\vec{h}| = h = h_2 - h_1$
3. $F = F_G = mg$; die Systemkraft der Erde zieht als Gewichtskraft permanent an der Last m längs $\vec{h}$.
4. $\alpha = \pi$, denn $\vec{F}_G \uparrow\downarrow \Delta \vec{s} = \vec{h}$; insgesamt entsteht aus 1.:
    $W_{12} = mgh \cos \pi = mg(h_2 - h_1)(-1) = mg(h_1 - h_2)$.

Da m und g konstant sind, hängt W_{12} nur von der Differenz $h_1 - h_2$, Anfangskoordinate minus Endkoordinate, ab.

$W_{12} < 0$, falls $h_1 < h_2$; P_1 liegt unterhalb von P_2. Negative Hubarbeit W_{12} bedeutet, dass gegen die Gewichtskraft von m, also gegen die Erdanziehung, Arbeit verrichtet wird. Die Last gewinnt an Höhe und gleichzeitig die Fähigkeit zur aktiven Arbeit. Bei dieser Betrachtung spielt es keine Rolle, wer die Hubarbeit aufbringt. Im Gegensatz zur ersten Möglichkeit erscheint kein äußerer Körper (z. B. ein Kran).

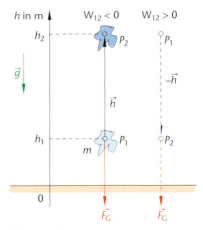

Bild 78: Hubarbeit, 2. Möglichkeit

Pumpt man Wasser in einen hoch gelegenen Speichersee, so verrichtet man gegen die Anziehungskraft im System Wasser – Erde aktiv negative Arbeit. Das Wasser gewinnt mit der Höhe, also aufgrund seiner Lage, die positive Fähigkeit, beim Rücklauf eine Turbine anzutreiben. Negative aktive Arbeit beim Hochpumpen ergibt einen positiven Zuwachs an passiver Arbeitsfähigkeit.

$W_{12} > 0$, falls $h_1 > h_2$; P_1 liegt oberhalb von P_2. Positive Hubarbeit W_{12} bedeutet, dass Arbeit von der Gewichtskraft beim gleichmäßigen Absenken der Last verrichtet wird. m verliert Höhe und Arbeitsfähigkeit. Bei einem mehrstufigen Wasserfall verringert sich die Fähigkeit des Wassers von Stufe zu Stufe, eine Turbine anzutreiben.

Man erkennt bei der zweiten Möglichkeit vorzeichenmäßig, ob aktive Arbeit die passive Arbeitsfähigkeit eines Körpers steigert oder ob umgekehrt aktive Arbeit zu einem Verlust seines Arbeitsvermögens führt. Negative Arbeit, also Arbeit gegen die Systemkraft, erhöht die Arbeitsfähigkeit des Körpers oder Systemteils, der gerade verschoben wird. Positive Arbeit, also von der Systemkraft verrichtete Arbeit, reduziert sein Arbeitsvermögen.

Sonderfall: Aus $h_2 = h$, $h_1 = 0$ folgt bei der 2. Möglichkeit: $W_{12} = -mgh$.

Es gibt also grundsätzlich zwei Möglichkeiten oder Denkweisen bei der Arbeitsberechnung. Beide Male stimmen die Zahlenwerte in den Ergebnissen überein, die Vorzeichen können sich unterscheiden. Es gilt $W^*_{12} = -W_{12}$: Die von einer äußeren Kraft verrichtete Arbeit ist gleich dem Negativen der von der Gewichtskraft verrichteten Arbeit. Der Kran überträgt also die gleiche Menge an Arbeitsfähigkeit bzw. Energie auf m, die die Gewichtskraft von m wegnimmt.

Herleitung, Ergebnisse und Deutungen dieses Abschnitts können ebenso für erdferne Bereiche oder andere Himmelskörper herangezogen werden, sofern dort $\vec{g}$ = konstant mit dem jeweils gültigen Messwert von g verwendet wird und alle Voraussetzungen der Arbeitsdefinition erfüllt sind.

Beispiele

1. Ein Kran befördert eine am Ufer liegende Maschine mit der Masse $m = 1580$ kg auf ein Schiffsdeck, das 17,3 m über dem Ufer liegt. Zu berechnen ist die vom Kran verrichtete Arbeit W.

   Lösungsmöglichkeiten:
   1. Die vom Kran längs des Verschiebungsweges $\Delta s = h = 17,3$ m nach oben aufzuwendende äußere konstante Kraft beträgt $F = F_G = mg$. Vektoriell gilt $\vec{F} \uparrow\uparrow \Delta\vec{s} = \vec{h}$, also $\alpha = 0$. Der Kran verrichtet an der Last die Verschiebungsarbeit $W^*_{12} = F\Delta s \cos\alpha$, $W^*_{12} = mgs \cos\alpha$, $W^*_{12} = 1580$ kg $\cdot$ 9,81 ms^{-2} 17,3 m $\cdot$ cos 0 $= 2,68 \cdot 10^5$ J.
   2. Man wählt ein günstiges Bezugssystem mit dem Bezugspunkt Ufer und einer Achse radial nach oben positiv. In diesem System hat die Last die Anfangskoordinate $h_1 = 0$, die Endkoordinate $h_2 = 17,3$ m. Mit $W^*_{12} = mg(h_2 - h_1)$ folgt $W^*_{12} = 1580$ kg $\cdot$ 9,81 ms^{-2} $\cdot$ (17,3 m $-$ 0 m) $= 2,68 \cdot 10^5$ J.

2. Man berechne mit den Daten des 1. Beispiels die Arbeit W_{12}, die die an der Masse angreifende konstante Kraft des Systems Erde – Last bzw. die Gewichtskraft oder Gravitationskraft $\vec{F}_G$ während der Überführung verrichtet.

   Lösungsmöglichkeiten:
   1. Die vom System verrichtete Arbeit W_{12} unterscheidet sich von der Arbeit, die durch die äußere Kraft des Krans verrichtet wird, nur im Vorzeichen. Daher gilt nach dem 1. Beispiel: $W_{12} = -W^*_{12}$ bzw. $W_{12} = -2,68 \cdot 10^5$ J.
   2. Der Winkel α zwischen der Gewichtskraft $\vec{F}_G$ und dem nach oben weisenden Verschiebungsvektor $\Delta\vec{s} = \vec{h}$ beträgt π bzw. 180°. Dann ist $W_{12} = mgs \cos\alpha$, $W_{12} = mgh \cos\pi$, $W_{12} = -mgh$, da $\cos\pi = -1$ oder $W_{12} = -1580$ kg $\cdot$ 9,81 ms$^{-2} \cdot$ 17,3 m $= -2,68 \cdot 10^5$ J.
   3. Man wählt ein günstiges Bezugssystem mit dem Bezugspunkt Ufer und einer Achse radial nach oben positiv. In diesem System hat die Last die Anfangskoordinate $h_1 = 0$, die Endkoordinate $h_2 = 17,3$ m. Mit $W_{12} = mg(h_1 - h_2)$ folgt $W_{12} = 1580$ kg $\cdot$ 9,81 ms$^{-2} \cdot$ (0 m $-17,3$ m) $= -2,68 \cdot 10^5$ J.
      Alle drei Lösungen machen deutlich, dass die Arbeit wegen $W_{12} < 0$ gegen das System Erde – Last bzw. gegen die Gewichtskraft der Last verrichtet wird.

   Ergänzung: Solange die Last ruhend am Kranhaken hängt, ist die verrichtete Arbeit $W_{12} = 0$, da $h_1 = h_2$. Ein Gewichtheber, der eine Masse von 180 kg über seinem Kopf ruhend in der Höhe hält, verrichtet trotz aller Anstrengung in dieser Phase keine Arbeit.

3. B 79 zeigt das s-F-Diagramm eines Arbeitsvorgangs. Man bestimme mithilfe des Diagramms die verrichtete Arbeit W und deute das Ergebnis.

Lösung:
Die Kraft F wirkt ortsabhängig zwischen den Grenzen $s_1 = -2{,}8$ m und $s_2 = 0$ m. Die Arbeit W stimmt zahlenmäßig mit dem Messwert der Dreiecksfläche $A = 0{,}5gh$ überein, die vom Graphen und den beiden Koordinaten $s_1 = -2{,}8$ m und $s_2 = 0$ m eingeschlossen wird. Weil die Fläche oberhalb der s-Achse liegt, ist die Arbeit W positiv. Die Grundseite des Dreiecks ist $g = 2{,}8$ m. Die Höhe h entspricht der Kraft $F(s_1 = -2{,}8$ m$) = 35{,}0$ N und wird aus dem Diagramm abgelesen. Dann gilt: $A = 0{,}5 \cdot 2{,}8$ m $\cdot 35$ m $= 49$ m^2: Die im Diagramm dargestellte Arbeit beträgt $W = 49$ J. Sie wird von einer äußeren Kraft beim Anheben einer Last verrichtet, die Arbeitsfähigkeit gewinnt. Ebenso richtig ist: Die Arbeit $W = 49$ J wird von der Gewichtskraft der Last verrichtet, die dabei Arbeitsfähigkeit verliert.

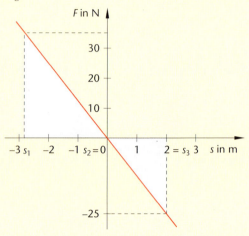

Ergänzung: Die Dreiecksfläche unterhalb der s-Achse zwischen $s_2 = 0$ und $s_3 = 2{,}0$ m beträgt $A^\star = 0{,}5 \cdot 2{,}0$ m $\cdot 25{,}0$ m $= 25$ m^2. Da sie unterhalb der s-Achse liegt, wird sie aus mathematischen Gründen negativ gesehen. Daher entspricht der Maßzahl der Fläche $A^\star$

Bild 79

die Arbeit $W^\star = -25$ J. Sie besagt: Eine äußere Kraft verrichtet die Arbeit -25 J, die zu einem Verlust an Arbeitsvermögen (= Energie) führt. Dagegen wird gegen eine Systemkraft die Arbeit -25 J aufgebracht, die verschobene Last gewinnt Arbeitsfähigkeit.

Wegunabhängigkeit der Arbeit

In der Gleichung $W_{12} = mg(h_1 - h_2)$ zur Arbeitsberechnung fällt auf, dass nur die Anfangs- und die Endkoordinate des Überführungsweges in fester Reihenfolge wichtig sind, nicht aber der Verlauf des Überführungsweges. Diese Tatsache wird in B 80 nochmals veranschaulicht. Die Verschiebung des Körpers mit der Masse m zwischen P_1 und P_2 im System Erde – Masse erfolgt erneut parallel zur h-Achse, hierbei gilt $W_{12} < 0$. Sie kann aber auch stufenförmig vorgenommen werden. Bei jeder Stufe wird Arbeit nur auf den Stufenabschnitten parallel zur h-Achse verrichtet, nämlich

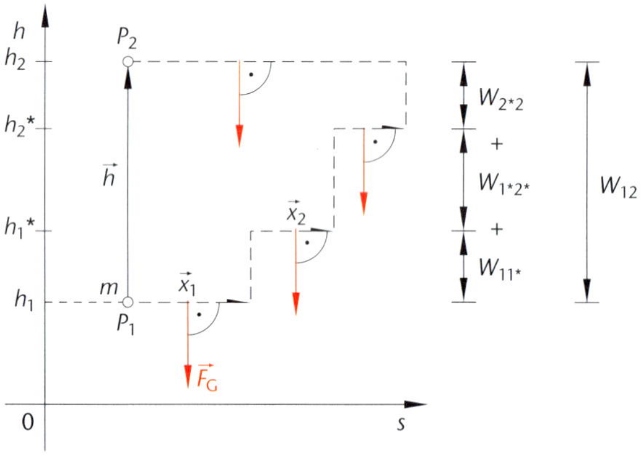

Bild 80: Wegunabhängigkeit der Arbeit

$W_{11^\star} = mg(h_1 - h_{1^\star}); \ W_{1^\star2^\star} = mg(h_{1^\star} - h_{2^\star});$

$W_{2^\star2} = mg(h_{2^\star} - h_2)$. Die Gesamtarbeit zwischen P_1 und P_2 beträgt:

$$\begin{aligned}
W_{11^\star} + W_{1^\star2^\star} + W_{2^\star2} &= mg(h_1 - h_{1^\star}) + mg(h_{1^\star} - h_{2^\star}) + mg(h_{2^\star} - h_2) \\
&= mg(h_1 - h_{1^\star} + h_{1^\star} - h_{2^\star} + h_{2^\star} - h_2) \\
&= mg(h_1 - h_2) = W_{12}.
\end{aligned}$$

Wegen $\vec{F}_G \perp \vec{x}_1, \ \vec{F}_G \perp \vec{x}_2 \dots$ wird auf den Teilwegen senkrecht zur h-Achse keine Arbeit verrichtet.

Diese Überlegung bleibt auch bei jedem anderen Bahnverlauf zwischen P_1 und P_2 richtig. Er kann immer durch eine gestufte Überführung mit beliebig vielen Einzeltreppen ersetzt werden. Damit steht fest, dass der Verlauf des Weges zwischen dem Anfangs- und dem Endpunkt der Verschiebung bedeutungslos ist.

Bei der Verlagerung des Körpers vom neuen Anfangspunkt P_2 zurück zum neuen Endpunkt P_1 verrichtet die Gewichtskraft die Arbeit $W_{21} = mg(h_2 - h_1) = -mg(h_1 - h_2) = -W_{12}$. Die Gesamtarbeit an der Masse m auf der geschlossenen Bahn von P_1 nach P_2 und wieder zurück nach P_1 beträgt demnach wegen $W_{21} = -W_{12}$ bzw. $W_{21} + W_{12} = 0$: $W = W_{21} + W_{12} = 0$.

▸▸ **Eine Kraft heißt konservativ, falls die gesamte Arbeit W auf einem beliebigen, geschlossenen Weg null ist. Demnach ist die Gewichts- oder Gravitationskraft eine konservative Kraft.**

Man kann dazu gleichwertig sagen:

▸ **Die Arbeit W, die eine konservative Kraft an einem Massenpunkt verrichtet, ist stets unabhängig vom Verlauf des Weges zwischen dem Anfangspunkt der Verschiebung und dem Endpunkt.**

Zusammenfassung: Die Arbeit W, die ein Himmelskörper an einem Massenpunkt zwischen dem Anfangspunkt $P_1(h_1)$ und dem Endpunkt $P_2(h_2)$ verrichtet, beträgt $W_{12} = mg(h_1 - h_2)$. Im betrachteten Verschiebungsbereich muss $\vec{g}$ = konstant gelten mit dem dort gültigen Messwert. W_{12} hängt nur von den Koordinaten des Anfangs- und Endpunktes ab, nicht aber vom Verlauf des Weges. Die Gesamtarbeit auf einer geschlossenen Bahn ist null, da die Gewichts- oder Gravitationskraft $\vec{F}_\mathrm{G}$ konservativ ist.

5.2.2 Beschleunigungsarbeit

Ein wichtiger Zusammenhang besteht zwischen der an einem Massenpunkt verrichteten Arbeit und seiner Anfangs- und Endgeschwindigkeit. In B 81 wird ein Körper bzw. Massenpunkt mit der Anfangsgeschwindigkeit v_1 durch eine äußere konstante Kraft $\vec{F}$ längs der Bezugsachse auf die Endgeschwindigkeit v_2 beschleunigt, $v_2 > v_1$. Die Kraft $F = ma$ nach der Grundgleichung der Mechanik verrichtet längs der Ortsänderung Δs die

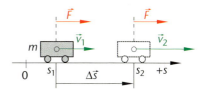

Bild 81: Beschleunigungsarbeit

Beschleunigungsarbeit $W_\mathrm{a} = ma\Delta s$. Mit der Bewegungsgleichung (s. Kap. 2.6) $v_2^2 = v_1^2 + 2a\Delta s$,

$$a\Delta s = \frac{v_2^2 - v_1^2}{2} \text{ entsteht } W_\mathrm{a} = m\frac{v_2^2 - v_1^2}{2} = \frac{1}{2}mv_2^2 - \frac{1}{2}mv_1^2 = \frac{1}{2}m(v_2^2 - v_1^2).$$

Sonderfall: $v_1 = 0$, $v_2 = v$. Der Körper startet aus der Ruhe. Die Beschleunigungsarbeit $W_\mathrm{a} = \frac{1}{2}mv^2$ bringt ihn auf die Endgeschwindigkeit v.

▸ **Wird ein Einzelkörper durch eine äußere konstante Kraft von der Geschwindigkeit v_1 auf die Geschwindigkeit v_2 gebracht, so ist an ihm die Beschleunigungsarbeit $W_\mathrm{a} = \frac{1}{2}m(v_2^2 - v_1^2)$ zu verrichten. Sie ist positiv, falls $v_2^2 > v_1^2$, und negativ, falls $v_2^2 < v_1^2$.**

Alle Ergebnisse gelten sogar allgemein für jede beschleunigte Bewegung.

Wie die Hubarbeit lässt sich auch die Beschleunigungsarbeit mithilfe einer Systemüberlegung berechnen. System ist die Masse m mit ihrer Trägheit. In diesem Fall kommt man zum Ergebnis: $W_a = \dfrac{1}{2}m(v_1^2 - v_2^2)$. Meistens wird aber die Formel von oben verwendet.

Beispiele

1. Zwei Arbeiter A und B verschieben eine ruhende Maschine mit der Masse 275 kg auf einer reibungsfreien horizontalen Unterlage längs der Weglänge $\Delta s = 2,4$ m. A übt die konstante Kraft $F_A = 15$ N aus, B die konstante Kraft $F_B = 19$ N. Beide verhalten sich ungeschickt. Daher greift F_A mit dem Winkel 35° oberhalb, F_B mit 50° unterhalb der Horizontalen an.
   a) Man fertige eine beschriftete Arbeitsskizze an.
   b) Man berechne die Gesamtarbeit W beider Arbeiter während der Verschiebung.
   c) Man bestimme die vom System Erde – Last während der Verschiebung verrichtete Arbeit W_G.
   d) Man berechne die Endgeschwindigkeit v am Ende des Überführungsweges.

   Lösung:
   a) Legende (B 82):

   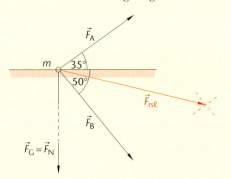

   $\vec{F}_A; \vec{F}_B$: angreifende Einzelkräfte bezogen auf die horizontale Unterlage

   $\vec{F}_{rsl} = \vec{F}_A + \vec{F}_B$: resultierende Kraft; Wirkung wie beide Einzelkräfte zusammen

   $\vec{F}_G$: Gewichtskraft der Masse

   $\vec{F}_N$: Normalkraft, wobei $\vec{F}_N = \vec{F}_G$; beeinflusst die Reibungskraft, die hier fehlt

   Bild 82

   b) 1. Möglichkeit: Man berechnet mithilfe von B 82 und dem Kosinussatz F_{rsl} und daraus die Gesamtarbeit W. Dieser Weg ist mühsam, da $\vec{F}_A \neq \vec{F}_B$, und daher nicht zu empfehlen.
      2. Möglichkeit: Man berechnet $W = W_A + W_B$.
         1. $W_A = F_A \Delta s \cos \alpha_1$
         2. $W_B = F_B \Delta s \cos \alpha_2$
         3. $W = F_A \Delta s \cos \alpha_1 + F_B \Delta s \cos \alpha_2$
            $W = 15$ N $\cdot$ 2,4 m $\cdot \cos 35° + 19$ N $\cdot$ 2,4 m $\cdot \cos 50°$
            $W = 59$ J

      A und B verrichten gemeinsam die Arbeit $W = 59$ J.

   c) Da die Maschine nicht in radialer Richtung zur Erdoberfläche verschoben wird, ist $h_1 = h_2$ und daher $W_G = 0$. Anderer Grund: $\vec{F}_G$ verläuft während der Verschiebung senkrecht zur horizontalen Bahn, verrichtet also keine Arbeit.

   d) Die zugeführte Arbeit dient als Beschleunigungsarbeit. Sie bringt die ruhende Last zur Endgeschwindigkeit $v > 0$. Mit $v_1 = 0$, $v_2 = v$ folgt allgemein:

   $$W_a = \frac{1}{2}m(v_2^2 - v_1^2) = \frac{1}{2}mv^2, \quad v = \sqrt{\frac{2W_a}{m}}.$$

   Mit Messwerten: $v = \sqrt{\dfrac{2 \cdot 58,8 \text{ J}}{275 \text{ kg}}}$, $v = 0,65$ ms^{-1}.

   In der Praxis dürfte diese Geschwindigkeit kaum erreicht werden, da die beiden Arbeiter nicht in der Lage sind, ihre Kräfte längs $\vec{\Delta s}$ wirklich konstant zu halten.

5.2.3 Spannarbeit, elastische Arbeit

Nun wird erstmals die Arbeit untersucht, die eine veränderliche Kraft an einem Körper verrichtet. Beispiel ist die von einer Feder ausgeübte Federkraft. Sie genügt für ideale Federn dem **hookeschen Gesetz** $F = Ds$. Die Kraft F ist direkt proportional zur Auslenkung s des freien Federendes ausgehend vom entspannten Federzustand. Die Konstante D heißt Federkonstante, allgemein Richtgröße, und ist ein Maß für die Steifigkeit oder Härte der Feder oder des elastisch deformierbaren Körpers. Je größer D ist, umso stärker muss der Zug oder Druck sein, um eine bestimmte Auslenkung zu erreichen. Die Federkonstante hat die Einheit: $[D] = \dfrac{[F]}{[s]}; [D] = 1\ \dfrac{\mathrm{N}}{\mathrm{m}} = 1\ \mathrm{Nm}^{-1}$. Eine Feder mit $D_1 = 280\ \mathrm{Nm}^{-1}$ ist steifer als eine mit $D_2 = 73\ \mathrm{Nm}^{-1}$. Die äußere Kraft 10 N dehnt (staucht) die erste Feder weniger als die zweite.

Man nennt eine Feder ideal, wenn sie innerhalb bestimmter Grenzen elastisch ist. Das bedeutet: Sie nimmt nach Beendigung aller verformenden Kräfte ihre alte Gestalt wieder vollständig an. Körper sind meist nur innerhalb enger Grenzen elastisch deformierbar.

Die Federkraft nach dem hookeschen Gesetz steht stellvertretend für viele in der Natur auftretende Kräfte mit gleicher mathematischer Form. Die ideale Feder dient daher als Modell für ähnliche Vorgänge.

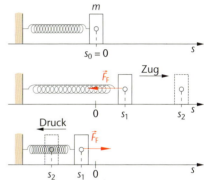

Ein Körper der Masse m auf einem reibungsfreien Tisch (B 83) ist mit einer horizontal liegenden Feder im entspannten Zustand, dem Ruhezustand, verbunden. Das andere Federende hängt fest an der Wand. Feder und Körper bilden ein System aus zwei Teilen. Zur Beschreibung der Körperbewegung wählt man ein Bezugssystem. Die s-Achse verläuft parallel zur Feder, der Bezugspunkt mit $s_0 = 0$ liegt am Ende der ruhenden Feder.

Der Körper wird vom Anfangsort s_1 zum Endort s_2 verschoben. Zuerst wird die Feder nach rechts gedehnt. Dabei versucht die Federkraft $\vec{F}_F$ den Körper nach links zu ziehen. Wird die Feder nach links gestaucht, dann drückt die Federkraft nach rechts. In beiden Fällen wirkt sie der Auslenkung des freien Endes entgegen. Dies bringt man durch ein Minuszeichen im hookeschen Gesetz zum Ausdruck. Die Federkraft erhält die Form $F_F = -Ds$.

Bild 83: Spannarbeit, elastische Arbeit

Die Federkraft $\vec{F}_F$ mit $F_F = -Ds$ ist eine Systemkraft, die die Feder auf den angehängten Körper ausübt. Das zugehörige Ort-Kraft-Diagramm in B 84 zeigt eine Gerade durch den Ursprung im vierten Quadranten in den Grenzen von s_1 bis s_2.

Die von der ortsabhängigen Federkraft $F_F(s)$ verrichtete Arbeit heißt **Spannarbeit** oder **elastische Arbeit**. Man erhält mithilfe der Integralrechnung rasch

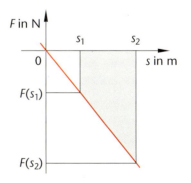

Bild 84: s-F-Diagramm zur Berechnung der Spannarbeit W_{el}

$$W_{sp} = \int_{s_1}^{s_2} F \cdot \mathrm{d}s = \int_{s_1}^{s_2} -Ds \cdot \mathrm{d}s = -\frac{1}{2} D \left[s^2\right]_{s_1}^{s_2} = \frac{1}{2} Ds_1^2 - \frac{1}{2} Ds_2^2 = \frac{1}{2} D(s_1^2 - s_2^2).$$

Anschaulich gewinnt man die Spannarbeit bei der Dehnung (oder Stauchung) der Feder von s_1 nach s_2 aus dem s-F-Diagramm. Zwischen Graph und s-Achse liegen zwei Dreiecke mit den negativen Flächeninhalten $A_1 = \frac{1}{2} s_1 F(s_1) = \frac{1}{2} s_1 D s_1 = \frac{1}{2} D s_1^2$ und $A_2 = \frac{1}{2} D s_2^2$ vor, da sie unterhalb der s-Achse liegen. Die negative Trapezfläche, die die Arbeit zwischen s_1 und s_2 darstellt, ergibt sich aus $A = -(A_2 - A_1) = A_1 - A_2$, $A = \frac{1}{2} D s_1^2 - \frac{1}{2} D s_2^2 = \frac{1}{2} D (s_1^2 - s_2^2)$. Wegen der Gleichheit der Maßzahlen beträgt die Spannarbeit somit: $W_{el} = \frac{1}{2} D (s_1^2 - s_2^2)$.

Man beachte: Die elastische Arbeit W_{el} ist positiv, wenn sich der Körper am Ende der Dehnung oder Stauchung näher am entspannten Zustand der Feder befindet, als er es vorher war. Sie ist negativ, wenn der Körper am Ende der Bewegung weiter vom Ursprung $s_0 = 0$ entfernt ist als zu Beginn der Bewegung. Bei einer Körperbewegung von s_1 nach s_2 und zurück nach s_1 ist die Gesamtarbeit null. Auch die Federkraft ist konservativ.

Sonderfall: $s_1 = 0$, $s_2 = s$. Dann wird von der ortsabhängigen Federkraft zwischen Ruhelage und Endkoordinate s die Spannarbeit $W_{el} = -\frac{1}{2} D s^2$ verrichtet.

▸ **Bei einer idealen Feder oder einem vergleichbaren System verrichtet die Federkraft oder Systemkraft in den Grenzen von s_1 bis s_2 die Spannarbeit oder elastische Arbeit $W_{el} = \frac{1}{2} D (s_1^2 - s_2^2)$. Sie ist positiv, falls $s_1^2 > s_2^2$, negativ, falls $s_1^2 < s_2^2$.**

Beispiele

1. Das Ende einer idealen Feder mit der Federkonstanten $D = 304\ \text{Nm}^{-1}$ wie in B 83 wird reibungsfrei gestaucht. Ihr freies Ende am Anfangsort $s_1 = -5,0\ \text{cm}$ liegt danach am Ort $s_2 = -9,5\ \text{cm}$. Man berechne die erforderliche Spannarbeit.

    Lösung: Da die Feder elastisch ist, also das hookesche Gesetz innerhalb der gegebenen Grenzen gilt, beträgt die Arbeit $W_{el} = \frac{1}{2} D (s_1^2 - s_2^2)$. Mit den Messwerten entsteht:

    $W_{el} = 0,5 \cdot 304\ \text{Nm}^{-1} \cdot ((-0,050\ \text{m})^2 - (-0,095\ \text{m})^2) = -0,99\ \text{J}$. Sie ist negativ, wird also gegen die Federkraft verrichtet.

2. In B 83 sind Anfangsort s_1 und Endort s_2 eines Körpers mit der Masse m durch folgende Angaben gegeben:
    a) ($s_1 = -5,0\ \text{m}$, $s_2 = 3,0\ \text{m}$);
    b) ($-5,0\ \text{m}$, $5,0\ \text{m}$);
    c) ($3,0\ \text{m}$, $5,0\ \text{m}$).
    Man überlege, ob die von der Federkraft am Körper verrichtete Arbeit positiv, negativ oder null ist.

    Lösung: Die erste Arbeit ist positiv, da sich die Feder bezogen auf $s_0 = 0$ mehr entspannt, als sie danach gedehnt wird; der Körper liegt am Ende der Bewegung näher am Ursprung. Im zweiten Beispiel ist die Arbeit null, da sich das Federende vor der Entspannung und nach der Dehnung gleich weit von $s_0 = 0$ entfernt befindet. Im dritten Beispiel ist die Arbeit negativ, denn das Federende wurde vom Ursprung weiter entfernt. Eine Rechnung bestätigt in allen drei Fällen die Antwort.

5.2.4 Reibungsarbeit

Jede konservative Kraft verrichtet an einem Körper längs einer geschlossenen Bahn die Arbeit null. Es ist stets $W_{12} = -W_{21}$ bzw. $W_{12} + W_{21} = 0$. Kräfte, für die diese Aussage nicht zutrifft, heißen nicht konservativ. Die häufigste nicht konservative Kraft ist die Reibungskraft zwischen zwei Körperoberflächen.

Beispiele

Gelangt eine Holzkiste mit der Geschwindigkeit $\vec{v}$ = konstant, $v > 0$, auf einen rauen Bodenbelag, so wird sie längs des Weges $\Delta \vec{s}$ nach aller Erfahrung immer langsamer. Ursache ist die Gleitreibungskraft $\vec{F}_R$, die zur Bewegungsrichtung entgegengesetzt verläuft. Sie wirkt zwischen dem Kistenboden und dem Belag und verzögert die Bewegung (B 85), bis die Kiste schließlich steht. Die Arbeit W_R, die von der Reibungskraft längs $\Delta \vec{s}$ ausgeübt wird, lässt sich rein rechnerisch wie folgt herleiten (B 85):

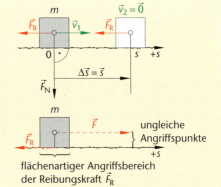

flächenartiger Angriffsbereich der Reibungskraft $\vec{F}_R$

Bild 85: Betrachtung zur Reibungsarbeit

Anfangsbedingung:
$s(t_0 = 0) = 0$, $v(t_0 = 0) = v_1 > 0$ in einem geeigneten Bezugssystem;

$\Delta \vec{s} = \vec{s}$ bzw. $\Delta s = s$;

m: Masse des gleitenden Körpers;

$\vec{F}_R$: (Gleit-)Reibungskraft mit $\vec{F}_R$ = konstant und $F_R = \mu F_N$; sie bringt die Kiste zum Stillstand; dann gilt $|\vec{v}_1| = v_1 > v_2 = |\vec{v}_2| = 0$; μ ist der materialabhängige (Gleit-)Reibungskoeffizient.

Unter Verwendung der Arbeitsdefinition erhält man:

1. $W_R = F_R \Delta s \cos \alpha$ mit, $\vec{F}_R$ = konstant, $\vec{F}_R \| \Delta \vec{s}$, $\sphericalangle (\vec{F}_R; \Delta \vec{s}) = \pi$

2. $F_R = \mu F_N = \mu F_G = \mu m g$

3. $W_R = \mu m g s \cos \pi = \mu m g s (-1) = -\mu m g s < 0$

Diese Arbeit W_R tritt bei jeder realen Bewegung auf. Sie erwärmt den Kistenboden und den Bahnbelag, wie man mit dem Thermometer bestätigen kann. Autofahrer wissen, dass sich Autoreifen und Straßenbelag beim Fahren erwärmen. Die Kiste, allgemein jeder Körper, verliert durch Reibung die Arbeitsfähigkeit, die sie aufgrund ihrer Anfangsgeschwindigkeit $v > 0$ besitzt. Die entstehende Wärme lässt sich nicht auf Kiste und Bodenbelag zurück transferieren. Sie wird in der Regel in den Außenraum abgestrahlt und ist für weitere mechanische Prozesse verloren. Daher ist die Arbeit W_R auf geschlossener Bahn nicht null und die (Gleit-)Reibungskraft nicht konservativ.

Tatsächlich gerät man bei der Herleitung oben in Widerspruch zur Arbeitsdefinition (B 85). Diese bezieht sich auf einen theoretischen Massenpunkt, an dem Arbeit verrichtet wird. Seine Verschiebung stimmt genau mit der Verschiebung des Angriffspunktes der Kraft überein. Real betrachtet greift die Reibungskraft $\vec{F}_R$ jedoch nicht am Massenpunkt selbst an, sondern im ausgedehnten Kontaktbereich zweier Körperoberflächen. Im Beispiel ist das die Berührfläche von Kiste und Bodenbelag. Die oben gewonnene Arbeit W_R als Produkt aus der Reibungskraft F_R, die am flächenartigen Körperbereich wirkt, und der Verschiebung Δs des gesamten Punktkörpers ist im physikalischen Sinn keine Arbeit.

Man bezeichnet W_R daher nur vereinfachend als **Reibungsarbeit** und nutzt sie auch für Berechnungen unter Einbeziehung des Wärmeaspekts. Ein anderer Begriff für W_R lautet Scheinarbeit (B 85 unten).

Durch Reibung verringert sich die Geschwindigkeit des antriebsfreien Körpers, seine Arbeitsfähigkeit, die er aufgrund seiner Geschwindigkeit v hat, lässt nach. Wind mit einer zu geringen Geschwindigkeit hat ein zu geringes Arbeitsvermögen. Aus diesem Grund schaltet man Windkraftwerke ab. Die Arbeitsfähigkeit der bewegten Kiste bis zum Stillstand geht ganz in Wärmeenergie (= thermische Energie) über.

▶ **Reibung verzögert jede reale Bewegung. Die sogenannte Reibungsarbeit berechnet sich nach der Gleichung $W_R = -\mu mgs$, die von der nichtkonservativen Reibungskraft $F_R = \mu F_N$ während des Reibungsvorgangs längs $\Delta s = s$ verrichtet wird. Sie führt zur Erwärmung von Körpern.**

Den energetischen Aspekt der Reibung und ein Beispiel findet man in Kapitel 5.3.1.

Aufgaben

1. *Die Hubwinde eines Grubenaufzugs wird mit der Gewichtskraft $F_G = 12\,700$ N belastet. Sie erteilt dem Förderkorb innerhalb der ersten 7,00 s des Hubvorgangs die konstante Beschleunigung $a = 2,40$ ms^{-2}. Berechnen Sie die von der Winde in dieser Zeit verrichtete Hubarbeit W.*

2. *Ein leerer Lkw-Anhänger der Masse $m = 1850$ kg wird mit der konstanten Geschwindigkeit $v = 0,75$ ms^{-1} auf gerader ebener Straße 12 m weit verschoben. Die Reibungskraft beträgt 8,0 % der Gewichtskraft des Anhängers. Berechnen Sie die zu verrichtende Arbeit W.*

3. *Ein Elektron in Ruheposition erfährt in einem homogenen elektrischen Feld längs der Strecke $l = 1,50$ m die konstante elektrische Feldkraft $F_e = 2,9 \cdot 10^{-15}$ N.*
   a) Berechnen Sie die Geschwindigkeit v des Elektrons nach Durchlaufen des Feldes.
   b) Ermitteln Sie die am Elektron verrichtete Beschleunigungsarbeit W_a.

4. *Ein Körper der Masse $m_1 = 3,00$ kg verlängert eine senkrecht hängende elastische Schraubenfeder um die Strecke $s_1 = 12,1$ cm. Durch fortwährendes Anhängen kleiner Massenstücke wird sie anschließend bis an die Elastizitätsgrenze $s_g = 16,8$ cm gedehnt. m_2 ist die Gesamtmasse aller Massenstücke.*
   a) Berechnen Sie die für die Ausdehnung im Bereich zwischen s_1 und s_g erforderliche Spannarbeit W_{el} in Abhängigkeit von m_2 allgemein und mit Messwerten.
   b) Zeichnen Sie mithilfe einer Tabelle das m_2-W_{el}-Diagramm und kennzeichnen Sie den physikalisch sinnvollen Abschnitt des Graphen.
   c) Das Ergebnis von a), also die $W_{el}(m_2)$-Beziehung, enthält den Term „+1,78 J". Deuten Sie diesen Term physikalisch.
   d) Entnehmen Sie dem Diagramm die Spannarbeit W* für die angehängte Gesamtmasse $m^* = 3,87$ kg.

5. *Ein Körper der Masse m erfährt eine Kraft F in Abhängigkeit vom Weg s nach B 85.1, wobei gilt: $\vec{F} \uparrow\uparrow \vec{s}$.*
   a) Beschreiben Sie die Art der Bewegung, die der Körper in den Abschnitten I bis IV ausführt.
   b) Ermitteln Sie die bis zum Ort $s = 8,0$ m verrichtete Arbeit W.

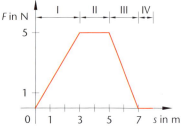

Bild 85.1

5.3 Energie, Leistung, Wirkungsgrad

5.3.1 Energie

Die vorigen Kapitel deuteten an, dass mit dem Begriff Arbeit der Begriff Energie eng verbunden ist. Arbeit ist ein aktiv ablaufender Prozess eines Körpers oder Systems an einem anderen oder einer Systemkraft an einem Teil des Systems. Man bezeichnet sie daher auch als Prozessgröße. Ein System oder Körper, an dem gerade aktive Arbeit verrichtet wird, erlangt damit selbst die Fähigkeit, Arbeit zu tun. Diese passive Fähigkeit, das Arbeitsvermögen, heißt **Energie**. Systeme oder Körper sammeln und speichern solange Energie, wie sie einer aktiven Arbeit unterliegen. Dadurch geraten sie in einen besonderen Zustand, der sie befähigt, sofort oder später selbst aktiv zu arbeiten. Man bezeichnet Energie daher als Zustandsgröße.

Eine weitergehende Betrachtung besagt: Führt ein System an einem anderen Arbeit aus, so verliert das erste Energie, das zweite übernimmt sie; zwischen den Systemen wird lediglich Energie ausgetauscht. Der in diesem Zusammenhang bisweilen verwendete Begriff der Energieübertragung ist insofern bedenklich, da zwischen den beteiligten Systemen oder Körpern kein Austausch in Form von Materie stattfindet und kein Stoff fließt.

Wie die Arbeit kann auch die Energie in verschiedenen Formen existieren. Die kinetische Energie tritt bei der Bewegung von Körpern auf und ist mit der Beschleunigungsarbeit verbunden. Die potenzielle Energie oder Lageenergie ist mit der Hubarbeit oder Verschiebungsarbeit verwandt. Zusammen gehören Spannarbeit und elastische Energie, Reibungsarbeit und Wärmeenergie.

Ein Landwirt, der im Winter einen mit Heu beladenen Schlitten auf einen Berg zieht, verrichtet Arbeit. Ein Teil dieser Arbeit geht in die Bewegungsenergie des Gefährts über, ein anderer wandelt sich in potenzielle Energie um, da es gegenüber der Tallage Höhe gewinnt. Ein dritter Teil verändert sich wegen der permanenten Reibung zwischen Kufen und Schnee in Wärmeenergie. Während des Ziehens nimmt die chemische Energie im Körper des Mannes ab, die er sich vorher mit der Nahrung zugeführt hat. Chemische Energie wandelt sich also in Bewegungsenergie, potenzielle Energie und Wärmeenergie um. Damit stellt sich die Frage nach der Gesamtenergie dieses Systems aus Schlitten und Mensch und ihrer Erhaltung. Gibt das System Energie an die Umwelt ab oder bleibt die Gesamtenergie unverändert?

Bewegungsenergie, kinetische Energie

Als **kinetische Energie** oder **Bewegungsenergie** eines Körpers oder Massenpunktes mit der Masse m bezeichnet man die Energieform, die mit seiner Geschwindigkeit v zusammenhängt. In Anlehnung an die Beschleunigungsarbeit $W_a = \frac{1}{2}mv_2^2 - \frac{1}{2}mv_1^2$ aus Kapitel 5.2.2 heißt der Term $\frac{1}{2}mv^2$ kinetische Energie E_{kin}: $E_{kin} = \frac{1}{2}mv^2 = E_k$.

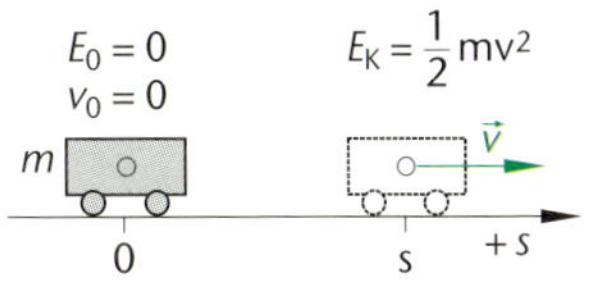

Bild 86: Kinetische Energie

Bahnverlauf, Masse und zeitabhängige Geschwindigkeit können beliebig sein. Die kinetische Energie ist eine abgeleitete skalare Größe mit der Einheit 1 J, wie von der Arbeit bekannt. Sie nimmt bei einem Körper fester Masse mit wachsender Geschwindigkeit v zu, sie sinkt mit abnehmender Geschwindigkeit (B 86). Sie ist null, wenn er im Bezugssystem ruht.

Die linke Seite der Gleichung $W_a = \frac{1}{2}mv_2^2 - \frac{1}{2}mv_1^2$ besagt, dass aktive Beschleunigungsarbeit W_a die kinetische Energie eines Körpers ändert. Der rechte Term gibt den Unterschied der kinetischen Energie des Körpers zwischen dem Ende und dem Anfang der betrachteten Arbeitsphase an. Anders gesagt: Verrichtet man an einem Körper von außen Arbeit, so überträgt man auf ihn Energie. Bei diesem Vorgang fließt oder bewegt sich nichts Materielles in ihn hinein oder aus ihm heraus. Die Gleichung gilt sowohl für $W_a < 0$ wie auch für $W_a > 0$. Im ersten Fall verringert sich die kinetische Energie des Körpers, er wird langsamer, im zweiten erhöht sie sich, er wird schneller.

Verbal lautet die Gleichung: Am Körper (von außen) verrichtete Arbeit = Änderung der kinetischen Energie des Körpers.

Durch Umformung der letzten Gleichung entsteht: $\frac{1}{2}mv_1^2 + W_a = \frac{1}{2}mv_2^2$. Sie bekräftigt die bisherigen Aussagen: Durch Beschleunigungsarbeit, die an einem Körper verrichtet wird, ändert sich die bereits vorhandene kinetische Energie. Sie geht vom Anfangswert $\frac{1}{2}mv_1^2$ in den neuen (höheren oder tieferen) Endwert $\frac{1}{2}mv_2^2$ über. Man beachte dabei, dass die Geschwindigkeiten v_1 und v_2 kleiner als die Vakuumlichtgeschwindigkeit c_0 sind, genau: $v_{1,2} \leq \frac{1}{10}c_0$.

▸ **Bewegungsenergie oder kinetische Energie ist die Energieform, die jeder Körper aufgrund seiner Masse m und Geschwindigkeit v hat. Sie ist eine abgeleitete skalare Größe und festgelegt durch $E_{\text{kin}} = \frac{1}{2}mv^2$. Soll ein Körper von der Geschwindigkeit v_1 auf die Geschwindigkeit v_2 beschleunigt werden, so ist dabei die positive oder negative Arbeit $W_a = \frac{1}{2}mv_2^2 - \frac{1}{2}mv_1^2$ zu verrichten.**

Sonderfall: $s_1 = 0$, $s_2 = s$; $v(t_0 = 0) = v_0 = 0$. Dieser Fall kommt besonders häufig vor (B 86). Ein ruhender Körper erlangt durch die Beschleunigungsarbeit $W_a > 0$ die kinetische Energie $E_{\text{kin}} = \frac{1}{2}mv_2^2 = \frac{1}{2}mv^2$, wobei $v_2 = v$ die Endgeschwindigkeit am Ort s ist.

Lageenergie, potenzielle Energie

Für die Berechnung der Hubarbeit in Kapitel 5.2.1 wurden zwei Möglichkeiten bereitgestellt. Die erste bezieht sich auf die von einer äußeren Kraft an einem System oder Körper verrichtete Arbeit, die zweite geht von der Kraft eines Systems auf einen Körper aus, der Teil des Systems ist. Diese Unterscheidung wiederholt sich im Folgenden, wobei Reibung erneut ausgeschlossen ist. Man nehme zunächst folgende Situation:

Ein Auto steht am Straßenrand (B 87). Der Anlasser versagt. Ein hilfsbereiter Passant wirkt mit der Kraft $\vec{F}$ parallel zur ebenen Fahrbahn von außen auf das Fahrzeug ein und verrichtet an ihm Arbeit. Dadurch gewinnt es die Geschwindigkeit v und die kinetische Energie $E_{\text{kin}} = \frac{1}{2}mv^2$. Umgekehrt verlangsamt ein frontaler Gegenwind die Geschwindigkeit eines fahrenden Autos. Er verrichtet an ihm Arbeit. Die kinetische Energie des Autos sinkt. In beiden Fällen bewirkt eine Arbeit von außen am Fahrzeug eine

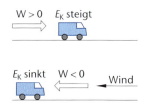

Bild 87: In das System Auto eingebrachte oder vom System abgegebene Arbeit wandelt seine Energie

Änderung seiner kinetischen Energie. Arbeit, die einem Körper oder System durch eine äußere Kraft zugeführt wird, ist positiv und erhöht seine Energie.

Arbeit, die von einem Körper oder System durch eine Kraft nach außen abgeführt wird, ist negativ und verringert seine Energie. Man kann sagen:

▸ **Arbeit ist Energie, die eine von außen wirkende Kraft auf einen Körper oder in ein System überträgt oder dem Körper oder System entzieht. Positive Arbeit erhöht die Energie in einem System oder bei einem Körper, negative Arbeit führt Energie vom Körper oder System ab.**

Und nun betrachte man folgendes Beispiel (B 88): Ein Skifahrer der Masse m fährt mit dem Lift von der Talstation (Bezugspunkt; Nullniveau) langsam einen Berg mit der Höhe h hoch. Die Liftgeschwindigkeit ist also $v \approx 0$; die kinetische Energie des Skifahrers kann unberücksichtigt bleiben, zumal er an der Tal- und Bergstation jeweils ruht. Der Motor des Lifts verrichtet am Fahrer die äußere positive Arbeit $W^* = +mgh$ unabhängig vom Neigungswinkel der Bahn und ihrem Verlauf aufwärts.

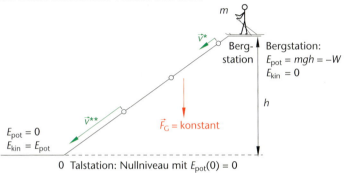

Bild 88: Zum Begriff der potenziellen Energie

Auf dem Berg hat der Skifahrer gegenüber dem Bezugspunkt eine neue Lage eingenommen und Arbeitsfähigkeit gewonnen. Sie befähigt ihn ohne eigenes Zutun zur gewünschten Fahrt talwärts. Dieses gespeicherte Arbeitsvermögen aufgrund der Lage heißt **Lageenergie oder potenzielle Energie.** Sie ist positiv. Man schreibt: $E_{pot} = +mgh = E_p$. Hubarbeit und Lageenergie haben gleiches Vorzeichen. Fährt der Skifahrer anschließend reibungsfrei zu Tal, so wandelt sich seine potenzielle Energie in kinetische Energie um. Der Fahrer gelangt von der Anfangsgeschwindigkeit $v_1 = 0$ auf dem Berg zur End- und Höchstgeschwindigkeit v_2 an der Talstation.

▸ **Potenzielle Energie ist gespeicherte Arbeit aufgrund der Lage eines Körpers bezogen auf ein Nullniveau. Sie lässt sich in Form von kinetischer Energie wieder zurückgewinnen. Sie hat das Formelzeichen E_{pot}.**

An dieser Aussage ändert sich nichts, wenn man Skifahrer, Erde und Lift als ein System betrachtet (B 88). Da bei der Auffahrt $v \approx 0$ gilt, ist der Lift als Systemteil vernachlässigbar. Während der Bergfahrt verrichtet die Gewichtskraft am Skifahrer bezogen auf das günstig gewählte Nullniveau an der Talstation die negative Überführungsarbeit $W = mg(h_1 - h_2)$, $W = mg(0 - h) = -mgh$. Gleichzeitig nimmt seine potenzielle Energie zu, sein Arbeitsvermögen steigt. Die Lageenergie des Skifahrers auf dem Berg beträgt $E_{pot} = -W = +mgh$.

Während der Talfahrt ist die Arbeit der Gravitationskraft am Skifahrer positiv: $W = mg(h_2 - h_1)$, $W = mg(h - 0) = +mgh$. Seine potenzielle Energie nimmt um $E_{pot} = -W = -mgh$ ab; sie wandelt sich in kinetische Energie um. Die Anfangsgeschwindigkeit $v_1 = 0$ auf dem Berg wird zur Maximalgeschwindigkeit v_2 an der Talstation. Dann liegt nur noch kinetische Energie vor.

Sowohl bei der Bergfahrt wie bei der Talfahrt ist die Änderung ΔE_{pot} der potenziellen Energie zwischen den Bahnpunkten P_1 und P_2 bzw. zwischen P_2 und P_1 gerade das Negative der Arbeit, die die konservative Gewichts- oder Gravitationskraft $\vec{F}_G$ am Skifahrer verrichtet. Diese Tatsache zieht man zur Definition der potenziellen Energie heran.

▸▸ Definition der potenziellen Energie zwischen zwei Bahnpunkten: $\Delta E_{pot} = -W$. In Worten: Die potenzielle Energie eines Systems oder Körpers ist vom Betrag her die Arbeit zwischen zwei Punkten, die eine konservative Kraft im System bzw. am Körper verrichtet. Ihr Vorzeichen ist dem der Arbeit entgegengesetzt.
Formelmäßig: $\Delta E_{pot} = mg(h_2 - h_1)$.

Für die Berechnung der potenziellen Energie ist nur die Differenz Endkoordinate – Anfangskoordinate wichtig, also die Änderung der potenziellen Energie zwischen zwei Bahnpunkten. Der Verlauf des Weges nimmt wie bei der Hubarbeit keinen Einfluss.

Es ist sehr hilfreich, einen Bahnpunkt als besonders günstigen Bezugspunkt, Nullpunkt oder als Nullniveau festzusetzen. Ihm wird der potenzielle Energiewert null zugeordnet. Seine Wahl ist frei, er muss aber immer genannt werden. Meist wählt man den Anfangspunkt P_1 der Verschiebung mit der Anfangskoordinate $h_1 = 0$, sodass gilt: $E_{pot}(h_1 = 0) = 0$. Dann verkürzt sich die Änderung der potenziellen Energie zwischen Endpunkt P_2 mit $h_2 = h$ und Nullniveau auf die Form $\Delta E_{pot} = mgh$.

Bemerkung

Das Beispiel von oben (System aus Skifahrer, Erde (und Lift)) macht deutlich, dass potenzielle Energie E_{pot} immer mit der gegenseitigen Lage zu tun hat, die die Teile bzw. Objekte eines Systems zueinander einnehmen. Ändert sich die räumliche Anordnung der Systemteile relativ zueinander, so *kann* sich deren potenzielle Energie ebenfalls ändern. Und wann ändert sie sich bei einem solchen Vorgang nicht? Antwort: Falls $h_1 = h_2$ auch nach einer Lageänderung (z. B. nach einer Verschiebung) bestehen bleibt.

Beispiele

1. Die Urwalddame Jane mit der Masse $m = 48$ kg ruht auf dem Astpunkt P_0 eines Urwaldbaumes. Die Abenteuerin Marion langweilt sich im Camp und geht auf Augenjagd. Sie sieht Jane und beschreibt ihre Lage in drei verschiedenen Bezugssystemen, die in B 89 dargestellt sind. Später beobachtet sie, wie Jane auf verschiedenen Wegen vom Ast P_1 auf den Ast P_2 klettert, um nach Tarzan Ausschau zu halten.

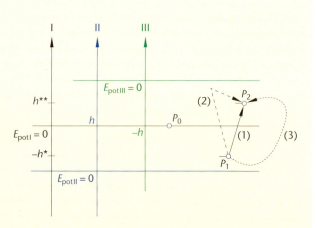

Bild 89

a) Man bestimme die potenzielle Energie E_{pot}, die Marion dem Punkt P_0 in jedem System zuordnet.

b) Man ermittle für alle Systeme die Änderung der potenziellen Energie zwischen den Ästen P_1 und P_2 und leite aus dem Ergebnis eine allgemeine Aussage her.

c) Jane hat zwischen P_1 und P_2 die Kletterwege (1), (2) oder (3) zur Verfügung. Man nenne den energetisch besten Anstieg und gebe die Gesamtenergie E an, falls sie von P_2 wieder an ihren alten Ruheplatz P_1 zurückkehrt.

d) Plötzlich steht Tarzan unter dem Baum. Jane in P_0 lässt sich vor Freude frei fallen. Marion berechnet für das System I die von der Gewichtskraft an Jane verrichtete Arbeit W, falls $h = 11{,}2$ m; sie notiert als Ergebnis $W = -5{,}3$ kJ. Man prüfe das Ergebnis durch Rechnung.

Lösung:

a) Die potenzielle Energie eines Körpers der Masse m in einem bestimmten Punkt P_0 hängt vom gewählten Bezugspunkt oder Nullniveau ab. Dessen Wahl orientiert sich am Problem. Hier sind drei Beispielsysteme mit unterschiedlichem Nullpunkt gegeben. Dann gilt in:

I: $E_{pot} = mg(h_2 - h_1)$ mit $h_1 = h_2 = 0$, $E_{pot} = 0$. Jane hat in I bezogen auf den Nullpunkt keine potenzielle Energie gesammelt.

II: $E_{pot} = mg(h_2 - h_1)$ mit $h_1 = 0$, $h_2 = h$, $E_{pot} = +mgh$. Jane hat gegenüber dem Nullniveau positive potenzielle Energie angesammelt. Diese hängt nur von der Vertikalkoordinate h ab. Ließe Jane sich von P_0 auf eine Wippe im Nullniveau $E_{potII} = 0$ fallen, dann könnte sie einen dort sitzenden Affen hochheben (was bisweilen im Zirkus geschieht).

III: $E_{pot} = mg(h_2 - h_1)$ mit $h_1 = 0$, $h_2 = -h$; $E_{pot} = -mgh$. Jane besitzt negative potenzielle Energie bezogen auf den gewählten Bezugspunkt $E_{potIII} = 0$. Ihre Gewichtskraft verrichtet beim Absenken die positive Hubarbeit $W = -E_{pot} = +mgh$.

▸ **Somit gilt: Die potenzielle Energie eines festen Punktes P_0 bezieht sich immer auf das vorher festgelegte Nullniveau. Sie kann null sein, positives oder negatives Vorzeichen haben. Eine absolute potenzielle Energie für einen Einzelpunkt gibt es nicht.**

b) Rechnung für I mit $P_1(h^*)$, $P_2(h^{**})$: $E_{pot10}(h^*) = mg(h^* - 0) = mgh^*$, $E_{pot20}(h^{**}) = mg(h^{**} - 0) = mgh^{**}$. Daher: $E_{pot21} = mgh^{**} - mgh^* = mg(h^{**} - h^*) = mg\Delta h$. Gleiches gilt für II, III. Die potenzielle Energie E_{pot21} zwischen den beiden Punkten P_1 und P_2 beträgt in allen drei Fällen $E_{pot21} = mg(h_2 - h_1)$. Sie hängt nur von den Koordinaten des Anfangs- und Endpunktes der Verschiebung ab, nicht aber von der Wahl des Nullniveaus.

▸ **Für die Berechnung der potenziellen Energiedifferenz zwischen zwei Punkten benötigt man kein Bezugssystem.**

c) Alle drei Wege sind energetisch gleich, da der Verlauf keine Rolle spielt. Es kommt nur auf die Differenz Endkoordinate minus Anfangskoordinate an.
Angenommen, Weg 1 verlangt weniger Energie als Weg 2. Dann käme Jane bald auf die Idee, längs 2 von P_1 nach P_2 zu klettern und längs 1 wieder zurückzugehen. Sie gewänne bei jedem Durchgang die Energiedifferenz $E_{pot20} - E_{pot10}$. Dies widerspricht aller experimentellen Erfahrung und ist nicht möglich. Daher beträgt die Gesamtenergie nach Rückkehr zu P_1 stets $E = 0$, unabhängig vom gewählten geschlossenen Weg.

d) Die von der Gewichtskraft bzw. vom System aus Erde und Jane an Jane verrichtete Arbeit ist positiv. Daher muss das Ergebnis richtig lauten: $W = +5{,}3$ kJ. Jane verliert beim Fall die potenzielle Energie $E_{pot} = -W = -5{,}3$ kJ. Diese wandelt sich in kinetische Energie um. Tarzan wird beim Aufprall von Jane etwas in den Urwaldboden gerammt.

2. Ein Motorrad der Masse $m = 325$ kg hat die Möglichkeit, eine Höhendifferenz von 174 m auf kurzer steiler Bahn zu überwinden oder auf langem serpentinenförmigem Weg. Man berechne die potenzielle Energie E_{pot} und begründe den Vorteil der langen Bahn.

Lösung:
Die Hubarbeit beträgt unabhängig von der Bahnlänge in beiden Fällen $W = -mgh$, da die Höhendifferenz gemeinsam ist: $W = -325$ kg $\cdot$ $9{,}81$ ms^{-2} $\cdot$ 172 m $= -5{,}5 \cdot 10^5$ J. Diese Arbeit speichert das Motorrad als potenzielle Energie: $E_{pot} = -W = 5{,}5 \cdot 10^5$ J bezogen auf den Startpunkt. Der Vorteil der langen Bahn besteht in der Schonung des Motors, dessen äußere Kraft die Arbeit $W^* = +5{,}5 \cdot 10^5$ J verrichtet. Er muss weniger Kraft aufwenden, dafür ist die Bahn länger.

Elastische potenzielle Energie, Spannenergie

Drückt man eine ideale Schraubenfeder (oder einen elastisch deformierbaren Körper) zusammen oder zieht man sie auseinander, so ist Spannarbeit oder elastische Arbeit erforderlich (s. Kap. 5.2.3). Sie wird gegen die Federkraft verrichtet. Diese ist konservativ. Während der Federverformung ändert sich die Lage des Federendpunktes, die Arbeit wird somit als potenzielle Energie gespeichert. Man bezeichnet sie genauer als **elastische potenzielle Energie** oder **Spannenergie**. Sie hat das Formelzeichen E_{el}.

Es ist bekannt, dass die Änderung der potenziellen Energie eines Körpers oder Systems betragsmäßig gleich der Arbeit ist, die eine konservative Kraft am Körper oder im System verrichtet; die Vorzeichen von Arbeit und Energie unterscheiden sich. Es gilt $\Delta E_{pot} = -W$.

Mit dieser Aussage und $W_{el} = \frac{1}{2}D(s_1^2 - s_2^2)$ für die elastische Arbeit erhält man sofort die Spannenergie in der Form $E_{el} = -\frac{1}{2}D(s_1^2 - s_2^2) = \frac{1}{2}D(s_2^2 - s_1^2)$.

Häufig ist $s_1 = 0$, dann entsteht mit $s_2 = s$ die einfachere Gleichung $E_{el} = \frac{1}{2}Ds^2$.

▸ **Die Spannenergie oder elastische potenzielle Energie ist eine Art potenzieller Energie, da sich bei der Verformung einer elastischen Feder oder eines elastischen Körpers Lageänderungen ergeben. Formelmäßig gilt $E_{el} = \frac{1}{2}D(s_2^2 - s_1^2)$, wobei s_1 die Anfangs- und s_2 die Endkoordinate des Federendpunktes ist. Mit $s_1 = 0$, $s_2 = s$ erhält man: $E_{el} = \frac{1}{2}Ds^2$.**

B 90 zeigt einen ruhenden Körper der Masse m, der am Ende einer elastischen Schraubenfeder befestigt ist. Das andere Federende hängt an der Wand. Ein plötzlicher Stoß versetzt m in eine Bewegung nach links und ändert die Lage. Während dieser Bewegung verrichtet die ortsabhängige Federkraft F_F negative Arbeit längs des Stauchweges Δs am Körper. Gleichzeitig gewinnt die Feder elastische potenzielle Energie. Man kann ebenso sagen, dass während der Linksbewegung die durch den Stoß vermittelte kinetische Energie des Körpers in elastische potenzielle Energie der Feder übergeht. Sie wird dabei gestaucht und der Körper langsamer. Er erreicht im linken Umkehrpunkt die Geschwindigkeit $v = 0$. Dann bewegt er sich unter der Wirkung der Federkraft nach rechts zurück. Nun wandelt sich die potenzielle Energie der Feder in kinetische des Körpers um. Die Federkraft verrichtet an m positive Arbeit.

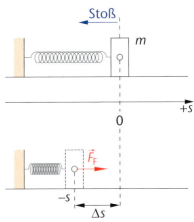

Bild 90: Elastische Energie

Eine gute Übung ist, die elastische potenzielle Energie in der Feder mithilfe eines s-F-Diagramms oder der Integralrechnung zu bestimmen. Mit $E_{pot} = -\int_{s_1}^{s_2} F(s)\,ds$ und $F(s) = -Ds$ gewinnt man rasch das schon bekannte Ergebnis.

Bemerkung

Elastische Energie ist ebenfalls eine Art von potenzieller Energie, denn bei einem elastisch deformierbaren Körper ändern die Körperteilchen unter Arbeitsaufwand relativ zueinander ihre Lage. Beispiel: Beim Stauchen oder Dehnen einer elastischen Schraubenfeder unter Arbeitsverrichtung nehmen Anfangs- und/oder Endpunkt sowie die Windungen neue gegenseitige Positionen ein. Dadurch kommt es zu einem Zuwachs oder einer Abnahme der potenziellen Energie im System.

Beispiele

An einer vertikalen Feder auf der Erdoberfläche mit der Federkonstanten $D = 895\ \mathrm{Nm^{-1}}$ hängt ein Körper mit der Masse $m = 35{,}8$ kg. Man wähle ein möglichst einfaches Bezugssystem. Danach berechne man die Dehnungstrecke s der Feder und die in der Feder enthaltene maximale elastische potenzielle Energie E_{el}.

Lösung:
Es ist günstig, den Federendpunkt der nach unten zur Erde hin hängenden unbelasteten Feder als Nullpunkt zu wählen. Da sie sich durch das Gewicht von m senkrecht nach unten spannt, reicht eine Achse parallel zur Feder abwärts positiv orientiert. Setzt man voraus, dass die Feder nicht vorgespannt war, dann gilt für elastisch deformierbare Körper das hookesche Gesetz $F = Ds$, $s = \dfrac{F}{D}$ mit $F = F_G = mg$.

Die eingesetzten Messwerte ergeben $s = \dfrac{35{,}8\ \mathrm{kg} \cdot 9{,}81\ \mathrm{ms^{-2}}}{895\ \mathrm{Nm^{-1}}} = 0{,}392$ m. Es ist sinnvoll, vorher den Elastizitätsbereich der Feder zu prüfen. Sie gewinnt bei größtmöglicher Ausdehnung und vorausgesetzter Elastizität die maximale Spannenergie $E_{el} = \dfrac{1}{2} Ds^2$, $E_{el} = \dfrac{1}{2} \cdot 895\ \mathrm{Nm^{-1}} \cdot (0{,}3924\ \mathrm{m})^2$, $E_{el} = 68{,}9$ J.

Arbeit unter Einbeziehung von Reibung

In Kapitel 5.2.4 wurde die (Gleit-)Reibungskraft als wichtigste nichtkonservative Kraft eingeführt. Sie tritt bei gleitenden Körpern auf, die sich gegenseitig berühren. Die Reibungskraft ruft eine Änderung der **Wärmeenergie** oder **thermischen Energie** (Formelzeichen Q, Einheit 1 J) an der Kontaktfläche beider Körper hervor. Je höher die Temperatur eines Systems oder Körpers ist, desto mehr Wärmeenergie wurde gespeichert und umso heftiger bewegen sich dessen Teilchen.

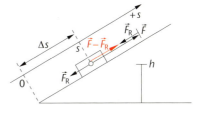

Bild 91

Ein (punktförmiger) Gleitkörper der Masse m ruhe an der Spitze einer schiefen Ebene (B 91). An ihm greift eine konstante äußere Kraft $\vec{F}$ hangaufwärts an. Während dieser Phase wirkt die konstante Reibungskraft $F_R = \mu F_N$ hangabwärts; es ist also $\vec{F} \uparrow\downarrow \vec{F}_R$.

Die resultierende Kraft $\vec{F} - \vec{F}_R = m\vec{a}$ erteilt m längs des Verschiebungsweges $\Delta s = s$ die konstante Beschleunigung a, bis die Endgeschwindigkeit v erreicht ist. Mit $F - F_R = ma$ und $v^2 = 2as$, $a = \dfrac{v^2}{2s}$ folgt: $F - F_R = m \dfrac{v^2}{2s}$, $Fs - F_R s = \dfrac{1}{2}mv^2$. Wegen $E_{kin} = \dfrac{1}{2}mv^2$ kann man auch schreiben: $Fs = E_{kin} + F_R s$.

Bezogen auf das Nullniveau gewinnt der Gleiter durch F außerdem die potenzielle Energie $E_{pot} = mgh$. Also ändert die von der äußeren Kraft F an ihm verrichtete Arbeit $W = Fs$ seine kinetische und potenzielle Energie und überwindet die Reibung. Dafür schreibt man:

$$W = Fs = E_{kin} + F_R s + E_{pot} = (E_{pot} + E_{kin}) + F_R s = E_{mech} + F_R s.$$

Die Energien in der Klammer heißen **mechanische Energien**, der Klammerterm **mechanische Gesamtenergie** E_{mech}: $E_{mech} = E_{pot} + E_{kin}$.

Bedenkt man, dass $F_R s$ beim Gleiten des Körpers hangaufwärts die thermische Energie Q des Systems aus Körper und Belag der schiefen Ebene erhöht, erhält man als Schlussergebnis:
$W = E_{mech} + Q$.

▶▶ Die von einer äußeren konstanten Kraft $\vec{F}$ an einem System verrichtete Arbeit W längs eines Überführungsweges $\Delta s = s$ in Anwesenheit von Reibung beträgt $W = E_{mech} + Q$.

Beispiel

Ein antriebsfreies Fahrzeug mit der Geschwindigkeit $v = 23{,}6 \text{ ms}^{-1}$ kommt durch gleichmäßige Reibung zum Stillstand. Der Reibungskoeffizient zwischen Reifen und Straßenbelag beträgt $\mu = 0{,}28$. Man berechne den Mindestbremsweg s bis zur Ruhelage. Man erkläre den Verbleib der Anfangsenergie.

Lösung:

Aus der Geschwindigkeit v erhält man die kinetische Anfangsenergie des Fahrzeugs vor dem Bremsvorgang: $E_{kin} = \frac{1}{2}mv^2$. Sie wird durch die Reibung längs s abgebaut. Diese Aussage entspricht der Erfahrung. Reibungsarbeit ändert die kinetische Energie $E_1 = E_{kin}$, bis $E_2 = 0$ erreicht ist. Dann gilt: Reibungsarbeit = Änderung der kinetischen Energie bzw. $W_R = \Delta E = E_2 - E_1 = 0 - E_1 = -\frac{1}{2}mv^2$.

Rechnerisch: 1. $E_{kin} = \frac{1}{2}mv^2 = E_1$
 2. $W_R = -\mu mgs$
 3. $W_R = -E_{kin}$

Somit gilt nach 3.: $-\mu mgs = -\frac{1}{2}mv^2$, $s = \frac{v^2}{2\mu g}$.

Mit Messwerten: $s = \dfrac{0{,}5\,(23{,}6 \text{ ms}^{-1})^2}{0{,}28 \cdot 9{,}81 \text{ ms}^{-2}} = 1{,}0 \cdot 10^2 \text{ m}$. Die Reibung bringt das Fahrzeug frühestens nach 101 m zum Stillstand. Die eingebrachte Energie E_{kin} wird vollständig in thermische Energie umgewandelt, wie die Erwärmung von Reifen und Straßenbelag bestätigt.

5.3.2 Erhaltungssatz der Energie

Die von einer konservativen Kraft in einem System oder an einem Einzelkörper verrichtete Arbeit ändert die potenzielle und die kinetische Energie, also die mechanische Gesamtenergie des Systems oder Körpers. Die Reibungskraft als nichtkonservative physikalische Größe gehört nicht dazu. Sie ist mit der Wärmeenergie verwandt. Um Reibungskräfte und andere Einflüsse auf ein System auszuschließen, führt man den Begriff des **abgeschlossenen Systems** mit folgender Definition ein.

▶▶ **Ein System heißt abgeschlossen, wenn keine Kraft von einem Objekt außerhalb des Systems ausgeht (äußere Kraft), die eine Energieänderung innerhalb des Systems hervorruft.**

Man betrachte nochmals das System aus Erde und Skifahrer in B 88. Schließt man Reibung aus, so kann es in guter Näherung als abgeschlossen gelten. Während der Bergfahrt verrichtet die Gewichtskraft am Fahrer die Arbeit W. Sie führt zur Zunahme seiner potenziellen Energie. An der Bergstation in der Höhe h über der Talstation mit $h_0 = 0$ besitzt er die Lageenergie $E_{pot} = -W$. Sie steht ihm für die Abfahrt zur Verfügung. Während der Talfahrt wirkt W als Beschleunigungsarbeit. Sie erreicht eine Zunahme der kinetischen Energie beim Skifahrer. Gleichzeitig ändert sich seine potenzielle Energie, sie verringert sich. Innerhalb der Bewegungsphase, zu der auch die Ruhezustände an der Berg- und Talstation zählen, gilt:

1. $E_{pot} = -W$; verfügbare potenzielle Energie auf der Bergstation;

2. $\Delta E_{pot} = E_{pot2} - E_{pot1}$; die potenzielle Energie nimmt während der Talfahrt ab;

3. $W = W_a = \frac{1}{2}mv_2^2 - \frac{1}{2}mv_1^2 = E_{kin2} - E_{kin1} = \Delta E_{kin}$; die kinetische Energie nimmt zu.

Also beträgt die Gesamtenergie in jedem Bahnpunkt während der Abfahrt:

$\Delta E_{pot} = -W = -\Delta E_{kin}$ bzw. $\Delta E_{pot} + \Delta E_{kin} = 0$ oder $E_{pot2} - E_{pot1} = -(E_{kin2} - E_{kin1})$,
$E_{kin1} + E_{pot1} = E_{kin2} + E_{pot2}$.

In Worten besagt diese Gleichung:

$$\begin{pmatrix} \text{Summe aus potenzieller und kinetischer} \\ \text{Energie eines abgeschlossenen Systems} \\ \text{oder Körpers im Zeitpunkt } t_1 \end{pmatrix} = \begin{pmatrix} \text{Summe aus potenzieller und kinetischer} \\ \text{Energie eines abgeschlossenen Systems} \\ \text{oder Körpers im Zeitpunkt } t_2 \end{pmatrix}$$

In einem abgeschlossenen System, in dem nur konservative Kräfte wirken, können sich potenzielle und kinetische Energie zwar ineinander umwandeln, ihre Summe aber bleibt in jedem Zeitpunkt t erhalten. Für die Summe aus der potenziellen und der kinetischen Energie, also für die mechanische Gesamtenergie E_{mech} eines abgeschlossenen Systems, gilt: $E_{mech} = E_{pot} + E_{kin} =$ konstant. Diesen Zusammenhang bezeichnet man als den

▸▸ **Energieerhaltungssatz der Mechanik:** Die mechanische Gesamtenergie E_{mech} in einem abgeschlossenen System ist zeitunabhängig konstant. Man schreibt: $E_{mech} = E_{pot} + E_{kin} =$ konstant.

Man beachte: Der Energieerhaltungssatz ist ein Erfahrungssatz, der nicht streng mathematisch bewiesen werden kann. Um seine Gültigkeit ist in der Physik oft hart gerungen worden. Bisweilen ist es äußerst schwierig, ein System sorgfältig zu definieren und seine Abgeschlossenheit zu erkennen. Die Energieerhaltung ist zuallererst ein experimentelles Ergebnis, das durch Messung gewonnen und überprüft wird. Es zeigt sich nämlich, dass man die Zu- oder Abnahme der Energie in einem System, also die Energieänderung, durch das Wachsen oder Abgeben von Energie in einem anderen Bereich des Systems erklären kann. Außerdem fand man bisher noch keinen experimentellen Widerspruch zu diesem Satz.

Ein System nimmt Energie auf, wenn man an ihm Arbeit verrichtet. Seine mechanische Energie wächst. Durch Zufuhr von Wärmeenergie erreicht man ebenfalls eine Erhöhung der Systemenergie. Zieht man einen Körper über einen rauen Bodenbelag, so ändert sich seine mechanische Energie. Er gewinnt zum Beispiel Geschwindigkeit und Höhe bezogen auf ein Nullniveau, und das System aus Körper und Boden erwärmt sich. Die Wärmeenergie oder thermische Energie ΔQ nimmt zu und damit die innere Energie im System. Das bedeutet, dass die Atome und Moleküle als Systembestandteile sich heftiger bewegen.

Wird also an einem System in Anwesenheit von Reibung die Arbeit W verrichtet, so ändert sich seine mechanische Energie ebenso wie die thermische. Die Arbeit W wandelt sich in mechanische und thermische Energie um und es gilt:
$W = \Delta E_{mech} + \Delta Q$ bzw. $W = \Delta(E_{pot} + E_{kin}) + \Delta Q$.

Die **Gesamtenergie** E eines Systems ist demnach die Summe aus der mechanischen Gesamtenergie ΔE_{mech} und der thermischen Energie ΔQ: $E = \Delta(E_{pot} + E_{kin}) + \Delta Q$. Sie ändert sich nur dann, wenn das System Energie von außen aufnimmt oder nach außen abgibt. Diesen Zusammenhang beschreibt die Gleichung: $W = \Delta E = \Delta(E_{pot} + E_{kin}) + \Delta Q$.

Die Überlegungen lassen sich auf abgeschlossene Systeme übertragen. In diesem Fall ist $W = 0$, da von außen keine Arbeit zugeführt und nach außen keine Arbeit abgegeben wird. Umwandlungen zwischen potenzieller, kinetischer und thermischer Energie innerhalb solcher Systeme gibt es vielfach. Man erhält aus $W = \Delta E = \Delta(E_{pot} + E_{kin}) + \Delta Q$ und $W = 0$ die Gleichung $\Delta(E_{pot} + E_{kin}) + \Delta Q = 0$.

▸ **In einem abgeschlossenen System, in dem Reibungskräfte nur zwischen den System-teilen wirken, ist die Gesamtenergie E aus mechanischer Gesamtenergie ΔE_{mech} und thermischer Energie ΔQ immer null: $\Delta(E_{pot} + E_{kin}) + \Delta Q = 0$.**

Eine wichtige Folgerung mit starkem Anwendungsbezug lautet dann:

▸ **In einem abgeschlossenen System ist die Gesamtenergie in einem bestimmten Zeit-punkt t_1 gleich der Gesamtenergie in einem anderen festen Zeitpunkt t_2. Die Gesamt-energie oder die Einzelenergien in einem Zeitpunkt zwischen t_1 und t_2 muss man nicht betrachten.**

Diese Tatsache ist sehr hilfreich bei Bewegungsproblemen. Mit dem Energieerhaltungssatz lassen sich viele Aufgaben ohne Kenntnis des genauen Bewegungsablaufs lösen. Da man in der Regel von einem abgeschlossenen System ausgehen kann, reicht es, die Gesamtenergie am Anfang und am Ende eines Prozesses miteinander zu vergleichen, also gleichzusetzen. Bisher musste man alle Einzelheiten einer Bewegung genau kennen und mathematisch beschreiben. Das ist oft mühsam oder gar unmöglich.

Beispiele

1. Ein technisches Problem erfordert die Bewe-gung eines frei beweglichen Körpers mit der Masse m vom Ruhepunkt P zum Endpunkt Q. Drei verschiedene Bahnen sind machbar (B 92).

   a) Man überlege, auf welcher Bahn der Kör-per die größte kinetische Energie im Bahnpunkt Q erreicht.

   b) Gleiche Fragestellung wie a), jetzt auf die Endgeschwindigkeit v des Körpers in Q bezogen.

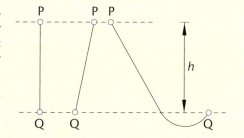

Bild 92

   c) Man begründe beide Lösungen und berechne v allgemein.

   Lösung:
   a), b): Der Körper hat bei allen Bahnen in Q die gleiche kinetische Energie und Endgeschwindigkeit v.

   c): Begründung: Wählt man die Strecke durch die Punkte Q als Nulllinie der potenziellen Energie, dann hat der Startpunkt P bei allen Bahnen die gleiche Entfernung. Der Körper durchläuft den gleichen Höhenunterschied h. Reibung kann bei einer strömungsgünstigen Körperform weitgehend ausgeschlossen werden. Um v zu erhalten, benötigt man keine Einzelinformationen über den genauen Bewegungsablauf zwischen P und Q. Man löst das Problem mit einer Energiebetrachtung. Nach dem Energieerhaltungssatz wandelt sich die potenzielle Energie E_{pot} im Punkt P vollständig in kinetische Energie E_{kin} im Punkt Q um, da Reibung fehlt. Es gilt also $E_{pot} = E_{kin}$ bzw. $mgh = \frac{1}{2}mv^2$.

   Daraus entsteht die Endgeschwindigkeit $v = \sqrt{2gh}$, gültig für alle drei Bahnen. Es fällt auf, dass v nicht von der Masse m des Körpers abhängt. Ein Stein, eine Vogelfeder oder ein Elefant erreicht bei reibungsfreier (!) Bewegung gleiche Endgeschwindigkeit.

2. In einer technischen Anlage gleitet ein Maschinenteil mit der Masse m reibungsfrei und geradlinig mit konstanter Geschwindigkeit $\vec{v}$ (B 93). Die Bewegung wird durch ein Dämp-fungssystem gestoppt. Es besteht aus einem rauen Bahnbelag mit dem Reibungskoeffizi-

enten μ und einer elastisch deformierbaren Feder. Beim Aufprall verlangsamt sich der Körper und kommt schließlich zur Ruhe. Die Feder wird bis zum linken Umkehrpunkt gestaucht.

a) Man leite allgemein die maximale Auslenkung s des Federendes im linken Ruhepunkt des Körpers her.

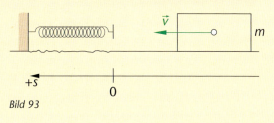

b) Gegeben sind die Messwerte $m = 4{,}5$ kg, $v = 2{,}8$ ms^{-1}, $D = 3360$ Nm^{-1}, $\mu = 0{,}80$. Man berechne den konkreten Messwert von s.

Bild 93

Lösung:

Infolge der Geschwindigkeit v besitzt m die kinetische Energie $E_{kin} = 0{,}5mv^2$. Diese muss im Dämpfungssystem längs der Strecke s durch Stauchen der Feder und durch Reibung, also Umwandlung in Wärme, abgebaut werden. Durch die Reibung erhöht sich die thermische Energie von Körper und Boden. Beim Pressen der Feder verrichtet die Federkraft F am Körper Arbeit und empfängt dabei elastische potenzielle Energie. Außerdem drückt die Federkraft gegen die feste Wand. Gleitkörper, Feder, Boden und Wand bilden daher ein System, das in guter Näherung als abgeschlossen gelten kann. Der Energieerhaltungssatz ist anwendbar. Die Gewichtskraft bzw. Normalkraft des Maschinenteils wirkt senkrecht zur Bahn und verrichtet während des ganzen Vorgangs keine Arbeit.

a) Allgemeine Herleitung von s:

   Die Körperbewegung während der Dämpfung ist mathematisch schwierig zu behandeln, da die wirkende Federkraft ortsabhängig ist. Insgesamt vollzieht der Körper eine geradlinige Bewegung mit nicht konstanter Beschleunigung. Dennoch gelangt man mithilfe der Energieerhaltung rasch zu einer Lösung für s:

   1. $E_v = E_n$; Gesamtenergie vor der Dämpfung = Gesamtenergie am Ende der Dämpfung;
   2. $E_v = 0{,}5mv^2$; $E_n = E_{el} + Q$;
   3. $E_{el} = 0{,}5Ds^2$; $Q = F_R s = \mu mgs$;
   1. $0{,}5mv^2 = 0{,}5Ds^2 + \mu mgs$; $Ds^2 + 2\mu mgs - mv^2 = 0$; die quadratische Gleichung liefert zwei Lösungen für s:

$$s_{1,2} = \frac{-2\mu mg \pm \sqrt{(2\mu mg)^2 - 4D(-mv^2)}}{2D} = \frac{-2\mu mg \pm \sqrt{(2\mu mg)^2 + 4Dmv^2}}{2D}$$

$$= \frac{-\mu mg \pm \sqrt{(\mu mg)^2 + Dmv^2}}{D}.$$

b) Mit Messwerten:

$$s_{1,2} = \frac{-0{,}80 \cdot 4{,}5 \text{ kg} \cdot 9{,}81 \text{ ms}^{-2} \pm \sqrt{(0{,}80 \cdot 4{,}5 \text{ kg} \cdot 9{,}81 \text{ ms}^{-2})^2 + 3{,}36 \cdot 10^3 \text{ Nm}^{-1} \cdot 4{,}5 \text{ kg} \cdot (2{,}8 \text{ ms}^{-1})^2}}{3{,}36 \cdot 10^3 \text{ Nm}^{-1}},$$

$s_1 = +0{,}0925$ m. Der Umkehrpunkt der Bewegung liegt 9,3 cm links vom freien Federende. Die zweite Lösung $s_2 = -0{,}114$ m ist physikalisch sinnlos.

5.3.3 Leistung, Wirkungsgrad

In Alltag und Beruf interessiert oft nicht die verrichtete Arbeit, sondern die Leistung. Es ist eben ein Unterschied, ob ein Lkw in 15 Minuten oder in 150 Minuten entladen wird. Bei gleicher Arbeit spielt die Zeitdauer oder Zeitrate eine wichtige Rolle.

Im physikalischen Sinn gibt die **Leistung** an, wie rasch Arbeit bzw. Energie von einem System auf ein anderes übertragen wird.

Verrichtet eine Kraft eine Arbeit W in der Zeitdauer Δt, so beträgt die mittlere Leistung innerhalb dieses Zeitintervalls $\bar{P} = \dfrac{\Delta W}{\Delta t}$. $\qquad$ (*)

Die momentane Leistung entsteht als Grenzübergang für $\Delta t \to 0$ in der Form $P(t) = \lim\limits_{\Delta t \to 0} \dfrac{\Delta W}{\Delta t} = \dfrac{dW}{dt} = \dot{W}(t)$. Man erhält die Momentanleistung allgemein als erste Ableitung der Arbeit $W(t)$ nach der Zeit t. Danach setzt man einen konkreten Zeitpunkt t^* in die Ableitungsfunktion $\dot{W}(t) = P(t)$ ein.

Die Leistung ist eine abgeleitete physikalische Größe mit der Einheit:
$[W] = \dfrac{[\Delta W]}{[\Delta t]}$, $[W] = \dfrac{1\ \text{J}}{1\ \text{s}} = 1\ \dfrac{\text{J}}{\text{s}} = 1\ \text{Watt} = 1\ \text{W}$. Namensgeber ist der englische Ingenieur Watt.

Unter Verwendung der Anfangsbedingung $\Delta s = s_2 - 0 = s_2 = s$ hat die mittlere Leistung $\bar{P}$ die einfachere Form $\bar{P} = \dfrac{W}{t}$.

Schließlich erhält man aus $\bar{P} = \dfrac{\Delta W}{\Delta t}$ und $W = F\Delta s$ eine andere Möglichkeit der Leistungsberechnung: $\bar{P} = \dfrac{\Delta W}{\Delta t} = \dfrac{F\Delta s}{\Delta t} = F\dfrac{\Delta s}{\Delta t} = Fv$, falls $v = $ konstant ist. Vektoriell gilt: $P = \vec{F} \circ \vec{v}$ mit $\vec{v} = $ konstant. Obwohl sich die Leistung P aus vektoriellen Größen herleitet, ist sie skalar.

Unter Einbeziehung der Energie kann man die mittlere Leistung auch in der Form $\bar{P} = \dfrac{\Delta E}{\Delta t}$ angeben. Ebenso ist dann $P(t) = \dfrac{dE}{dt} = \dot{E}(t)$ die momentane Leistung.

Man beachte: Die physikalische Leistung darf nicht mit Arbeit oder Energie verwechselt werden, auch wenn sie aus diesen Größen abgeleitet ist. Ein Motorrad ist leistungsstark, wenn es die im Benzin gebundene chemische Energie in kurzer Zeit in kinetische oder potenzielle Energie umwandeln kann. Das heißt, wenn es innerhalb einer engen Zeitspanne, z. B. bei einer Bergfahrt, rasch Geschwindigkeit gewinnt. Mehr Energie steht mit mehr Kraftstoff im Tank zur Verfügung. Mehr Leistung wird durch neu entwickelte Motoren erreicht, die zum Beispiel den Kraftstoff besser, vollständiger und rascher verbrennen.

Mit (*) lässt sich die Arbeit als Produkt aus Leistung und Zeitdauer angeben: $\Delta W = \bar{P}\Delta t$. Die in der Energiewirtschaft gebräuchliche Einheit Wattsekunde entsteht auf diese Weise: 1 J = 1 W · 1 s = 1 Ws. Für die im Bereich der Elektrizitätswirtschaft meistens gebrauchte Einheit Kilowattstunde schreibt man auch:
1 kWh = 1,000 kW · 3,600 · 10^3 s = 1,000 · 10^3 W · 3,600 · 10^3 s = 3,600 · 10^6 J = 3,600 MJ.
Auf Stromrechnungen findet man die Einheit kWh. Man bezahlt also für die erhaltene elektrische Energie und nicht für elektrische Leistung.

Je mehr Arbeit oder Energie eine Maschine in einer Sekunde freisetzt, umso leistungsfähiger ist sie. Ein Motor M_1 mit $P_1 = 178$ kW $= \dfrac{178\ \text{kJ}}{1\ \text{s}}$ zeigt eine höhere Leistung als ein Motor mit $P_2 = 93$ kW $= \dfrac{93\ \text{kJ}}{1\ \text{s}}$. Dennoch kann es sein, dass M_2 die mit dem Kraftstoff zugeführte Energiemenge besser umsetzt als M_1. Das bedeutet: M_2 gibt technisch bedingt mehr Arbeit bzw. Energie pro 1 J zugeführter Energie zum Antrieb anderer Maschinen ab als M_1.

Neben der reinen Leistung interessiert den Benutzer in einer Zeit steigender Energiekosten vor allem das Nutzen-Kosten-Verhältnis einer Maschine oder eines Prozesses. Es ist umso besser, also wirtschaftlicher, je größer die abgegebene Arbeit bzw. Energie bei gleicher zugeführter Arbeit bzw. Energie ist. Man kennzeichnet diese Kosten-Nutzen-Qualität durch eine Zahl. Sie heißt **Wirkungsgrad** η.

▸ **Unter dem Wirkungsgrad η von Maschinen oder Prozessen versteht man das Verhältnis bzw. den Quotienten aus abgegebener und zugeführter Arbeit bzw. Energie:**
$$\eta = \frac{W_{ab}}{W_{zu}} = \frac{E_{ab}}{E_{zu}}.$$

Einheit des Wirkungsgrades: $[\eta] = \dfrac{1\,J}{1\,J} = 1$.

Wegen $P_{ab} = \dfrac{W_{ab}}{\Delta t}$, $P_{zu} = \dfrac{W_{zu}}{\Delta t}$ gilt ebenfalls: $\eta = \dfrac{P_{ab}\Delta t}{P_{zu}\Delta t} = \dfrac{P_{ab}}{P_{zu}}$.

Unvermeidliche Verluste in Maschinen, Motoren, Prozessen oder Anlagen durch Reibung und Wärme bedeuten immer $W_{ab} \leq W_{zu}$ bzw. $E_{ab} \leq E_{zu}$. Daher ist der Wirkungsgrad η eine reine Zahl zwischen 0 und 1: $0 \leq \eta \leq 1$. Er ist ein Maß für die Qualität oder Güte der Energieausbeute. Besonders wertvoll sind Motoren, Generatoren und technische Anlagen aller Art mit einem möglichst hohen Wirkungsgrad.

Ideal wäre der Wirkungsgrad $\eta = 1$, also eine Maschine, die z. B. Wärme aus einem Wärmevorrat (Wasser, Dampf, Umgebungsluft) zu 100 % in Arbeit umsetzt. Das ist aber nach aller Erfahrung nicht möglich.

Wirkungsgrade einiger realer Prozesse:
Fotovoltaik: $\eta \approx 0,20$; Automotoren: $0,20 \leq \eta \leq 0,35$; Kraftwerk: $\eta \approx 0,35$; Elektromotor: $\eta \approx 0,90$; Wasserturbine: $\eta \leq 0,94$; Transformator: $\eta \approx 0,95$.

Beispiele

1. Der Mond umläuft die ruhend gedachte Erde auf einer Kreisbahn mit dem Radius $r = 384\,000$ km innerhalb der Zeitdauer $\Delta t = 27,32$ d (d: dies (lat.) = Tag). Dabei erfährt er die permanente Anziehungskraft F_G. Man überlege sich, ob die mittlere Leistung der Kraft F_G auf den Mond negativ, positiv oder null ist (B 94).

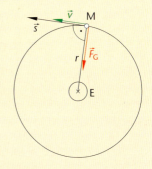

   Lösung:
   Man erhält die mittlere Leistung aus $\overline{P} = \dfrac{\Delta W}{\Delta t}$ oder $\overline{P} = Fv$. In jedem Bahnpunkt steht aber die Gravitationskraft $\vec{F}_G$ senkrecht zum momentanen Verschiebungsvektor $\vec{s}$ bzw. zu $\vec{v}$. Daher verrichtet F_G am Mond keine Arbeit. Wegen $W = 0$ ist folglich auch die mittlere (und momentane) Leistung null.

   Bild 94

2. Ein Schlitten gleitet mit der Geschwindigkeit $v = 2,0$ ms^{-1} reibungsfrei und horizontal über eine Schneefläche. Ein Kind versucht den Schlitten mit der Kraft $F_1 = 3,0$ N horizontal anzuhalten, ein zweites zieht den Schlitten mit der Kraft $F_2 = 4,5$ N in Fahrrichtung. Weitere Einzelheiten entnehme man B 95.

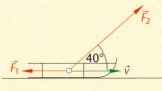

   Bild 95

a) Man berechne die Leistung jedes Kindes und interpretiere die Ergebnisse.
b) Man bestimme die Gesamtleistung und deute auch dieses Ergebnis.

Lösung:

a) Die allgemeine Herleitung der Leistung lautet:

1. $\bar{P} = \dfrac{\Delta W}{\Delta t}$

2. $\Delta W = F\Delta s \cos \alpha$

3. $v = \dfrac{\Delta s}{\Delta t}$

Somit: 1. $\bar{P} = \dfrac{F\Delta s \cos \alpha}{\Delta t} = F\dfrac{\Delta s}{\Delta t} \cos \alpha = Fv\cos \alpha$.

Wegen $\vec{F}_1 \uparrow\downarrow \vec{v}$ ist $\alpha_1 = 180°$: $P_1 = F_1 v \cos \alpha_1$, $P_1 = 3,0 \text{ N} \cdot 2,0 \text{ ms}^{-1} \cdot \cos 180° = -6,0 \text{ W}$.

Mit $\alpha_2 = 40°$ gilt: $P_2 = F_2 v \cos \alpha_2$, $P_2 = 4,5 \text{ N} \cdot 2,0 \text{ ms}^{-1} \cdot \cos 40° = +6,9 \text{ W}$.

Die Kraft F_1 des ersten Kindes entzieht dem Schlitten mit der Leistung 6,0 W Energie, die Kraft F_2 des zweiten Kindes führt dem Schlitten mit der Leistung 6,9 W Energie zu.

b) Die Gesamtleistung ist gleich der Summe der Einzelleistungen: $P = P_1 + P_2$. Mit Messwerten erhält man $P = -6,0 \text{ W} + (+6,9 \text{ W}) = +0,9 \text{ W}$. P ist positiv. Dem Schlitten wird Energie zugeführt, die seine kinetische Energie und damit seine Geschwindigkeit erhöht. Mit Zunahme der Geschwindigkeit wachsen wiederum die geschwindigkeitsabhängigen Leistungen P_1 und P_2. Bei der gegebenen Geschwindigkeit v muss es sich also um eine Momentangeschwindigkeit in einem bestimmten Zeitpunkt handeln.

Aufgaben

1. *Ein Zirkusclown mit dem Gewicht F_G = 638 N hält in jeder Hand einen Koffer der Masse m = 22 kg. Er springt von einem Tisch mit der Höhe 1,5 m auf ein Federsprungbrett. Im tiefsten Punkt seiner Abwärtsbewegung lässt er die Koffer fallen. Berechnen Sie die Höhe h, in die er anschließend emporgeschleudert wird.*

2. *Vergleichen Sie die kinetische Energie E_{kin} einer fahrenden Straßenwalze (m = 6,00 $\cdot$ 10^3 kg, v = 3,60 kmh^{-1}) mit der kinetischen Energie E_{kin}* einer Gewehrkugel der Masse m = 20,0 g und der Geschwindigkeit v = 910,0 ms^{-1}.*

3. *Am Ende einer entspannten Feder mit der Federkonstanten D = 62,3 Nm^{-1} wird ein Körper mit der Masse m = 0,500 kg befestigt. Gibt man den Körper frei, so dehnt sich die Feder.*
   a) *Im tiefsten Punkt seiner Bewegung befindet sich der Körper in der Entfernung s_1 unter der Ausgangslage für einen Moment in Ruhe, bevor er wieder aufwärts schwingt. Berechnen Sie s_1.*
   b) *Berechnen Sie die Maximalgeschwindigkeit v_{max}, die der schwingende Körper erreichen kann.*
   c) *Bestimmen Sie die Entfernung s_2 unterhalb der Ausgangsposition, in der v_{max} eintritt.*

4. *B 95.1 zeigt eine Schleifenbahn mit dem Radius r, die von einem Körper K der Masse m reibungsfrei durchlaufen wird. K befindet sich in der Höhe h über dem tiefsten Punkt D der Bewegung in Ruhe.*
   a) *Berechnen Sie allgemein die Geschwindigkeit v_C, die K im höchsten Punkt C mindestens besitzen muss, damit er die Bahn nicht verlässt.*
   b) *Bestimmen Sie die Kräfte F_C und F_D, mit denen K bei der Mindestgeschwindigkeit v_C in den Punkten C und D auf die Fahrbahn einwirkt.*
   c) *Ermitteln Sie allgemein die Höhe h in Abhängigkeit von r, aus der K starten muss, damit er in C die Geschwindigkeit v_C einnimmt.*

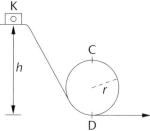

Bild 95.1

5. Ein Arbeiter dreht eine Handkurbel mit der konstanten Kraft $F = 150$ N senkrecht zum Kurbelarm mit der Länge $r = 25,0$ cm. Berechnen Sie seine Leistung P, wenn er pro Minute genau 30 Umdrehungen ausführt.

6. Ein Pkw ($m = 1,00 \cdot 10^3$ kg) bewegt sich mit der konstanten Geschwindigkeit v auf einer ebenen Straße. Der Motor gibt an die Räder die Leistung $P = 30,0$ kW ab. Der Luftwiderstand entspricht der Kraft $F = 0,900$ kN, weitere Reibung wird vom Reibungskoeffizienten $\mu = 0,030$ erfasst. Berechnen Sie die Geschwindigkeit v des Autos.

7. Ein Artist ($m = 63,5$ kg) gleitet an einem Seil mit der konstanten Geschwindigkeit $v = 2,30$ ms^{-1} aus der 17,4 m hoch gelegenen Zirkuskuppel in die Manege hinab. Berechnen Sie, welcher Anteil ΔE_{pot} der vor dem Gleiten vorhandenen potenziellen Energie in thermische Energie umgewandelt wird.

8. Ein glühender Eisenwürfel K ($m = 3,2$ kg) gleitet im Walzwerk auf einer schiefen Ebene mit dem Neigungswinkel $\alpha = 25°$ aus der Ruhe abwärts (B 95.2). Er trifft am Ende auf eine unbelastete Feder mit der Federkonstanten D (oder einen anderen elastisch deformierbaren hitzebeständigen Stoff). Sie wird um 6,8 cm gestaucht. Danach befindet sich der Würfel im tiefsten Punkt 52 cm unter dem Startpunkt.

   a) Man berechne die vom Würfel während der gesamten Bewegung verrichtete Reibungsarbeit W_R allgemein, dann mit den gegebenen Messwerten und dem Gleitreibungskoeffizienten $\mu = 0,29$.

   b) Bestimmen Sie mit einem geeigneten Energieansatz die Federkonstante D der Feder.

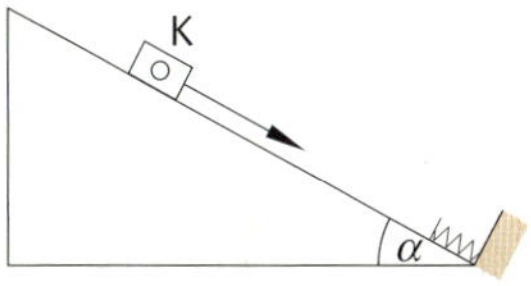

Bild 95.2

6 Physikalischer Impuls

6.1 Definition des physikalischen Impulses

Der Begriff Impuls hat in der Alltagssprache mehrere Bedeutungen. Ein impulsiver Mensch folgt einer plötzlichen Eingebung, er kann auch leicht erregbar sein und unüberlegt handeln. Umgekehrt bezeichnet man einen antriebslosen Menschen oft als impulsarm. Er lässt sich hängen und zeigt kaum körperliche oder geistige Aktivität.

Den Begriff Impuls mit völlig anderer Bedeutung gibt es in der Physik. Er ist eine ähnlich wichtige Größe wie die kinetische Energie. Wie sie bezieht er die Masse m und die Geschwindigkeit v von Körpern ein. Mithilfe dieser beiden Ausgangsgrößen gelangt man zur Definition des physikalischen Impulses (B 96).

Da Körper und Punktteilchen stets über eine Masse m und Geschwindigkeit v verfügen, kann man ihnen eindeutig das Produkt $p = mv$ zuordnen. Es wird als (linearer) **Impuls** des Körpers oder Teilchens oder als **Bewegungsgröße** bezeichnet.

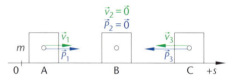

Bild 96: Zur Impulsdefinition

Da m stets eine positive skalare Größe ist und die Geschwindigkeit ein Vektor, darf man den Impuls als Vektor in der Form $\vec{p} = m\vec{v}$ schreiben, wobei $\vec{p} \uparrow\uparrow \vec{v}$. ist. Neben dem (linearen) Impuls gibt es bei rotierenden Körpern den Drehimpuls.

▸▸ **Das Produkt aus der Masse m eines Körpers oder Punktteilchens und seiner Geschwindigkeit v heißt Impuls oder Bewegungsgröße p des Körpers: $p = mv$. Vektoriell gilt: $\vec{p} = m\vec{v}$ mit $\vec{p} \uparrow\uparrow \vec{v}$.**

Bemerkungen:

- Der Impuls $\vec{p}$ ist eine abgeleitete physikalische Größe mit der Einheit:

$$[p] = [m][v], \quad [p] = 1\,\text{kg} \cdot 1\frac{\text{m}}{\text{s}} = 1\frac{\text{kg} \cdot \text{m}}{\text{s}} = 1\,\text{kg} \cdot \text{m} \cdot \text{s}^{-1} = 1\frac{\text{kg} \cdot \text{m}}{\text{s}^2} \cdot \text{s} = 1\,\text{Ns}.$$

- Für einen Einzelkörper mit konstanter Masse m und konstanter Geschwindigkeit $\vec{v}$ gilt stets: $\vec{p} = m\vec{v}$ = konstant. Nach dem ersten newtonschen Axiom bedeutet $\vec{p}$ = konstant, dass auf m keine Kraft wirkt. $\vec{p}$ = konstant ist somit gleichbedeutend mit der Aussage $\vec{F} = \vec{0}$. Dieses Ergebnis ist der Inhalt des Impulserhaltungssatzes für einen Körper:

  ▸ **Der Impuls $\vec{p}$ eines Einzelkörpers ist konstant, wenn keine Kraft auf ihn einwirkt.**

- Hat ein Körper mit konstanter Masse m den konstanten Impuls $\vec{p} = m\vec{v}$, so bleibt er im gewählten Bezugssystem in Ruhe oder bewegt sich geradlinig mit konstanter Geschwindigkeit $\vec{v}$. Dann wirkt keine Kraft auf ihn ein; es gilt $\vec{F}_{\text{rsl}} = \vec{0}$. Aus dem Impulserhaltungssatz für einen Körper folgt das erste newtonsche Axiom oder Trägheitsprinzip. Man erkennt nämlich sofort, dass man den Impuls $\vec{p}$ eines Körpers nur ändern kann, wenn eine Kraft $\vec{F} \neq \vec{0}$ an ihm angreift. Sie führt zu einer Impulsänderung $\Delta\vec{p}$, auf die in Kapitel 6.2 eingegangen wird.

Beispiele

1. In B 96 hat Körper A den Impuls $\vec{p}_1 = m\vec{v}_1$ mit $p_1 > 0$, da m und v_1 beide positiv sind. Körper B hat den Impuls $\vec{p}_2 = \vec{0}$ mit $p_2 = 0$; er ruht. Beim Kontakt von A und B können sich die Impulse beider Körper ändern. Körper C hat den Impuls $\vec{p}_3$ mit $p_3 < 0$, da der Impulsvektor gegensinnig parallel zur Bezugsachse verläuft. Aus diesen Beobachtungen folgt verallgemeinernd, dass man jedem Körper in einem Bezugssystem eindeutig einen Impulsvektor $\vec{p}$ zuordnen kann.

2. Ein punktförmiger Tennisball mit dem Impuls $\vec{p}_1$ wird vom Tennisschläger mit dem Impuls $\vec{p}_2$ kontaktiert. Anschließend verfügen beide über neue Impulse, insbesondere ändert der Ball meist seine Bewegungsrichtung (B 96.1).

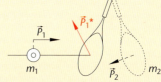

Bild 96.1: Impuls beim Tennis

3. Weitere Beispiele für Impulse:
   - schnellster Mensch auf der 100-m-Strecke: $m \approx 80$ kg, $v \approx 10{,}4$ ms^{-1} $\Rightarrow p = 840$ kgms^{-1}
   - kreisendes Elektron um einen Atomkern: $m = 9{,}109 \cdot 10^{-31}$ kg, $v = 1{,}0 \cdot 10^{7}$ ms^{-1} $\Rightarrow p = 9{,}1 \cdot 10^{-24}$ kgms^{-1}
   - ICE-Zug: $m = 5{,}0 \cdot 10^{5}$ kg, $v = 69{,}4$ ms^{-1} $\Rightarrow p = 3{,}5 \cdot 10^{7}$ kgms^{-1}

6.2 Zusammenhang zwischen der Grundgleichung der Mechanik und dem Impuls

Ein Körper mit konstanter Masse m erfährt eine Impulsänderung $\Delta\vec{p}$ nur, wenn eine Kraft $\vec{F} \neq \vec{0}$ an ihm angreift. So bewirkt z.B. die Kraft F an einem Fahrzeug mit konstanter Masse m eine Geschwindigkeitsänderung Δv in der Zeitdauer Δt, also eine Beschleunigung a. Für diesen wichtigen Anwendungsfall soll nun der Zusammenhang zwischen der Impulsänderung $\Delta\vec{p}$ und der wirkenden Kraft $\vec{F}$ ermittelt und interpretiert werden. Die Impulsänderung ergibt sich aus der Impulsdefinition:

1. $\Delta\vec{p} = m\Delta\vec{v}$; $|: \Delta t\ (> 0)$

$$\frac{\Delta\vec{p}}{\Delta t} = m\,\frac{\Delta\vec{v}}{\Delta t}$$

2. $\vec{a} = \dfrac{\Delta\vec{v}}{\Delta t}$

3. $\vec{F} = m\vec{a}$

In 1. zusammengefasst: $\dfrac{\Delta\vec{p}}{\Delta t} = m\,\dfrac{\Delta\vec{v}}{\Delta t} = m\vec{a} = \vec{F}$. Verkürzt man die Zeitdauer Δt mehr und mehr, vollzieht man schließlich den Grenzübergang $\Delta t \to 0$, so entsteht: $\vec{F} = \lim\limits_{\Delta t \to 0} \dfrac{\Delta\vec{p}}{\Delta t} = \dot{\vec{p}}$. Betragsmäßig gilt: $F = \dot{p} = \dfrac{\mathrm{d}p}{\mathrm{d}t} = \dfrac{\mathrm{d}(mv)}{\mathrm{d}t}$. Die Masse m ist konstant.

Bemerkungen:

- Der Term $\dfrac{\Delta p}{\Delta t}$ heißt mittlere konstante Impulsänderung in der Zeitänderung oder Impulsänderungsrate, der Term $\dot{p} = \dfrac{\mathrm{d}p}{\mathrm{d}t} = \dfrac{\mathrm{d}(mv)}{\mathrm{d}t}$ heißt momentane Impulsänderungsrate.

- Die Kraft $\vec{F}$ und der Vektor der Impulsänderungsrate $\frac{\overrightarrow{\Delta p}}{\Delta t}$ bzw. $\dot{\vec{p}}$ sind gleichsinnig parallel.
- Es ist $F \sim \dot{p}$. Die Kraft auf einen Körper gibt an, wie schnell sich sein Impuls in der Zeitdauer $\Delta t = 1$ s ändert.

Beispiele

In der Zeitdauer $\Delta t = 1{,}0$ s bewirkt die Kraft $F_1 = 15$ N an der konstanten Masse $m = 45$ kg die Impulsänderungsrate $\frac{\Delta p_1}{\Delta t} = F_1$. Mit $\Delta p_1 = \Delta(mv_1) = m\Delta v_1$ und $\Delta p_1 = F_1\Delta t$ folgt: $m\Delta v_1 = F_1\Delta t$, $\Delta v_1 = \frac{F_1\Delta t}{m}$. Unter Verwendung der gegebenen Messwerte erhält man: $\Delta v_1 = \frac{15 \cdot 1{,}0 \text{ s}}{45 \text{ kg}} = 0{,}33 \frac{\text{m}}{\text{s}}$. Die konstante Kraft F_1 führt an der konstanten Masse m zur Impulsänderung Δp_1 in einer Sekunde, die sich in der Geschwindigkeitsänderung $\Delta v_1 = 0{,}33 \text{ ms}^{-1}$ zeigt. Die kleinere Kraft $F_2 = 9{,}5$ N ergibt für die gleiche Masse die geringere Impulsänderung Δp_2 je Sekunde und deshalb die reduzierte Geschwindigkeitszunahme $\Delta v_2 = 0{,}21 \text{ ms}^{-1}$.

Mit $F_1 > F_2$ folgt also $\dot{p}_1 > \dot{p}_2$. Mit fallender Kraft verkleinert sich die Impulsänderungsrate, mit steigender erhöht sie sich.

Die Impulsänderung $\Delta p = \Delta(mv)$ kann sich ebenso auf die Änderung der Körpermasse m beziehen. Bei Großraketen zum Beispiel werden in der Startphase gewaltige Mengen an Treibstoff im Triebwerk verbrannt und in Gasform ausgestoßen. Die geringe Anfangsgeschwindigkeit v der Rakete ändert sich dabei zunächst kaum. Die Impulsänderungsrate $\frac{\Delta p}{\Delta t} = \frac{\Delta(mv)}{\Delta t}$ bezieht sich jetzt darauf, dass der Körper in der Zeitspanne Δt seine Masse um Δm ändert und seine Geschwindigkeit v beibehält. Folglich gilt: $F = \frac{\Delta p}{\Delta t} = \frac{\Delta m}{\Delta t} v$ mit $v =$ konstant.

Insgesamt ist festzuhalten:

- Erfährt ein Körper eine Impulsänderung $\overrightarrow{\Delta p}$ in der Zeitspanne Δt, so ändern sich seine Geschwindigkeit oder seine Masse oder beide Größen.
- Im Gegensatz zur bisherigen Grundgleichung der Mechanik $\vec{F} = m\vec{a}$ gilt die Gleichung $\vec{F} = \frac{\overrightarrow{\Delta p}}{\Delta t}$ bzw. $F = \dot{p} = \frac{dp}{dt} = \frac{d(mv)}{dt}$ auch für zeitabhängige Massen und Beschleunigungen. Masse m und Beschleunigung a müssen nicht konstant sein.

Die **Grundgleichung der Mechanik** lässt sich nun allgemeiner formulieren:

▸ **Die Kraft F auf einen Körper ist der Quotient aus der Änderung des Impulses Δp und der Zeitdauer Δt, in der die Änderung abläuft: $F = \frac{\Delta p}{\Delta t}$ bzw. $F = \dot{p}$.**

Vektoriell gilt: $\vec{F} = \frac{\overrightarrow{\Delta p}}{\Delta t}$ mit $F = \frac{\Delta p}{\Delta t}$ bzw. $\vec{F}(t) = \frac{d\vec{p}}{dt}$ mit $F(t) = \frac{dp}{dt} = \dot{p}(t)$.

Die Impulsänderung kommt dadurch zustande, dass sich die Geschwindigkeit oder die Masse des Körpers ändert (oder beide Größen).

Aus $F = \frac{\Delta p}{\Delta t}$ folgt $\Delta p = F\Delta t$. Eine Kraft F, die während der Zeitdauer Δt von außen an einem Körper angreift, ruft an ihm die Impulsänderung Δp hervor. Das Produkt $F\Delta t$ heißt **Kraftstoß**.

Beispiele

1. Ein Flugzeug mit der Masse m und der konstanten Reisegeschwindigkeit $v = 910$ km/h = 253 ms^{-1} verbrennt permanent Kraftstoff der Masse m^*, der an den Triebwerken ausgestoßen wird. Trotzdem kann m auf Teilstrecken des Fluges in guter Näherung als konstant angesehen werden, da $m >> m^*$. Diese Aussage trifft wohl für die meisten Fahrzeuge zu.

2. Das t-p-Diagramm in B 96.2 zeigt den Impuls p eines Punktkörpers der konstanten Masse m, der sich entlang einer linearen Bezugsachse bewegt, in Abhängigkeit von der Zeit t. Am Körper greift die Kraft $\vec{F}$ parallel zur Achse an.
   a) Man bestimme alle Kräfte von der kleinsten zur größten.
   b) Man nenne das Zeitintervall, in dem der Körper schneller wird.
   c) Man gebe den Kraftbetrag mit dem größten Wert an.

   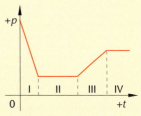
   Bild 96.2: t-p-Diagramm

   Lösung:

   a) Wegen $F = \dfrac{\Delta p}{\Delta t}$ gibt die Steigung der Strecken im Diagramm Auskunft über das Vorzeichen und den Messwert der Kraft. Im Zeitabschnitt I ist die Steigung negativ, also $F < 0$, in II und IV ist die Steigung null und damit $F = \dfrac{\Delta p}{\Delta t} = 0$; in III steigt die Strecke, also gilt $F = \dfrac{\Delta p}{\Delta t} > 0$.

   b) Wegen $F = \dfrac{\Delta p}{\Delta t} > 0$ in III wird der Körper beschleunigt und damit schneller. In I wird er wegen $F = \dfrac{\Delta p}{\Delta t} < 0$ langsamer. In II und IV ist $F = 0$; das bedeutet für II und IV: $v^* = $ konstant > 0.

   c) In I ist der Kraftbetrag am größten, weil die Strecke am steilsten verläuft.

6.3 Impulserhaltungssatz

In B 97 ruhen zwei Scheiben mit den Massen m_1 und m_2 auf einer ebenen Luftkissenfläche. Die Massen können gleich oder verschieden sein. Eine gestauchte ideal elastische Feder nahezu ohne Masse verbindet sie. Beide haben jeweils den Impulsvektor $\vec{p}_{1,2} = \vec{0}$. Der gesamte Impulsvektor für das System aus beiden Scheiben vor Lösung der Feder ist ebenfalls der Nullvektor: $\vec{p}_{rsl} = \vec{p}_1 + \vec{p}_2 = \vec{0}$. Man durchtrennt vorsichtig den Haltefaden und setzt die Feder frei.

Beobachtung: Die Feder entspannt sich. Die beiden Scheiben entfernen sich voneinander geradlinig mit gleichen oder verschiedenen zeitabhängigen Geschwindigkeiten.

Während der Federentspannung üben die Scheiben die zeitlich nichtkonstanten Kräfte $\vec{F}_1(t)$ und $\vec{F}_2(t)$ aufeinander aus, die nach dem Wechselwirkungsprinzip dennoch in jedem Augenblick betragsgleich sind. Die linke Scheibe drückt die rechte nach rechts, die rechte Scheibe die linke nach links. In dieser Phase gilt also: $\vec{F}_1(t) = -\vec{F}_2(t)$ bzw. $\vec{F}_1(t) + \vec{F}_2(t) = \vec{0}$. Die Kräfte heben sich paarweise auf, sie bilden ein Kraft-Gegenkraft-Paar.

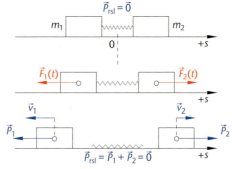
Bild 97: Impulserhaltung: $\vec{p}_{rsl} = \vec{0}$

Der Gleitvorgang ist (fast) reibungsfrei, die Feder ohne Bedeutung. Die Gewichtskraft beider Körper wird vom Luftpolster kompensiert. Da äußere Kräfte fehlen, kann man von einem abgeschlossenen System aus zwei Scheiben sprechen.

Außerdem sind in dieser Bewegungsphase auch die Beschleunigungen $a_1(t)$ und $a_2(t)$ beider Körper nicht konstant, doch gilt jeweils $\vec{F} \uparrow\uparrow \vec{a}$. Es ist schwierig, die Bewegungsgesetze der Scheiben aufzustellen. Das Wechselwirkungsprinzip gestattet dennoch, Vorhersagen über den Endzustand der Körperbewegungen zu machen.

Nach vollständiger Entspannung der Feder (B 97, unten) erreichen beide Körper die konstanten Endgeschwindigkeiten $\vec{v}_1$ und $\vec{v}_2$; gleichzeitig verfügen sie über die konstanten Impulse $\vec{p}_1$, $p_1 = m_1 v_1$, und $\vec{p}_2$, $p_2 = m_2 v_2$. Deshalb ersetzt man die wahren zeitabhängigen, aber unbekannten Kräfte $\vec{F}_1(t)$ und $\vec{F}_2(t)$ durch die mittleren konstanten Kräfte $\vec{F}_1$ und $\vec{F}_2$, die in der Zeitdauer Δt der Entspannungsphase mithilfe konstanter mittlerer Beschleunigungen $\vec{a}_1$ und $\vec{a}_2$ gerade die konstanten Endgeschwindigkeiten $\vec{v}_1$ und $\vec{v}_2$ herbeiführen.

Nach dem Wechselwirkungsgesetz gilt also für die mittleren konstanten Kräfte $\vec{F}_1$ und $\vec{F}_2$ in jedem Augenblick der Entspannungsdauer Δt:

1. $\vec{F}_1 = -\vec{F}_2$

2. $\vec{F}_1 = m\vec{a}_1, \vec{F}_2 = m\vec{a}_2$

3. $\vec{a}_1 = \dfrac{\Delta \vec{v}_1}{\Delta t}, \ \vec{a}_2 = \dfrac{\Delta \vec{v}_2}{\Delta t}$

In 1. zusammengefasst: $m_1 \vec{a}_1 = -m_2 \vec{a}_2; \mid \cdot \Delta t > 0,$

$$m_1 \Delta \vec{v}_1 = -m_2 \Delta \vec{v}_2,$$

$$m_1 \vec{v}_1 = -m_2 \vec{v}_2, \text{ wegen } v(t_0 = 0) = 0,$$

bzw. $\qquad\qquad m_1 \vec{v}_1 + m_2 \vec{v}_2 = \vec{0}.$

Betragsmäßig gilt: $\qquad m_1 v_1 + (-m_2 v_2) = 0$ bzw. $m_1 v_1 = m_2 v_2.$ $\qquad\qquad$ (*)

Für die Gleichungen $m_1 \vec{v}_1 + m_2 \vec{v}_2 = \vec{0}$ und $m_1 v_1 + (-m_2 v_2) = m_1 v_1 - m_2 v_2 = 0$ schreibt man: $\vec{p}_1 + \vec{p}_2 = \vec{0}$ und $p_1 + (-p_2) = p_1 - p_2 = 0$ bzw. $p_1 = p_2$. Das bedeutet: Wenn zwei Körper in einem abgeschlossenen System in Wechselwirkung treten, ändern sich ihre Impulse in entgegengesetzt gleicher Weise. Die Summe der Impulsänderungen ist stets null.

Sonderfall: $m_1 = m_2$; dann bewegen sich die Scheiben nach vollständiger Federentspannung mit gleichem Geschwindigkeitsbetrag gegensinnig parallel.

Man erkennt außerdem, dass der Gesamtimpulsvektor vor der Federentspannung und der Gesamtimpulsvektor nach der Entspannung gleich sind: $\vec{p}_{rsl} = \vec{p}_1 + \vec{p}_2 = \vec{0}$ und $\vec{p}_v = \vec{p}_n$ mit $p_v = p_n$. In einem abgeschlossenen System ändert sich der Gesamtimpuls nicht. Diese Aussage soll folgendes Beispiel weiter vertiefen.

Beispiel

Untersucht wird die Impulsänderung beim zentralen Stoß zweier Körper auf einer linearen Bahn (B 98).

Beim zentralen Stoß bewegen sich die Schwerpunkte S_1 und S_2 zweier realer Körper auf einer Geraden, die man zweckmäßig als Bezugsachse wählt. Die Körper kann man durch ihre Schwerpunkte in S_1 und S_2 ersetzen. Beide Körper gleiten reibungsfrei mit gleichem Durchlaufsinn.

Der Körper mit der Masse m_1 und der Geschwindigkeit v_1 stößt auf den Körper mit der Masse m_2 und der Geschwindigkeit v_2, $v_2 < v_1$. Beide ändern wegen der Konstanz der Massen ihre Geschwindigkeiten um Δv_1 bzw. um Δv_2, sodass sie nach dem Stoß die Geschwindigkeiten $v_1' = v_1 + \Delta v_1$ und $v_2' = v_2 + \Delta v_2$ haben. Dann beträgt der

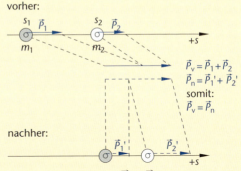

Bild 98: Impulserhaltung: $\vec{p}_v = \vec{p}_n$

– Gesamtimpuls vor dem Stoß: $\vec{p}_v = \vec{p}_1 + \vec{p}_2$ bzw. $p_v = p_1 + p_2 = m_1 v_1 + m_2 v_2$; da $\vec{p}_1 \uparrow\uparrow \vec{p}_2$.

– Gesamtimpuls nach dem Stoß: $\vec{p}_n = \vec{p}_1' + \vec{p}_2'$ bzw. $p_n = p_1' + p_2'$,

$$p_n = m_1 v_1' + m_2 v_2' = m_1(v_1 + \Delta v_1) + m_2(v_2 + \Delta v_2)$$

$$= m_1 v_1 + m_2 v_2 + (m_1 \Delta v_1 + m_2 \Delta v_2).$$

Für die Summe der Impulsänderungen in der Klammer gilt wegen (*): $m_1 \Delta v_1 + m_2 \Delta v_2 = 0$.

Dann bleibt: $p_n = m_1 v_1 + m_2 v_2 = p_v$ oder $p_v + (-p_n) = 0$.

Vektoriell gilt: $\vec{p}_v = \vec{p}_n$ oder $\vec{p}_v + (-\vec{p}_n) = \vec{0} = \vec{p}_{rsl}$. Der Gesamtimpuls vorher ist gleich dem Gesamtimpuls nachher. Es findet keine Impulsänderung statt. Diese Tatsache lässt sich auf Systeme mit mehr als zwei Körpern übertragen und damit zum allgemeinen Impulserhaltungssatz erweitern.

▶▶ Impulserhaltungssatz: In einem abgeschlossenen System ändert sich der Gesamtimpuls nicht: $\vec{p} = \vec{p}_1 + \vec{p}_2 + \vec{p}_3 + \ldots =$ konstant.

Anwendungsbezogen formuliert: Gesamtimpuls vorher = Gesamtimpuls nachher; $\vec{p}_v = \vec{p}_n$ mit $p_v = p_n$.

Bemerkung:

Der Impulserhaltungssatz ist in der Anwendung mit dem Energieerhaltungssatz vergleichbar. Unabhängig davon wie einfach oder kompliziert die Prozesse während der Stoßphase ablaufen, man braucht sie nicht zu untersuchen. Der Impulserhaltungssatz liefert immer eine Gleichung zwischen den Massen und Geschwindigkeiten der beteiligten Körper vor dem Stoß und diesen Größen nach dem Stoß. Nachfolgende Beispiele verdeutlichen die praktische Handhabung.

6.4 Zentraler unelastischer Stoß und zentraler elastischer Stoß

Stoßvorgänge sind Wechselwirkungen zwischen Körpern auf linearer Bahn und mathematisch darstellbar mithilfe der Erhaltungssätze für Energie und Impuls. Im Folgenden werden der zentrale unelastische und der zentrale elastische Stoß untersucht. Auf einer Luftkissenfahrbahn oder einem Luftkissentisch lassen sich die Ergebnisse durch Messung bestätigen. Die Gleichungen beziehen sich immer auf die Achse längs der Bahngeraden.

6.4.1 Zentraler unelastischer Stoß

Beim zentralen unelastischen Stoß verbinden sich die beteiligten Körper in der Kontaktphase zu einem Gesamtkörper und bewegen sich nach dem Stoß mit der gemeinsamen Geschwindigkeit $v_1' = v_2' = v'$ weiter (B 99).

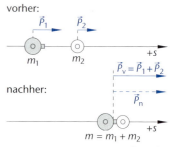

Zwei Körper mit den Massen m_1 und m_2 und den Geschwindigkeiten v_1 und v_2, $v_2 < v_1$, gleiten reibungsfrei nach rechts. Mit einem Klebeband oder Magnet an einem der Körper wird in der Kontaktphase eine Dauerkopplung erreicht. Beide bilden nach dem Stoß den Gesamtkörper mit der Masse $m = m_1 + m_2$ und der Geschwindigkeit v'. Man berechne v'.

Bild 99: Unelastischer Stoß: $\vec{p}_v = \vec{p}_n$

Gesamtimpuls vor dem Stoß: $\vec{p}_v = \vec{p}_1 + \vec{p}_2$ bzw. $p_v = p_1 + p_2 = m_1v_1 + m_2v_2$.

Gesamtimpuls nach dem Stoß: $\vec{p}_n$ bzw. $p_n = (m_1 + m_2)v'$.

Nach dem Impulserhaltungssatz gilt: $p_v = p_n$, $m_1v_1 + m_2v_2 = (m_1 + m_2)v'$, $v' = \dfrac{m_1v_1 + m_2v_2}{m_1 + m_2}$.

Kinetische Energie vor dem Stoß: $\quad E_{kv} = \dfrac{1}{2}m_1v_1^2 + \dfrac{1}{2}m_2v_2^2.$

Kinetische Energie nach dem Stoß: $\quad E_{kn} = \dfrac{1}{2}(m_1 + m_2)v'^2 = \dfrac{1}{2}(m_1 + m_2)\left(\dfrac{m_1v_1 + m_2v_2}{m_1 + m_2}\right)^2.$

Nach dem Energieerhaltungssatz gilt: $E_{kv} = E_{kn}$ bzw. $\dfrac{1}{2}m_1v_1^2 + \dfrac{1}{2}m_2v_2^2 = \dfrac{1}{2}(m_1 + m_2)v'^2.$

Die Differenz $E_{kv} - E_{kn}$ muss null ergeben. Das ist nicht der Fall, denn man erhält:

$$\Delta E = E_{kv} - E_{kn} = \frac{1}{2}m_1v_1^2 + \frac{1}{2}m_2v_2^2 - \frac{1}{2}(m_1 + m_2)\left(\frac{m_1v_1 + m_2v_2}{m_1 + m_2}\right)^2, \text{ und nach algebraischer}$$

Umformung: $\Delta E = \dfrac{1}{2}\dfrac{m_1m_2}{m_1 + m_2}(v_1 - v_2)^2 \neq 0.$

Die kinetische Energie der beteiligten Körper vor dem Stoß wandelt sich nicht vollständig in kinetische Energie des Gesamtkörpers nach dem Stoß um. In der Kontaktphase verformen sich die Körper dauerhaft und erwärmen sich. Der Energiebetrag $\Delta E \neq 0$ wird zu Verformungs- und Wärmeenergie. Er fehlt dem System nach dem Stoß und steht nicht mehr zur Verfügung. Autos sind so eingerichtet, dass bei einem Auffahrunfall möglichst viel Fahrzeugenergie in Verformungsenergie (und Wärme) übergeht, um die (angeschnallten) Insassen zu schützen.

1. **Sonderfall:** Die Stoßpartner haben gleiche Masse: $m_1 = m_2$. Dann beträgt die gemeinsame Geschwindigkeit nach dem Stoß: $v' = \dfrac{m_1 v_1 + m_2 v_2}{m_1 + m_2} = \dfrac{m_1 v_1 + m_1 v_2}{m_1 + m_1} = \dfrac{m_1(v_1 + v_2)}{2m_1}$ $= \dfrac{1}{2}(v_1 + v_2)$.

2. **Sonderfall:** Bewegen sich beide Körper gleicher Masse mit gleichem Geschwindigkeitsbetrag aufeinander zu, dann gilt $v_2 = -v_1$. Die gemeinsame Geschwindigkeit nach dem Stoß beträgt: $v' = \dfrac{1}{2}(v_1 + (-v_1)) = 0$. Der Gesamtkörper mit $(m_1 + m_2)$ bleibt mehr oder weniger deformiert stehen.

Insgesamt ist festzuhalten:
▸ **Der zentrale unelastische Stoß genügt dem Impulserhaltungssatz, nicht aber dem Energieerhaltungssatz der Mechanik.**

Beispiel

Die Geschwindigkeit von Geschossen ermittelte man früher mithilfe eines ballistischen Pendels. Es besteht aus einem Holzblock an zwei Seilen (B 100). Ein Geschoss mit der Masse m_1 dringt in den Block mit der Masse m_2 ein und wird rasch gestoppt. Nach dem Aufprall schwingt das System aus Geschoss und Block bis zur Höhe h über der Nulllage. Man berechne allgemein die Geschwindigkeit v des Geschosses unmittelbar vor dem Aufprall. Dann bestimme man v mit den Messwerten $m_1 = 15$ g (Pistolenkugel), $m_2 = 9{,}0$ kg, $h = 7{,}5$ cm. Heute erfolgt diese Geschwindigkeitsmessung übrigens elektronisch.

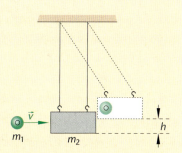
Bild 100: Ballistisches Pendel

Lösung:
Die Gewichtskraft des Holzblocks wird von der Aufhängung kompensiert. Andere Kräfte fehlen. Das System aus Block und Kugel ist abgeschlossen. Vor dem Stoß besitzt das Geschoss die unbekannte Geschwindigkeit v und damit den Impuls $p_v = m_1 v$; der Block hat keine Geschwindigkeit und keinen Impuls. Das Geschoss dringt unelastisch in das Holz ein. Beide Körper verformen sich unter Erwärmung. Das System aus Geschoss und Block mit der Gesamtmasse $m = m_1 + m_2$ und der gemeinsamen Geschwindigkeit v' nach dem unelastischen Stoß hat den Impuls $p_n = mv'$ und die kinetische Energie $E_k = \dfrac{1}{2}mv'^2$. Es schwingt nach oben. Dabei wandelt sich die kinetische Anfangsenergie vollständig in die potenzielle Energie $E_p = mgh$ um. Rechnerisch gilt:

1. $p_v = p_n$
2. $p_v = m_1 v, \ p_n = mv'$
3. $m = m_1 + m_2$
4. $E_k = E_p$

5. $E_k = \dfrac{1}{2}mv'^2; \; E_p = mgh$

Zusammengefasst: $m_1 v = (m_1 + m_2)v', \; v' = \dfrac{m_1}{m_1 + m_2}v,$

$$\frac{1}{2}(m_1 + m_2)\left(\frac{m_1}{m_1 + m_2}v\right)^2 = (m_1 + m_2)gh,$$

$$\frac{m_1}{m_1 + m_2}v = \sqrt{2gh}, \; v = \frac{m_1 + m_2}{m_1}\sqrt{2gh}.$$

Mit Messwerten: $v = \dfrac{15 \cdot 10^{-3} \text{ kg} + 9{,}0 \text{ kg}}{15 \cdot 10^{-3} \text{ kg}}\sqrt{2 \cdot 9{,}81 \text{ ms}^{-2} \cdot 0{,}075 \text{ m}}, \; v = 730 \text{ ms}^{-1}.$

Die Auftreffgeschwindigkeit beträgt $v = 730 \text{ ms}^{-1}$

6.4.2 Zentraler elastischer Stoß

Im Gegensatz zum zentralen unelastischen Stoß geht bei dem nun folgenden zentralen elastischen Stoß keine Energie durch Umwandlung in andere Energieformen verloren. Beim zentralen elastischen Stoß gelten der Energieerhaltungssatz und der Impulserhaltungssatz.

Zwei Gleiter mit den Massen m_1 und m_2 und den Geschwindigkeiten v_1 und v_2 bewegen sich reibungsfrei längs einer Luftkissenbahn nach rechts (B 101). An einem Gleiter ist eine elastische Schraubenfeder befestigt. Während der Kontaktphase wird sie gestaucht. Danach nimmt sie ihre alte Form wieder an. Sie ermöglicht den elastischen Stoß.

Nach dem Stoß bewegen sich die Gleiter unabhängig voneinander mit ihren bisherigen oder neuen Geschwindigkeitsbeträgen weiter. Die Einzelimpulse können sich ändern. Zu berechnen sind die Geschwindigkeiten v_1' und v_2' der Gleiter nach dem Stoß.

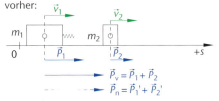
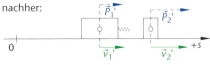

Bild 101

Gesamtimpuls vor dem Stoß: $\quad p_v = p_1 + p_2 = m_1 v_1 + m_2 v_2.$
Gesamtimpuls nach dem Stoß: $\quad p_n = m_1 v_1' + m_2 v_2'.$
Nach dem Impulserhaltungssatz gilt: $\quad p_v = p_n, \; m_1 v_1 + m_2 v_2 = m_1 v_1' + m_2 v_2'.$

Kinetische Energie vor dem Stoß: $\quad E_{kv} = \dfrac{1}{2}m_1 v_1^2 + \dfrac{1}{2}m_2 v_2^2.$

Kinetische Energie nach dem Stoß: $\quad E_{kn} = \dfrac{1}{2}m_1 v_1'^2 + \dfrac{1}{2}m_2 v_2'^2.$

Nach dem Energieerhaltungssatz gilt: $\quad E_{kv} = E_{kn}$ bzw. $\dfrac{1}{2}m_1 v_1^2 + \dfrac{1}{2}m_2 v_2^2 = \dfrac{1}{2}m_1 v_1'^2 + \dfrac{1}{2}m_2 v_2'^2.$

Man erhält zwei Gleichungen zur rechnerischen Ermittlung von v_1' und v_2'. Das Gleichungssystem

$$\text{I: } m_1 v_1 + m_2 v_2 = m_1 v_1' + m_2 v_2'$$

$$\text{II: } \frac{1}{2}m_1 v_1^2 + \frac{1}{2}m_2 v_2^2 = \frac{1}{2}m_1 v_1'^2 + \frac{1}{2}m_2 v_2'^2 \; | \cdot 2$$

löst man mithilfe der üblichen Verfahren oder etwas einfacher auf folgende Weise:
Man formt beide Gleichungen zunächst um in

I: $m_1(v_1 - v_1') = m_2(v_2' - v_2)$

II: $m_1(v_1^2 - v_1'^2) = m_2(v_2'^2 - v_2^2)$; beide Seiten enthalten einen Term der Form $a^2 - b^2 = (a + b)(a - b)$. Der Term $a - b$ befindet sich auch auf beiden Seiten von I. Daher dividiert man beide Seiten von II durch die Terme auf beiden Seiten von I, wobei $v_1 \neq v_1'$, $v_2' \neq v_2$ vorausgesetzt wird. Es entsteht die neue Gleichung:

II: $v_1 + v_1' = v_2' + v_2$; $v_2' = v_1 + v_1' - v_2$; in I einsetzten und nach v_1' auflösen.

Man erhält $v_1' = \dfrac{m_1 v_1 + m_2(2v_2 - v_1)}{m_1 + m_2}$ und nach weiterer Auflösung: $v_2' = \dfrac{m_2 v_2 + m_1(2v_1 - v_2)}{m_1 + m_2}$.

Damit sind die Geschwindigkeiten v_1' und v_2' der beiden Partner nach dem elastischen Stoß allgemein bestimmt.

Auch hier sind einige Sonderfälle bemerkenswert.

1. **Sonderfall:** Die Massen der Stoßpartner sind gleich: $m_1 = m_2$. Dann ergeben sich aus den allgemeinen Ergebnissen von oben sofort die Endgeschwindigkeiten mit

$$v_1' = \frac{m_1 v_1 + m_1(2v_2 - v_1)}{m_1 + m_1} = \frac{m_1 v_1 + 2m_1 v_2 - m_1 v_1}{2m_1} = v_2 \text{ und } v_2' = v_1.$$ Die Körper tauschen ihre Geschwindigkeiten aus, die gleichen Massen sind ohne Bedeutung.

2. **Sonderfall:** Die Masse eines Stoßpartners ist massiv größer als die Masse des anderen. Beispiel: Ein Fußball mit der Masse m_1 wird senkrecht auf eine Mauer mit der Masse m_2, $m_2 \gg m_1$, gespielt. Diesen Fall erfasst man mathematisch durch die Bedingung $m_2 \to \infty$ bezogen auf m_1. Man klammert in der allgemeinen Formel für v_1' im Zähler und Nenner den Faktor m_2 aus:

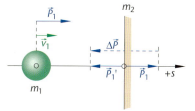

Bild 102: Impulsänderung, falls $m_2 \to \infty$

$v_1' = \dfrac{\dfrac{m_1}{m_2}v_1 + (2v_2 - v_1)}{\dfrac{m_1}{m_2} + 1}$. Mit $m_2 \to \infty$ erhält man $\dfrac{m_1}{m_2} \to 0$ und daraus den Grenzwert

$\lim\limits_{m_2 \to \infty}(v_1') = 2v_2 - v_1$ und entsprechend $\lim\limits_{m_2 \to \infty}(v_2') = v_2$.

Befindet sich wie im Beispiel die Mauer in Ruhe, $v_2 = 0$, so lautet das Ergebnis: $v_1' = -v_1$ und $v_2' = 0$. Der Ball wird mit entgegengesetzter Geschwindigkeit zurückgeworfen. B 102 zeigt die Impulsänderung $\Delta \vec{p}$ in dieser Phase. Es gilt:

$\vec{p}_1 + \Delta \vec{p} = \vec{p}_1'$, $\Delta \vec{p} = \vec{p}_1' - \vec{p}_1$ bzw. $\Delta p = p_1' - p_1 = m(-v_1) - mv_1 = -2mv_1$.
Die Impulsänderung $\Delta p = -2mv_1$ ist betragsmäßig doppelt so groß wie der Impuls des Balls vor oder nach dem Stoß.

Bemerkungen:

- Der zentrale Stoß findet im Alltag eher selten Anwendung. Sogar beim Billard oder Fußballspiel schneidet man die Kugel bzw. den Ball oft seitlich an. Derartige Stöße sind nicht zentral, aber weitgehend elastisch (B 103). Vor dem nicht zentralen Stoß habe die weiße Kugel den Impuls $\vec{p}_1 = m\vec{v}_1$, $v_1 > 0$, die schwarze den Impuls $\vec{p}_2 = m\vec{v}_2 = \vec{0}$. Nach dem elastischen Stoß gleiten die Kugeln mit den Geschwindigkeiten $\vec{v}_1{}'$ und $\vec{v}_2{}'$. Ihre Eigenrotation bleibt unberücksichtigt. Sie besitzen die neuen Impulse $\vec{p}_1{}' = m\vec{v}_1{}'$ und $\vec{p}_2{}' = m\vec{v}_2{}'$. Der Impulserhaltungssatz besagt: $\vec{p}_1 = \vec{p}_1{}' + \vec{p}_2{}'$.

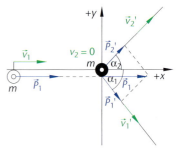

Bild 103: Elastischer, nicht zentraler Stoß zwischen zwei Körpern

$\vec{p}_1$ ist die Diagonale im Impulsparallelogramm. Für die meist umfangreichen Rechnungen benötigt man Winkel, die sich beispielsweise auf die x-Achse eines zweidimensionalen Bezugssystems beziehen. Eine wichtige Anwendung findet man in Kapitel 15.6.4.

- Reale Stöße liegen im Bereich zwischen dem unelastischen und dem elastischen Stoß. Durch Abschätzung des Problems, Eingrenzung und experimentelle Verfahren versucht man, diese Stöße in den Griff zu bekommen.

Beispiele

1. Ein hochelastischer Silikonball prallt nach freiem Fall auf den Boden. Danach legt man ihn auf den obersten Punkt eines großen Gymnastikballs (B 104). In dieser Formation fallen beide gemeinsam zu Boden. Alle Vorgänge laufen reibungsfrei ab.
   a) Man erläutere die Impulssituation beim Aufprall des S-Balls auf den Boden.
   b) Man erkläre, bei welcher der beiden Ausgangsbedingungen der Silikonball nach dem Aufprall höher steigt.

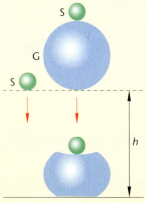

Bild 104

Lösung:
   a) Der leichte S-Ball fällt senkrecht nach unten auf den ruhenden Boden mit riesiger Masse. Beträgt die Auftreffgeschwindigkeit v, so wird er mit der Geschwindigkeit $-v$ nach oben geworfen. Die Impulsänderung beträgt, wie oben gezeigt, $\Delta p = -2mv$.
   b) Der Silikonball allein erreicht die Ausgangshöhe h, da am Boden die Anfangsgeschwindigkeit aufwärts und die Auftreffgeschwindigkeit abwärts betragsgleich sind. Außerdem sind gute Silikonbälle nahezu ideal elastisch.
   Anders ist die Situation beim Gymnastikball mit „Kopf". Beim Aufprall des G-Balls erfahren S- und G-Ball durch den Boden gemeinsam einen Impuls nach oben. Durch die Wechselwirkung zwischen G- und S-Ball erhält S durch G einen weiteren Impuls nach oben. Er steigt daher deutlich höher als beim Aufprall allein. Dafür springt G nicht so hoch wie im „kopflosen" Fall.

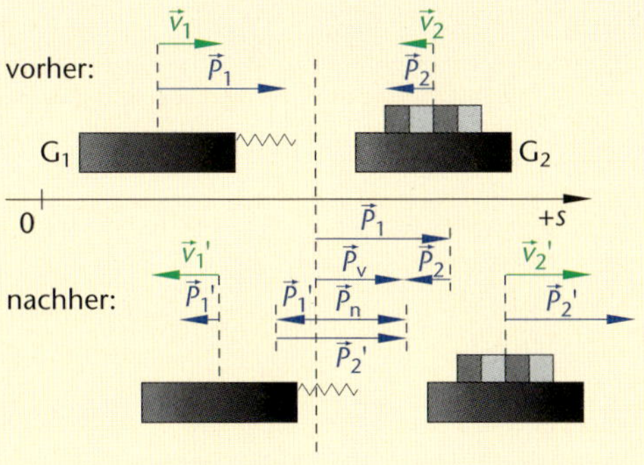

Bild 105: Zentraler elastischer Stoß: $\vec{p}_v = \vec{p}_n$; $E_{kv} = E_{kn}$

2. Wie oben gezeigt wurde, ist die allgemeine Rechnung zur Bestimmung der Geschwindigkeiten v_1' und v_2' der beiden Partner nach dem elastischen Stoß umfangreich. Deshalb vereinfacht man Aufgaben dadurch, dass man die Geschwindigkeiten oft als Vielfache einer Grundgeschwindigkeit v_0 angibt (B 105). In gleicher Weise verfährt man mit der Masse.

In B 105 bewegen sich zwei Gleiter G_1 und G_2 im gewählten Bezugssystem reibungsfrei aufeinander zu. G_1 mit der Masse $m_1 = m_0$ und der Geschwindigkeit $v_1 = 2{,}5v_0$ stößt elastisch auf G_2 mit $m_2 = 5m_0$ und $v_2 = -v_0$.

a) Man berechne allgemein die Geschwindigkeiten v_1' und v_2' der Gleiter nach dem Stoß.

b) Man verwende die Basiswerte $m_0 = 2{,}50$ kg und $v_0 = 1{,}00$ ms^{-1} und bestimme mit a) v_1' und v_2'.

c) Man überprüfe durch Rechnung die Gültigkeit der Energieerhaltung.

Lösung:

a) Das System kann als abgeschlossen gelten, da die Gewichtskraft der Gleiter vom Auflageboden kompensiert wird. Der Stoß ist elastisch. Man darf den Impuls- und Energieerhaltungssatz ansetzen.

I: $m_1v_1 + m_2v_2 = m_1v_1' + m_2v_2'$
II: $0{,}5m_1v_1^2 + 0{,}5m_2v_2^2 = 0{,}5m_1v_1'^2 + 0{,}5m_2v_2'^2$ oder

I: $m_0 \cdot 2{,}5v_0 + 5m_0 \cdot (-v_0) = m_0v_1' + 5m_0v_2'$, $\quad 2{,}5m_0v_0 - 5m_0v_0 = m_0v_1' + 5m_0v_2'$,
    $m_0v_1' + 5m_0v_2' = -2{,}5m_0v_0$ $\hspace{3cm}$ I: $m_0 \neq 0$

II: $0{,}5m_0(2{,}5v_0)^2 + 0{,}5 \cdot 5m_0(-v_0)^2 = 0{,}5m_0v_1'^2 + 0{,}5 \cdot 5m_0v_2'^2$,
    $3{,}125m_0v_0^2 + 2{,}5m_0v_0^2 = 0{,}5m_0v_1'^2 + 2{,}5m_0v_2'^2$, $\quad 5{,}625v_0^2 = 0{,}5v_1'^2 + 2{,}5v_2'^2$

Einsetzverfahren: I: $v_1' + 5v_2' = -2{,}5v_0$; $\quad v_1' = -5v_2' - 2{,}5v_0$, $\hspace{1cm}$ I in II

$\hspace{2.5cm}$ II: $5{,}625v_0^2 = 0{,}5(-5v_2' - 2{,}5v_0)^2 + 2{,}5v_2'^2$

Algebraische Umformung und Vereinfachung von II: $6v_2'^2 + 5v_0v_2' - v_0^2 = 0$.
Anwendung der Lösungsformel für quadratische Gleichungen ergibt als erste Lösung:

$v_2' = \dfrac{1}{6}v_0$; die zweite Lösung ist unbrauchbar. Mit I folgt: $v_1' = -\dfrac{10}{3}v_0$.

G_1 bewegt sich mit $v_1' = -\dfrac{10}{3}v_0$ nach links, G_2 mit $v_2' = \dfrac{1}{6}v_0$ nach rechts.

Die Aufgabe ist auch mithilfe der oben hergeleiteten Formeln direkt lösbar.

b) $v_1' = -3{,}3 \text{ ms}^{-1}$, $v_2' = +0{,}17 \text{ ms}^{-1}$.

c) Zur Überprüfung reicht die Berechnung der kinetischen Energien vor und nach dem elastischen Stoß aus.

$E_{kv} = 0{,}5 m_1 v_1^2 + 0{,}5 m_2 v_2^2$, $E_{kv} = 0{,}5 \cdot 2{,}50 \text{ kg} \cdot (2{,}50 \text{ ms}^{-1})^2 + 0{,}5 \cdot 12{,}5 \text{ kg} \cdot (-1{,}00 \text{ ms}^{-1})^2$,

$E_{kv} = 14{,}1 \text{ J}$.

$E_{kn} = 0{,}5 m_1 v_1'^2 + 0{,}5 m_2 v_2'^2$, $E_{kv} = 0{,}5 \cdot 2{,}50 \text{ kg} \cdot (-3{,}33 \text{ ms}^{-1})^2 + 0{,}5 \cdot 12{,}5 \text{ kg} \cdot (0{,}167 \text{ ms}^{-1})^2$,

$E_{kn} = 14{,}0 \text{ J}$.

Die Ergebnisse stimmen im Rahmen der Messgenauigkeit überein und sind mit der Energieerhaltung gut verträglich.

Übung: Man verwende in B 105 zum Beispiel $v_1 = v_0$, $v_2 = -0{,}5 v_0$ mit v_0 als Grundgeschwindigkeit. Für die Masse wähle man zum Beispiel $m_1 = 3 m_0$, $m_2 = 2 m_0$ mit m_0 als Basis- oder Vergleichsmasse. Die allgemeine Rechnung oder Rechnung mit den Formeln von oben bestätigt, dass die Geschwindigkeiten nach dem Stoß $v_1' = -0{,}2 v_0$ und $v_2' = +1{,}3 v_0$ betragen.

Aufgaben

1. Auf der waagrechten reibungsfreien Eisfläche eines Sees trifft ein Eisstock ($m_1 = 2{,}0$ kg) mit der Geschwindigkeit $v_1 = 3{,}0 \text{ ms}^{-1}$ zentral und elastisch auf einen ruhenden Eisstock der Masse m_2. Nach dem Stoß hat der erste Eisstock die Geschwindigkeit $v_1' = -0{,}5 v_1$.
   a) Berechnen Sie die Masse m_2 und ihre Geschwindigkeit v_2 nach dem Stoß.
   b) Geben Sie den Inhalt des Impulserhaltungssatzes verbal an.

2. Zwei Güterwagen A und B mit der Gesamtmasse $m = 96$ Tonnen fahren in gleicher Richtung mit den Geschwindigkeiten $v_A = 7{,}0 \text{ kmh}^{-1}$ und $v_B = 15 \text{ kmh}^{-1}$. B holt A ein. Beide stoßen zusammen und fahren eine kurze Wegstrecke mit der gemeinsamen Geschwindigkeit $v' = 8{,}3 \text{ kmh}^{-1}$ weiter. Reibung bleibt unberücksichtigt.
   a) Berechnen Sie die Einzelmassen von A und B.
   b) Ermitteln Sie die Bewegungsenergien von A und B vor und nach dem Stoß und interpretieren Sie das Ergebnis.

3. Eine Seilwinde zieht einen Körper der Masse $m = 80{,}0$ kg mit der konstanten Kraft $F = 65{,}0$ N längs einer horizontalen Bahn aus der Ruhelage heraus.
   a) Berechnen Sie die Endgeschwindigkeit v, die bei reibungsfreier Bewegung nach der Zeitdauer $\Delta t = 25{,}0$ s erreicht wird.
   Danach gleitet der Körper mit der Geschwindigkeit v antriebslos weiter. Er gelangt auf einen rauen Bahnbelag und kommt nach $\Delta t^* = 15{,}0$ s zum Stillstand.
   b) Berechnen Sie den Anfangsimpuls p_a des Gleiters und den Reibungskoeffizienten μ.
   c) Erstellen Sie für den Bremsvorgang das t-v-Diagramm.
   d) Stellen Sie den Impuls p in dieser Bewegungsphase in Abhängigkeit vom Weg s zuerst rechnerisch, dann grafisch dar.
   e) Erklären Sie den Verbleib der kinetischen Anfangsenergie am Bewegungsende.

4. Ein Leichttransporter der Masse $m = 2650$ kg wird von der konstanten Kraft $F_1 = 650$ N während der Zeitdauer $\Delta t = 20{,}0$ s beschleunigt und danach wegen eines Hindernisses durch die Bremskraft $F_2 = 950$ N in der Zeitdauer $\Delta t = 6{,}5$ s verzögert.
   a) Stellen Sie die Kraft F in Abhängigkeit von der Zeit t grafisch dar und kennzeichnen Sie den Kraftstoß für die gesamte Bewegungsdauer.
   b) Berechnen Sie für die Zeitpunkte 10,0 s, 20,0 s, 23,0 s, 35,0 s den Impuls des Transporters.
   c) Der Transporter fährt anschließend mit der Geschwindigkeit $v = 15{,}5 \text{ ms}^{-1}$ weiter. Weil die Straße frei ist, vergrößert der Fahrer den Impuls des Wagens um 7100 kgms^{-1}. Bestimmen Sie rechnerisch die Endgeschwindigkeit v_f.

5. Die Kugel K_1 $(m_1 = 0,0600$ kg$)$ in B 105.1 stößt zentral und elastisch auf die ruhende Kugel K_2 $(m_2 = 0,120$ kg$)$, die an einem masselosen Faden der Länge $l = 1,25$ m hängt. K_2 wird durch den Stoß um $60°$ reibungsfrei aus der Ruheposition ausgelenkt.

a) Ermitteln Sie die Geschwindigkeit u_2 von K_2 unmittelbar nach dem Zusammenstoß mit K_1.

b) Berechnen Sie die Geschwindigkeiten von K_1 vor und nach dem Stoß.

c) Bestimmen Sie den Energiebetrag ΔE, den K_1 an K_2 abgibt.

d) In einem Zusatzversuch wird die Masse m_1 der stoßenden Kugel K_1 verändert. Geben Sie an, welcher Energiebetrag ΔE^* im Fall $m_1 = m_2$ oder ΔE^{**} im Fall $m_1 \ll m_2$ von K_1 auf K_2 übergeht, und begründen Sie die Antwort.

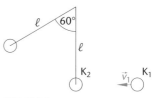

Bild 105.1

Es gibt Bewegungen, die sich ständig in gleicher Weise wiederholen. Man bezeichnet sie als Schwingungen oder Oszillationen. Die Saiten einer Geige schwingen, ebenso Quarzkristalle in Armbanduhren. Stimmbänder erzeugen Schwingungen, die das schwingende Trommelfell im Ohr wahrnimmt. Schwingende Luftmoleküle übertragen Geräusche, schwingende Atome in Festkörpern vermitteln das Gefühl von Temperatur. Schwingende Elektronen in Radio und Fernsehgeräten ermöglichen die Übertragung von Informationen.

Das folgende Kapitel behandelt Schwingungen. Zunächst werden einfache periodisch ablaufende Vorgänge in der Natur und Technik vorgestellt und elementare Grundbegriffe eingeführt. Es folgt die Theorie der harmonischen Schwingung mit Anwendung auf ausgewählte Systeme. Diese erweisen sich als Energiewandler. Aufbauend auf dem Energiebegriff wird die periodische Umwandlung von Energie untersucht. Schließlich wird das Verhalten schwingender Systeme bei einmaliger oder periodischer Anregung betrachtet und insbesondere das Phänomen der Resonanz beschrieben.

Sehr anschaulich sind mechanische Schwingungen. Daher verwendet man sie zur Demonstration und zur physikalisch-mathematischen Beschreibung der Abläufe. Alle Ergebnisse haben allgemeinen Charakter und sind auf nicht mechanische Schwingungen übertragbar.

In der Realität klingen (mechanische) Schwingungen mehr oder weniger schnell aus, sie sind gedämpft. Durch Reibungskräfte wird mechanische Energie in Wärmeenergie umgewandelt. Im Idealfall fehlt Reibung. Nur dieser Fall wird zunächst behandelt.

7.1   Periodische Bewegungsvorgänge

Man bezeichnet einen Vorgang in der Natur als **periodisch**, wenn er sich in regelmäßigen zeitlichen Abständen in völlig gleicher Weise wiederholt. Die Kreisbewegung mit konstanter Winkelgeschwindigkeit ω gehört dazu. Man findet derartige Erscheinungen in unterschiedlichen Bereichen.

Beispiele

- Astronomie: Die Umlaufzeit der Erde und der Planeten um die Sonne ist periodisch. Der halleysche Komet durcheilt das Sonnensystem und erreicht alle 76 Jahre die kleinste Entfernung zur Erde. Bei veränderlichen Sternen wiederholt sich regelmäßig die gleiche Helligkeit.

- Physik: Auf der Pendelbewegung von Standuhren beruht eine genaue Zeitmessung. Die Jahreszeiten der Erde wiederholen sich in regelmäßigen Zeitabständen. Radio- und Fernsehübertragungen sind ohne elektromagnetische Schwingungen nicht denkbar.

- Chemie: Es gibt chemische Reaktionen, die in periodischem Wechsel zu- und abnehmen. Sie heißen oszillierende Reaktionen.

- Technik: Rotationen von Zahnrädern findet man in den meisten Maschinen und Getrieben. Stoßdämpfer, Brücken und Bauteile bewegen sich unter bestimmten Bedingungen periodisch.

- Periodische Abläufe findet man darüber hinaus in der Biologie oder in der Musik.

B 106 zeigt einige einfache periodische mechanische Vorgänge. Sie gestatten Abläufe elementar darzustellen. Man wählt, wie für Bewegungen erprobt, günstige Bezugssysteme. Der Bezugspunkt fällt meist mit der stabilen Ruhelage des Systems zusammen. Gewöhnlich reicht eine Bezugsachse in Anlehnung an den beobachteten oft linearen Bahnverlauf. Systeme, die sich zu periodischen Bewegungen anregen lassen, heißen auch **Oszillatoren**; B 106 zeigt einige:

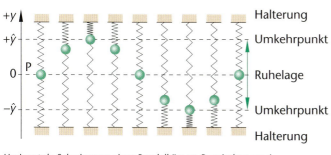

Horizontale Schwingung eines Pendelkörpers P zwischen zwei elastischen Federn auf einem Laborwagen

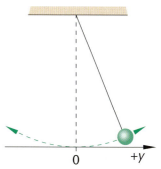

Fadenpendel

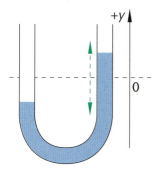

Schwingende Flüssigkeit im U-Rohr

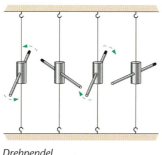

Drehpendel

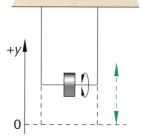

Maxwellsches Rad als Beispiel einer Kipp-Schwingung, also einer einseitigen periodischen Bewegung, wie z. B. beim Oszilloskop

Bild 106: Periodische mechanische Vorgänge

B 107 zeigt die periodische Bewegung eines weiteren mechanischen Oszillators in Abhängigkeit von der Zeit $t \geq 0$. Er besteht aus einer elastischen vertikal hängenden Feder und dem Pendelkörper P mit der Masse m. Vorausgesetzt wird, dass diese Masse gegenüber der Federmasse sehr groß ist.

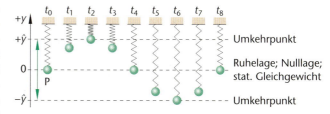

Bild 107: Periodische Schwingung des Feder-Schwere-Pendels

Oder anders gesagt: Die Gesamtmasse des Systems ist weitgehend im Pendelkörper vereinigt. Unter dieser idealisierenden Einschränkung heißt das System aus Feder und Pendelkörper Feder-Schwere-Pendel oder Federpendel. Es eignet sich gut für theoretische Herleitungen.

Anfangssituation (B 108):
Eine elastische Schraubenfeder wird unter der Wirkung der Gewichtskraft $\vec{F}_G$ des angehängten punktförmigen Pendelkörpers P solange gedehnt, bis sich das statische Gleichgewicht aus der Gewichtskraft $\vec{F}_G$ von m abwärts und der Federkraft $\vec{F}_F$ aufwärts einstellt. Es gilt dann: $\vec{F}_F = -\vec{F}_G$ bzw. $\vec{F}_F + \vec{F}_G = \vec{0}$. In dieser Lage ruht P und fixiert den Bezugspunkt des erforderlichen Bezugssystems. Anschließend stößt man den Pendelkörper ruckartig senkrecht nach oben oder zieht ihn ruckartig senkrecht abwärts. Sofort vollzieht das Federpendel eine lineare Bewegung senkrecht zur Erdoberfläche, die sich in gleichen Zeitabständen in völlig gleicher Weise wiederholt (B 107). Der Bahnverlauf von P legt die einzige Bezugsachse fest. Sie wird meist als y-Achse bezeichnet. Natürlich sind auch andere Bezugssysteme verwendbar, aber nicht so günstig.

Beschrieben wird nun der Schwingungsablauf in zeitlicher Abhängigkeit:

- $t_0 = 0$ (B 107; 108): Die Anfangskoordinate des Pendelkörpers P im frei gewählten Bezugssystem lautet: $y(t_0 = 0) = y_0 = 0$. Eine einmalig wirkende Kraft $\vec{F}$ von außen längs eines kurzen Weges $\Delta \vec{s}$ stößt den Oszillator ruckartig aus seinem stabilen Gleichgewicht und erteilt ihm die maximale Anfangsgeschwindigkeit $v(t_0 = 0) = v_0 = +\hat{v}$ gleichsinnig parallel zur y-Achse. Am Pendelkörper wird Arbeit verrichtet, die er als

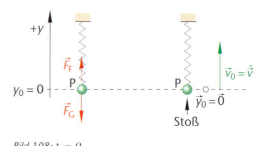

Bild 108: $t_0 = 0$

Anregungsenergie in Form von kinetischer Energie aufnimmt. Sie ist maximal: $\hat{E}_{kin} = \dfrac{1}{2}m\hat{v}^2$. Die zeitabhängige Koordinate y des Pendelkörpers heißt **Elongation** oder **momentane Auslenkung**. Elongationsvektor $\vec{y}_0 = \vec{0}$ und Geschwindigkeitsvektor $\vec{v}_0 = \vec{\hat{v}}$ erfassen den Bewegungszustand des Oszillators im Zeitpunkt $t_0 = 0$. Nach der Anregung unterbleiben weitere Krafteinwirkungen von außen. Reibung fehlt.

- $0 < t_1 < \dfrac{1}{4}T$ (B 109): Der Pendelkörper P bewegt sich gleichsinnig parallel zur y-Achse und erreicht eine neue Lage, die an der Elongation $y_1(t_1)$ erkennbar ist. Er gewinnt gegenüber der Nulllage potenzielle Energie. Gleichzeitig wird P sichtbar langsamer, es gilt $v_1(t_1) < +\hat{v}$. Seine kinetische Energie nimmt ab. Kinetische wird in potenzielle Energie umgewandelt. Ursache der Verlangsamung ist nach dem Trägheitsprinzip eine verzögernde Kraft. Sie muss während der Aufwärtsbewegung von P perma-

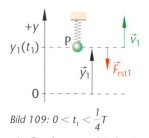

Bild 109: $0 < t_1 < \dfrac{1}{4}T$

nent zur Nulllage hindeuten, um den Körper zu bremsen. Außerdem verläuft sie gegensinnig parallel zum Elongationsvektor $\vec{y}_1$. Diese neue, zeitabhängige Kraft heißt **Rückstellkraft** $\vec{F}_{rst}$ oder rücktreibende Kraft. In dieser Bewegungsphase gilt vektoriell: $\vec{F}_{rst1} \uparrow\downarrow \vec{y}_1$ und $\vec{y}_1 \uparrow\uparrow \vec{v}_1$.

Das bedeutet anschaulich: Im Zeitpunkt t_1 (und in allen folgenden Bewegungsphasen außer in $t_4 = \dfrac{1}{2}T$, $t_8 = T$) ist die Rückstellkraft $\vec{F}_{rst}$ stets vorhanden und bestrebt, die Feder in den entspannten Zustand zurückzuführen.

- $t_2 = \frac{1}{4}T$ (B 110): Im oberen Umkehrpunkt der linearen Bahn kommt der Pendelkörper für einen Moment zur Ruhe: $v_2\left(t_2 = \frac{T}{4}\right) = 0$. Seine kinetische Energie ist null. Gleichzeitig hat er seine größte Entfernung zur Nulllage eingenommen. Die zugehörige Elongation $y_2\left(t_2 = \frac{1}{4}T\right) = \hat{y}$ heißt **Amplitude** oder **Scheitelwert**. Wegen $y_2(t_2) = \hat{y}$ ist die potenzielle Energie im oberen Umkehrpunkt am größten. Wiederum gilt: $\vec{F}_{rst2} \uparrow\downarrow \vec{y}_2$.

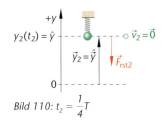

Bild 110: $t_2 = \frac{1}{4}T$

- $\frac{1}{4}T < t_3 < \frac{1}{2}T$ (B 111): Die Rückstellkraft weist in dieser Bewegungsphase weiter zur Nulllage hin: $\vec{F}_{rst3} \uparrow\downarrow \vec{y}_3$ und $\vec{y}_3 \uparrow\downarrow \vec{v}_3$. Sie zwingt den Pendelkörper zur Gleichgewichtslage zurück, während gleichzeitig seine Geschwindigkeit $v_3(t_3)$ wieder zunimmt.

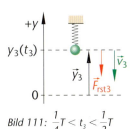

Bild 111: $\frac{1}{4}T < t_3 < \frac{1}{2}T$

- $t_4 = \frac{1}{2}T$ (B 112): Die Nulllage wird im Zeitpunkt $t_4 = \frac{1}{2}T$ eingenommen, die Geschwindigkeit $v_4(t_4)$ erreicht erneut den maximalen Betrag. Wegen $\vec{y}_4\left(t_4 = \frac{1}{2}T\right) = \vec{0}$, aber $\vec{v}_4\left(t_4 = \frac{1}{2}T\right) = -\vec{v}$ mit $v_4 = -v_0 = -\hat{v}$ ist der Bewegungszustand von P von dem im Zeitpunkt $t_0 = 0$ verschieden. Die kinetische Energie ist maximal, die potenzielle Energie null. Im Zeitpunkt $t_4 = \frac{1}{2}T$ bleibt P trotz $\vec{F}_{rst} = \vec{0}$ nicht abrupt stehen. Infolge der Trägheit der Masse m des Pendelkörpers durchläuft P diese Position und bewegt sich in negativer y-Richtung zum unteren Umkehrpunkt. Die Trägheit von m ist die Ursache für die Aufrechterhaltung der Bewegung.

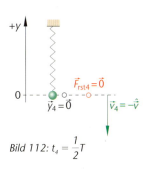

Bild 112: $t_4 = \frac{1}{2}T$

- $\frac{1}{2}T < t_5 < \frac{3}{4}T$ (B 113): Abhängig von der Zeit t_5 entsteht die momentane Auslenkung $y_5(t_5)$, die Geschwindigkeit $v_5(t_5)$ verringert sich. Ursache ist die verzögernde Rückstellkraft, die erneut zum Bezugspunkt zeigt und für die gilt: $\vec{F}_{rst5} \uparrow\downarrow \vec{y}_5$. Weiterhin ist $\vec{y}_5 \uparrow\uparrow \vec{v}_5$. Die kinetische Energie wandelt sich in potenzielle Energie um.

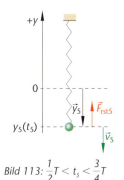

Bild 113: $\frac{1}{2}T < t_5 < \frac{3}{4}T$

- $t_6 = \frac{3}{4}T$ (B 114): Im unteren Umkehrpunkt mit $\vec{v}_6 = \vec{0}$ ist $\vec{y}_6 = -\hat{y}$. Der Pendelkörper erreicht die kleinste potenzielle Energie, hat aber einen maximalen potenziellen Energiebetrag, die kinetische Energie ist null. Vektoriell gilt außerdem: $\vec{F}_{rst6} \uparrow\downarrow \vec{y}_6$.

- $\frac{3}{4}T < t_7 \leq T$ (B 114): Unter der Wirkung der Rückstellkraft $\vec{F}_{rst7}$ kehrt der Pendelkörper zur Nulllage zurück und erreicht sie im Zeitpunkt $t_8 = T$. In diesem Augenblick nimmt er erstmals den gleichen Bewegungszustand ein wie im Zeitpunkt $t_0 = 0$:

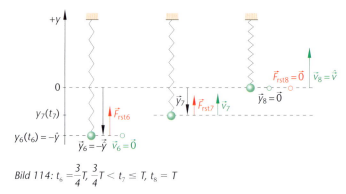

Bild 114: $t_6 = \frac{3}{4}T$, $\frac{3}{4}T < t_7 \leq T$, $t_8 = T$

$\vec{y}_0 = \vec{y}(T) = \vec{0}$, $\vec{v}_0 = \vec{v}(T) = +\vec{v}$. Die Zeitdauer von $t_0 = 0$ bis $t_8 = T$ nennt man **Periodendauer** T der Bewegung: $\Delta t = T - 0 = T$. Das Pendel vollzieht genau eine Schwingung oder **Periode**. Unterbricht man den Schwingungsablauf nicht, so treibt die Trägheit der Masse m den Pendelkörper ein weiteres Mal mit maximaler Geschwindigkeit $+\vec{v}$ durch die Nulllage hindurch.

Der Schwingungsvorgang des Zeitintervalls $0 \leq t \leq T$ wiederholt sich in völlig gleicher Weise und Periodendauer T. Die Bewegung des Feder-Schwere-Pendels nach einmaliger Anregung ist periodisch.

▸ **Freie periodische mechanische Schwingungen bilden sich nach einmaliger äußerer Anregung aus. Sie werden durch die Wirkung einer zeitabhängigen Rückstellkraft $\vec{F}_{rst}$ auf den Pendelkörper und durch seine Trägheit aufrechterhalten. Dabei kommt es zu zeitlich periodischen Änderungen der Elongation $y(t)$, Geschwindigkeit $v(t)$ und Energie $E(t)$. Die zu Beginn der Schwingung zugeführte Anregungsenergie wandelt sich in kinetische und potenzielle Energie um. Oszillatoren sind Energiewandler.**

Alle Grundbegriffe im Überblick:

- Unter einer Schwingung oder Oszillation versteht man die zeitlich periodische Änderung einer physikalischen Größe, z.B. der momentanen Auslenkung, der elektrischen Stromstärke oder der Beschleunigung eines Körpers.
- Die momentane Entfernung eines Pendelkörpers aus der Ruhelage heißt Elongation oder momentane Auslenkung. Man schreibt dafür $y(t)$. Bei mehreren Elongationen verwendet man Indizes, wie $y_1(t)$, $y_2(t)$ ...
- Die maximale Auslenkung aus der Ruhelage heißt Amplitude oder Scheitelwert. Man schreibt für die Amplitude der Auslenkung $\hat{y}$, für den Scheitelwert der elektrischen Spannung $\hat{U}$. Die Amplitude ist positiv, konstant und besitzt eine Einheit.
- Ein Oszillator hat genau eine Schwingung oder Periode vollendet, wenn er den gleichen Bahnpunkt mit gleichem Bewegungszustand zum zweiten Mal durchläuft. Zwei Bahnpunkte haben den gleichen **Bewegungszustand**, wenn sie im Auslenkungsvektor $\vec{y}$ und im Geschwindigkeitsvektor $\vec{v}$ übereinstimmen.
- Die Zeitdauer Δt zwischen zwei aufeinander folgenden Bewegungszuständen mit gleichem Elongationsvektor $\vec{y}$ und gleichem Geschwindigkeitsvektor $\vec{v}$ heißt Schwingungsdauer oder Periodendauer T.
- Die Zahl der Schwingungen pro Sekunde nennt man **Frequenz**. Sie hat das Formelzeichen f. Man bestimmt sie durch Messung der Anzahl N der Schwingungen in der zugehörigen Zeitdauer Δt. N und Δt sollten möglichst groß sein. Dadurch erhöht sich die Messgenauigkeit von f.

Die Frequenz f gewinnt man dann einfach mithilfe des Quotienten $\dfrac{N}{\Delta t}$: $f = \dfrac{N}{\Delta t}$.

Einheit: $[f] = \dfrac{[N]}{[\Delta t]}$, $f = \dfrac{1}{s} = 1$ Hertz $= 1$ Hz.

Namensgeber ist der deutsche Physiker H. Hertz, der die elektromagnetischen Wellen entdeckte und untersuchte.

Zu einer Periode, also $N = 1$, gehört immer die Zeitdauer $\Delta t = T$. Damit erhält man einen einfachen Zusammenhang zwischen der Frequenz f und der Periodendauer T: $f = \dfrac{1}{T}$ bzw. $T = \dfrac{1}{f}$.

Beispiel

- Gemessen werden 240 Schwingungen in der Zeitdauer $\Delta t = 120$ s. Dann beträgt die Frequenz:
$f = \dfrac{240}{120\,\text{s}}, f = 2{,}0$ Hz. Sie besagt, dass ein Oszillator in einer Sekunde 2,0 Perioden vollzieht.

7.2 Senkrechte Parallelprojektion einer Kreisbewegung mit ω = konstant

Dass die gleichförmige Kreisbewegung periodisch ist, ist bekannt. Mit ihrer Hilfe soll nun eine spezielle periodische Bewegung eingeführt werden, die man als harmonisch bezeichnet. Man betrachte dazu den folgenden Versuch.

Senkrechte Parallelprojektion einer gleichförmigen Kreisbewegung (B 115)

① Kreisbewegung eines Massenpunktes; ω = konstant
② Projektionsschirm oder schwenkbarer Spiegel
③ Lichtquelle mit Parallellicht

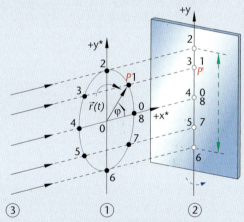

Versuchsdurchführung:
Ein punktförmiger Körper P, zum Beispiel ein Korken am Rand einer runden Metallscheibe, dreht sich gleichförmig im mathematisch positiven Drehsinn im Parallelstrahl einer Lichtquelle. Sein Schattenbild P′ erscheint auf dem Projektionsschirm und wird beobachtet. Nur P′ interessiert. Zur Darstellung der Kreisbewegung verwendet man ein Bezugssystem aus zwei senkrechten Achsen x^* und y^*, deren Ursprung im Mittelpunkt der Kreisbahn liegt und den ruhenden Bezugspunkt festlegt. Die Beobachtung erfolgt von außen. Auf dem Bildschirm ist nur die senkrechte y-Achse sichtbar. Die x-Achse liegt parallel zum Licht.

Bild 115: Senkrechte Parallelprojektion einer Kreisbewegung mit ω = konstant

Beobachtung:
Der kreisende Massenpunkt P und das schwingende Schattenbild P′ vollführen eine synchrone periodische Bewegung mit gleicher Periodendauer T. Der momentanen Position von P entspricht im Parallellicht die momentane Position von P′. Der Radius r der Kreisbahn von P legt die Amplitude $\hat{y}$ von P′ fest; wegen $|\vec{r}(t)| = r =$ konstant > 0 ist die Amplitude $\hat{y} = r$ immer positiv. Das Schattenbild P′ bewegt sich geradlinig mit der zeitabhängigen Geschwindigkeit $v(t)$ zwischen zwei Umkehrpunkten. Man sieht deutlich, dass P′ die Nulllage mit maximalem Geschwindigkeitsbetrag durchläuft, dann langsamer wird und in den Umkehrpunkten die Geschwindigkeit null annimmt. Gleichzeitig kehrt sich dort der Geschwindigkeitsvektor um. Die zeitabhängige Geschwindigkeit $\vec{v}(t)$ erfordert eine Beschleunigung und diese eine verursachende Kraft, die Rückstellkraft $\vec{F}_{\text{rst}}(t)$.

Erklärung, 1. Teil:
B 116 zeigt den Versuch in der Seitenansicht. Zum Verständnis sind acht Bahnpunkte P_i bzw. P_i', $i = 1$, 2, ..., 8, besonders hervorgehoben. Ihnen kann man auf dem Schirm eindeutig die zeitabhängigen Elongationsvektoren $\vec{y}_i$ zuordnen:
$P_0' \rightarrow \vec{y}_0(t_0 = 0) = \vec{0}$ mit $y_0(t_0 = 0) =$
$y_0 = 0$, $P_1' \rightarrow \vec{y}_1(t_1)$ mit $y_1(t_1) = y_1$,
$P_2 \rightarrow \vec{y}_2(t_2)$ mit $y_2(t_2) = y_2$ usw. Diese Elongationen sind zugleich die y^*-Koordinaten des kreisenden Massenpunktes P im x^*-y^*-Bezugssystem.

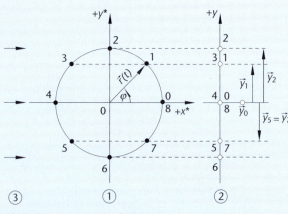

Bild 116: Seitenansicht von B 115

Zwei Anfangsbedingungen sind gleichermaßen erprobt: Im Zeitpunkt $t_0 = 0$ besitzt der Massenpunkt P das Koordinatenpaar $(+r; y_0^* = 0)$ (B 117). Der Radiusvektor $\vec{r}(t_0 = 0)$ liegt auf der x^*-Achse nach rechts. Das Schattenbild P' hat die momentane Auslenkung $y_0 = 0$. P' beginnt die Bewegung mit der maximalen Geschwindigkeit $v_0 = +\hat{v}$.

Oder: Im Zeitpunkt $t_0 = 0$ hat der Massenpunkt P das Koordinatenpaar (x^*/y^*) (B 117). Der Radiusvektor $\vec{r}(t_0 = 0)$ ist um den Winkel $\varphi_0 > 0$ gegenüber der x^*-Achse ausgelenkt. φ_0 heißt **Nullphasenwinkel** oder **Phasenkonstante.** Damit hat P' die Anfangselongation $|y_0| \neq 0$ und die Geschwindigkeit $0 < |v_0| < +\hat{v}$. Im Bild ist $\varphi_0 = +30°$, $0 < v_0 < +\hat{v}$.

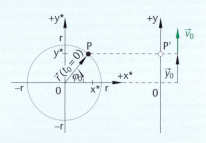

Bild 117

Erklärung, 2. Teil (B 118):
Anstelle des Projektionsschirms kann man auch einen schwenkbaren Spiegel verwenden, wie in B 115 angedeutet. Dreht man ihn während der periodisch linearen Auf- und Abbewegung des Schattenpunktes P', so erscheint an der Zimmerwand eine Sinuskurve.

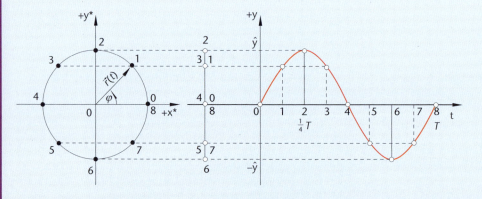

Bild 118: Gleichförmige Kreisbewegung und harmonische Schwingung mit $\varphi_0 = 0$

Eine Sinuskurve wird auch sichtbar, wenn man, wie in der Mittelstufe beim Thema Trigonometrie, die Kreisbewegung des Massenpunktes P in einem t-y-Koordinatensystem abwickelt. Diese beiden Tatsachen verwendet man zur Definition der **harmonischen Schwingung**:

▸▸ **Ändert sich die Elongation $y(t)$ eines periodischen Oszillators in Abhängigkeit von der Zeit t so, dass sie bzw. das zugehörige t-y-Diagramm mathematisch durch eine Sinusfunktion beschrieben werden kann, so führt er eine harmonische Schwingung aus.**

Es ist festzuhalten, dass man der gleichförmigen Kreisbewegung durch senkrechte Parallelprojektion eine harmonische Schwingung zuordnen kann. Das bedeutet aber auch: Zu jeder harmonischen Schwingung ist eine gleichförmige Kreisbewegung vorstellbar, aus der sie durch Parallelprojektion hervorgeht. Diese Aussage wird im Kapitel 7.5 an Beispielen erörtert.

Eine harmonische Schwingung oder harmonische Oszillation ist eine spezielle periodische Bewegung. Sie hat große Bedeutung und einen hohen Anwendungsbezug. Ihre mathematischen Gesetzmäßigkeiten werden im Folgenden behandelt.

7.3 Bewegungsgesetze der harmonischen Schwingung

Die mathematische Beschreibung der harmonischen Schwingung stützt sich auf die senkrechte Parallelprojektion der gleichförmigen Kreisbewegung mit der Anfangsbedingung $\varphi_0 = 0$ (B 116, 119). Während der Kreisbewegung mit der Winkelgeschwindigkeit $\omega =$ konstant habe der umlaufende Punktkörper P im Zeitpunkt $t > 0$ den Ortsvektor $\vec{r}(t)$ mit dem Koordinatenpaar $(x^*(t); y^*(t))$ und dem Drehwinkel $\varphi(t)$. Dann gehört zum Projektionsbild P′ auf dem Schirm die momentane Auslenkung $y(t) = y^*(t)$. Mit $|\vec{r}(t)| = r = \hat{y} > 0$ und dem rechtwinkligen Dreieck MQP gewinnt man:

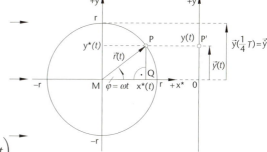

1. $\sin \varphi(t) = \dfrac{y(t)}{r}$

2. $r = \hat{y}$

3. $\varphi(t) = \omega t$ mit $\omega =$ konstant

4. $\omega = \dfrac{2\pi}{T}$

Zusammengefasst folgt:

$$\sin \varphi(t) = \frac{y(t)}{\hat{y}},$$

$$y(t) = \hat{y} \sin \varphi(t) = \hat{y} \sin(\omega t) = \hat{y} \sin\left(\frac{2\pi}{T} t\right).$$

Die Gleichung $y(t) = \hat{y} \sin(\omega t)$

Bild 119: Elongation y(t) einer harmonischen Schwingung

mit der Kreisfrequenz $\omega = \dfrac{2\pi}{T}$ bzw.

$y(t) = \hat{y} \sin\left(\dfrac{2\pi}{T} t\right)$ ist das Zeit-Ort-Gesetz oder die Bewegungsgleichung der harmonischen Schwingung von P′. Sie lässt sich unter Einbeziehung der Anfangsbedingung $\varphi_0(t_0) > 0$ bzw. $|y_0| \neq 0$ erweitern. Ist der Ortsvektor $\vec{r}(t_0 = 0)$ im Zeitpunkt $t_0 = 0$ um den Nullphasenwinkel $\varphi_0 > 0$ oder $\varphi_0 < 0$ ausgelenkt, dann lautet das t-y-Gesetz der harmonischen Schwingung:

$y(t) = \hat{y} \sin(\omega t + \varphi_0)$ bzw. $y(t) = \hat{y} \sin\left(\dfrac{2\pi}{T} t + \varphi_0\right)$.

Bemerkung zur Amplitude $\hat{y}$:

Da der Sinusterm im t-y-Gesetz keine Einheit, $y(t)$ aber die Einheit 1 m hat, muss die Amplitude Träger der Einheit 1 m sein. Sie ist immer konstant, positiv und hat einen maximalen Wert. Diese Aussage gilt allgemein für Amplituden oder Scheitelwerte.

Das Zeit-Geschwindigkeit-Gesetz und das Zeit-Beschleunigung-Gesetz der harmonischen Schwingung ergeben sich einfach mithilfe der ersten und der zweiten Ableitung der Funktionsgleichung $y(t)$:

- **t-v-Gesetz:** $v(t) = \dot{y}(t), v(t) = \omega\hat{y}\cos(\omega t + \varphi_0)$ bzw.

$$v(t) = \hat{y}\frac{2\pi}{T}\cos\left(\frac{2\pi}{T}t + \varphi_0\right) = \frac{2\pi\hat{y}}{T}\cos\left(\frac{2\pi}{T}t + \varphi_0\right) \text{ bzw.}$$

$$v(t) = \hat{v}\cos(\omega t + \varphi_0) \text{ bzw. } v(t) = \hat{v}\cos\left(\frac{2\pi}{T}t + \varphi_0\right) \text{ mit } \hat{v} = \omega\hat{y} \text{ oder } \hat{v} = \frac{2\pi}{T}\hat{y}.$$

- **t-a-Gesetz:** $a(t) = \dot{v}(t) = \ddot{y}(t), a(t) = -\hat{y}\omega\omega\sin(\omega t + \varphi_0) = -\omega^2\hat{y}\sin(\omega t + \varphi_0)$ bzw.

$$a(t) = -\frac{2\pi\hat{y}}{T}\cdot\frac{2\pi}{T}\cdot\sin\left(\frac{2\pi}{T}t + \varphi_0\right) = -\left(\frac{2\pi}{T}\right)^2\hat{y}\sin\left(\frac{2\pi}{T}t + \varphi_0\right)$$

$$= -\omega^2\hat{y}\sin\left(\frac{2\pi}{T}t + \varphi_0\right) \text{ bzw.}$$

$$a(t) = -\hat{a}\sin(\omega t + \varphi_0) \text{ bzw. } a(t) = -\hat{a}\sin\left(\frac{2\pi}{T}t + \varphi_0\right) \text{ mit } \hat{a} = \omega^2\hat{y}.$$

Zum t-v- und t-a-Gesetz der harmonischen Schwingung gelangt man auch durch eine einfache grafische Betrachtung (B 120). Der gleichförmig kreisende Massenpunkt P hat die konstante Bahngeschwindigkeit $v > 0$, aber den zeitabhängigen Bahngeschwindigkeitsvektor $\vec{v}(t) \neq \vec{0}$. Der zeitabhängige Vektor der Zentripetalbeschleunigung $\vec{a}_{rad}(t)$ hält ihn auf der Bahn. Bezogen auf das ruhende Bezugssystem der Kreisbewegung werden beide Vektoren in Komponenten zerlegt: $\vec{v}(t) = \vec{v}_{x*}(t) + \vec{v}_{y*}(t)$ und $\vec{a}_{rad}(t) = \vec{a}_{x*}(t) + \vec{a}_{y*}(t)$. Für das harmonisch schwingende Projektionsbild P' auf dem Schirm sind nur die zeitabhängigen Komponenten $\vec{v}_{y*}(t) = \vec{v}_y(t)$ und $\vec{a}_{y*}(t) = \vec{a}_y(t)$ wichtig. Sie erfassen die momentane Geschwindigkeit und die momentane Beschleunigung von P'.

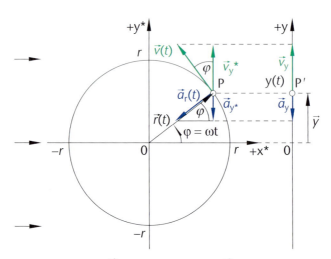

Bild 120: Geschwindigkeit $\vec{v}_y(t)$ und Beschleunigung $\vec{a}_y(t)$ einer harmonischen Schwingung

Aus B 120 liest man wegen $v = $ konstant ab: $\cos\varphi(t) = \dfrac{v_{y*}(t)}{v} = \dfrac{v_y(t)}{v}, v_y(t) = v\cos(\varphi(t))$. Mit $v = \omega r$ für die Kreisbewegung, $r = \hat{y}$ und ohne Index erhält man das t-v-Gesetz der harmonischen Schwingung: $v(t) = \omega\hat{y}\cos(\varphi(t))$ mit $\varphi_0 = 0$ bzw. $v(t) = \hat{v}\cos(\omega t)$ mit $\hat{v} = \omega\hat{y}$.

Ebenso gilt nach B 120: $\sin \varphi(t) = \dfrac{a_{y^*}(t)}{a_{\text{rad}}} = \dfrac{a_y(t)}{a_{\text{rad}}}$, $a_y(t) = a_{\text{rad}} \sin \varphi(t)$. Mit $a_{\text{rad}} = \omega^2 r$ für die Kreisewegung, $r = \hat{y}$, und wegen $\vec{a}_y(t) \uparrow\downarrow \vec{y}(t)$ entsteht unter Weglassen des Index das t-a-Gesetz der harmonischen Schwingung: $a(t) = -\omega^2 r \sin(\varphi(t)) = -\omega^2 \hat{y} \sin(\omega t) = -\omega^2 \hat{y} \sin\left(\dfrac{2\pi}{T} t\right)$ mit $\varphi_0 = 0$. Andere Schreibweise: $a(t) = -\hat{a} \sin\left(\dfrac{2\pi}{T} t\right)$ mit $\hat{a} = \omega^2 \hat{y}$.

Bemerkungen:

- Neben der momentanen Auslenkung $y(t)$ sind die momentane Geschwindigkeit $v(t)$ und die momentane Beschleunigung $a(t)$ ebenfalls zeitabhängige harmonische Größen mit gleicher konstanter Kreisfrequenz ω.

- Die momentane Geschwindigkeit $v(t^*)$ des Projektionsbildes P' gewinnt man auch mithilfe der Steigung der Tangenten an den Graphen im t-y-Diagramm im Zeitpunkt t^*, z.B. (B 121):
$$v\left(t^* = \frac{7}{8}T\right) = \frac{\Delta y}{\Delta t} = v^*.$$

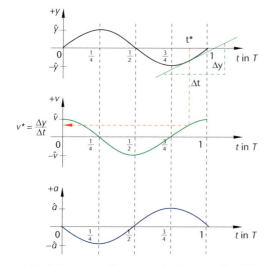

t	0	$\frac{1}{4}T$	$\frac{1}{2}T$	$\frac{3}{4}T$	$1\,T$
y	0	$\hat{y}$	0	$-\hat{y}$	0
v	$\hat{v}$	0	$-\hat{v}$	0	$\hat{v}$
a	0	$-\hat{a}$	0	$\hat{a}$	0

Bild 121: Bewegungsdiagramme der harmonischen Schwingung

- B 121 zeigt das t-y-, t-v- und t-a-Liniendiagramm des harmonisch schwingenden Schattens P'. Die Tabelle stellt Werte für einige Zeitpunkte bereit.

- Auffallend: Im Zeitpunkt $t_0 = 0$ durchläuft der Oszillator die Nulllage ($y_0 = 0$) unbeschleunigt ($a_0 = 0$), aber mit maximaler Geschwindigkeit ($v_0 = +\hat{v}$). Im Zeitpunkt $t = \dfrac{1}{4}T$ ist die Elongation maximal $\left(y\left(\dfrac{1}{4}T\right) = +\hat{y}\right)$, die Beschleunigung mit maximalem Messbetrag zeigt zur Nulllage hin $\left(a\left(\dfrac{1}{4}T\right) = -\hat{a}\,;\ \vec{a}\uparrow\downarrow \vec{y}\right)$ die Geschwindigkeit ist null $\left(v\left(\dfrac{1}{4}T\right) = 0\right)$ usw. Für $0 \le t \le \dfrac{1}{2}T$ gilt: $y(t) \ge 0$ und zugleich $a(t) \le 0$, für $\dfrac{1}{2}T \le t \le T$: $y(t) \le 0$ und $a(t) \ge 0$.

- Man veranschaulicht eine zeitabhängige sinusförmige Größe häufig durch einen Drehzeiger bzw. rotierenden Zeiger mit Länge, Richtung und Durchlaufsinn (B 122), dessen senkrechte Projektion auf die y-Achse in jedem Zeitpunkt t deren Momentan- oder Augenblickswert angibt. Als Drehzeiger verwendet man den konstanten Amplitudenvektor der Größe, zum Beispiel $\dot{y}$ für die Elongation $y(t)$ wie in B 122. Er rotiert mit der Kreisfrequenz ω = konstant um den Bezugspunkt. Drehzeiger in einem etwas anderen Sinn eignen sich besonders zur Darstellung elektrischer Wechselstromgrößen (s. Kap. 11).

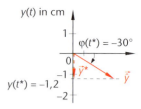

Bild 122: Zeigerdiagramm

Die grafische Darstellung einer physikalischen Größe mithilfe eines Zeigers nennt man **Zeigerdiagramm**.

Beispiele

Ein harmonisch schwingender Oszillator hat die zeitabhängige Elongation $y(t) = 2{,}4$ cm $\sin\left(1{,}5\,\mathrm{s}^{-1}t - \dfrac{\pi}{4}\right)$. Zur Ermittlung der momentanen Auslenkung im Zeitpunkt $t^* = 0{,}18$ s mit einem Zeigerdiagramm bestimmt man zuerst den Winkel im Zeitpunkt t^* (B 122):

$\varphi(t^*) = 1{,}5\ \mathrm{s}^{-1} \cdot 0{,}18\ \mathrm{s} - \dfrac{\pi}{4} = -0{,}52$ bzw. $\varphi_0(t^*) = -30°$.

Unter diesem Winkel trägt man $\vec{y}$ mit $\dot{y} = 2{,}4$ cm = konstant in einem t-y-Achsensystem an. Die senkrechte Projektion des Zeigers auf die y-Achse ergibt $y(t^*) = -1{,}2$ cm.

- Im t-a-Gesetz der harmonischen Schwingung $a(t) = -\omega^2 \dot{y} \sin(\omega t + \varphi_0)$ ist das Teilprodukt $\dot{y} \sin(\omega t + \varphi_0)$ gerade die momentane Auslenkung $y(t)$. Daher darf man kürzer schreiben: $a(t) = -\omega^2 y(t)$. Wegen ω^2 = konstant besteht die direkte Proportionalität: $a(t) \sim y(t)$. Bei harmonischen Schwingungen ist die momentane Beschleunigung $a(t)$ stets proportional zur Elongation $y(t)$. Das Minuszeichen gibt an, dass zeitunabhängig die Aussage $\vec{a}(t) \uparrow\downarrow \vec{y}(t)$ besteht.

7.4   Lineares Kraftgesetz der harmonischen Schwingung

Die Beschleunigung $a(t)$ während einer harmonischen Schwingung bedarf nach Newton einer verursachenden Kraft $F(t)$. Sie berechnet sich leicht mithilfe der Grundgleichung der Mechanik:

1. $F(t) = ma(t)$
2. $a(t) = -\omega^2 \dot{y} \sin(\omega t + \varphi_0)$ bzw. $a(t) = -\omega^2 y(t)$

Somit: $F(t) = -m\omega^2 \dot{y} \sin(\omega t + \varphi_0)$ bzw. $F(t) = -m\omega^2 y(t)$

oder $F(t) = -\hat{F} \sin(\omega t + \varphi_0)$ mit $\hat{F} = m\omega^2 \dot{y}$.

Vektoriell gilt: $\vec{F}(t) = -m\omega^2 \vec{y}(t)$, wie Tabelle und Diagramm in B 121 bestätigen.

Bemerkungen:

- Die den Schattenpunkt P' beschleunigende Kraft $F(t) = -\hat{F} \sin(\omega t + \varphi_0)$ ist harmonisch, wie der zeitabhängige Sinusterm $\sin(\omega t + \varphi_0)$ hervorhebt.

- Das negative Vorzeichen besagt, dass die Kraft $\vec{F}(t)$ und die Elongation $\vec{y}(t)$ immer gegensinnig parallel verlaufen: $\vec{F}(t) \uparrow\downarrow \vec{y}(t)$. Eine derartige Kraft wurde erstmals im

Abschnitt 7.1 bei der Beschreibung des Schwingungsablaufs periodischer Vorgänge eingeführt und dort Rückstellkraft oder rücktreibende Kraft genannt. Sie hält nach der einmaligen Anregung des Oszillators zusammen mit der Trägheit der Pendelkörpermasse m die periodische und harmonische Schwingung aufrecht.

- Wegen $\vec{F}(t) \uparrow\uparrow \vec{a}(t)$ zeigen das t-F-Diagramm und das t-a-Diagramm gleichen Verlauf.

Im t-F-Gesetz $F(t) = -m\omega^2 y(t)$ ist das Produkt $m\omega^2$ konstant. Es bekommt das Formelzeichen D und heißt **Richtgröße** eines Oszillators und bei elastischen Federn, wie bekannt, **Federkonstante**. Mit D nimmt das t-F-Gesetz die kürzeste Form $F(t) = -Dy(t)$ an. Wegen $D = $ konstant gilt $F(t) \sim y(t)$. Dieses **lineare Kraftgesetz** kennzeichnet harmonische Prozesse.

▸ **Ein Oszillator schwingt harmonisch, wenn er dem linearen Kraftgesetz $F(t) = -Dy(t)$**
mit $D = m\omega^2 = $ konstant genügt, wenn also $F(t) \sim y(t)$ und $\vec{F}(t) \uparrow\downarrow \vec{y}(t)$. Die Gleichung
$y(t) = \hat{y} \sin(\omega t + \varphi_0)$ ist das Zeit-Ort-Gesetz der harmonischen Schwingung, aus dem
sich das t-v-Gesetz und das t-a-Gesetz herleiten lassen.

Ein Oszillator schwingt harmonisch, wenn sich für ihn ein lineares Kraftgesetz finden lässt. Man spricht dann von einem linearen (harmonischen) Oszillator.

Interessant ist folgende weitere Überlegung: Aus $D = m\omega^2$ und $\omega = \dfrac{2\pi}{T}$ folgt $D = m\dfrac{4\pi^2}{T^2}$ und daraus $T = 2\pi\sqrt{\dfrac{m}{D}}$ bzw. $f = \dfrac{1}{2\pi}\sqrt{\dfrac{D}{m}} = f_0$.

Jeder Oszillator mit den konstanten Größen m und D, der reibungsfrei harmonisch schwingt, besitzt eine feste Frequenz f. Sie heißt charakteristische **Eigenfrequenz** f_0. Es fällt auf, dass f_0 und die Periodendauer T von der Amplitude $\hat{y}$ unabhängig sind.

Das lineare Kraftgesetz der harmonischen Schwingung nimmt noch eine andere mathematische Form an. Mit $F(t) = -Dy(t)$ und $F(t) = ma(t)$ und $a(t) = \ddot{y}(t)$ erhält man die Gleichung $m\ddot{y}(t) = -Dy(t)$ bzw. $m\ddot{y}(t) + Dy(t) = 0$. Sie heißt **Differenzialgleichung** der harmonischen Schwingung. In Lehrbüchern ersetzt sie das lineare Kraftgesetz. Gibt man ihr schließlich die Form $m\dfrac{d^2 y}{dt^2} + Dy = 0$ bzw. $\dfrac{d^2 y}{dt^2} = -\dfrac{D}{m}y$, so erhält man durch zweimaliges Integrieren die Lösung $y(t) = \hat{y} \sin(\omega t + \varphi_0)$. Sie ist als t-y-Gesetz der harmonischen Schwingung bekannt. Durch Einsetzen in die Ausgangsgleichung bestätigt man ihre Richtigkeit:

1. $m\ddot{y}(t) + Dy(t) = 0$

2. $y(t = \hat{y} \sin(\omega t + \varphi_0))$

3. $\dot{y}(t) = \hat{y}\omega \cos(\omega t + \varphi_0)$

4. $\ddot{y}(t) = -\hat{y}\omega\omega \sin(\omega' t + \varphi_0)$

5. $D = m\omega^2$

Somit: $m(-\omega^2 \hat{y} \sin(\omega t + \varphi_0)) + D\hat{y} \sin(\omega t + \varphi_0) = 0$, $-m\omega^2 y + Dy = 0$, $-Dy + Dy = 0$ bzw. $0 = 0$. $y(t) = \hat{y} \sin(\omega t + \varphi_0)$ ist eine Lösung der Differenzialgleichung und heißt, wie bekannt, Zeit-Ort-Gesetz der harmonischen Schwingung.

7.5 Beispiele zur harmonischen Schwingung

7.5.1 Feder-Schwere-Pendel, Federpendel

Wie im Kapitel 7.1 gezeigt und erklärt wurde, vollzieht das Federpendel nach einmaliger Anregung periodische Bewegungen. Ob es harmonisch schwingt, blieb unerwähnt. Dies soll experimentell und theoretisch nachgeholt werden.

VERSUCH

Experimenteller Vergleich der Bewegungsabläufe von Federpendel und Schattenbild der senkrecht projizierten Kreisbewegung (B 123)

① Parallellicht senkrecht zum Beobachtungsschirm ④
② Kreisbewegung des Massenpunktes P: ω = konstant
③ schwingendes Feder-Schwere-Pendel
④ Beobachtungsschirm mit Schattenbild P'

Beobachtung:
Das Federpendel aus elastischer Schraubenfeder und Pendelkörper mit der (Gesamt-)Masse m bewegt sich nach einmaliger Anregung periodisch im Lichtgang zwischen dem kreisenden Punkt P und dem Schirm mit dem harmonisch schwingenden Schattenbild P'. Es gelingt, die Winkelgeschwindigkeit ω der Kreisbewegung so einzustellen und konstant zu halten, dass sich P, P' und der Punktkörper am Pendel völlig synchron bewegen. Folglich schwingt auch das Federpendel harmonisch. Demnach ist die Theorie der harmonischen Schwingung auf das Federpendel anwendbar.

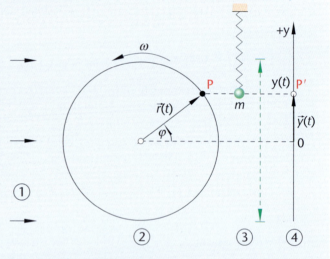

Bild 123: Experimenteller Vergleich

Wegen der kurzen Versuchsdauer kommt dem experimentellen Nachweis nur eine begrenzte Aussagefähigkeit zu. Es könnte geschehen, dass während der Bewegung sehr geringe Abweichungen auftreten, die erst bei langer Beobachtung sichtbar werden.

Theoretische Überlegung (B 124) zum linearen Kraftgesetz und zur Schwingungsdauer des Feder-Schwere-Pendels

Durch allgemeine Rechnung ist nachzuweisen, dass die Bewegung des Federpendels einem linearen Kraftgesetz genügt. Dann schwingt es harmonisch. Man muss also zeigen, dass die Aussagen $F(t) \sim y(t)$ und $\vec{F}(t) \uparrow\downarrow \vec{y}(t)$ bestehen, wobei die Elongation $y(t)$ die Grenzen der Federelastizität nicht überschreiten darf.

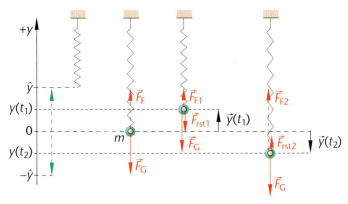

Bild 124: Lineares Kraftgesetz beim Federpendel

1. Bezugssystem: Günstig ist das System aus Kapitel 7.1. Der ruhende Oszillator aus Feder und angehängtem Pendelkörper legt die Nulllage fest. Die y-Achse liegt parallel zum beobachteten Bahnverlauf.

2. Der angehängte Pendelkörper dehnt die Schraubenfeder solange, bis das System zur Ruhe kommt. Dann besteht zwischen der Gewichtskraft $\vec{F}_G$ abwärts und der Federkraft $\vec{F}_F$ aufwärts das statische Gleichgewicht $\vec{F}_F = -\vec{F}_G$ bzw. $\vec{F}_F + \vec{F}_G = \vec{0}$ mit $F_F - F_G = 0$ bzw. $F_F = F_G$. In der Regel wählt man die dabei auftretende Federauslenkung zur Amplitude $\hat{y}$. Sie ist maximal. In diesem Fall wird noch keine Stabilisierung oder Führung der Feder durch eine Hülse oder einen Innenstab benötigt. Die Wahl einer kleineren Amplitude ist immer möglich. Mit $F_F = D\hat{y}$ nach dem hookeschen Gesetz für elastisch deformierbare Körper und $F_G = mg =$ konstant lautet die Gleichgewichtsbedingung $D\hat{y} - mg = 0$ bzw. $D\hat{y} = mg$.

3. Nach einmaliger Anregung vollzieht das Federpendel eine periodische Bewegung. Die Rückstellkraft $F_{rst}(t)$ treibt den Pendelkörper im Zeitpunkt t zur Ruhelage zurück. Sie geht aus den gegebenen Kräften $\vec{F}_F$ und $\vec{F}_G$ durch Vektoraddition hervor: $\vec{F}_{rst}(t) = \vec{F}_F + \vec{F}_G$. Diese Situation wird in B 122 zwei Mal dargestellt. Rechnerisch folgt:

1. $F_{rst}(t) = +F_F(t) - F_G$,

2. $F_F(t) = D(\hat{y} - y(t))$; die Feder verkürzt sich oberhalb der Nulllage; sie verlängert sich unterhalb der Nulllage, wobei dann $y(t) < 0$.

Somit: $F_{rst}(t) = D(\hat{y} - y(t)) - mg$; mit $D\hat{y} - mg = 0$ folgt:

$$F_{rst}(t) = D\hat{y} - Dy(t) - mg = -Dy(t) + (D\hat{y} - mg) \text{ bzw. } F_{rst}(t) = -Dy(t).$$

Dafür schreibt man vektoriell: $\vec{F}_{rst}(t) = -D\vec{y}(t)$.

Folgerungen aus dem Ergebnis $\vec{F}_{rst}(t) = -D\vec{y}(t)$ bzw. $F_{rst}(t) = -Dy(t)$:

- Das Minuszeichen zeigt an, dass beide Vektoren gegensinnig parallel verlaufen: $\vec{F}_{rst} \uparrow\downarrow \vec{y}_s$. Insbesondere weist $\vec{F}_{rst}(t)$ immer zur Nulllage hin.

- Es gilt $F_{rst}(t) \sim y(t)$, da $D =$ konstant. Deshalb schwingt das Feder-Schwere-Pendel nicht nur periodisch, sondern auch harmonisch. Es ist ein linearer Oszillator. Er genügt den Gesetzen der harmonischen Schwingung. Damit hat er die Periodendauer $T = 2\pi\sqrt{\dfrac{m}{D}}$ und die Eigenfrequenz $f_0 = \dfrac{1}{2\pi}\sqrt{\dfrac{D}{m}}$. Beide Größen sind unabhängig von der Amplitude $\hat{y}$ und der Erdfallbeschleunigung g. Ein Federpendel besitzt auf dem Mond oder Mars die gleiche Periodendauer wie auf der Erde.

Schaltung von Federn

Zur Dämpfung von Maschinen auf Fundamenten verwendet man beispielsweise parallel geschaltete Federn mit gleichen oder verschiedenen Federkonstanten als Unterbau. Reihenschaltung von Federn gibt es ebenfalls.

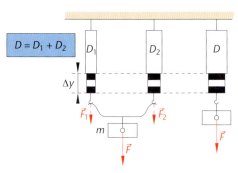

Zwei parallel geschaltete Federn (B 125):
Zwei (oder mehr) Federn mit gleichen oder unterschiedlichen Federkonstanten D_1 und D_2 in paralleler Anordnung erfahren durch auslenkende äußere Kräfte F_1 und F_2 die gleiche Auslenkung Δy. Sie sollen etwa aus Platz- oder Kostengründen durch eine Einzelfeder mit der Federkonstanten D ersetzt werden, die zur gleichen Auslenkung führt.

Bild 125: Parallel angeordnete Federpendel

Es gilt:

1. $\vec{F}_1 + \vec{F}_2 = \vec{F}$ bzw. $F_1 + F_2 = F$

2. $F_1 = D_1 \Delta y$, $F_2 = D_2 \Delta y$

3. $F = D \Delta y$
    Somit: $D_1 \Delta y + D_2 \Delta y = D \Delta y$ $| : \Delta y > 0$
    $\qquad\quad D_1 + D_2 = D$.
    Bei parallel geschalteten Federn addieren sich die Federkonstanten.
    Sonderfall: $D_1 = D_2$, dann folgt: $D = 2D_1$.

Zwei Federn in Reihe (B 126):
Zwei (oder mehr) Federn mit gleichen oder unterschiedlichen Federkonstanten D_1 und D_2 in Reihe erfahren durch die gleiche auslenkende äußere Kraft F die Auslenkungen Δy_1 und Δy_2. Die Federn sollen aufgrund eines technischen Problems durch eine Einzelfeder mit der Federkonstanten D ersetzt werden, die bei gleicher Kraft F die Auslenkung $\Delta y = \Delta y_1 + \Delta y_2$ erfährt. Es gilt:

1. $\Delta y_1 + \Delta y_2 = \Delta y$
2. $F = D_1 \Delta y_1$, $F = D_2 \Delta y_2$
3. $F = D \Delta y$

Somit: $\dfrac{F}{D_1} + \dfrac{F}{D_2} = \dfrac{F}{D}$ bzw. $\dfrac{1}{D_1} + \dfrac{1}{D_2} = \dfrac{1}{D}$.

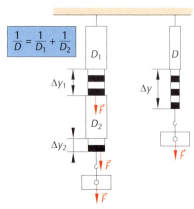

Bild 126: In Reihe angeordnete Federpendel

Bei Federn in Reihe addieren sich die reziproken Federkonstanten.
Sonderfall: $D_1 = D_2$, dann folgt:
$\dfrac{1}{D_1} + \dfrac{1}{D_1} = \dfrac{1}{D}$; $D = \dfrac{1}{2}D_1$.

Beispiel

Ein Federpendel schwingt reibungsfrei harmonisch. Die Anfangsbedingung im Zeitpunkt $t_0 = 0$ lautet: $y_0 = -6,00$ cm, $v_0 = -8,00$ cms^{-1}, $a_0 = +65,0$ cms^{-2}. Der Pendelkörper habe die Masse m.

a) Man berechne die Kreisfrequenz ω des linearen Oszillators und die Periodendauer T.

b) Man ermittle den Nullphasenwinkel φ_0 und die Amplitude $\hat{y}$.

c) Man gebe das t-y-Gesetz der Bewegung an.

d) Man berechne die momentane Elongation im Zeitpunkt $t_1 = 0,413$ s und überprüfe das Ergebnis mithilfe eines Zeigerdiagramms.

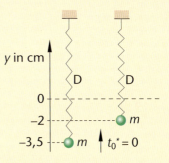

Bild 127

e) Man bestimme den Zeitpunkt t_2, in dem erstmals die momentane Beschleunigung $a(t_2) = -35,0$ cms^{-2} erreicht wird.

f) Zum Federpendel kommt ein weiteres von gleicher Bauart hinzu. B 127 zeigt die Anfangsauslenkung beider im Zeitpunkt $t_0^* = 0$. Sie werden gleichzeitig losgelassen. Man überlege, welcher Pendelkörper die Ruhelage zuerst erreicht, und begründe die Antwort.

Lösung:

a) Der Oszillator schwingt harmonisch. Er gehorcht damit den Bewegungsgesetzen:

1. $y(t) = \hat{y} \sin(\omega t + \varphi_0)$, mit $y(t_0 = 0) = \hat{y} \sin(\omega \cdot 0 + \varphi_0)$,
   $y(t_0) = \hat{y} \sin(\varphi_0) = -6,00$ cm;

2. $v(t) = \hat{y}\omega \cos(\omega t + \varphi_0)$, mit $v(t_0 = 0) = \hat{y}\omega \cos(\omega \cdot 0 + \varphi_0)$,
   $v(t_0) = \hat{y}\omega \cos(\varphi_0) = -8,00$ cms^{-1};

3. $a(t) = -\hat{y}\omega^2 \sin(\omega t + \varphi_0)$, mit $a(t_0 = 0) = -\hat{y}\omega^2 \sin(\omega \cdot 0 + \varphi_0)$,
   $a(t_0) = -\hat{y}\omega^2 \sin(\varphi_0) = +65,0$ cms^{-2}.

   ω ist in der dritten Gleichung enthalten, die unbekannte Amplitude $\hat{y}$ in der ersten und dritten; beide Gleichungen haben Sinusform. Man eliminiert $\hat{y}$ mit dem Quotienten $\dfrac{a(t_0)}{y(t_0)}$:

   $$\frac{a(t_0)}{y(t_0)} = \frac{-\hat{y}\omega^2 \sin(\omega t + \varphi_0)}{\hat{y}\sin(\omega t + \varphi_0)}, \omega = \sqrt{-\frac{a(t_0)}{y(t_0)}}; \omega = \sqrt{\frac{-65,0\ \text{cms}^{-2}}{-6,00\ \text{cm}}} = +3,29\ \text{s}^{-1}.$$

   Mit $\omega = \dfrac{2\pi}{T}$, $T = \dfrac{2\pi}{\omega}$ gewinnt man die Periodendauer: $T = \dfrac{2\pi}{3,29\ \text{s}^{-1}} = 1,91$ s.

b) Bekannt ist jetzt ω, unbekannt sind φ_0 und $\hat{y}$. Beide Größen findet man in der ersten und zweiten Gleichung von a). Der Lösungsgedanke von a) wiederholt sich.

   $$\frac{v(t_0)}{y(t_0)} = \frac{\hat{y}\omega \cos(\varphi_0)}{\hat{y}\sin(\varphi_0)}, \frac{v(t_0)}{y(t_0)} = \omega \cot(\varphi_0) = \omega\frac{1}{\tan(\varphi_0)}, \tan\varphi_0 = \omega\frac{y(t_0)}{v(t_0)},$$

   $\tan(\varphi_0) = 3,29\ \text{s}^{-1} \dfrac{-6,00\ \text{cm}}{-8,00\ \text{cms}^{-1}} = 2,47$, $\varphi_0 = 1,186$ ($= 68,0°$). Neben diesem Taschenrechnerwert gibt es noch den Wert $\varphi_0^* = \pi + 1,186 = 4,33$ ($= 248°$). Welche Lösung stimmt? Zur Klärung berechnet man die Amplitude aus der ersten Gleichung von a):

   $$y(t_0) = \hat{y}\sin(\varphi_0) = -6,00\ \text{cm. Mit } \varphi_0 = 1,186 \text{ folgt: } \hat{y} = \frac{-6,00\ \text{cm}}{\sin(1,186)} = -6,47\ \text{cm};$$

   mit $\varphi_0^* = 4,33$ entsteht: $\hat{y}^* = \dfrac{-6,00\ \text{cm}}{\sin(4,33)} = +6,47$ cm. Da die Amplitude immer positiv ist, ist $\hat{y}^* = 6,47$ cm die richtige Lösung.

c) *t-y*-Gesetz unter Verwendung der gegebenen und berechneten Daten:

$y(t) = 6{,}47$ cm $\cdot \sin (3{,}29$ s^{-1} $t + 4{,}33)$.

d) Im Zeitpunkt $t_1 = 0{,}413$ s hat der Oszillator die Elongation
$y(t_1 = 0{,}413$ s$) = 6{,}47$ cm $\cdot \sin (3{,}29$ s$^{-1} \cdot 0{,}413$ s $+ 4{,}33) =$
$-3{,}62$ cm. In B 128 schließt der Amplitudenzeiger im Zeitpunkt t_1 mit der Nulllage den Winkel $\varphi_1 = 326°$ ein. Die senkrechte Projektion des Zeigers auf die *y*-Achse ergibt ebenfalls
$y(t_1) = -3{,}62$ cm.

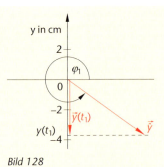

Bild 128

e) Man verwendet das *t-a*-Gesetz aus a) oder leitet das *t-y*-Gesetz aus c) zwei Mal ab:

$a(t) = -70{,}0$ cms$^{-2} \cdot \sin (3{,}29$ s$^{-1}t + 4{,}33)$. Im unbekannten Zeitpunkt t_2 muss gelten: $a(t_2) = -35{,}0$ cms^{-2}. Eingesetzt erhält man:
$-70{,}0$ cms$^{-2} \cdot \sin (3{,}29$ s$^{-1}t_2 + 4{,}33) = -35{,}0$ cms^{-2}, $\sin (3{,}29$ s$^{-1}t_2 + 4{,}33) = 0{,}4286$.
Der Taschenrechner liefert eine Lösung: $\sin^{-1}(0{,}4286) = 0{,}4429$. Der zweite Werte ist $\pi - 0{,}4429 = 2{,}699$.
Anzusetzen sind: $3{,}29$ s$^{-1}t_2 + 4{,}33 = 0{,}4429$ mit der Lösung $t_2' = -1{,}18$ s und $3{,}29$ s$^{-1}t_2 + 4{,}33 = 2{,}699$ mit der Lösung $t_2'' = -0{,}496$ s.
Der Pendelkörper befindet sich im Zeitpunkt $t_0 = 0$ unterhalb der Ruhelage und wegen $v_0 < 0$ und $a_0 > 0$ auf dem Weg zum unteren Umkehrpunkt. Er wird erst nach dem Durchgang durch die Ruhelage auf dem Weg zum oberen Umkehrpunkt verzögert; dann gilt wie verlangt erstmals $a(t) < 0$. Das trifft im Zeitintervall $\frac{1}{4}T \leq t_2 \leq \frac{1}{2}T$ zu. Daher führt nur t_2' zur Lösung $t_2 = t_2' + T$, $t_2 = -1{,}18$ s $+ 1{,}91$ s $= 0{,}73$ s. Durch Einsetzen von t_2 in $a(t)$ überprüft man sie.

f) Die Pendelkörper mit gleicher Masse m an den Federn gleicher Bauart erreichen im selben Zeitpunkt t^* die Ruhelage, da die Periodendauer T nicht von der Amplitude $\hat{y}$ abhängt. Wegen
$T = 2\pi \sqrt{\dfrac{m}{D}}$ sind nur die Masse m des Pendelkörpers und die Federkonstante D Einflussgrößen.

7.5.2   Fadenpendel, mathematisches Pendel

Ein Massenpunkt mit der Masse m an einem (fast) masselosen Faden mit der Länge l heißt **Fadenpendel** oder **mathematisches Pendel** (B 129). Nach einmaliger Anregung vollführt es eine periodische Bewegung. Es dient zur Zeitmessung und zur Messung der Fallbeschleunigung g. Ob die Bewegung harmonisch ist, soll experimentell und theoretisch untersucht werden.

VERSUCH

Fadenpendel bzw. mathematisches Pendel (B 129)

① Parallellicht senkrecht zum Beobachtungsschirm ④
② Kreisbewegung des Massenpunktes P; $\omega =$ konstant
③ Schwingendes Fadenpendel
④ Beobachtungsschirm mit Schattenbild P′

Beobachtung:
Beim mathematischen Pendel befindet sich nahezu die gesamte Masse im Massenpunkt. Es schwingt nach einmaliger Anregung periodisch im Lichtgang zwischen dem kreisenden Punkt P und dem Schirm mit dem Schattenbild P'. Die Bewegung zwischen den beiden Umkehrpunkten besitzt eine zeitabhängige Geschwindigkeit $v(t)$. Sie ist in den Umkehrpunkten null, dort kehrt sich der Geschwindigkeitsvektor $\vec{v}(t)$ um. Es gelingt, die Winkelgeschwindigkeit ω der Kreisbewegung so einzustellen und konstant zu halten, dass sich P, P' und der Pendelkörper völlig synchron bewegen. Da P' harmonisch schwingt, schwingt folglich auch das Fadenpendel harmonisch.

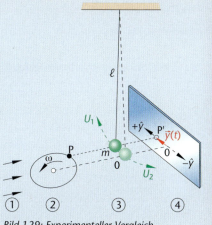

Bild 129: Experimenteller Vergleich

Es gibt andere einfache Versuche, die diese Aussage bestätigen. Zu welchem Ergebnis gelangt die Theorie? Wie beim Federpendel ist durch Rechnung die Existenz eines linearen Kraftgesetzes für die Bewegung des Fadenpendels nachzuweisen.

Theoretische Überlegung (B 130) zum linearen Kraftgesetz und zur Schwingungsdauer

1. Bezugssystem: Günstig ist das System aus Kapitel 7.1. Der ruhende Oszillator aus Faden und Pendelkörper legt die Nulllage fest. Die y-Achse orientiert sich an der beobachteten kreisförmigen Bahn des Pendelkörpers.

2. Beim ruhenden Fadenpendel besteht zwischen der Gewichtskraft $\vec{F}_G$ senkrecht abwärts und der Kraft $\vec{F}_{zug}$ in der Aufhängung das statische Gleichgewicht $\vec{F}_{zug} = -\vec{F}_G$ bzw. $\vec{F}_{zug} + \vec{F}_G = \vec{0}$ mit $F_{zug} - F_G = 0$ bzw. $F_{zug} = F_G = mg =$ konstant.

3. Nach einmaliger Anregung von außen vollzieht das Fadenpendel eine periodische Bewegung, für die die konstante Gewichtskraft $\vec{F}_G$ nicht verantwortlich sein kann. Benötigt wird vielmehr eine Kraft tangential zur Kreisbahn. Sie muss den Körper zeitabhängig beschleunigen und ihm die beobachtete zeitabhängige Geschwindigkeit $\vec{v}(t)$ erteilen. Sie muss außerdem ständig zur Nulllage zeigen

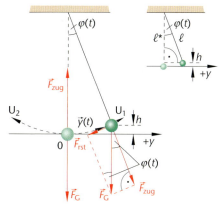

Bild 130: Kräfte beim Fadenpendel, wobei in der Zeichnung $\varphi > 10°$

und gegensinnig parallel zum zeitabhängigen Elongationsvektor $\vec{y}(t)$ vom Bezugspunkt zum momentanen Bahnpunkt P verlaufen.

4. Man zerlegt $\vec{F}_G$ wie in 3. beschrieben. Die zeitabhängige Komponente $\vec{F}_{rst}$ erfüllt die genannten Bedingungen und ist daher die Rückstellkraft dieser Bewegung. Die zweite, nun zeitabhängige, Komponente $\vec{F}_{zug}$ im Faden zieht an der Halterung. Es gilt:

1. $F_G = mg =$ konstant.
2. Dem Kräfteparallelogramm entnimmt man: $\vec{F}_{zug} + \vec{F}_{rst} = \vec{F}_G$ mit $\vec{F}_{rst}(t) \uparrow\downarrow \vec{y}(t)$.

3. Für den zeitabhängigen Drehwinkel $\varphi(t)$ gilt nach Kapitel 4.2: $\varphi(t) = \dfrac{y(t)}{l}$.

4. Aus dem rechtwinkligen Kräfteparallelogramm folgt: $\sin\,\varphi(t) = \dfrac{F_{rst}(t)}{F_G}$, $F_{rst}(t) =$
   $mg\,\sin\,\varphi\,(t)$. Zusammengefasst erhält man: $F_{rst}\,(t) = -mg\,\sin\left(\dfrac{y(t)}{l}\right)$ bzw. $F_{rst}(t) \sim \sin\dfrac{y(t)}{l}$,
   aber nicht, wie erforderlich, $F_{rst}(t) \sim y(t)$! Dieses Ergebnis widerspricht dem experimentellen Befund. Offensichtlich schwingt das mathematische Pendel doch nicht harmonisch. Woran mag das liegen?

5. Man betrachte die Tabelle B 131. Für einige Winkel im Grad- und Bogenmaß ist der Sinuswert angegeben, z. B.:

$\varphi_1 = 0{,}5°$: $\varphi_1 = 0{,}08727$ rad, $\sin\,0{,}08727 = 0{,}08716$; $\varphi_2 = 1°$: $\varphi_2 = 0{,}01745$ rad, $\sin\,0{,}01745 = 0{,}01745$ usw. Für kleine Winkel stimmen Winkel im Bogenmaß und zugehöriger Sinuswert umso genauer überein, je kleiner die Winkel sind. Deshalb gilt für Winkel φ, $0° \leq \varphi \leq 10°$, in guter bis sehr guter Näherung:
$\sin\dfrac{y(t)}{l} = \varphi(t) = \dfrac{y(t)}{l}$.

φ in Grad	φ im Bogenmaß	$\sin\,\varphi$
$0{,}5°$	$8{,}727 \cdot 10^{-3}$	$8{,}727 \cdot 10^{-3}$
$1°$	$0{,}01745$	$0{,}01745$
$5°$	$0{,}08727$	$0{,}08716$
$10°$	$0{,}1745$	$0{,}1736$
$20°$	$0{,}3491$	$0{,}3420$

Bild 131: Tabelle für Auslenkwinkel $\varphi(t)$

Bei der Beschreibung des experimentellen Nachweises oben wurde diese Information unterschlagen. Der Versuch bestätigt die harmonische Bewegung des Fadenpendels deshalb, weil bei der Anregung die Bedingung $0° \leq \varphi \leq 10°$ erfüllt ist. Aus der wahren kreisförmigen Elongation $y(t)$ entsteht dann nahezu eine zeitabhängige Strecke.
Theoretisch folgt mit $\sin\dfrac{y(t)}{l} = \varphi(t) = \dfrac{y(t)}{l}$ sofort:

$F_{rst}(t) = -mg\,\sin\left(\dfrac{y(t)}{l}\right) = -mg\dfrac{y(t)}{l} = -\dfrac{mg}{l}\,y(t)$ und damit wegen $\dfrac{mg}{l} =$ konstant: $F(t) \sim y(t)$.

Bemerkungen:

- Das Minuszeichen in $F_{rst}(t) = -\dfrac{mg}{l}\,y(t)$ folgt aus $\vec{F}_{rst}(t) \uparrow\downarrow \vec{y}(t)$. Die Rückstellkraft $\vec{F}_{rst}$ ist in jedem Zeitpunkt t der periodischen Bewegung zur Nulllage hin gerichtet und für kleine Auslenkwinkel φ, $0° \leq \varphi \leq 10°$, proportional zur Elongation $y(t)$. Daher schwingt das mathematische Pendel harmonisch. Die Theorie der harmonischen Schwingung aus 7.3 und 7.4 steht zur Verfügung.

- Richtgröße des Oszillators ist der konstante Term $\dfrac{mg}{l}$: $D = \dfrac{mg}{l}$. Dann hat das lineare Kraftgesetz die bekannte Form: $F_{rst}(t) = -Dy(t)$ mit $D = \dfrac{mg}{l}$.

- Für die Schwingungsdauer T folgt unter Verwendung der Theorie:

1. $T = 2\pi\sqrt{\dfrac{m}{D}}$

2. $D = \dfrac{mg}{l}$

Somit: $T = 2\pi\sqrt{\dfrac{ml}{mg}} = 2\pi\sqrt{\dfrac{l}{g}}$ bzw. $f_0 = \dfrac{1}{T}$; $f_0 = \dfrac{1}{2\pi}\sqrt{\dfrac{g}{l}}$.

Eigenfrequenz f_0 und Periodendauer T des frei schwingenden Fadenpendels sind unabhängig von der Masse m des Pendelkörpers und der Amplitude $\hat{y}$, falls die Bedingung $0° \leq \varphi \leq 10°$ besteht. Beide hängen von der Fadenlänge l und der Fallbeschleunigung g ab. f_0 und T sind ortsabhängig. Ein festes Fadenpendel hat auf der Erdoberfläche eine andere Periodendauer als auf der Mondoberfläche.

- Das Fadenpendel eignet sich gut zur präzisen Messung der Fallbeschleunigung g, denn es

gilt: $T = 2\pi\sqrt{\dfrac{l}{g}}$, $T^2 = 4\pi^2\dfrac{l}{g}$, $g = 4\pi^2\dfrac{l}{T^2}$. Die Größen T und l sind einfach zu bestimmen.

Daher hat man bei der ersten Mondlandung auf der Oberfläche ein mathematisches Pendel installiert. Untersucht wurden Veränderungen von g, die Auskunft über geologische Vorgänge im Mondinneren und den Mondaufbau gaben.

- Da man die Fadenlänge l bei Pendeluhren gut justieren kann, ist die Zeitmessung am festen Standort mit g = konstant sehr genau.

- Dem kleinen Bild in B 130 entnimmt man einen Zusammenhang, der bisweilen hilfreich ist. Ist h der Abstand eines Umkehrpunktes von der y-Achse und φ der zugehörige Auslenkwinkel des Fadenpendels, so entsteht mithilfe der Hilfsfigur:

1. $\cos \varphi(t) = \dfrac{l^*}{l}$, $l^* = l \cos \varphi(t)$
2. $l^* + h = l$, $l^* = l - h$

Somit: $l - h = l \cos \varphi(t)$,

$$h = l(1 - \cos \varphi(t)).$$

7.6 Periodische Energieumwandlung bei der harmonischen Schwingung

Laut Kapitel 7.1 wandeln sich bei einem mechanischen Oszillator periodisch kinetische und potenzielle Energie ineinander um. Die zur Umwandlung bereitstehende Energie wird ihm bei der Anregung zugeführt. Fehlt Reibung, so bleibt die Energie erhalten. Diese Aussagen werden nun quantitativ untersucht.

Die potenzielle Energie z. B. eines elastischen Federpendels beruht nur auf dem Dehnungszustand der Feder. Man berechnet sie auf folgende Weise:

1. $E_{\text{pot}}(t) = \dfrac{1}{2}Dy^2(t)$
2. $y(t) = \hat{y} \sin(\omega t + \varphi_0)$

Somit: $E_{\text{pot}}(t) = \dfrac{1}{2}D\hat{y}^2 \sin^2(\omega t + \varphi_0)$, $E_{\text{pot}} = \hat{E}_{\text{pot}}\sin^2(\omega t + \varphi_0) \geq 0$ mit $\hat{E}_{\text{pot}} = \dfrac{1}{2}D\hat{y}^2 > 0$.

Die kinetische Energie eines linearen Oszillators hängt von der Masse m und ihrer Geschwindigkeit $v(t)$ ab. Durch Rechnung erhält man:

1. $E_{\text{kin}}(t) = \dfrac{1}{2}mv^2(t)$
2. $v(t) = \hat{y}\omega \cos(\omega t + \varphi_0)$

Somit: $E_{\text{kin}}(t) = \dfrac{1}{2}m\omega^2\hat{y}^2 \cos^2(\omega t + \varphi_0)$,

$E_{\text{kin}}(t) = \hat{E}_{\text{kin}}\cos^2(\omega t + \varphi_0) \geq 0$ mit $\hat{E}_{\text{kin}} = \dfrac{1}{2}m\omega^2\hat{y}^2 > 0$.

Die Gesamtenergie E ist die Summe aus der potenziellen und der kinetischen Energie:

$E = E_{\text{pot}}(t) + E_{\text{kin}}(t)$, $E = \dfrac{1}{2}D\hat{y}^2 \sin^2(\omega t + \varphi_0) + \dfrac{1}{2}m\omega^2\hat{y}^2\cos^2(\omega t + \varphi_0)$.

Da $m\omega^2 = D$, schreibt man: $E = \dfrac{1}{2}D\hat{y}^2\sin^2(\omega t + \varphi_0) + \dfrac{1}{2}D\hat{y}^2\cos^2(\omega t + \varphi_0)$ bzw.

$E = \dfrac{1}{2}D\hat{y}^2(\sin^2(\omega t + \varphi_0) + \cos^2(\omega t + \varphi_0)) = \dfrac{1}{2}D\hat{y}^2 = $ konstant > 0, da $\sin^2\alpha + \cos^2\alpha = 1$ für beliebige Winkel α.

Bemerkungen:

- Die Gesamtenergie eines mechanischen harmonischen Oszillators ist zeitunabhängig konstant.

- Potenzielle und kinetische Energie wandeln sich ineinander um. Beide Energiearten haben die gleiche konstante Amplitude $\hat{E}_{\text{pot}} = \hat{E}_{\text{kin}} = \dfrac{1}{2}D\hat{y}^2 \geq 0$.

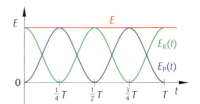

- B 132 zeigt die potenzielle, kinetische und gesamte Energie in Abhängigkeit von der Zeit t.

Bild 132: t-E-Diagramme der ungedämpften harmonischen Schwingung

Dabei fällt auf, dass die zeitabhängigen Energien gegenüber der Elongation $y(t)$ die doppelte Frequenz aufweisen. Dies bestätigt sich am Beispiel der potenziellen Energie:

$E_{\text{pot}} = \hat{E}_{\text{pot}}\sin^2(\omega t + \varphi_0) = \hat{E}_{\text{pot}}\dfrac{1}{2}(1 - \cos 2(\omega t + \varphi_0)) = \dfrac{1}{2}\hat{E}_{\text{pot}}(1 - \cos(2\omega t + 2\varphi_0))$,

da $\cos(2\alpha) = 1 - 2\sin^2\alpha$ für beliebige Winkel α.

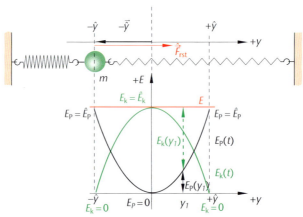

Bild 133

- B 133 zeigt für einen harmonischen Oszillator mit der Amplitude $\hat{y}$ das Liniendiagramm der potenziellen Energie E_{p}, der kinetischen Energie E_{k} und der gesamten Energie E in Abhängigkeit von der Elongation y.
  Für jede Auslenkung y, $-\hat{y} \leq y \leq \hat{y}$, gilt: $E_{\text{p}}(y) + E_{\text{k}}(y) = E(y)$. Dann erhält man zum Beispiel die kinetische Energie $E_{\text{k}}(y_1)$, wie gezeichnet, als senkrechten Abstand $E_{\text{k}}(y_1) = E(y_1) - E_{\text{p}}(y_1)$.

  Energiebetrachtung für die Elongation:
  - $y_0 = 0$: Die gesamte Energie E besteht aus kinetischer Energie; $E(y_0) = \hat{E}_{\text{k}}$.
  - $y = \pm\hat{y}$: Die gesamte Energie liegt als potenzielle Energie vor; $E(\pm\hat{y}) = \hat{E}_{\text{p}}$.

Reale Schwingungen kommen mehr oder weniger schnell zur Ruhe, sie sind gedämpft (B 134). Das bedeutet, dass die Amplitude $\hat{y}$ nicht konstant ist. Sie nimmt mit der Zeit t gegen null ab. Gleichzeitig ändert sich die Periodendauer T, das sinusförmige Liniendiagramm weicht von der Idealform etwas ab.

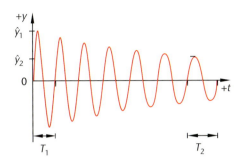

Bild 134: *t-y-Diagramm einer gedämpften Schwingung*

Ursache der Dämpfung sind Reibung und Luftwiderstand, also von außen wirkende Kräfte. Durch sie wird dem Oszillator permanent ein bestimmter Teil der Schwingungsenergie entzogen und in Wärme umgewandelt. Bei gedämpften Oszillatoren ist die mechanische Gesamtenergie nicht mehr konstant.

Es gibt Vorgänge, bei denen Dämpfung erwünscht ist. Schalldämpfung ist wichtig; im Wohnungsbau wird häufig dagegen verstoßen. Fahrzeuge verfügen über dämpfende Federn; sie gleichen dabei Unebenheiten der Fahrbahn aus.

Unerwünscht ist Dämpfung etwa bei der Zeitmessung oder in der Nachrichtentechnik bei Abstrahlung und Empfang von Informationen.

▸ **Harmonische Oszillatoren sind im reibungsfreien Idealfall Energiewandler, deren Gesamtenergie E und Amplitude $\hat{y}$ konstant bleiben. Innerhalb des schwingenden Systems kommt es zu permanenten Energieumformungen. Bei mechanischen harmonischen Schwingungen wandelt sich potenzielle in kinetische Energie um und umgekehrt, wobei zeitunabhängig gilt: $E = E_{\text{pot}} + E_{\text{kin}} = \text{konstant}$. Reale harmonische Oszillatoren schwingen gedämpft, erkennbar an der abnehmenden Amplitude. Durch Reibung geht stets ein kleiner Teil der Schwingungsenergie in Wärme über.**

7.7   Erzwungene Schwingung und Resonanz

7.7.1   Freie und erzwungene Schwingung

Man unterscheidet zwei Arten von Schwingung, nämlich die freie und die erzwungene.

Die **freie Schwingung** entsteht nach Anregung eines Oszillators durch eine einmalig wirkende äußere Kraft, wie in Kapitel 7.1 beschrieben und in B 106 gezeigt. Andere äußere Kräfte und Reibung fehlen. Die Amplitude ist während des gesamten periodischen Schwingungsablaufs zeitlich konstant: $\hat{y} = \text{konstant} > 0$. In diesem Fall spricht man von einer ungedämpften (harmonischen) Schwingung. Alle bisher behandelten Schwingungen waren frei und ungedämpft (s. Kap. 7.6).

Ein frei schwingender Oszillator mit einem Pendelkörper konstanter Masse m und einer konstanten Richtgröße D besitzt die Frequenz f_0. Sie heißt charakteristische Eigenfrequenz, berechnet sich mit der Formel $f_0 = \dfrac{1}{2\pi}\sqrt{\dfrac{D}{m}}$ und lässt sich nur durch m oder D ändern.

Jede reale Schwingung klingt mehr oder weniger rasch aus (s. Kap. 7.6, B 134), sie ist gedämpft. Ursache sind unvermeidbare Reibungsvorgänge. Sie verhindern, dass $\hat{y}$ konstant bleibt. Ebenso verlängert sich die Periodendauer T.

Die zeitliche Abnahme der Amplitude $\hat{y}$ vermeidet man auf folgende Weise: Man koppelt den gedämpft schwingenden Oszillator, den Empfänger, zum Beispiel mit einem ungedämpft schwingenden, dem Erreger oder Sender. Was Kopplung im physikalischen Sinn bedeutet, erläutert der nächste Versuch.

VERSUCH

Gekoppelte Fadenpendel (B 135)

① mehrere Fadenpendel gleicher oder verschiedener Bauart
② kaum gespannte Schnur als lose Kopplung
③ kleine Massen zur Erhöhung der Schnurspannung oder Kopplung durch Schraubenfedern

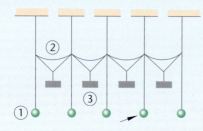 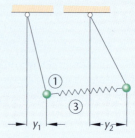

Bild 135: Gekoppelte Fadenpendel

Versuchsdurchführung und Beobachtung:
Ein beliebiges Pendel, einmal angeregt, wirkt als Sender über die Kopplungsschnur auf die Nachbarpendel ein. Diese nehmen die Bewegung des Senders auf. Nach kurzer Zeit schwingen alle gekoppelten Oszillatoren mit unterschiedlichen Amplituden und Geschwindigkeiten. Die ständig variierende gegenseitige Beeinflussung ist gut zu erkennen. Sie verbessert sich mit zunehmender Schnurspannung, die durch Anhängen von kleinen Massen (Reitern) erreicht wird. Die Wechselwirkungen laufen dann intensiver und schneller ab.

Allgemein ist festzuhalten: Eine **Kopplung** ist eine mehr oder weniger starre Verbindung von Oszillatoren, allgemein von Systemteilen, die durch Wechselwirkung Energie und Impuls überträgt. In der Mechanik wird durch mechanische Kopplungsglieder (Federn, Metallgestänge, Seil) Energie von einem Oszillator auf einen anderen übertragen. Je nach Stärke der wechselseitigen Beeinflussung, die die Kopplungskonstante bzw. der Kopplungsfaktor ausdrückt, spricht man von loser oder fester Kopplung. Je stärker die Kopplung ist, umso schneller und vollständiger wird Energie zwischen den gekoppelten Oszillatoren wechselseitig ausgetauscht.

Geeignete Kopplung ermöglicht, dass ein ungedämpfter Oszillator den Energieverlust des gedämpften permanent zeit- und mengengenau ausgleicht. Ergebnis: Die Empfängeramplitude $\hat{y}$ bleibt konstant. Der gedämpft schwingende Oszillator (B 136) wird zu einem ungedämpft schwingenden. Allerdings oszilliert er nicht unbedingt in seiner Eigenfrequenz f_0; vielmehr übernimmt er stets die Frequenz f_S des Senders. Sie wird ihm über die Kopplung vermittelt. Kurz: Der Sender steuert die Empfängerfrequenz, der Empfänger vollzieht **erzwungene Schwingungen** mit konstanter Amplitude.

Erfolgt der Energieausgleich innerhalb des eigenen Systems, so spricht man von **Rückkopplung**. Ein Beispiel ist die mechanische Uhr, deren schwingendes mechanisches Uhrwerk den Resonator bildet. Er steuert mithilfe der Unruh sehr genau den Zeitpunkt der Energiezufuhr aus dem Energiespeicher, z. B. einer gespannten Feder. Ziel ist eine ungedämpfte Schwingung, die eine genaue Zeitangabe gewährleistet.

7.7.2   Gekoppelte Oszillatoren und Resonanz

Der nächste Versuch beschreibt den Einfluss des Senders auf den gekoppelten Empfänger bei verschiedenen Frequenzen.

Pohlsches Drehpendel (B 136)

① pohlsches Drehpendel
② Spannungsquelle
③ Zeitmesser

Versuchsdurchführung und Messung:
Das pohlsche Drehpendel ist nach einem bekannten deutschen Experimentalphysiker benannt. Es besteht aus einem Drehoszillator, dem Resonator, und einem Elektromotor (B 136). Beide sind mit einer metallischen Kopplungsstange verbunden. Sie ist an der Motorachse exzentrisch befestigt. Die Kopplungsstange treibt den Erreger permanent an, der Erreger über eine elastische Spiralfeder den Resonator. Um seine Eigenfrequenz f_0 zu bestimmen, lenkt man ihn ein Mal kräftig aus. Dann schwingt er frei. Während des Vorgangs misst man die Zeitdauer für 10,0 Perioden, z. B. $\Delta t = 19{,}2$ s. Seine charakteristische Eigenfrequenz beträgt im Versuch $f_0 = \dfrac{10{,}0}{19{,}2 \text{ s}} = 0{,}52 \text{ s}^{-1} = 0{,}52$ Hz. Die Schwingung ist relativ stark gedämpft, die Amplitude $\hat{y}_E$ also nicht konstant.

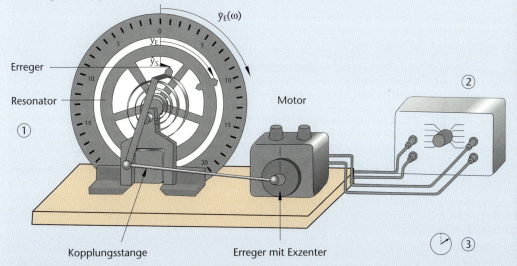

Bild 136: Pohlsches Drehpendel

Nun setzt man den Motor in Gang. Die von ihm ausgelöste Senderfrequenz f_S gewinnt man leicht. Man misst die Anzahl der Umdrehungen eines Zeigers an der Drehachse und die zugehörige Zeitdauer Δt. Anfangs beginnt man mit kleinen Senderfrequenzen, die man mit Blick auf die Eigenfrequenz f_0 des Empfängers allmählich steigert.

Gemessen wird der maximale Ausschlag des Resonators mithilfe einer Randskalierung, also seine Amplitude $\hat{y}_E$ in Abhängigkeit von der Senderfrequenz f_S. Reibung bleibt vorerst außer

Acht. Berücksichtigt man weiter, dass die Senderamplitude $\hat{y}_S$ während des ganzen Versuchs konstant ist, dann sind folgende Fälle beachtenswert:

- $f_S < f_0 = 0{,}52$ Hz: Die Senderfrequenz ist kleiner als die Eigenfrequenz. Sender und Empfänger schwingen in Phase. Der Phasenunterschied beträgt $\Delta\varphi = 0$. Die Empfängeramplitude $\hat{y}_E$ ist klein, aber konstant.
  Erhöht man f_S, so bleibt das bisherige Verhalten des Empfängers bestehen, $\hat{y}_E$ wird aber größer und übertrifft bald das konstante $\hat{y}_S$.
- $f_S = f_0 = 0{,}52$ Hz: Die Senderfrequenz erreicht genau die Eigenfrequenz des Empfängers, **Resonanz** liegt vor. Sender und Empfänger schwingen schlagartig phasenverschoben. Die Phasendifferenz beträgt $\Delta\varphi = \frac{1}{2}\pi$. Der Sender eilt dem Empfänger voraus. Auffallend: Der Empfänger schwingt besonders heftig. Seine Amplitude $\hat{y}_E$ ist maximal groß und stabil. Aus Sicherheitsgründen verhindert eine mechanische Vorrichtung, dass $\hat{y}_E$ zu groß wird. Im Resonanzfall ist die Energieübertragung auf den Resonator maximal. Die Eigenfrequenz f_0 wird deshalb auch als Resonanzfrequenz bezeichnet. Grundsätzlich kann der Empfänger so stark schwingen, dass er sich dabei selbst zerstört; man spricht dann von einer **Resonanzkatastrophe**.
- $f_S > f_0 = 0{,}52$ Hz: Die Senderfrequenz übersteigt die Eigenfrequenz des Empfängers. Sender und Empfänger schwingen schlagartig gegenphasig, es ist $\Delta\varphi = \pi$. Der Sender eilt voraus. Die Empfängeramplitude nimmt ab, und zwar umso kräftiger, je mehr f_S die Resonanzfrequenz f_0 übersteigt.

Bemerkungen:

- Beim Einrichten einer neuen Senderfrequenz f_S während der Versuchsdurchführung beobachtet man instabile, nicht periodische Schwingungen des Resonators. Man nennt diese Phase Einschwingvorgang. Sie geht nach kurzer Zeit in die eigentliche interessierende stationäre Phase über, den eingeschwungenen Zustand.

- Die drei vorgenannten Beobachtungen bleiben weitgehend gleich, wenn man den Resonator durch einen zuschaltbaren Magneten am Drehpendel dämpft. Die Amplituden erreichen nicht mehr so hohe Werte wie im ungedämpften Fall. Im Resonanzfall beträgt die Phasenverschiebung unabhängig von der Dämpfung $\frac{1}{2}\pi$, die Amplitude nimmt abhängig von der Dämpfung einen maximalen Wert an. Die Dämpfung beeinflusst auch die Phasendifferenz $\Delta\varphi$, mit der der Erreger dem Resonator vorauseilt. Aus der sprunghaften Änderung im Resonanzfall oder für $f_S > f_0$ wird eine stetige, die schon bei $f_S < f_0$ einsetzt.

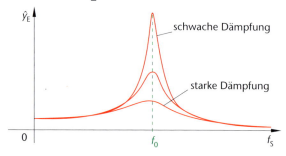

Bild 137: Resonanzkurven für verschiedene Dämpfungswerte

- Trägt man die Empfängeramplitude $\hat{y}_E$ in Anhängigkeit von der Senderfrequenz f_S in ein f_S-$\hat{y}_E$-Diagramm ein, so heißt der entstehende Graph **Resonanzkurve**. B 137 zeigt Resonanzkurven für unterschiedliche Dämpfungswerte. Die Resonanzkurve ist bei geringer Dämpfung hoch und eng, bei starker Dämpfung breit und flach. Außerdem erkennt man, dass sich die Maximalamplitude im Resonanzfall etwas nach links verschiebt.

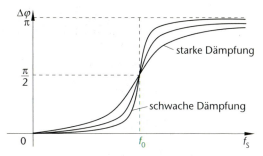

Bild 138: Phasendifferenz zwischen Erreger und Empfänger

- Das f_S-$\Delta\varphi$-Diagramm im B 138 veranschaulicht die Phasendifferenz $\Delta\varphi$ in Abhängigkeit von der Senderfrequenz f_S für schwache und starke Dämpfung.

Resonanz hat in sehr unterschiedlichen Bereichen Bedeutung.
Einige Beispiele sollen dies erläutern.

Beispiele

- Schwere rotierende Maschinenteile mit Unwucht lösen in der Betriebsphase Schwingungen aus. Diese übertragen sich auf Fundament und Mauerwerk. Erreicht die Maschinenfrequenz den Bereich der Eigenfrequenz des umgebenden Mauerwerks, so kommt es dort zu erzwungenen Schwingungen, deren Amplitude sich mehr und mehr aufschaukelt. Im Extremfall stürzt das Mauerwerk ein.
  Abhilfe: Nach vorheriger Festlegung der Eigenfrequenzen von Maschine und Mauerwerk vermeidet man in der Betriebsphase kritische Drehzahlen. Beim Hoch- und Zurückfahren der Maschine durchfährt man den kritischen Bereich möglichst rasch. Dämpfende Stoffe im Fundament schaffen ebenfalls Abhilfe.
- Als ein Trupp Soldaten eine Brücke im Gleichschritt durchlief, löste das rhythmische Stampfen ihrer Beine nahezu in der Eigenfrequenz der Brücke den Resonanzfall aus. Die Brücke geriet in heftigste Schwingung und stürzte ein. Seither überqueren Soldaten Brücken ohne Gleichschritt.
- Auch Hängebrücken sind gefährdet. Stoßartige Winde lösen Brückenschwingungen mit extremer Amplitude aus. Seile und Pontons halten der Belastung auf Dauer nicht stand, die Brücke stürzt ein, wie bereits geschehen.
- Ein Flugzeugkonstrukteur muss sich schon in der Phase der Erprobung vergewissern, dass die Eigenfrequenz der Tragflächen nicht mit der Schwingungsfrequenz der Turbinen übereinstimmt.
- Bei Zeigermessgeräten sind Messungen im Bereich der Eigenfrequenzen zu vermeiden, da die Messwerte verfälscht werden.
- Defekte Stoßdämpfer in Fahrzeugen können durch Schlaglöcher oder Rillen im Straßenbelag zu erzwungenen Schwingungen im Resonanzbereich angeregt werden. Dadurch reduziert sich der Bodenkontakt der Fahrzeuge; Lenkbarkeit und Bremsvermögen werden eingeschränkt.
- Klangerzeugung und Wohlklang vieler Musikinstrumente (Pfeifen, Saiten) und der menschlichen Stimme beruhen auf Resonanz.
- Resonanzerscheinungen sind in der Forschung wichtig, etwa in den Bereichen Akustik, Optik, Atomphysik und Astronomie. In der Nachrichtentechnik erreicht man optimalen Empfang, wenn sich Sender und Empfänger in Resonanz befinden.

7.7.3 Überlagerung von Schwingungen

Jeder Oszillator, geeignet angeregt, kann gleichzeitig zwei oder mehr Schwingungen ausführen. Zum Beispiel registriert das menschliche Trommelfell zeitgleich die Töne eines Sängers, einer Gitarre und einer zwitschernden Amsel. Die Einzelschwingungen setzen sich nach dem Überlagerungsprinzip in Kapitel 2.6 zu einer resultierenden Schwingung zusammen. Sie kann einfach oder kompliziert sein, wohl klingen oder schrill tönen; sie hängt vom gegenseitigen Verhältnis der Frequenzen und Amplituden und den Nullphasenwinkeln ab.

VERSUCH

Überlagerung zweier harmonischer Schwingungen gleicher Richtung und Frequenz (B 138.1)

① harmonisch schwingendes Stab- oder Fadenpendel P_1 und P_2 gleicher Länge l
② Umlenkrolle
③ Oszillator P
④ nahezu masseloser Faden als Kopplung

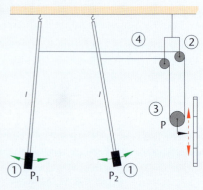

Bild 138.1

Versuchsdurchführung und Erklärung:
Die Pendel P_1 und P_2 stimmen wegen der gleichen Länge in der (Eigen-)Frequenz f bzw. ω überein. Sie sind mit dem Oszillator P so gekoppelt, dass er längs eines Maßstabs linear schwingt. Bei gleicher Auslenkungsweite lösen P_1 und P_2 gleiche Amplituden $\hat{y}$ in P aus. Man regt zuerst P_1 an, dann P_2, wobei die Bedingung $0° \leq \varphi \leq 10°$ für den Auslenkwinkel erfüllt ist. Beide Male vollzieht P eine erzwungene Schwingung mit der Frequenz ω und der Amplitude $\hat{y}$, die der Einzeloszillator P_1 oder P_2 mithilfe der Kopplung in P herbeiführt.

Schwingen P_1 und P_2 gleichzeitig und parallel zueinander, so entsteht in P die resultierende Schwingung oder **Überlagerungsschwingung**. Sie kann einfach oder kompliziert ablaufen. An den Einzelschwingungen von P_1 und P_2 selbst ändert sich dabei nichts. Sie beeinflussen sich gegenseitig nicht und überlagern sich unabhängig voneinander in P. Diese Aussage ist vom Überlagerungsprinzip für Bewegungen (s. Kap. 2.6) bekannt. Man spricht wieder vom Prinzip der ungestörten Überlagerung oder ungestörten Superposition.

▸▸ Prinzip der ungestörten Überlagerung oder **ungestörten Superposition:**
Wird ein Körper gleichzeitig zu zwei (oder mehreren) harmonischen Schwingungen angeregt, so überlagern sich diese ungestört. Für die resultierende Schwingung gilt:
$\vec{y}_{rsl}(t) = \vec{y}_1(t) + \vec{y}_2(t)$.

Ein wichtiger Fall ist die Superposition von harmonischen Schwingungen mit gleicher Schwingungsrichtung, die sich nur im Nullphasenwinkel unterscheiden. Vorausgesetzt wird also: $\vec{y}_1(t) \parallel \vec{y}_2(t)$, $\varphi_0 \geq 0$.

$y_1(t) = \hat{y} \sin(\omega t)$ ist das Zeit-Ort-Gesetz, das P_1 in P auslöst, und $y_2(t) = \hat{y} \sin(\omega t + \varphi_0)$ das Gesetz, das P_2 in P bewirkt. Dann erhält man nach dem Superpositionsprinzip das Zeit-Ort-Gesetz der linearen Schwingung in P:
$y_{rsl}(t) = y(t) = y_1(t) + y_2(t)$, $y(t) = \hat{y} \sin(\omega t) + \hat{y} \sin(\omega t + \varphi_0)$, $y(t) = \hat{y}(\sin(\omega t) + \sin(\omega t + \varphi_0))$.

Unter Anwendung eines Additionstheorems entsteht:

$$y(t) = 2\hat{y} \sin\left(\frac{\omega t + \omega t + \varphi_0}{2}\right) \cos\left(\frac{\omega t - \omega t - \varphi_0}{2}\right) = 2\hat{y} \sin\left(\omega t + \frac{\varphi_0}{2}\right) \cos\left(-\frac{\varphi_0}{2}\right).$$

Mit $\cos\left(-\dfrac{\varphi_0}{2}\right) = \cos\left(\dfrac{\varphi_2}{2}\right)$ folgt das Zeit-Ort-Gesetz der Schwingung in P in einfachster Form:

$$y(t) = 2\hat{y} \cos\left(\frac{\varphi_0}{2}\right) \sin\left(\omega t + \frac{\varphi_0}{2}\right).$$

Bemerkungen:

- Die Amplitude der Überlagerungsschwingung ist von φ_0 abhängig: $\hat{y}_{rsl} = 2\hat{y} \cos\left(\dfrac{\varphi_0}{2}\right)$. Sie nimmt Werte zwischen 0 und $2\hat{y}$ ein, da $0 \le \cos\left(\dfrac{\varphi_0}{2}\right) \le 1$.

- Die Schwingung in P ist harmonisch und gleichfrequent mit den von P_1 und P_2 in P ausgelösten Einzelschwingungen.

- Die harmonische Schwingung in P ist gegenüber den Einzelschwingungen um $\pm\dfrac{\varphi_0}{2}$ phasenverschoben.

- Die Amplitude und der Nullphasenwinkel der resultieren Schwingung lassen sich auch mithilfe eines Zeigerdiagramms ermitteln (B 138.2; 138.4).

- Der Herleitungsweg des Zeit-Ort-Gesetzes bleibt für den Fall gültig, dass P_1 und P_2 in P verschiedene Amplituden auslösen.

▸ **Die Überlagerung zweier harmonischer Schwingungen gleicher Richtung und Frequenz und gleicher Amplitude ergibt eine harmonische Schwingung gleicher Frequenz, deren Amplitude vom Nullphasenwinkel abhängt. Das t-y-Gesetz ist die Summe der Einzelelongationen: $y_{rsl}(t) = y(t) = y_1(t) + y_2(t)$.**

Einige Sonderfälle sind von besonderem Interesse. Sie beziehen sich auf den Nullphasenwinkel φ_0.

- $\boldsymbol{\varphi_0 = 0}$: Die harmonischen Schwingungen in P_1, P_2 und P sind in Phase und gleichfrequent. Das t-y-Gesetz geht in die Form $y(t) = 2\hat{y} \cos\left(\dfrac{0}{2}\right) \sin\left(\omega t + \dfrac{0}{2}\right)$ bzw. $y(t) = 2\hat{y} \sin(\omega t)$ über. Die Amplitude ist maximal: $\hat{y}_{rsl} = 2\hat{y}$, man spricht von **Verstärkung**. B 138.2 zeigt das Zeiger- und Liniendiagramm.

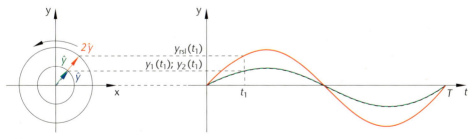

Bild 138.2

Wählt man zusätzlich für P_1 und P_2 Fadenlängen, die sich nur wenig unterscheiden, so sind auch die Frequenzen gering verschieden. In diesem Fall entsteht in P eine nichtharmonische Schwingung.

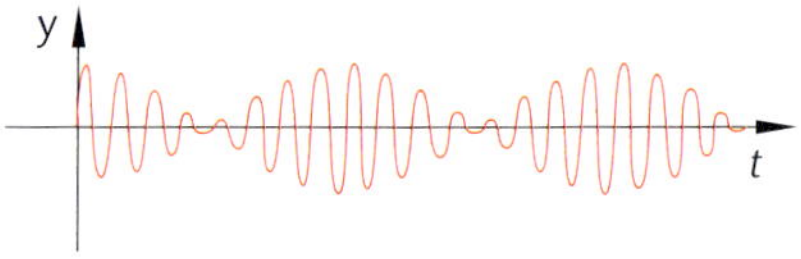

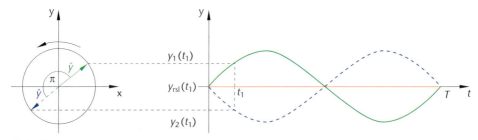

Bild 138.3

Das Überlagerungsergebnis heißt **Schwebung**. B 138.3 zeigt, dass die Amplitude periodisch zwischen 0 und dem Maximalwert $2\hat{y}$ schwankt, so schwellt z. B. die Lautstärke eines schwebenden Tones periodisch an und ab. Außerdem tritt an jeder Nullstelle der Amplitude ein Phasensprung von π auf.

- $\varphi_0 = \pi$: Die harmonischen Schwingungen in P_1, P_2 sind gegenphasig und gleichfrequent. Das t-y-Gesetz nimmt die Form $y(t) = 2\hat{y} \cos\left(\dfrac{\pi}{2}\right) \sin\left(\omega t + \dfrac{\pi}{2}\right)$ bzw. $y(t) = 2\hat{y} \cdot 0 \cdot \sin\left(\omega t + \dfrac{\pi}{2}\right) =$ $0 =$ konstant an. Diesen Fall nennt man **Auslöschung**. Beide Schwingungen heben sich in P auf, P verharrt zeitunabhängig in Ruhe. B 138.4 zeigt das Zeiger- und Liniendiagramm.

Bild 138.4

- $\varphi_0 = \dfrac{1}{2}\pi$: Das t-y-Gesetz für P lautet: $y(t) = 2\hat{y} \cos\left(\dfrac{\pi}{4}\right) \sin\left(\omega t + \dfrac{\pi}{4}\right)$.

Bemerkung:

Die harmonischen Oszillatoren P_1 und P_2 können Schwingungen mit ungleicher Richtung vollziehen. Im wichtigsten Fall verlaufen die Schwingungsrichtungen senkrecht zueinander. Die resultierende Elongation $y_{rsl}(t)$ bestimmt man wie bisher durch Vektoraddition. Mit dem Satz von Pythagoras gelangt man zum Ergebnis.

Aufgaben

1. Gegeben ist das t-v-Gesetz einer harmonischen Schwingung in der Form:

   $v(t) = 2{,}8 \ ms^{-1} \sin\left(5{,}12 \ s^{-1}t - \dfrac{\pi}{4}\right).$

   a) Erklären Sie kurz folgende Begriffe: Rückstellkraft, freie Schwingung, harmonische Schwingung, lineares Kraftgesetz.
   b) Berechnen Sie die Frequenz f der Schwingung.
   c) Geben Sie das t-y-Gesetz der Schwingung an.
   d) Berechnen Sie den Zeitpunkt t*, in dem erstmals $v(t^*) = -1{,}5 \ ms^{-1}$ gilt, und bestätigen Sie das Ergebnis mithilfe eines Zeigerdiagramms.
   e) Geben Sie das t-a-Gesetz der Bewegung an.

2. Von einer harmonischen Schwingung ist das t-v-Diagramm bekannt.

    a) Erstellen Sie mithilfe des Diagramms das t-v-Gesetz der Schwingung und zeigen Sie, dass $y(t) = -2,39$ m sin $(1,05$ s$^{-1}t)$ das zugehörige t-y-Gesetz ist.

    b) Zeichnen Sie das t-y-Diagramm, entnehmen sie ihm die Elongation $y(t_1)$ für den Zeitpunkt $t_1 = 1,12$ s und bestätigen Sie den Ablesewert rechnerisch.

    c) Leiten Sie aus B 138.5 den Messwert für die Amplitude $\hat{a}$ der Beschleunigung her.

    d) Berechnen Sie den Zeitpunkt t_2, in dem erstmals die Beschleunigung $a_2 = 1,50$ ms^{-2} erreicht wird.

    e) Geben Sie in einer Skizze den grundsätzlichen Verlauf der Vektoren $\vec{y}(t_2)$, $\vec{a}(t_2)$ und $\vec{F}(t_2)$ an, die am Pendelkörper wirksam sind.

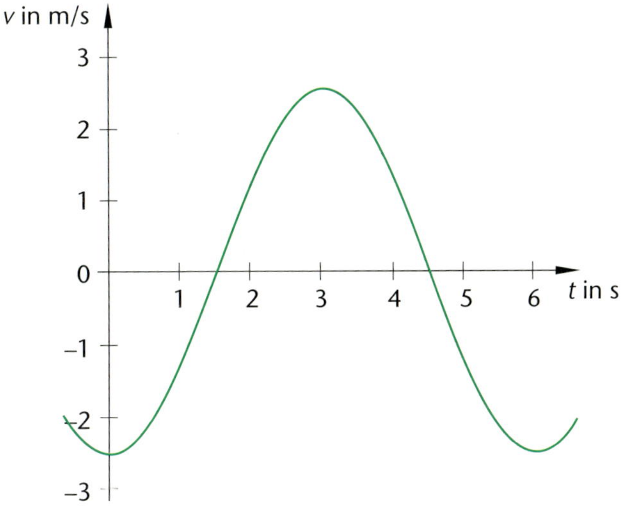

Bild 138.5

3. Ein Pendelkörper K der Masse $m = 0,250$ kg, am Ende einer Schraubenfeder befestigt, befindet sich in Ruhe. Durch einen ruckartigen Zug senkrecht nach unten erhält K die Anfangsgeschwindigkeit $v_0 = 0,380$ ms^{-1} und erreicht nach $0,182$ s den unteren Umkehrpunkt U.

    a) Bestimmen Sie die Amplitude $\hat{y}$, die Frequenz f_0 und den Nullphasenwinkel φ_0 der Schwingung.

    b) Ermitteln Sie die y(t)-, v(t)- und a(t)-Beziehung der Schwingung und skizzieren Sie die Liniendiagramme.

    c) Bestimmen Sie den Abstand s zum unteren Umkehrpunkt U, bei dem K erstmals die Geschwindigkeit $v_1 = 0,250$ ms^{-1} besitzt. Bearbeiten Sie die Aufgabe mithilfe der Diagramme und durch Rechnung.

    d) Berechnen Sie die Richtgröße D und die größtmögliche Amplitude $\hat{y}_{max}$ der Feder, bei der noch eine harmonische Schwingung möglich ist.

    e) Ermitteln Sie die Rückstellkraft F_1 bei der Geschwindigkeit v_1.

    f) Begründen Sie kurz, welchen Einfluss eine Verdopplung der Körpermasse m auf $\hat{y}_{max}$, f_0, φ_0, $\hat{v}$ und $\hat{a}$ hat, wenn die Schwingung unter sonst gleichen Bedingungen in Gang gesetzt wird.

4. Ein Fadenpendel mit der Länge $l = 2,00$ m und dem Pendelkörper der Masse $m = 5,00$ kg wird bei der Anregung um $\varphi_0 = 5°$ aus der Gleichgewichtslage so ausgelenkt, dass $y(t_0 = 0) = -\hat{y}$ gilt.

    a) Berechnen Sie die Gesamtenergie E des Pendels.

    b) Ermitteln Sie den Betrag v der Geschwindigkeit, mit der sich der Pendelkörper durch die Gleichgewichtslage bewegt.

    c) Berechnen Sie mithilfe des Energieerhaltungssatzes den Zeitpunkt t_1, in dem der Körper erstmals die momentane Auslenkung $y_1 = 0,12$ m einnimmt.

    d) Überlegen Sie, ob und wie sich die Periodendauer des Pendels ändert, wenn es auf der Marsoberfläche betrieben würde, und begründen Sie die Antwort.

5. Das Fadenpendel P mit der Länge l = 1,20 m ist mit drei weiteren Fadenpendeln an einer Querstange befestigt (B 138.6); für deren Längen gilt: P_1 mit l_1 = 1,50 m, P_2 mit l_2 = 1,15 m, P_3 mit l_3 = 0,40 m.

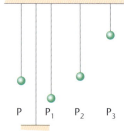

a) Begründen Sie, weshalb P_1 bis P_3 zu schwingen beginnen, wenn man P in Schwingungen versetzt.

b) Machen Sie begründete Aussagen zu den Amplituden und Frequenzen der drei Oszillatoren und geben Sie Zahlenwerte an, wo dies möglich ist.

c) Nun wird die Masse m des Pendelkörpers P vervierfacht, die Versuchsbedingungen bleiben gleich. Beantworten Sie nochmals Aufgabe b).

d) Der Pendelkörper P wird durch einen Permanentmagneten der Masse m ersetzt. Durch einen geeignet unter P angebrachten Elektromagneten unterliegt das Pendel einer Kraft, die dem Vierfachen seiner Gewichtskraft entspricht. Beantworten Sie nochmals Aufgabe b).

Bild 138.6

6. Eine Maschine besitzt ein rotierendes Bauteil mit der Drehzahl 280 min^{-1}. Sie steht auf einem Sockel, der gleichmäßig auf sechs baugleichen Druckfedern mit der Federkonstanten D = 4,2 · 10^4 Nm^{-1} lastet. Maschine und Sockel zusammen haben die Gewichtskraft F_G = 3600 N.

a) Erklären Sie die Bedeutung der Federn unter dem Sockel.

b) Ermitteln Sie die Eigenfrequenz f_0 des Systems aus Maschine, Sockel und Federn und beschreiben Sie das Schwingungsverhalten dieser Anordnung.

c) Am Sockel lassen sich Zusatzkörper mit der Masse m_z anbringen. Ermitteln Sie die Abhängigkeit der Eigenfrequenz f_0 von m_z als Gleichung und zeichnen Sie das zugehörige m_z-f_0-Diagramm für $0 \leq m_z \leq 95$ kg.

d) Bestimmen Sie, für welche Zusatzmasse m_z sich die Anordnung möglichst erschütterungsfrei betreiben lässt.

e) Nennen Sie Maßnahmen, durch die sich störende Erschütterungen grundsätzlich vermindern lassen.

7. Für experimentelle Studien verwendet man zwei nicht hörbare Töne, die durch die Gleichungen $y_1(t)$ = 3,0 cm sin (0,40 π s^{-1}t) und $y_2(t)$ = 3,0 cm sin (0,40 π s^{-1}t + 0,5 π) beschrieben werden. Sie überlagern sich ungestört in einem geeigneten Mikrofon.

a) Leiten Sie das Zeit-Ort-Gesetz y(t) der Überlagerungsschwingung durch Rechnung her.

b) Zeichnen Sie die Liniendiagramme beider Einzelschwingungen für eine Periode in ein t-y-Koordinatensystem und ermitteln Sie grafisch das t-y-Diagramm der Überlagerungsschwingung.

c) Zeichnen Sie das Zeigerdiagramm der beiden Ausgangsschwingungen für den Zeitpunkt t_1 = 0,82 s und ermitteln Sie grafisch die Elongation $y(t_1)$ der Überlagerungsschwingung.

d) Ermitteln Sie rechnerisch die v(t)- und a(t)-Beziehung der Überlagerungsschwingung in der jeweils kürzesten Form.

8.1 Weltsysteme im historischen Überblick

Der beobachtende Blick zum Himmel gehört zu den frühesten Beschäftigungen des Menschen mit der Natur. Lauf und Stand der Sonne hatten fundamentale Bedeutung für sein tägliches Leben. Der Wechsel von Tag und Nacht oder der Jahreszeiten beeinflusste sein Tagwerk, von dem seine Existenz elementar abhing. Der Mond und die Pracht des Sternenhimmels ließen ihn staunen und weckten sein Interesse. So wundert es nicht, dass sich schon in den ältesten Kulturen der Menschheit Vorstellungen von der Erde und dem sie umgebenden Raum entwickelten.

Das Interesse an Erde und Weltraum, insbesondere das wissenschaftliche, hält bis heute an. Während sich die **Kosmologie** mit dem Aufbau des Weltalls und seiner Einordnung in Raum und Zeit beschäftigt, behandelt die **Kosmogonie** die Entstehung und Entwicklung des Weltalls sowie der einzelnen Weltkörper.

Kurz angerissen wird die kosmologische Vorstellung des hellenistischen Kulturkreises (ca. 400 v. Chr. – 100 n. Chr.), denn auf ihr beruht der Übergang in die Neuzeit. In dieser Epoche erlangte die antike Physik ihren Höhepunkt. Die Naturforscher wussten, dass die Erde ein Kugel war und keine Scheibe, denn sie erblickten bei Mondfinsternis das Schattenbild der Erde auf dem Mond. Die Entfernung Erde–Mond berechneten sie mithilfe einfacher mathematischer Überlegungen, ebenso recht genau den Erdradius. Sie entwickelten Hebel, Schrauben, Kräne und Katapulte. Schon um 300 v. Chr. stellte Aristarch von Samos erstmals die Sonne in den Mittelpunkt des Planetensystems.

Um das Jahr 150 n. Chr. fasste ein griechischer Astronom in ägyptischen Diensten mit Namen Ptolemäus (B 139) das astronomische Wissen seiner Zeit zusammen, systematisierte es und entwickelte die erste astronomische Theorie. Er legte die ruhende Erde in den Mittelpunkt des sie umgebenden Raums. Alle Himmelskörper einschließlich der Sonne umlaufen sie. Mit der Erde als Bezugssystem versuchte er die Himmelsbewegungen mathematisch zu beschreiben. Ebene Geometrie, algebraische Grundlagen und das Wissen seiner Vorgänger standen ihm zur Verfügung. Man bezeichnet dieses Bezugssystem heute als den **geozentrischen** Standpunkt oder als **ptolemäisches** Weltsystem. Aus physikalischer Sicht war es ungünstig gewählt. Die Bewegungen am Planetenhimmel verwirrten die irdischen Betrachter ohne Fernrohr. Sie waren mathematisch nicht zu beherrschen. Experimentelles Handeln und Denken gab es noch nicht, die ein-

Bild 139: Claudius Ptolemäus (100–175)

flussreiche Naturlehre des griechischen Philosophen Aristoteles (384–322 v. Chr.) wog schwer. Da sich das geozentrische System außerdem gut in das dogmatische Lehrgebäude römischer Theologen einfügte, wurde es nicht hinterfragt, sondern mehr als eintausend Jahre beibehalten.

Ein Durchbruch von heute kaum noch nachvollziehbarer geistiger Heftigkeit erfolgte im 15. Jahrhundert. Mehr und mehr Gelehrte erkannten den Mangel des gewählten Bezugssystems und dachten an eine Änderung. Hervorzuheben ist in diesem Zusammenhang der im Fränkischen geborene Johannes Müller (1436–1476). In der Mode seiner Zeit wählte er einen lateinischen Namen und benannte sich nach seinem Geburtsort Regiomontanus, der Königsberger. Er schuf ein umfangreiches und sehr genaues trigonometrisches Tafelwerk und entwickelte die Astronomie und Mathematik weiter.

Der deutsch-polnische Domherr und Astronom Nikolaus Kopernikus (B 140) begründete nach umfangreichen Studien ein neues Bezugssystem, das **kopernikanische** oder **heliozentrische** Weltsystem (helios, griech.: Sonne; Helium: Stoff der Sonne). Er wählte die ruhend gedachte Sonne als Bezugspunkt, um die alle Planeten einschließlich der Erde kreisen. Damit verbannte er die Erde aus dem Zentrum des Weltalls, er entriss ihr den Sonderstatus. Sie war zwar Lebensraum des Menschen, ansonsten aber hatte sie keine Vorzugsstellung im Weltraum gegenüber anderen Himmelskörpern; sie war einer von vielen. Aus Angst um Leib und Leben erlaubte Kopernikus die Veröffentlichung seines Werkes erst am Lebensende. Die kopernikanische Wende bedeutete nicht nur einen astronomischen und physikalischen Umbruch, sondern darüber hinaus einen geistigen. Der Mensch musste zur Kenntnis nehmen, dass er keine Sonderrolle im raum-

Bild 140: Nikolaus Kopernikus (1473–1543)

zeitlichen Geschehen beanspruchen kann. Er war vielmehr Teil einer natürlichen Entwicklung. Dieser massive Wechsel führte aus heutiger psychoanalytischer Sicht zur ersten Kränkung der Menschheit. Gemeint ist damit, dass Stolz und Selbstbewusstsein des Menschen durch die neue Lehre tief verletzt wurden. Als Theologe beharrte Kopernikus bei den Planeten auf exakten Kreisbahnen.

8.2   Keplersche Gesetze

Der neuen Weltsicht zum Durchbruch verhalf entscheidend der deutsche Astronom und Theologe Johannes Kepler (B 141). Er konnte sich dabei auf die Arbeit des dänischen Astronomen Tycho Brahe (1546–1601) stützen. Brahe verwendete erstmals eines der gerade neu entwickelten einfachen Fernrohre. In jahrzehntelanger Arbeit vermaß er die Bahn des Planeten Mars mit einer für die damaligen Verhältnisse unvorstellbaren Präzision von nur einer Bogenminute. Kepler wertete die Messungen Brahes aus. Unter Einbeziehung der kopernikanischen Aussage erschloss er drei bis heute gültige Gesetze. Sie gelten für Planeten und Satelliten gleichermaßen.

Bild 141: Johannes Kepler (1572–1630)

Erstes keplersches Gesetz:

▸ **Alle Planeten bewegen sich auf Ellipsenbahnen, in deren gemeinsamem Brennpunkt die Sonne liegt.**

Legende zur elliptischen Bahn (B 142):

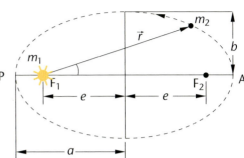

a:	große Halbachse der Bahnellipse
b:	kleine Halbachse der Bahnellipse
F_1, F_2:	Brennpunkte der Bahnellipse
e:	Entfernung eines Brennpunktes F vom Ursprung des Koordinatensystems oder lineare Exzentrizität; sie stellt einen Zusammenhang zwischen a und b her: $e^2 = a^2 - b^2$
m_1:	Masse der Sonne oder eines Zentralkörpers
m_2:	Masse des Planeten oder eines den Zentralkörper umlaufenden Satelliten
A:	Aphel; sonnenfernster Punkt des umlaufenden Planeten
P:	Perihel; sonnennächster Punkt des umlaufenden Planeten

Bild 142: Elliptische Bahn eines Planeten um die Sonne

Bemerkungen:

- Himmelskörper oder Satelliten umlaufen einen Zentralkörper nur dann antriebsfrei auf stabiler Bahn, wenn die Bedingung des ersten keplerschen Gesetzes erfüllt ist.

- Brahe zeigte durch Messung, dass sich die elliptische Marsbahn kaum von einer Kreisbahn unterscheidet. Das Achsenverhältnis beträgt $a : b = 1000 : 996$. Die meisten Planeten umlaufen den Zentralkörper Sonne ebenfalls auf nahezu kreisförmigen Bahnen, deren Form und Lage sich aufgrund von Bahnstörungen im Laufe der Zeit allmählich ändert. In guter Näherung ersetzt man die wahren Bewegungsabläufe daher durch Kreisbewegungen. Alle gezeichneten Ellipsenbilder sind im Zusammenhang mit Kepler überzogen gezeichnet, erleichtern aber Erklärung und Verständnis.

- Langperiodische Kometen im Sonnensystem bewegen sich auf Parabelbahnen.

- Himmelskörper, die von außerhalb in das Sonnensystem eindringen und es wieder verlassen, haben hyperbolische Bahnen.

Zweites keplersches Gesetz, Flächensatz:

▸ **Der Ortsvektor oder Fahrstrahl $\vec{r}$ von der Sonne zum Planeten überstreicht in gleichen Zeiten gleiche Flächen.**

Welcher physikalische Inhalt steckt in diesem Satz? Zum Verständnis wählt man einige Bahnpunkte eines umlaufenden Planeten mit den Ortsvektoren $\vec{r}_1, \vec{r}_2, \dots \vec{r}_6$ zu unterschiedlichen Zeitpunkten t_i so, dass die Zeitdifferenz $\Delta t = t_2 - t_1 = t_4 - t_3 = t_6 - t_5$ gleich bleibt (B 143). Es fällt sofort auf, dass die Bogenlängen b_1, b_2, b_3 trotz gleicher Zeitdauer Δt verschieden lang sind: $b_1 < b_3 < b_2$.

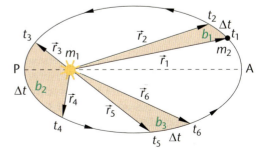

Bild 143: Zweites keplersches Gesetz

Ortsvektoren und Bogenlängen bilden Ellipsensektoren. Das zweite Keplergesetz besagt, dass der Flächeninhalt dieser Sektoren innerhalb der gleichen Zeitdauer Δt konstant ist. Oder anders gesagt: Der Ortsvektor oder Fahrstrahl $\vec{r}$ von der Sonne zum Planeten überstreicht in gleichen Zeiten Δt gleiche Flächen. Dagegen unterscheiden sich die Quotienten $\frac{b_1}{\Delta t}$, $\frac{b_2}{\Delta t}$, $\frac{b_3}{\Delta t}$, die Bahngeschwindigkeit ist zeitabhängig. Ein Planet hat im Perihel die größte Bahngeschwindigkeit, im Aphel die kleinste. Folglich muss es eine zeitabhängige Beschleunigung $\vec{a}$ geben und eine verursachende Kraft. Insgesamt ändert sich die Bahngeschwindigkeit bei einem vollen Umlauf aber nur wenig, die Beschleunigung ist gering. Wie bei der Kreisbewegung hält eine Kraft $\vec{F}$ den Planeten auf der Ellipsenbahn.

Bemerkungen:

- Es existiert nur die Kraft $\vec{F}$ der Sonne auf einen Planeten (B 144). Um die Änderung seiner Bahngeschwindigkeit zu verstehen, zerlegt man sie in eine Richtung tangential zur Bahn und in eine senkrecht zu $\vec{F}$. Die Tangentialkraft $\vec{F}_t$ beschleunigt den Planeten auf dem Weg vom Aphel zum Perihel, sie verzögert ihn auf dem Weg vom Perihel zum Aphel.

- Die Jahreszeiten ergeben sich nicht aus der Entfernung der Erde zur Sonne, sondern aus der Neigung der Erdachse zur Bahnebene. Bei Winterbeginn auf der Nordhalbkugel befindet sich die Erde im Perihel.

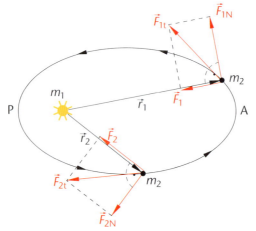

Bild 144: Veränderliche Bahngeschwindigkeit eines Planeten

Drittes keplersches Gesetz:

▸ **Die Quadrate der Umlaufzeiten T_1, T_2 zweier Planeten der Sonne verhalten sich wie die dritten Potenzen der großen Halbachsen ihrer Bahnellipsen. Man schreibt als Formel:** $\dfrac{T_1^2}{T_2^2} = \dfrac{a_1^3}{a_2^3}$. **Eine andere Schreibweise lautet:** $\dfrac{T_1^2}{a_1^3} = \dfrac{T_2^2}{a_2^3} = \dots = konstant = c_k$.

B 145 veranschaulicht das Gesetz für zwei Planeten oder Satelliten, die den gleichen Zentralkörper im gemeinsamen Brennpunkt ihrer Bahnellipsen umlaufen. Die erste Formel besteht aus Quotienten mit gleichen physikalischen Größen, die zweite enthält Quotienten mit Daten desselben Planeten oder Satelliten.

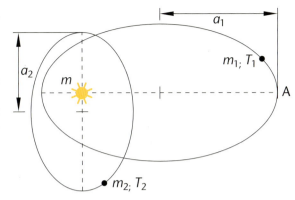

Bild 145: Drittes keplersches Gesetz

Bemerkungen:

- Die Konstante c_K heißt Keplerkonstante; das Formelzeichen ist frei gewählt.

- Jeder Zentralkörper hat seine eigene Keplerkonstante. Sie ist für alle Himmelskörper, die denselben Zentralkörper umlaufen, gleich. So hat z.B. die Keplerkonstante für alle um die Sonne kreisenden Planeten einen anderen Wert als für den Mond und die Satelliten, die den Zentralkörper Erde umlaufen.

  Beispiel: Aus den astronomischen Daten des Planeten Erde, nämlich Umlaufzeit $T = 365{,}26$ d, Radius $a = 149{,}60 \cdot 10^9$ m, erhält man die Keplerkonstante des Zentralkörpers

  $$\text{Sonne: } c_{KS} = \frac{(365{,}26 \cdot 86400 \text{ s})^2}{(149{,}6 \cdot 10^9 \text{ m})^3} = 2{,}97 \cdot 10^{-19}\, \frac{\text{s}^2}{\text{m}^3}.$$

Beispiele

Für das Achsenverhältnis der meisten Planeten und vieler Satelliten gilt $a : b \approx 1$. Die Ellipsenbrennpunkte der Planetenbahnen werden zum Mittelpunkt von Kreisbahnen mit dem Radius $r = a \approx b$. Die reale Ellipsenbewegung darf in guter Näherung durch eine gleichförmige Kreisbewegung ersetzt werden. Alle folgenden Überlegungen basieren auf dieser Vereinfachung. Sie gestattet beispielsweise, einen Zusammenhang zwischen der Bahngeschwindigkeit v eines Erdsatelliten und dem Radius r seiner stabilen, antriebsfreien Kreisbahn herzustellen.

1. Für die gleichförmige Bewegung eines Satelliten auf einer Kreisbahn gilt:

   $v = \omega r$, $\omega = \dfrac{2\pi}{T}$ = konstant; also: $v = \dfrac{2\pi}{T} r$ bzw. $v = 2\pi \dfrac{r}{T}$. v hängt von zwei Einflussgrößen ab, nämlich vom Bahnradius r und von der Umlaufdauer T. Deshalb ist es sinnvoll,

   zum Beispiel T mithilfe des dritten Keplergesetzes durch die Größe r zu ersetzen.

2. Das dritte keplersche Gesetz besagt: $\dfrac{T^2}{r^3} = c_{KE}$, $T = r\sqrt{c_{KE}r}$.

   Somit gilt nach 1: $v = \dfrac{2\pi}{r\sqrt{c_{KE}r}} r = \dfrac{2\pi}{\sqrt{c_{KE}}} \cdot \dfrac{1}{\sqrt{r}}$. Jetzt hängt die Bahngeschwindigkeit v nur

   von r allein ab. Das Ergebnis lässt sich folgendermaßen deuten:

   - Die Konstante $\dfrac{2\pi}{\sqrt{c_{KE}}}$ ist für die Erde charakteristisch.

- Es gilt $v \sim \dfrac{1}{\sqrt{r}}$. Jede Umlaufbahn eines Erdsatelliten mit $r^* =$ konstant verfügt über die eindeutige konstante Bahngeschwindigkeit $v^* = \dfrac{2\pi}{\sqrt{c_{KE}}} \cdot \dfrac{1}{\sqrt{r^*}}$. Ein Satellit umläuft die Erde also nur dann auf einer Kreisbahn mit dem Radius r^* stabil und antriebsfrei, wenn er genau diese Geschwindigkeit besitzt. Ist er langsamer, so nähert er sich der Erde, ist er schneller, so entfernt er sich.

- Mit zunehmendem Bahnradius r nimmt die Bahngeschwindigkeit ab. Ein erdnaher Satellit ist schneller als der Mond. Für $r \to \infty$ gilt $v(r) \to 0$. Der Satellit kommt in unbegrenzter Ferne, dem unendlich fernen Punkt, ohne kinetische Energie zur Ruhe.

- Ist $r = r_0$ der Radius der ideal kugelförmig gedachten Erde mit homogenem Aufbau, so hat $v(r_0) = \dfrac{2\pi}{\sqrt{c_{KE}}} \cdot \dfrac{1}{r_0}$ einen maximalen Wert. Satelliten in 1 mm Höhe über der glatt polierten Oberfläche könnten die Erde stabil und antriebsfrei mit größter Bahngeschwindigkeit umkreisen, wenn atmosphärische Reibung fehlt.

- Ergebnis und Deutungen sind auf andere Zentralkörper übertragbar.

Aufgaben

1. Ein Satellit umläuft den Zentralkörper K auf einer Kreisbahn mit dem Radius r in der Zeitdauer T.
   a) Zwischen T und r besteht ein eindeutiger Zusammenhang. Nennen Sie das Gesetz, das diesen Zusammenhang dokumentiert, und geben Sie kurz den Inhalt an.
   b) Ein Satellit mit dem Kreisbahnradius r* umläuft K. Berechnen Sie seine Bahn- und Winkelgeschwindigkeit unter Verwendung aller gegebenen Größen in Abhängigkeit von r*.
   c) Begründen Sie rechnerisch, wie sich die Verdoppelung von r* auf die Bahngeschwindigkeit v und die Winkelgeschwindigkeit ω des Satelliten in b) auswirkt.
   d) Es wird nun angenommen, dass zwei Satelliten den Körper K auf Kreisbahnen umlaufen, für deren Radien gilt: r : r* = 1 : 10. Ermitteln Sie durch Rechnung, in welchem Verhältnis die Bahngeschwindigkeiten v und v* sowie die Winkelgeschwindigkeiten ω und ω* der beiden Satelliten stehen.
2. a) Skizzieren Sie die elliptische Bahn eines Planeten P, der die Sonne S mathematisch positiv umläuft.
   b) Geben Sie alle Möglichkeiten für den geometrischen Ort von S an und erklären Sie, wodurch er festgelegt ist.
   c) Ergänzen Sie die Skizze durch die Punkte A und B, in denen der Planet seine größte oder seine kleinste Bahngeschwindigkeit besitzt.
   d) Die von S auf P ausgeübte Kraft heißt Zentralkraft. Nennen Sie die physikalische Bedeutung einer solchen Kraft.
   e) Tragen Sie die Zentralkraft auf P in die Skizze ein, zerlegen Sie sie in geeignete Kraftkomponenten und erklären Sie deren Wirkung auf P.
   f) Geben Sie an, welche der beiden Kraftkomponenten in A bzw. B allein auftreten, und begründen Sie, weshalb dort die Bahngeschwindigkeit am größten oder kleinsten ist.

8.3   Gravitationsgesetz nach Newton

Arbeiten des Italieners Galilei, des Franzosen Descartes, des Niederländers Huygens und anderer Physiker im 17. Jahrhundert vermehrten das Wissen in der Mechanik und Kinematik. Die induktive Arbeitsmethode setzte sich durch, Gesetze wurden experimentell verifiziert. Unklar blieb, wie man die Kraft der Sonne auf einen Planeten bestimmt und welche Kopplung diese Kraft vermittelt. Newton löste zumindest das Problem der Berechnung.

Glanzvoller Höhepunkt seines Schaffens ist nämlich die Entwicklung einer Theorie über Himmelsmechanik. Mit ihr gelingt es, die Kraft zwischen zwei Punktmassen zu berechnen.

Vor allem erbrachte die Physik in dieser Zeit den Nachweis, dass ihre Arbeitsmethode und Vorgehensweise bei der Beschreibung irdischer Bewegungen und Abläufe gleichermaßen auch im Weltraum Bestand hat. Physik und Naturwissenschaften befreiten sich endgültig von jeder Bevormundung.

Nach der Physiklegende kam Newton die Idee der Kraftwirkung zwischen Sonne und Erde, als er an einem schönen Sonnentag im Gras unter einem Apfelbaum lag und seine Seele baumeln ließ. Plötzlich fiel ihm ein Apfel auf den Kopf. Der Treffer löste einen Gedankenblitz aus. Newton sprang auf, rief „heureka!" (gr.: „ich habs gefunden") wie sein berühmter griechischer Kollege Archimedes bei der Entdeckung des Gesetzes vom Auftrieb, natürlich in englischer Sprache, und machte sich an die Arbeit, die im Folgenden mit vereinfachenden Änderungen vorgestellt wird.

Man ersetzt die realen Himmelskörper durch Massenpunkte, die Bewegung der Planeten auf Ellipsenbahnen nach dem ersten keplerschen Gesetz durch gleichförmige Kreisbewegungen. r ist die Entfernung der Massenpunkte bzw. Körperschwerpunkte. Brennpunkte der Ellipsenbahn, Kreismittelpunkt und ruhende Sonne mit der Masse m_1 fallen zusammen. T ist die Umlaufdauer eines Planeten, c_{KS} die Keplerkonstante des Zentralkörpers Sonne (B 146).

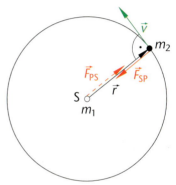

Bild 146: Zur Herleitung des Gravitationsgesetzes

Damit sich der Planet P mit der Masse m_2 auf einer stabilen Kreisbahn um die Sonne hält, muss an ihm eine vom Zentralkörper ausgehende Anziehungskraft $\vec{F}_{SP}$ als Zentripetalkraft angreifen. F_{SP} gewinnt man durch die Anwendung schon bekannter Gesetze:

1. $F_{SP} = m_2 \omega^2 r$

2. $\omega = \dfrac{2\pi}{T}$

3. $\dfrac{T^2}{r^3} = c_{KS}$

Somit: $F_{SP} = \dfrac{4\pi^2}{T^2} m_2 r = \dfrac{4\pi^2}{c_{KS} r^3} m_2 r = \dfrac{4\pi^2}{c_{KS}} \dfrac{m_2}{r^2}.$ (*)

Die von der Sonne auf einen Planeten wirkende Kraft F_{SP} ist proportional zur umlaufenden Planetenmasse m_2 und proportional zu $\dfrac{1}{r^2}$, dem Kehrwert der quadrierten Entfernung:

$F_{SP} \sim \dfrac{m_2}{r^2}.$

Nach dem Wechselwirkungsprinzip gibt es eine zweite Anziehungskraft $\vec{F}_{PS}$ des Planeten auf die Sonne. Sie ist gegensinnig parallel zu $\vec{F}_{SP}$: $\vec{F}_{PS} \uparrow\downarrow \vec{F}_{SP}$. Die Beträge sind gleich:

$F_{SP} = F_{PS}$. Für F_{PS} folgt in Anlehnung an (*) sofort: $F_{PS} \sim \dfrac{m_1}{r^2}$. Zur Vereinfachung verwendet man für die wechselseitige Anziehungskraft das Formelzeichen F ohne Indizes.

Die Kraft F zwischen zwei Punktmassen genügt dann folgenden Proportionalitäten:

- $F \sim m_1$
- $F \sim m_2$
- $F \sim \dfrac{1}{r^2}$

Zusammengefasst: $F \sim \dfrac{m_1 m_2}{r^2}$; mit der Proportionalitätskonstanten $k = G$ entsteht die Gleichungsform für F: $F = G\,\dfrac{m_1 m_2}{r^2}$. Die Konstante G heißt Gravitationskonstante. Sie ist eine universelle Naturkonstante und wird in Kapitel 8.4 bestimmt.

Newton verallgemeinerte dieses für zwei punktförmige Himmelskörper gewonnene Ergebnis. Er sagt: Alle Punktkörper und nicht nur Himmelskörper haben die Fähigkeit, sich gegenseitig anzuziehen. Die Anziehung zeigt in Richtung der Verbindungslinie der Schwerpunkte. Diese wechselseitige Anziehung von Massen heißt **Gravitation** oder **Schwere**. Sie ist eine kennzeichnende Eigenschaft aller Massen (s. Kap. 3.).

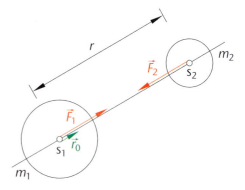

Bild 147: Wechselseitige Anziehung von Massen

Die vektorielle Form des newtonschen **Gravitationsgesetzes** $F = G\,\dfrac{m_1 m_2}{r^2}$ lautet: $\vec{F} = G\,\dfrac{m_1 m_2}{r^2}\,\vec{r}^{\,0}$, wobei $\vec{r}^{\,0}$ der Einheitsvektor zum Entfernungsvektor $\vec{r}$ ist (B 147). Es gilt für Punktkörper mit den Massen m_1 und m_2, die sich gegenseitig anziehen. Die Anziehungskräfte $\vec{F}_1$ und $\vec{F}_2 = -\vec{F}_1$ haben den gleichen Betrag, verlaufen aber entgegengesetzt gerichtet.

▸ **Das newtonsche Gravitationsgesetz beschreibt die gegenseitige Anziehung zweier Punktmassen m_1 und m_2 in der Entfernung r ihrer Schwerpunkte. Es lautet: $F = G\,\dfrac{m_1 m_2}{r^2}$. Vektorielle Schreibweise: $\vec{F} = G\,\dfrac{m_1 m_2}{r^2}\,\vec{r}^{\,0}$. Der Kraftvektor zeigt in Richtung der Verbindungslinie der Massen- oder Schwerpunkte.**

Bemerkungen:

▪ Das deduktiv hergeleitete Gravitationsgesetz konnte zu Lebzeiten Newtons nicht experimentell verifiziert werden. Grund: Die Gravitationskonstante G ist nur im Labor und nicht astronomisch messbar. Außerdem gab es zur damaligen Zeit noch keine Idee für ein solches Experiment.

▪ Die Proportionalität $F \sim \dfrac{1}{r^2}$ besagt, dass die Kraftwirkung zwischen den Punktmassen mit dem Quadrat der Entfernung r abnimmt oder ansteigt. In doppelter Entfernung $2r$ wirkt wegen $(2r)^2 = 4r^2$ die Kraft $\dfrac{1}{4}F$.

Allgemein: Nimmt eine physikalische Größe mit dem Quadrat der Entfernung ab oder zu, ist sie also proportional zu $\dfrac{1}{r^2}$, so spricht man vom **Abstandsgesetz**.

▪ Streng genommen gilt das Gravitationsgesetz nur für punktförmige Teilchen. Es darf auf ausgedehnte Körper, insbesondere auf kugelförmige Körper mit homogener Massenverteilung angewendet werden, wenn ihr größtes Ausmaß klein ist gegenüber ihrer Entfernung r. Dies ist z. B. bei Erde und Mond, Sonne und Planeten in guter Näherung der Fall.

▪ Man kann zeigen, dass aus dem Gravitationsgesetz die keplerschen Gesetze folgen und umgekehrt.

- Das unerhört Neue am newtonschen Gravitationsgesetz war die Erkenntnis, dass die Kraft, die den Mond in seiner Umlaufbahn hält, und die Kraft, die einen Apfel zu Boden fallen lässt, identisch sind. Zwischen beiden Vorgängen besteht aus physikalischer Sicht kein Unterschied.

- Der regelmäßige Wechsel zwischen Niedrigwasser, der Ebbe, und Hochwasser, der Flut, etwa alle sechs Stunden heißt Gezeiten. Mitverantwortlich dafür ist die Anziehungskraft des Mondes, der an der ihm zugewandten Seite der Erde das Wasser stärker anzieht als auf der abgewandten Seite. Tatsächlich ist der Sachverhalt kompliziert, da sich Erde und Mond um ihren gemeinsamen Schwerpunkt drehen.

- Die Gravitationskraft ist die einzige Kraft, die Planetensysteme, Sternenhaufen und Galaxien zusammenhält.

- Das newtonsche Gravitationsgesetz wird heute als Grenzfall des Gravitationsgesetzes der Allgemeinen Relativitätstheorie aufgefasst. Das heißt, es gilt nur für Körpergeschwindigkeiten, die klein sind gegenüber der Vakuumlichtgeschwindigkeit c_0.

- Das Gravitationsgesetz unterlag nach seiner Publikation öffentlichem Spott. Es war für die damalige Zeit zu unvorstellbar und blieb oft unverstanden.

Bild 148: Karikatur zum newtonschen Gravitationsgesetz

8.4   Experimentelle Messung der Gravitationskonstanten *G*

Etwa 60 Jahre nach Newtons Tod bestimmte der englische Chemiker und Physiker Cavendish mit einer Drehwaage die Gravitationskonstante *G* erstmals experimentell. Obwohl der Versuchsaufbau einfach ist, erfordert er viel Geduld und Fingerspitzengefühl.

Drehwaage nach Cavendish zur experimentellen Messung von *G* (B 149)

① Gravitationsdrehwaage
② Lichtquelle
③ Skala an der gegenüberliegenden Wand
④ Zeitmessung

Versuchsdurchführung:
Die Gravitationsdrehwaage ist ein empfindliches Instrument zur Messung anziehender (oder abstoßender) Kräfte. Sie besteht aus einem waagrechten Metallbalken mit kleinen Bleikugeln gleicher Masse m_2 an den Enden, der an einem elastischen Stahlfaden, dem Torsionsfaden, hängt. Diese Waage ist staubgeschützt in ein Gehäuse eingebaut und kann frei schwingen. Ein kleiner Spiegel am Faden reflektiert das Licht einer Lampe. Am Gehäuse außen befindet sich ein schwenkbarer Metallstab oder eine drehbare Scheibe mit zwei Bleikugeln der Masse m_1. m_1 ist wesentlich größer als m_2.

VERSUCH

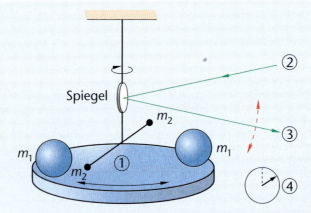

Bild 149: Gravitationsdrehwaage

Man verwendet Bleikugeln aus mehreren Gründen. Da die Dichte von Blei groß ist, besitzt schon eine Kugel mit kleinem Radius eine erhebliche Masse. Blei ist nicht magnetisch und kann leicht elektrisch neutral gehalten werden. Damit entfallen magnetische oder elektrische Kräfte als Ursache einer wechselseitigen Anziehung von großen und kleinen Kugeln.

Die Versuchsdurchführung beginnt in der Startposition AB des Metallstabs.

— Position AB (B 150): Die Balkenwaage ruht im Gehäuse, ebenso das vom Spiegel reflektierte Laserlicht auf der Skala an der Wand. Balken und Stab stehen aufeinander senkrecht. Die zwischen m_1 und m_2 wechselseitig wirkenden Gravitationskräfte, falls vorhanden, befinden sich im statischen Gleichgewicht.

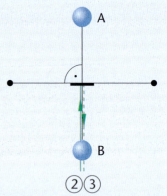

Bild 150

— Position CD (B 151): Durch einen vorsichtigen Schwenk gelangen die großen vor die kleinen Kugeln und verbleiben dort in Ruhe. Die Symmetrie der Position AB wird aufgehoben, die Entfernung zwischen den Schwerpunkten von m_1 und m_2 auf r verkürzt. Beobachtung: Der Lichtpunkt auf der Skala verlässt sofort seine Ruhelage und signalisiert damit eine Bewegungsänderung der kleinen Kugeln im Gehäuse. Sie werden beschleunigt und bewegen sich im freien Fall auf die großen zu.

Erklärung: Jede Bewegungsänderung erfordert nach dem Trägheitsprinzip eine auslösende Kraft. Da andere Kräfte fehlen, bleibt nur die Gravitations- oder Schwerkraft F_G zwischen den Massen m_1 und m_2 als Verursacher übrig.

Ergebnis: Die Massen m_1 und m_2 ziehen sich mit der Gravitationskraft $F = G\dfrac{m_1 m_2}{r^2}$ an. Der Nachweis der Gravitation zwischen Massen ist erbracht. Die kleinen Kugeln erfahren eine Beschleunigung a in Richtung der großen. Da die Fallstrecke s von m_2 sehr klein ist, ändern sich r und die von r abhängige Gravitationskraft F kaum, die Fallbeschleunigung a ist konstant. Kurz: Nach dem Start aus Position AB liegt längs s eine geradlinige Bewegung mit konstanter Beschleunigung a aus der Ruhelage vor; es gilt: $s = \frac{1}{2}at^2$. t ist die Falldauer der kleinen Kugeln. Die Beschleunigung a leitet sich aus der Grundgleichung der Mechanik $F = ma$ her, wobei F die verursachende Gravitationskraft ist. Es gilt also:

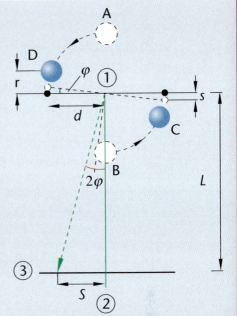

Bild 151

$$m_2 a = G\,\frac{m_1 m_2}{r^2} \text{ bzw.}$$

$$G = \frac{r^2}{m_1}a \text{ bzw. } G = \frac{2r^2}{m_1}\cdot\frac{s}{t^2}. \tag{*}$$

Sofort nach dem Einrichten der Position CD verlässt der Lichtpunkt auf der Skala, wie beobachtet, seinen Ruheort. Gleichzeitig startet die Zeitmessung. Die Fallstrecke s in der Gravitationsdrehwaage liegt im Bereich von etwa 10^{-6} m. Ihr entspricht auf der Skala der gegenüberliegenden Wand die durch den wandernden Lichtpunkt relativ gut ablesbare zeitabhängige Strecke S.

s gewinnt man nach B 151 mit folgender geometrischer Überlegung: Im großen Dreieck ist S der Skalenwert, L die Entfernung zwischen Spiegel und Wand. Während der Fallbewegung von m_2 längs s überstreicht der waagrechte Balken den Drehwinkel φ. Der Kreissektor mit φ kann in sehr guter Näherung als rechtwinklig angesehen werden. Man bedenke weiter, dass die Drehung des Balkens um φ aus physikalisch-geometrischen Gründen zur Drehung des reflektierten Lichtstrahls um 2φ führt. Schließlich gilt für den extrem kleinen Drehwinkel im Bogenmaß: $\varphi = \tan \varphi$ und $\tan 2\varphi = 2\tan \varphi$. Dann folgt:

1. $\tan 2\varphi = \dfrac{S}{L}$,

2. $\tan \varphi = \dfrac{s}{d}$

Somit: $\tan 2\varphi = 2\tan \varphi = \dfrac{S}{L} = \dfrac{2s}{d},\ s = \dfrac{dS}{2L}.$ (**)

Mit $s = \frac{1}{2}at^2$ entsteht: $\frac{1}{2}at^2 = \frac{dS}{2L}$, $a = \frac{d}{L} \cdot \frac{S}{t^2}$.

Zum Schluss setzt man a in $G = \frac{r^2}{m_1}a$ ein: $G = \frac{r^2 d}{m_1 L} \cdot \frac{S}{t^2}$.

Wegen $\frac{r^2 d}{m_1 L}$ = konstant hängt der Messwert von G nur von der Messung des Skalenwertes S und der Fallzeit t ab.

Messung:

$m_1 = 1,49$ kg; Masse der großen Kugel
$m_2 = 1,50 \cdot 10^{-2}$ kg; Masse der kleinen Kugel
$r = 4,5$ cm; Entfernung der Körperschwerpunkte
$d = 5,0$ cm; halbe Länge des Metallbalkens im Gehäuse

Die Messung des Weges S in Abhängigkeit von der Zeit t beginnt sofort mit der Einnahme der Position CD. Mit (**) rechnet man den an der Wand sichtbaren Skalenwert S in s um und erhält zum Beispiel folgende Messreihe:

t in s	0	20,0	40,0	60,0	80,0	100,0
s in 10^{-6} m	0	10,1	38,2	87,6	155,3	248,9

Unter Verwendung der konstanten Größen erhält man mit (*):

$$G = \frac{2(4,5 \cdot 10^{-2}\,\text{m})^2}{1,49\,\text{kg}} \cdot \frac{s}{t^2} = 2,72 \cdot 10^{-3} \frac{\text{m}^2}{\text{kg}} \cdot \frac{s}{t^2}.$$

Rechnerische Auswertung:

t^2 in 10^3 s^2	0	0,400	1,60	3,60	6,40	10,0
s in 10^{-6} m	0	10,1	38,2	87,6	155,3	248,9
G in 10^{-11} m^3 kg^{-1}s^{-2}		6,83	6,87	6,61	6,59	6,77

$$\overline{G} = \frac{6,83 + 6,87 + 6,61 + 6,59 + 6,77}{5} \cdot 10^{-11}\,\text{m}^3\text{kg}^{-1}\text{s}^{-2} = 6,73 \cdot 10^{-11}\,\text{m}^3\text{kg}^{-1}\text{s}^{-2}.$$

Der zurzeit genauste Messwert für die Gravitationskonstante beträgt:
$G = 6,67259 \cdot 10^{-11}\,\text{m}^3\text{kg}^{-1}\text{s}^{-2}$.

Prozentualer Fehler der Messung: $F_p = \frac{6,73 - 6,67259}{6,67259} \cdot 100\,\% \approx 1\,\%$.

Bemerkungen:

- Die Gravitationskonstante G ist eine universelle Naturkonstante und gilt überall im Weltraum. Sie hat die Einheit 1 m^{3}kg^{-1}s^{-2} = 1 Nm^{2}kg^{-2}.

- Bei der Messung von G müssen mehrere Näherungen vorgenommen werden. Zudem sind die Messwerte der Längen S, d, L erheblich fehlerbelastet. Daher ist G heute die mit Abstand am ungenauesten gemessene Naturkonstante. Trotz vieler aktueller Bemühungen konnte noch kein Durchbruch bei der Erzielung einer höheren Messgenauigkeit erreicht werden.

- Erst nach der Messung von G war es möglich, das newtonsche Gravitationsgesetz $F = G\,\frac{m_1 m_2}{r^2}$ zur Lösung physikalischer Probleme heranzuziehen.

8.5   Gravitationsgesetz in der Anwendung

Beispiele:

1. Man bestimme die Masse m eines Planeten. Es gibt zwei Lösungsmöglichkeiten.

Lösungsweg a: Man wählt einen Körper auf der Oberfläche des Planeten so, dass seine Masse m_p sehr klein gegenüber der zu bestimmenden Planetenmasse m ist: $m \gg m_p$. Er heißt **Probekörper**. Der Planet wird idealisiert. Das heißt, man betrachtet ihn als eine glatt polierte Kugel mit dem Radius r_0 und mit homogenem Körperaufbau. Schwerpunkt und Mittelpunkt der Kugel fallen zusammen.

Die Gewichtskraft $F_G = m_p g_0$ des Probekörpers mit der Masse m_p auf der Oberfläche ist nichts anderes als die Gravitationskraft

$F = G \dfrac{mm_p}{r_0^2}$ zwischen der gesuchten Planetenmasse m_p und m;

g_0 ist die Fallbeschleunigung auf der Planetenoberfläche.

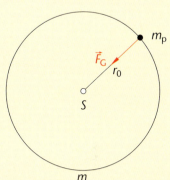

Also gilt (B 152):

1. $F_G = m_p g_0$

2. $F = G \dfrac{mm_p}{r_0^2}$

Somit: $m_p g_0 = G \dfrac{mm_p}{r_0^2}$, $m = \dfrac{g_0 r_0^2}{G}$.

Zur Bestimmung der Planetenmasse müssen g_0 und r_0 auf irgendeine Weise messbar sein.

Bild 152

Verwendet man die astronomischen Daten einer Formelsammlung, so erhält man für die Erde mit $g_0 = 9{,}81 \ \text{ms}^{-2}$ und $r_0 = 6{,}378 \cdot 10^6$ m:

$$m = \frac{9{,}81 \ \text{ms}^{-2} \cdot (6{,}378 \cdot 10^6 \ \text{m})^2}{6{,}673 \cdot 10^{-11} \ \text{m}^3\text{kg}^{-1}\text{s}^{-2}} = 5{,}98 \cdot 10^{24} \ \text{kg}.$$

Die mittlere Dichte ρ des Erdkörpers beträgt $\rho = \dfrac{m}{V}$. Mit $V = \dfrac{4}{3} r_0^3 \pi$ für das

Kugelvolumen entsteht: $\rho = \dfrac{3m}{4r_0^3 \pi}$, $\rho = \dfrac{3 \cdot 5{,}980 \cdot 10^{24} \ \text{kg}}{4(6{,}378 \cdot 10^6 \ \text{m})^3 \pi} = 5{,}50 \cdot 10^3 \ \dfrac{\text{kg}}{\text{m}^3}$

Lösungsweg b: Die Masse m eines Planeten gewinnt man auch aus den Daten eines umlaufenden Mondes oder künstlichen Satelliten mit der Probemasse m_p. Gut messbar sind meist seine Umlaufdauer T und die Entfernung r der Mittelpunkte. Man findet sie in einer Formelsammlung.

Bedenkt man, dass sich ein Mond oder Satellit nur dann auf einer stabilen Kreisbahn antriebsfrei um einen Planeten bewegt, wenn für ihn das erste keplersche Gesetz erfüllt ist und ihn eine Zentripetalkraft auf die Bahn zwingt, deren Ursache nur die Gravitationskraft sein kann, dann gilt nach B 153:

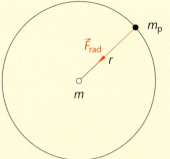

1. $F_{rad} = F$

Bild 153

2. $F_{rad} = m_2 \omega^2 r$, $F = G \dfrac{m_1 m_2}{r^2}$

3. $\omega = \dfrac{2\pi}{T}$

4. $m_1 = m$; $m_2 = m_p$

Zusammengefasst in 1.: $\dfrac{4\pi^2}{T^2} m_p r = G \dfrac{mm_p}{r^2}$, $m = \dfrac{4\pi^2}{G} \dfrac{r^3}{T^2} = \dfrac{4\pi^2}{G} \dfrac{1}{c_{KP}}$, wobei $c_{kP} = \dfrac{T^2}{r^3}$ die Keplerkonstante

des umlaufenen Planeten ist.

2. Es gibt auf der Verbindungstrecke zwischen Erd- und Mondmittelpunkt einen Raumpunkt P, in dem sich die Gravitationskräfte beider Himmelskörper im Gleichgewicht befinden (B 154).

    a) Man berechne die Entfernung r_1, die P vom Erdmittelpunkt hat.
    b) Man überlege, welche Bedeutung der Punkt P für den Raumflug von der Erde zum Mond hat.

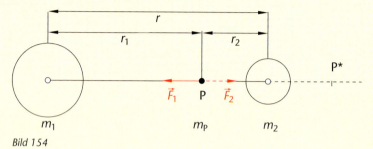

Bild 154

Lösung:

a) Man denke sich im Punkt P einen Probekörper der Masse m_p. Er unterliegt nach Voraussetzung der Gravitationskraft $\vec{F}_1$ der Erde und der Gravitationskraft $\vec{F}_2$ des Mondes, wobei gilt:
$\vec{F}_1 + \vec{F}_2 = \vec{0}$ bzw. $\vec{F}_1 = -\vec{F}_2$ oder $F_1 - F_2 = 0$ bzw. $F_1 = F_2$. Mit $F_1 = G\dfrac{m_1 m_p}{r_1^2}$ und $F_2 = G\dfrac{m_2 m_p}{r_2^2}$ folgt $G\dfrac{m_1 m_p}{r_1^2} = G\dfrac{m_2 m_p}{r_2^2}$ bzw. $\dfrac{m_1}{m_2} = \dfrac{r_1^2}{r_2^2}$, also liegt eine Gleichung mit den Lösungsvariablen r_1 und r_2 vor. r_2 ist die Entfernung zwischen P und dem Mondmittelpunkt, $r_1 + r_2 = r$ die Entfernung zwischen Erd- und Mondmittelpunkt. Mit $r_2 = r - r_1$ entsteht die quadratische Gleichung $\dfrac{m_1}{m_2} = \dfrac{r_1^2}{(r - r_1)^2}$ für r_1. Sie hat zwei Lösungen. Nach Einsetzen der Daten von Erde und Mond beträgt $r_1^* = 0{,}90\,r$ und $r_1^{**} = 1{,}1\,r$ ($0{,}3460 \cdot 10^6$ km bzw. $0{,}4324 \cdot 10^6$ km). Die Kräfte in P und P* sind betragsgleich. In P mit $\vec{F}_1 \uparrow\downarrow \vec{F}_2$ heben sich die Kräfte auf, in P* mit $\vec{F}_1 \uparrow\uparrow \vec{F}_2$ verdoppeln sie sich.

b) Die Triebwerke eines Flugkörpers auf der Erdoberfläche oder in der erdnahen Umlaufbahn in circa 100 km Höhe erreichen in der Startphase von wenigen Minuten eine Geschwindigkeit, die ihn trotz der permanent verzögernden Erdanziehung gerade bis zum Raumpunkt P befördert.

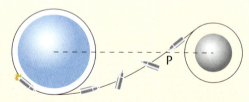

Bild 155

Bis dahin ist $F_1 > F_2$. Nach Durchlaufen des Raumes um P mit der (theoretischen) Geschwindigkeit $v \approx 0$ gilt $F_2 > F_1$. Die Anziehungskraft des Mondes überwiegt. Sie beschleunigt den Flugkörper. Um den Mond zu erreichen, ist ein Antrieb durch Motoren nicht notwendig. Der Treibstoffverbrauch reduziert sich. Mehr kostbare Energie steht für Flugmanöver oder die Rückkehr zur Erde bereit. Der Vorgang wiederholt sich beim Start der Raumfähre auf dem Mond. Ist der Raumpunkt P (gerade so) erreicht, so besorgt die Gravitationskraft der Erde die weitere Bewegung. Aus Sicherheitsgründen durchfliegen Raumschiffe den Punkt P mit der Geschwindigkeit $v \approx 3000$ kmh^{-1}. Sie sind damit nicht viel schneller als das ehemals schnellste Passagierflugzeug der Welt, die französisch-britische Concord. B 155 deutet den (stark vereinfachten) Verlauf eines Fluges von der Erde zum Mond an.

Aufgaben

1. *Die Mittelpunkte zweier idealer Platinkugeln mit homogenem Aufbau und dem Durchmesser d = 2,00 m haben die Entfernung r.*
   a) *Berechnen Sie die Gravitationskraft F, die beide Kugeln aufeinander ausüben, allgemein in Abhängigkeit von r.*
   b) *Es sei nun r = 5,00 m. Ermitteln Sie mithilfe von a) die Kraft F(r) und begründen Sie kurz, weshalb sich die Kugeln nicht aufeinander zu bewegen.*
   c) *Bestimmen Sie die Kraft F(r) für 0,50 m ≤ r ≤ 8,00 m und zeichnen Sie das zugehörige r-F-Diagramm. Nennen Sie einen grundsätzlichen Einwand, dem die Kraftberechnung mit dem Gravitationsgesetz in diesem Beispiel unterliegt.*
   d) *Kennzeichnen Sie im Diagramm die potenzielle Energie E_{pot}, die die eine Kugel gegenüber der ruhend gedachten anderen gewinnt, wenn man sie von r_1 = 4,50 m auf r_2 = 7,00 m entfernt.*
2. *Ein Astronaut besitzt die Masse m = 72,4 kg.*
   a) *Ermitteln Sie rechnerisch seine Gewichtskraft F_G auf der Erdoberfläche.*
   b) *Berechnen Sie die Höhe h über der Erdoberfläche, in der er der Gewichtskraft 175 N oder 18 N unterliegt.*
   c) *Medien verkünden, dass der Astronaut schwerelos die Erde umrundet. Legen Sie zuerst den Kraftansatz fest, durch den die Kreisbewegung des Astronauten physikalisch verstehbar wird. Dann erläutern Sie die Aussage der Medien.*
   d) *Geben Sie an, wie stark seine Masse m mit der Zunahme von h abnimmt.*
3. *Die Konstante c_K nach dem dritten keplerschen Gesetz ist allein durch die Masse m des Zentralkörpers festgelegt, um den ein Planet, Mond oder Satellit kreist.*
   a) *Bestätigen Sie diese Behauptung durch die Herleitung der nur von m abhängigen Beziehung:*

   $$c_K = \frac{4\pi^2}{Gm} \,.$$

   b) *Begründen Sie anhand dieser Beziehung, weshalb man die Gravitationskonstante G nicht mit astronomischen Daten von Himmelskörpern ermitteln kann.*

8.6   Gravitationsfeld

Die Kraftübertragung zwischen Sonne und Planeten war im 18. und 19. Jahrhundert nur durch stoffliche Kopplung denkbar. Als Arbeitshypothese wählte man ein materielles Medium, das man (Welt-) Äther nannte. Seine Existenz war mit den damaligen Verfahren der Physik und Chemie nicht nachzuweisen. Gedanklich sollte der Äther den gesamten Raum erfüllen und ein absolut ruhendes Bezugssystem darstellen. Im Kapitel 14.1 wird erläutert, warum es diesen Äther nicht gibt.

Heute verwendet man zur Erklärung der Kraftübertragung den Feldbegriff.

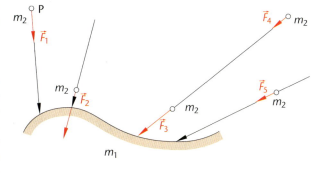

Bild 156: Gravitationsfeld

Ein Probekörper mit der Masse m_2, $m_2 \ll m_1$, unterliegt in jedem Raumpunkt P um eine Masse m_1 der Gravitationskraft $\vec{F}$, gleichgültig wie weit die beiden Massen voneinander entfernt sind (B 156). Jedem Raumpunkt P um m_1 ist also genau ein Kraftvektor $\vec{F}$ zugeordnet. Die Länge des Vektors hängt bei festen Massen nur von der Entfernung r ihrer Schwerpunkte ab. Nach dem Abstandsgesetz $F \sim r^{-2}$ verringert sich die Kraft F mit wachsendem r und nimmt in unbegrenzter Ferne den Wert null an. Außerdem zeigt die in P auf m_2 wirkende Kraft $\vec{F}$ stets zum Schwerpunkt S von m_1 hin.

Der Raum, in dem die durch die Masse m_1 verursachte Kraftwirkung auf eine Probemasse m_2 auftritt, heißt Gravitationsfeld. Nimmt man gedanklich die Masse m_1 aus ihm heraus, so unterbleibt die Kraftwirkung auf m_2 schlagartig. Die Anwesenheit von m_1 versetzt den Raum also in einen besonderen Zustand, der sich in einer Kraftwirkung auf jede andere Masse m_2 äußert.

Mathematisch beschreibt man das Gravitationsfeld durch die Gesamtheit aller Kraftvektoren im Raum um m_1. Es hat keine stoffliche Struktur. Der Feldbegriff ist heute ein sehr wichtiges physikalisches Modell.

▸ **Das Gravitationsfeld um eine felderzeugende Masse m_1 äußert sich durch die Wirkung einer Gravitationskraft $\vec{F}$ in jedem Raumpunkt P auf die Masse m_2 eines (Probe-)Körpers. Man beschreibt es mathematisch durch die Gesamtheit aller Kraftvektoren im Raum um m_1. Die Kraftvektoren $\vec{F}$ zeigen zum Schwerpunkt von m_1 hin; sie hängen nur von der Entfernung r der Massenschwerpunkte ab, falls m_1 und m_2 konstant sind.**

Weil der Feldbegriff abstrakt ist, veranschaulicht man das Gravitationsfeld durch **Feldlinien**. Dazu verwendet man die Falllinie der Masse m_2, wenn man sie im Feldpunkt P freigibt. m_2 bewegt sich unter der Wirkung der Gravitationskraft $\vec{F}(r)$ auf gerader Bahn mit der ebenfalls von r abhängigen Beschleunigung $\vec{a}(r)$ zum Schwerpunkt S von m_1 hin (B 156).

Die Gesamtheit aller Feldlinien stellt das Gravitationsfeld bildhaft dar. Da sie linear sind, schneiden und berühren sie sich nicht. In der Regel trägt man nur wenige Feldlinien in einem Raumgebiet an. Feld und damit Kraftwirkung auf eine (Probe-)Masse m_2 findet man jedoch auch dort, wo diese Linien fehlen. Das Gravitationsfeld ist ein Kraftfeld im gesamten Raum um m_1. Es wird vermutet, dass es sich mit der Vakuumlichtgeschwindigkeit c_0 ausbreitet. Ein Nachweis ist bis heute nicht gelungen.

8.7   Gravitationsfeldstärke

Die Wirkung des Gravitationsfeldes um eine Masse m_1 auf die Probemasse m_2 in einem konkreten Raumpunkt P kann unterschiedlich ausfallen. Eine hohe Gravitationskraft weist auf ein starkes Feld hin, eine geringe auf ein schwaches. Die Stärke der Feldkraft hängt wegen $F = G\dfrac{m_1 m_2}{r^2}$ auch von der Probemasse m_2 ab. Bringt man nämlich in P die Probemassen $2m_2$ oder $10m_2$, so wirkt dort die Kraft $2F = G\dfrac{m_1 \cdot 2m_2}{r^2}$ oder $10F = G\dfrac{m_1 \cdot 10m_2}{r^2}$.

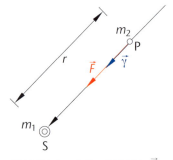

Bild 157: Gravitationsfeldstärke $\vec{\gamma}$

Es kann aber nicht sein, dass z. B. die Masse eines umlaufenden Planeten Einfluss auf die Stärke des Sonnenfeldes nimmt, das der Zentralkörper Sonne auslöst. Formt man die beiden letzten Gleichungen zu Quotienten um, so entsteht:

$\dfrac{2F}{2m_2} = \dfrac{10F}{10m_2} = G\dfrac{m_1}{r^2}$ = konstant. Sie sind unabhängig von der Probemasse m_2 und im Raumpunkt P mit festem r konstant.

Deshalb ist es sinnvoll, die Stärke eines Gravitationsfeldes im Raumpunkt P um einen Körper mit der Masse m_1 durch den Quotienten $\dfrac{\vec{F}}{m_2}$ bzw. $\dfrac{F}{m_2}$ zu beschreiben. Dann gilt allgemein:

$\dfrac{F}{m_2} = G\dfrac{m_1 m_2}{r^2 m_2} = G\dfrac{m_1}{r^2}$. Der Quotient $\dfrac{F}{m_2}$ heißt **Gravitationsfeldstärke** und bekommt das Formelzeichen γ. Er hängt von der felderzeugenden Masse m_1 und von der Entfernung r zwischen Feldpunkt P und dem Schwerpunkt S von m_1 ab, nicht aber von der Probemasse m_2: $\gamma = \dfrac{F}{m_2}$.

Vektoriell gilt (B 157): $\vec{\gamma} = \dfrac{\vec{F}}{m_2}$ mit $\vec{\gamma} \uparrow\uparrow \vec{F}$, da $m_2 > 0$. Der Feldstärkevektor $\vec{\gamma}$ legt den Verlauf der Gravitationsfeldlinie durch P fest. Sie beginnt im Raumbereich mit $\vec{\gamma} = \vec{0}$ und endet in der Punktmasse m_1. Sie hat also keinen Anfang, aber ein Ende.

Ist die Gravitationskraft F im Raumpunkt P auf die Probemasse m_2 klein, so liegt dort ein schwaches Feld vor. Das Feld in P ist stark, wenn F groß ist. Der Quotient $\dfrac{\vec{F}}{m_2}$ bzw. $\dfrac{F}{m_2}$ ist damit ein geeignetes Maß für die Stärke des Gravitationsfeldes unabhängig von der Probemasse m_2.

▸ **Die Gravitationsfeldstärke beschreibt die Stärke eines Gravitationsfeldes im Raum um eine felderzeugende Masse m_1. Sie ist der Quotient $\vec{\gamma} = \dfrac{\vec{F}}{m_2}$ und hängt von m_1 und der Entfernung r zwischen Feldpunkt P und Schwerpunkt der Masse m_1 ab. Es gilt: $\vec{\gamma} \uparrow\uparrow \vec{F}$, da $m_2 > 0$. Betragsmäßig: $\gamma = \dfrac{F}{m_2}$, wobei F die Gravitationskraft und m_2 die Masse eines Probekörpers ist.**

Bemerkungen:

- Die Gravitationsfeldstärke ist eine abgeleitete physikalische Größe mit der Einheit:
  $[\gamma] = \dfrac{[F]}{[m_2]}$, $[\gamma] = \dfrac{1\,\text{N}}{1\,\text{kg}} = 1\,\dfrac{\text{kgm}}{\text{kgs}^2} = 1\,\text{ms}^{-2}$. Da sie mit der Einheit der Beschleunigung a übereinstimmt, heißt γ auch Gravitationsbeschleunigung oder Fallbeschleunigung g im Raumpunkt P um die felderzeugende Masse m_1: $\gamma = g$.

- Die Definition der Gravitationsfeldstärke gilt für alle Gravitationsfelder.

- Ist die Gravitationsfeldstärke eines Feldes groß, so zeichnet man die Feldlinien eng, ist sie gering, so liegen die Feldlinien weiter auseinander.

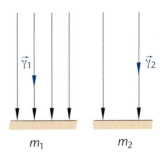

Bild 158: Homogene Gravitationsfelder mit $\vec{\gamma}_1$ = konstant, $\vec{\gamma}_2$ = konstant, $\gamma_1 > \gamma_2$

- Besonders interessant sind Raumgebiete um eine felderzeugende Masse m_1 mit $\vec{\gamma}$ = konstant. Man spricht dann von einem **homogenen Gravitationsfeld** und veranschaulicht es durch parallele Feldlinien in gleichem Abstand (B 158).

Teile der Erdoberfläche von der Größe eines Fußballfeldes, einer Stadt oder eines kleinen Landes bis zu einer Höhe von etwa 30 km verfügen über ein homogenes Gravitationsfeld.

Für diese Raumgebiete gilt in guter Näherung $\vec{\gamma}_0 = \dfrac{\vec{F}_G}{m_2} = \dfrac{m_2\vec{g}_0}{m_2} = \vec{g}_0 = $ konstant mit z.B.

$\gamma_0 = g_0 = 9{,}81 \text{ ms}^{-2} = $ konstant. Innerhalb dieser 30-km-Höhe ändert sich $\gamma_0 = g_0$ nur um etwa 1 %. Die Feldlinien enden senkrecht auf der Oberfläche. Auch in entfernten Räumen um die Erde findet man homogene Feldbereiche (B 159). Dort ist $\vec{\gamma} = \vec{g}$ ebenfalls konstant, wobei $g = $ konstant $< g_0$. Die parallelen Feldlinien liegen weiter auseinander als auf der Oberfläche, es gilt $\gamma_2 < \gamma_1$.

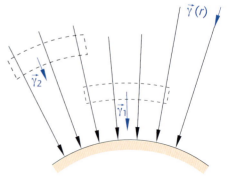

- Gilt für den Raum um die felderzeugende Masse m_1 oder ein Teilgebiet $\vec{\gamma} \neq$ konstant (B 156, 159), so heißt das Gravitationsfeld **inhomogen**. Die Feldlinien verlaufen dann nicht parallel.

Bild 159: Radialsymmetrische Feldform mit homogenen Bereichen

Gravitationsfeld kugelförmiger Körper und der Erde

Ein Sonderfall des inhomogenen Feldes ist das **radialsymmetrische** Gravitationsfeld (B 159, 160). Es umgibt ideal kugelförmige Himmelskörper mit homogen verteilter Masse m_1. Die Feldlinien haben keinen Beginn, verlaufen radial und symmetrisch und enden in der Punktmasse oder senkrecht auf der idealen Oberfläche. In diesem Fall erhält man für die Gravitationsfeldstärke allgemein:

1. $\gamma = \dfrac{F}{m_2}$

2. $F = G\dfrac{m_1 m_2}{r^2}$

Somit: $\gamma(r; m_1) = \dfrac{Gm_1 m_2}{r^2 m_2} = G\dfrac{m_1}{r^2}$. γ und die Fallbeschleunigung g hängen von m_1 und r ab, mit $r \geq r_0$.

Jedem Raumpunkt P in der Entfernung r vom Schwerpunkt eines ideal homogenen Kugelkörpers mit der Masse m_1 (B 160) ist eindeutig ein Feldstärkevektor $\vec{\gamma}(r; m_1)$ zugeordnet: P $\to \vec{\gamma}(r; m_1)$. Punkte auf konzentrischen Kugelschalen um den Schwerpunkt haben unterschiedliche Feldstärkevektoren mit gleichem Betrag.

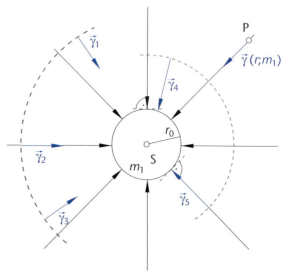

Bild 160

Sonderfälle:

- $r = r_0$: Die Feldstärke $\gamma = G\dfrac{m_1}{r_0^2} = $ konstant hat auf der Oberfläche eines idealen Himmelskörpers mit dem Radius r_0 den größten Wert. Die Feldlinien verlaufen besonders dicht.

- $r \to \infty$: Je weiter der Raumpunkt P von m_1 entfernt liegt, desto kleiner wird γ bzw. g. In unbegrenzter Entfernung gilt $\gamma \to 0$. Man spricht vom **unendlich fernen Punkt** oder **Feldbereich**. Ein dort zur Ruhe abgelegter Probekörper erfährt keine Gravitationskraft durch m_1. In der Praxis handelt es sich um ein Raumgebiet, in dem γ bzw. g nicht mehr messbar ist. Bei der Erde beginnt es bereits nach wenigen Millionen Kilometern. Dort überwiegt die Gravitation anderer Himmelskörper (Jupiter, Saturn, Sonne).

Die Gravitationsfeldstärke γ bzw. g der Erde hat auf Meereshöhe und auf Bergen unterschiedliche Messwerte, da die Entfernung r zum Schwerpunkt verschieden ist. Zudem hat der Erdkörper einen komplexen Aufbau. Um den festen inneren Kern und den zum größten Teil flüssigen äußeren Kern schließt sich die dünne Erdkruste wie ein fester Mantel. In ihr gibt es Lagerstätten mit schweren Erzen (hohe Dichte) und Hohlräume oder Bereiche mit leichten Materialien (kleine Dichte). In Nahbetrachtung ist die Erde nicht homogen aufgebaut. Außerdem ist sie an den Polen abgeplattet. Ihre Körperform heißt Geoid. Bei einer lokalen Messung von γ bzw. g sind diese Besonderheiten einzubeziehen.

Die Erde rotiert ziemlich gleichförmig um ihre Drehachse durch den Nord- und Südpol. Daher unterliegen Körper auf ihrer Oberfläche für den mitrotierenden Betrachter einer Zentrifugalkraft und -beschleunigung radial von der Drehachse weg. Die tatsächliche Beschleunigung a_{rsl}, die die Körper erfahren, erhält man als Vektorsumme aller gleichzeitig auftretenden Beschleunigungen (B 164, Beispiel unten).

Die Erde, aus großer Entfernung betrachtet, besitzt ein radialsymmetrisches Gravitationsfeld (B 160).

B 161 gibt einige Messwerte für γ bzw. g in Abhängigkeit von der Höhe h über Normalnull der Erde an. Zur Berechnung von γ ist $r = r_0 + h$ anzusetzen.

Höhe h in km	γ in ms^{-2}	Beispiel
0	9,83	mittlere Höhe der Erdoberfläche
8,8	9,80	Mount Everest
39,0	9,68	höchster bemannter Ballon
400	8,70	internationale Raumstation ISS
35 700	0,225	geostationärer Satellit
384 000	0,00270	Mond

Bild 161: Messwerte für γ bzw. g in Abhängigkeit von der Höhe h über Normalnull der Erde

Beispiele:

a) Man berechne für die ruhend gedachte ideale Erde mit der homogen verteilten Masse m_1 allgemein die Gravitationsfeldstärke γ bzw. Fallbeschleunigung g in der Entfernung $r = kr_0$, falls r_0 der Erdradius ist. Der Parameter k ist eine natürliche Zahl, also $k = 1, 2, \ldots$ Man gibt die Entfernung r oft in Vielfachen des Erdradius r_0 an.

b) Man berechne allgemein die Gravitationsfeldstärke γ zwischen dem Schwerpunkt und der Oberfläche der idealen Erde mit homogenem Aufbau, also innerhalb der irdischen Vollkugel.

c) Unter Verwendung von a) und b) und der astronomischen Daten der Erde erstelle man Wertetabellen und skizziere das k-γ-Diagramm. Man entnehme die Entfernung r^*, in der $\gamma(r^*) = 0,4\,g_0$ beträgt. $g_0 = 9,81$ ms^{-2} ist der konstante Oberflächenwert.

d) Tatsächlich rotiert die Erde um ihre Drehachse. Man berechne zuerst allgemein die Winkelgeschwindigkeit ω, die Bahngeschwindigkeit v und die Zentripetalbeschleunigung a_z für einen Oberflächenpunkt P in Abhängigkeit von der geografischen Breite φ, dann speziell für die Breiten $\varphi_1 = 0°$, $\varphi_2 = 52,5°$ (Berlin), $\varphi_3 = 90°$ nördliche Breite. Man interpretiere die Ergebnisse für die Winkel φ_1 und φ_3. Man skizziere die resultierende Beschleunigung $\vec{a}_{rsl}$.

Lösung:

a) Ursache der Gewichtskraft F_G eines Probekörpers der Masse m_2 auf der ruhenden Erde ist die (wechselseitige) Gravitationskraft F in der Entfernung r. Daher erhält man:

1. $F_G = m_2 g$

2. $F = G\dfrac{m_1 m_2}{r^2}$, $m_1 =$ konstant

3. $r = k r_0$, $k = 1, 2, \ldots$

Somit: $F_G = F$, $m_2 g = G\dfrac{m_1 m_2}{r^2}$; $g = \dfrac{G m_1}{r^2} = \gamma(*)$; $g(k) = \dfrac{G m_1}{r_0^2} \cdot \dfrac{1}{k^2} = \gamma(k)$.

Der erste Quotient hat den konstanten Wert $g_0 = 9,81$ ms^{-2}, wie man nach Einsetzen der astronomischen Daten z.B. aus einer Formelsammlung bestätigt. g hängt nur vom Parameter k, $k = 1, 2, \ldots$ ab.

Überlegungen für

– $k = 1$: $g(k = 1) = \dfrac{G m_1}{r_0^2} \cdot \dfrac{1}{1^2} = g_0$ mit $g_0 = 9,81$ ms^{-2} = konstant; Wert auf der Erdoberfläche.

– $k = 10$: $g(k = 10) = \dfrac{G m_1}{r_0^2} \cdot \dfrac{1}{10^2} = \dfrac{1}{100} g_0$; in zehnfacher Entfernung vom Erdschwerpunkt beträgt die Feldstärke bzw. Fallbeschleunigung nur noch $0,0981$ ms^{-2}.

– $k \to \infty$: $\lim\limits_{k \to \infty} (g(k)) = \lim\limits_{k \to \infty}: \left(\dfrac{G m_1}{r_0^2} \cdot \dfrac{1}{k^2} \right) = 0$, Wert im unendlich fernen Punkt.

b) Befindet sich eine Probemasse m_2 innerhalb der Vollkugel Erde mit der Masse m_1 und dem Schwerpunkt S in der Entfernung r, $0 < r < r_0$, so übt nur die Masse m_1^* der Kugel mit dem kleineren Radius r eine Gravitationskraft auf m_2 aus (B 162). Die Masse m_1^* erzeugt ein Feld der Stärke γ^*, das von einer gedachten Punktmasse m_1^* im Schwerpunkt von m_1 ausgeht. Vorausgesetzt wird ein homogener Körperaufbau. Dann verhalten sich die Massen m_1^* und m_1

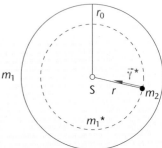

wie die Kugelvolumina: $\dfrac{m_1^*}{m_1} = \dfrac{\frac{4}{3} r^3 \pi}{\frac{4}{3} r_0^3 \pi}$; $m_1^* = \dfrac{r^3}{r_0^3} m_1$. Eingesetzt

in (*) von oben entsteht:

Bild 162

γ

$$\gamma(r; m_1^*) = G\,\frac{r^3 m_1}{r^2 r_0^3} = G\,\frac{m_1}{r_0^3}\,r,\ r < r_0\ \text{bzw.}\ \gamma \sim r,\ \text{da}\ G\frac{m_1}{r_0^3} = \text{konstant. Die Gravitationsfeldstärke}$$

steigt innerhalb der Vollkugel linear mit r und fällt außerhalb wegen r^{-2} (B 163).

c) $g(k) = \dfrac{G m_1}{r_0^2} \cdot \dfrac{1}{k^2} = \gamma(k)$ mit $G = 6{,}673 \cdot 10^{-11}$ m³kg⁻¹s⁻², $r_0 = 6{,}378 \cdot 10^6$ m, $m_1 = 5{,}98 \cdot 10^{24}$ kg

ergibt: $g(k) = 9{,}81\ \text{ms}^{-2}\dfrac{1}{k^2}, k = 1, 2, \ldots$ Diese Gleichung führt zu folgender Tabelle:

k	1	2	3	4	5	6	7	8	9	10
$\gamma(k)$ in ms⁻²	9,81	2,45	1,09	0,613	0,392	0,273	0,200	0,153	0,121	0,0981

B 163 zeigt den r-γ-Graphen für $r > r_0$. γ nimmt mit r^{-2} ab. Gleiches Vorgehen führt zum r-γ-Graphen mit $0 < r < r_0$. Die Gravitationsfeldstärke γ nimmt innerhalb der Kugel wegen $\gamma(r) = G\dfrac{m_1}{r_0^3}r$ mit r linear zu.

Man geht nun von $\gamma(r^*) = 0{,}4 g_0$ über den Graphen nach r^* auf der r-Achse und erhält zwei Lösungen $r_1^* = 0{,}4\,r_0$ innerhalb der Vollkugel, $r_2^* = 1{,}6\,r_0$ außerhalb der Erde.

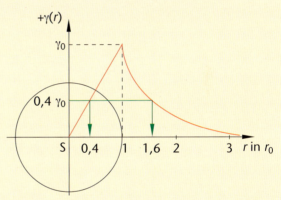

Bild 163

d) Da sich die Erde sehr gleichförmig dreht, haben alle Punkte auf demselben Längengrad die gleiche Winkelgeschwindigkeit ω. Bekannt ist außerdem die Umlaufdauer $T = 86\,400$ s $= 1$ d (lat. dies: Tag). Es gilt:

$$\omega = \frac{2\pi}{T};\ \omega = \frac{2\pi}{86\,400\ \text{s}} = 7{,}27 \cdot 10^{-5}\ \text{s}^{-1}.$$

Ein Punkt P dreht sich auf einer Kreisbahn um die Erdachse, deren Radius r und Bahngeschwindigkeit v von der geografischen Breite φ abhängen. Mit B 164 erhält man:

1. $v = \omega r$

2. $\omega = \dfrac{2\pi}{T}$

3. $\cos\varphi = \dfrac{r}{r_0}$

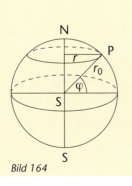
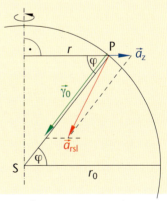

Bild 164

Somit: $v = \dfrac{2\pi}{T} r_0 \cos \varphi$ bzw. $v \sim \cos \varphi$, da $\dfrac{2\pi}{T} r_0 = $ konstant

$\varphi_1 = 0°$: $v_1 = 464$ ms^{-1}; Äquatorkreis mit größter Bahngeschwindigkeit;
$\varphi_2 = 52{,}5°$: $v_2 = 282$ ms^{-1}; $v_2 < v_1$;
$\varphi_3 = 90°$: $v_3 = 0$; in den Polen keine Bahngeschwindigkeit.

Die Beschleunigungsvektoren in B 164 sind nicht maßstabsgetreu gezeichnet. Tatsächlich muss $\vec{a}_z$ gegenüber $\vec{g}_0$ wesentlich kürzer sein. Trotzdem: $\vec{a}_{rsl}$ läuft knapp am Schwerpunkt S vorbei. Sonderfall $\varphi_1 = 0°$: Am Äquator haben Körper das geringste Gewicht, nämlich $F_{rsl} = F_G - F_z$, da $\vec{F}_G \uparrow\downarrow \vec{F}_z$. Einen Weltrekord im Weit- oder Hochsprung erreicht man dort leichter als weiter nördlich oder südlich.

Aufgabe

Ein idealer Himmelskörper mit der Masse m hat den Radius r_0.
a) *Berechnen Sie allgemein die Gravitationsfeldstärke γ_0 direkt auf der Oberfläche und deuten Sie sie.*
b) *Bestätigen Sie durch allgemeine Rechnung, dass für die Gravitationsbeschleunigung in der Entfernung $r > r_0$ des Himmelskörpers gilt: $g(r) = r_0^2 g_0 \dfrac{1}{r^2}$.*
c) *Die Gleichung in b) lässt eine Folgerung für Bewegungen zu, die nicht auf stabilen Kreisbahnen um den Himmelskörper ablaufen. Geben Sie sie an.*

8.8   Energie im homogenen Gravitationsfeld der Erde

Das Gravitationsfeld der Erde mit der Masse m_1 ist bis zu einer Höhe von etwa 30 km homogen. Hier gilt $\vec{\gamma}_0 = $ konstant bzw. $\vec{g}_0 = $ konstant mit $\gamma_0 = g_0 = 9{,}81$ ms^{-2}. Die Feldlinien verlaufen parallel im gleichen Abstand zueinander und enden senkrecht auf der idealen Erdoberfläche. Ein Körper mit der Masse m wird vom Ort P_1 zum Ort P_2 überführt. Das frei gewählte Bezugssystem aus Bezugpunkt auf der Erdoberfläche und senkrechter r-Achse ermöglicht die eindeutige Zuordnung: $P_1 \rightarrow r_1$, $P_2 \rightarrow r_2$ (B 165). Die Verschiebungsarbeit erhält man unter Verwendung der Arbeitsdefinition:

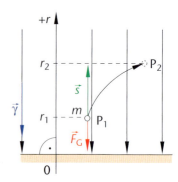

Bild 165: Überführungsarbeit W im homogenen Feld,
$\vec{\gamma} = $ konstant

1. $W = Fs$; die Bedingungen $\vec{F} = $ konstant, $\vec{F} \parallel \vec{s}$ sind erfüllt

2. $F = F_G = mg_0 = m\gamma_0$

3. $s = r_2 - r_1$

4. $\vec{F} \uparrow\downarrow \vec{s} \Rightarrow \cos \angle (\vec{F}; \vec{s}) = \cos \pi = -1$

Somit: $W = mg_0 s = m\gamma_0 s = m\gamma_0(r_2 - r_1)(-1)$, $W = m\gamma_0(r_1 - r_2)$.
Die Überführungsarbeit W hängt nur vom Anfangspunkt $P_1(r_1)$ und vom Endpunkt $P_2(r_2)$ ab, nicht aber vom Verlauf des Weges.

Die Masse m gewinnt während der Überführung im homogenen Gravitationsfeld der Erde die potenzielle Energie: $E_{pot} = -W = m\gamma_0(r_2 - r_1)$. Sie hängt von m, der Anfangs- und der Endkoordinate ab. E_{pot} kann positiv, negativ oder null sei. Man beachte dazu die Erläuterungen der Kapitel 5.2.1 und 5.2.5. Aus praktischen Gründen legt man das Nullniveau der potenziellen Energie häufig auf die Erdoberfläche mit $r_1 = 0$. Dann gilt: $E_{pot} = m\gamma_0 r_2 = m\gamma_0 r$ bzw. $E_p = mg_0 r$.

8.9 Gravitationspotenzial im homogenen Gravitationsfeld der Erde

Die potenzielle Energie E_{pot}, die eine Masse m während der Überführung vom Nullniveau auf der Erdoberfläche zu einem festen Feldpunkt P mit der Koordinate r aufnimmt, beträgt $E_p = mg_0r$.

Die Massen $2m$ oder $10m$ gewinnen die potenziellen Energien $2E_p = 2m \cdot g_0r$ oder $10E_p = 10m \cdot g_0r$. Dagegen ist der Quotient $\dfrac{E_p}{m} = \dfrac{2E_p}{2m} = \dfrac{10E_p}{10m} = g_0r$ unabhängig von m. Man bezeichnet ihn als das **Gravitationspotenzial** im Feldpunkt P des homogenen Gravitationsfeldes einer felderzeugenden Masse m_1, wenn das Nullniveau der potenziellen Energie auf der Erdoberfläche liegt. Auf diese Weise verfügt jeder Feldpunkt P im Gravitationsfeld von m_1 über ein eindeutiges Potenzial. Der Quotient bekommt das Formelzeichen V: $V = \dfrac{E_p}{m}$.

V ist eine abgeleitete skalare Größe mit der Einheit: $[V] = \dfrac{[E_p]}{[m_2]}$, $[V] = 1\,\dfrac{\text{J}}{\text{kg}} = 1\,\dfrac{\text{kgm}^2}{\text{kgs}^2} = 1\,\dfrac{\text{m}^2}{\text{s}^2}$.

Er charakterisiert die potenzielle Energie je Kilogramm Masse des Probekörpers im Feldpunkt P auch für den Fall, dass sich dort keine Probemasse befindet.

▸ Der Quotient $V = \dfrac{E_p}{m}$ aus der potenziellen Energie E_p in einem beliebigen Punkt P eines homogenen Gravitationsfeldes der Masse m_1 und der Masse m eines Probekörpers heißt das Gravitationspotenzial im Feldpunkt P. Es beträgt $V = g_0r$. r ist der Abstand des Feldpunktes P zum Nullniveau auf der Erdoberfläche.

Bemerkungen:

- In B 166 hat der Feldpunkt P_1 das Gravitationspotenzial $V_1 = 327\ \text{m}^2\text{s}^{-2}$. Das bedeutet: Ein Probekörper der Masse $m = 1$ kg besitzt dort nach dem Anheben die potenzielle Energie $E_p = 327$ J bezogen auf das Nullniveau. Diese Energie wird beim Rücksturz von P_1 zur Erdoberfläche wieder frei und kann zum Antrieb einer Maschine verwendet werden.

- Die Feldpunkte P_1^*, P_1^{**}, haben das gleiche Potenzial V_1 wie der Punkt P_1, da der Abstand r_1 zum Nullniveau gleich ist. Sie bilden eine Fläche oder Linie, die man **Äquipotenzialfläche** oder **Äquipotenziallinie** nennt. Sie verläuft parallel zur Erdoberfläche durch die Feldpunkte P_1, P_1^*, P_1^{**} usw. und senkrecht zu den Gravitationsfeldlinien.

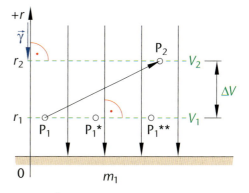

Bild 166: Äquipotenzialflächen mit Potenzialdifferenz ΔV

- Bringt man die Probemasse m von P_1 nach P_1^* auf derselben Aquipotenzialfläche, so ändert sich ihre potenzielle Energie E_p nicht, da beide Punkte über das gleiche Potenzial verfügen. Auch für die Überführungsarbeit gilt: $W_{11^*} = 0$. Eine ältere Begründung lautet: $\vec{F}_G \perp \vec{s}$, daher $W_{11^*} = 0$.

- In B 166 hat der Feldpunkt P_2 z.B. das Potenzial $V_2 = 807$ m²s⁻². m besitzt bei gleichem Nullniveau mehr Energie als in P_1, da $r_2 > r_1$. P_2 legt eine weitere Äquipotenzialfläche parallel zur Erdoberfläche mit dem Potenzial V_2 fest. Zwischen den Flächen mit den Potenzialen V_1 und V_2 besteht die vom Nullniveau unabhängige **Potenzialdifferenz** $\Delta V = V_2 - V_1$. Aus ihr leitet sich die Arbeit W_{12} ab, die man für das Anheben der Masse m von V_1 nach V_2 aufbringen muss:

1. $\Delta V = \dfrac{\Delta E_p}{m}$, $\Delta E_p = m\Delta V$

2. $\Delta V = V_2 - V_1 = g_0 r_2 - g_0 r_1$

3. $W_{12} = -\Delta E_p$

Somit: $W_{12} = -mg_0(r_2 - r_1) = mg_0(r_1 - r_2)$,

$$W_{12} = mg_0 r_1 - mg_0 r_2 = m(V_1 - V_2).$$

Die Überführungsarbeit zwischen zwei Punkten im homogenen Gravitationsfeld der Erde ist bei fester Masse m durch die Potenzialdifferenz $V_1 - V_2$ dieser Punkte bestimmt.

Aufgaben

1. Ein gefüllter Wasserbehälter mit der Grundfläche $A = 6{,}00$ m² und der Höhe $h_1 = 70{,}0$ cm befindet sich in der Höhe $h_2 = 3{,}25$ m über dem gewählten Nullniveau.
   a) Berechnen Sie die mittlere potenzielle Energie E_{pot} des Wassers und erläuten Sie dabei auftretende Probleme.
   b) Bestimmen Sie das Potenzial V eines Wasserteilchens der Masse m auf dem Boden und an der Oberfläche des Behälters und begründen Sie, welche der beiden Flächen immer eine Äquipotenzialfläche bildet und welche nicht.
   c) Ermitteln Sie die Potenzialdifferenz ΔV zwischen den beiden Wasserteilchen aus b) und begründen Sie, dass sie nicht vom gewählten Nullniveau abhängt.

2. Bei einem Experiment auf der Mondoberfläche ($r_M = 1740$ km) führt man einer ruhenden Minirakete der Masse $m = 15{,}3$ kg in sehr kurzer Zeit die chemische Energie $E = 4{,}25$ kJ zu, sodass sie sich radial von der Oberfläche entfernt.
   a) Berechnen Sie die Masse m_M des Mondes.
   b) Erläutern Sie die physikalischen Größen „Gravitationsfeldstärke γ_0" und „Gravitationspotenzial V" am Beispiel des Mondes.
   c) Ermitteln Sie die Höhendifferenz Δr, die die Rakete überwindet, und überdenken Sie, wie Δr vom gewählten Bezugssystems abhängt.

Elektrostatik nennt man die Lehre von den Erscheinungen, die durch ruhende elektrische Ladungen hervorgerufen werden. Nach kurzer Wiederholung einiger elektrischer Grundlagen führt die Behandlung der Kräfte zwischen Punktladungen zum Begriff des elektrischen Feldes und des elektrischen Potenzials. Danach wird der elektrische Kondensator untersucht und in Anwendungen erprobt.

Auf den Gesetzmäßigkeiten der Elektrostatik basiert die gesamte Elektrizitätslehre mit ihren zahlreichen Teilgebieten. Technische Umsetzungen findet man überall im Alltag. In Deutschland hat die Elektroindustrie eine hohe wirtschaftliche Bedeutung.

Elektrische Erscheinungen wurden schon sehr früh beobachtet. Thales von Milet (B 167), ein griechischer Philosoph und Mathematiker, berichtete bereits um 600 v. Chr., dass geriebener Bernstein (gr.: elektron) trockene Strohhalme anzieht. Zitteraale, die starke elektrische Stromstöße erzeugen, setzte man im Altertum in der Krankenbehandlung ein.

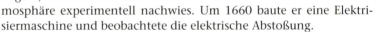

Bild 167: Thales von Milet (650–560 v. Chr)

Der Aufbau der heute bekannten Elektrik beginnt erst im 17. Jahrhundert. Der deutsche Physiker und Politiker Otto von Guericke (B 168) untersuchte die Eigenschaften der Luft. Berühmt sind seine Magdeburger Halbkugeln, mit denen er den Luftdruck der Atmosphäre experimentell nachwies. Um 1660 baute er eine Elektrisiermaschine und beobachtete die elektrische Abstoßung.

Bild 168: Otto von Guericke (1602–1686)

In dieser Zeit wurde erstmals erkannt, dass es eine positive und eine negative Ladung gibt. Man entwickelte einfache Kondensatoren (Leidener Flasche, 1745). Im 18. Jahrhundert beschäftigte sich der Amerikaner Benjamin Franklin mit der elektrischen Influenz und mit den elektrischen Vorgängen bei Gewitter (Blitzableiter). Der französische Physiker und Ingenieur Charles Coulomb (B 169) formulierte 1785 das nach ihm benannte Gesetz, das die Kraftwirkung zwischen punktförmigen Ladungen im Abstand *r* beschreibt.

Bild 169: Charles Augustin Coulomb (1736–1806)

Bild 170: James Clerk Maxwell (1831–1879)

Entscheidende Erfolge errangen Physiker im 19. Jahrhundert, wie der Engländer George Green (mathematische Theorie der Elektrizität und des Magnetismus), der Deutsche Carl F. Gauß (elektromagnetische Telegrafie; Potenzialtheorie), der Deutsche Heinrich Hertz (elektromagnetische Wellen) und der Engländer James Maxwell (B 170) (Theorie der elektromagnetischen Erscheinungen, maxwelsche Gleichungen). Diese Aufzählung ist unvollständig. Sie grenzt die Leistungen anderer Forscher aus, die zum Lehrgebäude der Elektrizität ebenfalls bedeutende Ergebnisse beitrugen.

9.1   Grundlagen der Elektrizitätslehre

Das Wesen der elektrischen Ladung ist bis heute unbekannt. Sie äußert sich aber in sehr vielen elektrischen Erscheinungen. Es gibt zwei Arten von Ladung. Sie werden mit Plus (+) und Minus (−) unterschieden. Diese willkürliche Festlegung bedeutet:

- Träger der negativen Ladung ist das Elektron, es hat die elementare Ladung $-e = -1,602 \cdot 10^{-19}\,C$.
- Träger der positiven Ladung ist das Proton mit der positiven Elementarladung $+e = 1,602 \cdot 10^{-19}\,C$.

Beide elementaren Teilchen finden sich in jedem Atom (gr.: das Unteilbare). Sie verfügen über Masse und elektrische Ladung. Das Atom ist die kleinste Einheit eines chemischen Elements und mit chemischen Mitteln nicht weiter zerlegbar.

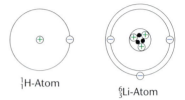

$_1^1$H-Atom

$_3^6$Li-Atom

Bild 171: Modelle zweier elektrisch neutraler Atome

Die Elektronen bilden die Elektronen- oder Atomhülle, die Protonen befinden sich im Atomkern (B 171). Im Normalfall sind die Atome und die aus ihnen aufgebauten Körper elektrisch neutral. Das bedeutet: Die Zahl der Elektronen in der Atomhülle ist gleich der Zahl der Protonen im Kern.

Alle Körper enthalten wegen ihres Aufbaus aus Atomen elektrische Ladungen. Ladung kann weder erzeugt noch vernichtet werden, lässt sich aber von einem Körper auf einen anderen übertragen. Diese Aussage bezeichnet man als **Ladungserhaltung**.

Ladungen mit entgegengesetzten Vorzeichen ziehen sich an, Ladungen mit gleichen Vorzeichen stoßen sich ab (B 172).

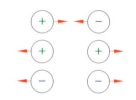

Bild 172: Anziehung und Abstoßung von Ladungen

Der elektrisch neutrale Zustand eines Körpers wird durch Ladungstrennung aufgehoben. Dafür muss Arbeit aufgebracht werden. Sie erzwingt an einer Stelle des Körpers einen Elektronenüberschuss, den man negative Ladung nennt. An anderer Stelle tritt gleichzeitig ein Mangel an Elektronen auf; man spricht von positiver Ladung. Erst nach der Ladungstrennung lassen sich an dem nun geladenen Körper elektrische Erscheinungen beobachten.

Wegen der wechselseitigen Anziehung trennt sich die ungleichnamige Ladung eines elektrisch neutralen Körpers nicht freiwillig. Hierfür stehen verschiedene Geräte bereit, die elektrischen Spannungsquellen, wie Batterien in unterschiedlicher Bauweise, Generatoren, Fotozellen usw. Sie verrichten während der Ladungstrennung Arbeit (B 173), die als elektrische Energie zur Verfügung steht.

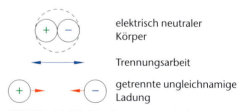

elektrisch neutraler Körper

Trennungsarbeit

getrennte ungleichnamige Ladung

Bild 173: Arbeit bei der Trennung von Ladung

Verbindet man zwei ungleichnamig geladene Körper durch einen (metallischen) Leiter, so folgen die relativ frei beweglichen Elektronen (am äußeren Rand der Metallatome) dem Zwang der elektrischen Anziehung. Sie bewegen sich vom negativ geladenen Körper, dem Minuspol, längs des Leiters zum positiv geladenen, dem Pluspol. Die sich bewegenden Elektronen bezeichnet man als elektrischen Strom. Er fließt bis zum Ausgleich der Ladungen.

▶ **Allgemein: Bewegte Ladungsträger (Elektronen, Ionen, freie Protonen, Atomkerne usw.) in einem Medium bezeichnet man als elektrischen Strom. Leiter sind Medien bzw. Stoffe, in denen sich die Ladungsträger bewegen.**

Historisch bedingt unterscheidet man zwei Stromrichtungen, die physikalische von (−) nach (+) (B 174), die technische oder konventionelle von (+) nach (−).
Elektrischer Strom zeigt drei besondere Wirkungen.

Bild 174: Stromrichtung

- Er hat magnetische Wirkung: Der Verlauf des Magnetfeldes um einen linearen Leiter ist vereinbart. Zeigt nach B 175 der Daumen der rechten Hand in die technische Stromrichtung, dann geben die den Leiter (gedanklich!) umschließenden Finger den Durchlaufsinn der kreisförmigen magnetischen Feldlinien an. Sie liegen in Leiternähe enger als in Leiterferne.

- Er hat Wärmewirkung: Ein stromdurchflossener Metallleiter erwärmt sich (Elektroherd, Föhn) oder leuchtet (Glühlampen).

- Er hat chemische Wirkung: Hier ist das technisch wichtige Verfahren der Elektrolyse zu nennen. Gewisse Stoffe, die Elektrolyten, lassen sich durch elektrischen Strom chemisch zerlegen. Durch Elektrolyse gewinnt man großtechnisch z.B. Chlor, Aluminium oder Reinmetalle.

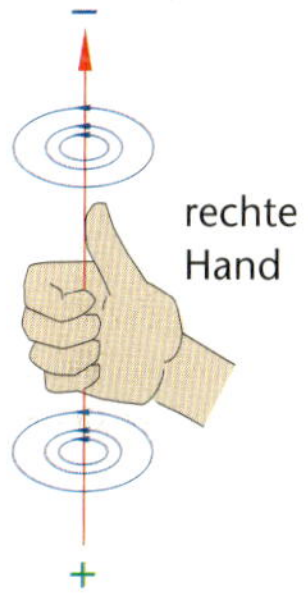

rechte Hand

Durch einen metallischen Leiter fließen in einer Sekunde wenige oder viele Ladungen. Die Stromstärke ist dann gering oder hoch. Sie erhält das Formelzeichen I.

Bild 175

▶▶ **Die elektrische Stromstärke ist definiert als Quotient aus der Ladungsmenge ΔQ, die durch einen Leiterquerschnitt fließt, und der Zeitdauer Δt, die dazu benötigt wird:**

$$I = \frac{\Delta Q}{\Delta t}.$$

Wie noch gezeigt wird, ist die Stromstärke eine Basisgröße im SI-System mit der Einheit $[I] = 1\,\text{Ampere} = 1\,\text{A}$. Die Stärke ein Ampere liegt vor, wenn die Ladungsmenge ein Coulomb in einer Sekunde durch den Leiterquerschnitt fließt.

Strömt die Ladung ab dem Zeitpunkt $t_0 = 0$ gleichmäßig durch den Leiter, dann liegt ein Gleichstrom vor. Man schreibt in diesem Fall kurz: $I = \frac{Q}{t} = $ konstant.

Die momentane Stromstärke in jedem Zeitpunkt t erhält man aus der Definition $I = \frac{\Delta Q}{\Delta t}$ mit dem Grenzübergang $\Delta t \to 0$. Für die Momentanstromstärke gilt: $I(t) = \lim\limits_{\Delta t \to 0} \frac{\Delta Q}{\Delta t} = \dot{Q}(t)$. Sie ist die erste Ableitung einer differenzierbaren $Q(t)$-Funktion.

Durch Umstellen der Definitionsgleichung für I erhält man die mit dem Strom transportierte elektrische Ladung: $\Delta Q = I \Delta t$. Sie ist eine abgeleitete skalare Größe mit der Einheit $[\Delta Q] = [I][\Delta t]$, $[\Delta Q] = 1\,\text{A} \cdot 1\,\text{s} = 1\,\text{As} = 1\,\text{Coulomb} = 1\,\text{C}$. Ein Coulomb ist genau die Ladungsmenge, die sich durch einen Leiterquerschnitt innerhalb einer Sekunde bewegt, wenn ein elektrischer Strom der Stärke 1 A fließt.

Die Ladungsmenge 1 C ist gewaltig. Sie besteht aus etwa 10^{19} Elektronen. In der Elektrostatik kommt sie kaum vor. Benutzt werden häufig die kleineren Einheiten 1 µC = 10^{-6} C, 1 nC = 10^{-9} C, 1 pC = 10^{-12} C.

In der Regel ist die Stromstärke in Leitern oder Körpern aus unterschiedlichen Materialien bei gleichen Bedingungen verschieden. Grund: Die den Strom bildenden bewegten Ladungen kollidieren mit anderen Teilchen. Das gilt besonders für die freien Elektronen, die Leitungs-elektronen, in metallischen Leitern, z.B. in einem Draht. Sie stoßen sich an den örtlich fest gelagerten Atomen oder Atomrümpfen, den Gitterbausteinen, die den Leiter materialabhän-gig unterschiedlich aufbauen. Dadurch werden sie gebremst. Diese Tatsache erfasst der elekt-rische Widerstand R. Er hängt von den physikalisch-chemischen Eigenschaften des Leiter-materials ab und gibt an, wie stark sich ein Leiter oder Körper dem Durchgang des elektrischen Stroms entgegensetzt. Seine Definition ist elementar.

▸▸ **R ist der Quotient aus der elektrischen Spannung U, die zwischen den Enden eines Leiters liegt, und der Stärke I des Stroms, der ihn durchfließt: $R = \dfrac{U}{I}$.**

Diese Festlegung gilt allgemein und nicht nur für Gleichstrom. Einheit:

$$[R] = \frac{[U]}{[I]}, [R] = 1\frac{V}{A} = 1 \text{ Ohm} = 1\,\Omega.$$ Sie liegt vor, wenn die Spannung 1 V einen Strom der Stärke 1 A im Leiter bewirkt.

Hat ein Leiter den Widerstand 35 Ω, dann benötigt man die Spannung 35 V, um in ihm einen Strom der Stärke 1 A zu erreichen. Allgemein gilt: Je höher die Spannung ist, um einen Strom der Stärke 1 A zu erhalten, desto größer ist der elektrische Widerstand R des verwendeten Leiters.

Gewöhnlich gewinnt ein elektrischer Widerstand innerhalb kurzer Zeit seine Betriebstempera-tur. R darf dann als konstant gelten mit der Folge: $U \sim I$. Man bezeichnet sie als ohmsches Gesetz.

In der Praxis gibt es zwei wichtige Schaltmöglichkeiten für elektrische Widerstände:

- Reihenschaltung; es gilt: $R = R_1 + R_2 + \dots + R_n$ (B 176).
  R ist der Gesamtwiderstand, der die in Serie liegenden Einzel-widerstände ersetzt.
  An jedem Widerstand tritt ein Spannungsabfall U_1, U_2, ... auf, eine Art Zwang, der die Ladung treibt.
  Daher teilt sich die Gesamtspannung U, z.B. einer Batterie, auf: $U = U_1 + U_2 + \dots + U_n$.
  Der gemeinsame (konstante oder zeitabhängige) Strom I, der durch alle Widerstände fließt, erweist sich als weitere Beson-derheit dieser Schaltung.

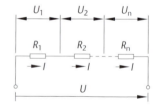

Bild 176: Reihenschaltung von Widerständen

- Parallelschaltung; es gilt: $\dfrac{1}{R} = \dfrac{1}{R_1} + \dfrac{1}{R_2} + \dots + \dfrac{1}{R_n}$ (B 177).
  R ist der Gesamtwiderstand; R_1, R_2, ... sind die parallel lie-genden Teilwiderstände.
  Diese Schaltung verfügt ebenfalls über Besonderheiten. Jetzt ist U gemeinsam. An allen Widerständen liegt die gleiche Spannung.
  Jeder Widerstand hat trotz gleicher Spannung eine eigene (konstante oder zeitabhängige) Stromstärke. Die Einzel-stromstärken addieren sich zur Gesamtstromstärke I: $I = I_1 + I_2 + \dots + I_n$.

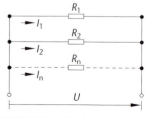

Bild 177: Parallelschaltung von Widerständen

Alle genannten Gesetzmäßigkeiten findet man nochmals in B 178. Sie beziehen sich inhaltlich auf die **kirchhoffschen Regeln**, die Aussagen über elektrische Ströme und Spannungen in einem verzweigten Leiternetz machen. Sie lauten:

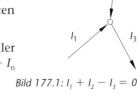

- 1. Regel (B 177.1): In einem Verzweigungspunkt ist die Summe aller zufließenden und abfließenden Ströme gleich null: $I_1 + I_2 + ... + I_n$ = 0 bzw. $\sum_{k=1}^{n} I_k = 0$.

Bild 177.1: $I_1 + I_2 - I_3 = 0$

- 2. Regel (B 177.2), **Maschenregel:** In einem beliebigen geschlossenen Stromkreis (= Masche) ist die Summe aller Spannungsänderungen (Potenzialdifferenzen) beim vollständigen Durchlaufen immer null: $U_1 + U_2 + ... + U_n$ = 0 bzw. $\sum_{k=1}^{n} U_k = 0$.

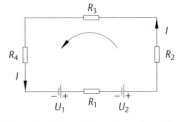

Bild 177.2: $+U_1 - IR_1 + U_2 - IR_2 - IR_3 - IR_4 = 0$

Beide Regeln gelten für Gleich- und Wechselspannungskreise.

Der deutsche Physiker Kirchhoff beschäftigte sich mit Elektrizität, Thermodynamik und der spektralen Zerlegung von Licht.

Reihenschaltung

$R = R_1 + R_2 + ... + R_n$	R	Gesamtwiderstand	Ω
	$R_1, ..., R_n$	Teilwiderstände	Ω
$U = U_1 + U_2 + ... + U_n$	U	Gesamtspannung	V
	$U_1, ..., U_n$	Teilspannungen	V
I gemeinsam	I	Stromstärke	A

Parallelschaltung

$\frac{1}{R} = \frac{1}{R_1} + \frac{1}{R_2} + ... + \frac{1}{R_n}$	R	Gesamtwiderstand	Ω
	$R_1, ..., R_n$	Teilwiderstände	Ω
$I = I_1 + I_2 + ... + I_n$	I	Gesamtstromstärke	A
	$I_1, ..., I_n$	Teilstromstärken	A
U gemeinsam	U	Spannung	V

Bild 178: Schaltung von Widerständen

9.2   Kraft zwischen zwei ruhenden Punktladungen

9.2.1   Coulombsches Gesetz

Im Jahr 1733 erkannte der französische Physiker Dufay, dass es zwei verschiedene Arten von Ladung gibt. Er beobachtete außerdem, dass sich ungleichnamige Ladungen anziehen und gleichartige abstoßen. Coulomb beschäftigte sich mit der Bestimmung dieser Kräfte und kam empirisch zu einem Gesetz von großer Tragweite für die Elektrostatik.

Kraftwirkung zwischen ruhenden elektrischen Punktladungen (B 179)

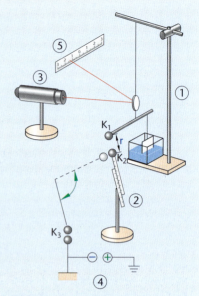

① Torsionsdrehwaage mit isoliert angebrachter Metallkugel K_1 und Spiegel, in Newton geeicht, oder elektronischer Kraftmesser
② veränderbarer Längenmaßstab mit isoliert befestigter Metallkugel K_2
③ Lichtquelle
④ Hochspannungsgerät; Stabisolator mit Metallkugel K_3
⑤ Skala an der gegenüberliegenden Wand

Bild 179: Torsionsdrehwaage

Versuchsdurchführung und Beobachtung:

Mit der Torsionsdrehwaage misst man anziehende oder abstoßende Kräfte zwischen ruhenden elektrischen Punktladungen. Sie besteht aus dem elastischen Torsionsdraht, an dem ein Spiegel und ein Metallbalken befestigt sind. Draht und Balken bilden zusammen einen Drehoszillator, der nach der Anregung frei schwingt. Der Spiegel wirft das Licht einer Lampe auf die Skala eines Beobachtungsschirms. Der Metallbalken liegt waagerecht und befindet sich im Gleichgewicht. Er setzt sich aus einem Metallblatt und der isoliert angebrachten Metallkugel K_1 zusammen. Eine einfache Vorrichtung dämpft die harmonische Schwingung des Oszillators. Sie besteht aus dem Metallblatt, das in ein Wasserbad taucht und sich gegen den Wasserwiderstand bewegt wie das Ruder eines Bootes. Ein schützendes Gehäuse für die Drehwaage fehlt. Daran erkennt man, dass die zu messenden Kräfte relativ groß sind. Staub oder eine geringe Luftströmung beeinflussen die Messung kaum. Anstelle der Torsionsdrehwaage kann man einen elektronischen Kraftmesser verwenden.

Vor Versuchsbeginn wird die Drehwaage für die Kraftmessung in Newton geeicht, der Lichtpunkt befindet sich in Ruhe. Nun lädt man K_3 an der Hochspannung auf. Berührt K_3 vorsichtig die baugleichen Kugeln K_1 und K_2, so drittelt sich die Ladung. Auf den Ladungsträgern K_1 und K_2 liegt gleichnamige Ladung in der Entfernung r der Kugelmittelpunkte. Sofort verlässt der Lichtpunkt die Ruhelage. Er wird beschleunigt. Ursache ist die abstoßende Kraft zwischen den Ladungen. Man beobachtet eine anziehende Kraft, wenn man den Versuch mit ungleichartiger Ladung auf K_1 und K_2 wiederholt. Diese Kräfte werden Coulombkräfte genannt. Die Schnelligkeit, mit der sich der Lichtpunkt auf der Skala bewegt, ist ein Maß für die Stärke der wirkenden Kraft. Nach dem Wechselwirkungsprinzip sind die Kräfte von K_1 auf K_2 und umgekehrt betragsgleich. Infolge der Dämpfung kommt der Lichtpunkt nach kurzer Zeit zur Ruhe und gestattet die Messung der Kraft F.

Messung:

Wie immer überlegt man zuerst, welche Größen die Kraft F beeinflussen können. Hier sind klar die Ladungen der Kugeln K_1 und K_2 zu nennen, ebenfalls die Entfernung r ihrer Mittelpunkte. r variiert man am Längenmaßstab. Die vor Versuchsbeginn geeichte Drehwaage gibt den Wert der abhängigen Einflussgröße F in Newton an. Der elektronische Kraftmesser erfasst F direkt.

1. Messung: $Q_1 = Q_2 = 8{,}4 \text{ nC} = \text{konstant}$, r ist unabhängige Einflussgröße.

r in m	0,100	0,141	0,200
F in 10^{-5} N	6,35	3,20	1,59

Beobachtung: Die abstoßende Kraft zwischen den gleichartig geladenen Kugeln K_1 und K_2 nimmt mit Zunahme von r ab. Zwei Vermutungen sind denkbar:

$$F \sim \frac{1}{r} = r^{-1} \text{ oder } F \sim \frac{1}{r^2} = r^{-2}.$$

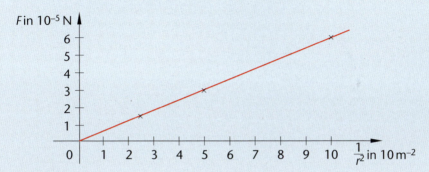

Bild 180

Überprüfung der zweiten Vermutung durch grafische Auswertung:

$\frac{1}{r^2}$ in 10 m^{-2}	10,0	5,03	2,50
F in 10^{-5} N	6,35	3,20	1,59

Beobachtung: Im Rahmen der Messgenauigkeit entsteht eine Ursprungsgerade (B 180). Daher gilt: $F \sim \frac{1}{r^2} = r^{-2}$.

2. Messung: $Q_2 = 8,4$ nC = konstant, $r = 0,141$ m = konstant, Q_1 ist unabhängig.

Q_1 in 8,4 nC	1,0	0,50	0,25
F in 10^{-5} N	3,0	1,60	0,80

Beobachtung: Mit Q_1 nimmt F ab. Vermutung mit Blick auf die Messtabelle: $F \sim Q_1$. Grafische Auswertung in B 181.
Beobachtung: Im Rahmen der Messgenauigkeit entsteht eine Ursprungsgerade. Die Vermutung $F \sim Q_1$ erweist sich als richtig.

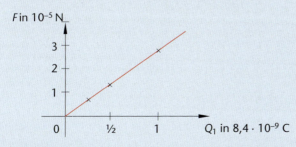

Bild 181

3. Messung: $Q_1 = 8,4$ nC = konstant, $r = 0,141$ m = konstant, Q_2 ist unabhängig.

Q_2 in 8,4 nC	1,0	0,50	0,25
F in 10^{-5} N	3,0	1,60	0,80

Beobachtung: Mit Q_2 nimmt F ab. Vermutung mit
Blick auf die Messtabelle: $F \sim Q_2$. Grafische Auswertung in B 182.
Beobachtung: Im Rahmen der Messgenauigkeit entsteht eine Ursprungsgerade.
Daher gilt $F \sim Q_2$.

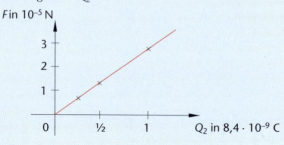

Bild 182

Zusammenfassung der Proportionalitäten:

- $F \sim \dfrac{1}{r^2} = r^{-2}$: Ergebnis der ersten Auswertung

- $F \sim Q_1$: Ergebnis der zweiten Auswertung

- $F \sim Q_2$: Ergebnis der dritten Auswertung

- Somit: $F \sim \dfrac{Q_1 Q_2}{r^2}$ bzw. $F = k\dfrac{Q_1 Q_2}{r^2}$.

Zur Abschätzung des Messwertes und der Einheit von k wählt man z. B. die zweite Messung
der dritten Messreihe mit $Q_1 = 8,4$ nC, $Q_2 = 0,50 \cdot 8,4$ nC, $r = 0,141$ m, $F = 1,60 \cdot 10^{-5}$ N.

Für k erhält man: $k = \dfrac{Fr^2}{Q_1 Q_2}$, $k = \dfrac{1,60 \cdot 10^{-5}\,\mathrm{N} \cdot (0,141\ \mathrm{m})^2}{8,4 \cdot 10^{-9}\,\mathrm{C} \cdot 0,50 \cdot 8,4 \cdot 10^{-9}\,\mathrm{C}} = 9,02 \cdot 10^9\ \mathrm{Nm^2C^{-2}}$

Der Messwert ist hoch, die Einheit noch fremd.

Eine theoretische Überlegung zeigt, dass die Proportionalitätskonstante k mit der Konstanten
$\dfrac{1}{4\pi\varepsilon_0}$ verwandt ist. Den Zusammenhang erläutert Kapitel 9.9.

ε_0 heißt elektrische Feldkonstante. Sie ist eine Fundamentalkonstante und für den
gesamten Bereich der Elektrik kennzeichnend. Mit $k = \dfrac{1}{4\pi\varepsilon_0}$, $\varepsilon_0 = \dfrac{1}{4\pi k}$ und dem Messwert
$k = 9,02 \cdot 10^9\ \mathrm{Nm^2C^{-2}}$ erhält man einen Näherungswert für ε_0:

$\epsilon_0 = \dfrac{1}{4\pi \cdot 9,02 \cdot 10^9\ \mathrm{Nm^2C^{-2}}} = 8,8 \cdot 10^{-12}\ \mathrm{C^2N^{-1}m^{-2}}$. Anstelle der Einheit $\mathrm{C^2N^{-1}m^{-2}}$ verwendet man oft die Einheit $\mathrm{Fm^{-1}}$. 1 F = 1 Farad ist die Einheit der elektrischen Kapazität
(s. Kap. 9.8).

Die elektrische Feldkonstante hat heute den Wert

$\varepsilon_0 = 8{,}854\ 187\ 817\ \ldots \cdot 10^{-12}\ \mathrm{Fm}^{-1}$.

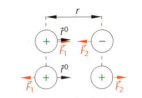

Die endgültige Form des Kraftgesetzes für ruhende Punktla-

dungen lautet somit: $F = \dfrac{1}{4\pi\varepsilon_0}\dfrac{Q_1 Q_2}{r^2}$. Es heißt **coulombsches**

Gesetz.

Bild 183: Zum coulombschen Gesetz

Vektoriell schreibt man: $\vec{F} = \dfrac{1}{4\pi\varepsilon_0}\dfrac{Q_1 Q_2}{r^2}\ \vec{r}^{\,0}$, wobei $\vec{r}^{\,0}$ der Einheitsvektor zum Entfernungs-

vektor $\vec{r}$ ist (B 183). Das Gesetz gilt für punktförmige Ladungsträger mit den Ladungen Q_1

und Q_2, die sich gegenseitig anziehen oder abstoßen. Die Anziehungs- oder Abstoßungskräfte

$\vec{F}_1$ und $\vec{F}_2 = -\vec{F}_1$ haben den gleichen Betrag, verlaufen aber entgegengesetzt gerichtet.

▸ **Das coulombsche Gesetz beschreibt die gegenseitige Anziehung oder Abstoßung**
zweier Punktladungen Q_1 und Q_2 in der Entfernung r der Ladungsträgermittelpunkte.
Es lautet: $F = \dfrac{1}{4\pi\varepsilon_0}\dfrac{Q_1 Q_2}{r^2}$.
Vektorielle Schreibweise: $\vec{F} = \dfrac{1}{4\pi\varepsilon_0}\dfrac{Q_1 Q_2}{r^2}\ \vec{r}^{\,0}$. Der Kraftvektor zeigt in Richtung der Ver-
bindungslinie der Ladungsträgermittelpunkte.

Bemerkungen:

■ Die Proportionalität $F \sim \dfrac{1}{r^2}$ besagt, dass die Kraftwirkung zwischen den Punktladungen mit
dem Quadrat der Entfernung r abnimmt oder ansteigt. In doppelter Entfernung $2r$ wirkt
wegen $(2r)^2 = 4r^2$ die Kraft $\dfrac{1}{4}F$.

■ Allgemein: Nimmt eine physikalische Größe mit dem Quadrat der Entfernung ab oder zu
und ist sie dabei proportional zu $\dfrac{1}{r^2}$, so spricht man vom **Abstandsgesetz.**

■ Streng genommen gilt das coulombsche Gesetz nur für Punktladungen. Es darf auf kugelförmige Ladungsträger angewendet werden, wenn deren Radius klein ist gegenüber ihrer
Entfernung r. Deshalb haben die Ladungskugeln K_1, K_2 und K_3 im Versuch kleine Durchmesser und sind während der Versuchsdurchführung relativ weit voneinander entfernt.

■ Bei Kugeln mit großen Radien, die sich gegenüberliegen, verschiebt sich die Ladung auf
den Oberflächen durch das Wirken elektrischer Feldkräfte, auf die im nächsten Kapitel
eingegangen wird. Dann fallen die Mittelpunkte der Ladungen nicht mit den Kugelmittel-
punkten zusammen.

■ Die Anziehung und Abstoßung geladener Körper nutzt man bei zahlreichen technischen
und industriellen Verfahren, z. B. beim Fotokopieren, im Tintenstrahldrucker oder beim
Reinigen von Abgasen in Kaminen.

9.2.2 Coulombsches Gesetz und Gravitationsgesetz im Vergleich

Vergleicht man das coulombsche Gesetz mit dem Gravitationsgesetz, so fallen eine Reihe
von Übereinstimmungen und Unterschieden auf.

■ Beide stimmen im mathematischen Aufbau formal überein:

Das coulombsche Gesetz $F = \dfrac{1}{4\pi\varepsilon_0}\dfrac{Q_1 Q_2}{r^2}$ gibt die Kraft zwischen zwei ruhenden Punktla-

dungen Q_1 und Q_2 an.

Das Gravitationsgesetz $F = G\,\dfrac{m_1 m_2}{r^2}$ erfasst die Kraft zwischen zwei ruhenden Punktmassen m_1 und m_2.

- Man unterscheidet beide Kräfte oft in der Schreibweise F_C bzw. F_G.
- Beide Kräfte sind proportional zu $\dfrac{1}{r^2}$. Das Abstandsgesetz gilt gleichermaßen.
- Die Kraft zwischen Ladungen ist anziehend oder abstoßend, die Kraft zwischen Massen immer anziehend.
- Zur Gravitation gehört die Gravitationskonstante G, zur Elektrik die elektrische Feldkonstante ε_0. Diese Konstanten sind fundamental.
- Das folgende Beispiel vergleicht beide Kräfte im atomaren Bereich.

Beispiel

a) Man berechne die Gravitationskraft F_G und die Coulombkraft F_C zwischen dem Atomkern eines Wasserstoffatoms und dem Einzelelektron in der Atomhülle. Die Körper in der Entfernung $r \approx 1{,}0 \cdot 10^{-10}$ m haben die Massen $m_p = 1{,}673 \cdot 10^{-27}$ kg und $m_e = 9{,}109 \cdot 10^{-31}$ kg. Die betragsgleichen Ladungen $Q_1 = Q_2 = e = 1{,}602 \cdot 10^{-19}$ C unterscheiden sich im Vorzeichen.
b) Man deute die Ergebnisse aus a).
c) Man berechne die Bahngeschwindigkeit v des umlaufenden Elektrons.

Lösung:
a) Das Wasserstoffatom ist ein leerer Raum, der zwei ungleichnamig geladene Materiepunkte enthält, nämlich das Proton als Kern und das umlaufende Elektron, das die Atomhülle bildet. Massen und Ladungen ziehen sich an (B 184).
Für die Beträge der wechselseitigen Kräfte gilt:

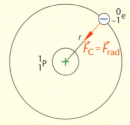

Bild 184

$$F_G = G\,\frac{m_1 m_2}{r^2}, \; F_G = 6{,}673 \cdot 10^{-11}\,\frac{\mathrm{m^3}}{\mathrm{kg\,s^2}}\,\frac{1{,}673 \cdot 10^{-27}\,\mathrm{kg} \cdot 9{,}109 \cdot 10^{-31}\,\mathrm{kg}}{(1{,}0 \cdot 10^{-10}\,\mathrm{m})^2} = 1{,}02 \cdot 10^{-47}\,\mathrm{N}.$$

$$F_C = \frac{1}{4\pi\varepsilon_0}\,\frac{Q_1 Q_2}{r^2}, \; F_C = \frac{1}{4\pi \cdot 8{,}854 \cdot 10^{-12}\,\mathrm{Fm^{-1}}}\,\frac{(1{,}602 \cdot 10^{-19}\,\mathrm{C})^2}{(1{,}0 \cdot 10^{-10}\,\mathrm{m})^2} = 2{,}30 \cdot 10^{-8}\,\mathrm{N}.$$

$$\frac{F_C}{F_G} = \frac{2{,}30 \cdot 10^{-8}\,\mathrm{N}}{1{,}02 \cdot 10^{-47}\,\mathrm{N}} = 2{,}3 \cdot 10^{39}. \; F_G \text{ kann gegenüber } F_C \text{ vernachlässigt werden: } F_C \gg F_G.$$

b) Im Alltag sind beide Kräfte bedeutungslos, da sie ungeheuer klein sind. Auf atomare Größenordnungen bezogen ist die Coulombkraft im Gegensatz zur Gravitationskraft unvorstellbar stark. Als Zentripetalkraft hält sie das Elektron auf einer kreisförmigen Bahn um den ruhend gedachten Atomkern und sorgt so für die Stabilität des Wasserstoffatoms: $F_C = F_{rad}$.
Diese Aussage gilt grundsätzlich auch für die Atome anderer Elemente mit mehr Protonen und Elektronen.

Man bedenke weiter: Innerhalb der Kerne liegen sich Protonen mit der gemeinsamen Ladung $+e = +1{,}602 \cdot 10^{-19}$ C in kleinster Entfernung r^* gegenüber. Für $r^* \to 0$ wächst F_C über alle Grenzen: $F_C \to \infty$. Eigentlich müssten die Kerne platzen. Nach aller Erfahrung mit der uns umgebenden Materie sind die Atomkerne der Elemente stabil. Erreicht wird dies durch elektrisch neutrale Abstandshalter zwischen den Protonen, die Neutronen, sodass mit $r^* >> 0$ die Kraft F_C endlich bleibt. Protonen und Neutronen bilden dicht gepackt den Kern eines jeden Atoms.

Kernkräfte (s. Kap. 17.1) überwinden die immer noch extrem starken elektrostatischen Abstoßungskräfte und gewährleisten die Stabilität der Atomkerne.

c) Die Bahngeschwindigkeit v des antriebsfrei auf stabiler Bahn umlaufenden Elektrons erhält man mit dem folgenden Ansatz:

1. $F_C = F_{rad}$

2. $F_{rad} = m_e \dfrac{v^2}{r}$, F_C aus a)

Somit: $v = \sqrt{\dfrac{F_C r}{m_e}}, v = \sqrt{\dfrac{2{,}30 \cdot 10^{-8}\,\text{N} \cdot 1{,}0 \cdot 10^{-10}\,\text{m}}{9{,}109 \cdot 10^{-31}\,\text{kg}}} = 1{,}6 \cdot 10^6\ \text{ms}^{-1}$.

Das Elektron durchläuft in einer Sekunde etwa die Strecke Berlin–Moskau.

Aufgaben

1. Zwei punktförmige Körper in der Entfernung $r = 1{,}00 \cdot 10^2$ m tragen die entgegengesetzt gleiche Ladung $Q = 1{,}00$ C. Berechnen Sie die Kantenlänge l eines mit Wasser gefüllten Würfels, dessen Gewichtskraft F_G gleich der Coulombkraft zwischen den Ladungen ist.

2. B 183.1 zeigt zwei gleichgroße Grafitkugeln der Masse $m = 1{,}00 \cdot 10^{-3}$ kg. Grafit ist eine Modifikation des Kohlenstoffs, das heißt, die Kugeln bestehen aus besonders angeordneten Kohlenstoffatomen. Beide Kugeln hängen an gleich großen fast masselosen Fäden der Länge $l = 0{,}100$ m und tragen gleich große negative Ladungen.

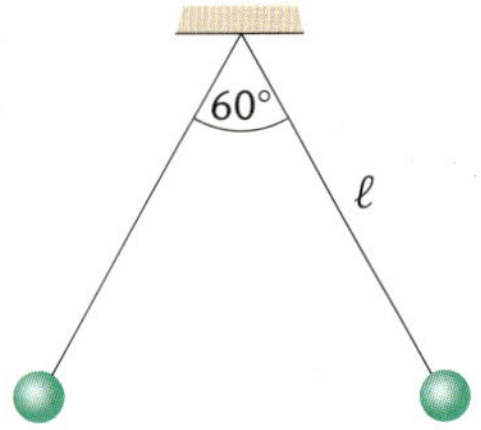

Bild 183.1

   a) Erstellen Sie einen Kräfteplan für eine der beiden Kugeln und beschreiben Sie die auftretenden Kräfte und ihre Wirkung.
   b) Berechnen Sie die zwischen den Kugeln wirkende abstoßende Kraft F_C, wenn die beiden Fäden einen 60°-Winkel einschließen.
   c) Bestimmen Sie durch Rechnung die Anzahl N der Elektronen, die beim Aufladen auf jede der beiden Kugeln gebracht wurden.
   d) Berechnen Sie die Anzahl N_p der Protonen und N_e der Elektronen einer Grafitkugel im neutralen Zustand.
   e) Bestimmen Sie das Verhältnis, in welchem im geladenen Zustand die Anzahl der aufgebrachten Elektronen zur Anzahl der Protonen steht.
   f) Berechnen Sie die Gravitationskraft F_G zwischen den Grafitkugeln.

3. Einem Blattgoldstück der Masse $m = 28$ µg werden 10^4 Elektronen entzogen. Ermitteln Sie die Anfangsbeschleunigung a, der das Blattgold in der Entfernung $r = 1{,}7$ cm zur Punktladung $Q = 46$ nC unterliegt. Prüfen Sie, ob a konstant ist.

4. Gegeben sind zwei gleiche Iridiumkugeln K_1 und K_2 mit dem Radius $r = 1{,}00$ cm. K_1 trägt die Ladung $Q_1 = -5{,}82$ pC.
   a) Beide Kugeln liegen sich waagrecht und reibungsfrei in der Entfernung $r = 5{,}00$ cm der Trägerschwerpunkte gegenüber. Ermitteln Sie Vorzeichen und Betrag der Ladung Q_2 auf K_2 so, dass die elektrostatische Abstoßung die Massenanziehung gerade kompensiert.
   b) Geben Sie die Anzahl N der Elektronen an, welche die Ladung Q_2 repräsentieren. Überlegen Sie, ob diese Elektronen beim Aufladen von K_2 zugeführt oder entzogen werden.
   c) Nun ordnet man die fixierte Kugel K_2 in der Entfernung r senkrecht über K_1 an. Berechnen Sie jetzt die Ladung Q_2^* auf K_2 so, dass sie die unter ihr frei schwebende Kugel K_1 hält.

9.3   Elektrisches Feld und elektrische Feldlinien

Gleichartige Ladungen stoßen sich ab, ungleichartige ziehen sich an. Mit dem coulombschen Gesetz berechnet man die Kraft zwischen Punktladungen. Diese wechselseitige Kraftwirkung benötigt dem Anschein nach keine Kopplung, denn sie ist auch im Vakuum nachweisbar. Zur Klärung des Problems trägt der nächste Versuch bei.

B 185 zeigt anziehende bzw. abstoßende Kräfte auf einen mit Grafit (= Leiter) beschichteten positiv geladenen Tennisball in der Umgebung einer positiv (oder negativ) geladenen Hohlkugel in beliebigen Raumpunkten. Die Ladung $+Q_p$ auf dem Ball ist wesentlich kleiner als die Ladung $+Q$ auf der Kugel: $Q_p << Q$. Daher nennt man Q_p **Probeladung**. Sie ist so gering, dass sie andere Ladungen in ihrer Umgebung, insbesondere Q, kaum beeinflusst. Alle folgenden Definitionen beziehen sich auf die positive Probeladung $Q_p = q$.

Positive Probeladung in der Umgebung einer positiv geladenen Hohlkugel (B 185)

① (Konduktor-)Kugel mit der Ladung $+Q$; fest
② Tennisball mit der positiven Probeladung q; frei hängend
③ Spannungsquelle zum Laden der Körper

Versuchsdurchführung und Beobachtung:
Der Tennisball ruht in einem beliebigen Punkt des Raumes um die Kugel. Man lädt beide Körper an einer Spannungsquelle positiv auf. Sofort verlässt der Ball mit der Probeladung q die Ruhelage. Er entfernt sich beschleunigt von der Kugel mit der Ladung Q und kommt wegen der Aufhängung schließlich zur Ruhe. Ursache der Bewegungsänderung: die Coulombkraft $\vec{F}_C$ zwischen beiden geladenen Körpern. Entlädt man die Konduktorkugel, so hört die Kraftwirkung auf q sofort auf; q kehrt in die alte Lage zurück. Der Betrag der abstoßenden Kraft ändert sich mit der Ladungsmenge Q. Ist Q konstant, so lässt die Kraftwirkung mit wachsender Entfernung r des Tennisballs nach, hört aber nie auf.

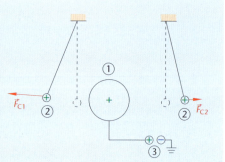

Bild 185: Elektrisches Feld um $Q > 0$

q erfährt im gesamten Raum um Q eine Kraft. Diese Beobachtung verwendet man zur Erklärung der Kraftübertragung zwischen den Ladungsträgern ohne Anwesenheit eines materiellen Mediums.

B 185 und 186 deuten an, dass die Probeladung q, $q << |Q|$, in jedem Raumpunkt P um eine positive oder negative Kugelladung Q der Coulombkraft $\vec{F}_C$ unterliegt, gleichgültig wie weit beide Ladungsträger voneinander entfernt sind. Jedem Raumpunkt P um Q ist daher genau ein Kraftvektor $\vec{F}_C$ zugeordnet. Die Länge des Vektors hängt bei festen Ladungen nur von der Entfernung r der Träger ab. Nach dem Abstandsgesetz $F \sim r^{-2}$ verringert sie sich mit wachsendem r und nimmt in unbegrenzter Ferne den Wert null an. Außerdem zeigt die in P auf q wirkende Kraft $\vec{F}_C$ stets zum Mittelpunkt der Kugelform hin.

Der Raum, in dem die durch eine Ladung Q verursachte Kraftwirkung auf eine Probeladung q auftritt, heißt **elektrisches Feld**. Entlädt man die Kugel, so hört die Kraftwirkung auf q schlagartig auf. Die Anwesenheit von Q versetzt demnach den Raum in einen besonderen Zustand, der sich in einer elektrischen Kraftwirkung auf jede andere Ladung äußert. Diese Aussage lautet allgemein:

▸ **Eine positive oder negative Ladung Q auf einem Träger beliebiger Form übt im umgebenden Raum auf jede andere Ladung eine elektrische Feldkraft $\vec{F}$ aus.**

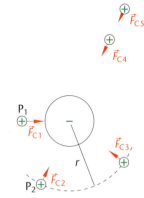

Mathematisch beschreibt man das elektrische Feld durch die Gesamtheit aller Kraftvektoren im Raum um die Ladung Q. Es hat keine stoffliche Struktur. Der Feldbegriff ist heute ein sehr wichtiges physikalisches Modell.

Bild 186: Elektrisches Feld um $Q < O$

▸ **Das elektrische Feld um eine felderzeugende Ladung Q äußert sich in jedem Raumpunkt P durch die Wirkung einer elektrischen Kraft $\vec{F}$ auf die Probeladung q oder jede andere Ladung. Man beschreibt es mathematisch durch die Gesamtheit aller Kraftvektoren im Raum um Q.**
Bei negativen Kugel- oder Punktladungen zeigen die Kraftvektoren $\vec{F} = \vec{F}_{C}$ zum Mittelpunkt der Träger hin; ihr Betrag hängt von der Entfernung r der Mittelpunkte ab, falls Q und q konstant sind.

Ein ruhender Ladungsträger umgibt sich mit einem **elektrostatischen Feld**. Weil der Feldbegriff abstrakt ist, veranschaulicht man das elektrische Feld durch **Feldlinien**. Dazu verwendet man die Bewegungslinie der Probeladung q, wenn man sie im Feldpunkt P freigibt. q läuft auf gerader oder gekrümmter Bahn, längs der die elektrische Feldkraft $\vec{F}$ wirkt (B 187), auf einen Minuspol zu.

Die Gesamtheit aller Feldlinien stellt das elektrische Feld bildhaft dar. Die elektrischen Feldlinien schneiden und berühren sich nicht. In der Regel trägt man nur wenige Linien in einem Raumgebiet um Q an. Feld und damit Kraftwirkung auf eine Probeladung q oder jede andere Ladung ist jedoch auch dort, wo diese Linien fehlen. Das elektrische Feld ist ein nicht materielles Kraftfeld, das den gesamten Raum um Q durchsetzt.

Die Bewegung einer ruhenden, aber frei beweglichen Probeladung wird durch eine felderzeugende Ladung ausgelöst. Sie endet auf einer negativen Ladung, da dort die elektrische Feldkraft wegen des Ladungsausgleichs fehlt. In B 185, 187 umschließt ein negativ geladener Ring den positiven Ladungsträger, in B 186 ein positiv geladener Ring den negativen Träger. Die Ringe sind nicht eingezeichnet.

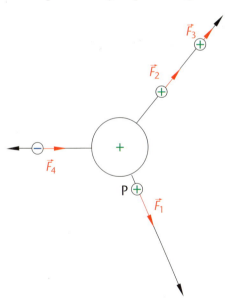

Bild 187: Elektrische Feldlinien um eine positive Kugelladung

Im realen Versuch ersetzen geladene Teilchen im Raum um die felderzeugende Ladung Q oft den geladenen Ring. Sie sind im Luftraum des Klassenzimmers, in Metallen oder im umgebenden Mauerwerk in hoher Anzahl vorhanden.

9.4   Elektrische Influenz

Das elektrische Feld und seine anschauliche Darstellung durch Feldlinien bewährt sich auch bei der Erklärung des folgenden Versuchs.

VERSUCH

Ladungstrennung durch Influenz (B 188)

① negativ geladener Bandgenerator mit Ladungsstab K
② zwei Elektroskope mit kleinen Konduktorkugeln K_1, K_2, verbunden durch eine Glimmlampe
③ auseinandergezogene Watte

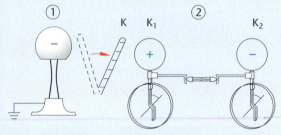

Bild 188: Elektrische Influenz bei einem Leiter

Versuchsdurchführung:
Die Versuchsanordnung aus K_1, K_2 und Lampe ist zunächst elektrisch neutral. Die Elektroskope schlagen nicht aus. Bringt man den am Bandgenerator negativ geladenen Stab K nahe genug an K_1, so leuchtet die Glimmlampe auf, ein Strom fließt. Elektronen bewegen sich über die Lampe von K_1 nach K_2. Die Elektroskope zeigen einen Ausschlag.

Erklärung (B 188):
Das elektrische Feld um den negativen Stab K übt elektrische Feldkräfte auf die frei beweglichen Elektronen auf der Oberfläche von K_1 aus und stößt sie ab. Sie bewegen sich über die Glimmlampe zu K_2 hin, die dabei leuchtet. K_1 bleibt positiv geladen zurück, K_2 nimmt die Elektronen auf und wird negativ. Beide Ladungszustände erkennt man am Ausschlag der Elektroskope. K_1 und K_2 bilden jetzt zwei ungleichnamige Ladungszentren. Sie ergeben zusammen einen **elektrischen Dipol**. Die räumliche Ladungstrennung in einem neutralen Leiter unter dem Einfluss des elektrischen Feldes eines geladenen Körpers heißt **elektrische Influenz.**

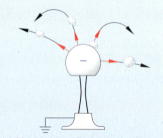

Bild 189: Watteflocken auf einem geladenen Bandgenerator

Versuchsdurchführung (B 189):
Man bringt auseinandergezogene Watte in die Nähe des geladenen Generators. Die Watte wird zuerst angezogen, bis sie den Generator berührt. Dann wird sie gleichnamig aufgeladen und auf einer kurzen Strecke radial abgestoßen. Schließlich sinkt sie auf gekrümmter Bahn zur Erde.

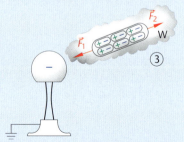

Bild 190: Elektrische Influenz bei einem Nichtleiter (Wattefaden W)

Erklärung (B 190):
In Nichtleitern (Watte, Kunststofffasern) gibt es keine oder nur wenige frei bewegliche Elektronen. Möglicherweise sind sie in den körperaufbauenden Molekülen

ungleich verteilt. Die elektrische Feldkraft des Generators trennt die Ladung auf dem Nichtleiter oder richtet Teilchen mit unsymmetrischer Ladungsverteilung aus. Dann liegt die Plusladung näher am negativen Generator. Die Watte wird angezogen. Die Anziehung des Nichtleiters beruht auf elektrischer Influenz. Beim Berühren des Generators lädt sich die Watte gleichnamig auf und wird radial nach außen abgestoßen.

Nichtleiter werden unter dem Einfluss der elektrischen Influenz ebenfalls zu Dipolen mit ungleichartigen Ladungszentren. Der positive Pol eines Wattefadens in Generatornähe erfährt wegen der kleineren Entfernung größere Feldkräfte als der weiter entfernte negative Ladungspol. Die entgegengesetzt geladenen Enden der Dipole ziehen sich an und fügen sich zusammen. Im Versuch nimmt der Einfluss der elektrischen Feldkraft mit wachsender Entfernung der Watte vom Generator ab, der Einfluss der Gewichtskraft wächst. Sie leitet mit Beginn der Abstoßung durch den Generator die Abwärtsbewegung der Watte ein.

▸ **Elektrische Influenz ist Ladungstrennung auf der Oberfläche elektrisch neutraler Leiter oder Ausrichtung von Teilchen mit unsymmetrischer Ladungsverteilung in Nichtleitern durch das elektrische Feld eines geladenen Körpers.**

Bemerkungen:

- Ruhende elektrische Ladung verteilt sich auf der Oberfläche von Leitern, weil das Platzangebot dort am größten ist. Die Elektronen ordnen sich in weitester Entfernung zueinander an. Gleichzeitig verringert sich die abstoßende Coulombkraft zwischen ihnen auf den kleinstmöglichen Betrag.

- B 191 zeigt einen kreis- oder kugelförmigen Ladungsträger mit der frei beweglichen Ladung $-e$ an einer Stelle der Oberfläche. Ein zweiter Ladungsträger mit der Ladung $+Q$ liegt gegenüber. Folgende Kräfte treten auf:

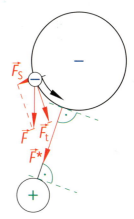

  $\vec{F}$: Coulombkraft als anziehende elektrische Feldkraft zwischen $-e$ und Q; sie bewirkt elektrische Influenz, also eine Verschiebung von $-e$. Sie ist in eine tangentiale und eine radiale Komponente zerlegbar: $\vec{F} = \vec{F}_s + \vec{F}_t$.

  $\vec{F}_s$: Kraft senkrecht zur Oberfläche; sie reduziert die atomare Bindungskraft, die die Ladung $-e$ festhält.

  $\vec{F}_t$: Tangentialkraft zur kreisförmigen Leiteroberfläche; sie beschleunigt $-e$ längs der Oberfläche, bis gilt: $\vec{F}_s = \vec{F}^*$, $\vec{F}_t = \vec{0}$. Sobald dieser Fall eintritt, endet die Elektronenbewegung. Gleichzeitig beginnt und endet die elektrische Feldlinie von $+Q$ nach $-e$ senkrecht auf den Oberflächen beider Leiter.

Bild 191

▸ **Ruhende elektrische Ladung verteilt sich auf der Oberfläche von Leitern im größtmöglichen Abstand. Die Feldlinien elektrostatischer Felder beginnen senkrecht auf positiver Ladung und enden senkrecht auf negativer. Sie haben einen Anfang und ein Ende.**

9.5   Elektrische Feldstärke

Die Wirkung des elektrischen Feldes um eine Ladung Q auf die Probeladung q in einem konkreten Raumpunkt P kann unterschiedlich ausfallen. Eine hohe elektrische Feldkraft weist auf ein starkes Feld hin, eine geringe auf ein schwaches. Ein Versuch zeigt einen Weg, wie man die Stärke eines elektrischen Feldes messen kann.

VERSUCH

Kraft auf eine Probeladung q im elektrischen Feld einer Ladung Q (B 192)

① felderzeugende Ladung Q auf einer Konduktorkugel K
② Probeladung q auf einer isolierten Kleinkugel k an einem elektronischen Kraftsensor
③ Kraftsensor
④ variable Gleichspannungsquelle (nicht sichtbar)

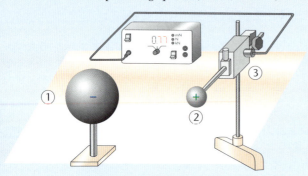

Bild 192: Messung der elektrischen Feldstärke E

Versuchsdurchführung und Messung:
Mithilfe der Spannungsquelle erhält K die negative Ladung Q, k die positive Ladung q. Man bringt k in das elektrische Feld von K. Dann misst man mit dem Kraftsensor die Feldkraft F an einem festen Punkt P in Abhängigkeit von q.

Messreihe mit rechnerischer Auswertung:

q in nC	348	169	83	39
F in mN	3,22	1,57	0,77	0,36
$\frac{F}{q}$ in kNC^{-1}	9,25	9,29	9,28	9,23

Somit: Im Rahmen der Messgenauigkeit ist
$\frac{F}{q}$ = konstant, also $F \sim q$.

Die Stärke der elektrischen Feldkraft im Feldpunkt P der Ladung Q hängt wegen $F = \dfrac{1}{4\pi\varepsilon_0}\dfrac{Qq}{r^2}$ von der Probeladung q ab. Bringt man nämlich in P die Probeladungen 2q oder 10q, so wirken dort die Kräfte $2F = \dfrac{1}{4\pi\varepsilon_0}\dfrac{Q\cdot 2q}{r^2}$ oder $10F = \dfrac{1}{4\pi\varepsilon_0}\dfrac{Q_1\cdot 10q}{r^2}$. Es kann aber nicht sein, dass die Probeladung q Einfluss auf die Stärke des Q-Feldes nimmt.

Dagegen ist der durch Auswertung gewonnene Quotient $\frac{F}{q}$ unabhängig von der Probeladung q und im festen Raumpunkt P konstant.

Deshalb ist es sinnvoll, die Stärke eines elektrischen Feldes im Raumpunkt P einer Ladung Q durch den Quotienten $\frac{F}{q}$ zu beschreiben. Der Quotient $\frac{F}{q}$ heißt **elektrische Feldstärke** und bekommt das Formelzeichen E: $E = \frac{F}{q}$. Die elektrische Feldstärke E ist der Quotient aus der elektrischen Feldkraft F, die eine positive Probeladung q im festen Raumpunkt P des elektrischen Feldes erfährt, und der Ladung q.

Vektoriell gilt (B 193.1): $\vec{E} = \frac{\vec{F}}{q}$ mit $\vec{E} \uparrow\uparrow \vec{F}$, da $q > 0$. Der Feldstärkevektor $\vec{E}$ legt den Verlauf der elektrischen Feldlinie durch den Feldpunkt P fest.

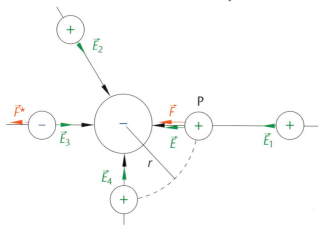

Bild 193.1: $\vec{E}$ legt den Feldlinienverlauf fest

Ist die elektrische Feldkraft F in P auf die Probeladung q klein, so liegt dort ein schwaches Feld vor. Das Feld in P ist stark, wenn F groß ist. Der Quotient $\frac{\vec{F}}{q}$ bzw. $\frac{F}{q}$ ist damit ein geeignetes Maß für die Stärke des elektrischen Feldes in P unabhängig von der Probeladung q.

▶ **Die elektrische Feldstärke beschreibt die Stärke eines elektrischen Feldes im Raum um eine felderzeugende Ladung Q. Sie ist der Quotient $\vec{E} = \frac{\vec{F}}{q}$. Es gilt: $\vec{E} \uparrow\uparrow \vec{F}$, da $q > 0$. Betragsmäßig: $E = \frac{F}{q}$, wobei F die elektrische Feldkraft und q die positive Probeladung im Feldpunkt P der Ladung Q ist.**

Bemerkungen:

▪ Die elektrische Feldstärke ist eine abgeleitete physikalische Größe mit der Einheit: $[E] = \frac{[F]}{[q]}$, $[E] = \frac{1\,\text{N}}{1\,\text{C}} = 1\,\frac{\text{N}}{\text{C}}$. Die Einheit $1\,\text{NC}^{-1}$ liegt vor, wenn im Feldpunkt P einer felderzeugenden Ladung Q die Probeladung $q = 1\,\text{C}$ die elektrische Feldkraft $F = 1\,\text{N}$ erfährt.

Eine weitere Einheit wird in Kapitel 9.7.2 eingeführt.

- Die Definition der elektrischen Feldstärke gilt für alle elektrischen Felder.

- Kapitel 9.7.2 erklärt, wie man die elektrische Feldstärke E einfacher bestimmen kann als im vorangehenden Versuch. Ist also E an einer festen Stelle bekannt, so gestattet die umgeformte Gleichung $\vec{F} = \vec{E}q$ bzw. $F = Eq$ auf einfache Weise, dort die Feldkraft $\vec{F}$ auf eine positive oder negative Ladung q zu berechnen.

- Ist die Probeladung q negativ, so gilt: $\vec{E} \uparrow\downarrow \vec{F}$ (in B 193.1: $\vec{E}_3 \uparrow\downarrow \vec{F}^*$).

- Ist die elektrische Feldstärke E eines Feldes groß, so zeichnet man die Feldlinien eng, ist sie gering, so liegen die Feldlinien weiter auseinander (B 193.1; 195; 196).

- Ein Gerät zur direkten Messung der elektrischen Feldstärke E ist das Elektrofeldmeter.

- Beispiele für elektrische Feldstärken sind in Abbildung B 193.2 dargestellt.

Feldpunkt P	E in NC^{-1}
elektrische Leitungen in Wohnungen	$\approx 10^{-2}$
untere Schichten der Atmosphäre	$\approx 10^{2}$
Oberfläche einer Kopierertrommel	$\approx 10^{5}$
Blitz	$\approx 10^{6}$
Oberfläche eines Urankerns	$\approx 10^{21}$

Bild 193.2

9.6   Elektrische Feldformen

9.6.1   Homogenes elektrisches Feld

Besonders interessant ist ein Raumgebiet, in dem die Bedingung $\vec{E}$ = konstant besteht. Man spricht dann von einem **homogenen** elektrischen Feld und veranschaulicht es durch parallele Feldlinien in gleichem Abstand (B 194).

VERSUCH

Elektrisches Feld zwischen parallelen Metallplatten (B 194)

① senkrecht oder waagrecht angeordnete parallele Metallplatten im Abstand d
② Gleichspannungsquelle (nicht sichtbar)
③ Watte, kleine Styroporkugeln oder beschichteter Tennisball

Versuchsdurchführung und Beobachtung, 1. Teil:
Zwei parallele Metallplatten im Abstand d werden an der Gleichspannungsquelle entgegengesetzt aufgeladen. Diese Anordnung heißt **Plattenkondensator**. Frei bewegliche Watteflocken, kleine Styroporkugeln oder ein beschichteter Tennisball etwa in der Mitte zwischen den Platten bewegen sich nach kurzer Zeit zur positiven Metallplatte, werden aufgeladen und sofort senkrecht zur Oberfläche abgestoßen. Sie gelangen zur negativen Platte, geben ihre Ladung ab, nehmen negative Ladung auf und verlassen die Oberfläche erneut senkrecht zur Plusplatte hin usw. Die Beobachtung wiederholt sich an anderen Stellen im Kondensatorinnenraum. Auffallend ist der immer gleiche Bewegungsablauf der Probeladung.

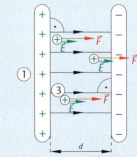

Bild 194: Homogenes elektrisches Feld im Innenraum eines geladenen Plattenkondensators

Die parallelen Bewegungslinien der Probeladung veranschaulichen den Feldverlauf. Das elektrische Feld im Innenraum ist homogen. Folglich sind elektrische Feldkraft $\vec{F}$ und elektrische Feldstärke $\vec{E}$ im Innenbereich eines geladenen Plattenkondensators konstant.

▸ **Im Innenraum eines geladenen Plattenkondensators befindet sich ein homogenes elektrisches Feld. Es genügt der Bedingung: $\vec{F}$ = konstant bzw. $\vec{E}$ = konstant. Sie besagt: Die elektrische Feldkraft $\vec{F}$ auf eine feste Probeladung q ist in jedem Raumpunkt nach Betrag, Richtung und Durchlaufsinn gleich. Die elektrischen Feldlinien verlaufen im gleichen Abstand parallel und umso enger, je stärker das Feld ist.**

Versuchsdurchführung und Beobachtung, 2. Teil (B 195):
Zieht man die am Faden hängende Probeladung langsam zum Kondensatorrand, so krümmen sich die Bewegungslinien zwischen den Platten und damit die elektrischen Feldlinien umso mehr, je weiter man nach außen geht. Das elektrische Randfeld ist **inhomogen**. Hier gilt: $\vec{F}$ ≠ konstant bzw. $\vec{E}$ ≠ konstant. Die Vektoren sind ortsabhängig. Sie liegen als Tangente an der Feldlinie im betrachteten Punkt P.

▸ **Gilt im Gesamtraum um eine felderzeugende Ladung Q oder in einem Teilraum $\vec{E}$ ≠ konstant, so heißt das elektrische Feld inhomogen. Die elektrische Feldstärke $\vec{E}(r)$ ist ortsabhängig. Die Feldlinien verlaufen nicht parallel im gleichen Abstand.**

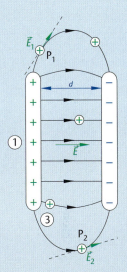

Bild 195: Gesamtes elektrisches Feld eines Plattenkondensators

Welchen Abstand d dürfen die Platten eines Kondensators haben, damit das Innenfeld noch als gut homogen angesehen werden kann? Eine Faustregel besagt bei quadratischen Flächen mit der Kantenlänge l: $d \leq l$, bei Kreisflächen mit dem Durchmesser d^*: $d \leq d^*$.

9.6.2 Radialsymmetrisches elektrisches Feld

Ein Sonderfall des inhomogenen Feldes ist das **radialsymmetrische** elektrische Feld (B 196). Es umgibt Punktladungen oder ideal kugelförmige Ladungsträger mit homogen verteilter Ladung auf der Oberfläche. Die Feldlinien verlaufen radial und symmetrisch. Sie enden in der negativen Punktladung Q oder senkrecht auf der negativ geladenen Oberfläche. Oder sie beginnen in der positiven Punktladung Q oder senkrecht auf der positiv geladenen Oberfläche.

Die elektrische Feldstärke $E(r)$ eines radialsymmetrischen elektrischen Feldes gewinnt man durch folgende allgemeine Herleitung:

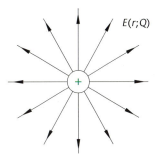

Bild 196: Radialsymmetrisches Feld einer +Q-Ladung

1. $E = \dfrac{F}{q}$

2. $F = \dfrac{1}{4\pi\varepsilon_0} \dfrac{Qq}{r^2}$

Somit: $E(r; Q) = \dfrac{1}{4\pi\varepsilon_0}\,\dfrac{Qq}{r^2 q} = \dfrac{1}{4\pi\varepsilon_0}\,\dfrac{Q}{r^2}$. E hängt von der felderzeugenden Ladung Q und von

der Entfernung r, $r \geq r_0$, des Feldpunkts P vom Mittelpunkt des kugelförmigen Ladungsträgers mit dem Radius r_0 ab.

B 197 zeigt das r-E-Diagramm einer positiven Kugelladung im Außen- und Innenraum. Der Graph im Außenraum folgt aus der Funktionsgleichung $E(r; Q)$. Die direkte Messung von E mithilfe eines Elektrofeldmeters in Abhängigkeit von r führt zum gleichen Ergebnis.

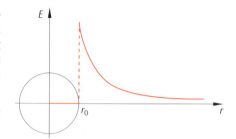

Bild 197: r-E-Diagramm einer positiven
Kugelladung

Auffallend: Im Innenraum der Kugel beträgt die Feldstärke konstant $E = 0$.
Begründung: Auf der Innenwand liegt keine Ladung, da ihre Fläche kleiner ist als die Oberfläche. Dort nehmen die Ladungen einen größeren Abstand zueinander ein (s. Bemerkung in Kap. 9.3).

Folge: Der Innenraum einer Hohlkugel oder eines Metallnetzes, das einen Raum vollständig umschließt, ist feldfrei. Er schirmt äußere elektrische Felder ab. Man bezeichnet diese Abschirmung als **Faraday-Käfig**. Autos, Flugzeuge usw. bilden einen Faraday-Käfig, sofern keine leitende Verbindung zwischen der Außenhaut und dem Innenraum besteht. Blitzableiter schützen Häuser, Metallkapseln empfindliche elektronische Geräte.

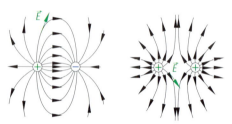

▸ **Allgemein ist festzuhalten: Im radialsymmetrischen Feld einer konstanten Punkt- oder Kugelladung $+Q$ nehmen die elektrische Feldstärke $\vec{E}(r)$, die elektrische Feldkraft $\vec{F}(r)$ und die Dichte der Feldlinien nach außen hin ab. Der Innenraum einer geladenen Hohlkugel ist feldfrei.**

B 198 zeigt weitere Feldlinienbilder. Zu sehen sind von oben nach unten:

- das inhomogene Feld im Raum zwischen zwei gleich großen, ungleichnamigen und gleichnamigen Punkt- oder Kugelladungen,
- das Feld zwischen einem kugelförmigen Ladungsträger und einer Kondensatorplatte,
- das Feld zwischen zwei konzentrischen Ringen,
- nochmals das Feld eines waagrecht angeordneten Plattenkondensators.

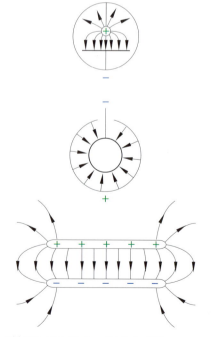

Bild 198: Verschiedene Feldlinienbilder

Bemerkungen:

- Das elektrische Feld um eine felderzeugende Ladung Q findet sich auch in dem Bereich, in dem keine Feldlinien gezeichnet sind. Dort ist ebenfalls eine Kraftwirkung auf eine Probeladung nachweisbar.

- Nach Definition beginnen elektrische Feldlinien in positiven Ladungen und enden in negativen. Daher bezeichnet man positive Ladungen auch als **Quellen**, negative als **Senken** des elektrischen Feldes.

- Lineare Leiter und Stromkreise, die an eine Spannungsquelle angeschlossen sind, tragen auf den Oberflächen Ladungen. Quelle und Ladungen erzeugen ein elektrisches Feld längs der Leiter und Kreise.

- Elektrische Felder breiten sich mit der Vakuumlichtgeschwindigkeit c_0 aus.

9.6.3 Eigenschaften elektrischer Feldlinien im Überblick

Das elektrische Feld einer ruhenden Ladung Q wird durch Feldlinien mit folgenden Eigenschaften veranschaulicht:

- Feldlinien repräsentieren den Bahnverlauf, den eine positive Probeladung oder jeder andere geladene Körper unter dem Einfluss der elektrischen Feldkraft einschlägt. Sie können geradlinig oder gebogen sein.

- Feldlinien beginnen senkrecht auf der Oberfläche eines positiv geladenen Körpers und enden senkrecht auf der Oberfläche eines negativ geladenen; sie haben einen Anfang und ein Ende.

- Feldlinien berühren und kreuzen sich nicht. Durch jeden Feldpunkt verläuft nur eine Feldlinie.

- Ein elektrisches Feld übt eine Kraftwirkung auf eine andere Ladung auch in dem Raumgebiet aus, in dem keine Feldlinien gezeichnet sind.

- Die Dichte der Feldlinien ist ein Maß für die Stärke des elektrischen Feldes.

- Der Vektor der elektrischen Feldkraft, die an einem anderen Ladungsträger angreift, verläuft tangential zur Feldlinie durch diesen Träger.

- Der Vektor der elektrischen Feldstärke in einem Feldpunkt verläuft tangential zur Feldlinie durch diesen Punkt und legt ihren Verlauf fest.

9.6.4 Elektrisches Feld und Gravitationsfeld im Vergleich

- Ein elektrisches Feld entsteht durch jede positive oder negative Ladung, ein Gravitationsfeld durch jede Masse.

- Das coulombsche Gesetz $F = \dfrac{1}{4\pi\varepsilon_0} \dfrac{Q_1 Q_2}{r^2}$ und das Gravitationsgesetz $F = G\,\dfrac{m_1 m_2}{r^2}$ haben mathematisch den formal gleichen Aufbau. Die Coulombkraft beschreibt die Anziehung und Abstoßung elektrischer Punktladungen, die Gravitationskraft die Anziehung von Punktmassen. Für beide Kräfte gilt die Proportionalität $F \sim \dfrac{1}{r^2}$, die man als (quadratisches) Abstandsgesetz bezeichnet.

- Die elektrische Feldkonstante ε_0 ist für das elektrische Feld (E-Feld) charakteristisch, die Gravitationskonstante G für das Gravitationsfeld (G-Feld). Beide Konstanten sind fundamentale Größen.

- Feldstärken beschreiben die Stärke des Feldes in einem Feldpunkt P. Die Feldstärkevektoren $\vec{E}$ und $\vec{\gamma}$ legen den Verlauf der Feldlinien fest. Die Definitionen der elektrischen Feldstärke und der Gravitationsfeldstärke haben einen formal gleichen Aufbau. Sie sind der Quotient aus der wirkenden Feldkraft $\vec{F}$ in P und der Ladung q bzw. der Masse m: $\vec{E} = \dfrac{\vec{F}}{q}$ bzw. $\vec{\gamma} = \dfrac{\vec{F}}{m}$.

  Sind die Feldstärken bekannt, so ergeben $F = Eq$ und $F = \gamma m$ die Feldkräfte in P unabhängig von der Feldform. Beim Vergleich erkennt man auf der linken Seite die wirkende Feldkraft, auf der rechten entsprechen sich neben den Feldstärken die elektrische Ladung q bzw. Q und die mechanische Größe m.

- Beide Felder werden durch Feldlinien mit gleichen Eigenschaften (s. Kap. 9.5.3) zeichnerisch dargestellt. Folgende Fälle sind zu unterscheiden:

  - homogenes Feld: Die Bedingung lautet: $\vec{E}$ = konstant bzw. $\vec{\gamma}$ = konstant. Die Feldlinien liegen parallel im gleichen Abstand. Der Innenraum eines geladenen Plattenkondensators bzw. engbegrenzte Räume z. B. auf der Oberfläche von Himmelskörpern haben in guter Näherung ein homogenes Feld.

  - radialsymmetrisches Feld: Die Bedingung lautet: $\vec{E}(r)$ bzw. $\vec{\gamma}(r)$ sind bei fester feldererzeugender Ladung bzw. Masse von der Entfernung r abhängig. Die Feldlinien verlaufen radialsymmetrisch. Das elektrische Feld eines idealen kugelförmigen Ladungsträgers oder das Gravitationsfeld der Erde und der Planeten ist radialsymmetrisch. Hierbei handelt es sich um eine spezielle inhomogene Feldform.

  - inhomogenes Feld: Die Bedingung lautet: $\vec{E} \neq$ konstant bzw. $\vec{\gamma} \neq$ konstant.

Aufgaben

1. Im homogenen elektrischen Feld eines Kondensators berühren sich zwei gleich große ungeladene Metallplättchen (B 198.1) parallel zu den Platten. Nach dem Trennen im Feld werden sie aus dem Kondensator genommen. Mit einem Ladungsmesser untersucht man die Plättchen auf Ladung.

   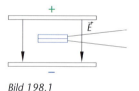

   Bild 198.1

   a) Überlegen Sie, welche Ergebnisse bei der Ladungsmessung zu erwarten sind.

   b) Erklären Sie das Zustandekommen der Messergebnisse und benennen Sie das zugrunde liegende physikalische Phänomen.

2. Ein Punktkörper k der Masse $m = 3,58 \cdot 10^{-3}$ kg trägt die Ladung $Q = 41,7$ pC. Er befindet sich im elektrischen Feld einer geladenen Kugel K.

   a) Berechnen Sie die elektrische Feldkraft F und die Anfangsbeschleunigung a, der k in einem Feldpunkt mit der Feldstärke $E = 1,04 \cdot 10^{3}$ NC^{-1} unterliegt.

   b) Begründen Sie rechnerisch, wie sich die Kraft F ändert, wenn man m oder q oder beide Größen am gleichen Feldort verdoppelt.

3. Die Ladung $Q = 7,93 \cdot 10^{-10}$ C erfährt im elektrischen Feld einer geladenen Kugel die konstante Kraft $F = 42,5$ μN.

   a) Berechnen Sie die elektrische Feldstärke E am Ort der Probeladung und beschreiben Sie den Feldbereich.

   b) Überlegen Sie, ob und wie sich die Antwort in a) ändert, wenn man den Kugelradius r_k verdoppelt.

4. Gegeben sind die Kugelladungen $Q_1 = 3,5 \cdot 10^{-8}$ C und $Q_2 = 6,0 \cdot 10^{-8}$ C im Abstand $r = 3,5$ cm. Ein Feldpunkt P besitzt von Q_1 die Entfernung $r_1 = 2,7$ cm, von Q_2 die Entfernung $r_2 = 5,2$ cm.

   a) Berechnen Sie die Einzelfeldstärken E_1 und E_2 der Ladungen in P.

   b) Zeichnen Sie die Lage von Q_1, Q_2 und P maßstabsgetreu, tragen Sie in P die Feldstärkevektoren $\vec{E}_1, \vec{E}_2$ ab und ermitteln Sie zeichnerisch den Betrag der resultierenden Feldstärke $\vec{E}_{rsl}$. Geben Sie an, welche Hilfe $\vec{E}_{rsl}$ beim Zeichnen einer Feldlinie durch P bietet.

   c) In P befindet sich nun ein Wassertröpfchen mit dem Radius $r = 2,8 \cdot 10^{-2}$ cm und der Ladung $Q = 10,0$ pC. Beschreiben Sie die Bewegung des Wassertröpfchens und berechnen Sie die Anfangsbeschleunigung a.

9.7 Energie einer Ladung im homogenen elektrischen Feld

Eine ruhende Ladung q im Feldpunkt P einer Ladung Q erfährt die Feldkraft $\vec{F}$. Sie wird beschleunigt und gewinnt auf dem Weg zur Gegenladung kinetische Energie. Diese Energieumwandlung ist nach dem Energieerhaltungssatz nur möglich, falls q in P über potenzielle Energie verfügt. Anders gesagt: Im elektrischen Feld muss Energie enthalten sein.

Diese potenzielle Energie wird nun hergeleitet zum Beispiel durch einen Vergleich zwischen dem (schon bekannten) homogenen Gravitationsfeld und dem homogenen elektrischen Feld, zwischen denen es viel Übereinstimmung gibt. Oder man gewinnt sie rechnerisch auf der Basis der Arbeitsdefinition. Dazu bestimmt man die Arbeit W, die bei der Überführung einer positiven Probeladung q vom Feldpunkt P_1 zum Feldpunkt P_2 erforderlich ist, und daraus die potenzielle Energie E_{pot}. Zunächst ordnet man einen geladenen Plattenkondensator so an, dass sein Feldverlauf dem des homogenen Erdfeldes entspricht (B 199).

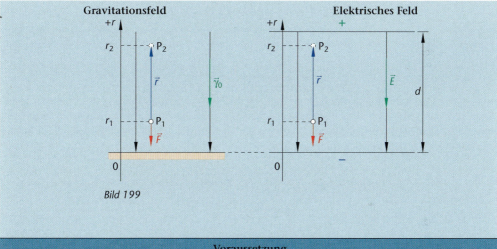

Bild 199

Voraussetzung	
• $\vec{g}_0 = \vec{\gamma}_0$ = konstant	• $\vec{E}$ = konstant
• die Feldlinien laufen parallel	• die Feldlinien laufen parallel
• für die Feldkraft gilt: $\vec{F} \uparrow\downarrow \vec{r}$	• für die Feldkraft gilt: $\vec{F} \uparrow\downarrow \vec{r}$

Gemeinsamer Bezugspunkt ist die Erdoberfläche, auf der der Kondensator waagrecht aufliegt. Die r-Achse verläuft senkrecht zur Oberfläche und zu den Kondensatorplatten.

Feldkraft	
Feldkraft ist die Gewichtskraft F_G der Probemasse m: $F = F_G = g_0 m$.	Feldkraft ist die elektrische Kraft $F = Eq$, die die positive Probeladung q durch die Ladung auf den Kondensatorplatten erfährt. Der Träger von q ist (fast) masselos, seine Gewichtskraft daher nahezu null.

Überführungsweg	
P_1: Anfangspunkt der Überführung	
P_2: Endpunkt der Überführung	
Überführungsweg: $P_1(r_1) \rightarrow P_2(r_2)$; $r = r_2 - r_1$	

Überführungsarbeit	
1. $W = Fs$, $\vec{F}$ = konstant, $\vec{F} \uparrow \downarrow \vec{r}$	1. $W = Fs$, $\vec{F}$ = konstant. $\vec{F} \uparrow \downarrow \vec{r}$
2. $F = F_G = mg_0 = m\gamma_0$	2. $F = Eq$
3. $s = r = r_2 - r_1$	3. $s = r = r_2 - r_1$
4. $\vec{F} \uparrow \downarrow \vec{r} \Rightarrow \cos \measuredangle(\vec{F}; \vec{r}) = \cos \pi = -1$	4. $\vec{F} \uparrow \downarrow \vec{r} \Rightarrow \cos \measuredangle(\vec{F}; \vec{r}) = \cos \pi = -1$
Somit: $W = mg_0 r \cos \pi = m\gamma_0 r \cos \pi$	Somit: $W = Eqr \cos \pi = Eq(r_2 - r_1)(-1)$,
$\qquad = m\gamma_0(r_2 - r_1)(-1)$,	$\qquad W = Eq(r_1 - r_2)$.
$\qquad W = m\gamma_0(r_1 - r_2)$.	

Die Überführungsarbeit W hängt nur vom Anfangspunkt $P_1(r_1)$ und vom Endpunkt $P_2(r_2)$ ab, nicht aber vom Verlauf des Weges. Daher sind beide Feldkräfte konservativ.

Potenzielle Energie	
$E_{pot} = -W = m\gamma_0(r_2 - r_1)$	$E_{pot} = -W = qE(r_2 - r_1)$

Analog zur Gravitation gilt im elektrischen Feld: Die potenzielle Energie E_{pot} ist die Energie einer Ladung q, die sich im homogenen Feld einer felderzeugenden Ladung Q befindet. Sie hängt nach Wahl eines Nullniveaus nicht vom Überführungsweg der Ladung q ab, sondern nur von der Anfangs- und Endkoordinate.

Bemerkungen:

- Man erkennt, dass die Arbeits- und Energiebetrachtungen in beiden Feldern vergleichbar sind.

- Wichtigster Sonderfall: $r_1 = 0$; dann gilt: $E_{pot} = qEr$ unter Weglassung der Indizes.

- Auf der unteren negativen Platte hat die positive Probeladung q die potenzielle Energie $E_{pot} = 0$; sie erfährt auf dem Weg zur positiven Kondensatorplatte einen Energiezuwachs und hat auf der positiven Platte die größte potenzielle Energie $E_{pot} = qEd > 0$ mit $r = d$ als Plattenabstand.

- Das Ergebnis $E_{pot} = -W = qE(r_2 - r_1)$ gilt in gleicher Weise für eine negative Probeladung q. Man setzt die Ladung vorzeichenrichtig ein und bildet konsequent die Differenz aus End- und Anfangskoordinate. In B 199 hätte die Probeladung $q < 0$ in P_1 auf der unteren Platte ebenfalls die potenzielle Energie $E_{pot} = 0$. Sie ist maximal, denn auf dem Weg nach P_2 auf der positiven Platte verliert sie die potenzielle Energie $E_{pot} = qEd < 0$ mit $r = d$ und $q < 0$.

Beispiel

Die Ladung $q = +15$ nC in B 199 gewinnt auf dem Weg von $P_1(r_1 = 5{,}0$ cm$)$ nach $P_2(r_2 = 8{,}0$ cm$)$, also gegen den Feldverlauf, die potenzielle Energie $E_p = 15$ nC $(0{,}080$ m $- 0{,}050$ m$) = 0{,}45$ nJ. Die Ladung $q = -15$ nC verliert bei gleicher Bewegung von P_1 nach P_2 wegen $E_p = -15$ nC $(0{,}080$ m $- 0{,}050$ m$) = -0{,}45$ nJ potenzielle Energie; diese wandelt sich in kinetische Energie um.

9.8 Elektrisches Potenzial im homogenen elektrischen Feld

Die potenzielle Energie E_{pot}, die eine positive Probeladung q im homogenen elektrischen Feld während der Überführung vom Nullniveau zum Feldpunkt P mit der Koordinate r aufnimmt, beträgt $E_{pot} = qEr$. Das willkürlich festgelegte Nullniveau liegt dabei auf der unteren negativen Kondensatorplatte (B 200).

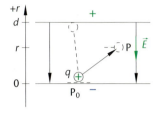

Mit $r = 0$ verfügt q über die Energie $E_{pot} = 0$. Ist $r = d$ und d der Plattenabstand, so erreicht q auf der positiven Kondensatorplatte die maximale potenzielle Energie $E_{pot} = Eqd$. Für die potenzielle Energie $E_{pot} = Eqr$ im beliebigen Feldpunkt P(r), $0 \leq r \leq d$, gilt: $0 \leq Eqr \leq Eqd$. Die Ladungen $2q$ oder $10q$ im festen Feldpunkt P gewinnen die potenziellen Energien $2E_p = 2q \cdot Er$ oder $10E_p = 10q \cdot Er$. Dagegen ist der Quotient $\dfrac{E_p}{q} = \dfrac{2E_p}{2q} = \dfrac{10E_p}{10q} = Er$

Bild 200

unabhängig von q. Man bezeichnet ihn als das **elektrische Potenzial** im Feldpunkt P des homogenen Feldes bezogen auf das gewählte Nullniveau. Auf diese Weise verfügt jeder Punkt P im Innenraum des Kondensators oder auf den Innenplatten über ein eindeutiges Potenzial.

Der Quotient bekommt das Formelzeichen φ: $\varphi = \dfrac{E_{pot}}{q}$.

φ ist eine abgeleitete skalare Größe mit der Einheit: $[\varphi] = \dfrac{[E_p]}{[q]}$, $[\varphi] = 1\,\dfrac{J}{C} = 1\ \text{Volt} = 1\ \text{V}$.

Namensgeber ist der italienische Physiker Volta. Das Potenzial 1 V charakterisiert die potenzielle Energie (hier 1 J), die die Ladung 1 C im Feldpunkt P gegenüber der Nulllage aufgenommen hat, sogar für den Fall, dass sich in P gar keine Ladung befindet.
Das Nullniveau hat das Nullpotenzial $\varphi_0 = 0$.

▸ Der Quotient $\varphi = \dfrac{E_{pot}}{q}$ **aus der potenziellen Energie E_{pot} in einem beliebigen Feldpunkt P eines elektrischen Feldes und der Ladung q eines Körpers heißt das elektrische Potenzial in P. Es beträgt im homogenen Feld $\varphi = Er$. r ist der Abstand des Feldpunktes P vom willkürlich gewählten Nullpotenzial φ_0 (zum Beispiel negativ geladene Platte eines Kondensators).**

Nach Wahl des Nullpotenzials ist jedem Feldpunkt des elektrischen Feldes eindeutig das Potenzial φ zugeordnet. Wie die potenzielle Energie ist es positiv oder negativ (B 201).

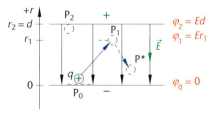

$\varphi > 0$: Bei der Überführung von P$_0$ zum Feldpunkt P$_1$ wird an der positiven Probeladung q gegen das elektrische Feld Arbeit verrichtet. Die potenzielle Energie von q steigt an.

Bild 201

Beispiel

$\varphi = 512\ \text{V} = \dfrac{512\ \text{J}}{1\ \text{C}}$; die Ladung 1 C besitzt in P$_1$ gegenüber φ_0 die positive Energie 512 J.

$\varphi < 0$: Bei der Überführung vom Feldpunkt P_1 zum Feldpunkt P* verrichtet das elektrische Feld an der positiven Probeladung q Arbeit. Die potenzielle Energie von q nimmt ab.

Beispiel

$\varphi = -63 \text{ V} = \dfrac{-63 \text{ J}}{1 \text{ C}}$; die Ladung 1 C hat in P* gegen P_1 die Energie 63 J verloren.

Anders gesagt:

▸ **Bewegt man eine positive Probeladung q gegen die elektrischen Feldlinien, so erhöhen sich ihre potenzielle Energie und das Potenzial. Bewegt sich q mit den Feldlinien, so verringern sich ihre potenzielle Energie und das Potenzial.**

Bemerkungen:

▪ Zur Beschreibung eines elektrischen Feldes eignen sich sowohl die elektrische Feldstärke $\vec{E}$ wie auch das elektrische Potenzial φ.

Beispiele (B 201): Potenzial im Punkt

– P_0 mit $r_0 = 0$: $\varphi_0 = 0$. Die negative Platte legt das Nullpotenzial fest.

– P_1: $\varphi_1 = Er_1$, wobei $0 \leq \varphi_1 \leq \varphi_2$; Potenzial im Feldpunkt P_1.

– P_2 mit $r_2 = d$: $\varphi_2 = Ed$. Alle Punkte auf der positiven Platte haben das gleiche maximale konstante Potenzial Ed.

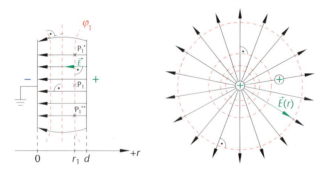

Bild 202: Äquipotenziallinien eines Plattenkondensators und einer positiv geladenen Kugel

▪ Die Feldpunkte P_1*, P_1** haben das gleiche Potenzial φ_1 wie der Punkt P_1, da der Abstand r_1 zur Nulllage gleich ist. Sie bilden eine Fläche oder Linie, die man **Äquipotenzialfläche** oder **Äquipotenziallinie** nennt. Sie verläuft im homogenen Bereich parallel zu den Kondensatorplatten durch die Feldpunkte P_1, P_1*, P_1** usw. und senkrecht zu den elektrischen Feldlinien. Auch die Innenflächen des Kondensators sind **Äquipotenzialflächen.** Im inhomogenen Randfeld des Kondensators krümmen sich die Äquipotenzialflächen. Der senkrechte Verlauf zu den Feldlinien bleibt (B 202).

- Bringt man die Probeladung q von P_1 nach P_1^* auf derselben Äquipotenzialfläche, so ändert sich die potenzielle Energie E_p von q nicht, da beide Punkte das gleiche Potenzial haben. Auch für die Überführungsarbeit gilt: $W_{11}^* = 0$.

  Eine frühere Begründung lautet: $\vec{F} \perp \vec{s}$, daher $W_{11}^* = 0$.

- B 202 stellt außerdem Äquipotenzialflächen einer positiv geladenen Kugel dar.

- Liegt in B 202 das Nullpotenzial auf der positiven Platte des Kondensators, so besitzt die negative das Potenzial $\varphi = -Ed$.

- Ist die Probeladung negativ, so kehren sich die Vorzeichen um.

9.8.1 Potenzialmessung mit der Flammensonde

Der Potenzialverlauf im homogenen Feld eines Plattenkondensators kann mithilfe einer Flammensonde untersucht werden.

Potenzialmessung am Plattenkondensator mit einer Flammensonde (B 203)

① Plattenkondensator in vertikaler Lage mit dem Plattenabstand d
② Messingröhrchen mit Gasflamme oder Glasröhrchen mit Kupferdraht
③ statisches Voltmeter
④ Gleichspannungsquelle

Versuchsdurchführung und Erklärung:
Die Platten des Kondensators werden an die konstante Gleichspannung 6,0 kV gelegt. Das Messingröhrchen mit der Flamme zwischen den Platten ist horizontal verschiebbar. Mit dem Voltmeter wird die Spannung zwischen ihm und der negativen Platte gemessen. Diese ist mit der Erde leitend verbunden und verfügt daher über das Potenzial $\varphi_0 = 0$. Man sagt, die Platte ist **geerdet**. Auch für elektrische Anlagen, Haushaltsgeräte usw. wählt man die Erde als Nullpotenzial.

Das Messingröhrchen mit der Gasflamme heißt **Flammensonde**. Das elektrische Feld des geladenen Kondensators ruft im Metallstab (oder Kupferdraht) der Sonde durch Influenz eine Ladungstrennung hervor. Dadurch wird das homogene Feld erheblich gestört. Nun erzeugt aber die Wärmeenergie der Flamme freie Ladung (Ionen, Elektronen) im Raum um die Metallspitze. Dadurch werden die Ladungen auf der Sonde abgeführt, und zwar solange, bis sich fast wieder ein homogenes Feld einstellt und der Potenzialunterschied zwischen Röhrchen und geerdeter Platte etwa dem sondenfreien Feld entspricht. Die Spitze erscheint gegenüber der negativen Kondensatorplatte als positive Probeladung. Der Stab bzw. Draht der Sonde hat das gleiche Potenzial wie

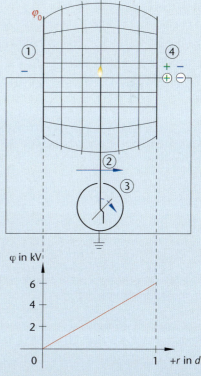

Bild 203: Potenzialmessung mit der Flammensonde

VERSUCH

die Äquipotenzialfläche, in der er liegt. Die Potenzialdifferenz, die zu messen ist, tritt erst außerhalb des Feldes im Voltmeter auf und wird mit ihm bestimmt.

Messung:
Gemessen wird die Potenzialdifferenz $\Delta\varphi$ gegen $\varphi_0 = 0$ auf der negativen Platte in Abhängigkeit vom Plattenabstand r. Unter dieser Bedingung beträgt die Potenzialdifferenz: $\Delta\varphi_{12} = \varphi_2 - \varphi_1 = \varphi_2 - 0 = \varphi_2 = \varphi$.

Sondenabstand r in $d = 0{,}10$ m	0	0,25	0,5	1
zur geerdeten Platte φ in kV	0	1,6	2,9	6,0

Grafische Auswertung (B 203):
Das r-φ-Diagramm zeigt ab Ursprung eine steigende Strecke, das elektrische Potenzial φ nimmt mit r linear zu. Daher hat der Graph die Gleichung: $\varphi(r) = Er$, $0 \leq r \leq d =$ konstant; die konstante elektrische Feldstärke $E = \dfrac{\varphi}{r} \left(= 6{,}1 \cdot 10^4 \dfrac{\text{V}}{\text{m}} \right)$ ist die mathematische Steigung der Strecke. Bewegt sich ein positiver Körper gegen das Feld, so gewinnt er potenzielle Energie bezogen auf $\varphi_0 = 0$; bei Bewegung mit dem Feld nimmt das Potenzial ab.

Aufgabe
Vergleichen Sie die Gravitation mit der Elektrostatik und nennen Sie Analogien und Unterschiede in folgenden Fällen:
a) Feldstruktur in der Umgebung einer kugelförmigen Masse bzw. Ladung.
b) Definition der Feldstärke.
c) Kraftgesetz zwischen punktförmigen Massen oder Ladungen.
d) Potenzial einer Masse oder Ladung.

9.8.2 Potenzialdifferenz, elektrische Spannung

In B 204 hat der Feldpunkt P_1 das elektrische Potenzial φ_1, P_2 das Potenzial φ_2 bezogen auf den Feldpunkt P_0 mit $\varphi_0 = 0$. Wegen $r_2 > r_1$ ist $\varphi_2 > \varphi_1$. Beide Feldpunkte legen Äquipotenzialflächen parallel zu den Kondensatorplatten fest. Zwischen beiden Flächen besteht die vom Nullniveau unabhängige **Potenzialdifferenz** $\Delta\varphi_{12} = \varphi_2 - \varphi_1 = \dfrac{\Delta E_\text{p}}{q}$. Sie heißt **elektrische Spannung** und bekommt das Formelzeichen U_{12}:

$U_{12} = \Delta\varphi_{12} = \varphi_2 - \varphi_1 = \dfrac{\Delta E_\text{p}}{q}$.

▸ **Die Potenzialdifferenz** $\Delta\varphi_{12} = \varphi_2 - \varphi_1 = U_{12} = \dfrac{\Delta E_\text{p}}{q}$ **heißt elektrische Spannung eines Feldpunktes P_2 mit dem Potenzial φ_2 gegenüber einem Feldpunkt P_1 mit dem Potenzial φ_1, unabhängig von der Wahl des Nullpotenzials.**

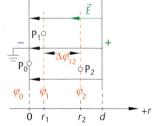

Bild 204: Potenzialdifferenz $\Delta\varphi_{12}$

Mit anderen Worten: Die elektrische Spannung U_{12} eines Feldpunktes P_2 mit dem Potenzial φ_2 gegenüber einem Feldpunkt

P_1 mit dem Potenzial φ_1 in einem beliebigen elektrischen Feld ist die Differenz dieser beiden Potenziale, also $\varphi_2 - \varphi_1 = \dfrac{E_\text{pot2}}{q} - \dfrac{E_\text{pot1}}{q} = \dfrac{E_\text{p2} - E_\text{p1}}{q} = \dfrac{\Delta E_\text{p}}{q}$. Bewegt sich gedanklich eine positive Probeladung $+q$ im elektrischen Feld vom Startpunkt $P_1(\varphi_1)$ zum Endpunkt $P_2(\varphi_2)$ auf beliebiger Bahn, so ergibt sich die dabei durchlaufene elektrische Spannung (Spannungsänderung, Potenzialdifferenz) in der Form:

▸ **elektrische Spannung = Potenzial φ_2 im Endpunkt P_2 minus Potenzial φ_1 im Startpunkt P_1.**

Die elektrische Spannung ist abgeleitet, skalar und hat wie das Potenzial die Einheit:
$$[U_{12}] = 1\,\frac{J}{C} = 1\,V.$$

$\Delta\varphi_{12} = U_{12}$ tritt nur zwischen zwei Äquipotenzialflächen oder zwischen zwei Punkten eines elektrischen Feldes auf. Zwischen zwei Punkten derselben Äquipotenzialfläche gilt $\Delta\varphi_{12} = U_{12} = 0$.

Aus der Potenzialdifferenz $\Delta\varphi_{12} = \varphi_2 - \varphi_1$ leitet sich die Arbeit W_{12} ab, die man für die Verlagerung der Ladung q von φ_1 nach φ_2 aufbringen muss (B 204):

1. $\Delta\varphi_{12} = \dfrac{\Delta E_p}{q}$, $\Delta E_p = q\Delta\varphi_{12}$

2. $\Delta\varphi_{12} = \varphi_2 - \varphi_1 = Er_2 - Er_1$

3. $W_{12} = -\Delta E_p$

Somit: $W_{12} = -qE(r_2 - r_1) = qE(r_1 - r_2)$,
$\qquad W_{12} = qEr_1 - qEr_2 = q(\varphi_1 - \varphi_2)$. $\hfill$ (*)

Die Überführungsarbeit zwischen zwei Punkten im homogenen elektrischen Feld ist bei einer festen Probeladung q durch den Potenzialunterschied $\varphi_1 - \varphi_2$ dieser Punkte bestimmt, unabhängig vom Bahnverlauf der Ladungsbewegung.

Beispiel (B 204)

Feldpunkt P_1 mit $\varphi_1 = 47$ V, P_2 mit $\varphi_2 = 83$ V, $q = 15$ nC. Dann beträgt die

▪ Überführungsarbeit $P_1 \rightarrow P_2$: $W_{12} = 15$ nC$(47$ V $- 83$ V$) = -0,54$ µJ. Die potenzielle Energie der Ladung erhöht sich: $E_{pot} = 0,54$ µJ.

▪ Überführungsarbeit $P_2 \rightarrow P_1$: $W_{21} = 15$ nC$(83$ V $- 47$ V$) = +0,54$ µJ. Die potenzielle Energie der Ladung reduziert sich: $E_{pot} = -0,54$ µJ.

Ist $q = -15$ nC, so kehren sich in allen Ergebnissen die Vorzeichen um.

Bemerkungen:

▪ Nach dem Festlegen des Nullpotenzials ist dem Feldpunkt P eines elektrischen Feldes genau ein elektrisches Potenzial φ zugeordnet. Es ist eine Eigenschaft des Feldes in P und gilt auch dann, wenn keine Probeladung nach P gebracht wurde.

▪ Die Potenzialdifferenz $\Delta\varphi_{12} = \varphi_2 - \varphi_1$ bezieht sich stets auf zwei Feldpunkte. Sie kann unterschiedliche Vorzeichen haben (B 205):

  – $\varphi_1 < \varphi_2$: $U_{12} > 0$; die Spannung ist positiv; sie steigt gegen den Feldverlauf, z. B. von P_1 nach P_2.
  – $\varphi_1 > \varphi_2$: $U_{12} < 0$; die Spannung ist negativ; sie fällt mit dem Feldverlauf, z. B. von R_1 nach R_2.
  – $\varphi_1 = \varphi_2$: $U_{12} = 0$; die Spannung ist null, die Punkte haben gleiches Potenzial, z. B. P_1 und R_2, P_2 und R_1.

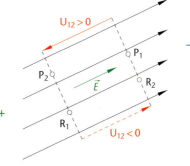

Bild 205: Elektrische Spannung U zwischen zwei Feldpunkten

Bei festem Abstand der Äquipotenzialflächen im homogenen Feld folgt sofort: $U_{12} = -U_{21}$; das Vorzeichen der Spannung hängt vom Feldverlauf ab, die Messwerte sind gleich. Da es meist nur auf den Spannungswert ankommt, lässt man das Vorzeichen einfach weg und kennzeichnet die Spannung durch das neutrale Formelzeichen U.

Unter Einbeziehung dieser letzten Aussage erhält man aus (*) für die Arbeit W bei der Verschiebung der Ladung q die Formel $W = qU$ oder allgemein für jede Ladung Q: $W = QU$. Sie hängt von Q und der durchlaufenen Spannung U ab.

Die Arbeit W geht über in die positive oder negative Energie E je nachdem, wie sich $+q$ oder Q während der Ortsänderung, bezogen auf den Feldlinienverlauf, bewegt. Diese letzte Gleichung $W = QU$ bzw. $E = QU$ führt zu einer neuen Energieeinheit, wie das folgende erste Beispiel zeigt.

Beispiele

1. Durchläuft ein Teilchen mit der Elementarladung $e = 1{,}602 \cdot 10^{-19}$ C die Potenzialdifferenz bzw. Spannung 1 V, so gewinnt oder verliert es je nach Feldrichtung die Energie $E = 1{,}602 \cdot 10^{-19}$ C $\cdot$ 1 V $= 1{,}602 \cdot 10^{-19}$ J. Dafür schreibt man kürzer: $E = e \cdot 1$ V $= 1$ eV $=$ 1 **Elektronenvolt**. Die Arbeits - bzw. Energieeinheit 1 eV ist besonders bei bewegten geladenen Teilchen im elektrischen Feld einfacher zu handhaben als die Einheit 1 J. Genau betrachtet ist 1 eV keine physikalische Einheit, denn e als Elementarladung z. B. des Protons wird selbst in der Einheit 1 C gemessen.
    Durchläuft ein Elektron die Spannung 1 V, so verliert es bei Bewegung gegen das E-Feld die Energie $E_{pot} = -1$ eV; es gewinnt mit dem Feld die Energie $E_{pot} = +1$ eV. Ein Proton mit der Energie $E = 218$ eV hat die Spannung $U = 218$ V durchlaufen; es gewinnt diese Energie gegen und verliert sie mit dem Feldverlauf.

2. Zwei kugelförmige Körper K_1 und K_2 liegen sich im Abstand $r_1 = 1{,}00$ m gegenüber. Sie tragen die gleiche positive Ladung $Q = 1{,}00$ µC und haben den gleichen Radius r_0, $r_0 \ll r_1$.

    a) Zunächst ist K_1 allein geladen. Man skizziere das elektrische Feld und drei Äquipotenzialflächen mit den Potenzialen $\varphi_1 < \varphi_2 < \varphi_3$.
    b) Man ermittle allgemein die Energieänderung beim Übergang einer positiven Probeladung auf gerader Strecke vom Feldpunkt P_1 auf φ_1 zum Feldpunkt P_2 auf φ_1 oder zum Feldpunkt P_3 auf φ_3.
    c) Nun sind K_1 und K_2 wie angegeben geladen. Man skizziere das elektrische Feld und einige Äquipotenzialflächen zwischen K_1 und K_2.
    d) Man berechne allgemein die Überführungsarbeit W_{12}, wenn man K_2 an K_1 in der Entfernung $r_2 < r_1$ heranführt, und gebe den Zuwachs an potenzieller Energie an.
    e) Man bestimme allgemein das elektrische Potenzial φ der Äquipotenzialfläche mit dem Radius r_2 um K_1.
    f) Man berechne die Überführungsarbeit W_{12}, um die Ladungsträger K_1 und K_2 auf den Abstand 0,400 m anzunähern.
    g) K_1 und K_2 haben den Abstand $r_2 = 0{,}400$ m. K_1 wird fixiert, K_2 freigegeben. Man berechne die Beschleunigung a, der K_2 ($m = 1{,}00$ g) im Moment des Freilassens unterliegt.
    h) Man ermittle die Geschwindigkeit v, die K_2 beim geradlinigen Entfernen von K_1 im alten Abstand r_1 einnimmt.
    i) Man bestimme die Endgeschwindigkeit v_f von K_2 und gebe an, wo sie erreicht wird.

Lösungen:

a) B 205.1 zeigt das radialsymmetrische elektrische Feld einer positiven Punkt- oder Kugelladung und Äquipotenzialflächen mit $\varphi_1 < \varphi_2 < \varphi_3$ bzw. $E_{\text{pot }1} < E_{\text{pot }2} < E_{\text{pot }3}$. Die Flächen sind konzentrisch angeordnete Kugeloberflächen, auf denen die elektrischen Feldlinien senkrecht stehen.

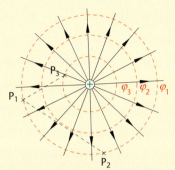

b) Die Energieänderung beträgt bei geradlinigem oder sonstigem Übergang von P_1 nach P_2: $\Delta E = 0$, da beide Punkte auf der gleichen Äquipotenzialfläche liegen. Für den Übergang $P_1 \rightarrow P_3$ gilt rechnerisch mit $\Delta\varphi_{13} = \varphi_3 - \varphi_1$ und $\varphi = \dfrac{E_{\text{pot}}}{q}$: $\Delta\varphi_{13} = \varphi = \dfrac{E_{\text{pot},3}}{q} - \dfrac{E_{\text{pot},1}}{q} = \dfrac{\Delta E_{\text{pot},13}}{q}$

Bild 205.1: Elektrische Spannung U zwischen zwei Feldpunkten

bzw. $\Delta E_{\text{pot},13} = E_{\text{pot},3} - E_{\text{pot},1} > 0$; bei diesem Übergang gewinnt eine positive Ladung potenzielle Energie (B 205.1).

c) B 205.2 zeigt das inhomogene elektrische Feld zwischen beiden Ladungen und einige Äquipotenzialflächen, auf denen die elektrischen Feldlinien stets senkrecht stehen.

d) Der positiv geladene bewegliche Körper K_2 wird dem positiven, ruhend gedachten Körper K_1 angenähert. Die Überführung erfolgt gegen die elektrische Feldrichtung von K_1; K_2 gewinnt im Feld von K_1 potenzielle Energie. Die Verschiebungsarbeit W_{12} berechnet sich nach Kapitel 5.1

aus $W = \displaystyle\int_{r_1}^{r_2} F(r)\,dr$. $F(r) = \dfrac{1}{4\pi\varepsilon_0}\dfrac{Q_1 Q_2}{r^2}$ ist die abstoßende, ortsabhängige Coulombkraft, die

das Feld von K_1 auf K_2 ausübt. Man erhält:

$$W_{12} = \int_{r_1}^{r_2} F(r)\,dr = \int_{r_1}^{r_2} \frac{Q_1 Q_2}{4\pi\varepsilon_0}\frac{1}{r^2}\,dr = \frac{Q_1 Q_2}{4\pi\varepsilon_0}\int_{r_1}^{r_2} (r^{-2})\,dr = \frac{Q_1 Q_2}{4\pi\varepsilon_0}[-r^{-1}]_{r_1}^{r_2};$$

$$W_{12} = -\frac{Q_1 Q_2}{4\pi\varepsilon_0}[r^{-1}]_{r_1}^{r_2},\ W_{12} = -\frac{Q_1 Q_2}{4\pi\varepsilon_0}\left(\frac{1}{r_2} - \frac{1}{r_1}\right),\ W_{12} = \frac{1}{4\pi\varepsilon_0}Q_1 Q_2\left(\frac{1}{r_1} - \frac{1}{r_2}\right).$$

Diese Arbeit wandelt sich bei der Annäherung von K_2 an K_1 in die potenzielle Energie

$$E_{\text{pot}} = -W_{12}\ \text{um:}\ E_{\text{pot, }12} = \frac{1}{4\pi\varepsilon_0}Q_1 Q_2\left(\frac{1}{r_2} - \frac{1}{r_1}\right).$$

e) Um das elektrische Potenzial verschiedener kugelförmiger Ladungsträger einfach miteinander vergleichen zu können, wählt man als Nullniveau den unendlich fernen Feldbereich oder unendlich fernen Punkt mit der elektrischen Feldstärke $E = 0$. Dort liegt der Anfangspunkt der Überführung; es gilt also $r_1 \rightarrow \infty$. Sie endet in der Entfernung r_2 vom Mittelpunkt des Ladungsträgers K_1. Unter Verwendung von d) entsteht durch Grenzübergang die Arbeit:

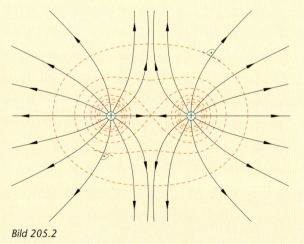

Bild 205.2

$$W_{12} = \lim_{r_1 \to \infty} \left[\frac{1}{4\pi\epsilon_0} Q_1 Q_2 \left(\frac{1}{r_1} - \frac{1}{r_2} \right) \right] = -\frac{1}{4\pi\epsilon_0} \frac{Q_1 Q_2}{r_2} = -\frac{1}{4\pi\epsilon_0} \frac{Q_1 Q_2}{r}.$$ Ihr entspricht der

Energiezuwachs $E_{pot,12} = \frac{1}{4\pi\epsilon_0} \frac{Q_1 Q_2}{r}$. Also verfügen alle Punkte auf der Äquipotenzialfläche um

K_1 mit dem Radius $r_2 = r$ wegen $\varphi = \dfrac{E_{pot}}{q}$ und $q = Q_2$ über das elektrische Potenzial $\varphi = \dfrac{1}{4\pi\epsilon_0} \dfrac{Q_1}{r}$.

Für die Überführungsarbeit einer Punkt- oder Kugelladung Q_2 im radialsymmetrischen Feld einer Punkt- oder Kugelladung Q_1 ist allgemein festzuhalten:

▸ **Um eine Punkt- oder Kugelladung Q_2 im radialsymmetrischen Feld einer Punkt-**
  oder Kugelladung Q_1 vom Feldpunkt $P_1(r_1)$ zum Feldpunkt $P_2(r_2)$ zu verschieben, ist

  die Arbeit $W_{12} = \dfrac{1}{4\pi\epsilon_0} Q_1 Q_2 \left(\dfrac{1}{r_1} - \dfrac{1}{r_2} \right)$ **erforderlich. Sie wandelt sich in die potenzielle**

  Energie $E_{pot,\,12} = \dfrac{1}{4\pi\epsilon_0} Q_1 Q_2 \left(\dfrac{1}{r_2} - \dfrac{1}{r_1} \right)$ **um. Der Verlauf der Bewegung zwischen P_1 und P_2**

  ist ohne Bedeutung.

Ebenso gilt für das elektrische Potenzial im radialsymmetrischen Feld einer Punkt- oder Kugelladung Q bezogen auf den unendlich fernen Punkt mit dem Potenzial $\varphi_0 = 0$ (Nullpotenzial) allgemein:

▸ **Bezogen auf den unendlich fernen Punkt mit dem Potenzial $\varphi_0 = 0$ (Nullpotenzial)**
  hat eine Punkt- oder Kugelladung Q_2 im Feldpunkt $P(r)$ der Punkt- oder Kugelladung

  Q_1 die Energie $E_{pot,12} = \dfrac{1}{4\pi\epsilon_0} \dfrac{Q_1 Q_2}{r}$**, wenn r die Entfernung von P zu Q_1 ist. Das elektri-**

  sche Potenzial in P beträgt $\varphi = \dfrac{1}{4\pi\epsilon_0} \dfrac{Q_1}{r}$**.**

Man beachte: Bei der Arbeits-, Energie- und Potenzialberechnung sind die beteiligten Ladungen in die Formeln vorzeichenrichtig einzusetzen.

f) Die Annäherung auf 0,400 m gelingt, indem man K_1 festhält (= Bezugspunkt!) und K_2 vom Anfangsort r_1 zum Endort r_2 unter Arbeitsaufwand verrückt. Nach e) beträgt die Arbeit:

$$W_{12} = \frac{1}{4\pi\epsilon_0} Q_1 Q_2 \left(\frac{1}{r_1} - \frac{1}{r_2} \right) \text{ mit } r_1 = 1,00 \text{ m und } r_2 = 0,400 \text{ m},$$

$$W_{12} = \frac{(1,00 \text{ µC})^2}{4\pi \cdot 8,854 \cdot 10^{-12} \text{ Fm}^{-1}} \left(\frac{1}{1,00 \text{ m}} - \frac{1}{0,400 \text{ m}} \right) = -13,5 \text{ mJ}.$$

g) Da die abstoßende Coulombkraft ortsabhängig ist und sich mit wachsender Entfernung der Ladungen verkleinert, kann man die Beschleunigung nur im Moment der K_2-Freisetzung

genau berechnen. Es gilt am Startort mit $F(r) = \dfrac{1}{4\pi\epsilon_0} \dfrac{Q_1 Q_2}{r^2}$ und $F = ma$:

$$ma = \frac{1}{4\pi\epsilon_0} \frac{Q_1 Q_2}{r^2}, a = \frac{1}{4\pi\epsilon_0} \frac{Q_1 Q_2}{mr^2}.$$

Mit Messwerten: $a = \dfrac{1}{4\pi \cdot 8,854 \cdot 10^{-12} \text{ Fm}^{-1}} \dfrac{(1,00 \text{ µC})^2}{1,00 \cdot 10^{-3} \text{ kg } (0,400 \text{ m})^2} = 56,2 \text{ ms}^{-2}.$

h) Nach Lösung f) gewinnt K_2 im Feld von K_1 die potenzielle Energie $E_{pot} = 13,5$ mJ. Sie wandelt sich während der Rückkehr zum Ort r_1 vollständig in kinetische Energie um. Nach dem Ener-

gieerhaltungssatz folgt: $E_{kin} = E_{pot}$ bzw. $\dfrac{1}{2}mv^2 = E_{pot}, v = \sqrt{\dfrac{2E_{pot}}{m}}$. Mit Messwerten:

$$v = \sqrt{\frac{2 \cdot 13,48 \cdot 10^{-3} \text{ J}}{1,00 \cdot 10^{-3} \text{ kg}}} = 5,19 \text{ ms}^{-1}. \text{ } K_2 \text{ startet aus der Ruhposition in } r_2 \text{ und durchläuft } r_1$$

mit der Geschwindigkeit $v = 5,19$ ms^{-1}.

i) Nach e) besitzt K_2 am Ort r_2 die potenzielle Energie $E_{pot,12} = \dfrac{1}{4\pi\varepsilon_0}\dfrac{Q_1 Q_2}{r_2}$ bezogen auf das Null-potenzial im unendlich fernen Punkt. Sie wandelt sich vollständig in kinetische Energie um und legt dadurch die Endgeschwindigkeit v_f von K_2 dort fest. Deshalb gilt mit

$$E_{kin} = E_{pot,\,12}: \frac{1}{2}mv_f^2 = \frac{1}{4\pi\varepsilon_0}\frac{Q_1 Q_2}{r_2}, \; v_f^2 = \frac{1}{2\pi\varepsilon_0}\frac{Q_1 Q_2}{mr_2}.$$

Mit Messwerten: $v_f^2 = \dfrac{1}{2\pi \cdot 8{,}854 \cdot 10^{-12}\,\text{Fm}^{-1}} \dfrac{(1{,}00 \cdot 10^{-6}\,\text{C})^2}{1{,}00 \cdot 10^{-3}\,\text{kg} \cdot 0{,}400\,\text{m}}, \; v_f = 6{,}70\,\text{ms}^{-1}.$

Nach dem Start in r_2 erreicht K_2 die Endgeschwindigkeit $v_f = 6{,}70\,\text{ms}^{-1}$ im unendlich fernen Punkt mit $r_1 \to \infty$. Dort hat das elektrische Feld um die Ladung Q_1 die Feldstärke $E = 0$ und die potenzielle Energie $E_{pot} = 0$.

Aufgabe

Berechnen Sie das elektrische Potenzial φ eines Wasserstoffatomkerns (= Proton) für die Äquipotenzial-kugel mit dem Radius $r = 0{,}53 \cdot 10^{-10}$ m und die potenzielle Energie eines Elektrons auf dieser Kugel.

9.8.3 Zusammenhang zwischen Spannung und elektrischer Feldstärke

Zwischen der Feldstärke E und der Spannung U im homogenen elektrischen Feld besteht ein einfacher Zusammenhang (B 206). Nach Wahl eines Bezugsystems und des Nullpotenzials φ_0 z.B. auf der negativen Platte eines Kondensators gelten für zwei beliebige Feldpunkte $P_1(r_1)$ und $P_2(r_2)$ folgende Zuordnungen: $P_1(r_1) \to \varphi_1$, $P_2(r_2) \to \varphi_2$. Bei der Verschiebung $P_1 \to P_2$ durchläuft die positive Ladung q die Potenzialdifferenz:

$$\Delta\varphi_{12} = \varphi_2 - \varphi_1 = U_{12} \text{ mit } \varphi_1 = Er_1, \; \varphi_2 = Er_2,$$

$$\Delta\varphi_{12} = U_{12} = \varphi_2 - \varphi_1 = Er_2 - Er_1$$

$$= E(r_2 - r_1) = Er_{12}.$$

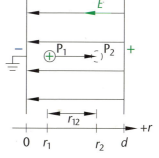

Bild 206: Elektrische Feldstärke $E = \dfrac{U}{d}$

Man erhält daraus: $U_{12} = Er_{12}$ bzw. $E = \dfrac{U_{12}}{r_{12}}$.

Die Überführung $P_2 \to P_1$ der Ladung q ergibt ebenso:

$$U_{21} = Er_{21} \text{ bzw. } E = \frac{U_{21}}{r_{21}}.$$

Für $r_1 = 0$ und $r_2 = d$ folgt unter Weglassen aller Indizes in beiden Fällen gemeinsam: $E = \dfrac{U}{d}$.

Man erhält also die elektrische Feldstärke E in einem homogenen Feld einfach durch Messen des Plattenabstandes d und der Spannung U zwischen den Kondensatorplatten.

Eine weitere Einheit für E ist die Folge: $[E] = \dfrac{[U]}{[d]}, E = 1\,\dfrac{\text{V}}{\text{m}}$. Sie erfasst die Potenzialdifferenz $\Delta\varphi = 1$ V zwischen zwei Feldpunkten im Abstand 1 m. Je größer $\Delta\varphi$ ist, umso stärker ist das elektrische Feld. Zwischen der alten und der neuen Einheit von E besteht folgender

Zusammenhang: $1\,\dfrac{\text{N}}{\text{C}} = 1\,\dfrac{\text{Nm}}{\text{Cm}} = 1\,\dfrac{\frac{\text{J}}{\text{C}}}{\text{m}} = 1\,\dfrac{\text{V}}{\text{m}}.$

Zwischen der elektrischen Feldkraft F auf eine freie Ladung Q im homogenen Feld eines Kondensators und der angelegten Spannung U besteht ebenfalls ein Zusammenhang:

1. $E = \dfrac{F}{Q}$, $F = EQ$

2. $E = \dfrac{U}{d} = Ud^{-1}$

Somit: $F = \dfrac{U}{d}Q = \dfrac{Q}{d}U$.

Wegen $\dfrac{Q}{d}$ = konstant gilt: $F \sim U$. Die elektrische Feldkraft F, der eine feste Ladung Q im homogenen Feld eines Kondensators mit dem Plattenabstand d unterliegt, ist proportional zur anliegenden Spannung U.

Beispiel

Die negative Platte eines geladenen Kondensators mit dem Plattenabstand $d = 6{,}0$ cm und der konstanten Feldstärke $E = 7{,}0 \cdot 10^4 \, \mathrm{NC^{-1}}$ ist geerdet.

a) Eine positive Probeladung q wird längs der negativen Platte um die Strecke $\Delta r = 3{,}0$ cm verschoben. Man bestimme die Überführungsarbeit W und deute das Ergebnis.
b) Man berechne das elektrische Potenzial φ auf der positiven Platte.
c) Man veranschauliche im Kondensator Äquipotenzialflächen, zwischen denen die Potenzialdifferenz $\Delta\varphi = 2{,}1$ kV besteht.

Lösung:

a) Die negative Platte bildet eine Äquipotenzialfläche mit dem Potenzial $\varphi_0 = 0$. Sie legt das Nullpotenzial fest. Zur Verschiebung einer Ladung innerhalb einer solchen Fläche ist keine Arbeit erforderlich.

b) Das elektrische Potenzial aller Punkte auf der positiven Platte ist maximal gegen $\varphi_0 = 0$. Es beträgt: $\varphi = Ed$ bzw. $\varphi = 7{,}0 \cdot 10^4 \, \mathrm{NC^{-1}} \cdot 6{,}0 \cdot 10^{-2} \, \mathrm{m} = 4{,}2$ kV. Gleichzeitig ist $\Delta\varphi = \varphi - 0 = Ed$ bzw. $\Delta\varphi = U = 4{,}2$ kV die Potenzialdifferenz oder Spannung zwischen beiden Platten.

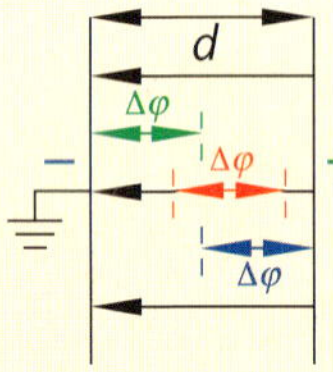

c) Wegen $\Delta\varphi = E\Delta r$ liegen alle Punkte längs der Feldlinien im Abstand Δr zueinander auf Äquipotenzialflächen parallel zu den Platten:

$\Delta r = \dfrac{2{,}1 \text{ kV}}{7{,}0 \cdot 10^4 \, \mathrm{NC^{-1}}} = 3{,}0$ cm. B 207 zeigt einige Beispiele.

Bild 207

Aufgaben

1. B 208 zeigt den Potenzialverlauf im homogenen elektrischen Feld eines Plattenkondensators mit dem Plattenabstand $d = 9{,}00$ cm. Es gilt: $\varphi_0 = 0$, $\varphi_1 = 0{,}500$ kV, $\varphi_2 = 1{,}00$ kV, $\varphi_3 = 1{,}50$ kV, $\varphi_4 = 2{,}00$ kV.
   a) Geben Sie die Spannung U zwischen den Platten an.
   b) Ermitteln Sie die Gesamtarbeit W für die Verschiebung der negativen Ladung $q = -8{,}2$ nC von der linken zur rechten Platte und wieder zurück.
   c) Berechnen Sie die Spannung U zwischen einem Feldpunkt $P(\varphi_3)$ und den weiteren Feldpunkten $P(\varphi_1)$, $P(\varphi_4)$.

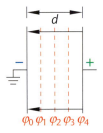

Bild 208

d) Beschreiben Sie das elektrische Feld durch die Angabe wesentlicher Eigenschaften.

e) Überlegen Sie, wie sich alle Antworten auf die Fragen a) bis d) ändern, wenn man das Nullpotenzial auf die rechte positive Platte legt.

2. Ein Plattenkondensator mit $d = 2,0$ cm habe kreisförmige Platten mit dem Radius $r = 10,0$ cm. Nach dem Aufladen werden die Platten von der Spannungsquelle abgetrennt und auf den Abstand $d* = 5,00$ m auseinandergezogen. Die Ladung einer Platte beträgt $Q = 20,0$ nC.

a) Skizzieren Sie das Feldlinienbild für beide Plattenabstände.

b) Berechnen Sie für beide Abstände die Feldstärke E im Mittelpunkt P der Verbindungslinie beider Plattenmittelpunkte (für $d*$ angenähert!).

3. Ein Plattenkondensator mit $d = 8,0$ cm liegt an der Spannung $U = 4,8$ kV. Im Feldpunkt P_1 mit dem Abstand $r* = 2,5$ cm zur positiven Platte befindet sich ein ruhender Ladungsträger mit der Masse $m = 1,7$ g und der Ladung $q = 28$ nC. Reibung und Gewichtskraft sind zu vernachlässigen.

a) Skizzieren Sie die Anordnung und bestimmen Sie die elektrische Feldstärke E im Kondensatorinnenbereich.

b) q wird nun freigesetzt und trifft im Punkt P_2 auf der negativen Platte auf. Berechnen Sie die Auftreffgeschwindigkeit v.

c) Ermitteln Sie die Bewegungsdauer Δt.

d) Berechnen Sie die Arbeit W, die an q während der Bewegung verrichtet wird, und geben Sie an, woher sie kommt.

4. Im Innenbereich eines Plattenkondensators mit dem Plattenabstand d wird die elektrische Feldstärke E in Abhängigkeit von der anliegenden Spannung U gemessen.

a) Skizzieren Sie den Versuchsaufbau und benennen Sie die erforderlichen Geräte.

b) Folgende Messreihe wurde erstellt:

U in V	126	252	378	504
E in Vm^{-1}	24,2	48,6	72,4	96,4

Ermitteln Sie durch grafische Auswertung den Zusammenhang zwischen E und U als Gleichung.

c) Bestimmen Sie die Proportionalitätskonstante k der Gleichung und den Plattenabstand d des verwendeten Kondensators.

9.9   Elektrische Kapazität eines Kondensators

Ein Kondensator besteht aus zwei parallelen Leiterplatten im Abstand d. Ist er geladen und ist d klein gegenüber den Abmessungen der Platten, so erweist sich das elektrische Feld im Innenraum als homogen: $\vec{E}$ = konstant. Im wulstartigen Randbereich ist das Feld inhomogen: $\vec{E}(r)$ ist ortsabhängig.

Einen ungeladenen Kondensator lädt man durch Anlegen einer Spannung U. Dabei trennt sich die Ladung auf der Oberfläche der Platten. Nimmt die eine Platte negative Ladung auf, so trägt die andere positive. Die elektrische Influenz begründet diese Aussage. Liegt z. B. einer negativ geladenen Platte eine zunächst elektrisch neutrale parallel gegenüber, so ruft das elektrische Feld der geladenen in der ungeladenen eine Ladungstrennung hervor. Im Idealfall befinden sich auf den Innenflächen beider Platten gleich viele Ladungen mit ungleichem Vorzeichen in gleichmäßiger Verteilung.

Es stellt sich die Frage, wie viel Ladung Q ein fester Kondensator aufnimmt, wenn man ihn an eine Gleichspannung U legt.

VERSUCH

Kondensator als Ladungsspeicher (B 209)

① kreisförmiger Plattenkondensator mit Abstandshaltern aus Isoliermaterial, z.B. Kunststoff; Radius r = konstant, d = konstant, Füllstoff Luft zwischen den Platten

② regelbare Gleichspannungsquelle mit Spannungsmesser

③ Ladungsmesser mit Messverstärker und Anzeigegerät

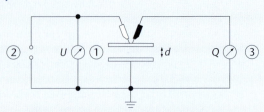

Bild 209: Messung der elektrischen Kapazität C

Versuchsdurchführung und Messung:

Man stellt an ② eine bestimmte Spannung U ein und misst sie. Mit dieser Spannung lädt man die obere Platte des Kondensators durch Kontakt negativ auf, die untere geerdete erscheint positiv. Dann unterbricht man den Kontakt, greift die Ladung auf der oberen Platte ab und misst sie mit ③. Man wiederholt die Messungen mit weiteren Spannungen und erhält z.B. folgende Messreihe:

U in 10^2 V	0,50	1,00	1,50	2,00
Q in nC	1,74	3,35	5,13	6,85

Rechnerische Auswertung:

$\frac{Q}{U}$ in $10^{-11}\,\mathrm{CV}^{-1}$	3,38	3,35	3,42	3,43

Im Rahmen der Messgenauigkeit ist der Quotient $\frac{Q}{U}$ konstant; es gilt: $Q \sim U$ bzw. $Q = kU$ mit

$$k = 0{,}25(3{,}38 + 3{,}35 + 3{,}42 + 3{,}43) \cdot 10^{-11}\,\mathrm{CV}^{-1} = 3{,}40 \cdot 10^{-11}\,\mathrm{CV}^{-1} = \frac{3{,}40 \cdot 10^{-11}\,\mathrm{C}}{1\,\mathrm{V}} = \text{konstant.}$$

Die Proportionalitätskonstante k gibt an, dass der im Versuch benutzte Kondensator die Ladung $Q = 3{,}40 \cdot 10^{-11}$ C aufnimmt, wenn man ihn an die Gleichspannung 1 V legt. Sie heißt elektrische Kapazität und erhält das Formelzeichen C.

▸▸ Der Quotient aus der Ladung Q, die ein Kondensator (ein Leiter) durch Anlegen der Spannung U aufnimmt, und der Spannung U heißt elektrische Kapazität C:

$$C = \frac{Q}{U} = QU^{-1}$$

Bemerkungen:

- Die elektrische Kapazität ist eine abgeleitete skalare Größe mit der Einheit: $[C] = \frac{[Q]}{[U]}$, $[C] = 1\,\frac{C}{V} = 1\,\text{Farad} = 1\,\text{F}$. Namensgeber ist der englische Naturforscher Faraday. Ein Kondensator hat die Kapazität $C = 1$ F, wenn er bei der angelegten Spannung $U = 1$ V die Ladung $Q = 1$ C aufnimmt. Diese Kapazität ist sehr hoch. Stattdessen verwendet man kleinere Einheiten: 10^{-6} F = 1 µF, 10^{-9} F = 1 nF, 10^{-12} F = 1 pF.

- Ersetzt man im Versuch den Plattenkondensator durch eine Leidener Flasche (B 210), deren elektrisches Feld inhomogen ist, so gelangt man zur gleichen Proportionalität $Q \sim U$. Die Definition der Kapazität gilt also für homogene und inhomogene Felder.

Bild 210: Leidener Flasche

9.9.1   Kapazität und technische Daten eines Plattenkondensators

Bisher wurden feste Kondensatoren verwendet. Betrachtet man einen Plattenkondensator genauer, so kommt man leicht zur Annahme, dass seine Kapazität C vom Plattenabstand d und der Plattenfläche A abhängen könnte. Zur Prüfung wiederholt man den vorangehenden Versuch, hält jetzt aber die Spannung U konstant. Gemessen wird die Kapazität C in Abhängigkeit vom Plattenabstand d oder von der Plattenfläche A. Der Innenraum des Kondensators ist luftgefüllt.

Erste Messreihe: $U = 1{,}00 \cdot 10^2$ V, $r = 13{,}50$ cm $\Rightarrow A = r^2\pi$; $A = 5{,}73 \cdot 10^{-2}$ m², Füllstoff: Luft.

d in 10^{-3} m	4,6	3,6	2,9	2,3	1,6	1,1
Q in nC	11	14	18	22	31	47
$C = \dfrac{Q}{U}$ in nF	0,11	0,14	0,18	0,22	0,31	0,47
$\dfrac{C}{\frac{1}{d}} = Cd$ in pFm	0,51	0,50	0,52	0,51	0,50	0,52

Die rechnerische Auswertung ergibt im Rahmen der Messgenauigkeit: $C \sim \dfrac{1}{d}$.

Zweite Messung: $U = 1{,}00 \cdot 10^2$ V, $d = 4{,}0$ mm, Füllstoff: Luft.

A in 10^{-2} m²	4,0	6,3	7,5	9,4
Q in nC	9,0	14,0	17,1	21,0
$C = \dfrac{Q}{U}$ in nF	0,090	0,140	0,171	0,210
$\dfrac{C}{A}$ in 10^{-9} Fm^{-2}	2,3	2,2	2,3	2,2

Die rechnerische Auswertung ergibt im Rahmen der Messgenauigkeit: $C \sim A$.

Zusammenfassung der Einzelergebnisse: Aus $C \sim \dfrac{1}{d}$ und $C \sim A$ folgt $C \sim \dfrac{A}{d}$ bzw. $C = k\dfrac{A}{d}$.

Um einen Näherungswert und die Einheit von k zu bekommen, wählt man zum Beispiel die dritte Messung der ersten Messreihe. Aus $k = \dfrac{Cd}{A}$ entsteht

$$k = \frac{0{,}18 \text{ nF} \cdot 2{,}9 \cdot 10^{-3} \text{ m}}{5{,}73 \cdot 10^{-2} \text{ m}^2} = 9{,}11 \cdot 10^{-12} \text{ Fm}^{-1}.$$

Die Proportionalitätskonstante k ersetzt man durch das Formelzeichen ε_0. ε_0 heißt **elektrische Feldkonstante**. Sie hat heute den Messwert $8{,}854 \ldots \cdot 10^{-12}$ Fm^{-1}. $1\dfrac{C^2}{Nm^2}$ ist nach Kapitel 9.2.1 die bisherige Einheit für ε_0. Es gilt: $1\dfrac{C^2}{Nm^2} = 1\dfrac{C}{\frac{Nmm}{C}} = 1\dfrac{C}{\frac{J}{C}m} = 1\dfrac{C}{Vm} = 1\dfrac{\frac{C}{V}}{m} = 1\dfrac{F}{m}.$

Als Ergebnis ist festzuhalten:

▸ **Die Kapazität C eines Plattenkondensators hängt von seinen technischen Daten ab:**
  $C = \varepsilon_0 \dfrac{A}{d}$. **$\varepsilon_0$ ist die für das elektrische Feld charakteristische Feldkonstante.**

Bemerkungen:

- Jeder metallische Leiter verfügt über eine Kapazität C unabhängig von seiner Form und seinen Ausmaßen. Metalldrähte oder -stifte nehmen bei Anlegen einer Spannung eine kleine elektrische Ladung auf. Daher verfügen sie nur über eine geringe Kapazität C.

- Füllt man den gesamten Innenraum eines Plattenkondensators mit einem Isolator, dem **Dielektrikum**, so erhöht sich seine Kapazität C unter gleichen Versuchsbedingungen zum Teil massiv. Ein Dielektrikum ist ein nicht oder schlecht leitender Stoff. Die Steigerung von C gegenüber dem Vakuum mit dem Wert $\varepsilon_r = 1$ erfasst die materialabhängige **Dielektrizitätszahl** ε_r; sie ist ein reiner Zahlenfaktor größer als eins. Luft hat fast den gleichen ε_r-Wert wie das Vakuum. In B 210.1 findet man die Dielektrizitätszahlen einiger Stoffe. Eine genaue Messung führt zum Ergebnis: $C \sim \varepsilon_r$. Nimmt man ε_r zu den bisher schon bekannten Größen d und A hinzu, so erhält man die Kapazität C eines Kondensators mit einem Dielektrikum im gesamten Innenraum

Dielektrikum	ε_r
Glas	3 ... 15
Glimmer	4 ... 8
Hartpapier, harzhaltig	4 ... 8
Keramik	5 ... 3000
Luft	1,00059
Porzellan	5 ... 6
Vakuum	1,00000
Wasser, dest., 4 °C	80

Bild 210.1: Dielektrizitätszahlen einiger Stoffe

in der Form: $C = \varepsilon_0 \varepsilon_r \dfrac{A}{d}$.

Dielektrika enthalten, vereinfacht gesagt, ungeordnete elektrische Dipole (B 210.2). Bei Anlegen eines äußeren elektrischen Kondensatorfeldes $\vec{E}$ richten sie sich zum Teil in Feldrichtung aus (=Ladungstrennung). Sie zeigen ein ähnliches Verhalten wie die Elementarmagnete in ferromagnetischen Stoffen unter dem Einfluss eines äußeren Magnetfeldes. Die Wärmebewegung der Dipole verhindert jedoch eine vollkommene Ausrichtung.

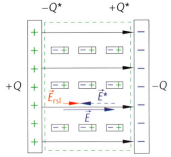

Bild 210.2: Dielektrikum im Kondensator

Auf der Außenfläche des Dielektrikums bildet sich die Oberflächenladung $\pm Q^*$. Sie erzeugt ein weiteres elektrisches Feld $\vec{E}^*$ gegensinnig parallel zu $\vec{E}$ des Kondensators. Das resultierende Feld $\vec{E}_{rsl} = \vec{E} + \vec{E}^*$ verläuft gleichgerichtet zu $\vec{E}$, hat aber den kleineren Betrag $E_{rsl} = E - E^*$.

Man sagt: Die Oberflächenladung Q^* auf dem Dielektrikum bindet einen Teil der Ladung Q auf den Kondensatorplatten.

9.9.2   Schaltung von Kondensatoren

Kondensatoren lassen sich wie elektrische Widerstände in Reihe oder parallel schalten.

Reihenschaltung (B 211)

Für eine Reihenschaltung aus zwei Kondensatoren mit den Kapazitäten C_1 und C_2 gelten folgende Eigenschaften und Gesetze:

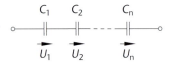

Bild 211: Reihenschaltung von Kondensatoren

1. Die Ladung Q ist auf jedem Kondensator gleich.
2. Die Spannungen längs der Reihe teilen sich auf: $U = U_1 + U_2$.

3. Unterschiedliche Kondensatoren benötigen zur Aufnahme der gleichen Ladung Q verschiedene Spannungen: $C_1 = \dfrac{Q}{U_1}$, $C_2 = \dfrac{Q}{U_2}$.

4. Die beiden Einzelkondensatoren lassen sich (z.B. aus Platzgründen) durch einen Ersatzkondensator C vertreten. An C liegt ebenfalls die Spannung U an. Sie bewirkt die Aufnahme der Ladung Q.

Mit $C = \dfrac{Q}{U}$ bzw. $U = \dfrac{Q}{C}$ folgt wegen 2.: $\dfrac{Q}{C} = \dfrac{Q}{C_1} + \dfrac{Q}{C_2}$ oder $\dfrac{1}{C} = \dfrac{1}{C_1} + \dfrac{1}{C_2}$.

Durch Auflösung nach C erhält man: $\dfrac{1}{C} = \dfrac{C_1 + C_2}{C_1 C_2}$, $C = \dfrac{C_1 C_2}{C_1 + C_2}$.

Bei der Reihenschaltung von zwei (oder mehr) Kondensatoren ist die Ersatzkapazität C immer kleiner als die kleinste Kapazität in der Reihe.
Sonderfall: $C_1 = C_2$, dann entsteht: $C = 0,5\,C_1$.

Parallelschaltung (B 212)

Für die Parallelschaltung aus zwei Kondensatoren mit den Kapazitäten C_1 und C_2 gelten folgende Eigenschaften und Gesetze:

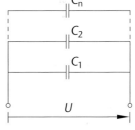

1. Die Spannung U ist in jedem Zweig gleich.
2. Bei Anlegen von U nimmt C_1 die Ladung Q_1 auf, C_2 die Ladung Q_2:

$C_1 = \dfrac{Q_1}{U}$, $C_2 = \dfrac{Q_2}{U}$ bzw. $Q_1 = C_1 U$, $Q_2 = C_2 U$.

3. Die beiden Einzelkondensatoren lassen sich ebenfalls durch einen Ersatzkondensator C vertreten, der bei gleicher Spannung U die Gesamtladung $Q = Q_1 + Q_2$ aufnimmt. Mit $C = \dfrac{Q}{U}$ gilt dann:

Bild 212: Parallelschaltung von Kondensatoren

4. $Q = CU = Q_1 + Q_2$, $CU = C_1 U + C_2 U$, $C = C_1 + C_2$. Bei der Parallelschaltung von zwei (oder mehr) Kondensatoren ist die Ersatzkapazität C größer als jede Einzelkapazität. Sonderfall: $C_1 = C_2$; dann entsteht: $C = 2C_1$.

9.9.3 Technische Kondensatoren

Kondensatoren dienen als Ladungs- und Energiespeicher. Sie kommen z.B. in der Elektrotechnik und Elektronik, in der Messtechnik und vor allem in der Nachrichtentechnik zum Einsatz. Kondensatoren mit fester, unveränderlicher Kapazität werden als Blockkondensatoren, Keramikkondensatoren oder als Elektrolytkondensatoren gebaut. Drehkondensatoren verfügen über eine in Grenzen stufenlos veränderbare Kapazität. Technisches Ziel ist es, möglichst große Flächen mit kleinsten Plattenabständen zu kombinieren.

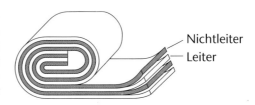

Nichtleiter
Leiter

Bild 213: Blockkondensator

Blockkondensator: Da Plattenkondensatoren sehr unpraktisch sind, ersetzt man die starren Metallplatten durch biegsame Metallfolien (B 213). Im einfachsten Fall wickelt man zwei z. B. durch Ölpapier oder dünne Kunststofffolie getrennte Aluminiumfolien zu einer Rolle und steckt sie in eine Metalldose. Man erreicht auf engem Raum eine große Plattenfläche, einen geringen Plattenabstand und hohe Kapazitäten zwischen 0,1 µF und 1 pF.

Die Formel $C = \varepsilon_0 \varepsilon_r \dfrac{A}{d}$ ist anwendbar.

Einen Sonderfall bilden selbstheilende Blockkondensatoren. Auf das Dielektrikum werden dünnste Metallschichten aufgedampft. Bei einem elektrischen Durchschlag schließt das schmelzende Metall die Durchschlagstelle.

Keramikkondensatoren verwenden als Dielektrikum eine keramische Masse in unterschiedlicher Zusammensetzung (B 214). Sie wird auf meist metallische Schichten aufgebrannt. Dadurch erhöht sich die Kapazität des Kondensators um Dielektrizitätszahlen ε_r von 1000 bis 15 000.

Bild 214: Keramikkondensator

Elektrolytkondensatoren verwendet man zur Erzielung hoher Kapazitäten (B 215). Sie bestehen aus gewickelter Aluminiumfolie, die eine dünne Oxidschicht als Dielektrikum tragen. Ein Elektrolytkondensator darf nur mit Gleichspannung betrieben werden. Auf richtige Polung ist zu achten, da sonst die Oxidschicht abgebaut wird. Dabei entstehen Gase, die zur Explosion des Kondensators führen können. Zusätzlich raut man die Alufolien durch Ätzen auf, erreicht dadurch größere Metalloberflächen und auf diese Weise Kapazitäten von etwa 1 µF bis 1 F.

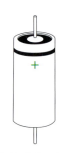

Sehr große Kapazitäten von $100 - 1500$ F bei kleinem Raumbedarf gewinnt man heute durch Kondensatoren, bei denen Aktivkohle als Elektrolyt verwendet wird. Körnchen dieser Kohle besitzen bei kleinem Volumen sehr große Oberflächen.

Bild 215: Elektrolytkondensator

Drehkondensatoren (B 216) haben eine stufenlos veränderbare Kapazität. Man verwendet sie zur Abstimmung elektrischer Schaltungen oder elektromagnetischer Schwingkreise. Dünne, drehbar gelagerte Metallplättchen werden in festsitzende hineingedreht. Die übereinanderliegenden Flächen ändern sich und damit die Kapazität C. Der Kapazitätsbereich liegt stufenlos etwa zwischen 100 und 1000 pF.

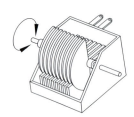

Bild 216: Drehkondensator

9.9.4 Lade- und Entladevorgang am Kondensator

Der Lade- und Entladevorgang am Kondensator nach Anlegen einer Gleichspannung U_0 kann gut beobachtet werden, wie der folgende Versuch bestätigt.

VERSUCH

Lade- und Entladevorgang am Kondensator (B 217)

① Kondensator
② Widerstand
③ Gleichspannungsquelle U_0
④ x-y-t-Schreiber oder Oszilloskop

Versuchsdurchführung und Beobachtung:
Ein Kondensator C und ein Widerstand R liegen in Reihe geschaltet. In der Schalterstellung I wird C an der Spannungsquelle aufgeladen, in II über R entladen. Der Schreiber zeigt die am

Kondensator abgegriffene Spannung $U_C(t)$. Der Lade- bzw. Entladestrom wird über den Spannungsabfall $U_R(t)$ aufgezeichnet, denn es gilt: $U_R(t) = RI_R(t)$ bzw. $U_R(t) \sim I_R(t)$; mit $I_R = I_C$ erhält man sofort $I_C(t) \sim U_R(t)$.

Man erkennt anhand des t-U- bzw. t-I-Diagramms (B 218), dass der Spannungsanstieg am Beginn des Ladevorgangs sehr steil ist, der Ladestrom hoch. Dann flachen beide ab und nähern sich asymptotisch einem theoretischen Maximalwert U_0 bzw. dem Nullwert. Demnach kann man einen Kondensator theoretisch nicht vollständig aufladen. In der Praxis heißt er aufgeladen, er „sperrt", wenn unter der gegebenen Bedingung keine weitere Ladungszunahme registriert wird.

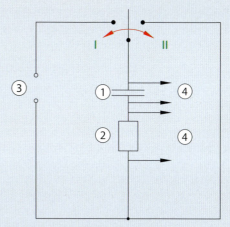

Bild 217: Laden und Entladen eines Kondensators

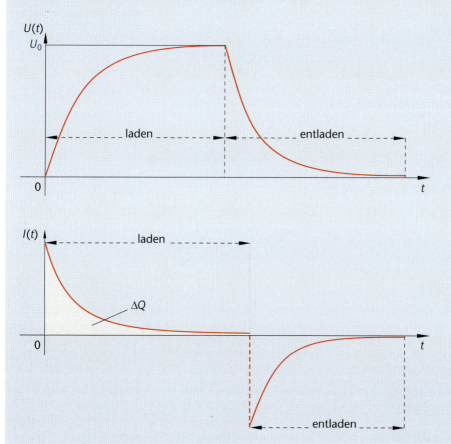

Bild 218: Lade- und Entladekurven eines Kondensators

Am Beginn des Entladevorgangs fällt die Spannung steil ab, der Entladestrom ist betragsmäßig wiederum groß. Danach ändern sich Spannung und Stromstärke immer weniger, die Graphen nähern sich von zwei Seiten her asymptotisch der t-Achse.

Erklärung:
Am Anfang des Ladevorgangs fließen die Elektronen leicht auf den leeren Kondensator, sie nehmen zueinander große Entfernungen ein und stoßen sich nach dem Coulombgesetz kaum ab. Dies ändert sich mit wachsender Ladung auf den Platten. Die schon aufgebrachten Elektronen müssen zusammenrücken. Deshalb stoßen sie und die Neuankömmlinge sich wechselseitig mehr und mehr ab. Die weitere Ladungszunahme verlangsamt. Auf dem geladenen Kondensator liegen die Elektronen schließlich dicht gepackt und stoßen sich wechselseitig stark ab. Daher streben am Beginn der Entladung zuerst viele Elektronen möglichst rasch weg, die Stromstärke ist hoch. Die auf dem Kondensator noch verbleibenden Ladungen verteilen sich in größerer Entfernung, die abstoßenden Kräfte reduzieren sich. Spannung und Strom gehen langsamer gegen null, theoretisch gibt es keine vollständige Entladung.

Interessant ist die Fläche zwischen Graph und t-Achse im t-I-Diagramm. Wegen $I = \dfrac{\Delta Q}{\Delta t}$ bzw. $\Delta Q = I \Delta t$ ist die Maßzahl dieser Fläche ein Maß für die Ladung ΔQ, die der Kondensator beim Laden aufnimmt.

Bemerkungen:

Die Lade- und Entladekurven in B 218 sind mathematisch beherrschbar. Für die Spannung lautet die Funktionsgleichung der

- Ladekurve: $U(t) = U_0\left(1 - e^{-\frac{1}{RC}t}\right)$;

- Entladekurve: $U(t) = U_0 e^{-\frac{1}{RC}t}$, U_0 ist die anliegende Gleichspannung.

Es lautet die Funktionsgleichung des

- Ladestroms: $I(t) = I_0 e^{-\frac{1}{RC}t}$;

- Entladestroms: $I(t) = -I_0 e^{-\frac{1}{RC}t}$, I_0 ist der durch die Gleichspannung U_0 ausgelöste Gleichstrom.

Beispiele

a) Gegeben ist ein Kondensator mit der Kapazität C_1. Man prüfe, wie sich C_1 ändert, falls man die Ladung Q auf den Platten verdoppelt oder die Spannung U_1 zwischen den Platten verfünffacht.

b) Zwei Kondensatoren mit der Kapazität $C_1 = 15{,}0\ \mu F$ und $C_2 = 6{,}00\ \mu F$ liegen in Reihe an der Potenzialdifferenz $U = 13{,}0\ V$ (B 218.1).
Man erkläre, an welchem Teil der Schaltung die Spannung U tatsächlich wirkt und welcher Vorgang an den anderen Teilen abläuft.
Man berechne die Ersatzkapazität C, die von C_1 aufgenommene Ladung Q und den Spannungsabfall U_1 an C_1.

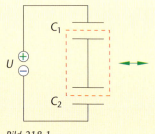

Bild 218.1

c) Nun wird C_1 mit der Spannung $U = 13{,}0$ V aufgeladen, dann mit dem ungeladenen Kondensator C_2 parallel verbunden. Man erkläre, welcher Prozess abläuft, und berechne die Spannung U^*, die sich schließlich einstellt (B 218.2).

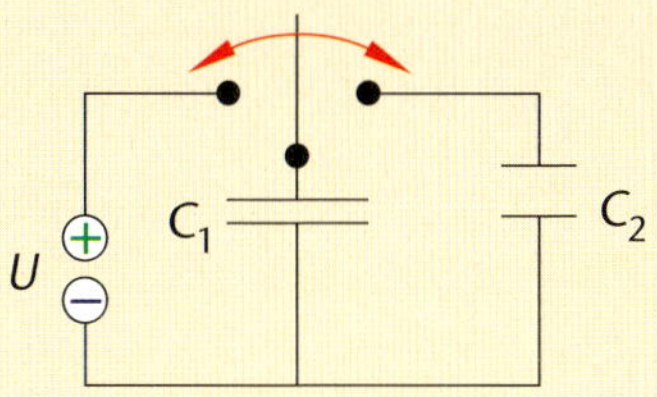

Bild 218.2

Lösung:

a) Ein Kondensator hat feste technische Daten; also gilt: C_1 = konstant. Aus der Kapazitätsdefinition $C = \dfrac{Q}{U_1}$ folgt,

dass die Verdopplung der Ladung nur durch eine Verdopplung der Spannung U_1 erreicht wird: $2Q = C_1 \cdot 2U_1$. Diese Begründung gilt analog für die Erhöhung der Spannung. Die Kapazität C_1 bleibt in beiden Fällen gleich.

b) Die Spannung U wirkt nur auf die Platten, die mit der Quelle (z. B. Batterie) direkt verbunden sind. Das in B 218.1 rot gekennzeichnete Zwischenteil besitzt wie alle Körper Ladung, ist aber zunächst elektrisch neutral. Nach dem Einfügen in das Feld zwischen den äußeren Platten entsteht eine Reihenschaltung. Gleichzeitig bewirkt die elektrische Influenz auf dem eingebrachten Leiterteil eine Ladungstrennung so, dass schließlich alle Platten die gleiche Ladung Q tragen. Nimmt man danach den Zwischenbereich vorsichtig aus dem Schaltkreis heraus, so wird er wieder elektrisch neutral.

Reihenschaltung: $\dfrac{1}{C} = \dfrac{1}{C_1} + \dfrac{1}{C_2}, \dfrac{1}{C} = \dfrac{C_1 + C_2}{C_1 C_2}, C = \dfrac{C_1 C_2}{C_1 + C_2}.$

$C = \dfrac{15{,}0 \cdot 6{,}00\,(\mu\text{F})^2}{(15{,}0 + 6{,}00)\,\mu\text{F}} = 4{,}29\ \mu\text{F}.$

Für beide Einzelkapazitäten und die Ersatzkapazität gilt: Q = konstant. Die Ladung folgt aus $C = \dfrac{Q}{U}$ bzw. $Q = CU$, da die Spannung direkt an C liegt: $Q = 4{,}29\ \mu\text{F} \cdot 13{,}0$ V, $Q = 55{,}7\ \mu\text{C}$.

Ebenso erhält man den Spannungsabfall an C_1: $C_1 = \dfrac{Q}{U_1}$; $U_1 = \dfrac{Q}{C_1}$; $U_1 = \dfrac{55{,}7\ \mu\text{C}}{15{,}0\ \mu\text{F}} = 3{,}71$ V.

c) C_1 wird durch U geladen und nimmt die Ladung Q_0 auf. Man trennt C_1 von U und verbindet mit dem noch ungeladenen C_2; es entsteht eine Parallelschaltung. Von C_1 fließt so lange Ladung nach C_2, bis sich die für diese Schaltungsart übliche gemeinsame Potenzialdifferenz oder Spannung U^* einstellt. Gleichzeitig verteilt sich die Anfangsladung Q_0 auf beide Kondensatoren gemäß ihrer Kapazität. Es gilt somit:

$Q_0 = Q_1 + Q_2$, $C_1 U = C_1 U^* + C_2 U^*$, $U^* = \dfrac{C_1 U}{C_1 + C_2}$, $U^* = \dfrac{15{,}0\ \mu\text{F} \cdot 13{,}0\ \text{V}}{(15{,}0 + 6{,}00)\,\mu\text{F}} = 9{,}29$ V.

Sobald die Spannung an den Kondensatoren diesen gemeinsamen Wert annimmt, endet der Ladungsausgleich.

9.10 Elektrische Flächenladungsdichte

Bei einem geladenen Plattenkondensator mit einem homogenen elektrischen Feld im Innenraum entsteht aus $E = Ud^{-1}$ = konstant, Kapazität $C = \varepsilon_0 \dfrac{A}{d}$ und Kapazitätsdefinition $C = \dfrac{Q}{U}$ die

Gleichung $\dfrac{Q}{U} = \varepsilon_0 \dfrac{A}{d}$ bzw. $\dfrac{Q}{A} = \varepsilon_0 \dfrac{U}{d} = \varepsilon_0 E$. Der Quotient $\dfrac{Q}{A}$ heißt elektrische **Flächenladungs-**

dichte und erhält das Formelzeichen σ (Sigma): $\sigma = \dfrac{Q}{A}$. Er erfasst die Anzahl der Ladungen, die sich gleichmäßig auf der Fläche des Kondensators verteilt haben. Je mehr Ladung auf der

Flächeneinheit 1 m² liegt, desto höher ist die Ladungsdichte. Es handelt sich gewissermaßen um eine Art „Einwohnerdichte" auf der Kondensatorplatte. Eine Umformung ergibt zusätzlich: $E = \dfrac{1}{\varepsilon_0}\sigma$, $E = \dfrac{1}{\varepsilon_0}\dfrac{Q}{A}$ bzw. $E \sim \sigma$. Die elektrische Feldstärke E ist zur Flächenladungsdichte σ direkt proportional.

Die Größe σ hat die Einheit: $[\sigma] = \dfrac{[Q]}{[A]}$, $[\sigma] = 1\dfrac{C}{m^2}$.

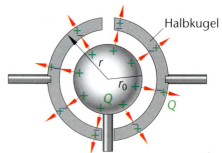

Halbkugel

Die Definition der Flächenladungsdichte $\sigma = \dfrac{Q}{A}$ und die Proportionalität $\sigma \sim E$ bzw. $\sigma = \varepsilon_0 E$ gelten für alle Arten elektrischer Felder, also auch für das radialsymmetrische einer Kugel mit der Ladung Q. Ihre Flächenladungsdichte σ erhält man experimentell durch zwei Halbkugelschalen mit dem Radius r, die die Kugel konzentrisch umschließen (B 219).

Bild 219: Influenz im radialsymmetrischen Feld

Durch Influenz im radialsymmetrischen Feld der Kugel entsteht auf den Schalen mit der Gesamtoberfläche $A = 4\pi r^2$ ebenfalls die Ladung Q. Die Flächenladungsdichte in der Entfernung r vom Ladungsträgermittelpunkt beträgt somit: $\sigma = \dfrac{Q}{A} = \dfrac{Q}{4\pi r^2}$. Wegen $\sigma = \varepsilon_0 E$, $E = \dfrac{1}{\varepsilon_0}\sigma$, folgt die (aus Kapitel 9.6.2 bekannte) elektrische Feldstärke E der Kugelladung in Abhängigkeit von r: $E = \dfrac{1}{\varepsilon_0}\dfrac{Q}{4\pi r^2} = \dfrac{1}{4\pi\varepsilon_0}\dfrac{Q}{r^2}$.

Dieses Ergebnis gilt für alle radialsymmetrischen elektrischen Felder unabhängig vom Radius r_0 des kugelförmigen Ladungsträgers.

Liegen sich zwei Punkt- oder Kugelladungen Q_1 und Q_2 gegenüber (B 220), dann übt Q_1 auf Q_2 die Feldkraft $F_1 = E_1 Q_2$ aus. Umgekehrt erfährt Q_1 durch Q_2 nach dem Wechselwirkungsprinzip die betragsgleiche Kraft $F_2 = E_2 Q_1$. Vektoriell gilt: $\vec{F}_1 \uparrow\downarrow \vec{F}_2$.

Mit $E_1 = \dfrac{1}{4\pi\varepsilon_0}\dfrac{Q_1}{r^2}$ und ebenso mit $E_2 = \dfrac{1}{4\pi\varepsilon_0}\dfrac{Q_2}{r^2}$ folgt wegen $E = \dfrac{F}{Q}$ gleichermaßen: $F_1 = F_2 = F = \dfrac{1}{4\pi\varepsilon_0}\dfrac{Q_1 Q_2}{r^2}$.

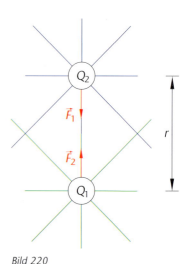

Bild 220

Das entstehende **coulombsche Gesetz** $F = \dfrac{1}{4\pi\varepsilon_0}\dfrac{Q_1 Q_2}{r^2}$ gibt die Kraft F zwischen zwei Punkt- oder Kugelladungen Q_1 und Q_2 im Abstand r der Ladungsträgermittelpunkte an. Im Kapitel 9.2.1 wurde es experimentell hergeleitet. Die dort willkürlich eingeführte Konstante $k = \dfrac{1}{4\pi\varepsilon_0}$ erfährt hier ihre theoretische Bestätigung.

▸▸ **Ist Q die Ladung, die eine Spannung auf eine Leiterfläche A bringt, dann heißt der Quotient $\sigma = \dfrac{Q}{A}$ elektrische Flächenladungsdichte. Sie ist proportional zur elektrischen Feldstärke E ($\sigma \sim E$ bzw. $\sigma = \varepsilon_0 E$) und gilt für alle elektrischen Felder.**

9.11 Energie im homogenen elektrischen Feld

Eine ruhende positive Ladung in einem elektrischen Feld gewinnt nach der Freigabe auf dem Weg vom höheren zum tieferen Potenzial kinetische Energie. Woher kommt dieser Energiezuwachs? Da andere Einflüsse fehlen, kann ihn nur das elektrische Feld selbst bereit stellen. Es muss Energie gespeichert haben.

Entladen eines Plattenkondensators über eine Glimmlampe (B 221)

① Plattenkondensator
② Glimmlampe
③ Spannungsmesser
④ Gleichspannungsquelle

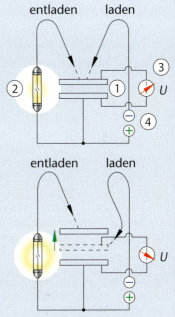

Versuchsdurchführung:
Ein Plattenkondensator mit kleinem Plattenabstand d wird mithilfe der Spannungsquelle geladen. Der Spannungsmesser zeigt die Spannung U an. Danach wird der Kondensator von der Quelle getrennt und über die Glimmlampe entladen.
Man wiederholt den Versuch. Dieses Mal werden die Platten nach dem Aufladen und Trennen von der Quelle vorsichtig auseinandergezogen und dann erst entladen. Zu beachten ist, dass d klein bleibt gegenüber den Plattenmaßen. Dann gilt für den Innenraum weiterhin die gute Näherung: $\vec{E} = $ konstant.

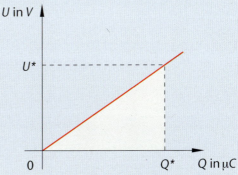

Beobachtung:
Die Glimmlampe leuchtet beim Entladen des Kondensators auf. Licht zeigt Wärmeenergie an. Da der Kondensator von der Quelle abgetrennt ist, kann diese Energie nur aus dem elektrischen Feld kommen. Das elektrische Feld ist ein Energiespeicher, die Energie heißt **elektrische Feldenergie.**

Bild 221: Energie im elektrischen Feld

Beim Auseinanderziehen der Platten nimmt die am Spannungsmesser beobachtete Spannung erheblich zu, ebenso die Helligkeit der Lampe beim Entladen. Also muss die im Kondensator gespeicherte Energie gestiegen sein.

Erklärung, 1. Teil (B 222):
Nach dem Abtrennen des Kondensators bleibt die auf die Platten gebrachte Ladung Q erhalten und mit ihr das konstante homogene elektrische Feld im Innenbereich. Die Feldenergie erhält man durch folgende Überlegung: Für den Kondensator besteht der Zusammenhang $C = \dfrac{Q}{U}$ oder $U = \dfrac{1}{C}Q$ bzw. $U \sim Q$. Er erinnert an das hookesche Gesetz $F = Ds$ bzw.

$F \sim s$. Im Kapitel 5.2.3 wurde die elastische Arbeit W_{el} durch Interpretation der Maßzahl

Bild 222: Zur Berechnung der elektrischen Feldenergie

VERSUCH

einer Dreiecksfläche gewonnen. Wegen der formalen Ähnlichkeit der Gesetze bietet sich dieser Weg auch hier an.

Das Q-U-Diagramm zur Gleichung $U = \dfrac{1}{C}Q$ ist eine Ursprungshalbgerade. Zur Ladung Q^* gehört eindeutig die Spannung U^* und umgekehrt. Dadurch entsteht ein Dreieck mit der Fläche $A = \dfrac{1}{2}gh$. Im Diagramm entspricht g der Ladung Q^*, h der Spannung U^*. Die im elektrischen Feld gespeicherte Energie beträgt somit: $E_{el} = \dfrac{1}{2}Q^*U^*$.

Mit $C = \dfrac{Q^*}{U^*}$ erhält man außerdem: $E_{el} = \dfrac{1}{2}CU^{*2}$ oder $E_{el} = \dfrac{1}{2}\dfrac{Q^{*2}}{C}$.

▸▸ **Die elektrische Energie im homogenen Feld eines geladenen Plattenkondensators beträgt: $E = \dfrac{1}{2}CU^2$. Sie heißt elektrische Feldenergie und ist zwischen den Platten gespeichert.**

Erklärung, 2. Teil (B 223):
Zu klären bleiben die Spannungs- und die Energiezunahme im elektrischen Feld beim Auseinanderziehen der von der Quelle abgetrennten Platten. Nach dem Auseinanderziehen der geladenen Platten gilt weiterhin $\vec{E}$ = konstant. Damit führt $E = \dfrac{U}{d}$ sofort zu $U \sim d$. Spannung U und Plattenabstand d sind proportional. Mit der Zunahme oder Abnahme von d vergrößert oder verkleinert sich U, Q bleibt unverändert.

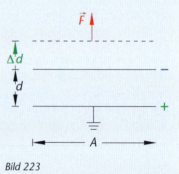

Bild 223

Ungleich geladene Kondensatorplatten ziehen sich an. Entfernt man sie voneinander um Δd, so ist von außen die mechanische Arbeit $\Delta W = F\Delta d$ aufzuwenden. Sie geht als Energiezuwachs in das elektrische Feld über. Gleichzeitig erhöht sich die Arbeitsfähigkeit der festen Ladung Q. Beim Entladen erscheint helleres Licht.

Die elektrische Energie $E = \dfrac{1}{2}CU^2$ befindet sich im materiefreien Raum zwischen den Platten ($\varepsilon_r = 1$). Er hat das Volumen $V = Ad$; A ist die Plattenfläche, d der Plattenabstand. Man erhält:

1. $E = \dfrac{1}{2}CU^2$

2. $C = \varepsilon_0 \dfrac{A}{d}$

3. $E = \dfrac{U}{d}$

4. $V = Ad$

Somit: $E = \dfrac{1}{2}\varepsilon_0 \dfrac{A}{d} E^2 d^2 = \dfrac{1}{2}\varepsilon_0 E^2 Ad = \dfrac{1}{2}\varepsilon_0 E^2 V \mid :V$

$\dfrac{E}{V} = \dfrac{1}{2}\varepsilon_0 E^2$.

Der Quotient $\dfrac{E}{V}$ heißt **elektrische Energiedichte**. Er hat die Einheit $\left[\dfrac{E}{V}\right] = 1\dfrac{J}{m^3}$. Die Energiedichte gibt an, wie viel elektrische Energie in einem Kubikmeter Raum des Feldes gespeichert ist. Das Ergebnis $\dfrac{E}{V} = \dfrac{1}{2}\varepsilon_0 E^2$ gilt für jedes elektrische Feld.

Bemerkung:

Wiederholt man den Versuch ohne Abtrennen der Kondensatorplatten von der Spannungsquelle, so ändern sich die Ergebnisse (3. Aufgabe).

Beispiel

Ein kreisförmiger Plattenkondensator mit den technischen Daten $d = 1,25$ cm, $r = 25,0$ cm
trage nach dem Aufladen an einer Spannungsquelle die Ladung $Q = 875$ µC.

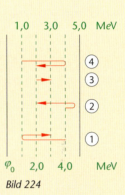

Bild 224

a) Man berechne die im elektrischen Feld gespeicherte Energie E.
b) Man bestimme die elektrische Flächenladungsdichte σ auf einer Platte.
c) Man ermittle die elektrische Feldstärke E und ihren Verlauf.
d) Im homogenen Feldbereich wird nun ein Proton gegen das elektrische Feld verschoben. Man entscheide, ob die von der Feldkraft verrichtete Arbeit W positiv oder negativ ist.
e) Man entscheide, ob sich das Proton bei der Bewegung in d) zu einem Punkt mit niedrigerem oder höherem Potenzial bewegt.
f) B 224 zeigt einige Äquipotenzialflächen im Innenraum des Kondensators und Bahnen, längs denen ein Elektron bewegt wird. Man bestimme, ob die dabei verrichtete Arbeit positiv, null oder negativ ist.

Lösung:

a) In einer Formelsammlung findet man für die elektrische Feldenergie meist die Formel

$$E = \frac{1}{2}CU^2. \text{ Mit } C = \frac{Q}{U}, \ C = \varepsilon_0\frac{A}{d} \text{ und } A = r^2\pi \text{ erhält man: } E = \frac{1}{2}\frac{Q^2}{C} = \frac{Q^2 d}{2\varepsilon_0\pi r^2}.$$

Mit Messwerten: $E = \dfrac{(875 \ \mu C)^2 \cdot 1,25 \cdot 10^{-2} \ m}{2\pi \cdot 8,854 \cdot 10^{-12} \ Fm^{-1}(0,250 \ m)^2} = 2,75$ kJ.

b) Flächenladungsdichte: $\sigma = \dfrac{Q}{A} = \dfrac{Q}{r^2\pi}$; mit Messwerten: $\sigma = \dfrac{875 \ \mu C}{(0,250 \ m)^2\pi} = 4,46 \ \dfrac{mC}{m^2}$.

c) Zwischen der elektrischen Feldstärke und der Flächenladungsdichte besteht der Zusammenhang: $\sigma = \varepsilon_0 E$, $E = \dfrac{1}{\varepsilon_0}\sigma$. Unter Verwendung der Messwerte folgt:

$E = \dfrac{1}{8,854 \cdot 10^{-12} \ Fm^{-1}} \cdot 4,456 \cdot 10^{-3} \ \dfrac{C}{m^2} = 503 \ \dfrac{MV}{m}$. Das Feld ist extrem stark. $\vec{E}$ zeigt vom

Plus- zum Minuspol des Kondensators und legt den Feldlinienverlauf fest.

d) und e) Die Arbeit W ist negativ, da die Verschiebung der Ladung $+e$ gegen das elektrische Feld
erfolgt. Sie gewinnt potenzielle Energie und bewegt sich zum höheren Potenzial hin.

f) Die Arbeit W ist positiv bei den Bahnen ③, ④ und negativ in ①, ②. Die Arbeit ist zum Beispiel null
bei der Verschiebung auf der Äquipotenzialfläche mit $\varphi = 2,0$ MV oder bei einer Bewegung auf
beliebiger geschlossener Bahn, z.B. von irgendeinem Feldpunkt P_1 auf der Äquipotenzialfläche
mit $\varphi = 1,0$ MeV ausgehend über einen Punkt P_2 auf der Äquipotenzialfläche mit $\varphi = 4,0$ MeV
und wieder zurück nach P_1 bzw. zu einem anderen Feldpunkt mit $\varphi = 1,0$ MeV.

Aufgaben

*1. Ein kreisförmiger Plattenkondensator mit dem Radius $r = 0,100$ m und dem Plattenabstand
$d = 11,0$ mm wird mit der Gleichspannung $U = 3,45$ kV geladen und abgetrennt.*

a) Zur Überprüfung der Spannung U_C zwischen den Platten wird eine Elektrometer verwendet. Es zeigt die Spannung $U_C = 2,17$ kV an. Begründen Sie diese Beobachtung.

b) Berechnen Sie die Kapazität C_E des Elektrometers.

2. Ein lichtoptisches Messgerät wird durch sechs 1,5-V-Batterien in Reihe geladen.

a) Berechnen Sie die Kapazität C des Gerätes, wenn es die elektrische Energie $E = 0,30$ nJ speichern soll.

b) Bestimmen Sie die mittlere Leistung P eines vom Gerät ausgelösten Lichtsignals der Dauer $\Delta t = 33$ ms oder $\Delta t^* = 40,0$ μs.

3. Ein Plattenkondensator ($d_0 = 5,0$ cm, $C_0 = 45$ pF) wird durch die Spannung $U_0 = 260$ V geladen. Er bleibt mit der Spannungsquelle verbunden.

a) Berechnen Sie die Ladung Q_0 auf einer Platte.

b) Ermitteln Sie durch Rechnung die elektrische Feldstärke E im homogenen Bereich und die Arbeit W_0 für die Verschiebung der Ladung $q = +1,5$ pC von der negativen zur positiven Platte.

c) Nun werden die Platten auf den neuen Abstand $d^* = xd$ gebracht, das Feld bleibt homogen. Ermitteln Sie allgemein die Ladung Q^*, Spannung U^* zwischen den Platten, Feldstärke E^*, Kapazität C^* und Arbeit W^* zur Verschiebung von q in Abhängigkeit von x; danach verwenden Sie konkret $d_1 = 2d_0$ bzw. $d_2 = 0,5d_0$.

d) Prüfen Sie bei dem Vorgang in c), ob und wie sich die elektrische Flächenladungsdichte σ und die elektrische Feldenergie E_{el} ändern.

e) In die Zuleitung zu einer der Kondensatorplatten wird ein empfindlicher Strommesser geschaltet. Geben Sie an, welche Beobachtung er beim Vergrößern oder Verringern des Plattenabstandes ermöglicht.

f) Das inhomogene Randfeld des Kondensators tritt in den Außenraum und stört andere empfindliche elektrische Geräte. Beschreiben Sie eine Schutzmaßnahme.

9.12 Freie Ladung im homogenen elektrischen Feld

Für viele Zwecke benötigt man Elektronen oder andere Ladungsträger, die sich frei im Raum bewegen.

9.12.1 Freisetzung von Elektronen

Elektrische Ladung kann nicht erzeugt und nicht vernichtet werden. Sie ist in jedem Körper vorhanden und an ihn gebunden. Zur Freisetzung von Ladung verwendet man eigene Geräte oder Versuchsanordnungen, die Ladungsquellen. Sie erfordern oft ein spezielles theoretisches Wissen. Besonders wichtig ist die Freisetzung von Elektronen in Elektronenquellen. Sie gelang erstmals gegen Ende des 19. Jahrhunderts. Heute gibt es mehrere Verfahren, die auch der Schule zur Verfügung stehen. Daher beziehen sich die folgenden Überlegungen überwiegend auf freie Elektronen, sind aber auf jede Art freier Ladung übertragbar. Das Auslösen von Elektronen aus der Elektronenhülle eines Atoms heißt **Elektronenemission**. Bei Metallen handelt es sich um den Austritt von nicht oder schwach gebundenen Elektronen. Erreicht wird die Freisetzung durch

- starke elektrische Felder; man spricht von Feldemission und Feldelektronen.

- hohe Temperaturen; man spricht von Glühemission und Glühelektronen.

- Bestrahlen von Metallen mit Licht; der Prozess heißt lichtelektrischer Effekt oder Fotoeffekt; man spricht von Fotoelektronen (s. Kap. 15.1).

Elektronenemission aus Atomen, Molekülen oder Ionen wird auch durch Stoßprozesse mit anderen geladenen oder neutralen atomaren Teilchen erreicht (s. Kap. 16.3). Treffen energiereiche Teilchen auf ein neutrales Atom, so können sie ein Elektron (oder mehrere) abtrennen.

Feldemission (B 225)

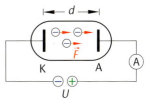

Elektronen, die aus kalten Metalloberflächen durch starke elektrische Feldkräfte freigesetzt werden, heißen Feldelektronen. Die Erfahrung zeigt, dass geladene Metalle (Kugeln, Kondensatoren, Drähte) die aufgebrachte Ladung nach dem Abtrennen von der Spannungsquelle mehr oder weniger schnell verlieren, sie entladen sich von selbst. Besonders leicht treten Elektronen aus Spitzen und Kanten aus, da dort die Feldstärke am größten ist (Spitzenentladung).

Bild 225: Feldemission

Bei Experimenten setzt man extrem luftverdünnte Glasröhren ein, sogenannte Vakuumröhren. Sie enthalten einen Plattenkondensator, der an einer Spannungsquelle liegt. Die Platten im Abstand d heißen Elektroden; die mit dem Pluspol verbundene ist die Anode A, die andere die Katode K. Das elektrische Feld ist gut homogen, auch bei ring- oder zylinderförmigen Anoden. In Versuchen verwendet man oft eine variable Gleichspannung.

Zwischen der Feldkraft F, die an den schwach gebundenen Elektronen auf der metallischen Katodenoberfläche angreift, und der angelegten Spannung U besteht ein Zusammenhang:

1. $E = \dfrac{U}{d}$, $\vec{E} =$ konstant, $d =$ konstant

2. $E = \dfrac{F}{Q}$, $Q = (-)e$

Somit: $\dfrac{U}{d} = \dfrac{F}{e}$ bzw. $F \sim U$. Die Stärke der Feldkraft ist über die Spannung steuerbar.

Gestaltet man die Katode als Metallspitze, dann laufen die Feldlinien extrem dicht. Gearbeitet wird mit Feldstärken von etwa $10^9\,\mathrm{Vm^{-1}}$.

Technische Anwendung (B 226)

Eine wichtige Anwendung ist das Feldelektronenmikroskop oder Feldemissionsmikroskop. Mit ihm werden hochvergrößerte Schattenbilder der negativen Katodenspitze z. B. aus Wolfram erzielt. Spannungen von etwa 10 kV setzen einen hohen gleichmäßigen Elektronenstrom frei. Die Ladungen treten ungeordnet aus der Spitze aus und bewegen sich auf divergierenden geraden Bahnen zur Anode hin, das elektrische Feld fächert sich auf. Durch geeignete Maßnahmen werden sie auf Bildschirme geleitet und dort sichtbar gemacht.

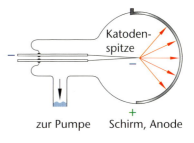

Bild 226: Feldelektronenmikroskop

Mit Metallen (z. B. Barium) bedampfte Spitzen gestatten, die Strukturen von Kristallen zu untersuchen. Mithilfe weiterer elektronenoptischer Maßnahmen erreicht man eine millionenfache Vergrößerung, sodass auch Viren und andere Kleinstorganismen sichtbar werden.

Glühemission (B 227)

Elektronen, die aus beheizten Metallkatoden durch Temperaturen um 2000 K freigesetzt werden, heißen Glühelektronen. Ein äußeres elektrisches Feld ist nicht erforderlich. Die Aufnahme einer bestimmten Mindestenergie in Form von Wärme erhöht die kinetische Energie der Elektronen auf der Katode soweit, dass sie die atomaren Bindungskräfte überwinden können. Diese **Austrittsenergie** E ist materialabhängig (B 228). Übersteigt die aufgenommene Wärmeenergie die Austrittsenergie, so verfügen die Elektronen nach dem Verlassen der Wendel noch über einen kinetischen Energieanteil.

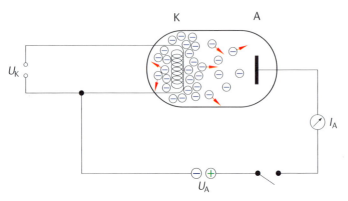

Bild 227: Glühemission

Man spricht hier von einer thermischen Elektronenquelle. Wie bei Glühbirnen ist die Metall-katode K als glühender Draht (Glühwendel) angelegt. Streng genommen sind viele handelsüb-liche Glühbirnen Elektronenquellen. Doch steht bei ihnen die Leuchtfähigkeit im Vordergrund und nicht die Elektronenemission.

Für Versuche verwendet man die **Elektronenröhre** (B 229). Sie besteht aus einem evakuierten Glas- oder Metallzylinder, der eine Glühkatode mit eigener Heizspannung, der Katodenspannung, umschließt. Die Glühwendel, meist aus Wolfram, setzt Elektro-nen frei. Sie werden durch die Anodenspannung U_A zur Anode A beschleunigt. A liegt gegenüber oder ummantelt die Katode. Eine Röhre in dieser Bauweise heißt **Diode**.

Element	E in eV
Aluminium	4,20
Barium	2,52
Cäsium	1,94
Kalium	2,25
Kupfer	4,48
Wolfram	4,57
Zink	4,34

Bild 228: Austrittsenergie E einiger Stoffe

Nach den Aussagen der klassischen Physik sind Ursache und Wir-kung kausal determiniert. Alle gleich gebundenen Elektronen einer Glühwendel unterliegen der Heizspannung U_K. Daher steht für alle dieselbe Austrittsenergie bereit. Sie sollten daher gemein-sam die Wendeloberfläche verlassen. Das ist nicht der Fall. Es gibt Elektronen, die sich lösen, andere bleiben auf dem Metall. Ob ein Elektron tatsächlich austritt, kann nicht vorhergesagt oder beein-flusst werden. Hier stößt man an die Grenzen der klassischen Physik.

Ein weiteres Problem kommt hinzu: Trotz gleicher Voraussetzung besitzen nicht alle emittier-ten Elektronen nach dem Verlassen der Katode die gleiche kinetische Energie. Per Zufall emp-fangen manche beim Ablösen mehr Wärmeenergie als andere. Sie treten aus dem Metall aus und entfernen sich unterschiedlich weit von der Katode. Sie erreichen sogar die Anode A. Bei anderen Elektronen entspricht die aufgenommene Energie gerade der Austrittsenergie. Sie lösen sich zwar vom Metall, haben jedoch keine Restenergie: $E_{kin} \approx 0$; sie schweben knapp über der Wendel (B 227).

In ihrer Gesamtheit bilden vor allem die Elektronen mit $E_{kin} \approx 0$ eine negative Wolke um die Katode. Die Wendel erscheint positiv, sodass die Elektronen zur Oberfläche zurückkehren. Nach kurzer Betriebszeit stellt sich ein thermischer Gleichgewichtszustand ein, falls keine Anodenspannung anliegt. In einer bestimmten Zeitdauer Δt ist dann die Anzahl der von der Wendel emittierten Elektronen gleich der Anzahl der zurückkehrenden.

Im Regelfall arbeitet man nicht im Gleichgewichtsbereich. Eine Spannung zwischen den Elektroden, die Anodenspannung U_A, erzeugt ein homogenes elektrisches Feld. Sofort nach dem Austritt aus der Wendel erfahren die Elektronen die konstante elektrische Feldkraft $\vec{F}$. Dadurch werden sie konstant beschleunigt und gewinnen auf dem Weg zur Anode Geschwindigkeit und kinetische Energie. Die bewegten Elektronen ergeben den Anodenstrom I_A, den ein Strommesser im Schaltkreis anzeigt.

Durch Beschichten der Glühwendel mit Oxiden und durch andere Verfahren erhöht man die Emissionsfähigkeit. Metallblenden mit Spalt- oder Kreisöffnungen bündeln den Elektronenstrahl. Besonders bewährt hat sich der **Wehneltzylinder** (B 229). Dabei handelt es sich um eine leicht negativ geladene Zusatzelektrode, die die aus der Katode emittierten Elektronen zu einem dünnen sehr gleichmäßigen Strahl, dem Fadenstrahl, fokussiert.

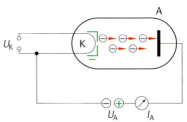

Bild 229: Diode mit Wehneltzylinder

Die Abhängigkeit des Anodenstroms I_A von der Anodenspannung U_A ist in B 230 dargestellt. Die Spannung-Strom-Kennlinien für verschiedene Temperaturen der Katode verdeutlichen gemeinsame Bereiche.

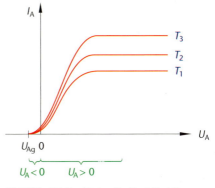

Bild 230: U-I-Kennlinien für $T_1 < T_2 < T_3$

- $U_A < 0$: Trotz leichter Gegenspannung erreichen genügend viele Elektronen die Anode, es entsteht ein messbarer Anodenstrom I_A. Sie haben beim Verlassen der Katode zufällig mehr Energie aufgenommen als andere. Daher können sie das Gegenfeld zwischen den Elektroden überwinden. Erst unterhalb einer Grenzgegenspannung U_{Ag} gelangen selbst die energiereichsten Elektronen nicht mehr zur (leicht negativen) Anode.

- $U_A > 0$: Zwei Bereiche sind von Interesse. Im Proportionalbereich gilt in guter Näherung: $I_A \sim U_A$. Mit zunehmender Spannung U_A folgen immer mehr Elektronen dem Zwang der ansteigenden Feldkraft zur Anode hin, der Anodenstrom I_A wächst. Außerdem werden sie stärker beschleunigt und daher energiereicher. Danach verlangsamt sich der Stromanstieg deutlich, die Stromstärke erreicht einen maximalen Wert. Das bedeutet: In der Zeitdauer Δt ist die Anzahl der Elektronen, die zur Anode gelangen, nahezu gleich der Anzahl der Elektronen, die die Glühwendel verlassen. Auch durch weitere Erhöhung der Spannung U_A kann der Strom I_A nicht mehr vergrößert werden. Erst mit der Änderung der Katodentemperatur stellt sich ein neuer Maximalwert für I_A ein.

9.12.2 Bewegung von Elektronen im konstanten elektrischen Längsfeld

Elektrische Feldkräfte greifen an ruhender oder bewegter Ladung an. Sie wirken längs der Feldlinien beschleunigend oder verzögernd. Außerdem wirken sie richtungsändernd. Die Gewichtskraft der Elektronen oder geladener atomarer Teilchen ist gegenüber der Feldkraft im Normalfall vernachlässigbar: $F_G \approx 0$. Behandelt wird nun die Bewegung von Elektronen im homogenen elektrischen Längsfeld. Herleitungen und Ergebnisse sind auf andere Träger mit der Ladung Q anwendbar. Bei geladenen nichtatomaren Teilchen (z. B. geladenen Nebeltröpfchen) ist die Gewichtskraft zu berücksichtigen.

B 231 zeigt eine einfache Diode. Sie ist so angelegt, dass die Elektronen an der Glühwendel nahezu ohne Anfangsgeschwindigkeit austreten: $v_0 \approx 0$. Die Anodenspannung U_A baut zwischen K und A ein homogenes elektrisches Längsfeld auf, das die Teilchen beschleunigt. Beim Aufprall auf die Anode besitzen sie maximale Geschwindigkeit und maximal kinetische Energie. $U_A =$ konstant bewirkt die konstante elektrische Feldkraft $\vec{F}$, d ist der Elektrodenabstand. Es gilt:

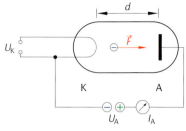

Bild 231

1. $E = \dfrac{F}{Q}, Q = (-)e$

2. $E = \dfrac{U_A}{d}$

3. $F = m_e a$

Somit erfahren die Elektronen ab Wendel die Kraft $F = \dfrac{e}{d} U_A$ und wegen $F = ma$ die Beschleunigung $m_e a = \dfrac{e}{d} U_A$, $a = \dfrac{e}{m_e} \dfrac{U_A}{d}$. Allgemein gilt: $a \sim U_A$, da $\dfrac{e}{m_e} \cdot \dfrac{1}{d} =$ konstant. Bei einer festen Spannung ist a konstant.

Bemerkungen:

- Bei der Berechnung der Feldkraft F lässt man das Vorzeichen der Ladung weg. Man arbeitet mit $|Q|$, im Beispiel $|Q| = |-e| = e$, und deutet den Verlauf der (anziehenden oder abstoßenden) Kraft.

- Der Term $\dfrac{e}{m_e}$ heißt **spezifische Ladung** des Elektrons. $\dfrac{|Q|}{m}$ ist allgemein die spezifische Ladung eines Ladungsträgers mit der Ladung Q und der Masse m. Wegen der Kleinheit der Teilchen ist die Beschleunigung a nicht direkt bestimmbar und damit die spezifische Ladung $\dfrac{e}{m_e}$ ebenfalls nicht. Für Elektronen hat sie den Wert $\dfrac{e}{m_e} = 1{,}759 \cdot 10^{11}\,\text{Ckg}^{-1}$. Ein Messverfahren folgt in Kapitel 10.8.1.

- Ist U_A fest eingestellt, so vollziehen die Elektronen aus der Ruhe heraus eine geradlinige Bewegung mit der konstanten Beschleunigung a. Die Rechengesetze dieser Bewegungsart dürfen angewendet werden.

Dann gilt sofort:

1. $v = \sqrt{2as}$

2. $a = \dfrac{e}{m_e} \dfrac{U_A}{d}$

3. $s = d$

Somit: $v = \sqrt{2 \dfrac{e}{m_e} \dfrac{U_A}{d} d} = \sqrt{2 \dfrac{e}{m_e} U_A}$. Da $\sqrt{2 \dfrac{e}{m_e}} =$ konstant, ist $v \sim \sqrt{U_A}$. Die Geschwindigkeit hängt also nur von der durchlaufenen Potenzialdifferenz U_A ab. Das Ergebnis lautet allgemein:

$$v = \sqrt{2 \frac{|Q|}{m} U_A}.$$

Außerdem besitzt das Elektron oder die Ladung Q nach Durchlaufen der Spannung U_A kinetische Energie:

1. $E_k = \dfrac{1}{2} m_e v^2$

2. $v^2 = 2 \dfrac{e}{m_e} U_A$

Somit: $E_k = \frac{1}{2} m_e 2 \frac{e}{m_e} U_A$, $E_k = eU_A$. Allgemein gilt: $E_k = |Q|U_A$. Hieraus leitet sich die schon aus Kapitel 9.8.2 bekannte Einheit ab: $[E_k]$ = 1 eV = 1 Elektronenvolt. Es ist die Energie, die der Träger einer Elementarladung nach Durchlaufen der Spannung 1 V besitzt. Eine Umrechnung in die Einheit J zeigt, wie klein 1 eV tatsächlich ist: 1 eV = $1{,}602 \cdot 10^{-19}$ C · 1 V = $1{,}602 \cdot 10^{-19}$ J.

Die beschleunigte oder verzögerte Bewegung von Elektronen im elektrischen Längsfeld zeigt man sehr anschaulich mit der Schattenkreuzröhre (B 232). Es handelt sich um eine Elektronenröhre, die zusätzlich eine Elektrode in Kreuzform besitzt. Sie ist senkrecht zum Bahnverlauf der Elektronen angebracht. Man verbindet die Anode leitend mit dem Kreuz. Beide bilden eine Äquipotenzialfläche. Der Raum zwischen ihnen ist feldfrei.

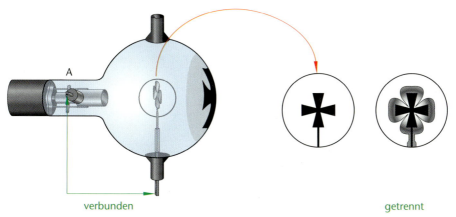

verbunden   getrennt

Bild 232: Schattenkreuzröhre

Ohne Anodenspannung bildet das Licht der Glühwendel das Kreuz als Schattenbild auf dem Leuchtschirm der Röhre scharf ab. Mit ausreichend hoher Anodenspannung erreichen die Elektronen ein ebenso scharfes Bild. Es entsteht, weil sich Elektronen wie Licht geradlinig ausbreiten. Das Strahlenmodell des Lichts ist auf die geradlinige Bewegung von Elektronen im homogenen elektrischen Längsfeld übertragbar.

Trennt man Kreuzelektrode und Anode, so verbreitert sich das Schattenbild. Die auf das Metallkreuz treffenden Elektronen laden es leicht negativ auf. Es entsteht ein schwaches Gegenfeld, gegen das die Elektronen anlaufen. Sie erfahren geringe abstoßende Kräfte, die zur Vergrößerung des Bildes führen.

Verbindet man die Kreuzelektrode mit der Katode, so endet die Abbildung schlagartig. Die freigesetzten Elektronen unterliegen einem starken Gegenfeld, das selbst von den energiereichsten nicht überwunden werden kann.

Beispiel

B 233 zeigt eine Diode, in der ein weiterer Kondensator so angeordnet ist, dass die Feldlinien beider Felder parallel verlaufen. Die beiden Anoden sind leitend verbunden, der Raum zwischen ihnen feldfrei. Sie bilden zusammen eine Äquipotenzialfläche. Zwischen den Elektroden A_1 und K_1 liegt z. B. die feste Beschleunigungsspannung U_1 = 100 V, zwischen A_2 und K_2 die variable Spannung U_2. Bei Durchgang durch A_1 haben die Elektronen die kinetische

Energie $E_{k1} = 100$ eV. Sie erreichen die Geschwindigkeit v_1, die sich mit dem Ansatz $E_{k1} = \frac{1}{2} m_e v_1^2$ bestimmen lässt. Folgende Grundmuster sind exemplarisch:

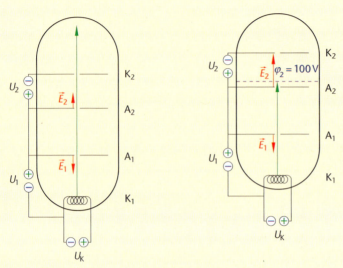

Bild 233: Elektronen in elektrischen Längsfeldern

- **1. Fall:** $U_2 = 50$ V. Die Elektronen gewinnen im zweiten Feld die Energie $E_{k2} = 50$ eV. Wegen $\vec{E}_1 \uparrow\downarrow \vec{E}_2$ verlaufen die Felder gegensinnig parallel. Während die Elektronen im ersten Feld die Energie $E_{k1} = 100$ eV aufnehmen, verlieren sie im zweiten die Energie $E_{k2} = 50$ eV. Sie durchlaufen K_2 mit der Energie $E = E_{k1} - E_{k2}$, $E = 100$ eV $- 50$ eV $= 50$ eV, prallen auf die Innenseite der Röhre und werden abgeleitet. Die Elektronen vollziehen im zweiten Feld eine geradlinige Bewegung mit der Anfangsgeschwindigkeit v_1 konstant verzögert.

- **2. Fall:** $U_2 = 500$ V. Die Elektronen gewinnen im zweiten Feld die Energie $E_{k2} = 500$ eV. Wegen $\vec{E}_1 \uparrow\downarrow \vec{E}_2$ verlaufen die Felder gegensinnig parallel. Die Elektronen treten mit der Energie $E_{k1} = 100$ eV aus dem ersten Feld in das zweite ein. Diesem entspricht die Energie $E_{k2} = 500$ eV. Folge: Die Elektronen werden konstant verzögert und gelangen bis zur Äquipotenzialfläche mit $\varphi_2 = 100$ V. Dort erreichen sie die Geschwindigkeit $v = 0$. Sie kehren um und prallen auf die Anode A_2.
  Die Elektronen vollziehen im zweiten Feld eine geradlinige Bewegung mit der Anfangsgeschwindigkeit v_1 und konstanter Verzögerung, vergleichbar mit dem senkrechten Wurf. Sie kehren um, da die Verzögerungsspannung U_2 zu groß ist.

- **3. Fall:** Treten Elektronen, Protonen usw. in nacheinander geschaltete gleichsinnig parallele Felder ($\vec{E}_1 \uparrow\uparrow \vec{E}_2 \uparrow\uparrow \vec{E}_3 ...$) ein, so werden sie immer schneller und energiereicher. In jedem Einzelfeld erhöht sich ihre kinetische Energie. Auf dieser Grundüberlegung basieren **Linearbeschleuniger** (B 234), also Apparate zur Beschleunigung elektrisch geladener Teilchen auf hohe Geschwindigkeiten in aufeinanderfolgenden Stufen, die in gerader Linie angeordnet sind. Anstelle elektrostatischer Felder verwendet man hochfrequente elektrische Wechselfelder. Die Abstände zwischen den Elektroden sind so definiert, dass die Wechselspannung beim Durchlauf eines Elektrons oder geladenen Teilchens die Polung am Kondensator ändert. Elektronen erreichen auf diese Weise Energien über 50 GeV ($= 50 \cdot 10^9$ eV) und Geschwindigkeiten nahe der Vakuumlichtgeschwindigkeit c_0.

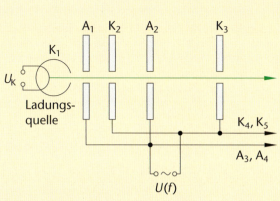

Bild 234: Modell eines Linearbeschleunigers

9.12.3 Millikan-Versuch zur Messung der Elementarladung

Im Jahr 1881 stellte der deutsche Physiker Helmholtz erstmals die Vermutung auf, dass es eine kleinste elektrische Ladungsmenge geben müsse, die heute **Elementarladung** heißt. Nachweis und Messung gelangen dem amerikanischen Physiker Millikan ab 1909 mit immer höherer Genauigkeit. Den Grundgedanken Millikans wiederholt der nächste Versuch.

Bestimmung der Elementarladung nach Millikan (B 235)

① horizontaler Plattenkondensator in einer Metalldose mit Fenster und skaliertem Mikroskop, Plattenabstand d
② fein abstimmbare Gleichspannungsquelle mit Spannungsmesser
③ seitliche Lichtquelle
④ Ölzerstäuber

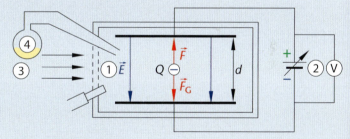

Bild 235: Millikan-Versuch

VERSUCH

Versuchsdurchführung:
Mit einem Zerstäuber sprüht man Öltröpfchen der Dichte ρ in den Plattenkondensator. Sie sind bei seitlicher Beleuchtung als helle Punkte gegenüber dem dunklen Hintergrund sichtbar. Ohne Spannung sinken sie infolge ihrer (nicht vernachlässigbaren) Gewichtskraft $\vec{F}_G$ mehr oder weniger schnell. An der Zerstäuberdüse laden sich einige Tröpfchen durch Reibung schwach negativ auf, sie tragen die Ladung Q. Nach Anlegen der Gleichspannung U am Kondensator erfahren sie die zu $\vec{F}_G$ gegensinnige elektrische Feldkraft $\vec{F}$. Dennoch sinken manche langsam zu Boden, andere schneller oder sie steigen zur Gegenelektrode an. Mit dem Mikroskop fasst man ein bestimmtes Tröpfchen ins Auge. Nun verändert man die Spannung U so lange, bis es schwebt. Dann gilt: $\vec{F}_G + \vec{F} = \vec{0}$ bzw. $\vec{F}_G = -\vec{F}$, betragsmäßig: $F_G = F$.

Die Massenbestimmung dieses Tröpfchens ist mühsam, da es der braunschen Molekularbewegung unterliegt. Darunter versteht man die von der Temperatur abhängige

Eigenbewegung kleiner Teilchen (Atome, Moleküle, Staub, Ruß). Sie zeigt sich hier als permanente Zitterbewegung des Tröpfchens. Die Messung seines Durchmessers $D = 2r$ mithilfe der Skalierung im Mikroskop und die Bestimmung seines Volumens V gestalten sich dadurch schwierig. Man erhält mit viel Aufwand:

1. $F_G = F$
2. $F_G = mg$, $F = EQ$
3. $E = \dfrac{U}{d}$
4. $\rho = \dfrac{m}{V}$
5. $V = \dfrac{4}{3}r^3\pi$

Somit: $mg = \dfrac{U}{d}Q$, $Q = \dfrac{mgd}{U} = \dfrac{\rho Vgd}{U} = \dfrac{4\pi r^3\rho gd}{3U}$; mit $D = 2r$ entsteht: $Q = \dfrac{\pi D^3 \rho gd}{6U}$. Untersucht man die Ladung einer großen Anzahl von Tröpfchen, so findet man verschiedene Werte für Q, aber nicht kleiner als $1{,}6 \cdot 10^{-19}$ C. Die Messwerte häufen sich an Stellen, die gerade ein ganzzahliges Vielfaches von $1{,}6 \cdot 10^{-19}$ C sind.

Damit steht fest, dass jede positive oder negative Ladung Q ein ganzzahliges Vielfaches einer kleinsten Ladung, der Elementarladung $e = 1{,}6 \cdot 10^{-19}$ C, ist: $Q = Ze$ mit $Z \in \mathbb{Z}$. Diese hat einen quantenhaften Charakter.

Zusammengefasst lautet das Ergebnis: Es gibt in der Natur eine kleinste Ladungsmenge, die Elementarladung e. Sie kann nicht unterschritten werden. Das Ladungsquantum e ist eine Naturkonstante mit dem heute gültigen Messwert $e = 1{,}602176487 \cdot 10^{-19}$ C. Träger der Elementarladung sind Elektronen, Protonen oder Ionen. Jede sonstige elektrische Ladung Q ist stets ein ganzzahliges Vielfaches der Elementarladung e, Ladung hat Mengencharakter.

Beispiel

Ein positiv geladenes Olivenöltröpfchen mit dem Radius $r = 0{,}37$ µm schwebt im homogenen Feld eines horizontal liegenden Kondensators ($d = 4{,}5$ mm, $U_1 = 26{,}7$ V).

a) Man ermittle die Anzahl N der überschüssigen Elementarladungen auf dem Tröpfchen.
b) Man beschreibe das Verhalten des Tröpfchens, wenn es bei gleicher Versuchsbedingung nach einem Ladungsverlust nur noch die Ladung $q = 1{,}6 \cdot 10^{-19}$ C trägt.

Lösung:

a) Da das Tröpfchen schwebt, muss die obere Kondensatorplatte negativ geladen sein, Gewichtskraft und elektrische Feldkraft sind im statischen Gleichgewicht: $\vec{F}_G = -\vec{F}$ bzw. $F_G = F$. Die Dichte von Olivenöl ($\rho = 913$ kgm^{-3}) entnimmt man einer Tabelle. Dann gilt:

1. $F_G = F$

2. $F_G = mg$, $\rho = \dfrac{m}{V}$, $V = \dfrac{4}{3}r^3\pi$

3. $F = QE$, $Q = Ne$, $E = \dfrac{U}{d}$

Somit: $mg = Q\dfrac{U}{d}$, $\dfrac{4}{3}r^3\pi\rho g = Ne\dfrac{U}{d}$, $N = \dfrac{4}{3}\dfrac{r^3\pi\rho gd}{eU}$;

mit Messwerten:

$$N = \frac{4}{3} \frac{(0,37\ \mu m)^3 \pi \cdot 913\ \text{kgm}^{-3} \cdot 9,81\ \text{ms}^{-2} \cdot 4,5 \cdot 10^{-3}\ m}{1,602 \cdot 10^{-19}\ C \cdot 26,7\ V} = 2.$$

Das Tröpfchen trägt zwei Elementarladungen.

b) Nach dem Ladungsverlust reduziert sich die von Q abhängige elektrische Feldkraft F. Das Kräfte-gleichgewicht endet, das Tröpfchen sinkt ab.

9.12.4 Bewegung von Elektronen im konstanten elektrischen Querfeld

Der deutsche Physiker Braun entwickelte 1897 eine Elektronenstrahlröhre, die man heute braunsche Röhre nennt. Sie findet Anwendung beim Oszilloskop, einem Messgerät, mit dem man Spannung in Abhängigkeit von der Zeit t misst. Als Bildröhre von Fernsehempfängern hat sie zum Teil noch heute Bedeutung. Theoretischer Hintergrund der braunschen Röhre ist die Bewegung von Elektronen (oder Teilchen mit der Ladung Q) in einem konstanten elektrischen Querfeld.

B 236 zeigt eine braunsche Versuchsröhre. In der Glühkatode K freigesetzte Elektronen werden durch die Anodenspannung U_A beschleunigt (s. Kap. 9.12.2) und erreichen beim Durchgang durch die Anode A die maximale Geschwindigkeit v_x. Danach treten sie mit der Anfangsgeschwindigkeit v_x in ein weiteres elektrisches Längsfeld senkrecht zum ersten ein, das Querfeld heißt. Es befindet sich in einem zweiten Kondensator K* mit dem Plattenabstand d_y, dem Ablenkkondensator, an dem die Beschleunigungsspannung U liegt.

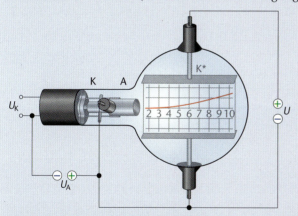

Bild 236: Elektronen im elektrischen Querfeld

Beobachtung:
Bei konstantem U_A wird der Elektronenstrahl je nach Polung von K* nach oben oder unten abgelenkt. Die Elektronen erfahren eine Richtungsänderung. Die Ablenkung y_1 beim Verlassen von K* hängt von U ab. Die Bahnkurve im Ablenkkondensator erinnert an die Parabelbahn beim waagrechten Wurf.
Bei konstantem U ändert sich die Bahnkrümmung abhängig von U_A, die parabelförmige Bahn bleibt erhalten.

Erklärung:
Die Bahn des Fadenstrahls lässt sich mathematisch darstellen. Alle folgenden Überlegungen beziehen sich auf das x-y-Bezugssystem in B 237.

Bewegung der Elektronen im beschleunigenden Längsfeld zwischen K und A parallel zur x-Achse:

- Die fest gewählte Spannung U_A = konstant führt zum beschleunigenden Längsfeld zwischen K und A mit $\vec{E}_1$ = konstant und zur konstanten elektrischen Feldkraft $\vec{F}_x$ gleichsinnig parallel zur x-Achse. Durch sie erfahren die Elektronen die Beschleunigung $\vec{a}_x$ = konstant nach A.

- Die Elektronen durchlaufen die Anode mit der maximalen Geschwindigkeit $v_x = \sqrt{2\dfrac{e}{m_e}U_A}$ und erreichen die maximale kinetische Energie $E_k = eU_A$ bzw. $E_k = \dfrac{1}{2}m_e v_x^2$.

Bewegung im feldfreien Raum zwischen Anode A und Ablenkkondensator:
Geradlinige Bewegung der Elektronen mit $\vec{v}_x$ = konstant; sie bleibt nach dem ersten newtonschen Axiom bis zum Auftreffen der Elektronen auf den Leuchtschirm der Röhre erhalten, da in x-Richtung beeinflussende Kräfte fehlen.

Bewegung im elektrischen Querfeld parallel zur y-Achse:
Das Querfeld im Ablenkkondensator K* ist ein elektrisches Längsfeld. In ihm wirkt die neue Feldkraft $\vec{F}_y$. F_y ist positiv, falls $\vec{F}_y$ gleichsinnig parallel zur y-Achse verläuft, und negativ, falls $\vec{F}_y$ gegensinnig parallel liegt.

- Es gilt in x-Richtung: Die Elektronen laufen weiterhin geradlinig mit v_x = konstant; dann lautet das t-x-Gesetz ab Ursprung allgemein: $x = v_x t$ bzw. $t = \dfrac{x}{v_x}$. Ist $x = l$ die Länge von K* und $t = t^*$ die Durchlaufdauer, so folgt: $l = v_x t^*$ bzw. $t^* = \dfrac{l}{v_x} = \dfrac{l}{\sqrt{2\dfrac{e}{m_e}U_A}}$.

- Es gilt in y-Richtung: Die Elektronen bewegen sich ab Ursprung aus der Ruhe heraus, $v_{yo} = 0$, geradlinig mit der konstanten Beschleunigung $\vec{a}_y$ zur Anode hin, wobei nach Kapitel 9.12.2 $a_y = \dfrac{e}{m_e}\dfrac{U}{d_y}$ ist. Das t-y-Gesetz $y = \dfrac{1}{2}a_y t^2$ im Zeitbereich $0 \le t \le t^*$ lautet allgemein mit $l = x$:

$$y = \frac{1}{2}a_y\frac{l^2}{v_x^2} = \frac{a_y}{2v_x^2}x^2.$$

Da v_x und a_y konstant sind, folgt $y \sim x^2$; der zugehörige Graph ist eine Parabel. Damit steht fest, dass die Elektronen den Ablenkkondensator auf einer Parabelbahn analog zum waagrechten Wurf durchlaufen.

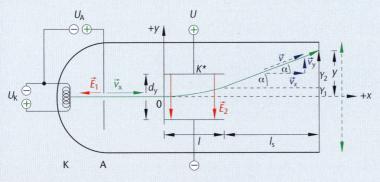

Bild 237: Braunsche Röhre mit einem Paar Ablenkplatten

Im Zeitpunkt t^* verlässt das Elektron das Querfeld in der Entfernung y_1 von der x-Achse, die Bahnkrümmung endet. Mit t^* berechnet man y_1: $y_1 = \dfrac{1}{2}a_y t^{*2} = \dfrac{eU}{2m_e d_y}\dfrac{l^2}{2\dfrac{e}{m_e}U_A} = \dfrac{1}{4}\dfrac{l^2}{d_y}\dfrac{U}{U_A}$.

Wie im Versuch beobachtet, hängt die Ablenkung y_1 bei einer Röhre mit festen technischen Daten von beiden Spannungen ab: $y_1 \sim \dfrac{U}{U_A}$. Da ferner die spezifische Ladung $\dfrac{e}{m_e}$ ohne Bedeutung ist, erfahren Ionen mit einer negativen Elementarladung und anderer Masse unter gleichen Versuchsbedingungen ebenfalls die Ablenkung y_1. Daher ist die braunsche Röhre zur $\dfrac{e}{m_e}$-Messung ungeeignet.

Mit der Verweildauer t^* beträgt die Austrittsgeschwindigkeit aus dem Querfeld in Richtung y-Achse: $v_y = a_y t^* = \dfrac{e}{m_e}\dfrac{U}{d_y}\dfrac{l}{v_x}$.

Bewegung außerhalb des Querfeldes:
Nach Verlassen des Ablenkkondensators vollzieht das Elektron (zusätzlich zur und unabhängig von der geradlinigen Bewegung längs der x-Achse mit $\vec{v}_x$ = konstant) bis zum Aufprall auf den Leuchtschirm in der Entfernung l_s eine geradlinige Bewegung mit der konstanten Austrittsgeschwindigkeit v_y in y-Richtung. Zum Durchlaufen der weiteren Ablenkung y_2 braucht es die Zeitdauer t_s. Man berechnet y_2 aus:

1. $l_s = v_x t_s$

2. $y_2 = v_y t_s$

3. $v_y = \dfrac{e}{m_e}\dfrac{U}{d_y}\dfrac{l}{v_x}$

Somit: $y_2 = \dfrac{eUl}{m_e d_y v_x}\dfrac{l_s}{v_x} = \dfrac{eUll_s}{m_e d_y v_x^2} = \dfrac{e}{m_e}\dfrac{Ull_s}{d_y}\dfrac{1}{v_x^2} = \dfrac{e}{m_e}\dfrac{Ull_s}{d_y}\dfrac{1}{2\dfrac{e}{m_e}U_A} = \dfrac{1}{2}\dfrac{ll_s}{d_y}\dfrac{U}{U_A}$.

Auch hier besteht Proportionalität: $y_2 \sim \dfrac{U}{U_A}$.

Gesamtablenkung und resultierende Geschwindigkeit (B 237):

- Gesamtablenkung: $y = y_1 + y_2$, $y = \dfrac{1}{4}\dfrac{l^2}{d_y}\dfrac{U}{U_A} + \dfrac{1}{2}\dfrac{ll_s}{d_y}\dfrac{U}{U_A} = \dfrac{1}{2}\dfrac{l}{d_y}\left(\dfrac{1}{2}l + l_s\right)\dfrac{U}{U_A}$ bzw. $y \sim \dfrac{U}{U_A}$, da die Röhrendaten konstant sind. Dieses Ergebnis gilt allgemein für Ionen, denn y ist unabhängig von der Ladung Q und Masse m.

- Resultierende Geschwindigkeit: Außerhalb des Ablenkkondensators vollzieht das Elektron eine geradlinige Bewegung mit konstanter Geschwindigkeit $\vec{v}_x$ in x-Richtung und eine mit $\vec{v}_y$ = konstant in y-Richtung. Nach dem Überlagerungsprinzip gilt für die resultierende Geschwindigkeit $\vec{v} = \vec{v}_x + \vec{v}_y$ und betragsmäßig: $v^2 = v_x^2 + v_y^2$. Ferner schließt der Elektronenstrahl mit der x-Achse den Ablenkwinkel α ein. Man erhält ihn aus $\tan\alpha = \dfrac{v_y}{v_x}$.

Bemerkungen:

- Elektrische Feldkräfte wirken nur dann richtungsändernd, wenn Ladung nicht parallel zur gegebenen elektrischen Feldstärke $\vec{E}$ in ein elektrisches Feld eindringt.

- Technische Geräte besitzen oft einen weiteren Ablenkkondensator, dessen Feldlinien senkrecht zu den Feldlinien des ersten verlaufen. Dadurch lassen sich zweidimensionale Bilder erreichen. Außerdem wird der Bildschirm ganz ausgeleuchtet. Neue physikalische Aspekte kommen mit dem zweiten Ablenkkondensator nicht hinzu.

Beispiel

Eine braunsche Röhre besitzt Ablenkplatten mit der Länge $l = 3,0$ cm und dem Abstand $d_y = 1,0$ cm. Die anliegende Spannung beträgt $U = 0,100$ kV. Ein Elektron mit der Geschwindigkeit $v = 1,0 \cdot 10^7$ ms^{-1} tritt senkrecht zu den Feldlinien des Kondensators ein.

a) Man berechne die Kraft F und Beschleunigung a_y, der das Elektron im Feld unterliegt.

b) Man bestimme rechnerisch den Abstand y, den das Elektron beim Verlassen des Kondensators gegenüber dem unabgelenkten Bahnverlauf hat.

c) Man ermittle den Betrag v^* der zu den Feldlinien parallelen Geschwindigkeitskomponente beim Verlassen des Kondensators und den Ablenkwinkel α des Elektrons.

d) Man wiederhole die Aufgabe für freie Neutronen.

Lösung:

a) Die konstante elektrische Feldkraft $F = QE$ erteilt dem Elektron die konstante Beschleunigung a_y. Nach der Grundgleichung der Mechanik gilt: $F = m_e a_y$.

  1. $F = m_e a_y$
  2. $F = QE$
  3. $Q = e$
  4. $E = Ud^{-1}$

  Somit: $F = eUd^{-1}$;

  mit Messwerten: $F = 1,602 \cdot 10^{-19}$ C $\cdot$ 0,100 kV $\cdot$ 0,010 m,
  $F = 1,6 \cdot 10^{-15}$ N.

$$m_e a_y = QE, \quad a_y = \frac{eU}{m_e d};$$

  mit Messwerten: $a_y = \dfrac{1,602 \cdot 10^{-19} \text{C} \cdot 0,100 \text{ kV}}{9,109 \cdot 10^{-31} \text{ kg} \cdot 0,010 \text{ m}} = 1,8 \cdot 10^{15}$ ms^{-2}.

  Die Kraft $F = 1,6 \cdot 10^{-15}$ N ist im Alltag ohne jede Bedeutung, atomar gesehen aber riesengroß. Das ist der Grund, weshalb das Elektron mit seiner nicht vorstellbaren Kleinstmasse $m_e = 9,11 \cdot 10^{-31}$ kg die extreme Beschleunigung $a_y = 1,8 \cdot 10^{15}$ ms^{-2} (!) erfährt.

b) Man beginnt mit der allgemeinen Herleitung der Ablenkung $y_1 = \dfrac{1}{4} \dfrac{l^2}{d_y} \dfrac{U}{U_A}$, wie oben geschehen. Dieses Ergebnis enthält die nicht bekannte Beschleunigungsspannung U_A. Man gewinnt sie, wie ebenfalls oben gezeigt, oder kürzer mit dem Energieansatz: $E_{kin} = eU_A$. Mit $E_{kin} = \dfrac{1}{2} m_e v^2$ folgt:

  $eU_A = \dfrac{1}{2} m_e v^2$, $U_A = \dfrac{1}{2} \dfrac{m_e}{e} v^2$. Eingesetzt in y_1 erhält man: $y_1 = \dfrac{1}{4} \dfrac{l^2}{d_y} \dfrac{2eU}{m_e v^2}$.

  Mit Messwerten: $y_1 = \dfrac{1}{4} \dfrac{(0,030 \text{ m})^2}{0,010 \text{ m}} \dfrac{2 \cdot 1,602 \cdot 10^{-19} \text{ C} \cdot 0,100 \text{ kV}}{9,109 \cdot 10^{-31} \text{kg} \cdot (1,0 \cdot 10^7 \text{ ms}^{-1})^2} = 7,9 \cdot 10^{-3}$ m.

c) Das Elektron beginnt nach dem Eintritt in das Querfeld eine geradlinige Bewegung mit konstanter Beschleunigung a_y. Die dazu senkrechte zweite Bewegung, geradlinig mit $v = $ konstant, ist ohne Einfluss. Also gilt das t-v-Gesetz $v_y(t^*) = a_y t^*$. t^* ist die Aufenthaltsdauer des Elektrons im Ablenkkondensator, die sich aus $l = vt^*$ ergibt: $t^* = \dfrac{l}{v}$.

  Somit: $v_y(t^*) = a_y \dfrac{l}{v}$; mit Messwerten: $v_y = 1,79 \cdot 10^{15}$ ms$^{-2} \dfrac{0,030 \text{ m}}{1,0 \cdot 10^7 \text{ ms}^{-1}} = 5,4 \cdot 10^6$ ms^{-1}.

  Den Ablenkwinkel α erhält man aus $\tan \alpha = \dfrac{v_y}{v}$;

  mit Messwerten: $\tan \alpha = \dfrac{5,4 \cdot 10^6 \text{ m}}{1,0 \cdot 10^7 \text{ m}} = 0,54$, $\alpha = 0,50$ bzw. $\alpha = 28°$.

d) Neutronen sind elektrisch neutrale Teilchen im Atomkern. Sie unterliegen nach dem Freisetzen keiner elektrischen Feldkraft. Daher durchlaufen sie das Querfeld unabgelenkt.
Die Anfangsgeschwindigkeit v erreichen sie nicht in einem beschleunigenden E-Feld.

Aufgaben

1. *Protonen aus einer Quelle treten mit der Geschwindigkeit v in ein homogenes elektrisches Feld der Stärke E = 2,35 kVm⁻¹ ein (B 238).*
   a) *Entscheiden und begründen Sie, ob das elektrische Feld nur auf ruhende, nur auf bewegte oder auf ruhende und bewegte Ladung wirkt.*
   b) *Skizzieren Sie die Bahnkurve des Protons und geben Sie an, ob sich die Bahngeschwindigkeit ändert.*

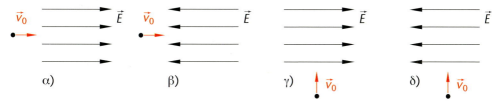

Bild 238

   c) *Berechnen Sie die elektrische Feldkraft F und die Beschleunigung a, der das Proton unterliegt.*
   d) *Bearbeiten Sie die Fragestellungen b) und c) für Elektronen und Heliumkerne.*
2. *Die Grundgleichung der Mechanik gilt nur für Teilchengeschwindigkeiten $v \leq 0,1\ c_0$. Berechnen Sie für Elektronen und Protonen die Spannung U, die an einen Beschleunigungskondensator gelegt werden darf, damit die Masse der Teilchen gerade noch als konstant angesehen werden kann.*
3. *Die Glühwendel einer Elektronenröhre emittiert Elektronen mit der Austrittsgeschwindigkeit $v_0 \approx 0$. Sie gelangen in das homogene Längsfeld eines Kondensators, der an der Spannung U liegt.*
   a) *Berechnen Sie allgemein unter Verwendung des Energieerhaltungssatzes die Auftreffgeschwindigkeit v der Elektronen auf die Anode.*
   b) *Bestimmen Sie durch Rechnung die Zeitdauer $\Delta t = t$, die ein Elektron bei U = 185 V für den Weg d = 11,0 mm von der Katode zur Anode benötigt.*
   c) *Die Elektronen treten durch eine Bohrung in der Anode in das Längsfeld eines weiteren Kondensators (d* = 5,0 mm) ein und gelangen gerade noch zur gegenüberliegenden Platte. Berechnen Sie seine Spannung U* und Feldstärke E*.*
4. *In einem medizinischen Therapiezentrum werden tief im Körperinnern liegende Tumore hochpräzise mit Protonen beschossen. Vorteil dieses Verfahrens gegenüber der konventionellen Strahlentherapie: Der Protonenstrahl durchläuft das umgebende Gewebe extrem schnell, verliert dabei kaum Energie durch Streustrahlung und gibt fast die gesamte Energie schlagartig und genau lokalisiert an den Tumor ab. Ein Linearbeschleuniger (= beschleunigender Kondensator), an dem die Potenzialdifferenz $\Delta\varphi$ = 785 kV liegt, beschleunigt Protonen aus einer Quelle, sodass ein Strom der Stärke I = 1,12 mA entsteht. Am Ende dieser Phase trifft der Strahl auf Tumorgewebe.*
   a) *Berechnen Sie die Anzahl N Protonen, die pro Sekunde auf das Zielgewebe treffen.*
   b) *Ermitteln Sie die in der Beschleunigungsphase aufzubringende elektrische Leistung P.*
   c) *Bestimmen Sie die Auftreffgeschwindigkeit v der Protonen auf den Tumor.*
   d) *Das Proton gibt beim Auftreffen 85 % seiner Energie in einem Akt ab. Dabei erhöht sich die innere Energie der getroffenen Zelle um ΔQ. Berechnen Sie diese Zunahme pro Sekunde.*
5. *Millikan bestätigte experimentell die Existenz der Elementarladung und maß sie.*
   a) *Fertigen Sie eine beschriftete Schaltskizze des Schwebeversuchs an, beschreiben Sie die Durchführung und nennen Sie messtechnische Schwierigkeiten.*

b) Erläutern Sie, warum aus dem Versuchsergebnis auf die Existenz einer Elementarladung geschlossen werden kann.

c) In einem konkreten Versuch wird ein Öltröpfchen der Masse $m = 1,3 \cdot 10^{-14}$ kg in einem Kondensator ($d = 6,4$ mm, $U = 1,250$ kV) in Schwebe gehalten. Ermitteln Sie die Anzahl N der überschüssigen Elementarladungen auf dem Tröpfchen.

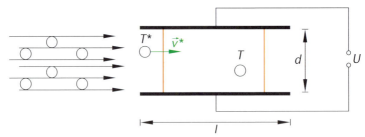

Bild 239

6. Bergwerke, Zementwerke, Industrieanlagen usw. verwenden zur Entfernung von Staub oder Abfallspänen aus Abgasen vertikal oder horizontal angeordnete Kondensatoren in unterschiedlicher Bauart. Die Abgasuntersuchung in einer Anlage ergibt, dass Schwefelteilchen mit dem Radius $r = 6,5\,\mu$m und der Ladung $Q = -10\,e$ überwiegen. Zur Abgasreinigung setzt man einen horizontalen Plattenkondensator ($d = 0,100$ m, $U = 6,00$ kV) ein (B 239). Abgas und Schwefelteilchen treten mit der konstanten Gebläsegeschwindigkeit $v^* = 0,40$ ms^{-1} senkrecht in das elektrische Kondensatorfeld ein. Die Sinkbewegung der Teilchen unterliegt einer geschwindigkeitsabhängigen Reibungskraft F_R, die hier vernachlässigt wird.

a) Geben Sie eine zweckmäßige Polung der Platten an und erstellen Sie für das Teilchen T einen Kräfteplan mit Legende.

b) Berechnen Sie die Geschwindigkeit v der Teilchen parallel zum E-Feld in Abhängigkeit von t und geben Sie ihre maximale Verweildauer Δt im Kondensator an.

c) Ermitteln Sie die Bahngleichung des Teilchens T^* und benennen Sie den Bahnverlauf.

d) Berechnen Sie die Mindestlänge l der Kondensatorplatten, damit kein Schwefelteilchen den Kondensator verlässt. (Der sich auf der Kondensatorplatte sammelnde Schwefelstaub wird durch mechanische Rüttelbewegungen gelöst und dann entfernt. Partikel im Abgas mit anderer Ladung und Masse werden durch anders konzipierte Kondensatoren entfernt.)

7. Das elektrische Feld eines quadratischen Plattenkondensators ($C = 130$ pF, $d = 4,5$ cm) (B 240) besitzt die Energiedichte $\dfrac{E}{V} = 2,2$ mJm^{-3}.

a) Durch die untere Öffnung wird ein Proton mit der kinetischen Energie $E_k = 6,0$ keV parallel zu den Feldlinien eingeschossen. Berechnen Sie die Eintrittsgeschwindigkeit v_0.

b) Berechnen Sie die elektrische Feldkraft F, der das Proton im Kondensator unterliegt.

c) Ermitteln Sie, ob das Proton die gegenüberliegende Platte erreicht.

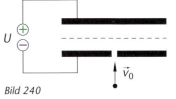

Bild 240

d) Bestimmen Sie die Durchgangsgeschwindigkeit v^* des Protons durch die Mittelebene der Platten.

e) Geben Sie den Prozentsatz an, um den sich die Größen C, $\dfrac{E}{V}$, F und v^* ändern, falls man den Plattenabstand d um 30 % erhöht, die angelegte Spannung U aber konstant hält.

Neben dem Gravitationsfeld und dem elektrostatischen Feld gibt es das Magnetfeld. Magnetismus zeigt sich im Alltag an sehr unterschiedlichen Stellen: Haltemagnete schließen Türen; bei der Wanderung verwendet man einen Kompass; bisweilen hört man von Störungen des Funkverkehrs, weil das Magnetfeld der Erde durch Vorgänge auf der Sonne beeinträchtigt wird; in nördlichen Gefilden kommt es zu einem besonderen Naturschauspiel, dem Polarlicht.

Erste Berichte über Magnetismus liegen aus der Zeit der Griechen vor. Sie beobachteten, dass bestimmte Steine Eisen anziehen. In der Seefahrt wurden Magnete bereits im 10. Jahrhundert in China verwendet, ab dem 12. Jahrhundert in Europa. Einige historische Daten geben die wissenschaftliche Behandlung des Magnetismus in groben Zügen wieder.

13. Jahrhundert: Der französische Gelehrte Maricourt beschreibt den Magnetismus in einer berühmten Abhandlung, die auf Experimentaluntersuchungen basiert.
1600:   Der englische Naturforscher und Arzt Gilbert begründet die Lehre vom Erdmagnetismus.
1820:   Der dänische Physiker Øersted entdeckt den Elektromagnetismus.
1830:   Der französische Physiker Ampère untersucht die Wechselwirkung elektrischer Ströme und liefert eine mathematische Theorie des Elektromagnetismus.

10.1 Permanentmagnete

Als Magnet bezeichnet man einen Körper, der Eisen anzieht, der also Magnetismus zeigt. Bereits die Griechen kannten Magneteisenstein, ein magnetisches, dunkles, matt metallisch glänzendes Mineral. Es kommt in großen Lagern, aber auch lose vor.

Magneteisenstein in der Nähe eines Eisennagels oder einer Bleimünze (B 241)

① Magneteisenstein
② Eisennagel
③ Bleimünze

Beobachtung:
Der Eisennagel verlässt seine Ruheposition und bewegt sich zum Stein hin, und zwar umso stärker, je geringer der Abstand zwischen beiden ist. Ursache ist eine Kraft, die vom Stein ausgeht. Ohne Magneteisenstein bleibt der Nagel unbewegt liegen. Die Bleimünze dagegen ändert ihre Lage nicht, sie erfährt keine Kraftwirkung durch den Stein.

Erklärung:
Da sich die Kraftwirkung des Steins auf den Eisennagel im gesamten Raum um den Stein zeigt, muss

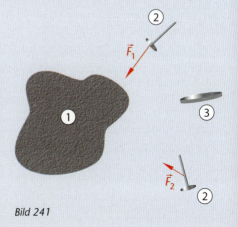

Bild 241

VERSUCH

ihn ein Feld umgeben, das nicht durch seine Masse oder seine Ladung verursacht wird. Man nennt es **magnetisches Feld** oder Magnetfeld. Beschrieben wird es durch Kraftvektoren (oder magnetische Feldstärkevektoren) in jedem Raumpunkt.

Die Kraftwirkung im Raumgebiet um den Magneteisenstein beobachtet man auch auf Körpern aus Nickel oder Cobalt. Stoffe, die der Kraftwirkung eines Magneten unterliegen, bezeichnet man als **ferromagnetisch.** Blei, Kupfer, Aluminium oder Wasser sind nicht ferromagnetisch.

Magnete mit einem dauerhaften Magnetfeld heißen **Permanentmagnete** oder **Dauermagnete.** Dazu gehören Stabmagnet, Hufeisenmagnet und Topfmagnet (B 242). Sie verfügen über zwei Magnetpole und haben daher Dipolcharakter. Die Pole heißen in Anlehnung an die geografischen Pole der Erde Nord- und Südpol. Gleichnamige Pole stoßen sich wie gleichartige Ladung ab, ungleichnamige Pole ziehen sich an. Mit diesen zeitlich unveränderlichen Magnetfeldern beschäftigt sich die Magnetostatik.

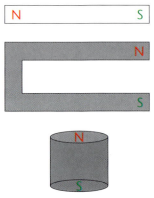

Bild 242: Permanentmagnete von oben nach unten: Stab-, Hufeisen-, Topfmagnet

Es gibt Magnete mit mehreren Polen, sogenannte Multipole, aber keine magnetischen Monopole (= Einpole).

Neben Permanentmagneten umgibt sich auch bewegte Ladung, also elektrischer Strom, mit einem Magnetfeld. Es verschwindet bei Ausschalten des Stroms.

▶▶ **Als Magnetfeld oder magnetisches Feld bezeichnet man den Raum um einen Magneten oder einen elektrischen Strom, in dem magnetische Kraftwirkung nachweisbar ist. Es wird durch Kraftvektoren (oder magnetische Feldstärkevektoren) in jedem Feldpunkt beschrieben.**

Magnetfelder werden oft durch **magnetische Feldlinien** veranschaulicht. Sie haben in jedem Raumpunkt die Richtung des Kraft- oder magnetischen Feldstärkevektors. Diese Festlegung des Feldverlaufs basiert auf folgender Beobachtung (B 243):

Ein Stabmagnet, horizontal und frei drehbar aufgehängt, stellt sich immer in der geografischen Nord-Süd-Richtung der Erde ein, die im Gegensatz zu anderen Planeten des Sonnensystems über Magnetismus verfügt. Man hat vereinbart, dass die magnetischen Feldlinien aus dem Pol des Stabes, der zum Nordpol der Erde zeigt, austreten. Sie treten am Südpol des Stabes wieder ein.

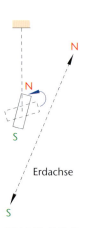

Bild 243: Definition des magnetischen Feldverlaufs

B 244 zeigt das Magnetfeld eines Stabmagneten und eines Hufeisenmagneten. Parallele Linien kennzeichnen den homogenen, nicht parallele den inhomogenen Feldbereich.

Da sich ungleichnamige Pole anziehen, befindet sich am geografischen Nordpol der Erde nach Definition der magnetische Südpol, am geografischen Südpol der magnetische Nordpol. An den Polen eines Stabmagneten treten die Feldlinien besonders konzentriert ein bzw. aus, die Kraftwirkung auf ferromagnetische Körper ist dort besonders groß (B 246).

Halbiert man einen Stabmagneten wiederholt, so behalten die Teile den magnetischen Dipolcharakter und Feldlinienverlauf bei. Diese Tatsache führt zu der Vorstellung, dass magnetische Feldlinien geschlossen sind. Sie haben weder einen Anfang noch ein Ende.

Permanentmagnete setzen sich aus geordneten **Elementarmagneten** zusammen, die von äußeren Feldern unabhängige, magnetische Kleinstdipole darstellen. In ferromagnetischen Körpern ohne Magnetismus sind diese Elementarmagnete zwar vorhanden, aber ungeordnet. Sie können durch äußere Magnetfelder ausgerichtet werden, die Körper werden magnetisch (B 245). Dieses Ausrichten bezeichnet man als **magnetische Influenz**. Heftige Erschütterung oder Erwärmung heben die Ordnung der Elementarmagnete in einem Magneten wieder auf, er verliert (weitgehend) sein Feld.

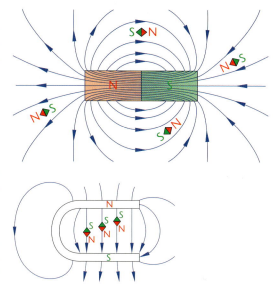

Bild 244: Magnetfelder zweier Permanentmagnete

Bild 245: Ungeordnete und geordnete Elementarmagnete

Dauermagnete aus Stahl halten ihr Magnetfeld lange stabil, Weicheisenmagnete verlieren außerhalb eines fremden Magnetfeldes ihren Magnetismus schnell und fast völlig.

10.2 Magnetfeld der Erde

Die Erde ist ein gewaltiger Magnet. Ihr Magnetfeld stimmt näherungsweise mit dem Feld eines großen Stabmagneten überein, den man sich in der Mitte der Erde liegend und mit der Erdachse verlaufend vorstellt (B 246).

In der Nähe des geografischen Nordpols liegt der magnetische Südpol der Erde; hier treten die Feldlinien ein, durchlaufen den „Stabmagneten" und treten am magnetischen Nordpol in der Nähe des geografischen Südpols wieder aus.

Die magnetischen Pole der Erde sind nicht fixiert, sie verändern ihre Position. Der magnetische Nordpol in der Arktis ist in den letzten 150 Jahren

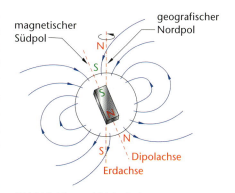

Bild 246: Magnetfeld der Erde

um etwa 1100 km in Richtung Russland abgewandert. Von dort wird er vermutlich nach Kanada weiterziehen. Die Bewegung der Pole in dieser Zeit war stärker beschleunigt als in den 400 Jahren davor.

Aus der Ferne betrachtet kann das Erdfeld als ideal symmetrisch gelten, wenn man Störungen ausschließt. Eine frei hängende Magnetnadel stellt sich immer in Nord-Süd-Richtung ein. Ihre Abweichung von der Erdachse bezeichnet man als die **Deklination des Feldes.** Sie wird durch den Deklinationswinkel α (B 247) gemessen. Die **Inklination** in einem Feldpunkt ist der Winkel β zwischen der Horizontalen in diesem Punkt und der Feldrichtung (B 247).

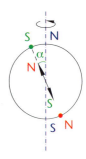

Messungen ergaben, dass das Magnetfeld der Erde in den letzten 150 Jahren um etwa zehn Prozent abnahm, sodass es in ca. 4000 Jahren nicht mehr die bisherige Struktur haben könnte. Tatsächlich ändert sich das Magnetfeld in jedem Punkt mit der Zeit, gut messbar in Abständen von wenigen Jahren. Stärke und Richtung des Magnetfeldes auf der Erdoberfläche weichen bei Betrachtung aus der Nähe erheblich vom idealen Dipolfeld ab.

Auskunft über die Änderung des Magnetfeldes in langen Zeiträumen gibt erstarrte Magma in der Erdkruste. Eisenhaltige Teilchen im flüssigen Magma werden durch das Erdfeld magnetisiert, richten sich aus und behalten ihre Lage beim Erstarren des Materials bei. Deshalb weiß man, dass das Magnetfeld der Erde seit etwa 2,7 Milliarden Jahren existiert und sich etwa alle Millionen Jahre umpolt.

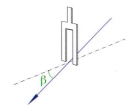

Bild 247: Deklination (oben) und Inklination

Auch Ruß- und Staubpartikel oder organische Substanzen enthalten ferromagnetische Anteile. Sinken diese Stoffe langsam zum Meeresboden, so richten sie sich unter dem Einfluss des Erdfeldes während der Abwärtsbewegung ebenfalls aus. So entstehen Schichten gleichgerichteter Teilchen. Bohrungen in Sedimentschichten bestätigen die wiederholte Umpolung des Erdfeldes.

Ursache des Erdmagnetismus nach heutiger Modellvorstellung sind gewaltige Materialströmungen im tiefen Erdmantel. Flüssige Materie erwärmt sich über dem heißen äußeren Erdkern, steigt zur Erdkruste an, kühlt ab und sinkt wieder zum Erdkern zurück. Man bezeichnet diesen Vorgang als **Konvektion.** Auf ihm basiert auch die Kontinentalverschiebung. So schiebt sich z. B. der afrikanische Kontinent nach Norden unter den europäischen und hebt dabei die Alpen an.

Das fließende Material transportiert geladene Teilchen. Es entstehen Konvektionsströme, die sich mit einem Magnetfeld umgeben. Die Erde stellt eine Art Generator dar, der mechanische Energie in magnetische umgewandelt. Es wird vermutet, dass auch die Mondgravitation und die Erdrotation die Konvektion beeinflussen.

Das Erdfeld hat am Äquator etwa die Stärke 30 μT, an den Polen etwa die Stärke 60 μT. T steht für Tesla, die Einheit der magnetischen Feldstärke bzw. Flussdichte (s. Kap. 10.4). Es ist damit wesentlich schwächer als der Haltemagnet z. B. einer Kühlschranktür.

Das Magnetfeld der Erde erstreckt sich unterschiedlich weit in den Weltraum. Grund: Die Sonne strahlt gewaltige Wolken elektrisch geladener Teilchen mit Masse in den umgebenden Raum. Diese Plasmaströme, die man **Sonnenwind** nennt, verformen das Erdfeld. Es wird auf der sonnenzugewandten Seite komprimiert und reicht etwa 12 Erdradien in den Weltraum. Auf der sonnenabgewandten Seite wird es auf etwa 80 Erdradien auseinandergezogen (B 248). Sonneneruption, also kurzfristige und unperiodische Teilchenstrahlung mit hohem Elektronen- und Protonenanteil, stört und deformiert das Erdfeld oft kurzzeitig. Die Teilchenstrahlung der Sonne ist für lebende Organismen gefährlich. Sie kann ferner die elektronische Ausrüstung von Satelliten und Raumfahrzeugen zerstören oder Kommunikationsnetze und Schaltkreise von Computerchips auf der Erde beschädigen. Die schwankende Aktivität der Sonne ist mitverantwortlich für das Klima und das Wettergeschehen auf der Erde. Das Erdmagnetfeld schützt vor dem Sonnenwind (s. Kap. 10.8.2).

Himmelskörper ohne eigenes Magnetfeld sind zum Beispiel die Planeten Mars und Venus. Bei Letzterem vermutet man als Ursache die extrem langsame Umdrehungsdauer von 243 Tagen. Auch

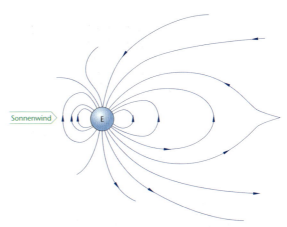

Bild 248: Deformation des irdischen Magnetfeldes durch Sonnenwind

der Erdmond hat kein Magnetfeld. Doch fand man in Gesteinsproben magnetische Spuren, die auf ein globales Magnetfeld in tiefer Vergangenheit hindeuten. Dagegen verfügen die Planeten Uranus und Neptun über Magnetfelder. Sie sind stark gegen die Rotationsachse verdreht und aus dem Zentrum der Planeten verschoben. Für die Entstehung dieser Felder gibt es noch keine gesicherten Modelle. Ein merkwürdiges Magnetfeld besitzt der sonnennächste Planet Merkur. Es bricht von Zeit zu Zeit zusammen, sodass Teilchen des Sonnenwinds ungehindert seine Oberfläche erreichen. Eine Raumsonde forscht zurzeit nach den Ursachen.

10.3   Magnetfeld eines stromdurchflossenen Leiters

Elektrischer Strom umgibt sich mit einem magnetischen Feld, wie folgender Versuch bestätigt.

Magnetfeld eines stromführenden geraden Leiters (B 249)

① Gleichspannungsquelle
② stromführender gerader Leiter
③ Kompassnadel

Versuchsdurchführung und Beobachtung, 1. Teil:
Man gruppiert mehrere Kompassnadeln auf einem Tisch rund um den linearen Leiter in gleicher Entfernung und schaltet den Strom ein. Danach verschiebt man eine Nadel (oder mehrere) langsam radial vom Leiter weg. Nach Einschalten des Stroms

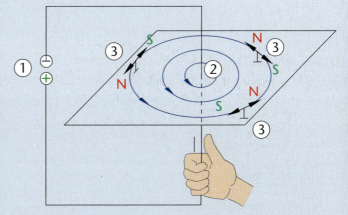

Bild 249: Magnetfeld eines geraden stromführenden Leiters

richten sich die Nadeln sofort aus, sie erfahren in gleicher Entfernung die gleiche Feldkraft. Dabei legen sie eine Kreislinie um den Leiter fest, die eine magnetische Feldlinie darstellt. Mit wachsender Entfernung der Kompassnadel vom Leiter lässt die Kraftwirkung sichtbar nach, am kreisförmigen Feldlinienverlauf ändert sich nichts; die Feldlinien liegen weiter auseinander, sie berühren und kreuzen sich nicht.

Als Ergebnis ist festzuhalten: Jeder stromdurchflossene gerade Leiter umgibt sich mit einem Magnetfeld. Da die Kraftwirkung radial nach außen abnimmt, ist das Feld nicht homogen. Die magnetischen Feldlinien sind konzentrische geschlossene Kreislinien mit dem Leiter als gemeinsamem Mittelpunkt (B 249). Ihr Durchlaufsinn kann durch die **Rechte-Hand-Regel** verdeutlicht werden, wenn der Daumen in die technische Stromrichtung zeigt. Für alle Feldpunkte auf einer solchen Linie gilt B = konstant. Die Magnetnadeln liegen tangential an den Feldlinien. Bei sehr langen geraden Leitern veranschaulicht man das Magnetfeld durch konzentrische Kreiszylinderflächen mit dem Leiter als Achse. Endet der Strom, so endet das Magnetfeld.

Versuchsdurchführung, 2. Teil (B 250):
Ersetzt man den geraden Leiter durch eine Spule mit mindestens einer Windung, so machen Eisenfeilspäne oder kleine Probemagnete den Feldverlauf sichtbar. Er erinnert an das Magnetfeld eines Stabmagneten umso besser, je mehr Windungen die Spule hat und je länger sie ist. Lange bzw. langgestreckte Spulen zeigen den gleichen magnetischen Feldlinienverlauf wie ein Stabmagnet. Im Spuleninneren liegen Eisenfeilspäne (= Probemagnete) parallel zur Achse und dicht. Das Magnetfeld ist homogen und stark.

Unter Verwendung einer Kompassnadel erkennt man sofort, dass die Spule ein magnetischer Dipol ist mit einem Nord- und Südpol. Im Außenbereich verliert sich die parallele Ausrichtung der Späne, die Kraftwirkung nimmt rapide ab. Das Magnetfeld ist hier inhomogen und schwach. Die Anordnung der Späne oder der Probemagnete um die Spule zeigt außerdem, dass die magnetischen Feldlinien geschlossen sind.

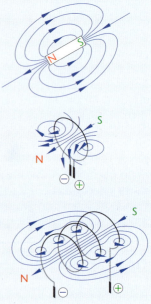

Bild 250: Magnetfeld eines Stabmagneten und zweier Spulen im Vergleich

Für Versuche und Messungen verwendet man häufig **lange Spulen** mit einem homogenen Innenfeld. Als Faustregel gilt: Eine Spule heißt lang(gestreckt), wenn die Spulenlänge mindestens den 10-fachen Spulendurchmesser erreicht. Nachteil solcher Spulen: Sie sind oft sperrig und schwer.

Zur Vorbereitung des nächsten Abschnitts ist noch folgender Versuch interessant.

Stromführender gerader Leiter senkrecht in einem homogenen Magnetfeld (B 251)

① Hufeisenmagnet mit homogenem Feldbereich
② Gleichspannungsquelle
③ stromführender gerader Leiter, Leiterschaukel

Versuchsdurchführung und Beobachtung, 1. Teil:
Ein gerader Leiter wird senkrecht und ruhend in das homogene Feld eines Permanentmagneten gebracht. Nach Einschalten des Stroms I erfährt er sofort eine Bewegungsänderung,

die nach Newton auf eine wirkende Kraft $\vec{F}$ zurückzuführen ist. $\vec{F}$ verläuft senkrecht zu den magnetischen Feldlinien und senkrecht zum stromführenden Leiter.

Man bezeichnet diesen Vorgang als **elektromotorisches Prinzip**. Tatsächlich liegt hier ein Energiewandler vor, der elektrische Energie in mechanische umformt. Man kann auch sagen: Ein verursachender Strom I führt unter der Vermittlung eines Magnetfeldes zu einer wirkenden Kraft $\vec{F}$.

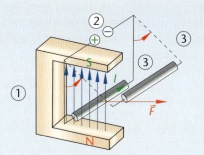

Bild 251: Elektromotorisches Prinzip

Ändert man die Stromrichtung oder die Polarität des Magnetfeldes, so kehrt sich der Verlauf von $\vec{F}$ um. Je stärker außerdem der Strom I ist, umso heftiger wird der Leiter aus dem Feld getrieben. Also besteht zwischen dem verursachenden Strom I und der wirkenden Kraft $\vec{F}$ ein Zusammenhang, auf den im nächsten Abschnitt eingegangen wird.

Den Zusammenhang zwischen Ursache, Vermittlung und Wirkung stellt man anschaulich mit der **Dreifingerregel** der rechten Hand her; man spricht von der **UVW-Regel**. Mathematischer Hintergrund ist das Vektorprodukt dreier Vektoren. Die Regel lautet (B 252):

Bild 252: UVW-Regel

▸ **Zeigt der Daumen der rechten Hand in die technische Stromrichtung und der Zeigefinger in Richtung des Magnetfeldes, so gibt der zu beiden Fingern senkrecht gespreizte Mittelfinger die Richtung der Kraft $\vec{F}$ an, die am stromführenden Leiter angreift. Das elektromotorische Prinzip ermöglicht eine Energieumwandlung von elektrischer in mechanische Energie. Der Strom ist die Ursache, das Magnetfeld der Vermittler, die Kraft die Wirkung.**

Versuchsdurchführung, 2. Teil:
Ordnet man den stromführenden Leiter parallel oder schräg zu den Magnetfeldlinien (B 253), so beobachtet man keine Kraftwirkung oder eine reduzierte. Nur bei einem Stromverlauf senkrecht zum Magnetfeld ist die Kraftwirkung am größten.

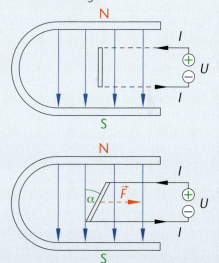

Bild 253: Keine oder reduzierte Kraftwirkung auf stromführenden Leiter im Magnetfeld

Das elektromotorische Prinzip ist Grundlage für den Bau von Elektromotoren, aber auch bei der Definition der elektrischen Stromstärke. Sie ist die einzige elektrische Basisgröße im SI-Einheitensystem. Die Definition beruht auf folgendem Versuch (B 254):

Zwei dicht nebeneinander parallel hängende Kupferkabel werden an eine Gleichspannungsquelle gelegt. Verläuft die Stromrichtung gleichsinnig, so ziehen sich die Leiter gegenseitig an, bei gegensinniger Stromführung stoßen sie sich ab. Jeder Leiterteil befindet sich jeweils senkrecht im Magnetfeld des anderen. Auch hier erhält man die Kraftrichtung mithilfe der UVW-Regel. Die magnetische Wechselwirkung zwischen den beiden stromdurchflossenen Kabeln zeigt eine Kraft zwischen bewegten elektrischen Ladungen, also Strömen, an.

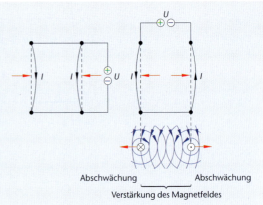

Bild 254: Versuchsbasis der Ampere-Definition

Auf dieser Versuchsbasis beruht heute die **Einheit der elektrischen Stromstärke**, das Ampere. Benannt ist sie nach dem französischen Physiker Ampère. Ihre Definition lautet:

▸▸ **1 Ampere ist die Stärke eines konstanten elektrischen Stroms, der durch zwei im Vakuum im Abstand von 1 m parallel angeordnete, geradlinige, unendlich lange Leiter von vernachlässigbar kleinem kreisförmigen Querschnitt fließend, zwischen diesen Leitern die Kraft $2 \cdot 10^{-7}$ Newton je ein Meter Leiterlänge hervorrufen würde.**

10.4 Magnetische Flussdichte

Magnetfelder äußern sich durch Kraftwirkung auf Probemagnete. Sie können homogen oder inhomogen sein, stark oder schwach, und sie werden durch Feldlinien veranschaulicht. Übereinstimmend wurde die Stärke des Gravitationsfeldes oder des elektrischen Feldes in einem Feldpunkt definiert als Quotient aus der Feldkraft und der Probemasse oder Probeladung. Da sich diese Feldstärkedefinition bewährt hat, wiederholt sie sich beim Magnetfeld.

Schwierig ist die Herstellung eines geeigneten Probemagneten. Im Gegensatz zur elektrischen Ladung tritt ein Magnet immer als Dipol auf. Außerdem kann nicht verhindert werden, dass er zu Boden fällt oder aneckt. Seine Elementarmagnete geraten dadurch in Unordnung, er ändert sich. Daher verwendet man anstelle des Probemagneten einen stromführenden Leiterrahmen, dessen Magnetfeld genau regulierbar und nicht mechanisch anfällig ist.

Messung der Kraft auf einen „Probemagneten" (B 255)

① konstantes homogenes Magnetfeld (z. B. Hufeisenmagnet, Magnetfeld einer langen Spule, Kurzspulen mit Eisenkern)
② Leiterrahmen an einer Stromwaage oder einem elektronischen Kraftmesser
③ Gleichspannungsquelle für den Prüfstrom I_p zur Herstellung des „Probemagneten"
④ Kraftmesser

Versuchsdurchführung:
Der Leiterrahmen am Kraftmesser wird so angeordnet, dass nur das untere Leiterstück mit der Länge l und ein Teil der Seitenleiter senkrecht zum konstanten homogenen Magnetfeld liegen, dessen Stärke ermittelt werden soll. Veränderlich sind die Stromstärke I_p durch den

Rahmen und die untere Leiterlänge l. Gemessen wird die Kraft F in Abhängigkeit von I_p und l. Die Polung des Stroms wird so eingerichtet, dass sich der Rahmen senkt. Das Eigengewicht des Rahmes wird an einer Balkenwaage, der Stromwaage, ausgeglichen oder vom elektronischen Kraftmesser kompensiert.

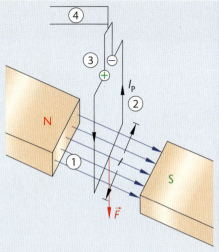

Beobachtung:
Schaltet man den variablen Strom I_p ein, so senkt sich der Rahmen im äußeren Magnetfeld ab. Mit dem Kraftmesser misst man die wirkende Kraft F, die am unteren Leiter angreift, in Abhängigkeit von I_p bei konstanter Leiterlänge l.

Hält man den Prüfstrom I_p konstant, so verändert man die untere Leiterlänge l durch Auswechseln des Rahmens. Man misst die Kraft F in Abhängigkeit von l bei konstantem I_p.

Bild 255: Definition der magnetischen Flussdichte B

Erklärung (B 256):
Nach dem Einschalten von I_p umgibt sich der stromführende feste Leiterrahmen mit einem genau definierten Magnetfeld. Seine Leiterteile senkrecht zum äußeren Magnetfeld erfahren nach dem elektromotorischen Prinzip Kräfte, deren Richtung sich aus der UVW-Regel ergibt. Durch die beiden kurzen Seitenteile fließt gegensinnig der gleiche Strom I_p. An ihnen greifen die betragsgleichen, gegensinnigen Kräfte $\vec{F}_1$ und $\vec{F}_2$ an. Sie befinden sich im statischen Gleichgewicht: $\vec{F}_1 + \vec{F}_2 = \vec{0}$ bzw. $\vec{F}_1 = -\vec{F}_2$. Daher heben sie sich in der Wirkung auf, deformieren aber etwas den Rahmen.

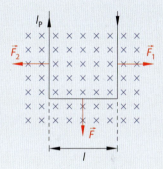

Bild 256: Wirkende Kräfte am Leiterrahmen im Magnetfeld

Man beachte: $\otimes$ Feldlinien oder Vektoren treten senkrecht in die Zeichenebene ein.

$\odot$ Feldlinien oder Vektoren treten senkrecht aus der Zeichenebene aus.

Einzig wirksame Kraft am unteren Leiterteil mit der Länge l ist $\vec{F}$. Ihr Messwert ist am Kraftmesser ablesbar. Man bezeichnet l deshalb als wirksame Leiterlänge.

Erste Messreihe: Das äußere homogene Magnetfeld ist konstant; wirksame Leiterlänge: $l = 8{,}0$ cm = konstant.

I_p in A	1,00	2,00	3,00	4,00
F in 10^{-4} N	1,82	3,60	5,45	7,33

Grafische Auswertung (B 257): Im Rahmen der Messgenauigkeit ist der Graph eine Ursprungsgerade; daher gilt: $F \sim I_p$.

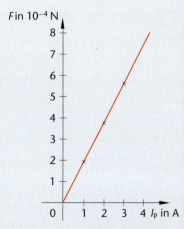

Bild 257: I_p-F-Diagramm

Zweite Messung: Das äußere Magnetfeld ist konstant; $I_p = 5{,}25$ A $=$ konstant.

l in 10^{-2} m	1,0	2,0	4,0
F in 10^{-4} N	2,38	4,71	9,56

Grafische Auswertung (B 258): Im Rahmen der Messgenauigkeit ist der Graph eine Ursprungsgerade; daher gilt: $F \sim l$.

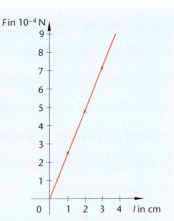

Bild 258: I-F-Diagramm

Zusammenfassung: Aus $F \sim I_p$ und $F \sim l$ folgt $F \sim I_p l$ bzw. $F = k I_p l$. Mit $k = B$ entsteht:

$F = B I_p l$ bzw. $B = \dfrac{F}{I_p l}$.

Die Proportionalitätskonstante B gibt die Kraft F an, die der von der wirksamen Leiterlänge l und vom Prüfstrom I_p gebildete „Probemagnet" im äußeren konstanten homogenen Magnetfeld erfährt. Je größer diese Kraft ist, desto stärker ist das Feld. Deshalb müsste die Konstante B eigentlich magnetische Feldstärke heißen. Aus Gründen, die später genannt werden, heißt **B magnetische Flussdichte**. Sie ist von den Abmessungen des Leiterrahmens und vom Prüfstrom unabhängig. Lässt man den Index p weg, so lautet die Definition von B allgemein:

▸▸ **Der Quotient $B = \dfrac{F}{Il}$ heißt magnetische Flussdichte. Er ist ein Maß für die Stärke eines Magnetfeldes.**

Einheit der magnetischen Flussdichte B: $[B] = \dfrac{[F]}{[I_p][l]}$, $[B] = 1\ \dfrac{\text{N}}{\text{Am}} = 1$ Tesla $= 1$ T.

Ein Magnetfeld hat die magnetische Flussdichte 1 T (im Sinne von: magnetische Feldstärke 1 T), wenn ein senkrecht zu den magnetischen Feldlinien liegender Leiter, der die Länge $l = 1$ m hat und vom Strom $I = 1$ A durchflossen wird, die Kraft $F = 1$ N erfährt.
Namensgeber der Einheit ist der kroatisch-amerikanische Physiker Tesla, der bedeutende Erfindungen auf dem Gebiet der Drehstrom- und Hochfrequenztechnik machte.

Gewinnt man den Messwert von B auf andere Weise, so gestattet die Definitionsgleichung $B = \dfrac{F}{Il}$ in der Form $F = BIl$, die Kraft F auf einen Leiter der wirksamen Länge l zu berechnen, der senkrecht in einem Magnetfeld liegt und den Strom I führt. In der Praxis misst man B mit der Hallsonde. Sie wird in Kapitel 10.6 eingeführt.

Bemerkungen:

- Zur Abschätzung der magnetischen Flussdichte B im Messversuch oben verwendet man z. B. den dritten Messwert der zweiten Messreihe, also $I_p = 5{,}25$ A, $l = 4{,}0 \cdot 10^{-2}$ m, $F = 9{,}56 \cdot 10^{-4}$ N.
  Die magnetische Flussdichte beträgt: $B = \dfrac{9{,}56 \cdot 10^{-4}\ \text{N}}{5{,}25\ \text{A} \cdot 0{,}040\ \text{m}} = 4{,}6$ mT $= \dfrac{4{,}6 \cdot 10^{-3}\ \text{N}}{1\ \text{A} \cdot 1\ \text{m}}$.

Man bezieht die wirkende Kraft F immer auf einen Leiter mit der wirksamen Länge 1 m und dem Prüfstrom 1 A. Im Versuch erfährt er die Kraft F = 4,6 mN. Ob das verwendete Magnetfeld stark oder schwach ist, zeigt erst ein Vergleich mit der Flussdichte anderer Magnetfelder.

- Magnetische Flussdichte B verschiedener Felder zum Vergleich:

Magnetfeld	magnetische Flussdichte B
interstellarer Raum	$\approx 10^{-10}$ T
Erdoberfläche	$\approx 50\ \mu$T
Sonnenoberfläche	$\approx 10^{-2}$ T
Türmagnet am Kühlschrank	$\approx 10^{-2}$ T
Pol am Stabmagneten	$\approx 10^{-2}$ T
Magnet in Teilchenexperimenten	≈ 2 bis 5 T
Oberfläche eines Atomkerns	$\approx 12,5$ T
stärkster Permanentmagnet	≈ 30 T
stärkster gepulster Magnet	≈ 500 T bis 1000 T
Oberfläche eines Pulsars	$\approx 10^8$ T

- Die Feldstärken des Gravitationsfeldes und des elektrischen Feldes sind Vektoren gleichsinnig parallel zu den Kraftvektoren. Auch die magnetische Flussdichte ist ein Vektor. Doch muss bedacht werden, dass er nach der UVW-Regel auf dem Kraftvektor $\vec{F}$ und auf dem Prüfstrom I senkrecht steht. I selbst ist kein Vektor. Er wird aber im Leiter mit der Länge l und der Richtung $\vec{l}$ geführt.

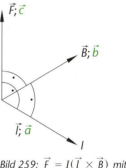

Bild 259: $\vec{F} = I(\vec{l} \times \vec{B})$ mit
$\vec{F} \perp \vec{l}; \vec{F} \perp \vec{B}; \vec{l} \perp \vec{B}$

Das mathematische Vektorprodukt hat die Form $\vec{a} \times \vec{b} = \vec{c}$ (B 259). Es besagt, dass das Produkt der beiden Vektoren $\vec{a}$ und $\vec{b}$ ein Vektor ist (und kein Skalar wie beim Skalarprodukt), der auf beiden Ausgangsvektoren senkrecht steht. Unter Verwendung des Vektorprodukts beschreibt man die wirkende Kraft in der Form: $\vec{F} = I(\vec{l} \times \vec{B})$ mit $\vec{F} \perp \vec{l}$ und $\vec{F} \perp \vec{B}$.

Die magnetische Flussdichte $\vec{B}$ verläuft gleichsinnig parallel zu den Feldlinien im homogenen Feld (B 260) oder tangential zu den Feldlinien im inhomogenen Feld. Im Versuch gilt zusätzlich $\vec{l} \perp \vec{B}$; daher ist die Kraftwirkung maximal. Die UVW-Regel der rechten Hand bleibt gültig.

▸ **Ein senkrecht zu den magnetischen Feldlinien mit der magnetischen Flussdichte $\vec{B}$ verlaufender und vom Strom der Stärke I durchflossener gerader Leiter mit der wirksamen Länge l und der Richtung $\vec{l}$ erfährt eine Kraft $\vec{F}$ ($\vec{F} \perp \vec{l}$; $\vec{F} \perp \vec{B}$) mit dem Betrag: $F = BIl$.**

Experimentell wurde gezeigt, dass ein stromführender Leiter auch dann eine (kleinere) Kraft erfährt, wenn er mit dem Magnetfeld einen Winkel zwischen 0° und 90° einschließt. Dieser Fall soll jetzt allgemein behandelt werden.

Unter Verwendung von B 260 wird die Kraft $\vec{F}$ berechnet, die ein stromdurchflossener Leiter mit der wirksamen Leiterlänge $\vec{l}$ in einem konstanten homogenen Magnetfeld mit der Flussdichte $\vec{B}$ erfährt, wobei gilt: $0 \leq \alpha = \sphericalangle\,(\vec{l}; \vec{B}) \leq \frac{1}{2}\pi$.

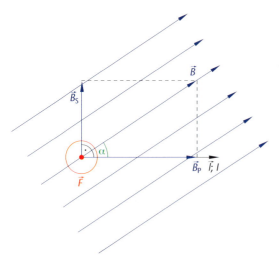

Bild 260: $\vec{F} = I(\vec{l} \times \vec{B})$ *mit* $0 \leq \propto \leq \dfrac{1}{2}\pi$

Legende zu B 260:

I: Stromstärke im wirksamen Leiter; technische Stromrichtung

$\vec{l}$:   Vektor der wirksamen Leiterlänge mit dem Betrag l; Verlauf in technischer Stromrichtung

$\vec{B}$:   magnetische Flussdichte; $\vec{B} =$ konstant

$\vec{F}$:   Kraftvektor mit $\vec{F} \perp \vec{B}_s$ und $\vec{F} \perp \vec{l}$; die Kraft drängt den Leiter senkrecht aus der Zeichenebene heraus

$\vec{B}_s$:   Feldkomponente senkrecht zu $\vec{l}$; nur sie ist als Vermittler wirksam

$\vec{B}_p$:   Feldkomponente parallel zu $\vec{l}$; sie ist nach B 253 oben als Vermittler unwirksam

Dann gilt:

1. $F = B_s I l = I l B_s$

2. $\sin \measuredangle (\vec{l}; \vec{B}) = \dfrac{B_s}{B}$; $B_s = B \sin \measuredangle (\vec{l}; \vec{B})$;

3. $|\vec{a} \times \vec{b}| = |\vec{c}| = |\vec{a}||\vec{b}| \sin \measuredangle (\vec{a}; \vec{b})$, Länge von $\vec{c}$.

Somit: $F = I l B \sin \measuredangle (\vec{l}; \vec{B}) = I l B \sin \alpha$;

        $|\vec{F}| = I |\vec{l}||\vec{B}| \sin \measuredangle (\vec{l}; \vec{B})$ bzw.

        $\vec{F} = I(\vec{l} \times \vec{B})$ mit $\vec{F} \perp \vec{l}$ und $\vec{F} \perp \vec{B}$.

Sonderfälle:
$\alpha_1 = 90°$: $B_s = B \sin 90° = B$, $B_p = \cos 90° = 0$, $F = I l B$ (maximale Kraft auf $\vec{l}$).
$\alpha_2 = 0°$: $B_s = B \sin 0° = 0$, $B_p = B \cos 0° = B$, $F = 0$ (es wirkt keine Kraft).

Beispiel

Der Topfmagnet eines dynamischen Lautsprechers besitzt unmittelbar über der Oberfläche ein Magnetfeld mit $B = 0,85$ T. Ihm ist eine frei bewegliche Schwingspule übergestülpt, die mit der Lautsprechermembran verbunden ist. Die Wicklungen der Spule aus Kupferdraht verlaufen weitgehend senkrecht zum Feld. Sie haben die Gesamtlänge $l = 18$ m.

a) Man bestätige folgende Einheitengleichung: $(1\text{ T} =)\ 1\dfrac{\text{N}}{\text{Am}} = 1\dfrac{\text{Vs}}{\text{m}^2}$.

b) Man berechne die Kraft F, die die Spule bei einem Strom der Stärke $I = 0,32$ A erfährt.

Lösung:

a) Neben der experimentell bedingten Einheit $1\dfrac{\text{N}}{\text{Am}} = 1$ T gibt es für die magnetische Flussdichte B die Einheit $1\dfrac{\text{Vs}}{\text{m}^2} = 1$ T. Ihre Herkunft wird später erklärt.

Es gilt: $1\dfrac{\text{N}}{\text{Am}} = 1\dfrac{\text{Nm}}{\dfrac{\text{C}}{\text{s}}\text{m}^2} = 1\dfrac{\text{Nms}}{\text{Cm}^2} = 1\dfrac{\text{Js}}{\text{Cm}^2} = 1\dfrac{\text{Vs}}{\text{m}^2}$.

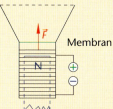

b) Das Magnetfeld eines Topfmagneten unmittelbar über der Oberfläche ist in guter Näherung homogen und konstant (B 261). Die Spulenwindungen verlaufen senkrecht zum Feld und liegen normalerweise an Wechselspannung. Verursacher der Kraft F auf die Wicklungen ist hier der Gleichstrom I. Mit den vorgegebenen Daten folgt aus $F = IlB$: $F = 0,32$ A $\cdot$ 18 m $\cdot$ 0,85 T $= 4,9$ N.

Membran

Topfmagnet mit Schwingspule

Bild 261: Topfmagnet mit Schwingspule

Aufgaben

1. *B 262 zeigt eine rechtwinklige Leiterschleife mit den Kantenlängen l_1 und l_2 in einem konstanten homogenen Magnetfeld mit der Flussdichte B. Sie wird von Strom I wie eingezeichnet durchflossen und rotiert gleichförmig um die Achse durch den Punkt D senkrecht zur Zeichenebene. Es handelt sich um den Grundaufbau eines elektrischen Zeigermessinstruments.*

   a) *Tragen Sie in die Skizze die Kräfte ein, die auf die Leiterschleife ein Drehmoment ausüben.*

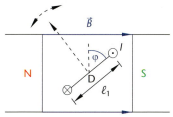

Bild 262

   b) *Erklären Sie den Einfluss der Leiterstellung auf Richtung und Betrag der Kräfte in a) und auf das durch die Kräfte hervorgerufene Drehmoment.*

   c) *Ermitteln Sie, ob die Leiterteile mit der Länge l_1 parallel zur Zeichenebene Kräften unterliegen und welche Wirkung diese Kräfte auf die Leiterschleife haben.*

   d) *Die Leiterschleife wird nun durch eine rechteckige Spule ($l_1 = 4,0$ cm, $l_2 = 6,5$ cm) ohne Eisenkern mit 200 Windungen ersetzt. Das Magnetfeld hat die Flussdichte B = 0,58 T. Berechnen Sie das Drehmoment M in Abhängigkeit von der Stromstärke I und dem Drehwinkel φ.*

   e) *Bestimmen Sie unter Verwendung von d) das Drehmoment M für die Stromstärke I = 2,18 A und die Winkel $\varphi = 0°, 45°, 90°$.*

2. Der Rotor (B 263) eines Elektromotors ist ein Weicheisenzylinder mit dem Durchmesser $d = 11,0$ cm und der Zylinderlänge $l = 18,6$ cm. Er ist mit 12 600 Windungen aus Kupferdraht der Querschnittsfläche $A = 3,60$ mm^2 umwickelt und an die Spannung $U = 2,20 \cdot 10^2$ V angeschlossen.

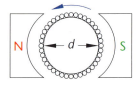

Bild 263

   a) Berechnen Sie die Stromstärke I in der Spulenwicklung.
   b) Ermitteln Sie, an welcher Stelle der Strom aus der Zeichenebene heraustritt, wenn sich der Rotor mathematisch positiv dreht.
   c) Berechnen Sie für die magnetische Flussdichte $B = 1,20$ T die Kraft F und das Drehmoment M auf eine Wicklung.
   d) Der Rotor führt 360 Umdrehungen in einer Minute aus. Technisch bedingt befinden sich 45 Prozent der Windungen ständig im radialen Feldbereich. Ermitteln Sie die mechanische Leistung P, die der Motor erbringt.

10.5   Lorentzkraft

Ein stromführender Leiter senkrecht in einem Magnetfeld erfährt eine Kraft $\vec{F}$ mit dem Betrag $F = IlB$. Nicht geklärt ist, wie diese Kraft zustande kommt. Das soll nachgeholt werden.

Neue Einblicke ermöglicht der folgende einfache Versuch.

Bewegung freier Elektronen im Magnetfeld

Man nimmt eine Elektronenröhre mit fadenförmigem Elektronenstrahl, ein sogenanntes Fadenstrahlrohr. Dem elektrischen Strom aus freien Elektronen nähert man von außen den Pol eines Stabmagneten an (B 264). Das Magnetfeld ist inhomogen.

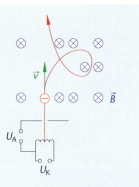

Beobachtung:
Der Elektronenstrahl krümmt sich je nach der Lage des Magneten, die Elektronen werden abgelenkt. Die Ablenkrichtung hängt vom angenäherten Pol ab und ergibt sich nach der UVW-Regel.

Bild 264: Bewegung freier Elektronen im Magnetfeld

Erklärung:
Die Elektronen im Fadenstrahl bewegen sich außerhalb der Anodenblende der Röhre kräftelos und daher mit konstanter Geschwindigkeit $\vec{v}$. Sie treten bei Annäherung des Magneten nicht parallel in das B-Feld ein und werden auf eine neue Bahn gezwungen. Dazu ist nach dem Trägheitsaxiom eine Kraft erforderlich. Sie heißt **Lorentzkraft** $\vec{F}_L$ und ist nach dem niederländischen Physiker Lorentz benannt. Er ist der Begründer der Elektronentheorie, trug aber auch wichtige Vorarbeiten zur speziellen Relativitätstheorie bei.

Auch in einem stromführenden Leiter bewegen sich Elektronen, wie B 265 modellhaft andeutet. Liegt er senkrecht oder schräg zum Magnetfeld mit der Flussdichte $\vec{B}$, so unterliegen sie ebenfalls der **Lorentzkraft**. Die Kraft $\vec{F}$ nach dem elektromotorischen Prinzip auf den Leiter mit der wirksamen Länge l ist demnach die Resultierende der Einzelkräfte $\vec{F}_L$ auf alle N bewegten Elektronen im Magnetfeld innerhalb von l. Es gilt also: $\vec{F}_{rsl} = \vec{F}_L + \vec{F}_L + ... + \vec{F}_L = N\vec{F}_L$.

Den Betrag F_L der Lorentzkraft $\vec{F}_L$ erhält man nach folgender Überlegung:

1. $I = \dfrac{Q}{t} =$ konstant ist die Stärke des Gleichstroms im Leiter.

2. $Q = Ne$, $N \in \mathbb{N}$, nach Millikan setzt sich die transportierte Ladung Q innerhalb der wirksamen Leiterlänge l aus N Elektronen zusammen.

3. Die Elektronen des Gleichstroms I benötigen zum Durchlaufen der wirksamen Leiterlänge l die Zeitdauer $\Delta t = t$; sie haben dabei die konstante Geschwindigkeit $v = \dfrac{l}{t}$; diese **Driftgeschwindigkeit** ist die mittlere Elektronengeschwindigkeit im stromführenden metallischen Leiter und beträgt ungefähr 1 mms^{-1}; sie hängt von der Spannung U und anderen Einflussgrößen ab, z. B. von der Metallart.

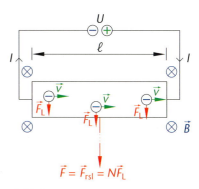

Bild 265

4. $F = IlB$ ist die an der wirksamen Leiterlänge l angreifende Kraft, die den Leiter in B 265 nach unten aus dem Magnetfeld drängt.

Zusammengefasst erhält man mit $I = \dfrac{Ne}{t}$: $F = \dfrac{Ne}{t}lB = Ne\dfrac{l}{t}B = NevB$; daraus folgt die Lorentzkraft F_L auf ein Elektron: $\dfrac{F}{N} = F_L = evB$.

Unter Einbeziehung der vektoriellen Überlegungen zur UVW-Regel folgt weiterhin:

$\vec{F}_L = e(\vec{v} \times \vec{B})$ mit $\vec{F}_L \perp \vec{v}$, $\vec{F}_L \perp \vec{B}$, $\vec{v} \perp \vec{B}$.

Jedes Elektron in einem Strom der Stärke I erfährt im senkrechten Magnetfeld mit der Flussdichte $\vec{B} =$ konstant die Lorentzkraft $\vec{F}_L$ mit dem Betrag $F_L = evB$. Die Richtung von $\vec{F}_L$ leitet sich aus der UVW-Regel ab. B 266 zeigt den Verlauf der Lorentzkraft $\vec{F}_L$ bei bewegter positiver oder negativer Ladung Q senkrecht zum Magnetfeld.

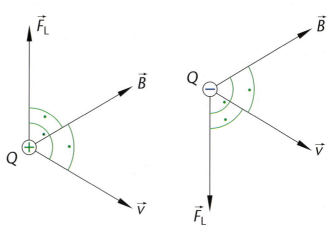

Bild 266: $\vec{F} = |Q|(\vec{v} \times \vec{B})$

Allgemein gilt:

▸ **Eine Einzelladung Q, die sich mit der Geschwindigkeit $\vec{v} =$ konstant senkrecht in einem Magnetfeld mit $\vec{B} =$ konstant bewegt, erfährt die konstante Lorentzkraft $\vec{F}_L = |Q|(\vec{v} \times \vec{B})$ mit dem Betrag $F_L = |Q|vB$. Ihre Richtung legt die UVW-Regel der rechten Hand fest.**

Bemerkungen:

- Eine ruhende Ladung im Magnetfeld erfährt keine Lorentzkraft. Dann ist $v = 0$ und ebenso $F_L = 0$. Während die elektrische Feldkraft an jeder Ladung angreift, wirkt die Lorentzkraft nur auf Ladung, die sich senkrecht oder schräg zum Magnetfeld bewegt.

- Unter der Bedingung $\vec{v} \perp \vec{B}$ ist der Wert von F_L maximal. Das ist der wichtigste Anwendungsfall. Bewegt sich eine Ladung Q schräg zum Magnetfeld, so verringert sich die Lorentzkraft nach der gleichen Überlegung wie bei der Kraft auf einen stromführenden Leiter, der mit dem Magnetfeld einen Winkel zwischen 0° und 90° einschließt. In diesem Fall gilt: $F_L = |Q|vB\sin \alpha$.

- Da die Lorentzkraft $\vec{F}_L$ immer senkrecht zur Bahngeschwindigkeit $\vec{v}$ wirkt, kann sie einen geladenen Körper nur ablenken und nicht in Bahnrichtung beschleunigen oder verzögern. Sie kann ihm daher auch keine Energie zuführen oder entziehen.

- Wichtige Anwendungen werden in den nächsten Abschnitten behandelt.

Beispiel

In einem Linearbeschleuniger erreichen Heliumkerne die Energie 3,42 MeV. Sie werden senkrecht in das konstante homogene Magnetfeld ($B = 1,78$ T) einer Vakuumkammer gelenkt (B 267). Heliumkerne haben die Masse $m = 6,645 \cdot 10^{-27}$ kg.

Bild 267

a) Man bestimme in B 267 die Richtung der Lorentzkraft $\vec{F}_L$ auf die Kerne und skizziere den gesamten Bahnverlauf.

b) Man berechne die Beschleunigung a, die die Kerne im Magnetfeld erfahren, und deute sie.

c) Man verändere die Versuchsanordnung so, dass die Kerne das Magnetfeld unabgelenkt durchlaufen.

Lösung:

a) Heliumkerne tragen die Ladung $Q = +2e$. Ihr Bahndurchgang ist gleichzeitig die technische Stromrichtung. Die Lorentzkraft $\vec{F}_L$ auf die bewegte Ladung innerhalb des Magnetfeldes ist durch die UVW-Regel festgelegt. Sie zeigt bei Feldeintritt exakt nach oben und ändert danach ihre Richtung in jedem Bahnpunkt (B 268) zu einem festen Zentrum M hin. Die lineare Eingangsbahn verformt sich zu einem Kreisbogen. Nach Austritt aus dem Feld fehlen $\vec{F}_L$ und andere Kräfte. Die Kerne vollziehen erneut eine geradlinige Bewegung mit dem gleichen konstanten Geschwindigkeitsbetrag v wie beim Eintritt.

Bild 268

b) Trotz permanent vorhandener Lorentzkraft F_L im Magnetfeld behalten die Kerne auf der Bahn die Eintrittsgeschwindigkeit v bei. $\vec{F}_L$ wirkt nur richtungsändernd. Es entsteht ein Kreisbogen. Folglich muss $\vec{F}_L$ die Bedeutung einer Zentripetalkraft haben, die die Kerne auf der Bahn hält. Da der Messwert des Kreisbogenradius r fehlt, berechnet man die Beschleunigung a_{rad} mithilfe der Grundgleichung der Mechanik. Es gilt also:

1. $F = F_L$
2. $F = ma_{rad}$
3. $F_L = |Q|vB$
4. $|Q| = 2e$

Es entsteht: $ma_{rad} = 2evB$, $a_{rad} = \dfrac{2evB}{m}$.

Zur unbekannten Geschwindigkeit v gelangt man mit dem Energieansatz: $E = \dfrac{1}{2}mv^2$, $v = \sqrt{\dfrac{2E}{m}}$.

Zusammengefasst erhält man: $a_{rad} = \dfrac{2eB}{m}\sqrt{\dfrac{2E}{m}} =$ konstant.

Mit Messwerten: $a_{rad} = \dfrac{2 \cdot 1{,}602 \cdot 10^{-19}\,\text{C} \cdot 1{,}78\,\text{T}}{6{,}645 \cdot 10^{-27}\,\text{kg}} \sqrt{\dfrac{2 \cdot 3{,}42 \cdot 10^{6} \cdot 1{,}602 \cdot 10^{-19}\,\text{J}}{6{,}645 \cdot 10^{-27}\,\text{kg}}}$,

$a_{rad} = 1{,}10 \cdot 10^{15}\,\text{ms}^{-2}$.

c) Treten geladenen Teilchen parallel in ein Magnetfeld ein, so beträgt der Winkel zwischen $\vec{v}$ und $\vec{B}$ entweder 0° oder 180°. In beiden Fällen ist $F_L = 0$; es wirkt keine Lorentzkraft, die Kerne durchlaufen das Magnetfeld unabgelenkt.

10.6 Halleffekt, Hallsonde

Der amerikanische Physiker Hall entdeckte im Jahr 1879 den nach ihm benannten Halleffekt. In einem stromführenden elektrischen Leiter, z.B. aus Silber oder Wolfram, oder in einem Halbleiter, der von einem Magnetfeld senkrecht durchsetzt wird, entsteht senkrecht zum Magnetfeld und zum Strom eine Potenzialdifferenz U_H, die man Hallspannung nennt. Dieser normale Halleffekt lässt sich mit der Lorentzkraft erklären, die vom Magnetfeld auf die sich im Leiter bewegenden Elektronen ausgeübt wird. Eine wichtige technische Umsetzung ist die Hallsonde, mit der man die Stärke magnetischer Felder, also die magnetische Flussdichte $\vec{B}$, direkt und einfach misst.

10.6.1 Hallspannung

B 269 zeigt alle wichtigen Elemente, die zum Versuchsaufbau für den experimentellen Nachweis der Hallspannung erforderlich sind:

① homogenes Magnetfeld mit der Flussdichte $\vec{B}$
② Metallstreifen aus Silber oder Wolfram der Breite $d = b$
③ Messverstärker mit Anzeigegerät zum Nachweis und zur Messung der Hallspannung U_H
④ Spannung U zur Auslösung des Gleichstroms I durch den Metallstreifen senkrecht zum Magnetfeld; I heißt daher auch Quer- oder Steuerstrom

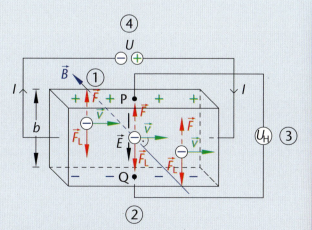

Bild 269: Nachweis der Hallspannung

VERSUCH

Versuchsdurchführung und Beobachtung:

Schaltet man im Versuch nach B 269 den Gleichstrom I ein, so zeigt das Gerät ③ die Hallspannung U_H an. Die Polung von U_H hängt von der Stromrichtung und dem Verlauf der magnetischen Feldlinien ab.

Vergrößert oder verkleinert man B (z. B. bei einem Elektromagneten durch Ändern des Erregerstroms I_{er}) und hält man den Querstrom I konstant, so vergrößert oder verkleinert sich U_H. Vergrößert oder verkleinert man den Querstrom I und damit die Driftgeschwindigkeit v der Elektronen und hält man B konstant, so vergrößert oder verkleinert sich U_H ebenfalls.

Erklärung:

Nach Anlegen der Spannung U an den Metallstreifen fließt der Gleichstrom I. Die Elektronen im Leiter bewegen sich mit der (mittleren) Driftgeschwindigkeit $\vec{v}$ senkrecht durch das homogene Magnetfeld mit der Flussdichte $\vec{B}$. An ihnen greift sofort die Lorentzkraft $\vec{F}_L$ senkrecht zu $\vec{v}$ und $\vec{B}$ an. Sie ist nach der UVW-Regel nach unten gerichtet. Die Elektronen driften etwas zur unteren Begrenzung Q des stromführenden Leiters. Ladungstrennung wird erkennbar mit einem Elektronenüberschuss im Bereich von Q und Elektronenmangel im Bereich der Begrenzung P.

Gleichzeitig baut sich zwischen P und Q ein elektrisches Feld der Stärke $\vec{E}$ auf, deren Betrag E mit wachsender Ladungstrennung zunimmt. Zwei Folgen stellen sich ein: Zwischen P und Q entsteht die Potenzialdifferenz U_H, die man **Hallspannung** nennt, und die Elektronen erfahren die elektrische Feldkraft $\vec{F}$ von Q nach P.

Der Betrag E der Feldstärke $\vec{E}$ steigt so lange, bis sich (innerhalb kürzester Zeit) ein Gleichgewicht der Kräfte $\vec{F}_L$ abwärts und $\vec{F}$ aufwärts einstellt. Es gilt schließlich: $\vec{F}_L + \vec{F} = \vec{0}$. Dann setzen die Elektronen ihre Bewegung im Metallstreifen unabgelenkt mit $\vec{v}$ fort. Betragsmäßig gilt: $F_L - F = 0$ bzw. $F_L = F$.

Aus diesem Ansatz erhält man mit $F_L = evB$ und $F = eE$ die konstante Driftgeschwindigkeit v der Elektronen: $evB = eE$, $v = \dfrac{E}{B}$. Sie ist der Quotient aus elektrischer Feldstärke E und magnetischer Flussdichte B.

Aus dem Ansatz $F_L = F$ gewinnt man mit $E = \dfrac{U_H}{d}$ und $d = b$ aber auch die Hallspannung U_H zwischen den Begrenzungsflächen P und Q:

$$evB = e\frac{U_H}{b} \quad \text{bzw.} \quad U_H = bvB.$$

In der Praxis hält man die Leiterbreite b und mit dem Gleichstrom I die Elektronengeschwindigkeit v konstant. Dann besteht die Proportionalität $U_H \sim B$. Diese Tatsache nutzt man zum Bau der Hallsonde zur punktweisen Messung der magnetischen Flussdichte B.

10.6.2 Hallsonde

Die Messung der magnetischen Flussdichte B mithilfe der Stromwaage in Kapitel 10.4 ist mühsam und setzt einen ausreichend großen homogenen Feldbereich voraus. Sehr viel einfacher misst man B mithilfe der Hallsonde. Man nutzt die beim Halleffekt auftretende elektrische Spannung U_H und die Proportionalität $U_H \sim B$ bei konstanter Leiterbreite b und Elektronengeschwindigkeit v.

Die Hallsonde basiert auf dem Versuch in Kapitel 10.6.1. Anstelle metallischer Leiter verwendet man dünne, sehr kleinflächige Halbleiterplättchen (B 270), in denen die mittlere Driftgeschwindigkeit v der Elektronen wesentlich größer ist als in Metallen. An Kontakten führt man den Steuerstrom zu und greift die Hallspannung U_H ab.

Hält man die Steuerstromstärke I konstant, so ist wegen $U_H \sim B$ die Hallspannung U_H ein Maß für die magnetische Flussdichte B. Im Messverstärker wird die Hallspannung verstärkt, am umgeeichten Spannungsmesser B direkt abgelesen.

B 271 zeigt die B-Messung in einem Hufeisenmagnet. Das Endstück der Sonde mit dem Halbleiter lässt sich häufig um 90° abwinkeln. Hallsonden sind heute so klein konzipiert, dass sie auch in engen Öffnungen und Spalten eingesetzt werden können.

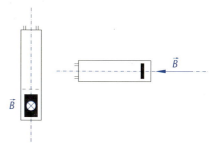

Bild 270: Hallsonden

Man verwendet Hallsonden außerdem zur Feststellung der Richtungsänderung bei magnetischen Feldlinien, in der Industrie zur Steuerung von Werkzeugmaschinen oder zur Abtastung magnetisierter Oberflächen.

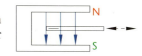

Bild 271: Messung von B mit der Hallsonde

Aufgaben

1. Protonen mit der kinetischen Energie $E_k = 1{,}8$ keV treten nach B 271.1 unterschiedlich in ein homogenes Magnetfeld mit $B = 0{,}738$ T ein.
   a) Skizzieren Sie den Bahnverlauf und geben Sie an, ob sich die Bahngeschwindigkeit $\vec{v}$ ändert.
   b) Berechnen Sie die Lorentzkraft F_L, sofern sie auftritt, und die Beschleunigung a, der das Proton unterliegt. Deuten Sie diese Beschleunigung.
   c) Bearbeiten Sie die Frage a) für Elektronen und Neutronen.

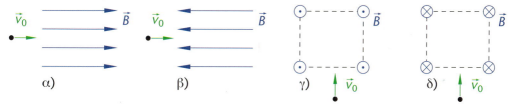

Bild 271.1

2. In einem homogenen Magnetfeld der Flussdichte B bewegen sich Ladungsträger mit der Masse m, der Ladung q und der Geschwindigkeit v auf einer Kreisbahn.
   a) Begründen Sie den Kreisbahnverlauf und die Lage der Feldlinien.
   b) Klären Sie rechnerisch, ob der Kreisbahnradius r von der Geschwindigkeit der Teilchen abhängt.
   c) Erläutern Sie durch Rechnung, wie sich die Umlaufdauer T der Teilchen auf der Kreisbahn ändert, wenn man ihre Geschwindigkeit verdoppelt und B konstant hält.
   d) Erläutern Sie durch Rechnung, wie sich die Umlaufdauer T der Teilchen auf der Kreisbahn ändert, wenn man ihre Geschwindigkeit verdoppelt und gleichzeitig B so einrichtet, dass $r =$ konstant gilt.

10.7 Magnetfelder spezieller Spulen

Permanentmagnete sind industriell nur eingeschränkt verwendbar. Für viele Zwecke benötigt man homogene Magnetfelder, deren magnetische Flussdichte B variabel und möglichst stufenlos veränderlich ist. Zwei Spulentypen eignen sich besonders: lange Spulen und Helmholtzspulen.

10.7.1 Magnetfeld einer langen Spule

In Kapitel 10.3 wurde gesagt, dass stromführende lange Spulen im Innenraum ein homogenes Magnetfeld besitzen. Eine Spule heißt lang oder langgestreckt, wenn zwischen Spulenlänge l und Spulendurchmesser d die Beziehung $l \geq 10d$ besteht.

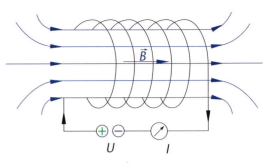

Mithilfe der Hallsonde wird nun das Magnetfeld einer langen Spule überprüft. Man legt sie an eine Gleichspannung U und misst mit der Hallsonde die magnetische

Bild 272: Lange Spule mit $\vec{B}$ = konstant im Innenraum

Flussdichte B im Innenraum (B 272). Der Halbleiter liegt senkrecht im Magnetfeld. Die Sonde wird längs der Feldlinien geführt, der Messwert von B beobachtet.

Beobachtung: Ein konstanter Gleichstrom I durch die lange Spule bewirkt im Innenraum ein konstantes homogenes Magnetfeld: $\vec{B}$ = konstant. Die magnetischen Feldlinien verlaufen parallel zur Spulenachse. Für die Praxis ist nur der homogene Bereich von Bedeutung. An den Spulenenden wird das Magnetfeld mehr und mehr inhomogen, die Flussdichte fällt ab. Im Außenraum sind die Messwerte von B klein und punktweise verschieden, das Magnetfeld also inhomogen und schwach.

Wie bei der Kapazität C eines Kondensators fragt man auch hier nach den Einflussgrößen, von denen die magnetische Flussdichte B einer langen Zylinderspule abhängt. Der folgende Versuch gibt Auskunft.

VERSUCH

Magnetische Flussdichte B einer langen Spule (B 273)

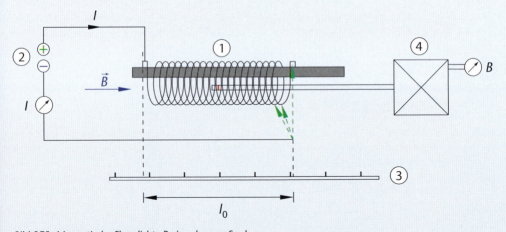

Bild 273: Magnetische Flussdichte B einer langen Spule

① lange Spule in der Art einer elastischen Schraubenfeder
② Gleichspannungsgerät
③ Längenmaßstab
④ Hallsonde zur Messung von B

Versuchsdurchführung:

B 273 zeigt den Versuchsaufbau. Man ordnet den Halbleiter im homogenen Innenbereich der Spule so an, dass er vom Magnetfeld senkrecht durchsetzt wird. Gemessen wird der Reihe nach die magnetische Flussdichte B in Abhängigkeit vom Erregerstrom I durch die Spule, von der Anzahl N der Windungen und der Spulenlänge l.

Messung:

- Untersucht wird der Zusammenhang zwischen B und dem Erregerstrom I. Konstant gehalten werden die Windungszahl $N = 29$, Spulenlänge $l_0 = 0,300$ m und Querschnittsfläche A der Spule.

I in A	0	2,0	3,7	6,4	8,7
B in mT	0	0,24	0,43	0,75	1,03
$\dfrac{B}{I}$ in 10^{-3} T		0,12	0,12	0,12	0,12

Somit: Im Rahmen der Messgenauigkeit gilt: $B \sim I$.

- Untersucht wird der Zusammenhang zwischen B und der Windungszahl N. Konstant gehalten werden die Stromstärke $I = 7,50$ A, $l_0 = 0,300$ m und Querschnittsfläche A.

N	29	27	25	22
B in mT	1,10	1,00	0,95	0,83
$\dfrac{B}{N}$ in 10^{-5} T	3,7	3,8	3,8	3,8

Somit: Im Rahmen der Messgenauigkeit gilt: $B \sim N$.

- Untersucht wird der Zusammenhang zwischen B und der Länge l der Spule. Konstant gehalten werden $I = 7,50$ A, $N = 29$ und A.

l in m	0,300	0,264	0,217
B in mT	1,12	1,37	1,60
Bl in 10^{-3} Tm	0,34	0,36	0,35

Somit: Im Rahmen der Messgenauigkeit gilt: $B \sim \dfrac{1}{l}$.

Wiederholt man die Messreihen unter gleichen Bedingungen mit anderen Spulendurchmessern bzw. Querschnittsflächen A, so zeigt sich kein Einfluss auf B. Die magnetische Flussdichte einer langen Spule hängt nicht von der Querschnittsfläche A der Spule ab.

Die Zusammenfassung von $B \sim I$, $B \sim N$ und $B \sim \dfrac{1}{l}$ führt zur Proportionalität $B \sim INl^{-1}$ bzw. zur Gleichung $B = k\dfrac{N}{l}I$. Die Proportionalitätskonstante $k = \mu_0$ heißt **magnetische Feldkonstante**.

Ein erster Näherungswert für μ_0 entsteht z. B. aus der zweiten Messung der zweiten Messreihe:

$$k = \frac{Bl}{NI}, \quad k = \frac{1,00 \text{ mT} \cdot 0,300 \text{ m}}{27 \cdot 7,50 \text{ A}} = 14,8 \cdot 10^{-7} \text{ NA}^{-2}.$$

Die magnetische Feldkonstante μ_0 ist eine Fundamentalkonstante und für das Magnetfeld charakteristisch. Sie hat den theoretischen Wert $\mu_0 = 4\pi \cdot 10^{-7}$ NA^{-2}, den man auch als Dezimalzahl $\mu_0 = 12,566\,370\,614 \ldots 10^{-7}$ NA^{-2} schreiben kann.

▶ **Die magnetische Flussdichte B einer langen stromdurchflossenen leeren Spule erhält man mit der Gleichung $B = \mu_0 \dfrac{N}{l} I$ oder mithilfe einer Hallsonde.**

Bemerkungen:

- Der Quotient $\dfrac{N}{l}$ heißt **Windungsdichte**. Er gibt die Anzahl N der Windungen an, die auf der Einheitsspulenlänge $l = 1$ m liegen.
  Verlängert man eine Spule und erhöht man gleichzeitig die Anzahl der Windungen so, dass die Windungsdichte erhalten bleibt, so ergibt die gleiche Stromstärke I die gleiche magnetische Flussdichte B.

- Füllt man den gesamten Innenraum einer langen Spule mit einem ferromagnetischen Stoff aus, so erhöht sich der Betrag B der magnetischen Flussdichte $\vec{B}$ unter gleichen Versuchsbedingungen zum Teil massiv. Grund: Das Spulenfeld richtet die Elementarmagnete des Stoffes aus. Die Steigerung von B gegenüber dem Vakuum mit dem Wert $\mu_r = 1$ erfasst die materialabhängige **Permeabilitätszahl** μ_r; sie ist ein reiner Zahlenfaktor. Luft hat nahezu den gleichen Wert wie das Vakuum. In B 274 findet man die Permeabilitätszahlen einiger Stoffe.

Ferromagnetikum	μ_r
Flussstahl	4 000
Gusseisen	800
Supermalloy	800 000
Transformatorenblech	7 500

Bild 274: Permeabilitätszahlen einiger Stoffe

Eine genaue Messung führt zum Ergebnis: $B \sim \mu_r$. Die Formel der magnetischen Flussdichte einer langen stromführenden Spule mit einem ferromagnetischen Stoff im gesamten Innenraum lautet: $B = \mu_0 \mu_r \dfrac{N}{l} I$.

- Fasst man in $B = \mu_0 \mu_r \dfrac{N}{l} I$ nur die technischen Daten der Spule und den das Magnetfeld erzeugenden Strom I zusammen, dann entsteht eine neue physikalische Größe, die **magnetische Feldstärke** heißt. Sie besitzt das Formelzeichen H. Es gilt: $H = \dfrac{N}{l} I$. Die magnetische Feldstärke H hat die Einheit: $[H] = \left[\dfrac{N}{l} \right] [I]$, $[H] = 1 \, \dfrac{A}{m}$. Mit der magnetischen Flussdichte besteht der Zusammenhang: $B = \mu_0 \mu_r H$ bzw. vektoriell: $\vec{B} = \mu_0 \mu_r \vec{H}$ mit $\vec{B} \uparrow\uparrow \vec{H}$. Mit der Größe B kennt man automatisch die Größe H und umgekehrt, beide sind zueinander proportional. Zur Beschreibung der Stärke eines Magnetfeldes genügt daher eine der beiden Größen. Heute verwendet man meist die magnetische Flussdichte $\vec{B}$.

10.7.2 Helmholtzspulen

Der deutsche Physiker Helmholtz erfand eine spezielle Spulenanordnung. Sie besteht aus zwei parallelen Spulen mit gleicher Achse. Der Spulenradius r stimmt mit dem mittleren Abstand der Spulen überein (B 275). Fließt ein konstanter Strom I, so ist das Feld jeder Einzelspule mit N Windungen inhomogen. Beide Felder überlagern sich zu einem annähernd homogenen Gesamtfeld im Innenraum des Spulenpaares, der von allen Seiten frei zugänglich ist.

Die Messung mit einer Hallsonde bestätigt diese Aussage, wie das r-B- Diagramm in B 275 zeigt.

Ohne Herleitung wird mitgeteilt, dass sich die magnetische Flussdichte B im Inneren eines Spulenpaares nach Helmholtz aus der Gleichung $B = \left(\dfrac{4}{5}\right)^{1,5} \dfrac{\mu_0 N I}{r}$ ergibt. Die Windungszahl N bezieht sich auf eine Spule des Paares; r ist der Spulenradius und der mittlere Spulenabstand.

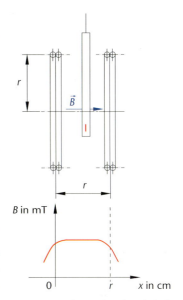

Aufgaben

1. In einer langen Spule mit $l = 45,0$ cm wird ein homogenes Magnetfeld mit $B = 1,40$ mT durch einen Erregerstrom der Stärke $I = 80,0$ mA erzeugt.
   a) Nennen Sie eine Faustregel, durch die eine lange Spule festgelegt ist.
   b) Berechnen Sie die Anzahl N der erforderlichen Windungen.
2. Der Innenraum einer langen stromführenden Spule ($I = 0,183$ A, $l = 60,0$ cm, $N = 215$) ist vollständig und gleichmäßig mit einem unbekannten ferromagnetischen Stoff ausgefüllt. Eine Messung mit der Hallsonde ergibt dort die magnetische Flussdichte $B = 0,617$ T.
   a) Erklären Sie das Zustandekommen der Hallspannung U_H und leiten Sie sie allgemein her.
   b) Ermitteln Sie durch Rechnung die Permeabilitätszahl μ_r und benennen Sie den Füllstoff.

Bild 275: Spulenpaar nach Helmholtz mit r-B-Diagramm

3. Eine dünne rechteckige Silberplatte der Breite b liegt senkrecht im homogenen Feldbereich eines Helmholtzspulenpaares. Sie wird vom Strom I durchflossen. Dadurch entsteht quer zur Platte die messbare Hallspannung U_H. Die magnetische Flussdichte B des Spulenpaares genügt der Gleichung $B = 1,51 \cdot 10^{-3} \text{ VsA}^{-1}\text{m}^{-2} I^*$. I^* ist die Stromstärke im Paar. Zwischen U_H und I^* besteht ein Zusammenhang, den folgende Messreihe erfasst:

I^* in A	0	0,741	1,52	2,26
U_H in μV	0	4,68	9,59	14,3

   a) Berechnen Sie die Flussdichte B im Spulenpaar für die Messwerte von I^* und zeichnen Sie das B-U_H-Diagramm.
   b) Ermitteln Sie aus dem Diagramm die Abhängigkeit der Spannung U_H von der Flussdichte B in Gleichungsform und die dabei auftretende Konstante k.
   c) Erläutern Sie mithilfe einer beschrifteten Skizze die Kräfte, denen die bewegten Elektronen in der Silberplatte unterliegen.

10.8 Bewegung freier Ladungsträger im homogenen Magnetfeld

Atomare Teilchen und Elektronen bleiben selbst bei Verwendung stärkster Mikroskope unsichtbar, ihre Masse kann nicht durch direkte Wägung ermittelt werden. Deshalb fiel die Messung der spezifischen Ladung $\dfrac{e}{m_e}$ von Elektronen in Kapitel 9.12.2 aus. Das inzwischen bekannte Verhalten bewegter Elektronen und geladener Teilchen in Magnetfeldern gestattet, die Lücke zu schließen. Zudem kann nun erklärt werden, weshalb das Magnetfeld der Erde, wie in Kapitel 10.2 vermerkt, vor dem Sonnenwind schützt. Schließlich wird mit dem Massenspektrometer ein äußerst wichtiges Messgerät der Physik vorgestellt.

10.8.1 Bestimmung der spezifischen Elektronenladung

Der folgende Versuch gestattet die Bestimmung der spezifischen Elektronenladung $\frac{e}{m_e}$.

Fadenstrahlrohr im Helmholtzspulenpaar (B 276)

① Fadenstrahlrohr im Helmholtzspulenpaar
② Gleichspannung U_A zur Beschleunigung der Elektronen zwischen
   Katode und Anode
③ variable Gleichspannung U zum Aufbau eines homogenen Magnetfeldes
   im Spulenpaar (nicht sichtbar)

**Versuchsdurchführung und
Beobachtung:**
Man wählt die Beschleunigungsspannung U_A so, dass ein ausreichend intensiver, gleichmäßiger Elektronenstrahl
freigesetzt wird. Er durcheilt die elektrisch positive Ringanode. Die Röhre
enthält geringe Anteile eines Edelgases.

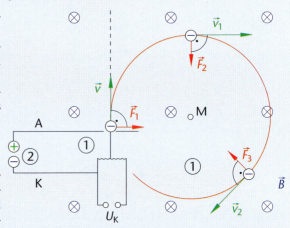

Bild 276: Fadenstrahlrohr im Helmholtzspulenpaar

Treffen Elektronen im Anschluss an die
Ringanode mit ausreichender kinetischer Energie auf Edelgasatome, so werden diese angeregt
und leuchten. Die Bahn der Elektronen wird indirekt sichtbar (in blau, rot usw.). Die Spannung U führt zum Erregerstrom I. Er baut im Spulenpaar ein konstantes homogenes Magnetfeld auf. Katode und Anode sind in B 276 so nach oben angeordnet, dass die Elektronen des
Fadenstrahls mit konstanter Geschwindigkeit $\vec{v}$ senkrecht in das Magnetfeld mit $\vec{B}$ = konstant
eintreten: $\vec{v} \perp \vec{B}$. Die variable Spannung U ermöglicht Beobachtungen bei

- $I = 0$: Die Elektronen bewegen sich im Spulenpaar ohne Magnetfeld nach dem Trägheitsaxiom geradlinig mit konstanter Geschwindigkeit $\vec{v}$, prallen auf die innere Glas-
  wand der Röhre und werden abgeleitet.
- $I > 0$, klein: Eine leichte Krümmung des Elektronenstrahls wird sichtbar und deutet auf
  wirkende Kräfte hin, deren Verlauf nach der UVW-Regel festliegt. Es gilt: $\vec{v} \perp \vec{B}$,
  $\vec{v}_1 \perp \vec{B}$, $\vec{v}_2 \perp \vec{B}$,...; ebenso: $\vec{v} \perp \vec{F}_1$, $\vec{v}_1 \perp \vec{F}_2$, $\vec{v}_2 \perp \vec{F}_3$,...
- $I > 0$: Bei ausreichender Stromstärke I entsteht ein Kreis in einer Ebene senkrecht zu $\vec{B}$; es
  gilt weiterhin: $\vec{v} \perp \vec{B}$, $\vec{v}_1 \perp \vec{B}$, $\vec{v}_2 \perp \vec{B}$,...; ebenso: $\vec{v} \perp \vec{F}_1$, $\vec{v}_1 \perp \vec{F}_2$, $\vec{v}_2 \perp \vec{F}_3$,...

Erklärung:
Die Ablenkung des Fadenstrahls nach senkrechtem Eintritt in das Magnetfeld erfolgt, weil die
Elektronen der Masse m_e, der Ladung e und der Eintrittsgeschwindigkeit v während der
Bewegung ständig der Lorentzkraft $\vec{F}_L$ unterliegen. Sie hat in jedem Bahnpunkt den konstan-
ten Betrag $F_L = evB$ und eine Richtung, die sich punktweise aus der Dreifingerregel der rech-
ten Hand herleitet. Sie verläuft in jedem Bahnpunkt senkrecht zu $\vec{v}$ und $\vec{B}$, ändert den Betrag
von $\vec{v}$ nicht und zeigt in jedem Moment auf einen bestimmten Punkt M hin. Daher hat die
Lorentzkraft $\vec{F}_L$ die Bedeutung einer Zentripetalkraft $\vec{F}_{rad}$. Der Fadenstrahl krümmt sich zur
Kreisbahn senkrecht zu $\vec{B}$, die Bahngeschwindigkeit v bleibt erhalten. Rechnerisch gilt:

1. $\vec{F}_L = \vec{F}_{rad}$ bzw. betragsmäßig: $F_L = F_{rad}$

2. $F_L = evB$, $F_{rad} = \dfrac{m_e v^2}{r}$

3. $v = \sqrt{2\dfrac{e}{m_e}U_A}$

Somit: $evB = \dfrac{m_e v^2}{r}, \; eB = \dfrac{m_e v}{r} \quad |^2$

$(eB)^2 = m_e^2 \dfrac{v^2}{r^2}, \; \left(\dfrac{e}{m_e}\right)^2 = \dfrac{v^2}{B^2 r^2}$

$\left(\dfrac{e}{m_e}\right)^2 = \dfrac{2\dfrac{e}{m_e}U_A}{B^2 r^2}, \; \dfrac{e}{m_e} = \dfrac{2U_A}{B^2 r^2}.$

Alle physikalischen Größen auf der rechten Seite der letzten Gleichung sind relativ einfach messbar: U_A mit dem Spannungsmesser, B mit der Hallsonde und r parallaxenfrei mithilfe zweier Spiegel vor und hinter dem Fadenstrahlrohr. Damit ist die spezifische Ladung $\dfrac{e}{m_e}$ bestimmt.

Sie hat heute den Messwert $\dfrac{e}{m_e} = 1{,}759 \cdot 10^{11} \, \text{Ckg}^{-1}$.

Da seit Millikan die Elementarladung e bekannt ist, ergibt die Auflösung der letzten Gleichung nach m_e die Masse des Elektrons: $m_e = 9{,}109 \cdot 10^{-31} \, \text{kg}$.

Die vorgenannten Überlegungen sind auf beliebig geladene bewegte Teilchen im homogenen Magnetfeld übertragbar mit dem allgemeinen Ergebnis: $\dfrac{|Q|}{m} = \dfrac{2U_A}{B^2 r^2}$.

▶ **Bewegte Ladung senkrecht zu einem konstanten homogenen Magnetfeld ($\vec{v} \perp \vec{B}$) durchläuft unter dem Einfluss der wirkenden Lorentzkraft $\vec{F}_L$ eine Kreisbahn in einer Ebene senkrecht zum Magnetfeld, wobei $\vec{F}_L \perp \vec{v}$ und $\vec{F}_L \perp \vec{B}$.**

10.8.2 Magnetische Flasche

Treten Elektronen mit der konstanten Geschwindigkeit $\vec{v}$ unter einem kleineren Winkel als 90° in das homogene Feld des Helmholtzspulenpaares ein, so erscheint eine Schraubenbahn. Sie entsteht, weil man $\vec{v}$ in eine Komponente $\vec{v}_s$ senkrecht zu $\vec{B}$ und eine Komponente $\vec{v}_p$ parallel zu $\vec{B}$ zerlegen kann (B 277). Die Elektronen des Fadenstrahls entfernen sich mit der Geschwindigkeit v_p von der Kreisbahnebene, die bei senkrechtem Eintritt in das Magnetfeld gegeben wäre.

Treten Elektronen in das inhomogene Feld zwischen den Polen zweier Stabmagnete ein, so entsteht eine etwa spiralförmige Schraubenbahn, deren Radius sich bei Annäherung zum Beispiel an den Nordpol mit zunehmender Flussdichte und Zentripetalkraft $\vec{F}_L$ verkleinert.

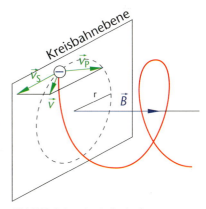

Bild 277: Schraubenbahn im homogenen Magnetfeld

Zudem wirkt $\vec{F}_L$ auf die Elektronen rücktreibend. Sie kehren deshalb um und durchlaufen im Bereich abnehmender Flussdichte eine Bahn mit wachsendem Radius zum entgegengesetzten Pol hin (B 278). In Südpolnähe nehmen die magnetische Flussdichte und die Zentripetalkraft wieder zu, der Radius der spiralförmigen Schraubenbahn verringert sich. Die Bahnen werden enger, die Lorentzkraft beginnt wieder rücktreibend zu wirken, die Elektronen kehren erneut um usw. Die Elektronen sind im Magnetfeld gefangen.

Eine solche Magnetfeldanordnung, in der Elektronen, Protonen oder andere bewegte geladene Teilchen über eine längere Zeitdauer zusammengehalten werden können, bezeichnet man als **magnetische Flasche** oder **Magnetfalle**.

Die Erde ist in guter Näherung ein Stabmagnet. Treffen energiereiche Elektronen und Protonen des Sonnenwindes oder andere geladene Teilchen aus dem Weltall auf die Erde, so werden sie vom Magnetfeld eingefangen. Sie umlaufen oft über Monate in spiraligen Bahnen die Magnetfeldlinien zwischen Nord- und Südpol, ohne die Erdoberfläche zu erreichen. Das Magnetfeld der Erde wirkt wie eine Art magnetische Flasche (B 279).

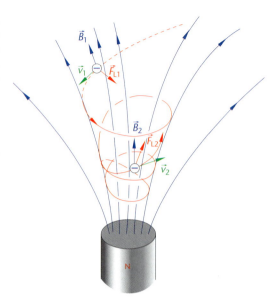

Bild 278: Spiralförmige Bahn im inhomogenen Magnetfeld

Sehr spezielle Magnetfeldanordnungen auf der Basis magnetischer Flaschen ermöglichen bei der gesteuerten Kernfusion mit Temperaturen um etwa 100 Millionen Grad Celsius, **Plasma**, also ionisierte gasförmige Materie in Form von Elektronen und Atomkernen, von den Reaktorgefäßwänden fernzuhalten, um dessen Abkühlung zu verhindern.

10.8.3 Massenspektrograf, Massenspektrometer

Ein sehr wichtiges Messgerät ist der Massenspektrograf. Er basiert auf Experimenten des Engländers Thomson, wurde ab 1919 aber vor allem durch den Engländer Aston weiterentwickelt. Mit ihm gelang der Nachweis der Isotopie. Atome des gleichen Elements können sich in der Masse unterscheiden.

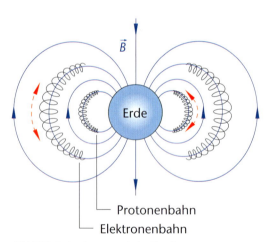

Protonenbahn
Elektronenbahn

Bild 279: Erde als magnetische Flasche

Eine Quelle setzt gleich geladene Ionen unterschiedlicher Geschwindigkeit v_i und Masse m_i frei. Sie durchlaufen zuerst einen Geschwindigkeitsfilter und treten dann mit einheitlicher Geschwindigkeit v in ein konstantes homogenes Magnetfeld senkrecht ein. In diesem Bereich findet die Massenbestimmung der Ionen statt.

B 280 zeigt den Aufbau eines **Geschwindigkeitsfilters** oder **Wienfilters**.

① Quelle für gleich geladene Ionen mit unterschiedlicher Geschwindigkeit v_i und Masse m_i

② Zum Beispiel Helmholtzspulenpaar zum Aufbau eines variablen homogenen Magnetfeldes

③ Plattenkondensator, an dem eine variable Gleichspannung U zum Aufbau eines homogenen elektrischen Feldes liegt

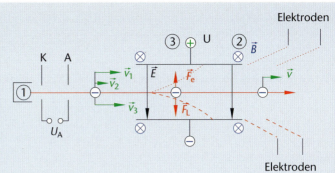

Bild 280: Geschwindigkeitsfilter

VERSUCH

Versuchsdurchführung und Beobachtung:

Eine Quelle setzt beispielsweise negativ geladene Ionen frei. Sie werden in einem elektrischen Längsfeld beschleunigt, durchlaufen mit unterschiedlicher konstanter Endgeschwindigkeit v_i die Blendenöffnung der Anode und treten senkrecht in den Wienfilter ein. Er ist nach dem deutschen Physiker Wien benannt.

Der eigentliche Filter besteht aus einem Plattenkondensator mit homogenem elektrischem Feld, der von einem homogenen magnetischen Feld senkrecht durchsetzt wird. Man sagt, beide Felder kreuzen sich senkrecht. Sowohl die Stärke E des elektrischen Feldes als auch die Flussdichte B des Magnetfeldes lassen sich fein abstimmen.

Das elektrische Feld allein führt zur elektrischen Feldkraft $\vec{F}_e$ auf die negativen Ionen. Im Ablenkkondensator von B 280 entsteht wegen der Kondensatorpolung eine Parabelbahn der Ionen nach oben.

Das magnetische Feld allein bewirkt die Lorentzkraft $\vec{F}_L$ auf die Ionen. Es bildet sich ein Kreisbogen senkrecht zu den magnetischen Feldlinien im Uhrzeigersinn aus.

Nun sei $\vec{B}$ = konstant. Durch eine genaue Abstimmung der Ablenkspannung U wird die elektrische Feldstärke $\vec{E}$ so eingerichtet, dass der Ionenstrahl geradlinig die sich kreuzenden Felder durchläuft. Ist $\vec{E}$ = konstant, so variiert man $\vec{B}$ sorgsam mit dem gleichen Ziel.

In beiden Fällen ist die Ionenbahn linear, falls die Gleichgewichtsbedingung $\vec{F}_L + \vec{F}_e = \vec{0}$ gilt. Betragsmäßig schreibt man: $F_L - F_e = 0$ bzw. $F_L = F_e$. Mit $F_L = qvB$ und $F_e = qE$ erhält man: $qvB = qE$, $v = \dfrac{E}{B}$.

Bemerkungen:

- Nur Ionen mit der konstanten Geschwindigkeit v, die dem Quotienten $\dfrac{E}{B}$ gleich ist, durchlaufen die gekreuzten Felder unabgelenkt. Es fällt auf, dass v von der Masse m und der Ladung q der bewegten Teilchen unabhängig ist.

- Mit dem Wienfilter werden aus einem Gemisch geladene Teilchen einer ganz bestimmten Geschwindigkeit $\vec{v}$ = konstant gefiltert, die man durch $\vec{E}$ und $\vec{B}$ festlegt.

- Interessant ist auch der Nichtgleichgewichtsfall. Man muss dabei beachten, dass nur $F_L = qvB$ von der Teilchengeschwindigkeit v abhängt, nicht aber die Kraft F_e. Es gibt im Teilchengemisch natürlich auch Ionen mit der Geschwindigkeit

  – $v^* > v$: daraus folgt $F_L > F_e$. Sie bewegen sich zur unteren Platte hin.

  – $v^{**} < v$: daraus folgt $F_L < F_e$. Sie werden nach oben zur positiven Kondensatorplatte abgelenkt.

Ordnet man hinter dem Filter Elektroden an, deren definierter Abstand ganz bestimmten Geschwindigkeiten entspricht, so nehmen sie die abgelenkte Ladung nur dieser Geschwindigkeiten auf. Dadurch erhält man einen Überblick über die Geschwindigkeitsverteilung im Teilchengemisch.
Die Stärke des Elektrodenstroms signalisiert die Häufigkeit, mit der eine bestimmte Geschwindigkeit im Gemisch vorkommt.

B 281 zeigt eine mögliche Magnetfeldanordnung, in die Ionen aus dem Filter mit der gemeinsamen konstanten Geschwindigkeit $v = \dfrac{E}{B}$ senkrecht eindringen.

Das Feld kann die bisherige Flussdichte $\vec{B}$ oder eine andere konstante Flussdichte $\vec{B}^{\star}$ haben. Erst in diesem Experimentalbereich, dem eigentlichen **Massenspektrografen**, findet die Massenbestimmung der Ionen statt.

Im Magnetfeld rechts von der Blendenöffnung, z. B. mit der konstanten magnetischen Flussdichte $\vec{B}$, erfahren die Ionen Lorentzkräfte mit dem konstanten Betrag

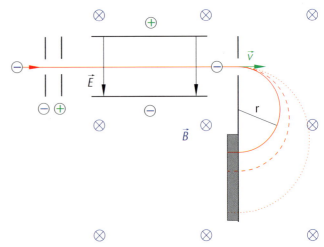

Bild 281: Modell eines Massenspektrometers

$F_L = qvB$, aber unterschiedlicher Richtung nach der UVW-Regel. Die Lorentzkraft $\vec{F}_L$ wirkt als Zentripetalkraft. Sie zwingt die Ionen auf Kreisbahnen, deren Radius r in Abhängigkeit von der Teilchenmasse m durch den Ansatz $\vec{F}_L = \vec{F}_{rad}$, betragsmäßig $F_L = F_{rad}$, festgelegt ist.

Mit $F_L = qvB$ und $F_{rad} = m\dfrac{v^2}{r}$ folgt: $qvB = m\dfrac{v^2}{r}$, $r(m) = \dfrac{v}{qB}m$.

Da v, q und B konstante Größen sind, besteht die Proportionalität $r \sim m$. Je größer die Masse m eines Teilchens ist, desto länger ist der Kreisbahnradius r. Der eindringende Teilchenstrahl wird massenabhängig in mehrere Kreisbogen zerlegt. Alle werden auf eine Fotoplatte gelenkt, die sie an der Auftreffstelle schwärzen. Schwere Teilchen treffen in B 281 weiter entfernt vom eindringenden Strahl auf als leichte. Die Intensität der Schwärzung ist ein Maß für den Anteil der jeweiligen Masse m im ursprünglichen Teilchengemisch.

In B 281 treffen Ionen mit den Massen $m_1 < m_2 < m_3$ auf die Fotoplatte auf. Diese fotografische Aufzeichnung heißt Massenspektrogramm. B 282 zeigt das Massenspektrogramm verschiedener Molekülionen der Massenzahl $A = 20$, die sich kaum in der Masse unterscheiden.

Der Massenspektrograf erlaubt feinste Massentrennungen und Massenbestimmungen bis zur Größenordnung 10^{-31} kg auf mehr als sechs geltende Ziffern genau. Dabei wurde festgestellt, dass auch chemisch reine Stoffe, Elemente, aus einem Gemisch von Atomen unterschiedlicher Masse, den Isotopen, bestehen. Der Massenspektrograf ist ein wichtiges Messgerät der Atom- und Kernphysik, der Chemie und der Materialanalyse.

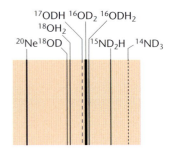

Bild 282: Massenspektrogramm

Beim Massenspektrometer mit gleicher Wirkungsweise wie der des Massenspektrografen werden die getrennten Ionen auf elektrischem Weg aufgefangen und gezählt.

Beispiel

Protonen durchlaufen einen Beschleunigungskondensator ($d = 15{,}5$ cm, $U = 315$ V). Danach treten sie senkrecht zu den Feldlinien in das homogene Magnetfeld eines Helmholtzspulenpaares ($r = 25{,}0$ cm, $N = 420$, $I = 5{,}70$ A) ein.

a) Man skizziere die Versuchsanordnung und berechne die Geschwindigkeit v, mit der die Protonen in das Magnetfeld eindringen.
b) Man ermittle die magnetische Flussdichte B im homogenen Magnetfeld.
c) Man bestimme durch Rechnung die Beschleunigung a, der die Protonen im Magnetfeld unterliegen, und erläutere, weshalb die Protonen trotz Beschleunigung keine Änderung der kinetischen Energie erfahren.

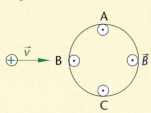

d) B 283 zeigt das Magnetfeld im Spulenpaar; die Feldlinien treten aus der Zeichenebene aus. Die Protonen mit der Geschwindigkeit $\vec{v}$ können an den Punkten A, B oder C in das Magnetfeld eintreten. Man bestimme den Eintrittspunkt, der zu einer Kreisbahn führt. Man beschreibe außerdem den Bahnverlauf bei den anderen Eintrittspunkten.

Bild 283

e) Man berechne allgemein und mit den gegebenen Messwerten die Umlaufdauer T der Protonen auf der Kreisbahn und benenne eine Auffälligkeit im allgemeinen Ergebnis für T.

Lösung:

a) Die Versuchsanordnung zeigt B 284
   Legende:
   ① Protonenquelle
   ② Beschleunigungskondensator mit der Spannung U
   ③ Helmholtzspulenpaar mit $\vec{B}$ = konstant
   Der Kondensator ist so angeordnet, dass die freigesetzten Protonen nahezu ohne Anfangsgeschwindigkeit im elektrischen Längsfeld beschleunigt werden, die (negative) Anode mit der maximalen Geschwindigkeit $\vec{v}$ durchlaufen und senkrecht in das Magnetfeld eintreten. Die Beschleunigung a erhält man mit der Überlegung: beschleunigende Kraft F = elektrische Feldkraft F_e. Mit $F = ma$, $F_e = eE$

   und $E = Ud^{-1}$ folgt: $ma = eUd^{-1}$, $a = \dfrac{eU}{md}$.

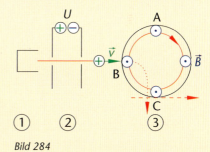

Bild 284

Für die Maximalgeschwindigkeit gilt mit $v_0 = 0$: $v = \sqrt{2ad} = \sqrt{2\dfrac{eU}{md}d} = \sqrt{2\dfrac{e}{m}U}$.

Mit Messwerten: $v = \sqrt{2 \cdot \dfrac{1{,}602 \cdot 10^{-19}\ \text{C}}{1{,}673 \cdot 10^{-27}\ \text{kg}} \cdot 315\ \text{V}} = 2{,}46 \cdot 10^5\ \text{ms}^{-1}$.

b) Die magnetische Flussdichte B ist im Innenbereich eines Helmholtzspulenpaares konstant. Sie berechnet sich mit der Formel: $B = \left(\dfrac{4}{5}\right)^{1{,}5}\dfrac{\mu_0 NI}{r}$, wobei $N = 420$ die Windungszahl einer der

   beiden Spulen ist. Mit Messwerten: $B = \left(\dfrac{4}{5}\right)^{1{,}5}\dfrac{4\pi \cdot 10^{-7}\ \text{NA}^{-2} \cdot 420 \cdot 5{,}70\ \text{A}}{0{,}250\ \text{m}} = 8{,}61$ mT.
   Eine Messung mit der Hallsonde kommt zum gleichen Ergebnis

c) Bewegte Protonen unterliegen bei senkrechtem Eintritt in das homogene Magnetfeld der maximalen Lorentzkraft $F_L = evB$. Die Richtung von $\vec{F}_L$ erhält man aus der UVW-Regel der rechten Hand. $\vec{F}_L$ wirkt als Zentripetalkraft, da $\vec{v} \perp \vec{B}$. Sie erteilt den Protonen die radiale Beschleunigung $\vec{a}_{rad}$ zum Mittelpunkt der Kreisbahn hin. Damit folgt: $F_{rad} = F_L$. Mit $F_{rad} = ma_{rad}$ erhält man: $ma_{rad} = evB$ bzw. $a_{rad} = \dfrac{e}{m}vB$.

Mit Messwerten: $a_{rad} = \dfrac{1{,}602 \cdot 10^{-19}\ \text{C}}{1{,}673 \cdot 10^{-27}\ \text{kg}} \cdot 2{,}456 \cdot 10^5\ \text{ms}^{-1} \cdot 8{,}611 \cdot 10^{-3}\ \text{T} = 2{,}03 \cdot 10^{11}\ \text{ms}^{-1}$. Da in jedem Bahnpunkt $\vec{a}_{rad} \perp \vec{v}$ gilt, ändert sich immer nur die Richtung und nicht der Betrag von $\vec{v}$. Mit $v = $ konstant bleibt auch die kinetische Energie $E_k = \dfrac{1}{2}mv^2$ der Protonen auf der Kreisbahn konstant.

d) Wie in B 284 angedeutet, führt der Eintritt in A zu einem Vollkreis im Uhrzeigersinn, in B zu einem Kreisbogen im Uhrzeigersinn. Keinen Einfluss auf die lineare Protonenbewegung nimmt der tangentiale Durchgang durch C.

e) Die Protonen vollführen eine gleichförmige Kreisbewegung, da alle Einflussgrößen konstant gehalten werden. Die Umlaufdauer T folgt aus $v = \omega r$ mit $\omega = \dfrac{2\pi}{T}$. Die Bahngeschwindigkeit leitet sich allgemein aus dem Ansatz $F_{rad} = F_L$ ab, wobei jetzt $F_{rad} = \dfrac{mv^2}{r} = m\omega^2 r$ ist. Es entsteht: $\dfrac{mv^2}{r} = evB$, $v = \dfrac{e}{m}Br$. Für die Umlaufdauer erhält man: $v = \dfrac{2\pi}{T}r$, $T = 2\pi\dfrac{r}{v} = 2\pi\dfrac{mr}{eBr} = 2\pi\dfrac{1}{\frac{e}{m}B}$.

Sie ist unabhängig von der Bahngeschwindigkeit v. Mit Messwerten:

$$T = 2\pi\dfrac{1{,}673 \cdot 10^{-27}\ \text{kg}}{1{,}602 \cdot 10^{-19}\ \text{C} \cdot 8{,}611 \cdot 10^{-3}\ \text{T}} = 7{,}62\ \mu\text{s}.$$

Aufgaben

1. B 285 zeigt einen Strahl mit Protonen unterschiedlicher Geschwindigkeit v_i, der in den Feldbereich eines Geschwindigkeitsfilters eintritt. Die Feldlinien des homogenen Magnetfeldes mit $B = 0{,}10$ T treten aus der Zeichenebene senkrecht aus.

   a) Zeichnen Sie die Feldlinien des Kondensatorfeldes so ein, dass die Anordnung als Geschwindigkeitsfilter verwendet werden kann.

   Bild 285

   b) Ermitteln Sie den Betrag E der elektrischen Feldstärke $\vec{E}$, für den Protonen der Geschwindigkeit $v_0 = 5{,}0 \cdot 10^6$ ms^{-1} die Anordnung geradlinig durchlaufen.

   c) Erklären Sie, was mit Protonen im Strahl geschieht, die mit der Geschwindigkeit $v_1 > v_0$ oder $v_2 < v_0$ in den Filter eintreten, und welche Anwendungsmöglichkeiten demnach die Versuchsanordnung bietet.

   d) Beantworten Sie die Fragen a) bis b) für den Fall, dass anstelle von Protonen Elektronen oder $^4_2$He-Kerne verwendet werden.

2. B 286 zeigt das Funktionsprinzip eines Massenspektrometers. Eine Quelle liefert ein Isotopengemisch mit zwei unterschiedlichen Massen m_1 und m_2, die einfach positiv ionisiert sind (ein Elektron in der Atomhülle fehlt). Die Ionen verlassen den Beschleunigungskondensator mit ungleichen Geschwindigkeiten.
   Danach durchqueren sie einen Wienfilter mit den Feldgrößen E und B. Nur Teilchen einer bestimmten konstanten Geschwindigkeit v_0 treten linear aus dem Filter, durchlaufen eine Blende und dringen in ein weiteres homogenes Magnetfeld der Flussdichte B* senkrecht ein.

   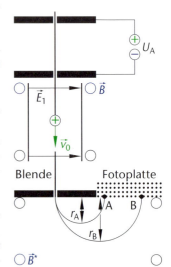

   Bild 286

Im B*-Feld spaltet sich der Ionenstrahl in zwei Teilstrahlen auf, die eine Fotoplatte in den Punkten A und B schwärzen.

a) *Zeichnen Sie im B-Feld die magnetischen Feldlinien so ein, dass die Anordnung als Geschwindigkeitsfilter verwendet werden kann.*

b) *Die Feldgrößen des Filters haben die Messwerte B = 25,0 mT und E = 1,0 kVm^{-1}. Zeichnen Sie die Kräfte ein, die auf die positiven Ionen beim linearen Durchgang wirken, und berechnen Sie den Betrag der Kräfte.*

c) *Ermitteln Sie die Geschwindigkeit v_0 der unabgelenkten Ionen.*

d) *Zeichnen Sie im B*-Feld die Orientierung der Feldlinien so ein, dass der eingezeichnete Bahnverlauf entsteht.*

e) *Leiten Sie allgemein eine Beziehung zur Berechnung der Ionenmasse m aus bekannten und messbaren Größen her.*

f) *Entscheiden Sie, in welchem der Punkte A oder B Ionen mit der größeren Masse auftreffen, und begründen Sie die Antwort.*

g) *Begründen Sie, weshalb man bei diesem Massenspektrometertyp Ionen gleicher Geschwindigkeit v_0 benötigt.*

3. *Ein magnetohydrodynamischer Generator (**MHD-Generator**) ist ein Energiewandler, der die kinetische oder thermische Energie eines strömenden elektrisch leitfähigen Gases mit Temperaturen von einigen tausend Kelvin direkt in elektrische Energie umwandelt. Das leitfähige Gas aus Protonen und Elektronen bezeichnet man als Plasma. Düsen beschleunigen es so stark, dass es einen Kondensator aus zwei parallelen Elektroden mit d = 4,0 mm z. B. mit der Geschwindigkeit v = 1,0 · 10^3 ms^{-1} durchströmt. Die Strömungsrichtung liegt senkrecht zu einem homogenen Magnetfeld mit B = 16,5 mT.*

Ähnlich wie beim Halleffekt entsteht quer zum strömenden Plasma eine elektrische Spannung, die an den Elektroden abgegriffen werden kann. Werden sie mit einem Verbraucher (= elektrischer Widerstand) verbunden, so fließt ein elektrischer Strom. Dabei wird dem strömenden Plasma Energie entzogen und dem Verbraucher zugeführt. Das bedeutet: Die Bewegungsenergie der Ladungsträger wandelt sich direkt in elektrische Energie um. Der Wirkungsgrad von 50 bis 60 % liegt um mehr als 10 % über dem herkömmlicher Energieanlagen.

Materialprobleme wie Wärmefestigkeit und Korrosionsbeständigkeit oder die Herstellung und Bündelung des heißen Plasmas führten bisher in allen Versuchsanlagen zu unbefriedigenden Ergebnissen.

a) *Entscheiden Sie im Modell von B 287, welche Elektrode sich positiv und welche sich negativ auflädt, und beschreiben Sie den zugehörigen Bahnverlauf der geladenen Teilchen im Plasma.*

b) *Berechnen Sie alle Feldkräfte, denen Protonen und Elektronen im Idealfall eines linearen Durchgangs unterliegen.*

c) *Jede Elektrodenplatte besitzt die Fläche A = 0,060 m^2. Berechnen Sie die maximale Spannung U, die der Generator im Idealfall liefern kann, und die maximale Ladung Q, die die Platten dabei aufnehmen.*

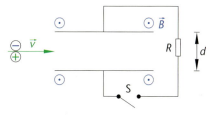

d) *Erklären Sie, welchen Einfluss das Schließen des Schalters S auf den Bahnverlauf der geladenen Teilchen nimmt.*

e) *Berechnen Sie die Stromstärke I im Widerstand R = 1,0 Ω, falls pro Sekunde 3,0 · 10^{15} Teilchen beider Arten in die Elektrodenanordnung eintreten und zu den jeweiligen Platten gelangen.*

Bild 287

10.9   Elektromagnetische Induktion

Ein einfaches Experiment führt in einen weiteren Bereich der Physik, die elektromagnetische Induktion. Zuerst werden einfache Phänomene gezeigt und erklärt. Die mathematisch-physikalische Beschreibung schließt sich an und endet mit dem Induktionsgesetz in differenzieller Form. Danach werden einige Anwendungen und Folgerungen behandelt.

10.9.1 Grundlagen der Induktion

Ein Strom, der durch einen Leiter fließt, umgibt sich mit einem Magnetfeld. Nach Vorarbeiten verschiedener Physiker entdeckte Faraday 1831, dass sich dieser Vorgang umkehren lässt. Ein Magnetfeld kann einen Strom erzeugen, wenn es sich zeitlich ändert. Das elektromotorische Prinzip ermöglicht, beide Vorgänge anschaulich zu vergleichen.

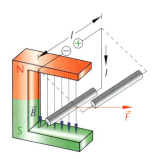

Bild 288: Elektromotorisches Prinzip

Zur Erinnerung (B 288): Ein stromführender Leiter, der senkrecht oder schief in einem homogenen Magnetfeld liegt, erfährt eine Kraft, deren Richtung durch die UVW-Regel bestimmt ist. Es kommt zur Umwandlung von elektrischer Energie in mechanische. Der Strom ist Ursache, das Magnetfeld Vermittler und die Kraft auf den Leiter die Wirkung.

In dieser Versuchsanordnung werden nun Ursache und Wirkung vertauscht (B 289). Am stromlosen Leiter greift von außen die Kraft $\vec{F}$ an und führt ihn aus dem Feld. Für $\vec{F}$ gilt wie vorher: $\vec{F} \perp \vec{B}$ und $\vec{F} \perp \vec{l}$. Ersetzt man die Spannungsquelle durch einen empfindlichen Spannungsmesser, so macht man während der Leiterbewegung folgende Beobachtungen:

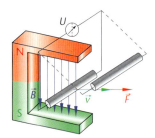

Bild 289: Prinzip der elektromagnetischen Induktion

- Bewegt sich der stromlose Leiter unter dem Einfluss der äußeren Kraft $\vec{F}$ mit der Geschwindigkeit $\vec{v}$ senkrecht oder schräg zu den Feldlinien des Magnetfeldes mit $\vec{B} =$ konstant, so tritt zwischen seinen Enden eine Spannung U auf. Sie heißt Induktionsspannung. Man sagt, eine Spannung U wird induziert. Schließt man die Leiterenden über einen Widerstand, so fließt der Induktionsstrom I. Die Kraft $\vec{F}$ wird unter der Vermittlung des B-Feldes Verursacher des Induktionsstroms I. Der gesamte Vorgang heißt **elektromagnetische Induktion**.

- Wiederholt man die Vertauschung von Ursache und Wirkung auch in der bisherigen UVW-Regel, so zeigt der Daumen nun in die Richtung der verursachenden Kraft $\vec{F}$, der Zeigefinger liegt weiterhin parallel zum Vermittler $\vec{B}$, der Mittelfinger senkrecht zu Daumen und Zeigefinger gibt den Verlauf des technischen Stroms I im Leiter mit der wirksamen Länge l an. Deshalb kann man die UVW-Regel der rechten Hand wie bisher verwenden.

- Auch diese neue Versuchsanordnung ist ein Energiewandler. Jetzt wird mechanische Energie in elektrische umgeformt.

- Die Polarität der Spannung und des Induktionsstroms ändern sich mit dem Bewegungssinn des Leiters oder mit dem Verlauf der magnetischen Feldlinien.

- Die induzierte Spannung ist maximal, wenn alle vektoriellen Größen senkrecht zueinander liegen. Sie verringert sich, wenn der Leiter schräg zum Magnetfeld geführt wird.

- Keine Spannung wird bei einer Leiterbewegung parallel zum Feld induziert.
- Bei Hufeisenmagneten anderer Flussdichte B in B 289 zeigt sich, dass U von B abhängt.
- Unterschiedliche wirksame Leiterlängen l ergeben unter gleicher Versuchsbedingung verschiedene Induktionsspannungen.
- Die induzierte Spannung U hängt auch von der Geschwindigkeit v ab, mit der der Leiter der Länge l senkrecht zum gleichen Magnetfeld bewegt wird.

Erklärung (B 290):

Zur Erklärung verwendet man ein Modell der Induktion, das sich auch bei anderer Gelegenheit bewährt. Es reduziert die elektromagnetische Induktion auf die drei entscheidenden Größen $\vec{F}$ bzw. $\vec{v}$ (Ursache), $\vec{B}$ (Vermittler) und I (Wirkung) in der wirksamen Leiterlänge l.

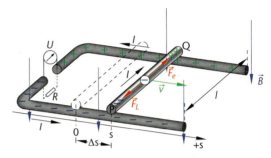

B 290 zeigt zwei Metallschienen senkrecht zu einem Magnetfeld der Flussdichte $\vec{B}$ = konstant. Die konstante Kraft $\vec{F}$ erteilt dem Leiter mit der Länge l aus der Ruhe die

Bild 290: Modell zur Induktion

konstante Geschwindigkeit $\vec{v}$ (siehe 10.3) längs der Verschiebungsstrecke $\Delta\vec{s}$. Da eine Bewegung vorliegt, legt man die Bezugsachse parallel zu $\vec{v}$ und den Bezugspunkt in die Ruheposition des Leiters. Die Ortsänderung während der Verschiebung beträgt $\Delta s = s - 0 = s$.

An den relativ frei beweglichen Elektronen im Leiterstab PQ (im Bild modellhaft angedeutet) greift während der Bewegung mit der Geschwindigkeit $\vec{v}$ senkrecht zum Magnetfeld der Flussdichte $\vec{B}$ die Lorentzkraft $\vec{F}_L$ mit $F_L = Bev$ an. Unter Einbeziehung der Überlegungen zum Halleffekt (s. Kap. 10.6.1) ist festzuhalten: Die Lorentzkraft erreicht zwischen P und Q eine Ladungstrennung. In P entsteht ein Überschuss an negativer Ladung, in Q ein Mangel. Zwischen beiden Punkten baut sich sofort ein elektrisches Feld längs der wirksamen Leiterlänge l auf, das die Feldkraft $\vec{F}_e$, $\vec{F}_e \uparrow\downarrow \vec{F}_L$, auf die Elektronen hervorruft. Die Ladungstrennung durch $\vec{F}_L$ endet, sobald sich ein Kräftegleichgewicht zwischen der Lorentzkraft und der elektrischen Feldkraft einstellt. Dann gilt: $\vec{F}_e + \vec{F}_L = \vec{0}$ bzw. $F_e - F_L = 0$ oder $F_e = F_L$. Gleichzeitig mit dem Feldaufbau bildet sich wie beim Halleffekt zwischen den entgegengesetzt geladenen Polen P und Q die Induktionsspannung U aus, wie man am Spannungsmesser beobachtet.

Rechnerisch zusammengefasst erhält man:

1. $F_L = Bev$
2. $F_e = eE$, E: elektrische Feldstärke längs der Leiterlänge l
3. $E = \dfrac{U}{d}$, $d = l$ ist die wirksame Leiterlänge

Somit: $eE = Bev$, $e\dfrac{U}{l} = Bev$, $U = Blv$.

Dieses Ergebnis heißt **Induktionsgesetz in einfacher Form.**

▸ **Wird ein Metallleiter der wirksamen Länge l, $\vec{l} \perp \vec{B}$, geradlinig mit der konstanten Geschwindigkeit v senkrecht zum konstanten homogenen Magnetfeld der Flussdichte B bewegt, so führt die Lorentzkraft auf die Leiterelektronen zur Ladungstrennung, zum Aufbau eines elektrischen Feldes längs des Leiters und zur Potenzialdifferenz U zwischen den Leiterenden P und Q. Man misst zwischen P und Q die Induktionsspannung $U = Blv$.**

Liegt zwischen P und Q ein Widerstand R, so fließt der (technische) Induktionsstrom I. Sein Verlauf folgt aus der Rechte-Hand-Regel. Zeigt der Daumen in Richtung der Ursache $\vec{v}$, der Zeigefinger in Richtung $\vec{B}$, so legt der zu beiden senkrecht abgespreizte Mittelfinger die Richtung des technischen Stroms I von P nach Q fest.

10.9.2 Messversuch zur Bestätigung des Induktionsgesetzes $U = Blv$

Das theoretisch hergeleitete Induktionsgesetz $U = Blv$ harrt der experimentellen Prüfung.

Messversuch zur Verifikation der Gleichung $U = Blv$ (B 291)

① lange Spule mit dem Füllstoff Luft
② Gleichspannungsquelle für den Erregerstrom I zum Aufbau eines homogenen Magnetfeldes der Flussdichte B
③ Induktionsspule
④ Messverstärker und Spannungsmesser zur Messung der Induktionsspannung U
⑤ Motor für die konstante Hebe- oder Senkgeschwindigkeit v der Induktionsspule
⑥ Zeitmesser

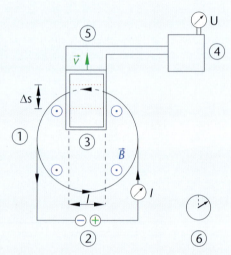

Bild 291: Versuchsaufbau zur Bestätigung von $U = Blv$

Versuchsdurchführung:
Man erkennt, dass der vorliegende Versuch alle für die Induktion wichtigen Größen, also die Flussdichte B, die wirksame Leiterlänge l und die Geschwindigkeit v der Induktionsspule einschließt. Alle vektoriellen Größen stehen aufeinander senkrecht: $\vec{v} \perp \vec{B}$, $\vec{v} \perp \vec{l}$, $\vec{l} \perp \vec{B}$. Das theoretisch hergeleitete Ergebnis $U = Blv$ fordert, die Induktionsspannung U in Abhängigkeit von B, l und v zu messen. Die Geschwindigkeit v gewinnt man mithilfe einer fest markierten Ortsänderung Δs auf der Induktionsspule unter Messung der Zeitdauer Δt für den Hebe- oder Senkvorgang: $v = \dfrac{\Delta s}{\Delta t}$.

1. Messung: Konstant gehalten werden die Größen: $v = 2,4 \cdot 10^{-3}$ ms^{-1}, $l = 25,0$ m (die Induktionsspule hat bei einer Kantenlänge $l_0 = 5,00$ cm und 250 Windungen die wirksame Leiterlänge $l = 25,0$ m). Unabhängige Einflussgröße ist die Stromstärke I zum Aufbau des homogenen Magnetfeldes. Da alle Spulendaten bekannt sind, erhält man die magnetische Flussdichte B mit der Formel $B = \mu_0 \dfrac{N}{l} I$. Man kann B in Abhängigkeit von I auch direkt mit der Hallsonde messen.

B in mT	1,24	2,07	3,22	4,15
U in mV	0,13	0,25	0,34	0,43
$\dfrac{U}{B}$ in $\dfrac{\text{V}}{\text{T}}$	0,10	0,12	0,11	0,10

Somit folgt im Rahmen der Messgenauigkeit $\dfrac{U}{B} =$ konstant und daraus $U \sim B$.

2. Messung: $v = 2,4 \cdot 10^{-3}$ ms^{-1} = konstant, $B = 4,2$ mT = konstant. Unabhängig ist die wirksame Leiterlänge l; man verwendet Induktionsspulen mit 250, 100 und 50 Windungen.

l in m	25,0	5,0	2,5
U in mV	4,1	0,80	0,40
$\dfrac{U}{l}$ in $\dfrac{\text{mV}}{\text{m}}$	0,16	0,16	0,16

Somit folgt im Rahmen der Messgenauigkeit $\dfrac{U}{l}$ = konstant und daraus $U \sim l$.

3. Messung: B = 4,2 mT = konstant, l = 25,0 m = konstant. Unabhängig ist die Geschwindigkeit v, mit der die Induktionsspule senkrecht in das Magnetfeld absinkt oder hochfährt.

v in $10^{-3}\,\text{ms}^{-1}$	2,4	1,2	0,60
U in mV	0,27	0,14	0,068
$\dfrac{U}{v}$ in $\dfrac{\text{Vs}}{\text{m}}$	0,11	0,12	0,11

Somit folgt im Rahmen der Messgenauigkeit $\dfrac{U}{v}$ = konstant und daraus $U \sim v$.

Zusammenfassung: Aus $U \sim B$, $U \sim l$, $U \sim v$ erhält man $U \sim Blv$ oder $U = kBlv$. Bestimmt man die Proportionalitätskonstante $k = \dfrac{U}{Blv}$ näherungsweise z. B. mit den Messwerten der zweiten Spalte in der dritten Messung, so entsteht:

$$k = \frac{0,14 \cdot 10^{-3}\,\text{V}}{4,2 \cdot 10^{-3}\,\text{T} \cdot 25,0\,\text{m} \cdot 1,2 \cdot 10^{-3}\,\text{ms}^{-1}}$$

$$= 1,1\,\frac{\text{J}}{\text{CNA}^{-1}\,\text{m}^{-1}\,\text{m}^2\,\text{s}^{-1}} = 1,1\,\frac{\text{JAs}}{\text{CNm}} = 1,1\,\frac{\text{JC}}{\text{CJ}} = 1,1.$$

Sie ist dimensionslos, ihr Wert beträgt etwa 1.

Experiment und Messung bestätigen das theoretisch hergeleitete Ergebnis $U = Blv$. Man sieht außerdem, dass die induzierte Spannung U konstant ist, wenn die Größen B, l, v konstant sind.

10.9.3 Induktion und Energieerhaltung

Um im Modell nach B 292 ($\vec{B}$ = konstant; $\vec{l}$ = konstant) die Induktion in Gang zu setzen, bedarf es der äußeren konstanten Kraft $\vec{F}$. Zwei Phasen sind zu unterscheiden.

Phase I: Die Leiterpunkte P und Q sind **nicht** über einen Verbraucherwiderstand R verbunden. Die äußere konstante Kraft $\vec{F}$ (bei einem Generator herbeigeführt z. B. durch fallendes Wasser oder Dampf) beschleunigt gleichmäßig den Bügel PQ nach rechts, er wird immer schneller. Sobald $\vec{F}$ endet, behält der Bügel die erreichte Endgeschwindigkeit $\vec{v}$ = konstant bei, wenn man Reibung ausschließt. Infolge der Bewegung wird zwischen P und Q eine mit der Geschwindigkeit

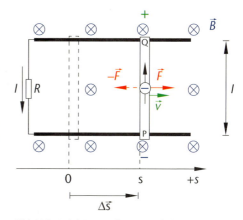

Bild 292: Induktion und Energieerhaltung

zunehmende Spannung induziert, bis schließlich die (eigentlich interessierende) Endspannung $U = Blv$ erreicht ist. Diese geradlinige Bewegung des Bügels PQ mit der konstanten Geschwindigkeit $\vec{v}$ ist der Beginn der Phase II ($t_0 = 0$, $s_0 = 0$) in B 292. Auf gleiche Weise werden Generatoren lastfrei hochgefahren, bis eine bestimmte gewollte Rotorgeschwindigkeit v erreicht ist.

Phase II: Für den Bügel PQ gilt am Ende der Beschleunigungs- oder Anlaufphase I also $\vec{v} =$ konstant, wie in B 292 festgehalten. Verbindet man nun die Leiterenden P und Q über einen Verbraucher R, so fließt im Bügel der Induktionsstrom I von P nach Q senkrecht zum Magnetfeld mit der konstanten Flussdichte $\vec{B}$. Der Strom führende wirksame Leiter $\vec{l}$ unterliegt nach dem elektromotorischen Prinzip und der bekannten UVW-Regel sofort der Kraft $-\vec{F}$ nach links mit $|-\vec{F}| = F = BIl$. Sie bremst den Bügel ab und beeinträchtigt so den Induktionsprozess. Um sie zu kompensieren, lässt man die nach rechts wirkende äußere Kraft $\vec{F}$, die Verursacherkraft, in der Zeitdauer $\Delta t = t$ längs $\Delta \vec{s} = \vec{s}$ weiter wirken. $\vec{F}$ nach rechts hält der Kraft $-\vec{F}$ nach links gerade das Gleichgewicht, es gilt $|\vec{F}| = |-\vec{F}| = F = BIl$. Die Kraft $\vec{F} =$ konstant wirkt, solange der Stromkreis mit R während der Induktion geschlossen bleibt, also nicht beschleunigend, ermöglicht aber dem Bügel PQ die Einhaltung der in der Erklärung von 10.9.1 geforderten und am Ende der Phase I erreichten Geschwindigkeit $\vec{v} =$ konstant.

Die durch die äußere Kraft $\vec{F}$ längs $\Delta \vec{s}$ in der Zeitdauer Δt während der Induktion in einem geschlossenen Kreis mit dem Lastwiderstand R (Phase II) am Bügel PQ verrichtete mechanische Arbeit ΔW_{mech} beträgt:

1. $\Delta W_{mech} = F\Delta s$ mit $\vec{F} \uparrow\uparrow \Delta \vec{s}$, $\vec{F} =$ konstant;   aus 1. folgt: $\Delta W_{mech} = BIlv\Delta t$.

2. $|\vec{F}| = |-\vec{F}| = F = BIl$;

3. $\Delta s = v\Delta t$;

Die von außen eingebrachte mechanische Arbeit ΔW_{mech} ermöglicht dem Verbraucher, elektrische Geräte zur Arbeitsverrichtung einzusetzen. Die hierbei umgesetzte elektrische Arbeit ΔW_{el} gewinnt man mit:

1. $\Delta W_{el} = UI\Delta t$;

2. $U = Blv$;   somit gilt nach 1.: $\Delta W_{el} = BlvI\Delta t = BIlv\Delta t$.

Ein Vergleich beider Energien ergibt $\Delta W_{mech} = \Delta W_{el}$. Offensichtlich ist die Energieerhaltung auch bei der Induktion erfüllt. Sieht man von der Reibung zwischen dem Leiter und den Schienen, auf denen er bewegt wird, ab, so findet eine vollständige Umwandlung von mechanischer Energie in elektrische statt.

Dieses Ergebnis kann man noch anders formulieren. Wie man in B 292 erkennt, ist die Induktionsspannung U so gepolt, dass der von ihr erzeugte Induktionsstrom I im geschlossenen Leiterkreis mit R die Kraft $-\vec{F}$ auslöst. Sie wirkt der Ursache $\vec{F}$ des Induktionsprozesses entgegen. Man bringt diese Tatsache im Induktionsgesetz mit einem Minuszeichen zum Ausdruck: $U = -Blv$. Sie heißt **lenzsche Regel** und geht auf den deutschen Physiker Lenz zurück.

Interessant ist die Frage, welche Folgen eine umgekehrte Polung der induzierten Spannung hätte, wenn also die lenzsche Regel nicht gälte. Mithilfe von B 292 lässt sich eine qualifizierte Antwort geben. Ein Versuch lohnt sich!

▸ **Die Umwandlung von mechanischer in elektrische Energie während der elektromagnetischen Induktion genügt dem Energieerhaltungssatz. Die lenzsche Regel kommt zum gleichen Ergebnis: Der Induktionsstrom ist immer so gerichtet, dass er seiner Ursache entgegenwirkt.**

Beispiel:

B 293 zeigt einen Aluminiumring an einem dünnen Faden und einen Stabmagneten. Nähert man den Südpol rasch an, so weicht der Ring zurück. Zieht man ihn in gleicher Weise weg, so folgt der Ring der Magnetbewegung. Die Beobachtung wiederholt sich beim Annähern oder Entfernen des Nordpols. Wählt man dagegen einen durchtrennten Ring, so tritt keine Ringbewegung auf.

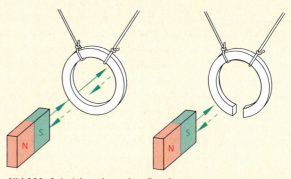

Bild 293: Beispiel zur lenzschen Regel

Erklärung:

Der geschlossene Ring hat eine feste Fläche A_0. Bei Annäherung eines Pols ändert sich die Anzahl der Feldlinien, die A_0 durchsetzt. Im Ring wird eine Spannung U induziert, ein Induktionsstrom I bildet sich aus. Er verläuft nach Lenz so, dass er seine Ursache zu hemmen sucht

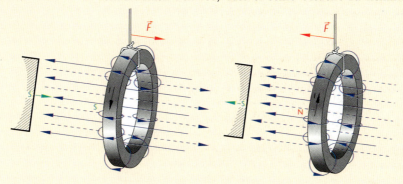

Bild 294: Zur lenzschen Regel

(B 294). Dies ist der Fall, falls der durch ihn am Ring entstehende Magnetpol zum ankommenden gleichartig ist. Gleichnamige Pole stoßen sich ab, der Ring entfernt sich. Also muss der Ringstrom in B 294 aus der Sicht des ankommenden Pols im Uhrzeigersinn fließen. Bei Entfernen des Magneten ändert sich die Anzahl der Feldlinien durch A_0 erneut. Der induzierte Strom ist so gepolt, dass er die Abnahme des Magnetfeldes verhindern will. Deshalb muss der während der Induktion am Ring entstehende Pol zum sich entfernenden Pol ungleichnamig sein. Ungleichnamige Pole ziehen sich an, der Ring läuft dem Magnet hinterher.

▸▸ **Die durch veränderliche Magnetfelder in Metallringen oder kompakten Metallteilen hervorgerufenen Induktionsströme heißen Wirbelströme.**

Im durchtrennten Aluring wiederholen sich die Induktionsvorgänge wie beschrieben. Weil er unterbrochen ist, kann der Induktionsstrom nicht kreisförmig umlaufen. Es entstehen komplizierte wirbelförmige Ströme. Sie verhindern die Bildung von Polen im Aluring. Wirbelströme verursachen Energieverluste, die sich in der Erwärmung der Materialien zeigen.

Schwingt eine Metallplatte (B 295) an einem Faden senkrecht in das homogene Feld eines Hufeisenmagneten hinein, so wird sie stark gebremst. Grund: In der Platte entstehen durch Induktion Wirbelströme, deren Feldlinien gleichsinnig zum äußeren Magnetfeld verlaufen. Beim Austritt der Platte erzeugen die Wirbelströme magnetische Feldlinien entgegengesetzt zum äußeren Feld. Die Bewegung verzögert sich ein weiteres Mal.

Ersetzt man die Platte durch einen Kamm, so verringert sich die Wirbelstrombildung stark. Der Kamm schwingt nahezu ungehemmt im Magnetfeld.

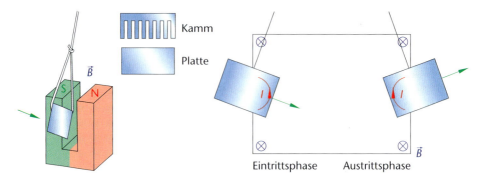

Bild 295: Modell der Wirbelstrombremse

Wirbelstrombremsen gestatten ein verschleißfreies Bremsen. Sie müssen aber wegen der entstehenden starken Wärme gekühlt werden. Moderne Induktionsherde im Haushalt erzeugen durch starke magnetische Wechselfelder in den Böden spezieller Kochtöpfe Wirbelströme. Die Töpfe erwärmen sich gleichmäßig und rasch, die Energie bleibt weitgehend im Topf. Elektromagnete oder Motoren besitzen Kerne aus dünnem, isoliertem Transformatorenblech, das in Richtung des Magnetfeldes liegt (B 296). Dadurch werden Wirbelströme senkrecht zum Feld vermieden.

Bild 296: Vermeidung von Wirbelströmen durch dünne Bleche (Lamellen) in Feldrichtung

Aufgaben

1. B 297 zeigt eine Spule mit Strommesser an der Gleichspannung U*. Ein Stabmagnet wird in die Spule hineingeschoben und anschließend wieder herausgezogen. In Blickrichtung des Pfeils verläuft der Windungssinn der Spule mathematisch positiv.
   a) Während der Bewegung des Stabmagneten wird eine Spannung U induziert. Begründen Sie, auf welche Weise die Spannung U bei diesem Versuch ihrer Ursache entgegenwirkt.
   b) Erläutern Sie das Verhalten des Strommessers vor und während der Stabbewegung.

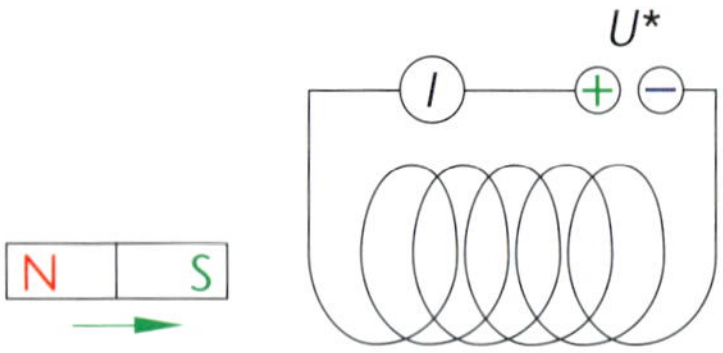

Bild 297

2. Ein Aluminiumring bewegt sich parallel zur Zeichenebene mit konstanter Geschwindigkeit v senkrecht auf ein homogenes Magnetfeld zu (B 298). Die Geschwindigkeit reicht aus, um den Feldbereich wieder auf einer geraden Bahn zu verlassen.
   a) Nennen Sie Bewegungsabschnitte, in denen im Ring eine Spannung induziert wird.
   b) Beschreiben Sie den Verlauf des Induktionsstroms durch den Vergleich mit der Zeigerbewegung einer Uhr.

Bild 298

   c) Geben Sie die Bewegungsabschnitte an, in denen der Ring einer Kraftwirkung unterliegt, begründen Sie die Ursache der Kraft und beschreiben Sie, wie sich die Kraft auswirkt.
   d) Würde sich die Kraft gegenteilig zu c) verhalten, so wäre ein Grundprinzip der Physik verletzt. Führen Sie es an.
   e) Beschreiben Sie die Bewegung des Rings von einem Zeitpunkt vor Eintritt in das Feld bis zum Verlassen des Feldbereiches.
   f) Geben Sie für die einzelnen Bewegungsabschnitte die auftretenden Energieumwandlungen an und diskutieren Sie die Gültigkeit des Energieerhaltungssatzes.

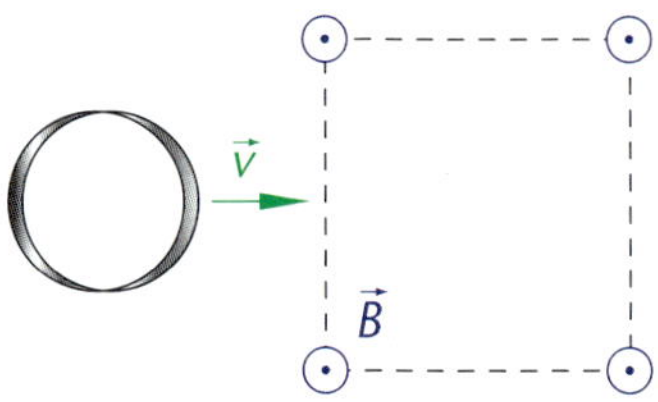

10.9.4 Grenzen des Induktionsgesetzes $U = -Blv$

Das Induktionsgesetz in der Form $U = -Blv$ wird nun durch einen weiteren Versuch überprüft.

B 299 zeigt eine Induktionsspule, die per Hand mit beliebiger Geschwindigkeit v senkrecht zum homogenen Magnetfeld eines Helmholtzspulenpaares geführt wird, in verschiedenen Bewegungsphasen. Das Spulenpaar liegt an einer Gleichspannungsquelle, die Induktionsspule an einem Messverstärker zur Beobachtung der induzierten Spannung U.

Beobachtung:
B 299 links: Die Induktionsspule wird senkrecht in das Magnetfeld des Spulenpaares eingebracht. Die vom Magnetfeld senkrecht durchsetzte (schraffierte) Fläche ΔA nimmt zu. Die Anzahl der Feldlinien senkrecht durch ΔA **ändert** sich. Während dieser Bewegung wird eine Spannung U induziert.

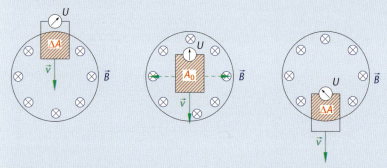

Bild 299: Induktion durch Änderung der wirksamen Fläche ΔA; $\vec{B}$ = konstant

B 299 Mitte: Die vom Magnetfeld senkrecht durchsetzte Fläche $\Delta A = A_0$ bleibt konstant, egal wie heftig die Bewegung der Induktionsspule senkrecht zum Magnetfeld erfolgt. Es fällt auf, dass sich die Anzahl der Feldlinien senkrecht durch A_0 **nicht ändert**. Der Spannungsmesser zeigt keine induzierte Spannung an: $U = 0$.

B 299 rechts: Beim Verlassen des Spulenpaares ändert sich die vom Feld senkrecht durchsetzte Fläche ΔA. Die Anzahl der Feldlinien senkrecht durch ΔA **ändert** sich ebenfalls. Am Spannungsmesser ist eine induzierte Spannung mit entgegengesetzter Polarität ablesbar.

Das Experiment zeigt, dass eine elektrische Spannung U dann induziert wird, wenn die Geschwindigkeit v während der Leiterbewegung senkrecht zum Magnetfeld eine Änderung der Fläche ΔA in der Induktionsspule herbeiführt. Dabei ändert sich gleichzeitig die Feldlinienanzahl senkrecht durch ΔA. Die Geschwindigkeit v führt also nicht zwingend zu einer Induktionsspannung, auch wenn alle bisherigen Bedingungen erfüllt sind. Man bezeichnet die zeitabhängige Fläche ΔA der Induktionsspule, die vom Magnetfeld der Flussdichte B senkrecht durchsetzt wird, als **wirksame Fläche**.

Rotiert eine Induktionsspule (B 300) um ihre Achse senkrecht zu $\vec{B}$, so ändert sich die vom Magnetfeld senkrecht durchsetzte Fläche ΔA und damit die Feldlinienanzahl senkrecht durch ΔA. Spannung wird induziert. Die wirksame Fläche ΔA einer gleichförmig rotierenden Leiterschleife mit der festen Fläche A_0 beträgt wegen $\cos \varphi = \dfrac{\Delta A}{A_0}$ und $\varphi = \omega t$: $\Delta A = A_0 \cos(\omega t)$. Dieser Fall ist für die großtechnische Energieumwandlung von Bedeutung.

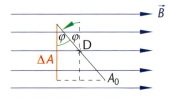

Bild 300: Wirksame Fläche ΔA bei einer rotierenden Spule

▸ **Eine elektrische Spannung wird induziert, wenn sich während der Leiterbewegung die von einem konstanten homogenen Magnetfeld durchsetzte wirksame Fläche ΔA ändert und damit die Anzahl der Feldlinien senkrecht durch ΔA.**

10.9.5 Induktionsgesetz in differenzieller Form

Die experimentelle Tatsache, dass Spannung induziert wird, wenn sich während der Leiterbewegung mit konstanter Geschwindigkeit $\vec{v}$ die von einem konstanten homogenen Magnetfeld senkrecht durchsetzte wirksame Fläche ΔA ändert, fordert eine Umwandlung des bisherigen Induktionsgesetzes. Zum Verständnis verwendet man ein weiteres Mal das Modell der Induktion nach B 301. Es stellt eine Leiterschleife mit einer Windung dar. Der Leiter überstreicht in der Zeitdauer Δt die schraffierte Fläche ΔA.

Während der Bewegung wird folgende Spannung U induziert:

1. $U = -Blv$

2. $v = \dfrac{\Delta s}{\Delta t}$

3. $\Delta A = \Delta s l$

Man erhält: $U = -Bl\dfrac{\Delta s}{\Delta t} = -B\dfrac{\Delta A}{\Delta t} = -\dfrac{B\Delta A}{\Delta t}$.

Der Quotient entspricht dem Experiment: Eine Spannung U wird induziert, wenn sich während der Leiterbewegung mit $\vec{v}$ = konstant die wirksame Fläche ΔA in der Zeitdauer Δt ändert, wobei $\vec{B}$ = konstant.

Dieser Fall ist eine von zwei Möglichkeiten. Er wurde in Kapitel 10.9.1 mit der Lorentzkraft begründet, die im bewegten Leiter senkrecht zu einem homogenen Magnetfeld ladungstrennend wirkt.

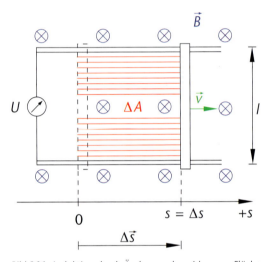

Bild 301: Induktion durch Änderung der wirksamen Fläche

Zur zweiten Möglichkeit gelangt man über eine neue Definition. Das Produkt $B\Delta A$ im Quotienten $U = -\dfrac{B\Delta A}{\Delta t}$ heißt **magnetischer Fluss**. Ein Magnetfeld der (konstanten oder zeitabhängigen) Flussdichte B durchsetzt einen Leiterrahmen mit der wirksamen Fläche ΔA. Das Feld strömt gewissermaßen durch den Rahmen mit der Fläche ΔA hindurch. Eine Materiebewegung vergleichbar mit fließendem Wasser in einem Bachbett ist aber nicht gemeint. Insofern ist die Wortwahl zwar ungünstig, aber anschaulich. Für den magnetischen Fluss $B\Delta A$ verwendet man das Formelzeichen $\Delta \Phi$: $\Delta \Phi = B\Delta A$. Er ist eine abgeleitete Größe mit der Einheit:

$[\Delta \Phi] = [B]\,[\Delta A]$, $[\Phi] = 1\ \text{Tm}^2 = 1\ \text{Weber} = 1\ \text{Wb} = 1\ \text{Vs}$. Die Umrechnung der Einheiten wird zur Übung empfohlen. Namensgeber ist der deutsche Physiker Wilhelm Eduard Weber.

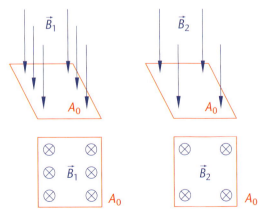

Bild 302: Magnetische Flussdichte B als Maß für die Stärke eines Magnetfeldes

Die Definition des magnetischen Flusses lautet allgemein: $\Phi = BA$. A als wirksame Fläche wird vom Magnetfeld der Flussdichte B senkrecht durchsetzt.

Ist der Leiterrahmen mit der festen Fläche A_0 gegen die Feldlinien eines Magnetfeldes mit der konstanten Flussdichte B um den Winkel φ geneigt, so ändert sich die wirksame Fläche A mit φ (B 300), denn es gilt: $\cos \varphi = \dfrac{A}{A_0}$; $A = A_0 \cos \varphi$. Der magnetische Fluss hängt vom Winkel φ ab: $\Phi = BA_0 \cos \varphi$. Ohne Begründung wird mitgeteilt, dass Φ eine skalare Größe ist.

▸▸ **Der magnetische Fluss Φ ist das Produkt aus der magnetischen Flussdichte B und der wirksamen Fläche A: $\Phi = BA$. Anschaulich: Ein Magnetfeld der Flussdichte B durchsetzt senkrecht die Fläche A. Φ ist eine abgeleitete skalare Größe mit der Einheit $1\ Tm^2 = 1\ Wb = 1\ Vs$.**

Durch Umwandlung der Definitionsgleichung entsteht der Quotient $B = \dfrac{\Phi}{A}$. Die magnetische Flussdichte B (im Sinne einer magnetischen Feldstärke) beschreibt anschaulich die Anzahl der Feldlinien, die die Vergleichsfläche $A_0 = 1\ m^2$ senkrecht zum Magnetfeld durchsetzen (durchströmen). Je mehr Feldlinien das sind, umso stärker (!) ist das Feld (B 302). Aus diesem (historischen) Grund wurde B magnetische Flussdichte genannt.

Mit $\Delta\Phi = B\Delta A$ bringt man die Gleichung $U = -\dfrac{B\Delta A}{\Delta t}$ von oben in die Form $U = -\dfrac{\Delta\Phi}{\Delta t}$. Sie besagt: Eine elektrische Spannung wird induziert, wenn die Leiterbewegung senkrecht oder schräg zum homogenen Magnetfeld die Flussänderung $\Delta\Phi$ in der Zeitänderung Δt herbeiführt.

Das Gesetz $U = -\dfrac{\Delta\Phi}{\Delta t}$ heißt **Induktionsgesetz in differenzieller Form** und gilt für Induktionsspulen mit einer Windung. Bei Spulen mit N Windungen kommt der Zahlenfaktor noch hinzu: $U = -N\dfrac{\Delta\Phi}{\Delta t}$. U ist eine mittlere und daher konstante Spannung.

Durch den Grenzübergang $\Delta t \to 0$ entsteht das Induktionsgesetz für die momentan induzierte Spannung: $U = -N \lim\limits_{\Delta t \to 0} \dfrac{\Delta\Phi}{\Delta t} = -N\dot{\Phi}$.

Die Induktion wurde bisher unter der Bedingung behandelt, dass für das Magnetfeld $\vec{B} = $ konstant gilt. Dies muss nicht so sein, die magnetische Flussdichte B kann sich mit der Zeit t ändern. Der magnetische Fluss $\Phi(t) = B(t)A(t)$ hängt tatsächlich von zwei zeitabhängigen Größen ab.

Der Term $\dot{\Phi}(t)$ im Induktionsgesetz bedeutet mathematisch die erste Ableitung des Produktes (BA) nach der Zeit t. Die Mathematik lehrt: Sind u und v zwei differenzierbare Funktionen, so ist auch ihr Produkt (uv) ableitbar. Es gilt die Produktregel: $(uv)' = u'v + uv'$.

Die Produktregel für Φ ergibt: $\dot{\Phi} = \dot{B}(t)A(t) + B(t)\dot{A}(t)$. Sie besagt physikalisch: Die Änderung des magnetischen Flusses kann durch Änderung von B (bei konstantem A) oder durch Änderung von A (bei konstantem B wie bisher) erreicht werden. Eine Induktionsspannung $U = -N\dot{\Phi}$ bei konstanter wirksamer Fläche A wird also auch durch Änderung der magnetischen Flussdichte um ΔB in einer bestimmten Zeitdauer Δt erreicht bzw. durch $\dot{B}$.

Wiederholung des Versuchs aus Kapitel 10.2 (B 303)

Versuchsdurchführung und Beobachtung:
Am Versuchsaufbau aus Kapitel 10.2 ändert sich wenig. Lediglich die Induktionsspule ruht völlig im Innenraum der langen feldaufbauenden Spule mit der Windungsdichte $\dfrac{N_F}{l_F}$. Die Spulenachsen sind gleich. Schaltet man den Erregerstrom I der langen Spule am Schalter S ein oder aus, so beobachtet man am Spannungsmesser für U beide Male einen heftigen Ausschlag

VERSUCH

▸

mit entgegengesetzter Richtung. Bei Schalterbetätigung ändert sich die Flussdichte B schlagartig, während die wirksame Fläche $\Delta A = A_0$ konstant bleibt; A_0 ist die Gesamtfläche der Induktionsspule senkrecht zum Magnetfeld. Eine Flussänderung $\Delta\Phi$ in der Schaltdauer Δt tritt ein, die Spannung U wird induziert.

Man wiederholt den gleichen Versuch, lässt jetzt aber den Erregerstrom I der langen Spule über eine Steuerung gleichmäßig ansteigen oder abfallen. Wegen $B = \mu_0 \dfrac{N_F}{l_F} I$ bzw. $B \sim I$ ändern sich der feldaufbauende Strom I, die Flussdichte B und daher der magnetische Fluss $\Phi = \Delta B A$ linear, wobei $A = A_0$ die konstante wirksame Fläche ist. Es entsteht eine konstante Induktionsspannung U, solange I linear steigt oder fällt.

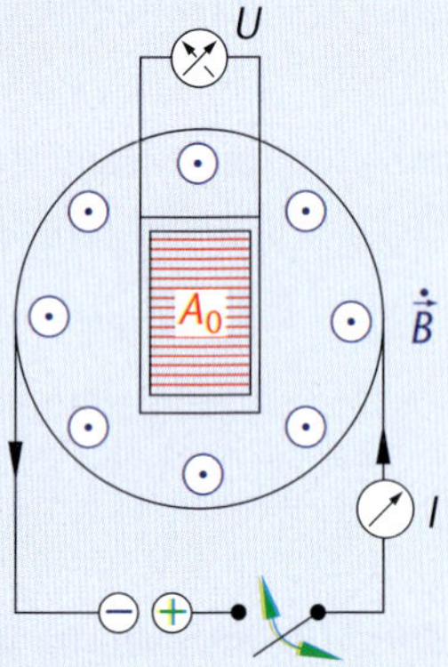

Da bei dieser Art von Induktion keine Leiterbewegung stattfindet, kann die Lorentzkraft nicht zur Erklärung herangezogen werden.

Fasst man den experimentellen und mathematischen Befund zusammen, so kommt man zu folgendem Gesamtergebnis:

Bild 303: Induktion durch Änderung von B

▸ **Ändert sich der magnetische Fluss, der eine Spule mit N Windungen senkrecht durchsetzt, in der Zeitspanne Δt um $\Delta\Phi$, so wird in dieser Spule die mittlere konstante Spannung $U = -N \dfrac{\Delta\Phi}{\Delta t}$ oder die Momentanspannung $U = -N\dot{\Phi}$ induziert.**

Bemerkungen:

▪ Das allgemeine Induktionsgesetz $U = -N\dot{\Phi}$ mit $\dot{\Phi}(t) = \dot{A}B + A\dot{B}$ enthält die bisher behandelten Möglichkeiten der Induktion als Sonderfälle:

  – $U = -NB\dot{A}$, falls $B =$ konstant, $\dot{B} = 0$, und A zeitabhängig

  – $U = -N\dot{B}A$, falls $A =$ konstant, $\dot{A} = 0$, und B zeitabhängig

▪ Die Induktion durch Änderung der wirksamen Fläche um ΔA in der Zeitdauer Δt, $\vec{B} =$ konstant, wurde experimentell gezeigt und mithilfe der Lorentzkraft auf bewegte Elektronen begründet. Sie ist weltweit die Grundlage der Energieversorgung. Das Thema wird in Kapitel 11 weiter ausgebaut.

▪ Experimentell gezeigt, aber nicht begründet, wurde die zweite Möglichkeit der Induktion durch Änderung der magnetischen Flussdichte um ΔB in der Zeitdauer Δt, $\Delta A =$ konstant. Eine physikalische Erklärung dieses Vorgangs ist an dieser Stelle nicht fundiert möglich.

10.9.6 Anwendungen der elektromagnetischen Induktion

Die elektromagnetische Induktion bildet die Basis für zahlreiche Anwendungen.

▪ **Generatoren** wandeln mechanische Energie in elektrische um (B 304). Dies ist heute die wichtigste Form der „Energiegewinnung". Im Generator wird durch Drehung eines Leiters in einem Magnetfeld eine Induktionsspannung hervorgerufen. Man unterscheidet Gleichstrom-, Wechselstrom- oder Drehstromgeneratoren.

▪ Mit **Transformatoren** wandelt man eine elektrische Wechselspannung in eine andere Wechselspannung gleicher Frequenz um. Auf einem geschlossenen Eisenkern sind zwei (oder mehr) Spulen angebracht (B 305). Ein Wechselstrom in der linken Spule erzeugt ein veränderliches Magnetfeld, das die rechte Spule mit der konstanten Querschnittsfläche A_0 senkrecht durchsetzt. Die Flussänderung verursacht eine Wechselspannung in der rechten Spule. Die Spannungen verhalten sich wie die Windungszahlen N_1 und N_2 der Spulen: $\dfrac{U_1}{U_2} = \dfrac{N_1}{N_2}$. U_1 ist die Primärspannung, U_2 die Sekundärspannung. Das gemeinsame Magnetfeld im Eisenkern bezeichnet man als induktive Kopplung. In B 305 ist $U_1 < U_2$ (links) und $U_1 > U_2$.

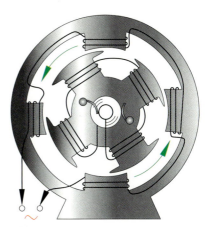

Bild 304: Generator

- **Induktionsöfen** sind elektrische Öfen, die nach dem Transformatorenprinzip arbeiten. Sie werden zum Glühen und Schmelzen von Metallen und anderen Stoffen eingesetzt.

- In der **Medizin** ermöglichen Wechselspannungen verschiedene therapeutische Anwendungen. Die Hochfrequenzwärmetherapie z. B. verwendet Wechselströme hoher Frequenz von mehr als 0,5 MHz. Ihre Energie geht im menschlichen Körper in Wärme über, also in kinetische Energie. Durch Variation der Frequenz wird die Tiefenwirkung der Wärme im Körpergewebe gesteuert.

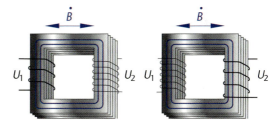

Bild 305: Transformatoren zum Herauf- und Herabtransformieren einer Wechselspannung

- Festplatten in Computern sind **magnetische Speicher.** Sie werden zur Aufbewahrung von Informationen genutzt. Ein Elektromagnet magnetisiert in die Plattenbeschichtung eingelagerte ferromagnetische Stoffbezirke in zwei Richtungen. Die gespeicherten Daten ergeben ein bestimmtes Muster. Es induziert in der Spule des Lesekopfs beim Auslesen der Daten einen Wechselstrom so, dass eine richtige Abfolge entsteht.

- Im Beispiel in Kapitel 10.4 wurde erwähnt, dass **dynamische Lautsprecher** elektrische Wechselspannung in akustische Signale umwandeln. Dynamische **Mikrofone** arbeiten umgekehrt. Sie bilden mithilfe einer Induktionsspule aus Tönen und Geräuschen elektrische Wechselspannung. Beide Geräte sind in der Kommunikationstechnik unentbehrlich.

Beispiel

Die rechteckige Leiterschleife nach B 306 ist über einen Widerstand R geschlossen. Sie bewegt sich gleichförmig und senkrecht durch ein Magnetfeld mit $\vec{B} =$ konstant hindurch. Die Bewegung beginnt im gegebenen Bezugssystem in $+s$-Richtung im Zeitpunkt $t_0 = 0$ aus der Ruhe. Folgende Daten liegen vor: Rahmengeschwindigkeit $v = 1,0$ cms^{-1}, Kantenlängen $l = 5,0$ cm, $b = 3,0$ cm, Flussdichte $B = 75$ mT, Magnetfeldbreite in Bewegungsrichtung $s = 12,0$ cm, Eintritt der rechten Rahmenkante in das Feld im Zeitpunkt $t^* = 2,0$ s. Die Bewegung endet, wenn die rechte Kante das Feldende erreicht.

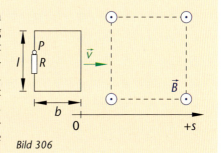

Bild 306

a) Im Verlauf der Bewegung beobachtet man qualitativ unterschiedliche Phasen der Spannungsinduktion. Man gebe für jede Phase an, ob eine Spannung induziert wird, und ermittle gegebenenfalls die Polarität.

b) Man stelle die Abhängigkeit des magnetischen Flusses Φ von der Zeit t rechnerisch und grafisch dar.

c) Man leite die induzierte Spannung U in Abhängigkeit von der Zeit t aus dem differenziellen Induktionsgesetz her und zeichne das t-U-Diagramm.

d) Man gebe an, welche Auswirkung der magnetische Feldlinienverlauf in die Zeichenebene hinein hätte.

e) Man zeige zur Übung, dass beim Austritt der Schleife rechts aus dem Magnetfeld das t-Φ-Gesetz $\Phi(t) = 110\ \mu Vs - 38\ \mu V(t - 14,0\ s)$ gilt und gleichzeitig die konstante Spannung $U = +38\ \mu V$ induziert wird.

Lösung:

a) Eine Spannung U wird induziert, wenn sich in der Zeitdauer Δt der magnetische Fluss um $\Delta\Phi$ ändert. Daher gilt im Zeitintervall

- I_I mit $0 \leq t < 2,0$ s: Mit B = 0 ist $\Phi = 0$; keine Flussänderung, daher $U = 0$.

- I_{II} mit $2,0$ s $\leq t < 5,0$ s: Mit Eintritt der rechten Kante in das Feld ändern sich der Fluss und die Zeit; eine konstante Spannung U wird induziert. Der Induktionsstrom im geschlossenen Leiterkreis läuft mathematisch negativ, wobei P „−".

- I_{III} mit $5,0$ s $\leq t \leq 14,0$ s: Der Leiterrahmen liegt völlig im Magnetfeld und bewegt sich nach rechts mit der konstanten Geschwindigkeit v weiter; in diesem Bereich sind die wirksame Fläche $A = A_0$ und die magnetische Flussdichte $B = 75$ mT konstant. $\Phi = BA_0$ ist maximal und ändert sich nicht. Daher wird keine Spannung induziert: $U = 0$. Die Zeitpunkte 5,0 s und 14,0 s ergeben sich aus der geradlinigen Bewegung des Leiters mit der konstanten Geschwindigkeit

$$v: \Delta s = vt, t = \Delta s v^{-1}. t_1 = \Delta s v^{-1} + t^*, t_1 = \frac{3,0\ cm}{1,0\ cms^{-1}} + 2,0\ s = 5,0\ s.$$

$$\text{Ebenso: } t_2 = \Delta s v^{-1} + t_1, t_2 = \frac{9,0\ cm}{1,0\ cms^{-1}} + 5,0\ s = 14,0\ s.$$

b) Für den magnetischen Fluss gilt im Zeitintervall

- I_I: Wegen $\Phi = BA$ und $B = 0$ ist $\Phi = 0$.

- I_{II}:   Mit Eintritt des Rahmens in das Feld findet in der Zeitdauer $\Delta t = 3,0$ s eine Flusszunahme statt. Der Fluss in Abhängigkeit von der Zeit t entsteht aus:

  1. $\Phi = BA$

  2. $B = 75$ mT

  3. $A(t) = lb(t)$

  4. $b(t) = v(t - 2,0$ s$), t \in I_{II}$

  Somit: $\Phi(t) = Blv(t - 2,0$ s$)$, mit Messwerten:

  $\Phi(t) = 75$ mT $\cdot\ 5,0$ cm $\cdot\ 1,0$ cms$^{-1}(t - 2,0$ s$)$;

  $\Phi(t) = 38\ \mu V(t - 2,0$ s$), t \in I_{II}$.

- I_{III}:   Bewegt sich der Rahmen völlig im Magnetfeld, so gilt mit $B =$ konstant und

  $A = A_0 =$ konstant: $\Phi = BA_0 =$ konstant.

  Mit Messwerten: $\Phi = 75$ mT $\cdot\ 5,0$ cm $\cdot\ 3,0$ cm $= 110\ \mu Vs =$ konstant.

  B 307 zeigt das t-Φ-Diagramm.

c) Die Bestimmung der induzierten Spannung U bezieht sich nur auf das Zeitintervall I_{II}. Man beginnt mit dem Induktionsgesetz in differenzieller Form. Danach ergänzt man die benötigten Einzelgrößen.

1. $U = -N\dot{\Phi}$
2. $N = 1$, da eine Schleife vorhanden ist
3. $\Phi(t) = Blv(t - 2,0\ s)$; man ermittelt das t-Φ-Gesetz, wie bereits in b) geschehen
4. Für die Induktion ist $\dot{\Phi}(t)$ ausschlaggebend: $\dot{\Phi}(t) = Blv$, denn die Ableitung der Klammer in der 3. Gleichung nach t ist 1!

Somit: $U = (-1)Blv = -Blv =$ konstant $(=$ Induktionsgesetz in einfacher Form). Beim Eindringen in das Magnetfeld wird die konstante Spannung $U = -75\ mT \cdot 5,0\ cm \cdot 1,0\ cm s^{-1}$ $= -38\ \mu V$ induziert. B 307 enthält auch das t-U-Diagramm.

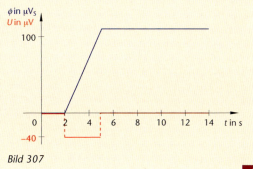

d) Der Induktionsstrom verläuft nach der Rechte-Hand-Regel gegen den Uhrzeigersinn.
v: Ursache, Daumen;
B: Vermittler, Zeigefinger;
I: Wirkung, technischer Strom.

Bild 307

Aufgaben

1. In der Versuchsanordnung nach B 308 liegt ein Leiterstab der Länge l auf zwei metallischen Gleitschienen. Er wird mit der konstanten Geschwindigkeit $\vec{v}$ senkrecht zu einem Magnetfeld mit $\vec{B} =$ konstant nach links bewegt. Zwischen den Klemmen P und Q liegt der ohmsche Widerstand R.

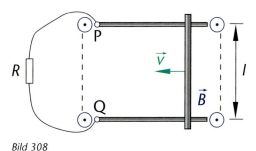

Bild 308

a) Geben Sie den Verlauf des Induktionsstroms I durch den Leiterstab an und die Polung der Punkte P und Q.

b) Berechnen Sie allgemein die elektrische Energie E_{el}, wenn der Stab in der Zeitdauer Δt die Strecke Δs zurücklegt.

c) Begründen Sie, weshalb während der Bewegung des Stabs mechanische Arbeit verrichtet wird, obwohl $\vec{v} =$ konstant gilt und Reibung ausgeschlossen wird.

d) Bestätigen Sie durch Rechnung die Aussage $E_{mech} = E_{el}$.

e) Angenommen, der Induktionsstrom in a) laufe umgekehrt. Begründen Sie nun, weshalb dadurch die Aussage in d) verletzt würde.

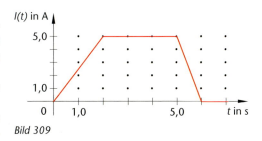

Bild 309

2. Bei einer langen Spule mit der Länge $l_f = 52,5\ cm$ und dem Widerstand $R = 65,0\ \Omega$ ist die Windungszahl N_f unbekannt. Zur experimentellen Bestimmung von N_f legt man die Spule an die Gleichspannung $U_0 = 185\ V$. In das entstehende Magnetfeld wird eine quadratische Induktionsspule mit $N = 25$ Windungen innerhalb der Zeitdauer $\Delta t = 2,48\ s$ um die Kantenlänge $\Delta s = 4,0\ cm$ gleichförmig abgesenkt und dabei die Induktionsspannung $U = 6,19\ mV$ gemessen. Ermitteln Sie N_f durch Rechnung.

3. In einer langen Feldspule (N_f = 12 000, l = 0,85 m) fließt ein Strom I nach B 309. Im Inneren der Spule ruht achsenparallel eine Induktionsspule (N = 45, A = 18 cm^2), die an einen Spannungsmesser angeschlossen ist.
a) Ordnen Sie ohne Rechnung die Beträge der induzierten Spannungen ab null aufwärts.
b) Erstellen Sie die dem Diagramm entsprechenden t-I-Beziehungen.
c) Ermitteln Sie rechnerisch die Gleichungen aller Induktionsvorgänge und stellen Sie sie grafisch dar.

10.10 Elektrische Selbstinduktion

10.10.1 Selbstinduktionsspannung

Spulen haben eine feste Querschnittsfläche A_0. Sie liegt senkrecht zu den magnetischen Feldlinien im Innenraum. Ändert man das Magnetfeld der Spule z. B. durch Ein- oder Ausschalten des Spulenstroms, so ändert sich mit B auch der magnetische Fluss um $\Delta\Phi = \Delta B A_0$. In der Spule selbst wird eine Spannung U induziert. Sie ist Feld- und Induktionsspule zugleich. Diese elektromagnetische Induktion im eigenen Leiterkreis bezeichnet man als **Selbstinduktion**. Zugang gewinnt man mit dem nächsten Versuch.

VERSUCH

Selbstinduktion bei Spulen (B 310)

① Gleichspannungsquelle mit der Spannung U_0
② Spule mit geschlossenem Eisenkern, hoher Windungszahl N und dem Widerstand R_L
③ Schiebewiderstand zum Abgleich der Lampen L_1 und L_2
④ Glimmlampe
⑤ Schalter S und S*

Versuchsdurchführung:
In Reihe geschaltet sind der Schiebewiderstand und die Lampe L_1 sowie die Spule und die Lampe L_2. Beide Teilkreise liegen parallel an der Gleichspannung U_0. Der Teilkreis mit R dient der vergleichenden Beobachtung, der zweite liefert neue Ergebnisse. Vor Versuchsbeginn erreicht man mit dem Schiebewiderstand gleiche Helligkeit in beiden Lampen. Der Parallelkreis ist zunächst strom- und feldfrei, Schalter S* geschlossen. Nach

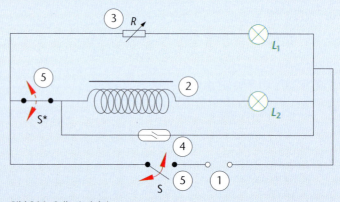

Bild 310: Selbstinduktion

Schließen von S erwartet man nach aller Erfahrung, dass beide Lampen gleichzeitig und sofort aufleuchten.

Beobachtung:
Nach dem Schließen von S leuchten beide Lampen nicht gleichzeitig auf. Das Licht in L_2 erscheint deutlich später als in L_1. Nach dem Öffnen von S leuchten beide Lampen eine kurze Zeitspanne weiter und erlöschen dann gemeinsam. Verschiebt man danach noch das Eisenjoch der Spule, so leuchten beide Lampen gleichzeitig kurz auf. Sie geben damit den Hinweis, dass im Magnetfeld der Spule Energie gespeichert ist.

Erklärung:
Nach dem Schließen von S bewirkt die Spannung U_0 im Kreis mit dem Widerstand R sofort den Gleichstrom $I_R = \dfrac{U_0}{R}$. In der Spule entsteht durch den Strom I_L ein Magnetfeld; der magnetische Fluss Φ wächst, zwischen den Spulenenden wird die Spannung $U_L = -N\dot{\Phi}$ induziert. Der Faktor N ist die Windungszahl der Feldspule, die gleichzeitig die Funktion der Induktionsspule übernimmt. Selbstinduktion liegt vor. Nach Lenz wirkt die induzierte Spannung U_L der angelegten Gleichspannung U_0 entgegen und hemmt den Anstieg der Stromstärke I_L in der Spule. Der Maximalwert $I_{Lmax} = \dfrac{U_0}{R_L}$ tritt verzögert ein, hängt aber nicht von der Induktionsspannung U_L ab. U_L selbst strebt gegen null und endet mit Erreichen des voll ausgebildeten Magnetfeldes in der Spule.

Leuchten beide Lampen nach kurzer Zeit dauerhaft gleich hell, so ist $U_L = 0$, die Stromstärke durch die Spule hat den Maximalwert $I_{Lmax} = \dfrac{U_0}{R_L}$ angenommen. Öffnet man S, so werden der ohmsche Widerstand R und die Spule mit dem Widerstand R_L von der Gleichspannung U_0 getrennt. Der magnetische Fluss Φ durch die Spule nimmt ab. In ihr entsteht erneut die (Selbst-) Induktionsspannung U_L. Sie ist nach Lenz so gepolt, dass sie den Strom nun aufrechtzuhalten und die Abnahme des magnetischen Flusses zu verhindern sucht. Der Leiterkreis aus Spule und Widerstand R bleibt geschlossen (B 310). Daher kann die Induktionsspannung U_L den Strom zunächst in Gang halten. Doch nimmt die Stromstärke mit der Zeit t ab und strebt gegen null. Da die Stromrichtung durch die Spule wegen Lenz erhalten bleibt, kehrt sie sich im R-Zweig gegenüber dem Einschaltvorgang sprunghaft um (s. Kap. 10.10.3).

▸▸ **Selbstinduktion: Ändert sich der in einem Leiter fließende Strom, so ändern sich auch sein Magnetfeld und der magnetische Fluss Φ, der ihn durchsetzt. Im Leiter wird eine Spannung induziert, die nach Lenz auf den Strom zurückwirkt, ihn also schwächt.**

10.10.2 Induktivität einer langen Spule

Fließt durch eine leere lange Spule mit der Windungsdichte $\dfrac{N}{l}$ und der konstanten Querschnittsfläche $A_0 = A$ ein Strom, dessen Stärke I sich mit der Zeit t ändert, so tritt an den Spulenenden die Selbstinduktionsspannung U auf. Sie wirkt nach Lenz der Stromstärkeänderung entgegen. U lässt sich unter Verwendung des Induktionsgesetzes allgemein berechnen.

1. $U = -N\dot{\Phi}$

2. $\Phi = BA$, $A =$ konstant

3. $B = \mu_0 \dfrac{N}{l} I$, $\dot{B} = \mu_0 \dfrac{N}{l}\dot{I}$, denn B ist mit I zeitabhängig und $\mu_0 \dfrac{N}{l} =$ konstant

Aus 1. folgt: $U = -N\dot{B}A = -N\mu_0 \dfrac{N}{l}\dot{I}A = -\mu_0 \dfrac{N^2}{l}A\dot{I}$. $\qquad\qquad$ (*)

Ersetzt man die konstanten Größen in der letzten Gleichung durch die neue physikalische Größe L, so entsteht die Gleichungsform $U = -L\dot{I}$. Man bezeichnet $L = -\dfrac{U}{\dot{I}}$ als **Induktivität** des Leiters oder der Spule. Sie ist wichtig für die Erfassung der Selbstinduktion in einem

Leiter. Einheit der Induktivität: $[L] = \dfrac{[U]}{[\dot{I}]}, [L] = 1\,\dfrac{V}{\frac{A}{s}} = 1\,\dfrac{Vs}{A} = 1$ Henry $= 1$ H. Ein Leiter

hat die Induktivität 1 H $=1\,\dfrac{V}{\frac{A}{s}}$, wenn an seinen Enden durch die Stromstärkeänderung $1\,\dfrac{A}{s}$

eine Spannung von 1 V induziert wird. Benannt ist die Einheit nach dem amerikanischen Physiker Henry.

▶▶ **Unter der Induktivität L eines Leiters versteht man den Quotienten $L = -\dfrac{U}{\dot{I}}$. Er hat die Einheit $1\,\dfrac{Vs}{A} = 1$ H.**

Bemerkungen:

- Aus der Gleichung (*) von zuvor und der Definitionsgleichung für L erhält man die Induktivität einer langen Spule ohne Füllmaterial: $L = \mu_0 \dfrac{N^2}{l} A$.

- Kondensatoren werden mit einem Dielektrikum gefüllt, um die Kapazität zu erhöhen. Bei Spulen verwendet man ferromagnetische Stoffe zur Vergrößerung der Induktivität. Ein Messversuch zeigt, dass L proportional zur Permeabilitätszahl μ_r ist: $L \sim \mu_r$. Die Induktivität einer langen Spule, deren Innenraum vollständig und homogen mit einem ferromagnetischen Material gefüllt ist, beträgt: $L = \mu_0 \mu_r \dfrac{N^2}{l} A$.

- Jeder metallische Leiter besitzt eine Induktivität L, unabhängig von Form und Ausmaßen. Bei elektrischen Leitungen oder Metallstiften ist sie meist sehr gering. Für Spulen verwendet man oft den Begriff „Induktivität".

- Wegen $U = -L\dot{I} = -L\dfrac{dI}{dt}$ entsteht in jeder Induktivität eine Selbstinduktionsspannung, solange sich der Strom in ihr zeitlich ändert; es gilt $U \sim \dot{I}$, $L =$ konstant. Nur die Stromstärkeänderung ist von Bedeutung, nicht die Stromstärke I selbst. Nach der lenzschen Regel wirkt die Selbstinduktionsspannung ihrer Ursache entgegen. Sie hemmt die Zunahme des sich ändernden Stroms, sie verzögert seine Abnahme. Ist $\dot{I} = \dfrac{dI}{dt} = 0$, die Stromstärkeänderung also abgeschlossen (stationärer Zustand), so verhalten sich die Induktivitäten wie gewöhnliche Leiter.

- Spulen können in Reihe oder parallel geschaltet werden. Wie bei der Schaltung elektrischer Widerstände gilt für die Gesamtinduktivität L einer
  − Reihenschaltung von n Spulen: $L = L_1 + L_2 + \ldots + L_n$; die Induktivität vergrößert sich.
  − Parallelschaltung von n Spulen: $\dfrac{1}{L} = \dfrac{1}{L_1} + \dfrac{1}{L_2} + \ldots + \dfrac{1}{L_n}$; die Induktivität verringert sich.

- Eine Spule heißt ideal, falls $L > 0$, $R = C = 0$; sie verfügt über Induktivität, hat aber keinen Widerstand und keine Kapazität.

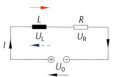

- Eine ideale Spule lässt sich als eigene Spannungsquelle auffassen. Ist sie z. B. mit dem idealen ohmschen Widerstand $R \neq 0$ ($L = 0$, $C = 0$) in Reihe gelegt (B 311), so fließt durch beide Schaltelemente der gemeinsame Strom I.

Bild 311: Ideale Spule als Spannungsquelle oder Schaltelement

Nach der Maschenregel (Kap. 9.1) werden in L induzierte Spannung $U_L = -L\dot{I} = -L\dfrac{dI}{dt}$, angelegte Spannung U_0 und an R abfallende Spannung $U_R = RI$ addiert, Summenwert ist null: $U_0 + U_L + U_R = 0$ bzw.

$U_0 - L\dot{I} - RI = 0;\ U_0 = L\dot{I} + RI.$

Ist $\dot{I} = \dfrac{dI}{dt} > 0$, so hemmt U_L die angelegte Gleichspannung U_0 (blauer Pfeil).

Ist $\dot{I} = \dfrac{dI}{dt} < 0$, so hat U_L die gleiche Polarität wie U_0 (roter Pfeil).

Eine ideale Spule lässt sich ebenso als Schaltelement in Reihe mit dem Widerstand R auffassen, an der die Teilspannung $U_L = -L\dot{I} = -L\dfrac{dI}{dt}$ abfällt. Dann gilt erneut: $U_0 + U_L + U_R = 0$;
$U_0 - L\dot{I} - RI = 0;\ U_0 = L\dot{I} + RI.$

Die in beiden Betrachtungen entstehende Gleichung $U_0 = L\dot{I} + RI$ ist eine Differenzialgleichung zur Bestimmung der gemeinsamen Stromstärke $I = I(t)$ durch R und L, falls die
restlichen Größen bekannt sind. Sie gestattet, die Stromstärkeänderung $\dot{I}$ im Zeitpunkt
$t_0 = 0$ des Einschaltens zu ermitteln. In diesem Zeitpunkt beträgt die Stromstärke
$I(t_0 = 0) = I_0 = 0$.

Mit $U_0 = L\dot{I} + RI$ bzw. $\dot{I} = \dfrac{U_0 - RI}{L}$ folgen $\dot{I}(t_0 = 0) = \dfrac{U_0 - RI_0}{L} = \dfrac{U_0 - R \cdot 0}{L}$,

$\dot{I}(t_0 = 0) = \dfrac{U_0}{L}$ und $U_L(t_0 = 0) = -L\dot{I}(t_0 = 0) = -L\dfrac{U_0}{L} = -U_0$ (B 313, unten).

10.10.3 Ein- und Ausschaltvorgänge bei einer realen Spule

Der Einschalt- und Ausschaltvorgang an einer realen Spule mit der Induktivität L und dem
eigenen Widerstand R_L lässt sich am Eingangsversuch aus Kapitel 10.10.1 beobachten, indem
man die Lampen herausnimmt und die Widerstände R^* einfügt (B 312). Grund: Mit einem
t-y-Schreiber können Stromstärken nicht direkt, sondern nur über den Spannungsabfall an
einem Widerstand gemessen werden. Mit dem Schreiber stellt man den zeitlichen Verlauf der
Stromstärke I_R durch den Widerstand R, der Stromstärke I_L durch die Spule und der Selbstinduktionsspannung U_L dar.
Die Anschlüsse I, II, III in B 312 führen zum t-y-Schreiber.

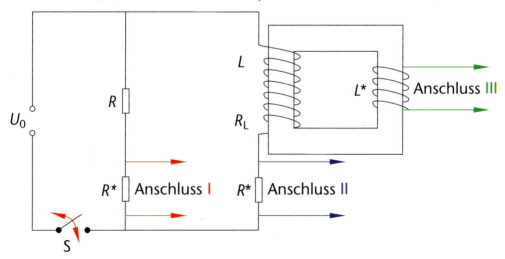

Bild 312: Schaltskizze zur Aufnahme der t-I_R-, t-I_L- und t-U_L-Diagramme

Anschluss I:

Durch den Widerstand R und den konstanten Abgreifwiderstand R^* fließt nach Schließen von S
der gemeinsame Strom $I_R(t)$. Für R^* gilt die Beziehung: $U^*(t) = R^*I_R(t)$. Wegen der Proportionalität

$U^*(t) \sim I_R(t)$ haben beide Größen den gleichen zeitlichen Verlauf. Die vom Schreiber aufgezeichnete Kurve (B 313, oben) gibt den zeitlichen Verlauf der Stromstärke $I_R(t)$ beim Ein- und Ausschalten an.

Anschluss II:

Durch die Spule mit der Induktivität L und den konstanten Abgreifwiderstand R^* fließt der gemeinsame Strom $I_L(t)$. Für R^* gilt die Beziehung: $U^*(t) = R^* I_L(t)$. Wegen der Proportionalität $U^*(t) \sim I_L(t)$ haben beide Größen den gleichen zeitlichen Verlauf. Die vom Schreiber aufgezeichnete Kurve (B 313, Mitte) gibt den zeitlichen Verlauf der Stromstärke $I_L(t)$ beim Ein- und Ausschalten an.

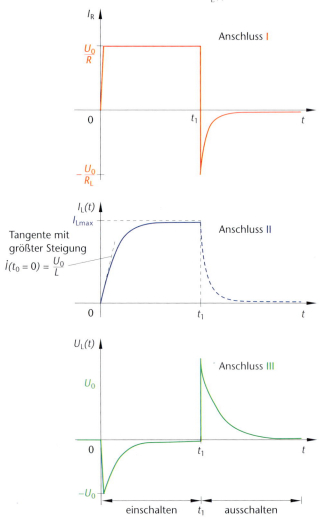

Bild 313: Ein- und Ausschaltdiagramme einer idealen Spule

Anschluss III:

Die Spule L ist mit einer weiteren Spule mit kleiner Windungszahl (Induktivität L*) induktiv gekoppelt. Beide verfügen also über einen gemeinsamen Eisenkern und das gleiche Magnetfeld. Die Induktionsvorgänge in L beim Ein- oder Ausschalten des Stroms mit Schalter S wiederholen sich in L*. Daher zeigen beide Induktionsspannungen den gleichen zeitlichen Verlauf, die Graphen (B 313, unten) sind synchron.

Einschaltvorgang (B 313, Graphen bis t_1):

Nach dem Einschalten nimmt der Strom durch R sofort den konstanten Wert $I_R = \dfrac{U_0}{R}$ an; U_0 ist die angelegte Gleichspannung. Der Strom $I_L(t)$ durch die Spule ist zeitabhängig. Zur Einschaltzeit $t_0 = 0$ hat die Stromstärkeänderung den größten Wert: $\dot{I}(t_0 = 0) = \dfrac{U_0}{L}$. Die Tangente an den t-I-Graphen verläuft am steilsten. Erst nach einer kurzen Zeitspanne erreicht I_L die maximale Stärke $I_{Lmax} = \dfrac{U_0}{R_L}$. Die Induktionsspannung $U_L(t)$ ist nur so lange vorhanden, wie der magnetische Fluss Φ in der Spule zunimmt. Sie hat im Zeitpunkt $t_0 = 0$ den kleinsten Wert $U_L(t_0 = 0) = -U_0$. Dann nähert sie sich asymptotisch dem größten Wert null an. Nach einer gewissen Zeit endet der Einschaltvorgang, der Kreis nimmt einen stationären Zustand ein.

Ausschaltvorgang, 1. Teil (B 313, Graphen ab t_1):

Nach dem Öffnen von S im Zeitpunkt t_1 bleibt der geschlossene Kreis aus Widerstand R und Spule L erhalten, ebenso nach Lenz der Strom durch die Spule mit der Stärke $I_L(t_1) = I_{Lmax} = \dfrac{U_0}{R_L}$. Er fließt gleichzeitig durch den Widerstand R, aber entgegengesetzt zur Richtung nach dem Einschalten.

Daher gilt für die Stromstärke durch R: $I_R(t_1) = -\dfrac{U_0}{R_L}$. Im Zeitbereich $t > t_1$ sinkt $I_L(t)$ asymptotisch gegen den kleinsten Wert null ab, $I_R(t)$ nähert sich asymptotisch dem größten Wert null an. Man kann auch sagen: Für $t > t_1$ streben die Beträge beider Stromstärken in gleicher Weise dem Wert null zu, die zugehörigen Graphen nähern sich asymptotisch der t-Achse von zwei Seiten.

Eine reale Spule wie in B 312 kann immer als Reihenschaltung aus idealer Spule mit der Induktivität L und ohmschem Spulenwiderstand R_L interpretiert werden. Dann gilt im Zeitpunkt t_1 des Ausschaltens für die allein vorhandene induzierte Spannung U_L in der Spule unter Einbeziehung von $I_L(t_1) = I_{Lmax} = \dfrac{U_0}{R_L}$: $U_L(t_1) = (R_L + R)I_L(t_1) = (R_L + R)\dfrac{U_0}{R_L} = \left(1 + \dfrac{R}{R_L}\right)U_0$.

Wegen $\left(1 + \dfrac{R}{R_L}\right) > 1$ gilt sofort $U_L(t_1) > U_0$, wie der experimentell ermittelte Graph in B 313, unten rechts, bestätigt.

Im Zeitbereich $t > t_1$ nimmt $U_L(t)$ exponentiell ab und nähert sich ebenfalls asymptotisch dem Wert null an.

Ausschaltvorgang, 2. Teil (B 310):

Das Öffnen des Schalters S* im Zeitpunkt t_1 anstelle von S führt zu einem anderen Ergebnis als bisher. Das Magnetfeld in der Spule bricht wieder zusammen. Der Fluss ändert sich und löst die Selbstinduktionsspannung U_L aus. Sie ergibt den Anfangsstrom $I_L(t_1) = \dfrac{U_0}{R_L}$, der sich nur stetig und nicht sprunghaft verringern kann. Zugleich beobachtet man an S* einen elektrischen Lichtblitz, falls die Glimmlampe fehlt. Er heißt Öffnungsfunken.

Der Luftspalt zwischen den Kontakten des Schalters S* wirkt als Widerstand R_S. Er wird mit wachsender Spaltbreite immer größer und übertrifft den Spulenwiderstand R_L bei Weitem. Daher kann $U_L(t_1)$ den Funken zwischen den Schalterkontakten nur kurzzeitig und mit einem hohen Wert auslösen. Er ergibt sich wegen $R_S \gg R_L$ aus: $U_L(t_1) = \left(1 + \dfrac{R_S}{R_L}\right)U_0 \gg U_0$.

Derartige Öffnungsfunken haben in der Vergangenheit öfters zu Gebäudebränden geführt. Man unterdrückt sie im Labor z. B. mit einer Glimmlampe parallel zur Spule. Beim Öffnen von S* leuchtet die Lampe auf, übernimmt also die in der Spule gespeicherte magnetische Energie und wandelt sie in Licht um. Aus der angelegten Spannung $U_0 = 4,5$ V entwickelt sich im Versuch immerhin die für die Glimmlampe erforderliche Betriebsspannung $U_G \approx 90$ V. Mit elektronischen Schaltern erreicht man heute aus einer Batteriespannung von 9 V Induktionsspannungen um 1 MV. Technische Schalter verwenden zur Unterdrückung des Öffnungsfunkens meist elektrische Widerstände, die sich bei der Energieaufnahme erwärmen.

10.10.4 Magnetische Energie im homogenen Magnetfeld

Im homogenen Magnetfeld ist wie im elektrischen Feld eines Plattenkondensators Energie gespeichert. Die vorangehenden Versuche zeigen, dass sich beim Öffnen des Schalters S der magnetische Fluss in der Spule ändert mit einer Induktionsspannung und einem Induktionsstrom als Folge. Magnetische Energie wird in elektrische Energie umgewandelt: $\Delta E_{mag} = \Delta E_{el}$. Nach Öffnen des Schalters S in B 310 oder 312 führt die Induktionsspannung $U_L = -L\dot{I} = -L\dfrac{dI}{dt}$ zum zeitabhängigen Induktionsstrom $I_L(t)$ im Kreis aus Spule L und Widerstand R. Aus der (mittleren) Energie ΔE_{mag} im Magnetfeld wird die (mittlere) elektrische Energie $\Delta E_{el} = U_L I(t)\Delta t$. Sie erwärmt die Leiterteile im Stromkreis. Die gesamte magnetische Energie in der Spule erhält man durch folgende Rechnung:

1. $\Delta E_{mag} = \Delta E_{el}$

2. $\Delta E_{el} = U_L I(t)\Delta t$

3. $U_L = -L\dfrac{\Delta I}{\Delta t}$

Die 1. Gleichung ergibt: $\Delta E_{mag} = U_L I(t)\Delta t = -L\dfrac{\Delta I}{\Delta t}I(t)\Delta t = -LI(t)\Delta I$.

Der Anfangsstrom $I = I_L(t_1) = I_{Lmax} = \dfrac{U_0}{R_L}$ nimmt stetig bis zur Endstromstärke $I_0 = 0$ ab. Diesem Verlauf entspricht in der Energiegleichung $\Delta E_{mag} = -LI(t)\Delta I$ der Grenzübergang $\Delta I \rightarrow 0$. Es entsteht $dE_{mag} = -LI(t)dI$ und daraus durch Integration beider Seiten in den Grenzen von I bis $I_0 = 0$ das bestimmte Integral $\displaystyle\int_0^{E_{mag}} dE_{mag} = \int_I^0 -LI(t)\,dI$, $E_{mag} = \left(-\dfrac{1}{2}LI^2\right)\Big|_I^0 = +\dfrac{1}{2}LI^2$.

▸ **Das Magnetfeld einer Spule mit der Induktivität L, die von einem Strom der Stärke I durchflossen wird, enthält die Energie $E_{mag} = \dfrac{1}{2}LI^2$. Sie befindet sich nahezu ganz im Innenraum der Spule.**

Elektrisches und magnetisches Feld im Vergleich

Der folgende Vergleich zwischen dem elektrischen und dem magnetischen Feld stellt Gemeinsamkeiten und Unterschiede heraus.

elektrisches Feld	magnetisches Feld
Das elektrische Feld äußert sich durch eine Kraftwirkung auf jede Ladung.	Das magnetische Feld äußert sich durch eine Kraftwirkung auf jeden magnetischen Dipol.
Die elektrische Feldstärke E ist festgelegt durch die elektrische Feldkraft auf eine positive Probeladung: $E = \dfrac{F}{q}$.	Die magnetische Flussdichte B ist festgelegt durch die magnetische Feldkraft auf einen Strom I im Leiter der wirksamen Länge l: $$B = \dfrac{F}{Il}.$$
Das Feld wird durch Feldlinien veranschaulicht, deren Richtung in einem Feldpunkt P durch die Feldkraft $\vec{F}$ auf eine positive Probeladung festgelegt ist.	Das Feld wird durch Feldlinien veranschaulicht, deren Richtung in einem Feldpunkt P durch die Feldkraft $\vec{F}$ auf einen magnetischen Dipol festgelegt ist.
Elektrische Feldlinien beginnen auf einer positiven Ladung (Quelle) und enden auf einer negativen (Senke). Elektrische Wirbelfelder treten bei der elektromagnetischen Induktion auf und sind durch geschlossene Feldlinien darstellbar.	Magnetische Feldlinien sind geschlossen.
Die elektrische Feldkraft greift an ruhender oder bewegter Ladung in Richtung der Feldlinien an.	Die magnetische Feldkraft wirkt als Lorentzkraft nur auf Ladung, die sich nicht parallel zu den Magnetfeldlinien bewegt. Sie verläuft stets senkrecht zum Feld und zur Bewegungsrichtung der Ladung.
Im elektrischen Feld ist die elektrische Energie $E_{el} = \dfrac{1}{2}CU^2$ gespeichert.	Das Magnetfeld enthält die magnetische Energie $E_{mag} = \dfrac{1}{2}LI^2$.

Beispiel

Eine leere lange Zylinderspule (Spulenlänge l = 65,0 cm, Spulendurchmesser d = 7,00 cm, Windungszahl N = 6500) mit dem ohmschen Widerstand R = 15,0 Ω liegt an einer Gleichspannung.

a) Man berechne die Induktivität L dieser Spule.

b) Man entscheide, welche Induktivität L^* die Spule hätte, falls man ihre Windungsdichte $\dfrac{N}{l}$ verdoppelt.

c) Beim Abschalten der Spannung sinkt die Stromstärke in der Zeitdauer Δt = 0,143 s von 2,41 A auf 0 A ab. Man berechne die im Magnetfeld der Spule enthaltene Energie E_{mag} und die (mittlere) induzierte Spannung $\bar{U}$. Man erkläre den Verbleib von E_{mag}.

d) Man überlege, wie man bei gleichen Spulendaten und gleichem Anfangsstrom die induzierte Spannung z. B. auf 120 V erhöhen könnte.

Lösung:

a) Die Induktivität einer langen Spule erhält man aus der Formel $L = \mu_0 \dfrac{N^2}{l}A$. Mit $A = r^2\pi$ für die kreisförmige Querschnittsfläche entsteht allgemein: $L = \mu_0 \dfrac{N^2}{l}r^2\pi$.

Mit Messwerten: $L = 12,57 \cdot 10^{-7} \dfrac{\text{N}}{\text{A}^2} \dfrac{6500^2}{0,650 \text{ m}}(0,0350 \text{ m})^2 \cdot 3,142 = 0,314 \text{ H}$.

b) Entscheidend ist, ob die Windungsdichte $\dfrac{N}{l}$ durch Variation von N oder l (oder beiden Größen) verdoppelt wird. Annahme: $N^* = 2N$. Dann beträgt die neue Induktivität:

$$L^* = \mu_0 \frac{N^{*2}}{l} A = \mu_0 A \frac{(2N)^2}{l} = 4\mu_0 \frac{N^2}{l} A = 4L; \text{ sie vervierfacht sich. Bei der Annahme } l^* = \frac{1}{2}l$$

wiederholt sich die Rechnung in ähnlicher Weise mit dem Ergebnis: $L^* = 2L$.

c) Der Stromstärke $I = 2{,}41$ A vor dem Abschalten entspricht die magnetische Energie $E_{\text{mag}} = \dfrac{1}{2}LI^2$ im Spuleninneren. Mit dem Messwert für L aus a) folgt: $E_{\text{mag}} = \dfrac{1}{2} \cdot 0{,}3144 \text{ H} \cdot (2{,}41 \text{ A})^2 = 0{,}913$ J.

Sie führt zur mittleren induzierten Spannung $\overline{U} = -L\dfrac{\Delta I}{\Delta t}$ bzw. $\overline{U} = -0{,}3144 \text{ H} \cdot \dfrac{2{,}41 \text{ A}}{0{,}143 \text{ s}} = 5{,}30$ V.

E_{mag} wandelt sich nach dem Abschalten in elektrische Energie und wegen $R > 0$ in Wärmeenergie um.

d) Da L und $\Delta I = I$ erhalten bleiben, ist nach $\overline{U} = -L\dfrac{\Delta I}{\Delta t}$ eine Erhöhung der Spannung nur über die Ausschaltdauer erreichbar. Je kürzer sie ist, umso höher wird die induzierte Spannung. Im Beispiel müsste der Schalter die Öffnungszeit $\Delta t = 6{,}3$ ms haben, gewonnen aus $\overline{U}\Delta t = -L\Delta I$,

$$\Delta t = (-)\frac{L\Delta I}{\overline{U}} \text{ mit } \overline{U} = 120 \text{ V}.$$

Aufgaben

1. Eine lange Spule ($N = 1250$, $A = 18{,}5$ cm^2, $L = 58{,}1$ mH) wird von einem Strom der Stärke $I = 3{,}75$ A durchflossen.
   a) Ermitteln Sie den magnetischen Fluss Φ durch die Spulenquerschnittsfläche.
   b) Berechnen Sie die im Magnetfeld gespeicherte Energie E_{mag} und die Energiedichte $\dfrac{E_{\text{mag}}}{V}$ im Spuleninnern.
   c) Durch eine spezielle Vorrichtung erreicht man, dass der Strom der zeitabhängigen Stärke $I(t) = 3{,}75 \text{ A} - 1{,}42 \text{ As}^{-2}t^2$ auf 0 A abklingt. Bestimmen Sie die induzierte Spannung U im Zeitpunkt $t_1 = 1{,}17$ s nach der Schalteröffnung.
   d) Gewinnen Sie rechnerisch die von der Spule im Abklingzeitraum abgegebene mittlere Leistung $\overline{P}$.

2. Eine lange Spule ($\dfrac{N}{l} = 2{,}50 \cdot 10^4 \text{m}^{-1}$, $A = 64{,}0$ cm^2, $R = 75{,}0$ Ω) und eine Glimmlampe liegen parallel an der Gleichspannung $U_0 = 20{,}0$ V.
   a) Ermitteln Sie die Stromstärke I_0.
   b) Die Spule speichert bei der Stromstärke I_0 die Energie $E_{\text{mag}} = 39{,}5$ mJ. Berechnen Sie ihre Windungszahl N sowie die Energiedichte $\dfrac{E_{\text{mag}}}{V}$ im Spuleninnern.

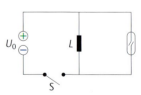

Bild 313.1

   c) Bei Schalteröffnung blitzt die Glimmlampe kurz auf. Erklären Sie diese Beobachtung und geben Sie an, ob in B 313.1 die obere oder die untere Elektrode aufleuchtet. Überlegen Sie, ob sich der Lichtblitz auch beim Schließen des Schalters zeigt.

Sinusförmige Wechselspannung dient der weltweiten Energieversorgung; andere wichtige Anwendungen kommen hinzu. Sie wird großtechnisch in Kraftwerken gewonnen. Mit den physikalischen Grundlagen beschäftigt sich das nun folgende Kapitel. Danach werden einfache elektrische Schaltelemente im Wechselstromkreis behandelt. Von Bedeutung ist ferner das Zusammenwirken verschiedener Wechselstromwiderstände in der Reihen- und Parallelschaltung.

11.1   Erzeugung einer sinusförmigen Induktionsspannung

Zur Erinnerung: Auf der Basis des Induktionsgesetzes erreicht man eine konstante Induktionsspannung U auf zwei Arten.

- Die Induktionsspule wird mit konstanter Geschwindigkeit $\vec{v}$ senkrecht in ein konstantes homogenes B-Feld eingetaucht oder aus ihm herausgezogen. Die wirksame Fläche A der Spule ändert sich linear (B 291).

- Ein linear veränderliches homogenes B-Feld durchsetzt die konstante wirksame Leiterfläche A (B 303).

Die konstante Induktionsspannung ist für die Energieversorgung ohne Bedeutung.

Die Erzeugung einer sinusförmigen Induktionsspannung demonstriert man mit folgendem Versuch.

Rotation einer Leiterschleife in einem konstanten homogenen Magnetfeld (B 314)

① rotierende Leiterschleife mit einer Windung, ω = konstant
② konstantes homogenes Magnetfeld: $\vec{B}$ = konstant
③ x-y-t-Schreiber oder Oszilloskop

Beobachtung:
Während der Rotation der Leiterschleife mit der konstanten Winkelgeschwindigkeit ω wird zwischen den Enden eine zeitabhängige Spannung $U(t)$ induziert. Sie zeigt sinusförmigen Verlauf; man spricht von einer **sinusförmigen Induktions- oder Wechselspannung.**

Die Scheitelspannung $\hat{U}$ hängt von der Winkelgeschwindigkeit ω ab: $\hat{U}(\omega)$ falls B und A konstant gehalten werden, aber nicht null sind.

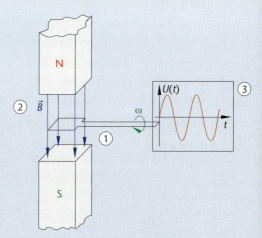

Bild 314: Erzeugung einer sinusförmigen Wechselspannung

VERSUCH

Ebenso zeigt der Versuch, dass $\hat{U}$ von B abhängt: $\hat{U}(B)$, falls ω, A_0 konstant und nicht null, und von A_0: $\hat{U}(A_0)$, falls B, ω konstant und nicht null.

Erklärung, 1. Teil (B 315):
Eine Leiterschleife mit A_0 = konstant rotiert mit konstanter Winkelgeschwindigkeit ω in einem B-Feld mit der Flussdichte $\vec{B}$ = konstant. Im Zeitpunkt $t_0 = 0$ liegt die Schleife z. B. senkrecht zu den Feldlinien. Dann gilt für den magnetischen Fluss Φ in Abhängigkeit von der Zeit $t > 0$:

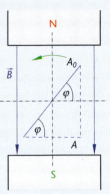

1. $\Phi(t) = BA(t)$

2. $\cos \varphi(t) = \dfrac{A(t)}{A_0}$

3. $A(t) = A_0 \cos \varphi(t)$

    $A(t) = A_0 \cos(\omega t)$

Bild 315: Zur Herleitung der sinusförmigen Wechselspannung

4. $\omega = \dfrac{\varphi}{t}$; $\varphi(t) = \omega t$

Somit: $\Phi(t) = BA_0 \cos(\omega t)$; $\Phi(t) = \hat{\Phi} \cos(\omega t) = \hat{\Phi} \sin\left(\omega t + \dfrac{\pi}{2}\right)$.

$\hat{\Phi}$: Scheitelwert bzw. Amplitude des magnetischen Flusses, wobei $\hat{\Phi} = BA_0$ = konstant; $\hat{\Phi} > 0$. $\hat{\Phi}$ ist eine konstante physikalische Größe mit maximalem Messwert und Träger der Einheit: $[\hat{\Phi}] = 1\ \mathrm{Tm}^2 = 1\ \mathrm{Vs} = 1\ \mathrm{Wb}$.

Bemerkung:

Der magnetische Fluss $\Phi(t)$ ist eine zeitabhängige Sinus- oder Cosinusfunktion und daher eine harmonische Schwingung.

Erklärung, 2. Teil:
Unter Verwendung des t-Φ-Gesetzes und des Induktionsgesetzes erhält man die in der Leiterschleife induzierte Spannung $U(t)$:

1. $U(t) = -N\dot{\phi}(t) \wedge N = 1$

2. $\Phi(t) = \hat{\Phi} \cos(\omega t)$, $\dot{\Phi}(t) = -\hat{\Phi}\omega \sin(\omega t)$

Somit: $U(t) = -(-\hat{\Phi}\omega \sin(\omega t))$, $U(t) = \hat{\Phi}\omega \sin(\omega t)$;
mit $\hat{\Phi}\omega = \hat{U}$ folgt: $U(t) = \hat{U}\sin(\omega t)$.
$\hat{U}$: Scheitelwert bzw. Amplitude der Wechselspannung, wobei $\hat{U} = \hat{\Phi}\omega$ = konstant. $\hat{U} > 0$; $\hat{U}$ ist Träger der Einheit: $[\hat{U}] = 1\ \mathrm{Wbs}^{-1} = 1\ \mathrm{Vss}^{-1} = 1\ \mathrm{V}$.

Bemerkungen:

- Die induzierte Wechselspannung $U(t)$ ist eine zeitabhängige Sinusfunktion und daher eine harmonische Schwingung.

- Für eine Induktionsspule mit N Windungen gilt: $U(t) = N\hat{U}\sin(\omega t)$ mit $\hat{U} = \hat{\Phi}\omega$.

- Grafische Gegenüberstellung von $\Phi(t)$ und $U(t)$ (B 316):

    – $t_1 = 0$: $\Phi(t_1 = 0) = \hat{\Phi}$, $U(t_1 = 0) = 0$; maximaler Fluss, aber keine Spannung.

    – $t_2 = \dfrac{1}{4}T$: $\Phi\left(t_2 = \dfrac{1}{4}T\right) = 0$, $U\left(t_2 = \dfrac{1}{4}T\right) = \hat{U}$; kein Fluss, aber maximale Spannung.

Diese Aussagen bestätigen die Ergebnisse von Kap. 10.0.4 und 10.9.5:

Es kommt bei der elektromagnetischen Induktion nicht auf den magnetischen Fluss, sondern auf seine **Änderungsrate** $\frac{\Delta\Phi}{\Delta t}$ bzw. auf $\frac{d\Phi}{dt}$ an. Diese wird durch die Tangente an den t-Φ-Graphen dargestellt.

- Große Verdienste im Bereich der Wechselstromtechnik erwarb sich um 1900 der kroatische Physiker Tesla.

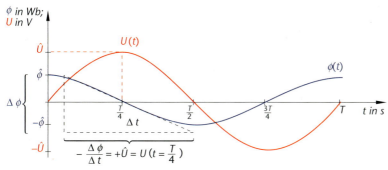

Bild 316: t-Φ- und t-U-Diagramm

Anwendungen und Hinweise:

- Zu nennen sind in erster Linie die Erzeugung von elektrischer Energie mit Wechselstromgeneratoren und der relativ einfache und verlustarme Energietransport auch über weite Entfernungen. So gelingt es, nahezu alle Orte der Erde zu jeder Zeit mit ausreichender elektrischer Energie zu versorgen.

- Wechselspannung lässt sich transformieren.

- Netzwechselspannung hat in Westeuropa die Frequenz 50 Hz, in Osteuropa zurzeit noch etwa 51 Hz, in den USA 60 Hz.

- Die Frequenz für E-Loks der DB beträgt $16\frac{2}{3}$ Hz (Drehstrom).

- Weitere Anwendungen der Induktion sind in Kapitel 10.6 aufgeführt.

11.2 Effektivwerte von Spannung und Stromstärke

Elektrische Geräte im Alltag (Föhn, Staubsauger usw.) werden mit gewöhnlicher Netzwechselspannung betrieben. Auf den Geräten findet man die Angabe 230 V. Ein Hinweis auf die t-U-Funktion fehlt gewöhnlich. Diese Ersatzdarstellung der Wechselspannung ist physikalisch durchaus sinnvoll.

Effektivwert der sinusförmigen Wechselspannung (B 317)

Versuchsdurchführung:
Zwei baugleiche, gut isolierende Behälter werden mit der gleichen Wassermenge gefüllt. Die Anfangstemperatur ist beliebig, aber fest. Nun erwärmt man das Wasser in beiden Behältern mit baugleichen Tauchsiedern innerhalb der gleichen Zeitdauer Δt. Man verwendet zuerst eine sinusförmige Wechselspannung $U(t)$, dann eine variabel einstellbare Gleichspannung U.

VERSUCH ▶

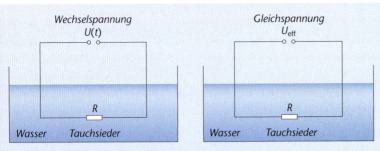

Bild 317: Zur Bestimmung der Effektivspannung U_{eff}

Beobachtung:
Die Gleichspannung lässt sich so einrichten, dass beide Spannungsquellen die gleiche Wassermenge unter gleichen Versuchsbedingungen in der gleichen Zeitdauer Δt um die gleiche Temperatur erhöhen. Sie stimmen also in der (mittleren) Wärmeleistung $\overline{P}$ überein. Man ersetzt daher die wahre komplizierte, sinusförmige Wechselspannung $U(t)$ durch die einfache Gleichspannung U_{eff}. Sie heißt **Effektivspannung.** Der zugehörige Gleichstrom ist der **Effektivstrom** I_{eff}.

Im Verlauf der Versuchsdurchführung zeigt sich, dass die Effektivspannung U_{eff} mit dem Scheitelwert $\hat{U}$ der verwendeten Wechselspannung $U(t)$ zusammenhängt. Erstere ist gerade erreicht, wenn $U_{eff} = \dfrac{\hat{U}}{\sqrt{2}}$ gilt. Gleichzeitig besteht zwischen dem Effektivstrom I_{eff} und der Amplitude $\hat{I}$ des Wechselstroms der Zusammenhang: $I_{eff} = \dfrac{\hat{I}}{\sqrt{2}}$. Zu beiden Ergebnissen gelangt man auch mithilfe einer etwas aufwendigen Integralrechnung.

▶ **Der Effektivwert U_{eff} einer sinusförmigen Wechselspannung $U(t)$ ist die Gleichspannung, die im gleichen Widerstand unter gleichen Versuchsbedingungen die gleiche (mittlere) Temperaturerhöhung hervorbringt. Zwischen den Scheitelwerten und den Effektivwerten bestehen die Zusammenhänge: $U_{eff} = \dfrac{\hat{U}}{\sqrt{2}}$, $I_{eff} = \dfrac{\hat{I}}{\sqrt{2}}$.**

Dem Verständnis hilft auch folgende weitere Überlegung (B 318): Sind $U(t) = \hat{U}\sin(\omega t)$ und $I(t) = \hat{I}\sin(\omega t)$ zusammengehörende Wechselgrößen in einem geschlossenen Stromkreis mit dem Verbraucher R, dann gibt $P(t) = U(t)I(t) = \hat{U}\hat{I}\sin^2(\omega t)$ die von ihnen erbrachte elektrische Leistung an. Ihr Graph verläuft als Sinuskurve im I.

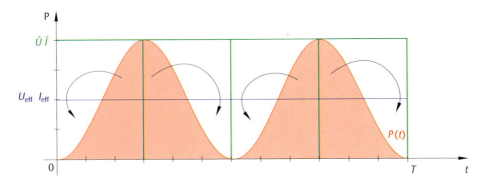

Bild 318: Zur Bestimmung des Effektivstroms I_{eff}

(und II.) Quadranten. Die schraffierte Fläche zwischen dem t-P-Graphen und der t-Achse und eine geeignet gewählte inhaltsgleiche Rechteckfläche geben die im Zeitintervall $[0; T]$ verrichtete elektrische Arbeit an. Es gilt nach B 318: $\hat{U}\hat{I} = 2U_{eff}\,I_{eff}$, $R\hat{I}\hat{I} = 2RI_{eff}\,I_{eff}$, $\hat{I}^2 = 2I_{eff}^2$, $\hat{I} = \sqrt{2}I_{eff}$. Auf gleiche Weise entsteht $\hat{U} = \sqrt{2}U_{eff}$.

Bemerkungen:

- Die mathematisch richtige Darstellung der gewöhnlichen Netzwechselspannung mit $f = 50{,}0$ Hz, $U_{eff} = 230$ V, $\hat{U} = \sqrt{2} \cdot 230$ V $= 325$ V, lautet: $U(t) = 325\ \text{V}\sin(314\ s^{-1}t)$.

- Wechselstrommessgeräte sind so geeicht, dass bei sinusförmigem Verlauf der Messgrößen stets der Effektivwert angezeigt wird.

11.3 Zeigerdarstellung sinusförmiger Größen

Besonders wichtig ist die Darstellung und Gegenüberstellung sinusförmiger Wechselspannungen oder Wechselströme gleicher Frequenz $\omega = 2\pi f$.

Beispiel

Addition zweier sinusförmiger Wechselspannungen gleicher Frequenz $f = 1{,}00 \cdot 10^2\ s^{-1}$, die sich im Nullphasenwinkel φ unterscheiden, bei Reihenschaltung:

- $\hat{U}_1 = 2{,}00$ V, $\varphi_1 = 0$, $U_1(t) = 2{,}00\ \text{V}\sin(2\pi \cdot 1{,}00 \cdot 10^2\,s^{-1}t)$,
  $U_1(t) = 2{,}00\ \text{V}\sin(628\ s^{-1}t)$.

- $\hat{U}_2 = 3{,}00$ V, $\varphi_2 = -\dfrac{\pi}{3}$, $U_2(t) = 3{,}00\ \text{V}\sin\left(628\ s^{-1}t - \dfrac{\pi}{3}\right)$.

Die resultierende Spannung U_{rsl} erhält man grafisch, mit Zeigern oder rechnerisch. Es gilt:
$U_{rsl}(t) = U_1(t) + U_2(t)$.

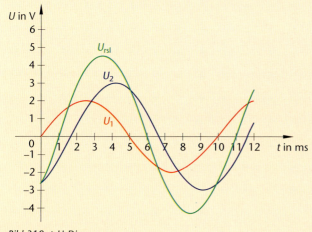

Bild 319: t-U-Diagramme

Grafische Lösung durch Überlagerung der Funktionsgraphen (B 319):
In jedem Zeitpunkt t werden die Spannungswerte $U_1(t)$ und $U_2(t)$ addiert. So entsteht $U_{rsl}(t)$.

Grafische Lösung mithilfe von **Zeigern** (B 320): Wie bei der harmonischen Schwingung veranschaulicht man elektrische Wechselstromgrößen häufig durch einen Drehzeiger bzw. rotierenden Zeiger mit Länge, Richtung und Durchlaufsinn, dessen senkrechte Projektion auf die y-Achse zu jedem Zeitpunkt t die Momentan- oder Augenblicksgröße angibt. Drehzeiger rotieren mit der konstanten Kreisfrequenz ω um den Ursprung. Sie sind den Pfeilvektoren ähnlich und werden wie diese zeichnerisch addiert. Wechselstromgrößen sind aber keine Vektoren. Drehzeiger leiten sich aus der komplexen Zahlendarstellung ab, mit der sich Wechselstromgrößen vorteilhaft beschreiben lassen.

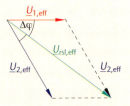

Bild 320: Zeigerdiagramm

Üblich sind „Effektivwertzeiger" oder „Amplitudenwertzeiger". Die Länge des Zeigers entspricht dem konstanten Effektivwert oder dem konstanten Amplitudenwert der Wechselstromgröße. Für den Zeiger der Effektivspannung schreibt man zum Beispiel $\underline{U}_{eff}$, für den Zeiger der Wechselstromamplitude $\hat{I}$.

Im Beispiel ist $U_{1eff} = \dfrac{2{,}00\ V}{\sqrt{2}} = 1{,}41\ V$, $U_{2eff} = \dfrac{3{,}00\ V}{\sqrt{2}} = 2{,}12\ V$. Mit dem Maßstab $1\ V \mathrel{\hat{=}} 2\ cm$ entsteht die Zeigerdarstellung in B 320.

Aus der Figur erhält man durch Ablesen die Länge 6,16 cm des resultierenden Zeigers $U_{rsl,eff}$. Unter Verwendung des Maßstabes beträgt die resultierende Effektivspannung daher $U_{rsl,eff} = 3{,}08\ V$. Ebenso erhält man den von den Zeigern $\underline{U}_{1,eff}$ und $\underline{U}_{rsl,eff}$ eingeschlossenen Winkel $\Delta\varphi = \dfrac{\pi}{5}(36°)$. Die resultierende Spannung U_{rsl} läuft der Spannung U_1 im gegebenen Drehsinn um 36° voraus, der Spannung U_2 um $\dfrac{\pi}{3} - \dfrac{\pi}{5} = \dfrac{2}{15}\pi\ (24°)$ hinterher.

Die Angabe des Drehsinns ist bei „Amplitudenwertzeigern" und „Effektivwertzeigern" nicht zwingend erforderlich. Wesentlich ist nur die richtige Zuordnung der Zeiger untereinander. Zur **rechnerischen** Lösung der Gleichung $U_{rsl}(t) = U_1(t) + U_2(t)$ verwendet man häufig Zeigerdiagramme, trigonometrische Terme und den Satz des Pythagoras, oft in Kombination. Beispiele dazu findet man ab Kapitel 11.4.

11.4 Einfache elektrische Schaltelemente im Wechselstromkreis

Im Stromkreis mit sinusförmiger Wechselspannung liegen nun einzeln ein ohmscher Widerstand, ein Kondensator oder eine Spule. Verwendet werden ideale Schaltelemente. Eine zugeschaltete Glühlampe mit dem ohmschen Widerstand $R > 0$ dient der Beobachtung. Sie führt zwar zu einer geringen Abweichung vom Idealzustand, beeinträchtigt die Ergebnisse letztlich aber nicht.

11.4.1 Ohmscher Widerstand im Wechselstromkreis

Ohmscher Widerstand im Wechselstromkreis (B 321) mit R = konstant, C = 0, L = 0

① Generator für Gleichspannung und sinusförmige Wechselspannung variabler Frequenz f bzw. ω
② ohmscher Widerstand R, Wirkwiderstand
③ Anschluss zum Oszilloskop
④ Lampe zur Beobachtung (bei kleiner Frequenz)

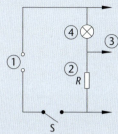

VERSUCH

Versuchsdurchführung:
Man legt zuerst eine Gleichspannung, danach eine Wechselspannung an den Widerstand R. Die Frequenz der Wechselspannung ist stufenlos variabel. Anschließend wiederholt man den Versuch mit anderen Widerständen.

Bild 321: Ohmscher Widerstand im Wechselstromkreis

Beobachtung:
Die Lampe leuchtet beim Einschalten der Gleichspannung U sofort auf und bleibt konstant hell unabhängig vom verwendeten Widerstand R.
Bei Verwendung der sinusförmigen Wechselspannung wechseln Helligkeit und Dunkelheit der Lampe periodisch in der verwendeten Frequenz ω. Alle Widerstände ergeben die gleiche Beobachtung. Das Oszilloskop zeigt, dass $U_R(t)$ und $I_R(t)$ immer in Phase sind. Die Helligkeit der Lampe bleibt bei jeder Frequenz ω gleich. Sie hängt nur vom Widerstand R (und dem Lampenwiderstand) ab.

Erklärung:
Es gilt bei Verwendung von Gleichspannung an R: $I = \dfrac{U}{R}$.
Es gilt bei Verwendung der sinusförmiger Wechselspannung $U_R(t)$ an R:

1. $U_R(t) = \hat{U}_R \sin(\omega t)$

2. $R = \dfrac{U_R(t)}{I_R(t)}$, $I_R(t) = \dfrac{U_R(t)}{R}$

Somit: $I_R(t) = \dfrac{\hat{U}_R \sin(\omega t)}{R} = \dfrac{\hat{U}_R}{R} \sin(\omega t)$, $I_R(t) = \hat{I}_R \sin(\omega t)$.

Bemerkungen:

- Der Wechselstrom $I_R(t)$ zeigt sinusförmigen Verlauf und ist gleichfrequent und gleichphasig zu $U_R(t)$. $I_R(t)$ ist eine harmonische Schwingung.

- Aus der gleichbleibenden maximalen Helligkeit der Lampe während des Hell-Dunkel-Wechsels folgt, dass der Widerstand R nicht von der Frequenz ω der anliegenden Wechselspannung abhängt: R = konstant. R heißt **Wirk- oder Lastwiderstand**.

- Für den Scheitelwert der Stromstärke gilt:
  $\hat{I}_R = \dfrac{\hat{U}_R}{R} =$ konstant; $\hat{I}_R > 0$; $\hat{I}_R$ ist Träger der Einheit $1 \dfrac{V}{\Omega} = 1$ A.

- Das Zeigerdiagramm für einen beliebigen festen Zeitpunkt t^* und das Liniendiagramm für eine Periode mit der Dauer $T = \dfrac{2\pi}{\omega} = \dfrac{1}{f}$ sind in Abbildung B 322 zu sehen.

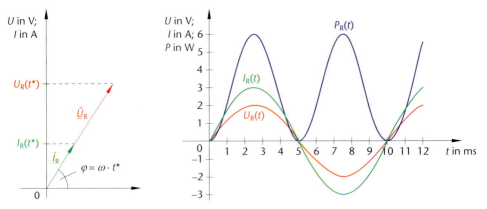

Bild 322: Zeiger- und Liniendiagramme

- Leistung des Wechselstroms:

    Für die Momentanleistung im Kreis gilt: $P_R(t) = U_R(t) I_R(t)$, wobei $U_R(t) = \hat{U}_R \sin(\omega t)$ und $I_R(t) = \hat{I}_R \sin(\omega t)$.

    Somit: $P_R(t) = \hat{U}_R \sin(\omega t) \cdot \hat{I}_R \sin(\omega t)$; mithilfe einer mathematischen Formelsammlung

    folgt: $P_R(t) = \hat{U}_R \hat{I}_R \sin^2(\omega t) = \dfrac{\hat{U}_R \hat{I}_R}{2}[1 - \cos(2\omega t)]$, $P_R(t) = U_{R,\text{eff}} I_{R,\text{eff}}[1 - \cos(2\omega t)] \geq 0$.

    Bei einem idealen Wirkwiderstand ist die Momentanleistung $P_R(t)$ nie negativ; es gilt also $P_R(t) \geq 0$. Man sagt, es fließt ein **reiner Wirkstrom**. Der zugehörige Graph ist eine Kosinuskurve im I. Quadranten (B 322). Die Fläche zwischen t-P_R-Graph und t-Achse erfasst die elektrische Energie, die in R umgesetzt wird. Die Frequenz der Momentanleistung hat sich gegen $U_R(t)$ verdoppelt.

    Für die mittlere Leistung $P_{\text{med}} = \overline{P}$ gilt: $\overline{P} = \dfrac{1}{T} \displaystyle\int_0^T P(t)\,dt = \dfrac{\hat{U}_R \hat{I}_R}{2T} \displaystyle\int_0^T ([1 - \cos(2\omega t)])\,dt$;

    $$\overline{P} = \frac{\hat{U}_R \hat{I}_R}{2T}\left[t - \frac{\sin(2\omega t)}{2\omega} \right]_0^T = \frac{\hat{U}_R \hat{I}_R}{2T}\left[T - \frac{\sin\left(\dfrac{4\pi T}{T}\right)}{\dfrac{4\pi}{T}} \right],$$

    $$\overline{P} = \frac{\hat{U}_R \hat{I}_R}{2} = \frac{\hat{U}_R}{\sqrt{2}} \cdot \frac{\hat{I}_R}{\sqrt{2}} = U_{R,\text{eff}} I_{R,\text{eff}} \geq 0,\ \overline{P} \text{ ist konstant.}$$

    Die grafische Darstellung der mittleren Leistung $\overline{P}$ ist hier und im Folgenden wie in B 318 stets eine Parallele zur t-Achse. Parallele und t-Achse sowie Graph zur Momentanleistung $P_R(t)$ und t-Achse schließen zwischen den festen Zeitpunkten $t_0 = 0$ und $t^* > 0$ die gleiche Fläche ($\hat{=}$ Energie) ein.
    Weitere Formeln für die konstante mittlere Leistung sind:

    $$\overline{P} = U_{R,\text{eff}} I_{R,\text{eff}} = I^2_{R,\text{eff}} R = \frac{U^2_{R,\text{eff}}}{R}.$$

- An dieser Stelle sollen einige Ergänzungen die in Kap. 9.1 in Erinnerung gebrachte Maschenregel besser verstehen helfen. Sie kommt im Folgenden mehrfach zur Anwendung.

Ein geschlossener Stromkreis aus Spannungsquellen und Schaltelementen (z. B. Widerstand R, Kapazität C, Induktivität L) heißt Leiterschleife oder **Masche**. Durchläuft eine positive Probeladung diese Masche gedanklich vollständig, so unterliegt sie Spannungs- bzw. Potenzialänderungen, die sich in einer Energiezunahme oder Energieabgabe äußern. Die Summe aller Potenzialänderungen ist nach der Maschenregel in Kap. 9.1 immer null: $\sum_{k=1}^{n} U_k = 0$.

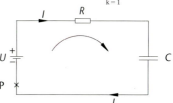

Wählt man z. B. in B 322.1 den (beliebigen) Punkt P als Startpunkt des vollständigen Durchlaufs gleichsinnig mit dem Strom I, so nimmt $+q$ zwischen den Polen der Batterie (Bewegung gegen das elektrische Feld) potenzielle elektrische Energie auf, das Potenzial steigt, man verwendet für die durchlaufene Spannungsänderung das Vorzeichen „+": $U_1 = +U$.

Am Schaltelement R durchläuft $+q$ das elektrische Feld längs R von links nach rechts, von + nach −, und verliert dabei Energie; diese Potenzialänderung wird mit dem Vorzeichen „−" bedacht: $U_2 = -RI$.

Bild 322.1:
Maschenregel: $+U - RI - \dfrac{Q}{C} = 0$

Da die obere Kondensatorplatte mit dem Pluspol der Batterie verbunden ist, hat sie ein höheres Potenzial als die untere. Die Probeladung $+q$ registriert einen Abfall des elektrischen Potenzials, wenn sie den Kondensator von oben nach unten (Bewegung mit dem elektrischen Feld) durchläuft; Vorzeichenwahl ist wieder „−": $U_3 = -\dfrac{Q}{C}$.

Insgesamt gilt nach der Maschenregel: $U_1 + U_2 + U_3 = 0$ bzw. $+U - RI - \dfrac{Q}{C} = 0$

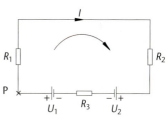

Bild 322.2: Startpunkt P, $U_1 > U_2$;
$-R_1 I - R_2 I - U_2 - R_3 I + U_1 = 0$

Die elektrischen Anschlüsse nehmen wegen ihrer geringen R-, C- und L-Werte fast keinen Einfluss.

Es ist bei Anwendung der Maschenregel wie bei einer Bergwanderung. Kehrt man nach Verlassen der Berghütte am Morgen abends zur gleichen Hütte zurück, so ist die Summe aller Höhenänderungen (bergauf, bergab), die man (auf der nun geschlossenen Bahn) durchlaufen hat, stets null. B 322.2 zeigt ein weiteres Beispiel.

▶ **Merkhilfe bei Anwendung der Maschenregel:**
Beim vollständigen Durchlauf einer Masche mit dem (konstanten oder zeitabhängigen) Strom I gilt bei
Potenzialerhöhung: Vorzeichenwahl „+";
Potenzialverkleinerung: Vorzeichenwahl „−".
Summenwert aller Potenzialänderungen ist null: $U_1 + U_2 + \ldots + U_n = 0$.

Aufgabe

Eine mit ω = konstant rotierende Leiterschleife in einem homogenen Magnetfeld erzeugt in einem elektrischen Bauteil mit R = 21,0 Ω den Wechselstrom I(t) = 4,20 mA sin (25,8 s⁻¹t). Im Schaltkreis wird eine rein ohmsche Belastung angenommen.
a) *Geben Sie I_{eff} und die Frequenz f des Wechselstroms an.*
b) *Ermitteln Sie die an der Leiterschleife abgegriffene Spannung $U(t_0 = 0)$.*
c) *Berechnen Sie den magnetischen Fluss $\Phi(t_0 = 0)$ durch die Schleife mit dem Widerstand R* = 1,30 Ω und deuten Sie das Ergebnis.*
d) *Berechnen Sie den Zeitpunkt t_1, in dem erstmals die Stromstärke $I_1 = -1,60$ mA erreicht wird.*
e) *Bestimmen Sie die t-U-Beziehung der in der Schleife induzierten Wechselspannung.*
f) *Ermitteln Sie die elektrische Momentanleistung P(t) unter Zuhilfenahme der Umformung $2\sin^2\alpha = 1 - \cos(2\alpha)$ und vergleichen Sie die sich ergebende Frequenz mit der der Spannung U(t).*
g) *Berechnen Sie den Wirkungsgrad η dieser Anordnung.*

11.4.2   Kondensator im Wechselstromkreis

Kondensator im Wechselstromkreis (B 323) mit C = konstant, $R = L = 0$

②   **Kondensator**

Versuchsdurchführung:
Der Widerstand im Versuch aus Kapitel 11.4.1 wird durch einen Kondensator ersetzt. Die restliche Versuchsanordnung bleibt. Man beginnt wieder mit der Gleichspannung, schaltet sie ein und aus und beobachtet das
Verhalten der Lampe. Wegen real $R > 0$ tritt eine geringe Abweichung
vom Idealzustand ein. Anschließend wiederholt man den Versuch mit
einer Wechselspannung variabler Frequenz ω, die man allmählich erhöht. Danach wechselt man die Kapazität.

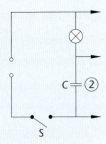

Bild 323: Kondensa-
tor im
Wechsel-
stromkreis

Beobachtung bei Anlegen der Gleichspannung U:
Die (sehr empfindliche) Lampe leuchtet beim Einschalten kurz auf und
erlischt dann. Der Vorgang wiederholt sich beim Ausschalten.

Ursache: Einmalige Ladung der Kondensatorplatten führt zu einem kurzzeitigen Strom und zum Aufleuchten der Lampe. Ist die Ladung Q auf
den Platten maximal, so „sperrt" der Kondensator den Gleichstrom.
Beim Ausschalten entlädt sich der Kondensator, die Lampe leuchtet erneut auf.

Beobachtung bei Anlegen der Wechselspannung $U(t)$:
Bei einem Kondensator mit C = konstant leuchtet die Lampe nach dem Einschalten bei kleiner Frequenz zunächst nicht auf. Sie beginnt erst bei einer höheren, von der Kapazität abhängigen Grenzfrequenz zu leuchten; danach nimmt die Helligkeit der Lampe mit weiter
steigender Frequenz der Wechselspannung zu.
Bei fester Frequenz f und unter Verwendung verschiedener ansteigender Kapazitäten wiederholt sich die vorherige Beobachtung in ähnlicher Weise ab einer bestimmten Grenzkapazität.
Die Helligkeit der Lampe hängt also von der Frequenz ω und der Kapazität C ab. Sie nimmt
mit wachsendem ω und C zu, der Widerstand des Schaltkreises also ab. Da der Wirkwiderstand R des Kreises konstant ist, muss der Kondensator über einen eigenen, von ω und C abhängigen Widerstand verfügen.

Wechselspannung $U_C(t)$ am Kondensator und zugehöriger Wechselstrom $I_C(t)$ sind gegeneinander um $\pm \dfrac{1}{2}\pi$ phasenverschoben.

Erklärung:
Wechselseitige Ladung und Entladung der Kondensatorplatten nach Anlegen der sinusförmigen Wechselspannung führen zu einem periodischen Auf- und Entladestrom am Kondensator. Man sagt: Wechselstrom geht durch den Kondensator hindurch.

Für die Momentanstromstärke $I_C(t)$ am Kondensator mit der Kapazität C gilt bei Anlegen der
Wechselspannung $U_C(t)$:

1. $U_C(t) = \hat{U}_C \sin(\omega t)$

2. $I_C(t) = \lim\limits_{\Delta t \to 0} \dfrac{\Delta Q}{\Delta t} = \dot{Q}(t)$

3. $C = \dfrac{Q(t)}{U_C(t)}, Q(t) = CU_C(t) \wedge C = \text{konstant}, \dot{Q}(t) = \dfrac{d(CU_C(t))}{dt}$

Die 2. Gleichung ergibt: $I_C(t) = C\dot{U}_C(t)$,

$I_C(t) = C\hat{U}_C \cos(\omega t)\omega = C\hat{U}_C \omega \cos(\omega t)$,

$I_C(t) = C\hat{U}_C \omega \sin\left(\omega t + \dfrac{1}{2}\pi\right)$.

$I_C(t)$ ist die Momentanstromstärke am Kondensator.

Bemerkungen:

- Der Momentanstrom $I_C(t)$ zeigt sinusförmigen Verlauf und ist eine harmonische Schwingung.

- Wird an einen Kondensator Wechselspannung angelegt, so sind Momentanstrom und Momentanspannung gleichfrequent, aber phasenverschoben; der Strom $I_C(t)$ eilt der Spannung $U_C(t)$ um $\varphi_0 = +\dfrac{1}{2}\pi > 0$ voraus, die Spannung dem Strom also um $\varphi_0 = -\dfrac{1}{2}\pi < 0$ hinterher, falls ideal gilt: $C \neq 0, R = L = 0$.

▸ **Allgemein gilt: Im Wechselstromkreis gibt die Phasenverschiebung φ_0 den Winkel an, um den die Spannung $U(t)$ dem Strom $I(t)$ vor- ($\varphi_0 > 0$) oder nacheilt ($\varphi_0 < 0$).**

- Für den Scheitelwert $\hat{I}_C$ gilt: $\hat{I}_C = C\hat{U}_C\omega$ bzw. $\hat{I}_C \sim C\omega$, falls $\hat{U}_C = \text{konstant}$.

- Der Versuch zeigt: Ein Kondensator besitzt einen eigenen, von der Frequenz ω und der Kapazität C abhängigen elektrischen Widerstand. Er heißt **kapazitiver Widerstand** und hat das Formelzeichen X_C. Unter Verwendung der Definition des elektrischen Widerstandes legt man fest: $X_C = \dfrac{\hat{U}_C}{\hat{I}_C}$ bzw. $X_C = \dfrac{U_{C,\text{eff}}}{I_{C,\text{eff}}}, X_C = \dfrac{\hat{U}_C}{C\hat{U}_C\omega}, X_C = \dfrac{1}{C\omega}$.

Wie im Versuch beobachtet, hängt X_C von C und ω ab und damit auch $I_C(t)$ und die Helligkeit der Lampe. Der Gesamtwiderstand des Stromkreises wird bei kleinen Frequenzen nur vom kapazitiven Widerstand X_C beherrscht, der ohmsche Widerstand R der Lampe, des Kondensators und des Stromkreises ist konstant und nahezu ohne Bedeutung. Die Lampe erscheint dunkel, es gilt $X_C \gg R$. Bei hohen Frequenzen und $C = \text{konstant}$ verliert der Kondensator fast völlig seinen kapazitiven Widerstand, der von ω unabhängige ohmsche Widerstand R der Lampe (und des Stromkreises) gewinnt mehr und mehr an Bedeutung. Die Lampe leuchtet immer heller, die Momentanstromstärke wird fast nur noch von R festgelegt.

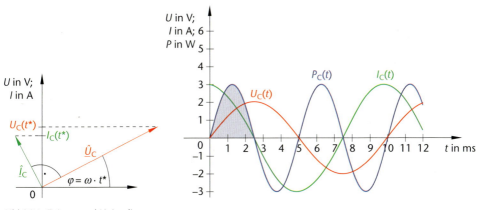

Bild 324: Zeiger- und Liniendiagramme

- Das Zeigerdiagramm für einen beliebigen festen Zeitpunkt t^* und das Liniendiagramm für eine Periode mit der Dauer $T = \dfrac{2\pi}{\omega} = \dfrac{1}{f}$ zeigt B 324.

- Leistung des Wechselstroms:

  Für die Momentanleistung gilt: $P_C(t) = U_C(t)I_C(t)$;

  mit $U_C(t) = \hat{U}_C \sin(\omega t)$ und $I_C(t) = \hat{I}_C \cos(\omega t)$ folgt: $P_C(t) = \hat{U}_C \sin(\omega t)\hat{I}_C \cos(\omega t)$,

  $$P_C(t) = \hat{U}_C\hat{I}_C \sin(\omega t)\cos(\omega t) = \frac{\hat{U}_C\hat{I}_C}{2}\sin(2\omega t),\; P_C(t) = U_{C,\text{eff}}I_{C,\text{eff}}\sin(\underbrace{2\omega t}_{\varphi}),\; \text{(B 324)}.$$

- Die Momentanleistung $P_C(t)$ ist sinusförmig und daher eine harmonische Schwingung. Ihre Frequenz ist doppelt so hoch wie die der Spannung bzw. des Stroms.

- Der Graph von $P_C(t)$ schließt mit der t-Achse inhaltsgleiche Flächenteile im I. und IV. Quadranten ein. Sie unterscheiden sich nach den Gesetzen der Integralrechnung im Vorzeichen. Das bedeutet: Die mittlere Leistung $\bar{P}_C$ beträgt stets null. Daraus folgt weiter: Der Kondensator nimmt aus der Spannungsquelle Energie auf, speichert sie in Form von elektrischer Feldenergie und gibt sie wieder voll an die Quelle zurück. Die Energie pendelt gewissermaßen zwischen der Spannungsquelle und dem Kondensator. Im Mittel wird keine Energie übertragen; es fließt ein sogenannter Blindstrom.

  Nimmt der Betrag der Kondensatorspannung zu, so nimmt der Kondensator Energie aus der Spannungsquelle auf; nimmt der Betrag der Kondensatorspannung ab, so gibt der Kondensator Energie an die Spannungsquelle zurück.

  Der Graph im t-P-Diagramm (B 324) schließt zwischen den Abszissen $t_1 = 0$ s und $t_2 = \dfrac{T}{4}$ mit der t-Achse ein Flächenstück ein. Die Maßzahl des zugehörigen Flächeninhalts ist gleich der Maßzahl der maximalen elektrischen Energie im elektrischen Feld zwischen den beiden Kondensatorplatten.

- Bei einem idealen Kondensator gibt es keine Wirkleistung P, sondern nur eine **Blindleistung** $Q = U_{C,\text{eff}}I_{C,\text{eff}}\sin\varphi$, die die aufgenommene und wieder abgegebene Leistung beschreibt. Der Term $I_B = I_{C,\text{eff}}\sin\varphi$ heißt **Blindstrom.**

Aufgabe

An einem idealen Kondensator (C = 7,00 nF) liegt eine Wechselspannung mit dem Effektivwert U_{eff} = 12,0 V und der Frequenz f = 50,0 Hz.

a) *Berechnen Sie den Wechselstromwiderstand X_C des Kondensators und die Amplitude $\hat{I}$ des Wechselstroms im Kreis.*

b) *Erstellen Sie die I(t)- und U(t)-Funktionsgleichung, wenn $I(t_0 = 0) = +\hat{I}$ gilt.*

c) *Bestimmen Sie die elektrische Momentanleistung P(t) unter Verwendung der Umformung $2\sin\alpha\cos\alpha = \sin(2\alpha)$ und vergleichen Sie die Frequenz von P mit der der Stromstärke I(t).*

d) *Skizzieren Sie das t-P-Diagramm für den Zeitbereich $0 \leq t \leq T$ und begründen Sie anhand des Graphen, weshalb im betrachteten Zeitbereich in der Bilanz an den Kondensator keine elektrische Energie abgegeben wird.*

e) *Ermitteln Sie den Maximalwert $\hat{E}$ der im Kondensatorfeld gespeicherten Energie und geben Sie an, in welchem Zeitpunkt t^* er erreicht wird.*

f) *Berechnen Sie die vom Kondensator gespeicherte Ladung Q für den Zeitpunkt, in dem die Stromstärke gerade den halben Scheitelwert einnimmt.*

g) *Erstellen Sie das Zeigerdiagramm für Spannung und Strom in einem beliebigen Zeitpunkt t^{**}.*

11.4.3 Spule im Wechselstromkreis

Spule im Wechselstromkreis (B 325) mit L = konstant, $R = C = 0$

② **Spule**

Versuchsdurchführung:
Der Widerstand im Versuch aus Kapitel 11.4.1 wird durch eine Spule ersetzt. Die restliche Versuchsanordnung und -durchführung bleibt.

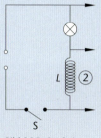

Beobachtung bei Gleichspannung U:
Nach dem Einschalten wird die (empfindliche) Lampe allmählich hell und behält die erreichte Endhelligkeit bei.

Ursache: Selbstinduktionsvorgang beim Einschalten, der nach Lenz der Ursache entgegenwirkt und dadurch die verzögerte Helligkeit der Lampe auslöst.

Bild 325: Spule im Wechsel-stromkreis

Beobachtung bei Wechselspannung $U(t)$:
Bei einer Spule mit L = konstant leuchtet die Lampe nach dem Einschalten bei kleiner Frequenz ω im Rhythmus der anliegenden Wechselspannung $U_L(t)$. Mit zunehmender Frequenz nimmt die Helligkeit der Lampe nach und nach ab. Sie erlischt völlig bei einer bestimmten Grenzfrequenz. Trotz weiterer Erhöhung von ω bleibt die Lampe dunkel. Bei fester Frequenz ω und unter Verwendung von Spulen mit zunehmender Induktivität wiederholt sich die bisherige Beobachtung.

Die Helligkeit der Lampe hängt von der Frequenz ω und der Induktivität L der Spule ab. Sie nimmt mit wachsendem ω und L ab, der Widerstand im Stromkreis also zu. Da der Wirkwiderstand R des Kreises konstant ist, muss die Spule über einen eigenen von ω und L abhängigen Widerstand verfügen.

Das Oszilloskop zeigt: Wechselspannung $U_L(t)$ an der Spule und zugehöriger Wechselstrom $I_L(t)$ sind um $\pm\frac{1}{2}\pi$ phasenverschoben.

Erklärung:
Es kommt in der Spule zu periodischen Selbstinduktionsvorgängen unter dem Einfluss der anliegenden Wechselspannung $U_L(t)$ in Verbindung mit der lenzschen Regel.

Für die Momentanstromstärke $I_L(t)$ in der Spule mit der Induktivität L gilt nach Anlegen der sinusförmigen Wechselspannung $U_L(t)$:

1. $U_L(t) = \hat{U}_L \sin(\omega t)$

2. $U_{rsl}(t) = U_L(t) + U(t)$; Sinusgenerator und Spule sind in Reihe geschaltet (siehe Kap. 10.10.2); $U(t)$ ist die in der Spule induzierte Spannung, $U_{rsl}(t)$ die resultierende Spannung, die den Strom $I_L(t)$ durch die Spule erzwingt.

3. $I_L(t) = \dfrac{U_{rsl}(t)}{R}$; es gilt R = konstant, $R \neq 0$, denn Lampe, Spule und Zuleitungen haben einen nicht vernachlässigbaren Wirkwiderstand, der sich besonders bei kleinen Frequenzen bemerkbar macht. Er dominiert den Stromkreis und bestimmt $I_L(t)$ und die Helligkeit der Lampe.

4. $U(t) = -L\dot{I}(t)$; Selbstinduktion (fast nur) in der Spule

5. Für große Frequenzen ω gilt $R \approx 0$ bezogen auf den Spulenwiderstand, der mit zunehmender Frequenz ω und/oder Induktivität L den Wirkwiderstand R mehr und mehr übertrifft und unbegrenzt anwachsen kann. Der Spulenwiderstand dominiert R.

Aus 3. folgt: $I_L(t) = \dfrac{U_L(t) + U(t)}{R}$, $RI_L(t) = U_L(t) - L\dot{I}_L(t)$.

Unter Verwendung von 5. entsteht: $0 = U_L(t) - L\dot{I}_L(t)$, $\dot{I}_L(t) = \dfrac{U_L(t)}{L}$ bzw. $\dfrac{dI_L}{dt} = \dfrac{U_L(t)}{L}$

bzw. $dI_L = \dfrac{\hat{U}_L}{L} \sin(\omega t)\, dt$. Durch Integration beider Gleichungsseiten erhält man:

$$\int dI_L = \int \frac{\hat{U}_L}{L} \sin(\omega t)\, dt, \quad I_L(t) = \frac{\hat{U}_L}{L} \int \sin(\omega t)\, dt,$$

$$I_L(t) = \frac{\hat{U}_L}{L}\left[-\cos(\omega t)\right]\frac{1}{\omega} + C = -\frac{\hat{U}_L}{L \cdot \omega} \cos(\omega t) + C$$

Die Integrationskonstante C ist aus physikalischer Sicht ein Strom. Mit der Anfangsbedingung $I_L(t_0 = 0) = -\dfrac{\hat{U}_L}{\omega L}$ (wie in B 326 rechts) folgt $C = 0$.

Diese letzte Gleichung lässt sich in die Form $I_L(t) = \dfrac{\hat{U}_L}{L\omega} \sin\left(\omega t - \dfrac{1}{2}\pi\right)$ bringen. Vergleicht man sie mit der anliegenden Wechselspannung $U_L(t)$, so zeigt sich zwischen beiden sofort der Phasenunterschied $\varphi_0 = -\dfrac{1}{2}\pi$; der Strom läuft der Spannung hinterher.

Ergebnis: $I_L(t) = \dfrac{\hat{U}_L}{L\omega} \sin\left(\omega t - \dfrac{1}{2}\pi\right)$ ist die Momentanstromstärke in der Spule.

Bemerkungen:

- Der Momentanstrom $I_L(t)$ zeigt sinusförmigen Verlauf und ist eine harmonische Schwingung.

- Liegt eine Wechselspannung an einer Spule, so sind Momentanstrom und Momentanspannung gleichfrequent, aber phasenverschoben; der Strom $I_L(t)$ eilt der Spannung $U_L(t)$ um $-\dfrac{1}{2}\pi$ nach, die Spannung dem Strom um $+\dfrac{1}{2}\pi$ voraus, falls die ideale Bedingung $L \neq 0, R = C = 0$ besteht.

- Für die Scheitelstromstärke $\hat{I}_L$ gilt: $\hat{I}_L = \dfrac{\hat{U}_L}{L\omega}$ bzw. $\hat{I}_L \sim \dfrac{1}{L\omega}$, falls $\hat{U}_L =$ konstant.

- Der Versuch zeigt: Eine Spule hat einen eigenen, von der Frequenz ω und der Induktivität L abhängigen elektrischen Widerstand. Er heißt **induktiver Widerstand** und hat das Formelzeichen X_L. Unter Verwendung der Definition des elektrischen Widerstandes legt man fest: $X_L = \dfrac{\hat{U}_L}{\hat{I}_L}$ bzw. $X_L = \dfrac{U_{L,\text{eff}}}{I_{L,\text{eff}}}$, $X_L = \dfrac{\hat{U}_L}{\dfrac{\hat{U}_L}{L\omega}}$, $X_L = L\omega$.

Wie im Versuch beobachtet, hängt X_L von L und ω ab und damit auch $I_L(t)$ und die Helligkeit der Lampe. Der Gesamtwiderstand des Stromkreises bei einer Spule mit $L =$ konstant wird bei kleinen Frequenzen fast nur vom ohmschen Widerstand R der Lampe, der Spule und des Stromkreises beherrscht, der induktive Widerstand der Spule ist gering. Bei hohen Frequenzen bleibt R konstant, während sich X_L mehr und mehr erhöht und die Momentanstromstärke im Kreis bestimmt. Ab einer bestimmten Grenzfrequenz bringt der induktive Widerstand X_L die Lampe zum Erlöschen. Dann gilt: $X_L >> R$.

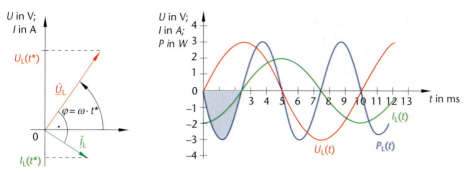

Bild 326: Zeiger- und Liniendiagramme

- B 326 zeigt das Zeigerdiagramm für einen beliebigen festen Zeitpunkt t^* und das Liniendiagramm für eine Periode mit der Dauer $T = \dfrac{2\pi}{\omega} = \dfrac{1}{f}$.

- Leistung des Wechselstroms:

  Für die Momentanleistung gilt: $P_L(t) = U_L(t)I_L(t)$, wobei $U_L(t) = \hat{U}_L \sin(\omega t)$

  und $I_L(t) = \hat{I}_L \sin\left(\omega t - \dfrac{\pi}{2}\right)$; also: $P_L(t) = \hat{U}_L \sin(\omega t) \cdot \hat{I}_L \sin\left(\omega t - \dfrac{\pi}{2}\right)$.

  Mit $\sin\alpha \cdot \sin\beta = \dfrac{1}{2}\left[\cos(\alpha - \beta) - \cos(\alpha + \beta)\right]$ aus der Formelsammlung für Mathematik folgt:

  $$P_L(t) = \frac{1}{2}\hat{U}_L\hat{I}_L\left[\cos\left(\frac{\pi}{2}\right) - \cos\left(2\omega t - \frac{\pi}{2}\right)\right] = \frac{\hat{U}_L}{\sqrt{2}}\frac{\hat{I}_L}{\sqrt{2}}\left[\cos\left(\frac{\pi}{2}\right) - \cos\left(2\omega t - \frac{\pi}{2}\right)\right]$$

  $$P_L(t) = U_{L,\,eff}I_{L,eff}\cos\left(\frac{\pi}{2}\right) - U_{L,eff}I_{L,eff}\cos\left(2\omega t - \frac{\pi}{2}\right)$$

  $$P_L(t) = 0 - U_{L,eff}I_{L,eff}\left[(+\sin(2\omega t))\right]$$

  $$P_L(t) = -U_{L,eff}\,I_{L,eff}\,\sin(2\omega t) = -U_{L,eff}\,I_{L,eff}\,\sin\underbrace{(2\omega t)}_{\varphi}$$

- Die Momentanleistung $P_L(t)$ ist sinusförmig und daher eine harmonische Schwingung; ihre Frequenz ist doppelt so hoch wie die der Spannung bzw. des Stroms.

- Die mittlere Leistung $\overline{P}_L$ ist stets null; die Begründung aus Kapitel 11.4.2 in Verbindung mit B 326 wiederholt sich. Die Spule der Induktivität L entnimmt der Spannungsquelle Energie, speichert sie in Form von magnetischer Feldenergie und gibt sie wieder an die Quelle zurück. Die Energie pendelt zwischen Quelle und Spule. Im Mittel wird keine Energie abgegeben; es fließt ein Blindstrom.

- Nimmt der Betrag der Stromstärke zu, so nimmt die Spule Energie aus der Spannungsquelle auf; sinkt der Betrag der Stromstärke, so gibt die Spule Energie an die Quelle zurück.

- Der Graph im t-P-Diagramm schließt zwischen den Abszissen $t_1 = 0$ s und $t_2 = \dfrac{T}{4}$ mit der t-Achse ein Flächenstück ein. Die Maßzahl des Flächeninhalts ist gleich der Maßzahl der maximalen magnetischen Energie in der Spule.

- Bei einer idealen Spule gibt es keine Wirkleistung P, sondern nur eine Blindleistung $Q = U_{L,\text{eff}} I_{L,\text{eff}} \sin \varphi$, die die aufgenommene und wieder zurückgegebene Leistung beschreibt. Der Term $I_B = I_{L,\text{eff}} \sin \varphi$ heißt Blindstrom.

Eilt der Strom der Spannung hinterher oder umgekehrt? Da diese Festlegung in Kapitel 11.5 und 11.6 sehr wichtig ist, sollte man sich folgende Merkregel für die Bauteile L und C im Wechselstromkreis angewöhnen. Sie besteht aus den „Wörtern":
„ULI" und „ICU":

▸ **„ULI": Die Spannung U an der Spule L läuft um $\dfrac{\pi}{2}$ dem Strom I voraus.**

„ICU": Der Strom I am Kondensator C läuft um $\dfrac{\pi}{2}$ der Spannung U voraus.

Am ohmschen Widerstand R tritt keine Phasenverschiebung auf.

Aufgabe

In einer idealen Spule ruft die sinusförmige Wechselspannung ($U_{\text{eff}} = 12{,}50$ V, $f = 1{,}62$ kHz, $U(t_0 = 0) = 0$) die effektive Stromstärke $I_{\text{eff}} = 7{,}38$ mA hervor.

a) *Berechnen Sie die Induktivität L der Spule.*
b) *Berechnen Sie die Scheitelstromstärke $\hat{I}$ und den Zeitpunkt t_1, in dem dieser Wert zum ersten Mal in der ersten Periode erreicht wird, sowie die Spannung $U(t_1)$ an der Spule.*
c) *Erstellen Sie die $I(t)$- und $U(t)$-Beziehung.*
d) *Ermitteln Sie die elektrische Momentanleistung $P(t)$ unter Verwendung der Umformung $2\sin \alpha \cos \alpha = \sin (2\alpha)$ und vergleichen Sie die Frequenz von P mit der der Spannung $U(t)$.*
e) *Skizzieren Sie das t-P-Diagramm für den Zeitbereich $0 \leq t \leq T$ und begründen Sie anhand des Graphen, weshalb im betrachteten Zeitbereich in der Bilanz an die Spule keine elektrische Energie abgegeben wird.*
f) *Ermitteln Sie den Maximalwert $\hat{E}$ der in der Spule gespeicherten Energie und geben Sie an, in welchem Zeitpunkt t^* er erreicht wird.*
g) *Erstellen Sie das Zeigerdiagramm für Spannung und Strom in einem beliebigen Zeitpunkt t^{**}.*

11.5   Reihenschaltung von Wechselstromwiderständen

Im Folgenden werden die schon bekannten elektrischen Schaltelemente in Reihe an eine Wechselspannung gelegt. Diese Schaltung erscheint kompliziert, von der Theorie her ist sie es aber nicht. Man wendet nur konsequent die im vorherigen Kapital 11.4 behandelten Grundlagen an sowie die Aussage, dass durch jedes Element in der Reihe der gleiche elektrische Strom fließt: $I_1 = I_2 = I_3 = \ldots = I$; ihn wählt man bei dieser Schaltungsart als Bezugsgröße. Zur Erinnerung: Sind U_1, U_2, ... die Spannungsänderungen an den Einzelschaltelementen der Reihe, so gilt nach der Maschenregel: $U_1 + U_2 + \ldots + U_n = 0$.

11.5.1 Ohmscher und kapazitiver Widerstand in Reihe

Ohmscher und kapazitiver Widerstand im Wechselstromkreis: $R \neq 0, C \neq 0, L = 0$

Versuchsdurchführung und Beobachtung:
B 327 zeigt eine Reihenschaltung aus ohmschem und kapazitivem Widerstand im Wechselstromkreis. Sie heißt auch *RC*-Schaltung. *R* und *C* sind konstante Größen, ω lässt sich am Generator G stufenlos verändern. Die Spannungsquelle liefert den gemeinsamen sinusförmigen Wechselstrom $I(t) = I_R(t) = I_C(t) = \hat{I} \sin(\omega t)$. Dessen Ursache ist die resultierende Spannung $U_{RC}(t) = U_R(t) + U_C(t)$ mit $U_R(t) = \hat{U}_R \sin(\omega t)$ und

$$U_C(t) = \hat{U}_C \sin\left(\underbrace{\omega t - \frac{\pi}{2}}\right) = \hat{U}_C[-\cos(\omega t)].$$

bezogen auf $I(t) = \hat{I}\sin(\omega t)$

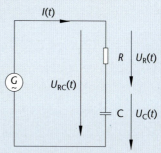

Bild 327: Ohmscher und kapazitiver Widerstand in Reihe; die Richtung von Spannung und Strom wechselt mit der Zeit t

Aus Kapitel 11.4 ist bekannt, dass die elektrischen Größen Spannung und Stromstärke harmonische Schwingungen mit gleicher Frequenz ω sind. Dies gilt dann auch für $U_{RC}(t)$. Außerdem tritt eine Phasenverschiebung auf. Aus diesen Gründen muss $U_{RC}(t)$ die Gleichungsform $U_{RC}(t) = \hat{U}_{RC} \sin(\omega t + \varphi_{RC})$ haben mit $\hat{U}_{RC}$ als Scheitelwert und φ_{RC} als Nullphasenwinkel gegenüber dem gemeinsamen Wechselstrom $I(t)$ bzw. der gleichphasigen Wechselspannung $U_R(t)$ am ohmschen Widerstand R.

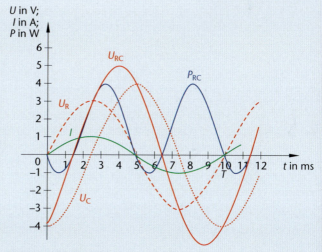

Bild 328: Liniendiagramm

Somit entsteht:

$$\hat{U}_R \sin(\omega t) - \hat{U}_C \cos(\omega t) = \hat{U}_{RC} \sin(\omega t + \varphi_{RC}).$$

Zum gleichen Ergebnis gelangt man rasch mithilfe der Maschenregel, wenn man bedenkt, dass der vorliegende Schaltkreis drei Schaltelemente umfasst, nämlich Generator G, Widerstand R und Kondensator C in Reihe. Dann gilt:
$U_1 + U_2 + U_3 = 0$ bzw. $U_{rsl}(t) + U_R(t) + U_C(t) = 0$;

$$\hat{U}_{RC} \sin(\omega t + \varphi_{RC}) - \hat{U}_R \sin(\omega t) - \hat{U}_C \sin\left(\omega t - \frac{\pi}{2}\right) = 0;$$

$$\hat{U}_{RC} \sin(\omega t + \varphi_{RC}) - \hat{U}_R \sin(\omega t) - \hat{U}_C[-\cos(\omega t)] = 0;$$

$$\hat{U}_R \sin(\omega t) - \hat{U}_C \cos(\omega t) = \hat{U}_{RC} \sin(\omega t + \varphi_{RC}).$$

$\hat{U}_{RC}$ und φ_{RC} sind rechnerisch nur mühsam bestimmbar. Diese Grundüberlegung wiederholt sich in den Kapiteln ab 11.5.2.

B 328 zeigt die Funktionsgraphen aller beteiligten zeitabhängigen Größen.

Zur raschen Bestimmung von $\hat{U}_{RC}$ und φ_{RC} verwendet man häufig das Zeigerdiagramm z. B. mit Effektivwertzeigern (B 329).

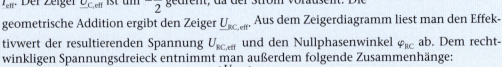

Man wählt den gemeinsamen Strom als Bezugsgröße mit dem Nullphasenwinkel $\varphi_I = 0$. Dann liegt der Zeiger $\underline{U}_{R,eff}$ parallel zum Zeiger $\underline{I}_{eff}$. Der Zeiger $\underline{U}_{C,eff}$ ist um $-\dfrac{\pi}{2}$ gedreht, da der Strom vorauseilt. Die

Bild 329: Zeigerdiagramm

geometrische Addition ergibt den Zeiger $\underline{U}_{RC,eff}$. Aus dem Zeigerdiagramm liest man den Effektivwert der resultierenden Spannung $U_{RC,eff}$ und den Nullphasenwinkel φ_{RC} ab. Dem rechtwinkligen Spannungsdreieck entnimmt man außerdem folgende Zusammenhänge:

$$U_{RC,eff} = \sqrt{U_{R,eff}{}^2 + U_{C,eff}{}^2},\ |\varphi_{RC}| = \arctan\left(\frac{U_{C,eff}}{U_{R,eff}}\right),$$

$$U_{R,eff} = U_{RC,eff}\cos(\varphi_{RC}),\ U_{C,eff} = U_{RC,eff}\sin(|\varphi_{RC}|).$$

Der schnellen Bestimmung von $\hat{U}_{RC}$ und φ_{RC} dienen auch die Widerstandsoperatoren. Wechselstromwiderstände sind: $R = \dfrac{U_{R,eff}}{I_{eff}}$, $X_C = \dfrac{U_{C,eff}}{I_{eff}}$,

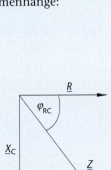

$Z = \dfrac{U_{RC,eff}}{I_{eff}}$. Sie lassen sich ebenfalls durch Pfeile darstellen (B 330). Diese Widerstandsanzeiger heißen **Widerstandsoperatoren**. Im Gegensatz zu den rotierend gedachten Effektivwertzeigern für Spannung und Stromstärke stellen sie keine zeitlich veränderlichen Größen dar. Operatoren haben weder einen Effektiv- noch einen Momentanwert. Die Zeigerlänge entspricht dem genauen Widerstandswert unter Berücksichtigung des Maßstabs.

Bild 330: Diagramm mit Widerstandsoperatoren

Dem Zeigerdiagramm entnimmt man den **Scheinwiderstand** Z. Er ist der **gesamte Wechselstromwiderstand, die Impedanz,** der (jeweils vorliegenden) Schaltung. Gemäß Widerstandsdefinition gilt allgemein: $Z = \dfrac{\hat{U}_{RC}}{\hat{I}} = \dfrac{U_{RC,eff}}{I_{eff}}$. Aus dem Diagramm folgt außerdem:

$$Z = \sqrt{R^2 + X_C{}^2} = \sqrt{R^2 + \left(\frac{1}{\omega C}\right)^2},\ R = Z\cos(\varphi_{RC}),\ X_C = Z\sin(|\varphi_{RC}|),$$

$$|\varphi_{RC}| = \arctan\left(\frac{X_C}{R}\right) = \arctan\left(\frac{1}{\omega CR}\right),$$

Leistung des Wechselstroms (B 328):
Für die Momentanleistung gilt: $P_{RC}(t) = U_{RC}(t)I(t)$, $P_{RC}(t) = \hat{U}_{RC}\sin(\omega t + \varphi_{RC}) \cdot \hat{I}\sin(\omega t)$,

$$P_{RC}(t) = \hat{U}_{RC}\hat{I}\sin(\omega t + \varphi_{RC})\sin(\omega t),\ \text{(siehe Formelsammlung Mathematik!)},$$

$$P_{RC}(t) = \hat{U}_{RC}\hat{I}\frac{1}{2}[\cos(\varphi_{RC}) - \cos(2\omega t + \varphi_{RC})],$$

$$P_{RC}(t) = U_{RC,eff}I_{eff}[\cos(\varphi_{RC}) - \cos(2\omega t + \varphi_{RC})].$$

Für die mittlere Leistung $P_{med} = \bar{P}$ gilt:

$$\bar{P} = \frac{1}{T} \int_0^T P(t)\,dt = \frac{\hat{U}_{RC}\hat{I}}{2T} \int_0^T [\cos(\varphi_{RC}) - \cos(2\omega t + \varphi_{RC})]\,dt,$$

$$\bar{P} = \frac{\hat{U}_{RC}\hat{I}}{2T} \int_0^T [\cos(\varphi_{RC}) - \cos(2\omega t)\cos(\varphi_{RC}) + \sin(2\omega t) \cdot \sin(\varphi_{RC})]\,dt,$$

$$\bar{P} = \frac{\hat{U}_{RC}\hat{I}}{2T} \left[t\cos(\varphi_{RC}) - \cos(\varphi_{RC})\frac{\sin(2\omega t)}{2\omega} - \sin(\varphi_{RC})\frac{\cos(2\omega t)}{2\omega} \right]_0^T,$$

$$\bar{P} = \frac{\hat{U}_{RC}\hat{I}}{2T}[\cos(\varphi_{RC})\,T] = \frac{\hat{U}_{RC}\hat{I}\cos(\varphi_{RC})}{2},$$

$$\bar{P} = \frac{\hat{U}_{RC}}{\sqrt{2}} \cdot \frac{\hat{I}}{\sqrt{2}}\cos(\varphi_{RC}) = U_{RC,eff}I_{eff}\cos(\varphi_{RC}) = \text{konstant} > 0.$$

$\bar{P}$ ist die mittlere **Wirkleistung** des Wechselstromes. Sie zeigt sich in ohmschen Wirkwiderständen als Wärme oder in Motoren als Arbeit pro Zeitdauer $\Delta t = 1$ s. Wegen der Konstanz der ersten beiden Faktoren hängt sie nur von der Phasenverschiebung φ_{RC} zwischen Strom und Spannung ab. Daher heißt der Faktor $\cos(\varphi_{RC})$, $0 \leq \cos(\varphi_{RC}) \leq 1$, **Leistungs-** oder **Wirkfaktor**. Er ist ein Maß für die im RC-Kreis erbrachte Wirkleistung. $I_W = I_{eff}\cos(\varphi_{RC})$ ist der **Wirkstrom**.

Bemerkungen:

- Für die Blindleistung gilt allgemein: $Q = U_{eff}I_{eff}\sin\varphi$, $\sin\varphi = \dfrac{Q}{U_{eff}I_{eff}}$.

  Für die Wirkleistung gilt allgemein: $P = U_{eff}I_{eff}\cos\varphi$. $\cos\varphi = \dfrac{P}{U_{eff}I_{eff}}$.

- Bezeichnet man das gemeinsame Produkt $U_{eff}I_{eff}$ als **Scheinleistung** S, $S = U_{eff}I_{eff}$, so gelten unter Verwendung der Gleichung $\cos^2\varphi + \sin^2\varphi = 1$ die Zusammenhänge: $\dfrac{P^2}{(U_{eff}I_{eff})^2} + \dfrac{Q^2}{(U_{eff}I_{eff})^2} = 1$, $P^2 + Q^2 = (U_{eff}I_{eff})^2 = S^2$ bzw. $S = U_{eff}I_{eff} = \sqrt{P^2 + Q^2}$.

- Die Fläche zwischen dem t-P-Graphen und der t-Achse im I. Quadranten von B 328 bezeichnet man als Wirkenergie. Die Fläche zwischen dem t-P-Graphen und der t-Achse im IV. Quadranten kann man mit dem Begriff Blindenergie umschreiben. Er erfasst den Energieverlust. Es handelt sich also um die Energie, die zwischen Generator und Schaltelementen hin und her geschoben wird und lediglich die Leitung belastet. Letztendlich bleibt die Flächendifferenz, also Wirkenergie minus Blindenergie, real in der Schaltung für die Umwandlung in Arbeit, Wärme usw. übrig.

11.5.2 Ohmscher und induktiver Widerstand in Reihe

VERSUCH

Ohmscher und induktiver Widerstand im Wechselstromkreis: $R \neq 0$, $L \neq 0$, $C = 0$

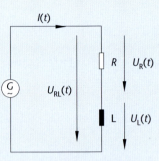

Bild 331 stellt eine Reihenschaltung aus einem ohmschen und einem induktiven Widerstand dar; beide sind ideal. Die Spannungsquelle G liefert den gemeinsamen sinusförmigen Wechselstrom $I(t) = I_R(t) = I_L(t) = \hat{I}\sin(\omega t)$. Für die verursachende Spannung gilt nach der Maschenregel:

$$U_{RL}(t) + U_R(t) + U_L(t) = 0;$$

$$U_{RL}(t) - RI(t) - L\frac{dI}{dt} = 0;$$

Bild 331: Ohmscher und induktiver Widerstand in Reihe

$$R\hat{I}\sin(\omega t) + \omega L\hat{I}\cos(\omega t) = U_{RL}(t),$$

$$\hat{U}_R\sin(\omega t) + \hat{U}_L\cos(\omega t) = \hat{U}_{RL}\sin(\omega t + \varphi_{RL}) \text{ bzw. } \hat{U}_R\sin(\omega t) + \hat{U}_L\sin\left(\omega t + \frac{\pi}{2}\right) = U_{RL}(t).$$

φ_{RL} ist der Nullphasenwinkel der resultierenden Spannung $U_{RL}(t)$ gegenüber dem anliegenden Wechselstrom $I(t)$ bzw. der gleichphasigen Wechselspannung $U_R(t)$ am ohmschen Widerstand. ω bleibt erhalten.

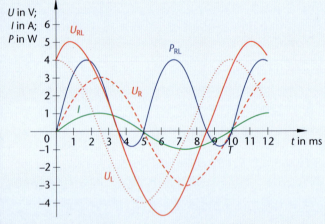

Bild 332: Liniendiagramme

$\hat{U}_{RL}$ und φ_{RL} gewinnt man zweckmäßig mit dem Zeigerdiagramm (s. Kap. 11.5.1; B 333).

B 332 zeigt die Funktionsgraphen der beteiligten zeitabhängigen Größen.

B 333 zeigt das Zeigerdiagramm mit Effektivwertzeigern zur raschen Ermittlung von $\hat{U}_{RL}$ und φ_{RL} in der resultierenden Spannung $U_{RL}(t)$.

B 334 ermöglicht die Bestimmung verschiedener Widerstände mithilfe von Widerstandsoperatoren.

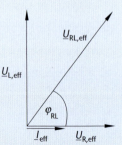

Bild 333: Zeigerdiagramm

Leistung des Wechselstroms:

Für die Momentanleistung gilt: $P_{RL}(t) = U_{RL}(t)I(t)$ bzw.

$P_{RL}(t) = \hat{U}_{RL}\sin(\omega t + \varphi_{RL}) \cdot \hat{I}\sin(\omega t)$.

Unter Verwendung einer mathematischen Formelsammlung gelangt man zum Ergebnis:

$P_{RL}(t) = U_{RL,eff}I_{eff}\big[\cos(\varphi_{RL}) - \cos(2\omega t + \varphi_{RL})\big]$.

Für die mittlere Leistung $P_{med} = \bar{P}$ gilt:

$$\bar{P} = \frac{1}{T}\int_0^T P(t)\,dt = \frac{\hat{U}_{RL}\hat{I}}{2T}\int_0^T [\cos(\varphi_{RL}) - \cos(2\omega t + \varphi_{RL})]\,dt \text{ mit dem}$$

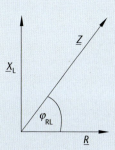

Bild 334: Diagramm mit Widerstands-operatoren

Ergebnis:

$$\bar{P} = \frac{\hat{U}_{RL}}{\sqrt{2}} \cdot \frac{\hat{I}}{\sqrt{2}}\cos(\varphi_{RL}) = U_{RL,eff}I_{eff}\cos(\varphi_{RL}). \text{ (Gute Übung zur Integral-}$$

rechnung!) $\bar{P}$ ist die Wirkleistung des Wechselstromes. Es wiederholen sich die Einzelheiten des Kapitels 11.5.1.

11.5.3   Kapazitiver und induktiver Widerstand in Reihe

Kapazitiver und induktiver Widerstand im Wechselstromkreis: $C \neq 0, L \neq 0, R = 0$

Die Wechselspannung $U_{CL}(t)$ mit der variablen Frequenz f bzw. ω an den idealen konstanten Widerständen C und L bewirkt den gemeinsamen sinusförmigen Wechselstrom $I(t) = I_C(t) = I_L(t) = \hat{I}\sin(\omega t)$. Die Induktivität L im Kreis lässt sich z. B. mithilfe eines Eisenkerns variieren, den man nach und nach in das Spuleninnere schiebt. Die Kapazität C ändert man durch Verwendung verschiedener Kondensatoren oder eines Drehkondensators. Eine Lampe L* im Schaltkreis (fehlt in B 335) dient der Beobachtung. Die Abweichung vom Idealzustand ist gering. In rechnerische Überlegungen geht $R > 0$ nicht ein.

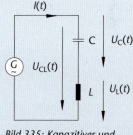

Bild 335: Kapazitiver und induktiver Wider-stand in Reihe

Beobachtungen:

- Die Generatorfrequenz f_1 bzw. ω_1 wird klein gewählt; es ist L = konstant, C = konstant. Die Lampe L* ist zunächst dunkel, gewinnt aber mit zunehmendem f_1 an Helligkeit.

- Bei einer bestimmten Generatorfrequenz $f_2 = f_0 > f_1$ gilt: L* erreicht maximale Helligkeit. Die Frequenz f_0 heißt Resonanzfrequenz (s. Kap. 7.7.2).

- Die am Generator G eingestellte Frequenz liegt über der Resonanzfrequenz: $f_3 > f_0$: L* wird mit wachsendem f_3 rasch dunkel und erlischt schließlich auf Dauer.

- Für andere konstante Induktivitäten L und/oder konstante Kapazitäten C wiederholen sich die Beobachtungen, jedoch mit jeweils anderer Resonanzfrequenz f_0.

Erklärung:

L und C sind Schaltelemente in Reihe im geschlossenen Wechselstromkreis. Die den gemeinsamen Strom $I(t)$ auslösende Spannung $U_{\text{CL}}(t)$ und die Spannungsänderungen an Kondensator und Spule ergeben nach der Maschenregel die Summe null:

$U_{\text{CL}}(t) + U_{\text{C}}(t) + U_{\text{L}}(t) = 0,\ U_{\text{CL}}(t) + U_{\text{C}}(t) - L\dot{I}(t) = 0,$

$\hat{U}_{\text{CL}}\sin(\omega t + \varphi_{\text{CL}}) - \hat{U}_{\text{C}}\sin\left(\omega t - \dfrac{\pi}{2}\right) - L\hat{I}_{\text{L}}\omega\cos(\omega t) = 0,$

$\hat{U}_{\text{C}}\sin\left(\omega t - \dfrac{\pi}{2}\right) + \hat{U}_{\text{L}}\sin\left(\omega t + \dfrac{\pi}{2}\right) = \hat{U}_{\text{CL}}\sin(\omega t + \varphi_{\text{CL}}).$

Die Funktionsgraphen aller beteiligten zeitabhängigen Größen gibt B 336 wider.

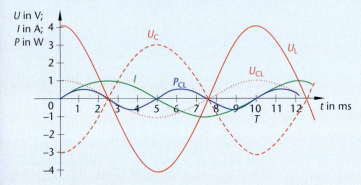

Bild 336: Liniendiagramme

Zeigerdiagramm mit Effektivwertzeigern (B 337):

Mit dem Strom $I(t) = I_{\text{C}}(t) = I_{\text{L}}(t)$ als Bezugsgröße erhält man das Zeigerdiagramm in B 337. Ihm entnimmt man den Effektivwert der Spannung $U_{\text{CL,eff}}$ und den Nullphasenwinkel φ_{CL}. Zwei Fälle sind zu unterscheiden:

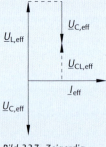

- $U_{\text{L,eff}} - U_{\text{C,eff}} = U_{\text{CL,eff}}$ und $\varphi_{\text{CL}} = +\dfrac{\pi}{2}$, falls $U_{\text{L,eff}} > U_{\text{C,eff}}$.

- $U_{\text{C,eff}} - U_{\text{L,eff}} = U_{\text{CL,eff}}$ und $\varphi_{\text{CL}} = -\dfrac{\pi}{2}$, falls $U_{\text{L,eff}} < U_{\text{C,eff}}$.

Bild 337: Zeigerdiagramm

Beide zusammengefasst schreibt man in der folgenden Form:

$U_{\text{CL,eff}} = |U_{\text{L,eff}} - U_{\text{C,eff}}|$ mit $\varphi_{\text{CL}} = \pm\dfrac{\pi}{2}$.

Widerstandsoperatoren:

Nach B 338 erhält man: $Z = |X_{\text{L}} - X_{\text{C}}|$ bzw.

$Z = \left|(\omega L) - \left(\dfrac{1}{\omega C}\right)\right|$

mit dem Nullphasenwinkel $\varphi_{\text{CL}} = \pm\dfrac{\pi}{2}$.

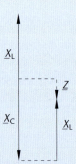

Bild 338: Diagramm mit Widerstandsoperatoren

Von besonderem Interesse während der Versuchsbeobachtung war die Frequenz f_0, bei der die Lampe maximale Helligkeit erreicht.

Erklärung: Gilt für den Scheinwiderstand ideal $Z = 0$, so sind der induktive und der kapazitive Widerstand gleich. Daraus folgt: $X_L = X_C$ bzw. $\omega L = \dfrac{1}{\omega C}$ oder $\omega^2 LC = 1$. Man spricht vom **Resonanzfall.** Bei Bestehen dieser Bedingung setzt der Leiterkreis einem Wechselstrom $I(t)$ der Frequenz $\omega = \dfrac{1}{\sqrt{LC}}$ bzw. wegen $\omega = 2\pi f$ auch $f = \dfrac{1}{2\pi\sqrt{LC}}$ keinen Gesamtwiderstand Z entgegen. Er kann ungehindert passieren, die Lampe leuchtet maximal hell. Die Frequenz f ist die **Eigen-** oder **Resonanzfrequenz** f_0 des Kreises; man bezeichnet ihn als Resonanzkreis.

Mit diesem wichtigen Sonderfall einer Reihenschaltung aus L und C lassen sich aus einem Gemisch von Wechselströmen verschiedener Frequenzen bestimmte Einzelfrequenzen oder Frequenzbereiche aussondern. Die Schaltung heißt dann **Siebkette.**

11.5.4 Ohmscher, kapazitiver und induktiver Widerstand in Reihe

Ohmscher, kapazitiver und induktiver Widerstand im Wechselstromkreis: $R \neq 0, C \neq 0, L \neq 0$

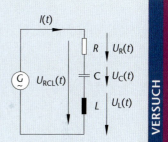

B 339 zeigt eine Reihenschaltung aus einem ohmschen, einem kapazitiven und einem induktiven Widerstand, alle ideal. Die Spannungsquelle bewirkt den sinusförmigen Wechselstrom

$I(t) = I_R(t) = I_C(t) = I_L(t) = \hat{I}\sin(\omega t)$.

Für die Spannung $U_{RCL}(t)$, die den gemeinsamen Strom $I(t)$ verursacht, gilt nach der Maschenregel:

$U_{RCL}(t) + U_R(t) + U_C(t) + U_L(t) = 0$, $U_{RCL}(t) + U_R(t) + U_C(t) - L\dot{I}(t) = 0$,

$\hat{U}_{RCL}\sin(\omega t + \varphi_{RCL}) - \hat{U}_R\sin[\omega t] - \hat{U}_C\sin\left(\omega t - \dfrac{\pi}{2}\right) - L\hat{I}_L\omega\cos(\omega t) = 0$,

$\hat{U}_R\sin[\omega t] + \hat{U}_C\sin\left(\omega t - \dfrac{\pi}{2}\right) + \hat{U}_L\sin\left(\omega t + \dfrac{\pi}{2}\right) = \hat{U}_{RCL}\sin(\omega t + \varphi_{RCL})$.

Bild 339: Ohmscher, kapazitiver und induktiver Widerstand in Reihe

Gemeinsam ist die Frequenz ω. Unbekannt sind in $U_{RCL}(t)$ die Größen $\hat{U}_{RCL}$ und φ_{RCL}. Die Funktionsgraphen aller zeitabhängigen Größen finden sich in B 340.

Zeigerdiagramm mit Effektivwertzeigern (B 341):

Man wählt den Strom als Bezugsgröße mit dem Nullphasenwinkel $\varphi_I = 0$. Der Zeiger $\underline{U}_{R,\text{eff}}$ verläuft parallel zum Zeiger $\underline{I}_{\text{eff}}$. Der Zeiger $\underline{U}_{L,\text{eff}}$ ist um $+\dfrac{\pi}{2}$, der Zeiger $\underline{U}_{C,\text{eff}}$ um $-\dfrac{\pi}{2}$ gegen $\underline{I}_{\text{eff}}$ gedreht. Die geometrische Addition der drei Zeiger ergibt den Zeiger $\underline{U}_{RCL,\text{eff}}$.

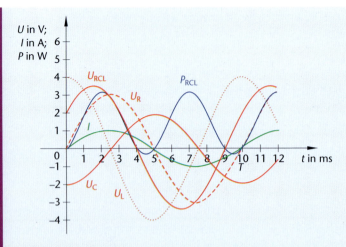

Bild 340: Liniendiagramme

Aus dem Zeigerdiagramm kann man den Effektivwert der Spannung $U_{RCL,eff}$ und den Nullphasenwinkel φ_{RCL} ablesen. Bedenkt man bei Größengleichungen, dass die Zeiger $\underline{U}_C$ und $\underline{U}_L$ oder $\underline{X}_C$ und $\underline{X}_L$ idealer Schaltelemente immer gegensinnig parallel verlaufen, so entnimmt man dem rechtwinkligen Spannungsdreieck nach Pythagoras:

$$U_{RCL,eff} = \sqrt{U^2_{R,eff} + (U_{L,eff} - U_{C,eff})^2}$$

und $U_{R,eff} = U_{RCL,eff} \cos(\varphi_{RCL})$; ebenso:

$$\tan\varphi_{RCL} = \frac{U_{L,eff} - U_{C,eff}}{U_{R,eff}} \text{ bzw.}$$

$$\varphi_{RCL} = \arctan\left(\frac{U_{L,eff} - U_{C,eff}}{U_{R,eff}}\right).$$

Widerstandsoperatoren siehe B 342.

Wechselstromwiderstände: $R = \dfrac{U_{R,eff}}{I_{eff}}$, $X_L = \dfrac{U_{L,eff}}{I_{eff}}$,

$$X_C = \frac{U_{C,eff}}{I_{eff}}, \quad Z = \frac{U_{RCL,eff}}{I_{eff}}.$$

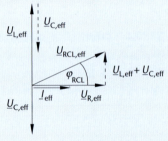

Bild 341: Zeigerdiagramm

Aus dem rechtwinkligen Zeigerdiagramm erhält man außerdem:

$$Z = \sqrt{R^2 + (X_L - X_C)^2}, \quad \varphi_{RCL} = \arctan\left(\frac{X_L - X_C}{R}\right),$$

$$R = Z\cos(\varphi_{RCL}),$$

$$X_L - X_C = Z\sin(\varphi_{RCL}).$$

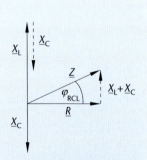

Bild 342: Zeigerdiagramme mit Widerstandsoperatoren

Leistung des Wechselstroms:

Für die Momentanleistung gilt: $P_{RCL}(t) = U_{RCL}(t)I(t)$; mithilfe einer mathematischen Formelsammlung erhält man das Ergebnis: $P_{RCL}(t) = U_{RCL,eff}I_{eff}[\cos(\varphi_{RCL}) - \cos(2\omega \cdot t + \varphi_{RCL})]$.

Für die mittlere Leistung $P_{med} = \overline{P}$ gilt:

$$\overline{P} = \frac{1}{T} \cdot \int_0^T P(t)\,dt = \frac{\hat{U}_{RCL}\hat{I}}{2T} \int_0^T [\cos(\varphi_{RCL}) - \cos(2\omega t + \varphi_{RCL})]\,dt$$

mit dem Ergebnis: $P = \dfrac{\hat{U}_{RCL}}{\sqrt{2}} \cdot \dfrac{\hat{I}}{\sqrt{2}} \cos(\varphi_{RCL}) = U_{RCL,eff}I_{eff}\cos(\varphi_{RCL})$.

Interpretieren Sie zur Übung dieses Ergebnis. Die Antwort findet sich sinngemäß in Kapitel 11.5.1.

Bemerkungen:

Stimmt man die Generatorfrequenz ω auf die Eigenfrequenz $\omega_0 = \dfrac{1}{\sqrt{LC}}$ des RCL-Kreises ab, gilt also $X_L = X_C$ bzw. $X_L - X_C = 0$, dann folgt für den Scheinwiderstand: $Z = \sqrt{R^2 + (X_L - X_C)^2}$, $Z = R$. Der RCL-Kreis wird zum Resonanzkreis. Die Generatorspannung $U_{RCL}(t)$ und der gemeinsame Wechselstrom $I(t)$ befinden sich in Phase, denn es gilt: $\tan \varphi_{RCL} = \dfrac{X_L - X_C}{R} = \dfrac{0}{R} = 0$. Diese Aussage ist wahr für $\varphi_{RCL} = 0$. Der Leistungsfaktor beträgt: $\cos \varphi_{RCL} = \cos 0 = 1$. Er ist maximal. Die Leistungsaufnahme vollzieht sich allein im Widerstand R des Kreises.

Beispiel

Ein Wechselstromkreis besteht aus einem Widerstand ($R = 52{,}0\ \Omega$), einer Spule ($L = 85{,}0$ mH) und einem Kondensator $C = 3{,}60$ µF in Reihenschaltung. Der RCL-Kreis liegt an einem Sinusgenerator mit variabler Frequenz f und der Scheitelspannung $\hat{U} = 1{,}80 \cdot 10^2$ V. Während der Versuchsdurchführung ist die Frequenz $f = 143$ Hz fest eingestellt.

a) Man berechne die Resonanz- bzw. Eigenfrequenz f_0 des Kreises.
b) Man berechne die Effektivstromstärke I_{eff} des Kreises.
c) Man bestimme mithilfe eines Zeigerdiagramms den Winkel φ der Phasenverschiebung für die Generatorspannung und deute das Ergebnis.
d) Man ermittle durch Rechnung die mittlere Wirkleistung $\overline{P}$ im Stromkreis und die von ihm an die Umgebung abgegebene Wärmemenge Q in der Zeitdauer $\Delta t = 60{,}0$ s.
e) Man gebe die Impedanz Z im Resonanzfall an und begründe die Antwort.
f) Man berechne die Scheitelwerte der Spannungen, die am Widerstand, an der Spule und am Kondensator im Resonanzfall abfallen.

Lösung:

a) Die Eigenfrequenz eines Wechselstromkreises hängt nur von der Kapazität C und der Induktivität L ab. Deshalb ist die Gleichung für die Eigenfrequenz anzuwenden:

$$f_0 = \frac{1}{2\pi\sqrt{LC}},\ f_0 = \frac{1}{2\pi\sqrt{85{,}0\ \text{mH} \cdot 3{,}60\ \mu\text{F}}} = 288\ \text{Hz}.$$

Wegen $f = 143\ \text{Hz} < f_0 = 288\ \text{Hz}$ liegt die Resonanzfrequenz des RCL-Kreises weit über der momentan eingestellten Generatorfrequenz.

b) Zwischen dem Scheinwiderstand Z und den Effektivwerten von Spannung und Stromstärke im Kreis besteht der einfache Zusammenhang $Z = \dfrac{U_{\text{eff}}}{I_{\text{eff}}},\ I_{\text{eff}} = \dfrac{U_{\text{eff}}}{Z}.$

Man erhält $Z = \sqrt{R^2 + (X_{\text{L}} - X_{\text{C}})^2}$ mithilfe des kapazitiven und des induktiven Widerstandes und unter Verwendung der festen Frequenz $f = 143\ \text{Hz}$:

1. $Z = \sqrt{R^2 + (X_{\text{L}} - X_{\text{C}})^2}$
2. $X_{\text{C}} = \dfrac{1}{\omega C} = \dfrac{1}{2\pi f C}$
3. $X_{\text{L}} = \omega L = 2\pi f L$

Somit nach 1.: $Z = \sqrt{R^2 + \left(2\pi f L - \dfrac{1}{2\pi f C}\right)^2}.$

Mit eingesetzten Messwerten entsteht:

$$Z = \sqrt{(52{,}0\ \Omega)^2 + \left(2\pi \cdot 143\ \text{Hz} \cdot 85{,}0\ \text{mH} - \frac{1}{2\pi \cdot 143\ \text{Hz} \cdot 3{,}60\ \mu\text{F}}\right)^2} = 239\ \Omega\ \text{und}$$

$$I_{\text{eff}} = \frac{U_{\text{eff}}}{Z} = \frac{\hat{U}}{\sqrt{2}Z},\ I_{\text{eff}} = \frac{1{,}80 \cdot 10^2\ \text{V}}{\sqrt{2} \cdot 239\ \Omega} = 0{,}533\ \text{A}.$$

Im Resonanzfall mit $X_{\text{L}} = X_{\text{C}}$ beträgt die effektive Stromstärke $I_{\text{eff0}} = \dfrac{U_{\text{eff}}}{R}$,

$I_{\text{eff0}} = \dfrac{1{,}80 \cdot 10^2\ \text{V}}{\sqrt{2} \cdot 52{,}0\ \Omega} = 2{,}45\ \text{A}.$ Sie ist groß im Vergleich zur effektiven Stromstärke $I_{\text{eff}} = 0{,}533\ \text{A}$ bei der festen Frequenz f.

c) Mit den berechneten Widerständen $X_{\text{L}} = 76{,}4\ \Omega$ und $X_{\text{C}} = 309\ \Omega$ aus b) lässt sich das Zeigerdiagramm mit Widerstandsoperatoren erstellen (B 343). Die Phasenverschiebung φ gewinnt man aus dem Diagramm direkt durch Ablesen. Mit der Formelsammlung gelangt man zum gleichen

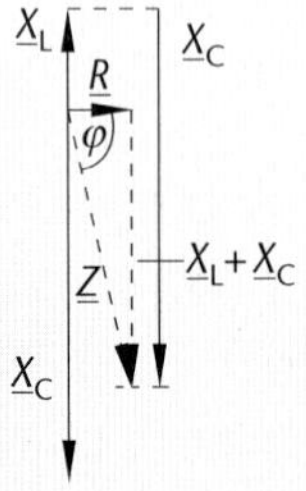

Ergebnis: $\tan \varphi = \dfrac{X_{\text{L}} - X_{\text{C}}}{R} = \dfrac{2\pi f L - \dfrac{1}{2\pi f C}}{R}, \quad \varphi = \arctan \dfrac{X_{\text{L}} - X_{\text{C}}}{R},$

$$\varphi = \arctan \frac{2\pi \cdot 143\ \text{Hz} \cdot 85{,}0\ \text{mH} - \dfrac{1}{2\pi \cdot 143\ \text{Hz} \cdot 3{,}60\ \cdot 10^{-6}\ \text{F}}}{52{,}0\ \Omega},$$

Bild: 343

$$\varphi = \arctan \frac{76{,}37\ \Omega\ -\ 309{,}2\ \Omega}{52{,}0\ \Omega} = -1{,}35\ \text{rad}\ (= -77{,}4°).$$

Die negative Phasenverschiebung bedeutet, dass die Generatorspannung dem gemeinsamen Strom nacheilt. Der Wirkfaktor beträgt: $\cos(-77{,}4°) = 0{,}22$. Wegen $X_{\text{C}} > X_{\text{L}}$ ist der Stromkreis vorwiegend kapazitiv.

d) Die mittlere Leistung $\bar{P}$ kann auf zwei Arten berechnet werden:

- $\bar{P} = U_{\text{eff}} I_{\text{eff}} \cos \varphi = \dfrac{\hat{U}}{\sqrt{2}} I_{\text{eff}} \cos \varphi,\ \bar{P} = \dfrac{1{,}80 \cdot 10^2\ \text{V}}{\sqrt{2}} \cdot 0{,}533\ \text{A} \cdot \cos\,(-77{,}4°) = 14{,}8\ \text{W}.$

- $\bar{P} = I_{\text{eff}}^2 R = \dfrac{1}{2}\hat{I}^2 R,\ \bar{P} = (0{,}533\ \text{A})^2 \cdot 52{,}0\ \Omega = 14{,}8\ \text{W}.$

Abgegebene Wärme Q und Wirkarbeit W des Stromkreises sind gleich: $Q = W = P\Delta t$, $Q = 14{,}81\ \text{W} \cdot 60{,}0\ \text{s} = 0{,}889\ \text{kJ}.$

e) Stellt man am Generator eine Spannung mit der Frequenz $f = 288$ Hz ein, so tritt im RCL-Kreis der Resonanzfall auf, denn es gilt: $f = f_0 = 288$ Hz.

Der Scheitelwert $\hat{I}_0$ der Stromstärke im Kreis wird maximal, der Sinusgenerator eilt dem RCL-Kreis um $\dfrac{\pi}{2}$ voraus.

Im Resonanzfall sind die Widerstände X_L und X_C gleich; für die Impedanz Z folgt daraus: $Z = \sqrt{R^2 + (X_L - X_C)^2} = R$, also $Z = 52{,}0\ \Omega.$

f) Aus e) folgt für den Scheitelwert der Stromstärke im Resonanzfall: $\hat{I}_0 = \dfrac{\hat{U}}{Z} = \dfrac{\hat{U}}{R}$, $\hat{I}_0 = \dfrac{1{,}80 \cdot 10^2\ \text{V}}{52{,}0\ \Omega} = 3{,}46\ \text{A}$. Aus b) folgt ebenso: $\hat{I}_0 = \sqrt{2}I_{\text{eff0}}$, $\hat{I}_0 = \sqrt{2} \cdot 2{,}45\ \text{A} = 3{,}46\ \text{A}$. Im Resonanzfall mit $f_0 = 288$ Hz aus a) erhält man den

- Spannungsabfall am Widerstand: $\hat{U}_0 = \hat{I}_0 R$, $\hat{U}_0 = 3{,}46\ \text{A} \cdot 52{,}0\ \Omega = 1{,}80 \cdot 10^2\ \text{V}.$

- induktiven Widerstand: $X_{L0} = 2\pi f_0 L$, $X_{L0} = 2\pi \cdot 288\ \text{Hz} \cdot 85{,}0\ \text{mH} = 154\ \Omega.$

- kapazitiven Widerstand: $X_{C0} = \dfrac{1}{2\pi f_0 C}.$

$X_{C0} = \dfrac{1}{2\pi \cdot 288\ \text{Hz} \cdot 3{,}60 \cdot 10^{-6}\ \text{F}} = 154\ \Omega.$ Es gilt also $X_{L0} = X_{C0}.$

- Scheitelwert des Spannungsabfalls an der Spule: $\hat{U}_{L0} = \hat{I}_0 X_{L0}$, $\hat{U}_{L0} = 3{,}46\ \text{A} \cdot 154\ \Omega = 533\ \text{V}.$

- Scheitelwert des Spannungsabfalls am kapazitiven Widerstand:

$\hat{U}_{C0} = \hat{I}_{C0} X_{C0}$, $\hat{U}_{C0} = 3{,}46\ \text{A} \cdot 154\ \Omega = 533\ \text{V}.$

11.6 Parallelschaltung von Wechselstromwiderständen

Elektrische Schaltelemente werden parallel an eine sinusförmige Wechselspannung gelegt. Die entstehenden Stromkreise lassen sich gut verstehen, falls man konsequent die Grundlagen aus Kapitel 11.4 einsetzt. Hinzu kommt: Parallele Schaltelemente liegen an der gleichen elektrischen Spannung: $U_1 = U_2 = U_3 = \ldots$ Aus diesem Grund wählt man sie als Bezugsgröße. Die Teilströme addieren sich zum resultierenden Gesamtstrom: $I_{\text{rsl}} = I_1 + I_2 + I_3 + \ldots$

11.6.1 Ohmscher und kapazitiver Widerstand in Parallelschaltung

Ohmscher und kapazitiver Widerstand im Wechselstromkreis: $R \neq 0, C \neq 0, L = 0$

B 344 zeigt die Parallelschaltung aus einem ohmschen und einem kapazitiven Widerstand. Die an den beiden idealen Widerständen liegende gemeinsame sinusförmige Wechselspannung beträgt: $U(t) = U_R(t) = U_C(t) = \hat{U}\sin(\omega t).$

VERSUCH

Sie führt zum Momentanstrom $I_{RC}(t)$ nach folgender Überlegung:

$$I_R(t) + I_C(t) = I_{RC}(t), \ \hat{I}_R \sin(\omega t) + \hat{I}_C \sin\left(\omega t + \frac{\pi}{2}\right) = I_{RC}(t),$$

$$\hat{I}_R \sin(\omega t) + \omega C \hat{U} \cos(\omega t) = I_{RC}(t),$$

$$\hat{I}_R \sin(\omega t) + \hat{I}_C \cos(\omega t) = \hat{I}_{RC} \sin(\omega t + \varphi_{RC}).$$

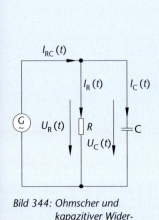

Bild 344: Ohmscher und kapazitiver Widerstand parallel

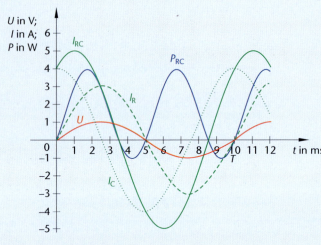

Bild 345: Liniendiagramme

Obwohl die Frequenz ω gemeinsam ist, bleibt der rechnerische Aufwand zur Bestimmung von $I_{RC}(t)$ groß. Daher ermittelt man den unbekannten Scheitelwert $\hat{I}_{RC}$ und den fehlenden Nullphasenwinkel φ_{RC} wie in Kapitel 11.5 einfach und rasch mithilfe eines Zeigerdiagramms oder der Widerstandsoperatoren.

B 345 zeigt die Funktionsgraphen aller zeitabhängigen Größen.

Zeigerdiagramm mit Effektivwertzeigern (B 346) zur Bestimmung des Scheitelwertes $\hat{I}_{RC}$ und des Nullphasenwinkel φ_{RC}:
Am Widerstand R und am Kondensator der Kapazität C liegt die gleiche sinusförmige Wechselspannung. Daher wählt man diese als Bezugsgröße mit dem Nullphasenwinkel $\varphi_U = 0$.

Der Zeiger $\underline{I}_{R,eff}$ verläuft parallel zum Zeiger $\underline{U}_{eff}$. Der Zeiger $\underline{I}_{C,eff}$ ist gegen $\underline{U}_{eff}$ um $+\frac{1}{2}\pi$ gedreht. Durch einfache geometrische Addition entsteht der Zeiger $\underline{I}_{RC,eff}$. Er gestattet, den Effektivwert der Stromstärke $I_{RC,eff}$ und den Nullphasenwinkel φ_{RC} abzulesen. Dem Zeigerdiagramm entnimmt man zudem noch folgende Zusammenhänge:

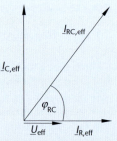

Bild 346: Zeigerdiagramm

$$I_{RC,eff} = \sqrt{I_{R,eff}^2 + I_{C,eff}^2}, \ \varphi_{RC} = \arctan\left(\frac{I_{C,eff}}{I_{R,eff}}\right),$$

$$I_{R,eff} = I_{RC,eff} \cos(\varphi_{RC}),$$

$$I_{C,eff} = I_{RC,eff} \sin(\varphi_{RC}).$$

Reziproke Widerstandsoperatoren, Leitwertoperatoren (B 347):
Der Kehrwert oder reziproke Wert eines elektrischen Widerstandes heißt **Leitwert**, der reziproke Widerstandszeiger **Leitwertoperator**. Er rotiert nicht und ist eine zeitliche unveränderliche Größe. Seine Länge stimmt mit dem Leitwert überein. Für die Leitwerte in diesem Wechselstromkreis besteht der Zusammenhang: $\dfrac{1}{R} = \dfrac{I_{R,eff}}{U_{eff}}$, $\dfrac{1}{X_C} = \dfrac{I_{C,eff}}{U_{eff}}$, $\dfrac{1}{Z} = \dfrac{I_{RC,eff}}{U_{eff}}$.

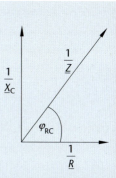

Dem Zeigerdiagramm entnimmt man außerdem nach Pythagoras:

$$\frac{1}{Z} = \sqrt{\left(\frac{1}{R}\right)^2 + \left(\frac{1}{X_C}\right)^2}, \quad \varphi_{RC} = \arctan\left(\frac{\frac{1}{X_C}}{\frac{1}{R}}\right) = \arctan(\omega CR),$$

Bild 347: Diagramm mit Leitwertoperatoren

$$\cos(\varphi_{RC}) = \frac{\frac{1}{R}}{\frac{1}{Z}} = \frac{Z}{R}, \quad \sin(\varphi_{RC}) = \frac{\frac{1}{X_C}}{\frac{1}{Z}} = \frac{Z}{X_C} = Z\omega C.$$

Leistung des Wechselstroms:
Für die Momentanleistung gilt: $P_{RC}(t) = U(t) \cdot I_{RC}(t)$,

$$P_{RC}(t) = \hat{U}\sin(\omega t)\hat{I}_{RC}\sin(\omega t + \varphi_{RC}),$$

$$P_{RC}(t) = \hat{U}\hat{I}_{RC}\sin(\omega t)\sin(\omega t + \varphi_{RC}), \quad P_{RC}(t) = \hat{U}\hat{I}_{RC}\frac{1}{2}\left[\cos(-\varphi_{RC}) - \cos(2\omega t + \varphi_{RC})\right],$$

$$P_{RC}(t) = U_{eff}I_{RC,eff}\left[\cos(\varphi_{RC}) - \cos(2\omega t + \varphi_{RC})\right].$$

Für die mittlere Leistung $P_{med} = \bar{P}$ erhält man:

$$\bar{P} = \frac{1}{T}\int_0^T P(t)\,dt = \frac{\hat{U}\hat{I}_{RC}}{2T}\int_0^T \left[\cos(\varphi_{RC}) - \cos(2\omega t + \varphi_{RC})\right]dt,$$

$$\bar{P} = \frac{\hat{U}\hat{I}_{RC}}{2T}\int_0^T \left[\cos(\varphi_{RC}) - \cos(2\omega t)\cos(\varphi_{RC}) + \sin(2\omega t)\cdot\sin(\varphi_{RC})\right]dt,$$

$$\bar{P} = \frac{\hat{U}\hat{I}_{RC}}{2T}\left[t\cos(\varphi_{RC}) - \cos(\varphi_{RC})\frac{\sin(2\omega t)}{2\omega} - \sin(\varphi_{RC})\cdot\frac{\cos(2\omega t)}{2\omega}\right]_0^T,$$

$$\bar{P} = \frac{\hat{U}\hat{I}_{RC}}{2T}\left[\cos(\varphi_{RC})\,T\right] = \frac{\hat{U}\hat{I}_{RC}\cos(\varphi_{RC})}{2}, \quad \bar{P} = \frac{\hat{U}}{\sqrt{2}}\cdot\frac{\hat{I}_{RC}}{\sqrt{2}}\cos(\varphi_{RC}) = U_{eff}I_{RC,eff}\cos(\varphi_{RC}).$$

$\bar{P} = P$: Wirkleistung.

Blindleistung: $Q = U_{RC,eff}I_{RC,eff}\sin(\varphi_{RC})$, $Q = U_{eff}I_{RC,eff}\sin(\varphi_{RC})$

Wirkstrom: $I_W = I_{RC,eff}\cos(\varphi_{RC})$

Scheinleistung: $S = U_{eff}I_{RC,eff} = \sqrt{P^2 + Q^2}$

Leistungs-, Wirkfaktor: $0 \le \cos(\varphi_{RC}) \le 1$

Weitere Einzelheiten findet man in Kapitel 11.5.1.

11.6.2   Ohmscher und induktiver Widerstand in Parallelschaltung

Ohmscher und induktiver Widerstand im Wechselstromkreis: $R \neq 0, L \neq 0, C = 0$

B 348 entnimmt man die Parallelschaltung aus einem ohmschen und einem induktiven Widerstand. Beide idealen Widerstände liegen an der gemeinsamen Wechselspannung

$$U(t) = U_R(t) = U_L(t) = \hat{U}\sin(\omega t).$$

Für die zeitabhängigen Momentanstromstärken gilt:

$$I_R(t) + I_L(t) = I_{RL}(t),$$

$$\hat{I}_R \cdot \sin(\omega t) + \hat{I}_L \sin\left(\omega t - \frac{\pi}{2}\right) = \hat{I}_{RL} \sin(\omega t + \varphi_{RL}),$$

$$\hat{I}_R \sin(\omega t) - \hat{I}_L \cos(\omega t) = \hat{I}_{RL}(t) \sin(\omega t + \varphi_{RL}).$$

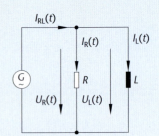

Bild 348: Ohmscher und induktiver Widerstand parallel

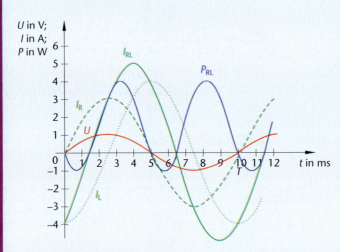

Bild 349: Liniendiagramme

Die Frequenz ω ist gleich, $\hat{I}_{RL}$ und φ_{RL} sind unbekannt.

Funktionsgraphen zeigt B 349.

Zeigerdiagramm mit Effektivwertzeigern (B 350):
Die Spannung $U(t)$ ist Bezugsgröße mit dem Nullphasenwinkel $\varphi_U = 0$. Aus dem Zeigerdiagramm liest man den Effektivwert der Stromstärke $I_{RL,eff}$ und den Nullphasenwinkel φ_{RL} direkt ab.

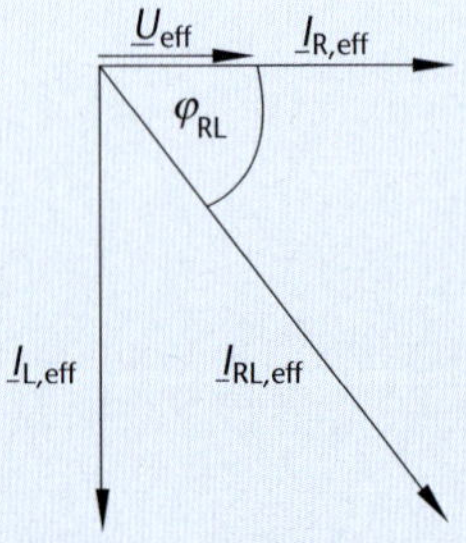

Reziproke Widerstandsoperatoren (B 351):
Zur Bestimmung der reziproken Wechselstromwiderstände geht man wie in B 347 vor.

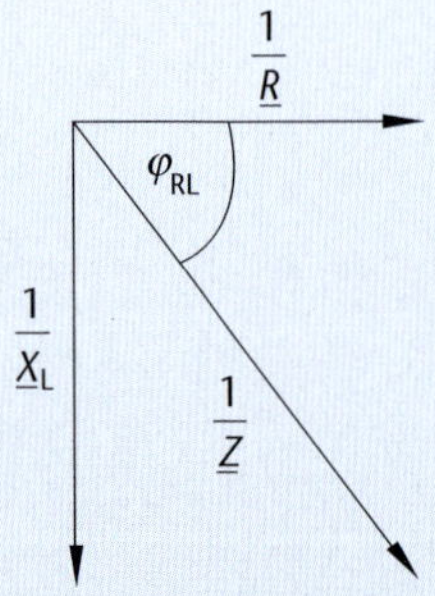

Bild 350: Zeigerdiagramm

Bild 351: Diagramm mit Leitwertoperatoren

Leistung des Wechselstroms:
Für die Momentanleistung gilt: $P_{RL}(t) = U(t)I_{RL}(t)$. Setzt man $U(t)$ und $I_{RL}(t)$ ein, so lautet das Ergebnis:

$$P_{RL}(t) = U_{eff}I_{RL,eff}[\cos(\varphi_{RL}) - \cos(2\omega t + \varphi_{RL})].$$

Für die mittlere Leistung $P_{med} = \bar{P}$ folgt:

$$\bar{P} = \frac{1}{T}\int_0^T P(t)\,dt = \frac{\hat{U}\hat{I}_{RL}}{2T}\int_0^T [\cos(\varphi_{RL}) - \cos(2\omega t + \varphi_{RL})]\,dt \text{ mit dem}$$

Ergebnis: $\bar{P} = \dfrac{\hat{U}}{\sqrt{2}} \cdot \dfrac{\hat{I}_{RL}}{\sqrt{2}} \cos(\varphi_{RL}) = U_{eff}I_{RL,efff}\cos(\varphi_{RL}).$

11.6.3 Induktiver und kapazitiver Widerstand in Parallelschaltung

Induktiver und kapazitiver Widerstand im Wechselstromkreis: $L \neq 0, C \neq 0, R = 0$

An beiden Widerständen mit den konstanten Größen L und C liegt die gemeinsame Wechselspannung $U(t) = U_C(t) = U_L(t) = \hat{U}\sin(\omega t)$ mit variabler Frequenz f bzw. ω. Sie bewirkt den resultierenden Wechselstrom $I_{CL}(t) = I_C(t) + I_L(t) = \hat{I}_{CL}\sin(\omega t + \varphi_{CL})$. Die Induktivität L im Schaltkreis lässt sich etwa mithilfe eines Eisenkerns variieren, den man nach und nach in das Spuleninnere schiebt. Die Kapazität C ändert man durch Verwendung verschiedener Kondensatoren oder eines Drehkondensators. In den Schaltkreis gelegte Lampen dienen der Beobachtung. Die Abweichung vom Idealzustand ist gering. In rechnerische Überlegungen geht $R > 0$ nicht ein.

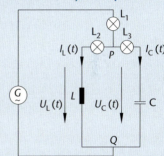

Bild 352: Induktiver und kapazitiver Widerstand in Parallelschaltung

Beobachtung:

- Die Generatorfrequenz f_1 bzw. ω_1 wird klein gewählt; es ist L = konstant, C = konstant. Die Lampen L_1 und L_2 leuchten hell; L_3 ist dunkel.

- Mit Zunahme von f_1 wird L_2 dunkler, L_3 heller; L_1 bleibt hell.

- Bei einer bestimmten Generatorfrequenz $f_2 = f_0 > f_1$ gilt: L_2, L_3 leuchten gleich hell; also ist $X_L = X_C$; L_1 leuchtet nicht, folglich muss der Gesamtwiderstand Z sehr groß sein: $Z \to \infty$. Die Frequenz f_0 heißt Resonanzfrequenz (s. Kap. 7.7.2).

- Die am Generator eingestellte Frequenz f_3 liegt über der Resonanzfrequenz: $f_3 > f_0$: L_2 wird mit wachsendem f_3 dunkler und erlischt schließlich, L_3 ist hell, L_1 wird heller.

- Für andere konstante Induktivitäten L und/oder konstante Kapazität C wiederholen sich die Beobachtungen, jedoch mit jeweils anderer Resonanzfrequenz f_0.

Erklärung:

Die Ströme $I_C(t)$ und $I_L(t)$ sind gegenüber der gemeinsamen Wechselspannung $U(t)$ um $\pm\dfrac{\pi}{2}$ phasenverschoben.

Mit zunehmender Frequenz ω verringert sich $X_C = \dfrac{1}{\omega C}$, $I_C(t)$ steigt und L_3 wird heller. Gleichzeitig vergrößert sich $X_L = \omega L$, $I_L(t)$ fällt und L_2 wird dunkler.

Im Resonanzfall ist $X_L = X_C$ bzw. $\omega L = \dfrac{1}{\omega C}$; wegen $\omega = 2\pi f$ folgt: $f_0 = \dfrac{1}{2\pi\sqrt{LC}}$. Durch die Anschlüsse fließt kein nennenswerter Strom: $I_{LC}(t) = 0$. Für den gesamten Wechselstromwiderstand Z gilt: $Z \to \infty$. Ein Wechselstrom $I_{CL}(t)$ der Frequenz f_0 wird trotz vorhandener Spannung $U(t)$ gesperrt. Man spricht bei dieser Schaltung von einem Sperrkreis. Er verhindert den Durchgang von Wechselströmen einer bestimmten Frequenz.

Im realen CL- oder auch LC-Kreis mit $R > 0$ gilt im Resonanzfall: $\dfrac{1}{Z} = \dfrac{1}{R}$.

Die Impedanz Z ist maximal, der Gesamtstrom $I_{CL}(t)$ minimal. B 353 zeigt für diesen Fall das Zeigerdiagramm mit Amplitudenwertzeigern.

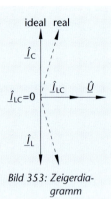

Bild 353: Zeigerdiagramm

Bemerkungen:

- Der Sperrkreis geht in den elektromagnetischen Schwingkreis über (s. Kap. 12.1).

- In den CL-Kreis wird Energie nicht so sehr durch den Strom in der Zu- und Ableitung eingebracht, sondern über elektrische und magnetische Felder zwischen P und Q (B 352).

11.6.4 Ohmscher, kapazitiver und induktiver Widerstand in Parallelschaltung

Ohmscher, kapazitiver und induktiver Widerstand im Wechselstromkreis:
$R \neq 0, C \neq 0, L \neq 0$

Die Versuchsskizze (B 354) zeigt die Parallelschaltung eines ohmschen, eines induktiven und eines kapazitiven Widerstandes mit der gemeinsamen sinusförmigen Wechselspannung $U(t) = U_R(t) = U_C(t) = U_L(t) = \hat{U}\sin(\omega t)$. Sie bewirkt die Momentanstromstärke

$I_R(t) + I_C(t) + I_L(t) = I_{RCL}(t),$

$\hat{I}_R \sin(\omega t) + \hat{I}_C \sin\left(\omega t + \dfrac{\pi}{2}\right) + \hat{I}_L \sin\left(\omega t - \dfrac{\pi}{2}\right) = \hat{I}_{RCL} \sin(\omega t + \varphi_{RCL}),$

$\hat{I}_R \sin(\omega t) + \hat{I}_C \cos(\omega t) - \hat{I}_L \cos(\omega t) = \hat{I}_{RCL} \sin(\omega t + \varphi_{RCL}).$

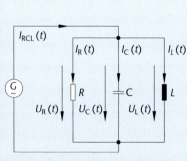

Bild 354: Ohmscher, kapazitiver und induktiver Widerstand parallel

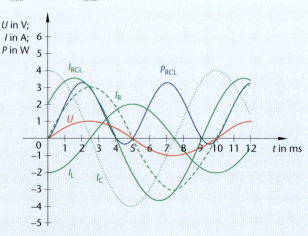

Bild 355: Liniendiagramme

B 355 stellt die Funktionsgraphen aller zeitabhängigen Größen im RCL-Kreis dar.

Zeigerdiagramm mit Effektivwertzeigern (B 356):

Am Widerstand R, am Kondensator C und an der Spule L liegt die gleiche Spannung $U(t)$. Sie ist Bezugsgröße mit dem Null-phasenwinkel $\varphi_U = 0$. Aus dem Zeigerdiagramm liest man den Effektivwert der Stromstärke $I_{RCL,eff}$ und den Nullphasenwinkel φ_{RCL} ab. Man entnimmt außerdem:

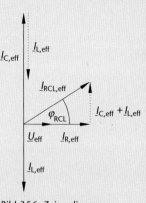

$$I_{RCL,eff} = \sqrt{I_{R,eff}^2 + (I_{C,eff} - I_{L,eff})^2}, \quad \varphi_{RCL} = \arctan\left(\frac{I_{C,eff} - I_{L,eff}}{I_{R,eff}}\right),$$

$$I_{R,eff} = I_{RCL,eff} \cos(\varphi_{RCL}).$$

Reziproke Widerstandsoperatoren (B 357):

Man beachte: Die Zeiger $\dfrac{1}{\underline{X}_C}$ und $\dfrac{1}{\underline{X}_L}$ addieren sich wie gegen-sinnige Vektoren.

Bild 356: Zeigerdiagramm

Für die Wechselstromwiderstände ergibt B 357: $\dfrac{1}{R} = \dfrac{I_{R,eff}}{U_{eff}}$;

$$\frac{1}{X_L} = \frac{I_{L,eff}}{U_{eff}}, \frac{1}{X_C} = \frac{I_{C,eff}}{U_{eff}};$$

$\dfrac{1}{Z} = \dfrac{I_{RCL,eff}}{U_{eff}}$. Dem Diagramm entnimmt man zudem:

$$\frac{1}{Z} = \sqrt{\left(\frac{1}{R}\right)^2 + \left(\frac{1}{X_C} - \frac{1}{X_L}\right)^2}, \quad \varphi_{RCL} = \arctan\left(\frac{\dfrac{1}{X_C} - \dfrac{1}{X_L}}{\dfrac{1}{R}}\right),$$

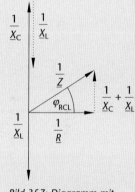

$$\cos(\varphi_{RCL}) = \frac{\dfrac{1}{R}}{\dfrac{1}{Z}} = \frac{Z}{R},$$

$$\sin(\varphi_{RCL}) = \frac{\dfrac{1}{X_C} - \dfrac{1}{X_L}}{\dfrac{1}{Z}}.$$

Bild 357: Diagramm mit Leitwertoperatoren

Leistung des Wechselstroms:

Für die Momentanleistung gilt: $P_{RCL}(t) = U(t)I_{RCL}(t)$. Nach dem Umformen erhält man als Ergebnis: $P_{RCL}(t) = U_{eff}I_{RCL,eff}[\cos(\varphi_{RCL}) - \cos(2\omega t + \varphi_{RCL})]$.

Die mittlere Leistung $P_{med} = \bar{P}$ entsteht aus dem Ansatz

$$\bar{P} = \frac{1}{T}\int_0^T P(t)\,dt = \frac{\hat{U}\hat{I}_{RCL}}{2T}\int_0^T [\cos(\varphi_{RCL}) - \cos(2\omega t + \varphi_{RCL})]\,dt \text{ mit dem Ergebnis:}$$

$$\bar{P} = \frac{\hat{U}}{\sqrt{2}} \cdot \frac{\hat{I}_{RCL}}{\sqrt{2}} \cos(\varphi_{RCL}) = U_{eff}I_{RCL,eff} \cos(\varphi_{RCL}).$$

Beispiel

Eine Spule ($L = 0,20$ H) und ein Kondensator ($C = 25$ μF) liegen in einem Wechselstromkreis parallel. Für die Generatorspannung am Kreis gilt: $U(t) = 130$ V cos (ωt). Im Idealfall ist $R = 0$.

a) Man berechne allgemein in jedem Zweig der Schaltung die Scheitelwerte der Stromstärken. Man gebe die Phasenwinkel zwischen den Strömen und der Spannung an. Man erstelle die Gleichungen der beiden Momentanstromstärken in Abhängigkeit von der Zeit t.

b) Man bestimme die Kreisfrequenz ω_0 so, dass der Generatorstrom verschwindet, und erläutere diesen Fall.

c) Man bestätige allgemein mithilfe einer geeigneten Skizze für den Resonanzfall die Behauptung: $Z \to \infty$.

d) Man stelle die Generatorspannung, den Generatorstrom und den Strom durch Spule und Kondensator in einem Zeigerdiagramm für einen beliebigen Zeitpunkt t dar, falls gilt: $X_L > X_C$.

Lösung:

a) An allen Widerständen einer Parallelschaltung liegt die gleiche zeitabhängige Momentanspannung $U(t)$. Auf diese bezieht man die Phasenwinkel. Der Scheitelwert der Stromstärke beträgt

- am Kondensator:

    1. $X_C = \dfrac{\hat{U}}{\hat{I}_C}$

    2. $X_C = \dfrac{1}{\omega C}$

    Somit: $\hat{I}_C = \dfrac{\hat{U}}{X_C}$, $\hat{I}_C = \hat{U}\omega C$; der Strom eilt der Spannung am Generator um $\dfrac{\pi}{2}$ voraus.

- in der Spule:

    1. $X_L = \dfrac{\hat{U}}{\hat{I}_L}$

    2. $X_L = \omega L$

    Somit: $\hat{I}_L = \dfrac{\hat{U}}{X_L}$, $\hat{I}_L = \dfrac{\hat{U}}{\omega L}$; der Strom läuft der Spannung am Generator um $\dfrac{\pi}{2}$ hinterher.

Aus den genannten Phasenwinkeln folgt die Gegenphasigkeit der Momentanstromstärken $I_C(t)$ und $I_L(t)$ in jedem Zeitpunkt t. Man schreibt:

$$I_C(t) = \hat{I}_C \cos\left(\omega t + \frac{\pi}{2}\right) = -\hat{I}_C \sin(\omega t) = -\hat{U}\omega C \sin(\omega t)$$

$$I_L(t) = \hat{I}_L \cos\left(\omega t - \frac{\pi}{2}\right) = \hat{I}_L \sin(\omega t) = \frac{\hat{U}}{\omega L} \sin(\omega t)$$

b) Die Generatorstromstärke $I = 0$ wird nur im Resonanzfall des LC-Kreises erreicht. Dann gilt:

$$X_L = X_C, \quad \omega L = \frac{1}{\omega C}, \quad \omega^2 = \frac{1}{LC}, \quad \omega_0 = \frac{1}{\sqrt{LC}}; \quad \text{mit eingesetzten Messwerten folgt:}$$

$$\omega_0 = \frac{1}{\sqrt{0,20 \text{ H} \cdot 25 \cdot 10^{-6} \text{ F}}}, \quad \omega_0 = 450 \text{ Hz. } \omega_0 \text{ ist die Resonanzfrequenz der Parallelschaltung.}$$

Diese dient als Sperrkreis. Ein Generatorstrom der Frequenz $\omega_0 = 450$ Hz kann den Kreis nicht passieren.

Die Eigenfrequenz ω_0 bzw. f_0 des LC-Kreises lässt sich nur mithilfe von L und/oder C verändern.

c) Den Gesamtwiderstand Z der gegebenen Schaltung erhält man gemäß B 358 mithilfe von Leitwertoperatoren allgemein in der Form $\dfrac{1}{Z} = \dfrac{1}{X_c} + \dfrac{1}{X_L}$. Die zugehörige Größengleichung lautet: $\dfrac{1}{Z} = \dfrac{1}{X_C} - \dfrac{1}{X_L}$, da die Leitwertoperatoren gegensinnig verlaufen. Rechnerisch folgt: $\dfrac{1}{Z} = \dfrac{X_L - X_C}{X_C X_L}$, $Z = \dfrac{X_C X_L}{X_L - X_C}$. Im Resonanzfall mit $X_C = X_L$ gilt mathematisch für $X_L \to X_C$, also für $X_L - X_C \to 0$, wegen $X_C X_L > 0$ sofort $Z \to \infty$. Mathematische Schreibweise:

$$\lim_{X_L \to X_C} Z(X_C; X_L) = \lim_{X_L \to X_C} \frac{X_C \cdot X_L}{X_L - X_C} \to \infty.$$

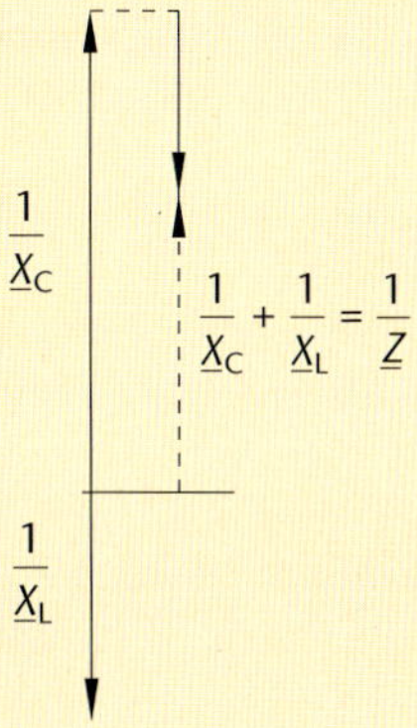

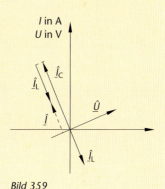

Bild 358

d) Wegen $X_L > X_C$ ist der Strom durch die Spule kleiner als durch den Kondensator. Die Zeiger zu $\hat{I}_C$ und $\hat{I}_L$ beziehen sich beide auf den Zeiger der konstanten Spannungsamplitude $\hat{U} = 130$ V. Der Zeiger zum Scheitelwert $\hat{I}$ der resultierenden Stromstärke entsteht qualitativ nach B 359. Aus dem Zeigerdiagramm lassen sich ferner die Momentanwerte der Stromstärken und der gemeinsamen Spannung im Zeitpunkt t ablesen. Man ergänze dazu B 359 in geeigneter Weise.

Bild 359

Aufgaben

1. Durch eine reale Spule, an der die Gleichspannung $U = 36$ V liegt, fließt ein Strom der Stärke $I = 0,60$ A. Danach wird eine Wechselspannung mit $U_{eff} = 45$ V und $f = 74$ Hz angeschlossen, für die ein Strommesser die Stärke $I_{eff} = 0,38$ A angibt.
    a) Erläutern Sie mithilfe einer beschrifteten Schaltskizze, wie man die Momentanstromstärke $I_L(t)$ durch die Spule am Zwei-Kanal-Oszilloskop sichtbar macht und welche Beobachtung sich dabei einstellt.
    b) Bestimmen Sie den ohmschen Widerstand R_{sp} der Spule und ihre Induktivität L unter Verwendung eines Zeigerdiagramms.
    c) Berechnen Sie bei anliegender Wechselspannung die von der Spule aufgenommene mittlere Leistung $\bar{P}$.

2. Eine Parallelschaltung aus Kondensator der Kapazität C und Spule der Induktivität L liegt an der Wechselspannung $U(t) = \hat{U} \cos(\omega t)$. Sie ergibt in der Spule den Wechselstrom $I_L(t) = \dfrac{\hat{U}}{\omega L} \sin(\omega t)$. Die Schaltelemente sind ideal.

a) Zeigen Sie durch allgemeine Rechnung, dass der Strom $I_c(t) = -\omega C\hat{U} \sin(\omega t)$ den Kondensator auf- und entlädt. Geben Sie außerdem die Nullphasenwinkel φ_0 der genannten Ströme an.

b) Berechnen Sie nun die Gesamtstromstärke $I(t)$ im Stromkreis und ermitteln Sie die Kreisfrequenz ω_0, bei der $I(t)$ zeitunabhängig den Wert null annimmt.

c) Skizzieren Sie zur Frage b) die Stromstärke-Effektivwertzeiger für einen beliebigen Zeitpunkt t.

d) Berechnen Sie aus $\omega = 3{,}5$ kHz, $C = 125$ nF und $I_{C,eff} = 1{,}9$ mA den Scheitelwert $\hat{U}$ der Wechselspannung.

3. Eine ideale Spule mit der Induktivität L und ein idealer Kondensator mit der Kapazität C liegen in Reihe an einer Wechselspannung U(t).

a) Berechnen Sie unter Verwendung eines Zeigerdiagramms allgemein aus den gegebenen Größen die Impedanz Z dieser Schaltung.

b) Nun sei $L = 0{,}15$ H und $C = 60{,}0$ nF. Bestimmen Sie die Frequenz f_0 des Kreises so, dass der Gesamtwiderstand Z einen minimalen Wert annimmt.

c) Ermitteln Sie Z in Abhängigkeit von der Frequenz f als Funktionsgleichung und skizzieren Sie mithilfe einer Wertetabelle im Bereich $0 \le f \le 4{,}5$ kHz das f-Z-Diagramm.

d) Die Spule habe nun doch einen kleinen, nicht vernachlässigbaren ohmschen Widerstand R_L. Erklären Sie aus dem Diagramm die Abhängigkeit der Effektivstromstärke I_{eff} von der Frequenz f.

Nach der Bereitstellung der Grundlagen für den Wechselstromkreis betrachten wir nun den elektromagnetischen Schwingkreis. Er ist wie das Feder-Schwere-Pendel oder das Fadenpendel ein schwingungsfähiges System, dessen Wirkungsweise und Gesetzmäßigkeiten wegen seiner vielfältigen Anwendung in der Nachrichten- und Funktechnik von Bedeutung sind. Man benötigt dazu kaum neue Theorie. Es ist vielmehr wichtig zu erkennen, dass sich die bereits bekannten Gesetzmäßigkeiten und Eigenschaften der mechanischen harmonischen Schwingung nahezu vollständig auf diesen neuen Vorgang übertragen lassen. Eine solche Verfahrensweise gibt es in der Physik und den Naturwissenschaften häufig: Eine Theorie fasst eine Vielzahl unterschiedlicher, im Kern aber doch gleicher Naturphänomene zusammen.

12.1 · Elektromagnetische Schwingung

Schaltet man eine Spule mit der Induktivität L und einen Kondensator mit der Kapazität C parallel, so entsteht der **geschlossene elektromagnetische Schwingkreis** oder LC-Kreis (B 360). Aber: Durchläuft man gedanklich den Stromkreis im oder gegen den Uhrzeigersinn, so liegen die Schaltelemente L und C in Reihe. Der LC-Kreis dient der Erzeugung harmonischer elektromagnetischer Schwingungen. Der ohmsche Widerstand der Schaltung beträgt im Idealfall $R = 0$.

Bild 360: LC-Kreis

Herstellung einer gedämpften elektromagnetischen Schwingung (B 361)

① LC-Kreis
② Gleichspannungsquelle
③ Anschluss zum t-y-Schreiber bzw. Oszilloskop; im Realfall gilt $R > 0$; der Dämpfungskoeffizient im Versuch beträgt $\vartheta = 0{,}4$.

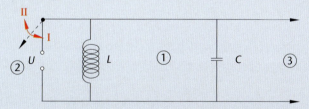

Bild 361: LC-Kreis zur Herstellung einer gedämpften elektromagnetischen Schwingung

Versuchsdurchführung:
Der LC-Kreis wird an die Gleichspannung U gelegt (Schalterposition I). Der Kondensator sperrt. Durch die Spule fließt der Gleichstrom I und baut ein Magnetfeld auf. Nun öffnet man den Schalter (Position II). Im LC-Kreis herrscht die Anfangsbedingung:

$$I(t_0 = 0) = I = \hat{I},\ E_{\mathrm{mag}}(t_0 = 0) = \hat{E}_{\mathrm{mag}} = \frac{1}{2}L\hat{I}^2,\ U(t_0 = 0) = 0.$$

Man richtet den Versuch so ein, dass man die Stromstärke oder die Spannung misst.

VERSUCH

Beobachtung:

Man beobachtet am *t-y*-Schreiber oder Oszilloskop eine gedämpfte harmonische Schwingung (B 362), die den Wechselstrom *I(t)* im *LC*-Kreis oder die Wechselspannung *U(t)* wiedergibt.

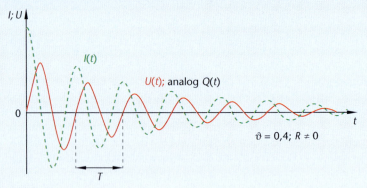

Bild 362: t-I- und t-U-Diagramm

Erklärung:

- Schalterstellung I: Die angelegte Gleichspannung *U* liefert mit dem Gleichstrom *I* die notwendige Energie $E_{mag} = \frac{1}{2}LI^2$ zur Anregung der Schwingung im *LC*-Kreis. Der Kondensator ist feld-, energie- und ladungsfrei.

- Schalterstellung II: Der Gleichstrom *I* endet, das Magnetfeld baut sich ab. Die Spule wirkt als Spannungsquelle, die nach Lenz den Strom *I* für einen Moment aufrechthält. Er beginnt den Kondensator im Kreis zeitabhängig aufzuladen. Das entstehende elektrische Feld nimmt die magnetische Energie aus der Spule auf. Dem abnehmenden Strom *I(t)* entspricht die zunehmende elektrische Spannung *U(t)* zwischen den Kondensatorplatten.

- Der Kondensator trägt die maximale elektrische Ladung $Q(t) = \hat{Q}$, wenn $B = 0$ ist. Dies ist im Zeitpunkt $t = \frac{1}{4}T$ der Fall. Wegen $C = \frac{Q(t)}{U(t)} =$ konstant bzw. $Q(t) \sim U(t)$ sind dann auch die Spannung und die elektrische Energie maximal: $U\left(\frac{1}{4}T\right) = \hat{U}$ bzw. $E_{el}\left(\frac{1}{4}T\right) = \frac{1}{2}C\hat{U}^2$.

  Mit $R = 0$ gilt nach dem Energieerhaltungssatz: $\hat{E}_{el} = \hat{E}_{mag}$ bzw. $\frac{1}{2}C\hat{U}^2 = \frac{1}{2}L\hat{I}^2$ oder allgemein in jedem Zeitpunkt *t*: $E_{el}(t) + E_{mag}(t) =$ konstant.

- Danach kehrt sich der Prozess um. Der Kondensator entlädt sich über die Spule. Der abnehmenden Ladung, Spannung und elektrischen Energie entspricht in der Spule eine zunehmende Stromstärke mit entgegengesetztem Durchlaufsinn, ein wachsendes Magnetfeld und eine ansteigende magnetische Energie. Im Zeitpunkt $t = \frac{1}{2}T$ gilt: $Q\left(\frac{1}{2}T\right) = U\left(\frac{1}{2}T\right) = E_{el}\left(\frac{1}{2}T\right) = 0$, aber: $I\left(\frac{1}{2}T\right) = -\hat{I}$, $E_{mag}\left(\frac{1}{2}T\right) = \hat{E}_{mag} = \hat{E}_{el}$. Danach wiederholen sich die Vorgänge im *LC*-Kreis.

- Spannung *U(t)* am Kondensator und Stromstärke *I(t)* durch die Spule sind zeitabhängig und zeigen sinusförmigen Verlauf; sie sind periodische Wechselstromgrößen.

- Die periodische Ladung und Entladung der Kondensatorplatten unter gleichzeitigem Ab- und Aufbau des *B*-Feldes in der Spule mit konstanter Querschnittsfläche A_0 (Induktionsvorgänge, lenzsche Regel) bewirken eine elektromagnetische Schwingung im *LC*-Kreis. Er ist ein Energiewandler, in dem elektrische und magnetische Energie periodisch ineinander übergehen.

Bemerkungen:

- Im LC-Kreis ist das elektrische Feld hauptsächlich auf den Innenbereich des Kondensators beschränkt, das Magnetfeld auf den Innenraum der Spule. Daher spricht man von einem **geschlossenen Schwingkreis.**

- Real gilt $R > 0$: Daher kommt es zur ständigen Umwandlung von elektrischer Energie in Wärmeenergie in Spule, Eisenkern und Leitungen, die Amplituden der Spannung und der Stromstärke im Schwingkreis nehmen mehr oder weniger rasch ab. Es entsteht eine **gedämpfte elektromagnetische Schwingung.**

12.2 Vergleich zwischen mechanischer und elektromagnetischer harmonischer Schwingung

Ein anschaulicher Vergleich von mechanischer harmonischer und elektromagnetischer Schwingung zeigt völlige Übereinstimmung in allen wesentlichen physikalischen Abläufen und Gesetzmäßigkeiten. Ergänzen Sie zur Übung die fehlenden Daten (B 363).

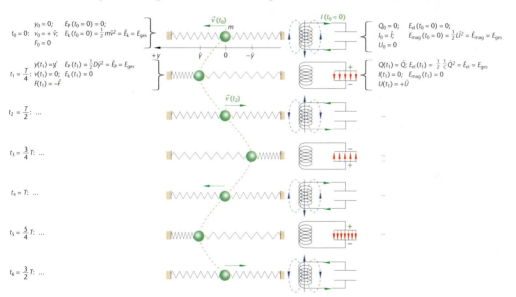

Bild 363: Mechanische harmonische Schwingung und elektromagnetische Schwingung im Vergleich

Stellt man wie in B 364 die Gesetze der mechanischen harmonischen Schwingung und der elektromagnetischen Schwingung einzeln gegenüber, so bestätigt sich die schon bisher beobachtete Übereinstimmung. Man beachte auch Kapitel 12.3. Für beide Schwingungsarten werden im Folgenden Energieverluste ausgeschlossen, sie sind ungedämpft.

	mechanische Schwingung	elektromagnetische Schwingung	
Lineares Kraftgesetz, Differenzialgleichung der harm. Schwingung	$F = -Dy$ bzw. $F \sim y$; $F + Dy = 0$; $m\ddot{y} + Dy = 0$	$U = \frac{1}{c}\cdot Q$ bzw. $U \sim Q$; $L\cdot\ddot{Q} + \frac{1}{c}\cdot Q = 0$	① ③
Elongation, Ladung	$y(t) = \hat{y}\sin(\omega t + \varphi_0)$	$Q(t) = \hat{Q}\sin(\omega t + \varphi_0)$	
Eigenfrequenz, Thomsongleichung	$f_0 = \frac{1}{2\cdot\pi}\sqrt{\frac{D}{m}}$; $\omega_0 = \sqrt{\frac{D}{m}}$	$f_0 = \frac{1}{2\cdot\pi\cdot\sqrt{LC}}$; $\omega_0 = \frac{1}{\sqrt{LC}}$	
Geschwindigkeit, Stromstärke	$v(t) = \dot{y}(t) = \hat{y}\omega\cos(\omega t + \varphi_0)$, $\hat{y}\omega = \hat{v}$	$I(t) = \dot{Q}(t) = \hat{Q}\omega\cos(\omega t + \varphi_0)$, $\hat{Q}\omega = \hat{I}$	
Rückstellkraft, Spannung	$F(t) = -D\hat{y}\cdot\sin(\omega\cdot t + \varphi_0)$	$U(t) = \frac{1}{C}Q(t) = \frac{\hat{Q}}{C}\sin(\omega t + \varphi_0)$	
grafische Darstellung mit: $y(t_0 = 0) = \hat{y} > 0$; $Q(t_0 = 0) = \hat{Q} > 0$; $\varphi_0 = \frac{\pi}{2}$			
potenzielle/elektrische Energie, kinetische/magnetische Energie	$E_p(t) = \frac{1}{2}D\hat{y}^2\sin^2(\omega\cdot t + \varphi_0)$; $E_k(t) = \frac{1}{2}D\hat{y}^2\cos^2(\omega\cdot t + \varphi_0)$	$E_{el}(t) = \frac{1}{2}\cdot\frac{1}{C}\cdot\hat{Q}^2\sin^2(\omega\cdot t + \varphi_0)$; $E_{mag}(t) = \frac{1}{2}\cdot\frac{1}{C}\hat{Q}^2\cos^2(\omega\cdot t + \varphi_0)$	
Gesamtenergie	$E_{ges} = \frac{1}{2}D\hat{y}^2 =$ konstant	$E_{ges} = \frac{1}{2}\cdot\frac{1}{C}\cdot\hat{Q}^2 =$ konstant	② ③
grafische Darstellung mit: $y(t_0 = 0) = \hat{y}$; $Q(t_0 = 0) = \hat{Q}$			

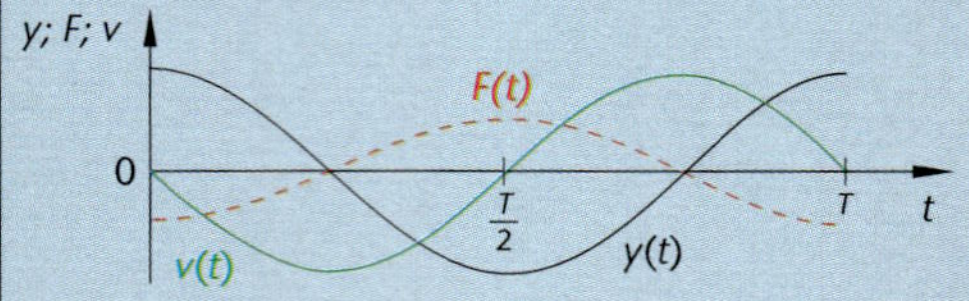

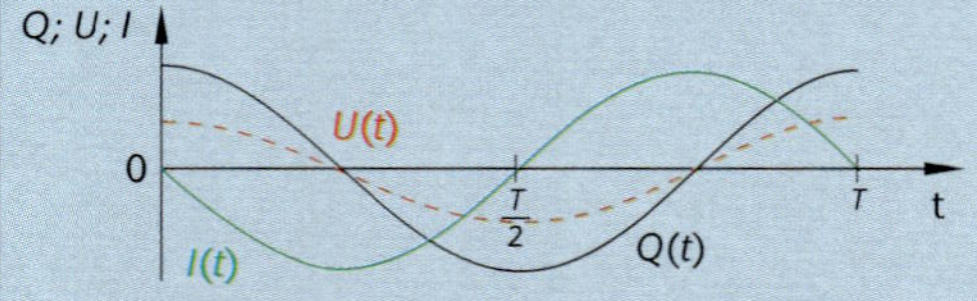

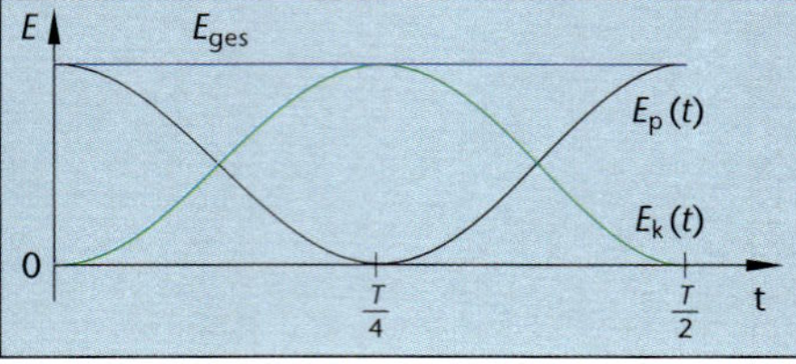

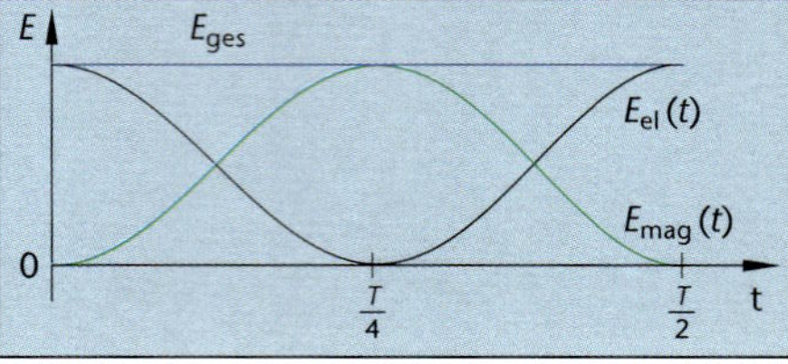

Bild 364

Ergebnis:

Die mechanische harmonische Schwingung und die elektromagnetische Schwingung stimmen in allen Gesetzmäßigkeiten überein. Insbesondere genügen beide der Differenzialgleichung der ungedämpften harmonischen Schwingung. Also ist die elektromagnetische Schwingung in einem LC-Kreis ebenfalls harmonisch.

12.3 Erklärungen und Ergänzungen zu B 364

Die in B 364 mit ①, ② und ③ bezeichneten Gesetze werden nun einzeln hergeleitet und näher erläutert. Der Nachvollzug ist empfehlenswert, da er zu einem vertieften Verständnis des physikalischen Sachverhaltes führt.

① Differenzialgleichung der ungedämpften elektromagnetischen Schwingung, falls $R = 0$

Der periodische Lade- und Entladestrom im Schwingkreis bewirkt eine ständige Änderung des Magnetfeldes in der LC-Kreis-Spule, also des magnetischen Flusses Φ. Die Spule als Spannungsquelle ist mit dem Kondensator in Reihe geschaltet. Daher gilt nach der Maschenregel im geschlossenen Stromkreis (B 361): $U_\mathrm{L} + U_\mathrm{C} = 0$. Mit der in der Spule induzierten Spannung $U_\mathrm{L} = -L\dot{I}$ und der Spannung $U_\mathrm{C} = -\dfrac{Q}{C}$ am Kondensator erhält man: $-L\dot{I} - \dfrac{Q}{C} = 0$ bzw.

$$L\dot{I} + \frac{Q}{C} = 0 \text{ oder in jedem Zeitpunkt } t: \frac{Q(t)}{C} + L\dot{I}(t) = 0. \tag{1}$$

Zwischen der Stromstärke im LC-Kreis und der Kondensatorladung besteht der Zusammenhang:

$I(t) = \dot{Q}(t)$. Dann ist $\dot{I}(t) = \ddot{Q}(t)$. Aus Gleichung (1) wird: $\dfrac{Q(t)}{C} + L\ddot{Q}(t) = 0$ oder

$$L\ddot{Q}(t) + \frac{1}{C}Q(t) = 0 \text{ bzw. } \ddot{Q}(t) = -\frac{1}{LC}Q(t). \tag{2}$$

Es entsteht eine Differenzialgleichung der Form $\ddot{y} = -ky$ mit $k > 0$. Sie führt nach zweifacher Integration zur Lösungsfunktion $Q(t) = \hat{Q}\sin(\omega t + \varphi_0)$. $\tag{3}$

Rechnerische Bestätigung dieser Behauptung:
$\dot{Q}(t) = \hat{Q}\omega\cos(\omega t + \varphi_0)$, $\ddot{Q}(t) = -\hat{Q}\omega^2\sin(\omega t + \varphi_0)$.

Eingesetzt in (2): $-L\hat{Q}\omega^2\sin(\omega t + \varphi_0) + \dfrac{\hat{Q}}{C}\sin(\omega t + \varphi_0) = 0$,

$$\hat{Q}\sin(\omega t + \varphi_0)\left[-L\omega^2 + \frac{1}{C}\right] = 0. \tag{*}$$

Diese Gleichung gilt wegen $\hat{Q} > 0$ und $\omega \neq 0$, falls $-L\omega^2 + \dfrac{1}{C} = 0$ bzw. $\omega = \sqrt{\dfrac{1}{LC}} = \dfrac{1}{\sqrt{LC}}$ bzw.

$$2\pi f_0 = \frac{1}{\sqrt{LC}}, f_0 = \frac{1}{2\pi\sqrt{LC}}. \tag{4}$$

f_0 ist die Eigen- oder Resonanzfrequenz des LC-Kreises. Sie hängt nur von L und C ab. Schwingt ein LC-Kreis mit seiner Eigenfrequenz f_0, so besitzt der eckige Klammerterm zeitunabhängig den konstanten Wert null. $Q(t)$ ist wirklich Lösungsfunktion, denn es entsteht mit (*) die wahre Aussage: $0 = 0$.

Vergleicht man die Gleichung (2) links und die Lösungsfunktion (3) mit dem linearen Kraftgesetz $m\ddot{y} + Dy = 0$ und seiner Lösung $y(t) = \hat{y}\sin(\omega t + \varphi_0)$, so versteht man, dass der LC-Kreis tatsächlich ein harmonisch schwingender Oszillator ist.

Für die periodisch wechselnde Spannung $U_\mathrm{C}(t) = U(t)$ am Kondensator gilt dann

$$U(t) = \frac{Q(t)}{C} = \frac{\hat{Q}}{C}\sin(\omega t + \varphi_0) = \hat{U}\sin(\omega t + \varphi_0) \text{ mit } \hat{U} = \frac{\hat{Q}}{C}.$$

Besteht nach B 361 und B 362 die Anfangsbedingung $U(t_0 = 0) = 0$, dann folgt: $U(t_0 = 0) = \hat{U}\sin(0 + \varphi_0) = 0$ bzw. $\sin(\varphi_0) = 0$ falls $\varphi_0 = 0$. Mit dieser Anfangsbedingung entsteht schließlich das t-U-Gesetz der Spannung im LC-Kreis: $U(t) = \hat{U}\sin(\omega t)$.

Dann ist wegen $C = \dfrac{Q(t)}{U(t)}$ ebenso $Q(t) = C\hat{U}\sin(\omega t)$ bzw. $Q(t) = \hat{Q}\sin(\omega t)$ und

$I(t) = \dot{Q}(t) = \hat{Q}\omega\cos(\omega t) = \hat{I}\cos(\omega t)$ mit $\hat{I} = \hat{Q}\omega = \dfrac{\hat{Q}}{\sqrt{LC}}$.

Wegen $\hat{Q} = C\hat{U}$ folgt aus der letzten Gleichung außerdem: $\hat{I} = \dfrac{C\hat{U}}{\sqrt{LC}}$ bzw. $\hat{I} = \hat{U}\sqrt{\dfrac{C}{L}}$.

Für die Periodendauer T der harmonischen Schwingung gilt bekanntlich $T = \dfrac{2\pi}{\omega}$. Mit $\omega = \sqrt{\dfrac{1}{LC}}$ nach Gleichung (4) erhält man die Endformen zweier Gleichungen:

- Die Gleichung $T = 2\pi\sqrt{LC}$ heißt thomsonsche Schwingungsgleichung, benannt nach dem englischen Physiker Thomson, der sich wegen seiner Verdienste um die Physik später Lord Kelvin nennen durfte.

- Die Gleichung $f_0 = \dfrac{1}{2\pi\sqrt{LC}}$ beschreibt die charakteristische **Eigen- oder Resonanzfrequenz** f_0 des ungedämpften LC-Kreises. Sie kann nur durch L und/oder C verändert werden.

② Erhaltung der Gesamtenergie im Schwingkreis, falls $R = 0$ bzw. Fortbestand des Energieerhaltungssatzes

Vergleicht man die mechanische mit der elektromagnetischen Schwingung, so stellt man in beiden Fällen eine Energiependelung fest, speziell im LC-Kreis zwischen den elektrischen und magnetischen Feldern. Es wird nun gezeigt, dass in jedem Augenblick der ungedämpften elektromagnetischen Schwingung (also für $R = 0$) der Energieerhaltungssatz mathematisch erfüllt ist. Einen streng physikalischen Beweis dieser Aussage gibt es bekanntlich nicht. Der Energieerhaltungssatz ist ein Erfahrungssatz.

Unter Beibehaltung der bisherigen Anfangsbedingung ist zu einem beliebigen Zeitpunkt t die Spannung $U(t) = \hat{U}\sin(\omega t)$, also die Energie des elektrischen Feldes im Kondensator

$E_{el}(t) = \dfrac{1}{2}CU^2(t) = \dfrac{1}{2}C\hat{U}^2\sin^2(\omega t)$.

Die Stromstärke beträgt $I(t) = \hat{I}\sin\left(\omega t + \dfrac{\pi}{2}\right) = \hat{I}\cos(\omega t)$, die Energie des Magnetfeldes in der Spule folglich $E_{mag}(t) = \dfrac{1}{2}LI^2(t) = \dfrac{1}{2}L\hat{I}^2\cos^2(\omega t)$.

Die gesamte Energie im Schwingkreis berechnet sich aus:

$E_{ges} = E_{el}(t) + E_{mag}(t) = \dfrac{1}{2}C\hat{U}^2\sin^2(\omega t) + \dfrac{1}{2}L\hat{I}^2\cos^2(\omega t)$.

Nun ist $\hat{I} = \hat{U}\sqrt{\dfrac{C}{L}}$ (siehe oben). Setzt man die Gleichung für die Gesamtenergie des LC-Kreises ein, so folgt $E_{ges} = \dfrac{1}{2}C\hat{U}^2\sin^2(\omega t) + \dfrac{1}{2}L\hat{U}^2\dfrac{C}{L}\cos^2(\omega t)$, $E_{ges} = \dfrac{1}{2}C\hat{U}^2\sin^2(\omega t)$

$+ \dfrac{1}{2}C\hat{U}^2\cos^2(\omega t)$ und daraus $E_{ges} = \dfrac{1}{2}C\hat{U}^2(\sin^2(\omega t) + \cos^2(\omega t)) = \dfrac{1}{2}C\hat{U}^2 = $ konstant, da C und $\hat{U}$ konstant sind.

Die Gesamtenergie E_{ges} im LC-Kreis ist somit zu jedem Zeitpunkt der Schwingung konstant und gleich der zu Beginn der Schwingung in den LC-Kreis eingebrachten Anregungsenergie

$$\hat{E}_{mag} = \frac{1}{2}L\hat{I}^2 = \frac{1}{2}C\hat{U}^2 = \hat{E}_{el}.$$

③ **Nachweis, dass im LC-Kreis mit $R = 0$ der Energieerhaltungssatz ebenfalls zur Differenzialgleichung der ungedämpften elektromagnetischen Schwingung führt.**

Es gilt:

1. $E_{el}(t) = \dfrac{1}{2}\dfrac{1}{C}Q^2(t)$

2. $E_{mag}(t) = \dfrac{1}{2}LI^2(t)$

3. $E_{ges}(t) =$ konstant, da $R = 0$

$$E_{ges}(t) = \frac{1}{2}\frac{1}{C}Q^2(t) + \frac{1}{2}LI^2(t) \qquad | \cdot C > 0 \quad | \text{ Ableitung beider Seiten}$$

$$0 = \frac{1}{2}2Q\dot{Q} + \frac{1}{2}LC2I\dot{I}$$

4. $I(t) = \dot{Q}(t); \dot{I}(t) = \ddot{Q}(t)$ \qquad in 3.

3. $Q\dot{Q} + LCI\dot{I} = 0, QI + LCI\ddot{Q} = 0$ \qquad $| : I$

$Q + LC\ddot{Q} = 0$ bzw. $L\ddot{Q} + \dfrac{1}{C}Q = 0$; diese Gleichung ist lösbar mit dem Ansatz

$Q(t) = \hat{Q}\sin(\omega t + \varphi_0)$, wie oben in ① unter (3) bestätigt wird.

Zusammenfassung: Ein elektromagnetischer Schwingkreis mit der konstanten Kapazität C und der konstanten Induktivität L führt nach einmaliger Zufuhr von magnetischer Energie harmonische Schwingungen aus. Dabei wandeln sich magnetische und elektrische Energie periodisch ineinander um. Gilt für den ohmschen Widerstand des LC-Kreises $R = 0$ (Idealfall), dann wird keine Wärme in Spule und Leitungen abgeführt. Es entsteht eine ungedämpfte harmonische Schwingung mit E_{ges} = konstant. Unter der Anfangsbedingung $U(t_0 = 0) = 0$, bzw. $I(t_0 = 0) = \hat{I}$ liegt an Kondensator und Spule die Wechselspannung $U(t) = \hat{U}\sin(\omega t)$. Die momentane Kondensatorladung beträgt $Q(t) = C\hat{U}\sin(\omega t)$. In der Spule fließt der sinusförmige Wechselstrom $I(t) = \dot{Q}(t) = \hat{I}\cos(\omega t)$ mit $\omega = \dfrac{1}{\sqrt{LC}}$ und $\hat{I} = \hat{U}\sqrt{\dfrac{C}{L}}$. Die Periodendauer einer Schwingung ergibt sich aus $T = 2\pi\sqrt{LC}$, die Eigenfrequenz aus $f_0 = \dfrac{1}{2\pi\sqrt{LC}}$. T und f_0 können nur durch L und C verändert werden.

12.4 Erzwungene elektromagnetische Schwingung

Die von der mechanischen Schwingung her bekannte Energieübertragung durch materielle Kopplung zweier oder mehr schwingungsfähiger Systeme sowie das Phänomen der Resonanz sind bei harmonisch schwingenden elektromagnetischen Systemen ebenfalls zu beobachten. Erstmals wird das Rückkopplungsprinzip zur Erzeugung ungedämpfter elektromagnetischer Schwingungen eingesetzt.

VERSUCH

12.4.1 Induktiv gekoppelte *LC*-Kreise

Zwei induktiv gekoppelte *LC*-Kreise (B 365)

⓪ Sinusgenerator mit variabler Frequenz f_I

① *LC*-Kreis I

② *LC*-Kreis II mit z. B. L_{II} = 36 mH, C = 5 μF

③ induktive Kopplung, gemeinsames Magnetfeld

④ Oszilloskop

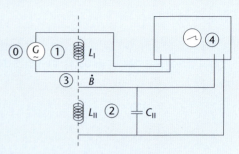

Bild 365: Induktiv gekoppelte LC-Kreise

Versuchsdurchführung:

Nach Aufbau des Versuches gemäß B 365 erhöht man nach und nach die stufenlos veränderbare Frequenz f_I, die der Empfängerkreis II unverändert übernimmt. Das Oszilloskop zeigt die harmonischen Schwingungen beider *LC*-Kreise im Vergleich. Die Schwingungen des Kreises I behalten unabhängig von der gewählten Frequenz die Amplitude $\hat{y}_I$ bei. Die Amplitude $\hat{y}_{II}$ des Kreises II ändert sich mit f_I. Zwischen I und II treten von der Frequenz f_I abhängige Phasenunterschiede auf.

Beobachtung und Erklärung:

- Die beiden Schwingkreise I und II haben längs der gleichen Achse ein gemeinsames veränderliches Magnetfeld; man spricht von **induktiver Kopplung**. Diese ist nicht materiell und schwach.
- Die Qualität der induktiven Kopplung hängt von der Entfernung der beiden koaxialen Spulen L_I und L_{II} zueinander ab, ebenso von einem Eisenkern, den man ins Innere beider Spulen einführt.
- Der *LC*-Kreis II (Empfänger) wird durch den *LC*-Kreis I (Erreger, Sender) mithilfe der induktiven Kopplung zu gleichfrequenten ungedämpften elektromagnetischen Schwingungen angeregt. Dabei wird Schwingungsenergie in Form von magnetischer Energie über die Kopplung von I nach II zeit- und mengengenau übertragen. Das heißt: Bei fester Erregerfrequenz f_I nimmt die Amplitude $\hat{y}_{II} = \hat{y}_E$ einen konstanten Wert so an, dass er exakt der ständigen Energieabgabe des Senders an den Empfänger zum Ausgleich der Energieverluste entspricht.
- Der Empfänger mit konstantem C_{II} und L_{II} verfügt über eine charakteristische Eigenfrequenz f_{0II}. Tatsächlich vollzieht er aber wegen der induktiven Kopplung erzwungene Schwingungen in der Frequenz f_I des Senders. Im Versuch beträgt die Eigenfrequenz von II:

$$f_{0II} = \frac{1}{2\pi\sqrt{L_{II}C_{II}}}, \; f_{0II} = \frac{1}{2\pi\sqrt{36 \cdot 10^{-3}\,\text{H} \cdot 5\,\text{μF}}} = 4 \cdot 10^2 \,\text{Hz}.$$

- Wie beim pohlschen Drehpendel entstehen während der allmählichen Erhöhung der Senderfrequenz f_I eine Reihe wichtiger Beobachtungen, wobei $\hat{y}_I = \hat{y}_S$ = konstant. $\hat{y}_S$ entspricht im Kreis I z. B. dem konstanten Scheitelwert $\hat{I}_S$ der Stromstärke, $\hat{y}_E$ im Kreis II dem konstanten Scheitelwert $\hat{I}_E$.
  - $f_I < f_{0II}$: $\hat{y}_{II} = \hat{y}_E$ wächst mit zunehmender Frequenz f_I (B 366) des Senders; ohne Dämpfung sind der Sender und Empfänger in Phase, die Phasenverschiebung zwischen I und II beträgt $\varphi = 0$.

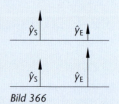

Bild 366

– $f_\mathrm{I} = f_\mathrm{0II}$: **Resonanzfall**; Kennzeichen: Maximum der Amplitude $\hat{y}_\mathrm{II} = \hat{y}_\mathrm{E}$; Phasenverschiebung $\varphi = \frac{1}{2}\pi$; der Sender I eilt voraus (B 367). Zeichnet man mit einem geeigneten Versuch die Empfängeramplitude $\hat{y}_\mathrm{E}$ bzw. $\hat{I}_\mathrm{E}$ in Abhängigkeit von der Senderfrequenz f_I auf, so entsteht eine **Resonanzkurve**, wie sie vom pohlschen Drehpendel bekannt ist. B 368 zeigt Resonanzkurven bei schwacher und bei starker Dämpfung des Empfängers II. Trotzdem ist für $f_\mathrm{I} = f_\mathrm{0II}$ die Empfängeramplitude $\hat{y}_\mathrm{E}$ stets maximal.

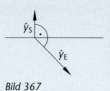

Bild 367

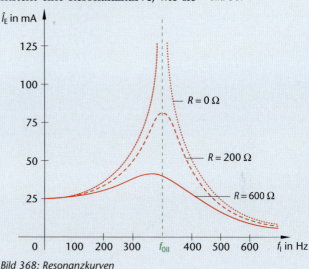

Bild 368: Resonanzkurven

– $f_\mathrm{I} > f_\mathrm{0II}$: $\hat{y}_\mathrm{E}$ wird kleiner; für $f_\mathrm{I} \to \infty$ gilt $\hat{y}_\mathrm{E} \to 0$; Phasenverschiebung ohne Dämpfung: $\varphi = \pi$; I und II sind gegenphasig (B 369).

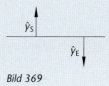

Bild 369

Die Abhängigkeit der Phasenverschiebung $\Delta\varphi$ zwischen Sender und Empfänger von der Frequenz f_I bei einem gekoppelten Sender-Empfänger-System, mit und ohne Dämpfung, zeigt das Diagramm in B 370. Der Sender eilt dem Empfänger immer voran.

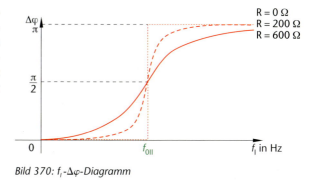

Bild 370: f_I-$\Delta\varphi$-Diagramm

Bemerkung:

Neben der induktiven Kopplung gibt es weitere Kopplungsarten:

- kapazitive Kopplung: I und II haben ein gemeinsames elektrisches Feld.

- ohmsche (galvanische) Kopplung: I und II haben einen gemeinsamen elektrischen Widerstand.

VERSUCH

12.4.2 Rückkopplung bei elektromagnetischen Schwingungen

Erzeugung ungedämpfter elektromagnetischer Schwingungen durch Rückkopplung nach Meißner (B 371), einem österreichischen Physiker

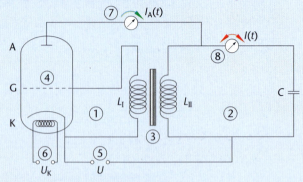

Bild 371: Rückkopplung nach Meißner

① LC-Kreis I mit einem Kondensator aus Gitter und Katode
② LC-Kreis II mit ungedämpfter harmonischer Schwingung
③ induktive Kopplung durch gemeinsamen Eisenkern in L_I und L_{II}
④ (Steuer-)Triode mit K(atode), G(itter), A(node); alternativ: Transistor
⑤ Anodengleichspannung
⑥ Heizspannung

Der Versuch zeigt nach dem Einschalten sofort die nachfolgende

Beobachtung am Strommessgerät ⑦:
Das Messgerät registriert einen pulsierenden Anodenstrom $I_A(t)$; es gilt $I_A(t) > 0$. Ständige Wärmeverluste in Zuleitungen und Röhre während der Betriebsphase müssen aus dem Energievorrat der Gleichspannungsquelle ⑤ fortgesetzt ausgeglichen werden, daher wird $I_A(t) = 0$ nicht erreicht.

Beobachtung am Strommessgerät ⑧:
Im LC-Kreis II schwingt der sinusförmige Wechselstrom $I(t)$ mit konstanter Amplitude $\hat{I}$; somit liegt eine ungedämpfte elektromagnetische Schwingung vor.

Erklärung:
Nach Einschalten der Versuchsanordnung führt der Anodenstrom I_A zum Aufbau eines Magnetfeldes in der Spule L_{II}, der Schwingkreisspule von II, wie in Kapitel 12.1 beschrieben wurde. In II wird eine schwache Schwingung angestoßen, bei der sich der Wechselstrom dem Anodenstrom überlagert. Sie löst in der induktiv gekoppelten Spule L_I, der Rückkopplungsspule, durch Induktion eine gleichfrequente Wechselspannung aus. Diese wird als Steuerspannung am Gitter G verwendet. Sie lädt G positiv auf und verstärkt das bestehende elektrische Feld zwischen A und K. Mehr freie Elektronen aus K gelangen zu A, $I_A(t)$ nimmt zu. Der Energieverlust in II wird ausgeglichen.

In der nächsten halben Periode lädt der in L_I induzierte Wechselstrom G negativ auf und schwächt das bestehende elektrische Feld zwischen A und K. Weniger Glühelektronen aus K gelangen zu A, der Anodenstrom $I_A(t)$ nimmt ab. Die von L_{II} gesteuerte Wechselspannung in der Rückkopplungsspule bewirkt somit ein Schwanken des Anodenstroms I_A in der Eigenfrequenz des Schwingkreises II und daher bei richtiger Polung von L_I eine zeitlich abgestimmte periodische Energieabgabe an II aus dem Energievorrat der Gleichspannungsquelle.

Nimmt $I_A(t)$ zu, so erhält Kreis II zeit- und mengengenau Energie. Sie gleicht den Verlust an elektromagnetischer Energie während der Schwingung aus. Nimmt $I_A(t)$ ab, so wird die Energiezufuhr aus dem Energievorrat der Spannungsquelle ⑤ (fast) gesperrt.

Die Triode wirkt als Schalter, der über die induktive Kopplung vom Kreis II selbst gesteuert wird. Der gesamte Vorgang heißt Selbsterregung durch **Rückkopplung**. Der Versuch ist außerdem für die Eigenfrequenz $f_0 \approx 1\,\text{Hz} = \dfrac{1}{s} = 1\,\text{s}^{-1}$ des LC-Kreises II ausgelegt, damit in ⑦ und ⑧ leicht beobachtbare Zeigermessgeräte verwendet werden können.

Hohe Frequenzen, für die Zeigermessgeräte dann untauglich sind, erreicht man durch den Umbau der einfachen Meißnerschaltung zur Dreipunktschaltung (B 373): Ein Teil der Schwingkreisspule L_{II} wird als Gitter genutzt und verfügt dann über drei Anschlüsse. Außerdem verkleinert man die Werte von L_I, L_{II} und C.

12.5 Elektromagnetische Dipolstrahlung

Vom geschlossenen elektromagnetischen Schwingkreis ist Folgendes inzwischen bekannt:

- Mechanische harmonische Oszillatoren (Sender) geben mithilfe einer mechanischen Kopplung Energie an benachbarte Oszillatoren (Empfänger) ab. Diese vollziehen erzwungene harmonische Schwingungen in der Frequenz des Senders ohne Abnahme der Amplitude, sie sind ungedämpft. Die Qualität der Kopplung beeinflusst die Zeitdauer und die Vollständigkeit der Energieübertragung. Diese Aussagen gelten in gleicher Weise für den elektromagnetischen Schwingkreis.

- Die Energie eines LC-Kreises kann durch induktive (kapazitive, ohmsche) Kopplung auf einen anderen LC-Kreis übertragen werden. Mit steigender Eigenfrequenz f_0 des Empfängerkreises gelingt die Energieübertragung immer besser. f_0 ist durch die Kapazität C und die Induktivität L festgelegt. Sehr hohe Frequenzen lassen sich erreichen, wenn die Spule auf eine kurze Leiterschleife reduziert wird und der Kondensator eine sehr kleine Kapazität erhält. Durch Rückkopplungsschaltung hält man die Schwingung auf Dauer ungedämpft aufrecht.

- Die räumliche Ausdehnung des elektrischen und magnetischen Feldes im Schwingkreis ist bisher fast nur auf den Innenraum von Kondensator und Spule beschränkt. Man spricht daher von einem geschlossenen elektromagnetischen Schwingkreis.

12.5.1 Übergang vom geschlossenen *LC*-Kreis zum elektromagnetischen Dipol

Der geschlossene LC-Kreis wird nach B 372 modellhaft geöffnet, bis er zum offenen LC-Kreis wird. Bei diesem Vorgang verlieren die Felder ihre weitgehend lokale Beschränkung auf den Innenraum von Kondensator und Spule. Sie können sich mehr und mehr in den umgebenden

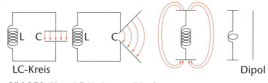

LC-Kreis   Dipol

Bild 372: Vom LC-Kreis zum Dipol

Raum symmetrisch ausbreiten. Durch Reduzierung der Kondensatorflächen und der Windungszahl der Spule verringern sich die Kapazität C und die Induktivität L, bis schließlich ein Metallstab übrig bleibt, der **elektromagnetische Dipol**. Das elektrische Feld verläuft zwischen den Stabenden, das Magnetfeld umschließt ihn in Form von konzentrischen Kreislinien senkrecht zum Leiter. Da die Kapazität C und Induktivität L eines solchen Dipols sehr gering sind, verfügt er in der Regel über eine sehr hohe Eigenfrequenz f_0. Sein elektrisches und magnetisches Feld reichen in den gesamten umgebenden Raum.

VERSUCH

Anregung eines elektromagnetischen Dipols (B 373)

① LC-Kreis für höchstfrequente Schwingungen
② elektromagnetischer Dipol variabler Länge l mit Lämpchen

Versuchsdurchführung:
Ein Dipol mit veränderlicher Länge l und einem Glühlämpchen in der Mitte wird in die Nähe eines Senderkreises (z. B. veränderte Meißner-Rückkopplungsschaltung zur Erzeugung höchstfrequenter Schwingungen) gebracht. Der Sender strahlt mit der konstanten Frequenz f_S.

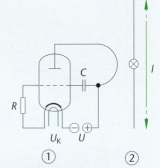

Bild 373: Anregung eines Dipols

Beobachtung:
- Verläuft der Empfänger parallel zum Senderdipol, so leuchtet das Lämpchen bei einer bestimmten Dipollänge maximal und gleichbleibend hell auf. Der Empfängerstab befindet sich in Resonanz mit dem Senderkreis, es gilt also $f_S = f_{0E}$. Bei anderen Längen des Empfängerstabes ist das Lämpchen nicht so hell oder leuchtet gar nicht.

- Mit wachsender Entfernung des Empfängerdipols parallel zum Senderdipol nimmt die Helligkeit der Lampe auch im Resonanzfall rasch ab.

- Die Lampe leuchtet schwächer, falls Senderdipol und Empfängerdipol einen spitzen Winkel miteinander einschließen. Sie leuchtet nicht, und damit schwingt kein harmonischer Strom $I(t)$ im Empfänger, falls Sender- und Empfängerdipol senkrecht zueinander verlaufen.

Ergebnis:
- Der elektrische Dipol führt bei geeigneter Anregung elektromagnetische Schwingungen aus. Er heißt auch **Hertz-Oszillator**. Namensgeber ist der deutsche Physiker Heinrich Hertz, der diese Schwingungsart ab 1887 entwickelte.

- Die Eigenfrequenz f_0 eines Dipols hängt von seiner Länge l ab; sie beeinflusst C und L und damit f_0.

- Die Anregungsqualität des Empfängerdipols durch den Senderdipol hängt von der beidseitigen Lage zueinander ab. Im Resonanzfall ist die Anregung am besten.

12.5.2 Erklärung der Feld-, Stromstärke- und Ladungsverteilung bei einem Dipol

Eine genaue Theorie der elektrischen und magnetischen Vorgänge beim Dipol insbesondere im Nah- und Fernbereich (Nah- und Fernfeld) gab der englische Physiker Maxwell; er entwickelte sie ab 1855. Man betrachte für die nachfolgende, etwas vereinfachte Erklärung die Abbildung B 374, die den Nahbereich des Dipols im Zeitintervall $0 \leq t \leq \frac{3}{4}T$ darstellt. Es besteht die Anfangsbedingung: $Q(t_0 = 0) = \hat{Q}$; $U(t)$ ist auf die Dipolmitte bezogen.

Die im Dipol ruhenden, frei beweglichen Leiterelektronen werden durch die elektrische Feldkraft des wechselnden elektrischen Feldes eines Senderdipols zu Schwingungen angeregt. Bei Beginn der Beobachtung ($t_0 = 0$) sei die Ladungstrennung im Dipol maximal; das bedeutet für einen LC-Kreis, dass der Kondensator vollständig geladen ist. Zwischen den Dipolenden besteht ein inhomogenes elektrisches Feld mit der zeit- und ortsabhängigen Feldstärke $\vec{E}\,(t;\,x)$; sie ist an allen Orten x längs des Dipols mit der Länge l betragsmäßig maximal. Im Dipol fließt kein Strom: $I(t_0 = 0) = 0$. Anschließend beginnt der Ladungsausgleich zwischen den Dipolenden, verbunden mit einem Strom, der ein magnetisches Feld mit konzentrischen, kreisförmigen Feldlinien und der zeit- und ortsabhängigen magnetischen Flussdichte $\vec{B}\,(t;\,x)$ entstehen lässt. Gleichzeitig nimmt die elektrische Feldstärke $|\vec{E}\,(t;\,x)| = E(t;\,x)$ im Raum um den Dipol ab.

Während des Ladungsausgleichs im Dipol und mit zunehmender Stromstärke beginnt sich das elektrische Feld „abzuschnüren", also vom Dipol zu lösen; die Feld-

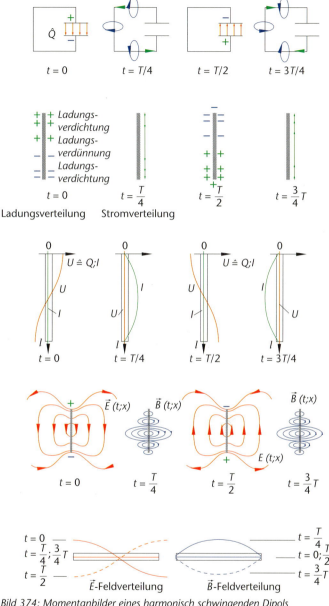

Bild 374: Momentanbilder eines harmonisch schwingenden Dipols

linien schließen sich. Gleichzeitig umgibt er sich mit einem Magnetfeld. Exakt im Zeitpunkt $t = \dfrac{T}{4}$ liegen geschlossene elektrische Feldlinien vor, die sich vollständig vom Dipol getrennt haben. Sie entfernen sich mit der (Vakuum-)Lichtgeschwindigkeit c_0 in den umgebenden Raum (B 375). Zu diesem Zeitpunkt ist die Stromstärke I am größten: $I\left(t = \dfrac{1}{4}T;\,x\right) = \hat{I}\,(x)$.

Der Dipol ist nur noch von einem inhomogenen magnetischen Feld mit der zeit- und ortsabhängigen Flussdichte $\vec{B}\,(t;\,x)$ umgeben, wobei jetzt gilt: $\left|\vec{B}\left(t = \dfrac{1}{4}T;\,x\right)\right| = B\left(t = \dfrac{1}{4}T;\,x\right) = \hat{B}\,(x)$.

Wie im geschlossenen LC-Kreis beginnt anschließend die erneute Ladung des „Kondensators", also der Dipolenden, jedoch wegen der nach Lenz unveränderten Stromrichtung mit entgegengesetzter Polung. Die magnetische Flussdichte $B(t; x)$ nimmt dabei zeitlich und räumlich ab, die elektrische Feldstärke $E(t; x)$ zeit- und ortsabhängig zu. Die elektrischen Feldlinien kehren ihren Verlauf um. Bei maximaler Ladungstrennung im Zeitpunkt $t = \frac{1}{2}T$ ist die Stromstärke wieder null. Das Magnetfeld hat sich ebenfalls vom Dipol abgetrennt und entfernt sich mit Lichtgeschwindigkeit.

Auf- und Abbau der Felder wiederholen sich nun ständig in der Zeitdauer $\Delta t = \frac{1}{2}T$ mit umgekehrten Feldrichtungen. Zwischen ihnen besteht unmittelbar am Dipol, dem Nahfeld, die Phasendifferenz $\frac{1}{2}\pi$.

B 375 zeigt den Feldlinienverlauf des elektrischen und magnetischen Feldes während der Ablösung vom Dipol im Zeitintervall $0 \leq t \leq \frac{1}{2}T$ und den Aufbau des Fernfeldes in größerer Entfernung vom Dipol.

Elektrisches Feld

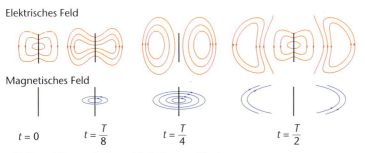

Magnetisches Feld

$t = 0$ $t = \dfrac{T}{8}$ $t = \dfrac{T}{4}$ $t = \dfrac{T}{2}$

Bild 375: Ablösung des E- und B-Feldes vom Dipol

Bemerkungen:

- Bei einem geschlossenen LC-Kreis ist die Kapazität hauptsächlich im Kondensator, die Induktivität überwiegend in der Spule lokalisiert. Am elektrischen Dipol lassen sich Kapazität und Induktivität nicht mehr streng trennen. Er hat in seiner Gesamtheit an beiden physikalischen Größen gleichzeitig Anteil.

- Die Ladungs-, Spannungs- und Stromverteilung längs des elektrischen Dipols für verschiedene Zeitpunkte t zeigt, dass die Dipollänge l einer halben Sinuskurve (bzw. gleich der halben Wellenlänge λ) entspricht. Man nennt ihn daher $\frac{\lambda}{2}$-**Dipol**, es gilt also: $l = \frac{\lambda}{2}$.

- Die Dipolschwingung lässt sich als stehende Welle interpretieren (s. Kap 13.8). B 374 vermittelt, dass ein schwingender elektrischer Dipol periodische Verdichtungen und Verdünnungen der Ladung längs der Dipolachse aufweist. In der Dipolmitte tritt zeitunabhängig keine Ladung auf. Man bezeichnet diese Stelle als „Ladungsknoten". An den Dipolenden befindet sich stets die Amplitude der Ladung; der Bereich heißt „Ladungsbauch".
  Knoten und Bäuche sind besondere Eigenschaften der stehenden Welle. Sie bleiben orts- bzw. bereichsfest, wiederholen sich also immer an der gleichen Stelle. Zwischen zwei Ladungsbäuchen befindet sich der Ladungsknoten. Die Ladungsbewegung im Dipol mit Ladungsverdichtung und -verdünnung kann somit als stehende Längswelle aufgefasst werden.

Der Ladungsausgleich längs des Dipols führt zu einem zeitabhängigen Strom $I(t)$. Er weist mit derselben Frequenz immer in der Dipolmitte „Verstärkungen" (Bäuche) und an den Dipolenden „Abschwächung auf null" (Knoten) auf. Daher lässt sich auch der Strom als stehende Welle deuten mit einem Strombauch zwischen zwei Knoten. In der Phase ist er um $\frac{\pi}{2}$ gegen die zeitabhängige Ladung $Q(t)$ verschoben.

Die zeitabhängige Spannung $U(t)$ ($=$ Potenzialdifferenz gegenüber dem Dipolmittelpunkt) stimmt im Spannungsbauch und Spannungsknoten mit dem Verhalten der Ladung $Q(t)$ überein.

- In größerer Entfernung vom Dipol, im Fernfeld, beträgt die Phasendifferenz zwischen den Feldern null. Das Feld breitet sich als Querwelle aus. Zu jedem Zeitpunkt t gilt: $\vec{E} \perp \vec{c}_0$, $\vec{B} \perp \vec{c}_0$ und $\vec{E} \perp \vec{B}$. B 376 zeigt das räumliche Fernfeld um den Dipol in einer Momentaufnahme. B 377 stellt das Fernfeld längs der x-Achse dar.

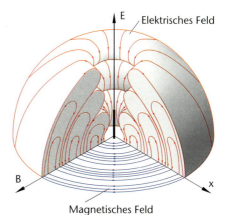

Bild 376: Fernfeld des Dipols in räumlicher Sicht

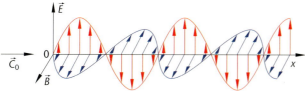

Bild 377: Fernfeld des Dipols in x-Richtung

- Der Hochfrequenzsender im Versuch von Kapitel 12.5.1 überträgt mithilfe beider Felder zeit- und mengengenau Energie auf den Empfängerdipol. Daher leuchtet das Lämpchen in der Frequenz des Senders ungedämpft.

- Dieses Ergebnis ist übertragbar. Auch in Strom führenden Kreisen oder linearen Leitern wird Energie kaum von den sich bewegenden Ladungen, z. B. Elektronen, transportiert, sondern hauptsächlich vom elektrischen Feld, das die Leiter umgibt.

Zusammenfassung: Bei einem schwingenden elektromagnetischen Dipol verschwinden die elektrischen und magnetischen Felder nicht. Sie lösen sich vom Dipol ab und breiten sich mit Lichtgeschwindigkeit als Quer- oder Transversalwelle im Raum aus. Beide Felder sind zeit- und ortsabhängig. Sie sind nicht trennbar. Man bezeichnet sie in ihrer Gesamtheit als **elektromagnetische Dipolstrahlung**. Diese verfügt neben den schon bekannten Eigenschaften des elektrischen und magnetischen Feldes auch über die Eigenschaften einer Querwelle.

Bemerkungen:

- Man darf sich nicht vorstellen, dass die Leitungselektronen im metallischen Dipol während der elektromagnetischen Schwingung durch den ganzen Stab rasen. Die Elektronen führen vielmehr eine hochfrequente Schwingung mit geringster Amplitude aus. Das ändert aber nichts daran, dass sich nach jeder Halbschwingung am einen Ende des Dipols Elektronenüberschuss bzw. Elektronenverdichtung, am anderen Ende Elektronenmangel bildet.

- Die Schwingungen des Dipols sind wesentlich stärker gedämpft als die des geschlossenen *LC*-Kreises. Da der ohmsche Widerstand durch das Öffnen und Verändern des *LC*-Kreises zum Dipol eher verringert wird, gehen die Energieverluste im Dipol nicht auf erhöhte Stromwärme zurück. Der schwingende Dipol strahlt elektromagnetische Energie in erheblichem Umfang durch die abgetrennten Felder in den umgebenden Raum ab; man spricht von **Strahlungsdämpfung**.

- Die Intensität der Energieabgabe ist bei einem Dipol am größten in der Mittelebene senkrecht zur Dipolachse (B 378). In Achsenrichtung gibt er keine Energie ab.

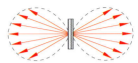

Bild 378: Strahlungsintensität eines Dipols

- Die Felder sind rotationssymmetrisch um den Dipol angeordnet.

- In jedem Punkt des felderfüllten Raumes um einen Dipol stehen der elektrische und der magnetische Feldvektor senkrecht aufeinander: $\vec{E} \perp \vec{B}$. Auf beiden senkrecht steht der Vektor $\vec{c}_0$ der Ausbreitungsgeschwindigkeit der elektromagnetischen Strahlung.

- In der **Nahzone des Dipols** (= die Entfernung r eines Raumpunktes vom Dipol ist klein gegenüber der Länge l des Dipols bzw. der Wellenlänge λ der Strahlung) schwingen $\vec{E}$ und $\vec{B}$ mit der Phasendifferenz $\frac{\pi}{2}$.

- In der **Fernzone des Dipols** (= die Entfernung r eines Raumpunktes vom Dipol ist groß gegenüber der Länge l des Dipols bzw. der Wellenlänge λ der Strahlung) schwingen $\vec{E}$ und $\vec{B}$ gleichphasig.

- Elektromagnetische Strahlung transportiert Energie. Der Mensch ist gegen solche Wechselfelder nicht geschützt. Wo die Grenze zur Gesundheitsschädigung liegt, ist noch umstritten.

Beispiel

Ein Dipol mit der Länge $l = 4{,}0$ cm, der von einem Sender angeregt wird, strahlt mit der Frequenz $f = 4{,}0$ GHz. Er erreicht im Zeitpunkt $t_0 = 0$ die Stromstärke $I_0 = \hat{I} = 75$ mA.

a) Man bestimme die Wellenlänge λ der abgehenden Strahlung.

b) Man berechne die Stromstärke I in 1,5 cm Entfernung vom Dipolende und skizziere das x-I-Diagramm.

c) Man skizziere das x-E-Diagramm für diesen Zeitpunkt.

d) Man berechne die Zeitdauer Δt, in der die Stromstärke $\hat{I}$ in der Dipolmitte auf 15 mA zurückgeht.

Lösung:

a) Ein $\frac{\lambda}{2}$-Dipol strahlt optimal, wenn mit der Dipollänge l der Zusammenhang $l = \frac{1}{2}\lambda$ besteht.

Mit Messwerten: $\lambda = 2 \cdot 4{,}0$ cm $= 8{,}0$ cm.

b) Man wählt günstigerweise ein Dipolende als Bezugspunkt. Am festen Ort $x^{\star} = 1{,}5$ cm ist die Stromstärke im Zeitpunkt $t_0 = 0$ ebenfalls maximal. Nach B 374 zeigt sie längs des Dipols den Verlauf einer halben Sinuskurve. Daher entspricht sie für $t_0 = 0$ der x-I-Gleichung:

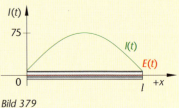

Bild 379

$I(x) = \hat{I} \sin\left(\dfrac{2\pi}{\lambda}x\right)$, gültig für den Längenbereich $0 \leq x \leq l$ (B 379). Mit Messwerten

folgt: $I(x = 1{,}5\text{ cm}) = 75\text{ mA} \sin\left(\dfrac{2\pi}{8{,}0\text{ cm}} \cdot 1{,}5\text{ cm}\right) = 69\text{ mA}$.

c) Siehe B 379. In der Nahzone des Dipols sind B- und E-Feld um 90° phasenverschoben. Die x-E-Kurve verläuft daher im Zeitpunkt $t_0 = 0$ mit dem Dipol linear.

d) In $t_0 = 0$ beträgt die Stromstärke $I_0 = \hat{I} = 75$ mA in der Dipolmitte. Dann nimmt sie mit der Zeit t ab. Zur Erfassung dieser Abhängigkeit dient die t-I-Gleichung $I(t) = \hat{I} \sin(\omega t)$ mit $\omega = 2\pi f$. Es gilt also:

$I(t^*) = 75\text{ mA} \sin(2\pi \cdot 4{,}0 \cdot 10^9\text{ s}^{-1} t^*) = 15\text{ mA} \cdot t^* = \dfrac{\arcsin(0{,}20)}{2{,}513 \cdot 10^{10}}\text{ s} = 8{,}1\text{ ps}$.

Die Stromstärke nimmt innerhalb der Zeitdauer $\Delta t = t^* - 0 = t^* = 8{,}1$ ps vom Scheitelwert auf den gegebenen Wert ab.

Aufgaben

1. Einem Schwingkreis aus idealen Schaltelementen wird die Anregungsenergie $E = 3{,}6$ mJ zugeführt. Dadurch entsteht der zeitabhängige Strom $I(t) = -150\text{ mA} \sin(3{,}5 \cdot 10^3\text{ s}^{-1} t)$.
   a) Berechnen Sie die Periodendauer T und erstellen Sie mithilfe einer Tabelle das t-I-Diagramm des Stroms für eine Periode.
   b) Erläutern Sie mithilfe von a) den Auf- und Abbau der beteiligten Felder innerhalb einer halben Periode.
   c) Kennzeichnen Sie im Diagramm von a) Zeitintervalle, in denen der Kondensator aufgeladen wird, und die maximale Ladung $\hat{Q}$, die er aufnehmen kann.
   d) Berechnen Sie die Induktivität L der Spule und die Kapazität C des Kondensators im LC-Kreis.
   e) Bestimmen Sie die elektrische Energie E_{el} im Zeitpunkt t^*, in dem gilt: $I(t = t^*) = \dfrac{1}{2}\hat{I}$.

2. a) Beschreiben Sie einen Schaltkreis durch eine Skizze mit Legende, der ungedämpfte elektromagnetische Schwingungen in der Eigenfrequenz f_0 ausführt.
   b) Erläutern Sie die Funktionsweise des Schaltkreises.
   c) Geben Sie an, wie man die Eigenfrequenz im Schaltkreis erhöhen kann.
   d) Der Schwingkreis mit der Kapazität $C = 3{,}5$ pF wird auf einen Empfänger mit der Eigenfrequenz $f_0 = 5{,}8$ MHz abgestimmt. Berechnen Sie die im Kreis erforderliche Induktivität L.

3. Ein realer Dipol mit der Induktivität $L = 0{,}60$ μH wird durch einen Sender zu ungedämpften elektromagnetischen Schwingungen mit der Frequenz f angeregt. Er besitzt im eingeschwungenen Zustand die Gesamtenergie $E = 27$ nJ.
   a) Beschreiben Sie den Vorgang durch eine Schaltskizze mit Legende.
   b) Berechnen Sie den Scheitelwert $\hat{I}$ des oszillierenden Stroms im Kreis.
   c) Erklären Sie, wie die Anregung des Dipols zustande kommt, und nennen Sie Bedingungen für einen optimalen Empfang.
   d) Der Empfängerdipol habe die Länge $l = 45$ cm. Ermitteln Sie die Kapazität C des Senderdipols.
   e) Nennen Sie Ursachen für die Dämpfung im LC-Kreis und im Dipol.

13   Wellentheorie

Wellen sind Naturerscheinungen, die jeder zu kennen glaubt. Man spricht im Alltag von Wasserwellen und Lichtwellen, von Erdbebenwellen oder Schallwellen. Sachkenntnisse auf diesem Gebiet der Physik finden sich eher selten. Sie sollen nun vermittelt werden.

Am Anfang des Abschnitts stehen grundlegende physikalische Begriffe der Wellenlehre und die mathematische Beschreibung linearer Wellen unter Einbeziehung der Theorie der harmonischen Schwingung. Experimente mit mechanischen und elektromagnetischen Wellen, insbesondere mit Lichtwellen, und vergleichende Betrachtungen zeigen, wie man den Wellencharakter beobachteter Naturphänomene erkennt und die mathematisch-physikalischen Grundlagen gezielt einsetzt. Ein Überblick über das elektromagnetische Spektrum schließt sich an. Ergänzende Themenbereiche wie Polarisation, stehende Wellen und der akustische Dopplereffekt erweitern und vertiefen den Einblick in die Wellentheorie.

13.1   Experimentelle Grundlagen

Einfache Wellenmaschine (B 380)

Versuchsdurchführung:
An einem linearen stofflichen **Medium** (Stahlband, Schraubenfeder, Gummischnur), das im Idealfall vollkommen elastisch und homogen aufgebaut ist, befestigt man einzelne Oszillatoren (Metallstäbe, Watte, Markierungsschnüre). Ein Oszillator wird als Senderoszillator S bzw. Erregeroszillator frei gewählt und z. B. per Hand ein- oder mehrmals quer bzw. senkrecht oder parallel zum Medium ausgelenkt. Das Medium heißt **Wellenträger**.

Beobachtung und Erklärung:
Lenkt man den gewählten Oszillator S (Punkt, Teilchen) unter Arbeitsaufwand quer aus der Ruhelage aus, so wird im Medium eine Störung verursacht. Sie breitet sich von der Störstelle ausgehend im gesamten Medium aus. Man erkennt dies an der Bewegung der anderen Oszillatoren auf dem Träger, die nach und nach einsetzt. Sie beginnt umso später, je weiter ein Oszillator von S entfernt ist. Die Ausbreitung dieser Störung im (linearen) Medium bezeichnet man als (**elastische**) **Welle**. Das Trägermaterial selbst verschiebt sich bei diesem Vorgang nicht.

Die Wellenausbreitung längs des linearen Trägers wird ermöglicht, weil die Einzeloszillatoren miteinander elastisch gekoppelt sind.

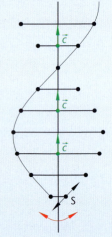

Bild 380: Einfache Wellenmaschine mit Querwelle

▶▶ Eine (elastische) Welle ist die Ausbreitung einer Störung in einem elastischen Medium. Es findet kein Materialtransport statt.

Bleibt der einzelne von der Welle erfasste Oszillator auf dem Träger ortsfest und schwingt er senkrecht zu dessen Ausdehnung um seine ursprüngliche Gleichgewichtslage, so spricht man

VERSUCH

von einer **Querwelle** oder **Transversalwelle**. Seilwellen sind Querwellen. Ein harmonisch schwingender Erreger S sendet fortlaufende harmonische Querwellen im linearen Träger aus.

Die am und vom Sender S zur Erzeugung der Welle verrichtete Arbeit wandert als Spann- und Bewegungsenergie mit der konstanten Ausbreitungsgeschwindigkeit $\vec{c}$ längs des linearen Trägers weiter und befindet sich jeweils in den Oszillatoren des Trägers, die gerade von der Welle erfasst sind. Die Ausbreitungsgeschwindigkeit heißt auch Phasengeschwindigkeit.

Es gibt auch den Fall, dass der einzelne von der Welle erfasste Oszillator eines linearen Trägers ortsfest bleibt und parallel zu dessen Ausdehnung um seine bisherige Gleichgewichtslage schwingt. Dann liegt eine **Längswelle** oder **Longitudinalwelle** vor. Zur Demonstration verwendet man eine Schraubenfeder mit eingeklemmten Wattestückchen (B 381). Längswellen führen im Medium zur Verdichtung und Verdünnung des Materials. Schallwellen in Luft sind (räumliche) Längswellen.

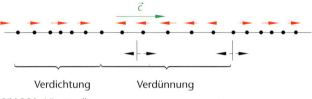

Bild 381: Längswelle

Für harmonische Quer- und Längswellen gelten dieselben physikalischen und mathematischen Grundlagen.

13.2 Physikalische und mathematische Grundlagen

Man betrachtet ein lineares Medium mit den elastisch gekoppelten Einzeloszillatoren S und P in einem linearen Bezugssystem. In der Abbildung B 382 bedeuten:

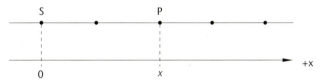

Bild 382: Linearer Wellenträger mit Punktoszillatoren

S: **Sender-** bzw. **Erregeroszillator**; er löst unter Arbeitsaufwand die Welle bzw. Störung z. B. quer zum linearen Medium aus. Sein Bewegungszustand im Zeitpunkt $t_0 = 0$ wird durch die Anfangsbedingung festgehalten. In B 382 gilt: $x(t_0 = 0) = 0$, $v(t_0 = 0) = -\hat{v}$. S durchläuft die Nulllage mit maximaler Geschwindigkeit abwärts.

P: beliebiger Einzeloszillator im linearen Medium am Ort x

c: **Ausbreitungsgeschwindigkeit** der Welle im Medium; sie hängt von verschiedenen Einflussgrößen ab wie von der Materialart, Homogenität und Temperatur des Trägers, von Druck oder Spannung, denen er ausgesetzt ist. Unter Idealbedingungen gilt in einem fest vorgegebenen homogenen elastischen Medium $\vec{c}$ = konstant.

Da die Ausbreitung der Welle im Träger gleichförmig erfolgt, benötigt die von S am Ort $x_0 = 0$ ausgehende Welle bis zum Oszillator P am Ort x die Zeitdauer $\Delta t = t$. Die eindeutige Zuordnung $x \to t$ führt zu $\dfrac{x}{t} = c$ = konstant.

Schwingt der Sender S mehrmals, so zeigt der Wellenträger ein Bild wie in B 383. Im Oszillator P in größter Entfernung zu S zeigt sich übrigens die gewählte Anfangsbedingung. B 383 entnimmt man weitere Eigenschaften einer Welle:

$\vec{c}$: Vektor der Ausbreitungsgeschwindigkeit längs des linearen Trägers, Vektor der Phasengeschwindigkeit; $\vec{c}$ = konstant

$\vec{v}$:   Vektor der **Oszillatorgeschwindigkeit** bzw. **Teilchengeschwindigkeit** bzw. **Schnelle**, senkrecht zum linearen Träger bei der Querwelle oder parallel zum linearen Träger bei der Längswelle; die Geschwindigkeit eines von der Welle erfassten Einzeloszillators ist zeitabhängig: $\vec{v}(t)$ bzw. $v(t)$.
Man unterscheide: $\vec{v} \perp \vec{c}$ bei Transversalwellen,

$$\vec{v} \parallel \vec{c} \quad \text{bei Longitudinalwellen.}$$

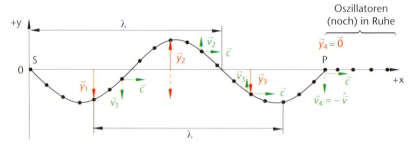

Bild 383: Grundbegriffe für Wellen

λ: **Wellenlänge** bzw. Entfernung zwischen zwei unmittelbar benachbarten Oszillatoren mit gleichem Bewegungszustand; sie stimmen in $\vec{y}$ und $\vec{v}$ überein, ihr Phasenunterschied beträgt genau 2π.

$\vec{y}(t)$:   **momentane Auslenkung** bzw. **Elongation** des ortsfesten Einzeloszillators aus der Ruhelage, solange die Welle über ihn hinwegläuft; sie ist zeitabhängig: $\vec{y}(t)$ bzw. $y(t)$. Die maximale Auslenkung mit dem Formelzeichen $\hat{y}$ heißt **Amplitude** bzw. **Scheitelwert** und wird von jedem Oszillator einzeln und nacheinander erreicht. Bei fehlender Dämpfung gilt: $\hat{y} \geq 0$, $\hat{y}$ = konstant.

$\updownarrow$:   Gesamter Bahnverlauf jedes von der Welle erfassten Einzeloszillators um einen festen Ort x senkrecht oder parallel zum linearen Medium, solange sich die in S ausgelösten Wellen ausbreiten.

Zwischen dem **Phasenunterschied** φ und dem Ort x eines beliebigen Einzeloszillators P gegenüber dem Senderoszillator S besteht ein einfacher Zusammenhang. Man betrachte nun eine Welle mit der neuen Anfangsbedingung $y(t_0 = 0) = 0$, $v(t_0 = 0) = +v$, erkennbar am Oszillator P_4 (B 384).

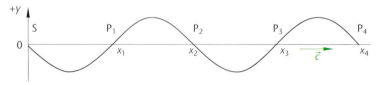

Bild 384: Phasenunterschied $\varphi(x)$ gegen Sender S

Beobachtung und Erklärung:

Der Oszillator S löst am Ort $x_0 = 0$ (Bezugsort) eine harmonische Querwelle im idealen linearen Medium aus. S durchläuft den festen Ort $x_0 = 0$ im Zeitpunkt $t_0 = 0$ mit maximaler Geschwindigkeit in $+y$-Richtung.

Im Zeitintervall $0 < t \leq \dfrac{T}{4}$ entsteht durch S ein Wellenberg; dieser wandert gleichförmig mit der Ausbreitungsgeschwindigkeit $\vec{c}$ = konstant nach rechts und bei einem ausgedehnten

Träger möglicherweise auch nach links. Die Oszillatoren $P_1(x_1)$, $P_2(x_2)$, $P_3(x_3)$ ... reproduzieren in einem jeweils späteren Zeitpunkt exakt die Bewegung von S. P_1 am Ort $x_1 = \frac{1}{2}\lambda$ wiederholt die Bewegung von S ab dem Zeitpunkt $t_1 = \frac{T}{2}$; dem entspricht eine Phasenverzögerung von P_1 gegenüber S um $\varphi_1 = -\pi$. P_2 am Ort $x_2 = \lambda = 2 \cdot \frac{1}{2}\lambda$ vollzieht die Bewegung von S ab dem Zeitpunkt $t_2 = T$ nach, ist also gegenüber S um $\varphi_2 = -2\pi$ phasenverschoben usw.

Breitet sich die durch S ausgelöste Welle im gewählten Bezugssystem auch nach links aus, so eilen die Einzeloszillatoren dort dem Sender S in der Phase gewissermaßen voraus. Man kennzeichnet diese vorauseilende Phase mit dem Pluszeichen, z. B. $\varphi_1{}^* = +\pi$, $\varphi_2{}^* = +2\pi$ usw.

Aus B 384 lassen sich folgende eindeutige Zuordnungen zwischen dem Phasenunterschied φ der nacheilenden Oszillatoren $P(x)$ gegenüber S und dem Ort x ablesen:

$$x_1 = 1 \cdot \frac{1}{2}\lambda \rightarrow \varphi_1 = -1\pi$$
$$x_2 = 2 \cdot \frac{1}{2}\lambda \rightarrow \varphi_2 = -2\pi$$
$$x_3 = 3 \cdot \frac{1}{2}\lambda \rightarrow \varphi_3 = -3\pi$$
usw.

$\varphi \sim x$ bzw. $\varphi = kx$, $k = \frac{\varphi}{x}$; unter Verwendung der besonders günstigen Messwerte $x = \lambda$ und $\varphi = -2\pi$ gilt: $k = \frac{\varphi}{x} = \frac{-2\pi}{\lambda}$.

Als Ergebnis ist festzustellen: $\varphi(x) = \pm\frac{2\pi}{\lambda}x$.

$\varphi(x)$: Phase φ eines Einzeloszillators in Abhängigkeit vom Ort x; das Minuszeichen charakterisiert die gegen den Senderoszillator S verzögerte Bewegung der von der Welle erfassten Einzeloszillatoren P, das Pluszeichen bezieht sich auf Oszillatoren, die S vorauseilen.

Für die konstante Ausbreitungsgeschwindigkeit c der Welle erhält man mit $c = \frac{x}{t}$ und $x = \lambda$, $t = T$: $c = \frac{\lambda}{T} = \lambda f$, da $f = \frac{1}{T}$.

13.3 Gleichung der linearen Welle

Nach der Bereitstellung von Grundlagen folgt nun die mathematische Beschreibung der linearen Welle.

Gegeben sind elastisch gekoppelte Oszillatoren auf einem idealen linearen Träger und ein lineares Bezugssystem (B 385). Der Senderoszillator S am festen Ort $x_0 = 0$ schwingt harmonisch. Er löst eine harmonische Querwelle (oder Längswelle) aus. Die Anfangsbedingung lautet: $y_S(t_0 = 0) = 0$, $v_S(t_0 = 0) = +\hat{v}$.
Der Empfängeroszillator P am Ort $x = $ konstant wiederholt die Bewegung des Senders S zeitlich verzögert um $\Delta t = t^*$. Das ist die Zeitdauer, die die von S ausgelöste Welle für das Durchlaufen der Strecke $\Delta x = x$ bis P benötigt; außerdem gilt $\vec{c} = $ konstant.

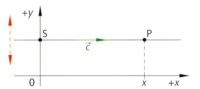

Bild 385: Zur Herleitung der Wellengleichung

Für $t \geq 0$ lassen sich die harmonischen Schwingungen von S und P mathematisch wie folgt beschreiben:

- S: $y_S(t) = \hat{y} \sin(\omega t)$ bzw. $y_S(t) = \hat{y} \sin\left(\dfrac{2\pi}{T} t\right)$.

- P: Die eindeutige Zuordnung $\Delta x = x \to \Delta t = t^\star$ führt zu $x = c \cdot t^\star$, $t^\star = \dfrac{x}{c}$.

  Wegen der Verzögerung gegenüber S erhält man: $y_P(t; t^\star) = \hat{y} \sin\left[\dfrac{2\pi}{T}(t - t^\star)\right]$,

  $y_P(t; x) = \hat{y} \sin\left[\dfrac{2\pi}{T}\left(t - \dfrac{x}{c}\right)\right], y_P(t; x) = \hat{y} \sin\left[2\pi\left(\dfrac{t}{T} - \dfrac{x}{Tc}\right)\right]$; mit $Tc = \lambda$ schreibt man:

  $y_P(t; x) = \hat{y} \sin\left[2\pi\left(\dfrac{t}{T} - \dfrac{x}{\lambda}\right)\right]$ bzw. allgemein ohne Index P:

  $y(t; x) = \hat{y} \sin\left[2\pi\left(\dfrac{t}{T} - \dfrac{x}{\lambda}\right)\right]$.

Diese letzte Gleichung beschreibt den Zusammenhang zwischen der momentanen Auslenkung y eines beliebigen von der Welle erfassten Oszillators P auf dem linearen Träger und dem Ort x, an dem sich P befindet, sowie dem Zeitpunkt t, in dem die momentane Auslenkung betrachtet wird. Sie heißt **Wellengleichung** für einen linearen Träger.

13.3.1 Diskussion der Wellengleichung

Die harmonische Querwelle (oder Längswelle) ist ein **Raum-Zeit-Vorgang**, da die momentane Auslenkung des Oszillators oder Teilchens P vom Ort x und vom Zeitpunkt t abhängt. Zur Zeit $t_0 = 0$ bewegt sich der Oszillator an der Stelle $x_0 = 0$ durch die Ruhelage mit der Geschwindigkeit $v(t_0 = 0) = +\hat{v}$ in die positive y-Richtung. Die Welle schreitet in der positiven x-Richtung mit der konstanten Ausbreitungsgeschwindigkeit $\vec{c}$ fort.

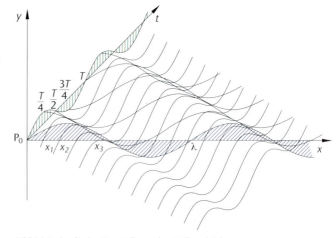

Bild 386: Grafische Darstellung der Wellengleichung

Der Oszillator P am Ort x wiederholt die Bewegung von S, aber zeit- bzw. phasenverschoben. Die (in Kap. 13.2 anders begründete) Phasenverschiebung entnimmt man direkt der

Wellengleichung: $y(t; x) = \hat{y} \sin\left[2\pi\left(\dfrac{t}{T} - \dfrac{x}{\lambda}\right)\right] = \hat{y} \sin\left[\dfrac{2\pi}{T} t - \dfrac{2\pi}{\lambda} x\right]$.

Sie beträgt $\varphi(x) = -\dfrac{2\pi}{\lambda} x$; analog gilt $\varphi(x) = +\dfrac{2\pi}{\lambda} x$ für Oszillatoren, die S vorauseilen.

B 386 zeigt die grafische Darstellung der Wellengleichung, also die Elongation $y(t; x)$ aller von der Welle erfassten Teilchen in Abhängigkeit von der Zeit t und vom Ort x. Sie gilt für den Fall, dass die Welle auf den Betrachter im Punkt P_0 zuläuft. Die Gleichung hat die Form: $y(t; x) = \hat{y} \sin \left[2\pi \left(\dfrac{t}{T} + \dfrac{x}{\lambda} \right) \right]$. Die blau markierte Sinuskurve erfasst die momentane Bewegung aller Teilchen der Welle auf der x-Achse in Abhängigkeit vom Ort x im festen Zeitpunkt $t_0 = 0$. Die grüne Sinuskurve beschreibt die Bewegung des von der Welle erfassten Einzelteilchens am Ort $x_0 = $ konstant in Abhängigkeit von der Zeit t.

B 387 stellt die Ausbreitung einer vom Senderoszillator $P_0 = S$ in einem linearen Träger ausgelösten harmonischen Querwelle in verschiedenen Zeitpunkten dar. Man erkennt die Bewegung des einzelnen von der Welle erfassten Oszillators am Beispiel P_3 oder allgemein an P_n. Beide schwingen ortsfest um ihre Gleichgewichtslage mit zeitabhängiger Schnelle $v(t)$. Sie werden im Träger nicht fortbewegt. Die Welle breitet sich mit der Geschwindigkeit $\vec{c} = $ konstant aus.

Die gestrichelten Linien I und II verbinden Teilchen mit gleichem Bewegungszustand an unterschiedlichen Orten des Trägers.

Die Elongation eines Einzeloszillators auf dem linearen Wellenträger am Ort $x^* = $ konstant in Abhängigkeit von der Zeit t leitet sich aus der Wellengleichung ab: $y(t; x^*) = \hat{y} \sin 2\pi \left(\dfrac{t}{T} - \dfrac{x^*}{\lambda} \right)$ mit $\varphi(x^*) = -\dfrac{2\pi}{\lambda} x^*$.

Man schreibt auch: $y(t; x^*) = \hat{y} \sin \left(\dfrac{2\pi}{T} t - \varphi(x^*) \right)$.

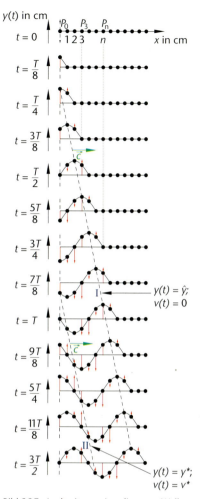

Bild 387: Ausbreitung einer linearen Welle

1. Beispiel

B 388 stellt die Elongation y für Oszillatoren an den Orten $x_0 = 0$ ($P_0 = S$) und $x^* = \dfrac{1}{4}\lambda$ (P) in Abhängigkeit von der Zeit t grafisch dar. P schwingt gegenüber $P_0 = S$ phasenverzögert. Es gilt hier für $x^* = \dfrac{\lambda}{4} = $ konstant:

$$y(t; x^*) = \hat{y} \sin \left[2\pi \left(\dfrac{t}{T} - \dfrac{x^*}{\lambda} \right) \right],$$

$$y(t; x^*) = \hat{y} \sin \left[2\pi \left(\dfrac{t}{T} - \dfrac{1}{4} \right) \right]$$

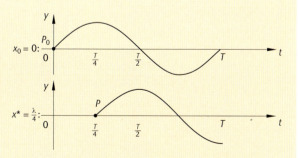

Bild 388: Harmonische Schwingung zweier Einzeloszillatoren

mit $\varphi(x^*) = -\dfrac{2\pi}{\lambda} \cdot \dfrac{\lambda}{4} = -\dfrac{\pi}{2}$. Das Teilchen $P \left(x^* = \dfrac{1}{4}\lambda \right)$ schwingt gegenüber $P_0 = S$ phasenverzögert um $\varphi = -\dfrac{\pi}{2}$.

Für die Elongation aller von der Welle erfassten Oszillatoren auf dem linearen Träger zu einem Zeitpunkt $t^* =$ konstant in Abhängigkeit vom Ort x folgt aus der Wellengleichung:

$$y(t^*; x) = \hat{y} \sin 2\pi\left(\frac{t^*}{T} - \frac{x}{\lambda}\right).$$

2. Beispiel

Die Sinuskurve ist ein Momentbild aller schwingenden Oszillatoren auf dem Träger zu einer ganz bestimmten Zeit t^*. Diese haben in Abhängigkeit vom Ort x jeweils eine andere momentane Auslenkung $y(x)$. Anschaulich gesagt: Die Sinuskurve entspricht der Fotografie der gesamten Welle im Moment des Fotografierens, also im Zeitpunkt t^* (B 389).

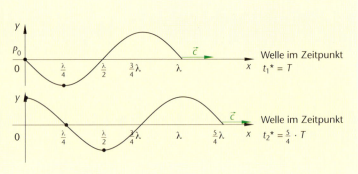

Bild 389: Harmonische Schwingung aller Oszillatoren

Bemerkung:

Die Wellengleichung gilt auch für die harmonische Längswelle. Ebenso behalten die Aussagen der Diskussion sinngemäß ihre Gültigkeit.

3. Beispiel

Eine harmonische Quer- oder Längswelle ist gegeben durch: $T = 2,00$ s, $\lambda = 0,0600$ m, $\hat{y} = 0,0200$ m. Erste Anfangsbedingung: $y(t_0 = 0) = 0$, $v(t_0 = 0) = \hat{v}$.

a) Man deute die gegebenen Größen der Welle.
b) Man ermittle aus den gegebenen Daten die Wellengleichung.
c) Man berechne die Ausbreitungsgeschwindigkeit c der Welle.
d) Man bestimme die Geschwindigkeit bzw. Schnelle v und Beschleunigung a eines Oszillators bzw. Teilchens am Ort $x = 0,0250$ m im Zeitpunkt $t^* = 1,30$ s.
e) Man verändere die Wellengleichung aus b) so, dass sie den Anfangsbedingungen $y(t_0 = 0) = 0$, $v(t_0 = 0) = \hat{v}$ (Ausbreitung in $-x$-Richtung) oder $y(t_0 = 0) = 0$, $v(t_0 = 0) = -\hat{v}$ (Ausbreitung in $+x$-Richtung) genügt.

Lösung:
a) $T = 2,00$ s: Periodendauer; Zeit für eine Periode bzw. Schwingung des Senders S und aller gekoppelter Oszillatoren.

$\lambda = 0,0600$ m: Wellenlänge; Entfernung zweier unmittelbar benachbarter Oszillatoren auf einem (linearen) Träger, die in den physikalischen Größen $\vec{y}(t)$ und $\vec{v}(t)$ übereinstimmen.

$\hat{y} = 0,0200$ m: Amplitude bzw. Scheitelwert; Betrag der maximalen Elongation; stets positiv, konstant und Träger der Einheit.

b) Die Welle breitet sich ab $x_0 = 0$ in positiver x-Richtung aus; der Sender durchläuft seine Nulllage im Zeitpunkt $t_0 = 0$ mit maximaler Geschwindigkeit in $+y$-Richtung. Die Wellengleichung lautet: $y(x; t) = 0,0200$ m $\sin 2\pi\left(\dfrac{t}{2,00 \text{ s}} - \dfrac{x}{0,0600 \text{ m}}\right)$.

Die Phasenverzögerung am Ort x gegen S beträgt: $\varphi(x) = -\dfrac{2\pi}{0,0600 \text{ m}} x$.

c) $c = \dfrac{\lambda}{T}$, $c = \dfrac{0{,}0600 \text{ m}}{2{,}00 \text{ s}} = 0{,}0300 \text{ ms}^{-1} = \text{konstant}$.

d) Elongation eines von der Welle erfassten Teilchens am Ort $x^* = 0{,}0250$ m = konstant im Zeit-punkt $t > 0$:

$$y(t; x^*) = 0{,}0200 \text{ m} \sin\left[2\pi\left(\frac{t}{T} - \frac{0{,}0250 \text{ m}}{0{,}0600 \text{ m}}\right)\right], \; y(t; x^*) = 0{,}0200 \text{ m} \sin\left[2\pi\frac{t}{T} - 2{,}62\right]$$

Das Teilchen am Ort x* schwingt gegen S um $\varphi^* = -2{,}62 \; (-150°)$ verzögert.

Momentangeschwindigkeit: $v(t) = \dot{y}(t)$: $v(t) = 0{,}0628 \text{ ms}^{-1} \cos\left(\dfrac{2\pi}{2{,}00 \text{ s}} t - 2{,}62\right)$,

$$v(t^* = 1{,}30 \text{ s}) = 0{,}0628 \text{ ms}^{-1} \cos\left(\frac{2\pi}{2{,}00 \text{ s}} \cdot 1{,}30 \text{ s} - 2{,}62\right) = 6{,}69 \cdot 10^{-3} \text{ ms}^{-1}.$$

Momentanbeschleunigung: $a(t) = \dot{v}(t) = \ddot{y}(t)$, $a(t) = -0{,}197 \text{ ms}^{-2} \sin\left(\dfrac{2\pi}{2{,}00 \text{ s}} t - 2{,}62\right)$,

$$a(t^* = 1{,}30 \text{ s}) = -0{,}197 \text{ ms}^{-2} \sin\left(\frac{2\pi}{2{,}00 \text{ s}} \cdot 1{,}30 \text{ s} - 2{,}62\right) = 0{,}196 \text{ ms}^{-2}.$$

e) Zweite Anfangsbedingung: $y(t_0 = 0) = 0$, $v(t_0 = 0) = \hat{v}$. Ausbreitung der Welle in $-x$-Richtung:

$$y(t; x) = 0{,}0200 \text{ m} \sin\left[2\pi\left(\frac{t}{2{,}00 \text{ s}} + \frac{x}{0{,}0600 \text{ m}}\right)\right].$$ Phasenunterschied der vorauseilenden

Oszillatoren gegen S$(x_0 = 0)$: $\varphi(x) = \dfrac{2\pi}{0{,}0600 \text{ m}} x$.

Dritte Anfangsbedingung: $y(t_0 = 0) = 0$, $v(t_0 = 0) = -\hat{v}$. Ausbreitung der Welle in $+x$-Richtung:

$$y(t; x) = -0{,}0200 \text{ m} \sin\left[2\pi\left(\frac{t}{2{,}00 \text{ s}} - \frac{x}{0{,}0600 \text{ m}}\right)\right].$$

13.3.2 Energietransport bei fortschreitenden harmonischen Quer- und Längswellen

Fortschreitende harmonische Transversal- oder Longitudinalwellen transportieren Energie mit der konstanten Ausbreitungsgeschwindigkeit $\vec{c}$ durch das (lineare) homogene Medium, ein Materietransport ist damit nicht verbunden.

Die vom Erregeroszillator mithilfe einer Welle abgeführte bzw. emittierte Energie wird auf zwei Wegen weitergeleitet. Zum Teil ist sie als kinetische Energie in den von der Welle erfass-ten Einzeloszillatoren enthalten, zum Teil wird sie als Spann- bzw. elastische Energie längs des linearen Trägers transportiert.

Wird ein linearer Wellenträger in seiner Gesamtheit von einer fortschreitenden Welle durch-laufen, so gilt für die dabei transportierte Energie E folgende Überlegung: Die Gesamtenergie E_{ges} eines reibungsfrei und harmonisch schwingenden mechanischen Einzeloszillators mit der Masse m ist bekanntlich konstant und beträgt $E_{ges} = \dfrac{1}{2} D \hat{y}^2 = \dfrac{1}{2} m \omega^2 \hat{y}^2$.

Da man sich den linearen Wellenträger aus N gleichartigen Oszillatoren aufgebaut denken kann, die alle die gleiche Masse m, Frequenz $\omega = 2\pi f$ und Amplitude $\hat{y}$ haben (B 390), beträgt die Wellenenergie $E = N E_{ges} = N \cdot \dfrac{1}{2} m \omega^2 \hat{y}^2$.

Somit gilt für die von der Welle transportierte Energie: $E \sim \omega^2$ bzw. $E \sim f^2$, falls die Gesamtmasse $M = Nm$ aller

Bild 390: Linearer Wellenträger mit N gleichartigen Oszillatoren

Einzeloszillatoren konstant ist und $\hat{y}$ = konstant, oder $E \sim \hat{y}^2$, falls $M = Nm$ = konstant und f = konstant. Die von einer Welle transportierte Energie ist direkt proportional zum Quadrat der Frequenz und zum Quadrat der Amplitude bei konstanter Gesamtmasse M des linearen Wellenträgers.

Die Grundlagen der Wellenlehre wurden wegen der guten Anschaulichkeit meist mechanisch begründet. Die Ergebnisse haben jedoch allgemeine Gültigkeit. Sie dürfen auf alle Naturphänomene angewendet werden, die experimentell zweifelsfrei als Welle bestätigt sind. Wie dieser Nachweis physikalisch geführt wird, zeigt der nächste Abschnitt.

Aufgaben

1. *Ein Erregeroszillator E erzeugt im unendlich ausgedehnten linearen Wellenträger auf der x-Achse eines Bezugssystems eine harmonische Querwelle mit* $\hat{y}$ = 4,00 cm, T = 0,500 s, c = 6,00 cms^{-1} *(B 390.1). E durchläuft im Zeitpunkt* t_0 = 0 *die Nulllage in positiver y-Richtung mit maximaler Geschwindigkeit.*

   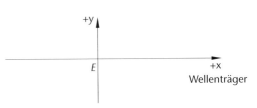

   Bild 390.1

   a) *Berechnen Sie die Wellenlänge* λ *und den Scheitelwert* $\hat{v}_y$ *der Teilchengeschwindigkeit für alle Oszillatoren auf dem Träger.*

   b) *Bestimmen Sie den Abstand* $|x_1|$ *der Welle vom Erreger E im Zeitpunkt* $t_1 = \frac{3}{4}T$.

   c) *Geben Sie die Wellengleichung des Wellenzuges im Zeitpunkt* t_1 *an, wenn er sich in Richtung der positiven oder der negativen x-Achse ausbreitet.*

   d) *Skizzieren Sie das Momentbild der Welle zum Zeitpunkt* t_1 *im Bereich* $-\lambda \le t \le \lambda$.

   e) *Bestimmen Sie den Zeitpunkt* t_2, *in dem die Welle den Abstand* $|x_2|$ = 1,80 cm *vom Erreger E einnimmt.*

2. *Gegeben ist ein linearer Wellenträger in Ruhe aus 51 Oszillatoren mit der gleichen Masse m = 0,015 kg und gleichem gegenseitigem Abstand von 2,0 cm. Der erste Oszillator im Ursprung des Koordinatensystems erregt auf dem Träger eine sich in +x-Richtung ausbreitende harmonische Querwelle mit* $\hat{y}$ = 1,0 cm, T = 0,72 s *und der Wellenlänge* λ = 4,0 cm *(B 390.1; gleiche Anfangsbedingung).*

   a) *Berechnen Sie die Elongation* y_1 *des ersten Oszillators im Zeitpunkt* t_1 = 1,2 s *und skizzieren Sie ein Momentbild der Welle.*

   b) *Bestimmen Sie den Maximalwert der Teilchenschnelle und geben Sie die t-v-Gleichung an.*

   c) *Berechnen Sie die Momentangeschwindigkeit des 17. Teilchens im Zeitpunkt* t_1.

   d) *Ermitteln Sie den Zeitpunkt* t_2, *in dem der letzte Oszillator zu schwingen beginnt.*

   e) *Berechnen Sie die im Zeitpunkt* t_2 *von der Welle transportierte Energie E und erläutern Sie, wo sie gespeichert ist und warum ihre Ausbreitung materielos erfolgt.*

13.4 Interferenz und Beugung von Wellen

Wie lässt sich bei einem Naturphänomen bzw. sonstigen Objekt von physikalischem Interesse entscheiden, ob es als Welle aufgefasst werden muss? Welche charakteristischen Eigenschaften treten nur bei Wellen auf? Auf diese Fragen soll eine Antwort gefunden werden.

13.4.1 Erzeugung verschiedener Wellenfronten

Wellenwanne mit Punkt- und Linearerreger (B 391)

① Wellenwanne mit Wasser gefüllt
② Punkterreger E bzw. Sender S oder Linearerreger
③ stroboskopische Lichtquelle
④ Spiegel
⑤ Beobachtungsschirm

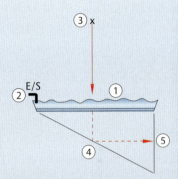

Versuchsdurchführung und Beobachtung:
Ein Punkterreger taucht periodisch in die zunächst ruhende Oberfläche einer mit Wasser gefüllten Wellenwanne ein und erzeugt Wellen. Die in Grenzen stufenlos veränderbare Amplitude und das stroboskopische Licht werden so eingerichtet, dass eine gute Beobachtung der Wellenausbreitung auf dem Schirm möglich ist. Werden die Wellen von einem punktförmigen Erreger E bzw. Sender S erzeugt, so entstehen kon-

Bild 391: Wellenwanne mit Punkterreger

zentrische Kreiswellen mit dem Erreger E als Mittelpunkt. Unmittelbar benachbarte Kreise mit gleichen Schwingungszuständen haben den Abstand λ. In B 392 befindet sich der punktförmige Erreger E gerade im oberen Umkehrpunkt.

Erklärung:
Unter dem Glasboden der Wellenwanne ist ein Spiegel zur Projektion der Wellenbilder auf der Wasseroberfläche angebracht. Sie werden auf dem Beobachtungsschirm als helle und dunkle Streifen wahrgenommen. Die Bildentstehung ist auf die Brechung des Lichts an der Wasseroberfläche zurückzuführen. In der Projektion erscheinen die Wellenberge als helle Streifen.

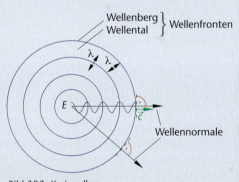

Bild 392: Kreiswellen

Wasserteilchen mit demselben Schwingungszustand, die also in der Elongation $\vec{y}(t)$ und in der Teilchengeschwindigkeit $\vec{v}(t)$ übereinstimmen, bilden eine **Wellenfront.** Spezielle Wellenfronten sind Wellenberg und Wellental. Die Wasserteilchen dort befinden sich gerade im oberen bzw. unteren Umkehrpunkt ihrer Bewegung. Die Wellenfronten in B 392 sind kreisförmig.

Die **Wellennormalen** bzw. **Wellenstrahlen** stehen senkrecht zu den Wellenfronten und verlaufen parallel zur Ausbreitungsgeschwindigkeit $\vec{c}$. Sie geben in jedem Punkt der Wellenfront die Ausbreitungsrichtung der Welle an.

VERSUCH

Ersetzt man den Punkterreger E durch einen harmonisch eintauchenden Stab, so entstehen Wellen mit geraden Wellenfronten. Wiederum haben unmittelbar benachbarte Linien mit gleichem Schwingungszustand den Abstand λ. In B 393 befindet sich der lineare Erreger E gerade im oberen Umkehrpunkt. Schallwellen im Raum, die von einem punktförmigen Erreger ausgehen, haben Kugeloberflächen als Wellenfronten mit E als Mittelpunkt.

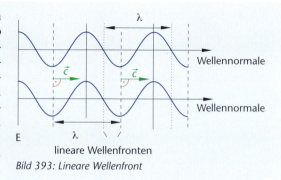

Bild 393: Lineare Wellenfront

13.4.2 Interferenz von Kreiswellen im Medium Wasser

VERSUCH

Wellenwanne mit zwei Punkterregern E$_1$, E$_2$

Versuchsdurchführung (B 391, 392, 394):
Zwei Punkterreger im Abstand g schwingen harmonisch mit gleicher Frequenz, Phase und Amplitude $\hat{y}$. Sie senden auf der Wasseroberfläche der Wanne Kreiswellen aus. Wasseroberfläche und Kreiswellen werden mit stroboskopischem Licht auf den Beobachtungsschirm abgebildet.

Beobachtung (B 394, 395):
Die von den Erregern E$_1$ und E$_2$ ausgehenden Kreiswellen durchdringen sich auf der Wasseroberfläche ungestört und entfernen sich mit der konstanten Ausbreitungsgeschwindigkeit $\vec{c}$ vom Zentrum. Durch das Zusammenwirken der beiden Kreiswellensysteme werden zwei Beobachtungen sichtbar. In bestimmten Punkten, wie z. B. in P, Q (B 395), erhellt sich die Wasseroberfläche deutlich gegenüber der Umgebung. Der Vorgang weist auf eine Verstärkung der Wellenbewegung hin. Andere Punkte auf der Wasseroberfläche, wie z. B. in R, R*, S (B 394), sind ausgeprägt dunkler als die Umgebung. Dort kommt es offensichtlich zu einer Abschwächung bzw. Auslöschung der Wellenbewegung, also zu Punkten der Ruhe. Alle Punkte der Verstärkung und der Auslöschung ergeben in ihrer Gesamtheit ein **Interferenzbild** oder **Interferenzmuster**.

▶▶ **Das Zusammenwirken von zwei oder mehr Wellen am gleichen Ort eines Mediums heißt Interferenz. Interferierende Wellen mit gleicher Wellenlänge λ, gleicher Amplitude $\hat{y}$ und Phase φ ergeben ein Interferenzmuster aus Verstärkung (Interferenzmaximum) oder Auslöschung (Interferenzminimum).**

Alle Ruhepunkte (Minima) oder Punkte mit Verstärkung (Maxima) bilden im Versuch mit Kreiswellen jeweils gekrümmte Interferenzlinien. Sie heißen **Interferenzhyperbeln** und verlaufen symmetrisch zur Verbindungsgeraden durch die Erregerpunkte E$_1$ und E$_2$ und symmetrisch zum Mittellot von E$_1$ und E$_2$.

Bedingung für Abschwächung (B 394):
Abschwächung tritt ein, falls ein Wellenberg von E$_1$ auf ein Wellental von E$_2$ trifft oder umgekehrt. Bei gleichen Amplituden wie im Versuch wird die Abschwächung zur **Auslöschung**. Das Medium bleibt an diesen Stellen permanent in Ruhe. Das ist der Fall für alle Punkte auf

der ersten Nebenminimumlinie, also für R, R_1, R_2 ... Dort gilt für die Streckendifferenz $\overline{E_1R} - \overline{E_2R}$, **Gangunterschied** Δs genannt:

$$\Delta s = \overline{E_1R} - \overline{E_2R} = \overline{E_1R_1} - \overline{E_2R_1} = \overline{E_1R_2} - \overline{E_2R_2} = ... = \frac{1}{2}\lambda = 1 \cdot \frac{1}{2}\lambda = (2 \cdot 1 - 1)\frac{\lambda}{2};$$ dem entspricht der Phasenunterschied $\varphi = 1 \cdot \pi = (2 \cdot 1 - 1)\pi$ zwischen E_1 und E_2.

Für alle Punkte auf der zweiten Nebenminimumlinie beträgt der Gangunterschied

$$\Delta s = \overline{E_1S} - \overline{E_2S} = \overline{E_1S_1} - \overline{E_2S_1} = \overline{E_1S_2} - \overline{E_2S_2} = ... = 3 \cdot \frac{1}{2}\lambda = (2 \cdot 2 - 1)\frac{\lambda}{2};$$ zu ihm gehört der Phasenunterschied $\varphi = 3 \cdot \pi = (2 \cdot 2 - 1)\pi$ zwischen E_1 und E_2.

Für alle Punkte auf der dritten Nebenminimumlinie beträgt der Gangunterschied

$$\Delta s = \overline{E_1T} - \overline{E_2T} = \overline{E_1T_1} - \overline{E_2T_1} = ... = 5 \cdot \frac{1}{2}\lambda = (2 \cdot 3 - 1)\frac{\lambda}{2};$$ gleichwertig dazu ist der Phasenunterschied $\varphi = 5 \cdot \pi = (2 \cdot 3 - 1)\pi$ zwischen E_1 und E_2 usw.

Links vom Hauptmaximum (= Mittellot zu E_1, E_2 = Symmetrieachse) wiederholen sich diese Bedingungen. Da der Gangunterschied dort aber negativ wird, z. B. $\Delta s = \overline{E_1R^*} - \overline{E_2R^*} < 0$, verwendet man für den Gangunterschied das Betragszeichen. Dann lautet die allgemeine Bedingung für Abschwächung (bei unterschiedlichen Amplituden in E_1, E_2) oder Auslöschung (bei gleichen Amplituden in E_1, E_2) in einem Punkt R des Mediums:

$$\Delta s = |\overline{E_1R} - \overline{E_2R}| = (2k - 1)\frac{\lambda}{2}, \; k \in \mathbb{N} \text{ bzw. } \varphi = (2k - 1)\pi, \; k \in \mathbb{N}$$

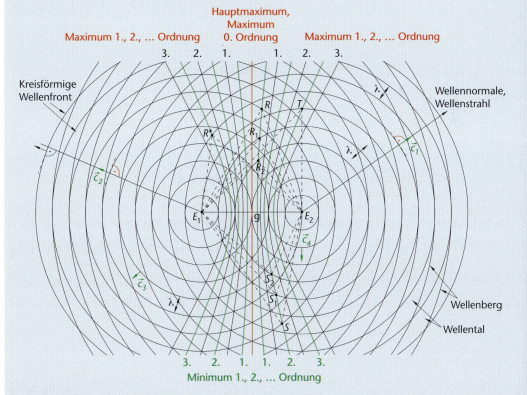

Bild 394: Interferenz von Kreiswellen

Bedingung für Verstärkung (B 395):
Verstärkung tritt ein, falls ein Wellenberg bzw. Wellental von E_1 auf einen Wellenberg bzw. auf ein Wellental von E_2 trifft und umgekehrt. Bei gleichen Amplituden wie im Versuch beträgt die resultierende Amplitude $\hat{y}_{rsl} = 2\hat{y}$. Derartige Überlagerungsstellen sind besonders hell gegenüber der Umgebung. Die genannte Bedingung erfüllt sich sicher für alle Punkte P, P_1, P_2 ... auf dem Hauptmaximum bzw. Maximum 0. Ordnung. Der Gangunterschied beträgt hier:
$\Delta s = \overline{E_1P} - \overline{E_2P} = \overline{E_1P_1} - \overline{E_2P_1} = ... = 0$
$= 0 \cdot \lambda$; der zugehörige Phasenunterschied zwischen E_1 und E_2 ist $\varphi = 0 = 0 \cdot 2\pi$.
Für alle Punkte Q, Q_1, Q_2 ... auf der ersten Maximumlinie rechts (und links) vom Hauptmaximum gilt:

Bild 395: Interferenz von Kreiswellen

$\Delta s = \overline{E_1Q} - \overline{E_2Q} = \overline{E_1Q_1} - \overline{E_2Q_1} = ... = \lambda = 1 \cdot \lambda$; dem entspricht die Phasendifferenz $\varphi = 1 \cdot 2\pi$ zwischen E_1 und E_2 usw.

Die allgemeine Bedingung für Verstärkung in einem Punkt P des Mediums heißt somit:
$$\Delta s = |\overline{E_1P} - \overline{E_2P}| = k\lambda = 2k\frac{\lambda}{2}, k \in \mathbb{N}_o \text{ bzw. } \varphi = k \cdot 2\pi = 2k\pi, k \in \mathbb{N}_o$$

Bei gleicher Amplitude in E_1 und E_2 weist die Überlagerungsstelle P die doppelte Amplitude auf. Bei unterschiedlichen Amplituden in E_1 und E_2 gilt: $\hat{y}_{rsl} = \hat{y}_1 + \hat{y}_2$.

Anwendung:

- Interferenz ist eine charakteristische Welleneigenschaft. Können bei Naturerscheinungen experimentell Interferenzmuster aus Verstärkung und Auslöschung nachgewiesen werden, so ordnet man ihnen Welleneigenschaften zu. Es gelten dann automatisch die Aussagen der Wellentheorie. Man sagt: Die Naturerscheinung genügt dem Wellenmodell.

- Die Interferenz hat zahlreiche wichtige Anwendungen. Mithilfe von Interferenz untersucht man dünne Schichten (z. B. Ölfilmstärken zwischen gleitenden Maschinenteilen im Verbrennungsmotor). Man vermisst Winkel, Längen und Oberflächen. Sie wird in der Atom- und Kernphysik, der Astronomie oder Medizin eingesetzt.

Bemerkungen:

- Das Hauptmaximum bzw. Maximum 0. Ordnung liegt auf der Mittelsenkrechten zu $\overline{E_1E_2}$ und ist bei Interferenz immer vorhanden.

- Trägt man auf der Strecke $\overline{E_1E_2}$ ab Hauptmaximum zwischen den Wellenzentren E_1 und E_2 wiederholt die Länge $\frac{\lambda}{4}$ an, so entstehen an diesen Stellen abwechselnd Minima bzw.

Wellenknoten und Maxima bzw. Wellenbäuche. Beide bleiben ortsfest. Die Interferenz auf der Strecke $\overline{E_1E_2}$ ergibt eine stehende Welle (s. Kap. 13.8).

- Die im Versuch beobachteten Interferenzlinien sind Interferenzhyperbeln. Zur Begründung dieser Aussage verwendet man die mathematische Definition einer Hyperbel: Die Hyperbel ist die Menge aller Punkte, deren Abstandsdifferenz von den beiden (festen) Brennpunkten E_1 und E_2 konstant ist: $\overline{E_1P} - \overline{E_2P} = 2a$ = konstant (B 396). Für alle Punkte auf einer Interferenzlinie mit maximaler Wellenbewegung oder mit minimaler Wellenbewegung im Versuch von oben ist der Gangunterschied

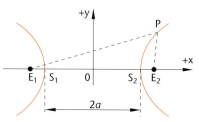

Bild 396: Interferenzhyperbeln bei Wasserwellen

$\Delta s = |\overline{E_1P} - \overline{E_2P}|$ oder $\Delta s = |\overline{E_1R} - \overline{E_2R}|$ zu den beiden festen Erregern E_1 und E_2 stets konstant, nämlich $\Delta s = 2k\dfrac{\lambda}{2}, k \in \mathbb{N}_0$, oder $\Delta s = (2k-1)\dfrac{\lambda}{2}, k \in \mathbb{N}$. Maxima oder Minima liegen daher tatsächlich auf Hyperbeln mit E_1 und E_2 als Brennpunkten. Die Interferenzlinien sind somit Interferenzhyperbeln. Bei anderen Naturerscheinungen oder Objekten mit Wellencharakter treten natürlich andere Interferenzmuster auf.

- Probleme bereitet oft die Messung der Wellenlänge λ. Eine Lösung (von mehreren) bietet die Interferenz. Man bringt einen Empfänger im Punkt P eines Beobachtungsschirms in der Entfernung a von den Wellenzentren E_1 und E_2 an. Zur Erhöhung der Messgenauigkeit wird verlangt: $\overline{E_1P} >> g$ und $\overline{E_2P} >> g$ bzw. $a >> g$, wobei a das Mittellot auf der Strecke $\overline{E_1E_2}$ und Träger des Hauptmaximums ist (B 397). Überlagern sich in P die von E_1 und E_2 ausgehenden Wellen zu einem Maximum k-ter Ordnung, so ist das Dreieck E_1PE_2 nahezu gleichschenklig und das einbeschriebene Dreieck mit dem Gangunterschied Δs_k in sehr guter Näherung fast

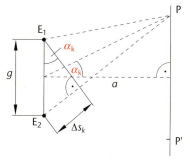

Bild 397

rechtwinklig. In diesem gilt: $\sin\alpha_k = \dfrac{\Delta s_k}{g}$. Der Gangunterschied Δs_k bei einem Maximum in P beträgt: $\Delta s_k = g\sin\alpha_k$.

Da die gleiche Aussage auch für ein Maximum in P', dem Spiegelbild von P unterhalb von a, besteht, schreibt man kurz: $\Delta s_k = |g\sin\alpha_k|$.

Mit der Maximumbedingung $\Delta s_k = k\lambda$ folgt: $|g\sin\alpha_k| = k\lambda$ bzw. $|\sin\alpha_k| = \dfrac{k\lambda}{g}, k \in \mathbb{N}_0$. Die Wellenlänge gewinnt man durch Umformung: $\lambda = \dfrac{1}{k}g\sin(\alpha_k)$.

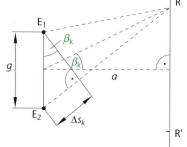

Bild 398

- Bei gleicher Voraussetzung $a >> g$ wiederholt sich die Betrachtung für Interferenzminima. Sie erscheinen abhängig von der Ordnung k unter dem von α_k verschiedenen Winkel β_k. Überlagern sich die von E_1 und E_2 emittierten Wellen in einem weit entfernten Punkt R zu einem Minimum, dann gilt in sehr guter Näherung: $\sin\beta_k = \dfrac{\Delta s_k}{g}$. Ein Minimum k-ter

Ordnung erscheint in R unter dem Winkel β_k und symmetrisch zum Lot a in R' unter dem Winkel $(-\beta_k)$ (B 398). Mit $\Delta s_k = |g \sin \beta_k|$ und $\Delta s_k = (2k-1)\dfrac{\lambda}{2} \wedge k \in \mathbb{N}$ erhält man:

$$|g \sin \beta_k| = (2k-1)\frac{\lambda}{2}, |\sin \beta_k| = (2k-1)\frac{\lambda}{2g}, k \in \mathbb{N}.$$

Hauptproblem in B 397 und 398 ist die Bestimmung der sehr kleinen Winkel α_k und β_k. Da direkte Messung meist nicht möglich ist, ermittelt man sie mithilfe des zweiten rechtwinkligen Dreiecks, das mit der Lotlänge a als Ankathete erkennbar ist. Einzelheiten findet man in Kapitel 13.5.2.

Beispiel

Durch das Zusammenwirken von Kreiswellen im Medium Wasser, die von zwei Punkterregern gleicher Frequenz, Amplitude und Phase ausgehen, entsteht Interferenz. Man berechne allgemein die maximale Anzahl der beobachtbaren Interferenzhyperbeln.

Lösung:

Anzahl der Maxima: Für den Gangunterschied Δs der beiden interferierenden Wellen in einem beliebigen Punkt P gilt nach B 399 stets: $|\Delta s| \leq g$, wobei g die Entfernung der Punkterreger E_1, E_2 voneinander ist. Ein Maximum k-ter Ordnung liegt vor, falls $|\Delta s| = k\lambda$ mit $k \in \mathbb{N}_0$; dann folgt unter Verwendung von $\lambda f = c$: $k\lambda \leq g, k \leq \dfrac{g}{\lambda} = \dfrac{gf}{c}$ mit $k \in \mathbb{N}_0$.

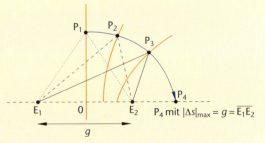

Hauptmaximum

$Bild\ 399$: $\Delta s_1 = \overline{E_1P_1} - \overline{E_2P_1} = 0$,

$$\Delta s_2 = \overline{E_1P_2} - \overline{E_2P_2} < g,$$

...

$$\Delta s_4 = \overline{E_1P_4} - \overline{E_2P_4} = g$$

P_4 mit $|\Delta s|_{max} = g = \overline{E_1E_2}$

$k_{max} = \dfrac{g}{\lambda}$ ist die höchste Ordnung der Maxima.

Wegen der Symmetrie zum Mittellot der Verbindungslinie $\overline{E_1E_2}$ und unter Einbeziehung des Hauptmaximums gibt es insgesamt $(2k_{max} + 1)$ Interferenzhyperbeln mit maximaler Schwingungsamplitude.

Anzahl der Minima: Für den Gangunterschied Δs der beiden interferierenden Wellen in einem beliebigen Punkt R einer Minimumhyperbel gilt ebenfalls stets: $|\Delta s| \leq g$. Ein Minimum k-ter Ordnung erhält man für $|\Delta s| = (2k-1)\dfrac{\lambda}{2}$ mit $k \in \mathbb{N}$. Somit folgt unter Verwendung von $\lambda f = c$: $(2k-1)\dfrac{\lambda}{2} \leq g$, $2k-1 \leq \dfrac{2g}{\lambda}$, $k \leq \dfrac{g}{\lambda} + \dfrac{1}{2} = \dfrac{gf}{c} + \dfrac{1}{2}$ mit $k \in \mathbb{N}$.

$k_{min} = \dfrac{g}{\lambda} + \dfrac{1}{2}$ ist die höchste Ordnung der Minima. Insgesamt gibt es wegen der Symmetrie zum Mittellot der Verbindungslinie $\overline{E_1E_2}$ $2k_{min} = 2\dfrac{g}{\lambda} + 1$ Interferenzhyperbeln mit der minimalen Schwingungsamplitude $\dot{y}_{rsl} = 0$.

Schlussfolgerung aus den Ergebnissen für die Anzahl der Maxima und Minima: Beide sind festgelegt

- durch die Frequenz f der Welle bzw. deren Wellenlänge λ,
- durch den Abstand g der Punkterreger bzw. Wellenzentren E_1 und E_2,
- durch die Ausbreitungsgeschwindigkeit c der beteiligten Wellen im gegebenen Medium.

13.4.3 Beugung von Wellen

Der Wellencharakter einer Naturerscheinung kann durch ein weiteres Verfahren begründet werden. Es ist dem Nachweis von Wellen durch Interferenz gleichwertig.

Beugung von Wasserwellen am Einfachspalt, huygenssches Prinzip

① ankommende lineare Wellenfront
② Hindernis mit einem
   Spalt variabler Breite b,
   Einfachspalt
③ Wellennormale

Versuchsdurchführung:
In der Wellenwanne (Kap.
13.4.1) laufen Wellen mit
linearer Wellenfront gegen
ein gerades Hindernis mit
einer Öffnung bzw. einem
Spalt variabler Breite b. Sie
wird per Hand nach und
nach verengt.

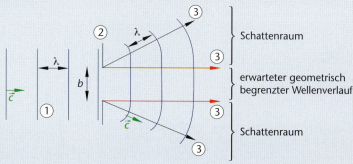

Bild 400: Beugung von Wellen

1. Fall: B 400 zeigt die Beobachtung hinter dem Einfachspalt mit $b > \lambda$.
2. Fall: B 401 zeigt die Beobachtung hinter dem Einfachspalt mit $b \leq \lambda$.

Erklärung:
Aus Erfahrung ist bekannt: Licht im dunklen
Raum, das eine beliebig geformte Öffnung
durchdringt, zeigt nach dem Austritt eine scharfe Begrenzung. Dem entspricht in B 400 der helle Bereich zwischen den roten Wellennormalen,
der Restraum ist dunkel.
Das Strahlenmodell für Licht macht diese Beobachtung nachvollziehbar. Dagegen breiten
sich schon in der Versuchsphase mit $b \geq \lambda$ die
Wellen hinter dem Spalt nicht wie erwartet
scharf gefasst aus. Sie verlassen den durch
Spaltränder und rote Wellennormale geomet-

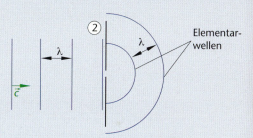

Bild 401: Huygenssche Elementarwellen

risch exakt begrenzten Verlauf und treten in den „Schattenraum" des Hindernisses ein. Die
Erscheinung ist umso ausgeprägter, je enger die Spaltbreite b eingerichtet wird. Man bezeichnet diese Beobachtung als **Beugung**.

▸▸ **Beugung ist das Eindringen einer Welle in das abgeschirmte Gebiet, das durch ein
Hindernis und durch die Richtung der Wellennormalen der einfallenden Welle be-
grenzt wird. Die Welle ändert am Hindernis (Spalt, Kante, Teilchen, Öffnung) ihre
Ausbreitungsrichtung.**

Ist die Spaltbreite b kleiner als die Wellenlänge und wird sie weiter verengt, so durchlaufen
immer ausgeprägtere Kreiswellen den gesamten Bereich hinter dem Hindernis. Es entsteht
ein Kreiswellensystem, dessen Erregerzentrum in der nahezu punktförmigen Spaltmitte liegt.
Es hat dieselbe Wellenlänge λ und Frequenz f wie das lineare Wellensystem vor dem Spalt.
Die Kreiswellen rechts vom Hindernis bezeichnet man als **Elementarwellen**. Nach dieser
Überlegung lässt sich jeder Punkt einer (beliebigen) Wellenfront als Ausgangspunkt von Elementarwellen auffassen. Sie geht auf den niederländischen Physiker Huygens zurück, der
1678 das sichtbare Licht erstmals als Welle beschrieb.

VERSUCH

▸ **Huygenssches Prinzip**: Jeder Punkt einer Wellenfront ist Ausgangspunkt einer neuen kreis- oder kugelförmigen Elementarwelle. Durch Überlagerung bilden die Elementarwellen eine neue Wellenfront, deren Wellennormale die Ausbreitungsrichtung festlegt.

Wellenwanne mit Doppelspalt (B 402)

Beobachtung:
Man ersetzt die Punkterreger E_1 und E_2 aus dem Interferenzversuch im vorangegangenen Kapitel 13.4.2 durch die Spalte S_1 und S_2 (= Doppelspalt). Nach Huygens ist jeder dieser sehr engen Spalte Ausgangspunkt von Kreiswellen. Die ankommenden Wellen weichen rechts vom Doppelspalt von der geradlinigen, geometrisch genau festgelegten Ausbreitungsrichtung ab, sie laufen „um die Ecke". Man erkennt Beugung am Doppelspalt. Frequenz f und Wellenlänge λ bleiben auf beiden Seiten des Doppelspalts erhalten, folglich auch die Ausbreitungsgeschwindigkeit c. Sind die Öffnungen S_1 und S_2 genügend eng, so wirken sie wie die beiden Punkterreger E_1 und E_2 als Ausgangsorte neuer

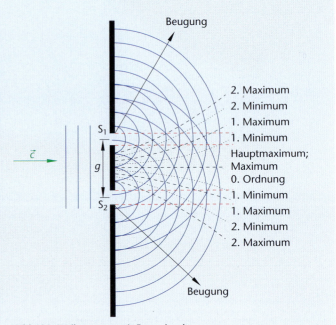

Bild 402: Wellenwanne mit Doppelspalt

kreisförmiger und gleichphasiger Wellen. Diese überlagern sich im gleichen Medium und ergeben das gleiche Interferenzbild wie in Kapitel 13.4.2.

Daher gelten für die Maxima und Minima des Interferenzbildes rechts vom Doppelspalt die aus Kapitel 13.4.2 bekannten Erklärungen und Interferenzbedingungen:

- Maximum für $\Delta s = 2k \cdot \dfrac{1}{2}\lambda = k\lambda \;\wedge\; k \in \mathbb{N}_0$ bzw. $\sin \alpha_k = k\dfrac{\lambda}{g}$.

- Minimum für $\Delta s = (2k-1) \cdot \dfrac{1}{2}\lambda \;\wedge\; k \in \mathbb{N}$ bzw. $\sin \beta_k = (2k-1)\dfrac{\lambda}{2g}$.

Bemerkung:

Beugung tritt bei jeder Art von Welle auf, unabhängig vom Verlauf der Wellenfront. Sie ist für Wellen kennzeichnend. Neben der Interferenz dient auch sie zum Nachweis des Wellencharakters.

Aufgabe

Zwei gleichphasig schwingende Erreger E_1 und E_2 im Abstand $g = 5{,}0$ cm erzeugen auf einer Flüssigkeitsoberfläche harmonische Kreiswellen mit der Wellenlänge $\lambda = 2{,}0$ cm, Amplitude $\hat{y} = 1{,}0$ cm und der Periodendauer $T = 0{,}12$ s.

a) *Skizzieren Sie das entstehende Interferenzmuster für einen Zeitpunkt, in dem in den Punktzentren gerade Wellenberge vorliegen.*

b) *Ein Punkt P auf dem Wellenträger befindet sich von E_1 3,2 cm, von E_2 5,1 cm entfernt. Ermitteln Sie den Erregungszustand der Trägeroberfläche in P rechnerisch über den Gangunterschied und grafisch.*

c) *Geben Sie die Amplitude auf einer Maximum- bzw. Minimumlinie (= Knotenlinie) an.*

d) *Ermitteln Sie allgemein für einen beliebigen Oberflächenpunkt den Zusammenhang zwischen der Amplitude ŷ und der dort befindlichen Energiemenge E.*

e) *Beantworten Sie die Fragen a) und b), falls E_1 und E_2 gegenphasig schwingen.*

13.4.4 Reflexion von Wellen

Nach dem huygensschen Prinzip ist jeder Punkt einer Wellenfront Zentrum einer Elementarwelle. Da diese Zentren dicht an dicht liegen, kann man die Elementarwellen nicht einzeln beobachten. Man erkennt sie erst, wenn die ankommende Wellenfront auf eine Wand mit vielen, in gleichen Abständen angebrachten Öffnungen trifft. In den Mitten aller Spalte bilden sich kleine kreisförmige Elementarwellen aus, die sich nach kurzer Wegstrecke zu einer neuen Wellenfront zusammenschließen. Auf diese Art entsteht durch Überlagerung aller Elementarwellen einer ankommenden Wellenfront die neue Wellenfront (B 402.1) als Einhüllende. Ankommende Welle, Elementarwellen und neue Welle stimmen in der Wellenlänge und Frequenz überein.

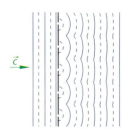

Bild 402.1

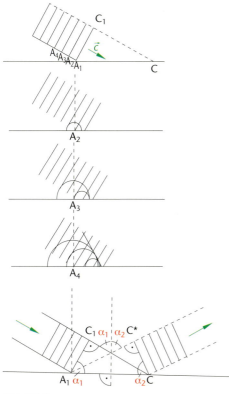

Bild 402.2

Wellen, die schräg auf eine gerade Grenzfläche treffen, ändern ihre Ausbreitungsrichtung. So reflektiert etwa ein Spiegel einfallendes Licht. In B 402.2 erreicht die ebene Wellenfront A_1C_1 die Grenzfläche. Während C_1 nach C fortschreitet, gehen an der Grenzfläche von A_1, A_2, A_3 usw. Elementarwellen aus. Die Einhüllende dieser Elementarwellen ergibt die Front der Welle nach der Reflexion. Nach einer bestimmten Zeitspanne Δt erreicht auch der Punkt C_1 der ankommenden Wellenfront den Punkt C auf der Grenzfläche und löst eine Elementarwelle aus. Inzwischen hat sich die von A_1 ausgehende Elementarwelle zu einem Kreis mit dem Radius $c\Delta t$ entwickelt. Im gleichen Medium stimmen die Ausbreitungsgeschwindigkeiten c der einfallenden und der reflektierten Wellenfront überein; daher sind die Streckenlängen $\overline{C_1C}$ und $\overline{A_1C^*}$ gleich lang. Außerdem sind die Dreiecke A_1C_1C und A_1C^*C kongruent. Daher schließen ankommende und reflektierte Wellenfront mit der Grenzfläche den gleichen Winkel ein, sodass gilt: $\alpha_1 = \alpha_2$. Man bezeichnet dieses Ergebnis als

▸▸ **Reflexionsgesetz:** Einfallswinkel α_1 = Reflexionswinkel α_2.

13.4.5 Brechung von Wellen

Beim Übergang einer Welle von einem Medium in ein anderes ändert sich im Allgemeinen die Richtung der Wellenfronten bzw. Wellennormalen. Diese Änderung heißt **Brechung.** Der Einfallswinkel α_1 der ankommenden Welle geht an der Grenzfläche beider Medien in den Brechungswinkel α_2 der fortschreitenden Welle über. Die Brechung lässt sich wie die Reflexion mithilfe des huygensschen Prinzips erklären. Wesentlicher Unterschied für die Ausbreitung einer Welle in zwei Medien ist deren Ausbreitungsgeschwindigkeit. Sie beträgt im einen Medium c_1, im anderen $c_2 \neq c_1$. B 402.3 zeigt: In der gemeinsamen Zeitdauer Δt bewegt sich die ankommende ebene Wellenfront A_1C_1 von C_1 nach C, die von A_1 ausgehende Elementarwelle bis zum Punkt $C^\star$ der fortlaufenden Wellenfront

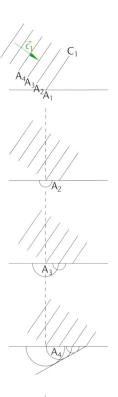

$CC^\star$. Dabei gilt: $\overline{C_1C} = c_1\Delta t$ und $\overline{A_1C^\star} = c_2\Delta t$. Daraus entsteht

der Quotient $\dfrac{\overline{C_1C}}{\overline{A_1C^\star}} = \dfrac{c_1\Delta t}{c_2\Delta t} = \dfrac{c_1}{c_2}.$

Mithilfe der rechtwinkligen Dreiecke A_1C_1C und $A_1C^\star C$ erhält

man $\sin \alpha_1 = \dfrac{\overline{C_1C}}{\overline{A_1C}} = \dfrac{c_1\Delta t}{\overline{A_1C}}$ und $\sin\alpha_2 = \dfrac{\overline{A_1C^\star}}{\overline{A_1C}} = \dfrac{c_2\Delta t}{\overline{A_1C}}$ und daraus das

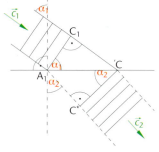

▶▶ **Brechungsgesetz:** $\dfrac{\sin \alpha_1}{\sin \alpha_2} = \dfrac{c_1}{c_2}.$

Bild 402.3

13.5   Interferenz und Beugung in der Anwendung

Mit experimentellen Verfahren wird nun überprüft, ob sprachliche Begriffe wie Schallwellen, elektromagnetische Wellen usw. im physikalischen Sinn korrekt sind.

13.5.1 Schallwellen

Schall ermöglicht bei vielen Lebewesen Kommunikation in unterschiedlicher Art.

Interferenz bei Schallwellen (B 403)

① Tonfrequenzgenerator mit variabler Frequenz f
② Lautsprecher im Abstand g
③ Ohr oder Mikrofon

Versuchsdurchführung:
Zwei Lautsprecher L_1, L_2 an einem Tonfrequenzgenerator erzeugen Töne gleicher Frequenz, Phase und Amplitude. Man bewegt das Ohr oder ein Mikrofon, angeschlossen an ein Oszilloskop, parallel zu L_1, L_2 in einer Entfernung, die erheblich größer ist als der Abstand g der Lautsprecher. Die Frequenz f wird im hörbaren Bereich gewählt.

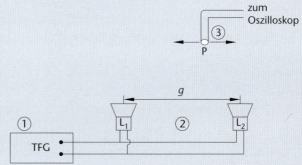

Bild 403: Interferenz bei Schallwellen

Beobachtung:
Ohr und Mikrofon registrieren je nach Gangunterschied $\Delta s = |\overline{L_1P} - \overline{L_2P}|$ deutlich ausgebildete Interferenzmaxima und -minima; das heißt, der vom Ohr wahrgenommene Ton in P ist sehr laut oder (fast) null. Die Beobachtung wiederholt sich für alle hörbaren Frequenzen.

Ergebnis:
Schallwellen zeigen ein Interferenzbild; sie tragen die Bezeichnung „Welle" physikalisch zu Recht.

Bemerkungen:

- Schallwellen sind mechanische Wellen; ihre Ausbreitungsgeschwindigkeit c hängt von verschiedenen Einflussgrößen ab, beispielsweise vom durchlaufenen Material, von der Gasart, von Druck und Temperatur usw.

- Schallwellen eines Punkterregers breiten sich in einem Gasraum als räumliche Longitudinalwellen aus. Ein experimentelles Verfahren zur Unterscheidung von Längs- und Querwellen folgt in Kapitel 13.7.1.

Beispiel

Messbeispiel zur Ermittlung der Schallgeschwindigkeit c:

- konstant gehaltene Einflussgrößen: Luftdruck p, Temperatur T, Gasart
- feste Frequenz: $f = 3{,}50$ kHz
- Gasart: normale Luft
- Ordnung des gewählten Maximums: $k = 3$

- Entfernungsmessung: $\overline{L_1P} = 1{,}74$ m, $\overline{L_2P} = 2{,}02$ m

- Gangunterschied: $\Delta s = |\overline{L_1P} - \overline{L_2P}|$, $\Delta s = 0{,}28$ m

Ermittlung der Schallgeschwindigkeit:

1. $\Delta s = 0{,}28$ m

2. $\Delta s = 3\lambda$

3. $c = \lambda f$

Aus 3. erhält man: $c = \dfrac{\Delta s}{3} f$, $c = \dfrac{0{,}28 \text{ m}}{3} \cdot 3{,}50 \cdot 10^{3} \, \dfrac{1}{\text{s}} = 330 \text{ ms}^{-1}$.

Der Schall breitet sich im gewählten Messraum mit der Geschwindigkeit $c = 330$ ms^{-1} aus, falls alle weiteren Einflussgrößen konstant bleiben.

13.5.2 Elektromagnetische Wellen

Elektromagnetische Dipolstrahlung entsteht bekanntlich mithilfe geeigneter Schwingkreise und Dipole. Sie leitet elektrische und magnetische Feldenergie in den umgebenden Raum. Der Energienachschub wird in einer Rückkopplungsschaltung durch Röhren oder Transistoren gesteuert. Jedoch sind der Eigenfrequenz f_0 solcher Schaltungen Grenzen gesetzt; f_0 endet bei einigen hundert Megahertz. Die zugehörigen Wellenlängen liegen im Dezimeterbereich. Man spricht deshalb auch von **Dezimeterwellen**.

Zur Erzeugung hochfrequenter elektromagnetischer Schwingungen benutzt man eine spezielle Elektronenröhre, das Klystron. Im Klystron entstehen elektrische Wechselströme mit Frequenzen über 1 GHz (= 10^9 Hz). Sie entsprechen Wellenlängen im Zentimeter- bis Millimeterbereich. Das Klystron erzeugt **Mikrowellen**.

Ein trichterförmiger Resonanzhohlraum am Klystron gestattet die Bündelung der Wellen. Empfänger ist eine Hochfrequenzdiode, die als Empfängerdipol mit der Länge $l = \dfrac{\lambda}{2}$ ausgebildet ist. Der von der Diode gleichgerichtete Strom wird einem Messverstärker zugeführt. Zur Erhöhung der Empfangs- und Richtungsempfindlichkeit besitzt die Empfangsdiode häufig ebenfalls einen Trichter.

Mit Dipolen erzeugt man elektromagnetische Wellen für das Funk- und Nachrichtenwesen im Wellenlängenbereich von 1 mm bis 15 km.

Zu den optisch erzeugten elektromagnetischen Wellen zählen sichtbares Licht (780–380 nm), UV-Licht (380–10 nm), Röntgenstrahlen (10 nm–10 pm) und γ-Strahlen (10–0,1 pm). Ihre Herkunft wird in späteren Kapiteln behandelt.

Wir wollen nun der Frage nachgehen, ob die elektromagnetische Dipolstrahlung aus Kapitel 12.5.2 tatsächlich Wellencharakter besitzt. Die Bestätigung gelingt über den Nachweis von Beugung und Interferenz.

VERSUCH

Beugung von Dipolstrahlung am Einfachspalt (B 404)

① Senderdipol
② Einfachspalt
③ Empfängerdipol
④ lineare Wellenfront

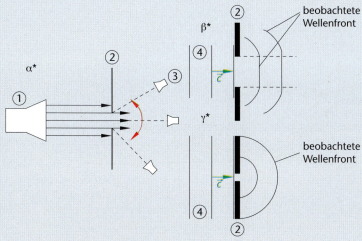

Bild 404: Beugung am Einfachspalt

Versuchsdurchführung:
Ein Klystron-Sender bestrahlt einen Einfachspalt aus zwei Metallplatten mit elektromagnetischen Zentimeterwellen. Hinter dem Spalt tastet man das Wellenfeld mit einem Empfängerdipol ab.

Beobachtung:
Stehen sich Sender- und Empfängerdipol in gegenseitiger Sichtweite durch den Einfachspalt hindurch parallel gegenüber, so ist der Empfang am besten.

Wird der Empfänger hinter dem Spalt mit der Breite $b \approx \lambda \approx 1,5\,\text{cm}$ wie in B 404 links bewegt, so zeigt er auch nach dem Eintritt in den geometrischen Schattenraum des Hindernisses deutlich einen Empfang an. Eine solche Beugungserscheinung tritt nur ein, da die elektromagnetische Dipolstrahlung Wellencharakter hat.
Laufen lineare Wellenfronten gegen einen sehr engen Spalt, B 404 rechts, und ist die Spaltbreite b kleiner oder gleich der Wellenlänge der Zentimeterwellen, so erweist sich der Spaltmittelpunkt als Ausgangspunkt kreisförmiger Wellen. Wellenlänge und Frequenz vor und hinter dem Spalt bleiben erhalten.

Ergebnis:
Elektromagnetische Dipolstrahlung zeigt Beugung am Spalt. Damit hat sie Wellencharakter. Die Wellentheorie ist anwendbar. Dipolstrahlung wird zu Recht elektromagnetische Welle genannt.

Dieses Ergebnis bestätigt auch der nächste Versuch.

Beugung und Interferenz elektromagnetischer Wellen am Doppelspalt (B 405)

① Senderdipol
② Empfängerdipol
③ Doppelspalt mit Entfernung g der Spaltmitten und Spaltbreite $b < \lambda$

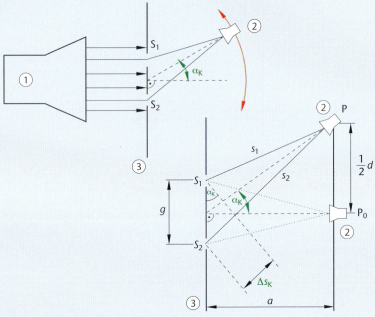

Bild 405: Beugung und Interferenz am Doppelspalt

Versuchsdurchführung:
Ein Senderdipol erzeugt elektromagnetische Zentimeterwellen. Er steht vor einem Doppelspalt aus drei Metallplatten, parallel dahinter im gleichen Wellenfeld der Empfängerdipol. Anschließend verschiebt man den Empfänger gemäß Versuchsskizze B 405.

Beobachtung:
Der Empfänger wird im geometrischen Schattenbereich der Spaltöffnungen zu Schwingungen angeregt. Er registriert (bei langsamer, vorsichtiger Bewegung) Maxima und Minima der Empfangsstärke bzw. Intensität, die man mithilfe eines angeschlossenen Lautsprechers gut hört.

Erklärung:
Wie beim Doppelspaltversuch mit Wasserwellen wirken die Spalte S_1 und S_2 als Sender, von denen nach Huygens Wellen gleicher Frequenz, Phase und Amplitude ausgehen. Diese treten in den geometrischen Schattenraum hinter dem Doppelspalt ein und regen den Empfänger zu harmonischen elektromagnetischen Schwingungen an. Ferner entsteht rechts vom Doppelspalt ein (hörbares) Interferenzmuster aus Verstärkung und Auslöschung, das nach den schon beschriebenen Bedingungen entsteht.

Befindet sich der Empfänger im Punkt P_0 auf dem Mittellot zur Verbindungsstrecke der beiden Spaltmitten, so durchlaufen die von S_1 und S_2 ausgehenden Wellen den gleichen Weg:

$s_1 = s_2$. Es gibt keinen Gangunterschied: $\Delta s_0 = 0$. Sie sind in P_0 gleichphasig. Die Einzelamplituden überlagern sich dort zur resultierenden Schwingungsamplitude. Man beobachtet auf dem Schirm in P_0 ein Maximum der Empfangsstärke. Die Stelle heißt Hauptmaximum oder Maximum 0. Ordnung.

Außerhalb des Mittellotes unterscheiden sich die Längen s_1 und s_2 der von den Wellen zurückgelegten Wege um den Gangunterschied $\Delta s_k = |s_1 - s_2|$ bzw. $\Delta s_k = |\overline{S_1P} - \overline{S_2P}|$. Ist dieser Gangunterschied null oder ein ganzzahliges Vielfaches der Wellenlänge λ, gilt also $\Delta s_k = k\lambda$, $k \in \mathbb{N}_0$, so schwingen die von S_1, S_2 ausgehenden elektrischen Wechselfelder gleichphasig oder phasenverschoben um $\varphi = 2k\pi$.

Es treffen Wellenberg auf Wellenberg und Wellental auf Wellental. Man erhält an solchen Stellen Maxima der Empfangsstärke. Diese Aussage wiederholt sich in gleicher Weise für das magnetische Wechselfeld. Die Bedingung für Maxima ist bekannt und lautet: $|\Delta s_k| = k\lambda$ mit $k \in \mathbb{N}_0$.

Ist der Gangunterschied ein ungeradzahliges Vielfaches von $\frac{1}{2}\lambda$, gilt also $\Delta s_k = (2k - 1)\frac{\lambda}{2}$, $k \in \mathbb{N}$, so schwingen die elektrischen oder magnetischen Wechselfelder im betrachteten Empfängerpunkt jeweils gegenphasig. Ein Wellenberg trifft auf ein Wellental und umgekehrt. Man erhält an solchen Stellen Minima der Empfangsstärke. Für Minima besteht die Bedingung: $|\Delta s_k| = (2k - 1)\frac{\lambda}{2}$ mit $k \in \mathbb{N}$. Die Zahl k ist die Ordnung der Maxima oder Minima.

Ergebnis:
Der Doppelspaltversuch bringt zweifach den Nachweis für die Wellennatur der elektromagnetischen Dipolstrahlung:

- Am Doppelspalt tritt Beugung auf.
- Die vom Doppelspalt ausgehenden Wellen interferieren.

Folgerung:
Elektromagnetische Wellen zeigen unabhängig von ihrer Entstehung und ihrem Vorkommen sehr differenzierte, aber gemeinsame Eigenschaften. Sie genügen den Grundlagen der Wellentheorie, aber auch den Gesetzen elektrischer und magnetischer Wechselfelder. Insofern stellen sie etwas Bekanntes dar, das in den vorangegangenen Kapiteln behandelt wurde. Ihre übereinstimmenden Haupteigenschaften werden nun zusammengetragen.

Elektromagnetische Dipolstrahlung lässt sich mit dem Modell der Welle verstehen und mathematisch beschreiben. Es gelten alle Aussagen und Gesetzmäßigkeiten der Wellentheorie. Insbesondere ist die Wellengleichung $y(t; x) = \hat{y} \sin 2\pi\left(\dfrac{t}{T} - \dfrac{x}{\lambda}\right)$ anwendbar.

Die Dipolstrahlung setzt sich aus einem elektrischen und einem magnetischen Wechselfeld zusammen (s. Kap. 12.5). Beide Felder breiten sich im Fernbereich gleichphasig aus. Sie sind Raum-Zeit-Vorgänge und unter Anwendung der Wellengleichung mathematisch wie folgt darstellbar:

- Momentanwert der elektrischen Feldstärke: $E(t; x) = \hat{E} \sin 2\pi\left(\dfrac{t}{T} - \dfrac{x}{\lambda}\right)$

- Momentanwert der magnetischen Flussdichte: $B(t; x) = \hat{B} \sin 2\pi\left(\dfrac{t}{T} - \dfrac{x}{\lambda}\right)$

B 406 zeigt den Verlauf einer elektromagnetischen Welle im Fernbereich des Dipols in positiver x-Richtung:

- Beide Wechselfelder breiten sich gleichphasig aus, wobei $\vec{E}(t; x) \perp \vec{B}(t; x)$, $\vec{E}(t; x) \perp \vec{c}_0, \vec{B}(t; x) \perp \vec{c}_0$. $\vec{c}_0$ ist die konstante Ausbreitungsgeschwindigkeit der Welle im Vakuum.

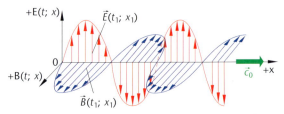

- $\hat{E}, \hat{B}$ sind die positiven konstanten Scheitelwerte der elektrischen Feldstärke bzw. der magnetischen Flussdichte und Träger der Einheit.

Bild 406: Elektromagnetisches Wechselfeld im Fernbereich

- Beide Wechselfelder sind offensichtlich Transversalwellen, auch wenn sich hier keine Teilchen eines materiellen Trägers quer zur Ausbreitungsrichtung der Welle bewegen. Aber die zeitabhängigen Feldvektoren $\vec{E}(t, x)$ und $\vec{B}(t, x)$ der Welle schwingen zur Ausbreitungsgeschwindigkeit $\vec{c}_0$ senkrecht. Der Nachweis wird in Kapitel 13.7 erbracht.

Beispiel

Die Messung der Wellenlänge λ elektromagnetischer Wellen ist in vielen Anwendungsbereichen ein ständig wiederkehrendes Problem. Mithilfe der Interferenz soll es gelöst werden. Dazu betrachten wir einen Punkt P in der Empfangsebene, die weit entfernt vom Doppelspalt einer Versuchsanordnung liegt. P ist ein gut bestimmbares Maximum k-ter Ordnung (B 407):

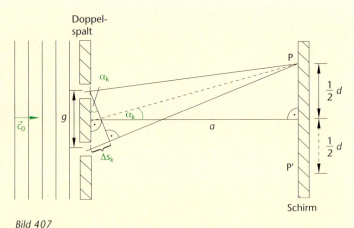

Bild 407

g: Gitterabstand, Entfernung der Spaltmittelpunkte; messbar, beim optischen Gitter z. B. mithilfe einer Sammellinse

P: Maximum, das durch Überlagerung der von S_1 und S_2 ausgehenden Wellen entsteht; die Ordnung k des Maximums lässt sich am Schirm durch Abzählen ermitteln

a: Lotabstand von Doppelspalt und Schirm bzw. Empfänger; es besteht die Voraussetzung $a \gg g$

d: Abstand der zu a symmetrisch liegenden Maximumpunkte P und P′

Für das Maximum k-ter Ordnung in P gilt:

1. geometrisch: $\sin \alpha_k = \dfrac{\Delta s_k}{g}$, $\Delta s_k = g \sin \alpha_k$, $\tan \alpha_k = \dfrac{\frac{1}{2}d}{a}$.

Man verwendet häufig ein Maximum nahe am Hauptmaximum. Dann gilt für den zugehörigen, anderweitig nur schwer messbaren Winkel α_k, $0° \leq \alpha_k \leq 10°$, wie beim Fadenpendel in sehr guter Näherung: $\sin \alpha_k = \tan \alpha_k$.

2. physikalisch: $\Delta s_k = 2k \cdot \dfrac{1}{2}\lambda$, $k \in \mathbb{N}_0$, $g \sin \alpha_k = k\lambda$.

Als Ergebnis folgt: $g \sin \alpha_k = k\lambda$ oder $g \tan \alpha_k = k\lambda$, $\lambda = \dfrac{g \tan \alpha_k}{k}$, $\lambda = \dfrac{gd}{2ak}$.

Die physikalischen Größen der rechten Seite sind relativ einfach messbar und gestatten so die Bestimmung der Wellenlänge λ.

13.5.3 Lichtwellen

Auch sichtbares Licht hat Wellencharakter, wie die nächsten beiden Versuche bestätigen. Da die Lichtfrequenz größer ist als die Frequenz der bisherigen Zentimeterwellen, müssen Spaltbreiten und Entfernung g der Spaltmitten an den Versuchsgeräten deutlich kleiner gewählt werden.

Beugung von Licht am Einfachspalt (B 408)

① Laserlichtquelle
② Einfachspalt mit stufenlos variabler Spaltbreite
③ Beobachtungsschirm

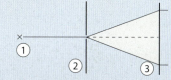

Bild 408 Beugung von Licht am Einfachspalt

Versuchsdurchführung:
Ein Laserstrahler ist Lichtquelle. Er liefert paralleles einfarbiges (= monochromatisches) Licht, also Licht einer einzigen Frequenz f. Es trifft auf einen engen Spalt mit variabler Spaltbreite. Im Umgang mit Laserlicht ist Vorsicht geboten!

Beobachtung:
In Übereinstimmung mit den Aussagen der Strahlenoptik durchlaufen bei weiter Spaltöffnung geometrisch genau begrenzte, lineare, zueinander parallele Lichtstrahlen den Raum. Auf dem Schirm entsteht ein scharfer Lichtpunkt.
Mit enger werdender Spaltbreite zieht sich der Laserlichtpunkt auf dem Schirm immer weiter auseinander. Es entsteht ein breites zentrales Maximum.

Das Licht dringt bei einem hinreichend engen Spalt in den geometrisch begrenzten Schattenraum des Hindernisses ein. Der Spalt ist Ausgangspunkt von Elementarwellen. Beugung wird sichtbar. Diese Beobachtung lässt sich nicht mit dem Modell der geometrischen Optik, dem Strahlenmodell, erklären.

Ergebnis:
Die Beugung am Einfachspalt weist auf die Wellennatur des Lichts hin.

Beugung und Interferenz von Lichtwellen am Doppelspalt (B 409)

① Laserlichtquelle
② Doppelspalt
③ Beobachtungsschirm

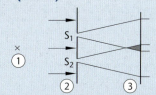

Bild 409: Beugung und Interferenz von Licht am Doppelspalt

Versuchsdurchführung:
In das Parallelbündel eines Lasers bringt man einen geeigneten Doppelspalt. Die beiden Spaltöffnungen S_1 und S_2 werden so eng gewählt, dass sie nach Huygens als Ausgangspunkte

VERSUCH

gleichfrequenter und gleichphasiger Lichtwellen mit gleicher Amplitude anzusehen sind. Der Versuch geht auf den englischen Physiker und Arzt Young zurück, der damit 1802 die Wellennatur des Lichts nachwies.

Beobachtung:
Im Raum, in dem sich die von S_1 und S_2 ausgehenden Lichtwellen überlagern, kommt es zur Interferenz. Auf dem Schirm erscheint ein Interferenzmuster in Form von abwechselnd hellen und dunklen Streifen oder Punkten.

Erklärung:
Die Erklärung aus den Kapiteln 13.5.2 und 13.5.3 wiederholt sich. Insbesondere gelten wie dort die Bedingungen für Maxima oder Minima der Beleuchtungsstärke.

Ergebnis:
Der Doppelspaltversuch nach Young zeigt die Wellennatur des Lichts zweifach:

- Das Licht wird am Einfach- und Doppelspalt gebeugt.
- Das entstehende Interferenzmuster bestätigt, dass sich Licht als Welle ausbreitet.

Folgerung:

Licht lässt sich mit dem Wellenmodell verstehen und mathematisch darstellen. Da ferner alle Aussagen des vorangegangenen Kapitels 13.5.3 zutreffen, handelt es sich bei Licht um elektromagnetische Wellen im sichtbaren Bereich des elektromagnetischen Spektrums (s. Kap. 13.5.5) mit Wellenlängen von 380–780 nm. Im weiteren Sinn bezeichnet man auch die langwelligere infrarote und die kurzwelligere ultraviolette Strahlung einschließlich Röntgenstrahlung als Licht. Diese Bereiche sind für das menschliche Auge unsichtbar.

Beispiel

Messbeispiel: Bestimmung der Wellenlänge λ von Laserlicht (B 410)

① Laserlichtquelle
② Doppelspalt
③ Wandschirm

Folgende Messwerte lassen sich relativ einfach gewinnen:
$a = 8{,}37$ m, $d = 0{,}15$ m, $g = 0{,}15$ mm.

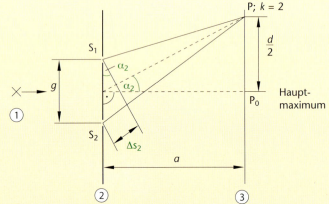

Gewählte Ordnung des Maximums in P: $k = 2$.
Die Bedingung $a \gg g$ ist erfüllt; deshalb folgt aus B 410:

1. $\tan \alpha_2 = \dfrac{d}{2a}$, $\alpha_2 = \arctan \dfrac{d}{2a}$ *Bild 410*

2. $|\Delta s_2| = 2\lambda$, $g \sin \alpha_2 = 2\lambda$, $g \sin \left[\arctan \dfrac{d}{2a} \right] = 2\lambda$, $\lambda = \dfrac{g \sin \left[\arctan \dfrac{d}{2a} \right]}{2}$

Mit Messwerten erhält man: $\lambda = \dfrac{0{,}15 \cdot 10^{-3}\,\text{m} \, \sin\left[\arctan\dfrac{0{,}15\,\text{m}}{2 \cdot 8{,}37\,\text{m}}\right]}{2}$,

$\lambda = 6{,}72 \cdot 10^{-7}\,\text{m} = 672\,\text{nm}$.

Das Laserlicht hat eine Frequenz im Rotbereich.

Aufgaben

1. *Ein Lautsprecher erzeugt Schallwellen der Frequenz f. Sie treffen bei einer Raumtemperatur von 20 °C gleichphasig auf einen Doppelspalt, dessen Spaltmitten den Abstand g = 40,0 cm haben. Wird ein Mikrofon in der Entfernung a = 5,00 m parallel zum Doppelspalt geführt, so zeigt es wechselnde Lautstärken an.*
   a) *Erläutern Sie die Ursache dieser Wahrnehmung.*
   b) *Berechnen Sie die Frequenz f*, bei der Maxima erster Ordnung im Abstand 1,00 m voneinander auftreten.*
   c) *Nehmen Sie zu der Behauptung Stellung, dass es weder Töne, Lärm noch Geräusche gibt.*
2. *Zwei elektromagnetische Wellen mit der gleichen Wellenlänge λ zeigen in einem Punkt P Interferenz-erscheinungen, wenn ihr Gangunterschied Δs = 0,48 μm beträgt. Bestimmen Sie Wellenlängen λ im Bereich 51 nm ≤ λ ≤ 210 nm, für die man in P maximale Verstärkung beobachtet, und die Ordnungszahlen k der Verstärkung.*
3. *Einfarbiges Licht der Wellenlänge λ = 0,720 μm trifft auf einen Doppelspalt und erzeugt unter dem Winkel a₂ = 25° ein Maximum zweiter Ordnung.*
   a) *Berechnen Sie den Abstand g der Spaltmitten.*
   b) *Ermitteln Sie den Winkel β₁, unter dem das Minimum 1. Ordnung erscheint.*
   c) *Bestimmen Sie die Anzahl k der bei diesem Interferenzversuch beobachtbaren und qualitativ unterschiedlichen Minima.*
   d) *Berechnen Sie die Grenzwellenlänge λ_g, ab der mit dieser Versuchsanordnung kein Interferenz-bild mehr zu beobachten ist.*

13.5.4 Beugung und Interferenz von Licht am optischen Gitter bzw. Mehrfachspalt

Ein optisches Gitter ist eine Ansammlung aus vielen lichtdurchlässigen Spalten, die in gleichem Abstand nebeneinander angeordnet sind. Der Abstand g der Mitten zweier benachbarter Spalte heißt **Gitterkonstante**. Gitter enthalten bis zu 2000 Spalte auf einen Millimeter.

Versuch und Beobachtung (B 411)

① Gitter mit $N = 8$ Spaltöffnungen
② Beobachtungsschirm
③ Lotabstand zwischen Gitter und Schirm mit $a \gg g$
④ Maxima auf dem Schirm in Abhängigkeit von der Ordnungszahl $k \in \mathbb{N}_0$

Das parallele Lichtbündel eines Lasers fällt senkrecht auf ein Gitter mit der Gitterkonstanten g. Von allen Spalten gehen gleichphasige, gleichfrequente Lichtwellen aus. Sie überlagern sich und bilden auf dem Beobachtungsschirm ein Interferenzmuster.

VERSUCH

Erklärung:
Das Licht wird an jedem Spalt gebeugt. Im Punkt P_0 auf dem Schirm überlagern sich die von den Spaltöffnungen ausgehenden Lichtwellen ohne Phasendifferenz; dort entsteht das

Hauptmaximum oder Maximum 0. Ordnung der Beleuchtungsstärke bzw. Intensität. Der Lichtfleck in P_0 ist besonders hell.

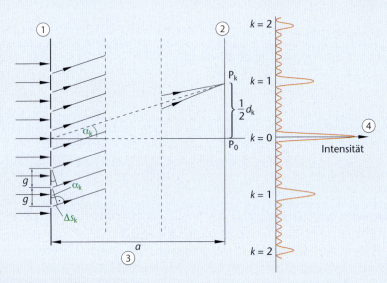

Bild 411: Optisches Gitter mit N = 8

Ist der Gangunterschied Δs_k der von zwei benachbarten Spalten ausgehenden Wellen für einen Punkt P_k auf dem Schirm ein ganzzahliges Vielfaches der Wellenlänge λ, gilt also

$\Delta s_k = k\lambda$, $k \in \mathbb{N}_o$, so beträgt die Phasendifferenz $\Delta\varphi_k$ der beiden in P_k interferierenden Wellen $|\Delta\varphi_k| = \dfrac{2\pi}{\lambda}|\Delta s_k| = k \cdot 2\pi$ mit $k \in \mathbb{N}_o$. Im Punkt P_k liegt dann ein (Haupt-)Maximum k-ter Ordnung vor. Der Gangunterschied Δs_k beträgt: $\Delta s_k = |g \sin \alpha_k|$. Somit heißt die Bedingung für ein Maximum k-ter Ordnung: $\Delta s_k = |g \sin \alpha_k| = k\lambda$ mit $k \in \mathbb{N}_o$.

Ferner folgt aus B 411: $\tan \alpha_k = \dfrac{d_k}{2a}$. Für kleine Winkel α_k mit $0° \leq \alpha_k \leq 10°$ gilt außerdem: $\tan \alpha_k = \sin \alpha_k$. Ob diese Bedingung zutrifft, muss von Fall zu Fall überprüft werden.

Bemerkungen:

- Bei einem Gitter mit N Spalten, $N \geq 2$, befinden sich zwischen zwei benachbarten Maxima $(N - 2)$ wesentlich lichtschwächere äquidistante Nebenmaxima und $(N - 1)$ Minima.

- Mit zunehmender Anzahl N der Spalten im optischen Gitter werden die Maxima intensiver und schärfer, ihre Breite nimmt ab.

- Vergleicht man die Intensität der Interferenzmaxima von Doppelspalt und optischem Gitter bei übereinstimmender Gitterkonstanten g, so liegen die Helligkeitsmaxima in beiden Anordnungen an gleicher Stelle, die des Gitters sind aber schärfer ausgebildet (B 412).

- Durch Interferenz am Gitter können die Wellenlängen des Lichts im sichtbaren Spektrum gemessen werden. Rotes Licht hat die größte Wellenlänge, aber die kleinste Frequenz. Bei violettem Licht verhält es sich umgekehrt. Die Lichtgeschwindigkeit c_0 im Vakuum ist heute exakt definiert, sie ist jedoch nicht fehlerfrei. Ihr Messwert im Vakuum beträgt frequenzunabhängig $c_0 = 2,99792458 \cdot 10^8$ ms^{-1}. Tatsächlich ist die Ausbreitungsgeschwindigkeit c von Licht vom durchlaufenen Medium abhängig. Sie kann inzwischen auf Schrittgeschwindigkeit verringert werden. Gleichzeitig ändert sich die Wellenlänge λ, die Lichtfarbe bzw. Frequenz f bleibt erhalten.

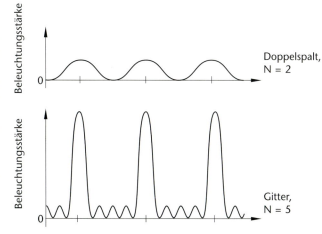

Bild 412: Vergleich von Gittern mit N = 2 und N = 5

Einen Überblick über die Wellenlängen des sichtbaren Lichts im Vakuum bzw. in Luft gewährt die Tabelle in B 413.

Farbe	λ in nm
Rot	780−660
Orange	660−595
Gelb	595−575
Grün	575−490
Blau	490−420
Violett	420−380

Bild 413: Wellenlängenbereiche des sichtbaren Lichts

13.5.5 Emissions- und Absorptionsspektrum

Dieser Abschnitt bringt eine wichtige Anwendung zur Interferenz von Licht am optischen Gitter.

Linienspektrum einer Lichtquelle (B 414)

① Quecksilberdampflampe (Hg)
② (Kondensor-)Linse L_1
③ Spalt, Ersatzlichtquelle
④ Linse L_2
⑤ optisches Gitter
⑥ Beobachtungsschirm

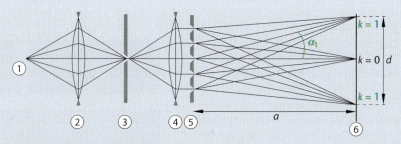

Bild 414: Gitter zur Herstellung eines Linienspektrums

Versuchsdurchführung:

Lichtquelle in diesem Versuch ist eine Quecksilberdampflampe. Ihr weißes Licht wird durch die Linse L_1 (Kondensorlinse) auf einen Spalt S variabler Breite (Lichtquellenspalt) fokussiert,

VERSUCH

der als Ersatzlichtquelle wirkt. Eine Linse L_2 bildet den Spalt S durch ein nahezu paralleles Lichtbündel scharf auf den Schirm ab. Schließlich bringt man in den Strahlengang zwischen Linse L_2 und Schirm ein optisches Gitter G. Da alle Spalte des Gitters nahezu auf derselben ankommenden Wellenfront liegen, geht von ihnen gleichphasiges Licht aus. Die Frequenz f bleibt erhalten.

Beobachtung und Erklärung:

Auf dem Schirm zeigen sich einzelne, farbige, scharfe Spaltbilder, die **Spektrallinien.** Die Gesamtheit aller Spektrallinien heißt **Linienspektrum**. Jeder sichtbaren Linienfarbe entspricht genau eine bestimmte Lichtwellenlänge bzw. Lichtfrequenz, die von den angeregten Atomen des Quecksilberdampfs ausgesendet bzw. emittiert wird. Die Linienfarben sind im weißen Licht anteilig enthalten. Das beobachtete Linienspektrum ist charakteristisch für Quecksilber, kennzeichnet also dieses Element. Aufgrund der Entstehung heißt es **Emissionsspektrum.** B 415 listet einige Spektralfarben des Linienspektrums von Quecksilber (Hg) und Helium (He) auf.

Farbe der Spektrallinie	Wellenlänge Vakuum nm; Hg	Wellenlänge in Luft nm; He
nicht sichtbar	312,6; 365,0	382,0
Violett	404,7	396,5; 402,6
Blau	435,8	447,1
Grün	549,1	
Gelb (doppelt)	577,0 und 579,1	587,6

Bild 415: Linienspektrum der Elemente Hg und He

Quecksilberatome in der Lampe werden durch Zufuhr von Energie zur Emission von Licht angeregt. Die Atomphysik (s. Kap. 16.3) bietet eine Erklärung der Vorgänge an. Natriumdampflampen, Heliumgaslampen usw. liefern andere jeweils charakteristische Linienspektren.

Bemerkungen:

- Heute sind die Emissionsspektren aller Elemente und sehr vieler chemischer Verbindungen katalogisiert. Einige Spektren sind in Formelsammlungen der Physik aufgenommen.

- Die Spektralanalyse liefert Verfahren zum Nachweis und zur Mengenbestimmung chemischer Elemente aus Linienspektren. Dabei zeigt sich an den Spektren von Hg oder He (B 415.1): Die Anzahl der Linien ist sehr unterschiedlich, Linien können sich an einzelnen Stellen häufen.
  Zum Leuchten angeregte einatomige Gase emittieren Linienspektren. Wird ein Gemisch solcher Gase angeregt, so sendet jedes Gas sein charakteristisches Linienspektrum aus.

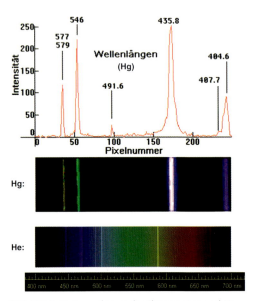

Bild 415.1: Linienspektrum der Elemente Hg und He

Wichtige Anwendung findet die Spektralanalyse in der Astronomie, Kriminologie, Kernphysik und Materialuntersuchung.

Kontinuierliches Spektrum einer Lichtquelle

Versuchsaufbau und Beobachtung:
Der Versuch nach B 414 wiederholt sich. Man ersetzt lediglich die Quecksilberdampflampe durch eine gewöhnliche Experimentierleuchte, die weißes Glühlicht ausstrahlt.

Beobachtung (B 415.2):
Das Hauptmaximum erscheint in der Mitte als weiße Linie. Die weiteren Maxima entstehen symmetrisch zur Mitte als Bänder, die in allen Farben leuchten. Innen zum Hauptmaximum hin sind sie blau, außen rot gerandet. Jedes

Bild 415.2: Kontinuierliches Spektrum

ununterbrochen mehrfarbige Band bezeichnet man als **kontinuierliches Spektrum** der Lichtquelle.

Bemerkungen:

- Kontinuierliche Spektren enthalten lückenlos alle Wellenlängen bzw. Frequenzen des sichtbaren Lichtes von rot bis violett.

- Glühende feste und flüssige Körper sowie sehr stark verdichtete Gase emittieren kontinuierliche Spektren ebenso wie die extrem heiße gasförmige Sonnenoberfläche.

- Im Gitterspektrum ist die Farbe Rot am stärksten, die Farbe Violett am wenigsten abgelenkt; beim Prismenspektrum ist es umgekehrt.

- Die symmetrisch zum Hauptmaximum liegenden Spektren höherer Ordnung überdecken sich teilweise. Deshalb verwendet man zu Wellenlängenmessungen meist das Spektrum 1. Ordnung.

- Außer dem Emissionsspektrum kann man auch das Absorptionsspektrum der Elemente und Stoffe betrachten. Es entsteht, wenn aus dem von einer Lichtquelle emittierten kontinuierlichen Spektrum beim Durchgang durch Materie einzelne bestimmte Wellenlängen ausgesondert und verschluckt bzw. absorbiert werden (B 415.3). Dabei handelt es sich gerade um solche Wellenlängen bzw. Lichtfrequenzen, die die stark erhitzte (dampfförmige) Materie selbst aussendet. Die absorbierten Wellenlängen zeigen sich im kontinuierlichen Spektrum als dunkle Linien. Die Gesamtheit aller im kontinuierlichen Spektrum des weißen Lichts fehlenden Wellenlängen heißt Absorptionsspektrum, nach dem deutschen Entdecker (1814) auch **fraunhofersches Absorptionsspektrum** genannt.

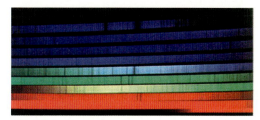

Bild 415.3: Absorptionsspektrum

Man beachte:

- Geeignet angeregte Stoffe absorbieren nur diejenigen Wellenlängen, die sie im leuchtenden Zustand selbst emittieren.

- Absorptions- und Emissionsspektren sind für ein Element bzw. einen Stoff gleichermaßen charakteristisch. Beide dienen als Nachweisverfahren.

Beispiel

Planeten in fremden Sternsystemen verfügen oft über eine Atmosphäre. Deren wissenschaftliche Untersuchung gelingt mithilfe eines Teleskops im Weltraum, das aufgefangenes Licht spektroskopisch zerlegt. Durchläuft nämlich die Strahlung des Zentralsterns die Atmosphäre des umlaufenden Planeten, so wird sie gefiltert. Dadurch gelangen bestimmte Wellenlängen nicht zur Erde, sie fehlen im Spektrum. Je nach Aufbau der Atmosphäre hinterlassen zum Beispiel Kohlenmonoxid, Kohlendioxid, Wasserdampf oder Methan Lücken, also Absorptionslinien. Auf diese Weise gewinnt man Messdaten über die Zusammensetzung der Planetenatmosphäre.

13.6 Elektromagnetisches Spektrum im Überblick

Den vorangegangenen Kapiteln entnimmt man folgende gemeinsame Aussagen über elektromagnetische Wellen:

- Sie entstehen auf unterschiedliche Art, abhängig vom Frequenz- bzw. Wellenlängenbereich. Elektrisch erzeugte Wellen werden durch Dipole freigesetzt, optisch erzeugte bei Vorgängen im atomaren Bereich (s. Kap. 16.3, 16.4).

- Sie sind Raum-Zeit-Vorgänge, bei denen sich elektrische und magnetische Felder räumlich und zeitlich periodisch ändern.

- Sie werden durch die elektrische Feldstärke $\vec{E}(t; x)$ und die magnetische Flussdichte $\vec{B}(t; x)$ in Abhängigkeit vom Ort x und von der Zeit t beschrieben, wobei in jedem Raumpunkt stets gilt: $\vec{B} \perp \vec{E}$. Im Fernbereich verlaufen beide Felder gleichphasig.

- Sie breiten sich im Vakuum mit der konstanten Geschwindigkeit $\vec{c}_0$ in Form von Transversalwellen aus; dabei gilt in jedem Raumpunkt stets: $\vec{E} \perp \vec{c}_0$ und $\vec{B} \perp \vec{c}_0$.

- Sie zeigen Interferenz und Beugung und transportieren elektrische und magnetische Energie.

- Sie unterliegen der Theorie der harmonischen Querwelle.

Elektromagnetische Wellen unterscheiden sich durch

- die Art der Herstellung bzw. Freisetzung,
- ihre Frequenz f
- und, wegen $c_0 = \lambda f$, $c_0 =$ konstant im Vakuum, durch ihre Wellenlänge λ.

Man beachte, dass beim Umgang mit elektromagnetischen Wellen verschiedene Gefahren auftreten können:

- Selbstgebaute Sender oder nicht genehmigte funkelektrische Anlagen stören den Funkverkehr zum Beispiel im Flug- oder Rettungswesen.

- Hochfrequente elektromagnetische Wellen sind sehr energiereich. Bei hoher Intensität und ausreichend langer Bestrahlungsdauer schädigen sie Organismen aller Art und den

Menschen. Daher ist im Umgang mit Handys oder häuslichen Mikrowellenherden grundsätzlich Vorsicht geboten. Gesetzliche Sicherheitshinweise sind einzuhalten.

- Warnzeichen weisen auf Gefahrenquellen hin (B 416).

Laserwarnzeichen   Allgemeines Warnzeichen

Bild 416: Warnzeichen

Das **elektromagnetische Spektrum** umfasst alle Frequenzen, die in der Natur vorkommen oder physikalisch-technisch hergestellt werden können. Man betrachte dazu die Übersicht in B 417.

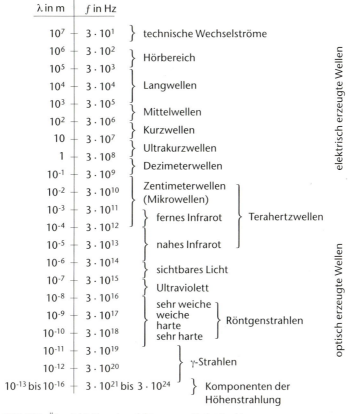

Bild 417: Übersicht über das elektromagnetische Spektrum

Beispiele

1. Elektromagnetische Strahlung *jeder* Frequenz ist unsichtbar. Das Gras ist also nicht grün, das Blut nicht rot und der Himmel nicht blau. Das Universum in seiner Gesamtheit setzt sich aus Energie und Körpern (Materie) zusammen; es ist farblos, nicht hell oder dunkel. Weshalb erscheint dem Menschen die Welt dennoch bunt und farbenprächtig, weshalb kann er Hell und Dunkel unterscheiden? Tatsächlich entsteht das farbliche Sehen bei Mensch und Tier erst im Zusammenwirken von Auge und Gehirn. Das menschliche Auge registriert elektromagnetische Strahlung im Wellenbereich von 780 nm (infrarot) bis

380 nm (violett; Grenze zu ultraviolettem (UV-)Licht). Es nimmt die Energie dieser Strahlung auf und wandelt sie in elektrische Signale um. Das Gehirn deutet die Signale als visuellen Eindruck des beobachteten Gegenstandes. Bunt sehen ist folglich eine Interpretation der Welt, ein Konstrukt, das der Mensch für Wirklichkeit hält. Dadurch erscheint ihm die Welt farbenfroh, hell oder dunkel, ein Glücksfall der Natur. Andere Lebewesen nehmen ihre Umgebung anders und unterschiedlich wahr. Zum Beispiel verfügen Hunde über ein eingeschränktes Farberkennen. Für sie sehen die Farben Grün, Gelb und Orange gleich aus, wie experimentelle Untersuchungen zeigen. Katzen sehen ebenfalls Farben, aber keine roten.

2. Schlangen beobachten ihr Revier im Infrarotbereich. Sind Beutetiere oder feindliche Tiere Säugetiere, so haben sie warmes Blut. Sie geben Infrarotwellen ab, werden dadurch bemerkt und geraten auf diese Weise möglicherweise in Gefahr.

3. Terahertz-Strahlen unterliegen erst seit wenigen Jahren der Forschung. Sie wirken nicht ionisierend, lösen also beim Auftreffen auf Atome keine Elektronen ab. Sie dringen nicht in Körper ein. Sie machen aber Kleidung, Leder oder Plastik durchsichtig. Sie werden in der Werkstoffprüfung eingesetzt und eignen sich zur Analyse der Eigenschaften von Kunststoffen. Erzeugt werden Terahertz-Strahlen mit Lasern, die extrem kurze Lichtblitze aussenden.

4. Bienen (und andere Insekten) verfügen über Facettenaugen, die aus vielen wabenartig zusammengesetzten Einzelaugen aufgebaut sind. Diese Sinnesorgane registrieren im Gegensatz zu Menschenaugen UV-Strahlung. Daher erscheint ihnen eine Blüte, die der Mensch zum Beispiel einfarbig gelb wahrnimmt, violett.

Aufgaben

1. *Monochromatisches Licht der Wellenlänge λ trifft senkrecht auf ein optisches Gitter mit der Gitterkonstanten g = 4,00 · 10⁻⁶ m. Auf einem Schirm parallel zum Gitter im Abstand a = 3,00 m beobachtet man ein Interferenzbild. Der Abstand der beiden Maxima 2. Ordnung beträgt 2,00 m.*
   a) *Berechnen Sie die Wellenlänge λ des Lichts.*
   b) *Ermitteln Sie durch Rechnung die maximale Ordnung der Hauptmaxima.*
2. a) *Ein Klystronsender mit C = 25,0 pF schwingt mit der Frequenz f = 70,0 MHz. Berechnen Sie die Induktivität L der nur noch als Bügel vorhandenen Spule.*
   b) *Geben Sie mit einer kurzen Begründung an, in welcher Richtung ein hertzscher Dipol maximal und in welcher Richtung er überhaupt nicht schwingt.*
   c) *Die beiden Maxima 1. Ordnung der grünen Hg-Linie λ = 546,1 nm liegen auf einem Schirm im Abstand a = 3,45 m in der Entfernung 18,8 cm voneinander entfernt. Erläutern Sie die physikalische Bedeutung dieser Linie, berechnen Sie die Gitterkonstante g und geben Sie an, wie viele Gitterspalte innerhalb der Länge 1 cm liegen.*
3. *Gegeben ist ein Auszug aus einem Linienspektrum in der Form*
   λ in nm: 578   492   447   403

                  ‖   I   :   ::
                       Absorptionslinie

   a) *Erklären Sie den Unterschied zwischen einem Linien- und einem kontinuierlichen Spektrum.*
   b) *Nennen Sie vier verschiedene Informationen, die dem vorliegenden Spektrum zu entnehmen sind, und das Element, zu dem es gehören könnte.*

c) *Das kontinuierliche Spektrum einer Kohlebogenlampe soll mithilfe eines optischen Gitters mit $g = 1,00 \cdot 10^{-3}$ cm auf einen Schirm parallel zur Gitterebene abgebildet werden. Zu berücksichtigen ist der sichtbare Bereich des Lichts. Berechnen Sie unter Verwendung einer beschrifteten Skizze den Schirmabstand a zum Beugungsgitter, damit das Gesamtspektrum 1. Ordnung für weitere Untersuchungen auf eine Breite von $\Delta s = 10,0$ cm auseinandergezogen wird.*

13.7 Polarisation

In Kapitel 12.5.2 wurde erstmals behauptet, dass elektromagnetische Wellen Transversalwellen sind. Diese Aussage soll nach der Einführung des Polarisationsbegriffs experimentell bestätigt werden. Einige Anwendungen legen dar, dass Polarisation auch praktischen Bezug hat.

13.7.1 Polarisation elektromagnetischer Wellen

Die Versuche in Kapitel 12.5.1 mit einem Senderdipol S und einem Empfängerdipol E ergaben folgende Beobachtungen:

- S und E sind parallel gerichtet: E registriert einen maximalen Empfang.

- S und E stehen aufeinander senkrecht: E zeigt keinen Empfang.

- S und E sind um den Winkel α, $0° \leq \alpha \leq 90°$, gegen die gemeinsame Achse durch die Dipolmitten gedreht: E empfängt abgeschwächt. Nur die zum Empfangsdipol parallele Komponente $\vec{E}_\mathrm{p}$ des vom Sender ausgehenden elektrischen Feldstärkevektors $\vec{E}$ ist wirksam.

Mit dem Empfangsdipol E lässt sich die konstante Schwingungsrichtung des zeitabhängigen elektrischen Feldstärkevektors $\vec{E}(t)$ bestimmen, der von S ausgeht. Es gilt stets $\vec{E}(t) \parallel$ S.

Der konstante Scheitelwert $\vec{E}(t)$ der elektrischen Feldstärke und der konstante Vektor $\vec{c}_0$ der Ausbreitungsgeschwindigkeit sind linear unabhängig. Sie legen eine Ebene fest, die man als Schwingungsebene oder **Polarisationsebene** der elektromagnetischen Welle bezeichnet. Die konstante Ausrichtung des elektrischen Feldstärkevektors $\vec{E}(t)$ parallel zur Polarisationsebene wird **Polarisationsrichtung** genannt. In B 418 oben zeigt der Empfänger E parallel zur Polarisationsebene des Senders S maximalen Empfang, gegen die Polarisationsebene geneigt (ohne Bild) abnehmenden Empfang, im unteren Bild keinen Empfang.

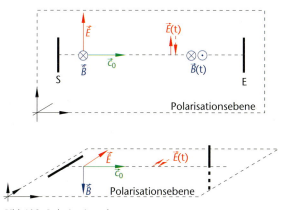

Bild 418: Polarisationsebenen

▸▸ Die Ebene, die durch die Ausbreitungsrichtung einer linearen Welle, also durch $\vec{c}_0$ = konstant, und den konstanten Amplitudenvektor $\vec{E}$ der elektrischen Feldstärke $\vec{E}(t)$ festgelegt ist, heißt Polarisationsebene der elektromagnetischen Welle.

Die Feldstärkevektoren $\vec{E}(t)$ eines Dipols im Fernbereich behalten zeitunabhängig dieselbe Schwingungsrichtung parallel zur Polarisationsebene bei. Daher nennt man die elektromagnetische Dipolstrahlung **linear polarisiert**. Polarisation tritt nur bei Transversalwellen auf. Dreht man einen Dipol, so ändert sich mit ihm seine Polarisationsebene in gleicher Weise. Auch der zeitabhängige magnetische Flussdichtevektor $\vec{B}(t)$ eines Dipols ist linear polarisiert. Er bildet mit $\vec{c}_0$ eine eigene Polarisationsebene, die senkrecht zu der von $\vec{E}(t)$ steht. Mit einer der beiden Polarisationsebenen ist die andere eindeutig festgelegt.
Ergebnis:

▸ Elektromagnetische Dipolstrahlung ist eine linear polarisierte elektromagnetische Welle, eine Transversalwelle, da der zeitabhängige elektrische Feldstärkevektor $\vec{E}(t)$ seine Schwingungsrichtung parallel zur Polarisationsebene des Dipols zeitunabhängig beibehält.

VERSUCH

Dipolstrahlung gegen eine Metallwand, danach gegen ein metallisches Gitter (B 419)

Versuchsdurchführung:
Man richtet die Dipolstrahlung eines Klystronsenders gegen eine Metallwand M und variiert mehrmals den Einfallswinkel. Ein Empfängerdipol registriert die Stärke des Empfangs.

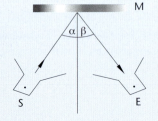
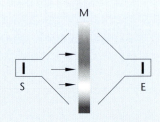

Bild 419

Beobachtung:
Sender S und Empfänger E befinden sich auf der gleichen Seite von M. Die elektromagnetischen Transversalwellen des Senders werden an der Metallwand (nahezu) ohne Intensitätsverlust reflektiert. Der Empfänger zeigt maximalen Empfang, falls gilt: Einfallswinkel α = Ausfallswinkel β. Diese Beobachtung ist aus der Strahlenoptik bekannt.
Werden Sender und Empfänger auf verschiedenen Seiten von M angeordnet, so zeigt E keinen Empfang an. (Der geringe Empfang durch Beugung der Strahlung an den Kanten der Metallwand ist vernachlässigbar).

Versuchsfortsetzung (B 420):
Nun ersetzt man die Metallwand durch eine Anordnung aus parallelen Metallstäben, deren gegenseitiger Abstand gleich oder kleiner ist als die Wellenlänge der auftreffenden Senderstrahlung.

Dieses Gerät heißt **hertzsches Gitter**. Der deutsche Physiker Hertz wies 1887/88 erstmals nach, dass es elektromagnetische Wellen gibt.

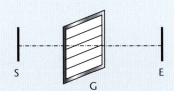

Bild 420: Hertzsches Gitter

Das Gitter eignet sich für Zentimeterwellen, für sichtbares Licht benötigt man ein anderes. Die Metallstäbe im Gitter sind länger als der $\frac{\lambda}{2}$-Senderdipol. Sender S und Empfänger E auf verschiedenen Seiten des Gitters G liegen parallel angeordnet.

Beobachtung:
Sender S, Gitter G und Empfänger E verlaufen parallel: E zeigt keinen Empfang.
S und E bleiben parallel, G wird gegen beide um 90° gedreht: E zeigt maximalen Empfang.
S und E bleiben parallel, G wird gegen beide um einen Winkel zwischen 0° und 90° gedreht: E zeigt einen schwachen Empfang, der vom Winkel abhängt.

Erklärung:
Jeder Metallstab im Gitter G verläuft parallel zum Sender S und damit parallel zum konstanten elektrischen Feldstärkevektor $\vec{E}$ des von S abgestrahlten elektrischen (Fern-)Feldes. Arbeitet der Sender S mit der Frequenz f, so regt er die Elektronen in den Metallstäben durch sein elektrisches Wechselfeld $\vec{E}(t) = \hat{E}\sin(\omega t + \varphi_0)$ und die dadurch ausgelöste elektromagnetische Welle zu erzwungenen, also gleichfrequenten, harmonischen Schwingungen an. Die Metallstäbe selbst bilden elektrische Dipole mit der charakteristischen Eigenfrequenz f_0. Da ihre Länge erheblich größer ist als die Dipollänge des Senders, ist ihre Eigenfrequenz f_0 wegen $\lambda f = c_0$, $f(\lambda) = \frac{c_0}{\lambda}$ kleiner als die Senderfrequenz f des Klystrons. Wegen $f > f_0$ führen die Metallstäbe gegenüber dem Sender gegenphasige elektromagnetische Schwingungen aus, es tritt ein Phasensprung π ein. Sie wirken als neue Senderdipole, die elektromagnetische Wellen in den umgebenden Raum vor und hinter dem Gitter emittieren.

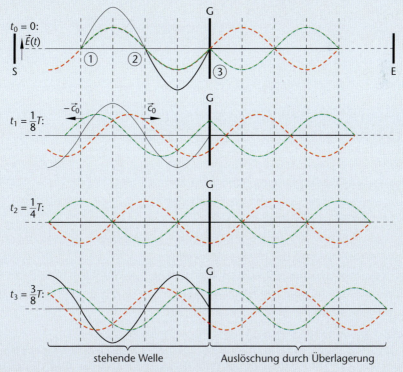

Bild 421: Hertz-Gitter parallel zu Sender S und Empfänger E

B 421 zeigt Sender S, Gitter G und Empfänger E in Seitenansicht; der Zeitpunkt $t_0 = 0$ ist frei gewählt. Die Betrachtung erfolgt jeweils nach der Zeitdauer $\Delta t = \frac{1}{8}T$. Folgende Aussagen sind möglich:

- Raum zwischen G und E: Die vom Sender abgestrahlte primäre Welle (rot) und die von den Gitterstäben ausgehenden gegenphasigen sekundären Wellen (grün) sind gleichfrequent. Sie überlagern sich (schwarz). Es kommt zur Auslöschung. E zeigt keinen Empfang.

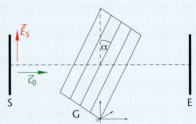

Bild 422: Gedrehtes Gitter zwischen S und E

- Raum zwischen G und S: Die von S ausgehenden Wellen und die abgestrahlten Wellen der metallischen Dipolstäbe sind gleichfrequent und gegenphasig. Sie überlagern sich zu einer resultierenden elektromagnetischen Welle. Diese erscheint als Welle, die an den Stäben reflektiert und in den Raum nach links abgestrahlt wird. Bildet das geometrische Lot vom Sender auf das Gitter zusätzlich einen rechten Winkel, so entsteht eine neue Wellenart, eine stehende Welle (s. Kap. 13.8). Die Stellen ①, ②, ③ bleiben immer in Ruhe; sie bilden die Knotenpunkte der stehenden Welle. Zwischen ihnen findet die eigentliche Wellenbewegung statt.

- Die Anregung der Gitterstäbe durch den Sender S zu harmonischen Schwingungen unterbleibt, falls sie gegen S um 90° gedreht sind. Die Wellen des Senders durchlaufen das Gitter ungestört. Reflexion und Auslöschung treten nicht ein. E zeigt maximalen Empfang. Grund: Die Gitterstäbe werden durch S nicht angeregt.

- Liegen Sender S und Empfänger E nicht parallel, so ist der Empfang in E geschwächt. Die Beobachtung wiederholt sich, wenn man S und E parallel anordnet und gleichzeitig die Metallstäbe im Gitter G so dreht, dass S und G den Winkel α, $0 \leq \alpha \leq \frac{\pi}{2}$, einschließen (B 422).

Eine Erklärung für diese letzte Beobachtung findet sich mithilfe einer geeigneten Vektorzerlegung des konstanten elektrischen Feldstärkevektors $\vec{E}_S$ des Senders S (B 423).

Der Feldstärkevektor $\vec{E}_S$ der vom Sender emittierten Primärwelle wird in konstante Komponenten $\vec{E}_p$ parallel und $\vec{E}_n$ normal bzw. senkrecht zu einem der untereinander parallelen Gitterstäbe zerlegt. Die Komponente $\vec{E}_p$ regt die Elektronen in den Stäben in bekannter Weise zu erzwungenen harmonischen Schwingungen an. Wie oben beschrieben kommt es hinter dem Gitter zur Auslöschung. $\vec{E}_p$ durchläuft das Gitter nicht, übt also auf den Empfänger E keinen Zwang aus.

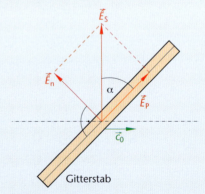

Bild 423: Wirkung des Hertz-Gitters

Das zeitabhängige elektrische Feld mit der neuen konstanten Amplitude $\vec{E}_n$, $\hat{E}_n < \hat{E}_S$, bewegt sich ungestört durch das Gitter auf E zu. Die zugehörige elektromagnetische Welle ist senkrecht zu den Gitterstäben linear polarisiert. Die durch $\vec{E}_n$ und $\vec{c}_0$ festgelegte Polarisationsebene steht ebenfalls senkrecht auf der Gitterebene (= Ebene, die alle Gitterstäbe enthält) (B 424).

Nach Zerlegung von $\vec{E}_n$ im Empfänger E auf gleiche Weise wie vorher entstehen die konstanten Komponenten $\vec{E}_p^*$ und $\vec{E}_n^*$. Die Komponente $\vec{E}_p^*$ regt die Elektronen in E zu harmonischen Schwingungen an, E zeigt wegen $\hat{E}_p^* < \hat{E}_n < \hat{E}_s$ einen reduzierten Empfang. Die Komponente $\hat{E}_n^*$ löst in E keine Wirkung aus. Die neue durch $\vec{E}_p^*$ und $\vec{c}_0$ festgelegte Polarisationsebene fällt mit der ersten, gebildet aus $\vec{E}_s$ und $\vec{c}_0$, zusammen.

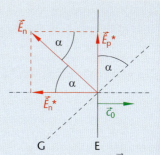

Bild 424: Zerlegung von $\vec{E}_n$

Die gesamte Zerlegung lässt sich unter Beschränkung auf das Wesentliche in einem Bild darstellen (B 425).

Mithilfe von B 425 gewinnt man auf einfache Weise rechnerisch die Konstante $|\vec{E}_p^*| = \hat{E}_p^*$:

1. $\sin \alpha = \dfrac{\hat{E}_n}{\hat{E}_s}$, $\hat{E}_n = \hat{E}_s \sin \alpha$

2. $\sin \alpha = \dfrac{\hat{E}_p^*}{\hat{E}_n}$, $\hat{E}_p^* = \hat{E}_n \sin \alpha = \hat{E}_s (\sin \alpha)^2$ oder $\dfrac{\hat{E}_s}{\hat{E}_n} = \dfrac{\hat{E}_n}{\hat{E}_p^*} = \dfrac{1}{\sin \alpha}$

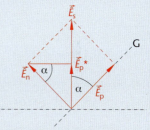

Bild 425: Zusammenfassung von B 423, 424

Wie am Ende des Kapitels 13.3.2 gezeigt wurde, sind die von elektrischen Wechselfeldern konstanter Frequenz f mitgeführte elektrische Energie und die elektrische Leistung direkt proportional zu $\hat{E}^2$; es gilt: $E_{el} \sim \hat{E}^2$ bzw. $P \sim \hat{E}^2$. Änderungen von $\hat{E}$ durch Drehen eines Gitters zwischen dem Sender und dem parallel liegenden Empfänger haben somit erhebliche Auswirkungen auf die beim Empfänger ankommende elektrische Energie.

Ergebnis:

▸ **Elektromagnetische Wellen lassen sich linear polarisieren. Sie sind Transversalwellen. Mit dem hertzschen Gitter können spezielle Polarisationsebenen vorgewählt oder aufgefunden und der Empfang in einem anderen Dipol beeinflusst werden.**

13.7.2 Polarisation von Licht

Nach dem Ergebnis des vorangegangenen Kapitels ist Licht wie alle elektromagnetischen Wellen transversal. Dabei gilt stets: $\vec{E}(t; x) \perp \vec{B}(t; x)$; die Feldvektoren können in der zu $\vec{c}_0$ senkrechten Ebene jede Richtung einnehmen. Natürliches Licht besitzt wie alle elektromagnetischen Wellen unbegrenzt viele Polarisationsebenen. In B 426 zeigt die Ausbreitungsgeschwindigkeit $\vec{c}_0$ in die Zeichenebene hinein. Alle durch $\vec{c}_0$ und $\vec{E}_{1,2,3}(t)$ gebildeten Polarisationsebenen stehen senkrecht auf ihr.

Die Polarisierung des natürlichen Lichts wird durch Reflexion, Doppelbrechung oder durch ein geeignetes „Gitter", einen Polarisationsfilter, erreicht. Seine Herstellung ist tech-

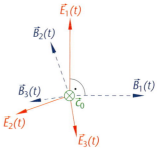

Bild 426: Polarisationsebenen von Licht

nisch aufwendig. Deshalb verwendet man für viele Zwecke kostengünstige **Polarisationsfo-**
lien mit einem Polarisationsgrad von immerhin 99 %. Es handelt sich um Kunststofffolien,
in denen durch mechanische Dehnung Kohlenwasserstoffketten entstehen. In diese lagert
man Jodverbindungen ein. Die Elektronen können sich in den Verbindungen bewegen. Daher wirken die Ketten bei Lichtwellen als mikroskopisch feine Gitterstäbe.

VERSUCH

Polarisation des natürlichen Lichts mit Polarisationsfolie
Versuchsdurchführung (B 427)

Das weiße Licht einer Taschenlampe oder einer Experimentierleuchte fällt durch eine gerahmte Pola-
risationsfolie, den Polarisator P, auf einen Beobachtungsschirm. Der Polarisator ist drehbar gelagert.

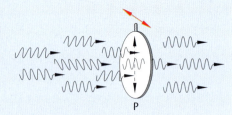

Beobachtung:
Der Lichtfleck auf dem Schirm ist mit dem Polarisa-
tor etwas dunkler als ohne ihn. Bei Drehung des
Polarisators bleibt er aber gleich hell.

Bild 427: Polarisation von natürlichem Licht

Erklärung:
Eine gewöhnliche Lichtquelle sendet unregelmäßig und unabhängig voneinander kurze,
nicht zusammenhängende Wellen mit verschiedensten Polarisationsebenen aus. Der Polarisator lässt in jeder Drehposition stets nur eine Schwingungsrichtung hindurch, alle anderen
werden ganz oder teilweise blockiert. Daher erscheint der Lichtfleck mit Polarisator etwas
dunkler als ohne ihn, es gelangt weniger Licht auf den Schirm. Die gleichbleibende Helligkeit
während der Drehung zeigt, dass im Mittel alle Schwingungsrichtungen gleich häufig vorkommen; es gibt bei der Emission von natürlichem Licht keine bevorzugte Polarisationsebene.

Versuchsfortsetzung (B 428):
Man bringt zwischen den Polarisator P und den Schirm einen weiteren Polarisator, den Analysator A. Die fest eingearbeiteten Polarisationsebenen in P und A sind parallel, schließen
einen Winkel zwischen 0° und 90° ein oder stehen aufeinander senkrecht.

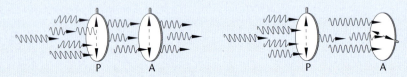

Bild 428: Wirkung von Polarisator und Analysator

Beobachtung:
P ∥ A: Der Lichtfleck ist (fast) so hell wie mit P allein.
P × A: Der Lichtfleck wird mit zunehmendem Winkel zwischen P und A dunkler.
P ⊥ A: Der Bildschirm zeigt keinen Lichtfleck: völlige Dunkelheit.

Erklärung:
Der Polarisator P polarisiert das natürliche Licht linear. Er lässt aus allen möglichen Schwingungsrichtungen nur eine einzige hindurch. Fällt diese mit der Polarisationsebene des Ana-
lysators A zusammen, so erreichen die in P polarisierten Wellen den Schirm nahezu vollständig. Schließen P und A einen beliebigen Winkel zwischen 0° und 90° ein, so durchlaufen den

Analysator nur Lichtanteile. Diese ergeben sich nach der Überlegung des letzten Kapitels 13.7.1 durch Zerlegung des ankommenden konstanten elektrischen Feldstärkevektors $\vec{E}$ in A. Die zur Polarisationsebene von A parallele Komponente von $\vec{E}$ führt zu einem schwächeren Lichtfleck auf dem Schirm. Bei $\alpha = 90°$ fehlt diese Komponente; daher verschwindet der Lichtfleck.

Ergebnis:

▸ **Natürliches Licht besteht aus Wellen in allen Polarisationsebenen; es gibt keine Vorzugsrichtung. Linear polarisiertes Licht hat eine Polarisationsebene und ist daher eine Transversalwelle.**

Anwendungen der Polarisation

- Polarisation tritt nur bei Transversalwellen auf. Mit ihrer Hilfe unterscheidet man bei physikalisch-technischen Untersuchungen Transversal- von Longitudinalwellen.

- Polarisationsfilter, -folien usw. werden als Polarisator verwendet, um aus allen Schwingungsrichtungen im natürlichen Licht eine einzige Polarisationsebene zu gewinnen.

- Vermutet man die Existenz von linear polarisiertem Licht, so lassen sich Filter oder Folien als Analysator einsetzen. Man lässt den Lichtstrahl senkrecht auf den Analysator fallen und dreht ihn um 90°. Bei diesem Vorgehen muss der Lichtstrahl verschwinden, falls er linear polarisiert ist.

- Bestimmte Stoffe wie Glas, nicht kristalline Stoffe oder Folien haben die Fähigkeit, die Polarisationsebene von Licht zu drehen. Sie sind **optisch aktiv**. Sie erlangen diese Fähigkeit z. B. unter dem Einfluss äußerer mechanischer Kräfte. Diese Eigenschaft nutzt man zur Prüfung optischer Gläser auf elastische Eigenspannung, die bei rascher Abkühlung der Glasschmelze entsteht. So kann die räumliche Verteilung und die Stärke der elastischen Spannung ermittelt und durch geeignete Korrekturen verkleinert werden. Die Polarisation ist ein wesentliches Werkzeug der Materialanalyse.

- Auch bestimmte lösliche Stoffe sind optisch aktiv. Aufgrund ihrer speziellen Molekülstruktur besitzen sie die Fähigkeit, die Polarisationsebene von Licht nach links oder rechts zu drehen. So sind z. B. gewisse Zuckermodifikationen links- oder rechtsdrehend. Die Medizin setzt die optische Aktivität zur quantitativen Harnzuckerbestimmung ein.

- Andere zunächst optisch inaktive Stoffe, die man als **isotrop** bezeichnet, erreichen unter dem Einfluss magnetischer Felder optische Aktivität; sie werden **anisotrop**. Die Drehung der Polarisationsebene durch magnetische Felder wurde 1845 von dem amerikanischen Physiker Faraday entdeckt. Man spricht vom **magneto-optischen Faraday-Effekt**.

Aufgabe

Das Licht einer Quecksilberdampflampe soll mit einem Gitter ($g = 1,00 \cdot 10^{-3}$ cm) spektral zerlegt und das Spektrum des sichtbaren Bereichs auf einen Schirm abgebildet werden. Das Licht trifft parallel auf den Schirm.

a) *Geben Sie alle Größen an, die man bei bekannter Gitterkonstanten messen muss, um die Wellenlängen der Spektrallinien berechnen zu können. Leiten Sie eine Gleichung zur Berechnung von λ aus g und den anderen Messgrößen allgemein her.*

b) *B 428.1 zeigt zwei Polarisationsfilter senkrecht zum Strahlengang des anfangs unpolarisierten Lichts der Lampe. Der Strahl vor dem ersten Filter hat die Intensität I_0. Die Pfeile legen die Polarisationsrichtungen fest. Der zweite Filter ist gegenüber dem ersten um $\alpha = 60°$ gedreht. Man berechne den Anteil der ursprünglichen Intensität I_0, der durch die Versuchsanordnung gelangt.*

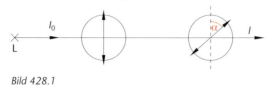

Bild 428.1

13.8 Stehende Wellen, akustischer Dopplereffekt

Stehende Wellen finden sich auf der Verbindungsstrecke zwischen den punktförmigen Erregern E_1, E_2 bei der Ausbreitung kreisförmiger Wellen in der Wellenwanne, im Raum zwischen Senderdipol und hertzschem Gitter oder bei der Momentanstromstärke $I(t)$ und Momentanspannung $U(t)$ im elektrischen Dipol. Sie sind das Thema dieses Kapitels.

13.8.1 Erzeugung stehender Wellen, Grundlagen

Vorversuch: Reflexion einer harmonischen Querwelle am festen Ende (B 429)

Versuchsdurchführung und Beobachtung:
Man befestigt ein Schraubenfederseil starr (I) an einer Wand und löst per Hand am freien Ende wiederholt mechanische Querwellen aus. Sie laufen am Seil entlang, werden an der Mauer reflektiert und bewegen sich zur Hand (= Sender, Erreger) zurück. Auffallend: Bei der Reflexion am festen Ende geht ein Wellenberg in ein Wellental über und umgekehrt; ein Phasensprung um $|\Delta\varphi| = \pi$ tritt auf. Bei kräftiger einmaliger Anregung kann die ausgelöste Querwelle längs des Seiles mehrmals zur Mauer und zurück laufen. Ihre Ausbreitungsgeschwindigkeit c hängt von der Spannung, dem Material des Seiles usw. ab.

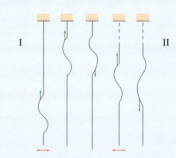

Bild 429: Reflexion einer harmonischen Querwelle am festen (I) und am losen (II) Ende

Verbindet man das Seil durch einen dünnen Faden (II) mit der Mauer, so kommt es zur Reflexion am freien oder losen Ende. Eine Querwelle wird am freien Ende ohne Phasensprung reflektiert. Ein Wellenberg kehrt als Wellenberg, ein Wellental als Wellental zurück.

Stehende Wellen auf einem gespannten Gummiseil oder einer leicht gespannten Schnur (B 430)

Versuchsdurchführung:
Ein Gummiseil oder eine Schnur wird zwischen einen Erreger E und eine Wand fest eingespannt, die Ausbreitungsgeschwindigkeit $\vec{c}$ für Transversalwellen ist damit konstant. Als Erreger verwendet man einen Motor mit variabler Frequenz, der harmonische Querwellen längs des Seiles aussendet. Die Querwellen werden am festen Ende reflektiert und laufen

gegenphasig zum Erreger zurück. Dort erfahren sie erneut einen Phasensprung und überlagern sich mit den vom Erreger neu ausgelösten Querwellen. Auf dem Gummiseil bewegen sich also gleichzeitig zwei harmonische Querwellen gleicher Frequenz und gleicher Amplitude um $\Delta\varphi = \pi$ phasenverschoben einander entgegen.

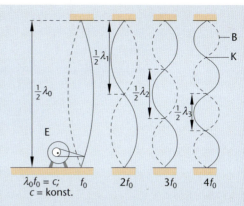

Erhöht man vorsichtig die Drehzahl des Erregers, so beobachtet man nach Erreichen einer bestimmten Frequenz f_0 im Licht eines Stroboskops eine spezielle Welle. Stellen ständiger Ruhe (K) wechseln sich ab mit Abschnitten auf dem Wellenträger, die besonders große, untereinander aber verschiedene Amplituden aufweisen (B). Exakt bei der Frequenz f_0 stellt sich dieser stationäre Schwingungszustand des linearen Trägers ein; er heißt **stehende Welle**.

Bild 430: Stehende Wellen auf einem gespannten Gummiseil

Erhöht man die Drehfrequenz des Erregers vorsichtig weiter, so bilden sich bei den Frequenzen $2f_0$, $3f_0$, $4f_0$ usw., die mithilfe von stroboskopischem Licht gemessen werden, weitere stehende Wellen mit einer noch größeren Anzahl an Ruhestellen und Bereichen der Verstärkung.

Eine stehende Welle entsteht auch dann, wenn zwei identische Wellen (I) und (II) im selben linearen Medium einander entgegenlaufen und sich überlagern. B 431 verdeutlicht die Entwicklung in fünf Schritten.
B 432 ist die Fortsetzung von B 431 in einem späteren Zeitpunkt. Es zeigt den Verlauf der stehenden Welle in aufeinanderfolgenden gleichen Zeitabständen $\Delta t = \frac{1}{8}T$. Der Zeitpunkt $t_0 = 0$ ist für die weitere Erklärung willkürlich festgesetzt.

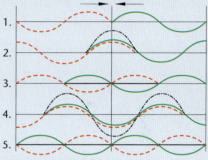

Bild 431: Bildung einer stehenden Querwelle

Beobachtung und Erklärung (B 432):
Klar erkennbar sind Stellen ständiger Ruhe im Wechsel mit Bereichen der Verstärkung. Beides deutet auf Interferenz hin. Fortschreitende Wellen (I) und (II) und stehende Welle (schwarz) haben die gleiche Wellenlänge λ.

Die Teilchen an den Orten 3, 9, 15 bewegen sich überhaupt nicht, es gilt dort für jeden Zeitpunkt t: $v(t) = 0$. Sie bilden die **Schwingungsknoten** K der Bewegung im festen Abstand $\frac{1}{2}\lambda$ zueinander.

Die Teilchen an den Orten 0, 1, 2 bzw. 4, 5, 6, 7, 8 bzw. 10, 11, 12, 13, 14 bzw. 16, 17, 18 erreichen immer gleichzeitig maximale Auslenkung aus der Ruhelage, sie bilden in ihrer jeweiligen Gesamtheit die **Schwingungsbäuche** B der stehenden Welle. Im Schwingungsbauch hat jedes Teilchen eine andere, aber konstante Amplitude. Die gemeinsame Teilchengeschwindigkeit in den Zeitpunkten t_2, t_6 ist $v = 0$.

Im Wellenbauch haben die Teilchen an den Orten 0, 6, 12, 18 die größte aller vorkommenden Amplituden $\hat{y}_{rsl} = 2\hat{y}$ im festen Abstand $\frac{1}{2}\lambda$ zueinander.

Alle Teilchen eines Wellenbauches durchlaufen im selben Zeitpunkt $t_0 = 0$, $t_4 = 0{,}5T$, $t_8 = T$ gemeinsam die Gleichgewichtslage mit maximaler, aber untereinander verschiedener Teilchengeschwindigkeit.

Im Bereich zwischen zwei Knoten schwingen alle Teilchen gleichphasig. Zwei benachbarte Wellenbäuche bewegen sich gegenphasig zueinander mit dem Phasenunterschied $\Delta\varphi = \pi$.

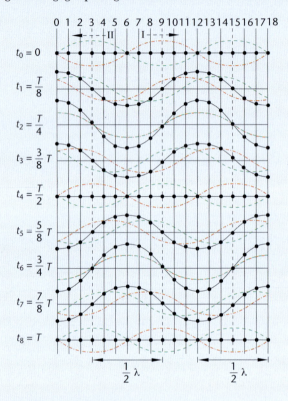

Bild 432: Stehende Welle

In B 432 laufen die Querwellen nach links (II) und rechts (I) wegen der gemeinsamen konstanten Ausbreitungsgeschwindigkeit c innerhalb der stets gleichen Zeitdauer $\Delta t = \frac{1}{8}T$ um $\frac{1}{8}\lambda$ weiter. Dagegen schreitet die resultierende Welle nicht fort, Schwingungsknoten und -bäuche bleiben ortsfest. Kein Schwingungszustand durchläuft den Raum, er ist stationär. Aus diesem Grund transportiert eine stehende Welle keine Energie. Diese ist in den Schwingungsbäuchen gespeichert, die Gesamtenergie ist konstant.

Stehende Wellen sind zeitlich und räumlich periodische Vorgänge.

13.8.2 Mathematische Beschreibung der stehenden Welle

Zwei harmonische Querwellen gleicher Frequenz f, Amplitude $\hat{y}$ und Wellenlänge λ laufen im gleichen linearen Medium einander entgegen und interferieren (B 431). Für die nach rechts laufende Querwelle gilt: $y_1(t; x) = \hat{y}\sin\left[2\pi\left(\dfrac{t}{T} - \dfrac{x}{\lambda}\right)\right]$; die Gleichung der sich nach links bewegenden Welle heißt: $y_2(t; x) = \hat{y} \sin\left[2\pi\left(\dfrac{t}{T} + \dfrac{x}{\lambda}\right)\right]$. Die Gleichung der Interferenzwelle erhält man nach dem Überlagerungsprinzip für Bewegungen. Demnach gilt: $\vec{y}_{rsl} = \vec{y}_1 + \vec{y}_2$ und wegen $\vec{y}_1 \| \vec{y}_2$:

$$y_{rsl}(t; x) = \hat{y} \sin\left[2\pi\left(\frac{t}{T} - \frac{x}{\lambda}\right)\right] + \hat{y} \sin\left[2\pi\left(\frac{t}{T} + \frac{x}{\lambda}\right)\right].$$

Mithilfe der Formelsammlung Mathematik entsteht: $y_{rsl}(t; x) = 2\hat{y} \sin\left(2\pi\dfrac{t}{T}\right)\cos\left(-2\pi\dfrac{x}{\lambda}\right)$.

Wegen $\cos\left(-2\pi\dfrac{x}{\lambda}\right) = \cos\left(2\pi\dfrac{x}{\lambda}\right)$ folgt weiter: $y_{rsl}(t; x) = 2\hat{y} \cos\left(2\pi\dfrac{x}{\lambda}\right) \sin\left(2\pi\dfrac{t}{T}\right)$.　　(*)

Der Term $2\hat{y} \cos\left(2\pi\dfrac{x}{\lambda}\right)$ ist ortsabhängig, aber für einen festen Ort x^* konstant. Er erfasst die Amplitude $\hat{y}_{rsl}$ der stehenden Welle an jedem Ort auf dem linearen Träger. Sie ist

- null, falls $\cos\left(2\pi\dfrac{x}{\lambda}\right) = 0$, also für $2\pi\dfrac{x}{\lambda} = (2k + 1)\dfrac{\pi}{2}$ bzw. $x_k = (2k + 1)\dfrac{\lambda}{4}$, $k = 0, 1,$

  2, 3 …; das ist die Bedingung für einen Knoten der stehenden Welle.

- maximal, falls $\cos\left(2\pi\dfrac{x}{\lambda}\right) = 1$, also für $2\pi\dfrac{x}{\lambda} = k\pi$ bzw. $x_k = k\dfrac{\lambda}{2}$, $k = 0, 1, 2, 3 …$ oder

  $x_k = 2k\dfrac{\lambda}{4}$, $k = 0, 1, 2, 3 …$; das ist die Bedingung für maximale Werte der Amplituden in

  den Bäuchen der stehenden Welle.

Beispiel

Die Wellengleichung der stehenden Welle in B 432 lautet:

$y_{rsl}(t; x) = 2\hat{y} \cos\left(2\pi\dfrac{x}{\lambda}\right) \sin\left(2\pi\dfrac{t}{T}\right)$, wobei $\hat{y}, \lambda, T$ allgemeine Größen sind.

$y_{rsl}(t_0 = 0; x) = 2\hat{y} \cos\left(2\pi\dfrac{x}{\lambda}\right) \sin\left(2\pi\dfrac{0}{T}\right)$, $y_{rsl} = 0 =$ konstant, beschreibt die stehende Welle

im Zeitpunkt $t_0 = 0$ in Abhängigkeit vom Ort x; sie liegt auf der die x-Achse.

$y\left(t_2 = \dfrac{T}{4}; x\right) = 2\hat{y} \cos\left(2\pi\dfrac{x}{\lambda}\right) \sin\left(2\pi\dfrac{T}{4T}\right) = 2\hat{y} \cos\left(2\pi\dfrac{x}{\lambda}\right)$ erfasst die stehende Welle im Zeit-

punkt $t_2 = \dfrac{T}{4}$ abhängig vom Ort x; alle Amplituden in den Wellenbäuchen erreichen gleich-zeitig maximale Werte.

$y\left(t_3 = \dfrac{3}{8}T; x\right) = 2\hat{y} \cos\left(2\pi\dfrac{x}{\lambda}\right) \sin\left(2\pi\dfrac{3T}{8T}\right) = 2\hat{y} \cos\left(2\pi\dfrac{x}{\lambda}\right) \sin\left(\dfrac{3}{4}\pi\right)$ ist die Gleichung der

stehenden Welle im festen Zeitpunkt $t_3 = \dfrac{3}{8}T$ abhängig vom Ort x usw.

Die stehende Welle mit $f_0 =$ konstant in B 430 hat die Gleichung $y_{rsl}(t; x) =$

$2\hat{y} \sin\left(2\pi\dfrac{x}{\lambda}\right) \cos\left(2\pi\dfrac{t}{T}\right)$. Sie geht durch geeignete Umformung aus der allgemeinen Gleichung (*) hervor. Die rechnerische Überprüfung dieser Behauptung ist eine gute Übung. B 430 zeigt die Welle im Zeitpunkt $t_0 = 0$. Wie heißt dann die Gleichung für $2f_0 = $ konstant?

13.8.3 Eigenschwingungen

Im Versuch zu B 430 in Kapitel 13.8.1 bilden sich stehende Wellen auf dem Gummiseil nur bei den Frequenzen f_0, $2f_0$, $3f_0$ usw. Im Licht eines Stroboskops beobachtet man Knoten der stehenden Wellen stets an den Enden des fest eingespannten Gummiseils oder der gespannten Schnur. Da benachbarte Knoten den Abstand $\frac{1}{2}\lambda$ haben, muss die Seillänge ein ganzzahliges Vielfaches des Knotenabstandes sein, wenn sich eine stehende Welle formen soll. Außerdem müssen sich die an den beiden festen Enden des linearen Wellenträgers wiederholt reflektierten Wellen immer gleichphasig mit den in E neu ausgelösten Wellen überlagern, damit Interferenz eintritt.

Wenn sich eine stehende Welle einstellt, entsteht der Eindruck, dass der gesamte Wellenträger einbezogen ist. Man beobachtet dies z. B. bei entsprechend angeregten Geigensaiten. Die Anregungsfrequenzen, die im linearen Wellenträger stehende Wellen auslösen, heißen **Eigenfrequenzen** des Trägers oder Systems, die stehenden Wellen aufgrund des genannten Eindrucks auch **Eigenschwingungen**. Die Amplituden in den Schwingungsbäuchen übertreffen die konstante Erregeramplitude ganz erheblich, ein Hinweis auf Resonanz. Während das Feder-Schwere-Pendel oder andere harmonische Oszillatoren jeweils eine Eigenschwingung mit charakteristischer Eigenfrequenz vollziehen, sind bei linearen Wellenträgern sehr viele Eigenschwingungen und Eigen- oder Resonanzfrequenzen mit dem entsprechenden Resonanzverhalten zwischen den Schwingungsknoten möglich.

Die Frequenz $f_1 = f_0$, bei der ein linearer Wellenträger zwischen zwei festen Enden erstmals eine Eigenschwingung aus zwei Knoten und einem Schwingungsbauch erreicht, heißt **Grundschwingung**. Sie lässt sich mit dem geringsten Energieaufwand herbeiführen. Zwischen der Länge l des Wellenträgers und dem Abstand $\frac{1}{2}\lambda_0$ der beiden Knoten an den Enden besteht der einfache Zusammenhang: $l = \frac{1}{2}\lambda_0$ bzw. $2l = \lambda_0 = (0 + 1)\lambda_0$.

Bei der Frequenz $f_2 = 2f_0$ entsteht die nächste stehende Welle oder Eigenschwingung mit drei Knoten und zwei Bäuchen. Der Zusammenhang zwischen der festen Trägerlänge l und der Wellenlänge der stehenden Welle lautet nun: $l = \lambda_1$ bzw. $l = 2 \cdot \frac{1}{2}\lambda_1 = (1 + 1)\frac{1}{2}\lambda_1$ bzw. $2l = (1 + 1)\lambda_1$. Man spricht von der ersten **Oberschwingung** des Systems und von Resonanz für $f_2 = 2f_0$.

Für $f_3 = 3f_0$ zeigt der lineare Wellenträger eine weitere Eigenschwingung; die zweite Oberschwingung liegt vor. Die stehende Welle hat vier Knoten und drei Bäuche. Es besteht der Zusammenhang:

$l = 3 \cdot \frac{1}{2}\lambda_2 = (2 + 1)\frac{1}{2}\lambda_2$ bzw. $2l = (2 + 1)\lambda_2$. Diese Überlegung setzt sich fort. Aus ihr folgt allgemein:

▸ **Grund- und Oberschwingungen, die Eigenschwingungen eines linearen Wellenträgers der Länge l zwischen zwei festen Enden, entstehen durch gleichphasige Überlagerung der von seinen Enden wiederholt ausgehenden Wellen. Dann gilt: $2l = (k + 1)\lambda_k$ mit**

$k = 0, 1, 2 \dots n$. Der Energieaufwand für die Anregung der Oberschwingungen wächst mit dem Parameter k.

Die Ausbreitungsgeschwindigkeit c längs eines fest eingespannten idealen linearen Wellen-trägers der Länge l ist konstant, wobei gilt: $\lambda f = c$. Mit $2l = (k + 1)\lambda_k$ bzw. $\lambda_k = \dfrac{2l}{k + 1}$ ergeben sich die Eigenfrequenzen, bei denen Resonanz eintritt: $\dfrac{2l}{k + 1}f_k = c$, $f_k = \dfrac{1}{2}(k + 1)\dfrac{c}{l}$ mit $k = 0$, $1, 2, 3 \dots n$. f_k ist die **Frequenz der k-ten Oberschwingung**.

13.8.4 Unterschiede zwischen fortschreitender und stehender Welle

fortschreitende Quer- oder Längswelle	stehende Welle
Das räumliche Kurvenbild verschiebt sich stetig als Ganzes mit der konstanten Ausbreitungsge-schwindigkeit $\vec{c}$ im homogenen linearen Medium.	Das räumliche Kurvenbild ist ortsfest, verändert sich aber senkrecht zur Strahlrichtung.
Alle Punkte bzw. Teilchen des linearen Trägers haben die gleiche Schwingungsamplitude $\hat{y}$, erreichen diese nacheinander und umso später, je weiter sie vom Sender entfernt sind.	Nachbarpunkte haben verschiedene feste Amp-lituden $\hat{y}(x)$; in der Mitte eines Schwingungs-bauchs ist der Wert maximal; zu den Knoten hin nimmt er bis null ab.
Alle Punkte bzw. Teilchen durchlaufen die Ruhelage nacheinander mit gleicher maximaler Geschwindigkeit $\hat{v}$.	Alle Punkte bzw. Teilchen eines Wellenbauches durchlaufen die Ruhelage gleichzeitig mit maxi-maler, untereinander verschiedener Geschwin-digkeit $\hat{v}(x)$.
Jedes Teilchen auf einer Strecke mit der Wel-lenlänge λ hat eine andere Schwingungsphase; diese breitet sich mit der Geschwindigkeit $\vec{c}$ aus.	Alle Teilchen zwischen zwei benachbarten Kno-ten sind gleichphasig.
Die Wellenenergie wird mit der Geschwindigkeit $\vec{c}$ transportiert.	Die Wellenenergie bleibt im Träger; es findet kein Energietransport statt.
Modell ist das Schattenbild einer rotierenden Schraubenlinie.	Modell ist das Schattenbild einer rotierenden ebenen Sinuskurve um die x-Achse bzw. das lineare Medium.

13.8.5 Stehende Wellen in der Anwendung

Stehende Wellen haben direkten Anwendungsbezug. Einige Beispiele sollen das belegen.

Bekannt ist, dass sich die Wellenlänge elektromagnetischer Wellen unter Verwendung von Beugung und Interferenz messen lässt (s. Kap. 13.5.2). Eine andere Messmethode zeigt der folgende Versuch.

VERSUCH

Messung der Wellenlänge elektromagnetischer Wellen mithilfe stehender Wellen

① Senderdipol S
② Empfängerdipol E
③ Metallschirm
④ Empfangsintensität I in Abhängigkeit vom Ort x

Versuchsdurchführung und Beobachtung (B 433):
Ein Senderdipol S richtet seine elektromagnetischen Zentimeterwellen senkrecht gegen einen Metallschirm. Sie werden dort reflektiert. Ankommende und reflektierte Wellen überlagern sich zur stehenden elektromagnetischen Welle mit einem Knoten am Schirm. Ursache ist der Phasensprung um $|\Delta\varphi| = \pi$ des elektrischen Feldanteils an der festen Wand. Ein (möglichst kleiner) Empfängerdipol E parallel zu S wird vorsichtig im Raum zwischen Sender und Schirm längs $\vec{c}_0$ bewegt. Er registriert die Intensität der Strahlung in Abhängigkeit vom Ort x.

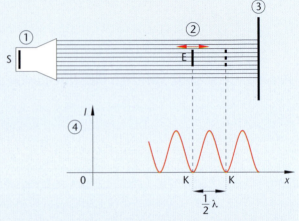

Bild 433: Messung der Wellenlänge mit stehender Welle

Die Orte ohne Empfang, die Intensitätsknoten K, im Abstand $\frac{1}{2}\lambda$ lassen sich sehr genau bestimmen. Sie eignen sich zur Messung der Wellenlänge λ.

In der Akustik verwendet man stehende Längswellen zur Messung der Wellenlänge von Schallwellen. Es gelten die zuvor behandelten Grundlagen für stehende Querwellen.

Eigenschwingungen von Saiten in Musikinstrumenten (Geige, Klavier, Gitarre) beeinflussen deren Ton und Klang, Eigenschwingungen von Luftsäulen in Blasinstrumenten (Flöte, Orgel) deren Klang und Klangfarbe.

Zwischen den Eigenschwingungen der Atome und Atomkerne und Energieübertragungen im atomaren Bereich bestehen Zusammenhänge.

Zur Erinnerung: In Kapitel 12.5.2 wurde die elektromagnetische Dipolschwingung als stehende Welle interpretiert.

13.8.6 Akustischer Dopplereffekt

Wer hat nicht schon gehört, dass das Martinshorn eines Feuerwehrautos höher klingt, solange es sich nähert, und tiefer, wenn es sich entfernt? Der ruhende Beobachter am Straßenrand vernimmt die Tonänderung genau in dem Moment, in dem die Schallquelle an ihm vorbeifährt. Dieser Effekt der Ton- bzw. Frequenzänderung tritt bei allen Wellen ein, wenn Sender und Empfänger sich relativ zueinander bewegen. Er wurde von dem österreichischen Physiker Doppler im Jahr 1842 entdeckt.

Im Folgenden werden Frequenzänderungen untersucht, falls sich die Wellen eines Senders im ruhenden idealen materiellen Medium ausbreiten. In diesem Fall spricht man vom **akustischen Dopplereffekt**. Eine weitere Betrachtung folgt in Kapitel 14.7.

Ruhender Sender im ruhenden Medium

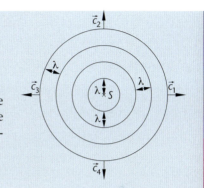

Ruhender Punkterreger bzw. Sender S im ruhenden (2-dimensionalen) Medium; Senderfrequenz f_S = konstant (B 434)

Versuchsdurchführung und Beobachtung:
Ein periodisch in die Wasseroberfläche der Wellenwanne eintauchender ruhender Erreger S erzeugt konzentrische Kreiswellen mit konstanter Wellenlänge λ und der Ausbreitungsgeschwindigkeit $|\vec{c}_1| = |\vec{c}_2| = ... = c$ = konstant.

Bild 434: Ruhender Sender im ruhenden Medium

Bewegter Sender im ruhenden Medium

Bewegter Punkterreger S mit $\vec{v}_S$ = konstant im ruhenden Medium; Senderfrequenz f_S = konstant (B 435)

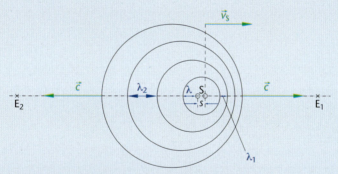

Bild 435: Bewegter Sender im ruhenden Medium: $v_s < c$

Versuchsdurchführung und Beobachtung:
Der Erreger S wird per Hand mit der konstanten Geschwindigkeit $\vec{v}_S$ relativ zum ruhenden Wasser bzw. Medium bewegt, wobei $v_s < c$. Während dieser Bewegung breiten sich die von ihm ausgehenden Wellen mit der Wellenlänge λ für den ebenfalls relativ zum Medium ruhenden Beobachter bzw. Empfänger E nicht mehr konzentrisch um S aus. Vor S drängen sich die Wellenfronten zusammen, dahinter ziehen sie sich auseinander. E beobachtet in beiden Fällen eine Änderung der Wellenlänge λ. Folglich nimmt E wegen $c = \lambda f$, c = konstant, während der Bewegung von S Frequenzen wahr, die von der Senderbewegung relativ zum ruhenden Medium abhängen und je nach Orientierung von $\vec{v}_S$ unterschiedlich ausfallen.

VERSUCH

VERSUCH

Erklärung:
Der Erreger S schwingt mit der konstanten Frequenz f_s. Er bewegt sich mit der Geschwindigkeit $\vec{v}_s$ relativ zum Träger auf den Beobachter E_1 zu bzw. vom Beobachter E_2 weg. Für den im Medium ruhenden Empfänger E ändert sich in beiden Fällen die Wellenlänge λ (B 435). Diese Änderung entwickelt sich nach folgender Überlegung:

Innerhalb der Zeitdauer $\Delta t = T$, der Schwingungsdauer, löst S genau eine Welle mit der Wellenlänge λ aus; es besteht die Zuordnung: $T \mapsto \lambda$.
Der geradlinig und gleichförmig bewegte Sender S erfährt in der gleichen Zeitdauer $\Delta t = T$ die Ortsänderung $\Delta s = s$, wobei gilt: $s = v_s T$ mit $v_s < c$.

Die für die Empfänger E_1 und E_2 neuen Wellenlängen ergeben sich nach B 436 in der Form:

$\lambda_1 = \lambda - s$, falls $\vec{c} \uparrow\uparrow \vec{v}_s$ oder $\lambda_2 = \lambda + s$, falls $\vec{c} \uparrow\downarrow \vec{v}_s$.

Zusammengefasst: $\lambda_{1,2} = \lambda \mp s$, $\lambda_{1,2} = \lambda \mp v_s T$.

Mit $c = \lambda f_s = \lambda \dfrac{1}{T}$ folgt: $\lambda_{1,2} = c \cdot T \mp v_s T$, $\lambda_{1,2} = T(c \mp v_s) = \dfrac{c \mp v_s}{f_s}$.

Die Empfänger $E_{1/2}$ registrieren eine Schwingung mit der neuen Frequenz f_E. Sie entsteht aus:

$$f_E = \frac{c}{\lambda_{1,2}} = \frac{c f_s}{c \mp v_s}, \quad f_E = f_s \frac{c}{c \mp v_s} = f_s \frac{1}{1 \mp \dfrac{v_s}{c}}.$$

Also:

- „$-$", falls $\vec{c} \uparrow\uparrow \vec{v}_s$; S nähert sich E_1.

- „$+$", falls $\vec{c} \uparrow\downarrow \vec{v}_s$; S entfernt sich von E_2.

Bemerkung (B 436):

- Ist die Geschwindigkeit des Senders S größer als die Ausbreitungsgeschwindigkeit der Welle, $v_s > c$, so eilt er den Wellenfronten voraus, die er selbst auslöst. Sie besitzen eine gemeinsame Einhüllende, an deren Spitze sich der Sender befindet. Sie heißt **machscher Kegel**, benannt nach dem österreichischen Physiker und Philosophen Mach. Der Öffnungswinkel der Einhüllenden wird mit zunehmender Sendergeschwindigkeit kleiner. Bei Flugzeugen, die die Schallmauer „durchbrechen", ruft der machsche Kegel eine starke Verdichtung der komprimierbaren Luft hervor. Man vernimmt ihn als lauten Knall.

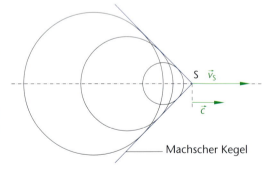

Bild 436: Bewegter Sender: $v_s > c$

Bewegter Empfänger im ruhenden Medium

Der Betrachter bzw. Empfänger E läuft mit der Geschwindigkeit $\vec{v}_E$ = konstant auf den Wellenerreger bzw. Sender S zu oder entfernt sich von ihm (B 437). S befindet sich relativ zum Medium in Ruhe. Er schwingt mit der konstanten Frequenz f_S. Die von ihm ausgehenden Wellen breiten sich im ruhenden Träger mit der konstanten Geschwindigkeit $\vec{c}$ allseitig aus. Die Wellenlänge λ ist fest.

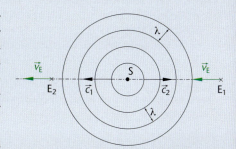

Bild 437: Bewegter Empfänger im ruhenden Medium

Bewegt sich der Empfänger relativ zum ruhenden Träger, so ändert sich für ihn die Ausbreitungsgeschwindigkeit $\vec{c}_{rsl}$ der Welle. Für diese gilt wegen $\vec{c} \parallel \vec{v}_E$: $c_{rsl} = c \pm v_E$. Man wählt:

- „+" bei Annäherung. Die vom ruhenden Sender emittierten Wellen erreichen den entgegenkommenden Empfänger E_1 früher als den ruhenden. Sie haben für ihn die größere Ausbreitungsgeschwindigkeit $c_{rsl} = c + v_E$.

- „−" bei Entfernung. Die vom ruhenden S ausgehenden Wellen erreichen den sich entfernenden Empfänger E_2 später als den ruhenden. Sie haben für ihn die kleinere Geschwindigkeit $c_{rsl} = c - v_E$. Für E_2 hat sich die Ausbreitungsgeschwindigkeit der Welle ab S verringert.

Die Empfänger $E_{1/2}$ registrieren Schwingungen der Frequenz f_E:

$$f_E = \frac{c_{rsl}}{\lambda} = \frac{c \pm v_E}{\lambda} = \frac{(c \pm v_E)f_S}{c} = f_S\left(1 \pm \frac{v_E}{c}\right).$$

Also:

- „+", falls $\vec{c} \uparrow\downarrow \vec{v}_E$; Annäherung;

- „−", falls $\vec{c} \uparrow\uparrow \vec{v}_E$; Entfernung.

Zusammenfassung: Der Dopplereffekt ist eine bei allen Wellenvorgängen beobachtbare Erscheinung, wenn Sender und Empfänger sich relativ zueinander bewegen. Laufen Sender und Empfänger aufeinander zu, so erhöht sich die von E wahrgenommene Frequenz, bei Entfernung voneinander nimmt sie für E ab. Die Frequenzänderung bei Schallwellen in einem ruhenden materiellen Medium heißt akustischer Dopplereffekt.

Bemerkungen:

- Für Annäherung und Entfernung erhält man verschiedene Ergebnisse, je nachdem, ob sich der Empfänger in Bewegung befindet oder der Sender. Schall benötigt außerdem ein materielles Medium. Daher kommt es auf die Bewegung von E und S relativ zueinander an und relativ zum ruhenden Medium. Man sollte dies bei der Lösung von Problemen bedenken.

- Die Ausbreitungsgeschwindigkeit c im ruhenden materiellen Medium hängt (meist) von vielen Einflussgrößen ab. Zu nennen sind Stoffdichte, Temperatur, Druck, Spannung des Materials usw. Daher ist die akustische „Schallmauer" keine konstante Grenzgeschwindigkeit.

VERSUCH

- Bewegen sich eine Schallquelle S und ein Schallempfänger E relativ zueinander mit konstanter Geschwindigkeit $\vec{v}$, so registriert E eine Frequenzänderung. Diese vernimmt man deutlich, wenn z. B. ein Auto mit eingeschalteter Hupe schnell am ruhenden Hörer vorbeifährt. Der Ton schlägt von hoch auf tief um, die Tonfrequenz verringert sich. Der Ton ändert sich ebenso bei ruhender Schallquelle und bewegtem Empfänger. So erklingt z. B. der Ton einer ortsfesten Glocke umso höher, je rascher man sich ihr nähert.

- Der Dopplereffekt wird bei der Geschwindigkeitsmessung bewegter Ziele (Flugzeug, Himmelskörper, atomare Teilchen) oder zur Trennung unterschiedlich schneller Objekte herangezogen.

Beispiel

Ein Mikrowellensender mit der Frequenz $f = 2,5$ GHz gibt seine Strahlung über einen Dipol D der Länge l ab. Zum Zeitpunkt $t_0 = 0$ nimmt die Stromstärke in D das Maximum ein.

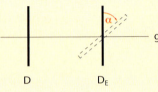

Bild 438

a) Man gebe eine geeignete Dipollänge an und skizziere die Verteilung der Stromstärke längs des Dipols.
Betrachtet werden der Senderdipol D und ein Empfangsdipol D_E parallel zueinander und senkrecht zur Verbindungsgeraden g der Dipolmitten (B 438). Die von D_E registrierte Schwingungsamplitude sei $\hat{E}_E$, die empfangene Leistungsamplitude $\hat{P}_E$.

b) Der Empfangsdipol wird um $\alpha = 30°$ mit der Geraden g als Achse gedreht. Man ermittle mithilfe einer Skizze, um wie viel Prozent sich durch diese Lageänderung die von D_E empfangene Leistung reduziert.
Zwischen den beiden Dipolen wird ein hertzsches Gitter so aufgestellt, dass die Verbindungsgerade g die Gitterebene senkrecht schneidet.

c) Man begründe, dass die Welle nach dem Durchgang durch das Gitter linear polarisiert ist. Der Empfangsdipol wird nun so weit gedreht, dass er zu seiner ursprünglichen Position senkrecht steht. Die Stäbe des hertzschen Gitters verlaufen anfangs parallel zu D. Sie werden um 30° gedreht; Drehachse ist wieder die Gerade g.

d) Man berechne mithilfe einer Skizze, wie viel Prozent der Schwingungsamplitude $\vec{E}_0$ vom Empfangsdipol jetzt noch aufgenommen werden.

Lösung:

a) Ein geeigneter Dipol hat die Länge $l = \frac{1}{2}\lambda$. Mit $\lambda f = c_0$ entsteht: $l = \frac{c_0}{2f}$. Mit Messwerten: $l = \frac{2,998 \cdot 10^8 \text{ ms}^{-1}}{2 \cdot 2,5 \cdot 10^9 \text{ s}^{-1}} = 6,0$ cm.

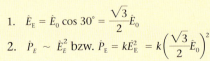

Bild 439

B 439 zeigt den Strom längs des Dipols im Zeitpunkt $t_0 = 0$.

b) B 440 zeigt die Zerlegung der von D abgestrahlten konstanten elektrischen Feldstärke $\vec{E}_0$ in die beiden Komponenten $\vec{E}_E$ parallel und $\vec{E}_n$ senkrecht zum Empfänger D_E. Nur $\vec{E}_E$ regt D_E zum Mitschwingen an. Man entnimmt der Skizze Folgendes:

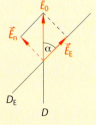

Bild 440

1. $\hat{E}_E = \hat{E}_0 \cos 30° = \frac{\sqrt{3}}{2}\hat{E}_0$

2. $\hat{P}_E \sim \hat{E}_E^2$ bzw. $\hat{P}_E = k\hat{E}_E^2 = k\left(\frac{\sqrt{3}}{2}\hat{E}_0\right)^2$

Somit: $\hat{P}_E = \dfrac{3}{4}\,k\hat{E}_0^2 = \dfrac{3}{4}\,\hat{P}_0$, denn das Quadrat der maximalen elektrischen Feldstärke

$\hat{E}_0$ in D,   also $\hat{E}_0^2$, entspricht der Leistungsamplitude $\hat{P}_0$ in D. Daraus folgt direkt:

Die Leistung reduziert sich um 25 %.

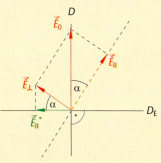

Bild 441

c)   Nach B 441 wird der Amplitudenvektor $\vec{E}_0$ der ankommen-
den Primärwelle in eine Komponente parallel ($\vec{E}_{||}$) und eine
senkrecht ($\vec{E}_\perp$) zu den Gitterstäben zerlegt. $\vec{E}_{||}$ regt die Elek-
tronen in den Stäben zu erzwungenen Schwingungen an.

Hinter dem Gitter tritt $\vec{E}_{||}$ nicht auf, da sich die
Primärwelle und die erzwungene Welle des Gitters auslö-
schen. $\vec{E}_\perp$ bleibt unbeeinflusst und durchläuft das Gitter.
Daher ist die durch das Gitter gelangende Welle senkrecht
zu den Gitterstäben polarisiert.

d)   B 441 veranschaulicht die Zerlegung der beteiligten elektrischen Feldstärkevektoren.
Der Empfänger D_E in seiner Endlage senkrecht zu D wird durch den konstanten Amplituden-
vektor $\vec{E}_{||}^*$ angeregt. Man erkennt sofort:

1. $\hat{E}_\perp = \hat{E}_0 \sin 30°$

2. $\hat{E}_{||}^* = \hat{E}_\perp \cos 30°$

Somit: $\hat{E}_{||}^* = \hat{E}_0 \sin 30° \cos 30°$, $\hat{E}_{||}^* = \dfrac{1}{2}\,\dfrac{\sqrt{3}}{2}\,\hat{E}_0 = 0{,}433\,\hat{E}_0$.

Der Empfangsdipol nimmt 43 % der Schwingungsamplitude $\hat{E}_0$ auf.

Aufgaben

1. Zwei fortschreitende Wellen mit gleicher Amplitude und Wellenlänge interferieren auf drei verschiedene Arten. Es entstehen Wellen mit folgenden Gleichungen:
I: $y(t; x) = 5{,}0\ m \sin(3{,}0\ m^{-1}x - 6{,}0\ s^{-1}t)$
II: $y(t; x) = 5{,}0\ m \sin(3{,}0\ m^{-1}x) \cos(6{,}0\ s^{-1}t)$
III: $y(t; x) = 5{,}0\ m \sin(3{,}0\ m^{-1}x + 6{,}0\ s^{-1}t)$
   a) Geben Sie an, bei welcher Gleichung sich die verursachenden Wellen in +x-Richtung (*),
   in −x-Richtung (**) oder in entgegengesetzter Richtung (***) ausbreiten.
   b) Bestimmen Sie für die stehende Welle, ob an der Stelle $x_0 = 0$ ein Schwingungsknoten oder
   -bauch vorliegt.
   c) Formen Sie die Gleichung der stehenden Welle in die Grundgleichung nach Kapitel 13.8.2 (*)
   um.

2. Eine stehende Seilwelle wird durch die Gleichung $y(t; x) = 0{,}040\ m \sin(5\pi\ m^{-1}x)\cos(40\pi\ s^{-1}t)$
beschrieben.
   a) Ermitteln Sie die Orte aller Knoten im Bereich $0 \le x \le 0{,}40\ m$.
   b) Bestimmen Sie die Periodendauer T aller schwingenden Punkte auf dem Seil.
   c) Die stehende Welle entsteht aus zwei entgegenlaufenden Wellen durch Interferenz. Berechnen
   Sie die Ausbreitungsgeschwindigkeit c und Amplitude $\hat{y}$ dieser Wellen sowie alle Zeitpunkte t,
   $0 \le t \le 0{,}050\ s$, in denen alle Seilelemente eine verschwindende Teilchengeschwindigkeit haben.

3. a) Ein Notfallfahrzeug mit eingeschaltetem Martinshorn (f = 450 Hz) nähert sich mit der Geschwindigkeit v = 95 km/h einem Unfallort. Berechnen Sie die Frequenz f, die ein dort stehender Polizist hört.

   b) Ein zweiter Notfallwagen fährt dem ersten entgegen und registriert dabei die Frequenz 540 Hz. Bestimmen Sie die Fahrgeschwindigkeit v des zweiten Wagens.

4. Ein Pkw fährt mit der Geschwindigkeit v an einem stehenden Beobachter vorbei. Der Fahrer hupt mit der Frequenz f. Der Beobachter registriert in diesem Augenblick eine Frequenzänderung. Überlegen Sie, wann der gehörte Ton höher oder tiefer ist, und zeigen Sie durch allgemeine Rechnung, dass das Frequenzverhältnis der Töne $\dfrac{f_1}{f_2} = \dfrac{c + v}{c - v}$ beträgt.

5. Die Frequenz der 3. Oberschwingung einer beidseitig befestigten Seilwelle beträgt $f_3 = 92{,}0$ Hz, die konstante Ausbreitungsgeschwindigkeit $c = 0{,}780 \ kms^{-1}$.

   a) Beschreiben Sie die Herstellung eines solchen stabilen Zustandes durch eine geeignete Versuchsskizze mit Legende.

   b) Berechnen Sie die Länge l des Seils.

   c) Geben Sie mit einer kurzen Begründung an, welche physikalische Größe mit diesem Versuch einfach zu messen ist.

Ein Beobachter, eingesperrt in einen völlig abgeschlossenen Wagen, kann durch mechanische Versuche, also unter Verwendung klassischer Verfahren der Physik, nicht entscheiden, ob der Wagen ruht oder sich mit konstanter Geschwindigkeit $\vec{v}$ bewegt. Neben dieser Problemstellung gab es am Ende des 19. Jahrhundert eine Reihe widerspruchsvoller Betrachtungen im Zusammenhang mit der Ausbreitungsgeschwindigkeit von Licht. Dazu gehörte auch die Frage, ob sich materielle Körper im Vakuum schneller als Licht bewegen können.

Ab 1905 entwickelte der deutsche Physiker Einstein eine neue physikalische Theorie, die **Spezielle Relativitätstheorie**. Er konnte sich hierbei auf grundlegende Vorarbeiten der Physiker Mach (Österreich), Lorentz (Niederlande), Minkowski (Litauen, Deutschland) und Poincaré (Frankreich) stützen. Diese Theorie betraf zunächst nur die Mechanik, später auch elektromagnetische Fragestellungen. Sie führte zu einem neuen Verständnis von Länge und Zeit, Masse, Impuls und Energie. Zeit und Raum stellen keine absoluten Größen dar, sie werden abhängig vom jeweiligen Beobachtungssystem wahrgenommen. Die Ergebnisse der Speziellen Relativitätstheorie sind heute experimentell bestätigt. Sie finden z. B. Anwendung in der Astronomie, Atomphysik und Elektronik.

Die erweiterte Fassung der Speziellen Relativitätstheorie, die Allgemeine Relativitätstheorie, ermöglicht ein wesentlich vertieftes Verständnis der Gravitation.

14.1 Michelsonexperiment und frühe Folgerungen

Gegen Ende des 19. Jahrhunderts bestand in der Physik die Annahme, dass Licht wie mechanische Wellen für die Ausbreitung ein stoffliches Medium, einen Energieträger, den sogenannten (Welt-)Äther, benötigt. Dieser hypothetische Stoff sollte gegenüber dem Fixsternhimmel unbeweglich sein und ein absolutes ruhendes räumliches Bezugssystem darstellen.

Falls ein solcher Äther existierte, müsste die Erde mit ihrer Eigendrehung um die Achse und ihrer Bewegung auf einer Bahn um die Sonne durch diesen Äther hindurchlaufen. Einem ruhenden Betrachter B auf der Erde würde ein „Ätherwind" mit der „Windgeschwindigkeit" $\vec{v}_r$ relativ zur Erde entgegenkommen wie einem Radfahrer der Fahrwind, wenn er im Sommer durch stehende Luft radelt. Für B gälte also $\vec{v}_r = -\vec{v}_E$ bzw. betragsmäßig $v_r = v_E$, falls $\vec{v}_E$ die Geschwindigkeit der Erde ist (B 442).

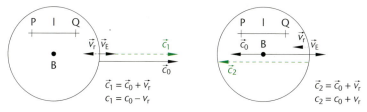

Bild 442: Vorüberlegung zum Michelsonexperiment

Bei Vorhandensein eines Äthers ergäbe sich für B nach dem Überlagerungsprinzip der Mechanik die jeweils konstante Ausbreitungsgeschwindigkeit $\vec{c}_{1/2}$ des Lichts in der Form:

- $\vec{c}_0 + \vec{v}_r = \vec{c}_1$ bzw. $c_1 = c_0 - v_r$, falls sich Licht und Erde gleichsinnig bewegen, Licht und Ätherwind also gegensinnig sind: $\vec{c}_0 \uparrow\downarrow \vec{v}_r$.
- $\vec{c}_0 + \vec{v}_r = \vec{c}_2$ bzw. $c_2 = c_0 + v_r$, falls gilt: $\vec{c}_0 \uparrow\uparrow \vec{v}_r$.

$\vec{c}_0$ ist die Lichtgeschwindigkeit im Vakuum für die ruhend gedachte Erde bzw. im Bezugssystem des ruhenden Äthers.

Ein Lichtsignal auf der Erde längs der Strecke $\overline{PQ}$ mit der Länge l sollte wegen $c_1 < c_2$ zwei verschiedene Laufzeiten $t_{1,2}$ benötigen:

$$l = c_1 t_1, \; t_1 = \frac{l}{c_0 - v_r} \text{ bzw. } l = c_2 t_2, \; t_2 = \frac{l}{c_0 + v_r}; \text{ es gilt } t_1 > t_2. \qquad (*)$$

Der Laufzeitunterschied $\Delta t = t_1 - t_2 = \dfrac{l}{c_0 - v_r} - \dfrac{l}{c_0 + v_r}$ lässt sich bei einer Messstrecke von $l = 10$ km und $v_r = v_E \approx 30$ kms^{-1} auf $\Delta t = 7 \cdot 10^{-9}$ s abschätzen. Ein solch kleiner Zeitunterschied war gegen Ende des 19. Jahrhunderts nicht direkt messbar, heute kann er mit Atomuhren ermittelt werden. Der amerikanische Physiker Michelson entwickelte ab 1880 eine spezielle Experimentieranordnung, das Interferometer. Es ermöglicht ein Kontrollexperiment zur Ätherhypothese ohne Zeitmessung.

Michelsonversuch zur Ätherhypothese (B 443)

L: Lichtquelle
G: halbdurchlässiger Spiegel
S_1, S_2: Spiegel
F: Fernrohr

Versuchsdurchführung und Beobachtung:
Von der Lichtquelle L fällt monochromatisches Licht auf eine geneigte Glasplatte G, die auf ihrer Vorderseite mit einer halbdurchlässigen Metallschicht überzogen ist. Ein Teil des Lichts tritt durch G und gelangt zum Spiegel S_1. Nach der Reflexion an S_1 läuft das Licht nach G zurück. Dort wird es in zwei Bündel zerlegt. Eines

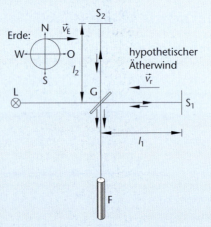

Das im Fernrohr zu beobachtende Interferenzmuster sollte sich beim Drehen des Interferometers verändern.

Bild 443: Michelsonversuch zur Ätherhypothese

kehrt zur Lichtquelle zurück und ist ohne Bedeutung. Das andere Lichtbündel wird reflektiert und gelangt in das Beobachtungsfernrohr F.

Der andere Teil des Lichts aus der Quelle wird am Strahlteiler G reflektiert und gelangt zum Spiegel S_2. Nach der Reflexion an S_2 laufen die Lichtstrahlen teilweise durch G und gelangen ebenfalls in das Beobachtungsrohr F, der Rest kehrt nach L zurück. Beide Lichtwege GS_1 und

GS$_2$ stehen aufeinander senkrecht. Die Überlagerung der beiden Lichtbündel im Fernrohr führt zur Interferenz, es entsteht ein System heller und dunkler Streifen.

Der zur Interferenz erforderliche Gangunterschied der beiden interferierenden Lichtwellenzüge GS$_1$G und GS$_2$G kann zwei Gründe haben:

- Die Längen l_1 und l_2 der beiden Interferometerarme am Gerät sind unterschiedlich, man kann experimentell $l_1 = l_2$ nicht exakt einstellen.
- Der Ätherwind beeinflusst den parallel gelegenen Lichtweg GS$_1$G, nicht aber den senkrechten Lichtverlauf GS$_2$G. Daher kommt es zu verschiedenen Laufzeiten längs der beiden Ausbreitungswege. Die Laufzeitdifferenz hätte einen geringen Gangunterschied und damit ein Interferenzmuster zur Folge.

Erklärung (B 444):

Auf den Wegen GS$_1$ und S$_1$G gilt $\vec{c}_0 \| \vec{v}_r$. Hier entsteht nach der Abschätzung (*) von zuvor der Laufzeitunterschied $\Delta t = t_1 - t_2$, falls es den Äther gibt. Dagegen besteht kein Laufzeitunterschied für die Wege GS$_2$ und S$_2$G, da $\vec{c}_0 \perp \vec{v}_r$.

Nach dem Drehen des Interferometers um 90° zeigt der Arm GS$_2$ in Richtung des hypothetischen Ätherwindes nach links und der Arm GS$_1$ senkrecht nach oben. Da sich während der Drehung die Mechanik des Versuchs nicht ändert, ist eine technisch bedingte Änderung des Interferenzmusters auszuschließen. Dagegen kehren sich die horizontalen Durchgänge des Lichts in einem existierenden Äther um. Es läuft nun zuerst nach links, dann nach rechts. Der sich ändernde Gangunterschied müsste zu einer beobachtbaren Verschiebung der Interferenzmaxima führen (B 444), wie auch weitergehende Überlegungen bestätigen.

Der Michelsonversuch wurde an verschiedenen Orten der Erde zu unterschiedlichen Zeiten wiederholt und der rechte Winkel der Lichtwege relativ zur Erdbahn verändert.

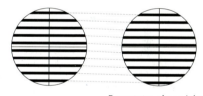

Erwartete, aber nicht beobachtete Verschiebung

Bild 444

Ergebnis:

- Eine Verschiebung der Interferenzmaxima wurde nicht beobachtet. Die Hypothese vom Weltäther als stofflichem Medium für die Ausbreitung elektromagnetischer Wellen wurde verworfen; es gibt keinen Äther.
- Es wurde erkannt, dass die Vakuumlichtgeschwindigkeit c_0 konstant ist.

14.2 Grundaussagen der Speziellen Relativitätstheorie

Einstein sah einige Jahre später in den Ergebnissen der Michelsonexperimente die Bestätigung grundlegender Naturprinzipien. Er leitete daraus zwei Grundaussagen ab, auf denen die Spezielle Relativitätstheorie ruht.

Erste Grundaussage oder **Prinzip von der Konstanz der Lichtgeschwindigkeit:**

▸ **Licht und elektromagnetische Wellen breiten sich in jedem Inertialsystem in allen Richtungen mit der gleichen konstanten Geschwindigkeit c_0 im Vakuum aus. Sie ist für alle Beobachter eine absolute Naturkonstante, unabhängig von der Geschwindigkeit der Lichtquelle und der des Beobachters.**

Zur Erinnerung: Ein Inertialsystem ist ein Bezugssystem, in dem das Trägheitsaxiom von Newton gilt.

Beispiel

B 445 oben zeigt einen ruhenden Beobachter B am Straßenrand (System S) und ein Auto (System S'), das sich relativ zu S mit der Geschwindigkeit $\vec{v}$ = konstant einer im System S ruhenden Warnleuchte W nach links nähert. In beiden Systemen breitet sich das Licht der Scheinwerfer und Bremsleuchten am Auto in und gegen die Fahrtrichtung mit derselben konstanten Lichtgeschwindigkeit c_0 aus (und nicht mit ($c_0 + v$) oder ($c_0 - v$)). Ebenso messen S und S' für das von W ausgehende Licht jeweils dieselbe Geschwindigkeit c_0.

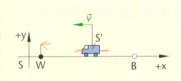

Bild 445: Konstanz der Lichtgeschwindigkeit

In B 445 unten ist das Auto das ruhende Bezugssystem S'. Jetzt bewegen sich Leuchte W und Beobachter B, beide im System S in Ruhe, relativ zu S' mit der Geschwindigkeit $\vec{v}$ = konstant nach rechts. Erneut nehmen S und S' dieselbe Lichtgeschwindigkeit c_0 für das von W ausgehende Licht wahr.

Beide Bilder im Beispiel führen zu gleichen Aussagen: Die Lichtgeschwindigkeit c_0 hängt nicht vom Bewegungszustand der Lichtquelle und der Inertialsysteme relativ zueinander ab; keines der beiden Systeme ist hervorgehoben, beide sind gleichwertig. Jede Feststellung, ob ein Körper sich bewegt oder ruht, hängt nur von der Wahl des Inertialsystems ab.

B 445 verdeutlicht außerdem, dass das Prinzip von der ungestörten Überlagerung der Bewegungen, das in der Mechanik, bei Schwingungen und Wellen zur Anwendung kommt, nicht allgemeingültig ist. Es gilt nur für Geschwindigkeiten, die klein sind gegenüber der Vakuumlichtgeschwindigkeit c_0, es hat also nur in der klassischen Physik Bedeutung.

Zusatzbetrachtung: In den Inertialsystemen S und S' fällt ein ruhender Apfel frei zu Boden. Beide Male wird der freie Fall durch die Grundgleichung der Mechanik $F = ma$ und durch die Bewegungsgesetze $s = \frac{1}{2}gt$, $v = gt$ gleichermaßen richtig beschrieben. Die Gesetze der Physik gelten also in beliebigen Inertialsystemen. Dagegen ist der Bahnverlauf des fallenden Apfels systemabhängig. Er ist geradlinig aus der Sicht des einen oder parabelförmig aus der Sicht des anderen Systems, falls sich S und S' parallel zueinander bewegen. Einstein fasste diese Überlegungen zu einer weiteren Grundaussage zusammen:

Zweite Grundaussage oder **Relativitätsprinzip:**

▸ **Alle Inertialsysteme sind physikalisch gleichwertig. Insbesondere gibt es keinen Zustand der absoluten Ruhe. Zwei Beobachter, die sich mit der konstanten Geschwindigkeit $\vec{v}_r$ relativ zueinander bewegen, stellen in ihren Inertialsystemen dieselben physikalischen Gesetze fest.**

Beide Prinzipien beruhen allein auf Erfahrung. Ihre Richtigkeit prüft man dadurch, dass deduktiv aus ihnen abgeleitete Folgerungen und Ergebnisse experimentell bestätigt werden müssen.

14.3 Überlegungen zur Zeitmessung

Bis zum Jahr 1905 galt in der Physik die auf Newton zurück gehende Vorstellung, dass die Zeit eine absolute Größe ist. Die Zeitdauer $\Delta t = t_2 - t_1$ für einen Vorgang sollte in allen Inertialsystemen stets gleich sein. Aber schon folgende Überlegung weckt Zweifel an dieser Zeitvorstellung. Bewegungen lassen sich erst nach Wahl eines Bezugssystems erfassen und messen. Ort und Ortsänderung ergeben sich mithilfe der Achsen des Systems, der Zeitpunkt mit einer Uhr. Genau genommen benötigt man in jedem Bahnpunkt oder an jedem Ereignisort eine eigene Uhr. Der Beobachter liest nämlich an einer entfernt liegenden Uhr wegen der Laufzeit des Lichts zu ihm hin immer nur den Zeitpunkt des früheren Bahnortes ab, nicht den aktuellen des gegenwärtigen Bahnpunktes. Ebenso liest er an der Uhr am Ereignisort den Zeitpunkt eines Vorgangs im früheren Stadium ab, nicht den des aktuellen. Kurz: Der Zeitpunkt, den man beim Ablesen der Uhr am Ereignisort wahrnimmt, bezieht sich auf vergangenes Geschehen.

Auf der Basis dieser Überlegungen unterzog Einstein den Zeitbegriff einer kritischen Betrachtung. Er kam zu folgender Aussage über die **Gleichzeitigkeit** zweier Vorgänge bzw. Ereignisse (B 446):

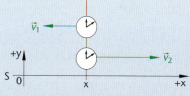

Bild 446

▸ Zwei Vorgänge an den Orten P_1 und P_2, $P_1 \neq P_2$, eines Inertialsystems finden dann gleichzeitig statt, wenn im Moment der Vorgänge die von P_1 und P_2 gleichzeitig ausgehenden Lichtsignale sich im selben Augenblick im exakten Mittelpunkt M der geometrischen Verbindungslinie von P_1 und P_2 treffen.

Diese Festlegung unter Einbeziehung des Prinzips von der Konstanz der Vakuumlichtgeschwindigkeit c_0 verwendete Einstein zur Synchronisation von Uhren, also zur Herstellung ihres zeitlichen Gleichlaufs.

Gedankenexperimente zur Synchronisation von Uhren (B 447)

Ideale Uhren am selben Ort x eines Inertialsystems kann man direkt miteinander vergleichen, auch wenn sie sich mit den Geschwindigkeiten $\vec{v}_1$ und $\vec{v}_2$ gegensinnig parallel zueinander bewegen. Ein Beobachter am Ort x muss keine Laufzeit des Lichtes berücksichtigen.

Ideale Uhren an verschiedenen Orten werden gestartet, wenn sie das Lichtsignal von einer in der geometrischen Mitte zwischen ihnen befindlichen Lichtquelle erreicht, da sich das Licht in alle Raumrichtungen mit gleicher Geschwindigkeit c_0 ausbreitet. Werden diese Uhren wie in B 448 gleichzeitig in Gang gesetzt, so heißen sie durch Lichtsignale synchronisiert. Man bezeichnet dieses Verfahren als **Einstein-Synchronisation.**

Nach diesen Überlegungen ist es möglich, die Zeitdauer von Ereignissen exakt zu messen und miteinander zu vergleichen.

VERSUCH

Bild 447: Synchronisation von Uhren

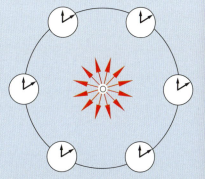

Bild 448: Einstein-Synchronisation

Gedankenversuch: Zeitmessung mithilfe einer Lichtuhr (B 449)

Zeit lässt sich mit Uhren messen. In der Physik kann eine Uhr durch einen periodischen Vorgang realisiert werden. Geeignet sind etwa die periodischen Schwingungen eines Fadenpendels oder von Atomen oder die Schwingungsdauer elektromagnetischer Wellen. Bei der sogenannten **Lichtuhr** dient ein Lichtsignal als periodischer Taktgeber. Das Lichtsignal wird nach dem Auslösen an zwei idealen Spiegeln S_1, S_2 reflektiert; es bewegt sich mit der konstanten Geschwindigkeit c_0 zwischen ihnen hin und her. Jedes Mal, wenn das Lichtsignal auf einen Spiegel trifft, läuft die Anzeige eines Zählers um eine Einheit weiter. Beträgt der Abstand der beiden Spiegel $d = 3{,}0$ m, so tickt die Uhr im Rhythmus von 10 ns, denn es gilt:

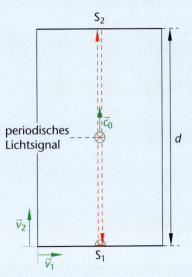

$$d = c_0 \Delta t, \; 3{,}0 \text{ m} = 3{,}0 \cdot 10^8 \, \frac{\text{m}}{\text{s}} \Delta t \Rightarrow \Delta t = 10 \text{ ns.}$$

Die Geschwindigkeit c_0 des Lichts zwischen S_1 und S_2 ist unabhängig (!) von der konstanten Geschwindigkeit $\vec{v}$, zum Beispiel $\vec{v}_1$ oder $\vec{v}_2$, mit der sich die Lichtuhr selbst bewegt.

Bild 449: Lichtuhr

Gedankenexperiment zur Gleichzeitigkeit von Ereignissen (B 450)

In der exakten Mitte eines in $+x$-Richtung mit der konstanten Geschwindigkeit $\vec{v}$ bewegten Wagens (S') ist eine Lichtuhr L angebracht und löst Lichtsignale aus. Die idealen Spiegel S_1, S_2 befinden sich an den Wagenenden, die Lichtsignale verlaufen parallel zur x-Richtung. Sie treffen für den mitfahrenden Beobachter B' an beiden Wagenenden gleichzeitig ein. Ein auf der Erde (S) ruhender Beobachter B stellt jedoch fest, dass das hintere Wagenende mit dem Spiegel S_1 dem nach links laufenden Lichtsignal entgegenkommt, während das nach rechts laufende Lichtsignal dem vorderen Wagenende mit dem Spiegel S_2 nacheilt. Dementsprechend registriert B, dass die Lichtsignale bei den Spiegeln zu verschiedenen Zeitpunkten t_1 und t_2 ankommen. Bei einer Bewegungsrichtung des Wagens nach links kehrt sich die Reihenfolge der Ereignisse um.

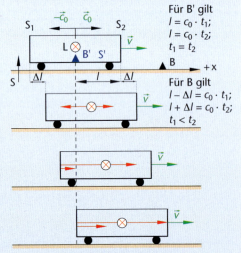

Für B' gilt
$l = c_0 \cdot t_1$;
$l = c_0 \cdot t_2$;
$t_1 = t_2$

Für B gilt
$l - \Delta l = c_0 \cdot t_1$;
$l + \Delta l = c_0 \cdot t_2$;
$t_1 < t_2$

Bild 450: Relativität der Gleichzeitigkeit
Lichtsignal ab L legt in gleicher Zeitdauer …
– gleichen Weg zurück, sagt B´
– unterschiedlich lange Wege zurück, sagt B

Man erkennt: Die Gleichzeitigkeit zweier Ereignisse ist relativ; sie hängt vom Bezugssystem des jeweiligen Betrachters ab. Es gibt keine absolute Gleichzeitigkeit von räumlich getrennten

Ereignissen für Beobachter in beliebigen Inertialsystemen S und S'. Im Alltag bemerken wir von dieser Zeitdifferenz nichts, da sie zu gering ist.

▸ **Relativität der Gleichzeitigkeit:**
  Ereignisse, die an verschiedenen Orten in einem Inertialsystem gleichzeitig stattfinden, ereignen sich aus der Sicht eines anderen, relativ zum ersten bewegten Inertialsystems zu verschiedenen Zeiten.

14.4 Zeitdilatation

Folgende Frage lässt sich aufwerfen: Welche Zeitdauer benötigt ein und derselbe physikalische Vorgang in zwei Inertialsystemen S und S', falls sich beide relativ zueinander mit der Geschwindigkeit $\vec{v}$ = konstant bewegen und System S mit synchronisierten Uhren ausgestattet ist?

Gedankenexperiment mit Lichtuhren (B 451)

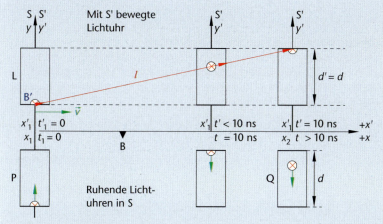

Bild 451: Zur Zeitdilatation

Der Gang einer bewegten Lichtuhr L wird in zwei Inertialsystemen gemessen, die Messergebnisse werden verglichen. Während der Messung bewegt sich das System S' relativ zum System S mit der Geschwindigkeit $\vec{v}$ = konstant gleichsinnig parallel zur +x-Achse von S. Im Inertialsystem S sind an den Orten $x_1 = 0$ und x_2 zwei synchronisierte Uhren P und Q befestigt. Die im System S' am Ort $x'_1 = 0$ ruhend installierte Uhr L bewegt sich wie S' mit der konstanten Geschwindigkeit $\vec{v}$ an P und Q im System S vorbei. Im Zeitpunkt $t_1 = t'_1 = 0$ liegen sich L und P am Ort $x_1 = x'_1 = 0$ gegenüber, die Zeitmessung beginnt.

Läuft L an Q vorbei, so werden beide Uhren gestoppt. Die Uhren P und Q messen im System S für das Ereignis „L bewegt sich geradlinig und gleichförmig von P nach Q" die Zeitdauer Δt, wobei gilt: $x_2 = v \Delta t$. Ein in S' ruhender Beobachter B' misst mit der Lichtuhr L für die gleiche Ortsänderung $\Delta x = x_2 - x_1 = x_2$ im System S eine andere Zeitdauer $\Delta t'$.

Man nennt die im System S', also die von einer gegen S bewegten Uhr registrierte Zeitdauer für einen Vorgang am festen Ort x'_1, hier $x'_1 = 0$, die **Eigenzeit** Δt_E bzw. $\Delta t'$. Zwischen den Zeitspannen $\Delta t_E = \Delta t'$ im System S' und Δt im System S besteht ein Zusammenhang (B 451), den man wie folgt gewinnt:

Das in der Lichtuhr L im Zeitpunkt $t_{,1}' = 0$ ausgelöste Lichtsignal durchläuft während der Eigenzeit $\Delta t'$ für den gegen S bewegten Beobachter B' die Streckenlänge $d = d' = c_0 \Delta t'$. Für den in S ruhenden Betrachter B legt das Lichtsignal in L den Weg der Länge $l = c_0 \Delta t$ in Form einer Hypotenuse zurück. Er rechnet nach Pythagoras:

$$d'^2 + x_2^2 = l^2,\ (c_0\Delta t')^2 + (v\Delta t)^2 = (c_0\Delta t)^2,\ (c_0^2 - v^2)(\Delta t)^2 = c_0^2(\Delta t')^2,\ (\Delta t)^2 = \frac{c_0^2}{c_0^2 - v^2}(\Delta t')^2,$$

$$\Delta t = \sqrt{\frac{\frac{1}{c_0^2 - v^2}(\Delta t')^2}{c_0^2}},\ \Delta t = \frac{1}{\sqrt{1 - \left(\frac{v}{c_0}\right)^2}}\Delta t'\ \text{bzw.}\ \Delta t = \frac{1}{\sqrt{1 - \left(\frac{v}{c_0}\right)^2}}\Delta t_\text{E}.$$

Da nach dem Prinzip von der Konstanz der Lichtgeschwindigkeit stets $v < c_0$ ist, folgt $\frac{1}{\sqrt{1 - \left(\frac{v}{c_0}\right)^2}} > 1$ und daher $\Delta t > \Delta t' = \Delta t_\text{E}$. Man kann sagen: Für die gleiche Ortsänderung $\Delta x = d = d'$ des Lichtsignals, also für das gleiche Ereignis, misst die gegen S bewegte Uhr L in S' weniger Zeit als die in S ruhenden und synchronisierten Uhren P und Q. Anders gesagt: Bewegte Uhren gehen langsamer als ruhende. Man bezeichnet dieses Ergebnis als

▸ **Zeitdilatation, Zeitdehnung oder Relativität der Zeitmessung:**
Eine relativ zu einem Inertialsystem S mit der konstanten Geschwindigkeit $\vec{v}$ bewegte Uhr misst für einen Vorgang bzw. ein Ereignis an einem festen Ort x_1' im Inertialsystem S' die Eigenzeit $\Delta t_\text{E} = \Delta t'$. Sie ist beim selben Vorgang bzw. Ereignis kleiner als die Zeitdauer Δt für einen Beobachter im System S.

Bemerkungen:

▪ Der Term $\dfrac{1}{\sqrt{1 - \left(\frac{v}{c_0}\right)^2}}$ ist bedeutsam für die gesamte Spezielle Relativitätstheorie.

Man ersetzt diesen Faktor für die Zeitdilatation häufig durch den Buchstaben γ. $\gamma = \dfrac{1}{\sqrt{1 - \left(\frac{v}{c_0}\right)^2}}$ heißt **Lorentz-Faktor**. Dann lässt sich das obige Ergebnis kurz angeben

in der Form: $\Delta t = \gamma \Delta t'$ bzw. $\Delta t = \gamma \Delta t_\text{E}$. Eine bewegte Uhr geht langsamer als ein Satz ruhender synchronisierter Uhren, an denen sie vorbeikommt.

▪ „Ruhe" und „Bewegung" verlieren in der Relativitätstheorie ihren Sinn. Tatsächlich kann man jedes bewegte System als ruhend und jedes ruhende System als bewegt ansehen. Von Bedeutung ist nur die Relativbewegung der Systeme zueinander. Da man diese Begriffe sprachlich verwendet und ihnen eine anschauliche Bedeutung beimisst, ist folgende Ergänzung wichtig: Ein Inertialsystem S heißt ruhend, wenn in ihm mindestens zwei synchronisierte Uhren fest installiert sind. In jedem gegen S bewegten Inertialsystem S' laufen die Uhren gegenüber den Uhren in S nicht mehr synchron, sie unterliegen der Zeitdilatation.

▪ Bei der Zeitdilatation sind zwei Sonderfälle zu beachten:

 – I: $v \to c_0$ bzw. $\gamma \to \infty$: Ein Vorgang im System S' dauert im System S unbegrenzt lange, er wird nie abgeschlossen. Für $v = c_0$ ist der Faktor $\gamma = \dfrac{1}{\sqrt{1 - \left(\frac{v}{c_0}\right)^2}}$ mathematisch nicht definiert. Die Vakuumlichtgeschwindigkeit c_0 erweist sich als obere Geschwindigkeitsgrenze. Zusätzlich erhält man die Aussage, dass c_0 die obere Grenzgeschwindigkeit für Informations- und Energieübertragungen mithilfe elektromagnetischer Wellen ist.

– II: $v \ll c_0$ bzw. $\gamma \to 1$: Die Gleichung für die Zeitdilatation geht über in $\Delta t = \Delta t'$. Diese Aussage stimmt mit den Vorstellungen der klassischen Physik (und des Alltags) überein.

- Dagegen muss die Zeitdilatation bei satellitengestützten Navigationssystemen wie GPS (USA) oder Galileo (Europa) zwingend berücksichtigt werden, um eine Positionsgenauigkeit von etwa 10 m zu gewährleisten.

14.5 Längenkontraktion, Relativität der Längenmessung

Da in allen Inertialsystemen dieselbe Lichtgeschwindigkeit c_0 besteht, liefert die Laufzeit eines Lichtsignals ein Maß für die Länge eines Körpers. In zwei relativ zueinander bewegten Inertialsystemen werden infolge der Zeitdilatation für denselben Vorgang unterschiedliche Zeitspannen gemessen. Folglich sind auch unterschiedliche Messergebnisse bei der Längenmessung mit Licht zu erwarten, falls die Länge des Körpers in Bewegungsrichtung betrachtet wird.

Gedankenexperiment zur Längenmessung (B 452)

In dem mit der konstanten Geschwindigkeit $\vec{v}$ in Richtung der positiven x-Achse eines Systems S bewegten Inertialsystem S' ruht ein Körper, z. B. ein Messstab, parallel zur x'-Achse. Er hat im System S' die **Eigenlänge** bzw. **Ruhelänge** $l_R = l' = x'_2 - x'_1$. Licht benötigt zum Durchlaufen der Messstablänge l_R im System S' die Eigenzeit Δt_E.

Diesen Vorgang betrachten wir nun im System S. Es bewegt sich relativ zum jetzt ruhenden System S' mit der konstanten Geschwindigkeit $-\vec{v}$ und mit ihm eine z. B. am Ort $x_0 = 0$ fest installierte Uhr L. Dabei gilt: $|-\vec{v}| = |\vec{v}| = v$.

Der Zeitdauer für den genannten Messvorgang in S' entspricht im bewegten S die kürzere Zeitdauer Δt. Zwischen Δt_E und Δt besteht mithilfe der Zeitdilatation der Zusammenhang: $\Delta t_E = \gamma \Delta t$, $\Delta t = \dfrac{1}{\gamma} \Delta t_E$.

Die Länge l des Messstabs vom System S aus betrachtet erhält man in zwei Schritten: Am vorderen und hinteren Ende des Körpers sind die synchronisierten Uhren P und Q des Systems S' angebracht. Für den Vorgang „der Stab bzw. Körper bewegt sich an der Uhr L vorbei" messen die Uhren P und Q die Zeitspanne $\Delta t' = \Delta t_E$. Daraus entsteht in S' die Körperlänge $l_R = v \Delta t' = v \Delta t_E$.

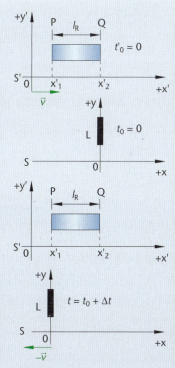

Bild 452: Zur Längenkontraktion

Die gegen S' bewegte Uhr L misst für den gleichen Vorgang die Zeitspanne Δt mit $\Delta t = \dfrac{1}{\gamma} \Delta t' = \dfrac{1}{\gamma} \Delta t_E$. Für einen im System S ruhenden Beobachter ergibt sich somit folgende

Körperlänge l: $l = v \Delta t = v \dfrac{1}{\gamma} \Delta t' = \dfrac{1}{\gamma} l_R$ bzw. $l = l_R \sqrt{1 - \left(\dfrac{v}{c_0}\right)^2}$ mit $l < l_R$ (!).

Der kürzeren Zeitdauer Δt im System S entspricht die kürzere Länge l des Körpers.
Als Ergebnis ist festzuhalten:

▸ **Längenkontraktion, Längenzusammenziehung oder Relativität der Längenmessung: Längenkontraktion bedeutet die Tatsache, dass für einen Beobachter die Länge eines relativ zu ihm bewegten Körpers in der Bewegungsrichtung kleiner ist als für einen Beobachter, in dessen Inertialsystem der Körper ruht.**

Bemerkungen:

- Die Definition der Eigenlänge bzw. Ruhelänge l_R sei nochmals genannt: Die Länge eines in einem Inertialsystem S′ parallel zur x'-Achse ruhenden Körpers heißt Eigenlänge l_R: $l_R = x'_2 - x'_1$.

- Die Länge l eines Körpers wird von einem Betrachter, der sich relativ zu ihm parallel und mit $\vec{v}$ = konstant bewegt, kürzer gemessen als von einem, der relativ zum Körper ruht.

- Senkrecht zur Bewegungsrichtung eines Inertialsystems liegende Körper erscheinen in ihrer Länge für ein anderes Inertialsystem unverändert. Die Begründung folgt aus den Bildern B 449, 450.

- Zeitdilatation und Längenkontraktion treten stets gemeinsam auf.

- Die Ergebnisse der Kapitel 14.3 bis 14.5 zusammengefasst lassen die Schlussfolgerung zu, dass Zeit und Raum keine absoluten Größen sind. Beide werden immer nur abhängig vom jeweiligen Inertialsystem wahrgenommen.

14.6 Myonenexperiment

Anhand zweier Beispiele sollen die bisherigen Aussagen der Speziellen Relativitätstheorie bekräftigt werden.

1. Beispiel

Zeitdilatation und Längenkontraktion sind durch Beobachtung und Experiment sehr genau bestätigt. Der Myonenzerfall in der Erdatmosphäre soll dies belegen.

Durch energiereiche kosmische Strahlung aus dem Weltraum entstehen in etwa 20 km Höhe über der Erdoberfläche Myonen. Dies sind instabile Elementarteilchen mit der Halbwertszeit $T_{1/2} = \Delta t_E = 1{,}52\ \mu s$. $T_{1/2}$ bedeutet vorläufig die Zeitdauer, in der z. B. aus 100 Millionen Myonen genau 50 Millionen Myonen werden, aus 50 Millionen dann 25 Millionen usw. Der Myonenzerfall stellt wegen der sich ständig wiederholenden Halbwertszeit Δt_E (= Periodizität) eine Uhr dar. Da sich die Myonen etwa mit der Geschwindigkeit $v = 0{,}993\ c_0$ gegenüber der ruhend gedachten Erde bewegen, sollte aus ihrer Sicht nach $\Delta s_E = 0{,}993 c_0 t_E$, $\Delta s_E = 450$ m nur noch die Hälfte aller ursprünglich gebildeten Myonen existieren. Bei fortgesetztem Zerfall ist die Anzahl der Myonen, die auf der Erdoberfläche schließlich auftrifft, fast null.

Messungen auf Meereshöhe ergeben jedoch einen deutlich über null liegenden Anteil. Dieses Ergebnis lässt sich nur dadurch verstehen, dass ein Beobachter im ruhenden System Erde infolge der Zeitdilatation die längere Halbwertszeit

$$\Delta t = \frac{1}{\sqrt{1 - \left(\dfrac{v}{c_0}\right)^2}} \Delta t_E,\ \Delta t = \frac{1}{\sqrt{1 - \left(\dfrac{0{,}993 \cdot c_0}{c_0}\right)^2}} \cdot 1{,}52\ \mu s,\ \Delta t = 13\ \mu s$$ registriert. Auf diese

Weise erscheint das Messergebnis auf Meereshöhe nachvollziehbar: Die Myonen „leben" für den ruhenden Erdbewohner länger. Bestimmt man nämlich die zur Bewegungsstrecke $\Delta s_E = 450$ m im System „Myon" gehörige Strecke im ruhenden Erdsystem, so ergibt sich als Laufstrecke $\Delta s = \Delta s_E \gamma$, $\Delta s = 450$ m $\cdot \dfrac{1}{0,118}$, $\Delta s = 3800$ m. Für einen Erdling halbiert sich die ursprüngliche Gesamtheit aller Myonen also erst nach der Laufstrecke $\Delta s = 3,8$ km, sodass bei fortgesetztem Myonenzerfall tatsächlich ein erheblicher Anteil auf die Erdoberfläche trifft, wie die Messung bestätigt.

2. Beispiel

Im europäischen Teilchenbeschleuniger CERN in Genf wurden Myonen auf die Geschwindigkeit $v = 0,99942\, c_0$ beschleunigt. Im Laboratorium beträgt die Halbwertszeit (siehe 1. Beispiel)

$$\Delta t = \frac{1}{\sqrt{1 - \left(\dfrac{v}{c_0}\right)^2}} \Delta t_E,$$ wobei $\Delta t_E = 1,52$ µs die Halbwertszeit im ruhenden System „Myon" ist.

Man erhält als Laborwert:

$$\Delta t = \frac{1}{\sqrt{1 - \left(\dfrac{0,99942 \cdot c_0}{c_0}\right)^2}} \cdot 1,52 \cdot 10^{-6}\,\text{s}, \Delta t = 44,6 \cdot 10^{-6}\,\text{s} = 44,6\ \mu\text{s}.$$ Wegen der Zeitdila-

tation läuft das Ereignis „Zerfall" im Labor in einer längeren Zeitdauer ab. Messungen bestätigen dieses Ergebnis mit einer Messgenauigkeit von 1‰.

14.7 Optischer Dopplereffekt

Nach den Erkenntnissen der Astronomie bewegen sich nahezu alle Sterne von der Erde weg. Ihre Fluchtgeschwindigkeit ist dabei umso größer, je weiter entfernt sie liegen. Bekannt sind diese Tatsachen seit 1929. Damals zerlegte der amerikanische Astronom Hubble erstmals das Licht ferner Sterne spektral. Er entdeckte, dass die Spektrallinien bekannter Elemente nicht genau mit ihren im Labor gemessenen Wellenlängen übereinstimmen, sondern in den langwelligen Bereich, also zum roten Bereich hin, verschoben sind. Hubble deutete diese **Rotverschiebung** als **optischen** oder **relativistischen Dopplereffekt** einer von der Erde sich entfernenden Lichtquelle vergleichbar mit dem tieferen Ton einer vom ruhenden Betrachter fliehenden Schallquelle. Ohne Kenntnis der Relativitätstheorie könnte man aus dieser Fluchtbewegung der Sterne und Galaxien den Schluss ziehen, dass die Erde ruht und alle Galaxien von ihr abrücken. Tatsächlich entfernen sich die Galaxien relativ voneinander. Man interpretiert diese gegenseitige Flucht der Sterne heute als die Expansion des Universums.

Gedankenexperiment zum Empfang periodischer Signale (B 453)

① Raumschiff mit Sender
② Empfänger, Beobachter B mit synchronisierter Uhr

Ein Raumschiff (S') und die irdische Empfangsstation (S), beide mit physikalisch gleichartigen idealen Uhren ausgestattet, stellen im Augenblick des Vorbeiflugs, also am gleichen Ort, ihre Uhren gemeinsam auf null: $t = t' = 0$. Danach entfernt sich das Raumschiff mit der konstanten Geschwindigkeit $\vec{v}$ von der Erde. Es strahlt in konstanten Zeitabständen $\Delta t' = \Delta t_E$, gemessen mit der Borduhr, Lichtsignale mit der Vakuumlichtgeschwindigkeit c_0 ab.

VERSUCH

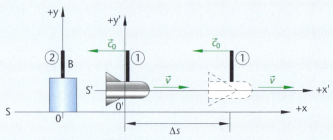

Bild 453: Empfang periodischer Signale

Die Empfangsstation B auf der Erde stellt fest:

- Die Lichtsignale verlassen wegen der Zeitdilatation das Raumschiff in den Zeitabständen $\Delta t = \gamma \cdot \Delta t'$.

- Zwischen zwei Lichtsignalen vergrößert sich der Abstand der Rakete zum Beobachter auf der Erde um die Strecke Δs: $\Delta s = v\Delta t = v\gamma\Delta t'$.

- Für die Strecke Δs benötigen die Lichtsignale zusätzlich die Zeitspanne Δt^{*}; dabei gilt:

$$\Delta s = c_0\Delta t^{*}, \ v\Delta t = c_0\Delta t^{*}, \ \Delta t^{*} = \frac{v\Delta t}{c_0}.$$

In B treffen die Lichtsignale in den Zeitabständen

$$\Delta t_{B} = \Delta t + \Delta t^{*}, \ \Delta t_{B} = \Delta t + \frac{v\Delta t}{c_0} = \gamma\Delta t'\left(1 + \frac{v}{c_0}\right) \text{ ein.} \tag{*}$$

Wählt das Raumschiff bei der Abstrahlung der Lichtsignale als Zeitspanne $\Delta t'$ gerade die Schwingungsdauer $T_{S} = \frac{1}{f_S}$ der emittierten Lichtwellen, gilt also $\Delta t' = T_S$, so misst B die Perio-

dendauer $T_{B} = \gamma T_{S}\left(1 + \frac{v}{c_0}\right) = \dfrac{T_S\left(1 + \dfrac{v}{c_0}\right)}{\sqrt{1 - \dfrac{v^2}{c_0^2}}} = T_S\dfrac{1 + \dfrac{v}{c_0}}{\sqrt{1^2 - \left(\dfrac{v}{c_0}\right)^2}} = T_S\sqrt{\dfrac{\left(1 + \dfrac{v}{c_0}\right)^2}{\left(1 + \dfrac{v}{c_0}\right)\left(1 - \dfrac{v}{c_0}\right)}}$

$$= T_S\sqrt{\dfrac{1 + \dfrac{v}{c_0}}{1 - \dfrac{v}{c_0}}} = T_S\sqrt{\dfrac{c_0 + v}{c_0 - v}} \text{ bzw. mit } T_B = \frac{1}{f_B} \text{ die Frequenz } f_B = f_S\sqrt{\dfrac{c_0 - v}{c_0 + v}}.$$

Bewegen sich Sender und Empfänger aufeinander zu, so ersetzt man v durch $-v$; es entsteht: $f_B = f_S\sqrt{\dfrac{c_0 + v}{c_0 - v}}$.

Verallgemeinernde Zusammenfassung: Der optische oder relativistische Dopplereffekt ist ein bei elektromagnetischen Wellen beobachtbarer Effekt, wenn Sender S und Empfänger E sich mit konstanter Relativgeschwindigkeit $\vec{v}$ zueinander bewegen. Der Empfänger registriert eine andere Frequenz als der Sender abstrahlt. Es gilt: $f_E = f_S\sqrt{\dfrac{1 \pm \dfrac{v}{c_0}}{1 \mp \dfrac{v}{c_0}}}$.

Man beachte: Bei Annäherung verwendet man das obere Vorzeichen, bei Entfernung das untere.

Bemerkungen:

- Beim Schall hängen die Veränderungen der Frequenz davon ab, ob sich die Quelle oder der Empfänger mit der konstanten Geschwindigkeit $\vec{v}$ relativ zum ruhenden Medium bewegt. Geht der Sender mit der Geschwindigkeit $\vec{v}$ auf den ruhenden Empfänger zu bzw. von ihm fort, so gilt: $f_E = f_S \cdot \dfrac{1}{1 \mp \dfrac{v}{c}}$.

- Bewegt sich der Empfänger mit der Geschwindigkeit $\vec{v}$ auf den ruhenden Sender zu bzw. von ihm fort, so folgt: $f_E = f_S \cdot \left(1 \pm \dfrac{v}{c}\right)$. Dabei ist c die konstante Ausbreitungsgeschwindigkeit der Schallwelle im Medium.

- Bei der Ausbreitung elektromagnetischer Wellen fehlt das ruhende Medium, das Vakuum ist kein Wellenträger. Nur zwischen Sender und Empfänger besteht eine Relativbewegung. Daher gelten die Formeln für den optischen Dopplereffekt im Gegensatz zu denen des akustischen Dopplereffekts unabhängig davon, wer von beiden sich bewegt.

- Bei $v \ll c_0$ stimmen die Formeln des akustischen und des optischen Dopplereffekts sogar überein, denn beide unterscheiden sich tatsächlich nur durch den Lorentz-Faktor.

- Die Inertialsysteme Erde und Raumschiff bewegen sich mit der konstanten Geschwindigkeit $\vec{v}$ relativ zueinander. Beide Stationen legen durch Uhrenvergleich im Moment der Begegnung am selben Ort x^* eines Inertialsystems S^* den Zeitpunkt $t_0 = t'_0 = 0$ fest. Sendet das Raumschiff später im Zeitpunkt $t' > 0$, gemessen mit der Borduhr, der Erde ein periodisches Lichtsignal hinterher, so registriert die Uhr in der Erdstation die Ankunft des Signals im Zeitpunkt t_B. Dabei wird vorausgesetzt, dass periodisch emittierte Signale des einen Systems vom anderen gleichfalls periodisch, aber mit anderer Periodendauer empfangen werden. Die Gleichung (*) von vorhin stellt den Zusammenhang zwischen beiden Zeitpunkten her: $t_B = \gamma t' \left(1 + \dfrac{v}{c_0}\right)$. Umformungen ergeben:

$$t_B = \frac{1}{\sqrt{1 - \left(\dfrac{v}{c_0}\right)^2}}\, t'\left(1 + \frac{v}{c_0}\right) = \sqrt{\frac{\left(1 + \left(\dfrac{v}{c_0}\right)\right)^2}{1^2 - \left(\dfrac{v}{c_0}\right)^2}}\, t',$$

$$t_B = \sqrt{\frac{\left(1 + \dfrac{v}{c_0}\right)^2}{\left(1 - \dfrac{v}{c_0}\right)\left(1 + \dfrac{v}{c_0}\right)}}\, t' = \sqrt{\frac{c_0 + v}{c_0 - v}}\, t' > t'.$$

Der Term $k = \sqrt{\dfrac{c_0 + v}{c_0 - v}}$ ist konstant und heißt **Dopplerfaktor**.

Gilt $k > 1$, so entfernen sich die Systeme voneinander. Bewegen sich Erde und Raumschiff mit der relativen Geschwindigkeit $\vec{v} =$ konstant aufeinander zu, so ersetzt man im Dopplerfaktor die Geschwindigkeit v durch $-v$. Dann gilt $k < 1$.

Den Zusammenhang zwischen der Empfängerfrequenz f_E und der Relativgeschwindigkeit v zwischen Sender S und Empfänger E zeigt B 454. Die Senderfrequenz f_S ist konstant.

- S entfernt sich von E; dann gilt für

  - $v_1 = 0: f_E = f_S \sqrt{\dfrac{c_0 - 0}{c_0 + 0}} = f_S.$

– S und E ruhen relativ zueinander, können sich aber gemeinsam mit $\vec{v}^* = $ konstant $\neq \vec{0}$ im Raum bewegen. Empfängerfrequenz f_E und Senderfrequenz f_S stimmen überein.

$$- \quad v_2 = \frac{1}{2}c_0 : f_E = f_S \sqrt{\frac{c_0 - \frac{1}{2}c_0}{c_0 + \frac{1}{2}c_0}} = \frac{1}{\sqrt{3}}f_S < f_S. \quad \text{E empfängt von S}$$

Signale mit der kleineren Frequenz $f_E = \frac{1}{\sqrt{3}}f_S$, $f_S = $ konstant.

f_E verringert sich mit steigender Relativgeschwindigkeit v_2.

$$- \quad v_3 = c_0 : f_E = f_S \sqrt{\frac{c_0 - c_0}{c_0 + c_0}} = 0; \text{ kein Empfang!}$$

Teilergebnis: Entfernt sich E mit der Relativgeschwindigkeit v von S (oder umgekehrt), so registriert E verringerte Frequenzen und stellt daher eine Rotverschiebung fest.

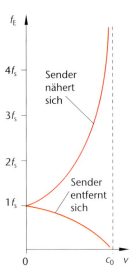

Bild 454: v-f_E-Diagramm; $f_S = $ konstant

- S nähert sich E an; dann gilt für

$$- \quad v_1 = 0 : f_E = f_S \sqrt{\frac{c_0 + 0}{c_0 - 0}} = f_S.$$

$$- \quad v_2 = \frac{1}{2}c_0 : f_E = f_S \sqrt{\frac{c_0 + \frac{1}{2}c_0}{c_0 - \frac{1}{2}c_0}} = \sqrt{3}f_S > f_S. \quad \text{E empfängt von S}$$

Signale mit der höheren Frequenz $f_E = \sqrt{3}f_S$, $f_S = $ konstant; f_E vergrößert sich mit steigender Relativgeschwindigkeit v_2.

$$- \quad v_3 = c_0 : f_E = f_S \sqrt{\frac{c_0 + c_0}{c_0 - c_0}} \rightarrow \infty (!)$$

Teilergebnis: Nähert sich S an E mit der Relativgeschwindigkeit v an (oder umgekehrt), so registriert E höhere Frequenzen und stellt daher eine Blauverschiebung fest.

Ergebnis:

▸ **Bewegt sich ein Sender elektromagnetischer Wellen relativ zu einem Empfänger mit konstanter Geschwindigkeit $\vec{v}$, so ändert sich für Letzteren die Frequenz f_E der empfangenen Wellen, bei Licht somit die Farbe.**

Natürliche Prozesse laufen auf der Erde und den Sternen in gleicher Weise ab. Sie lassen sich daher durch gleiche physikalische Gesetze beschreiben. So löst z. B. ein bestimmter Elektronenübergang in einem Wasserstoffatom auf der Erde oder einem sich entfernenden Stern die gleiche Spektrallinie und damit die gleiche Frequenz aus. Jedoch beobachtet man auf der Erde eine kleinere Frequenz. Nach dem relativistischen Dopplereffekt entspricht der gemessenen Frequenz f_E auf der Erde die Frequenz f_S im Stern, die gleich der im ruhenden

Erdlabor ist. Das Verhältnis aus der Messfrequenz f_E zur Frequenz f_S gestattet mithilfe der Formel für den Dopplereffekt die Bestimmung der Sterngeschwindigkeit v relativ zur Erde:

$$\frac{f_E}{f_S} = \sqrt{\frac{c_0 - v}{c_0 + v}}, \text{ nach algebraischer Umformung:}$$

$$v = c_0 \cdot \frac{1 - \left(\frac{f_E}{f_S}\right)^2}{1 + \left(\frac{f_E}{f_S}\right)^2}.$$

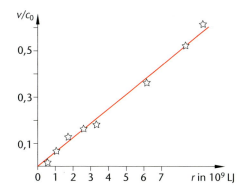

Bild 455: Relative Fluchtgeschwindigkeit von Sternen, Galaxien usw. in Abhängigkeit von ihrer Entfernung zur Erde

Astronomen schätzen aus dem Spektraltyp und der Helligkeit der Sterne deren Entfernung zur Erde ab. Daraus lässt sich für verschiedene strahlende Himmelskörper ein Entfernungs-Geschwindigkeits-Diagramm erstellen (B 455). Die entstehende Ursprungsgerade deutet eine Proportionalität der Werte an und weist so auf eine allgemeine Expansion des Universums mit einem gemeinsamen Entstehungsort hin.

Beispiel

Ein Raumschiff fliegt von der Erde zu einem Fixstern in der Entfernung 5,97 Lichtjahre. Man beachte: 1 Lichtjahr = $1ac_0$ (a: Jahr) ist der Weg des Lichts in einem Jahr.

a) Man berechne die Mindestzeitdauer Δt im System Erde für den Flug des Raumschiffs mit der Geschwindigkeit $v = 0{,}7c_0$. Man gebe die Eigenzeit Δt_E an, die für die Besatzung des Raumschiffs während des Fluges vergeht.

b) Man berechne die Geschwindigkeit v^* als Vielfaches von c_0, die das Raumschiff bei einer Eigenzeit Δt_E^* von genau zwei Jahren haben müsste.

c) Man erläutere den Raumflug aus energetischer Sicht und gehe dabei auf technische Grenzen ein.

Lösung:

a) Im System Erde gilt:

1. $\Delta s = v\Delta t$

2. $v = 0{,}7c_0$

Somit: $\Delta t = \dfrac{\Delta s}{v}$, $\Delta t = \dfrac{5{,}97ac_0}{0{,}7c_0} = 8{,}5a$.

Die Mindestflugzeit aus irdischer Sicht beträgt 8,5 Jahre.

Die kürzere Eigenzeit im System Raumschiff folgt aus $\Delta t = \dfrac{1}{\sqrt{1 - \left(\dfrac{v}{c_0}\right)^2}}\Delta t_E$. Es entsteht:

$\Delta t_E = \Delta t\sqrt{1 - \left(\dfrac{v}{c_0}\right)^2}$, $\Delta t_E = 8{,}5a\sqrt{1 - \left(\dfrac{0{,}7c_0}{c_0}\right)^2} = 6{,}1a$. Die Eigenzeit für die Besatzung im

Raumschiff ist $\Delta t_E = 6{,}1$ Jahre.

b) Im System Erde dauert die Flugbewegung mit $v = 0{,}7c_0$ 5,97 Lichtjahre. Sie ist länger als im System Raumschiff. Dort gilt: $\Delta t = \dfrac{1}{\sqrt{1 - \left(\dfrac{v}{c_0}\right)^2}} \Delta t_E$, $\Delta t_E^2 = \Delta t^2 \left(1 - \left(\dfrac{v}{c_0}\right)^2\right)$; algebraische

Umformung ergibt: $v = \sqrt{1 - \left(\dfrac{\Delta t_E}{\Delta t}\right)^2} c_0$, $v = \sqrt{1 - \left(\dfrac{2ac_0}{5{,}97ac_0}\right)^2} c_0$, $v^\star = 0{,}942c_0$. Die Flugzeit mit dieser Geschwindigkeit $v^\star$ beträgt genau zwei Jahre.

c) Je näher die Fluggeschwindigkeit v des Raumschiffs an der Lichtgeschwindigkeit c_0 liegt, desto mehr Energie wird für die gleiche Geschwindigkeitsänderung benötigt. Selbst für kleine Beschleunigungen sind ungeheure Mengen Energie, gebunden im Treibstoff, erforderlich. Da Flugkorrekturen ebenfalls Energie binden, lassen heutige Energieträger Geschwindigkeiten nahe c_0 nicht zu. Konventioneller Treibstoff, falls überhaupt realisierbar, verlängert die Flugzeit massiv.

Aufgabe

Ein Raumschiff, dessen Länge die mitreisenden Astronauten mit $l = 3{,}00 \cdot 10^8$ m angeben, zieht an der Erde mit der Geschwindigkeit $v = 0{,}6c_0$ vorbei. Im Augenblick des Vorbeiflugs werden die Uhr in der Raumschiffmitte und die Uhr auf der Erde gemeinsam auf den Zeitpunkt $t_0 = 0$ eingestellt. Zudem ruht im Raumschiff ein Teilchen der Masse M_0. Es zerfällt in zwei Teilchen gleicher Ruhemasse m_0.

a) Erklären Sie, was man in der Speziellen Relativitätstheorie unter der Relativität der Gleichzeitigkeit versteht.

b) Berechnen Sie für einen Beobachter auf der Erde die Länge des Raumschiffs und die Dauer des Vorbeiflugs.

c) Geben Sie die Bewegungsrichtung und Geschwindigkeit der beiden entstehenden Teilchen an und begründen Sie die Antwort mit dem Impulserhaltungssatz.

d) Der Zerfall erfolgt so, dass die beiden Teilchen relativ zum Raumschiff die Geschwindigkeiten $0{,}6c_0$ und $-0{,}6c_0$ besitzen. Berechnen Sie für diesen Fall die Ruhemasse m_0 in Abhängigkeit von M_0.

14.8 Relativistische Masse

14.8.1 Abhängigkeit der Masse m von der Geschwindigkeit v

In der klassischen Physik ist die Masse m eines Körpers ein Maß für seine Trägheit und Schwere. Sie wird unabhängig von ihrem Bewegungszustand als konstant angesehen. Diese Aussage leitet sich aus der experimentell ermittelten Grundgleichung der Mechanik $F = m \cdot a$ ab. Danach könnte ein ruhender Körper der konstanten Masse m unter der Wirkung einer konstanten Kraft F eine beliebig große Geschwindigkeit v erreichen, wie folgende Überlegung zeigt:

1. $F = ma$
2. $a = \dfrac{v}{t}$

Somit: $F = m\dfrac{v}{t}$ bzw. $v = \dfrac{F}{m}t$.

Wegen $\dfrac{F}{m} = $ konstant, gilt $v \sim t$.

Ein Körper mit der Masse m kann durch die konstante Kraft F auf jede noch so große Geschwindigkeit v gebracht werden, wenn sie nur lange genug wirkt. Dies widerspricht der Grundaussage der Speziellen Relativitätstheorie, nach der die Vakuumlichtgeschwindigkeit c_0 eine obere Grenzgeschwindigkeit darstellt. Der Widerspruch leitet sich aus der Konstanz der Masse m ab, die als geschwindigkeitsunabhängig angesetzt wird.

Einstein fordert in seiner Speziellen Relativitätstheorie die Abhängigkeit der Körpermasse m von der Geschwindigkeit v, mit der sie sich bewegt. Die Lösung des Problems präsentierte er mit folgendem Gesetz: $m(v) = \gamma m_0 = \dfrac{m_0}{\sqrt{1 - \left(\dfrac{v}{c_0}\right)^2}}$.

Die Herleitung dieser Beziehung gelingt mithilfe einer Impulsbetrachtung, die hier nicht durchgeführt wird.

Ein Beobachter im Inertialsystem S ordnet einem Körper, der sich relativ zu ihm mit der konstanten Geschwindigkeit $\vec{v}$ bewegt, die Masse $m > m_0$ zu. m heißt **relativistische Masse**. Die kleinste Masse hat der Körper in einem Inertialsystem S', das mit ihm fest verbunden ist, in dem er also ruht. Man sagt, in diesem System besitzt er die **Ruh(e)masse** m_0. Die Masse m eines Körpers vergrößert sich um den Lorentz-Faktor γ gegenüber der Ruhemasse m_0, falls sich seine Geschwindigkeit v durch Energiezufuhr von außen erhöht. Es gilt also:

$$m(v) = \gamma m_0 = \frac{m_0}{\sqrt{1 - \left(\dfrac{v}{c_0}\right)^2}} > m_0, \text{ da } \gamma = \frac{1}{\sqrt{1 - \left(\dfrac{v}{c_0}\right)^2}} > 1.$$

Makroskopische Körper im Alltag erreichen nur Geschwindigkeiten von $v < \dfrac{1}{10}c_0$. Daher ist bei ihnen keine Massenzunahme zu berücksichtigen. Ebenso bleibt die Masse eines Körpers mit eigener, mitgeführter Energiequelle, also ohne Energiezufuhr von außen, unverändert, wie groß seine Geschwindigkeit (unterhalb von c_0) auch ist. Sie kann nicht durch Energieumwandlung aus der eigenen Quelle erhöht werden.

Diskussion der Gleichung $m(v) = \gamma m_0$ für relativistische Massen

Untersucht wird die Zunahme der Masse m mit Erhöhung der Geschwindigkeit v. Dazu berechnet man für einige Werte des Geschwindigkeitsparameters $\beta = \dfrac{v}{c_0}$ die zugehörigen Werte von $\gamma = \dfrac{m(v)}{m_0} = \dfrac{1}{\sqrt{1 - \left(\dfrac{v}{c_0}\right)^2}}$ in Tabellenform:

v in c_0	0	0,10	0,20	0,40	0,60	0,80	0,90	0,95	0,99
$\beta = \dfrac{v}{c_0}$	0	0,10	0,20	0,40	0,60	0,80	0,90	0,95	0,99
$\gamma = \dfrac{m(v)}{m_0}$	1	1,005	1,02	1,09	1,25	1,67	2,29	3,20	7,08

Beobachtung (B 456)

Das β-γ-Diagramm zeigt die Abhängigkeit der Masse m von der Geschwindigkeit v. Die Achsen des Systems tragen keine Einheit. Es gilt für

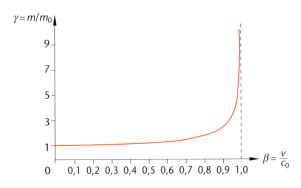

- $v = 0$: $m(0) = m_0$; Ruhemasse.
- $0 < v < \dfrac{1}{10}c_0$: $m(v) \approx m_0$;   die
Änderung der Masse m liegt unter 1%; sie ist vernachlässigbar gering.
- $v > \dfrac{1}{10}c_0$: $m(v) \to \infty$;   die Masse
wächst mit $v \to c_0$ rasch an und strebt gegen unendlich; man spricht von einer relativistischen Massenzunahme.

Bild 456: β-γ–Diagramm

Deutung der Massenzunahme

Nähert sich die Geschwindigkeit v eines Körpers der Lichtgeschwindigkeit c_0 im Vakuum, dann wächst seine Masse m über alle Grenzen. Diese Massenzunahme mit steigender Geschwindigkeit v hat nichts mit einem Zuwachs an Körpersubstanz zu tun. Sie bedeutet: Die Trägheit des Körpers erhöht sich.

Ein Körper beispielsweise mit der Geschwindigkeit $v = 0{,}7c_0$ ist träger als einer mit $v = 0{,}3c_0$. Daher benötigt man für die gleiche Geschwindigkeitszunahme Δv im ersten Fall mehr Kraft als im zweiten, im Widerspruch zur klassischen Physik. Man kann auch sagen: Die Beschleunigung (und Geschwindigkeitszunahme), die eine konstante Kraft F an diesem Körper hervorruft, wird immer geringer; sie strebt gegen null. Es gilt: $a \to 0$, falls $F =$ konstant und $v \to c_0$.

Die Abhängigkeit der Masse m von der Geschwindigkeit v wurde durch sehr unterschiedliche Messungen bestätigt (s. auch Kap. 14.8.2). Sie findet sich bei allen Körpern. Für Elektronen konnte sie am leichtesten nachgewiesen werden. Wegen ihrer kleinen Masse können sie z. B. in Linearbeschleunigern auf sehr hohe Geschwindigkeiten gebracht werden. Ihre Masse m steigt dort bis zum 10^6-Fachen der Ruhemasse m_0 an (B 456).

Weiterhin wurde experimentell nachgewiesen, dass zur Erhöhung der Elektronengeschwindigkeit von $0{,}5c_0$ auf $0{,}8c_0$ die gleiche Energie erforderlich ist wie für die Erhöhung von $0{,}91c_0$ auf $0{,}94c_0$. Damit bestätigt sich die Zunahme der Trägheit bei Elektronen bzw. allgemein bei Elementarteilchen mit wachsender Geschwindigkeit.

Derart hohe Geschwindigkeiten von Teilchen gibt es auch in der Natur. So erreichen etwa die beim radioaktiven Zerfall ausgestoßenen Elektronen (s. Kap. 17.3) Geschwindigkeiten bis über 90 % der Lichtgeschwindigkeit c_0; für ihre Masse gilt dann $m > 2m_0$.

Lichtgeschwindigkeit als Grenzgeschwindigkeit

Nach der Gleichung $m(v) = \dfrac{m_0}{\sqrt{1 - \left(\dfrac{v}{c_0}\right)^2}}$ kann einem Körper für $v \geq c_0$ keine Masse zugeord-

net werden, da dann $1 - \left(\dfrac{v}{c_0}\right)^2 \leq 0$. Somit erweist sich die Lichtgeschwindigkeit c_0 im Vakuum

mathematisch als obere Grenzgeschwindigkeit.

Zusammenfassung: Bei Körpern mit Geschwindigkeiten $v > \dfrac{1}{10} c_0$ unterscheidet man zwi-

schen der Masse m_0 im Zustand der Ruhe und der Masse $m(v) = \dfrac{m_0}{\sqrt{1 - \left(\dfrac{v}{c_0}\right)^2}}$ im Zustand der

Bewegung. Zu diesen schnellen Körpern gehören vor allem Elektronen, deren Masse m ein Vielfaches der Ruhemasse m_0 annehmen kann. Die Lichtgeschwindigkeit c_0 im Vakuum erweist sich als obere Geschwindigkeitsgrenze.

Beispiel

In der Beschleunigungsanlage DESY bei Hamburg werden Elektronen auf die Geschwindigkeit $v = 0{,}9999973 c_0$ gebracht. Dabei wird folgendes Verhältnis aus Elektronenmasse m zur Ruhemasse m_0 erreicht:

$$m = \gamma \cdot m_0, \; \frac{m}{m_0} = \gamma = \frac{1}{\sqrt{1 - \left(\dfrac{v}{c_0}\right)^2}}, \; \frac{m}{m_0} = \frac{1}{\sqrt{1 - \left(\dfrac{0{,}9999973 \cdot c_0}{c_0}\right)^2}} = 430.$$

Die relativistische Masse m entspricht der 430-fachen Ruhemasse m_0 des Elektrons.

14.8.2 Versuch von Bucherer

Der deutsche Physiker Bucherer lieferte um 1907 mit dem Nachweis der Abhängigkeit der Elektronenmasse m bzw. m_e von der Elektronengeschwindigkeit v eine der ersten experimentellen Bestätigungen der Speziellen Relativitätstheorie.

Wienfilter und Massenspektrograf (B 457)

① Quelle P zur Emission von Elektronen
② Magnetfeld mit der Flussdichte $\vec{B}$
③ Blende
④ Beobachtungsschirm mit Trefferpunkten A, B
⑤ Gleichspannungsquelle mit variabler Spannung U
⑥ Geschwindigkeitsfilter mit

  – $\vec{F}_L$: Lorentzkraft; $\vec{F}_L = Q(\vec{v} \times \vec{B})$

- $\vec{F}_{el}$: elektrische Feldkraft; $\vec{F}_{el} = Q\vec{E}$
- Q: Ladung des Elektrons mit $Q = e$

Der Geschwindigkeitsfilter wird so eingerichtet, dass gilt: $\vec{F}_{el} = -\vec{F}_{L}$, $\vec{v} \perp \vec{E}$, $\vec{v} \perp \vec{B}$,

betragsmäßig: $F_{el} = F_{L}$, $eE = evB$, $v = \dfrac{E}{B}$.   (*)

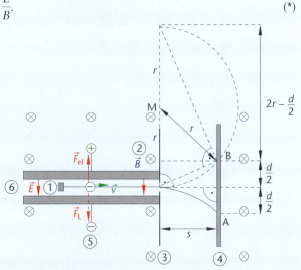

Eine Quelle P emittiert Elektronen der Masse m und Elementarladung $-e$. Sie durchlaufen einen Geschwindigkeitsfilter und verlassen ihn geradlinig mit der gemeinsamen konstanten Geschwindigkeit $v = \dfrac{E}{B}$ durch den schmalen Spalt einer Blende.

Durch Variation der Spannung U (bei konstantem $\vec{B}$) ändert man den Quotienten $\dfrac{E}{B}$. Man erhält so Elektronen verschiedener Geschwindigkeit $\vec{v}$, deren spezifische Ladung $\dfrac{e}{m}$ aus der Ablenkung zwischen Blende und Schirm wie folgt ermittelt wird:

Bild 457: Versuch von Bucherer

Nach Wahl einer festen Spannung U durchlaufen die Elektronen mit der Geschwindigkeit $\vec{v}$ = konstant eine Blende zur Bündelung. Sie dringen senkrecht in das Magnetfeld mit $\vec{B}$ = konstant oder anderer Flussdichte ein und gelangen unter den Einfluss der Lorentzkraft $\vec{F}_{L}$. Sie werden von dieser auf eine kreisförmige Bahn gezwungen, bis sie den Schirm im Punkt A treffen. Polt man eines der beiden Felder um, so gelangt der Elektronenstrahl zum symmetrisch liegenden Punkt B auf dem Schirm. Mithilfe der Ablenkung von A bis B lässt sich die spezifische Ladung $\dfrac{e}{m}$ der Elektronen bestimmen.

Einbezogen wird die (in späteren Jahren) experimentell nachgewiesene Tatsache, dass die Elektronenladung e nicht von der Geschwindigkeit v abhängt (s. Kap. 15.8.3): $e(v)$ = konstant.

Versuchsauswertung (B 457):

Die Lorentzkraft $\vec{F}_{L}$ liefert im Magnetfeld außerhalb des Kondensators die Zentripetalkraft $\vec{F}_{rad}$, die die Elektronen auf die Kreisbahn zwingt: $\vec{F}_{rad} = \vec{F}_{L}$ bzw. $F_{rad} = F_{L}$; also gilt: $\dfrac{mv^2}{r} = evB$, $\dfrac{e}{m} = \dfrac{v}{Br}$. Mit dem Höhensatz lässt sich der Kreisbahnradius r aus dem messbaren Abstand

$\overline{AB} = d$ ermitteln: $s^2 = \dfrac{d}{2}\left(2r - \dfrac{d}{2}\right)$, $s^2 = dr - \dfrac{d^2}{4}$, $dr = s^2 + \dfrac{d^2}{4}$;

damit ist: $r = \dfrac{s^2}{d} + \dfrac{d}{4}$, also $\dfrac{e}{m} = \dfrac{v}{B\left(\dfrac{s^2}{d} + \dfrac{d}{4}\right)}$.

Bei realer Messung ist $d \ll s$, $\dfrac{d}{4}$ also vernachlässigbar klein; es bleiben:

$r = \dfrac{s^2}{d}$ und $\dfrac{e}{m} = \dfrac{vd}{Bs^2}$ bzw. mit (*) von vorhin: $\dfrac{e}{m} = \dfrac{Ed}{B^2 s^2}$. Daraus folgt: $m = \dfrac{eB^2 s^2}{Ed}$.

Auf der rechten Seite stehen nur messbare Größen, insbesondere die von v unabhängige konstante Elementarladung e. Bucherer erhielt mit zunehmender Geschwindigkeit v abnehmende Werte für die spezifische Ladung $\frac{e}{m}$, da sich der Messwert von d verkleinerte. Also nimmt die Elektronenmasse m mit wachsender Geschwindigkeit v zu; sie ist geschwindigkeitsabhängig: $m(v)$. Damit konnte Bucherer die von Einstein vorhergesagte Geschwindigkeitsabhängigkeit der Masse m in der Form $m(v) = \dfrac{m_0}{\sqrt{1 - \left(\dfrac{v}{c_0}\right)^2}}$ bestätigen.

14.8.3 Äquivalenz von Masse und Energie

Laut Kapitel 14.8.1 und 14.8.2 hat ein Körper im Ruhezustand die Masse m_0. Mit der Geschwindigkeit v verfügt er über die größere Masse $m(v) = \dfrac{m_0}{\sqrt{1 - \left(\dfrac{v}{c_0}\right)^2}}$. Die Erhöhung von v ist nur unter Arbeitsaufwand bzw. unter Energiezufuhr möglich. Zwischen der dem Körper durch Beschleunigungsarbeit zugeleiteten Energie ΔE und dem Massenzuwachs Δm wird ein Zusammenhang sichtbar, den Einstein allgemein so formulierte: Jeder Körper erfährt mit einer Zunahme ΔE an äußerer Energie einen Massenzuwachs Δm: $\Delta E \mapsto \Delta m = m - m_0$.

Dann gilt: $\Delta m = \dfrac{m_0}{\sqrt{1 - \left(\dfrac{v}{c_0}\right)^2}} - m_0 = m_0 \left(\dfrac{1}{\sqrt{1 - \left(\dfrac{v}{c_0}\right)^2}} - 1 \right)$.

Für Körpergeschwindigkeiten $v \ll c_0$ lässt sich diese Gleichung durch eine einfache mathematische Näherung beschreiben. Man bezeichnet sie als Reihenentwicklung. Darunter versteht man die Darstellung eines mathematischen Funktionsterms durch eine Summe aus unbegrenzt vielen, meist einfachen Summanden. Der mathematischen Formelsammlung entnimmt man die Reihenentwicklung: $\dfrac{1}{\sqrt{1 - x}} = 1 + \dfrac{1}{2}x + \dfrac{3}{8}x^2 + ...$, wobei $0 \leq x = \left(\dfrac{v}{c_0}\right)^2 \ll 1$ bzw. $\dfrac{1}{\sqrt{1 - \left(\dfrac{v}{c_0}\right)^2}} = 1 + \dfrac{1}{2}\left(\dfrac{v}{c_0}\right)^2 + \dfrac{3}{8}\left(\dfrac{v}{c_0}\right)^4 + ...$ Aus der Näherung allein

mithilfe der ersten beiden Summanden folgt die Massendifferenz Δm:

$$\Delta m = m - m_0 = m_0 \left[1 + \dfrac{1}{2}\left(\dfrac{v}{c_0}\right)^2 - 1 \right] = \dfrac{1}{2}m_0 v^2 \dfrac{1}{c_0^2} = E_{\text{kin}} \dfrac{1}{c_0^2} \qquad (1)$$

bzw. $m(v)\, c_0^2 = m_0 c_0^2 + \dfrac{1}{2}m_0 v^2$. $\qquad (2)$

Eine Einheitenbetrachtung ergibt: $[m(v)c_0^2] = 1\,\dfrac{\text{kgm}^2}{s^2} = 1\,\text{J}$; ebenso: $\left[\dfrac{1}{2}m_0 v^2\right] = 1\,\text{J}$.

Erklärung:
Der Term auf der rechten Seite der Gleichung (1) ist in der klassischen Physik als kinetische Energie eines mit der Geschwindigkeit v bewegten Körpers der Ruhemasse m_0 bekannt, multipliziert mit dem konstanten Faktor $\dfrac{1}{c_0^2}$. Da nur gleichartige physikalische Größen addiert werden können und die Einheiten, wie gezeigt, übereinstimmen, liegt es nahe, auch

das Produkt aus der Masse $m(v)$ bzw. m_0 und dem Quadrat der Lichtgeschwindigkeit c_0 als Energie aufzufassen, siehe (2). Dies bleibt bei einer Rückkehr zu großen Geschwindigkeiten, also zu $v > \dfrac{1}{10} c_0$, physikalisch sinnvoll, wenn die Näherung dann aus mathematischen Gründen nicht mehr verwendet werden darf und daher die Gleichung (2) nicht mehr gilt.

Der Ruhemasse m_0 eines Körpers wird demnach die Energie $E_0 = m_0 c_0^2$ zugeordnet, das heißt, ein Teilchen der Ruhemasse m_0 besitzt auch bei der Geschwindigkeit $v_0 = 0$ noch Energie, die sogenannte **Ruh(e)energie** E_0. Zahlreiche positive experimentelle Befunde aus der Atom- und Kernphysik bestätigen die Existenz dieser „Ruheenergie eines Teilchens". Der Term $m(v)c_0^2$ ist die Gesamtenergie E eines schnell bewegten Körpers oder Teilchens. Es gilt somit: $E = E_0 + E_{kin}$; die Gesamtenergie ist die Summe aus Ruheenergie und kinetischer Energie. Die Gleichung $E = m(v)c_0^2$ sagt aus, dass der Gesamtenergie E die mit der Geschwindigkeit v bewegte Masse $m(v)$ zuzuordnen ist und umgekehrt, denn c_0^2 ist konstant. Diese Aussage bezeichnet man als die **Äquivalenz von Masse und Energie**. Sie besagt allgemein:

▸ **Masse und Energie sind äquivalent (gleichwertig). Nach der Gleichung $E = mc_0^2$ ist der Energie eindeutig eine Masse und der Masse eindeutig eine Energie zugeordnet.**

Bemerkungen:

- Einstein sagt, dass es keinen prinzipiellen Unterschied zwischen Masse und Energie gibt: „Masse ist Energie". Das bedeutet, dass Masse und Energie in den Eigenschaften „Trägheit" und „Schwere" übereinstimmen. Massenerhaltungssatz und Energieerhaltungssatz sind folglich identisch.

- Der Faktor c_0^2 ist lediglich ein Umrechnungsfaktor für die Einheiten Kilogramm und Joule, eine andere Bedeutung hat er nicht.

- Die Gleichung $E = mc_0^2$ bezogen auf einen realen Einzelkörper der Masse m besagt **nicht**, seine Masse könne sich zulasten seiner Energie ändern, und umgekehrt, seine Energie zulasten der Masse. Ein gewöhnlicher Feldstein kann also nicht unter Verringerung seiner Masse m Energie in Form von elektromagnetischer Strahlung gewissermaßen „ausschwitzen". Für die einen Körper aufbauenden einzelnen Elementarteilchen (Elektron, Proton, Neutron) dagegen ist die Umwandlung in Strahlungsenergie realisierbar.

- Die Gleichung $E = E_0 + E_{kin}$ in der Form $E_{kin} = E - E_0$ gibt an, dass mit Zunahme der kinetischen Energie die Masse m wächst. Man sagt: Die Zunahme an kinetischer Energie zeigt sich in einer relativistischen Massenzunahme. E_{kin} heißt in diesem Zusammenhang **relativistische kinetische Energie**.

- Die zurzeit präziseste Messung aus dem Jahr 2005 bestätigt Einsteins Formel $E = mc_0^2$ bis auf sieben Stellen hinter dem Komma.

Beispiele

1. Ruheenergie eines Elektrons der Ruhemasse $m_{0e} = 9,11 \cdot 10^{-31}$ kg:

    $E_{0e} = m_{0e}c_0^2$, $E_{0e} = 9,11 \cdot 10^{-31}$ kg $\left(3,00 \cdot 10^8 \, \dfrac{\text{m}}{\text{s}} \right)^2$, $E_{0e} = 8,20 \cdot 10^{-14}$ J $= 512$ keV.

    Somit: Der Ruhemasse m_{0e} eines Elektrons ist die Ruheenergie $E_{0e} = 512$ keV zugeordnet.

2. Ruhemasse eines Protons der Ruheenergie $E_{0p} = 938$ MeV:

$$E_{0p} = m_{0p} c_0^2, \; m_{0p} = \frac{E_{0p}}{c_0^2}, \; m_{0p} = \frac{938 \, MeV}{\left(3{,}00 \cdot 10^8 \, \dfrac{m}{s}\right)^2} = 1{,}67 \cdot 10^{-27} \text{ kg.}$$

Somit: Die Ruheenergie E_{0p} eines Protons ist äquivalent zur Ruhemasse $m_{0p} = 1{,}67 \cdot 10^{-27}$ kg.

3. Ein aussagekräftiges Beispiel zur Äquivalenz von Masse und Energie findet man am Ende von Kapitel 15.4.

Weitere Überlegungen:

- Beschleunigt man einen ruhenden Körper der Masse m_0, indem man ihm die Energie ΔE zuführt, so steigt seine Masse um den Betrag $\Delta m = \dfrac{\Delta E}{c_0^2}$. Umgekehrt entspricht einer Massenzunahme Δm die Erhöhung der Energie des Körpers um ΔE aufgrund einer Geschwindigkeitszunahme.

- Es gilt für einen Körper oder ein Teilchen mit der Ruhemasse m_0 bei relativistischer Betrachtung, also ab $v > \dfrac{1}{10} c_0$:

Gesamtenergie = Ruheenergie + kinetische Energie, $E = E_0 + E_{kin}$; daraus entsteht:
$E_{kin} = E - E_0$, $E_{kin} = m(v) c_0^2 - m_0 c_0^2$, $E_{kin} = [m(v) - m_0] c_0^2$.
Mit $m = \gamma m_0$ erhält man: $E_{kin} = [\gamma m_0 - m_0] c_0^2$, $E_{kin} = [\gamma - 1] m_0 c_0^2 = [\gamma - 1] E_0$.
Das ist die Formel für die relativistische kinetische Energie E_{kin}.

- Die Erhaltungssätze für die Gesamtenergie und den Impuls haben auch in der Speziellen Relativitätstheorie Bestand. Für einen bewegten Körper mit der Ruhemasse m_0 und $v > \dfrac{1}{10} c_0$ beträgt die Gesamtenergie $E = m c_0^2 = \dfrac{m_0}{\sqrt{1 - \left(\dfrac{v}{c_0}\right)^2}} c_0^2$.

Ebenso gilt für den Impuls dieses Körpers:
1. $p = m(v) \, v$
2. $m(v) = \dfrac{m_0}{\sqrt{1 - \left(\dfrac{v}{c_0}\right)^2}}$

Somit: $p = \dfrac{m_0}{\sqrt{1 - \left(\dfrac{v}{c_0}\right)^2}} v.$

Schließlich lässt sich zwischen der Gesamtenergie E und dem relativistischen Impuls p dieses Körpers (Teilchens) ein einfacher Zusammenhang herstellen. Es gilt:

1. $E = \dfrac{m_0 c_0^2}{\sqrt{1 - \left(\dfrac{v}{c_0}\right)^2}}$

2. $p = \dfrac{m_0}{\sqrt{1 - \left(\dfrac{v}{c_0}\right)^2}} v \quad \left| : E = \dfrac{m_0 c_0^2}{\sqrt{1 - \left(\dfrac{v}{c_0}\right)^2}} \right.$

$$\frac{p}{E} = \frac{v}{c_0^2}, v = \frac{pc_0^2}{E} \mid \text{in 1.}$$

Man erhält mit 1.: $E \cdot \sqrt{1 - \left(\dfrac{pc_0^2}{Ec_0}\right)^2} = m_0 c_0^2 \quad |^2$

$$E^2 - p^2 c_0^2 = m_0^2 c_0^4$$

$$E^2 = (m_0 c_0^2)^2 + (pc_0)^2$$

$$E^2 = E_0^2 + (pc_0)^2$$

Man bezeichnet das Ergebnis als **relativistische Energie-Impuls-Gleichung** oder relativistischen Energiesatz. Sie enthält neben der Gesamtenergie E und der Ruheenergie E_0 die vom Impuls $p = mv$ des Körpers abhängige Energie $E^* = pc_0$. Ferner erinnert sie im Aufbau an den Satz des Pythagoras für rechtwinklige Dreiecke: $c^2 = a^2 + b^2$. Fasst man E als Hypotenuse und E_0 bzw. (pc_0) als Katheten eines rechtwinkligen Dreiecks auf, dann kann man sich die relativistische Energie-Impuls-Gleichung anschaulich gut merken (B 458).

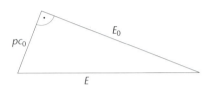

Bild 458: Merkhilfe für die relativistische Energie-Impuls-Gleichung

Beispiel

Man berechne die Mindestspannung U, bei der Teilchen der Ladung Q, Masse m und Anfangsgeschwindigkeit $v_0 = 0$ die Endgeschwindigkeit $v \geq \dfrac{1}{10}c_0$ im elektrischen Längsfeld erreichen.

Lösung:

Die Spannung U baut ein elektrisches Feld auf. Sie erteilt der Ladung Q mit $v_0 = 0$ bzw. mit $E_{kin} = 0$ die Energie $E = |Q|U$ in Form von kinetischer Energie. Es gilt:

1. $E = E_{kin}$

2. $E = |Q|U$

3. $E_{kin} = \dfrac{1}{2}mv^2$

4. $v \geq \dfrac{1}{10}c_0$

Mit 1. folgt: $|Q|U = \dfrac{1}{2}mv^2, v = \sqrt{2\dfrac{|Q|}{m}U}.$

Mit 4. folgt: $\sqrt{2\dfrac{|Q|}{m}U} \geq \dfrac{1}{10}c_0, 2\dfrac{|Q|}{m}U \geq \dfrac{1}{100}c_0^2, U \geq \dfrac{mc_0^2}{200|Q|}.$

Speziell für Elektronen mit $m = m_e = 9,109 \cdot 10^{-31}$ kg, $e = 1,602 \cdot 19^{-19}$ C

erhält man: $U \geq \dfrac{m_e c_0^2}{200e}, U \geq \dfrac{0,511 \text{ MeV}}{200e} = 2,56 \text{ kV}.$

Durchlaufen Elektronen ohne Anfangsgeschwindigkeit ein konstantes homogenes elektrisches Längsfeld, das durch die Spannung $U \geq 2,56$ kV aufgebaut ist, so ist die Elektronenmasse relativistisch zu behandeln.

Zusammenfassung:

- Die klassische Formel zur Berechnung der kinetischen Energie $E_{kin} = \frac{1}{2}m_0 v^2$ ist eine gute Näherung, die für Geschwindigkeiten bis zu $v = \frac{1}{10}c_0$ richtig bleibt.

- Die relativistische Massenzunahme steht im Widerspruch zum Gesetz von der Erhaltung der Masse, wie es die klassische Physik fordert.

- In der Mechanik hat ein ruhender Körper, abgesehen von potenzieller und innerer Energie, keine weitere Energie. In der Speziellen Relativitätstheorie besitzt ein Körper mit der Geschwindigkeit $v_0 = 0$ die relativistische Energie $E_0 = m_0 c_0^2$. Ruhemasse m_0 und die ihr entsprechende relativistische Energie E_0 unterscheiden sich durch die Konstante c_0^2; diese Aussage gilt in gleicher Weise für die relativistische Masse $m(v)$ und die ihr zugeordnete Gesamtenergie E.

- Die Äquivalenz von Masse und Energie zeigt sich in folgenden Beziehungen:

$E_0 = m_0 c_0^2$:　　　　　Ruheenergie

$E_{kin} = [\gamma - 1]\, m_0 c_0^2$: relativistische kinetische Energie/Bewegungsenergie

$E = m(v)\, c_0^2$:　　　　　Gesamtenergie

Nach Einstein ist jeder Form von Energie mithilfe der Gleichung $E = mc_0^2$ eine Masse zuzuordnen und umgekehrt. In abgeschlossenen Systemen ist die Erhaltung der Masse gleichbedeutend mit der Erhaltung der Energie.

- Photonen und Neutrinos haben keine Ruhemasse m_0. Daher können sie sich mit Lichtgeschwindigkeit bewegen. Ihrer Energie E entspricht aber die Masse $m = \dfrac{E}{c_0^2}$.

- B 459 zeigt den Graphen der relativistischen kinetischen Energie

$$E_{kin} = [m(v) - m_0]\, c_0^2 = m_0 c_0^2 (\gamma - 1)$$

$$= m_0 c_0^2 \left(\frac{1}{\sqrt{1 - \left(\dfrac{v}{c_0} \right)^2}} - 1 \right)$$

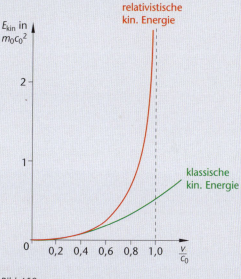

Bild 459

in Abhängigkeit von der Geschwindigkeit v eines bewegten Körpers im Vergleich mit dem Graphen der klassischen kinetischen Energie $E_{kin} = \frac{1}{2}m_0 v^2$ in Abhängigkeit von v. Eine Abweichung beider Graphen wird erst ab etwa $v = \frac{3}{10}c_0$ wirklich erkennbar. Relativistische Betrachtungen im Alltag sind daher nicht notwendig. Andererseits: Die relativistische kinetische Energie wächst für $v \to c_0$ ohne jede Begrenzung, während die klassische E_{kin} auch noch für $v > c_0$ zunimmt.

Aufgaben

1. Beschreiben Sie einen Versuch durch eine Skizze mit Legende, mit dem sich ohne Zeitmessung die Existenz eines Weltäthers widerlegen lässt, und erklären Sie die Ergebnisse.

2. Zwei Inertialsysteme S und S' haben im Vakuum die Relativgeschwindigkeit $\vec{c}_0$ = konstant. In S' wird eine ruhende Lichtquelle eingeschaltet. Geben Sie mit zwei kurzen, genauen Begründungen an, welche Geschwindigkeit v des Lichts die Systeme S und S' jeweils beobachten.

3. Rennfahrer H. Ohl versucht mit dem vom Vater gesponserten Superultimativauto die Relativitätstheorie zu testen. Er rast auf eine rote Ampel zu (λ_r = 701 nm), sodass sie für ihn grünes Licht mit λ_g = 510 nm anzeigt. Berechnen Sie die Geschwindigkeit v des Fahrzeugs.

4. a) Zeigen Sie rechnerisch, dass sich die klassische kinetische Energie $E_{kin} = \dfrac{1}{2}mv^2$ in der Form

   $$E_{kin} = \frac{p^2}{2m}$$ angeben lässt.

   b) Zeigen Sie durch allgemeine Rechnung, dass für $v < 0,1c_0$ aus der Energie-Impuls-Gleichung

   $$E^2 = E_0^2 + (pc_0)^2$$ die klassische kinetische Energie $E_{kin} = \dfrac{p^2}{2m}$ hervorgeht.

Eine Reihe neuer Versuche am Beginn des 20. Jahrhunderts führt zu Beobachtungen und Bewertungen, die dem Wellenmodell des Lichts eindeutig widersprechen. Daraus resultiert die Notwendigkeit, für Licht und elektromagnetische Wellen ein weiteres Modell zu entwickeln mit dem Ziel, die neu beobachteten Phänomene verstehbar zu machen und bisher unbekannte Zusammenhänge offenzulegen.

15.1 Wechselwirkung zwischen Licht und Materie

Der nachfolgende Einstiegsversuch geht auf den deutschen Physiker Hallwachs zurück, den dieser im Jahr 1888 vornahm.

1. Versuch: Lichtelektrischer Effekt als Grundversuch (B 460)

① Quecksilberdampflampe mit weißem Licht und UV-Strahlung
② Elektroskop
③ Zinkplatte, geschmirgelt
④ freigesetzte Elektronen

Versuchsdurchführung:
Eine Zinkplatte verbunden mit einem Elektroskop wird am Minuspol einer Hochspannungsquelle negativ aufgeladen. Danach wird sie mit dem weißen Licht einer Quecksilberdampflampe bestrahlt. Das Licht enthält kurzwellige UV-Anteile (B 415).

Beobachtung:
Nach Beginn der Beleuchtung geht der Ausschlag am Elektroskop rasch auf null zurück; das heißt, die Zinkplatte verliert ihre negative Ladung. Dieser Effekt setzt **sofort** mit Beginn der Bestrahlung ein. Man spricht von einer spontanen Auslösung der Elektronen durch Licht.

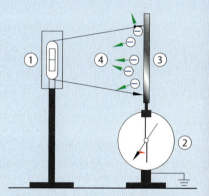

Bild 460: Lichtelektrischer Effekt

2. Versuch:

Der Versuch wird mit einer positiv geladenen Zinkplatte wiederholt.

Beobachtung:
Bei einer positiv geladenen Zinkplatte bleibt der Ausschlag am Elektroskop auch bei längerer Bestrahlung stabil bestehen, die Zinkplatte behält ihre positive Ladung.

3. Versuch:

Nun wiederholt man den Versuch mit der negativ geladenen Zinkplatte. Doch stellt man jetzt in den Strahlengang zwischen Lampe und Platte eine Glasscheibe, die kein ultraviolettes Licht hindurch lässt.

Beobachtung:
Die Zinkplatte behält ihre negative Ladung. Die spontane Auslösung der Elektronen unterbleibt unabhängig von der Dauer der Beleuchtung. Sie ist offensichtlich nur mithilfe von Lichtfrequenzen f oberhalb einer (materialabhängigen) Grenzfrequenz f_g möglich. Diese Frequenzen sind im weißen Licht anteilig enthalten, fehlen aber nach Durchlaufen des Glases.

Zwischen Lampe und Zinkplatte wird nun eine Kondensorlinse gestellt, die für ultraviolettes Licht ebenfalls undurchlässig ist. Sie bündelt das Licht und erreicht eine hohe Lichtintensität bzw. Beleuchtungsstärke bzw. Helligkeit auf der Zinkplatte.

Die Zinkplatte behält die negative Ladung. Die Elektronen lassen sich unterhalb der Grenzfrequenz f_g weder mit großer Beleuchtungsstärke noch durch eine lange Beleuchtungsdauer auslösen.

Erklärung:
Nach der negativen Aufladung liegt auf der Zinkplatte ein Überschuss an schwach gebundenen Elektronen. Das weiße Licht der Lampe setzt sie aus der Metalloberfläche frei; das Metall wird entladen. Dazu ist eine Ablösearbeit bzw. Austrittsarbeit W_A gegen die Anziehungskräfte der Metallionen erforderlich, die vom energiereichen ultravioletten Lichtanteil aufgebracht wird. Die anderen Lichtanteile bewirken, wie gesehen, trotz hoher Beleuchtungsstärke oder langer Beleuchtungsdauer keine Auslösung.

Bei positiver Aufladung herrscht Elektronenmangel auf der Zinkplatte. Positive Metallionen sind ortsfest und massiv in den metallischen Festkörper eingebaut; sie schwingen um ihre Gleichgewichtslage, können durch das einfallende Licht jedoch nicht abgetrennt werden.

Aus den Beobachtungen folgt außerdem:
Nicht die Lichtintensität, sondern die Frequenz bzw. Wellenlänge des einfallenden Lichts ist für die Ablösung bzw. Emission der Elektronen entscheidend. Nur hochfrequentes (= kurzwelliges) Licht, also Licht oberhalb einer bestimmten Grenzfrequenz f_g, besitzt ausreichend Energie und entlädt die negativ geladene Zinkplatte. f_g hängt vom Metall der bestrahlten Platte ab.

▸▸ Die Emission von Elektronen aus Metalloberflächen durch Bestrahlung mit Licht bezeichnet man als **äußeren lichtelektrischen Effekt** oder als **äußeren Fotoeffekt**. Die ausgelösten Elektronen werden **Fotoelektronen** genannt.

Lichtelektrischer Effekt mit einer Spiralelektrode (B 461)

① Quecksilberdampflampe
② Spiralelektrode, Anode
③ Zinkplatte, Katode
④ variable Gleichspannungsquelle
⑤ Messverstärker mit Strommesser

VERSUCH

Versuchsdurchführung:

Fällt das Licht einer Quecksilberdampflampe auf eine Zinkplatte, so werden Elektronen aus der Metalloberfläche ausgelöst. Jetzt legt man zusätzlich eine variable Gleichspannung U zwischen Platte und Spiralelektrode. Im elektrischen Feld erreichen die freigesetzten Fotoelektronen so viel kinetische Energie, dass sie dort die Luft ionisieren. Dies führt zu einem Strom aus geladenen Teilchen zwischen Katode und Anode. Die Stärke I des entstehenden Ionisationsstroms wird mit dem Messverstärker in Abhängigkeit von U gemessen.

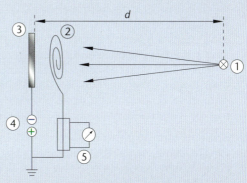

Bild 461: Lichtelektrischer Effekt mit Spiralelektrode

▶▶ **Ionisation** ist die Entfernung eigener Elektronen aus Atomen z. B. durch Bestrahlung mit Licht, stoßende energiereiche Teilchen usw. oder die Anlagerung fremder Elektronen an Atome oder Atomgruppen mittels verschiedener Verfahren.

Beobachtung:

Wird die Gleichspannung U zwischen Spiralelektrode und Zinkplatte vorsichtig erhöht, so steigt die Ionisationsstromstärke I zunächst an. Bei genügend großer Spannung erreicht sie den Sättigungswert I_1. Die Sättigungsstromstärke ist ein Maß für die Anzahl der pro Zeiteinheit aus der Zinkplatte ausgelösten Elektronen. Im Sättigungsbereich werden nahezu alle durch die UV-Strahlung aus der Zinkplatte freigesetzten Elektronen abgesaugt und tragen zum Sättigungsstrom bei (B 462).

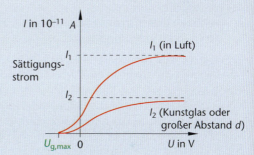

Bild 462: Sättigungsstrom I abhängig von der Beleuchtungsstärke

Nun wird die Spannung so hoch gewählt, dass die Stromstärke ihren Sättigungswert I_1 einnimmt. Eine Kunstglasscheibe ist für UV-Strahlung gering durchlässig. Stellt man sie vor die Lampe in den Strahlengang, so erreicht die Stromstärke jetzt den kleineren Sättigungswert I_2. Zum gleichen Ergebnis gelangt man, wenn man den Abstand d zwischen Lampe und Zinkplatte vergrößert. Die Sättigungsstromstärke ist also von der Intensität bzw. Beleuchtungsstärke des auf die Platte auftreffenden Lichts abhängig. Ersetzt man die Kunstglasscheibe durch eine für ultraviolettes Licht nicht durchlässige Glasscheibe, so geht der Strom trotz anliegender Gleichspannung auf null zurück. Es werden keine Elektronen abgelöst.

Bemerkungen:

▪ Die Ablösung von Elektronen aus einer Zinkplatte gelingt nur mit hochfrequentem energiereichem UV-Licht. Sie setzt sofort ein, was mit der Wellenvorstellung für Licht unvereinbar ist. Nach dem Wellenmodell „verdünnt" sich die emittierte Lichtenergie auf der kugelförmigen Wellenfront um die abstrahlende Lichtquelle mit wachsendem Radius r mehr und mehr. Die auf das Elektron einwirkende Energie reicht daher nicht als Ablösearbeit W_A für eine spontane Abtrennung aus.

- Die Anzahl der ausgelösten Elektronen, die die Sättigungsstromstärke festlegt, hängt nur von der Intensität des auftreffenden UV-Lichts ab, für das $f > f_g$ gilt. Bei Verwendung von sichtbarem Licht ohne UV-Anteil, also für $f < f_g$, werden keine Elektronen abgetrennt, auch wenn die Intensität des sichtbaren Lichts z.B. mithilfe einer Sammellinse stark erhöht wird. Diese Beobachtung lässt sich mit der Wellentheorie ebenfalls nicht in Einklang bringen. Nach dieser Theorie sollte die intensivere elektromagnetische Strahlung die leicht bewegbaren Elektronen in der Metalloberfläche in Schwingungen mit zunehmender Amplitude versetzen und dabei einzelne Elektronen schließlich so stark beschleunigen, dass sie (zumindest nach einiger Zeit) aus dem Metall herausgerissen werden.

- Nach der Entdeckung des lichtelektrischen Effekts hat man auch andere Metalle mit Licht verschiedener Frequenzen beleuchtet. Man stellte fest, dass einige Materialien wie Kalium oder Cäsium den Fotoeffekt schon bei Beleuchtung mit normalem sichtbarem Licht zeigen. Diese Metalle werden heute zur Herstellung von Vakuum-Fotozellen genutzt.

Aufbau und Wirkungsweise einer Vakuum-Fotozelle (B 463)

① Fotozelle
② Cäsiumschicht
③ Lichtquelle
④ (variable) Gleichspannung
⑤ Strom- und Spannungsmesser

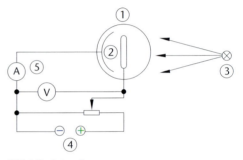

Bild 463: Fotozelle

In einem evakuierten Glaskolben ist ein Teil der Innenwand mit einem lichtelektrisch empfindlichen Material z.B. aus Kalium oder Cäsium belegt. Diese Schicht bildet die Fotokatode. In der Mitte des Glaskörpers befindet sich ein Metallring als Anode. Zwischen Fotokatode und Metallanode wird eine variable Gleichspannung gelegt. Beim Bestrahlen mit normalem Licht gibt die Fotokatode Elektronen ab. Diese bewegen sich unter der Wirkung der elektrischen Feldkraft zur Anode hin. Es fließt ein Fotostrom, dessen Stärke I am Strommesser ablesbar ist. Die Gleichspannung nennt man auch Saugspannung, weil die abgetrennten Elektronen durch sie von der Fotoschicht weggeführt werden. Bei ausreichend großer Gleichspannung wird die Sättigungsstromstärke I_F erreicht. Dann besteht zwischen der Lichtintensität und der Fotostromstärke I_F direkte Proportionalität, wie die vorangehende Erklärung lehrt. Nach Kalibrierung der Fotozelle mit einer geeichten Lichtquelle kann sie zur Messung der Lichtintensität verwendet werden.

Man setzt Fotozellen zur Steuerung von Maschinen und als Belichtungsmesser beim Fernsehen und Tonfilm sowie als Lichtschranken ein. Von der Fotozelle zu unterscheiden ist die Solarzelle. Sie besteht aus kristallinem Silizium (= Silizium in Kristallform) oder aus amorphem Silizium (= Silizium ohne Kristalle). Lichtphotonen dringen in die Solarzelle ein. Dort wechselwirken sie unter Energieabgabe mit Elektronen, die dadurch freigesetzt werden. Dieser Vorgang heißt innerer Fotoeffekt. Solarzellen sind Grundelemente der fotovoltaischen Energieumwandlung. Ob die Fotovoltaik zur Gewinnung von elektrischer Energie durch die direkte Umsetzung von Licht in den Solarzellen eine wirtschaftliche Stromerzeugung in großem Umfang ermöglicht, ist aus heutiger Sicht eher fraglich.

15.2 Zusammenhang zwischen der Lichtfrequenz *f* und der kinetischen Energie E_{kin} der Fotoelektronen

Messung der kinetischen Energie E_{kin} der Fotoelektronen mit der Gegenfeldmethode (B 464)

① Licht einer Frequenz *f*
② variable Blende
③ Fotozelle mit Cäsium als Fotoschicht
④ variable Gleichspannungsquelle
⑤ Messverstärker mit Strommesser

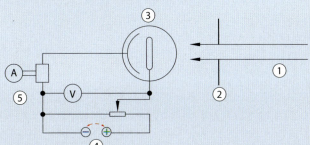

Bild 464: Gegenfeldmethode

Versuchsdurchführung und Erklärung:

Das weiße Licht einer Quecksilberdampflampe trifft auf einen Filter, der nur für Licht einer einzigen Frequenz *f* durchlässig ist. Dieses monochromatische Licht durchläuft eine Blende variabler Breite, mit deren Hilfe man die Beleuchtungsstärke ändert. Es trifft auf die Fotoschicht der Fotozelle. Der Strommesser registriert einen Fotostrom der Stärke *I*, falls $f \geqslant f_g$. Mit der Gegenfeldmethode wird nun die kinetische Energie der schnellsten Fotoelektronen ermittelt, die das Licht der Frequenz *f* auslöst. Dazu polt man die Gleichspannungsquelle so um, dass der Minuspol am Metallring der Fotozelle liegt. Zwischen der Cäsiumschicht und dem Metallring entsteht ein elektrisches Gegenfeld, in dem die durch das einfarbige Licht aus der Metallschicht ausgelösten Fotoelektronen abgebremst werden. Die Stromstärke *I* nimmt durch die anliegende Gegenspannung U_g ab (B 465 für violettes Licht aus nachfolgender Messtabelle).

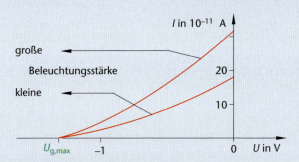

Bild 465: Grenzgegenspannung $U_{g,max}$

Bei der Gegenspannung U_g können nur solche Elektronen mit der Ladung *e* den Ring in der Fotozelle erreichen, deren kinetische Energie nach Verlassen der Cäsiumschicht die Bedingung $E_{kin} \geqslant eU_g$ erfüllt.

Wird U_g weiter erhöht, so nimmt die Stärke *I* des Fotostroms immer mehr ab, bis schließlich bei $U_{g,max}$ gilt: $I = 0$. $U_{g,max}$ heißt Grenzgegenspannung.

Mit Erreichen von $U_{g,max}$ gelangen auch die energiereichsten Elektronen aus der Fotoschicht gerade nicht mehr zur negativen Ringelektrode. Die Energie dieser Elektronen beträgt: $E_{kin,max} = eU_{g,max}$.

Bei Veränderung der Blendenöffnung bleibt die maximale Grenzenergie $E_{kin,max}$ erhalten. Sie ist von der Beleuchtungsstärke unabhängig. Die beiden Graphen in B 465 treffen sich in demselben Punkt der U-Achse. Das heißt: Die maximale kinetische Energie der abgetrennten Elektronen hängt nicht von der Beleuchtungsstärke der Lichtquelle ab. Diese Unabhängigkeit ist mit dem Lichtwellenmodell nicht zu verstehen.

In einer Reihe von Versuchen lässt man Licht unterschiedlicher Einzelfrequenzen f in die Fotozelle eintreten. Man bestimmt für jede die Grenzgegenspannung $U_{g,max}$ und somit die kinetische Energie $E_{kin,max}$ der schnellsten Elektronen. Die Messwerte für Cäsium sind in der folgenden Tabelle aufgeführt:

Farbe	Gelb	Grün	Blau	Violett
f in 10^{14} Hz	5,19	5,49	6,88	7,41
$U_{g,max}$ in V	0,40	0,55	1,05	1,35
$E_{kin,max}$ in eV	0,40	0,55	1,05	1,35
$E_{kin,max}$ in 10^{-19} J	0,64	0,88	1,68	2,16

Beobachtungen:

- Die maximale kinetische Energie $E_{kin,max}$ der ausgelösten Fotoelektronen ist unabhängig von der Beleuchtungsstärke.

- Die maximale kinetische Energie $E_{kin,max}$ der Fotoelektronen ist umso größer, je höher die Frequenz f bzw. je kleiner die Wellenlänge λ des eingestrahlten Lichts ist.

- Das Verfahren der Gegenfeldmethode lässt sich in gleicher Weise mit der Spiralelektrode aus Kapitel 15.1 und anderen Fotoschichten durchführen.

15.3   Widersprüche zur klassischen Wellentheorie des Lichts

Die bisherigen Versuchsergebnisse können mit dem klassischen Wellenmodell für Licht nicht erklärt werden. Die Probleme zeigen sich in den folgenden experimentellen Ergebnissen:

- Der Fotostrom setzt sofort nach Beginn der Bestrahlung des Metalls ein.
  Deutung mit dem Wellenmodell: nicht möglich. Eine grobe klassische Abschätzung bestätigt, dass die Energie im Strahlungsfeld der Lichtquelle gleichmäßig auf die Atome der Zinkplatte oder der Metallschicht in der Fotozelle verteilt ist. Es bräuchte etwa die Beleuchtungsdauer $\Delta t = 70$ s, bis das auftreffende Licht die Ablösearbeit für ein Elektron am Beobachtungsort aufbringen könnte.

- Die maximale kinetische Energie der Fotoelektronen aus der Cs-Schicht oder einer anderen vergrößert sich mit Zunahme der Frequenz f des eingestrahlten Lichts, wobei $f \geq f_g$ vorauszusetzen ist.
  Deutung mit dem Wellenmodell: nicht möglich. Nach der Wellentheorie ist die Energie einer Welle stets dem Quadrat der Amplitude der elektrischen Feldstärke bzw. magnetischen Flussdichte und dem Quadrat der Frequenz direkt proportional. Außerdem existiert keine Grenzfrequenz.

- Die maximale kinetische Energie der Fotoelektronen ist unabhängig von der Beleuchtungsstärke bzw. Intensität bzw. Helligkeit des eingestrahlten Lichts.
  Deutung mit dem Wellenmodell: nicht möglich. Eine Erhöhung der Beleuchtungsstärke bedeutet eine Zunahme der Wellenamplitude des eingestrahlten Lichts. Daraus sollte eine Vergrößerung der kinetischen Energie der Fotoelektronen resultieren. Bei Verringerung der Intensität sollte sich entsprechend die kinetische Energie der emittierten Elektronen verkleinern.

- Unterhalb einer bestimmten materialabhängigen Frequenz, der Grenzfrequenz f_g, tritt kein Fotostrom auf.
  Deutung mit dem Wellenmodell: nicht möglich. Nach der Wellentheorie sollte bei jeder beliebigen Frequenz f eine Zunahme der Beleuchtungsstärke einen Anstieg der zugeführten Energie bewirken, die die Elektronen in der Metallschicht empfangen. Es müsste daher in jedem Fall zur Ablösung der Elektronen und damit zu einem Fotostrom kommen.

15.4 Einsteingleichung, plancksches Wirkungsquantum

Aus den Messwerten für Cäsium in der Tabelle von Kapitel 15.2 entsteht das f-$E_{kin,max}$-Diagramm in B 466. Es zeigt eine Gerade. Ersetzt man das Cäsium in der Fotoschicht durch Natrium, Magnesium oder andere Materialien, so sind die f-$E_{kin,max}$-Diagramme ebenfalls Geraden mit gleicher Steigung, aber unterschiedlichen $E_{kin,max}$-Achsenschnittpunkten. Alle Geraden besitzen daher die gemeinsame Funktionsgleichung $y = mx + t$.

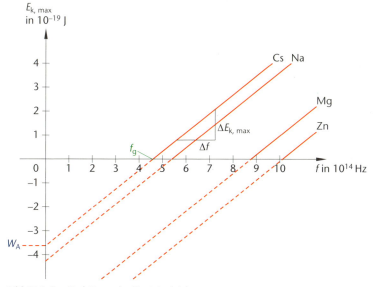

Bild 466: Zur Herleitung der Einsteingleichung

Im Graphen bedeuten:
- f_g: Grenzfrequenz des jeweiligen Materials, bei der der Fotoeffekt erstmals einsetzt; bei Verwendung der Grenzfrequenz f_g ist die kinetische Energie der abgelösten Elektronen null.
- W_A: Ablösearbeit bzw. Austrittsarbeit; sie ist zur Abtrennung eines Elektrons aus der jeweiligen Metallschicht erforderlich und materialabhängig.

Aus dem f-$E_{kin,max}$-Diagramm für Cs liest man wichtige Messdaten ab (in der Klammer sind die heute gültigen Messwerte aufgeführt):

- Grenzfrequenz: $f_g = 4{,}7 \cdot 10^{14}$ Hz, $(4{,}69 \cdot 10^{14}$ Hz$)$
- Ablösearbeit: $W_A = -3{,}6 \cdot 10^{-19}$ J $= -2{,}2$ eV, $(-1{,}94$ eV$)$

Dem Steigungsdreieck der Geraden für Cäsium entnimmt man:

$\Delta E_{kin,max} = 1{,}2 \cdot 10^{-19}$ J $= 0{,}75$ eV, $\Delta f = 1{,}7 \cdot 10^{14}$ Hz.

Die maximale kinetische Energie $E_{kin,max}$ der Fotoelektronen als Funktion der Frequenz f des eingestrahlten Lichts ist grafisch demnach eine Gerade mit der Steigung $m = h = \dfrac{\Delta E_{kin,max}}{\Delta f}$ und dem Ordinatenabschnitt $t = W_A < 0$.

Dann folgt mit $y = mx + t$ die **Einsteingleichung:** $E_{kin,max} = hf - W_A.$ $\hspace{1cm}$ (*)

Die Steigung h der Geraden in B 466 hat den materialunabhängigen konstanten Messwert

$h = \dfrac{1{,}2 \cdot 10^{-19}\,\text{J}}{1{,}7 \cdot 10^{14}\,\text{Hz}}, h = 7{,}1 \cdot 10^{-34}$ Js. Er beträgt heute $h = 6{,}62606896 \cdot 10^{-34}$ Js.

Die Konstante h heißt **plancksches Wirkungsquantum.** Sie ist eine physikalische Fundamentalkonstante und von großer Bedeutung in der Physik. Namensgeber ist der deutsche Physiker Planck, der 1899 die Quantentheorie begründete.

Einstein kam anhand der Gleichung (*) und der experimentellen Ergebnisse des deutschen Physikers Lenard zu folgender Deutung des lichtelektrischen Effekts:

- Elektromagnetische Strahlung, speziell auch Licht, ist im Widerspruch zum Wellenmodell nicht gleichmäßig über den ganzen Raum verteilt. Sie besteht vielmehr aus einzelnen, streng lokalisierten Energieportionen, die man **Lichtquanten** oder **Photonen** nennt; allgemein spricht man von **Energiequanten.** Diese bewegen sich im Vakuum mit der Lichtgeschwindigkeit c_0, sind unteilbar und können nur als Ganzes erzeugt oder absorbiert werden. Photonen verhalten sich bei Wechselwirkung mit Elementarteilchen wie kleinste Teilchen (= „Korpuskeln"); sie werden immer einzeln und als Ganzes wirksam.

- Jedes Lichtbündel setzt sich aus Photonen zusammen. Jedes Photon der konstanten Frequenz f im Bündel trägt für sich die Energie $E = hf$. Diese Energie ist ein Vielfaches der Strahlungsfrequenz f, denn E ist proportional zu f und das plancksche Wirkungsquantum h konstant.
  Beim lichtelektrischen Effekt wird die Energie $E = hf$ **eines** Photons als Ganzes (und nicht kontinuierlich) auf ein Elektron übertragen. Reicht diese Energie zur Ablösung des Elektrons aus der Metallkatode aus, so setzt der Vorgang sofort ein, wobei das Photon seine Existenz verliert. Die Energie $E = hf$ dient zum Teil als Ablösearbeit W_A, also zum Abtrennen des Elektrons aus der Metallkatode. Die restliche Energie wird dem Elektron als kinetische Energie E_{kin} mitgegeben. Es gilt also die Energiegleichung: $E = hf = E_{kin} + W_A$. Das experimentelle Ergebnis $E = hf$ legt zudem die Vorstellung nahe, dass Atome Strahlungsenergie nicht stetig mit jedem beliebigen Wert, sondern nur unstetig, stoßweise, in bestimmten Energiequanten, emittieren oder absorbieren können.

- Bei konstanter Frequenz f des Lichts und $f \geq f_g$ bewirkt eine Erhöhung der Lichtintensität eine Vergrößerung der Photonenzahl pro Zeiteinheit. Die Photonenenergie selbst ändert sich dadurch nicht. Mit der Photonenzahl wächst zugleich die Anzahl der pro Zeiteinheit aus dem Metall herausgelösten Photoelektronen (und damit der Sättigungsstrom).

- Die Austrittsarbeit W_A zum Herauslösen der Elektronen aus der Metallschicht ist material-, aber nicht frequenzabhängig. Folgende Fälle können eintreten:

  - $W_A < hf$: Die Austrittsarbeit ist geringer als die Energie des auftreffenden Photons.

    Die Restenergie verbleibt als kinetische Energie beim abgelösten Elektron. Sie ist umso größer, je höher die Frequenz f des Photons und je geringer die Austrittsarbeit W_A des Katodenmaterials ist.

  - $W_A = hf$: Die Austrittsarbeit ist gleich der Energie des auftreffenden Lichtquants.

    Die Energie reicht genau zur Abtrennung des Elektrons aus dem Metall. Dem Elektron bleibt keine kinetische Energie: $E_{kin} = 0$. Die Frequenz f des eingestrahlten Lichts ist in diesem Fall gerade die Grenzfrequenz f_g. Aus der Einsteingleichung (*) von vorhin folgt: $hf_g - W_A = 0$; $f_g = \dfrac{W_A}{h}$.

  - $W_A > hf$: Die Austrittsarbeit ist größer als die Energie des einfallenden Photons. Die Elektronen können das Metall nicht verlassen, auch nicht durch Erhöhung der Beleuchtungsstärke.

Diese Deutung bezeichnet man heute als **Lichtquantenhypothese**. Aus ihrer Sicht lässt sich die Äquivalenz von Masse und Energie (s. Kap. 14.8) sowohl theoretisch wie auch experimentell gut bestätigen, wie folgendes Beispiel vermittelt.

Beispiel: Paarbildung oder Paarvernichtung in Beschleunigeranlagen

Bei der **Paarbildung** wandelt sich ein γ-Quant, also ein Photon der γ-Strahlung, mit der Mindestenergie $E = 1{,}02$ MeV in ein Elektron-Positron-Paar um (B 467). Diese Energie entspricht gerade der Ruhemasse des Teilchenpaares. Das **Positron** ist hierbei das Antiteilchen des Elektrons mit gleicher Masse $m_{0P} = m_{0e}$, aber positiver Elementarladung.

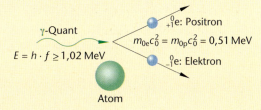

Bild 467: Paarbildung

Die Paarbildung erfolgt in der Umgebung eines Atoms, das aus Gründen der Impulserhaltung einen Teil des Photonenimpulses (s. Kap. 15.5.1) aufnimmt. Energie- und Ladungserhaltungssatz bleiben gültig. Eine Energie des γ-Quants über 1,02 MeV hinaus wird an die entstehenden Teilchen als kinetische Energie weitergereicht. Es besteht die Energiegleichung: $E = hf = 2m_{0e/P}c_0^2 + E_{kin}$.

Die Umkehrung der Paarbildung ist die **Paarvernichtung** (B 468). Befindet sich ein Positron mit der Ruhemasse m_{0P} in der Nähe eines Atoms und kommt es dort zur Wechselwirkung mit einem Elektron der Ruhemasse m_{0e}, so verschwinden das Paar und seine gesamte Energie, also kinetische und Ruheenergie, in einem spontanen Prozess unter Freisetzung der Energie von mindestens zwei γ-Quanten. Die Kurzdarstellung lautet:

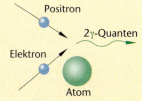

Bild 468: Paarvernichtung

- Reaktionsgleichung: $_{-1}^{0}e + {}_{+1}^{0}e \rightarrow 2\gamma$

- Massenbetrachtung: $m_{0e} + m_{0P} = m$, wobei $m_{0e} = m_{0P}$, $m = 2 \cdot 9{,}1 \cdot 10^{-31}$ kg

- Energiebilanz: $\quad m_{0e}c_0^2 + m_{0P}c_0^2 = mc_0^2$,

  $0{,}51$ MeV $+ 0{,}51$ MeV $= 1{,}02$ MeV.

Man überlege sich, weshalb die Entstehung eines einzigen γ-Quants im Widerspruch zum Impulserhaltungssatz stünde. (Weitere Erklärungen findet man im Kapitel 15.5.1.)

15.5 Die Doppelnatur von Licht

15.5.1 Masse und Impuls von Photonen

Die Spezielle Relativitätstheorie lehrt:

- Photonen bewegen sich im Vakuum mit der Lichtgeschwindigkeit c_0; sie haben im Gegensatz zu materiellen Teilchen die Ruhemasse $m_0 = 0$.

- Masse und Energie sind äquivalent und über die Einsteingleichung $E = mc_0^2$ miteinander verbunden.

Auf dieser Basis erscheint es sinnvoll, auch dem Photon als dem Träger der Energie $E = hf$ eine Masse m zuzusprechen. Sie folgt aus der Masse-Energie-Gleichung $E = mc_0^2 = hf$:

$$m = \frac{h}{c_0^2}f, \text{ also } m \sim f, \text{ da die anderen Größen konstant sind.}$$

In der Mechanik ist der Impuls eines Körpers als Produkt aus Masse und Geschwindigkeit festgelegt: $p = mv$. Somit kann man dem Photon jetzt den Impuls $p = mc_0$ zuordnen. Unter Verwendung der Photonenmasse m und der Ausbreitungsgeschwindigkeit $c_0 = \lambda f$ von elektromagnetischen Wellen bzw. Photonen im Vakuum erhält man den Impuls eines Photons in der weiteren Form: $p = mc_0 = \frac{hf}{c_0^2}c_0 = \frac{h}{c_0}f = \frac{h}{\lambda}$. Wegen $p \sim f$ erhöht die Zunahme der Frequenz f den Impuls eines Photons.

Zwischen der Energie eines Photons und seinem Impuls besteht ferner der einfache Zusammenhang: $E = mc_0^2 = mc_0c_0 = pc_0$.

Zusammenfassung: Photonen haben keine Ruhemasse. Da sie Energie transportieren, ist es sinnvoll, ihnen die Masse $m = \frac{h}{c_0^2}f$ und den Impuls $p = \frac{h}{\lambda}$ zuzuordnen.

15.5.2 Welle-Teilchen-Dualismus elektromagnetischer Strahlung

Elektromagnetische Strahlung und Licht treten in zwei Erscheinungsformen mit je eigenen Eigenschaften auf, die sich nicht zusammenfassen lassen.

Auf der einen Seite sind Strahlung und Licht periodische Raum-Zeit-Vorgänge. Sie zeigen Beugung, Interferenz und Polarisation. Diese experimentell gesicherten Erscheinungen können auf der Basis des Wellenmodells richtig gedeutet und verstanden werden: Licht und elektromagnetische Strahlung haben Wellencharakter.
Andererseits besteht elektromagnetische Strahlung, insbesondere Licht, nach der Lichtquantenhypothese aus Photonen. Diese bewegen sich auf geradlinigen Bahnen, nehmen in jedem Zeitpunkt einen bestimmten Ort ein, besitzen Geschwindigkeit, Masse, Impuls und die lokalisierte Energie $E = hf$. Außerdem gelten bei Wechselwirkungen mit Teilchen die Erhaltungssätze für Impuls und Energie. Quanten verhalten sich also in vielen Bereichen und bei Versuchen selbst wie Massenpunkte oder Teilchen der Mechanik.

Zum Verständnis des Lichts und der elektromagnetischen Wellen sind folglich zwei Modelle notwendig, das Wellen- und das Teilchenmodell. Man spricht vom **Welle-Teilchen-Dualismus des Lichts**. Er wurde von Planck und Einstein ab 1905 begründet. Mithilfe der beiden Modelle können Beugung und Interferenz, gleichzeitig aber auch der lichtelektrische Effekt erklärt werden. Keines der beiden Modelle ist gegenüber dem anderen ausgezeichnet, keines ist richtiger oder genauer als das andere.

Der Welle-Teilchen-Dualismus des Lichts und der elektromagnetischen Strahlung besagt: Je nach Art des Experiments oder der Beobachtung verhalten sich Licht und elektromagnetische Strahlung wie eine Gesamtheit von Teilchen oder wie eine Welle. Daher benötigt man zum Verständnis beider gleichzeitig zwei Modelle, das Wellen- und das Teilchenmodell. Welle und Teilchen sind gleichwertige Vorstellungen ein und derselben physikalischen Erscheinung, die man als Licht bzw. als elektromagnetische Strahlung bezeichnet.

Beide Modelle sind also ebenbürtig: Sie ermöglichen eine anschauliche Beschreibung des beobachteten Naturgeschehens, gestatten Voraussagen über den Ablauf der durch sie dargestellten Erscheinungen und sie erfassen Eigenschaften. Bemerkenswert ist, dass die Frequenz f in beiden Modellen als gemeinsame physikalische Größe vorkommt.

Dualismus findet sich auch im atomaren Bereich, so zeigen z. B. Elektronen in gewissen Versuchsanordnungen Eigenschaften aus dem Bereich der Wellen, in anderen Eigenschaften wie Teilchen (s. Kap. 15.8).

▶▶ **Als Dualismus bezeichnet man den experimentell an mikrophysikalischen Objekten vielfach nachgewiesenen Sachverhalt, dass sich diese Objekte je nach Versuchsbedingung wie Wellen oder Teilchen verhalten.**

Bemerkungen:

- Licht und elektromagnetische Wellen sind ihrem Wesen nach weder Teilchen noch Welle, sondern physikalische Objekte, die sich der anschaulichen Beschreibung durch ein einziges Modell entziehen.

- In der klassischen Physik schließen sich das Teilchen- und das Wellenmodell gegenseitig aus.

- Nach der Quantenphysik sind beide Modelle nur begrenzt und daher widerspruchsfrei anwendbar. Der Welle-Teilchen-Gegensatz wird mithilfe (abstrakter) mathematischer Modelle aufgelöst. Eine Einführung in diese Denkweise findet sich in Kapitel 15.7.

15.6 Masse und Impuls von Photonen bei verschiedenen Phänomenen

Im Folgenden wird eine Reihe unterschiedlicher Phänomene behandelt, deren Verständnis die Masse und den Impuls von Photonen erfordern.

15.6.1 Licht im Gravitationsfeld

Licht erfährt durch Gravitation eine Krümmung. Der Lichtstrahl eines fernen Sternes auf dem Weg zur Erde wird zum Beispiel im Gravitationsfeld der Sonne abgelenkt. Seine Lichtquanten unterliegen wegen ihrer Masse der Gravitationskraft. Deshalb ist es möglich, Sterne zu sehen, die sich von der Erde aus hinter der Sonne oder einem Sternhaufen befinden (B 469). Man bezeichnet allgemein massereiche Objekte im Weltraum als **Gravitationslinsen**.

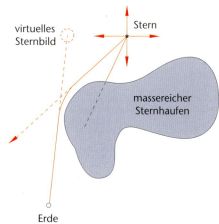

Bild 469: Gravitationslinseneffekt

Die experimentelle Bestätigung der Allgemeinen Relativitätstheorie Einsteins basiert auf dem Nachweis dieses Phänomens. In britischem Auftrag gelang bei einer totalen Sonnenfinsternis im Jahr 1919 der Nachweis, dass die Sonne das Licht anderer Sterne ablenkt.

Objekte im Weltraum mit extremster Dichte, die aus kollabierenden Sternen hervorgehen, bezeichnet man als **schwarze Löcher**. Sie haben eine so starke Gravitation, dass Licht (und Materie) innerhalb eines kritischen Radius die Oberfläche nicht verlassen kann. Da sie unsichtbar sind, gelingt der Nachweis nur indirekt über die Gravitationswirkung auf Nachbarsterne.

15.6.2 Frequenzänderung von Licht, z. B. im Gravitationsfeld der Erde

Lichtquanten eines Lichtbündels mit der Frequenz f erfahren infolge ihrer Masse im erdnahen Bereich ($g = 9,81 \ \mathrm{ms}^{-2} =$ konstant) eine Gewichtskraft bzw. Gravitationskraft vom Betrag

$$F_{\mathrm{G}} = mg = \frac{hf}{c_0^2} g \quad \text{(B 470)}.$$

Steigt ein Lichtquant gegen das Gravitationsfeld um die Strecke Δl an,

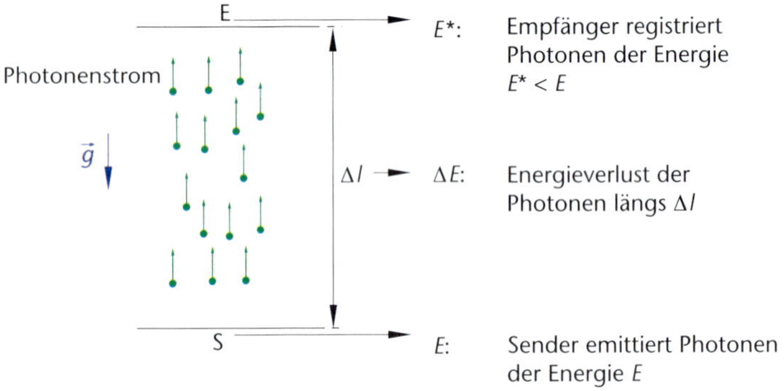

E*: Empfänger registriert Photonen der Energie $E^* < E$

ΔE: Energieverlust der Photonen längs Δl

E: Sender emittiert Photonen der Energie E

Bild 470: Frequenzänderung durch Gravitation

so nimmt seine Lageenergie um $\Delta E = F_{\mathrm{G}} \Delta l = \dfrac{hf}{c_0^2} g \Delta l$ zu; die Ausbreitungsgeschwindigkeit c_0 ändert sich nicht. Der Gewinn an potenzieller Energie kommt aus dem Energievorrat des Lichts, der sich entsprechend um $\Delta E = h \Delta f$ reduziert. Folge: Die Lichtfrequenz verkleinert sich um $\Delta f = \dfrac{\Delta E}{h} = \dfrac{f}{c_0^2} g \Delta l$.

Somit registriert der Empfänger E bei der Bewegung des Lichts gegen das Gravitationsfeld Lichtquanten mit der geringeren Energie $E^* = h(f - \Delta f)$. Das Licht wird etwas langwelliger. Bei der Bewegung der Lichtquanten mit dem Gravitationsfeld der Erde gewinnen die Lichtquanten Energie, die Lichtfrequenz erhöht sich.

Bemerkung:

Lichtquanten, die gegen das Gravitationsfeld der Sonne laufen, haben eine kleinere Frequenz und damit eine etwas größere Wellenlänge als ursprünglich bei der Abstrahlung auf der Sonnenoberfläche.

15.6.3 Auslenkung eines Spiegels

① Lichtblitz
② Fadenpendel
③ Spiegel mit der Masse m_{S}

Mithilfe eines Spiegels lässt sich der Nachweis erbringen, dass Photonen einen Impuls besitzen (B 471). Dazu richtet man einen kurzzeitigen intensiven Lichtblitz auf einen kleinen, ideal reflektierenden Spiegel, der an einem langen

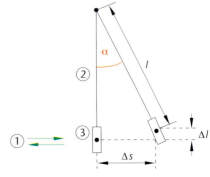

Bild 471: Auslenkung eines Spiegels durch Photonen

dünnen Faden in Ruhe hängt und frei beweglich ist. Der Spiegel wird durch die auftreffenden Photonen wie ein ballistisches Pendel ausgelenkt.

Benutzt wird ein Laser mit der Frequenz f, dessen Blitze in der Zeitdauer $\Delta t = 1{,}0 \cdot 10^{-8}$ s die Energie $E = 1{,}0$ J transportieren. Ein Laserblitz besteht aus N Photonen mit je gleicher Energie $E^* = hf$ und gleichem Impuls $p^* = \dfrac{h}{\lambda}$. Daraus ergibt sich die Anzahl N der Photonen, die mit jedem Blitz auf den Spiegel gelangen: $NE^* = Nhf = E$, $N = \dfrac{E}{hf}$. Der Laserblitz besitzt außerdem den Gesamtimpuls $p = Np^* = \dfrac{Eh}{hf\lambda} = \dfrac{E}{\lambda f} = \dfrac{E}{c_0}$.

Zwischen der Photonenmasse m und der Spiegelmasse m_S besteht die Beziehung $m \ll m_S$. Daher wird der Blitz vom (idealen) Spiegel total reflektiert. Der Spiegel nimmt während des Vorgangs den doppelten Lichtimpuls auf (s. Kap. 6.4.2): $p_S = m_S v_S = 2p = 2\dfrac{E}{c_0}$. Die Geschwindigkeit v_S des (frei beweglich aufgehängten) Spiegels nach der Wechselwirkung mit dem Lichtblitz beträgt $v_S = \dfrac{2E}{m_S c_0} = \dfrac{2Nhf}{m_S c_0} = 2\dfrac{Nh}{m_S \lambda}$, da $\dfrac{c_0}{f} = \lambda$. Der Spiegel erreicht aus der Ruhelage heraus die kinetische Energie $E_{\text{kin,S}} = \dfrac{1}{2}m_S v_S^2 = \dfrac{1}{2}m_S\left(\dfrac{2E}{m_S c_0}\right)^2 = \dfrac{2}{m_S}\left(\dfrac{E}{c_0}\right)^2$. Durch den Rückstoß beim Auftreffen des Lichtblitzes wird der Spiegel so weit ausgelenkt, bis seine kinetische Energie $E_{\text{kin,S}} = \dfrac{2}{m_S}\left(\dfrac{E}{c_0}\right)^2$ vollständig in die potenzielle Energie $E_{\text{pot,S}} = m_S g \Delta l$ umgewandelt ist: $E_{\text{kin,S}} = \dfrac{2}{m_S}\left(\dfrac{E}{c_0}\right)^2 = m_S g \Delta l = E_{\text{pot,S}}$. Daraus erhält man die Steighöhe des Spiegels: $\Delta l = \dfrac{\dfrac{2}{m_S}\left(\dfrac{E}{c_0}\right)^2}{m_S g} = \dfrac{2\left(\dfrac{E}{c_0}\right)^2}{m_S^2 g}$.

$$(*)$$

Aus B 471 lassen sich für kleine Auslenkwinkel φ, $0° < \varphi < 1°$, wie hier im Experiment, folgende Aussagen ablesen:

1. $\sin\varphi = \dfrac{\Delta s}{l} = \varphi$ (Bogenmaß!)

2. $(\Delta s)^2 + (l - \Delta l)^2 = l^2$, $(\Delta s)^2 + l^2 - 2l\Delta l + (\Delta l)^2 = l^2$.

    Wegen $\Delta l \ll l$ gilt $(\Delta l)^2 \approx 0$; es folgt: $(\Delta s)^2 = 2l\Delta l$.

3. $\varphi = \dfrac{\Delta s}{l} = \dfrac{\sqrt{2l\Delta l}}{l} = \sqrt{\dfrac{2l\Delta l}{l^2}} = \sqrt{\dfrac{2\Delta l}{l}}$

Unter Verwendung von (*) erhält man: $\varphi = \sqrt{\dfrac{2 \cdot 2 \cdot \left(\dfrac{E}{c_0}\right)^2}{m_S^2 g l}} = \dfrac{2E}{m_S c_0} \cdot \dfrac{1}{\sqrt{g l}}$.

Experimentell erreichbare Messwerte sind: $E = 1{,}0$ J, $m_S = 2{,}0 \cdot 10^{-5}$ kg, $l = 0{,}10$ m. Damit erhält man den Auslenkwinkel: $\varphi = \dfrac{2 \cdot 1{,}0\,\text{J}}{2{,}0 \cdot 10^{-5}\,\text{kg} \cdot 3{,}0 \cdot 10^8\,\text{ms}^{-1}} \cdot \dfrac{1}{\sqrt{9{,}81\,\text{ms}^{-2} \cdot 0{,}10\,\text{m}}}$,

$\varphi = 3{,}4 \cdot 10^{-4}$, und eine Verschiebung des Spiegels um $\Delta s = l\varphi$, $\Delta s = 0{,}10\,\text{m} \cdot 3{,}4 \cdot 10^{-4} = 3{,}4 \cdot 10^{-5}$ m.

Bemerkung:

Die bisherigen Überlegungen und Rechnungen stellen eine idealisierende Betrachtung dar. Tatsächlich unterliegt das reflektierte Licht am sich bewegenden Spiegel wegen des Dopplereffekts (der sogenannten Dopplerverschiebung) einer Frequenzänderung. Der einfallende Laserblitz mit Photonen der Masse m besitzt eine etwas höhere Frequenz als der reflektierte. Das bedeutet: Licht verliert bei der Reflektion am Spiegel gerade die Energie, die er als kinetische Energie $E_{kin,S}$ aufnimmt. Allerdings ist diese Frequenzänderung wegen $m_S \gg m$ äußerst gering.

15.6.4 Comptoneffekt

Für das Verständnis der Ablenkung von Licht im Gravitationsfeld großer Massen ist die Photonenmasse m von Bedeutung, für die Auslenkung eines Spiegels durch auftreffende Photonen deren Impuls p.

Das folgende Experiment bestätigt das Photonenmodell besonders eindrucksvoll, weil zur Erklärung sowohl der Energie- wie auch der Impulserhaltungssatz herangezogen werden.

Man verwendet kurzwellige Röntgen- oder Gammastrahlen (s. Kap. 16.7.2), deren Photonen man auf Stoffe wie Grafit oder Paraffin richtet. Sie sind hochfrequent und energiereich.

Beobachtung:
Ein Teil der Strahlung wird unter Beibehaltung der Wellenlänge ohne irgendwelche Wirkung am Material reflektiert und hat keine Bedeutung. Ein zweiter Teil löst stärker gebundene Elektronen von den Atomen des bestrahlten Stoffes ab, die Atome werden ionisiert. Einen weiteren Teil der energiereichen Strahlung nehmen schwach gebundene Elektronen auf, wobei gleichzeitig eine neue Strahlung mit einer etwas größeren Wellenlänge entsteht. Die Wellenlängenänderung zwischen einfallender und neuer, gestreuter, Strahlung hängt vom Streuwinkel φ ab. Man nennt die Wechselwirkung zwischen den Photonen einer energiereichen Strahlung und den schwach gebundenen Elektronen eines Atoms **Comptoneffekt**. Schwach gebundene Elektronen sind mit einer Energie von nur wenigen Elektronenvolt (eV) an ein Atom geheftet, also nahezu ruhend. Die Energie der einfallenden Röntgen- oder Gammastrahlung mit Messwerten bis zu mehreren hundert keV überwiegt deutlich (B 472).

Ein ankommendes Photon mit der Wellenlänge λ_1 hat den Impuls $\vec{p}_1$, betragsmäßig $p_1 = \dfrac{h}{\lambda_1}$, und die Energie $E_1 = hf_1 = h\dfrac{c_0}{\lambda_1}$. Es trifft unter Existenzaufgabe auf ein nahezu ungebundenes Elektron. Beim Stoß erhält das Elektron den Impuls $\vec{p}_e$ mit $p_e = m_e v$ und die kinetische Energie $E_e = \dfrac{1}{2}m_e v^2$. Das abgehende, gestreute, neue Photon nach dem Stoß hat die größere Wellenlänge λ_2 und breitet sich unter dem Winkel φ gegen die Bewegungsrichtung des einfallenden Photons aus. Die

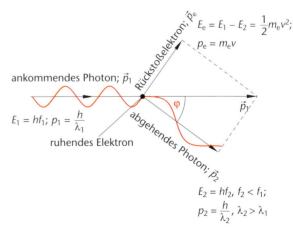

Bild 472: Comptoneffekt

Photonengeschwindigkeit ist vor und nach der Wechselwirkung betragsmäßig gleich. Die Zunahme der Wellenlänge beträgt $\Delta\lambda = \lambda_2 - \lambda_1 = \lambda_C(1 - \cos\varphi)$ mit $\lambda_C = \dfrac{h}{m_e c_0}$. Das ankommende und das abgehende Photon unterscheiden sich damit auch in der Frequenz, in der Energie und im Impuls, also in wesentlichen Merkmalen. In B 472 bedeuten:

- $\Delta\lambda$: Zunahme der Wellenlänge des abgehenden Photons gegenüber der Wellenlänge des ankommenden.

- λ_1: Wellenlänge des ankommenden Photons.

- λ_2: Wellenlänge des abgehenden bzw. gestreuten Photons.

- φ: Streuwinkel; Winkel zwischen den Bewegungsrichtungen des ankommenden und des gestreuten Photons.

- λ_C: **Comptonwellenlänge** des Elektrons; bei Strahlung dieser Wellenlänge ist die Masse eines Photons gerade gleich der Ruhemasse $m_{0e} = m_e$ des Elektrons: $m = m_{0e}$. Nach Einsetzen der Messwerte für h, m_e, c_0 erhält man für λ_C den Messwert:
$$\lambda_C = \frac{6{,}626 \cdot 10^{-34}\ \text{Js}}{9{,}109 \cdot 10^{-31}\ \text{kg} \cdot 2{,}998 \cdot 10^{8}\ \text{ms}^{-1}} = 2{,}42 \cdot 10^{-12}\ \text{m} = \text{konstant.}$$

Der Comptoneffekt ist bei der Streuung von Wasserwellen oder bei der Streuung von sichtbarem Licht an geeigneten Hindernissen nicht zu beobachten, obwohl er grundsätzlich vorhanden ist. Erst mit Röntgen- oder Gammastrahlung gelingt der experimentelle Nachweis. Zur Begründung beachte man die nun folgende Herleitung der Gleichung für die Wellenlängenänderung $\Delta\lambda$.

Der amerikanische Physiker Compton verwendete 1923 für die Streuung an Elektronen Röntgenstrahlen mit der Wellenlänge $\lambda = 91{,}1$ pm. Diese Photonen haben die Energie
$$E_1 = hf_1 = h\frac{c_0}{\lambda_1},\ E_1 = 6{,}6261 \cdot 10^{-34}\ \text{Js} \cdot \frac{3{,}00 \cdot 10^{8}\ \text{ms}^{-1}}{91{,}1 \cdot 10^{-12}\ \text{m}} = 2{,}18 \cdot 10^{-15}\ \text{J} = 13{,}6\ \text{keV.}$$
Die kinetische Energie E_e des Elektrons nach dem Stoß (Rückstoßelektron) ist klein, die relative Wellenlängenänderung beträgt im Beispiel etwa 2 %. Daher ist eine nicht relativistische Betrachtung vertretbar und folgende Näherung zulässig: $\dfrac{\lambda_1}{\lambda_2} \approx \dfrac{\lambda_2}{\lambda_1} \approx 1$ oder $\dfrac{\lambda_1}{\lambda_2} + \dfrac{\lambda_2}{\lambda_1} \approx 2$.   (1)

Unter Verwendung der Energieerhaltung entsteht nach B 472 die Gleichung:
$$hf_1 = hf_2 + \frac{1}{2}m_e v^2 \quad | \cdot m_e > 0,$$

$$2m_e hf_1 = 2m_e hf_2 + m_e^2 v^2,\ m_e^2 v^2 = 2m_e h\left(\frac{c_0}{\lambda_1} - \frac{c_0}{\lambda_2}\right).$$ (2)

Unter Verwendung der Impulserhaltung gilt nach B 472:
$$\vec{p}_1 = \vec{p}_2 + \vec{p}_e,\ \vec{p}_e = \vec{p}_1 - \vec{p}_2 \quad |^2,\ \text{Skalarprodukt (!),}$$

$$\vec{p}_e \circ \vec{p}_e = \vec{p}_1 \circ \vec{p}_1 - 2 \cdot \vec{p}_1 \circ \vec{p}_2 + \vec{p}_2 \circ \vec{p}_2,\ p_e^2 = p_1^2 - 2p_1 p_2 \cos\varphi + p_2^2;$$

mit $p = \dfrac{h}{\lambda}$ erhält man: $m_e^2 v^2 = \dfrac{h^2}{\lambda_1^2} - 2\dfrac{h^2}{\lambda_1\lambda_2}\cos\varphi + \dfrac{h^2}{\lambda_2^2}$, $m_e^2 v^2 = h^2\left(\dfrac{1}{\lambda_1^2} - \dfrac{2}{\lambda_1\lambda_2}\cos\varphi + \dfrac{1}{\lambda_2^2}\right)$. (3)

Gleichsetzen von (2) und (3), denn die linken Seiten sind gleich:

$$2m_e c_0 \left(\frac{1}{\lambda_1} - \frac{1}{\lambda_2} \right) = h \left(\frac{1}{\lambda_1^2} - 2 \frac{1}{\lambda_1 \lambda_2} \cos \varphi + \frac{1}{\lambda_2^2} \right) \qquad \left| \cdot \frac{\lambda_1 \cdot \lambda_2}{h} \right.$$

$$2m_e c_0 \cdot \left(\frac{\lambda_2}{h} - \frac{\lambda_1}{h} \right) = h \left(\frac{\lambda_2}{\lambda_1 h} - \frac{2}{h} \cos \varphi + \frac{\lambda_1}{\lambda_2 h} \right);$$

mit (1) entsteht: $\dfrac{2m_e c_0}{h}(\lambda_2 - \lambda_1) = \left(\dfrac{\lambda_2}{\lambda_1} - 2\cos \varphi + \dfrac{\lambda_1}{\lambda_2} \right) = 1 - 2 \cos \varphi + 1 = 2 - 2 \cos \varphi.$

Ergebnis: $\Delta \lambda = \lambda_2 - \lambda_1 = \dfrac{h}{m_e c_0}(1 - \cos \varphi) = \lambda_C(1 - \cos \varphi)$, wobei $\lambda_C = \dfrac{h}{m_e c_0} =$ konstant. (4)

Die Bedeutung der Ergebnisgleichung erschließt sich mit folgenden Sonderfällen:

- $\varphi = 0$: $\Delta \lambda = \lambda_C(1 - \cos \varphi) \rightarrow \Delta \lambda = 0$, das heißt $\lambda_1 = \lambda_2$; keine Zunahme der Wellenlänge. Zwischen dem ankommenden Röntgenphoton und dem schwach gebundenen Elektron eines Atoms im Streumaterial kommt es zu keiner Wechselwirkung. Die Primärstrahlung behält ihre Bewegungsrichtung bei.

- $\varphi = \dfrac{\pi}{2}$: $\Delta \lambda = \lambda_C(1 - \cos \varphi) \rightarrow \Delta \lambda = \lambda_C =$ konstant. Das ankommende Röntgenphoton gibt bei einem elastischen Stoß an das schwach gebundene Elektron Energie ab. Unter Existenzaufgabe geht es in ein neues Photon mit der größeren Wellenlänge $\lambda_2 = \lambda_1 + \Delta \lambda = \lambda_1 + \lambda_C$ über. Das Elektron gewinnt die kinetische Energie $E_e = \dfrac{1}{2}m_e v^2$.

- $\varphi = \pi$: $\Delta \lambda = \lambda_C(1 - \cos \varphi) \rightarrow \Delta \lambda = 2\lambda_C =$ konstant. Die maximale Zunahme der Wellenlänge entsteht bei der Rückwärtsstreuung des Röntgenphotons am Elektron. Die Aussagen für $\varphi = \dfrac{\pi}{2}$ wiederholen sich, wobei jetzt gilt: $\lambda_2 = \lambda_1 + \Delta \lambda = \lambda_1 + 2\lambda_C$.

Bemerkungen:

- Der Comptoneffekt bestätigt: Auch im atomaren Bereich gelten bei der Wechselwirkung von Materie und Strahlung der Energie- und der Impulserhaltungssatz. Die Zunahme der Wellenlänge um $\Delta \lambda = \lambda_2 - \lambda_1$ hängt nicht von der einfallenden Wellenlänge λ_1 ab. Sie steigt aber durch den Faktor $(1 - \cos \varphi)$ mit wachsendem Streuwinkel φ.

- Der konstanten Comptonwellenlänge λ_C entspricht ein Photon mit der Energie $E_C = hf_C = h\dfrac{c_0}{\lambda_C}$; zu dieser Energie wiederum gehört wegen der Einsteinäquivalenz von Energie und Masse, also wegen $E_C = mc_0^2$, die Photonenmasse $m = \dfrac{E_C}{c_0^2}$.

  Dann gilt: $m = \dfrac{hc_0}{c_0^2 \lambda_C} = \dfrac{h}{c_0 \lambda_C}$ bzw. $\lambda_C = \dfrac{h}{mc_0}$.

  Ein Vergleich mit $\lambda_C = \dfrac{h}{m_e c_0}$ aus (4) führt zu dem Ergebnis $m = m_e = m_{0e}$. Somit haben Photonen einer Strahlung mit der Wellenlänge $\lambda = \lambda_C$ eine Masse m, die gleich der Ruhemasse m_{0e} des Elektrons ist.

- Der Comptoneffekt wird über die Wellenlängenänderung $\Delta \lambda = \lambda_C(1 - \cos \varphi)$ nachgewiesen. Sie nimmt für $\varphi = \pi$ den größten Wert $\Delta \lambda_{max} = 2\lambda_C$, also $\Delta \lambda_{max} = 4,84$ pm an. Da die Wellenlängen des sichtbaren Lichts im Bereich von $780-380$ nm liegen, macht $\Delta \lambda_{max}$ nur etwa den 10^5-ten Teil aus. Dieser Unterschied ist messtechnisch kaum erfassbar.

Bei Röntgenstrahlung im Bereich von 10 nm bis 10 pm ist $\Delta\lambda$ dagegen nur etwa um den Faktor 10^3 kleiner, die spektrografische Auflösung gelingt.

- Relativistische Betrachtungen und experimentelle Befunde bestätigen ebenfalls die Wellenlängenänderung $\Delta\lambda$, wie sie beim Comptoneffekt auftritt.

- Comptoneffekt und Ionisation der Atome in einem Stoff schwächen die dort eindringende hochenergetische Röntgen- oder Gammastrahlung.

Die Naturphänomene und Experimente in diesem Kapitel verdeutlichen, dass sich das Teilchenmodell für Licht und elektromagnetische Strahlung bei ihrer Erklärung und mathematischen Beschreibung bewährt. Es war physikalisch sinnvoll, Photonen eine Masse und einen Impuls zuzuordnen.

Aufgaben

1. a) Erklären Sie kurz, was man unter dem Comptoneffekt versteht.

    b) Begründen Sie durch Berechnung der maximalen relativen Wellenlängenänderung $\frac{\Delta\lambda}{\lambda}$ im sichtbaren Lichtbereich, weshalb man den Comptoneffekt dort nicht beobachtet.

2. Bei der Wechselwirkung eines Photons der Energie $E = 0{,}90$ MeV mit einem schwach gebundenen Elektron entsteht ein neues Photon unter dem Streuwinkel $\varphi = 60°$.

    a) Begründen Sie, worin sich das neue Photon vom einfallenden unterscheidet.

    b) Berechnen Sie die Energie E^* des neuen Photons.

    c) Bestimmen Sie den Impuls des einfallenden und des gestreuten Photons, ebenso den Impuls des Elektrons vor und nach dem elastischen Stoß für den Streuwinkel φ.

    d) Erklären Sie den Unterschied zwischen den Energieumwandlungen beim äußeren lichtelektrischen Effekt und beim Comptoneffekt.

15.7 Stochastische Verteilung der Photonen

Wellen- und Teilchenmodell sind verschiedene Bilder des einen physikalischen Objektes Licht oder elektromagnetische Strahlung. Diese Doppelnatur bezeichnet man als Dualismus. Sie fordert heraus, nach einem Überbau zu suchen, der beiden Modellvorstellungen gerecht wird. Dies gelingt ansatzweise mithilfe einer statistischen Deutung, die das Wellenmodell mit dem Teilchenmodell verknüpft. Ein Gedankenversuch ebnet den Verständnisweg.

Gedankenversuch: Stochastische Verteilung (B 473)

① Licht einer Frequenz f
② zwei Polarisationsfilter
③ Doppelspalt
④ (empfindliche) Fotoschicht

Helles Licht einer Frequenz f trifft auf einen Doppelspalt. Mit gegeneinander verdrehten Polarisationsfiltern reduziert man nach und nach die Lichtintensität J so weit, bis sich nur noch einzelne Photonen zwischen dem Doppelspalt und der Fotoschicht befinden.

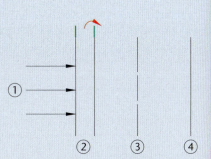

Bild 473: Versuch zur stochastischen Verteilung von Photonen

VERSUCH

Beobachtung:

Bei hellem Licht bzw. großer Beleuchtungsstärke bzw. hoher Lichtintensität zeigt sich auf der Fotoschicht das aus der Wellenlehre bekannte Interferenzmuster aus Helligkeitsmaxima und Helligkeitsminima (B 474, ④).

Nach dem Teilchenmodell schwärzt jedes einzelne Photon, das durch den Doppelspalt läuft, die Fotoschicht punktartig an genau einer Stelle. Treten viele Photonen durch den Doppelspalt, so entstehen Schwärzungsstreifen, die dem Interferenzmuster entsprechen. Wenige oder einzelne Photonen durch den Doppelspalt bei langer Versuchsdauer ergeben schwächer ausgebildete Streifen (B 474, ⑤).

Starke Schwärzung deutet auf eine große Anzahl Photonentreffer hin, wenig Schwärzung auf eine geringe Anzahl. Das entstehende Schwärzungsmuster ist unabhängig davon, in welcher Zeitdauer Photonen auf die Schicht treffen. Bei kleiner Photonenanzahl und kurzer Belichtungsdauer erscheint es nur weniger deutlich ausgeprägt als bei langer Belichtungszeit und/oder hoher Photonenanzahl.

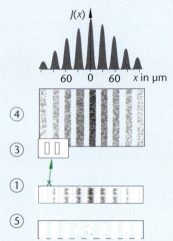

Bild 474

Versuchsergebnis:

Das Interferenzmuster von Licht, allgemein von elektromagnetischer Strahlung, setzt sich aus einzelnen Photonen zusammen. Die Entstehung des Musters ist unabhängig von der Anzahl der beteiligten Photonen. Bei hoher Lichtintensität und kurzer Belichtungszeit entsteht das gleiche Muster wie bei Einzelphotonen und langer Belichtungszeit.

Erklärung:

Nach der Wellentheorie ist die Lichtintensität J direkt proportional zum Quadrat der Amplitude $\hat{E}$ der elektromagnetischen (Licht-)Welle. Nach dem Teilchen- bzw. Photonenmodell ist die Intensität eines Lichtbündels aus Einzelphotonen mit der gleichen Frequenz f bzw. mit der gleichen Energie $E = hf$ direkt proportional zur Anzahl N der Photonen, die in der Zeiteinheit 1 s durch die Flächeneinheit 1 m² senkrecht zur Ausbreitungsrichtung des Lichtbündels treten. Hieraus entwickelt sich ein Zusammenhang zwischen beiden Modellen in der Form $N \sim \hat{E}^2$. Anders gesagt: Photonen treten nur an solchen Stellen auf, die gerade von der Wellenbewegung erfasst sind, an denen das Amplitudenquadrat $\hat{E}^2$ also nicht verschwindet. Photonen finden sich folglich an dem Ort gehäuft, in dem die Lichtintensität hoch ist. Dies ist besonders in den Interferenzmaxima der Fall. Dort hat das Amplitudenquadrat $\hat{E}^2$ der zugehörigen Welle einen großen Messwert. Die Intensitätsbetrachtung in B 474 macht sichtbar, wo Quanten häufig oder weniger oft auftreffen.

Einen weiteren Aspekt bringt der folgende Gedankenversuch (B 475) ins Spiel.

Ein Gerät schießt Tennisbälle gegen einen geeigneten Doppelspalt mit den Öffnungen A und B. Sie gelangen unabhängig voneinander durch den Spalt A oder durch den Spalt B. Bei sehr häufiger Versuchswiederholung treffen gleich viele Bälle durch jeden Spalt. B 475 zeigt die Verteilung P, wenn beide Spalte offen sind. Für den allein offenen Spalt A erhält man die Verteilung P_A, für den allein offenen Spalt B die Verteilung P_B. Man erkennt sofort: Treten reale Körper oder Teilchen durch einen Doppelspalt, so entwickelt sich eine symmetrische Verteilung, für die gilt: $P = P_A + P_B$; die Verteilung P ist die Summe der Verteilung der Einzelspalte.

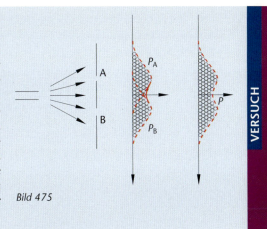

Bild 475

VERSUCH

Das Schwärzungsmuster in B 474 zeigt, dass sich aus den Auftreffstellen der Photonen ebenfalls eine Verteilung P ergibt, die der messbaren Intensität J nach dem Wellenmodell entspricht. Der Vergleich des x-J-Graphen mit dem Graphen in B 475 legt die Aussage nahe, dass in B 474 $P \neq P_A + P_B$ ist. Das heißt: Es lässt sich nicht im Voraus bestimmen, durch welchen der beiden Spalte ein Photon seinen Weg zur Fotoschicht nimmt und an welchem Ort der Schicht es tatsächlich ankommt. Man kann lediglich Wahrscheinlichkeitsaussagen über den Auftreffort machen. Kurz: Die Bahn eines Einzelphotons und seine exakte Auftreffstelle auf der Fotoschicht können nicht vorhergesagt werden. Nur die Angabe einer Auftreffwahrscheinlichkeit ist möglich. Elektronen, allgemein Mikroobjekte, verhalten sich demnach anders als reale Körper.

Sicher weiß man, dass die Wahrscheinlichkeit für eine Ankunft im Bereich der Helligkeitsmaxima groß ist, für eine im Bereich der Helligkeitsminima klein. Die Schwärzungsintensität auf der Fotoschicht ist daher ein Maß für die Wahrscheinlichkeit, mit der ein Photon dort auftrifft. Die Wahrscheinlichkeit, ein Photon an einem bestimmten Ort der Fotoschicht anzutreffen, ist somit durch das Amplitudenquadrat $\hat{E}^2$ der elektromagnetischen Welle festgelegt.

15.8 De-Broglie-Welle, Materiewelle

Man erinnere sich: Elektronen, Protonen, Heliumkerne usw. wurden bisher ausschließlich als Teilchen mit Geschwindigkeit, Masse, Impuls und kinetischer Energie betrachtet, deren Bewegungsablauf in elektrischen oder magnetischen Feldern durch Gleichungen eindeutig beschreibbar ist. Doch schon der nächste Versuch zeigt, dass diese Teilchen auch Wellencharakter besitzen.

15.8.1 Elektroneninterferenz

Der französische Physiker de Broglie beschäftigte sich ab 1923 mit der Wechselwirkung zwischen elektromagnetischer Strahlung und Elektronen, die etwa durch Glühemission freigesetzt und in elektrischen Feldern beschleunigt werden. Er forderte, das Wellen- und Teilchenmodell der Photonen auf materielle Teilchen wie Elektronen oder Protonen zu übertragen. Die Existenz von Neutronen wurde damals zwar vermutet, ein experimenteller Befund stand aus. Für bewegte materielle Teilchen sollte derselbe Zusammenhang zwischen Impuls und Wellenlänge gelten wie für Photonen. Man bezeichnet Strahlung aus bewegten Materieteilchen heute als **De-Broglie-Welle**, Materiewelle oder Wahrscheinlichkeitswelle.

Der Wellencharakter bewegter freier Elektronen wurde im Jahr 1927 von den amerikanischen Physikern Davisson und Germer experimentell nachgewiesen. Folgender Versuch eignet sich ebenfalls:

VERSUCH

Elektronenbeugungsröhre (B 476)

① Elektronenbeugungsröhre mit Grafitfolie und Leuchtschirm
② Anodenspannung U_A
③ Heizspannung U_K
④ Spannungsmesser

Versuchsdurchführung:
Glühelektronen aus einer Katode mit der Anfangsgeschwindigkeit $v_0 \approx 0$ durchlaufen in einer Vakuumröhre die Anodenspannung U_A und erreichen die Endgeschwindigkeit v. Danach treffen sie energiereich auf eine dünne Folie aus gepresstem Grafitpulver. Schließlich stößt der Elektronenstrahl auf den Leuchtschirm der Röhre.

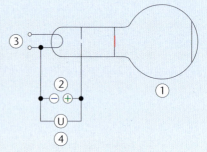

Bild 476: Elektronenbeugungsröhre

Beobachtung:
Der fadenförmige lineare Elektronenstrahl bringt den Schirm der Röhre in besonderer Weise zum Leuchten. Es bildet sich eine helle Kreisscheibe mit etwa 6 cm Durchmesser, die von dunklen und hellen Ringen konzentrisch umschlossen wird. Man erkennt unstreitig ein Interferenzmuster mit dem Maximum 0. Ordnung und zwei eindeutig getrennten Maxima 1. Ordnung (B 477). Die Annäherung eines Magnetpols an den Elektronenstrahl in der Beugungsröhre deutet an, dass er an der Folie keine Artänderung erfährt. Der Durchmesser der Interferenzringe hängt von der Anodenspannung U_A ab; er verkleinert sich bei einer Zunahme von U_A.

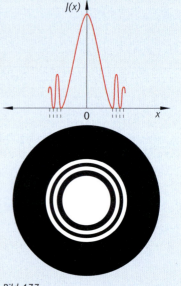

Bild 477

Ergebnis:
Elektronenstrahlung zeigt Beugung und Interferenz. Sie hat Wellencharakter.

Erklärung:
Das Versuchsergebnis legt nahe, das Wellenmodell auf Elektronenstrahlung, allgemein auf Teilchenstrahlung, anzuwenden. De Broglie übertrug die für Photonen gültigen Gesetze in einem fast willkürlichen Akt auf bewegte materielle Teilchen. Erst später erfolgte die experimentelle Bestätigung. Seither bestehen folgende Zusammenhänge für den Impuls:

Photon	Elektron/materielles Teilchen
$p = mc_0 = \dfrac{h}{\lambda}$	$p = mv = \dfrac{h}{\lambda}$

Einem bewegten Materieteilchen, z.B. einem Elektron, mit dem Impuls $p = mv$ wird wegen

$p = mv = \dfrac{h}{\lambda}$ eine Welle mit der Wellenlänge $\lambda = \dfrac{h}{p} = \dfrac{h}{mv}$ zugeordnet. $\lambda = \dfrac{h}{mv}$ heißt

De-Broglie-Wellenlänge. Sie ist geschwindigkeitsabhängig, es gilt: $\lambda \sim \dfrac{1}{v}$. Für die Energie gilt:

Photon	Elektron/materielles Teilchen
$E = mc_0^2 = hf$	$E = mc_0^2 = hf$

Verbindet man bei bewegten Teilchen die Energiebeziehung $E = hf$ mit der Masse-Energie-

Äquivalenzrelation $E = mc_0^2$ in der Form $hf = mc_0^2$, $f = \dfrac{mc_0^2}{h}$, dann wird ihnen, als De-Broglie-

Welle betrachtet, die Frequenz f zugeordnet.

Bemerkungen:

- In der bisher betrachteten Elektronenstrahlung, wie in jeder Materiestrahlung, schwingen die beteiligten Teilchen nicht in der Art der Teilchen in Schall- oder Wasserwellen. Es liegt also keine schwingende Materie vor, aber auch keine elektromagnetische Welle, da sich bewegte Neutronen ohne Ladung ebenfalls als Welle verhalten. Folglich muss man von einer neuen, eigenständigen Wellenart ausgehen. Man nennt sie **De-Broglie-Welle**.

- Schnelle Elektronen oder andere bewegte Teilchen wie Protonen oder Neutronen, soge-nannte Mikroobjekte, besitzen Wellen- und Teilcheneigenschaften. Für sie besteht der Welle-Teilchen-Dualismus ebenfalls.

  Welleneigenschaften: Bewegte Materieteilchen zeigen Beugung und Interferenz mit einer entsprechenden Intensitätsverteilung (B 477).

  Teilcheneigenschaften: Geladene Teilchen unterliegen in elektrischen Feldern einer Beschleunigung und Richtungsänderung, in magnetischen Feldern einer Richtungsänderung unter Beibehaltung der Bahngeschwindigkeit v; Elektronen, die auf Fotoschichten auftreffen, erzeugen lokale Schwärzungen wie Photonen.

- Stochastische Betrachtung:
  Beim Doppelspaltexperiment mit Elektronen (B 474) ist die Auftreffstelle auf der Fotoschicht ebenfalls nicht exakt vorhersagbar. Wie bei Photonen lässt sich auch hier nur eine Wahrscheinlichkeitsaussage für diesen Ort machen. Die Wahrscheinlichkeit zeigt sich am Verlauf der Intensitätskurve $J(x)$. Ordnet man einer De-Broglie-Welle die Amplitude $\hat{\psi}$ zu, dann gibt das Amplitudenquadrat $\hat{\psi}^2$ (analog zu $\hat{E}^2$ bei Licht) die Wahrscheinlichkeit an, mit der sich ein Elektron aus dem Strahlenbündel in einem vorgegebenen Raumgebiet aufhält. Das Amplitudenquadrat $\hat{\psi}^2$ der De-Broglie-Welle ist direkt proportional zur Aufenthaltswahrscheinlichkeit der Elektronen an einem bestimmten Ort. In einem Interferenzmaximum ist $\hat{\psi}^2$ und somit die Auftreffwahrscheinlichkeit eines Elektrons auf diesen Teil der Fotoschicht maximal. Man nennt De-Broglie-Wellen daher auch Wahrscheinlichkeitswellen.

- Bewegen sich Elektronen oder Photonen in großer Zahl durch einen Spalt der Breite b (B 477.1), so ist ihre Ortskoordinate senkrecht zur Ausbreitungsrichtung höchstens bis zur Abweichung $\Delta x \leq \frac{1}{2}b$ genau bekannt. Auf dem Beobachtungsschirm ergeben ihre Auftrefforte jedoch keine Schwärzung der Breite Δx, sondern Musterstreifen größerer Breite.

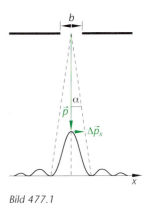

Bild 477.1

Da sie zudem in den Maxima 1., 2. oder höherer Ordnung auftreten, müssen Elektronen oder Photonen ihre Ausbreitungsrichtung verändern. Dazu ist eine Impulsänderung Δp_x rechtwinklig zur ursprünglichen Bewegungsrichtung notwendig. Der deutsche Physiker Heisenberg erkannte, dass Ort und Impuls eines Elektrons oder Photons nicht zugleich mit beliebiger Genauigkeit gemessen werden können. Er formulierte 1926 den Zusammenhang zwischen der Ortsänderung und der zugehörigen Impulseinschränkung in der Form: $\Delta x \Delta p_x \geq \frac{h}{2\pi}$. Er heißt **Unschärferelation** und besagt: Das Produkt aus den (mittleren) Unbestimmtheiten oder Unschärfen Δx für den Ort und Δp_x für den Impuls ist größer oder gleich der Konstanten $\frac{h}{2\pi}$. Die Unschärfe ist ein Gesetz der Natur, also von prinzipieller Bedeutung. Sie hängt nicht von technischen Messmöglichkeiten ab. Jede Steigerung der Messgenauigkeit in der Impulsbestimmung geht zulasten der Messgenauigkeit in der Ortsbestimmung und umgekehrt. Dies ist auch der Grund, weshalb einige Fundamentalkonstanten der Physik heute als exakt definiert werden. Sie können nicht mehr genauer gemessen werden, weil die Unschärferelation es nicht zulässt. Die Unschärferelation gilt auch für makroskopische Körper, ist real aber ohne Bedeutung.

- In der Gleichung $\lambda = \frac{h}{mv}$ für die De-Broglie-Wellenlänge ist die relativistische Masse $m = \dfrac{m_0}{\sqrt{1 - \left(\dfrac{v}{c_0}\right)^2}}$ zu verwenden, falls $v > \frac{1}{10}c_0$.

15.8.2 Bragg-Gleichung

Mit der Elektronenbeugungsröhre aus Kapitel 15.8.1 weist man den Wellencharakter bewegter Elektronen experimentell nach. Sie werden nach Verlassen der Glühwendel mit ausreichender und gleicher kinetischer Energie auf ein regelmäßiges kubisches Kristallgitter, z. B. aus Grafit, gelenkt. Die Elektronenstrahlung ist eine De-Broglie-Welle mit der konstanten Frequenz f.

Ein idealer kubischer Kristall, allgemein ein Raumgitter, besteht, vereinfacht, aus Atomen, allgemein aus Gitterbausteinen, mit demselben konstanten Abstand d zueinander (B 478). Jede Ebene des Kristalls, gleichmäßig mit Atomen besetzt, heißt **Netzebene**, **Gitterebene** oder **Streuebene**. Sie verläuft zum Beispiel parallel zur Kristalloberfläche. Es gibt in einem Kristall aber auch parallele Streuebenen mit anderem Verlauf.

Die einfallende De-Broglie-Welle wird an den Gitterbausteinen gestreut. Nach dem huygensschen Prinzip gehen von ihnen elementare Kugelwellen aus, die das in B 477 dargestellte ringförmige Interferenzmuster erzeugen.

Folgende Voraussetzungen müssen zur Ausbildung der Maxima erfüllt sein: Der einfallende und der reflektierte Elektronenstrahl ergeben mit der Normalen zur Streuebene eine Ebene; der Gangunterschied Δs^* zweier Wellen von benachbarten Netzebenen beträgt ein ganzzahliges Vielfaches der Wellenlänge λ und gleichzeitig ist die Bedingung $2d \sin \delta = k\lambda$ erfüllt (Herleitung siehe unten). Dabei ist δ der Einfallswinkel zwischen dem einfallenden Elektronenstrahl und der Streuebene. Er muss mit dem Reflexionswinkel zwischen dem reflektierten Elektronenstrahl und der Streuebene gleich sein.

Legende zu B 478 und Erklärung:
δ: Glanzwinkel, Bragg-Winkel
d: Netzebenenabstand im idealen Einkristall; Abstand paralleler Streuebenen
Δs^*: Gangunterschied zweier benachbarter Wellen
Für den Gangunterschied Δs^* der Wellen zwischen benachbarten parallelen Netzebenen mit dem Abstand d gilt unter Einbeziehung der anderen genannten Voraussetzungen:

1. $\Delta s^* = \Delta s + \Delta s = 2\Delta s$

2. $\sin \delta = \dfrac{\Delta s}{d}$

Somit: $\Delta s^* = 2d \sin \delta$.

Man beobachtet Interferenzmaxima, falls $\Delta s^* = k\lambda$ mit $k = 0, 1, 2 \dots$ bzw. $2d \sin \delta = k\lambda$ mit $k = 0, 1, 2 \dots$ Diese Gleichung heißt **Bragg-Gleichung oder Bragg-Bedingung.** Namensgeber sind die englischen Physiker Bragg (Vater und Sohn). Sie besagt, dass bei der Beugung mono-

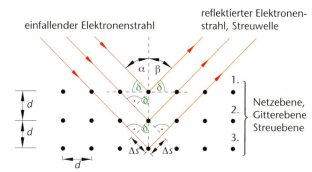

Bild 478: Modell zur Bragg-Bedingung

chromatischer Elektronenstrahlung, Röntgen- oder Neutronenstrahlung am kubischen Kristall nur bei bestimmten Einfallswinkeln δ Interferenzmaxima auftreten, die für den jeweiligen festen Netzebenenabstand d charakteristisch sind. Dann „glänzt" die Anordnung der streuenden Netzebenen im Kristall. Sie ruft im Auge des Betrachters einen besonderen Helligkeitseindruck hervor. Deshalb heißt der Winkel δ **Glanzwinkel.**

Bemerkungen:

- Die beiden hellen Ringe auf dem Leuchtschirm der Röhre um das Maximum 0. Ordnung in B 477 sind Maxima 1. Ordnung zweier parallel hintereinander liegenden Netzebenen mit gleichem Abstand d. Maxima höherer Ordnung lassen sich nicht beobachten.

- Das Wellenmodell für Elektronen- und Teilchenstrahlung bestätigt sich auch bei Experimenten, bei denen die Elektronen während der Interferenzbildung keinen Kontakt zu einem Kristall oder überhaupt zu Materie haben. Die Elektroneninterferometrie wird heute zur Untersuchung dünner Schichten herangezogen. Das Wellenmodell für Elektronen oder Ionen führte ferner zur Entwicklung des Feldelektronenmikroskops. Eine Weiterentwicklung ist das Feldionenmikroskop mit Vergrößerungen bis zum Faktor 10^6.

- Die Bragg-Gleichung gilt für jedes Paar benachbarter Netzebenen, die auch anders verlaufen können als in B 478 dargestellt.

- Mithilfe der Bragg-Gleichung lässt sich bei bekanntem Netzebenenabstand d die Wellenlänge λ der einfallenden Strahlung ermitteln, ebenso aus der anders gewonnenen Wellenlänge λ der Netzebenenabstand der Kristallstruktur.

Beispiel

Gegeben ist eine Elektronenbeugungsröhre mit der Anodenspannung $U_A = 5{,}00$ kV und dem Abstand $a = 0{,}130$ m zwischen dem Auftreffpunkt der beschleunigten Elektronen auf einem Einzelkristall und dem Beobachtungsschirm (B 479). Messbar sind die Radien r_1, r_2 der Interferenzkreise.

① einfallender und reflektierter Elektronenstrahl

② (idealer) Einkristall

③ Schirm

Der Impuls p eines Elektrons aus dem Strahl beträgt:

$$p = mv = m\sqrt{\frac{2eU_A}{m}} = \sqrt{2meU_A}; \text{ mit Messwerten:}$$

$$p = \sqrt{2 \cdot 9{,}11 \cdot 10^{-31} \text{ kg} \cdot 1{,}602 \cdot 10^{-19} \text{ C} \cdot 5{,}00 \cdot 10^{3} \text{ V}},$$

$$p = 3{,}82 \cdot 10^{-23} \text{ Ns}.$$

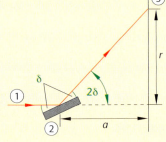

Bild 479

Für die Wellenlänge λ der dem bewegten Elektron zugeordneten Materiewelle (= De-Broglie-Wellenlänge) gilt: $\lambda = \dfrac{h}{p}$, $\lambda = \dfrac{6{,}62 \cdot 10^{-34} \text{ Js}}{3{,}82 \cdot 10^{-23} \text{ Ns}} = 1{,}73 \cdot 10^{-11}$ m.

Der Netzebenenabstand folgt aus dem Maximum 1. Ordnung ($k = 1$):

Für kleine Winkel δ im Bogenmaß bestehen die Näherungen: $\sin(2\delta) = \tan(2\delta) = 2\delta$ und $2\sin(\delta) = \sin(2\delta)$ und $\sin(\delta) = \delta$.

Es lassen sich folgende Gleichungen aufstellen:

1. $\tan(2\delta) = \sin(2\delta) = \dfrac{r}{a}$

2. $|\Delta s^*| = 2d \sin \delta = 1 \cdot \lambda$ nach Bragg,

$|\Delta s^*| = d2 \sin \delta = 1 \cdot \lambda,$

$|\Delta s^*| = d \sin(2\delta) = 1 \cdot \lambda,\ \sin(2\delta) = \dfrac{\lambda}{d}$

Aus 1. folgt: $\dfrac{\lambda}{d} = \dfrac{r}{a}$, $d = \dfrac{\lambda a}{r}$.

Man gewinnt den Netzebenabstand durch Messung der Größen λ, a, r.
Mit Messwerten:

1. Netzebenenabstand mit $r_1 = 1{,}1 \cdot 10^{-2}$ m: $d = \dfrac{1{,}73 \cdot 10^{-11} \text{ m} \cdot 0{,}130 \text{ m}}{1{,}1 \cdot 10^{-2} \text{ m}} = 2{,}04 \cdot 10^{-10}$ m.

2. Netzebenenabstand mit $r_2 = 1{,}2 \cdot 10^{-2}$ m: $d = \dfrac{1{,}73 \cdot 10^{-11} \text{ m} \cdot 0{,}130 \text{ m}}{1{,}2 \cdot 10^{-2} \text{ m}} = 1{,}87 \cdot 10^{-10}$ m.

15.8.3 Unabhängigkeit der Elementarladung e von der Geschwindigkeit v

Der Versuch von Bucherer in Kapitel 14.8.2 bestätigt experimentell, dass die Masse m bewegter Elektronen geschwindigkeitsabhängig ist. In der dortigen Herleitung wird vorausgesetzt, dass die Elementarladung e nicht von der Geschwindigkeit v abhängt. Diese Aussage soll nun bestätigt werden.

Im ersten Teil des Experiments mit der Elektronenbeugungsröhre durchlaufen Elektronen eine geeignet hohe Anodenspannung U_A. Sie gewinnen dabei die von U_A abhängige Geschwindigkeit $v(U_A)$. Die schnellen Elektronen werden zur Interferenz gebracht, die die Messung der De-Broglie-Wellenlänge λ ermöglicht. Wegen $\lambda = \dfrac{h}{mv} = \dfrac{h}{p}$ ist gleichzeitig der Impuls der Elektronen bekannt: $p = \dfrac{h}{\lambda}$. $\qquad$ (*)

Im zweiten Teil des Experiments durchlaufen die Elektronen erneut die gleiche Anodenspannung U_A. Sie erreichen wieder die gleiche Geschwindigkeit $v(U_A)$ und damit den gleichen Impuls p. Mit dieser Geschwindigkeit werden sie senkrecht in ein konstantes homogenes Magnetfeld geleitet. Es hat die z.B. mit der Hallsonde messbare magnetische Flussdichte B. Im Magnetfeld bewegen sich die Elektronen bekanntlich auf einer stabilen Kreisbahn mit dem ebenfalls messbaren Radius r.

Für diese Kreisbahn gilt: $F_{\text{rad}} = F_L,\ m\dfrac{v^2}{r} = evB,\ e = \dfrac{mv}{Br} = \dfrac{p}{Br}$.

Aus der letzten Gleichung entsteht mithilfe von (*): $e = \dfrac{h}{Br\lambda}$ bzw. $e(U_A) = \dfrac{h}{Br\lambda}$.

Die Ladung e der bewegten Elektronen hängt also allein von den drei messbaren Größen B, r, λ ab. Durch Variation der Anodenspannung U_A verändert man wiederholt die Elektronengeschwindigkeit v in beiden Teilen des Experiments.

Beobachtung:
Das Produkt der Messgrößen, also $(Br\lambda)$, ist unabhängig von U_A und folglich konstant.
Das Gesamtexperiment führt zu dem Ergebnis: Die Elementarladung e ist von der Geschwindigkeit v des Elektrons bzw. Ladungsträgers unabhängig.

Schlussbemerkung zur Einführung in die Relativitätstheorie und Quantenphysik

- Beide Spezialdisziplinen der Physik entwickelten sich im ersten Drittel des 20. Jahrhunderts. Sie gestatten seither eine völlig neue Betrachtung der Welt und der Naturvorgänge mit zum Teil sehr schwierigen Interpretationen. Die heute bekannten Ergebnisse gewinnen auch im Alltag der Menschen mehr und mehr Anwendungsbezug (z.B. Computertechnik, Handy, Navigationssysteme, Erdsatelliten).

- Die im 17. bis 19. Jahrhundert entwickelte (klassische) Mechanik erweist sich als ein Sonderfall der neuen Spezialgebiete. Doch hat sie nach wie vor im Alltag oder bei vielen ingenieurmäßigen Problemstellungen eine herausragende Bedeutung.

- Die Entdeckungen Plancks, Einsteins, Bohrs, Schrödingers, Heisenbergs usw. veränderten nicht nur unser Weltbild. Sie führten zu nachhaltigen Umgestaltungen in der philosophischen Erkenntnistheorie. Das heißt, viele Philosophen ziehen seit dieser Zeit die Verlässlichkeit unserer Wahrnehmung und unsere Aussagen über die Wirklichkeit in Zweifel.

Aufgaben

1. Die Katode einer Fotozelle aus Cäsium wird mit Licht der Wellenlänge $\lambda = 360$ nm bestrahlt.
   a) Erklären Sie den äußeren lichtelektrischen Effekt unter Einbeziehung einer Energiebilanz.
   b) Leiten Sie allgemein die Geschwindigkeit v der schnellsten Fotoelektronen her und berechnen Sie danach v konkret.
   c) Ermitteln Sie die Wellenlänge λ des Lichts, bei der die Fotoelektronen ohne kinetische Energie aus dem Katodenmaterial austreten.
   d) Geben Sie an, worin die f-$E_{kin,max}$-Diagramme für die Katodenmaterialien Cäsium, Barium und Zink übereinstimmen und worin sie sich unterscheiden.
   e) Licht der Frequenz $f_1 > f_g$ löst Elektronen aus der Cäsiumschicht aus. Sie wird bestrahlt einmal mit Licht der Leistung P_1 und einmal mit Licht der Leistung $P_2 = 2P_1$. Vergleichen Sie, wie sich die jeweiligen Fotoströme I_F (gemessen bei $U = 0$) und die Gegenspannungen U_g (gemessen bei $I_F = 0$) verhalten, und begründen Sie die Antwort.

2. Die Katode einer Fotozelle wird zuerst mit einem parallelen Lichtbündel der Wellenlänge $\lambda_1 = 410$ nm bestrahlt, das $2,20 \cdot 10^6$ Photonen pro cm^3 enthält, danach mit Licht der Wellenlänge $\lambda_2 = 520$ nm.
   a) Berechnen Sie für λ_1 die Energie eines Photons und die Energie pro Volumeneinheit 1 cm^3 in diesem Bündel.
   b) Bestimmen Sie für beide Wellenlängen die maximale kinetische Energie der jeweils freigesetzten Fotoelektronen, falls für λ_1 die Grenzgegenspannung $U_{g,max} = 0,78$ V notwendig ist.

3. Bei einem Versuch treffen Elektronen mit der kinetischen Energie $E_{kin} = 1,30$ keV auf einen Grafitkristall. Sie bilden mit seiner Oberfläche und der nächstfolgenden parallelen Gitterebene den Winkel δ (B 479.1).

   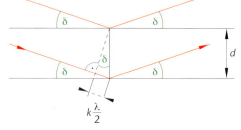

   Bild 479.1

   a) Nennen Sie Bedingungen, unter denen das reflektierte Bündel besonders ausgeprägt erscheint.
   b) Erläutern Sie, weshalb man den bewegten Elektronen Wellencharakter zuordnen muss.
   c) Berechnen Sie die Geschwindigkeit v und die De-Broglie-Wellenlänge λ der Elektronen.
   d) Eine Messung ergibt für $\delta = 8,4°$ ein Interferenzmaximum 1. Ordnung. Bestimmen Sie den Abstand d der beiden Gitterebenen.
   e) Begründen Sie, dass die Interferenz tatsächlich durch Elektronen verursacht wird, und nicht z. B. durch UV-Licht.

4. a) Leiten Sie in einer Analogiebetrachtung die De-Broglie-Wellenlänge allgemein her und berechnen Sie sie für Elektronen ohne Anfangsenergie, die die Spannung $U_A = 2,0$ kV durchlaufen.
   b) Elektronen mit der gemeinsamen Geschwindigkeit v zeigen nach dem Durchgang durch einen Doppelspalt Interferenzstreifen. Sie sind Folge vieler Einzelereignisse. Begründen Sie dies anhand einer Skizze. Was bedeutet diese Beobachtung für die Natur der Elektronen?

Die folgenden Kapitel befassen sich mit dem Aufbau der Materie. Den Anfang macht ein Überblick über die historische Entwicklung der Atomvorstellung, die sich in der Verwendung unterschiedlicher Atommodelle widerspiegelt. Das bohrsche Atommodell führt zur Erklärung der Emission und Absorption von Licht und elektromagnetischer Strahlung, die im Kapitel 13.5.5 behandelt wurde. Ein Einblick in Mehrelektronensysteme schließt sich an.

16.1 Atommodelle bis zum Jahr 1911

Zur Erinnerung: Ein Modell ist ein vom Menschen erdachtes Bild bzw. Ersatzobjekt für eine reale, meist komplexe Erscheinung in der Natur. Es stimmt nur in wichtigen Kennzeichen bzw. Merkmalen bzw. Eigenschaften mit dem Naturvorgang überein. Jedes Modell ist anschaulicher und einfacher als das Original und nur innerhalb genauer Grenzen gültig. Es ermöglicht die Wiederholung von Vorgängen und gestattet Voraussagen über ihren Ablauf, die jedoch an der Wirklichkeit überprüft werden müssen. Zur Erfassung und Beschreibung verschiedener physikalischer Größen bzw. Eigenschaften desselben physikalischen Objekts können unterschiedliche Modelle bereitgestellt werden. So verwendet man z. B. für Licht je nach Problemlage das Strahlenmodell, das Wellen- oder das Teilchenmodell.

16.1.1 Antike Atomvorstellung

Erste Vorstellungen vom Aufbau der Materie aus kleinsten unteilbaren Teilchen, den Atomen (griechisch: atomos = unteilbar), entwickelten sich vor etwa 2500 Jahren im griechischen Kulturkreis. Die Philosophen Leukipp und Demokrit (um 450 v. Chr.) ersannen die wohl erste Atomvorstellung im Rahmen philosophischer Betrachtungen durch bloßes Nachdenken. Sie besagt:

- Alle Stoffe bestehen aus einzelnen, voneinander abgegrenzten, unsichtbar kleinen und unteilbaren Teilchen, den Atomen.

- Die Atome sind alle aus dem gleichen Urstoff aufgebaut.

- Die Atome unterscheiden sich durch Größe und Gestalt.

- Der Raum zwischen den Atomen ist leer.

- Die Atome sind nicht geschaffen und unzerstörbar.

- Alle existierenden Dinge bestehen aus verschiedenen Anhäufungen von Atomen im Raum.

- Alle Veränderungen auf der Erde und im Universum geschehen dadurch, dass sich entweder die Anordnung der Atome oder ihre Lage im Raum ändert.

16.1.2 Atommodell nach Dalton, Kugelmodell

Erste wissenschaftliche Belege für die Existenz der Atome lieferte im 19. Jahrhundert die Chemie. Der britische Physiker und Chemiker Dalton gilt als der Begründer der neuzeitlichen Atomtheorie. Er griff die antike Vorstellung auf und erweiterte sie. Anlass war die Untersuchung von Gasen. Sie führte ihn zu folgender Atomtheorie, heute **Dalton-Atommodell** oder **Kugelmodell** genannt:

- Alle Stoffe bestehen aus Atomen. Das sind kleinste, gleichmäßig mit Materie erfüllte, vollkommen elastische Kugeln, die mit chemischen Mitteln nicht weiter zerlegbar sind.
- Alle Atome eines chemischen Elements sind gleich, haben also gleiche Größe und Masse.
- Die Atome eines Elements sind charakteristisch; das heißt, es gibt so viele verschiedene Atome, wie es Elemente gibt.
- Alle stofflich gleichen Körper bestehen aus abzählbar vielen gleichen Atomen.
- Atomumwandlungen sind nicht möglich; also ist die besonders von den Alchimisten im Mittelalter angestrebte Umwandlung von Eisen in Gold nicht durchführbar.
- Bei chemischen Reaktionen werden Atome nur umgeordnet, aber nicht erzeugt und nicht zerstört.

Leistungsfähigkeit des Kugelmodells

- Es ermöglicht den Durchmesser von Molekülen abzuschätzen und ihre Anzahl in einer dünnen Schicht zu berechnen (Ölfleckversuch).
- Es macht die Gasgesetze verstehbar, die den Zusammenhang zwischen Temperatur, Druck und Volumen der Gase erfassen, ebenso die Gesetze und Phänomene der kinetischen Wärmetheorie (siehe Kap. 18), das Gesetz von der Erhaltung der Masse und das Gesetz von der Konstanz der Massenverhältnisse bei chemischen Reaktionen.

Grenzen des Kugelmodells

Nicht gedeutet werden können mit diesem Modell

- elektrische und magnetische Erscheinungen,
- die Ordnung der Elemente im Periodensystem (das damals noch sehr lückenhaft war),
- die Ursache für chemische Bindungen,
- Radioaktivität,
- Ursache und Bedeutung der Spektrallinien.

16.1.3 Atommodell nach Thomson, Rosinenmodell

Im Jahr 1904 veröffentlichte der englische Physiker Thomson ein weiteres Atommodell, wiederum ohne experimentelle Grundlage. Es sollte die elektrischen Vorgänge verstehbar machen, die bis dahin in der Wissenschaft bekannt waren. Das Modell besagt (B 480):

- Atome sind kompakte Kugeln, in denen die positive Ladung gleichmäßig die gesamte homogen verteilte Masse durchsetzt.
- Die negativen Elektronen sind in den Atomen wie Rosinen in einem Teig eingelagert und an bestimmte Ruhelagen gebunden, sodass die Atomkugeln insgesamt nach außen elektrisch neutral erscheinen.
- Atome sind nicht unteilbar; die eingelagerten negativen Elektronen können aus ihnen entfernt, von außen Elektronen in das Atom eingebettet werden.
- Die Elektronen haben bei allen Atomen die gleiche Masse und die gleiche Elementarladung.

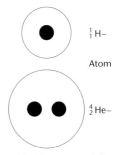

$^1_1$H–

Atom

$^4_2$He–

Bild 480: Atommodell nach Thomson

Leistungsfähigkeit des Thomson-Atommodells

Die Freisetzung von Elektronen aus Atomen ist deutbar, ebenso die Entstehung von Ionen bzw. geladenen Teilchen.

Grenzen des Thomson-Atommodells

- Die Lage der Elektronen im Atom zur Erreichung der elektrischen Neutralität nach außen ist schon ab dem Element Helium mit der Kernladungszahl 2 kaum erklärbar. Grund: die asymmetrische Positionierung der Elektronen im positiven „Teig".

- Die Radioaktivität, bereits 1896 entdeckt, bleibt unverstanden.

- Energiereiche Elektronen oder Heliumkerne durchdringen Metallfolie, z.B. aus Aluminium. Versuche des deutschen Physikers Lenard dazu gab es ab 1902. Es ist nicht verständlich, weshalb die Elektronen die zahlreichen Schichten der Alufolie aus kompakt angeordneten Atomkugeln durchdringen können. Es muss vermutet werden, dass die Elektronen die Atome selbst durchlaufen haben, da sie auf der anderen Seite der Metallfolie austreten.

16.2   Atommodell nach Rutherford, Planetenmodell

Der englische Physiker Rutherford leitete ab 1907 in Experimenten energiereiche α-Teilchen auf extrem dünne Goldfolien. α-Teilchen sind Heliumatomkerne mit der positiven elektrischen Ladung $Q = 2e$ und der Masse $m_\alpha \approx 7300\ m_e$.

Streuversuch nach Rutherford (B 481)

① Drehtisch
② Vakuum
③ Leuchtschirm aus Zinksulfid
④ feststehendes Mikroskop
⑤ Goldfolie aus einigen hundert Atomschichten
⑥ α-Teilchen
⑦ Bleiblock mit Radiumpräparat

VERSUCH

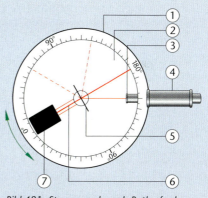

Bild 481: Streuversuch nach Rutherford

Versuchsdurchführung:

Ein radioaktives Präparat (17.3) in einem evakuierten Behälter sendet schnelle, energiereiche α-Teilchen auf eine dünne Goldfolie. Ihre Abweichung vom linearen Bahnverlauf nach Durchgang durch die Goldfolie wird mithilfe eines schwenkbaren Mikroskops mit vorgesetztem Leuchtschirm aus Zinksulfid beobachtet. Dort lösen die auftreffenden Teilchen zählbare Lichtblitze aus.

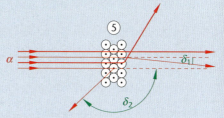

Bild 482: Abweichung von α-Strahlung in Goldfolie

Beobachtung:

Die meisten α-Teilchen durchdringen die Goldfolie unabgelenkt, obwohl sich die Atome nach Dalton bzw. Thomson dicht gepackt aneinander schmiegen (B 482).

Wenige α-Teilchen werden aus ihrer geradlinigen Bahn unterschiedlich stark abgelenkt oder sogar nach rückwärts geworfen.

Aus dem Anteil der zurückgeworfenen Heliumkerne (B 483) wurden der Atomdurchmesser $d_a \approx 10^{-10}$ m und der Atomkerndurchmesser $d_K \approx 10^{-14}$ m für das Goldatom ermittelt. Folien aus anderem Material führten zum Ergebnis, dass die Ablenkung der α-Teilchen von der Ordnungszahl Z der Atome abhängt.

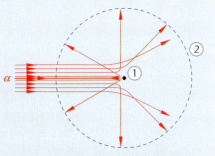

Bild 483: Atommodell nach Rutherford mit Atomkern (1) und Atomhülle (2)

Rutherford entwickelte aus den gewonnenen Versuchsdaten, also erstmals auf experimenteller Basis, im Jahr 1911 ein Atommodell, das heute nach ihm benannt ist; es heißt auch **Planetenmodell** oder **Kern-Hülle-Modell.** Es besagt:

- Jedes Atom besteht aus einem Atomkern und der Atomhülle.

- Der Atomkern vereinigt in sich nahezu die gesamte Atommasse; er ist Träger der gesamten positiven Ladung.

- Die positive Kernladung wird durch eine entsprechende Anzahl negativ geladener Elektronen ausgeglichen, sodass das Atom nach außen elektrisch neutral erscheint.

- Die Elektronen bilden in ihrer Gesamtheit die Atomhülle.

- Die Elektronen umkreisen den Atomkern wie die Planeten die Sonne. Die notwendige Zentripetalkraft wird durch die Coulombkraft zwischen ungleichnamiger Punktladung aufgebracht. (Die Gravitationskraft ist nahezu null und ohne Bedeutung.)

- Jedes Element hat seine eigenen Atome, die sich durch die Ordnungszahl bzw. Kernladungszahl bzw. Anzahl Z der Protonen im Atomkern unterscheiden.

- Die positive Kernladung ist stets ein ganzzahliges Vielfaches der positiven Elementarladung $e = 1,602 \cdot 10^{-19}$ C.

- Der Raum zwischen Atomkern und Atomhülle ist materiefrei, aber von elektrischen und magnetischen Feldern durchsetzt.

Leistungsfähigkeit des Rutherford-Atommodells

- Atome sind nicht einfach Materiekugeln, sondern Gebilde aus Atomkern und Atomhülle; zum ersten Mal wird erkannt, dass Atome eine Struktur besitzen.

- Der Durchgang der α-Strahlung durch Metallfolie wird verstehbar.

- Die Kernladungszahl der Atome stimmt mit der Ordnungszahl der Elemente im Periodensystem überein.

- Elektrische Phänomene können richtig gedeutet werden.

Grenzen des Rutherfordmodells

- Die Existenz stabiler Atome bleibt unverstanden. Nach klassischer Elektrizitätslehre müsste zwischen Atomkern und Hülle ein Ladungsausgleich stattfinden. Ferner strahlt beschleunigte elektrische Ladung elektrische und magnetische Feldenergie ab und wird dadurch langsamer. Daher können Elektronen den Atomkern eigentlich nicht stabil umkreisen.

- Die Existenz scharfer Spektrallinien, die von den Atomen ausgehen, kann nicht erklärt werden.

- Die Herkunft der Radioaktivität bleibt unverstanden.

16.2.1 Atomeigenschaften auf der Basis des Rutherfordmodells

Im Folgenden werden einige Atomeigenschaften untersucht und dabei Ergebnisse der klassischen Physik mit dem Atommodell nach Rutherford verknüpft. Man beschränkt sich auf **Einelektronensysteme** mit der Ordnungszahl Z. Darunter versteht man Atome oder Ionen, die wie das Wasserstoffatom aus einem positiven Atomkern und einer negativen Einzelladung in der Atomhülle, einem Elektron, zusammengesetzt sind. Das Elektron umkreist den Kern auf einer stabilen Bahn. Für Wasserstoff $_1^1\mathrm{H}$ und wasserstoffähnliche Systeme, wie z. B. $_2^4\mathrm{He}^+, _3^6\mathrm{Li}^{++}, _4^8\mathrm{Be}^{+++}$, ist das Rutherfordmodell ein erstes genaues Bild.

Berechnet werden

- die Bahngeschwindigkeit v des Einzelelektrons auf stabiler Kreisbahn um den Atomkern:
  Für den Umlauf auf stabiler Kreisbahn (B 484) gilt $\vec{F}_{\mathrm{rad}} = \vec{F}_{\mathrm{C}}$, betragsmäßig: $F_{\mathrm{rad}} = F_{\mathrm{C}}$;
  $m_e \dfrac{v^2}{r} = \dfrac{1}{4\pi\varepsilon_0}\dfrac{Q_1 Q_2}{r^2}$, wobei $Q_1 = Ze$ die Kernladung, $Q_2 = e$ die Elektronenladung ist.

  Nach Umwandlung folgt: $v^2 = \dfrac{Ze^2}{4\pi\varepsilon_0 m_e r}$ bzw. $v(r; Z) = \sqrt{\dfrac{e^2}{4\pi\varepsilon_0 m_e} \cdot \dfrac{Z}{r}}$. (*)

  Ergebnis: Bahngeschwindigkeit v des Einzelelektrons in Abhängigkeit vom Bahnradius r und von der Kernladungszahl Z.

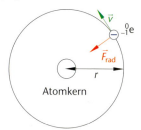

- die kinetische Energie E_{kin} des Einzelelektrons auf stabiler Kreisbahn um den Atomkern:

  Unter Verwendung von (*) gilt:

  $E_{\mathrm{kin}} = \dfrac{1}{2}m_e v^2$, $E_{\mathrm{kin}} = \dfrac{1}{2}m_e \dfrac{Ze^2}{4\pi\varepsilon_0 m_e r}$, $E_{\mathrm{kin}}(r; Z) = \dfrac{e^2}{8\pi\varepsilon_0} \cdot \dfrac{Z}{r}$.

  Bild 484: Umlauf eines Elektrons auf stabiler Kreisbahn

  Ergebnis: kinetische Energie E_{kin} des Einzelelektrons in Abhängigkeit vom Bahnradius r und von der Kernladungszahl Z.

- die potenzielle Energie E_{pot} des Einzelelektrons auf stabiler Kreisbahn um den Atomkern (s. Kap. 9.8.2; Beispiel):
  Als Bezugsniveau wird der unendlich ferne Feldbereich gewählt. Dann gilt mit

  $E_{\mathrm{pot}}(r; Z) = -\lim\limits_{r_1 \to \infty} W_{12}$: $E_{\mathrm{pot}}(r; Z) = -\lim\limits_{r_1 \to \infty}\left[\dfrac{1}{4\pi\varepsilon_0}Q_1 Q_2\left(\dfrac{1}{r_1} - \dfrac{1}{r_2}\right)\right] = \dfrac{1}{4\pi\varepsilon_0}Q_1 Q_2 \dfrac{1}{r_2}$, wobei

  $Q_1 = Ze$, $Q_2 = -e$, $r_2 = r$. Nach dem Grenzübergang entsteht:

  $E_{\mathrm{pot}}(r; Z) = \dfrac{Ze(-e)}{4\pi\varepsilon_0} \cdot \dfrac{1}{r} = -\dfrac{e^2}{4\pi\varepsilon_0} \cdot \dfrac{Z}{r}$.

  Ergebnis: potenzielle Energie E_{pot} eines Einzelelektrons in Abhängigkeit von Bahnradius r und Kernladungszahl Z.

- die Gesamtenergie E_{ges} des Einzelelektrons auf stabiler Kreisbahn um den Atomkern:

$$E_{ges} = E_{kin} + E_{pot}, \; E_{ges}(r; Z) = \frac{e^2}{8\pi\varepsilon_0} \cdot \frac{Z}{r} - \frac{e^2}{4\pi\varepsilon_0} \cdot \frac{Z}{r} = -\frac{e^2}{8\pi\varepsilon_0} \cdot \frac{Z}{r}.$$

Ergebnis: Gesamtenergie E_{ges} eines Einzelelektrons in Abhängigkeit vom Bahnradius r und von der Kernladungszahl Z.

Eine Tabelle und B 485 stellen die vorgenannten Ergebnisse am Beispiel des Wasserstoffatoms mit $Z = 1$ dar:

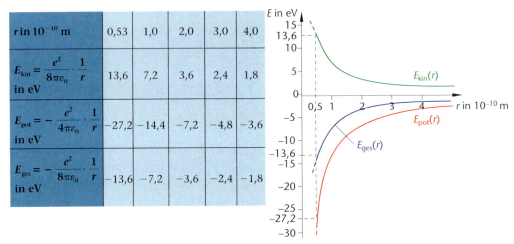

r in 10^{-10} m	0,53	1,0	2,0	3,0	4,0
$E_{kin} = \frac{e^2}{8\pi\varepsilon_0} \cdot \frac{1}{r}$ in eV	13,6	7,2	3,6	2,4	1,8
$E_{pot} = -\frac{e^2}{4\pi\varepsilon_0} \cdot \frac{1}{r}$ in eV	−27,2	−14,4	−7,2	−4,8	−3,6
$E_{ges} = -\frac{e^2}{8\pi\varepsilon_0} \cdot \frac{1}{r}$ in eV	−13,6	−7,2	−3,6	−2,4	−1,8

Bild 485: r-E-Diagramme bei Rutherford

Bemerkungen:

- Nach Rutherford ist der Bahnradius r frei wählbar, aber größer als der Kernradius. Die Wahl des kleinsten Radius $r_1 = 0,53 \cdot 10^{-10}$ m in der Tabelle erscheint daher willkürlich. Sie wird im nächsten Abschnitt begründet.

- $E_{ges}(r = r_1) = -13,6$ eV ist die kleinste Gesamtenergie des Einzelelektrons in der Hülle eines Wasserstoffatoms.

- $E_{ges}(r \rightarrow \infty) = 0$ ist die größte Gesamtenergie im unbegrenzt fernen Feldbereich (= Nullniveau). Das Elektron ist kaum noch an das Atom gebunden, lässt sich also leicht abtrennen oder von anderen Einflüssen steuern.

- Die Gesamtenergie $E_{ges}(r)$ hängt bei konstantem Z, hier $Z = 1$, zwar vom Radius r der Elektronenbahn ab, ist aber für eine feste Bahn konstant.

- Nach dem Atommodell von Rutherford kann das Elektron in der Atomhülle Bahnen mit jedem Radius r stabil einnehmen, sofern r größer als der Kernradius ist. Daher sind alle Graphen in B 485 Linien. Die Emissionsspektren der Atome bestehen jedoch aus einzelnen scharf getrennten Spektrallinien (s. Kap. 13.5.5). Diese Tatsache deutet sprunghafte, unstetige Vorgänge im Atom an. Der erkennbare Widerspruch wird im nächsten Abschnitt mit einem neuen Atommodell korrigiert.

Aufgabe

Bei einem Streuversuch nach Rutherford wird eine Goldfolie mit der Fläche $A = 0{,}64$ cm^2 und der Dicke $d = 0{,}60$ μm mit α-Teilchen der kinetischen Energie $E_{kin} = 30{,}0$ MeV beschossen.

a) Überlegen Sie, weshalb die Folie sehr dünn sein muss.

b) Berechnen Sie die Anzahl N der in der Folie enthaltenen Goldatome.

c) Es lassen sich α-Teilchen beobachten, die nahezu in sich zurückgestreut werden. Schätzen Sie den Radius r_K eines Goldatomkerns ab, indem Sie den Abstand r berechnen, auf den sie sich dem Kern maximal nähern.

d) Ermitteln Sie auf der Basis des Schätzwertes r_K, welcher Prozentsatz der Goldfolie höchstens materieerfüllt sein kann, und geben Sie einen Näherungswert für die Dichte ρ des Goldatomkerns an.

e) Nennen Sie Vorzüge und Mängel des rutherfordschen Atommodells.

16.3 Atommodell nach Bohr

Der dänische Physiker Bohr erweiterte im Jahr 1913 das Rutherford-Atommodell durch zwei Forderungen. Sie heißen **Postulate.** Mit ihrer Hilfe sollen die Elektronenbahnen physikalisch genauer erfasst, bestehende Widersprüche beseitigt und die Stabilität der Atome erklärt werden. Bohr behielt die mechanische Vorstellung Rutherfords vom Atom bei. Er nutzte aber die von Planck und Einstein zwischenzeitlich entwickelte Quantelung der Energie für sein atomares Denkmodell.

Erstes Postulat (Quantenbedingung, Stabilitätsbedingung)

▸ **Die Elektronen in der Atomhülle eines Atoms umlaufen den Atomkern nur auf bestimmten Bahnen ohne Energieverlust oder Energiegewinn, den Quantenbahnen. Auf jeder Bahn verfügt das Elektron über eine eindeutige konstante Gesamtenergie, jeder Bahn entspricht damit ein diskreter Energiezustand. Die auf den Quantenbahnen strahlungsfrei umlaufenden Elektronen erfüllen die Quantenbedingung: $2\pi r m_e v = nh$ mit $n = 1, 2, 3 \ldots$**

r: Radius der n-ten Elektronenbahn bzw. n-ten Quantenbahn

m_e: Ruhemasse des Elektrons

v: Bahngeschwindigkeit des Elektrons auf der n-ten Quantenbahn

h: Planck-Konstante

n: Nummer der Elektronenbahn ab Atomkern bzw. (Haupt-)Quantenzahl

Zweites Postulat (Frequenzbedingung)

▸ **Die Elektronen wechseln spontan von einer Quantenbahn zur anderen. Man spricht von einem Quantensprung. Der Übergang von der Quantenbahn n zur Quantenbahn m ist mit der Energieänderung ΔE verbunden. Sie erfolgt durch Energieabstrahlung (Emission) oder durch Energieaufnahme (Absorption). Für beide Fälle gilt die Gleichung: $\Delta E = E_n - E_m = hf$.**

ΔE: Energieänderung beim Wechsel der Quantenbahn

E_n: Energie des Elektrons in der Quantenbahn n

E_m: Energie des Elektrons in der Quantenbahn m

h: Planck-Konstante

f: Frequenz eines emittierten oder absorbierten Photons

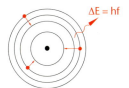

Bild 486: Energieänderung durch Emission

B 486 zeigt den Elektronenübergang von einer äußeren auf eine innere Quantenbahn. Es wird die Energie $\Delta E = hf$ als Photon emittiert.

In B 487 erfolgt der Elektronenübergang von innen nach außen. Er tritt ein, wenn das Elektron die zu diesem Quantensprung exakt „passende" Energie ΔE absorbiert. Sie stimmt mit dem energiegleichen Übergang von außen nach innen überein.

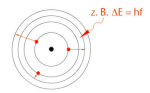

z. B. $\Delta E = hf$

Bild 487: Energieänderung durch Absorption

Bemerkungen:

- Wechselt das Elektron in der Atomhülle eines Atoms spontan von einer energetisch höheren (äußeren) auf eine energetisch niedrigere (innere) Bahn, so wird die Energiedifferenz ΔE zwischen beiden Bahnen stets als Photon der Frequenz f emittiert; es gilt also: $\Delta E = hf$.

- Der spontane Übergang von der energetisch niedrigeren zur energetisch höheren Quantenbahn kann erfolgen, wenn das Elektron die ihm entsprechende Energie ΔE absorbiert. Erreicht wird die Energiezufuhr z. B. durch Absorption eines Lichtquants der Energie $\Delta E = hf$, durch Beschuss mit Elektronen der Energie ΔE, durch Teilchenstöße der Wärmebewegung usw.

16.3.1 Ergänzungen zum ersten bohrschen Postulat

Das erste Postulat lässt sich gut verstehen, wenn man die Theorie der stehenden Welle einbezieht. Mit $r = r_n$ wird der Radius der annähernd kreisförmigen n-ten Quantenbahn bezeichnet, mit v die Bahngeschwindigkeit des Elektrons auf dieser Bahn. Dann lautet die Quantenbedingung: $2\pi r_n m_e v = nh$, $2\pi r_n = n \dfrac{h}{m_e v}$.

Das Produkt $2\pi r_n$ auf der linken Seite der Gleichung ist gerade der Umfang U der n-ten Quantenbahn, der Term $\dfrac{h}{m_e v}$ auf der rechten Seite die De-Broglie-Wellenlänge λ eines umlaufenden Elektrons mit der Geschwindigkeit v (B 488). Somit lässt sich der Kreisumfang der n-ten Quantenbahn als ein ganzzahliges Vielfaches der De-Broglie-Wellenlänge $\lambda = \dfrac{h}{m_e v}$ auffassen: $2\pi r_n = n \dfrac{h}{m_e v_n}$ mit $n = 1, 2, 3 \ldots$

Zum Beispiel (B 488) hat die Quantenbahn $n = 3$ den Umfang $U_3 = 2\pi r_3$, das bewegte Elektron auf dieser Bahn, als De-Broglie-Welle aufgefasst, die Wellenlänge $\lambda_3 = \dfrac{h}{m_e \cdot v_3}$. Dann ist der Umlauf energiestabil, falls die Bedingung $U_3 = 3\lambda_3$ bzw. $2\pi r_3 = 3\dfrac{h}{m_e \cdot v_3}$ erfüllt ist.

Das bedeutet, dass man das kreisende Elektron als stehende De-Broglie-Welle betrachten kann, die sich als geschlossener Wellenzug um den Atomkern windet (B 488). Die Welle interferiert in jedem Punkt des Kreisumfanges mit sich selbst. Weil stehende Wellen keine Energie transportieren, also quasi Energiespeicher darstellen, lässt sich auf diese Weise die Existenz stabiler Energiezustände in der Atomhülle anschaulich erklären.

Es gibt eine weitere Interpretation: Man bringt die Quantenbedingung $2\pi r_n m_e v = nh$ unter Einbeziehung des Elektronenimpulses $p = m_e v$ in die Form: $r_n m_e v = n\dfrac{h}{2\pi}$; $r_n p = n\dfrac{h}{2\pi}$. Das Produkt aus Bahnradius r_n und Elektronenimpuls p, also $r_n p$, heißt **Bahndrehimpuls** des Elektrons, der Term $\dfrac{h}{2\pi}$ **Drehimpulsquantum**. Dann besagt die Quantenbedingung: Der Bahndrehimpuls $r_n p$ des umlaufenden Elektrons im Atom ist gequantelt, da nur ganzzahlige Vielfache des Drehimpulsquantums möglich sind: $r_n p = n\dfrac{h}{2\pi}$ mit $n = 1, 2, 3 \dots$

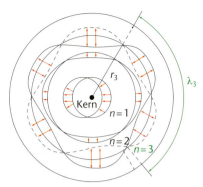

Bild 488: Zur Deutung des bohrschen Postulats

16.3.2 Diskrete Energien nach dem bohrschen Atommodell

Einige Berechnungsbeispiele für Einelektronensysteme mit der Kernladungszahl Z helfen, das bohrsche Atommodell besser zu verstehen. Zur Erinnerung: Einelektronensysteme bzw. wasserstoffähnliche Atome sind wie das Wasserstoffatom aus einem positiven Atomkern und einem Elektron zusammengesetzt, das den Kern stabil umkreist.

- Man berechne die Bahngeschwindigkeit $v = v_n$ auf der n-ten Quantenbahn mit dem Bahnradius $r = r_n$:

Aus der Quantenbedingung $2\pi r_n m_e v_n = nh$ folgt: $v_n = \dfrac{nh}{2\pi m_e r_n}$.

Man verwendet (*) aus der Rechnung zum Rutherfordmodell (16.2.1) und berechnet r_n:

$$v_n(r_n; Z) = \sqrt{\frac{e^2}{4\pi\varepsilon_0 m_e} \cdot \frac{Z}{r_n}}, \; v_n^2 = \frac{e^2}{4\pi\varepsilon_0 m_e} \cdot \frac{Z}{r_n}, \; r_n = \frac{e^2}{4\pi\varepsilon_0 m_e} \cdot \frac{Z}{v_n^2}. \tag{1}$$

Setzt man (1) in die Quantenbedingung ein, so erhält man durch Auflösen nach v_n:

$$v_n = \frac{nh4\pi\varepsilon_0 m_e v_n^2}{2\pi m_e Z e^2}, \; v_n = \frac{Ze^2}{2h\varepsilon_0} \cdot \frac{1}{n}. \tag{2}$$

Man setzt (2) in (1) ein: $r_n = \dfrac{e^2 Z}{4\pi\varepsilon_0 m_e} \cdot \dfrac{4h^2\varepsilon_0^2 n^2}{Z^2 e^4}, \; r_n = \dfrac{h^2\varepsilon_0}{\pi m_e Z e^2} \cdot n^2.$ \hfill (3)

Als Ergebnis entstehen die Bahngeschwindigkeit v_n eines Elektrons auf der n-ten Quantenbahn im Einelektronensystem und der zugehörige Bahnradius r_n.

Da beide bei konstantem Z von der Quantenzahl n, $n = 1, 2, 3 \dots$, abhängen, ändern sie sich sprunghaft, also unstetig; das heißt, es können, wie von Bohr postuliert, nur bestimmte (diskrete) Bahngeschwindigkeiten und Elektronenbahnen eingenommen werden.

Für $Z =$ konstant und $n \to \infty$ folgt aus (2) sofort $v_n = 0$. Das Einzelelektron auf den äußersten Quantenbahnen kann als nahezu ruhend betrachtet und folglich mit geringstem Energieaufwand abgetrennt werden. (Gleichzeitig gilt $E_{ges} = 0$, wie im Folgenden gezeigt wird.)

Das Elektron atomarer Einelektronensysteme mit $Z \geq 1$ hat nach (2) auf der innersten Quantenbahn ($n = 1$) die maximale Bahngeschwindigkeit $v_1 = \dfrac{Ze^2}{2h\varepsilon_0}$. Der Radius dort beträgt nach (3) allgemein: $r_1 = \dfrac{h^2\varepsilon_0}{\pi m_e Z e^2}$. Unter Verwendung dieser letzten Gleichung nimmt (3) die neue Form $r_n = r_1 n^2$, $n = 1, 2, 3 \dots$, an; es ist also $r_n \sim n^2$, für $Z =$ konstant (B 489).

Für das Wasserstoffatom $_1^1$H mit $Z = 1$ folgt aus $r_1 = \dfrac{h^2\varepsilon_0}{\pi m_e e^2}$ nach Einsetzen der Messwerte

der Radius $r_1 = 0{,}53 \cdot 10^{-10}$ m der innersten Quantenbahn; der Radius der n-ten Quantenbahn lässt sich nun sofort in der Form $r_n = 0{,}53 \cdot 10^{-10}$ m $\cdot n^2$, $n = 1, 2, 3 \dots$ angeben.

Die zugehörige Bahngeschwindigkeit v_n beträgt:

$$v_n = \frac{e^2}{2h\varepsilon_0} \cdot \frac{1}{n}, \; v_n = \frac{(1{,}602 \cdot 10^{-19}\,\text{C})^2}{2 \cdot 6{,}626 \cdot 10^{-34}\,\text{Js} \cdot 8{,}854 \cdot 10^{-12}\,\text{Fm}^{-1}} \cdot \frac{1}{n}, \; v_n = 2{,}19 \cdot 10^6\,\text{ms}^{-1} \cdot \frac{1}{n}.$$

B 489 zeigt Beispiele mit

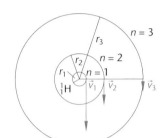

– $n = 1$: $r_1 = 0{,}53 \cdot 10^{-10}$ m, $v_1 = 2{,}19 \cdot 10^6$ ms^{-1},

– $n = 2$: $r_2 = 2{,}1 \cdot 10^{-10}$ m, $v_2 = 1{,}09 \cdot 10^6$ ms^{-1},

– $n = 3$: $r_3 = 4{,}8 \cdot 10^{-10}$ m, $v_3 = 0{,}73 \cdot 10^6$ ms^{-1}.

- Man berechne die diskreten Elektronenenergien im Einelektronensystem:

Bild 489: Bohrmodell mit Quantenbahnen abhängig von Radius r

Kinetische Energie $E_{\text{kin,n}}$:

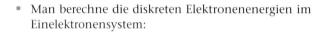

$$E_{\text{kin,n}} = \frac{1}{2} m_e v_n^2, \; E_{\text{kin,n}} = \frac{1}{2} m_e \left(\frac{Ze^2}{2h\epsilon_0} \cdot \frac{1}{n} \right)^2 > 0 \text{ unter Verwendung von (2)}, \; E_{\text{kin,n}} = \frac{m_e e^4 Z^2}{8\epsilon_0^2 h^2} \cdot \frac{1}{n^2},$$

$n = 1, 2, 3 \dots$

Das ist allgemein die kinetische Energie eines Elektrons auf der n-ten Quantenbahn im Einelektronensystem.

Für das Wasserstoffatom mit $Z = 1$ entsteht:

$$E_{\text{kin,n}} = \frac{m_e e^4}{8\varepsilon_0^2 h^2} \cdot \frac{1}{n^2}, \; E_{\text{kin,n}} = \frac{9{,}109 \cdot 10^{-31}\,\text{kg} \cdot (1{,}602 \cdot 10^{-19}\,\text{C})^4}{8 \cdot (8{,}854 \cdot 10^{-12}\,\text{Fm}^{-1})^2 \cdot (6{,}626 \cdot 10^{-34}\,\text{Js})^2} \cdot \frac{1}{n^2},$$

$$E_{\text{kin,n}} = 2{,}179 \cdot 10^{-18}\,\text{J} \cdot \frac{1}{n^2} \text{ bzw. } E_{\text{kin,n}} = 13{,}6\,\text{eV} \cdot \frac{1}{n^2}.$$

$E_{\text{kin,1}} = 13{,}6$ eV ist die größtmögliche kinetische Energie des Elektrons; sie wird im Wasserstoffatom auf der 1. Quantenbahn erreicht.

Potenzielle Energie $E_{\text{pot,n}}$:

Zuerst legt man das Nullniveau der potenziellen Energie fest. Die potenzielle Energie des Elektrons in unbegrenzt großer Entfernung vom Atomkern ist null:

$$E_{\text{pot}}(r_1 \to \infty) = 0.$$

Die potenzielle Energie eines Elektrons im Abstand r_n vom Kern entsteht dann aus der Arbeit, die am Elektron verrichtet wird, wenn es vom Unendlichen bis zu einem Punkt im Abstand r_n vom Kern verschoben wird. Es gilt:

1. $E_{\text{pot,n}} = -\lim_{r_1 \to \infty} W_{12} = -\lim_{r_1 \to \infty}\left[\dfrac{1}{4\pi\varepsilon_0}Q_1 Q_2\left(\dfrac{1}{r_1} - \dfrac{1}{r_2}\right)\right] = \dfrac{1}{4\pi\varepsilon_0}Q_1 Q_2\dfrac{1}{r_2},$

2. $r_2 = r_n; \; Q_1 = Ze; \; Q_2 = -e$

$$E_{\text{pot,n}} = +\dfrac{1}{4\pi\varepsilon_0}Ze(-e)\dfrac{1}{r_n} = -\dfrac{Ze^2}{4\pi\varepsilon_0}\cdot\dfrac{4\pi\varepsilon_0 m_e v_n^2}{e^2 Z} \quad \text{unter Verwendung von (1);}$$

$$E_{\text{pot,n}} = -m_e v_n^2 = -m_e\dfrac{Z^2 e^4}{4h^2\varepsilon_0^2 n^2} < 0 \quad \text{unter Verwendung von (2).}$$

$E_{\text{pot,n}} = -\dfrac{m_e e^4 Z^2}{4h^2\varepsilon_0^2}\cdot\dfrac{1}{n^2}$ ist die potenzielle Energie eines Elektrons auf der n-ten Quantenbahn

im Einelektronensystem bezogen auf das gewählte Nullniveau. Sie ist dem Betrag nach stets doppelt so groß wie die kinetische Energie $E_{\text{kin,n}}$.

Für das Wasserstoffatom mit $Z = 1$ erhält man:

$$E_{\text{pot,n}} = -\dfrac{m_e e^4}{4h^2\varepsilon_0^2}\cdot\dfrac{1}{n^2}, \; E_{\text{pot,n}} = -\dfrac{9{,}109\cdot10^{-31}\,\text{kg}\cdot(1{,}602\cdot10^{-19}\,\text{C})^4}{4\cdot(6{,}626\cdot10^{-34}\,\text{Js})^2\cdot(8{,}854\cdot10^{-12}\,\text{Fm}^{-1})^2}\cdot\dfrac{1}{n^2},$$

$$E_{\text{pot,n}} = -4{,}358\cdot10^{-18}\,\text{J}\cdot\dfrac{1}{n^2}, \; E_{\text{pot,n}} = -27{,}26\,\text{eV}\cdot\dfrac{1}{n^2}.$$

$E_{\text{pot,1}} = -27{,}26$ eV ist die kleinste potenzielle Energie, die das Einzelelektron im Wasserstoffatom auf der 1. Quantenbahn, also in geringster Entfernung vom Atomkern, einnimmt.

Gesamtenergie $E_{\text{ges,n}}$:

Die Gesamtenergie des Einzelelektrons auf der n-ten Quantenbahn eines Wasserstoffatoms oder Einelektronensystems gewinnt man durch einfache Addition der bisherigen Ergebnisse:

$$E_{\text{ges,n}} = E_{\text{pot,n}} + E_{\text{kin,n}}, \; E_{\text{ges,n}} = -\dfrac{m_e e^4 Z^2}{4h^2\varepsilon_0^2}\cdot\dfrac{1}{n^2} + \dfrac{m_e e^4 Z^2}{8\varepsilon_0^2 h^2}\cdot\dfrac{1}{n^2}; \; E_{\text{ges,n}} = -\dfrac{m_e e^4}{8\varepsilon_0^2 h^2}\cdot\dfrac{Z^2}{n^2}. \quad \text{Wie man}$$

sieht, hängt E_{ges} wie E_{pot} und E_{kin} von Z und n ab.

Für das Elektron in der Atomhülle ergeben sich mit $Z =$ konstant wegen $n = 1, 2, 3 \ldots$ diskrete Werte der Gesamtenergie. Ferner verfügen die Atome über keinen festen Rand; doch kann sich das Elektron nur innerhalb des Atomdurchmessers aufhalten.

Für das Wasserstoffatom mit $Z = 1$ folgt:

$$E_{\text{ges,n}} = -\dfrac{m_e e^4}{8\varepsilon_0^2 h^2}\cdot\dfrac{1}{n^2} \quad \text{oder} \quad E_{\text{ges,n}} = -27{,}2\,\text{eV}\cdot\dfrac{1}{n^2} + 13{,}6\,\text{eV}\cdot\dfrac{1}{n^2} = -13{,}6\,\text{eV}\cdot\dfrac{1}{n^2}.$$

Dies ist die Gesamtenergie des Elektrons auf der n-ten Quantenbahn eines Wasserstoffatoms nach Bohr. Die kleinste mögliche Gesamtenergie beträgt demnach $-13{,}6$ eV und wird auf der 1. Quantenbahn erreicht.

- Man stelle die kinetische, potenzielle und gesamte Energie des Elektrons im Wasserstoffatom tabellarisch und grafisch dar, wenn $n = 1, 2, 3 \ldots$ die Quantenzahl ist. Verglichen werden außerdem die Diagramme des rutherfordschen und des bohrschen Atommodells (B 490):

  Im Gegensatz zum Rutherfordmodell mit linienförmigen Diagrammen sind im Bohr-modell wegen der Quantenbedingung nur diskrete Werte der Bahnradien zugelassen; es gilt: $r_n = r_1 n^2$ mit $r_1 = 0,53 \cdot 10^{-10}$ m. Ihnen entsprechen diskrete Werte der Energien. Die Diagramme nach Bohr bestehen demnach aus einzelnen Punkten.

n	1	2	3	4	5
$r_n = r_1 n^2$	r_1	$4r_1$	$9r_1$	$16r_1$	$25r_1$
$E_{kin,n}$ in eV	13,6	3,4	1,5	0,85	0,54
$E_{pot,n}$ in eV	$-27,2$	$-6,8$	$-3,0$	$-1,7$	$-1,1$
$E_{ges,n}$ in eV	$-13,6$	$-3,4$	$-1,5$	$-0,85$	$-0,54$

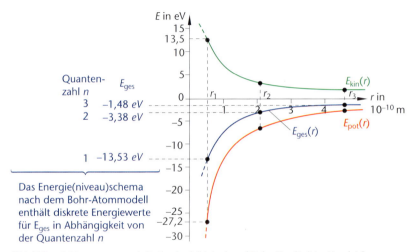

Bild 490: r-E-Diagramme nach Rutherford (Linien) und Bohr (Punkte) im Vergleich

16.3.3 Ergänzungen zum zweiten bohrschen Postulat

Die nächsten Bilder zeigen die Gesamtenergien E_1, E_2, E_3 usw. der inneren Quantenbahnen für Atome mit der Ordnungszahl Z und einem Elektron in der Atomhülle, dargestellt als Kreise, die nach dem Energieniveauschema in B 490, linke Seite, nach außen immer enger liegen.

- **Absorption einer geeigneten Energiemenge (B 491):**

  Das Elektron springt spontan von einer energieärmeren auf eine energiereichere Bahn. Die Energiezunahme beträgt z. B. für den Übergang von der Quantenbahn mit $n = 1$ zur Bahn mit $n = 3$: $\Delta E_{31} = E_3 - E_1$, für $1 \rightarrow 4$: $\Delta E_{41} = E_4 - E_1$, für $2 \rightarrow 4$: $\Delta E_{42} = E_4 - E_2$. Sie kann etwa durch Absorption eines Lichtquants mit genau der Energie $\Delta E_{31} = hf_{31}, \Delta E_{41} = hf_{41}, \dots$ erreicht werden. Das Atom gewinnt Energie, es ist danach angeregt.

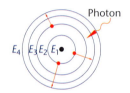

Bild 491: Absorption eines Lichtquants

- **Emission elektromagnetischer Strahlung (B 492):**

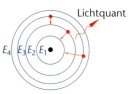

Das Elektron wechselt spontan von einer energiereicheren auf eine energieärmere Bahn. Die Energieabnahme beträgt z. B. für den Übergang $3 \rightarrow 1$: $\Delta E_{31} = E_3 - E_1$, für $3 \rightarrow 2$: $\Delta E_{32} = E_3 - E_2$, für $2 \rightarrow 1$: $\Delta E_{21} = E_2 - E_1$.

Die Energieänderung des Elektrons um ΔE erfolgt immer durch Emission von Photonen mit genau der Energie $\Delta E_{31} = hf_{31}$, $\Delta E_{32} = hf_{32}$ ... Das Atom verliert Energie.

Bild 492: Emission eines Lichtquants

Bemerkungen:

- Das Verhältnis von Elektronenmasse zur Kernmasse (= Protonenmasse) im Wasserstoffatom beträgt $\dfrac{m_e}{m_p} \approx \dfrac{1}{1800}$. Folglich kann man in guter Näherung annehmen, dass das Elektron um einen ruhenden Kern kreist vergleichbar etwa mit dem Umlauf eines Planeten um die massereiche Sonne. Für $Z > 1$ ist diese Näherung noch stärker ausgeprägt. Eine genaue Betrachtung zeigt ähnlich wie beim Zweikörpersystem Erde-Mond, dass sich das Elektron und der Atomkern um den gemeinsamen Schwerpunkt S des Gesamtsystems bewegen. Diesen Effekt bezeichnet man als Kernmitbewegung. Hieraus ergeben sich winzige Änderungen in den Energietermen gegenüber der zuvor durchgeführten Rechnung und der grafischen Darstellung. Als Folge entstehen Energiezwischenstufen und zusätzliche Spektrallinien. Eine weitere Abweichung stellt sich aus der Nukleonenbewegung ein, also aus der Bewegung von Protonen und Neutronen im Atomkern innerhalb des Wirkungsbereichs der Kernkräfte (s. Kap. 17.1).

- Die Linienspektren wasserstoffähnlicher Atome sind denen des Wasserstoffs nahe verwandt. Insofern findet das bohrsche Atommodell eine gute Bestätigung. Jedoch gewinnen mit zunehmender Kernladungszahl Z relativistische Effekte wachsenden Einfluss, denn es gilt bekanntlich nach Gleichung (2) in Kap. 16.3.2: $v_n \sim Z$.

- Das bohrsche Atommodell für Wasserstoff und Einelektronensysteme beruht auf der Annahme, dass das Elektron auf genau definierten Kreisbahnen den Atomkern stabil umläuft. Diese Annahme geriet ab 1927 in Widerspruch zur heisenbergschen Unschärferelation, nach der Ort und Impuls eines Teilchens nicht gleichzeitig exakt bestimmt werden können (s. Kap. 15.8.1).

- Einerseits werden nach Bohr die Energiezustände eines Atoms als diskrete Energien des Einzelelektrons innerhalb des Atomdurchmessers beschrieben. Andererseits lässt sich nach de Broglie die Elektronenbewegung auf den Quantenbahnen mit der Vorstellung stehender Wellen verknüpfen (s. Kap. 16.3.1). Die Quantentheorie ersetzte schließlich das anschauliche Modell von Bohr durch ein abstraktes Modell von Zustandsfunktionen ψ. Es leitet sich aus den Arbeiten des österreichischen Physikers Schrödinger zur Quantentheorie (1924) her. Das Quadrat ψ^2 beschreibt die Wahrscheinlichkeit, mit der sich ein Elektron in einem kleinen Raumgebiet aufhält (s. Kap. 15.7). Demnach kann über den genauen Ort des Elektrons in einem bestimmten Zeitpunkt t keine Aussage gemacht werden. Sicher ist: Ein Elektron ist am häufigsten in solchen Raumgebieten anzutreffen, für die ψ^2 maximal ist. Die wahrscheinlichsten Aufenthaltsräume der Elektronen werden als ihre **Orbitale** bezeichnet.

- Tatsächlich ist die Antreffwahrscheinlichkeit des Elektrons in einem Wasserstoffatom am größten auf der 1. Quantenbahn mit $r_1 = 0{,}53 \cdot 10^{-10}$ m; dort hat ψ^2 den absolut höchsten Wert (= energiestabilster Zustand des Wasserstoffatoms). Befindet sich das Elektron in einer kernferneren Bahn, so ist ψ^2 ebenfalls maximal, aber mit deutlich kleinerem Wert.

- Nach der bohrschen Theorie sollte das Elektron den Kern des Wasserstoffatoms in einer ebenen Bahn umkreisen. Dann wäre das Atommodell scheibenförmig anzulegen. Weiter gehende Überlegungen und experimentelle Untersuchungen zeigen jedoch, dass die Aufenthaltswahrscheinlichkeit des Elektrons kugelsymmetrisch um den Kern verteilt ist.

Zusammenfassung: Aus heutiger Sicht bewegen sich die Elektronen in der Atomhülle **nicht** auf wohl definierten Kreisbahnen mit einem konstanten Radius r für jede Quantenbahn. (Wasserstoff-)Atome sind also keine Kleinstkugeln, sondern eher Gebilde ohne scharfe Ränder. Sie haben eine verschwommene Elektronenhülle ohne konkrete Bahnkurven.

16.3.4 Energieniveauschema und Übergänge beim Wasserstoffatom

In Kapitel 16.3.2 wurden für ein Elektron im H-Atom ($Z = 1$) die diskreten Werte der Gesamtenergie $E_{\text{ges}}(n) = E_{\text{ges},n}$ auf der n-ten Quantenbahn berechnet mit dem Ergebnis:

$E_{\text{ges},n} = -13{,}6$ eV $\cdot \dfrac{1}{n^2}$, $n \in \mathbb{N}$. Daraus ergibt sich die Gesamtenergie in Tabellenform:

n	1	2	3	4
$E_{\text{ges},n}$ in eV	$-13{,}6$	$\dfrac{-13{,}6}{4}$	$\dfrac{-13{,}6}{9}$	$\dfrac{-13{,}6}{16}$

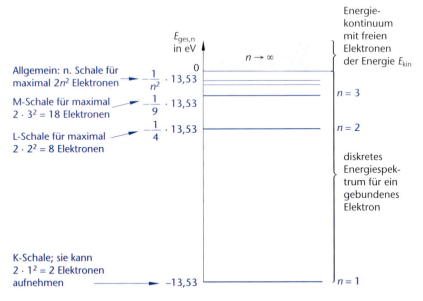

Bild 493: Energieniveauschema

Die grafische Darstellung der Energiezustände in B 493 mithilfe der Tabelle zeigt einzelne (diskrete) Energielinien in Abhängigkeit von n. Sie heißt wie in B 490, linke Seite, **Energie(niveau)schema**.

Bewegt sich das Einzelelektron eines Wasserstoffatoms auf der 1. Quantenbahn, auch K-Schale genannt, so spricht man vom **Grundzustand** des Atoms. Der Grundzustand ist energiestabil. In diesem Zustand kann das Atom beliebig lange verharren.

Befindet sich das Elektron auf einer energetisch höheren Bahn, ist also $n > 1$, so spricht man vom **angeregten Zustand** des Atoms. Hierbei ist es nach wie vor fest an den Atomkern gebunden. Der angeregte Zustand ist energetisch instabil. Solche Atome kehren nach einer Zeitdauer von etwa 10^{-8} s unter Energieabgabe direkt oder unter Zwischenübergängen in den stabilen Grundzustand zurück. Die Abstände zwischen den Linien im grafischen Energieniveauschema entsprechen der zugeführten oder abgegebenen Energie, wenn das Atom von einem Energiezustand in einen anderen spontan wechselt.

Werden Wasserstoffatome oder Einelektronensysteme, wie z. B. einfach positive Heliumionen, Quecksilberionen usw., durch Photonen oder auf eine andere Art angeregt, so wird anschließend bei den spontanen Übergängen des Einzelelektrons von einer äußeren Quantenbahn mit höherer Energie auf irgendeine innere mit niedrigerer Energie die Energiedifferenz ΔE in Form von elektromagnetischer Strahlung (Röntgenstrahlung, UV-Licht, sichtbares Licht, Infrarotlicht) emittiert, im Experiment sichtbar durch ganz bestimmte, scharfe, oft eng beieinanderliegende Spektrallinien. Die Frequenz f der abgehenden Wellen ist wegen $\Delta E = hf$ direkt proportional zu ΔE.

Mit zunehmender Anregung, also wachsendem n, nehmen die bohrschen Radien r_n zu, die Bindung des Elektrons an den Kern wird schwächer. Für $n \to \infty$ folgt aus Gleichung (3) in Kapitel 16.3.2 sofort $r_n = r \to \infty$ und damit $E_{ges,n} \to 0$. Dann ist das Elektron nicht mehr an den Kern gebunden. Oberhalb dieser Grenze kann das nun freie Elektron beliebige Energiemengen aufnehmen. An das Spektrum diskreter Energiewerte schließt sich ein **Kontinuum** von Energien für freie Elektronen an. Damit ist gemeint, dass ihre Gesamtenergie allein durch die kinetische Energie bestimmt ist, die sie in sehr großer Entfernung vom Kern besitzen, während $E_{pot} = 0$ gilt.

Die Elektronenenergie im Grundzustand ($n = 1$, K-Schale) eines Wasserstoffatoms beträgt: $E_1 = -13,53$ eV.

Die Elektronenenergie im freien Zustand, also für $n \to \infty$, ist: $E_\infty = 0$.

Also besteht zwischen dem Kontinuum eines Wasserstoffatoms und seinem Grundzustand die Energiedifferenz: $\Delta E = 0\,\text{eV} - (-13,53\,\text{eV}) = 13,53\,\text{eV}$.

Diese Energie $\Delta E = 13,6$ eV $= 2,17 \cdot 10^{-18}$ J ist die **Ionisierungsenergie** des Wasserstoffatoms im Grundzustand. Es ist die Energie, die man dem gebundenen Elektron auf der 1. Quantenbahn mindestens zuführen muss, um es ganz vom Kern zu entfernen, um also das Atom zu ionisieren. Analog hat jede Quantenbahn eine eigene Ionisierungsenergie.

Alle Elektronen eines Atoms mit gleichem Energiezustand bzw. Energieniveau fasst man zu einer **Elektronenschale** zusammen. In dieser haben sie eine besonders hohe Aufenthaltswahrscheinlichkeit. Jede Elektronenschale nimmt nur eine bestimmte Höchstzahl an energiegleichen Elektronen auf. Diese maximale Anzahl in der n-ten Schale beträgt $2n^2$ Elektronen, wie B 493 veranschaulicht.

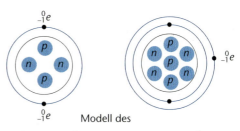

Bild 494: Modelle von Heliumatom und Lithiumatom

Die innerste K-Schale ($n = 1$) enthält demnach maximal $2 \cdot 1^2 = 2$ Elektronen, die L-Schale ($n = 2$) kann maximal $2 \cdot 2^2 = 8$ weitere Elektronen aufnehmen usw. Je nach Anzahl der Elektronen in der Atomhülle ordnet man den Atomen weitere Schalen (M-, N-, O-, P-Schale) zu. B 494 zeigt die Schalen des Heliumatoms und des Lithiumatoms im Grundzustand.

16.3.5 Serienformel des Wasserstoffspektrums

Fällt das Elektron eines angeregten Wasserstoffatoms spontan von der m-ten Bahn auf die n-te Bahn zurück, ist also $m > n$, dann geht das Atom von einem energetisch höheren in einen energetisch niedrigeren Zustand über. Gleichzeitig wird ein Photon mit einer Energie ausgesandt, die der Energiedifferenz zwischen den beiden Zuständen entspricht. Unter Verwendung der bisherigen Theorie lassen sich die Frequenz f und die Wellenlänge λ der emittierten elektromagnetischen Strahlung berechnen. Es gilt:

▸ **Energie des emittier-**   **=**   **Energie des Atoms**   **−**   **Energie des Atoms**
    ten Photons   **vor der Emission**   **nach der Emission**

Rechnerisch entsteht: $hf = E_m - E_n > 0$, $hf = -\dfrac{Z^2 m_e e^4}{8\,\epsilon_0^2 h^2} \cdot \dfrac{1}{m^2} - \left(-\dfrac{Z^2 m_e e^4}{8\,\epsilon_0^2 h^2} \cdot \dfrac{1}{n^2} \right),$

$$hf = \frac{Z^2 m_e e^4}{8\,\varepsilon_0^2 h^2} \left(\frac{1}{n^2} - \frac{1}{m^2} \right).$$

Mit $f = \dfrac{c_0}{\lambda}$ folgt: $\dfrac{1}{\lambda} = \dfrac{Z^2 e^4 m_e}{8\,\varepsilon_0^2 h^3 c_0} \left(\dfrac{1}{n^2} - \dfrac{1}{m^2} \right).$

Für Wasserstoff mit $Z = 1$ ist der Term $\dfrac{e^4 m_e}{8\,\varepsilon_0^2 h^3 c_0}$ konstant. Nach Einsetzen der Messwerte aus

einer Formelsammlung erhält man: $\dfrac{e^4 m_e}{8\,\varepsilon_0^2 h^3 c_0} = 1{,}097 \cdot 10^7 \text{ m}^{-1} = R_H.$

R_H heißt **Rydbergkonstante** für Wasserstoffatome und Einelektronensysteme. Sie ist eine grundlegende Konstante der Atomphysik und wurde erstmals 1913 von Bohr hergeleitet. Benannt ist sie nach dem schwedischen Physiker Rydberg. Der genaue Messwert beträgt heute: $R_H = 1{,}097\,373\,156\,8527 \cdot 10^7 \text{ m}^{-1}$.

Damit lautet die **allgemeine Serienformel** für das Wasserstoffatom:

$$\frac{1}{\lambda} = R_H \left(\frac{1}{n^2} - \frac{1}{m^2} \right) \text{ mit } n, m \in \mathbb{N}, \, m > n.$$

Unter Verwendung der Rydbergkonstanten R_H und der Gleichung (4) aus Kapitel 16.3.2 entsteht die Gesamtenergie $E_{ges,n}$ des Elektrons auf der n-ten Quantenbahn bzw. für die n-te

Energiestufe des Elektrons im Einelektronensystem: $E_{ges,n} = -\dfrac{m_e e^4 Z^2}{8\,\varepsilon_0^2 h^2} \cdot \dfrac{1}{n^2}.$

Mit $Z = 1$ für Wasserstoff erhält man: $E_{ges,n} = -\dfrac{m_e e^4}{8\,\varepsilon_0^2 h^2} \cdot \dfrac{1}{n^2} = -\dfrac{m_e e^4}{8\,\varepsilon_0^2 h^3 c_0}\, h c_0 \cdot \dfrac{1}{n^2},$

$E_{ges,n} = -R_H h c_0 \cdot \dfrac{1}{n^2}.$

Im Folgenden werden einige **Spektralserien** des Wasserstoffatoms in unterschiedlichen Darstellungen vorgestellt:

1. Darstellung mit historischer Übersicht:

energetischer Anfangszustand	zugehörige Spektralserie		
$n = 1$	$\dfrac{1}{\lambda} = R_H\left(1 - \dfrac{1}{m^2}\right)$	$m = 2, 3, 4 \dots$	Lymanserie, entdeckt 1906; im UV-Bereich gelegen; nicht sichtbar
$n = 2$	$\dfrac{1}{\lambda} = R_H\left(\dfrac{1}{2^2} - \dfrac{1}{m^2}\right)$	$m = 3, 4, 5 \dots$	Balmerserie, entdeckt 1885; im sichtbaren u. UV-Bereich gelegen
$n = 3$	$\dfrac{1}{\lambda} = R_H\left(\dfrac{1}{3^2} - \dfrac{1}{m^2}\right)$	$m = 4, 5, 6 \dots$	Paschenserie, entdeckt 1908; im Infrarotbereich gelegen; nicht sichtbar
$n = 4$	$\dfrac{1}{\lambda} = R_H\left(\dfrac{1}{4^2} - \dfrac{1}{m^2}\right)$	$m = 5, 6, 7 \dots$	Brackettserie, entdeckt 1922; im Infrarotbereich gelegen; nicht sichtbar
$n = 5$	$\dfrac{1}{\lambda} = R_H\left(\dfrac{1}{5^2} - \dfrac{1}{m^2}\right)$	$m = 6, 7, 8 \dots$	Pfundserie, entdeckt 1924; im Infrarotbereich gelegen; nicht sichtbar

2. Darstellung:

$n = 1 =$ konstant: Lymanserie als Tabelle und in grafischer Darstellung (B 495).

$m > 1$	2	3	4	5	6	...	∞
λ in nm	122	103	97	95	94	...	91

Seriengrenze: $\lambda_g = 91\,nm$

Bild 495: Lymanserie; $\lambda_g = 91$ nm

$n = 2 =$ konstant: Balmerserie als Tabelle und in grafischer Darstellung (B 496).

$m > 2$	3	4	5	6	...	∞
λ in nm	656	486	434	410	...	365

Seriengrenze: $\lambda_g = 365\,nm$

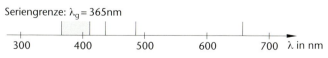

Bild 496: Balmerserie; $\lambda_g = 365$ nm

3. Darstellung:

Gesamtes Linienspektrum des Wasserstoffatoms (B 497):

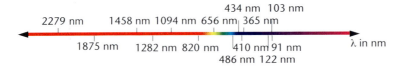

                                    434 nm 103 nm
  2279 nm   1458 nm 1094 nm 656 nm 365 nm

      1875 nm   1282 nm 820 nm   410 nm 91 nm   λ in nm
                                  486 nm 122 nm

     Infrarotbereich   Sehbereich   Ultraviolettbereich

Bild 497: Gesamtes Linienspektrum des Wasserstoffatoms

4. Darstellung:

Energiezustände des Wasserstoffatoms und mögliche Übergänge nach entsprechender Anregung (B 498):

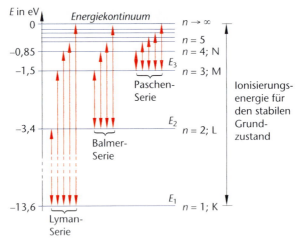

Bild 498: Energiezustände des Wasserstoffatoms

Bemerkungen:

- Jeder Übergang von einer äußeren Quantenbahn zu einer inneren erfolgt spontan mit einer bestimmten Wahrscheinlichkeit. Ist sie groß, so findet er häufig statt; die zugehörige Spektrallinie leuchtet hell.

- Alle Spektralserien des Wasserstoffatoms und der Einelektronensysteme haben scharfe Seriengrenzen mit jeweils kleinster Wellenlänge λ_g, der Grenzwellenlänge der Serie. Sie entsteht beim Übergang des Einzelelektrons aus der m-ten Quantenbahn mit $m \to \infty$ in die n-te Quantenbahn der Serie. Allgemein rechnerisch gilt für Wasserstoff: $\frac{1}{\lambda_g} = \lim\limits_{m \to \infty} R_H \left(\frac{1}{n^2} - \frac{1}{m^2} \right)$, $m > n$ = konstant, $\lambda_g = \frac{n^2}{R_H}$. Z.B. hat so die Lymanserie die Grenzwellenlänge λ_g = 91 nm. Für Einelektronensysteme mit $Z > 1$ weicht die Rydbergkonstante R geringfügig von der Rydbergkonstanten R_H für Wasserstoff ab. Daher stimmen die Spektrallinien in beiden Fällen nicht exakt überein.

Aufgaben

1. a) *Nennen Sie Forschungsergebnisse, die im Jahr 1913 zur Formulierung der bohrschen Postulate führten.*

   b) *Die bohrsche Quantenbedingung lässt sich anschaulich deuten. Erläutern Sie diese Aussage.*

   c) *Für die Energieniveaus des Wasserstoffatoms gilt allgemein: $E_n = -13,6\ eV \cdot \dfrac{1}{n^2}$,*

   $n = 1, 2 \ldots$ Zeichnen Sie mithilfe einer Tabelle das Energieniveauschema für $1 \leq n \leq 4$ und entnehmen Sie Energieübergänge, die zur Aussendung von Strahlung im sichtbaren Bereich führen.

   d) *Bestimmen Sie die kinetische Mindestenergie von Elektronen, mit denen man atomaren Wasserstoff beschießen muss, damit Strahlung im sichtbaren Bereich entsteht.*

2. a) *Das bohrsche Modell des Wasserstoffatoms beruht auf Voraussetzungen, die dem heutigen Kenntnisstand widersprechen oder Vernachlässigungen enthalten. Nennen Sie einige vereinfachende Annahmen, die sich auf das Elektron beziehen.*

   b) *Der bohrsche Ansatz verlangt, dass sich das Elektron auf genau festgelegten Kreisbahnen mit dem Radius r und der konstanten Geschwindigkeit v um den Kern bewegt. Hinterfragen Sie diese Aussage aus der Sicht der Quantentheorie.*

   c) *Nach Bohr umkreist das Elektron den Kern auf Bahnen ohne Abgabe elektromagnetischer Energie. Geben Sie einen experimentellen Befund an, der einer solchen Annahme widerspricht.*

   d) *Langsame negative Myonen mit der Ruhemasse $m_\mu = 207 m_e$ und der Elementarladung e können von Atomkernen der Kernladungszahl Z eingefangen werden. Berechnen Sie für diesen Fall unter Verwendung der bohrschen Postulate den Radius r_n der n-ten Quantenbahn des Myons. Der Einfluss der Hüllenelektronen und die Kernmitbewegung werden vernachlässigt.*

   e) *Das Myon hat auf der n-ten Quantenbahn die Energie $E_n = \dfrac{Z^2 e^4 m_\mu}{8 \varepsilon_0^2 h^2} \cdot \dfrac{1}{n^2}$. Wandeln Sie diese Gleichung auf die einfachste Form um, indem Sie die Ionisierungsenergie 13,6 eV des Wasserstoffatoms einführen.*

   f) *Berechnen Sie und zeichnen Sie die drei niedrigsten Energiestufen für das Myon, wenn es von einem Berylliumkern eingefangen wird.*

16.4 Experimente zur quantenhaften Emission und Absorption von Energie

Die allgemeine Serienformel für das Wasserstoffatom wurde auf der Basis des bohrschen Atommodells deduktiv hergeleitet. Experimente bestätigen die Theorie. Behandelt werden der aus physikalisch-historischer Sicht wichtige Versuch von Franck und Hertz sowie ein Versuch zur Resonanzfluoreszenz.

Erzeugung des Wasserstoffspektrums

Ein erster Versuch zur Sichtbarmachung des Linienspektrums emittierender Atome wurde bereits in Kapitel 13.5.5, B 414, vorgestellt. Verwendet wurde dort eine Quecksilberdampflampe. Ersetzt man sie durch eine Balmerlampe oder durch eine H_2-Spektralröhre, so erscheint auf dem Beobachtungsschirm das gesamte Linienspektrum für Wasserstoff.

Erklärung:
Der Versuch zu B 414 wiederholt sich weitgehend. Ergänzt werden muss, dass ein elektrischer Strom durch die H_2-Spektralröhre den Zerfall der Wasserstoffmoleküle in H-Atome auslöst. Man sagt: Die Wasserstoffmoleküle **dissoziieren**.

VERSUCH

Energiereiche Elektronen regen die Atome an. Abhängig von der zugeführten Energie gelangt das Elektron in der Hülle des Wasserstoffatoms auf eine höhere Quantenbahn. Das Atom geht in einen angeregten Zustand über. Nach kürzester Zeit verlässt das Hüllenelektron die eingenommene Quantenbahn spontan. Es geht unter Emission von Energie in Form von sichtbarer oder nicht sichtbarer Strahlung auf eine der weiter innen liegenden Bahnen über oder springt direkt auf die 1. Quantenbahn. Die Energieabgabe kann also in mehreren Teilschritten oder in einem einzigen Akt erfolgen. Wegen der unterschiedlichen Anregung und Energieabgabe sehr vieler Wasserstoffatome tritt aus der Röhre insgesamt fast weißes Licht aus. Das Gitter im Strahlengang zerlegt es spektral. Auf dem Schirm entsteht für das Auge gut sichtbar eine Folge verschiedenfarbiger scharfer Einzellinien von Infrarot bis tief Violett, eben das Gesamtspektrum des Wasserstoffs. Es schließt sämtliche in Kapitel 16.3.5 aufgeführtten Spektralserien ein.

Erzeugung des Wasserstoffspektrums (B 499)

① Spektralröhre
② Hochspannungsquelle und Widerstand R zur Strombegrenzung
③ Maßstab mit verschiebbaren Zeigern
④ optisches Gitter mit der Gitterkonstanten g

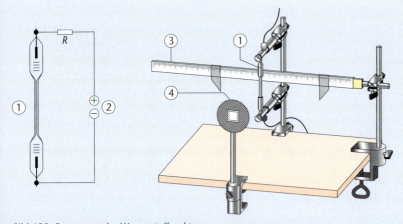

Bild 499: Erzeugung des Wasserstoffspektrums

Die H_2-Spektralröhre wird vor einen Maßstab gestellt und durch Anlegen der Gleichspannung U, $3{,}3$ kV $\leq U \leq 5{,}0$ kV, zum Leuchten gebracht. Blickt man durch das Gitter auf die Röhre, so beobachtet man das Linienspektrum des Wasserstoffatoms. Es handelt sich um farbige Interferenzmaxima symmetrisch zu beiden Seiten der Spektralröhre. Die das k-te Maximum einer Spektrallinie bewirkenden Lichtwellen verlassen das optische Gitter unter dem Winkel α_k und werden vom Auge des Betrachters auf die Netzhaut projiziert. Für den Beobachter scheinen die Lichtstrahlen vom Maßstab herzukommen. Er beobachtet zwei virtuelle, zur Spektralröhre symmetrisch liegende Bilder.

Messbeispiel (B 500) zum Versuch:

Die Wellenlängen λ der Spektrallinien lassen sich durch die messbaren Größen a, d und g berechnen, die Ordnung k des betrachteten Maximums ist am Maßstab abzählbar.

Gitterkonstante: $g = \dfrac{1}{570} \cdot 10^{-3}$ m, Abstand: $a = 0{,}500$ m, rote Linie: $d_r = 0{,}207$ m, blaugrüne Linie: $d_{bg} = 0{,}149$ m.

Berechnung der Wellenlänge der roten Linie:

1. $\tan \alpha_r = \dfrac{d_r}{a}$, $\tan \alpha_r = \dfrac{0,207\ \text{m}}{0,500\ \text{m}}$, $\alpha_r = 22{,}5°$ ($\tan 22{,}5° \neq \sin 22{,}5°!$)
2. Maximum 1. Ordnung: $\Delta s = g \sin \alpha_r$, $\Delta s = 1 \cdot \lambda_r$, mit $k = 1$

   Somit: $\lambda_r = \dfrac{1}{570} \cdot 10^{-3}\ \text{m} \cdot \sin 22{,}5°$, $\lambda_r = 671\ \text{nm}$.
3. Analog erhält man für die blau-grüne Linie $\lambda_{bg} = 501\ \text{nm}$.

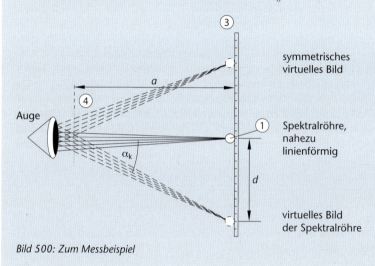

Bild 500: Zum Messbeispiel

Das folgende Experiment bestätigt die quantenhafte Energieabsorption der Elektronen in der Atomhülle.

Elektronenstoßversuch von Franck und Hertz

Zur gleichen Zeit, als Bohr die beiden Postulate veröffentlichte und für Elektronen diskrete Bahnen und Energiezustände forderte, untersuchten die deutschen Physiker Franck und Hertz den Bau von Atomen und Molekülen durch Elektronenstoßversuche. Diese werden heute zusammengefasst unter dem Namen Franck-Hertz-Versuch.

Franck-Hertz-Versuch (B 501)

① Vakuumröhre mit einem Tropfen Quecksilber
② Glühkatode
③ (Steuer-)Gitter G
④ Auffangelektrode A
⑤ Strommesser mit Messverstärker
⑥ Beschleunigungsspannung U_A, variabel
⑦ Gegenspannung U_g

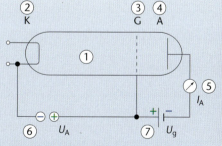

Bild 501: Franck-Hertz-Versuch

Versuchsdurchführung:
Eine Triode mit Katode, Anode und Gitter enthält einen Tropfen Quecksilber. Sie befindet sich in einem Heizgerät. Erwärmt man die Röhre auf etwa 180 °C, so entsteht Quecksilberdampf mit einem Gasdruck von etwa 20 hPa. Bei diesem

VERSUCH

Druck erreicht man experimentell ausreichend viele Stöße zwischen den Glühelektronen aus der Katode und den Hg-Atomen im Dampf. Gleichzeitig ist die freie Weglänge der Elektronen doch so groß, dass sie im elektrischen Feld zwischen Katode und Gitter eine genügend hohe kinetische Energie aufnehmen können.

Zwischen Gitter G und Auffangelektrode A liegt die geringe konstante Gegenspannung $U_g = 0{,}5$ V. Die Elektronen, die das Gitter durchdringen, werden in einem schwachen elektrischen Gegenfeld zwischen G und A gebremst. Elektronen, die dennoch die Auffangelektrode erreichen und damit einen Anodenstrom zwischen Katode K und Anode A herbeiführen, haben mindestens die kinetische Energie $E_{kin} = eU_g = 0{,}5$ eV.

Gemessen wird bei konstanter Gegenspannung U_g der Anodenstrom I_A in Abhängigkeit von der Beschleunigungsspannung U_A.

Beobachtung und Erklärung:
Mit wachsendem U_A gewinnen die Glühelektronen immer mehr kinetische Energie. Die Zahl der Elektronen, die pro Zeiteinheit die Gegenspannung U_g überwinden können, nimmt zu, der Anodenstrom I_A steigt (B 502). Die Elektronen verlieren auf ihrem Weg durch den Quecksilberdampf bei elastischen Stößen mit den Hg-Atomen fast keine kinetische Energie. Bei den Stößen werden sie aber wiederholt abgelenkt, sodass sie oft nur auf komplizierten Wegen zur Anode gelangen.

Wird schließlich die Beschleunigungsspannung $U_A = 4{,}9$ V erreicht, dann sinkt der Anodenstrom I_A plötzlich steil ab. Grund: Kurz vor dem Gitter G haben die Elektronen genügend kinetische Energie angesammelt. Sie versetzen die Hg-Atome mithilfe von unelastischen Stößen in einen angeregten Zustand und geben dabei ihre kinetische Energie völlig ab. Danach können sie das elektrische Gegenfeld zwischen G und A nicht mehr überwinden, die Anodenstromstärke I_A fällt steil ab.

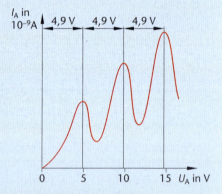

Bild 502: U_A-I_A-Diagramm

Bei weiterer Erhöhung von U_A verfügen die Elektronen schon früher, also näher an der Katode, über genügend kinetische Energie, um unter Energieverlust mit unelastischen Stößen Hg-Atome in einen angeregten Zustand zu versetzen. Auf dem Restweg zum Gitter erhöht sich die kinetische Energie der Elektronen aber so weit, dass sie das Gegenfeld überwinden können; I_A nimmt wieder zu.

Verstärkt man U_A vorsichtig weiter, so erfolgen die unelastischen Stöße zwischen den energiereichen Elektronen aus K und den Hg-Atomen erstmals etwa in der Mitte zwischen K und G. Die Elektronen verlieren ihre Energie, I_A sinkt wieder steil ab. Auf dem Restweg zum Gitter gewinnen die Elektronen aber nochmals so viel Energie, dass sie kurz vor G ein zweites Mal mit den Hg-Atomen unelastisch wechselwirken können. Der Energieverlust verhindert erneut, dass die Elektronen das Gegenfeld überwinden, der Anodenstrom I_A fällt ab.

Die Anodenstromstärke I_A erreicht auch bei weiterer Versuchsfortsetzung Maxima und Minima stets im Abstand von jeweils 4,9 V. Also können Quecksilberatome nur den Energiewert 4,9 eV aufnehmen. Folglich beträgt die Anregungsenergie eines Hg-Atoms 4,9 eV, um vom Grundzustand in den ersten Anregungszustand zu gelangen.

Eine Triode mit Heliumanteilen zeigt Maxima im Abstand von 21 V, Natrium hat die Anregungsenergie 2,12 eV, für Kalium liegt sie bei 1,63 eV.

Bemerkungen:

- Der zweite Stromabfall von I_A im Franck-Hertz-Versuch tritt ein, falls die unelastischen Stöße zum ersten Mal etwa in der Mitte zwischen Katode und Gitter liegen. Die Elektronen erreichen bei genügend großem U_A unmittelbar vor dem Gitter ausreichend Energie, um ein zweite Anregung auszulösen (B 503). Mit zunehmender Spannung U_A entstehen in der Röhre ständig neue Gebiete unelastischer Stöße. Diese wandern näher an die Katode und folgen immer dichter aufeinander. Elektronen können bei entsprechend hoher Beschleunigungsspannung also mehrfach mit den Hg-Atomen unelastisch wechselwirken.

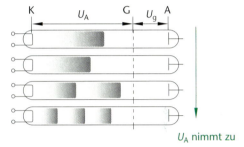

Bild 503: Gebiete unelastischer Stöße

- Die Stromstärke im U_A-I_A-Diagramm von B 502 fällt nicht jedes Mal auf null ab. Grund: Viele energiereiche Elektronen gelangen direkt zur Anode A, ohne dass es vorher auf dem Weg zwischen K und G zu unelastischen Stößen kommt. Außerdem erhalten Elektronen beim Austritt aus der Glühwendel unterschiedliche Anfangsenergien; energiereichere stoßen daher etwas früher unelastisch, durchlaufen nach dem Stoß eine höhere Potenzialdifferenz bis zum Gitter und überwinden deshalb die Gegenspannung U_g. Aus dem gleichen Grund entstehen in der Triode nicht scheibenförmig dünne, sondern relativ breite Bereiche unelastischer Wechselwirkung.

- Atome nehmen nur eine ganz bestimmte Anregungsenergie auf. Der Betrag von ΔE hängt von der Atomart ab.

- Nach Franck-Hertz beträgt die Anregungsenergie zwischen dem Grundzustand eines Hg-Atoms und dem ersten Anregungszustand 4,9 eV. Umgekehrt strahlt jedes angeregte Quecksilberatom diese Energie nach etwa 10^{-8} s in Form von Lichtquanten wieder ab und kehrt in den energiearmen stabilen Grundzustand zurück. Die Frequenz f des emittierten Photons beträgt mit $E = hf$:

$$f = \frac{4{,}9 \cdot 1{,}602 \cdot 10^{-19} \text{ CV}}{6{,}626 \cdot 10^{-34} \text{ Js}} = 1{,}18 \cdot 10^{15} \text{ Hz.}$$

Die zugehörige Spektrallinie liegt im UV-Bereich und ist für das menschliche Auge unsichtbar.

- Beim Bestrahlen eines Atoms mit elektromagnetischen Wellen kann es nur dann vom Grundzustand mit der Energie E_1 in einen angeregten Zustand mit der Energie E_2 übertreten, wenn das ankommende Energiequant genau die Energie $\Delta E = hf = E_2 - E_1$ besitzt, die der Übergang erfordert. Wird ein Atom dagegen durch den Stoß eines Elektrons mit der kinetischen Energie E_{kin}, $E_{kin} > E_2 - E_1$, angeregt, so behält das stoßende Elektron den Überschuss als kinetische Energie.

Ergebnis:

▸ Der Franck-Hertz-Versuch bestätigt, wie von Bohr gefordert, die Existenz bestimmter Energiestufen des äußeren Elektrons in der Atomhülle und die quantenhafte Absorption von Energie unterhalb der Ionisierungsenergie. Er gilt heute als experimenteller Nachweis für die Richtigkeit der quantentheoretischen Vorstellung. Ein Atom im Grundzustand (kleinste Energie) geht nach Absorption einer von der Atomart abhängigen charakteristischen Anregungsenergie ΔE, die von Photonen oder energiereichen Elektronen aufgebracht wird, spontan in einen angeregten Zustand (höhere Energie) über. Der Energieinhalt eines Atoms lässt sich nicht stetig ändern.

16.5 Resonanzabsorption und Resonanzfluoreszenz

Angeregte Wasserstoffatome oder Einelektronensysteme emittieren elektromagnetische Strahlung bestimmter Wellenlängen, die von der Atomart und vom Bahnübergang der Elektronen abhängen. Es stellt sich die Frage, ob Atome Strahlungsenergie auch absorbieren können und mit welcher Wellenlänge.

VERSUCH

Resonanzabsorption (B 504)

① Vakuumröhre mit Natriumanteil
② Heizgerät
③ Natrium-, Helium- oder Quecksilberdampflampe
④ Modell eines Natriumatoms mit zwei besetzten Schalen und einem Einzelelektron

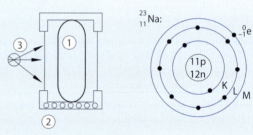

Bild 504: Resonanzabsorption

Versuchsdurchführung und Beobachtung:
Man erwärmt eine Vakuumröhre mit etwas Natrium in einem Heizgerät, sodass sich der Röhrenraum mit Natriumdampf füllt. Bestrahlt man ihn zuerst mit einer Helium-, danach mit einer Quecksilberdampflampe, so geht deren Licht fast ungehindert durch den Dampf hindurch. Dagegen bewirkt das Licht der Natriumdampflampe eine intensive Gelbfärbung des Natriumdampfes in der Glasröhre.

Erklärung:
Die von den angeregten Natriumatomen in der Lampe abgestrahlten Photonen mit der Energie $E_{Na} = hf = 2,12$ eV sind in der Lage, die Natriumatome im Dampf der Vakuumröhre in den nächsthöheren Energiezustand zu versetzen. Dabei wechselt das Einzelelektron in der äußeren Quantenbahn ($n = 3$, M-Schale) in die nächste mit $n = 4$. Die Photonen verlieren bei diesem Anregungsprozess die eigene Existenz. Man spricht von **Resonanzabsorption**. Andererseits kehren die angeregten Natriumatome im Dampf der Röhre in kürzester Zeit unter Emission des beobachteten gelben Lichts wieder in den Grundzustand zurück.

▸▸ Unter Resonanzabsorption versteht man die Absorption von Photonen elektromagnetischer Strahlung durch Atome, die angeregt Photonen gleicher Frequenz emittieren können.

Wie schon erwähnt, kehrt das (Einzel-)Elektron der angeregten Atome nach etwa 10^{-8} s spontan in den energetisch niedrigeren Ausgangszustand zurück. Die Atome emittieren Photonen der gleichen Frequenz, die sie vorher aufgenommen haben. Der Gesamtvorgang aus Absorption und Emission heißt **Resonanzfluoreszenz**. Er tritt nur ein, wenn die Energie $E = hf$ des eingestrahlten Lichts exakt einem Übergang zwischen zwei Quantenbahnen eines Atoms entspricht. Eine Teilung dieser quantenhaften Energie ist nicht möglich.

▸▸ **Die Absorption von Photonen durch Atome und anschließende Emission von Photonen gleicher Frequenz durch die angeregten Atome heißt Resonanzfluoreszenz.**

Erzeugung von Absorptionslinien (B 505)

① Licht einer Kohlenbogenlampe
② Einfachspalt
③ Glasröhre mit Natrium, Heizgerät
④ Sammellinse
⑤ Geradsichtprisma
⑥ Schirm

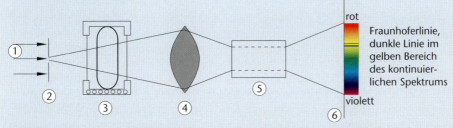

rot

Fraunhoferlinie, dunkle Linie im gelben Bereich des kontinuierlichen Spektrums

violett

VERSUCH

Bild 505

Versuchsdurchführung:
Das weiße Licht einer Kohlenbogenlampe wird auf einen Einfachspalt gerichtet und dieser mit einer Sammellinse auf den Beobachtungsschirm abgebildet. Es entsteht ein gebündelter Lichtstrahl. Ein Geradsichtprisma im Strahlengang erzeugt ein kontinuierliches Spektrum auf dem Schirm. Anschließend stellt man eine mit Natriumdampf gefüllte Röhre zwischen Spalt und Linse.

Beobachtung und Erklärung:
Das weiße Licht der Lampe durchdringt den Natriumdampf fast ungehindert und geradlinig, das kontinuierliche Spektrum bleibt erhalten. Jedoch werden auf dem Schirm im gelben Bereich des Spektrums zwei dunkle Linien sichtbar. Offensichtlich absorbieren die Na-Atome in der erwärmten Röhre das gelbe Licht zweier bestimmter Wellenlängen, die im weißen Licht enthalten sind. Diese beiden Linien fehlen im kontinuierlichen Spektrum auf dem Schirm. Andererseits strahlen die angeregten Atome in der Röhre selbst Licht dieser beiden Wellenlängen ungerichtet in den umgebenden Raum ab. Es liegt Resonanzfluoreszenz vor. Einige emittierte Photonen aus der Röhre treten sicher auch durch das Prisma in den Dunkelbereich der Absorptionslinien. Diese erscheinen daher zwar dunkel, aber nicht völlig schwarz.

Weitere Einzelheiten über Spektren und Absorption finden sich in Kapitel 13.5.5.

16.6   Leistungsfähigkeit und Grenzen des bohrschen Atommodells

Das bohrsche Atommodell hat sich in einer Reihe von Fragestellungen sehr bewährt:

- Die Postulate liefern bis heute ein gut vorstellbares Bild über atomare Vorgänge. Erstmals wurden quantenhafte Betrachtungen zur Beschreibung der Atomhülle eingesetzt. Die Stabilität der Atome wird durch das erste Postulat zwar nicht begründet, aber zum ersten Mal verstehbar gemacht: Elektronen umlaufen den Atomkern auf bestimmten diskreten Bahnen stabil ohne Energieabgabe.

- Die Postulate führen zu einem mathematisch beschreibbaren Modell des Wasserstoffatoms. Insbesondere werden die ersten drei zunächst rein experimentell ermittelten Serienformeln erklärt. Weitere konnten vorhergesagt und dann experimentell bestätigt werden.

- Das Modell bewährt sich gut bei Einelektronensystemen. Der energetische Zusammenhang bei der Emission und Absorption von Licht bzw. elektromagnetischer Strahlung wird für Wasserstoff und wasserstoffähnliche Atome verständlich.

- Die Ionisierungsenergie für Wasserstoffatome im Grundzustand und die Rydbergkonstante, die als Messwert in der Balmerformel vorkam, wurden zuerst als empirische Konstanten gemessen, mithilfe der bohrschen Postulate dann auf fundamentale Konstanten zurückgeführt.

- Der Atomradius des Wasserstoffatoms kann durch Messung gut abgeschätzt werden.

Die Grenzen des bohrschen Atommodells zeigen sich an folgenden Stellen:

- Die bohrschen Postulate konnten nicht auf der Grundlage der klassischen Physik begründet werden. Sie erscheinen daher als willkürliche Zusatzforderungen an das rutherfordsche Atommodell.

- Die Intensitätsunterschiede einzelner Spektrallinien blieben ungeklärt.

- Die beobachtete Aufspaltung der Wasserstoffspektrallinien in weitere Linien, die Feinstruktur, wurde nicht verstanden.

- Das bohrsche Modell verwendet zur Erklärung des vom Wasserstoff emittierten Linienspektrums wohldefinierte Bahnen für das Elektron, die man stationär nennt. Nach klassischer Vorstellung können für dieses Einzelelektron (oder für alle Elektronen einer Hülle) stets gleichzeitig Ort und Impuls genau festgelegt werden. Dies widerspricht der heisenbergschen Unschärferelation, nach der es grundsätzlich unmöglich ist, Ort und Impuls atomarer Teilchen, also auch eines Elektrons in der Atomhülle, gleichzeitig mit beliebiger Genauigkeit anzugeben. In heutiger Sicht ist der Ort eines Elektrons nicht ein konkreter Punkt im Raum; es tritt dort nur mit einer bestimmten Wahrscheinlichkeit auf.

- Das bohrsche Atommodell versagt bei Mehrelektronensystemen. Das bedeutet: Durch Messung gewonnene Ergebnisse weichen bei diesen Systemen von den Ergebnissen der bohrschen Modellrechnung ab.

- Nach der bohrschen Theorie müsste das Wasserstoffatom Scheibenform haben; tatsächlich verhalten sich Wasserstoffatome meist kugelsymmetrisch.

- Weitere Grenzen des bohrschen Modells aus heutiger Sicht findet man in Kapitel 16.3.3, Bemerkung.

Aufgabe

Der Franck-Hertz-Versuch bestätigt die Existenz diskreter Energiestufen für Elektronen in der Atomhülle.

a) Geben Sie den Versuch durch eine Zeichnung mit Legende an.

b) Beschreiben Sie die Durchführung des Versuchs unter Beschränkung auf wesentliche Aspekte und stellen Sie das U-I-Diagramm dar.

c) Erläutern Sie die Entstehung des 1. und 2. Minimums im Diagramm von b) und begründen Sie, warum der I-Wert des 1. Minimums nicht null ist.

d) Der Abstand der ersten beiden Maxima im Diagramm von b) beträgt 4,9 V. Berechnen Sie die Geschwindigkeit v, die Elektronen mindestens haben müssen, um Quecksilberatome anregen zu können.

e) Geben Sie an, inwiefern das Versuchsergebnis als Stütze des bohrschen Modells dient und nicht mithilfe des Rutherfordmodells erklärbar ist.

f) Verändern Sie und ergänzen Sie den Versuch in a) so durch eine beschriftete Skizze, dass er zum Nachweis der Resonanzfluoreszenz dient, und nennen Sie beobachtbare Erscheinungen.

16.7 Mehrelektronensysteme, Röntgenstrahlung

16.7.1 Mehrelektronensysteme

Der Beschäftigung mit Wasserstoff und wasserstoffähnlichen Atomen bzw. Ionen schließt sich jetzt die Behandlung von Atomen mit der Kernladungszahl $Z > 1$ an, deren Atomhülle gewöhnlich mehr als ein Elektron enthält. Im elektrisch neutralen Zustand ist die Anzahl der Elektronen in der Atomhülle solcher Atome gleich der Anzahl der Protonen im Atomkern. Man bezeichnet sie als **Mehrelektronensysteme**. Wir beschränken uns in der weiteren Betrachtung auf einfache Mehrelektronensysteme. Es handelt sich um Atome mit $Z > 1$, bei denen ein einzelnes Elektron in einer äußeren Schale um innere, abgeschlossene Elektronenschalen kreist. Aus diesem Grund verhalten sich einfache Mehrelektronensysteme ähnlich wie Einelektronensysteme. Das Einzelelektron in der äußeren Schale bezeichnet man als Leucht- oder **Valenzelektron**. Es bestimmt weitgehend die optischen und chemischen Eigenschaften des Atoms. Einfache Mehrelektronensysteme sind z.B. Alkaliatome wie Lithium, Natrium usw. und ebenso die einfach positiv geladenen Ionen $_4^8\text{Be}^+$, $_{12}^{24}\text{Mg}^+$. Wichtig: Die Grundlagen der bohrschen Atomtheorie lassen sich auf diese einfachen Mehrelektronensysteme in guter Näherung anwenden.

Die Elektronen in der Atomhülle von Atomen mit $Z > 1$ sind modellhaft in Schalen angeordnet (s. Kap. 16.3.4). Diese werden als K-, L-, M-, N-, O-, P- und Q-Schale bezeichnet. Alle Elektronen einer Schale besitzen den gleichen Energiezustand, stimmen aber auch in anderen wichtigen Eigenschaften bzw. Zuständen überein. Die n-te Schale nimmt maximal $2n^2$ Elektronen auf. Das Schalenmodell findet Anwendung in der Chemie und Physik.

Atome können ionisiert werden. Dazu entfernt man mindestens ein Elektron aus der Atomhülle unter Aufwendung von Ionisierungsenergie. Den geringsten Energieaufwand benötigt die Ablösung des Einzelelektrons im einfachen Mehrelektronensystem. Trägt man die Ionisierungsenergie E dieses Einzelelektrons oder eines zweiten oder dritten kernnäheren Elektrons aus dem neutralen Atom in Abhängigkeit von der Ordnungszahl Z ab, so entstehen die Diagramme in B 506 und B 507. Sie geben wichtige Eigenschaften der einfachen Mehrelektronensysteme preis. B 506 erfasst die Ionisierungsenergie E zur Ablösung des ersten (äußeren) Elektrons aus einem Atom mit der Kernladungszahl Z, $1 \leq Z \leq 60$. B 507 stellt die Ionisierungsenergie E für das erste, zweite und dritte Elektron dar. Die Atome haben die Kernladungszahl Z, $1 \leq Z \leq 22$. Das zweite und dritte Elektron befindet sich in der äußeren voll besetzten Schale.

Die Ionisierungsenergie E (B 506) weist mit zunehmendem Z gewisse Regelmäßigkeiten auf. Sie entsprechen den Eigenschaften der zugehörigen Elemente, in denen sie übereinstimmen. So verfügt z.B. die Elementgruppe der Alkalimetalle (Lithium Li, Natrium Na, Kalium K, Rubidium Rb, Cäsium Cs, Francium Fr) gemeinsam über eine starke Reaktionsfähigkeit. Die Atome der Alkalimetalle besitzen außerdem ein Einzelelektron in der äußeren Schale, während die Innenschalen zum Teil voll aufgefüllt oder aber mit acht Elektronen belegt sind (Achterschale, Oktettgruppierung). Letzteres entspricht ebenfalls einer stabilen Hüllenanordnung. Alkaliatome lassen sich als Einelektronensysteme auffassen. Ihre optischen Spektren gleichen dem des Wasserstoffs.

Das Einzelelektron in der äußeren Schale eines Alkalimetallatoms besitzt eine geringe Ionisierungsenergie (B 506, 507), kann also leicht aus dem Atom entfernt werden. Es bestimmt als Valenzelektron das chemische und optische Verhalten der Alkalimetalle. Nach dem Abtrennen des Valenzelektrons bleiben nur abgeschlossene innere Elektronenschalen übrig oder stabile Achterschalen. Die Alkalimetalle werden edelgasähnlich, also reaktionsträge. Diese Aussage bestätigt sich bei der Ablösung des nächsten Elektrons aus der nun voll besetzten Schale. Man benötigt eine deutlich höhere Ionisierungsenergie E als vorher. Sie ist vergleichbar mit der hohen Ionisierungsenergie zum Abtrennen eines Elektrons aus der abgeschlossenen äußeren Schale eines Edelgasatoms. Wie beide Diagramme zeigen, benötigen die Edelgase (Helium He, Neon Ne, Argon Ar, Krypton Kr, Xenon Xe) maximale Werte der Ionisierungsenergie zur Entfernung des ersten Elektrons aus der äußeren voll belegten Schale.

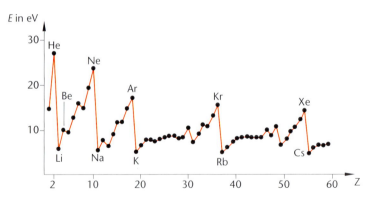

Bild 506: Ionisierungsenergie E zur Ablösung des ersten Elektrons aus einem Atom mit der Kernladungszahl Z, $1 \leq Z \leq 60$

Die Einfachionen $^{8}_{4}Be^{+}$, $^{24}_{12}Mg^{+}$, $^{40}_{20}Ca^{+}$ ... entstehen durch Ablösen eines der beiden Elektronen aus der äußeren noch besetzten Schale des neutralen Atoms, sie werden Einelektronensystemen ähnlich. Zur Abtrennung des verbleibenden Elektrons benötigen sie nur eine geringe Ionisierungsenergie. Danach entstehen die Ionen $^{8}_{4}Be^{++}$, $^{24}_{12}Mg^{++}$ usw. Sie verfügen wiederum über abgeschlossene Elektronenschalen und sind edelgasähnlich. In diesen Fällen ist dann die Ionisierungsenergie zur Ablösung des dritten Elektrons aus der besetzten oder Achterschale ein Spitzenwert (B 507).

Mithilfe der Graphen ist ferner festzuhalten: Die Ionisierungsenergie E zur Ablösung des ersten Elektrons ist bei einfachen Mehrelektronensystemen geringer als die von Wasserstoff mit 13,6 eV. Begründung: Die Elektronen der inneren abgeschlossenen Schalen schirmen die Wirkung der positiven Kernladung auf die äußeren Elektronen ab. Die geringe Ionisierungsenergie für das erste abzutrennende Elektron bestätigt außerdem, dass dieses tatsächlich aus dem äußeren Bereich der Atomhülle stammt. Abzulösende innere Elektronen verlangen eine

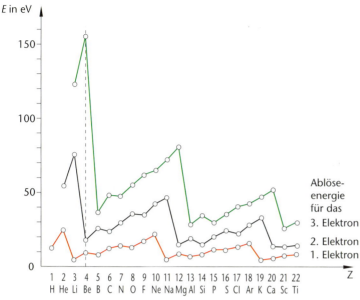

Bild 507: Ionisierungsenergie E des ersten, zweiten und dritten Elektrons für
Atome mit der Kernladungszahl Z, $1 \leqslant Z \leqslant 22$

deutlich höhere Ionisierungsenergie, da die Wirkung der positiven Kernladung nicht mehr so stark durch die Elektronenhülle gehemmt wird.

16.7.2 Röntgenstrahlung

Zur experimentellen Untersuchung einfacher Mehrelektronensysteme eignet sich besonders die **Röntgenstrahlung**. Sie ist eine energiereiche elektromagnetische Strahlung im Wellenbereich λ, 10 nm < λ < 10 pm. Sie kann Körper großer Dicke durchdringen. Beim Umgang mit Röntgenstrahlung ist große Vorsicht geboten. Entdeckt wurde sie im Jahr 1895 von dem deutschen Physiker Röntgen.

Erzeugung von Röntgenstrahlung (B 508)

① Vakuumröhre mit Katode K, Anode A
② Beschleunigungsspannung U_A
③ Blende

Versuchsdurchführung:
Röntgenstrahlung entsteht in einer Röntgenröhre. Es handelt sich um eine Vakuumröhre, in der Elektronen durch Glühemission aus der Katode nahezu ohne Anfangsenergie freigesetzt werden. Die Elektronen erfahren zwischen Katode und Anode durch die Beschleunigungsspannung U_A etwa im Bereich 10 kV < U_A < 1 MV eine hohe kinetische Energie und erreichen Geschwindigkeiten bis $v = \frac{1}{3}c_0$. Anschließend prallen sie mit der kinetischen Energie $E_{kin} = eU_A$ auf eine metallische Anode, z. B. aus reinem Kupfer.

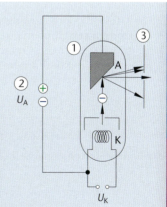

Bild 508

VERSUCH

Ungefähr 99,9 % der kinetischen Elektronenenergie wandelt sich beim Aufprall in thermische Energie des Anodenmaterials um. Dieses wird daher ständig gekühlt. Die restliche Energie von etwa 0,1 % führt zur Röntgenstrahlung. Sie setzt sich, wie eine genaue Untersuchung zeigt, aus zwei unterschiedlichen Komponenten zusammen. Man beobachtet das kontinuierliche Spektrum der Röntgenbremsstrahlung und das Linienspektrum der charakteristischen Röntgenstrahlung.

Röntgenbremsstrahlung, Erklärung 1. Teil

Die Röntgenbremsstrahlung entsteht beim Abbremsen energiereicher Elektronen im Metall der Anode. Die Elektronen dringen tief in die Struktur der Metallatome ein, geraten in das starke elektrische Feld der positiv geladenen Atomkerne, werden durch die anziehende Coulombwechselwirkung abgelenkt und verlieren bei diesem Vorgang teilweise oder vollständig ihre kinetische Energie; sie werden also gebremst. Der Energieverlust tritt in Form von kurzwelliger elektromagnetischer Strahlung, der Röntgenbremsstrahlung, auf.

Begründung: Nach der maxwellschen Theorie strahlt jede beschleunigte oder verzögerte Ladung, auch auf einer stabilen Kreisbahn mit konstanter Zentripetalbeschleunigung, elektromagnetische Energie in Wellenform ab. B 512 skizziert diesen Prozess.

Das Abbremsen der schnellen Elektronen erfolgt überwiegend in mehreren Stufen. Geht ein Elektron der Masse m_e und der Geschwindigkeit v_1 in die beliebig kleinere Geschwindigkeit v_2 über, so wird dabei ein einzelnes Röntgenquant der Energie E bzw. Frequenz f emittiert.

Die Energiebilanz lautet: $E = hf = \dfrac{1}{2} m_e (v_1^2 - v_2^2)$.

Insgesamt entsteht auf diese Weise ein kontinuierliches Röntgenspektrum. Je vollständiger die Energieabgabe beim ersten Bremsvorgang ist, desto kürzer wird die Wellenlänge λ des abgestrahlten Röntgenquants.

Wird die kinetische Energie der auf die Anode treffenden Elektronen in einem einzigen Akt vollständig in Röntgenstrahlung umgewandelt, so besitzt diese die höchstmögliche Frequenz, die Grenzfrequenz f_g. Es entstehen Röntgenphotonen der maximalen Energie $E = hf_g$.

In diesem Fall lautet die Energiebilanz: $E = E_{kin}$; $hf_g = eU_A$; $f_g = \dfrac{e}{h} U_A$.

Die Grenzfrequenz f_g hängt nur von der Beschleunigungsspannung U_A ab, nicht aber vom Anodenmaterial.

$$\text{Mit } \lambda_g f_g = c_0 \text{ erhält man: } h\frac{c_0}{\lambda_g} = eU_A, \ \lambda_g = \frac{hc_0}{eU_A} \text{ oder } \lambda_g(U_A) = \frac{hc_0}{e} \cdot \frac{1}{U_A}. \tag{1}$$

$$\text{Mit Messwerten: } \lambda_g(U_A) = \frac{6{,}626 \cdot 10^{-34} \, \text{Js} \cdot 2{,}998 \cdot 10^8 \, \text{ms}^{-1}}{1{,}602 \cdot 10^{-19} \, \text{C}} \cdot \frac{1}{U_A} = 1{,}239 \cdot 10^{-6} \, \text{Vm} \cdot \frac{1}{U_A}. \tag{2}$$

λ_g heißt Grenzwellenlänge und hängt ebenfalls nur von U_A ab. Die Röntgenröhre sendet insgesamt elektromagnetische Strahlung mit der Wellenlänge $\lambda \geq \lambda_g$ aus.

Die Gleichung (1) kann man auch in der Form $\lambda_g U_A = \dfrac{hc_0}{e}$, $h = \dfrac{e\lambda_g U_A}{c_0}$ schreiben. Sie gestattet, das plancksche Wirkungsquantum h experimentell aus den Messwerten auf der rechten Seite herzuleiten.

Zwischenergebnis:

▸ **Röntgenbremsstrahlung entsteht durch das starke Abbremsen energiereicher Elektronen im Innenbereich der Atome, die die Metallanode aufbauen. Das zugehörige Spektrum ist kontinuierlich.**

Charakteristische Röntgenstrahlung, Erklärung 2.Teil

Die charakteristische Röntgenstrahlung hat folgende Herkunft: Ein energiereiches Elektron (oder ein Energiequant) dringt in ein Atom des Anodenmaterials ein. Bei sehr genauem Auftreffen stößt es ein Elektron einer inneren Elektronenschale (K-Schale, L-Schale usw.) aus der Atomhülle (Ionisation) oder auf eine noch freie, weiter außen liegende Energiestufe (B 509).

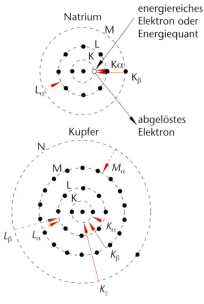

Füllt ein Elektron aus einer äußeren Schale spontan die entstandene Lücke in der inneren Schale, so wird dabei ein Röntgenphoton emittiert. Seine Energie entspricht der Energiedifferenz des Schalenübergangs. Daher besteht das Spektrum der charakteristischen Röntgenstrahlung aus diskreten Linien. Es ist vom Anodenmaterial abhängig. Die Energiedifferenzen zwischen den Schalen eines einfachen Mehrelektronensytems sind erheblich größer als beim Übergang des Einzelelektrons von Außenbahnen auf die inneren leeren Quantenbahnen eines Wasserstoffatoms oder wasserstoffähnlichen Atoms. Entsprechend kurz sind die Wellenlängen der emittierten Röntgenstrahlung.

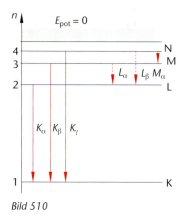

Bild 509

Atome ab $Z > 1$ besitzen eine oder mehrere Schalen. Wird eine Lücke in der K-Schale durch ein Elektron der L-Schale, M-Schale usw. (falls vorhanden) aufgefüllt, so spricht man von der K-Serie des Röntgenspektrums (B 509; 510). Die Schließung einer Lücke in der L-Schale durch Elektronen der M-, N-, O-Schale führt entsprechend zur L-Serie usw. Zur weiteren Unterscheidung der Übergänge von einer äußeren zu einer inneren, kernnäheren Schale mit Lücke verwendet man griechische Buchstaben. Insgesamt entsteht so die K-Serie mit den Linien K_α, K_β, K_γ ..., analog die L-Serie mit den Linien L_α, L_β, L_γ ... gefolgt von der M-Serie usw.

Bild 510

B 509 zeigt mögliche Übergänge bei den Elementen Natrium und Kupfer, B 510 einen Teil des charakteristischen Röntgenspektrums von Kupfer als Energieniveauschema.

Zwischenergebnis:

▸ **Die charakteristische Röntgenstrahlung entsteht durch energiereiche Elektronen oder Photonen, die in Atomen der einelementigen Metallanode ein Elektron einer inneren Schale völlig aus der Atomhülle herausschlagen oder auf eine freie, weiter** außen liegende Schale mit höherem Energieniveau stoßen. Danach geht ein Elektron einer äußeren Schale spontan in die Lücke der inneren Schale über, wobei die Energiedifferenz als Röntgenphoton emittiert wird. Das entstehende Linienspektrum bestätigt den Schalenaufbau der Atome.

Eigenschaften und Anwendung der Röntgenstrahlung

- Die Röntgenstrahlung in beiden Komponenten ist unsichtbar, hochfrequent und energiereich. Im Umgang ist große Vorsicht geboten.

- Sie durchdringt viele Stoffe, insbesondere organische. Daher findet sie Anwendung in der Medizin, bei der Untersuchung von Materialien, in der Werkstoffprüfung.

- In der Astronomie forscht man nach Röntgenquellen im Weltraum. Man untersucht mit Raumsonden außerhalb der Atmosphäre die kosmische Röntgen- und Gammastrahlung von Himmelskörpern.

- Röntgenstrahlung ionisiert Gase. Ein mit Luft gefüllter, geladener Kondensator entlädt sich beim Eindringen der Strahlung.

- Röntgenstrahlung schwärzt Fotomaterial und regt fluoreszierende Stoffe zum Leuchten an. Sie breitet sich geradlinig aus, zeigt Beugung und Interferenz.

- Berühmt sind die Diagramme des deutschen Physikers Laue, mit denen der Nachweis des Wellencharakters gelang.

16.7.3 Gesetz von Moseley

Ohne Herleitung wird mitgeteilt, dass für die K_α-Linie ein Zusammenhang zwischen dem Kehrwert der zugehörigen Wellenlänge λ, also der Wellenzahl $\frac{1}{\lambda}$, und der Kernladungszahl Z besteht. Er lautet $\frac{1}{\lambda} = \left(\frac{1}{1^2} - \frac{1}{2^2}\right)R(Z-1)^2$ bzw. $\frac{1}{\lambda} = \frac{3}{4}R(Z-1)^2$ und heißt **Moseley-Gesetz**. Namensgeber ist der englische Physiker Moseley, der im Jahr 1913 den Zusammenhang allgemein formulierte.

Der Aufbau der Gleichung erinnert an die allgemeine Serienformel für Wasserstoff und Einelektronensysteme. Wie dort ist R die Rydbergkonstante. Zieht man auf beiden Seiten des Gesetzes die Quadratwurzel, so entsteht die Gleichung: $\sqrt{\frac{1}{\lambda}} = \sqrt{\frac{3R}{4}}(Z-1).$ (3)

Wegen $\sqrt{\frac{3R}{4}} = \text{konstant}$ gilt $\sqrt{\frac{1}{\lambda}} \sim (Z-1)$, wobei $Z \geq 2$ die Kernladungszahl eines einfachen Mehrelektronensystems ist. Die Gleichung ist vom Typ $y(x) = kx$, ihr Graph für $x \in \mathbb{R}$ eine Ursprungsgerade.

Die grafische Darstellung der Gleichung (3) findet sich in B 511. Sie besteht aus Einzelpunkten und lässt sich als Teil einer Ursprungsgeraden auffassen. Sie ist wissenschaftshistorisch von Bedeutung, weil man aus Lücken in der „Geraden" früher auf noch unerkannte Elemente schließen und deren Röntgenspektrallinien vorhersagen konnte.

Die Zahl 1 im Klammerterm $(Z-1)$ heißt **Abschirmkonstante**. Eine einfache Deutung besagt, dass die Elektronen in der L-Schale einfacher Mehrelektronensysteme die Z positiven Ladungen des Atomkerns sowie das verbleibende Elektron und eine Lücke in der K-Schale umschließen. Zwischen den Elektronen der L-Schale und dem positiven Atomkern bestehen nach Coulomb anziehende Kräfte. Diese werden verringert, da das in der K-Schale noch vorhandene

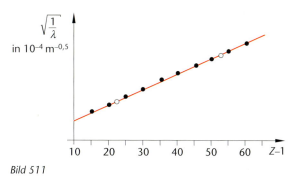

Bild 511

Elektron die anziehende Kraftwirkung zu einem kleinen Teil kompensiert. Das Einzelelektron in der K-Schale hat also abschirmende Wirkung. Man bezeichnet den Klammerterm $(Z-1)$ daher als **effektive Kernladungszahl**. Die Elektronen in den äußeren Schalen M, N usw. sind, falls vorhanden, ohne Bedeutung. Sie sind in ihrer Wirkung vergleichbar mit der Ladung auf der Oberfläche einer metallischen Hohlkugel, deren Innenraum dennoch feldfrei ist.

Das Gesetz von Moseley bestätigte endgültig: Im elektrisch neutralen Atom ist die Ladung des Atomkerns genau das Z-Fache der Elementarladung. Die Atomkernladung ist gleich der Gesamtladung der Hüllenelektronen. Außerdem wird der Aufbau des Periodensystems der Elemente nicht (wie lange vermutet) von der Atommasse, sondern allein von der Kernladungszahl Z bestimmt.

Ergebnis:

▶ **Röntgenstrahlung entsteht beim Aufprall energiereicher Elektronen auf einelementiges Metall. Sie ist ein Gemisch verschiedener Wellenlängen. Die Röntgenbremsstrahlung (kontinuierliches Spektrum) wird überlagert von einer für das Anodenmaterial charakteristischen Röntgenstrahlung (Linienspektrum).**

Bemerkungen:

■ B 512 zeigt modellhaft den Abbremsvorgang für ein Elektron im elektrischen Feld eines Atomkerns mit der Ladung $Q = +Ze$. Es erfährt im Coulombfeld des Kerns eine Beschleunigung, die ablenkend wirkt und im Bild zur Bahnkrümmung führt. Dabei verliert es nach Maxwell einen Teil seiner kinetischen Energie: $E_{kin} > E_{kin}^{*}$; es wird langsamer. Der Energieverlust wird als Röntgenphoton mit der Energie $E = hf$ abgestrahlt. Man sagt, das Elektron wird am Atom

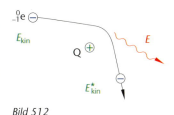

Bild 512

der Metallanode gestreut. Das gestreute, meist noch energiereiche Elektron kann nun an einem zweiten Atom streuen und weitere Energie verlieren. Dieser Energieverlust ist in der Regel anders als bei der ersten Streuung; er erzeugt wiederum ein Photon usw.

Das Elektron kann also mehrfach streuen, bis es schließlich zur Ruhe gelangt. Alle bei den Bremsvorgängen erzeugten Photonen ergeben das kontinuierliche Röntgenbremsspektrum.

- B 513 verdeutlicht nochmals die Entstehung der optischen Spektren im Kupferatom. Es besitzt ein Elektron in der N-Schale; die Innenschalen sind aufgefüllt. Das Einzelelektron springt nach geeigneter Anregung spontan von einer weiter außen liegenden energiereichen Schale auf eine energieärmere näher am Atomkern, jedoch nicht auf eine mit Elektronen voll besetzte Innenbahn. Dabei strahlt es die Energie $E = hf$ in Form von Photonen ab, die dem jeweiligen Übergang entspricht.

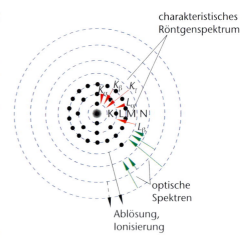

Bild 513

Das Bild veranschaulicht zudem die Entstehung der charakteristischen Röntgenstrahlung. Sie zeigt sich in diskreten Emissionslinien. Diese scharfen Linien entstehen beim Auffüllen einer Lücke in einer inneren Schale durch ein beliebiges, weiter außen liegendes Elektron.

- Untersucht man das optische Spektrum und das charakteristische Röntgenspektrum eines Elements in einer chemischen Verbindung, so zeigen beide unterschiedliches Verhalten. Wie im Anfangsteil dieses Abschnitts bereits gesagt wurde, sind an den chemischen Verbindungen der Atome eines Elements die Elektronen auf der äußeren Schale, die Valenz- oder Leuchtelektronen, beteiligt. Folglich wird beim Eingehen einer solchen Verbindung auch das optische Spektrum dieses Elements beeinflusst. Dagegen hängt das charakteristische Röntgenspektrum nur von den Vorgängen in den inneren Schalen eines Atoms ab. Es wird durch chemische Verbindungen nicht beeinträchtigt.

- B 514 stellt die durch Messung gewonnenen Graphen der Röntgenbremsstrahlung einer Anode aus Molybdän (Mo) und einer aus Kupfer (Cu) dar. Beide beginnen in einem gemeinsamen Punkt, haben also die gleiche Grenzwellenlänge λ_g. Diese entsteht unabhängig vom Anodenmaterial durch Elektronen, die hier während der Messung die konstante Beschleunigungsspannung $U_A = 35{,}0$ kV durchlaufen. Weil die Bremsstrahlung

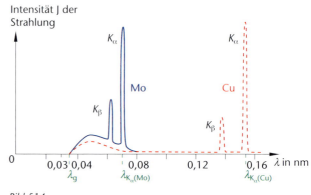

Bild 514

kontinuierlich ist, zeigen die Graphen einen stetigen Verlauf. Dagegen verfügt die charakteristische Röntgenstrahlung über scharf begrenzte intensive Spektrallinien, abhängig vom Anodenmaterial. Sie bestätigen den sprunghaften Übergang eines Elektrons von außen in die Lücke einer inneren Schale. Im Beispiel sind es die Übergänge von der L- und M-Schale in eine Lücke der K-Schale. So entstehen die K_α - und die K_β -Linie für Kupfer und Molybdän. Angedeutet sind zudem die Wellenlängen der K_α-Linien beider Elemente.

- Man erkennt insgesamt: Röntgenspektren gestatten einen tiefen Blick in die Struktur der Atomhülle von Mehrelektronensystemen und geben Auskunft über den inneren Bau der Atome.

- Röntgenstrahlung zeigt mithilfe geeigneter Experimente Interferenz und Beugung, hat also Wellencharakter. Die Wellenlängen der Strahlung liegen im Bereich 10 nm $< \lambda <$ 10 pm, sind also massiv kürzer als bei sichtbarem Licht. Sie lassen sich durch Interferenz am Kristallgitter messen.

- Die Deutung der Wellenzahl $\frac{1}{\lambda}$ für die K_α-Linie ist auf die L_α-Linie übertragbar. Die L_α-Linie entsteht durch eine Lücke in der L-Schale eines Atoms, die von einem Elektron der M-Schale spontan geschlossen wird. Die M-Schale umgibt die K-Schale mit zwei Elektronen, die L-Schale mit sieben Elektronen und einer Lücke. Diese Innenelektronen schirmen die anziehende Wirkung des Z-fach positiv geladenen Atomkerns auf die Elektronen der M-Schale ab. Die Abschirmkonstante im Klammerterm des Moseley-Gesetzes müsste demnach 9 betragen, hat tatsächlich aber den Messwert 7,4. Damit werden die Grenzen dieses Deutungsmodells erkennbar.

Das Moseley-Gesetz für die L_α-Linie lautet: $\frac{1}{\lambda} = \left(\frac{1}{2^2} - \frac{1}{3^2}\right) R(Z - 7,4)^2$.

Die Abschirmkonstante hat allgemein das Formelzeichen σ. Die effektive Kernladungszahl $Z_{eff} = (Z - \sigma)$ enthält σ als dimensionslose positive Zahl.

Beispiel

Eine Röntgenröhre wird mit der Beschleunigungsspannung U_A = 35,0 kV betrieben. Anodenmaterial ist reines Kupfer. Der weitaus größte Teil der kinetischen Elektronenenergie wandelt sich beim Aufprall auf die Anode in Wärme um und geht verloren. Ein Teil der schnellen Glühelektronen löst Röntgenbremsstrahlung aus. Deren Grenzwellenlänge λ_g berechnet sich mithilfe der Gleichungen (1) und (2) von vorhin:

$$\lambda_g(U_A = 35,0 \text{ kV}) = 1,239 \cdot 10^{-6} \text{ Vm} \frac{1}{35,0 \text{ kV}}, \lambda_g = 0,0354 \text{ nm} = 35,4 \text{ pm}.$$

In diesem Fall geben die auf die Anode treffenden Elektronen ihre gesamte kinetische Energie in einem einzigen Prozess vollständig ab. Die entstehenden Röntgenphotonen haben maximale Energie. Die gesamte Röntgenbremsstrahlung der Röhre bei der festen Betriebsspannung U_A = 35,0 kV umfasst Wellen der Wellenlänge λ, $\lambda > \lambda_g$ = 0,0354 nm (B 514).

Für Anoden aus anderem einelementigem Material (Aluminium, Molybdän, Wolfram) wiederholt sich bei gleichem U_A das Ergebnis: Die Grenzwellenlänge λ_g im kontinuierlichen Röntgenspektrum hängt also nur von der Beschleunigungsspannung U_A ab, nicht aber vom Anodenmaterial.

Erhöht man die Beschleunigungsspannung U_A über 35,0 kV hinaus, so verschiebt sich die Grenzwellenlänge λ_g für alle Anodenmaterialien in den Bereich kürzerer Wellenlängen.

Die Wellenlängen der charakteristischen Röntgenstrahlung, also z. B. die der K_α-, K_β-Linie usw., ändern sich bei diesem Vorgehen nicht. Sie treten aber häufiger auf.
Grund: Der Übergang eines Hüllenelektrons von einer festen höheren auf eine feste tiefere Schale mit Lücke ist stets mit der gleichen Energieabgabe verbunden. Die Linien der charakteristischen Röntgenstrahlung haben daher immer die gleichen Energien, sie behalten die Wellenlänge bei. Jedoch treten die Linien K_α, K_β usw. verstärkt auf. Mit steigendem U_A verfügen nämlich mehr Glühelektronen trotz Energieverlust beim Abbremsen im Anodenmaterial über genügend Restenergie. Diese reicht zur gehäuften Anregung der Linien aus.

Die Wellenlänge λ_α der K_α-Linie von Kupfer mit $Z = 29$ berechnet sich mithilfe des Moseley-Gesetzes: $\dfrac{1}{\lambda} = \dfrac{3}{4}R(Z - 1)^2$, $\lambda = \dfrac{4}{3R(Z - 1)^2}$, $\lambda_\alpha = \dfrac{4}{3 \cdot 1{,}097 \cdot 10^7 \text{ m}^{-1}(29 - 1)^2}$, $\lambda_\alpha = 0{,}155 \text{ nm}$.

Zur K_α(Cu)-Linie gehören Photonen mit der Energie $E_\alpha = hf_\alpha = h\dfrac{c_0}{\lambda_\alpha}$,

$$E_\alpha = 6{,}626 \cdot 10^{-34} \text{ Js} \cdot \frac{2{,}998 \cdot 10^8 \text{ ms}^{-1}}{0{,}155 \cdot 10^{-9} \text{ m}} = 1{,}28 \cdot 10^{-15} \text{ J} = 8{,}00 \text{ keV}.$$

Die Anregung der K-Serie von Kupfer setzt also mit Beschleunigungsspannungen $U_A \geq 8{,}00$ kV ein. In diesem Fall wird ein Elektron der K-Schale in eine Lücke der L-Schale des Cu-Atoms gehoben, die dort vorhanden sein muss.

Im Normalfall treffen energiereiche Glühelektronen auf Kupferatome in der Anode mit $Z = 29$ Elektronen in der Atomhülle (B 513). Die K-, L- und M-Schale der Cu-Atome sind voll besetzt. Daher muss ein Elektron der K-Schale mindestens auf die N-Schale gehoben werden, um die Bildung einer Linie der K-Serie überhaupt erst zu ermöglichen. Die Energie, die nötig ist, um ein Elektron der K-Schale in die N-Schale zu befördern, beträgt $E_{K \to N} = E_{\text{Photon, N} \to K} = hf_{K\gamma} > hf_{K\alpha} = 8{,}00$ keV. Gelingt dies, so können sich anschließend einzelne der Linien K_α, K_β, K_γ, L_α, L_β, M_α bilden, sofern Lücken in den entsprechenden Schalen vorhanden sind.

Durch gleiche Überlegung erhält man für das Anodenmaterial Molybdän (B 514) mit $\lambda_{K_\alpha} = 0{,}071$ nm die minimale Beschleunigungsspannung $U_{A,\text{min}} = 17{,}5$ kV und für Wolfram mit $\lambda_{K_\alpha} = 0{,}021$ nm die Spannung $U_{A,\text{min}} = 59$ kV zur Auslösung der K-Serien.

Aufgaben

1. a) Erklären Sie anhand einer beschrifteten Skizze, wie man durch Anregung mit Elektronen die Röntgenstrahlung eines Elements auslöst.

   b) Beschreiben Sie kurz die Entstehung der Röntgenstrahlung und begründen Sie insbesondere, warum die eine Strahlungskomponente eine scharfe Grenze besitzt und die andere charakteristisch heißt.

   c) Erläutern Sie, wie sich mithilfe der Röntgenstrahlung die Planckkonstante h bestimmen lässt.

   d) Berechnen Sie zuerst allgemein die Energie E, die von den Photonen bei der Entstehung der K_α-Linie in einer Kupferanode nach außen abgeführt wird, dann mit gegebenen Werten in keV.

   e) Tatsächlich tritt bei einer Röntgenröhre mit Kupferanode die K_α-Linie erst bei einer deutlich höheren Anodenspannung auf, als es die Antwort zu d) erwarten lässt. Begründen Sie kurz, dass dies kein Widerspruch ist.

2. a) Entscheiden Sie, ob sich die Grenzwellenlänge λ_g einer Röntgenbremsstrahlung vergrößert, verkleinert oder ob sie gleich bleibt, wenn man die kinetische Energie der auslösenden Elektronen erhöht (*), die Elektronen auf eine dünne Kupferfolie oder einen dicken Kupferzylinder richtet (**) oder die Anode durch ein Element mit höherer Kernladungszahl Z ersetzt (***).

   b) Die K_α-Linie von Kupfer hat die Wellenlänge 155 pm. Begründen Sie kurz, ob die Wellenlänge der K_α-Linie von Kobalt (Z = 27) länger oder kürzer ist.

Mit der Einführung in die Welt der Atomkerne beginnt ein weiteres spannendes Kapitel der Physik. Behandelt werden zunächst wichtige Grundlagen, dann der radioaktive Zerfall und die radioaktive Strahlung mit Nachweisverfahren sowie die natürliche Kernumwandlung und Absorptionsprozesse. Weitere interessante Themen sind die Gesetzmäßigkeit des radioaktiven Zerfalls und die Freisetzung von Neutronen. Einblicke in die Kernspaltung und Kernfusion sowie in den Strahlenschutz bilden den Abschluss.

17.1 Kernaufbau

Die gesamte Materie besteht aus Atomen. Ein **Atom** ist der kleinste Teil eines chemischen Elements und mit chemischen Mitteln nicht weiter zerlegbar. Jedes Atom setzt sich aus dem Atomkern und der Atomhülle zusammen.

Der Atomkern ist aus **Protonen** und **Neutronen** aufgebaut. Diese Kernbausteine bezeichnet man als **Nukleonen**. Protonen sind Träger der positiven Elementarladung $+e$, Neutronen haben keine elektrische Ladung. Die Anzahl Z der Protonen im Atomkern ist für ein chemisches Element charakteristisch und legt seinen Platz im Periodensystem fest. Sie heißt auch **Kernladungszahl** oder **Ordnungszahl** und stimmt mit der Zahl der Hüllenelektronen im elektrisch neutralen Atom überein. N ist die Zahl der Neutronen. Die Anzahl aller Nukleonen im Atomkern nennt man **Massenzahl** A. Es gilt: $A = Z + N$.

Eine Atomart (veraltet: Atomkernart) mit einer bestimmten Protonenzahl Z und Neutronenzahl N heißt **Nuklid**. Die allgemeine Schreibweise für Nuklide lautet: $^A_Z X$. X ist das Element, zu dem das Nuklid mit der Kernladungszahl Z und der Massenzahl A gehört. Weitere Schreibweise: X-A bzw. nur X A, da durch das Elementsymbol die Kernladungszahl Z bekannt ist und umgekehrt. Beispiele: H-3 bzw. H 3, Cd-109 (Isotop des Elements Cadmium mit der Massenzahl $A = 109$) bzw. Cd 109.

Kernkraft

Im Atomkern liegen sich gleichnamig geladene Protonen auf kleinstem Abstand gegenüber. Sie stoßen sich nach dem Gesetz von Coulomb gegenseitig stark ab. Dennoch sind die meisten Atomkerne stabile Gebilde. Dies liegt sicher daran, dass die ladungslosen Neutronen als endlich bemessene Abstandshalter die Entfernung r zwischen zwei positiven Protonen im Kern nicht gegen null streben lassen. Die abstoßende Kraft $F_C = \dfrac{1}{4\pi\varepsilon_0}\dfrac{Q_1 Q_2}{r^2}$ zwischen zwei benachbarten, elektrisch gleichnamigen, punktförmigen Protonen kann folglich nicht unbegrenzt anwachsen. Vor allem aber werden die Nukleonen im Kern durch die **Kernkraft** zusammengehalten, die man auch als Nukleon-Nukleon-Kraft bezeichnet. Sie übersteigt die elektrische Abstoßungskraft zwischen den Protonen bei Weitem. Die Kernkraft hat folgende Eigenschaften:

- Sie ruft als außerordentlich starke Kraft die feste Bindung der Nukleonen im Atomkern hervor. Sie ist also die für den Zusammenhalt des Kerns verantwortliche Kraft.

- Mit ihrer äußerst geringen Reichweite von etwa $r_K \approx 1{,}4 \cdot 10^{-15}$ m wirkt sie nur zwischen benachbarten Nukleonen.

- Sie ist eine anziehende Kraft, unabhängig von der Ladung und Masse der wechselwirkenden Teilchen, sowie zwischen Protonen, zwischen Neutronen, zwischen Protonen und Neutronen gleich stark.

- Durch diese Eigenschaften unterscheidet sie sich grundsätzlich von der elektrostatischen Kraft und der Gravitationskraft. Diese nehmen zudem beide umgekehrt proportional zum Quadrat der Entfernung r ab und reichen unbegrenzt weit.

- Das Verhältnis von Kernkraft zur Gravitationskraft beträgt etwa $F_K : F_G = 1 : 10^{-40}$.

Kernenergiestufen

Durch die Kernkraft sind die Nukleonen im Atomkern sehr stark aneinander gebunden. Doch können die Kerne ähnlich wie die Elektronen in der Atomhülle ebenfalls diskrete Energiestufen einnehmen. Die Kernniveaus sind für jedes Element charakteristisch, die zugehörigen Energiedifferenzen groß. Sie legen die Anregungsenergien für Kerne fest. Umgekehrt wird die Energiedifferenz zwischen einem angeregten Kernzustand und dem energieärmeren wie in der Atomhülle als sehr energiereiche elektromagnetische Strahlung emittiert. Die freigesetzten Strahlen heißen Gammastrahlen. Ihre Wellenlänge liegt etwa zwischen 10 pm und 0,1 pm.

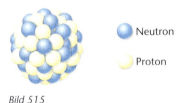

Neutron

Proton

Bild 515

Tröpfchenmodell

Auch Atomkerne lassen sich durch Modelle beschreiben. Eines ist das **Tröpfchenmodell**, das die Kernkraft einbezieht (B 515). Die Kernkraft wirkt zwischen benachbarten Nukleonen. Sie fügen sich zu einer dicht gepackten, starren, kugelförmigen Anhäufung zusammen. Der Atomkern wird in seinem Verhalten einem Flüssigkeitstropfen ähnlich. Dessen Moleküle schließen sich durch Kohäsionskräfte eng zusammen. **Kohäsionskräfte** sind anziehende Kräfte zwischen den Molekülen ein und desselben Körpers. Sie bewirken, dass Flüssigkeiten ihr Volumen, Festkörper ihre Gestalt und ihr Volumen beibehalten. Kohäsionskräfte entsprechen den Kernkräften.

Als Folge der Kohäsion erfahren Oberflächenmoleküle einer Flüssigkeit eine in das Flüssigkeitsinnere gerichtete Kraft (B553). Daher muss Arbeit aufgebracht werden, um ein Molekül an die Oberfläche zu verrücken. Man sagt, Flüssigkeiten verfügen über eine **Oberflächenspannung**. An der Kernoberfläche befindliche Nukleonen erfahren wie die Oberflächenmoleküle von Flüssigkeiten ebenfalls eine in das Kerninnere gerichtete Kraft. Man kann ein Nukleon erst dann aus einem Kern freisetzen, wenn es genügend Energie bekommt, um die „Oberflächenspannung" des Kerns zu überwinden. Zur Einleitung von Kernreaktionen ist daher stets eine Anregungsenergie nötig.

Die Atomkerne verschiedener Elemente unterscheiden sich zwar in Masse und Volumen, doch ist die Dichte der Kernmaterie wie bei einem Wassertropfen nahezu konstant. Für den Radius R eines Atomkerns mit der Massenzahl A gilt die Proportionalität $R \sim \sqrt[3]{A}$. Bei klassischer Betrachtung besteht die Näherung: $R = r_P \sqrt[3]{A}$; $r_P = 1{,}409 \cdot 10^{-15}$ m ist der experimentell ermittelte Radius des Protons.

Das Tröpfchenmodell findet z. B. bei der energetischen Behandlung der Kernspaltung Anwendung. Für andere Kerneigenschaften verwendet man andere Kernmodelle, wie das Schalenmodell für Atomkerne, das Fermigasmodell oder das Potenzialtopfmodell. Es gibt bis heute kein universelles Kernmodell.

Potentialtopfmodell, Schalenmodell des Atomkerns

Nähert man ein Proton von außen einem Atomkern an, so muss es die abstoßende Coulomb-kraft überwinden. Dabei wächst die potenzielle Energie bzw. das Potenzial des Protons nach der Gleichung: $\varphi(r; z) = \dfrac{1}{4\pi\varepsilon_0}\dfrac{eZe}{r}$. Sie leitet sich aus dem Coulombgesetz gemäß Kapitel 16.3.2 her. Gelangt das Proton in den Bereich der anziehenden Kernkraft, so nimmt seine potenzielle Energie ab. Nur wenn seine kinetische Energie ausreicht, den in B 515.1 darge-stellten Potenzialwall zu überwinden, kann es in den Kern gelangen. Neutronen, die elekt-risch neutral sind, können einem Atomkern beliebig nahe kommen, ohne abstoßende Kräfte zu erfahren. Erreichen sie den Bereich der Kernkraft, so verlieren auch sie schlagartig poten-zielle Energie und Potenzial.

Die experimentelle Untersuchung der Energie von Teilchen, die von Atomker-nen emittiert werden, bestätigt diese Aussagen. B 515.1, rechts, zeigt ein Mo-dell für das Potenzial φ eines Protons in der Nähe eines Atomkerns und im Kern. Es beschreibt φ in Abhängigkeit von der Entfernung r zum Kernmittelpunkt. Das Diagramm heißt Potenzialtopf oder Kas-tenpotenzial. B 515.1, links, vermittelt ein Modell für das Potenzial φ eines Neu-trons im Atomkern. Im Kastenpotenzial befinden sich bildhaft die gebundenen Nukleonen des Kerns. Man spricht vom **Potenzialtopfmodell** des Atomkerns.

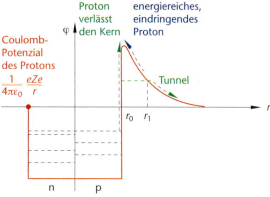

Bild 515.1

Im Kerninneren bestimmt das Zusammenwirken aller Nukleonen das Potenzial des Einzel-nukleons. Da Protonen einer wechselseitigen Coulombabstoßung unterliegen, befindet sich ihre tiefste Potenzialstufe über der tiefsten der Neutronen. Das oberste von Nukleonen be-setzte Potenzialniveau hat für Protonen und Neutronen etwa den gleichen Potenzialwert. Deshalb übertrifft in Atomkernen die Neutronenzahl im Allgemeinen die Protonenzahl. Die-se Modellbetrachtung legt die Vermutung nahe, dass es in den Atomkernen eine Schalen-struktur mit abgeschlossenen Schalen gibt.

Im Gegensatz zu Neutronen können Protonen den Kern nur verlassen, wenn eine Anre-gungsenergie sie über den Rand des Potenzialtopfes befördert. Abschätzungen über die Tiefe des Potenzialtopfes ergeben Energiewerte zwischen 30 MeV und 40 MeV.

Die Anordnung der Nukleonen in Potenzialstufen innerhalb eines Atomkerns bezeichnet man auch als **Schalenmodell** des Atomkerns.

17.2 Atomare Masseneinheit, Atommasse

Die Masse eines Atoms liegt im Bereich von 10^{-27} kg. Sie heißt **absolute Atommasse** $m_a(_Z^A X)$. In der Atom- und Kernphysik verwendet man zur Vermeidung von Zehnerpotenzen meist die dimensionslose relative Atommasse A_r. Vorher legt man die **atomare Masseneinheit** u fest: Sie ist definiert als der zwölfte Teil der Ruhemasse eines Atoms des Kohlenstoffnuklids $_6^{12}$C: $1\,u = \dfrac{1}{12}m_a(_6^{12}C)$, $1\,u = 1{,}660538782 \cdot 10^{-27}$ kg. Die **relative Atommasse** A_r ist der Quo-tient aus der Ruhemasse m_a des Atoms eines Nuklids $_Z^A X$ und der atomaren Massenein-heit u: $A_r(_Z^A X) = \dfrac{m_a(_Z^A X)}{u}$. Für die absolute Atommasse m_a eines Atoms des Nuklids $_Z^A X$ ergibt sich hieraus sofort: $m_a(^A_Z X) = A_r u$. Außerdem ist zwischen der Atommasse m_a und der **Atomkernmasse** $m_K = m_a - Z m_e$ (in vereinfachter Form) zu unterscheiden, wobei m_e die Ruhemasse eines Elektrons in der Atomhülle ist und Z die Ordnungszahl.

Beispiele

1. Die relative Atommasse des natürlich vorkommenden Isotopengemisches Beryllium (Be) beträgt laut Formelsammlung bzw. Nuklidkarte $A_r = 9,012182$. Sie bezieht sich auf 1 kg natürliches Beryllium. Die (mittlere) absolute Masse eines Berylliumatoms beträgt $m_a(\text{Be}) = A_r(\text{Be}) \, u$, $m_a(\text{Be}) = 9,012182 \cdot 1,66053873 \cdot 10^{-27}$ kg $= 1,496508 \cdot 10^{-26}$ kg.

2. Die relative Atommasse des Isotops $^8_4$Be = Be 8 bezieht sich auf 1 kg reines Be 8. Dann ist $A_r = 8,005308$ und $m_a(\text{Be 8}) = 8,005308\,u$ die Masse eines Be 8-Atoms, die man natürlich auch in kg umrechnen kann.

3. Der atomaren Masseneinheit 1 u ist nach Einstein die Energie $1\,uc_0^2 = 931,494028$ MeV zugeordnet.

Nuklide mit gleicher Protonenzahl Z, aber unterschiedlicher Massenzahl A heißen **Isotope**. Isotope desselben Elements unterscheiden sich physikalisch durch die Anzahl der Neutronen im Kern und damit durch ihre Masse. Wegen Z = konstant stehen sie im Periodensystem an gleicher Stelle, haben also die gleiche Atomhülle und damit die gleichen chemischen Eigenschaften. Schnelle geladene Isotope des gleichen Elements trennt man im Massenspektrometer. Sie werden dort durch elektrische und magnetische Felder beschleunigt und abgelenkt. Je nach ihrer Masse treffen sie an unterschiedlichen Stellen einer Auffangelektrode oder Fotoschicht auf (Kap. 10.8.3).

Beispiele

1. $^1_1$H bzw. H 1:   Nuklid des normalen Wasserstoffs mit $Z = 1$, $A = 1$; Wasserstoffatomkern aus 1 Proton; 1 Elektron

2. $^2_1$H bzw. H 2:   Nuklid des schweren Wasserstoffs, **Deuterium**, mit $Z = 1$, $A = 2$; Wasserstoffatomkern bzw. Deuteron aus 1 Proton, 1 Neutron; 1 Elektron

3. $^3_1$H bzw. H 3:   Nuklid des überschweren Wasserstoffs, **Tritium**, mit $Z = 1$, $A = 3$; Wasserstoffatomkern bzw. Triton aus 1 Proton, 2 Neutronen; 1 Elektron

4. $^{106}_{48}$Cd bzw. Cd 106: Nuklid des Elements Cadmium mit $Z = 48$, $A = 106$; Atomkern aus 48 Protonen, 58 Neutronen; 48 Elektronen

5. $^{109}_{48}$Cd bzw. Cd 109: weiteres Nuklid des Elements Cadmium mit $Z = 48$, $A = 109$; Atomkern aus 48 Protonen, 61 Neutronen; 48 Elektronen

Die meisten Elemente in der Natur liegen als Isotopengemisch mit sehr unterschiedlichen Prozentanteilen der beteiligten Isotope vor.

Beispiele

1 kg natürliches Neon enthält $^{20}_{10}$Ne (90,92 %), $^{21}_{10}$Ne (0,257 %), $^{22}_{10}$Ne (8,82 %). Nur etwa 20 chemische Elemente bestehen in der Natur aus einem einzigen Isotop; dazu gehören $^{19}_9$F, $^{197}_{79}$Au.

Atome mit konstanter Massenzahl $A = N + Z$ heißen **Isobare**. Sie unterscheiden sich in der Protonenzahl Z, gehören also stets zu verschiedenen Elementen.

Beispiel

$^{60}_{25}$Mn, $^{60}_{26}$Fe, $^{60}_{27}$Co sind Isobare; es gilt hier $A = Z + N = 60 =$ konstant.

Nuklide mit konstanter Neutronenzahl N, aber unterschiedlicher Protonenzahl Z nennt man **Isotone**.

Beispiel

$^{10}_{4}$Be, $^{11}_{5}$B, $^{12}_{6}$C. Diese Isotone haben jeweils $N = 6$ Neutronen im Kern.

Eine gute Übersicht über die große Anzahl der Nuklide bieten **Nuklidkarten** oder Tabellen. Sie beinhalten wichtige physikalische Daten wie die Kernladungszahl Z, Massenzahl A, relative Atommasse A_r, das chemische Elementsymbol, die Zerfallsart des instabilen Nuklids (s. Kap. 17.3), die Energie der emittierten Strahlung, die radioaktive Halbwertszeit, die Häufigkeit des Zerfalls usw.

Aufgaben

1. a) *Erklären Sie, warum die Existenz stabiler Atomkerne die Annahme einer Kernkraft erfordert, und beschreiben Sie diese Kraft.*
   b) *Beschreiben Sie das Tröpfchenmodell für Atomkerne.*
   c) *Bestimmen Sie für Atomkerne der Elemente C 12 und $^{207}_{82}$Pb den Kernradius r_K nach dem Tröpfchenmodell, das Volumen V_K und die Dichte ρ_K.*
2. *Berechnen Sie allgemein für ein Atom der Massenzahl A und der Ordnungszahl Z das Verhältnis aus Atomhüllenmasse m_H und Kernmasse m_K und deuten Sie das Ergebnis.*

17.3 Radioaktiver Zerfall

Es gibt in der Natur Atomkerne, die sich nicht von selbst verändern. Sie heißen **stabil**. Es gibt in der Natur aber auch Atomkerne, die **instabil** sind. Das bedeutet: Sie wandeln sich von selbst, spontan, ohne äußere Beeinflussungsmöglichkeit, mehr oder weniger schnell und unter Emission von Strahlung in andere Atomkerne, die Tochterkerne, um. Durch den Umwandlungsprozess entstehen aus energetisch instabilen Atomkernen neue Kerne, die energetisch stabiler sind. Solche Umwandlungen können sich spontan ein- oder mehrmals hintereinander mit unterschiedlichem Ablauf wiederholen, bis schließlich ein stabiler atomarer Endkern erreicht ist. Atomarten mit instabilen Atomkernen heißen **natürliche Radionuklide**, die bei der Kernumwandlung abgegebene Strahlung radioaktive Strahlung.

Stabil sind z.B. die Atomkerne $^{1}_{1}$H, $^{12}_{6}$C, $^{17}_{8}$O, $^{84}_{38}$Sr usw.

Natürliche Radionuklide sind z.B. $^{3}_{1}$H, $^{14}_{6}$C, $^{19}_{8}$O, $^{90}_{38}$Sr usw. oder Elemente mit Atomen der Kernladungszahl $Z \geq 82$ (Thorium Th, Polonium Po, Radium Ra, Uran U usw.). Sie oder andere finden sich in feinsten Spuren in allen festen, flüssigen und gasförmigen Stoffen, sie sind also Bestandteil aller natürlich vorkommenden Materialien. Die Atome der natürlichen Radionuklide bewirken eine natürliche radioaktive Strahlung, der jeder Organismus ausgesetzt ist. Art und Vorkommen der natürlichen radioaktiven Substanzen auf der Erde hängen von vielen Faktoren ab, wie z.B. vom Aufbau der geologischen Erdschichten oder von der Zusammensetzung der festen, flüssigen und gasförmigen Materialien.

Bemerkungen:

- Radioaktive Substanzen und Strahlungen finden heute eine Vielzahl positiver Anwendungen in unterschiedlichsten Bereichen. Zum Einsatz kommen sie beispielsweise in der physikalischen und chemischen Forschung, in der Medizin, Biologie, Landwirtschaft, Materialprüfung usw.

- Ein massives Bedrohungspotenzial weltweit besteht durch atomare Waffen, die bei einer Zündung unter anderem radioaktive Strahlung und instabile Stoffe freisetzen.

- Alle Formen radioaktiver Strahlen sind energiereich. Beim Auftreffen auf lebende Körperzellen geben sie Energie ab und schädigen dadurch. Außerdem beeinträchtigen sie die Erbanlagen; es kann zu gefährlichen Mutationen, also Veränderungen der Erbanlagen oder Gene, kommen. Schädigung und Gefährdung der Gesundheit wachsen mit der Zeitdauer der Strahlenbelastung, der Intensität der Strahlung und der Höhe der Energieaufnahme. Kurz: Der Umgang mit radioaktiven Stoffen ist extrem gefährlich, besondere Schutzmaßnahmen sind zwingend erforderlich. Sie orientieren sich an folgender Faustregel:

> ▶ **1. Abstand zu radioaktiven Stoffen halten.**
> **2. Eine geeignete Abschirmung verwenden.**
> **3. Mit radioaktiven Stoffen möglichst nur kurzzeitig arbeiten.**

- Radioaktive Strahlung in allen Komponenten (siehe folgende Kapitel) besitzt eine hohe Ionisationsfähigkeit. Man verwendet diese häufig zum Nachweis.

Die meisten Atomkerne ab $Z \geq 82$ sind instabil. Sie zerfallen von selbst und spontan und wandeln sich dabei in andere Atomkerne um. Der Vorgang des Zerfalls ist physikalisch oder chemisch nicht beeinflussbar. Bei jedem Zerfall wird **radioaktive Strahlung** bzw. **Kernstrahlung** aus dem Atomkern emittiert. Diese setzt sich aus drei Komponenten zusammen: Die **Alphastrahlung** (α-Strahlung; $^{4}_{2}\mathrm{He}^{2+}$, meist nur $^{4}_{2}\mathrm{He}$) besteht aus zweifach positiv geladenen Heliumkernen; die **Betastrahlung** (β-Strahlung) setzt sich aus unterschiedlich schnellen Elektronen oder Positronen zusammen; die **Gammastrahlung** (γ-Strahlung) ist eine elektromagnetische Strahlung aus dem Atomkern. Die Zerlegung der radioaktiven Strahlung in diese drei Komponenten erfolgt in einem magnetischen Feld (s. Kap. 17.6.1). Alle Strahlungskomponenten verfügen gemeinsam über eine große Ionisierungsfähigkeit.

Manche Radionuklide emittieren beim Spontanzerfall nur α-Strahlung, man spricht vom α-Zerfall. Andere geben nur β-Strahlung ab, dann liegt ein β-Zerfall vor. Wiederum andere senden beide Strahlenkomponenten aus, in der Regel nicht mit gleicher Häufigkeit und in keinem Fall gleichzeitig. Hinzu kommt meist noch die γ-Strahlung; sie dient dem Energieausgleich im Atomkern.

17.3.1 α-Zerfall

Beim α-Zerfall emittiert ein instabiler Atomkern einen (zweifach positiv geladenen) Heliumkern, ein α-Teilchen, aus zwei Protonen und zwei Neutronen. Dabei wandelt er sich in einen anderen Atomkern um, dessen Masseneinheit A um 4 und dessen Kernladungszahl Z um 2 verringert ist.
Man schreibt dafür die allgemeine **Zerfallsgleichung**: $^{A}_{Z}\mathrm{X}_1 \rightarrow \, ^{A-4}_{Z-2}\mathrm{X}_2 + \, ^{4}_{2}\mathrm{He}$.

Bemerkungen:

- α-Teilchen verlassen den Atomkern $^{A}_{Z}\mathrm{X}_1$ mit einer bestimmten kinetischen Energie im Bereich von 4 MeV bis 7 MeV. Diese hängt vom instabilen Ausgangselement ab, ebenso auch vom Anregungszustand des neuen Atomkerns nach der Emission des Teilchens. Eine rechnerische Abschätzung zeigt, dass diese Energie nicht ausreicht, um nach klassischer Vorstellung über den Potenzialwall des Kerns zu gelangen, dem Potenzialtopf (s. Kap. 17.1) also zu entrinnen. Nach quantenphysikalischer Überlegung ist die Wahrscheinlichkeit, dass α-Teilchen den Wall überwinden, nicht null. Sie ist umso kleiner, je höher und je breiter er ist. Aus diesem Grund können α-Teilchen einen instabilen Atomkern mit niedrigem Wall manchmal auch ohne ausreichende Anregung verlassen, indem sie ihn mit einer bestimmten Wahrscheinlichkeit gewissermaßen durchtunneln (s. B 515.1). Diesen **Tunneleffekt** findet man auch bei der Aussendung anderer Mikroobjekte aus einem Atomkern.

- Die α-Teilchen besitzen diskrete kinetische Energien, sie ergeben ein diskretes Energiespektrum.

- α-Teilchen werden beim Eindringen in tote oder lebende Körper (= Absorber, Kap. 17.7) gebremst und geben dabei ihre hohe Energie ab. Gleichzeitig nehmen sie Elektronen aus der Umgebung auf und wandeln sich zu ungefährlichen He-Atomen um.

- Bei jedem α-Zerfall tritt ein Massenverlust im Atomkern auf. Er führt zu einer bestimmten Reaktionsenergie, die man berechnen kann (s. Kap. 17.11).

Beispiel

Das Element Radium 226 ist eine natürliche radioaktive Substanz.

Zerfallsgleichung: $^{226}_{88}\text{Ra} \rightarrow\ ^{222}_{86}\text{Rn} +\ ^{4}_{2}\text{He}$ (Fortsetzung s. Kap. 17.3.3).

Der α-Zerfall lässt sich in einem **Termschema** darstellen (B 516).

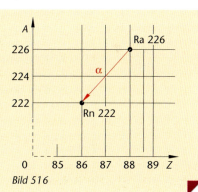

Bild 516

17.3.2 β-Zerfall

Beim β-Zerfall emittiert ein instabiler Atomkern ein (mehr oder weniger) schnelles Elektron ($^{0}_{-1}\text{e}$) oder ein Positron ($^{0}_{+1}\text{e}$). Dabei wandelt er sich in einen anderen Atomkern um, dessen Massenzahl A erhalten bleibt und dessen Kernladungszahl Z um 1 zu- oder abnimmt. Die allgemeine Zerfallsgleichung des β^--Zerfalls heißt: $^{A}_{Z}\text{X}_1 \rightarrow\ ^{A}_{Z+1}\text{X}_2 +\ ^{0}_{-1}\text{e}$. Die Zerfallsgleichung des β^+-Zerfalls lautet: $^{A}_{Z}\text{X}_1 \rightarrow\ ^{A}_{Z-1}\text{X}_2 +\ ^{0}_{+1}\text{e}$.

Bemerkungen:

- Elektronen oder Positronen im β-Zerfall sind keine Kernbausteine. Sie entstehen erst im Moment ihrer Emission durch Umwandlung eines Kernneutrons in ein Proton, Elektron und ein Antineutrino bzw. durch Umwandlung eines Kernprotons in ein Neutron, Positron und ein Neutrino. Die Zerfallsgleichungen lauten: $^{1}_{0}\text{n} \rightarrow\ ^{1}_{1}\text{p} +\ _{-1}{}^{0}\text{e} + \bar{\nu}$ bzw. $^{1}_{1}\text{p} \rightarrow\ ^{1}_{0}\text{n} +\ ^{0}_{+1}\text{e} + \nu$.

  Das Positron ist das Antiteilchen des Elektrons mit gleicher Masse, aber positiver Elementarladung. Neutrino ν und Antineutrino $\bar{\nu}$ sind stabile, ungeladene Elementarteilchen, über deren Masse noch keine einheitliche Vorstellung besteht. Neutrinos wechselwirken nur extrem schwach mit anderen Teilchen. Daher durchdringen sie alle Materie fast ungehindert.

- Da der β^+-Zerfall in der Natur kaum vorkommt, beschränken wir uns im Folgenden auf den β^--Zerfall, ab sofort kurz β-Zerfall genannt.

- Der β-Zerfall tritt ein, wenn z. B. nach mehreren α-Zerfällen die Anzahl der Neutronen im Atomkern die Anzahl der Protonen erheblich übertrifft. Der prozentual allzu hohe Neutronenüberschuss wird abgebaut, indem sich ein Neutron spontan umwandelt.

- Wie beim α-Zerfall ergibt sich die Reaktionsenergie auch beim β-Zerfall aus einem Massenverlust im Atomkern. Sie wird mithilfe einer Massen- bzw. Energiebilanz berechnet (s. Kap. 17.11).

- Elektronen aus β-Zerfällen ergeben ein kontinuierliches Energiespektrum mit Energiewerten zwischen $E_{kin} = 0$ und $E_{kin,max}$ bzw. mit Geschwindigkeiten von $v_{min} = 0$ bis $v_{max} \approx 0,99c_0$.

- Die energiereichen Elektronen der β^--Strahlung werden beim Eindringen in andere Körper (= Absorber, Kap. 17.7) gebremst, geben dabei ihre kinetische Energie ab und sind dann ungefährlich.

Beispiele

Die Elemente Blei 212 und Natrium 22 sind natürliche radioaktive Substanzen mit den Zerfallsgleichungen $^{212}_{82}\text{Pb} \rightarrow ^{212}_{83}\text{Bi} + ^{0}_{-1}\text{e}$ und $^{22}_{11}\text{Na} \rightarrow ^{22}_{10}\text{Ne} + ^{0}_{+1}\text{e}$.

B 517 zeigt die Termschemata beider Zerfälle.

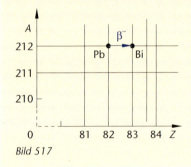 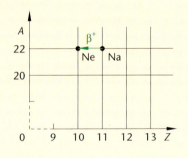

Bild 517

17.3.3 γ-Übergang

Bei den α- und β-Zerfällen können angeregte Atomkerne mit diskreten Energiestufen entstehen. Diese geben ihre Energie durch Emission eines oder mehrerer γ-Quanten ab und gehen dadurch in einer oder in mehreren Stufen in den stabilen Grundzustand des Kerns über. Man spricht von einem γ-Übergang. Massenzahl A und Kernladungszahl Z bleiben erhalten, eine Kernumwandlung findet nicht statt.

Allgemeine Schreibweise: $^A_Z\text{X}^\star \rightarrow ^A_Z\text{X} + \gamma$; X* ist der angeregte Atomkern.

Bemerkungen:

- γ-Strahlen sind energiereiche elektromagnetische Wellen mit Wellenlängen λ von $10-0,1$ pm.

- γ-Strahlung ergibt ein Linienspektrum. Begründung: Die Energie E_γ der γ-Quanten berechnet sich aus der Energiedifferenz diskreter Niveaus, zwischen denen die Übergänge im Kern stattfinden. Er erscheint als ganzheitlich angeregtes Gebilde. Man schreibt: $E_\gamma = E_m - E_n = hf$. E_m ist die Energie des höheren Kernniveaus, E_n die des niedrigeren.

- Eine genaue Überlegung unter Einbeziehung der Impulserhaltung zeigt: Bei jedem Gammaübergang übernimmt der emittierende Kern selbst einen geringen Teil der Energie als kinetische Energie; der weitaus größte Teil der emittierten Energie geht auf das γ-Quant über.

- Der angeregte Kernzustand bleibt kürzer als 10^{-14} s erhalten, aber auch andere Zeitlängen sind möglich.

Beispiele

1. Zerfall des Nuklids Ra 226 mit und ohne γ-Übergang:

   $^{226}_{88}\text{Ra} \rightarrow {}^{222}_{86}\text{Rn*} + {}^{4}_{2}\text{He}$; das instabile Nuklid Ra 226 geht mit einer Häufigkeit von 5,3 % in das angeregte Nuklid Rn* 222 über und sendet dabei ein α-Teilchen mit der kinetischen Energie $E_{kin} = 4,61\,\text{MeV}$ aus. Der angeregte Kern Rn* 222 nimmt unter Emission von γ-Quanten der Energie 0,18 MeV den stabilen Grundzustand ein: $^{222}_{86}\text{Rn*} \rightarrow {}^{222}_{86}\text{Rn} + \gamma$.

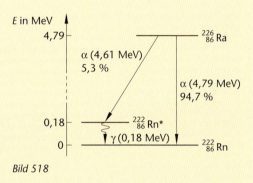

Bild 518

Weitere Zerfallsmöglichkeit: $^{226}_{88}\text{Ra} \rightarrow {}^{222}_{86}\text{Rn} + {}^{4}_{2}\text{He}$; das instabile Nuklid Ra 226 geht direkt in das nicht angeregte Nuklid Rn 222 über und sendet dabei ein α-Teilchen mit der maximalen kinetischen Energie $E_{kin,max} = 4,79\,\text{MeV}$ aus. Dieser Übergang erfolgt mit einer Häufigkeit von 94,7 %.

Energetisch gilt: 4,61 MeV + 0,18 MeV = 4,79 MeV. B 518 stellt das Termschema dar. Das Tochternuklid Rn 222 ist erneut instabil und zerfällt unter α-Emission.

2. β-Zerfall des Nuklids Cs 137 mit und ohne γ-Übergang: $^{137}_{55}\text{Cs} \rightarrow {}^{137}_{56}\text{Ba*} + {}^{0}_{-1}\text{e}$; das instabile Nuklid Cs 137 geht in das angeregte Nuklid Ba* 137 über und sendet dabei ein Elektron der kinetischen Energie

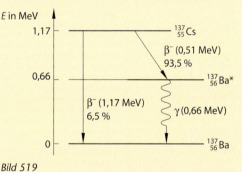

Bild 519

$E_{kin} = 0,514\,\text{MeV}$ aus. Der angeregte Kern Ba* 137 strahlt γ-Quanten der Energie 0,661 MeV ab und geht in den stabilen Grundzustand über: $^{137}_{56}\text{Ba*} \rightarrow {}^{137}_{56}\text{Ba} + \gamma$. 93,5 % aller Übergänge erfolgen auf diese Art (B 519).

Weitere Zerfallsmöglichkeit: $^{137}_{55}\text{Cs} \rightarrow {}^{137}_{56}\text{Ba} + {}^{0}_{-1}\text{e}$; das Nuklid Cs 137 geht direkt in das nicht angeregte Nuklid Ba 137 über und emittiert dabei ein Elektron der maximalen kinetischen Energie $E_{kin,max} = 1,175\,\text{MeV}$. Dieser Übergang hat eine Häufigkeit von 6,5 %.

Man beachte energetisch: 0,514 MeV + 0,661 MeV = 1,175 MeV. Das Nuklid Ba 137 ist stabil und zerfällt nicht weiter.

3. Übung (B 520): Man bestimme die Zerfallsgleichungen und erläutere die γ-Übergänge in den nebenstehenden Schemata; man prüfe mithilfe einer Formelsammlung die Energiebilanz.

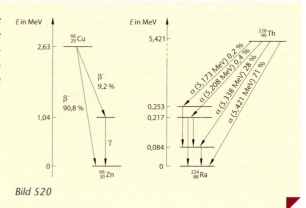

Bild 520

17.4 Zerfallsreihen

Instabile Atomkerne zerfallen spontan unter Energieabgabe in Tochterkerne, die meist selbst instabil sind, sich also ebenfalls spontan umwandeln. Der Vorgang wiederholt sich bis hin zum stabilen Endkern. Eine solche Aneinanderreihung aufeinanderfolgender α- und β-Zerfälle bezeichnet man als **Zerfallsreihe**. Insgesamt gibt es drei natürliche radioaktive Zerfallsreihen, die Thoriumreihe, die Uran-Radium-Reihe und die Uran-Actinium-Reihe. Sie beginnen alle mit langlebigen Nukliden, die bei der Entstehung der Elemente vor mehr als 10 Milliarden Jahren gebildet wurden. Die Reihen enden in stabilen Bleiisotopen. Innerhalb der Reihen kommt es zu Verzweigungen, weil sich einige Radionuklide durch α-Zerfall oder durch β-Zerfall umwandeln können, jedoch mit unterschiedlicher Häufigkeit und nicht gleichzeitig.

Für die Massenzahlen A der Radionuklide in den Zerfallsreihen lassen sich folgende einfache Beziehungen angeben:
Thoriumreihe: $A = 4n$, $52 \leq n \leq 58$.
Uran-Radium-Reihe: $A = 4n + 2$, $51 \leq n \leq 59$.
Uran-Actinium-Reihe: $A = 4n + 3$, $51 \leq n \leq 58$.
Die Massenzahl A verringert sich bei jedem α-Zerfall um 4, bleibt aber bei einem β-Zerfall erhalten. Folglich sind die Differenzen zwischen den Massenzahlen der Nuklide einer Reihe entweder Vielfache von vier oder null. Da zusätzlich die Ausgangsnuklide der drei Zerfallsreihen unterschiedliche Massenzahlen besitzen, kann ein Radionuklid nicht in mehreren gleichzeitig vorkommen.

Für die Zerfallsreihen gibt es verschiedene Möglichkeiten der Darstellung. Einige sollen hier gezeigt werden.

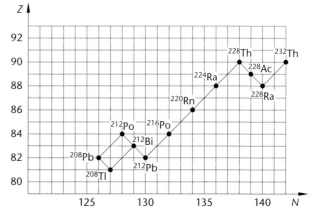

Bild 521

Thoriumreihe (B 521): Ausgangsnuklid ist $^{232}_{90}$Th, Endnuklid ist $^{208}_{82}$Pb. Die Darstellung erfolgt als Termschema:

Uran-Radium-Reihe: Ausgangsnuklid ist $^{238}_{92}$U, Endnuklid $^{206}_{82}$Pb. Die Darstellung erfolgt als Reihe (B 522):

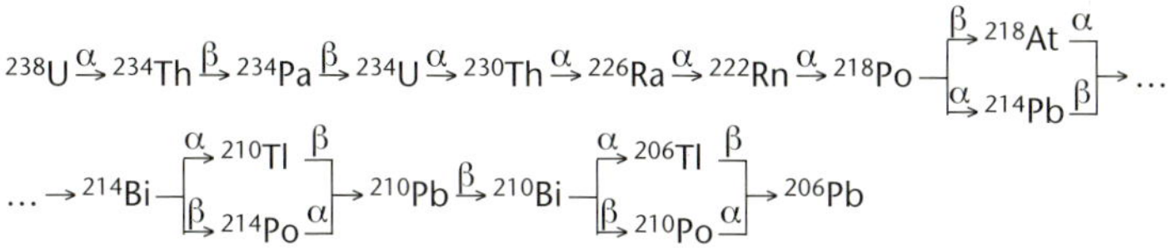

$$^{238}\mathrm{U} \xrightarrow{\alpha} {}^{234}\mathrm{Th} \xrightarrow{\beta} {}^{234}\mathrm{Pa} \xrightarrow{\beta} {}^{234}\mathrm{U} \xrightarrow{\alpha} {}^{230}\mathrm{Th} \xrightarrow{\alpha} {}^{226}\mathrm{Ra} \xrightarrow{\alpha} {}^{222}\mathrm{Rn} \xrightarrow{\alpha} {}^{218}\mathrm{Po} \begin{cases} \xrightarrow{\beta} {}^{218}\mathrm{At} \xrightarrow{\alpha} \\ \xrightarrow{\alpha} {}^{214}\mathrm{Pb} \xrightarrow{\beta} \end{cases} \cdots$$

$$\cdots \rightarrow {}^{214}\mathrm{Bi} \begin{cases} \xrightarrow{\alpha} {}^{210}\mathrm{Tl} \xrightarrow{\beta} \\ \xrightarrow{\beta} {}^{214}\mathrm{Po} \xrightarrow{\alpha} \end{cases} {}^{210}\mathrm{Pb} \xrightarrow{\beta} {}^{210}\mathrm{Bi} \begin{cases} \xrightarrow{\alpha} {}^{206}\mathrm{Tl} \xrightarrow{\beta} \\ \xrightarrow{\beta} {}^{210}\mathrm{Po} \xrightarrow{\alpha} \end{cases} {}^{206}\mathrm{Pb}$$

Bild 522

Uran-Actinium-Reihe mit dem Ausgangsnuklid $^{235}_{92}$U und dem Endnuklid $^{207}_{82}$Pb. Die Darstellung erfolgt in Spaltenschreibweise (B 523).

Nuklid	Zerfall	Maximalenergie E der Teilchen in MeV	Häufigste Energie E der γ-Strahlung in MeV
U 235	α	4,398	0,186
Th 231	β	0,4	0,026
Pa 231	α	5,028	0,027
Ac 227	α β	4,953 0,04	0,100
Th 227	α	6,038	0,236
Fr 223	β	1,1	0,050
Ra 223	α	5,7162	0,269
Rn 219	α	6,819	0,271
Po 215	α β	7,3862 . . .	0,439
Pb 211	β	1,4	0,405
At 215	α	8,026	0,405
Bi 211	α β	6,6229 . . .	0,351
Po 211	α	7,450	0,898
Tl 207	β	1,4	0,898
Pb 207	stabil		

Bild 523

Eine vierte Zerfallsreihe ist die **Plutonium-Neptunium-Reihe**. Sie ist die zuvor fehlende $(4n + 1)$-Reihe mit dem Ausgangsnuklid $^{241}_{94}$Pu und dem Endnuklid $^{209}_{83}$Bi. Diese Reihe bestand in der Frühzeit der Erdgeschichte. Sie kommt in der Natur kaum noch vor, da ihre instabilen Nuklide verglichen mit dem Erdalter eine relativ kurze „Lebensdauer" (exakt: geringe

Halbwertszeit $T_{1/2}$) haben. Da man heute Elemente ab der Ordnungszahl 93 künstlich herstellen kann (künstliche Radionuklide, Transurane), existiert auch diese Zerfallsreihe wieder.

Bemerkungen:

- Es gibt außerhalb der Zerfallsreihen weitere natürliche radioaktive Elemente, wie zum Beispiel $^{14}_{6}C$, $^{49}_{19}K$. Diese Nuklide sind meistens β-Strahler; sie zerfallen nach den in Kapitel 17.3 geschilderten Gesetzmäßigkeiten.

- Die instabilen Radionuklide einer Zerfallsreihe können sich nicht schneller umwandeln, als jeweils neue instabile Nuklide entstehen. Die Anzahl der Kernzerfälle in einer bestimmten Zeitdauer richtet sich daher stets nach dem radioaktiven Element, das am langsamsten zerfällt, das also die größte Halbwertszeit (s. Kap. 17.8) besitzt. Es bestimmt das Zerfallstempo innerhalb der Reihe. Daher stellt sich in einer Gesteinsschicht der Erdkruste mit eingeschlossenem radioaktivem Material zwischen den beteiligten Radionukliden ein **radioaktives Gleichgewicht** ein, sofern sie in sehr langen Zeiträumen unbeeinflusst bleibt. Das bedeutet: Von einer radioaktiven Substanz in der Gesteinsschicht zerfallen in jeder Sekunde oder in jedem Jahr genauso viele Atomkerne, wie aus der radioaktiven Vorgängersubstanz in dieser Schicht nachgebildet werden. Der Zerfallstakt bzw. die Aktivität von Mutter- und Tochtersubstanz stimmt überein; es gilt: $A_M = A_T$ bzw. $\lambda_M N_M = \lambda_T N_T$ (s. Kap. 17.9). Abweichungen vom radioaktiven Gleichgewicht in der Gesteinsschicht lassen Rückschlüsse auf mineralogische oder tektonische Prozesse zu (Verschiebungen in der Erdkruste, Erdsenkung). In der Lufthülle der Erde weisen sie auf geosphärische Vorgänge hin. Auch in künstlichen radioaktiven Präparaten, die man ausreichend lange ungestört lagert, stellt sich ein radioaktives Gleichgewicht ein.

Aufgaben

1. a) *Erklären Sie den Begriff „Radioaktivität".*
   b) *Machen Sie Aussagen über den Zerfall eines einzelnen radioaktiven Atoms bzw. über den einer Menge N radioaktiver Atome.*
   c) *Geben Sie an, aus welchem Grund radioaktive Atome zerfallen.*
2. a) *Erklären Sie, worin sich der Gammaübergang vom α-bzw. β-Zerfall unterscheidet.*
   b) *Erläutern Sie die Begriffe „Zerfallsreihe" und „Mischstrahlung".*
   c) *Begründen Sie, weshalb es maximal vier natürliche Zerfallsreihen geben kann.*
   d) *Ergänzen Sie folgende Zerfallsgleichungen: $^{?}_{?}Tl \rightarrow {}^{209}_{?}Pb + {}^{?}_{?}e$; ${}^{213}_{?}Po \rightarrow {}^{209}_{?}Pb + {}^{?}_{?}?$.*
   e) *Geben Sie das Isotop an, das aus Rn 222 nach zwei α- und zwei β-Zerfällen entsteht, und benennen Sie die zugehörige Zerfallsreihe.*

17.5 Eigenschaften der α-, β- und γ-Strahlung

Radionuklide senden α-, β- und γ-Strahlung aus. Diese drei Komponenten weisen gemeinsame, aber auch völlig unterschiedliche Eigenschaften und Wirkungen auf. Ein Versuch liefert erste Ergebnisse.

Entladung eines Elektroskops durch radioaktive Strahlung (B 524)

① Gleichspannungsquelle zum Aufladen der Konduktorkugel

② Elektroskop mit kleiner Konduktorkugel

③ radioaktives Präparat

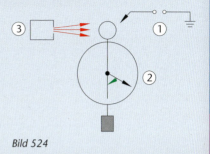

Versuchsdurchführung:
Die Konduktorkugel auf dem Elektroskop wird mithilfe einer Gleichspannungsquelle positiv oder negativ geladen. Danach richtet man die Strahlung des radioaktiven Präparates gegen die geladene Kugel.

Bild 524

Beobachtung:
Der Zeigerausschlag am Elektroskop geht bei beiden Ladungszuständen zurück, die kleine Konduktorkugel entlädt sich. Entfernt man das Präparat vollständig, so behält die Kugel die Restladung. Bringt man zwischen Präparat und geladener Kugel ein Blatt Papier (oder dünne Aluminium- bzw. Bleiplättchen), so erfolgt die Entladung langsamer als vorher, ebenso bei Vergrößerung des Abstandes zwischen Präparat und Kugel.

Erklärung:
Die Strahlung des Präparates ionisiert die Luft in der Umgebung der kleinen Konduktorkugel und macht sie elektrisch leitend. Die erzeugten positiven wie negativen Ladungsträger werden zur (ungleichnamig) geladenen Konduktorkugel beschleunigt und entladen sie. Offensichtlich wird ein Teil der Strahlung bereits durch ein Papierblatt zwischen Präparat und geladener Kugel absorbiert, sodass weniger Ladungsträgerpaare entstehen; dadurch verlangsamt sich die Entladung. Die Reichweite der Strahlung in Luft ist gering; dies bestätigt die Abstandsvergrößerung. Die Abnahme der Ladung auf der Kugel bei Verwendung dünner Aluminium- oder Bleiplättchen anstelle von Papier zeigt ferner, dass sogar metallische Stoffe von der Strahlung durchschlagen werden. Doch nimmt das Durchdringungsvermögen mit zunehmender Plättchendicke rasch ab.

Die Durchdringungsfähigkeit hängt ebenso auch von der Strahlungsart, der Strahlungsenergie und dem Plättchenmaterial ab (s. Kap. 17.7). Bei ausreichender Dicke der Plättchen wird schließlich der überwiegende Teil der Strahlung vollständig abgeschirmt, der Ladungszustand der Konduktorkugel bleibt erhalten. Richtet man die Strahlung des Präparates gegen ein Müller-Geiger-Zählrohr (s. Kap. 17.6.3) und wiederholt diese Versuche, so verbessern sich die beschriebenen Beobachtungen erheblich.

Weiter gehende Untersuchungen ergeben für die Komponenten der radioaktiven Strahlung die folgenden **gemeinsamen Eigenschaften**:
- Sie breiten sich im Vakuum geradlinig aus.
- Sie haben ionisierende Wirkung.
- Sie durchdringen andere Stoffe; die Durchdringungsfähigkeit hängt von der Strahlungsart und Strahlungsenergie ab, vom Material des durchstrahlten Stoffes und seiner Dicke.
- Sie übertragen Energie z. B. auf andere Elektronen, die dadurch die Atomhülle eines Atoms verlassen können.
- Sie schwärzen fotografische Schichten.

- Sie bewirken durch Energieübertragung physikalische, biologische oder chemische Veränderungen im bestrahlten Stoff.
- Sie verlangen im Umgang große Vorsicht und Sorgfalt. Ionisierung und Energieübertragung bergen massive Gefahren, sie können z. B. die Bindungen zwischen den Atomen der Moleküle in den Körperzellen lebender Organismen stören; ein Organismus vermag solche Beschädigungen bis zu einem gewissen Grad zu verarbeiten, doch können die Körperzellen auch absterben oder wuchern, sodass die Möglichkeit einer Tumor- oder Krebsbildung besteht.

Weitere Eigenschaften der α-Strahlung

- Sie besteht aus zweifach positiv geladenen Heliumkernen ${}_2^4\text{He}^{2+}$, die aus den Atomkernen bestimmter instabiler Nuklide austreten.
- Beim Verlassen des radioaktiven Präparates erreicht sie Geschwindigkeiten von $5-10\,\%$ der Vakuumlichtgeschwindigkeit; das Geschwindigkeitsspektrum ist diskret.
- Sie ist stark ionisierend; in Luft werden von einem α-Teilchen etwa 20 000 bis 60 000 Ionenpaare pro Zentimeter durchlaufene Strecke gebildet.
- Sie hat ein geringes Durchdringungsvermögen und wird bereits durch ein Blatt Papier abgeschirmt.
- Die Reichweite in Luft beträgt einige Zentimeter, in organischem Gewebe circa 0,1 mm.
- Sie kann durch elektrische oder magnetische Felder abgelenkt werden.

Weitere Eigenschaften der β-Strahlung

- Sie besteht aus Elektronen, die aus den Atomkernen instabiler Nuklide kommen.
- Beim Verlassen der Radionuklide erreicht sie Geschwindigkeiten bis zu 99 % der Vakuumlichtgeschwindigkeit; das zugehörige Geschwindigkeitsspektrum ist kontinuierlich.
- Sie ionisiert schwächer als α-Strahlung; in Luft entstehen etwa 50 Ionenpaare pro Zentimeter durchlaufene Strecke; als Faustregel gilt: Das Ionisierungsvermögen von α-Teilchen verhält sich zum Ionisierungsvermögen von β-Teilchen etwa wie 1000 zu 1.
- Sie hat ein größeres Durchdringungsvermögen als α-Strahlung; durch Papier wird sie kaum, durch Metallplättchen oder Plexiglasplatten mit mehreren Millimetern Dicke voll abgeschirmt.
- Die Reichweite in Luft beträgt einige Meter, in organischem Gewebe etwa 1,5 cm; sie kann durch elektrische oder magnetische Felder abgelenkt werden.

Weitere Eigenschaften der γ-Strahlung:

- Sie ist eine hochfrequente elektromagnetische Strahlung mit Wellenlängen im Bereich von 10–0,1 pm und stammt aus angeregten Atomkernen; sie zeigt Beugung und Interferenz.
- Sie verlässt den angeregten Atomkern mit Vakuumlichtgeschwindigkeit.
- Sie ionisiert schwächer als β-Strahlung; als Faustregel für das Ionisierungsvermögen gilt: $\beta : \gamma = 100 : 1$.
- Sie hat ein größeres Durchdringungsvermögen als β-Strahlung und wird erst durch Bleiplatten mit mehreren Zentimetern Dicke weitgehend abgeschirmt.
- Die Reichweite in Luft ist groß und beträgt einige hundert Meter, im menschlichen Körper kann jedes Organ erreicht werden.
- Sie kann nicht durch elektrische oder magnetische Felder abgelenkt werden.

17.6   Nachweisgeräte für radioaktive Strahlung

Nachweis und Messung der radioaktiven Strahlung gelingen nur mit Materialien, mit denen sie in Wechselwirkung tritt; dabei entstehen messbare Signale. Geräte zum Nachweis der Kernstrahlung heißen **Detektoren**, Geräte zur Messung bestimmter Eigenschaften der Strahlung (z. B. Ladung, Masse) nennt man **Spektrometer**.

17.6.1 Radioaktive Strahlung im Magnetfeld

α- und β-Strahlen bestehen aus unterschiedlich geladenen Teilchen. Diese Tatsache nutzt man zur Aufspaltung der radioaktiven Strahlung im Magnetfeld.

Ablenkung von α-, β- und γ-Strahlen im Magnetfeld (B 525)

① radioaktives Präparat zur Emission radioaktiver Strahlung mit den Komponenten α, β, und γ
② homogenes konstantes Magnetfeld der magnetischen Flussdichte $\vec{B}$
③ Geiger-Müller-Zählrohr

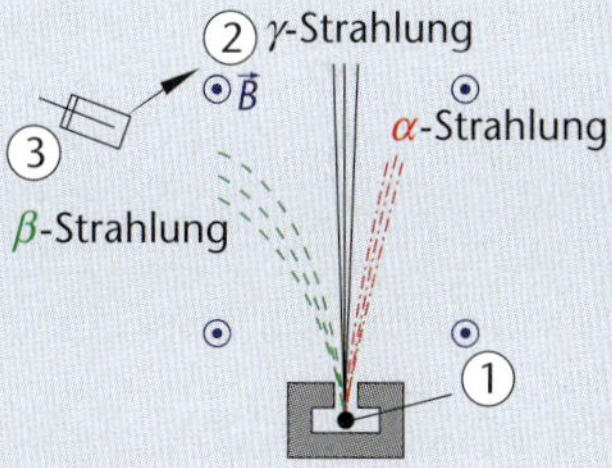

Bild 525

Versuchsdurchführung:
Das Präparat emittiert radioaktive Strahlung, die alle drei Komponenten enthält. Es wird so angeordnet, dass die austretenden Strahlen senkrecht in das Magnetfeld eindringen.
Man führt ein geeignetes Zählrohr auf einem Kreisbogen um die radioaktive Quelle und zählt die Häufigkeit der Treffer.

Beobachtung:
Das Zählrohr registriert kaum Treffer, wenn es der Quelle geradlinig gegenüberliegt. Es zeigt zwei ausgeprägte Trefferzentren links und rechts vom geradlinigen Verlauf, jedoch mit unterschiedlichen Ablenkwinkeln.

Erklärung:
Enthält die radioaktive Strahlung alle drei Komponenten gleichzeitig, so wirken auf die bewegten α- und β-Teilchen Lorentzkräfte. Sie zwingen die ungleichnamig geladenen Teilchen auf unterschiedliche Kreisbögen. Die Folge ist eine deutliche Trennung beider Strahlungskomponenten. Dagegen wird die geradlinige Ausbreitung der γ-Strahlung durch das Magnetfeld nicht beeinflusst. Die Häufigkeit der Treffer im Zählrohr innerhalb der gleichen Messdauer markiert den Anteil der Komponente in der Strahlung, aber auch ihr Ionisierungsvermögen.

Die nächsten Nachweisgeräte basieren auf der ionisierenden Wirkung der Strahlung und sind deshalb Ionisationsdetektoren.

17.6.2 Ionisationskammer

Die ionisierende Wirkung der radioaktiven Strahlung soll in einem Vorversuch herausgestellt werden.

VERSUCH

Entladung eines geladenen Kondensators (B 526)

① Kondensator aus Metallplatte und Metallnadel
② variable Gleichspannungsquelle
③ Kerze mit Flamme bzw. radioaktives Präparat
④ Messverstärker mit Strommesser

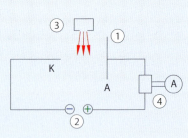

Bild 526

Versuchsdurchführung:
Man nähert die Metallplatte (Anode) und Nadel (Katode) bis auf wenige Millimeter einander an. Danach erhöht man die angelegte Gleichspannung vorsichtig so weit, bis gerade noch keine Funkenbildung zwischen K und A aufkommt. Anschließend bringt man zuerst die Kerzenflamme in die Nähe des elektrischen Feldraumes zwischen K und A, danach richtet man die Strahlung des Präparates dorthin.

Beobachtung, 1. Teil:
Bei Annäherung der Flamme wird eine elektrische Funkenbildung zwischen Katode und Anode eingeleitet, die recht stabil ist. Bei Entfernung der Flamme endet der Vorgang sofort.

Erklärung:
Durch die Wärmeenergie der Flamme entstehen im Gasraum zwischen K und A Ladungsträgerpaare aus positiven Gasionen und freien Elektronen. Der Vorgang heißt **Primärionisation**. Diese Ladungen machen die Luft zwischen den Elektroden elektrisch leitend. Das bedeutet: Die Ladungsträger aus der Primärionisation bewegen sich unter dem Einfluss des relativ starken elektrischen Feldes zwischen Katode und Anode zu den entsprechenden Elektroden hin; ihre Bewegung ist als elektrischer Funke direkt sichtbar.

Beobachtung, 2. Teil:
Die Strahlung des radioaktiven Präparates löst wie die Flamme elektrische Funken zwischen den Elektroden aus. Mit wachsender Entfernung des Präparates zum elektrischen Feldraum nimmt die Funkenbildung rasch ab und endet schließlich.

Erklärung:
Die energiereiche radioaktive Strahlung ionisiert die durchlaufene Luft. Dabei entstehen elektrische Ladungsträgerpaare (Primärionisation). Die Ladungen bewegen sich zur jeweils entgegengesetzt geladenen Elektrode; sie lassen sich mit dem Messverstärker als Strom nachweisen. Der Strom geht nicht allein auf die in den Feldraum eindringenden α- und β-Teilchen zurück; ihre Anzahl ist zu gering. Er basiert vor allem auf den Ladungspaaren. Der Versuch bestätigt in einfacher Weise die Ionisationsfähigkeit der radioaktiven Strahlung.

Ionisationskammer (B 527)

① Ionisationskammer
② variable Gleichspannungsquelle mit Spannungsmesser
③ Messverstärker mit Strommesser
④ Schutzwiderstand
⑤ radioaktives Präparat

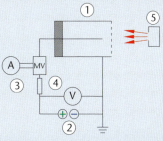

Bild 527

Versuchsdurchführung:

Die Ionisationskammer ist ein Metallgehäuse mit einem festen Volumen V, in das ein Metallstift oder eine Metallplatte isoliert eingebaut wurde. Sie bildet einen Kondensator. In der Kammer herrscht normaler Luftdruck. Legt man eine variable Gleichspannung an, so isoliert die Luft zwischen den Elektroden; es fließt kein Strom. Bläst man ein radioaktives Gas in die Kammer oder lässt man radioaktive Strahlung von außen durch das Gitter eintreten, so löst in beiden Fällen die ionisierende Strahlung primäre Ladungsträgerpaare aus. Die entstehenden positiven Gasionen und freien Elektronen erfahren im elektrischen Feld zwischen Katode und Anode eine (mehr oder weniger) starke Beschleunigung.

Die überwiegende Anzahl der geladenen Teilchen bewegt sich zur entgegengesetzt geladenen Elektrode hin und führt so zu einem messbaren Strom I, dem Ionisationsstrom. Der restliche Anteil geht durch vielfache Wechselwirkungsprozesse verloren. Hält man die anliegende Gleichspannung konstant, so fließt ein ständiger Ionisationsstrom, da durch die Strahlung laufend Ladungspaare erzeugt werden. I hängt vom radioaktiven Präparat und der angelegten Gleichspannung U ab.

Messung:

Gemessen wird die Ionisationsstromstärke I in Abhängigkeit von der angelegten Gleichspannung U. Verwendet wird ein radioaktives Präparat mit gleichmäßiger, nicht zu geringer Aktivität.

U in 10^2 V	0	1,00	2,00	3,00	4,00	5,00	6,00	7,00	8,00	9,00	10,0	11,0	12,0	13,0
I in 10^{-10} A	0	0,60	1,20	1,80	2,40	2,95	3,46	3,90	4,23	4,41	4,50	4,55	4,58	4,59

B 528 zeigt das U-I-Diagramm.

Beobachtung:

Die Stromstärke I steigt bis etwa $U_1 = 7,50 \cdot 10^2$ V nahezu proportional zur anliegenden Spannung U an: $I \sim U$. Dieser Bereich heißt **Proportionalbereich** der Ionisationskammer. Danach verlangsamt sich der Anstieg deutlich. Ab etwa $U_2 = 1,30$ kV erreicht die Stromstärke I den maximalen Messwert. Das bedeutet: In der Zeitdauer Δt ist die Anzahl der Ladungsträger, die zu den Elektroden in der Kammer gelangen, nahezu gleich der Anzahl der Träger, die in der Kammer durch die radioaktive Strahlung gebildet werden. Auch durch weitere Erhöhung der Spannung U kann der Strom I nicht mehr zunehmen; der Sättigungsstrom I_S ist erreicht. Der Spannungsbereich ab U_2 heißt **Sättigungsbereich** der Kammer.

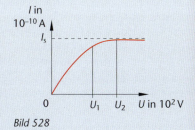

Bild 528

Erklärung:
Bei geringer Spannung U erreichen nicht alle durch Ionisation in der Luft der Kammer primär gebildeten Ladungsträgerpaare die entsprechende Elektrode. Sie werden durch das schwache elektrische Feld nur wenig beschleunigt und haben dadurch länger Zeit zu rekombinieren, also sich ladungsmäßig auszugleichen. Damit stehen sie nicht mehr für den Strom I zur Verfügung.

Mit zunehmender Spannung werden die Ladungsträger stärker zu den Elektroden hin beschleunigt und energiereicher. Die Wahrscheinlichkeit für Rekombinationen nimmt ab, da sich die Zeitdauer für einen Ladungsausgleich beim Vorbeifliegen an einem entgegengesetzt geladenen Teilchen erheblich verkürzt. Schließlich erreichen (nahezu) alle primär freigesetzten Ladungsträger die Elektroden und tragen so zum maximal möglichen Strom, dem **Sättigungsstrom** I_s, bei. Eine weitere Erhöhung der Spannung U bewirkt keine Zunahme der Stromstärke I. In diesem Sättigungsbereich arbeitet die Ionisationskammer, falls es um den bloßen Nachweis der radioaktiven Strahlung geht.

▸▸ **Rekombination** ist ein Vorgang, bei dem positiv geladene Ionen, die in einem Gas durch Ionisation entstehen, Elektronen einfangen, sich mit ihnen zu neutralen Atomen vereinigen und so die Zahl freier Ladungsträger verringern.

17.6.3 Geiger-Müller-Zählrohr

Die deutschen Physiker Geiger und Müller entwickelten im Jahr 1928 aus der Ionisationskammer das wesentlich empfindlichere Zählrohr. Es eignet sich als Nachweis- bzw. Zählgerät für Teilchen- und Gammastrahlung. Die Art oder Energie der Teilchen lässt sich nicht feststellen. Das Geiger-Müller-Zählrohr hat folgenden Aufbau (B 529):

① Geiger-Müller-Zählrohr
② Gleichspannungsquelle
③ Hochohmwiderstand
④ Anschluss zum Messverstärker mit Zählgerät und
  Lautsprecher
⑤ radioaktives Präparat

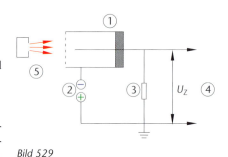

Das Zählrohr ist ein dünnwandiger Metallhohlzylinder oder ein metallisch beschichteter Glashohlzylinder oder ein Metallhohlzylinder mit einem dünnwandigen Fenster z. B. aus Glimmer, durch das

Bild 529

die radioaktive Strahlung eintritt (B 529). Die Rohrwand dient als Katode. Ein dünner isoliert eingeführter Metalldraht von 0,1−0,2 mm oder ein Metallstift von etwa 1 mm Durchmesser bildet die zentrale Sammelanode. Beide Elektroden sind über einen hochohmigen Widerstand mit einer Spannungsquelle von einigen hundert Volt bis etwa 2 kV verbunden. Die gesamte Spannung liegt am Zählrohr.

Obwohl elektrische Feldstärke und Feldkraft in der Umgebung des Metallstiftes sehr hoch sind, leitet das Zählrohr in diesem Ausgangszustand nicht; das Gas im Innenraum isoliert. Es setzt sich aus Luft, Spuren eines Edelgases (Argon, Neon) und Zusätzen von Halogengas oder Alkohol zusammen und steht unter einem Druck von etwa 200 hPa.

Arbeitsweise des Zählrohres

α-Teilchen, β-Teilchen oder γ-Photonen, die in das Zählrohr eindringen, erzeugen Ladungsträgerpaare aus positiven Gasionen und freien Elektronen. Insbesondere diese primär erzeugten Elektronen werden wegen des geringen Druckes (es gibt wenig Zusammenstöße) und durch die hohe elektrische Feldkraft stark beschleunigt. Sie können daher andere neutrale Gasatome im Rohr durch Stoßionisation ionisieren (**Sekundärionisation**). Es kommt zu einer lawinenartigen Vermehrung der Ladungsträger, man spricht von einer Gasentladung. Erreicht wird dieser Zustand bei einer Spannung von etwa 350–500 V zwischen den Elektroden, dem Auslösebereich des Zählrohres. Das Zählrohr wird leitend, sein Widerstand reduziert sich stark. Die entstandene Ladung führt zu einem Strom durch den Hochohmwiderstand. Der dort auftretende kurzzeitige Spannungsabfall U_z wird mittels Verstärker hörbar gemacht und/oder mit einem Zählgerät registriert. Während der Entladung bildet sich um den Draht eine Raumladungswolke aus positiven Ladungsträgern. Sie schwächen das elektrische Feld und dessen Feldstärke massiv. Neu in das Rohr eindringende Teilchen oder Photonen der radioaktiven Strahlung können daher keine sekundäre Ionisation auslösen. Die Gasentladung erlischt. In der Zeitdauer Δt ($\approx 10^{-4}$ s) nach der Auslösung der Gasentladung bis zur erneuten Betriebsbereitschaft, Totzeit und Erholungszeit genannt, wandert die positive Raumladungswolke zur Katode und die elektrische Feldstärke nimmt wieder zu. Die Zusätze im Gasraum unterstützen den Löschprozess und verkürzen die Zeitspanne Δt. Danach ist das Zählrohr wieder für neu eintretende Strahlungskomponenten betriebsbereit.

17.6.4 Nebelkammer

Der schottische Physiker Wilson entwickelte im Jahr 1912 die **Expansionsnebelkammer**. Dieses Gerät ermöglicht, die Spuren elektrisch geladener Teilchen einzeln sichtbar zu machen, nicht aber die Teilchen selbst.

① Nebelkammer (B 530)
② Lichtquelle
③ Gummibalg
④ radioaktives Präparat

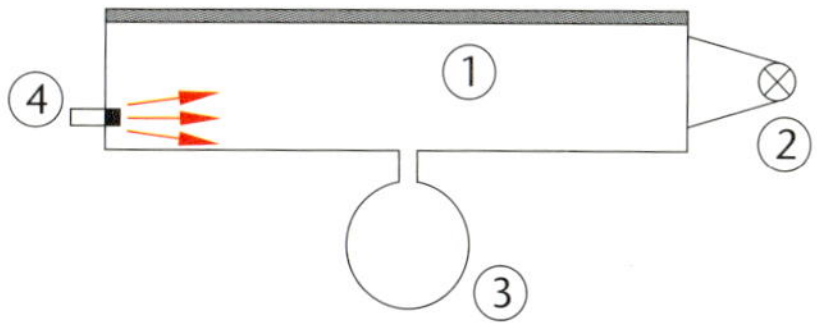

Bild 530

Aufbau und Arbeitsweise:
Die Nebelkammer nach Wilson ist ein zylinderförmiges Gefäß und nach oben durch eine Glasplatte abgeschlossen. Es enthält möglichst staubfreie Luft bei Normaldruck. Durch eine Öffnung im Gefäß träufelt man zuerst einige Tropfen eines Alkohol-Wasser-Gemisches, danach schraubt man ein radioaktives Präparat ein. Die zweite Öffnung im Boden schließt z. B. ein Gummibalg. Durch Pressen des Balgs komprimiert man die Luft und den Alkohol-Wasser-Dampf in der Kammer. Gibt man den Balg plötzlich frei, so werden deutliche Nebelspuren sichtbar (B 531).

Erklärung:
Beim Zusammenpressen des Gummibalgs (= Druckerhöhung) erwärmt sich die Luft in der Kammer etwas. Sie nimmt den verdampfenden Alkohol und das Wasser besser auf, es entsteht ein gesättigtes Gasgemisch. Durch die plötzliche Freigabe des Balgs expandiert das Gemisch und kühlt nahezu adiabatisch (= ohne Wärmezufuhr von außen) ab. Die Gasatmosphäre in der Kammer ist kurzzeitig mit Wasser- und Alkoholdampf übersättigt; das heißt, die Luft enthält mehr Wasser und Alkohol, als bei dem reduzierten Druck eigentlich möglich ist. Nun kann sich

Wasserdampf nur durch Anlagern an Konden-
sationskeime bzw. -kerne in Wassertröpfchen
zurückverwandeln (siehe Kondensstreifen der
Flugzeugturbinen am Himmel). Die α- oder
β-Teilchen aus dem Präparat erzeugen im Gasgemisch längs ihrer Flugbahn Gasionen und
freie Elektronen; diese dienen als Kondensa-
tionskerne. An sie lagern sich die Wassermole-
küle aufgrund ihrer Dipolstruktur an und bilden Nebeltröpfchen. Bei geeigneter seitlicher
Beleuchtung wird das Licht an den Tröpfchen
gestreut. So werden die Bahnen der ionisierenden Teilchen, nicht die α- und β-Teilchen
selbst, für kurze Zeit als Nebelspuren sichtbar.
Sie können fotografiert werden. Bringt man

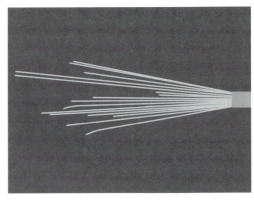

Bild 531

die Nebelkammer in geeigneter Weise in ein (homogenes, konstantes) Magnetfeld, so erscheinen krummlinige Spuren. Grund: An den durch Ionisation gebildeten bewegten geladenen
Teilchen greifen im Magnetfeld Lorentzkräfte an und lenken sie ab. Die Bahnen geben Auskunft
über die Art und Energie der Strahlung.

Gute Nebelkammern arbeiten auch ohne Präparat. Die natürliche Radioaktivität im Klassenzimmer oder Labor reicht zur Bildung von Nebelspuren aus. Die Beobachtung in einer kontinuierlich arbeitenden Nebelkammer zeigt: α-Teilchen erzeugen kurze, dicke, geradlinige Nebelspuren mit einem bisweilen abknickenden Endteil; β-Teilchen ergeben dünne,
unregelmäßig verlaufende und unterschiedlich lange Nebelstreifen.

17.6.5 Nulleffekt, Impulsrate

Bringt man ein betriebsbereites Geiger-Müller-Zählrohr in geeigneter Weise an irgendeine
Stelle im Meer, auf der Erdoberfläche oder in der Atmosphäre, so registriert es in der Mess-
dauer Δt auch ohne Anwesenheit eines radioaktiven Präparates Impulse. Sie entstehen durch
radioaktive Strahlung, die von natürlich vorkommenden Radionukliden im Wasser, in der
Erdkruste oder in der Luft ausgeht. Man nennt diesen Vorgang **Nulleffekt**. Die Anzahl der
Impulse innerhalb der Zeitdauer $\Delta t = 1$ s heißt **Nullrate**.

Die vom Zählrohr registrierte Anzahl der Impulse in der gleichen Zeitdauer Δt ist bei radioaktiven Stoffen meist unterschiedlich. Misst das Zählrohr in der Zeitdauer Δt z. B. ΔN Impulse,
so nennt man den Quotienten $\dfrac{\Delta N}{\Delta t} = Z$ die **Zählrate** oder **Impulsrate** des radioaktiven Stoffes. Sie hat die Einheit 1 s^{-1}.

Zur Bestimmung der Nullrate empfiehlt sich eine lange Messdauer. Sie erfasst die natürliche
Radioaktivität am Messort ohne Präparat; sie hängt vom Messort ab. Bei Messversuchen mit
Radionukliden ist vorher die Nullrate zu ermitteln und von der Impulsrate des radioaktiven
Präparates abzuziehen; so entsteht die eigentliche Zählrate Z des Präparates. Ferner ist zu
beachten, dass die Anzahl der Impulse innerhalb der gleichen Zeitdauer Δt statistisch verteilt
ist; auch deshalb empfehlen sich lange Messzeiten. Begründung: Die α- oder β-Zerfälle der
instabilen Atomkerne erfolgen spontan und lassen sich nicht beeinflussen. Nach dem mathematischen Gesetz der großen Zahl macht es daher auch keinen Sinn, die Impulsrate sehr
schwacher Strahler in einer zu kurzen Zeitspanne zu messen.

Beispiel

Ein Zählrohr registriert bei einem Präparat in der Messdauer $\Delta t = 720$ s die Impulsanzahl $\Delta N = 60\,480$. Es entsteht die Impulsrate $\dfrac{\Delta N}{\Delta t} = \dfrac{60\,480}{720 \text{ s}} = 84 \text{ s}^{-1} = \dfrac{84}{\text{s}}$. Das Zählrohr ordnet dem Präparat 84 Impulse in einer Sekunde als mittleren Wert zu. Beträgt die vorher ermittelte Nullrate 3 s^{-1}, dann ist die tatsächliche Zählrate des Präparates $Z = 84 \text{ s}^{-1} - 3 \text{ s}^{-1} = 81 \text{ s}^{-1}$.

Aufgaben

1. a) Nennen Sie Geräte zum Nachweis, zur Messung und Untersuchung radioaktiver Strahlung.
   b) Erklären Sie, worin sich das Nachweisverfahren der Nebelkammer von dem des Zählrohrs unterscheidet.
2. Beim radioaktiven Zerfall von Strontium 90 (Sr 90) besitzen die emittierten Teilchen Geschwindigkeiten im Bereich $0 \le v \le 0,18\ c_0$.
   a) Folgern Sie aus dem Geschwindigkeitsspektrum auf die Zerfallsart und geben Sie eine Modellvorstellung an, die es erklärt.
   b) Beschreiben Sie den Zerfall von Sr 90 durch eine Zerfallsgleichung.
   c) Durch einen Wienfilter sollen aus dem Emissionsstrahl Teilchen der Geschwindigkeit $v_1 = 0,12\ c_0$ ausgeblendet werden. Berechnen Sie die erforderliche elektrische Feldstärke E, wenn im Filter ein homogenes Magnetfeld der Flussdichte B = 4,35 mT zur Verfügung steht.
   d) Die Teilchen mit der Geschwindigkeit v_1 treten senkrecht in ein kreisförmig begrenztes homogenes Magnetfeld ein ($B_1 = 2,75$ mT, Durchmesser d = 4,2 cm). Sie werden im Feldbereich um $\alpha = 32°$ gegen die ursprüngliche Bewegungsrichtung abgelenkt (B 531.1). Die Winkelmessung erfolgt mit einem Zählrohr. Ermitteln Sie die Feldlinienrichtung und die spezifische Ladung der Teilchen.

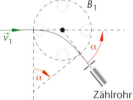

Bild 531.1

17.7 Absorption radioaktiver Strahlung

Es wurde bereits gesagt, dass radioaktive Strahlung beim Eindringen in Materie mehr oder weniger rasch absorbiert wird. Ursache ist die Wechselwirkung der Strahlung mit den Atomen des aufnehmenden Materials. Die Absorption von α- und β-Strahlung untersucht der nächste Versuch.

Messung der Absorption von α- und β-Strahlen beim Eindringen in Materie (B 532)

① α- bzw. β- Strahlung
② Blende
③ Materieschicht bzw. Absorber der Dicke d
④ Detektor, z. B. Zählrohr

Versuchsdurchführung:
Gemessen wird die Zählrate Z in Abhängigkeit von der Dicke d des durchstrahlten Materials. Der Messwert von Z ist um die vorher bestimmte Nullrate am Messort zu vermindern.

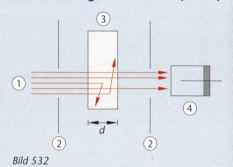

Bild 532

VERSUCH

Versuchsergebnis bei der Absorption von α-Strahlung

Das d-Z-Diagramm in B 533 heißt **Absorptions-kurve**; es zeigt schematisch folgenden Verlauf: Die um die Nullrate korrigierte Zählrate $Z(d)$ bleibt mit zunehmender Schichtdicke d im µm-Bereich zunächst konstant. Erst gegen Ende der Kurve fällt sie rasch auf null ab. Das bedeutet: Die α-Teilchen durchdringen eine bestimmte Materieschicht nahezu ungestört; mit weiter zunehmender Dicke d beenden sie in einem engen Raumgebiet fast gemeinsam ihre Bewegung. Die insgesamt durchlaufene Wegstrecke der α-Teilchen bis zur vollständigen Abbremsung heißt

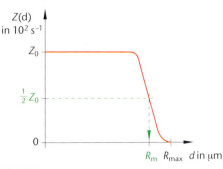

Bild 533

Reichweite R. Sie lässt sich aus der Absorptionskurve als mittlere Reichweite R_m ermitteln. Es handelt sich dabei um diejenige Absorberdicke, für die die Zählrate auf die Hälfte der Anfangszählrate Z_0 abgefallen ist. Die mittlere Reichweite R_m der einfallenden α-Strahlung hängt von der kinetischen Energie der α-Teilchen und vom aufnehmenden Absorbermaterial ab.

Erklärung:

α-Teilchen stoßen wegen ihrer Größe und Masse mit den Atomen oder Molekülen der durchlaufenen Materie wiederholt zusammen und verlieren hierbei sehr schnell ihre kinetische Energie. Daher beträgt die Reichweite in Luft nur wenige Zentimeter, in fester Materie weniger als 0,1 mm; die vollständige Abschirmung wird bereits durch Papier erreicht. Kurz: α-Strahlung wird sehr stark absorbiert. α-Teilchen wechselwirken beim Eindringen in die Materie überwiegend mit den Hüllenelektronen der Atome. Dabei geben sie in unelastischen Stößen Energie ab und werden gebremst. Die abgegebene Energie dient hauptsächlich zur Ionisation der Atome in der Materie. Je geringer die kinetische Energie der α-Teilchen ist, desto langsamer bewegen sie sich an den Atomen bzw. Molekülen des Absorbers vorbei. Damit erhöht sich die Zeitdauer für mögliche Wechselwirkungen, es werden mehr Ionen pro mm durchlaufene Materieschicht gebildet.

Versuchsergebnis bei der Absorption von β-Strahlung

Der qualitative Verlauf der Absorptionskurve für β-Strahlung findet sich schematisch in B 534. Die um die Nullrate verminderte Zählrate $Z(d)$ zeigt mit zunehmender Dicke d des absorbierenden Stoffes zunächst eine exponentielle Abnahme. Ab einer bestimmten Materialdicke R_{max} bleiben selbst die schnellsten Elektronen des kontinuierlichen β-Spektrums im Absorber stecken; die Kurve sinkt steil ab. Diese maximale Eindringtiefe R_{max} der energiereichsten Elektronen der β-Strahlung heißt maximale Reichweite. Sie ist für den Strahlenschutz von Bedeutung, da sie die zur völligen Abschirmung notwendige materialabhängige Stoffdicke festlegt.

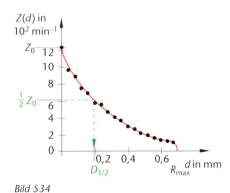

Bild 534

Erklärung:

Die Elektronen der β-Strahlung besitzen eine wesentlich kleinere Masse und Größe als die α-Teilchen. Sie wechselwirken beim Eindringen in die Materie ebenfalls überwiegend mit den massegleichen Hüllenelektronen der Absorberatome. Dabei ändert sich meist nur das Energieniveau dieser Hüllenelektronen bis hin zum Energiekontinuum. Gleichzeitig erfahren die auftreffenden Elektronen zum Teil erhebliche Impulsänderungen durch große Geschwindigkeitsreduzierung sowie kräftige Ablenkungen aus der Bewegungsrichtung. Aus diesem Grund, und weil im kontinuierlichen β-Spektrum stets auch energiearme, langsame Elektronen vorhanden sind, beginnt die Abnahme der Zählrate $Z(d)$ schon bei sehr kleinen Schichtdicken. β-Strahlung besitzt ein wesentlich höheres Durchdringungsvermögen als α-Strahlung, das Ionisierungsvermögen ist entsprechend geringer. Für dünne Absorberschichten gilt in guter Näherung: Die Zählrate $Z(d)$ nimmt mit wachsender Materiedicke d exponentiell ab und kann durch das **Absorptionsgesetz** $Z(d) = Z_0 e^{-\mu d}$ beschrieben werden. Dabei bedeuten:

- $Z(d)$: Zählrate hinter dem absorbierenden Material; sie wird vom Zählrohr registriert; Einheit: $\dfrac{1}{s} = 1\ s^{-1}$.

- Z_0: Zählrate ohne absorbierendes Material; Einheit: $\dfrac{1}{s} = 1\ s^{-1}$

- μ: Schwächungskoeffizient, Absorptionskoeffizient; er ist abhängig von der Energie der Elektronen aus der β-Strahlungsquelle und vom Absorberstoff; Einheit: $\dfrac{1}{m} = 1\ m^{-1}$

- d: Dicke des durchstrahlten Materials/Absorbers; Einheit: 1 m

Der **Absorptionskoeffizient** μ erfasst die Schwächung der β-strahlung (und der γ-Strahlung) beim Durchgang durch Materie. Er gibt den Bruchteil an, um den die Intensität einer Strahlung je Längeneinheit der durchstrahlten Materie abnimmt. Verursacht wird die Absorption durch Umwandlung der Strahlungsenergie in andere Energieformen. Auf diese Weise entstehen angeregte und ionisierte Atome oder die thermische Energie des Absorbers erhöht sich.

Für die Praxis wichtiger als der Schwächungskoeffizient μ ist die **Halbwertsdicke** $D_{1/2}$. Unter der Halbwertsdicke $D_{1/2}$ versteht man die Dicke eines Absorbers, bei der die Anfangszählrate Z_0 ohne absorbierendes Material auf die Hälfte absinkt. Ihre Berechnung erfolgt mithilfe des Absorptionsgesetzes und $d = D_{1/2}$. Es gilt also:

1. $Z(d) = Z_0 e^{-\mu d}$

2. $d = D_{1/2}$

3. $Z(D_{1/2}) = \dfrac{1}{2} Z_0$

Somit:

$$\frac{1}{2} Z_0 = Z_0 e^{-\mu D_{1/2}},\ \frac{1}{2} = e^{-\mu D_{1/2}},\ \ln 1 - \ln 2 = -\mu D_{1/2} \ln e,\ D_{1/2} = \frac{\ln 2}{\mu},$$
wobei $\ln 1 = 0$, $\ln e = 1$.

Die Halbwertsdicke für die Absorption von β-Strahlung (und γ-Strahlung) beträgt: $D_{1/2} = \dfrac{\ln 2}{\mu}$
Aus $\mu = \dfrac{\ln 2}{D_{1/2}}$ folgt die Einheit des Schwächungskoeffizienten: $[\mu] = \dfrac{1}{m} = 1\ m^{-1}$.

Dem Diagramm in B 534 entnimmt man, wie man die Halbwertsdicke $D_{1/2}$ zeichnerisch gewinnt. Die Lösung lehnt sich an den rechnerischen Weg an.

Versuchsergebnis bei der Absorption von γ-Strahlung

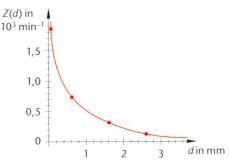

Bild 535

B 535 stellt die Absorptionskurve für γ-Strahlung schematisch dar.

Die Zählrate $Z(d)$ vermindert um die Nullrate führt zu einer Exponentialkurve, die für $d \to \infty$ asymptotisch gegen null strebt. Daher lässt sich eine maximale Reichweite beim Eindringen von γ-Strahlung in die Materie nicht angeben. Deutlich wird, dass das Durchdringungsvermögen groß ist. In Luft beträgt es mehrere hundert Meter, in festen Stoffen bis zu einigen Dezimetern. Die Schwächung der γ-Strahlen beim Durchgang durch Materie kommt durch Wechselwirkung mit den Atomen bzw. Molekülen des Absorbermaterials zustande. Sie beruht auf dem Fotoeffekt, dem Comptoneffekt und auf der Paarbildung. Die Wahrscheinlichkeit für das Auftreten eines dieser drei Fälle hängt von der Energie der γ-Quanten und vom Material ab. Eine vollständige Abschirmung der γ-Strahlung ist theoretisch nicht möglich. In der Praxis verwendet man die genannten Werte für Luft und Materie. Für die Absorption der γ-Strahlung gilt das Absorptionsgesetz der β-Strahlung mit gleicher, jetzt exakter Bedeutung: $Z(d) = Z_0 e^{-\mu d}$

Der Schwächungskoeffizient μ hängt wie bei der β-Strahlung von der Energie der auftreffenden γ-Quanten und von der Ordnungszahl Z der Absorberatome ab. Je größer Z und je kleiner die Energie der γ-Quanten ist, desto größer ist μ und desto kleiner wird die Halbwertsdicke $D_{1/2}$. Sie wird rechnerisch und grafisch auf die gleiche Art bestimmt wie bei der β-Strahlung mit dem Ergebnis: $D_{1/2} = \dfrac{\ln 2}{\mu}$. Einheit von $D_{1/2}$: 1 m.

Beispiel

Die Halbwertsdicke $D_{1/2}$ verschiedener Materialien in Abhängigkeit von der Energie E der γ-Strahlen findet sich tabellarisiert z. B. in Formelsammlungen. So beträgt $D_{1/2}$ bei γ-Strahlung der Energie
- $E = 1{,}00$ MeV: für Aluminium $4{,}20 \cdot 10^{-2}$ m, für Blei $0{,}869 \cdot 10^{-2}$ m.
- $E = 3{,}00$ MeV: für Aluminium $7{,}30 \cdot 10^{-2}$ m, für Blei $1{,}46 \cdot 10^{-2}$ m.

Bei der Absorption von γ-Strahlung durch Materie sind die folgenden drei Wechselwirkungen besonders hervorzuheben. Sie laufen nebeneinander ab und führen in der Regel zu Folgeprozessen. Sie wurden in früheren Abschnitten behandelt.

- Beim Fotoeffekt gibt ein γ-Quant unter Aufgabe der Existenz seine gesamte Energie an ein Hüllenelektron eines Absorberatoms ab. Ein Teil der Energie wird als Austrittsarbeit zur Ablösung des Elektrons aus der Atomhülle verbraucht. Die restliche Energie behält das abgetrennte Elektron als kinetische Energie. Diese verliert es dann in weiteren Wechselwirkungsvorgängen z. B. durch Anregung oder Ionisation anderer Atome im Material.

- Beim Comptoneffekt überträgt ein γ-Quant nur einen Teil seiner Energie auf ein quasifreies Hüllenelektron (Streuprozess) eines Absorberatoms. Es entsteht ein neues γ-Quant, das die restliche Energie, eine größere Wellenlänge und eine andere Ausbreitungsrichtung besitzt. Dieses neue Quant kann weitere Comptonstreuung herbeiführen oder ein Elektron auf der Basis des Fotoeffekts ablösen.

- Bei der Paarbildung wandelt sich ein γ-Quant in der Nähe eines Atomkerns des Absorbermaterials in ein Elektron-Positron-Paar um, falls seine Energie nach Einsteins Äquivalenz von Masse und Energie mindestens gleich der Ruheenergie der entstehenden Teilchen ist. Diese geben im Absorber beispielsweise durch unelastische Stöße mit Hüllenelektronen ihre Energie rasch ab.

Aufgaben

1. Berechnen Sie die Dicke einer Schutzmauer aus Beton mit der Halbwertsdicke $D_{1/2} = 8{,}1 \cdot 10^{-2}$ m, die die Intensität einer Gammastrahlung von 1 MeV auf 1 % reduzieren soll.
2. Das Element Cäsium 137 (Cs 137) emittiert Gammastrahlen. Sie werden zur Absorptionsmessung an Bleiplatten verschiedener Dicke d herangezogen. Die Messwerte der Zählrate Z in Abhängigkeit von der Absorberdicke d gibt die folgende Tabelle wieder. Die Nullrate am Versuchsort beträgt $Z_0 = 29$ min^{-1}.

d in cm	0	0,25	0,50	0,75	1,00	1,25
Z in min^{-1}	9890	7322	5405	3998	2973	2209

a) Beschreiben Sie die Versuchsanordnung durch eine Versuchsskizze mit Legende.
b) Erklären Sie anhand einer beschrifteten Skizze die Funktionsweise eines Zählrohrs.
c) Zeichnen Sie ein genügend großes d-Z-Diagramm und entnehmen Sie ihm nachvollziehbar den Wert der Halbwertsdicke $D_{1/2}$ von Blei für die verwendete Gammastrahlung.
d) Zeigen Sie allgemein rechnerisch, wie man aus zwei beliebigen Wertepaaren (d_1/Z_1) und (d_2/Z_2) den Absorptionskoeffizienten μ ermitteln kann, und bestimmen Sie ihn dann aus den beiden letzten Messpaaren.
e) Zeigen Sie durch allgemeine Rechnung, dass sich die Zählrate Z(d) auch in der Form der linearen Gleichung $y(x) = mx + t$ schreiben lässt, skizzieren Sie die zugehörige Gerade und geben Sie an, wie sich aus ihr der Absorptionskoeffizient μ ermitteln lässt.

17.8 Zerfallsgesetz für radioaktive Substanzen

Der radioaktive Zerfall ist ein Vorgang, bei dem sich instabile Atomkerne spontan und von selbst, also ohne physikalischen oder chemischen Zwang, unter Aussendung von radioaktiver Strahlung in andere Atomkerne umwandeln. Dieser Zerfall kann durch ein Gesetz beschrieben werden. Es gestattet unter bestimmten Bedingungen Vorhersagen über den zeitlichen Ablauf der Kernumwandlungen.

Im Allgemeinen ist es nicht möglich, den Zerfall eines einzelnen radioaktiven Elements zu untersuchen. Sofort treten instabile Tochterelemente auf bis hin zum stabilen Endelement. Experimentell einfach gelingt die Isolation des radioaktiven Edelgases Radon 220, das zur Thorium-Zerfallsreihe gehört. Rn 220 entsteht in einem geschlossenen Gefäß aus dem instabilen Element Radium 224 nach der Zerfallsgleichung: $^{224}_{88}\text{Ra} \rightarrow \, ^{220}_{86}\text{Rn} + \, ^{4}_{2}\text{He} + \gamma$. Radon selbst zerfällt im Vergleich zu den Folgeprodukten relativ rasch, sodass die Messwerte durch andere Zerfälle kaum beeinflusst werden.

VERSUCH

Experimentelle Herleitung des Zerfallsgesetzes (B 536)

① Ionisationskammer gefüllt mit radioaktivem Radon 220
② Vorratsbehälter mit einer kleinen Menge Thorium 232 und allen Tochterelementen, insbesondere gasförmigem Radon 220
③ Messverstärker mit Strommesser oder Anschluss zum t-y-Schreiber
④ Gleichspannungsquelle
⑤ Uhr

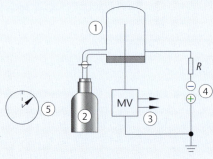

Bild 536

Versuchsdurchführung:
Beim Zusammenpressen des Vorratsbehälters aus Kunststoff gelangt das gasförmige radioaktive Radon 220 in die betriebsbereite Ionisationskammer, die im Sättigungsbereich arbeitet. In diesem Zeitpunkt $t_0 = 0$ enthält sie die Maximalzahl N_0 unzerfallener Atomkerne des Nuklids Rn 220. Sie beginnen sofort spontan zu zerfallen und erzeugen dabei einen zeitabhängigen Ionisationsstrom $I(t)$, der mit dem Messverstärker und einem Strommesser oder dem t-y-Schreiber registriert wird. Für den Strom gilt am Beginn der Messung: $I(t_0 = 0) = I_0 = I_{max}$; er nimmt rasch ab.

Erklärung:
Das instabile Nuklid Radon 220 ist ein α-Strahler. Seine Atomkerne zerfallen nach der Zerfallsgleichung $^{220}_{86}\text{Rn} \rightarrow {}^{216}_{84}\text{Po} + {}^{4}_{2}\text{He} + \gamma$. α- und γ-Strahlung erzeugen in der Kammer Ladungsträgerpaare aus freien Elektronen und positiven Gasionen. Sie lösen den Ionisationsstrom $I(t)$ aus. Er wird vom Strommesser oder Schreiber unter ständigen kleinen Schwankungen registriert, ein Hinweis auf den stochastischen Ablauf des Zerfalls der Rn-220-Kerne in der Kammer. $I(t)$ ist im Zeitpunkt $t_0 = 0$ maximal, weil die Anzahl N_0 instabiler Radon-220-Atome am größten ist und deshalb die meisten Zerfälle eintreten. Anschließend klingt der Ionisationsstrom $I(t)$ ab, ein Anzeichen dafür, dass die Strahlung des radioaktiven Radons in der geschlossenen Ionisationskammer mit der Zeit t schwächer wird. Es sind immer weniger instabile Rn-220-Atome vorhanden, die zerfallen können. Schließlich sinkt $I(t)$ unter einen nicht mehr brauchbaren Messwert ab; die Anzahl strahlungsfähiger Radonatome ist für eine sinnvolle Messung zu gering. Ein vollständiger Zerfall aller Radonatome wird nicht erreicht. Die Wirkung des γ-Anteils an der ionisierenden Strahlung kann gegenüber der Wirkung des α-Anteils vernachlässigt werden.

Im Vorratsbehälter sammelt sich nach relativ kurzer Zeitdauer erneut Radon 220 für einen weiteren Versuch. Grund: Das Radionuklid Th 232 zerfällt sehr langsam, hat also eine große Halbwertszeit (s. Beispiel Kap. 17.9). Es ermöglicht eine konstante Nachbildungsrate an instabilen Tochterelementen, die schneller zerfallen. Schon nach etwa 270 Minuten hat sich ein radioaktives Gleichgewicht zwischen Nachbildung und Zerfall eingestellt, sodass wieder ausreichend Rn 220 zur Verfügung steht.

Messung:
Gemessen wird der Ionisationsstrom $I(t)$ in Abhängigkeit von der Zeit t unter der Anfangsbedingung: $I(t_0 = 0) = I_0 = I_{max}$. Dem entspricht die Maximalzahl N_0 vorhandener instabiler Radon-220-Atome.

t in s	0	30	60	90	120	150
$I(t)$ in 10^{-12} A	20,0	13,7	9,4	6,4	4,4	3,0

Grafische Darstellung:

Das Diagramm in B 537 zeigt den vom t-y-Schreiber registrierten Ionisationsstrom $I(t)$ in Abhängigkeit von der Zeit t. Die kleinen statistisch bedingten Stromschwankungen sind gut erkennbar.

Die Kurve in B 538 mit gleicher Bedeutung ist geglättet, die Schwankungen sind durch mittlere Werte ersetzt.

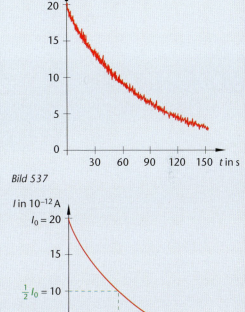

Bild 537

Bild 538

1. Ergebnis:

Der Graph ist keine Ursprungsgerade; daher ist der Strom I nicht proportional zur Zeit t. Der Vergleich des t-I-Graphen mit dem Graphen der Exponentialfunktion $f\colon x \mapsto y = e^{-x}$, $x \in D_f = \mathbb{R}$, führt zur Vermutung, dass die Abnahme der Stromstärke $I(t)$ nach einer Exponentialfunktion zur Basis e erfolgt.

Auswertung der Messreihe: Man bildet zuerst den Quotienten $\dfrac{I}{I_0}$. Dadurch entfallen Zehnerpotenzen und Einheiten. Der Quotientenwert ist eine Zahl zwischen 0 und 1. Nun berechnet man wegen der Vermutung die $\ln \dfrac{I(t)}{I_0}$-Werte und bestimmt, wie bei der rechnerischen Auswertung üblich, den Quotienten $\dfrac{\ln \dfrac{I(t)}{I_0}}{t}$. Alternativ: Man zeichnet wie bei der grafischen Auswertung üblich das t-$\ln \dfrac{I(t)}{I_0}$-Diagramm. Nachfolgend werden beide Möglichkeiten gezeigt.

Rechnerische Auswertung:

t in s	0	30	60	90	120	150
$\ln \dfrac{I(t)}{I_0}$	0	−0,38	−0,76	−1,14	−1,51	−1,90
$\dfrac{\ln \dfrac{I(t)}{I_0}}{t}$ in s^{-1}		−0,013	−0,013	−0,013	−0,013	−0,013

Im Rahmen der Messgenauigkeit gilt: $\ln \dfrac{I(t)}{I_0} \sim t$. Unter Verwendung des konstanten Proportionalitätsfaktors −0,013 s^{-1}, dem man das Formelzeichen $-\lambda$ gibt, entsteht die

Funktionsgleichung $\ln \dfrac{I(t)}{I_0} = -\lambda t$ und daraus aus mathematischen Gründen die Gleichung der Umkehrfunktion, also $I(t) = I_0 e^{-\lambda t}$ mit $\lambda = 0{,}013 \, \mathrm{s}^{-1}$.

Grafische Auswertung (B 539):

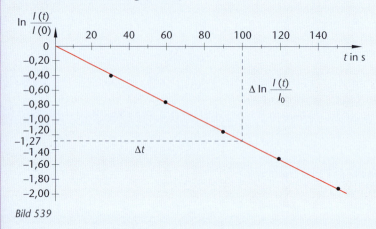

Bild 539

Das t-$\ln \dfrac{I(t)}{I_0}$-Diagramm ist im Rahmen der Messgenauigkeit eine Ursprungshalbgerade. Daher gilt wie bei der rechnerischen Auswertung: $\ln \dfrac{I(t)}{I_0} \sim t$ bzw. $\ln \dfrac{I(t)}{I_0} = -\lambda t$ oder $I(t) = I_0 e^{-\lambda t}$. Mithilfe eines Steigungsdreiecks gewinnt man den konstanten Proportionalitätsfaktor: $-\lambda = \dfrac{\Delta \ln \dfrac{I(t)}{I_0}}{\Delta t}$; $-\lambda = \dfrac{-1{,}27}{1{,}00 \cdot 10^2 \, \mathrm{s}} = -0{,}013 \, \mathrm{s}^{-1}$.-

Die Proportionalitätskonstante λ heißt **Zerfallskonstante**. Sie gibt an, welcher Bruchteil der noch vorhandenen instabilen Atomkerne je Sekunde (Stunde h, Tag d, Jahr a) im Mittel zerfällt. Sie ist daher ein Maß für die Schnelligkeit, mit der sich eine radioaktive Substanz umwandelt. Die Zerfallskonstante hat die Einheit: $[\lambda] = \dfrac{1}{\mathrm{s}} = \mathrm{s}^{-1}$.

λ ist für ein radioaktives Element charakteristisch und unabhängig von äußeren Einflüssen aller Art. Das Minuszeichen vor dem λ besagt, dass die Anzahl der instabilen Atomkerne in der Ionisationskammer mit der Zeit t abnimmt. (Das Zeichen + bedeutet Zunahme, z. B. die Zunahme der Bakterienanzahl in einer künstlich angesetzten Kultur.)

Die Zerfallskonstante für Radon 220 beträgt $\lambda = 0{,}013 \, \mathrm{s}^{-1}$; je Sekunde zerfällt im Mittel der 0,013te Teil der (ausreichend) vorhandenen instabilen Rn-220-Atomkernmenge; das sind je Sekunde konstant 1,3 %. In welchem Zeitpunkt t sich der einzelne Rn-220-Atomkern umwandelt, ist nicht vorhersehbar und nicht beeinflussbar.

Die Radionuklide Actinium 228 bzw. Blei 212 haben z. B. die Zerfallskonstanten $\lambda_{Ac} = 0{,}113 \, \mathrm{h}^{-1}$ bzw. $\lambda_{Pb} = 0{,}065 \, \mathrm{h}^{-1}$. Daher zerfällt eine genügend große Menge Ac 228 schneller als eine gleich große Menge Pb 212.

Der Zerfall des radioaktiven Elements Radon 220 in der Ionisationskammer wird also durch die Zeit-Strom-Beziehung $I(t) = I_0 e^{-\lambda t}$ beschrieben. Man bedenke dabei Folgendes:

Dem Maximalstrom I_0 im Zeitpunkt $t_0 = 0$ entspricht die Maximalzahl N_0 strahlungsfähiger Atomkerne. Die Momentanstromstärke $I(t)$ im Zeitpunkt $t > 0$ ist direkt proportional zur Anzahl der Ladungsträger, die während des Rn-Zerfalls in der Kammer durch die freigesetzte α-Strahlung pro Zeiteinheit erzeugt wird. Die Anzahl der pro Zeiteinheit entstehenden Ladungsträger wiederum ist direkt proportional zur Anzahl der α-Teilchen, die in der gleichen Zeiteinheit emittiert werden, und damit ebenso direkt proportional zur Anzahl der pro Zeiteinheit zerfallenden Rn-220-Atomkerne. Schließlich ist die Anzahl der pro Zeiteinheit zerfallenden Atomkerne direkt proportional zur Anzahl $N(t)$ der im Zeitpunkt t noch nicht zerfallenen instabilen Atome.

Diese logische Folgekette führt zu dem Schluss, dass die Ionisationsstromstärke $I(t)$ direkt proportional zur Anzahl $N(t)$ der noch nicht zerfallenen instabilen Atomkerne ist: $I(t) \sim N(t)$. Auf diesem Hintergrund lässt sich die experimentell gewonnene Beziehung $I(t) = I_0 e^{-\lambda t}$ leicht in die Form $N(t) = N_0 e^{-\lambda t}$ überführen.

2. Ergebnis:

Das **Zerfallsgesetz** für radioaktive Substanzen lautet: $N(t) = N_0 e^{-\lambda t}$. $N(t)$ ist für einen beliebigen Zeitpunkt $t \geq 0$ die (große) Anzahl der noch vorhandenen instabilen Atome einer radioaktiven Substanz, N_0 die Anzahl strahlungsfähiger Atome im Zeitpunkt $t_0 = 0$. Der zugehörige Graph ist eine Exponentialkurve zur Basis e. B 540 zeigt das t-$N(t)$-Diagramm für den radioaktiven Zerfall von Radon 220 im Zeitbereich $0 \leq t \leq 150$ s.

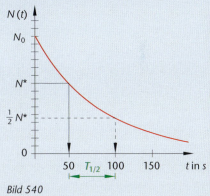

Bild 540

Bemerkungen:

- Das **Zerfallsgesetz** ist ein statistisches Gesetz und gilt aus mathematischen Gründen nur so lange, wie noch sehr viele Atomkerne eines Radionuklids in einer sehr kleinen Zeitdauer Δt zerfallen.

- Das Zerfallsgesetz macht keine Aussage über den Zerfall eines einzelnen instabilen Atomkerns; dieser wandelt sich spontan um, unabhängig von den anderen instabilen Kernen.

- Alle Atomkerne desselben radioaktiven Elements zerfallen mit der gleichen Wahrscheinlichkeit und zeitlich unveränderlich: $\lambda =$ konstant. Es kann aber nicht vorhergesagt werden, in welchem Zeitpunkt t ein einzelner Atomkern des Radionuklids zerfällt.

- Das Zerfallsgesetz lässt sich theoretisch als Lösung der Differenzialgleichung $\dfrac{dN(t)}{dt} = -\lambda N(t)$ gewinnen. Durch Integration beider Seiten der Gleichung und unter Beachtung der Anfangsbedingung $N(t_0 = 0) = N_0$ erhält man die Lösung $N(t) = N_0 e^{-\lambda t}$.

In der Praxis verwendet man anstelle der Zerfallskonstanten λ meist die **Halbwertszeit** $T_{1/2}$. Es ist die Zeitdauer, in der die Anzahl N_0 der unzerfallenen Atomkerne eines Radionuklids auf die Hälfte abgenommen hat. Die Halbwertszeit kann grafisch oder rechnerisch ermittelt werden (s. Kap. 17.7).

- **Grafische Bestimmung von $T_{1/2}$:**
  Im Graphen von B 538 wird der maximale Ionisationsstrom I_0 im Zeitpunkt $t_0 = 0$ als Ausgangswert gewählt. Aus diesem erhält man mithilfe von $\frac{1}{2}I_0$ grafisch die direkt ablesbare Halbwertszeit $T_{1/2}$.
  Im Graphen von B 540 wird irgendeine Anzahl N^* Atomkerne als Ausgangswert frei gewählt. Mit diesem lässt sich unter Verwendung der Bedingung $\frac{1}{2}N^*$ die Halbwertszeit $T_{1/2}$ ebenfalls grafisch direkt bestimmen.

- **Rechnerische Bestimmung von $T_{1/2}$:**

  1. $N(t) = \frac{1}{2}N_0$

  2. $t = T_{1/2}$

  3. $N(T_{1/2}) = N_0 e^{-\lambda T_{1/2}}$

  Somit: $\frac{1}{2}N_0 = N_0 e^{-\lambda T_{1/2}} \quad \big|\ \ln$

  $\ln 1 - \ln 2 = -\lambda T_{1/2}\ln e$, mit $\ln e = 1$, $\ln 1 = 0$; $T_{1/2} = \dfrac{\ln 2}{\lambda}$.

  Die Halbwertszeit $T_{1/2}$ hängt nicht von der Anzahl N_0 radioaktiver Atomkerne zu Beginn des Zerfalls ab, sofern N_0 groß genug ist. Sie ist wie λ für jedes radioaktive Element charakteristisch und konstant. Man fasst sie in Tabellen zusammen.

  Der Messversuch liefert für Radon 220 die Halbwertszeit $T_{1/2} = \dfrac{\ln 2}{0{,}013\ \text{s}^{-1}} = 53\ \text{s}$. Eine genauere Messung ergibt $T_{1/2} = 55{,}6\ \text{s}$. Weitere Beispiele: Halbwertszeit $T_{1/2}$ von U 235: $7{,}038 \cdot 10^8$ a; $T_{1/2}(\text{Po } 214) = 1{,}64 \cdot 10^{-4}$ s; $T_{1/2}(\text{Ra } 224) = 3{,}66$ d.

- **Man beachte:** Je kürzer die Halbwertszeit $T_{1/2}$ eines Radionuklids ist, desto mehr Kernreaktionen finden in der Zeitdauer $\Delta t = 1$ s statt und umso schneller zerfällt es.

Bemerkung:

Zerfallskonstante λ und Halbwertszeit $T_{1/2}$ sind konstante Größen. Das Alter eines radioaktiven Elements und seiner Atome hat auf beide keinen Einfluss. Daher ist die Wahrscheinlichkeit für den Zerfall eines instabilen Einzelatoms nicht zeitabhängig.

Aufgaben

1. *Das radioaktive Element Wismut 214 (Bi 214) besitzt die Halbwertszeit $T_{1/2} = 19{,}9$ min.*
   a) *Erläutern Sie die Aussage: „Der radioaktive Zerfall ist ein stochastischer Vorgang".*
   b) *Geben Sie die Zerfallsreihe an, zu der das Isotop gehört, und die Zerfallsgleichung.*
   c) *Erstellen Sie das Zerfallsgesetz dieses Zerfalls.*
   d) *Berechnen Sie den Zeitpunkt t_1, in dem das Präparat noch 45 % der zu Beginn der Untersuchung vorliegenden strahlungsfähigen Bi-Atome besitzt.*
   e) *Berechnen Sie den Zeitpunkt t_2, in dem 95 % der zu Beginn vorhandenen strahlungsfähigen Atome zerfallen sind.*
2. *Berechnen Sie die Masse m des Radioisotops P 32, die nach 40,0 Tagen noch aktiv ist, wenn die ursprüngliche Masse 1,00 g betrug. ($T_{1/2} = 14{,}26$ d)*

17.9   Aktivität eines Radionuklids

Radionuklide zerfallen wegen ihrer unterschiedlichen Zerfallskonstanten bzw. Halbwertszeiten in der gleichen Zeitdauer Δt unterschiedlich schnell. Das bedeutet: Die Anzahl $-\Delta N = -(N_2 - N_1) = N_1 - N_2$ der zerfallenden Radionuklide in der Zeitdauer $\Delta t = t_2 - t_1$ ist jeweils ungleich, nimmt aber im Laufe der Zeit stets ab. Dies bringt der Quotient $-\dfrac{\Delta N}{\Delta t}$ zum Ausdruck. Er heißt **mittlere Aktivität** einer radioaktiven Substanz und hat das Formelzeichen $A(t)$: $A(t) = -\dfrac{\Delta N}{\Delta t}$.

Einheit der Aktivität: $[A(t)] = \dfrac{1}{s} = 1\ \mathrm{s}^{-1} = 1$ Becquerel $= 1$ Bq. Sie ist nach dem französischen Physiker Becquerel benannt, der im Jahr 1896 die radioaktive Strahlung entdeckte. Es gilt: $1\ \mathrm{Bq} = \dfrac{1\ \text{Kernzerfall}}{1\ \mathrm{s}}$. Versuchspräparate in der Schule haben Aktivitäten bis zu 60 kBq. Das sind 60 000 Kernumwandlungen in einer Sekunde als Mittelwert.

Die **momentane Aktivität** einer radioaktiven Substanz gewinnt man aus der mittleren Aktivität, sofern genügend viele Zerfälle in einer sehr kurzen Zeitdauer auftreten. Bezieht man die Ableitung des Zerfallsgesetzes $N(t) = N_0 e^{-\lambda t}$ ein, so erhält man:

$$\lim_{\Delta t \to 0}\left(-\frac{\Delta N}{\Delta t}\right) = -\frac{\mathrm{d}N(t)}{\mathrm{d}t} = -\dot{N}(t) = -(-\lambda N_0 e^{-\lambda t}),\ -\frac{\mathrm{d}N(t)}{\mathrm{d}t} = \lambda N(t).$$

Diese letzte Gleichung besagt wegen $\lambda =$ konstant: Die Anzahl der Zerfälle bzw. Kernumwandlungen je Zeiteinheit 1 s ist direkt proportional zur Anzahl N der noch unzerfallenen Atomkerne eines Radionuklids; es gilt $\dfrac{\mathrm{d}N(t)}{\mathrm{d}t} \sim N$. Das Minuszeichen gibt an, dass die Anzahl der zerfallsfähigen Atomkerne je Zeiteinheit, also die momentane Aktivität, abnimmt.

Die momentane Aktivität $-\dfrac{\mathrm{d}N(t)}{\mathrm{d}t}$ hat das Formelzeichen $A(t)$. Man schreibt:

$$A(t) = -\frac{\mathrm{d}N(t)}{\mathrm{d}t} = \lambda N(t) \text{ bzw. } A(t) \sim N(t), \text{ da } \lambda = \text{konstant.}$$

Die Umwandlung der Gleichung $A(t) = \lambda N(t)$ führt zu $A(t) = \lambda N_0 e^{-\lambda t}$. Da das Produkt λN_0 konstant und maximal ist, bezeichnet es die maximale Anfangsaktivität A_0 einer radioaktiven Substanz im Zeitpunkt $t_0 = 0$. Deshalb lässt sich die Aktivität schließlich in der Gleichungsform $A(t) = A_0 e^{-\lambda t}$ angeben.

Beispiel

Die Gesteinsprobe einer geologischen Schicht enthält Anteile von Radium 228 und 5,738 g instabiles Thorium 232.
a)   Man berechne die Aktivität des Th-232-Anteils in der Probe.
b)   Man begründe, weshalb Ra 228 und Th 232 in der Probe dieselbe Aktivität aufweisen.
c)   Man ermittle die Masse m des Ra-228-Anteils.

Lösung:

a) Einer Formelsammlung entnimmt man die Halbwertszeiten: $T_{1/2}(^{228}_{88}\text{Ra}) = 5,75$ a,

$T_{1/2}(^{232}_{90}\text{Th}) = 1,405 \cdot 10^{10}$ a. Für die Aktivität des Th-232-Anteils gilt:

1. $A(t) = \lambda N(t)$, wobei $m(^{232}_{90}\text{Th}) = N(t) A_r(^{232}_{90}\text{Th}) u$ die gegebene Masse des Thoriums ist;

2. $\lambda = \dfrac{\ln 2}{T_{1/2}(^{232}_{90}\text{Th})}$;

3. $A(t) = \dfrac{\ln 2}{T_{1/2}(^{232}_{90}\text{Th})} \dfrac{m(^{232}_{90}\text{Th})}{A_r(^{232}_{90}\text{Th}) u}$. Mit eingesetzten Messwerten folgt:

$$A(t) = \frac{\ln 2 \cdot 5,738 \cdot 10^{-3} \text{ kg}}{1,405 \cdot 10^{10} \cdot 365 \cdot 24 \cdot 3600 \text{ s} \cdot 232,04 \cdot 1,6605 \cdot 10^{-27} \text{ kg}} = 23,3 \text{ kBq}.$$

Die Aktivität des Thoriumanteils in der Probe beträgt 23,3 kBq.

b) Die Begründung folgt aus dem radioaktiven Gleichgewicht nach Kapitel 17.4. Th 232 und Ra 228 gehören zur selben Zerfallsreihe. Die Halbwertszeit des Th 232 ist dramatisch größer als die des Ra 228. Sie legt die Aktivität aller Kerne der instabilen Tochtersubstanzen fest. Die Anzahl der Ra-228-Kerne stellt sich so ein, dass in einer bestimmten Zeitdauer genauso viele Ra-Kerne spontan zerfallen, wie aus dem instabilen Thorium neu erzeugt werden. Die Aktivitäten beider radioaktiven Anteile stimmen bei ungestörtem Ablauf überein: $A_{\text{Ra228}} = A_{\text{Th232}}$

c) Rechnerische Ermittlung der Radiummasse:

1. $m(^{228}_{88}\text{Ra}) = N(t) A_r(^{228}_{88}\text{Ra}) u$

2. $A_{\text{Ra 228}} = A_{\text{Th 232}} = \lambda N(t) = 23,3$ kBq

3. $\lambda = \dfrac{\ln 2}{T_{1/2}(^{228}_{88}\text{Ra})}$

Aus 1. entsteht:

$$m(^{228}_{88}\text{Ra}) = \frac{A_{\text{Th 232}}}{\lambda} A_r(^{228}_{88}\text{Ra}) u,$$

$$m(^{228}_{88}\text{Ra}) = \frac{A_{\text{Th 232}} T_{1/2}(^{228}_{88}\text{Ra})}{\ln 2} A_r(^{228}_{88}\text{Ra}) u.$$

Unter Verwendung der Messwerte erhält man:

$$m(^{228}_{88}\text{Ra}) = \frac{23,3 \cdot 10^3 \text{ s}^{-1} \cdot 5,75 \cdot 365 \cdot 24 \cdot 3600 \text{ s}}{\ln 2} \cdot 228,0 \cdot 1,6605 \cdot 10^{-27} \text{ kg} = 2,31 \cdot 10^{-12} \text{ kg}.$$

Ergebnis: Die Massen $m(^{228}_{88}\text{Ra}) = 2,31 \cdot 10^{-12}$ kg und $m(^{232}_{90}\text{Th}) = 5,738 \cdot 10^{-3}$ kg haben die gleiche Aktivität, sie stehen im radioaktiven Gleichgewicht.

Aufgaben

1. *Thorium 228 ist ein α-Strahler mit der Halbwertszeit $T_{1/2} = 1,913$ a. Ermitteln Sie die Anzahl α-Teilchen, die ein Präparat aus reinem Thorium mit der Masse $m = 1,00$ g pro Sekunde emittiert.*

2. *Ein radioaktives Kobaltpräparat ($T_{1/2} = 5,27$ a) besitzt heute die Aktivität 30,7 GBq.*
   a) *Bestimnen Sie die Anzahl N der Atomkerne, die pro Sekunde im Mittel zerfallen.*
   b) *Berechnen Sie die Aktivität A, die das Präparat in 3,1 a besitzt.*
   c) *Ermitteln Sie die Zerfallskonstante des Präparats.*

17.10 Methoden zur Altersbestimmung

Einige natürliche Radionuklide und deren stabile Endprodukte haben große Bedeutung für die geologische und archäologische Altersbestimmung sowie für Echtheitsprüfungen bei alten Kulturobjekten. Man ermittelt das Alter von Gesteinen, Ausgrabungsgegenständen, Mineralien, Bildern usw. mithilfe ihrer natürlichen Radioaktivität. Die physikalische **Altersbestimmung** oder **radiometrische Zeitmessung** bietet zwei Möglichkeiten.

17.10.1 C-14-Methode, Radiokarbonmethode

Die C-14-Methode oder Radiokarbonmethode kommt bei der Datierung geologischer und archäologischer Funde aus organischen Stoffen (Holz, Kohle, versteinerte Pflanzenreste, Leder, Mumien) zum Einsatz, deren Alter etwa zwischen 1000 Jahren und maximal 60 000 Jahren liegt. Sie beruht auf der Tatsache, dass durch den Einfluss der kosmischen Strahlung aus dem Weltraum in der Luftschicht der Erde freie Neutronen entstehen. Diese ergeben mit dem Stickstoff der Atmosphäre ständig in sehr kleinen, gleich bleibenden Mengen das radioaktive Kohlenstoffisotop C 14 nach der Gleichung $^{14}_{7}N + ^{1}_{0}n \rightarrow ^{14}_{6}C + ^{1}_{1}H$.

Das instabile Isotop C 14 zerfällt nach der Gleichung $^{14}_{6}C \rightarrow ^{14}_{7}N + ^{0}_{-1}e$ mit der Halbwertszeit $T_{1/2} = 5730$ a. In der Gashülle der Erde stellt sich in langen Zeiträumen ein radioaktives Gleichgewicht ein zwischen der Anzahl der neu gebildeten instabilen C-14-Isotope und der Anzahl stabiler C-12-Isotope. Es entsteht das konstante Verhältnis der Kernanzahlen: $\dfrac{N_{C\,14}}{N_{C\,12}} =$ konstant. Der konstante Quotient gilt in gleicher Weise für alle lebenden Organismen. Denn C 14 reagiert wie C 12 mit dem Luftsauerstoff zu Kohlenstoffdioxid, das von lebenden Pflanzenzellen aus der Atmosphäre aufgenommen wird. Über die Nahrungskette gelangen C-14-Isotope in den tierischen und menschlichen Körper, wobei das Verhältnis $\dfrac{N_{C\,14}}{N_{C\,12}}$ gerade dem der Gashülle entspricht.

Nach dem Absterben eines Organismus endet die Aufnahme weiterer radioaktiver C-14-Isotope. Anschließend nimmt der C-14-Anteil im toten Organismus nach dem Zerfallsgesetz ab. Aus dem noch heute vorhandenen Anteil N^* an C-14-Isotopen im toten kohlenstoffhaltigen Objekt folgt ein neues Verhältnis $\dfrac{N^*_{C\,14}}{N_{C\,12}}$, mit dem man sein Alter erschließen kann. Für die C-14-Methode genügen Proben von wenigen Milligramm. Enthält eine Probe im Zeitpunkt $t_0 = 0$ ihres Absterbens N_0 C-14-Atomkerne, so sind nach dem Zerfallsgesetz im Zeitpunkt t der heutigen Messung noch $N(t) = N_0 e^{-\lambda t}$ instabile Atomkerne vorhanden. Mit $\lambda = \dfrac{\ln 2}{T_{1/2}}$ folgt das Alter der Probe: $N(t) = N_0 e^{-\frac{\ln 2}{T_{1/2}} t}$, $t = \dfrac{T_{1/2}}{\ln 2} \cdot \ln\left(\dfrac{N_0}{N(t)}\right)$.

Beispiel

Archäologen finden in einem Grabungsgebiet Reste eines Ledergürtels und Holzsplitter einer Zeder. Chemische Analysen ergeben für den Gürtel $1{,}73 \cdot 10^{10}$ Atomkerne des Isotops C 14 in einem Gramm Kohlenstoff. Die heutige Erdatmosphäre enthält $3{,}00 \cdot 10^{10}$ C-14-Atomkerne pro 1 g Kohlenstoff. Die Holzprobe zeigt 64 % der Aktivität einer Vergleichsprobe mit der gleichen Menge Kohlenstoff, die aus lebendem Zedernholz stammt. Man nenne

Voraussetzungen, die die Altersermittlung der Ausgrabungsfunde nach der C-14-Methode gestatten, und bestimme deren Alter.

Lösung:
Der C-14-Anteil am Kohlenstoff in der Erdatmosphäre darf sich im betrachteten Zeitraum nicht wesentlich geändert haben, das heißt, eine Störung im Bildung-Zerfall-Prozess von C-14-Atomen in der Erdatmosphäre darf nicht eingetreten sein. Dann gilt für das Alter des Gürtels (Herleitung siehe oben) mit $N_0 = 3{,}00 \cdot 10^{10}$ C-14-Kernen im Zeitpunkt seiner Anfertigung und $N(t) = 1{,}73 \cdot 10^{10}$ C-14-Kernen im Augenblick der heutigen Untersuchung jeweils bezogen auf ein Gramm Material:

$$t = \frac{5730 \text{ a}}{\ln 2} \cdot \ln \frac{3{,}00 \cdot 10^{10}}{1{,}73 \cdot 10^{10}} = 4550 \text{ a}.$$ Der Gürtel wurde demnach vor 4550 Jahren angefertigt.

Für die Holzsplitter besteht das Verhältnis $\dfrac{A(t)}{A_0} = 0{,}64$; aus $A(t) = -\lambda N(t)$ bzw. $A(t) = A_0 e^{-\lambda t}$ und

$$\lambda = \frac{\ln 2}{T_{1/2}} \text{ folgt } \ln \frac{A(t)}{A_0} = -\frac{\ln 2}{T_{1/2}} t, \quad t = -\frac{T_{1/2}}{\ln 2} \cdot \ln \frac{A(t)}{A_0}, \quad t = -\frac{5730 \text{ a}}{\ln 2} \cdot \ln 0{,}64, \quad t = 3690 \text{ a}.$$ Die Holz-

splitter sind jünger als der Ledergürtel. Der Messfehler umfasst in beiden Messungen eine Zeitspanne von etwa 20 Jahren.

17.10.2 Uran-Blei-Methode

Zur physikalischen Altersbestimmung sehr alter Objekte verwendet man die **Uran-Blei-Methode**. Die Nuklide Th 232, U 238, U 235 sind instabil. Sie zerfallen spontan mit zum Teil sehr langen Halbwertszeiten. Stabile Endprodukte sind die Isotope Pb 208, Pb 206, Pb 207. Eine Gesteins- oder Magmaschicht schließt in grauer Vorzeit, dem fiktiven Zeitpunkt $t_0 = 0$, z. B. Atome des Radionuklids U 238 ein. Deren Anzahl N_0 ist unbekannt. Zur Altersbestimmung der Schicht entnimmt man eine Probe des radioaktiven Materials. Bei uran- oder thoriumhaltigen Proben ermittelt man mit chemischen und physikalischen Verfahren das Konzentrationsverhältnis von Blei und Uran bzw. Thorium. Dann bestimmt man das Verhältnis aus der Anzahl Pb-206-Atome zur Anzahl U-238-Atome, also $(N_{Pb} : N_U)$. Anschließend berechnet man mithilfe des Zerfallsgesetzes und der Halbwertszeit von U 238 das Alter der Gesteinsschicht seit dem Einschluss des Radionuklids U 238.

Beispiel

Zur Altersbestimmung einer Bodenschicht erschließt man vorsichtig eine uranhaltige Probe, die man freilegte. Danach ermittelt man durch Messung das Massenverhältnis $m_{Pb\,206} : m_{U\,238} = 0{,}824$ aus den beteiligten End- und Anfangselementen, die der gleichen Zerfallsreihe angehören. Vergleiche mit den umliegenden geologischen Strukturen zeigen überdies, dass die Schicht im Verlauf einer sehr langen Zeit unverändert blieb.

Lösung:
Unbekannt ist die Anzahl N_0 der strahlungsfähigen U-238-Atomkerne im Zeitpunkt $t_0 = 0$ ihres Einschlusses in die Schicht.

Messbar heute im Zeitpunkt t ist die Anzahl N_{Pb} der aus U 238 entstandenen stabilen Pb-206-Atome und die Anzahl $N_U(t)$ der noch nicht zerfallenen U-238-Atome. Bekannt ist ferner die Halbwertszeit von U 238 mit $T_{1/2} = 4{,}468 \cdot 10^9$ a. Wegen der relativ kleinen Halbwertszeiten aller instabilen Zwischenprodukte nimmt man in guter Näherung den direkten Zerfall von U 238 in das stabile Bleiisotop Pb 206 an. Damit ist die Anzahl N_0 der instabilen Atomkerne U 238 im Zeitpunkt $t_0 = 0$ ihres Einschlusses in die Gesteinsschicht die Summe aus N_{Pb} und $N_U(t)$: $N_0 = N_{Pb} + N_U(t)$.

Das Zerfallsgesetz stellt einen eindeutigen Zusammenhang her zwischen der Anzahl $N_U(t)$ der in der Schicht noch vorhandenen instabilen Atomkerne U 238 und dem heutigen Zeitpunkt t, bezogen auf die Zeit $t_0 = 0$ des Einschlusses.

1. $N_U(t) = N_0 e^{-\lambda t}$

2. $N_0 = N_{Pb} + N_U(t)$

3. $\lambda = \dfrac{\ln 2}{T_{1/2}}$

Somit folgt aus 1.: $N_U(t) = (N_{Pb} + N_U(t)) e^{-\frac{\ln 2}{T_{1/2}} t}$, $\qquad \big| \ln$

$$\ln\left(\frac{N_U(t)}{N_{Pb} + N_U(t)}\right) = -\frac{\ln 2}{T_{1/2}} \cdot t \ln e,$$

$$\ln \frac{1}{\dfrac{N_u(t) + N_{Pb}}{N_U(t)}} = -\frac{\ln 2}{T_{1/2}} \cdot t,$$

$$\ln 1 - \ln\left(1 + \frac{N_{Pb}}{N_U(t)}\right) = -\frac{\ln 2}{T_{1/2}} \cdot t, \; t = \frac{T_{1/2}}{\ln 2} \cdot \ln\left(1 + \frac{N_{Pb}}{N_U(t)}\right). \qquad (*)$$

Der durch Messung gewonnene Quotient $m_{Pb} : m_U = 0{,}824$ ersetzt den Quotienten $\dfrac{N_{Pb}}{N_U(t)}$ nach folgender Überlegung:

4. $\dfrac{m_{Pb}}{m_U} = 0{,}824$

5. $m_{Pb} = 206 \, u N_{Pb}$

$m_U = 238 \, u N_U(t)$

Somit folgt aus 4.: $\dfrac{m_{Pb}}{m_U} = \dfrac{206 \, u N_{Pb}}{238 \, u N_U(t)} = 0{,}824$,

$$\frac{N_{Pb}}{N_U} = 0{,}824 \cdot \frac{238}{206} = 0{,}952; \qquad \text{in } (*):$$

$$t = \frac{4{,}468 \cdot 10^9 \, a}{\ln 2} \cdot \ln(1 + 0{,}952), \; t = 4{,}31 \cdot 10^9 \, a.$$

Ergebnis: Die Gesteinsschicht hat ein Alter von 4,31 Milliarden Jahren. Der Messfehler liegt im Bereich von $\pm$ zehn Millionen Jahren.

Aufgaben

1. Eine Bohrprobe enthält die Elemente Uran 238 ($T_{1/2} = 4{,}47 \cdot 10^9$ a) und Blei 206.

   a) Benennen Sie die Zerfallsreihe, der beide Elemente angehören, und bewerten Sie Pb 206.

   b) Bestimmen Sie die Zerfallskonstante λ_U.

   c) Ermitteln Sie die Anzahl N_U bzw. N_{Pb} der Atomkerne in je 1,00 g Elementmasse.

   d) Das Alter $t = \dfrac{1}{\lambda} \ln\left(1 + \dfrac{\Delta N}{N_U(t)}\right)$ der Probe lässt sich aus den Anteilen der beteiligten Isotope bestimmen, wobei ΔN die Anzahl der in der Zeit t durch radioaktiven Zerfall entstandenen Tochterkerne ist. Bestätigen Sie diese Altersformel rechnerisch.

   e) Ein guter Näherungswert entsteht, wenn man ΔN durch die Zahl der Pb-206-Kerne in der Bohrprobe ersetzt. Die chemische Analyse der Probe ergibt das Massenverhältnis $m_{Pb} : m_U = 1 : 5$. Berechnen Sie das Alter t^* der Probe und deuten Sie das Ergebnis

2. *In lebendem Holz findet man als Mittelwert ein instabiles C-14-Atom unter $1,0 \cdot 10^{12}$ stabilen C-12-Atomen. Archäologen legen bei einer Grabung ein abgestorbenes Holzstück mit dem Kohlenstoff-anteil m = 50,0 g frei. Es hat bei der Messung die Aktivität $A = 480 \text{ min}^{-1}$.*
    a) *Berechnen Sie die Anzahl N(t) an C-14-Atomen im Holzstück.*
    b) *Berechnen Sie, vor wie viel Jahren das Holzstück abstarb.*

17.11 Kernreaktion, Energiebilanz

Die radiometrische C-14-Methode basiert auf einem natürlichen atomaren Prozess: Freie Neutronen in der Erdatmosphäre wandeln Kerne des Isotops N 14 in Kerne des Isotops C 14 um. Diesen Prozess bezeichnet man als **Kernreaktion** oder **Kernumwandlung.**

Rutherford entwickelte nicht nur ein neues Atommodell, ihm gelang im Jahr 1919 auch die erste künstliche Umwandlung eines Elements. Er stellte fest, dass sich Atomkerne des Stick-stoffisotops N 14 bei Zusammenstößen mit energiereichen α-Teilchen unter Emission von Protonen in Atomkerne des Sauerstoffisotops O 17 umwandeln.

Die Reaktionsgleichung lautet ausführlich: ${}^{14}_{7}\text{N} + {}^{4}_{2}\text{He}^{++} \rightarrow {}^{18}_{9}\text{F} \rightarrow {}^{17}_{8}\text{O} + {}^{1}_{1}\text{H}^{+}$ bzw.
$${}^{14}_{7}\text{N} + {}^{4}_{2}\alpha \rightarrow {}^{18}_{9}\text{F} \rightarrow {}^{17}_{8}\text{O} + {}^{1}_{1}\text{p}.$$

In Kurzform schreibt man: ${}^{14}_{7}\text{N}(\alpha; \text{p}){}^{17}_{8}\text{O}$; man spricht hier von einer $(\alpha; \text{p})$-Kernreaktion.

Das α-Teilchen heißt Geschossteilchen. Es verfügt über kinetische Energie (B 541). Kommt es dem stabilen Stickstoffkern, dem Targetkern, nahe ge-nug, so verschmelzen beide beim Stoß in einer Zeitdauer von weniger als 10^{-15} s zu einem hoch angeregten instabilen Zwischenkern des Isotops F 18. In einer Zeitdauer von 10^{-15} bis 10^{-20} s wan-delt sich der Zwischenkern spontan in einen ande-ren stabilen oder instabilen Kern um, wobei ein weiteres Teilchen mit hoher kinetischer Energie, hier ein Proton, oder γ-Strahlung emittiert wird.

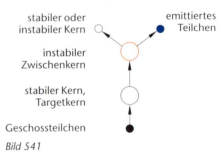

stabiler oder instabiler Kern

emittiertes Teilchen

instabiler Zwischenkern

stabiler Kern, Targetkern

Geschossteilchen

Bild 541

Die Kernumwandlung, der die C-14-Methode zugrunde liegt, schreibt man in der Kurzform ${}^{14}_{7}\text{N}(\text{n}; \text{p}){}^{14}_{6}\text{C}$; sie ist eine (n; p)-Kernreaktion.

Reaktionsgleichung und B 541 besagen allgemein, dass sich ein Targetkern durch den Stoß mit einem Geschossteilchen in einer sehr kurzen Zeitdauer in einen anderen stabilen oder instabilen Kern umwandelt; gleichzeitig wird ein Teilchen oder ein γ-Quant emittiert.

Kernreaktionen, die wie im Beispiel in zwei zeitlich voneinander getrennten Schritten ablaufen, werden durch Geschossteilchen mit der kinetischen Energie $E_{\text{kin}} < 10 \text{ MeV}$ ausgelöst. Bei Geschossteilchen mit $E_{\text{kin}} > 10 \text{ MeV}$ kommt es auf vielfache Art zu direkten Kernreaktionen ohne Zwischenkernbildung.

▸ **Als Kernreaktion bezeichnet man die Umwandlung eines Atomkerns. Sie erfolgt bei natürlichen radioaktiven Elementen spontan ohne äußere Mitwirkung oder durch den Stoß eines Atomkerns mit einem anderen Atomkern, einem Elementarteilchen oder einem γ-Quant, mit oder ohne Zwischenkernbildung.**
Schreibweise: $X_1 + x_1 \rightarrow X_2 + x_2$. Kurzform: $X_1(x_1; x_2)X_2$. (*)
Es bedeuten: X_1, X_2: Atomkerne vor und nach der Kernreaktion
x_1, x_2: Geschossteilchen und emittiertes Teilchen bzw. γ-Quant

Der entstehende Kern und das emittierte Teilchen hängen nicht davon ab, durch welche Kernreaktion der Zwischenkern gebildet wird. Da er bei seiner Erzeugung verschiedene Anregungszustände annehmen kann, steuern tatsächlich nur diese seine Umwandlung.

Beispiele

- Es bestehen verschiedene Möglichkeiten, den angeregten Zwischenkern $^{14}_{7}\text{N}^*$ zu erzeugen und umzuwandeln:

$$^{10}_{5}\text{B} + {}^{4}_{2}\text{He}$$

$$^{10}_{5}\text{B} + {}^{4}_{2}\text{He} \qquad\qquad {}^{12}_{6}\text{C} + {}^{2}_{1}\text{H}$$

$$^{12}_{6}\text{C} + {}^{2}_{1}\text{H} \rightarrow {}^{14}_{7}\text{N}^* \rightarrow {}^{13}_{6}\text{C} + {}^{1}_{1}\text{H}$$

$$^{13}_{6}\text{C} + {}^{1}_{1}\text{H} \qquad\qquad {}^{13}_{7}\text{N} + {}^{1}_{0}\text{n}$$

$$^{14}_{7}\text{N} + \gamma$$

- Im Jahr 1932 gelang erstmals eine Kernumwandlung durch künstlich beschleunigte Ionen. Energiereiche Wasserstoffionen, also Protonen, wurden auf Lithiumkerne geschossen. Dabei entstehen schnelle, energiereiche α-Teilchen nach der Reaktionsgleichung: $^{7}_{3}\text{Li} + {}^{1}_{1}\text{p} \rightarrow {}^{4}_{2}\alpha + {}^{4}_{2}\alpha$ bzw. $^{7}_{3}\text{Li}(\text{p}; \alpha){}^{4}_{2}\text{He}$; es handelt sich um eine $(\text{p}; \alpha)$-Kernreaktion.

Kernreaktionen laufen unter Zufuhr oder Freisetzung von Energie ab. Diese Energie nennt man **Reaktionsenergie**, sie hat das Formelzeichen Q. Ist $Q > 0$, so heißt die Kernreaktion **exotherm**, Energie wird freigesetzt. Ist $Q < 0$, so liegt eine **endotherme** Kernreaktion vor. Die Reaktionsenergie Q lässt sich meist durch einfache Rechnung herleiten. Man verwendet dazu den Erhaltungssatz von Masse und Energie, der sich aus dem Erhaltungssatz der Masse und dem Erhaltungssatz der Energie zusammenfügt. Er besagt:

▶ **Ordnet man der Masse *m* aller vorhandenen Teilchen in einem abgeschlossenen System nach Einstein die Energie $E = mc_0^2$ zu, so ist dort die Summe aller Energien zeitlich konstant.**

Man fasst die Gesamtheit der an einer Kernreaktion beteiligten Teilchen als abgeschlossenes System auf. In diesem gilt der Erhaltungssatz von Masse und Energie. Bezeichnet man nach Gleichung (*) von vorhin mit $m(\text{X}_1)$, $m(\text{X}_2)$, die Massen der Kerne vor und nach der Kernreaktion, mit $m(x_1)$ die Masse des Geschossteilchens, mit $m(x_2)$ die Masse des emittierten Teilchens und mit E_1 die Summe der Teilchenenergien vor der Kernreaktion, mit E_2 die Summe der Teilchenenergien nach der Kernreaktion, so gilt nach dem Erhaltungssatz von oben:

$$[m(\text{X}_1) + m(x_1)]c_0^2 + E_1 = [m(\text{X}_2) + m(x_2)]c_0^2 + E_2,$$

$$E_2 - E_1 = [(m(\text{X}_1) + m(x_1)) - (m(\text{X}_2) + m(x_2))]c_0^2. \qquad (**)$$

Die Energiedifferenz $E_2 - E_1$ heißt Reaktionsenergie und hat das Formelzeichen Q: $Q = E_2 - E_1$. Verwendet man für die Massendifferenz $[(m(\text{X}_1) + m(x_1)) - (m(\text{X}_2) + m(x_2))]$ zusätzlich das Formelzeichen Δm, so lautet die Reaktionsenergie in Kurzdarstellung: $Q = \Delta m c_0^2$.

Man erkennt: Die Reaktionsenergie Q berechnet sich aus den Ruhemassen der Reaktionspartner. Sie entspricht dem bei Kernreaktionen auftretenden Massendefekt (s. Kap. 17.13). Zu den Kernumwandlungen zählen insbesondere der α- und β-Zerfall. Deren Reaktionsenergien ergeben sich ebenfalls nach dem aufgeführten Schema.

Man beachte: Die Atomkernmassen $m(\text{X})$ sind meist nicht direkt zugänglich, die relativen Atommassen A_r der Atome dagegen nuklidabhängig tabellarisiert. Diese verwendet man bei der praktischen Berechnung von Q. Fehler aufgrund überzähliger Elektronenmassen in der Gleichung (**) zur Berechnung der Reaktionsenergie treten nicht auf, da vor und nach der Kernreaktion die gleiche Anzahl von Elektronen(massen) zu viel angesetzt wird.

Beispiele

Bei allen folgenden Beispielen bleibt die Anregungsenergie (Kap. 17.2) unberücksichtigt, da sie lediglich eine additive Größe ist.

1. Reaktionsenergie beim α-Zerfall des instabilen Atomkerns $^{226}_{88}$Ra:

- Zerfallsgleichung: $^{226}_{88}$Ra $\rightarrow$ $^{222}_{86}$Rn + $^{4}_{2}$He

- Reaktionsenergie: $Q = [m(^{226}_{88}\text{Ra}) - (m(^{222}_{86}\text{Rn}) + m(^{4}_{2}\text{He}))]c_0^2$

Die Massen der neutralen Atome als Vielfache der atomaren Masseneinheit u entnimmt man einer Formelsammlung. Für die atomare Masseneinheit 1 u verwendet man nach Einstein die Energie $1\,uc_0^2 = 931{,}494028$ MeV. Dann gilt:

$Q = [226{,}025402\ \text{u} - (222{,}017570\ \text{u} + 4{,}002603\ \text{u})]c_0^2$

$Q = [226{,}025402 - 222{,}017570 - 4{,}002603]\,uc_0^2$

$Q = 0{,}005229 \cdot 931{,}494028$ MeV $= 4{,}871$ MeV > 0

Die Energie der exothermen Reaktion geht nach der Kernumwandlung auf den Atomkern Rn 222 und vor allem auf das α-Teilchen über. Nach Kapitel 17.3.3 ist $E_{\text{kin},\alpha} = 4{,}79$ MeV. Für den Kern bleibt die Energie $E_{\text{kin,Rn}} = (4{,}871 - 4{,}79)$ MeV $= 0{,}081$ MeV.

2. Reaktionsenergie beim β-Zerfall des instabilen Atomkerns $^{212}_{82}$Pb:
Für die Berechnung der Reaktionsenergie Q beim β^--Zerfall gibt es zwei Wege. Verwendet man das vorangehende Schema (**), dann sind die genauen Kernmassen heranzuziehen. Arbeitet man vereinfachend mit der relativen Atommasse A_r, so muss man überzählige Elektronenmassen berücksichtigen.

- Zerfallsgleichung: $^{212}_{82}$Pb $\rightarrow$ $^{212}_{83}$Bi + $^{0}_{-1}$e

- Reaktionsenergie:

  – nach (*) gilt für Q unter Heranziehung der Kernmassen:

  $Q = [m_K(^{212}_{82}\text{Pb}) - (m_K(^{212}_{83}\text{Bi}) + m(^{0}_{-1}\text{e}))]c_0^2;$

  $Q = [211{,}946914\ \text{u} - (211{,}945754\ \text{u} + 5{,}485799 \cdot 10^{-4}\ \text{u})]c_0^2;$

  $Q = 6{,}11 \cdot 10^{-4}\,uc_0^2;\ Q = 6{,}11 \cdot 10^{-4} \cdot 931{,}494028$ MeV $= 0{,}570$ MeV $> 0.$

  – bei Verwendung relativer Atommassen ist zu bedenken, dass das elektrisch neutrale Ausgangsatom Pb 212 über 82 Elektronen in der Atomhülle verfügt, das entstehende neutrale Bi 212-Atom dagegen über 83. Deshalb bleibt die Masse des emittierten Elektrons $^{0}_{-1}$e bei der Berechnung von Q unberücksichtigt. Sie ist gewissermaßen schon in der Masse des neutralen Bi-212-Atoms enthalten. Dadurch verkürzt sich die Rechnung:

  $Q = [m(^{212}_{82}\text{Pb}) - m(^{212}_{83}\text{Bi})]c_0^2;$

  $Q = [211{,}991888\ \text{u} - 211{,}991272\ \text{u}]c_0^2;$

  $Q = 6{,}166 \cdot 10^{-4}\,uc_0^2;\ Q = 6{,}166 \cdot 10^{-4} \cdot 931{,}494028$ MeV $= 0{,}574$ MeV $> 0.$

  Vergleicht man die Ergebnisse beider Rechenwege, so stimmen sie weitgehend überein; der zweite Weg ist kürzer und daher zu empfehlen.

Wegen $Q > 0$ ist die Kernreaktion exotherm, Energie wird freigesetzt. Sie verteilt sich auf die entstehenden Zerfallsprodukte. Die rechnerische Anwendung der Erhaltungssätze für Energie und Impuls bestätigt die Aussage.

Man beachte: Übersteigt die Geschwindigkeit des emittierten Teilchens nach der Kernreaktion den Wert $\frac{1}{10}c_0$, so sind Energie, Masse und Impuls relativistisch anzusetzen.

3. Reaktionsenergie bei der ersten künstlichen Kernumwandlung:

- Reaktionsgleichung: ${}^{14}_{7}\text{N} + {}^{4}_{2}\alpha \rightarrow {}^{18}_{9}\text{F} \rightarrow {}^{17}_{8}\text{O} + {}^{1}_{1}\text{p}$

- Reaktionsenergie: $Q = [(m({}^{14}_{7}\text{N}) + m({}^{4}_{2}\alpha)) - (m({}^{17}_{8}\text{O}) + m({}^{1}_{1}\text{p}))]c_0^2;$

$$Q = [(14{,}003074 + 4{,}001506) - (16{,}999131 + 1{,}007276)]\, uc_0^2;$$

$$Q = -0{,}001827 \cdot 931{,}494028 \text{ MeV} = -1{,}70 \text{ MeV}.$$

Wegen $Q < 0$ ist die Kernreaktion endotherm. Sie läuft nur ab, falls die α-Teilchen beim Stoß mindestens über diese kinetische Energie verfügen. Die gesamte kinetische Energie aller Teilchen nach der Kernreaktion beträgt $E_{\text{kin,g}} = E_{\text{kin,O}} + E_{\text{kin,H}} = E_{\text{kin,}\alpha} - 1{,}70$ MeV.

4. Reaktionsenergie bei der Kernreaktion aus dem Jahr 1932 (siehe zuvor):

- Reaktionsgleichung: ${}^{7}_{3}\text{Li} + {}^{1}_{1}\text{p} \rightarrow {}^{4}_{2}\alpha + {}^{4}_{2}\alpha$

- Reaktionsenergie: $Q = 18{,}88$ MeV > 0; man bestätige zur Übung das Ergebnis rechnerisch. Die Reaktion ist exotherm. Die frei werdende Energie wird zusammen mit der kinetischen Energie des p-Geschossteilchens an die bei der Reaktion entstehenden Teilchen weitergegeben.

Bemerkungen:

- Nicht jedes Geschossteilchen führt zu einer Kernreaktion. Es müssen gewisse Voraussetzungen erfüllt sein. Exotherme Reaktionen können durch Geschossteilchen mit beliebig kleiner kinetischer Energie ausgelöst werden, endotherme Reaktionen dagegen nur nach Überschreiten einer bestimmten Mindestenergie. Zusätzlich müssen die Geschossteilchen den Kern möglichst zentral stoßen, um die Wahrscheinlichkeit für das Auftreten einer Kernreaktion zu verbessern. Sie müssen ihm zumindest so nahe kommen, dass die Kernkraft wirksam werden kann.

- Der Zerfall eines radioaktiven Atomkerns kann von außen nicht beeinflusst und nicht vorbestimmt werden. Die Wahrscheinlichkeit des Zerfalls, festgelegt durch die Zerfallskonstante λ bzw. die Halbwertszeit $T_{1/2}$, ist für alle Kerne einer großen Zerfallsmenge zu jedem Zeitpunkt gleich groß.

- Kernreaktionen werden von außen durch Teilchenbeschuss oder durch γ-Strahlung eingeleitet. Jede Kernreaktion läuft in einem festen zeitlichen Rahmen ab. Es gibt keine Halbwertszeit.

Aufgabe

Ergänzen Sie folgende Kernreaktionen, geben Sie die Reaktionsgleichung an, berechnen Sie die Reaktionsenergie Q und bestimmen Sie, ob ein exothermer oder endothermer Prozess vorliegt:
a) ${}^{208}_{?}\text{Pb}(?; p){}^{207}_{?}\text{Tl}$
b) ${}^{1}_{1}\text{H}(n; \gamma){}^{2}_{1}\text{D}$
c) ${}^{9}_{?}\text{Be}(d; n){}^{?}_{?}?$ *(d = Deuteron)*

17.12   Freie Neutronen

Im Atomkern liegen sich gleichnamig geladene Protonen auf engstem Raum gegenüber. Sie stoßen sich nach dem Coulombgesetz wechselseitig stark ab. Dennoch sind Atomkerne bis $Z \leq 82$ in der Regel stabil. Diese Erfahrung führte schon bald zur Vermutung, dass es im Atomkern neutrale Teilchen geben müsse, die die Protonen in Mindestdistanz zueinander halten, um eine unbegrenzte Zunahme der Coulombkraft zu verhindern. Im Jahr 1920 sagte Rutherford die Existenz dieser elektrischen Neutralteilchen, Neutronen genannt, theoretisch voraus. Erst im Jahr 1928 gelang dem deutschen Physiker Bothe die experimentelle Entdeckung der neuen Teilchen, die dann von dem englischen Physiker Chadwick im Jahr 1932 richtig als Neutronen gedeutet wurden. Zur gleichen Zeit konnten die französischen Physiker und Eheleute Frédéric und Irène Joliot-Curie zeigen, dass Neutronen in wasserstoffhaltigen Stoffen energiereiche ionisierende Protonen auslösen.

Die Entdeckung der **Neutronen** gelang mit einer durch α-Teilchen hervorgerufenen Kernreaktion.

VERSUCH

Freisetzung von Neutronen und Erzeugung von Protonenstrahlen (B 542)

① Radiumpräparat zur Freisetzung von α-Strahlen
② Berylliumschicht
③ Bleiplatte
④ Paraffinschicht (wasserstoffreich)
⑤ Ionisationskammer als Nachweisgerät

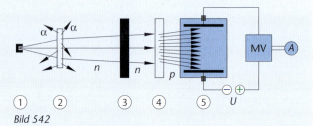

Bild 542

Versuchsdurchführung:
Man leitet die α-Teilchen eines Radiumpräparates auf eine Berylliumschicht.

Beobachtung:
Ein Großteil der eindringenden He-Kerne wird in der Berylliumschicht unter Energieabgabe absorbiert und bewirkt keine Veränderung. Andere α-Teilchen lösen in der Schicht eine Strahlung aus, die sogar eine Bleiplatte größerer Dicke leicht durchdringt. Sie kann andere Atome nicht ionisieren und daher in der Ionisationskammer nicht direkt nachgewiesen werden. Richtet man sie aber auf wasserstoffreiches Paraffin, so entsteht eine weitere, jetzt ionisationsfähige Strahlungsart, die von der Ionisationskammer angezeigt wird.

Erklärung, 1. Teil:
Ein Teil der α-Teilchen löst im Beryllium eine Kernreaktion aus nach folgender Gleichung: $^{9}_{4}\text{Be} + {}^{4}_{2}\text{He} \rightarrow {}^{12}_{6}\text{C} + {}^{1}_{0}\text{n} + E$; dafür schreibt man in Kurzform: $^{9}_{4}\text{Be}(\alpha; \text{n})^{12}_{6}\text{C}$. Diese $(\alpha; \text{n})$-Reaktion führt zur Bildung schneller freier Neutronen. Sie hat bis heute praktische Bedeutung bei der Freisetzung von Neutronen in einfachen Neutronenquellen (s. Kap. 17.12.3). Zusätzlich entsteht die Reaktionsenergie $E = 5{,}65$ MeV > 0; der Vorgang ist exotherm (zur Übung bitte nachprüfen!). Die Energie E verteilt sich auf den C-12-Kern und das entstehende freie Neutron.

Neutronen mit der kinetischen Energie $E_{\text{kin}} > 0{,}5$ MeV bezeichnet man als **schnell**. **Mittelschnelle** Neutronen haben kinetische Energien im Bereich 1 keV $\leq E_{\text{kin}} \leq 0{,}5$ MeV, **langsame Neutronen** die Energie $E_{\text{kin}} < 1$ keV.

Erklärung, 2. Teil:

Die durch Kernreaktion freigesetzten Neutronen sind sehr energiereich. Ihre Geschwindigkeit wird im Paraffin verringert. Paraffin wirkt als **Bremssubstanz** und heißt **Moderator**. Welche Ursache hat die Verzögerung der Neutronen?

Neutronen tragen keine elektrische Ladung. Ihre Wechselwirkung mit der Atomhülle beim Eindringen in ein Atom ist äußerst gering. Sie bewirken daher keine direkte Ionisation der Atome. Daraus leitet sich eine hohe Fähigkeit ab, Materie zu durchdringen. Das Abbremsen der schnellen Neutronen erfolgt fast nur durch elastische oder unelastische Streuung an Atomkernen oder mittels Absorption durch Atomkerne.

Elastische Streuung: Neutronen übertragen bei elastischen Stößen mit Atomen einen Teil ihrer kinetischen Energie auf die Kerne. Diese gewinnen kinetische Energie und Impuls. Die Atomkerne als geladene Teilchen vermögen nun ihrerseits zu ionisieren, sie werden dadurch in einer Ionisationskammer nachweisbar.

Den Energieverlust der Neutronen beim elastischen Stoß berechnet man mithilfe der Erhaltungssätze für Energie und Impuls. Hierbei wird deutlich, dass Substanzen aus Atomen mit kleiner Kernmasse schnelle Neutronen durch elastische Stöße besonders wirksam abbremsen. Da sich die Massen von Proton und Neutron nur wenig unterscheiden, sind normales Wasser und wasserstoffhaltige Stoffe wie Paraffin äußerst geeignete Moderatoren. Diese Aussage gilt allgemein für alle Stoffe mit leichten Atomkernen, wie für Beryllium oder Kohlenstoff.

Im Versuch übernehmen die Protonen im Kohlenwasserstoff des Paraffins die kinetische Energie der Neutronen. Die Protonen werden bei den Stößen zum Teil freigesetzt und aufgrund ihres Ionisierungsvermögens in der Ionisationskammer nachgewiesen. Erreichen die schnellen Neutronen nach (meist vielfachen) elastischen Stößen eine kinetische Energie kleiner als 1 keV, so entstehen langsame Neutronen. Eine weitere Geschwindigkeitsreduzierung auf etwa 2200 ms^{-1} führt zu **thermischen Neutronen**. Sie stehen im Temperaturgleichgewicht mit den Atomen ihrer Umgebung. Bei Zimmertemperatur (25° C) haben sie die mittlere kinetische Energie $E_{kin} = 0{,}025$ eV.

Die Erhaltungssätze zeigen als weiteres Ergebnis, dass der Energieverlust der Neutronen bei der Wechselwirkung mit schweren Atomkernen sehr gering ausfällt.

▶ **Stoffe bzw. Medien zum Abbremsen schneller Neutronen heißen Bremssubstanzen oder Moderatoren. Die Reduzierung der Neutronengeschwindigkeit erfolgt fast ausschließlich durch Wechselwirkung mit leichten Atomkernen.**

Unelastische Streuung: Sie kann eintreten, wenn die kinetische Energie eines stoßenden Neutrons den Mindestanregungszustand des getroffenen Atomkerns übersteigt, aber noch keine Kernreaktion auszulösen vermag. Der niedrigste Anregungszustand liegt bei leichten Atomkernen in der Größenordnung von mindestens 1 MeV über dem energetischen Grundzustand des Atomkerns, bei schweren Atomkernen im Bereich von etwa 50–100 keV. Daher werden schnelle Neutronen an leichten Atomkernen eher elastisch gestreut, während die unelastische Streuung an schweren Atomkernen wahrscheinlicher ist. Außerdem verfügen schwere Atomkerne über eine größere Anzahl von Anregungsniveaus. Die durch unelastische Stöße angeregten Atomkerne emittieren die empfangene Energie in Form von γ-Quanten und kehren in den Grundzustand zurück.

Erklärung, 3. Teil:

Neutronen verlieren Geschwindigkeit auch dadurch, dass sie während der Wechselwirkung mit Atomkernen absorbiert werden. Hierbei können verschiedene Kernreaktionen eintreten. Bei manchen werden geladene Teilchen freigesetzt, mit denen man die Neutronenstrahlung indirekt nachweist. Schnelle und mittelschnelle Neutronen lösen exotherme oder endotherme Kernreaktionen aus. Da ihre Verweildauer in der Nähe eines Atomkerns nur kurz ist, treten sie eher selten ein. Langsame Neutronen bewirken nur exotherme Reaktionen, da sie kaum eigene kinetische Energie zur Auslösung einer Kernreaktion beitragen. Es entstehen zum Teil hoch angeregte Zwischenkerne; sie kehren unter γ-Emission in den Grundzustand zurück. Für Kernreaktionen besonders geeignet sind die thermischen Neutronen mit einer relativ langen Verweildauer in der Nähe des Reaktionspartners; die Wahrscheinlichkeit für Kernreaktionen nimmt in diesem Fall deutlich zu.

17.12.1 Nachweis freier Neutronen

Für den Nachweis freier Neutronen ist festzuhalten:

Der Nachweis von Neutronenstrahlung gelingt nicht direkt. Die Gründe wurden zuvor genannt. Verwendet man im Eingangsversuch anstelle des Moderators Paraffin die Bremssubstanz Bor, so stellt sich folgende Kernreaktion ein: $^{10}_{5}\text{B} + ^{1}_{0}\text{n} \rightarrow ^{7}_{3}\text{Li} + ^{4}_{2}\text{He}$. Die im Beryllium ausgelösten Neutronen werden nach der Wechselwirkung mit Bor in der Ionisationskammer indirekt durch ionisierende α-Teilchen nachgewiesen.

Der Nachweis gelingt auch, wenn man die Innenwand einer Ionisationskammer oder eines Geiger-Müller-Zählrohrs dünn mit Bor beschichtet. Füllt man diese Geräte mit gasförmigem Bortrifluorid, so gelingt der indirekte Neutronennachweis ebenfalls.

In der Nebelkammer lassen sich Neutronen indirekt z. B. durch Protonen bestätigen. Sie setzen in wasserstoffhaltigen Stoffen ionisierende Protonen frei. Deren Bahn erscheint in der Kammer als Nebelspur.

Der indirekte Nachweis der Neutronenstrahlung mit diesen Kammern gelingt ferner durch die Kernreaktion $^{6}_{3}\text{Li}(\text{n}; \alpha)^{3}_{1}\text{H}$.

17.12.2 Eigenschaften freier Neutronen

Neutronen

- sind elektrisch neutrale Nukleonen und können nicht durch elektrische oder magnetische Felder beeinflusst werden.

- werden durch Atomkerne, an denen sie sich vorbeibewegen, wegen der fehlenden Ladung nicht abgelenkt, angezogen oder abgestoßen.

- dringen leichter in einen Atomkern ein als geladene Teilchen, sind also für Kernreaktionen besonders geeignet.

- haben die Masse $m_n = 1{,}674927211 \cdot 10^{-27}$ kg. Sie unterscheidet sich nur wenig von der Protonenmasse.

- erreichen bei der Freisetzung eine Geschwindigkeit von 5–10 % der Vakuumlichtgeschwindigkeit.

- haben keine ionisierende Wirkung, können also mit den in Kapitel 17.6 beschriebenen Nachweisgeräten nicht direkt bestätigt werden. Ein Nachweis ist nur indirekt möglich, z. B. über eine (n; p)-Reaktion in Paraffin oder eine (n; α)-Reaktion in Bor, da p- und α-Teilchen ionisierende Wirkung haben.

- durchdringen selbst dicke Blei- oder Metallplatten nahezu ungeschwächt. Begründung: Die Wechselwirkung der leichten Neutronen mit den schweren Metallatomen läuft überwiegend elastisch ab, also nahezu ohne Energieverlust. Die Reichweite in Luft beträgt einige hundert Meter.

- lassen sich durch wasserstoffhaltige Substanzen wie Paraffin oder Wasser abschirmen, wobei auftretende Wechselwirkungen mit einem erheblichen Energieverlust verbunden sind. Aus diesem Grund sind Neutronenstrahlen für lebende Organismen äußerst gefährlich. Sie lösen dort energiereiche Protonen aus (wie bei Paraffin) oder bewirken Kernreaktionen, bei denen stark ionisierende Teilchen emittiert werden.

- sind im freien Zustand (im Gegensatz zum Proton) nicht stabil und zerfallen nach der Reaktionsgleichung $^1_0n \rightarrow {}^1_1p + {}^{\;\;0}_{-1}e + \bar{\nu}$ in ein Proton, ein Elektron und ein Antineutrino. Die Messung der Halbwertszeit ist äußerst mühsam, sie beträgt etwa $T_{1/2} = 616$ s.

17.12.3 Neutronenquelle

B 543 zeigt eine einfache Neutronenquelle im Querschnitt.

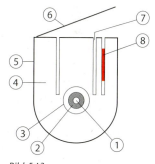

① Americium-Beryllium-Präparat
② Nickelrohr
③ Bleimantel
④ Paraffin
⑤ Stahlbehälter
⑥ Stahldeckel
⑦ Aktivierungsschacht
⑧ Schacht mit Indium 115

Bild 543

Eine Neutronenquelle dient zur Freisetzung von Neutronen. Im einfachen Fall verwendet man ein geschlossenes Rohr aus Nickel, das für Neutronen durchlässig ist, nicht aber für α- und β-Strahlen oder radioaktive Gase. Das Rohr umschließt ein Gemisch z. B. aus Am 241 (oder Ra 226 oder Pu 239) und Be-9-Pulver. Das Element Americium liefert α-Teilchen ausreichender Energie im MeV-Bereich ($Q \leq 5{,}486$ MeV). Nach der schon bekannten Reaktionsgleichung $^9_4Be(\alpha;\,n)^{12}_6C$ werden freie Neutronen ausgelöst. Ebenso führen die Kernumwandlungen $^2_1H(d;\,n)^3_2He$ mit $Q = 3{,}27$ MeV oder $^3_1H(d;\,n)^4_2He$ mit $Q = 17{,}6$ MeV zu freien Neutronen. d ist das Formelzeichen des Deuterons; so heißt der Atomkern des Deuteriums (= schwerer Wasserstoff ^2_1H).

Zur Abschirmung der γ-Strahlung, die bei der Kernreaktion zur Freisetzung von Neutronen auftritt, umschließt man das Nickelrohr mit Blei ausreichender Dicke. Die Neutronen durchdringen die Bleischicht. Sie werden von einem weiten Mantel aus Paraffin (oder Wasser) so stark moderiert, dass sie nicht in den Außenbereich gelangen. Die Außenwandung der Neutronenquelle besteht aus Stahl. Sie schirmt die Protonenstrahlung ab und sorgt für die mechanische Stabilität der Anlage.

Die Neutronenintensität einer einfachen Quelle für den Schulgebrauch beträgt etwa $1{,}5 \cdot 10^8 \, \dfrac{\text{Neutronen}}{\text{m}^2\text{s}}$. Neutronenquellen für Forschungszwecke erbringen eine Ausbeute von etwa $10^{21} \, \dfrac{\text{Neutronen}}{\text{m}^2\text{s}}$.

Offene Schächte im Paraffin ermöglichen das Einlagern stabiler Stoffe. Diese werden der Neutronenstrahlung ausgesetzt, wobei radioaktive Substanzen entstehen. Die Erzeugung **künstlicher radioaktiver Nuklide, Aktivierung** genannt, gelang dem französischen Ehepaar Irène und Frédéric Joliot-Curie erstmals im Jahr 1934.

▸▸ **Aktivierung ist die Herstellung künstlicher radioaktiver Elemente durch Bestrahlung stabiler Nuklide mit Neutronen.**

Mit der Neutronenquelle aus B 543 erreicht man sehr rasch die Aktivierung des Elements Indium 115.

VERSUCH

Aktivierung des stabilen Elements Indium 115 (B 543)

Versuchsdurchführung:
Indium 115 ist ein silberglänzendes, sehr weiches und gut dehnbares chemisches Element. Es zeigt fast keinen Nulleffekt. Zu einem Zylinder zusammengerollt wird es in den Schacht der Neutronenquelle abgesenkt und mindestens 60 Minuten lang der Neutronenstrahlung ausgesetzt. Nach dem Herausziehen aus dem Schacht misst man mit einem Geiger-Müller-Zählrohr die Impulsrate der Probe.

Beobachtung:
Das Zählrohr zeigt gegenüber der Messung vor der Neutronenbestrahlung eine erhebliche Impulsrate. Ein Blatt Papier zwischen Indium und Zählrohr verringert sie nicht merklich. Indium wurde zum β- und γ-Strahler mit der Halbwertszeit $T_{1/2} = 54$ Minuten $= 54$ min.

Erklärung:
Natürliches Indium besteht fast nur aus dem stabilen Isotop In 115. Neutronen der Quelle, die die Atomkerne des Isotops im Schacht günstig treffen, werden eingebaut nach der Kernreaktionsgleichung $^{115}_{49}\text{In} + ^{1}_{0}\text{n} \rightarrow ^{116}_{49}\text{In}^{\star}$. Das Isotop $^{116}_{49}\text{In}^{\star}$ hat Neutronenüberschuss und ist radioaktiv. Es zerfällt unter β- und γ-Emission nach der Reaktionsgleichung: $^{116}_{49}\text{In}^{\star} \rightarrow ^{116}_{50}\text{Sn} + ^{0}_{-1}\text{e} + \gamma$. Schlussnuklid ist das stabile Zinnisotop Sn 116.

Nach dem Einbringen des In 115 in die Neutronenquelle entstehen sehr viele instabile In-116-Kerne. Sie beginnen noch an ihrem Entstehungsort zu zerfallen. Nach einiger Zeit stellt sich bei ungestörtem Versuchsablauf ein radioaktives Gleichgewicht ein. Es zerfallen in einer Sekunde ebenso viele In-116-Kerne, wie erzeugt werden.

Weitere Beispiele

1. Das Silberisotop Ag 107 wandelt sich durch Bestrahlung mit thermischen Neutronen um nach der Reaktionsgleichung $^{107}_{47}\text{Ag} + ^{1}_{0}\text{n} \rightarrow ^{108}_{47}\text{Ag} + \gamma$; Kurzform: $^{107}_{47}\text{Ag}(\text{n}; \gamma)^{108}_{47}\text{Ag}$. Das künstliche Radionuklid Ag 108 zeigt zu 98 % β-Emission mit der Halbwertszeit $T_{1/2} = 2,41$ min nach der Reaktionsgleichung $^{108}_{47}\text{Ag} \rightarrow ^{108}_{48}\text{Cd} + ^{0}_{-1}\text{e}$. (In 2 % aller Fälle wandelt sich das Isotop Ag 108 unter β^{+}-Emission in das Nuklid $^{108}_{46}\text{Pd}$ um.)

2. Das Element Cobalt besteht in der Natur zu 100 % aus dem Isotop Co 59. Durch Neutronenbestrahlung entsteht das instabile Isotop Co 60 nach der Reaktionsgleichung

$_{27}^{59}$Co $+$ $_{0}^{1}$n $\rightarrow$ $_{27}^{60}$Co. Cobalt 60 ist radioaktiv; es zerfällt unter Freisetzung von β- und γ-Strahlung mit der Halbwertszeit $T_{1/2} = 5{,}272$ a nach der Reaktionsgleichung $_{27}^{60}$Co $\rightarrow$ $_{28}^{60}$Ni $+$ $_{-1}^{0}$e $+ \gamma$. Das Nuklid Nickel 60 ist stabil. Das Isotop $_{27}^{60}$Co wird als preisgünstige γ-Strahlquelle zum Beispiel in der Medizin eingesetzt.

3. Kernkraftwerke benötigen für den Betrieb einen Kernbrennstoff. Neben natürlichem Uran, das mit $_{92}^{235}$U angereichert wurde, verwendet man auch den Kernbrennstoff Plutonium $_{94}^{239}$Pu, ein Transuran. Er entsteht aus dem Nuklid $_{92}^{238}$U durch Bestrahlung mit Neutronen nach folgenden Reaktionsgleichungen: $_{92}^{238}$U $+$ $_{0}^{1}$n $\rightarrow$ $_{92}^{239}$U $+ \gamma$, $_{92}^{239}$U $\rightarrow$ $_{93}^{239}$Np* $+$ $_{-1}^{0}$e, $_{93}^{239}$Np* $\rightarrow$ $_{94}^{239}$Pu* $+$ $_{-1}^{0}$e $+ \gamma$. Man sagt, der Kernbrennstoff Pu* 239 wird „erbrütet". Er lässt sich mit thermischen Neutronen spalten (s. Kap. 17.14), zerfällt aber auch spontan unter Emission von α- und γ-Strahlung mit der Halbwertszeit $T_{1/2} = 2{,}411 \cdot 10^4$ a. Plutonium ist ein hochgiftiges radioaktives Schwermetall und daher sehr gefährlich. In der Natur kommt es nur in Spuren vor, wie zum Beispiel in Granit.

Bemerkungen/Anwendungen:

- Neutronenstrahlen ermöglichen eine Aktivierung von stabilen Materialien besonders leicht. Begründung: siehe Kapitel 17.12 und 17.12.2.

- Künstliche Nuklide sind in der Regel radioaktiv und zerfallen mit unterschiedlichen Halbwertszeiten in stabile Nuklide. Sie unterliegen den gleichen Gesetzen wie die natürlichen Radionuklide.

- Die Herstellung künstlicher radioaktiver Elemente in größeren Mengen erfolgt in Kernreaktoren, Beschleunigern oder in speziellen Anlagen zur Freisetzung von Neutronen, z.B. im Forschungsreaktor FRM-II in Deutschland mit einer Leistung von 20 MW. Diese Anlage wird überwiegend zur Grundlagenforschung in den Bereichen Festkörperphysik, Biologie, Ingenieurwissenschaften, Geologie bis hin zur Archäologie herangezogen. Die Neutronen der Quelle mit Geschwindigkeiten $v > 0$ werden auf gleiche Wellenlänge gebracht. Sie dienen zur Untersuchung von Materialien, Kristallgittern und dynamischen Vorgängen.

- Künstliche Radionuklide spielen eine wichtige Rolle in der Technik und Medizin. Anwendungsbeispiele sind Materialuntersuchungen aller Art bei unterschiedlichster Fragestellung, die Steuerung von Maschinen, die Bestrahlung von Tumoren mit radioaktivem Cobalt 60 usw.

- In der Chemie oder Biologie nutzt man Radionuklide als Indikatoren. Sie werden in geringen Mengen Stoffen zur Untersuchung physikalischer, chemischer, biologischer oder technischer Prozesse beigemischt. Da sie im chemischen Verhalten mit den stabilen Isotopen des gleichen Elements übereinstimmen, nehmen sie z.B. im lebenden Organismus deren Platz ein. Daher gelang es, den Weg des radioaktiven Nuklids Strontium 90 in der Nahrungskette zu verfolgen. Es wird bei Atomexplosionen in der Atmosphäre freigesetzt. Durch internationale Verträge konnte daraufhin ein Verbot dieser Versuche weltweit durchgesetzt werden. Durch Einlagerung leicht radioaktiver Spurenelemente in (pflanzliche) Organismen untersucht man deren Aufbau oder Vorgänge bei Stoffwechselprozessen.

- Sehr umstritten ist die Bestrahlung von Lebensmitteln, um sie haltbar und keimfrei zu machen. Man verwendet dazu radioaktives Cobalt, dessen Strahlung Mikroorganismen abtötet. Bestrahlt werden zum Beispiel getrocknete Kräuter, Gewürze, aber auch Gemüse, Geflügel oder Fisch. In Lebensmitteln entsteht durch das Bestrahlen keine Radioaktivität. Doch können biochemische Veränderungen ausgelöst werden: Vitamine werden abgebaut und es entstehen Radiolyseprodukte, deren toxikologische Wirkung noch nicht vollständig erforscht ist. Toxikologie ist die Lehre von den Giften und den Vergiftungen des Organismus.

Aufgaben

1. a) *Beschreiben Sie anhand einer beschrifteten Skizze einen Versuch zur Erzeugung freier Neutronen und geben Sie die zugehörige Kernreaktionsgleichung an.*
   b) *Nennen Sie wichtige Eigenschaften freier Neutronen.*
   c) *Begründen Sie, weshalb man freie Neutronen in der Ionisations- oder Nebelkammer in der Regel nicht nachweisen kann, und nennen Sie Verfahren, die dies ermöglichen.*
   d) *Berechnen Sie die Geschwindigkeit thermischer Neutronen und erklären Sie, worin ihre besondere Bedeutung liegt.*
   e) *Erklären Sie den Abbremsvorgang schneller Neutronen.*

2. *Bei der Aktivierung des stabilen Rhodiumisotops Rh 103 durch langsame Neutronen entsteht das instabile Isotop Rh 104.*
   a) *Erklären Sie den Begriff „Aktivierungsreaktion".*
   b) *Geben Sie die Gleichung der Aktivierungsreaktion an.*
   c) *Rh 104 ist ein ß-Strahler. Geben Sie die zugehörige Zerfallsgleichung an.*
   d) *Mit einem Geiger-Müller-Zählrohr misst man den Zerfall einer Rh-104-Probe in Abhängigkeit von der Zeit t. Es entsteht folgende Messreihe:*

t in min	1,00	2,00	3,00	4,00
Impulszahl	408	576	680	751

   Die Nullratemessung ergab $Z_0 = \dfrac{23}{min}$.

   Ermitteln Sie die nullratenkorrigierte Impulsänderung während der 1., 2., 3. und 4. Minute, erstellen Sie das t-Z-Diagramm und schätzen Sie mithilfe des Diagramms die Halbwertszeit $T_{1/2}$ von Rh 104 ab.

3. *In der Natur vorkommendes Silber besteht zu 51,4 % aus dem stabilen Silberisotop Ag 107, zu 48,6 % aus dem stabilen Isotop Ag 109. Durch Neutroneneinfang werden beide Isotope zu $(n; \gamma)$-Reaktionen veranlasst. Dabei entstehen ß-Strahler mit stabilen Folgekernen.*
   a) *Geben Sie für beide Isotope die Reaktionsgleichungen an.*
   b) *Beschreiben Sie beide ß-Zerfälle durch Zerfallsgleichungen.*
   c) *Nach der Aktivierung von Silber der Masse m = 0,100 kg misst man für das aus Ag 107 hervorgehende Isotop ($T_{1/2}$ = 145 s) die Anfangsaktivität A_0 = 185 Bq. Ermitteln Sie die Anzahl N_0 und den Prozentsatz der in m vorhandenen aktivierten Ag-107-Kerne.*
   d) *Berechnen Sie den Zeitpunkt t, bis zu dem die Anfangszahl N_0 unter 0,1 % abgefallen ist, und nennen Sie Bedenken, die man gegen die Anwendung des Zerfallsgesetzes in diesem Fall vorbringen kann.*

17.13 Kernenergie

Die äußerst kleinen Massen der Atomkerne werden experimentell mit dem Massenspektrometer ermittelt. Diese Messungen zählen zu den genauesten, die die Physik hervorgebracht hat. Präzisionsmessungen ergeben zum Beispiel für die Masse eines Heliumkerns des Isotops He 4 den Messwert $m_{K,exp}(^4_2\text{He})$ = 4,001506 u = 6,644656 $\cdot$ 10^{-27} kg.

Da sich der Heliumkern aus zwei Protonen und zwei Neutronen zusammensetzt, erhält man die Kernmasse auch rechnerisch:

$m_K(^4_2\text{He}) = 2m_p + 2m_n,$

$m_K(^4_2\text{He}) = 2 \cdot 1{,}007276 \text{ u} + 2 \cdot 1{,}008665 \text{ u} = 4{,}031882 \text{ u} = 6{,}695097 \cdot 10^{-27} \text{ kg}.$

Auffallend: Zwischen $m_{K,exp}$ und m_K wird die Massendifferenz $\Delta m = m_K(^4_2\text{He}) - m_{K,exp}(^4_2\text{He})$ bzw. $\Delta m = 4{,}031882\ \text{u} - 4{,}001506\ \text{u} = 0{,}030376\ \text{u} = 5{,}0441 \cdot 10^{-29}\ \text{kg}$ erkennbar. Der rechnerisch ermittelte Wert übertrifft deutlich den experimentell bestimmten Messwert: $\Delta m = m_K(^4_2\text{He}) - m_{K,exp}(^4_2\text{He}) > 0$.

Diese Differenz ist im Rahmen der hier geltenden Messgenauigkeit sicher nicht allein eine Folge von Messfehlern. Natürlich treten auch bei Präzisionsmessungen Abweichungen vom wahren Wert der zu messenden Größe auf, machen sich aber erst in den letzten Stellen bemerkbar und nicht schon vorher. Der festgestellte Massenschwund existiert tatsächlich. Er widerspricht jeder Erfahrung im Umgang mit Massen und deren Messung. Danach sollten die beiden Ergebnisse $m_{K,exp}$ und m_K gleich sein. Man bezeichnet diese Massendifferenz als **Massendefekt** und verwendet dafür das Formelzeichen B.

▸ **Der Massendefekt B besagt: Die Summe der Massen aller Nukleonen eines Atomkerns ist stets größer als die experimentell bestimmte Masse dieses Kerns. Es gilt allgemein:**
$$B = m_K(^A_Z\text{X}) - m_{K,exp}(^A_Z\text{X}) = Zm_p + Nm_n - m_{K,exp}(^A_Z\text{X}) = Zm_p + (A-Z)m_n - m_{K,exp}(^A_Z\text{X}).$$

Der Massendefekt B tritt bei Atomkernen mit $A > 1$ auf. Trägt man ihn für die Nuklide aller chemischen Elemente in Abhängigkeit von der Nukleonenzahl $A = Z + N$ in ein Koordinatensystem ein (B 544), so entsteht ein komplizierter Graph, der hier geglättet wiedergegeben ist. Er zeigt, dass B mit wachsender Massenzahl A zunimmt. Die Zunahme von Nuklid zu Nuklid ist jedoch nicht gleichmäßig. Schwere Atomkerne besitzen den größten Massendefekt B (und damit die größte Bindungsenergie E_B; siehe folgende Erklärung).

Man kann den Graphen durch eine Hilfsgerade ersetzen. Sie gibt den mittleren Massendefekt $\overline{B}$ in Abhängigkeit von der Massen- bzw. Nukleonenzahl A an.

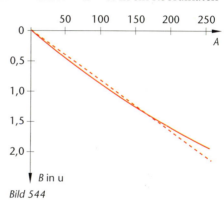

Bild 544

Erklärung:

Beim Zusammenfügen eines Atomkerns aus einzelnen Nukleonen tritt stets ein Massenschwund ein. Dieser Massendefekt besagt, dass die gemessene Atomkernmasse $m_{K,exp}$ kleiner ist als die Gesamtmasse m_K aller an der Vereinigung beteiligten getrennten Nukleonen. Gleichzeitig wird bei diesem Vorgang Energie freigesetzt. Die Energieabgabe entspricht nach Einsteins Äquivalenz von Masse und Energie exakt dem beobachteten Massendefekt: Energieabgabe E_B und Massendefekt B sind durch die Gleichung $E_B = Bc_0^2$ miteinander verbunden.

Im Beispiel für Helium gilt deshalb: Fügt man zwei freie Protonen und zwei freie Neutronen zu einem Heliumatomkern zusammen, so reduziert sich die Masse des entstehenden Kerns gegenüber der Summe der einzelnen Nukleonenmassen. Gleichzeitig wird Energie in die Umgebung abgestrahlt. Sie beträgt mithilfe des zuvor berechneten Massendefekts:
$$E_B = 5{,}0441 \cdot 10^{-29}\ \text{kg} \cdot c_0^2 = 4{,}533 \cdot 10^{-12}\ \text{J bzw.}$$
$$E_B = 0{,}030376\ \text{u}c_0^2 = 0{,}030376 \cdot 931{,}494028\ \text{MeV} = 28{,}295\ \text{MeV}.$$

Um diese Energiemenge ist die Energie eines Heliumkerns geringer als die Energie der getrennten Nukleonen, aus denen er sich zusammensetzt.

Umgekehrt muss man mindestens die Energie E_B gegen die Kernkräfte aufwenden, um den Atomkern in seine vier Einzelnukleonen zu zerlegen. Sie erscheint nach Einstein dann als

Massenzunahme der freien Nukleonen. Die freien Nukleonen erlangen wieder ihre ursprüngliche Masse, die sie vor der Verschmelzung zum Heliumkern hatten.

Mit der Energie E_B, die dem Massendefekt B äquivalent ist, sind die Nukleonen eines Atomkerns aneinander gebunden. Daher heißt die physikalische Größe E_B (Kern-)**Bindungsenergie.** Dem Zustand der freien Nukleonen ordnet man durch Vereinbarung die Bindungsenergie $E_B = 0$ zu. Da dem gebundenen Atomkern die Bindungsenergie fehlt, wählt man sie negativ: $E_B < 0$. Im Beispiel besitzt der He-4-Kern die Bindungsenergie $E_B = -28,3$ MeV < 0.

Will man den Helium-4-Kern in seine vier Nukleonen zerlegen, so muss gegen die Kernkräfte Arbeit verrichtet werden. Dies gelingt durch Zuführung der Mindestenergie $E_B = 28,3$ MeV > 0. Die entstehenden Einzelnukleonen verfügen danach wieder über dieselbe Masse wie vor der Vereinigung zum Atomkern.

▸ **(Kern-)Bindungsenergie E_B ist die freiwerdende Energie bei der Zusammensetzung eines Atomkerns aus Einzelnukleonen. Sie ist gleichzeitig die Energie, die man mindestens aufbringen muss, um den Atomkern in einzelne Nukleonen zu zerlegen.**

Eine Vorstellung von der Quantität der frei werdenden Bindungsenergie beim Zusammenbau der Atomkerne aus Nukleonen erhält man durch folgenden Vergleich:

Ein Mol Helium 4 hat die Masse $m = 4,00$ g und enthält $6,022 \cdot 10^{23}$ He-4-Atomkerne. Vereinigt man Einzelnukleonen zu einem Mol Helium-4-Kerne, so wird dabei die Bindungsenergie $E_{B,1\text{mol}} = 6,022 \cdot 10^{23} \cdot E_B(_2^4\text{He}) = 6,022 \cdot 10^{23} \cdot 28,3$ MeV $= 1,70 \cdot 10^{31}$ eV $= 2,7 \cdot 10^{12}$ J freigesetzt.

Der Weltverbrauch an Energie pro Jahr beträgt zurzeit etwa $5,9 \cdot 10^{20}$ J $= 2,1 \cdot 10^8 \cdot 2,7 \cdot 10^{12}$ J. Die Deckung des heutigen Energiebedarfs könnte man demnach durch die Herstellung von lediglich $2,1 \cdot 10^8 \cdot 4,00$ g $= 8,4 \cdot 10^5$ kg Helium-4-Atomkernen aus getrennten Nukleonen erreichen.

Wie gering diese Masse Helium tatsächlich ist, zeigt ferner ein Vergleich mit dem Erdölverbrauch einiger Industriestaaten. Allein die USA haben gegenwärtig einen Jahresverbrauch an Erdöl von etwa 914 Millionen Tonnen ($\approx 9,14 \cdot 10^{11}$ kg); sie stehen an der Spitze der Verbraucherstatistik. Die Bundesrepublik Deutschland folgt mit etwa 125 Millionen Tonnen Erdöl pro Jahr weltweit auf Platz vier. Hinzu kommt noch die Energiegewinnung aus Kohle, Gas, Kernenergie und erneuerbaren Energien (Wasserkraft, Windkraft, Sonne, Biomasse usw.). Damit wird deutlich, welche gewaltigen Energiereserven zur Deckung des Energiebedarfs aus physikalischer Sicht mit dem Verfahren des Kernaufbaus aus Nukleonen oder einem ähnlichen bei einem insgesamt sehr kleinen Masseneinsatz zur Verfügung stünden, sofern die großtechnische Umsetzung gelänge (s. Kap. 17.14, 17.15).

Mittlere Bindungsenergie je Nukleon

Mit dem Anstieg der Bindungsenergie E_B bei wachsender Massenzahl A (B 544) ist nicht unbedingt eine Zunahme der Kernstabilität verbunden. Gerade Elemente mit der Kernladungszahl $Z > 81$ besitzen die größte Bindungsenergie, zerfallen jedoch unter Emission radioaktiver Strahlung ohne äußeren Einfluss spontan, sind also instabil.

Von Wichtigkeit ist folglich nicht die absolute Bindungsenergie E_B eines Atomkerns, sondern der Energiewert, den ein Einzelnukleon beim Einbau in einen Atomkern verliert. Je größer er ist, umso fester ist das Nukleon in den Kern eingebunden und desto mehr Energie muss man zu seiner Freisetzung aufwenden; der Atomkern gewinnt an Stabilität. Deshalb berechnet man aus der Bindungsenergie E_B und der Nukleonenzahl A eines Atomkerns zweckmäßig die **mittlere Bindungsenergie je Nukleon** durch den Quotienten $\frac{E_B}{A}$. Er hat die Einheit MeV.

▸▸ Die mittlere (Kern-)Bindungsenergie je Nukleon ist der Quotient aus der Bindungsenergie E_B und der Massenzahl A eines Atomkerns, also $\frac{E_B}{A}$. Sie ist ein Maß für seine Stabilität.

Beim Helium-4-Kern beträgt die mittlere Bindungsenergie je Nukleon $\frac{E_B(_2^4\text{He})}{A} = \frac{-28,4 \text{ MeV}}{4} = -7,07$ MeV. B 545 veranschaulicht die mittlere Bindungsenergie je Nukleon $\frac{E_B}{A}$ in Abhängigkeit von der Massenzahl A. Der erste Teil des Diagramms bis $A = 20$ ist genauer gezeichnet, der folgende Teil geglättet.

Man entnimmt dem Diagramm folgende Einzelheiten:

- Abgesehen von den leichten Kernen hängt die mittlere Bindungsenergie je Nukleon $\frac{E_B}{A}$ nur wenig von der Massenzahl A bzw. von der Atomkernmasse ab. Sie liegt etwa im Bereich von -7 bis -8 MeV mit einem flachen Minimum von 8,790 MeV für das Eisenisotop Fe 56. Es ist das stabilste Element.

  Umgekehrt: Um ein Nukleon aus einem Atomkern zu entfernen, ist im Mittel eine Energie von etwa 7 bis 8 MeV erforderlich.

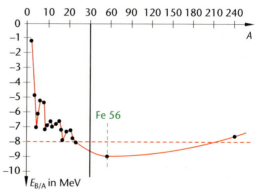

Bild 545

- Von den leichten Atomkernen hat der He-4-Kern mit $\frac{E_B}{A} = -7,07$ MeV eine deutlich kleinere mittlere Bindungsenergie je Nukleon als die Kerne der Nachbarnuklide. Es liegt ein lokales Minimum vor. He-4-Kerne sind besonders stabile Kernkonfigurationen bzw. Kernanordnungen.

- Im Vergleich zu den Kernen der Nachbarnuklide ist der $\frac{E_B}{A}$-Wert für die Kerne He 4, Be 8, C 12, O 16, Ne 20 auffallend klein, sein Betrag also groß. Offensichtlich sind Atomkerne mit gerader Protonen- und Neutronenzahl, hier $Z = N = 2, 4, 6, 8, 10$, besonders stabil.

- Insgesamt ist festzuhalten: Atomkerne mit kleiner Massenzahl besitzen gegenüber den mittelschweren Kernen einen geringen $\frac{E_B}{A}$-Wert von 1 bis 2 MeV. Die leichten Kerne gewinnen folglich an Stabilität, wenn sie sich unter Energieabgabe zu schwereren Kernen zusammenfügen. Der neue Kern liegt im Graphen weiter rechts und ist energiestabiler.

- Das Zusammenfügen leichter Atomkerne zu schwereren heißt **Kernverschmelzung** oder **Kernfusion** (s. Kap. 17.15).

Beispiel

$$\frac{E_B(^6_3\text{Li})}{A} = -5{,}33 \text{ MeV} > -6{,}48 \text{ MeV} = \frac{E_B(^{10}_5\text{B})}{A}.$$

- Zur Entfernung eines Nukleons aus dem Atomkern benötigt man bei Li 6 weniger Energie als bei B 10; daher sind die Atomkerne des Nuklids B 10 stabiler.

- Mittelschwere Atomkerne mit $30 < A < 160$ haben die kleinsten mittleren Bindungsenergien je Nukleon. Diese nehmen zunächst auf $-8{,}8$ MeV ab, danach auf etwa $-8{,}0$ MeV zu. Um mittelschwere Atomkerne in freie Nukleonen zu zerlegen, muss man die meiste Energie je Nukleon aufwenden. Daraus folgt: In den mittelschweren Atomkernen sind die Nukleonen im Allgemeinen stärker gebunden als in den leichten oder in den schweren Kernen. Mittelschwere Kerne sind besonders stabil, die stabilsten besitzt das Eisenisotop

Fe 56 mit $\dfrac{E_B(^{56}_{26}\text{Fe})}{A} = -\dfrac{492{,}253892 \text{ MeV}}{56} = -8{,}790 \text{ MeV}.$

- Für Atomkerne ab etwa $A > 160$ steigen die $\dfrac{E_B}{A}$-Werte mit zunehmender Massenzahl A an, ihr Betrag nimmt ab.

Beispiel

$$\frac{E_B(^{207}_{82}\text{Pb})}{A} = -7{,}87 \text{ MeV} < -7{,}59 \text{ MeV} = \frac{E_B(^{235}_{92}\text{U})}{A}.$$

Schwere Atomkerne sind natürliche radioaktive Strahler. Sie vermindern durch α-Zerfall ihre Massenzahl A. Der neue Kern liegt im Graphen von B 545 weiter links als der alte, also im Bereich größerer Stabilität. Dagegen dient der β-Zerfall dazu, das Verhältnis von Protonen- und Neutronenzahl im Kern auszugleichen (s. Kap. 17.3).

Diese Aussagen deuten an, dass eine Spaltung der schwersten Atomkerne unter Energieabgabe zu stabileren mittelschweren Atomkernen mit betragsmäßig größerer Bindungsenergie $\dfrac{E_B}{A}$ führt. Der Vorgang heißt **Kernspaltung** (s. Kap. 17.14).

Zusammenfassung: Die Physik dieses Kapitels weist auf zwei grundsätzliche Möglichkeiten hin, Energie aus Atomkernen großtechnisch zu gewinnen. Die nächsten beiden Kapitel gehen darauf ein. Sie befassen sich mit wichtigen Grundlagen der Kernspaltung und Kernfusion.

Aufgaben

1. a) Berechnen Sie die Summe m der Nukleonenmassen für das Silberisotop Ag 107 in u.
   b) Die massenspektrografisch ermittelte Kernmasse von Ag 107 beträgt $m_{K'\text{exp}} = 106{,}8791859$ u. Bestimmen Sie den Massendefekt B von Ag 107 in u und ermitteln Sie die Kernbindungsenergie E_B in MeV.
   c) Berechnen Sie die mittlere Bindungsenergie pro Nukleon $\dfrac{E_B(Ag\ 107)}{A}$.
   d) Beantworten Sie die Fragen a) bis c) für das Isotop C 12 mit $m_{K'\text{exp}} = 11{,}9967085$ u.
2. a) Nennen Sie Möglichkeiten, Kernenergie freizusetzen, und beschreiben Sie den physikalischen Sachverhalt, auf dem sie beruhen.
   b) Geben Sie für die Möglichkeiten in a) reale Beispiele in Natur und Technik an.

17.14 Kernspaltung

Die Zerlegung eines schweren Atomkerns in zwei mittelschwere Kerne durch den Stoß eines Teilchens, das den Kern möglichst zentral trifft, heißt **Kernspaltung**. Im Jahr 1938 gelang den deutschen Physikern Hahn und Strassmann die erste künstliche Kernspaltung; die richtige Interpretation erfolgte durch die österreichisch-schwedische Physikerin Lise Meitner. Man beschoss Uran 235 mit langsamen Neutronen. Dabei entstanden nicht wie erwartet Transurane, also Elemente mit der Kernladungszahl $Z > 92$, sondern mittelschwere Kerne mit unterschiedlicher Kernladungszahl Z und Massenzahl A.

Heute können die schwersten natürlichen Atomkerne und die der Transurane sowie stabile Atomkerne (Quecksilber, Gold, Platin) durch Neutronen, aber auch durch Photonen, Protonen, Deuteronen oder Heliumkerne unter Energiefreisetzung gespalten werden (s. Kap. 17.11, 17.13). Zur großtechnischen Energiegewinnung sind hauptsächlich Spaltungen der Kerne Thorium 232, Uran 233, Uran 235, Uran 238 und Plutonium 239 geeignet, ausgelöst durch Neutronen. Den Grundgedanken der Spaltung erläutert das folgende Beispiel, schematisch veranschaulicht in B 546. Zur Erklärung werden das Tröpfchenmodell für Atomkerne und die Eigenschaften der Neutronen herangezogen.

Im Experiment stößt das thermische Neutron einer Neutronenquelle auf einen Uran-235-Kern und spaltet ihn nach der Kernreaktionsgleichung:

$$^{235}_{92}\text{U} + ^{1}_{0}\text{n} \rightarrow ^{236}_{92}\text{U}^* \rightarrow ^{140}_{55}\text{Cs} + ^{94}_{37}\text{Rb} + 2^{1}_{0}\text{n}.$$

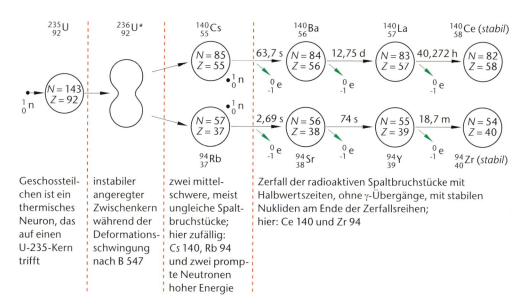

Bild 546

Erklärung:

Das thermische Neutron einer Quelle trifft mit der kinetischen Energie $E_{\text{kin,n}}$ möglichst zentral auf einen U-235-Kern und wird von diesem absorbiert. Der Vorgang heißt **Neutroneneinfang**. Es entsteht der hoch angeregte instabile Zwischenkern U* 236. Seine Anregungsenergie setzt sich zusammen aus der Bindungsenergie E_{B} des Neutrons, die bei der Aufnahme in den U-235-Kern freigesetzt wird, und der kinetischen Energie $E_{kin,n}$. Übertrifft die Anregungsenergie die zur Spaltung des U*-236-Kerns erforderliche Mindestenergie, **Aktivierungsenergie** E_A genannt, gilt also $E_A \leq E_B + E_{kin,n}$, so kommt es zu Deformationsschwingungen des instabilen Zwischenkerns U* 236, die sich in kürzester Zeit mehr und mehr aufschaukeln nach dem Schema in B 547.

Während der Schwingungen bilden sich zwei getrennte positive Ladungszentren heraus; diese stoßen sich gegenseitig ab. Die Coulombkraft zwischen den gleichnamig geladenen „Hantelteilen" überwindet schließlich die Kernkraft und erreicht eine vollständige Abschnürung beider Zentren.

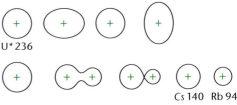

Bild 547

Der angeregte Zwischenkern U* 236 zerfällt in zwei mittelschwere, meist ungleiche Bruchstücke, die mit großer Geschwindigkeit auseinandertreiben. Im Beispiel entstehen die mittelschweren Kerne Cs 140 und Rb 94; sie verfügen über eine hohe kinetische Energie. Andere Bruchstücke sind ebenfalls möglich, wie unten gezeigt wird. Gleichzeitig werden im Augenblick der Spaltung in einem Zeitbereich von etwa 10^{-13} s wegen des hohen Neutronenüberschusses der Spaltprodukte zwei **prompte** bzw. **momentane Spaltneutronen** mit hoher kinetischer Energie freigesetzt.

Allgemein entstehen bei der Kernspaltung von U 235 im Mittel zwei bis drei freie energiereiche Spaltneutronen, genauer 2,43; ihre mittlere kinetische Energie liegt je bei 2 MeV. Sie stehen für weitere Spaltvorgänge zur Verfügung.

Grundsätzlich besitzen Kerne schwerer Nuklide wie U 235 einen größeren Neutronenüberschuss als mittelschwere Kerne. Daher haben die entstehenden Spaltbruchstücke Cs 140 und Rb 94 bezogen auf ihre Protonenzahl zu viele Neutronen im Kern eingelagert. Sie wandeln sich durch wiederholten β-Zerfall so lange um, bis stabile Nuklide entstehen. Im Beispiel sind es Cer 140 (Ce 140) und Zirkon 94 (Zr 94). Bei diesen Zerfällen gelten weiterhin die Halbwertszeiten der beteiligten instabilen Elemente und das Zerfallsgesetz mit seinen Bedingungen. Die Zerfallsreihen im betrachteten Beispiel umfassen folgende Reaktionsgleichungen:

- $^{140}_{55}\text{Cs} \rightarrow {}^{140}_{56}\text{Ba} + {}^{0}_{-1}\text{e}$, $^{140}_{56}\text{Ba} \rightarrow {}^{140}_{57}\text{La} + {}^{0}_{-1}\text{e}$, $^{140}_{57}\text{La} \rightarrow {}^{140}_{58}\text{Ce} + {}^{0}_{-1}\text{e}$. Die Nuklide Cs 140, Ba 140, La 140, Ce 140 sind Isobare.

- $^{94}_{37}\text{Rb} \rightarrow {}^{94}_{38}\text{Sr} + {}^{0}_{-1}\text{e}$, $^{94}_{38}\text{Sr} \rightarrow {}^{94}_{39}\text{Y} + {}^{0}_{-1}\text{e}$, $^{94}_{39}\text{Y} \rightarrow {}^{94}_{40}\text{Zr} + {}^{0}_{-1}\text{e}$. Die Nuklide Rb 94, Sr 94, Y 94, Zr 94 sind ebenfalls Isobare.

Die Atomkerne der ersten instabilen Nuklide in beiden β-Zerfallsreihen können mit einer Verzögerung bis in den Sekundenbereich hinein ebenfalls direkt Neutronen emittieren. Diese **verzögerten Spaltneutronen** werden zur Reaktorsteuerung in Kernkraftwerken herangezogen.

Im gesamten Prozessverlauf der Spaltung treten verschiedene Energien auf. Der eigentliche Spaltvorgang führt zu zwei mittelschweren Bruchstücken mit hoher kinetischer Energie; hinzu kommen die kinetische Energie der Spaltneutronen und die Energie der γ-Strahlung aus dem angeregten Zwischenkern. Auf die Zerfallsreihen entfallen die wiederholt auftretende energiereiche β-Strahlung, die Energie der γ-Strahlung aus den angeregten Spaltprodukten und die Energie der (in B 546 nicht genannten) Neutrinos der Spaltprodukte. Einen Überblick über die bei der Kernspaltung insgesamt frei werdende Energie gewährt die Energiebilanz in Kapitel 17.14.1.

Bemerkungen:

- Die Spaltung eines Atomkerns mit einem thermischen Neutron führt zu Spaltbruchstücken, die sich in der Kernladungszahl Z und in der Massenzahl A unterscheiden können. Welche Bruchstücke entstehen, lässt sich nicht voraussagen; außerdem treten sie mit wechselnder Häufigkeit auf. Für das Ausgangsnuklid U 235 gibt es neben der oben beschriebenen Kernspaltung mit den Spaltbruchstücken Cs 140 und Rb 94 weitere Spaltvorgänge, die andere mittelschwere Kerne zur Folge haben.

Beispiele hierzu sind: $^{235}_{92}\text{U} + ^{1}_{0}\text{n} \rightarrow ^{236}_{92}\text{U}^{\star} \rightarrow ^{145}_{56}\text{Ba} + ^{88}_{36}\text{Kr} + 3^{1}_{0}\text{n}$,

$$^{235}_{92}\text{U} + ^{1}_{0}\text{n} \rightarrow ^{236}_{92}\text{U}^{\star} \rightarrow ^{143}_{56}\text{Ba} + ^{90}_{36}\text{Kr} + 3^{1}_{0}\text{n},$$

$$^{235}_{92}\text{U} + ^{1}_{0}\text{n} \rightarrow ^{236}_{92}\text{U}^{\star} \rightarrow ^{145}_{57}\text{La} + ^{87}_{35}\text{Br} + 4^{1}_{0}\text{n}.$$

Berücksichtigt man alle Spaltprodukte, die bei der Spaltung eines Atomkerns des Isotops U 235 mit thermischen Neutronen auftreten können, und stellt man deren Häufigkeit (in Prozent) in Abhängigkeit von der Massenzahl A in einem geeigneten Koordinatensystem dar, so entsteht B 548.

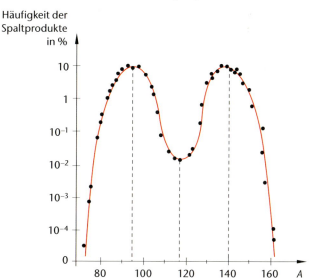

Häufigkeit der Spaltprodukte in %

Dem Diagramm entnimmt man: Die Spaltprodukte von U 235 sind mittelschwer und liegen hauptsächlich im Bereich $70 < A < 160$. Sie sind asymmetrisch verteilt. An einigen Stellen treten sie besonders häufig auf, an anderen kaum. Die Entstehung gleich schwerer Bruchstücke ist sehr unwahrscheinlich. Die Bildung mittelschwerer Kerne, deren Massenzahlen sich wie 2 : 3 verhalten, findet sich am häufigsten, und zwar bei $A = 95$ und bei $A = 140$.

Bild 548

- Die Spaltung eines Atomkerns setzt ein, falls für die Anregungsenergie gilt: $E_A \leq E_B + E_{kin,n}$. Ergänzende Überlegungen zeigen, dass Kerne von Nukliden mit ungerader Neutronenzahl wie U 233, U 235, Pu 239 sich mit thermischen Neutronen spalten lassen. Dagegen benötigt man für Kerne von Nukliden mit gerader Neutronenzahl, wie z.B. Th 232 oder U 238, schnelle Neutronen mit der kinetischen Energie $E_{kin,n} > 1$ MeV.

Zusammenfassung: Kernspaltung ist eine Kernumwandlung, bei der ein (meist) schwerer Atomkern eines Nuklids nach Aufnahme z. B. eines (thermischen oder schnellen) Neutrons in einen instabilen Zwischenkern übergeht. Der Zwischenkern zerbricht in zwei mittelschwere Spaltbruchstücke unter gleichzeitiger Freisetzung von zwei bis drei Spaltneutronen. Die frei werdende Energie beinhaltet hauptsächlich die kinetische Energie aller Spaltprodukte und der Spaltneutronen sowie die Photonenenergie der γ-Strahlung.

17.14.1 Energiebilanz der Kernspaltung

Bei der Spaltung eines U-235-Kerns durch ein thermisches Neutron tritt ein Massendefekt auf. Er ermöglicht, die Reaktionsenergie Q zu berechnen. Folgendes Arbeitsschema ist empfehlenswert.

Man beginnt mit der Reaktionsgleichung:
$^{235}_{92}\text{U} + ^{1}_{0}\text{n} \rightarrow ^{236}_{92}\text{U}^{\star} \rightarrow ^{140}_{55}\text{Cs} + ^{94}_{37}\text{Rb} + 2^{1}_{0}\text{n} + Q$. Q ist die gesamte bei der Spaltung frei werdende Reaktionsenergie; der Prozess ist also exotherm.

1. Möglichkeit der Berechnung:
Gesamtmasse m_v vor der Kernspaltung:

$m(^{235}_{92}\text{U}) = 235{,}0439$ u,

$m(^{1}_{0}\text{n}) = 1{,}0087$ u,

$m_v = 235{,}0439$ u $+ 1{,}0087$ u $= 236{,}0526$ u;

Gesamtmasse m_n nach der Kernspaltung:

$m(^{140}_{55}\text{Cs}) = 139{,}9173$ u,

$m(^{94}_{37}\text{Rb}) = 93{,}9264$ u,

$m(2^{1}_{0}\text{n}) = 2 \cdot 1{,}0087$ u,

$m_n = 139{,}9173$ u $+ 93{,}9264$ u $+ 2 \cdot 1{,}0087$ u,

$m_n = 235{,}8611$ u.

Massendefekt: $B = m_v - m_n$, $B = 236{,}0526$ u $- 235{,}8611$ u $= 0{,}1915$ u.

Dem Massendefekt entspricht die Energie $Q = 0{,}1915 \cdot 931{,}494$ MeV $= 178$ MeV > 0. Die Kernspaltung verläuft somit exotherm, Wärmeenergie wird freigesetzt.

Die Spaltbruchstücke Cs 140 und Rb 94 gehen durch wiederholte β-Zerfälle in die stabilen Nuklide Ce 140 und Zr 94 über. Bei diesen Vorgängen wird noch eine zusätzliche Energie von etwa 23 MeV frei.

Ergebnis: Bei der Spaltung eines U-235-Kerns mit einem thermischen Neutron entsteht eine Gesamtenergie von etwa 200 MeV. Sie dient zur Herstellung von Wasserdampf, der auf Turbinen geleitet wird.

2. Möglichkeit der Berechnung:
Zum ungefähr gleichen Ergebnis kommt man auch, wenn man die Energiebilanz aus den Anfangsteilchen U 235, $^{1}_{0}\text{n}$ und den stabilen Endnukliden Ce 140 und Zr 94 entwickelt:

$B = m_v - m_n$,

$B = (m(^{235}_{92}\text{U}) + m(^{1}_{0}\text{n})) - (m(^{140}_{58}\text{Ce}) + m(^{94}_{40}\text{Zr}) + 2m(^{1}_{0}\text{n}))$, $Q = Bc_0^2 = \ldots$

Die Rechnung von oben wiederholt sich.

Bei der Zerlegung des U-235-Kerns in andere mittelschwere Bruchstücke ändert sich der Energiebetrag 200 MeV nicht wesentlich. Daher kann man sagen: Bei der Kernspaltung eines einzelnen U-235-Kerns wird im Mittel eine Reaktionsenergie von etwa 200 MeV frei. Sie verteilt sich auf den gesamten Prozessablauf mit folgenden Teilbeträgen im Durchschnitt:

Während der Kernspaltung		Während der β-Zerfälle	
kin. Energie der Spaltprodukte:	$\approx$ 169 MeV	kin. Energie der β-Strahlung:	$\approx$ 8 MeV
kin. Energie der Spaltneutronen:	$\approx$ 4 MeV	Energie der γ-Strahlung:	$\approx$ 6 MeV
Energie der γ-Strahlung:	$\approx$ 6 MeV	Energie der Neutrinos:	$\approx$ 9 MeV
Energiesumme:	$\approx$ 179 MeV	Energiesumme:	$\approx$ 23 MeV

Gesamte Reaktionsenergie: $Q \approx 202$ MeV.

Da die Neutrinos wegen ihrer geringen Wechselwirkung mit Materie nahezu ungehindert entweichen, beträgt die maximal nutzbare Ausbeute etwa 190 MeV je Kernspaltung.

17.14.2 Energiegewinnung in Kernkraftwerken

Zur großtechnischen Energiegewinnung in Kernkraftwerken mithilfe der Kernspaltung muss eine Reihe von Voraussetzungen erfüllt sein, auf die nun eingegangen wird.

Kraftwerke sind technische Anlagen, in denen durch Verbrennung von Kohle, Gas oder Öl Wasserdampf erzeugt wird. Der Wasserdampf wird in einer Turbine (oder in mehreren) auf ein drehbares Laufrad geleitet, dessen Rotationsenergie in einem Generator in elektrische Energie umgewandelt wird. Man spricht in diesen Fällen von Wärmekraftwerken.

Kernkraftwerke erzeugen den Wasserdampf mit Wärme aus Kernenergie. Sie werden durch diesen Vorgang gekühlt; andere Kühlmittel sind möglich. Die Wärme entsteht durch die Spaltung hauptsächlich von U-235-Kernen in der aktiven Zone. Diese heißt **Kernreaktor** und ist der zentrale Bestandteil jedes Kernkraftwerkes.

Das Nuklid U 235 ist in Uranerz enthalten. Es wird in Uranminen abgebaut und in einem mühsamen, nicht ungefährlichen, Arbeitsprozess aufbereitet. Natururan enthält normalerweise etwa 0,7 % U 235 und 99,3 % U 238. Je nach Reaktortyp muss der Anteil von Uran 235 auf 3 bis 5 % angereichert werden. (Waffenfähiges Uran enthält etwa 90 % U 235.) Die Anreicherung zu spaltbarem Material ist chemisch nicht möglich. Sie erfolgt technisch sehr aufwendig mit dem Gasdiffusionsverfahren oder dem Zentrifugenverfahren.

Kernreaktoren arbeiten also mit einem Material, das spaltbare Atomkerne, z.B. U-235-Kerne, enthält. Dieses spaltbare Material heißt **Kernbrennstoff**, obwohl keine chemische Verbrennung stattfindet. Der Kernbrennstoff wird zu **Brennstofftabletten** bzw. Pellets (kleine Zylinder etwa in Fingerhutgröße) gepresst. Die Pellets werden in metallische **Brennstäbe** aus einer Zirkoniumlegierung gepackt. Mehrere Brennstäbe ergeben ein **Brennelement**, das schließlich in den Reaktordruckbehälter eines Kernkraftwerks eingebaut wird.

Dem spaltbaren Material kann ein Moderator bzw. eine Bremssubstanz zugefügt werden (s. Kap. 17.12). Er bremst die energiereichen schnellen Spaltneutronen auf thermische Energie ab, ohne sie zu absorbieren. Besonders geeignete Moderatoren sind schweres Wasser D_2O, Beryllium oder Grafit. Gewöhnliches Wasser ist ebenfalls geeignet und findet sich im

Leichtwasserreaktor. Da es über ein erhebliches Neutronenabsorptionsvermögen verfügt, muss der verwendete Kernbrennstoff mit U 235 angereichert werden, um genügend Kernspaltungspartner zu bieten.

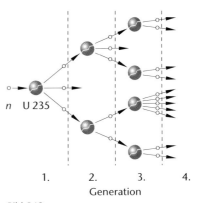

Bei der Spaltung der U-235-Kerne im Brennstoff mit thermischen Neutronen werden im Durchschnitt 2,43 Neutronen freigesetzt. Deren mittlere kinetische Energie beträgt je etwa 2 MeV. Reduziert man die Geschwindigkeit dieser schnellen Spaltneutronen durch den Einsatz von Moderatoren auf thermische Energie, so können sie beim Auftreffen auf andere U-235-Kerne im Kernbrennstoff weitere Kernspaltungen auslösen, wobei neue Spaltneutronen frei werden. Diese Neutronen

Bild 549

wiederholen den Vorgang usw. Unter bestimmten Bedingungen verstärkt sich der Prozess lawinenartig (B 549). Es entsteht eine **Kettenreaktion**. Die ungeregelte Kettenreaktion läuft in Kernspaltungswaffen (Uran-, Plutoniumbombe) ab, die geregelte im Kernreaktor.

Jede Spaltphase einer Kettenreaktion bildet eine neue Generation von Spaltneutronen. Nicht alle Spaltneutronen lösen weitere Kernspaltungen aus. Ein Teil der schnellen Neutronen entweicht aus dem spaltbaren Material, ein anderer wird durch unterschiedliche Prozesse, wie z. B. Kernreaktionen, weiteren Spaltvorgängen entzogen.

Eine Kettenreaktion kommt zustande und bleibt erhalten, wenn die Zahl der Spaltneutronen in der nächsten Generation größer ist als in der vorangehenden. Bezeichnet man mit N_i die Zahl der Neutronen, die zu Spaltungen führt, und mit N_{i+1} die Zahl der Neutronen, die dabei freigesetzt wird, so heißt der Quotient $k = \dfrac{N_{i+1}}{N_i}$ **Multiplikationsfaktor**.

Folgende Fälle für k sind zu unterscheiden:

- $k > 1$:   Pro Spaltprozess löst mehr als eines der entstehenden Spaltneutronen wieder eine Kernspaltung aus; ihre Zahl nimmt von Generation zu Generation zu; die Kettenreaktion breitet sich lawinenartig aus. In diesem Zustand befindet sich ein Kernreaktor während der kurzzeitigen Startphase; er heißt **überkritisch**. Der gleiche Zustand besteht ungesteuert bei Kernspaltungswaffen während der Explosionsphase.

- $k = 1$:   Die Anzahl der Spaltneutronen bleibt von Generation zu Generation konstant. Der Prozessablauf ist so geregelt, dass von den bei einem Spaltvorgang durchschnittlich entstehenden Spaltneutronen immer nur eines einen neuen Spaltvorgang auslöst. In diesem (idealen) Zustand befindet sich ein Kernreaktor in der Betriebsphase, er heißt **kritisch**.

- $k < 1$:   Es kann von Anfang an keine lawinenartige Kettenreaktion eintreten. Oder: Bei einer vorhandenen Kettenreaktion hören die Spaltungen von selbst auf, die Zahl der Neutronen nimmt von Generation zu Generation ab. In diesem Zustand befindet sich ein Kernreaktor in der Abschaltphase, er heißt **unterkritisch**.

Der Multiplikationsfaktor k hängt von mehreren Einflussgrößen ab. Es muss eine Mindestmasse an spaltbarem Material vorhanden sein, um eine Kettenreaktion einzuleiten und aufrechtzuerhalten. Diese Minimalmasse, für die $k = 1$ erreicht wird, heißt **kritische Masse**. Sie beträgt für reines Uran 235 in Kugelform etwa 15 bis 25 kg, für reines Plutonium 239 etwa 5 bis 10 kg.

Die kritische Masse kann durch einen **Neutronenreflektor** deutlich verringert werden. Er umschließt die aktive Zone und verhindert, dass zu viele Neutronen das spaltbare Material verlassen und nicht mehr zur Aufrechterhaltung der Kettenreaktion beitragen. Neutronenreflektierende Substanzen sind z. B. gewöhnliches und schweres Wasser, Beryllium, Grafit. Gleichzeitig bremst der dem Spaltmaterial zugefügte Moderator die energiereichen Spaltneutronen auf thermische Energie ab, sodass sie für weitere Spaltungen von U-235-Kernen zur Verfügung stehen und die Kettenreaktion in Gang halten.

In Natururan und reinem Uran 238 laufen keine Kettenreaktionen ab. Grund: Die schnellen Spaltneutronen mit der mittleren Energie 2 MeV wechselwirken unelastisch etwa zehnmal häufiger mit U-238-Kernen als mit U-235-Kernen. Dabei verlieren sie sehr rasch viel Energie, im Mittel 1,5 MeV pro Stoß. Die verbleibende Neutronenenergie reicht anschließend nicht mehr zur Spaltung von U-238-Kernen aus.

Der Multiplikationsfaktor k hängt ferner von der Reinheit des spaltbaren Materials ab. Es muss ein ausreichendes Volumen und eine günstige Form (z. B. Kugelform) haben.

Der Multiplikationsfaktor k kann durch Stäbe aus Bor, Cadmium, Silber oder Indium gesteuert bzw. geregelt werden. Diese Stoffe absorbieren (thermische) Neutronen. Sie werden in die aktive Zone abgesenkt oder aus ihr herausgefahren. Auf diese Weise verringert oder erhöht sich die Anzahl der Kernspaltungen im Reaktor. Die Anzahl wird auch durch sonstige Spaltprodukte beeinflusst, die bei den Kernspaltungen entstehen und Neutronen in erheblichem Umfang absorbieren. Die Betriebsphase eines Kernreaktors mit $k = 1$ muss daher ständig überwacht werden. Im Falle einer Gefahr dringen die Regelungsstäbe automatisch in die aktive Zone ein und stoppen die Kettenreaktion.

Zur (raschen) Steuerung einer Kettenreaktion tragen besonders die verzögerten Spaltneutronen bei (s. Kap. 17.14). Sie werden gegenüber den prompten Spaltneutronen bis zu einigen Sekunden verspätet ausgestoßen. Obwohl ihr Anteil gering ist, ermöglichen gerade sie ein ausreichend schnelles Einfahren der Regelstäbe in die aktive Zone, etwa im Falle einer plötzlichen Gefahr.

Bemerkungen:

- In einer unterkritischen Masse kann keine Kettenreaktion ablaufen. Sie ist ungefährlich. Vereinigt man sehr schnell und unkontrolliert einige unterkritische Massen zu einer überkritischen, so wird eine Kernwaffenexplosion ausgelöst.

- Es gibt unterschiedliche Reaktortypen. Man unterscheidet sie nach dem Verwendungszweck (Forschung, Energieumwandlung, Erzeugung von Spaltmaterial aus nicht spaltbaren Stoffen) oder nach der Moderatorsubstanz (Leichtwasser, Schwerwasser, Grafit).

- Die in den Kernkraftwerken anfallenden radioaktiven Abfälle gefährden den menschlichen Lebensbereich. Deshalb müssen sie beseitigt werden. Die dauerhafte Isolierung radioaktiver Schadstoffe bezeichnet man als **Endlagerung**. Dieses Problem ist bis heute ungelöst. Als relativ sichere Methode gilt derzeit das Einbringen der Abfälle in tief gelegene stabile geologische Formationen, zum Beispiel in Salzstöcke. Man spricht in diesem Fall von einer **Zwischenlagerung**.

Aufgabe

Bei der Spaltung von U 235 durch ein thermisches Neutron in einem Kernkraftwerk können der instabile Kern X_1 mit der Massenzahl $A_1 = 145$ und der instabile Kern X_2 mit der Protonenzahl $Z = 35$ sowie vier Spaltneutronen entstehen.

a) Erläutern Sie den Ablauf einer Kernspaltung.
b) Geben Sie für den Spaltprozess die vollständige Reaktionsgleichung an.
c) Berechnen Sie die bei der Kernspaltung frei werdende Energie Q.
d) Erklären Sie den Ablauf einer Kettenreaktion und gehen Sie dabei insbesondere auf die kritische Masse und den Multiplikationsfaktor k ein.
e) Erläutern Sie die Funktion von Moderatoren, Reflektoren und Kühlmittel im Kernreaktor.
f) Die verbrauchten Brennstäbe eines Kernreaktors können eine Gefährdung der Umwelt darstellen. Nennen Sie Prozesse, auf denen diese Gefährdung beruht.

17.15 Kernfusion

Das Einführungsbeispiel für Helium und das $A - \dfrac{E_B}{A}$-Diagramm in B 545 zeigen:

Die Verschmelzung zweier Atomkerne über einen meist hoch angeregten Zwischenzustand, den Compoundkern, zu einem schwereren Atomkern ist grundsätzlich möglich. Der Prozess setzt große Energien frei und heißt **Kernfusion**. Diese exotherme Kernreaktion läuft unter physikalisch sehr schwierigen Bedingungen ab. Atomkerne sind positiv geladen; sie stoßen sich nach dem Coulombgesetz wechselseitig ab. Sie müssen daher auf eine extrem hohe kinetische Energie gebracht werden, damit sie in den Wirkungsbereich der Kernkräfte gelangen und sich schließlich vereinigen können. Die erforderliche Temperatur für diesen Prozess liegt auf der Erde im Bereich von (schon erreichten) 10^8 K $\approx 10^8\,°$C. Bei dieser Temperatur haben die Stoffe Gasform. Die Gasatome geben durch energiereiche Zusammenstöße die Elektronen der Atomhülle vollständig ab. Ein derart hochionisiertes, elektrisch leitfähiges Gas heißt **Plasma**. Es muss in ausreichender Teilchendichte vorliegen. Starke, komplizierte Magnetfelder schließen das Plasma ein und halten es in der Schwebe. Kernreaktionen, die unter diesen Bedingungen ablaufen, heißen auch **thermonukleare Reaktionen**.

Kernfusion ist die Energiequelle der Sonne und der Fixsterne. Sie kann auf der Erde bisher nur ungesteuert in der Fusionsbombe bzw. Wasserstoffbombe ausgelöst werden. Im Inneren der Sonne und der Fixsterne mit Temperaturen von etwa $2 \cdot 10^7$ K verschmelzen vorzugsweise Wasserstoffkerne, die Hauptbestandteil der Sternmaterie sind, zu Helium-4-Kernen. Heute sind mehrere Reaktionszyklen bekannt und folgende drei wichtig:

- **Proton-Proton-Zyklus:** $^1_1\text{H} + ^1_1\text{H} \rightarrow ^2_1\text{H} + ^0_{+1}\text{e} + \nu + \gamma,$

$$^2_1\text{H} + ^1_1\text{H} \rightarrow ^3_2\text{He} + \gamma,$$

$$^3_2\text{He} + ^3_2\text{He} \rightarrow ^4_2\text{He} + 2^1_1\text{H}.$$

Vereinfacht gesagt: Vier Protonen verschmelzen zu einem He-4-Kern. Dabei entstehen ein Positron, ein Neutrino und γ-Strahlung; eine Energie von etwa 26,7 MeV wird frei.

- Weitere Zyklen sind der Salpeter-Prozess oder der Kohlenstoff-Stickstoff-Zyklus.

Die großtechnische Nutzung der Kernenergie aus thermonuklearen Reaktionen leichter Atomkerne wird seit Jahrzehnten durch die Entwicklung von steuerbaren **Fusionsreaktoren** angestrebt. Experiment und Berechnung haben ergeben, dass für dieses Vorhaben eine Verschmelzung der Wasserstoffisotope $^2_1\text{H} = $ D und Tritium $^3_1\text{H} = $ T besonders geeignet ist.

Unter den möglichen Fusionsprozessen hat diese Reaktion die niedrigste Zündtemperatur von etwa 10^8 K. Die Fusion läuft nach der Reaktionsgleichung $^2_1\text{H} + ^3_1\text{H} \rightarrow ^4_2\text{He} + ^1_0\text{n}$ ab. Die entstehende Reaktionsenergie Q geht zum größten Teil als kinetische Energie auf die Reaktionsprodukte über. Die Bewegungsenergie wird in Nutzwärme umgewandelt. Diese treibt über Dampfturbinen Elektrogeneratoren an.

Die Energiebilanz für diese Fusionsreaktion lautet:
Gesamtmasse m_v vor der Fusion mit $m(^2_1\text{H}) = 2{,}014102$ u, $m(^3_1\text{H}) = 3{,}016049$ u:
$m_v = 2{,}014102$ u $+ 3{,}016049$ u $= 5{,}030151$ u.
Gesamtmasse m_n nach der Fusion mit $m(^4_2\text{He}) = 4{,}002603$ u, $m(^1_0\text{n}) = 1{,}008665$ u:
$m_n = 4{,}002603$ u $+ 1{,}008665$ u $= 5{,}011268$ u.
Massendefekt: $B = m_v - m_n$, $B = 5{,}030151$ u $- 5{,}011268$ u $= 0{,}018883$ u.

Dem Massendefekt entspricht die Energie $Q = 0{,}018883 \cdot 931{,}494$ MeV $= 17{,}59$ MeV > 0; die Kernfusion verläuft exotherm.

Ergebnis: Bei der Fusion von einem Deuteron und einem Triton wird eine Energie von 17,6 MeV frei. Den Hauptanteil von 14,1 MeV übernimmt das Neutron in Form von kinetischer Energie, die im Reaktorkern in Wärme umgewandelt wird.

Weitere Fusionsreaktionen sind z. B.

- $^2_1\text{H} + ^2_1\text{H} \rightarrow ^3_1\text{H} + ^1_1\text{H} + 4{,}03$ MeV

- $^3_1\text{H} + ^3_1\text{H} \rightarrow ^4_2\text{He} + 2^1_0\text{n} + 11{,}3$ MeV

- $^6_3\text{Li} + ^1_1\text{H} \rightarrow ^3_2\text{He} + ^4_2\text{He} + 4{,}0$ MeV

Bemerkungen:

- Wasserstoff als Brennstoff für Fusionsreaktoren steht in der Natur nahezu unbegrenzt zur Verfügung. Dagegen ist Tritium, das radioaktive Isotop des Wasserstoffs, selten. Es wird durch den Beschuss von Deuterium mit Neutronen kostengünstig erzeugt.

- Insgesamt fällt bei der Kernfusion im Vergleich zur Kernspaltung in Kernkraftwerken weniger radioaktiver Abfall an. Strahlenschutzmaßnahmen (s. Kap. 17.16) sind dennoch erforderlich.

- Aktueller Stand der Forschung: Bis zum Jahr 2015 soll der neueste experimentelle Fusionsreaktor namens ITER (International Thermonuclear Experimental Reactor) in Betrieb gehen und erstmals wissenschaftlich beweisen, dass ein Fusionsreaktor mehr Energie erzeugt, als für den Betrieb aufzuwenden ist.

- Die bei der Kernfusion entstehende Energie ist gewaltig. Anschaulich: Ein Kilogramm Wasserstoff liefert etwa ebenso viel elektrische Energie wie 11 000 Tonnen Kohle.

Aufgaben

1. Nennen Sie Bedingungen, unter denen thermonukleare Reaktionen auf der Erde kontrolliert ablaufen können.
2. Berechnen Sie die bei folgenden Fusionsprozessen frei werdende Energie Q:
   (*) $^2_1D + ^2_1D \rightarrow ^3_2\text{He} + ^1_0n$,
   (**) $^6_3Li + ^1_0n \rightarrow ^4_2\text{He} + ^3_1\text{H}$.
3. Bestimmen Sie die Mindestenergie E, die zur Einleitung der Fusion (*) notwendig ist.

17.16   Strahlenschutz und Dosimetrie

17.16.1 Strahlenschutz

Alle lebenden Organismen auf der Erde unterliegen einer ständigen **Strahlenbelastung**. Darunter versteht man die Wirkung ionisierender Strahlung aus natürlichen oder künstlichen bzw. zivilisatorischen Strahlenquellen.

Die natürliche Strahlenbelastung des Menschen wird durch die natürliche Strahlung hervorgerufen. Damit ist die Gesamtheit der ionisierenden Strahlung gemeint, die ohne Zufuhr radioaktiver Stoffe oder sonstige Veränderung durch den Menschen an der Erdoberfläche auftritt. Die natürliche Strahlung gibt es seit der Entstehung der Erde. Sie wird durch natürliche Radionuklide ausgelöst, die im Erdmantel, auf der Erdoberfläche, im Wasser und in der Atmosphäre in unterschiedlicher Konzentration enthalten sind. Diese **terrestrische** Strahlung hängt vom jeweiligen Messort ab.

Hinzu kommt die **kosmische** Strahlung (= Protonen und schwere Atomkerne mit hoher kinetischer Energie) aus dem Weltraum. Besonders die hochenergetischen Protonen erzeugen beim Eindringen in die Atmosphäre sekundäre Protonen und Neutronen. Gerade diese Teilchen gelangen je nach Höhe über dem Meeresspiegel in unterschiedlicher Intensität zur Erdoberfläche und gefährden lebende Organismen.

Natürliche Strahlung, die von außen auf den menschlichen Körper einwirkt, belastet etwa zu einem Drittel. Gefährlich ist die zusätzliche Verunreinigung der Hautoberfläche (oder anderer Oberflächen) durch radioaktive Stoffe; sie heißt **Kontamination**.

Instabile Nuklide, die mit der Nahrung, dem Trinkwasser, der Atemluft oder auf andere Weise in den menschlichen Körper gelangen, bezeichnet man als **inkorporierte** Radionuklide. Sie belasten etwa zu zwei Drittel. Zu nennen ist hier besonders das bei jedem Atemzug aufgenommene radioaktive Edelgas Radon und seine Folgeprodukte. Raucher inkorporieren zusätzlich den α-Strahler Polonium 210, den die Tabakpflanze aus dem Boden aufnimmt, und andere radioaktive Substanzen. Die radioaktive Belastung im Lungenbereich ist bei ihnen gegenüber Nichtrauchern etwa um den Faktor 6 bis 9 erhöht.

Vom menschlichen Körper aufgenommene radioaktive Substanzen werden eine bestimmte Zeitdauer gespeichert. Sie rufen seine natürliche Radioaktivität hervor. Es handelt sich hauptsächlich um das Radionuklid Kalium 40, das im natürlichen Kalium enthalten ist, um C 14 und um einige Folgeprodukte der natürlichen radioaktiven Zerfallsreihen. Die am stärksten belasteten Organe des Menschen sind Lunge, Knochenmark, Magen- und Darmtrakt, Niere, Leber, Schilddrüse und Keimdrüsen. Die Wirkung radioaktiver Strahlung auf den menschlichen Organismus hängt von der Art der Strahlung (α-, β-, γ-Strahlung), von der Intensität und der zeitlichen und räumlichen Verteilung der Strahlung ab.

Die künstliche Strahlenbelastung kommt aus der medizinischen und technischen Anwendung von radioaktiven Stoffen und ionisierenden Strahlen, aus dem Betrieb von Kohle- und Kernkraftwerken, aus dem Fallout von Kernwaffentests in der Atmosphäre und aus dem sonstigen Einsatz radioaktiver Stoffe.

Strahlenbelastung, die über dem Niveau der natürlichen Belastung liegt, verlangt Schutz- und Überwachungsmaßnahmen. Damit beschäftigen sich Strahlenschutz und Dosimetrie.

Der **Strahlenschutz** will eine Begrenzung der Strahlenbelastung soweit erreichen, dass Strahlenschäden am Menschen vermieden werden. Er umfasst alle Maßnahmen, die gegen Schädigungen durch gefährliche Strahlung aller Art (radioaktive Strahlung künstlicher Radionuklide, Röntgenstrahlung, Neutronenstrahlung usw.) schützen. Gesetzliche Grundlage des Strahlenschutzes in Deutschland ist die Strahlenschutz- verordnung. Sie legt Grenzwerte fest, die angeben, welche Menge an Ra- dionukliden pro Jahr von einer Person höchstens inkorporiert werden darf. Es handelt sich um Kompromisswerte. Auch unterhalb dieser Schwellenwerte ist radioaktive (und andere) Strahlung nicht völlig ungefährlich.

Bild 550

Die Strahlenschutzverordnung regelt den Umgang mit radioaktiven Stoffen, die Überwa- chung von Anlagen, die ionisierende Strahlung erzeugen, usw. Produkte, die radioaktive Stoffe enthalten, müssen das Strahlenwarnzeichen nach B 550 tragen.

Als **Faustregel für den Umgang mit radioaktiven Stoffen** und ionisierender Strahlung gilt die Merkregel aus Kapitel 17.3:

▸ – **Abstand zu radioaktiven Stoffen und ionisierender Strahlung halten, da die Inten-** **sität der Strahlung direkt proportional zu $\frac{1}{r^2}$ abnimmt,**
  – **zur Abschirmung geeignete Materialien einsetzen,**
  – **die Zeitdauer der Strahlungseinwirkung konsequent begrenzen,**
  – **Kontamination und Inkorporation vermeiden.**

Sobald energiereiche Strahlung oder (stabile) Teilchen nach Kernreaktionen ihre Energie bei Wechselwirkungsprozessen mit einem Absorber (Mensch, Betonwand, Bleimantel) abgege- ben haben, sind sie ungefährlich.

17.16.2 Dosimetrie

Materie absorbiert beim Auftreffen ionisierender Strahlung deren Energie. Dabei kommt es zu vielfältigen Wechselwirkungen. Die **Dosimetrie** entwickelt Verfahren zur Messung dieser absorbierten Energie.

Im Folgenden werden verschiedene physikalische Größen eingeführt, die zur Erfassung der Wirkung radioaktiver Strahlung geeignet sind. Die wichtigste Größe ist die **Energiedosis**.

▸▸ **Die Energiedosis bzw. Absorptionsdosis bzw. Strahlungsdosis D ist der Quotient aus** **der Energie E, die vom bestrahlten Material absorbiert wird, und der Masse m des** **Materials: $D = \dfrac{E}{m}$. Einheit der Energiedosis D: $[D] = 1\,\dfrac{J}{kg} = 1$ Gray $= 1$ Gy.**

Namensgeber dieser Einheit ist der englische Physiker Gray. Die Energiedosis 1 Gy liegt vor, falls ein Körper der Masse 1 kg die Energie 1 J absorbiert hat. Die bisweilen noch gebräuchli- che veraltete Einheit lautet Rad, wobei gilt: $1\,\text{Rad} = 10^{-2}\,\text{Gy}$.

In der Praxis läßt sich die Energiedosis nur mühsam direkt messen; meist nutzt man Strahlungsreaktionen aus, die schon bei kleineren Strahlungsdosen zu physikalisch gut messbaren Wirkungen führen.

Die Aufnahme einer bestimmten Energiedosis ΔD kann in unterschiedlich langen Zeitspannen Δt erfolgen. Für Vergleichszwecke am günstigsten ist die Zeitdauer $\Delta t = 1$ s. Man definiert:

▸▸ **Der Quotient aus der Energiedosis ΔD und der Zeitdauer Δt, in der die Aufnahme erfolgt, heißt Energiedosisleistung oder Energiedosisrate:** $\dot{D} = \dfrac{\Delta D}{\Delta t}$. **Nach Vollzug des Grenzübergangs $\Delta t \to 0$ erhält man:** $\dot{D} = \dfrac{dD}{dt}$. **Einheit:** $[\dot{D}] = 1\,\dfrac{Gy}{s}$.

Die biologische Wirksamkeit ionisierender Strahlung hängt nicht nur von der Energiedosis ab, die ein Organ oder Gewebe aufnimmt, sondern auch von der Strahlungsart und bestimmten biologischen Parametern. Masse- und energiereiche Teilchen zeigen trotz gleicher Energiedosis im gleichen organischen Material eine stärkere biologische Wirkung als Elektronen- oder Photonenstrahlung. Die biologische Wirksamkeit einer Strahlung wird durch einen empirisch ermittelten Zahlenfaktor q erfasst. Er ist dimensionslos, von der Strahlungsart und biologischen Parametern abhängig und heißt **Qualitätsfaktor** oder **relative biologische Wirksamkeit** (RBW). Die im Faktor q zum Ausdruck kommende Bewertung einer Strahlung kann sich bei neuen Erfahrungen ändern. Zurzeit gilt:.

Strahlungsart	Qualitätsfaktor q
Röntgen-, β-, γ-Strahlung	1
thermische Neutronenstrahlung	3
schnelle Neutronen oder Protonen	10
α-Strahlung, Spaltprodukte, schwere Rückstoßkerne	20

Verknüpft man die Energiedosis D mit dem Qualitätsfaktor q, so entsteht die **Äquivalentdosis** H:

▸▸ **Die Äquivalentdosis H ist ein Maß für die biologische Wirksamkeit ionisierender Strahlung. Sie ergibt sich durch Multiplikation der Energiedosis D mit einem Qualitätsfaktor q, dessen Zahlenwert von der Strahlungsart und anderen Einflussgrößen abhängt:** $H = qD$. **Einheit der Äquivalentdosis:** $[H] = 1\,\dfrac{J}{kg} = 1$ Sievert $= 1$ Sv.

Namensgeber der Einheit ist der schwedische Physiker Sievert. Die Einheit (das) Sievert unterscheidet sich von der Einheit Gy der Energiedosis durch Einbeziehung der wertenden relativen biologischen Wirksamkeit q.

In der Praxis wird bisweilen noch die veraltete Einheit Rem benutzt: 1 Rem $= 10^{-2}$ Sv. Wie bei der Energiedosis gibt es zur Äquivalentdosis unter Einbeziehung der Zeitdauer die **Äquivalentdosisleistung** bzw. **-rate**: $\dot{H} = q\dot{D}$. **Einheit:** $[\dot{H}] = 1\,\dfrac{Sv}{s}$.

Der Mensch besitzt kein Sinnesorgan, um schädigende Strahlung, insbesondere ionisierende, wahrzunehmen. Der menschliche Körper reagiert verspätet durch Blutbildveränderung, Übelkeit und Erbrechen, Nervenschäden usw. Die mit Sicherheit tödliche Dosis liegt bei etwa 10 Sv. Sie führt zu Schwerstschäden in der DNA der Zellkerne.

Geräte zur Messung der Dosis ionisierender Strahlung heißen Dosimeter. Sie enthalten eine Ionisationskammer oder ein Geiger-Müller-Zählrohr.

Die beruflich, medizinisch oder sonst verursachte Bestrahlung eines Menschen führt meist zu einer gleichzeitigen Strahlenbelastung verschiedener Gewebe und Organe. Diese zeigen in unterschiedlichem Maß Strahlenwirkung. Daher schätzt man bei ungleichmäßiger Verteilung der Dosis über den ganzen Körper eines Menschen das Maß der Bestrahlungsfolgen bzw. den gesamten möglichen Schaden genetischer oder tumorauslösender Art mit der **effektiven Äquivalentdosis** ab. Sie ist die Summe aller Äquivalentdosen D_i, die einzelne Organe oder Gewebe empfangen haben, wobei zusätzlich jede Dosis entsprechend den hervorgerufenen Strahlungsschäden im Organ bzw. Gewebe mit einem Bewertungsfaktor W_i multipliziert wird. Die Summe aller Wirkungskoeffizienten W_i ist dabei stets 1.

Die effektive Äquivalentdosis D_{eff} ermöglicht eine Abschätzung der Bestrahlungsfolgen für eine Person bei ungleichmäßiger Verteilung der Strahlungsdosis über den ganzen Körper; es gilt: $D_{eff} = \sum W_i D_i$.

Einige Bewertungsfaktoren menschlicher Organe und Gewebe sind: Haut und Knochen mit $W_i = 0,01$, Lunge mit $W_i = 0,12$, Brust mit $W_i = 0,05$.

Die mittlere effektive Äquivalentdosis pro Kopf der deutschen Bevölkerung beträgt zurzeit 3 mSv im Jahr. Sie ergibt sich hauptsächlich aus der natürlichen und der medizinischen Strahlenbelastung und der zivilisationsbedingten Erhöhung der natürlichen Strahlenbelastung durch Radioaktivität in Häusern (Radon!). Die berufliche Strahlenbelastung und die Strahlenbelastung durch Kernkraftwerke spielen eine eher geringe Rolle.

Beispiele

- Die natürliche Strahlung in Deutschland auf Meeresniveau beträgt 2,4 µSv am Tag.

- Eine Röntgenaufnahme der Zähne belastet mit 10 µSv, eine des Brustkorbs mit 50 µSv und ein einfacher Flug von Frankfurt nach New York mit 55 µSv.

- Für die Freisetzung von radioaktiver Strahlung aus Kernkraftwerken ist in Deutschland ein Jahresdosisgrenzwert von 300 µSv festgesetzt.

- Raucher belasten sich bei einem Tageskonsum von 1,5 Schachteln mit 13 000 µSv im Jahr, da Tabak radioaktiv ist.

- Eine Strahlenbelastung von 1 Sv löst die sogenannte **Strahlenkrankheit** aus. Sie äußert sich durch Übelkeit, Fieber und Haarausfall. Man spricht hier von einer subletalen Dosis.

Aufgaben

1. a) Nennen Sie Gefahren, die für Natur und Umwelt durch radioaktive Stoffe entstehen.
   b) Erklären Sie die Begriffe „Kontamination" und „Inkorporation".
   c) Geben Sie Verhaltensregeln für den Umgang mit radioaktiven Substanzen an.

2. Bei einer Werkstoffuntersuchung wird ein Strontium-90-Präparat mit der Aktivität $A = 2,4 \cdot 10^{10}$ Bq verwendet. Berechnen Sie die Masse m des Präparats.

3. Ein Laborant hält sich täglich etwa 3,45 h an einem Arbeitsplatz in 3,0 m Entfernung von einer Strahlenquelle auf. Der Strahlenschutzbeauftragte misst an diesem Ort die Energiedosisleistung $D = 24,8\ \mu$Gyh^{-1}. Berechnen Sie die Äquivalentdosis H, der der Laborant täglich ausgesetzt ist, wenn die Strahlenquelle
    a) thermische Neutronen emittiert,
    b) das Kohlenstoffisotop C 14 enthält.

4. In der Nähe einer Quelle für Protonenstrahlung unterliegt ein Körper der Masse $m = 1,00$ kg der Äquivalentdosisleistung $\dot{H} = 10,0$ Svh^{-1}.
    a) Berechnen Sie die Energiedosis D, die der Körper in 2,50 h absorbiert.
    b) Bestimmen Sie rechnerisch die Höhe h über dem Erdboden, in die man m bringen muss, damit seine potenzielle Energie der absorbierten Strahlungsenergie entspricht.
    c) Geben Sie an, welche Wirkung $\dot{H}$ in 2,5 h auf einen Menschen hätte.

5. Im Überwachungsbereich einer Strahlenquelle wird in 1,20 m Abstand die Äquivalentdosisleistung $\dot{H} = 2,8 \cdot 10^{-7}$ Jkg^{-1}h^{-1} ermittelt. Berechnen Sie die Zeitdauer Δt, die ein Beschäftigter in diesem Abstand höchstens verbringen darf, damit die wöchentliche Äquivalentdosis $H = 5,0\ \mu$Sv nicht überschritten wird.

18 Thermodynamik

Die Thermodynamik oder Wärmelehre ist ein klassisches Teilgebiet der Physik, das sich etwa ab dem 18. Jahrhundert entwickelt hat. Sie beschäftigt sich mit der Wärme und ihren Gesetzmäßigkeiten sowie ihrer Verwendung als Energiequelle. Außerdem untersucht sie die Prozesse der Temperaturänderung bei festen, flüssigen und gasförmigen Körpern. Sie führt den Temperaturbegriff ein und behandelt die Wärmeübertragung. Das Verhalten idealer Gase und die Übertragung der Erkenntnisse auf einfache Wärmekraftmaschinen in Verbin-dung mit dem ersten Hauptsatz der Thermodynamik kommen hinzu. Die Frage nach einem Perpetuum mobile 2. Art wird mit dem zweiten Hauptsatz der Thermodynamik geklärt.

18.1 Temperatur

18.1.1 Temperaturbegriff

Bei der Entscheidung, ob ein Körper warm oder kalt ist, kann man sich nicht auf die Wahr-nehmung durch die Sinnesorgane verlassen. Man benötigt ein Maß, mit dessen Hilfe eine genaue Aussage möglich wird.

▸▸ **Die Temperatur ist eine physikalische Größe, die den Wärmezustand eines Körpers beschreibt.**

Erwärmt man einen Körper, so nimmt die Bewegung seiner ihn aufbauenden Teilchen (Atome, Moleküle) zu. Steigt seine Temperatur, so erhöht sich ihre kinetische Energie.
Kühlt man einen Körper ab, so verringert sich mit der Temperatur die kinetische Energie der Teil-chen. Führt man diesen Vorgang fort, so gibt es zumindest gedanklich einen Punkt, an dem sie sich nicht mehr bewegen. Diesen Temperaturpunkt bezeichnet man als **absoluten Nullpunkt**.

18.1.2 Temperaturmessung

Die umgangssprachlichen Begriffe warm und kalt sind keine Größen, um die Temperatur objektiv zu beschreiben. Man nutzt für die Temperaturmessung die Eigenschaft der Körper aus, dass sie sich im Allgemeinen bei Erwärmung ausdehnen und bei Abkühlung zusam-menziehen. Die erste Temperaturskala wurde von dem schwedischen Astronomen Celsius (1701–1744) entwickelt. Er verwendete die Fixpunkte des Wassers zur Entwicklung einer Skala. 0 °C ist die Temperatur, bei der Eis schmilzt, 100 °C ist die Siedetemperatur des Wassers bei normalem Luftdruck $p = 1013{,}25$ hPa.

Befindet sich in einem gleichmäßig dicken Thermometerkapillar Quecksilber, so wird der Abstand zwischen beiden Marken in 100 gleiche Teile unterteilt. Es entsteht das handelsübliche Thermometer, etwa zur Fiebermessung. Es berührt den Körper, dessen Temperatur ermittelt werden soll, oder es wird von ihm umschlossen (besser). Der Kontakt bleibt so lange bestehen, bis sich die Anzeige des Thermometers (nach einer gewissen Zeit) nicht mehr ändert. Der Körper und das Thermometer haben die gleiche Temperatur, sie befinden sich im **thermischen Gleichgewicht**, die Temperaturmessung ist abgeschlossen.

Eine weitere Temperaturmessung erfolgt über den absoluten Nullpunkt, der als 0 Kelvin (0 K) definiert ist und $\vartheta_0 = -273,15\ °C$ entspricht. Diese Messart geht auf einen Vorschlag des englischen Physikers Thomson (Lord Kelvin, 1824–1907) zurück. Ein Messwert dieser Skala heißt **absolute Temperatur** T; Einheit: $[T] = 1\,K$.

Zwischen beiden Skalen besteht der einfache Zusammenhang: $T = \left(273 + \dfrac{\vartheta}{°C}\right) K$.

Bei Temperaturdifferenzen $\Delta T = T_2 - T_1$ in der Einheit K ist T_1 die absolute Anfangs-, T_2 die absolute Endtemperatur.

Zur Messung der Temperatur verwendet man Thermometer. Flüssigkeitsthermometer wurden zuvor bereits erwähnt; sie verwenden Flüssigkeiten wie Quecksilber oder Alkohol. Da sie visuell abgelesen werden, sind sie für die Mess-, Regel- und Automatisierungstechnik wenig geeignet. Hier verwendet man elektrische Messverfahren.

Das Bimetallthermometer nutzt die Tatsache, dass sich Metalle bei gleicher Temperatur unterschiedlich ausdehnen (B 551). So bildet zum Beispiel Zink die eine Seite eines Bimetallstreifens; es dehnt sich bei Erwärmung stärker aus als das Kupfer auf der anderen Seite. Oft verwendet man Bimetallstreifen in Spiralform. Der Zeiger am Ende der Spirale bewegt sich über eine geeichte Skala und gestattet, die Temperatur abzulesen. Ersetzt man den Zeiger durch einen Stift, so lässt sich die Temperatur mit einem Thermografen aufzeichnen.

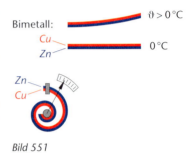

Bild 551

Beim Widerstandsthermometer für Temperaturen von −200 bis 850 °C wird die Temperaturabhängigkeit elektrischer Widerstände von Leitern genutzt. Der elektrische Widerstand nimmt mit wachsender Temperatur zu. Besonders genaue Messungen erhält man bei der Verwendung von Platin.

18.2 Wärme

18.2.1 Grundgleichung

Je höher die Temperatur eines Körpers ist, umso heftiger ist die Bewegung seiner Teilchen; sie läuft völlig ungeordnet ab. Gleichzeitig wächst ihre kinetische Energie $E_{kin} = \dfrac{1}{2} mv^2$; man bezeichnet diese Energie als **Wärmeenergie.** Sie wird von einem Körperteilchen auf ein anderes, von einem System auf ein anderes übertragen. Führt man einem Körper Wärme zu, so erhöht sich seine **innere Energie.** Die Wärme(menge) besitzt das Formelzeichen Q und die übliche Energieeinheit: $[Q] = 1\,J$.

Die Erfahrung lehrt, dass die Temperaturerhöhung eines Körpers im Allgemeinen Wärme verlangt. Sie ist von der Masse m des Körpers, der Temperaturänderung ΔT und von der Materialart abhängig. Versuche bestätigen diese Erfahrung mit dem Ergebnis: $Q \sim m$ und $Q \sim \Delta T$. Man erhält die Proportionalität $Q \sim m\Delta T$ und daraus unter Verwendung eines Proportionalitätsfaktors $k = c$ die Gleichung $Q = cm\Delta T$. Die Konstante c heißt **spezifische Wärmekapazität.** Sie hat die Einheit: $[c] = 1\,\dfrac{J}{kgK}$. Sie gibt also an, welche Wärmemenge Q man einem Kilogramm eines Stoffes zuführen muss, um eine Temperaturerhöhung von einem Kelvin zu erreichen. Sie ist materialabhängig und kann beim gleichen Stoff für unterschiedliche Temperatur- oder Druckbereiche verschiedene Werte annehmen. Aus diesen Überlegungen erhält man die Gleichung, mit der man die zur Erwärmung eines Körpers notwendige Wärmemenge berechnen kann.

▸ **Unter der Bedingung, dass keine Änderung des Aggregatzustands stattfindet, gilt für die Energieaufnahme oder -abgabe eines Körpers: $Q = cm\Delta T$.**

Das Vorzeichen von Q gibt an, ob Wärme zugeführt oder abgegeben wird:

$Q_{zu} = cm(T_2 - T_1) > 0$, falls $T_2 > T_1$, $Q_{ab} = cm(T_2 - T_1) < 0$, falls $T_2 < T_1$.

Für das Produkt cm schreibt man häufig: $C = cm$. C nennt man **Wärmekapazität**: $[C] = 1\,\dfrac{kJ}{K}$.

Beispiele

1. Die spezifische Wärmekapazität fester und flüssiger Stoffe bei 20 °C beträgt bei Aluminium: $c = 0{,}896\,\dfrac{kJ}{kgK}$, bei Blei: $c = 0{,}129\,\dfrac{kJ}{kgK}$, bei Kupfer: $c = 0{,}383\,\dfrac{kJ}{kgK}$, bei Petroleum: $c = 2{,}14\,\dfrac{kJ}{kgK}$, bei Wasser: $c = 4{,}182\,\dfrac{kJ}{kgK}$. Man muss 1 kg Wasser von 20 °C die Energie $Q = 4{,}182$ kJ zuführen, um die Temperatur um 1 K zu erhöhen. Die Energieaufnahme und -abgabe von Wasser spielt im Natur- und Wettergeschehen der Erde eine extrem wichtige Rolle.

   Vergleicht man außerdem die spezifischen Wärmekapazitäten von Kupfer und Wasser, so ist zur Erwärmung von 1 kg Kupfer um 1 K die gegenüber Wasser wesentlich geringere Energie $Q = 0{,}383$ kJ erforderlich. Das Element Kupfer ist ein guter Wärme- und Stromleiter, Wasser nicht.

2. B 552 zeigt einen Versuch, mit dem mechanische Energie in Wärme(energie) umgewandelt wird. Ein Kupferzylinder
   ① umschließt eng ein Thermometer
   ② an dem seine Temperatur ablesbar ist. Beim Drehen der Kurbel
   ③ entsteht zwischen dem Zylinder und dem umgelegten Reibband Reibung, sodass sich ein Wägekörper
   ④ vom Boden hebt. Dann sind die Reibungskraft und die geringe elastische Kraft am Federkraftmesser
   ⑤ gleich der Gewichtskraft des Wägekörpers. Bei jeder Umdrehung der Kurbel wird durch die Reibungskraft am Zylinderumfang Reibungsarbeit verrichtet. Es entsteht Wärme, die die Temperatur des Zylinders erhöht.

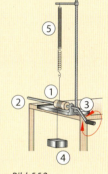

Bild 552

   Während der Versuchsdurchführung habe der Wägekörper die Masse $m_1 = 5{,}00$ kg. Der Kupferzylinder mit der Masse $m_2 = 0{,}680$ kg und dem Durchmesser $d = 4{,}70$ cm vollzieht $N = 500$ vollständige Umdrehungen. Gemessen wird am Thermometer die Temperaturerhöhung $\Delta T = 14{,}0$ K des Kupferzylinders.
   a) Man berechne die am Kupferzylinder verrichtete Reibungsarbeit W_R.
   b) Man berechne die Temperaturerhöhung ΔT des Kupferzylinders und vergleiche das Ergebnis mit dem Messwert am Thermometer.

   Lösung:
   a) Die Reibungsarbeit W_R erhält man aus der konstanten Reibungskraft F_R, die am Kupferzylinder während einer Umdrehung U mithilfe des Reibbandes angreift. W_R geht in die Wärme Q über; sie führt zur Temperaturerhöhung ΔT im Zylinder. Für N Umdrehungen gilt:
      1. $W_R = F_R N U$
      2. $U = 2\pi r$
      3. $F_R \approx F_G = m_1 g$

Somit: $Q = 2\pi r N m_1 g = 2\frac{1}{2} d\pi N m_1 g = \pi N d m_1 g$.

Mit Messwerten: $Q = 500\pi \cdot 0{,}0470 \text{ m} \cdot 5{,}00 \text{ kg} \cdot 9{,}81 \text{ ms}^{-2}$

$\qquad\qquad\qquad Q = 3{,}62 \text{ kJ}$.

Die vom Kupferzylinder aufgenommene Wärmemenge beträgt $Q = 3{,}62$ kJ.

b) Die spezifische Wärmekapazität von Kupfer beträgt $c = 0{,}383 \text{ kJkg}^{-1}\text{K}^{-1}$. Mit
$Q = c m_2 \Delta T$ erhält man: $\Delta T = \dfrac{Q}{c m_2}$. Mit Messwerten: $\Delta T = \dfrac{3{,}621 \text{ kJ}}{0{,}383 \text{ kJkg}^{-1}\text{K}^{-1} \cdot 0{,}680 \text{ kg}} = 13{,}9 \text{ K}$.

Im Rahmen der Messgenauigkeit sind berechnete und gemessene Temperaturerhöhung gleich. Die Reibungsarbeit geht nahezu vollständig in Wärme über. Der Energieerhaltungssatz bleibt offensichtlich gültig (s. Kap. 18.7.2).

18.2.2 Wärmeübertragung

Berühren sich zwei Körper mit unterschiedlichen Temperaturen und wird keine Wärme in eine andere Energieart umgewandelt, so findet eine Wärmeübertragung statt. Dabei gibt der Körper mit der höheren Temperatur ϑ_1 Wärme ab, während der Körper mit der niedrigeren Temperatur ϑ_2 Wärme aufnimmt. Die Wärmeübertragung ist beendet, wenn beide Körper die gleiche Temperatur ϑ_m erreicht haben. Besonders rasch gelingt dieser Vorgang bei Flüssigkeiten, da bei ihnen der Wärmeausgleich durch Mischen sehr rasch erfolgt. Die gleiche gemeinsame Temperatur am Ende des Prozesses bezeichnet man als Mischungstemperatur ϑ_m oder T_m.

Nach dem Energieerhaltungssatz gilt bei Wärmeübertragung die **Mischungsregel**:

▸ **abgegebene Wärmemenge = zugeführte Wärmemenge bzw. $Q_{ab} = Q_{zu}$;**
in ausführlicher Darstellung: $c_1 m_1 (\vartheta_1 - \vartheta_M) = c_2 m_2 (\vartheta_M - \vartheta_2)$.

Durch Umformung der Gleichung entsteht $c_1 m_1 \vartheta_m + c_2 m_2 \vartheta_m = c_1 m_1 \vartheta_1 + c_2 m_2 \vartheta_2$; die Auflösung nach ϑ_m ergibt die richmannsche Mischungsregel.

▸ **Richmannsche Mischungsregel: $\vartheta_m = \dfrac{c_1 m_1 \vartheta_1 + c_2 m_2 \vartheta_2}{c_1 m_1 + c_2 m_2}$.**

Richmann ist ein deutschbaltischer Physiker.

Bei der Wärmeübertragung, oft ungenau als Wärmeaustausch bezeichnet, unterscheidet man drei Formen: Wärmeleitung, Wärmeströmung und Wärmestrahlung.

Die Wärmeübertragung wird von der Temperaturdifferenz und den Materialeigenschaften bestimmt. Stoffe mit hoher elektrischer Leitfähigkeit wie z. B. Metalle besitzen meistens auch eine gute Wärmeleitfähigkeit. So übertragen z. B. Metalle die Wärme in der Regel gut. Dagegen sind Kunststoffe schlechte Wärmeleiter; sie finden als Dämmstoffe zur Wärmeisolierung Verwendung. Durch Wärmedämmung können Brennstoffe gespart und Umweltbelastungen verringert werden. Sie spielt auch bei Lebewesen eine wichtige Rolle (Pelz, Federkleid).

Wärmeleitung und **Wärmeströmung** sind Arten der Wärmeübertragung, die stoffgebunden verlaufen. Die Übertragung erfolgt durch direkten Kontakt zwischen den Atomen bzw. Molekülen der Stoffe. Die Wärmeleitung kann innerhalb eines Stoffs erfolgen und ihn vollständig durchdringen (Wärmedurchgang). Sie kann aber auch zwischen zwei oder mehr Stoffen stattfinden (Wärmeübergang).

Wärmeströmung bzw. Wärmekonvektion ist eine Form der Wärmeübertragung, bei der Wärme durch strömende Flüssigkeiten (z. B. Wasser in der Zentralheizung) oder strömende Gase (z. B. die Luft der Atmosphäre) übertragen wird. Die Fluidteilchen gelangen durch die Strömung vom wärmeren in den kälteren Bereich.

Besteht innerhalb eines Körpers eine Temperaturdifferenz, so durchzieht ihn ein Wärmestrom. Dieser verläuft von der höheren zur niedrigeren Temperatur. Gleichzeitig findet ein Temperaturausgleich statt. Die Größe des Wärmestroms hängt vom Material (Wärmeleitfähigkeit λ), der Fläche und der Dicke des Stoffs sowie der Temperaturdifferenz ab.

Die **Wärmestrahlung** ist eine Art der Wärmeübertragung, bei der Wärme durch elektromagnetische Wellen (z. B. infrarote Strahlung) übertragen wird. Dieser Wärmetransport ist nicht stoffgebunden. Die wichtigste Quelle für Wärmestrahlung ist die Sonne.

Beispiel

Ein heißer Körper aus Stahl mit der Masse $m = 10,0$ kg und der spezifischen Wärmekapazität $c = 0,47$ kJkg^{-1}K^{-1} wird zur Abkühlung in 20,0 l Wasser der Temperatur 20,0 °C gebracht. Es entsteht eine Mischungstemperatur von 60,0 °C. Man berechne die Anfangstemperatur ϑ_1 des Stahlkörpers. Die Wärmekapazität des Gefäßes wird vernachlässigt.

Lösung:
Bedenkt man, dass das Wasser das Volumen $V_2 = 20,0$ dm³ und die Dichte $\rho_2 = 1,00 \, \dfrac{\text{kg}}{\text{dm}^3}$ besitzt, so erhält man mithilfe der Mischungsregel und der Definition der Stoffdichte:

1. $c_1 m_1 (\vartheta_1 - \vartheta_m) = c_2 m_2 (\vartheta_m - \vartheta_2)$

2. $\rho_2 = \dfrac{m_2}{V_2}$

Somit: $\vartheta_1 = \dfrac{c_2 m_2 (\vartheta_m - \vartheta_2) + c_1 m_1 \vartheta_m}{c_1 m_1}$,

$$\vartheta_1 = \dfrac{c_2 \rho_2 V_2 (\vartheta_m - \vartheta_2) + c_1 m_1 \vartheta_m}{c_1 m_1} = \vartheta_m + \dfrac{c_2 \rho_2 V_2 (\vartheta_m - \vartheta_2)}{c_1 m_1}.$$

Mit Messwerten: $\vartheta_1 = (273,1 + 60,0) \text{ K} + \dfrac{4,18 \text{ kJkg}^{-1}\text{K}^{-1} \cdot 1,00 \text{ kgdm}^{-3} \cdot 20,0 \text{ dm}^3 \cdot 40,0 \text{ K}}{0,47 \text{ kJkg}^{-1}\text{K}^{-1} \cdot 10,0 \text{ kg}}$,

$\vartheta_1 = 333,1 \text{ K} + 711,5 \text{ K} = 1045 \text{ K}.$

Der Stahlkörper hat die Anfangstemperatur $\vartheta_1 = 1,0 \cdot 10^3$ K bzw. $\vartheta_1 = 7,7 \cdot 10^2$ °C.

18.3 Aggregatzustände

Wasser als wichtigster Bestandteil des Lebens kann in drei Zuständen auftreten: fest, flüssig, gasförmig. Man spricht von seinen **Aggregatzuständen.** Sie sind druck- und temperaturabhängig.

Der feste Aggregatzustand zeigt sich in der Gitterstruktur von Festkörpern. Zwischen ihren Teilchen (Atome, Moleküle) überwiegen anziehende Kohäsionskräfte. Sie nehmen gegenseitig bestimmte feste Positionen ein, um die sie lediglich örtliche Schwingungen, die Gitterschwingungen, vollziehen. Aus der Gitterstruktur ergibt sich, dass feste Körper eine bestimmte Form und ein bestimmtes Volumen aufweisen.

Im flüssigen Aggregatzustand haben die Teilchen zwar noch einen bestimmten mittleren Abstand zueinander, aber keine feste Position. Sie sind gegeneinander leicht beweglich. Daher besitzen Flüssigkeiten zwar ein bestimmtes Volumen, nehmen aber immer die Form des Gefäßes an, in dem sie aufbewahrt werden. Als Folge der Kohäsion bilden die Randteilchen eine Oberfläche. Die Oberflächenmoleküle der Flüssigkeit erfahren eine in das Flüssigkeitsinnere gerichtete Kraft (Oberflächenspannung) (B 553).

Flüssigkeitsoberfläche

Bild 553

Im gasförmigen Aggregatzustand überwiegt die Wärmebewegung der Teilchen. Sie bewegen sich nahezu frei. Die Kohäsionskräfte zwischen ihnen sind im Allgemeinen vernachlässigbar klein. Gase haben deshalb keine bestimmte Form und kein festes Volumen. Im Gegensatz zum festen Körper und zur Flüssigkeit besitzen Gase einen inneren Druck, sodass sie sich ausdehnen. Sie versuchen stets das größte Volumen einzunehmen, das unter den gegebenen Bedingungen möglich ist.

▸ **Körper nehmen einen festen, flüssigen oder gasförmigen Aggregatzustand ein. Er hängt von der Fixierung der Teilchenposition, von der Wirkung der Teilchen aufeinander und ihrer Beweglichkeit gegeneinander ab.**

18.3.1 Schmelzen und Erstarren

Führt man einem festen Körper bei konstantem Druck Wärme zu, so erhöht sich seine Temperatur. Dieser Vorgang ist von der Masse und dem Material des Körpers abhängig. Bei einer bestimmten Temperatur, der **Schmelztemperatur**, wird trotz Wärmezufuhr keine weitere Temperaturerhöhung erreicht. Der Körper beginnt vom festen in den flüssigen Aggregatzustand überzugehen; er schmilzt. Die während des Schmelzvorgangs zugeführte Energie wird vollständig dazu benötigt, die Bindungen zwischen den Molekülen aufzuheben. Diese Energie heißt Schmelzwärme. Der Quotient q_{sch} aus der gesamten zum Schmelzen eingesetzten Wärme Q_{sch} und der Masse m des geschmolzenen Körpers heißt spezifische Schmelzwärme:

$q_{sch} = \dfrac{Q_{sch}}{m}$. Sie hat die Einheit: $[q_{sch}] = 1\,\dfrac{J}{kg}$ und ist materialabhängig. Die spezifische Schmelz-

wärme gibt die Wärme in J oder kJ an, die zum Schmelzen von 1 kg eines Stoffes erforderlich ist.

Beispiele

1. Schmelztemperatur ϑ von Alkohol: $-114\,°C$, von Luft: $-213\,°C$, von Kupfer: $1083\,°C$, von Kohlenstoff: $3800\,°C$, von Platin: $1769\,°C$, von Zinn: $232\,°C$.

2. Spezifische Schmelzwärme q_{sch} von Eisen: 277 kJkg^{-1}, von Kupfer: 205 kJkg^{-1}, von Zinn: 59,6 kJkg^{-1}, von Wasser: 334 kJkg^{-1}.

Liegt der Körper nach dem Schmelzen vollständig im flüssigen Aggregatzustand vor, so steigt seine Temperatur bei weiterer Wärmezufuhr wieder an. Nun gilt eine andere spezifische Wärmekapazität, nämlich die der Flüssigkeit.

Der beschriebene Prozess ist umkehrbar. Entzieht man der Flüssigkeit Wärme, so beginnt sie bei einer bestimmten Temperatur, der **Erstarrungstemperatur,** in den festen Aggregatzustand überzugehen bzw. zu erstarren. Erstarrungstemperatur und Schmelztemperatur sind gleich. Die vorher zugeführte Schmelzwärme wird wieder frei, man nennt sie Erstarrungswärme.

Die Schmelztemperatur ist druckabhängig. Sie steigt bei Stoffen, die sich beim Schmelzen ausdehnen, mit der Druckerhöhung. Stoffe, die sich beim Übergang in den flüssigen Zustand zusammenziehen, haben unter hohem Druck eine niedrigere Schmelztemperatur. Hierzu gehört Wasser, dessen Schmelztemperatur aufgrund seiner Anomalie bei höherem Druck unter 0 °C absinkt.

18.3.2 Verdampfen und Kondensieren

Der Übergang vom flüssigen in den gasförmigen Aggregatzustand heißt **Verdampfen;** den umgekehrten Vorgang bezeichnet man als **Kondensieren.** Beim Verdampfen unterscheidet man zwei Formen: das Sieden und das Verdunsten. Der Prozess des Siedens erfolgt unter Blasenbildung im gesamten Volumen der Flüssigkeit und rascher als der des Verdunstens. Während des Siedens bleibt die Temperatur konstant. Erwärmt man z. B. eine Wassermenge auf 100 °C, so hört der Temperaturanstieg während des Siedens auf. Die weiter zugeführte Wärme dient nur zur Umwandlung von Wasser in Wasserdampf.

Der Quotient q_{vd} aus der zum Verdampfen einer Flüssigkeit eingesetzten Wärme Q_{vd} und ihrer Masse m heißt spezifische Verdampfungswärme: $q_{vd} = \dfrac{Q_{vd}}{m}$. Sie hat die Einheit: $[q_{vd}] = 1\,\dfrac{J}{kg}$ und ist stoffabhängig.

Beispiele

1. Siedetemperatur ϑ von Alkohol: 78 °C, von Luft: -193 °C, von Kupfer: 2590 °C, von Quecksilber: 357 °C, von Stickstoff: -196 °C.
2. Spezifische Verdampfungswärme q_{vd} von Alkohol: 854 kJkg^{-1}; von Wasser: 2256 kJkg^{-1}.

Der Prozess des Verdunstens erfolgt bei jeder Temperatur nur an der Oberfläche der Flüssigkeit. Sie verdunstet umso schneller, je höher die Verdunstungstemperatur ist. Diese liegt unterhalb der Siedetemperatur, beide ändern sich unter Druck.

18.3.3 Sublimieren

Manche Stoffe gehen direkt vom festen in den gasförmigen Aggregatzustand über. Man bezeichnet diesen Prozess als **Sublimieren**, die Umkehrung als Resublimieren. So geht z. B. festes Kohlendioxid, das Trockeneis, direkt in die Gasform über oder gewöhnliches Eis unter bestimmten Bedingungen direkt in Wasserdampf.

Zusammenfassend ist festzustellen (B 554):

Jeder Übergang von einem niedrigeren zu einem höheren Aggregatzustand ist mit Energiezufuhr verbunden, jeder Übergang von einem höheren zu einem niedrigeren mit Energieabgabe. Während des Phasenübergangs von einem Aggregatzustand in einen anderen verändert sich die innere Struktur eines Körpers und damit seine Dichte, die Temperatur bleibt konstant. Die anfänglich feste Ordnung der Teilchen als Kristallstruktur wird beim Schmelzen durch die zugeführte Energie aufgelöst. Energie ist ebenso nötig, um die Teilchen eines Körpers beim Übergang vom flüssigen in den gasförmigen Aggregatzustand voneinander zu trennen. Grund für den Energiebedarf beim Schmelzen und Verdampfen sind die zwischen den Teilchen existierenden anziehenden elektrischen Kräfte.

Führt die eingebrachte Energie zu einer Erhöhung der Temperatur, so heißt das, dass sich die Bewegung der Teilchen und damit ihre mittlere kinetische Energie vergrößert. Die Schwingungsenergie der an feste Plätze gebundenen Teilchen nimmt zu. Quantität geht in eine neue Qualität über. Das bedeutet für Zustandsänderungen: Wärmezufuhr (Quantität) führt zu einem neuen Aggregatzustand (Qualität).

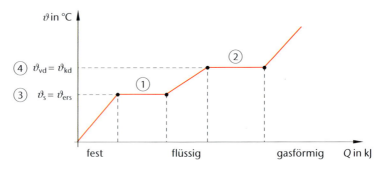

Bild 554

B 554 zeigt modellhaft die verschiedenen Phasenübergänge eines Stoffes.
① Bereich: schmelzen bzw. erstarren
② Bereich: verdampfen bzw. kondensieren
③ ϑ_s: Schmelztemperatur
   ϑ_{ers}: Erstarrungstemperatur
④ ϑ_{vd}: Verdampfungstemperatur
   ϑ_{kd}: Kondensationstemperatur

Beispiel

Ein Kalorimeter enthält 0,600 kg Wasser mit der Temperatur $\vartheta_1 = 22\ °C$. Es hat die Wärme-kapazität $C = 410\ JK^{-1}$. Leitet man flüssiges Blei mit der Temperatur $\vartheta_2 = 327\ °C$ in das Wasser, so stellt sich die Mischungstemperatur 78 °C ein. Man berechne die Bleimasse m_2, die in das Kaloriemeter einfloss.

Lösung:
Der Aggregatzustand des Wassers ändert sich nicht. Seine Wärmeaufnahme beträgt $m_1 c_1 (\vartheta_m - \vartheta_1)$ mit $c_1 = 4,19\ kJkg^{-1}K^{-1}$. Das flüssige Blei ($c_2 = 0,13\ kJkg^{-1}K^{-1}$) gibt an das Wasser Wärme ab und beim Erstarren zusätzlich die vorher empfangene Schmelzwärme = Erstarrungswärme $q_{sch}m_2$ mit $q_{sch} = q_{ers} = 23,0\ kJkg^{-1}$. Mithilfe der Mischungsregel aus Kap. 18.2.2 und der Wärmekapazität $C = cm$ des Kalorimeters, dessen Temperatur ebenfalls von ϑ_1 auf ϑ_m steigt, erhält man: aufgenommene Wärme = abgegebene Wärme.

$$m_1 c_1 (\vartheta_m - \vartheta_1) + C(\vartheta_m - \vartheta_1) = m_2 c_2 (\vartheta_2 - \vartheta_m) + q_{sch}m_2;$$

$$(m_1 c_1 + C)(\vartheta_m - \vartheta_1) = m_2 c_2 (\vartheta_2 - \vartheta_m) + q_{sch}m_2; \quad m_2 = \frac{(m_1 c_1 + C)(\vartheta_m - \vartheta_1)}{c_2 (\vartheta_2 - \vartheta_m) + q_{sch}}$$

Mit Messwerten: $m_2 = \dfrac{(0,600\ kg \cdot 4,19\ kJkg^{-1}k^{-1} + 0,41\ kJK^{-1}) \cdot 56\ K}{0,13\ kJkg^{-1}K^{-1} \cdot 249\ K + 23,0\ kJkg^{-1}} = 3,0\ kg.$

Es flossen 3,0 kg flüssiges Blei in das Kaloriemeter.

18.4 Verhalten der Körper bei Wärmezufuhr

18.4.1 Längenausdehnung fester Körper

Im Sommer beobachtet man oft, dass die elektrischen Überlandleitungen tiefer hängen als im Winter. Das bedeutet offensichtlich, dass „warme" Leitungen länger sind als „kalte".

Erwärmt man einen festen Körper oder kühlt man ihn ab, so ändert sich seine Länge (B 555). Im Normalfall dehnt er sich bei Erwärmung aus und zieht sich bei Abkühlung zusammen. Die Längenänderung Δl eines Körpers ist proportional zur Ausgangslänge l_0, Temperaturänderung ΔT und zu einer Materialkonstanten, die mit α bezeichnet wird und temperaturabhängig ist. Sie heißt **Längenausdehnungskoeffizient** oder linearer Ausdehnungskoeffizient.

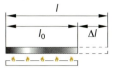

Bild 555

Fasst man diese Proportionalitäten zusammen, so erhält man die Längenänderung Δl fester Körper bei Änderung ihrer Temperatur: $\Delta l = \alpha l_0 \Delta T$, und für die Länge l nach der Erwärmung: $l = l_0 + \Delta l = l_0(1 + \alpha \Delta T)$. l_0 ist die Anfangslänge des Körpers vor der Erwärmung. Die Auflösung der ersten Gleichung nach α ergibt: $\alpha = \dfrac{\Delta l}{l_0 \Delta T}$. Der Längenausdehnungskoeffizient hat die Einheit: $[\alpha] = 1\,\dfrac{m}{mK} = \dfrac{1}{K}$. Er gibt an, um wie viel sich ein Stab von 1 m Länge und 0 °C Anfangstemperatur ausdehnt, wenn er um 1 K erwärmt wird. Feste Körper haben sehr kleine Ausdehnungskoeffizienten, wie die Auflistung im 1. Beispiel zeigt.

Beispiele

1. Längenausdehnungskoeffizient im Bereich von 0 bis 100 °C von Aluminium: $2{,}38 \cdot 10^{-5}\,K^{-1}$, von Beton: $1{,}2 \cdot 10^{-5}\,K^{-1}$, von Glas: $0{,}045 \cdot 10^{-5}\,K^{-1}$, von Silber: $1{,}97 \cdot 10^{-5}\,K^{-1}$.

2. In der Mitte einer 12 m breiten Baugrube hängt eine Last der Masse m an einem Metallseil mit dem Ausdehnungskoeffizienten $\alpha = 1{,}20 \cdot 10^{-5}\,K^{-1}$ (B 556). Die Leute am Bau wissen aus Erfahrung, dass das Seil im Winter bei $-15\,°C$ etwa 0,20 m durchhängt. Man berechne die Absenkung h_2 der Last im Sommer bei 30 °C.

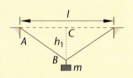

Bild 556

Lösung:

B 556 zeigt den Sommerzustand des Seiles mit angehängter Last. l ist die ursprüngliche Seillänge, l_1 die halbe Seillänge nach Anbringen der Last im Winter, h_1 die Höhe im rechtwinkligen Dreieck ABC. Im Sommer geht l_1 in die Länge $l_2 > l_1$ über. Mit Pythagoras erhält man die Gleichungen:

1. $l_1^2 = \left(\dfrac{l}{2}\right)^2 + h_1^2$ (Winter)

2. $l_2^2 = \left(\dfrac{l}{2}\right)^2 + h_2^2$ (Sommer)

3. $l_2 = l_1(1 + \alpha \Delta T)$ (Übergang von der Winter- in die Sommerlänge)

Somit: $l_1 = \sqrt{\left(\dfrac{12\,m}{2}\right)^2 + (0{,}20\,m)^2} = 6{,}003\,m$,

$l_2 = 6{,}003\,m\,(1 + 1{,}20 \cdot 10^{-5}\,K^{-1} \cdot 45\,K) = 6{,}01\,m$,

$h_2 = \sqrt{(6{,}007\,m)^2 - \left(\dfrac{12\,m}{2}\right)^2} = 0{,}35\,m$.

Im Sommer hängt die Last etwa 35 cm durch.

Aufgaben

1. *Benötigt wird ein temperaturgesteuerter Schalter. Zur Lösung des Problems wird folgendes Modell vorgestellt: B 556.1 zeigt zwei senkrecht stehende Stäbe mit gleicher Länge $l = 15{,}0$ cm. Die Stäbe sind aus Eisen ($\alpha_E = 1{,}20 \cdot 10^{-5}\,K^{-1}$) bzw. Kupfer ($\alpha_K = 1{,}68 \cdot 10^{-5}\,K^{-1}$) gefertigt. Bei der*

Temperatur 10 °C liegt ein Holzbrett waagrecht auf beiden Stäben. Erwärmt man sie auf die gleiche Temperatur T, so schließt es einen Winkel von $\varphi = 5{,}0°$ mit der Horizontalen ein und löst dabei einen Schalter aus. Berechnen Sie T in °C.

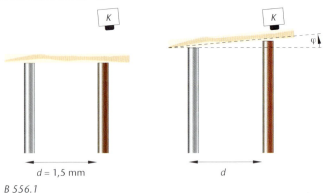

B 556.1

2. Ein Aluminiumstab soll durch die Öffnung eines Maschinenteils eingepasst werden (B 556.2). Damit er im quaderförmigen Innenteil aufgerichtet werden kann, kühlt man ihn ab, führt ihn schräg ein und dreht ihn im Gehäuse. Die Betriebstemperatur der Maschine beträgt $3{,}00 \cdot 10^2$ K. Daher ist es erforderlich, dass der Stab bei dieser Temperatur (gestrichelte Form: l = 5,0 cm; d = 0,48 cm) die Endlage stabil einnimmt.

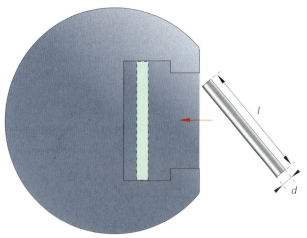

B 556.2

Berechnen Sie die notwendige Temperaturabnahme ΔT (in °C) des Stabes ($\alpha_{Al} = 2{,}38 \cdot 10^{-5}\,\mathrm{K}^{-1}$) in der Abkühlphase.

18.4.2 Volumenausdehnung fester und flüssiger Körper

Volumenausdehnung fester Körper

Feste Körper ändern bei einer Temperaturerhöhung nicht nur die Länge, sondern das gesamte Volumen. Sie dehnen sich in alle drei Richtungen aus (oder ziehen sich in gleicher Weise zusammen). Man kann die Volumenausdehnung in Anlehnung an die Längenausdehnung beschreiben.

Nimmt man einen Würfel mit der Ausgangskantenlänge l_0, so hat er das Ausgangsvolumen $V_0 = l_0^3$. Nach der Temperaturerhöhung um ΔT verfügt der Würfel über das größere Volumen $V = l^3 = l_0^3(1 + \alpha\Delta T)^3$, $V = l_0^3[1 + 3\alpha\Delta T + 3(\alpha\Delta T)^2 + (\alpha\Delta T)^3]$.

Der lineare Ausdehnungskoeffizient α für feste Stoffe liegt im Bereich von 10^{-5}. Betrachtet man Temperaturänderungen im zweistelligen Bereich, so nimmt der Term $3\alpha\Delta T$ keinen größeren Wert als 10^{-3} an. Daher können die Terme $3(\alpha\Delta T)^2$ und $(\alpha\Delta T)^3$ vernachlässigt werden. Sie sind bedeutend kleiner als $3\alpha\Delta T$ und liegen im Bereich von 10^{-6} und 10^{-9}. Als Näherung ergibt sich: $V = l_0^3(1 + 3\alpha\Delta T) = V_0(1 + 3\alpha\Delta T)$.

Das Produkt $\gamma = 3\alpha$ nennt man **Volumenausdehnungskoeffizient** oder kubischer Ausdehnungskoeffizient. Er stimmt in der Einheit mit der von α überein. Unter Verwendung von γ beträgt die Volumenausdehnung fester Körper: $V = V_0(1 + \gamma\Delta T)$. Die Gleichung $\Delta V = V_0\gamma\Delta T$ gibt die Volumenänderung eines Körpers mit dem Anfangsvolumen V_0 an.

Bemerkungen:

- Das Volumen von Hohlkörpern ändert sich wie das Volumen von Vollkörpern aus dem gleichen Material.
- Da Körper mit der Änderung der Temperatur das Volumen vergrößern oder verkleinern, ändert sich wegen der Konstanz der Körpermasse m ihre Dichte.

Volumenausdehnung von Flüssigkeiten

Flüssigkeiten haben keine feste Form. Sie passen sich dem Gefäß an, in dem sie sich befinden. Bei Temperaturänderungen zeigen sie ein ähnliches Verhalten wie feste Körper. Da sich aber die Flüssigkeitsmoleküle viel freier bewegen, nimmt ihre Bewegungsenergie bei Erwärmung deutlich zu. Die Wärmeausdehnung bei Flüssigkeiten ist erheblich größer als bei festen Körpern. Zur Berechnung der Ausdehnung zieht man deshalb den Volumenausdehnungskoeffizienten γ für Flüssigkeiten heran.

Beispiele

1. Volumenausdehnungskoeffizient γ von Alkohol: $1{,}1 \cdot 10^{-3}\,K^{-1}$; von Glycerin: $5{,}0 \cdot 10^{-4}\,K^{-1}$; von Quecksilber: $1{,}8 \cdot 10^{-4}\,K^{-1}$; von Wasser: $2{,}0 \cdot 10^{-4}\,K^{-1}$.

2. Die meisten Flüssigkeiten dehnen sich regelmäßig aus. Wasser macht eine Ausnahme. Es hat bei $4\,°C$ die größte Dichte und das kleinste Volumen. Bei Temperaturen unterhalb oder oberhalb von $4\,°C$ dehnt sich Wasser aus. Diese Abweichung gegenüber anderen Flüssigkeiten nennt man die **Anomalie des Wassers**. Sie ist in der Natur von größter Bedeutung.

Unter Verwendung von γ beträgt die Volumenausdehnung flüssiger Körper: $V = V_0(1 + \gamma\Delta T)$. Die Gleichung $\Delta V = V_0\gamma\Delta T$ gibt die Volumenänderung eines Körpers mit dem Anfangsvolumen V_0 an.

Bei der Ausdehnung von Flüssigkeit muss beachtet werden, dass sich auch das aufnehmende Gefäß ausdehnt, bei gleicher Temperaturänderung ΔT meist unterschiedlich.

Beispiel

Ein 60-l-Benzintank aus Stahl ($\alpha_T = 12 \cdot 10^{-6}\,K^{-1}$) wird im Sommer randvoll gefüllt. Das Benzin ($\gamma = 1{,}11 \cdot 10^{-3}\,K^{-1}$) erwärmt sich von $10\,°C$ auf $50\,°C$.

Man berechne, wie viel Benzin ausläuft unter a) Vernachlässigung oder b) Berücksichtigung der Volumenausdehnung des Tanks.

Lösung:

a) Die Volumenänderung des Benzins ist durch $\Delta V_B = V_0 \gamma \Delta T$ festgesetzt:

$\Delta V_B = 60\,l \cdot 1,11 \cdot 10^{-3}\,K^{-1} \cdot 40\,K = 2,7\,l$.

Wird die Volumenänderung des Tanks vernachlässigt, dann laufen 2,7 l Benzin aus.

b) Die Ausdehnung des Stahltanks berechnet sich wie in a): $\Delta V_T = V_0 \gamma_T \Delta T$, mit $\gamma_T = 3\alpha_T$.

Mit Messwerten: $\Delta V_T = 60\,l \cdot 3 \cdot 12 \cdot 10^{-6}\,K^{-1} \cdot 40\,K = 0,1\,l$.

Aus der Differenz der Werte aus a) und b) erhält man: $\Delta V = \Delta V_B - \Delta V_T$,

$\Delta V = 2,7\,l - 0,1\,l = 2,6\,l$. Unter Berücksichtigung der Volumenänderung des Tanks laufen 2,6 l Benzin aus.

18.4.3 Volumenausdehnung gasförmiger Körper

Gasförmige Körper dehnen sich bei Erwärmung stärker und gleichmäßiger aus als feste und flüssige. Ein Luftballon, der in der Sonne liegt, wird prall, sein Volumen wächst.

Bestimmt man den Volumenausdehnungskoeffizienten γ für verschiedene Gase bei gleichem Druck experimentell, so erhält man für alle in einem großen Temperaturbereich fast den gleichen Messwert: $\gamma = \dfrac{1}{273}\dfrac{1}{K}$.

▸ **Gase, deren Volumen bei konstantem Druck und einer Temperaturerhöhung um 1 K um $\dfrac{1}{273}$ des Volumens V_0 bei 0 °C zunimmt, heißen ideal.**

Ideale Gase in weiten Temperaturbereichen sind Wasserstoff, Helium, Sauerstoff und Luft. Reale Gase verhalten sich unter bestimmten Bedingungen (geringe Dichte, kleiner Druck) wie ideale. Das Modell „ideales Gas" ermöglicht, die objektive Realität zu erkennen und quantitativ zu beschreiben.

Für die Volumenausdehnung von idealen Gasen bei konstantem Druck (**isobare** Zustandsänderung) erhält man: $V = V_0(1 + \gamma \Delta T)$ bzw. $V = V_0\left(1 + \dfrac{1}{273\,K}\Delta T\right)$. Diese Gleichung gilt also eingeschränkt.

Das Ergebnis lässt sich umformen zu $V = V_0\left(\dfrac{273\,K + \Delta T}{273\,K}\right)$. Ersetzt man die 0 °C entsprechende Temperatur 273 K durch T_0 und verwendet man $T = \left(273 + \dfrac{\vartheta}{°C}\right)K = 273\,K + \Delta T$

aus Kapitel 18.1.2, so folgt das Gesetz von Gay-Lussac: $\dfrac{V}{V_0} = \dfrac{T}{T_0}$ bzw. $\dfrac{V}{T} = \dfrac{V_0}{T_0} = $ konstant.

Der Quotient hat bei konstantem Druck für ideale Gase immer den gleichen Wert. Volumen V und Temperatur T sind zueinander proportional: $V = kT$ bzw. $V \sim T$.

▸ **Für ideale Gase gilt bei konstantem Druck (isobare Zustandsänderung): $\dfrac{V_1}{T_1} = \dfrac{V_2}{T_2}$; oder kurz: $\dfrac{V}{T} = $ konstant.**

18.5 Zustandsänderung idealer Gase

18.5.1 Allgemeine Gasgleichung

Die Gleichung für die Volumenänderung von festen und flüssigen Körpern kann nicht allgemein auf Gase übertragen werden. Das folgt schon aus der Tatsache, dass Gase leichter komprimierbar sind als Flüssigkeiten.

Das Volumen von Gasen hängt nicht nur von der Temperatur ab, sondern auch vom Druck, dem sie unterliegen. Verringert man das Volumen einer abgeschlossenen Gasmenge, so vergrößert sich der Druck im Inneren des Gases. Umgekehrt gilt: Wird das Volumen vergrößert, so füllt das Gas immer noch den gesamten Raum aus und der Druck nimmt ab. Durch diesen Druck entsteht auf einer Fläche A eine Kraft $\vec{F}$, die senkrecht auf die Fläche wirkt (B 557).

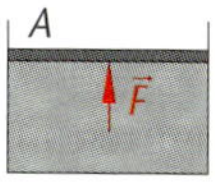

Bild 557

Der Druck ist der Quotient aus der Kraft F und der Fläche A: $p = \dfrac{F}{A}$.

Einheit des Drucks: $[p] = 1\ \mathrm{Nm^{-2}} = 1\ \mathrm{Pascal} = 1\ \mathrm{Pa}$. Alte Einheit: $1\ \mathrm{bar} = 10^5\ \mathrm{Pa} = 10^5\ \mathrm{Nm^{-2}}$.

Die Einheit ist nach dem französischen Mathematiker und Philosophen Pascal benannt.

Den Zusammenhang von Druck und Volumen gewinnt man mit folgender Versuchsanordnung (B 558):

An einem Zylinder ①, in dem sich eine abgeschlossene Gasmenge befindet, ist ein Manometer ② angeschlossen. Durch Bewegung des Kolbens ③ wird das Volumen des Gases verändert; die Druckänderung liest man am Manometer ab. Die Messung des Drucks p in Abhängigkeit vom Volumen V findet bei konstanter Temperatur statt.

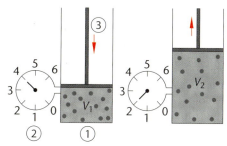

Bild 558

Der englische Physiker Boyle (1627–1691) und der französische Physiker Mariotte (1620–1684) entdeckten unabhängig voneinander, dass sich Druck und Volumen bei idealen Gasen umgekehrt proportional zueinander verhalten.

▸ **Gesetz von Boyle und Mariotte: Bei konstanter Temperatur (isotherme Zustandsänderung) ist das Produkt aus Druck und Volumen konstant: $p_1 V_1 = p_2 V_2$; oder kurz: pV = konstant.**

Eine ideale Gasmenge unterliegt nun zuerst einer isothermen Zustandsänderung: $p_1 V_1 = p_2 V^*$ (1); V^* ist das neue Volumen.

Dann kommt eine isobare Zustandsänderung desselben Gases hinzu; das Volumen ändert sich von V^* nach V_2: $\dfrac{V^*}{T_1} = \dfrac{V_2}{T_2}$ bzw. $V^* = \dfrac{T_1}{T_2} V_2$. 　　　　　(2)

Setzt man (2) in (1) ein, so erhält man: $p_1 V_1 = p_2 \dfrac{T_1}{T_2} V_2$.

Teilt man beide Seiten der letzten Gleichung durch T_1, so entsteht: $\dfrac{p_1 V_1}{T_1} = \dfrac{p_2 V_2}{T_2}$. Diese

Gleichung bezeichnet man als **allgemeine Gasgleichung**.

▸ **Ändern sich bei der abgeschlossenen Menge eines idealen Gases Druck, Temperatur und Volumen, so gilt:** $\frac{pV}{T}$ = konstant. Man schreibt auch: $\frac{p_1 V_1}{T_1} = \frac{p_2 V_2}{T_2}$.

In der allgemeinen Gasgleichung sind alle bisher behandelten Gasgesetze als Sonderfälle enthalten, ebenso das Gesetz von Amontons (französischer Physiker):

▸ **Für ideale Gase gilt bei konstantem Volumen (isochore Zustandsänderung):** $\frac{p_1}{T_1} = \frac{p_2}{T_2}$,

oder kurz: $\frac{p}{T}$ = konstant.

18.5.2 Universelle Gasgleichung

Der Quotient $\frac{pV}{T}$ aus der allgemeinen Gasgleichung hat für alle Zustände einer abgeschlossenen Gasmenge denselben Wert. Er ist proportional zur Masse m bei verschiedenen Mengen des gleichen Gases: $\frac{pV}{T} \sim m$ oder $\frac{pV}{T} = R_i m$. R_i heißt **spezifische Gaskonstante**; sie hängt von der Gasart ab. Ihre Einheit folgt aus $R_i = \frac{pV}{mT}$: $[R_i] = 1\frac{Nm^{-2}m^3}{kgK} = 1\frac{Nm}{kgK} = 1\frac{J}{kgK}$. Sie gibt die Energie an, die erforderlich ist, um 1 kg eines Gases um 1 K zu erwärmen.

Beispiel

Spezifische Gaskonstante R_i von Chlor: 0,115 kJkg^{-1}K^{-1}, von Luft: 0,287 kJkg^{-1}K^{-1}, von Propan: 0,189 kJkg^{-1}K^{-1}, von Wasserstoff: 4,124 kJkg^{-1}K^{-1}.

▸ **Die Zustandsgleichung eines Gases mit der Masse m und der spezifischen Gaskonstanten R_i lautet allgemein: $pV = mR_i T$. Sie heißt universelle Gasgleichung.**

Mit der Masse m hängt der Quotientenwert $\frac{pV}{T}$ auch von der Anzahl N der Gasteilchen ab.

Gleiche Volumen unterschiedlicher Gase enthalten bei gleichem Druck und gleicher Temperatur die gleiche Anzahl N von Teilchen (Atome, Moleküle).

Unter Normalbedingungen (Druck p_0 = 1013,25 hPa, Temperatur T_0 = 273,15 K) enthält das Volumen V_0 = 22,414 l = 22,414 10^{-3} m³ insgesamt $6{,}022 \cdot 10^{23}$ Teilchen. Man sagt, ein Gas, allgemein ein Körper, mit dieser Teilchenanzahl hat die **Stoffmenge** v = 1 mol.

▸ **Gase, allgemein Körper, werden durch die Stoffmenge gemessen. Ein Körper hat die Stoffmenge v = 1 mol, wenn er $6{,}02214129 \cdot 10^{23}$ gleichartige Teilchen enthält.**

Die Anzahl der Teilchen in einem Mol eines Stoffes heißt **Avogadrokonstante**: $N_A = 6{,}02214129 \cdot 10^{23} \frac{1}{mol}$. Sie ist nach dem italienischen Physiker und Chemiker Avogadro (1776–1856) benannt.

Die Anzahl N der Teilchen in einer Gasmenge ergibt sich als Produkt aus Avogadrokonstanten N_A und der Stoffmenge v: $N = N_A v$.

Oft ist es günstig, die Masse eines Gases oder Körpers nicht in kg anzugeben, sondern auf die Stoffmenge v zu beziehen. Zwischen beiden Größen besteht ein einfacher Zusammenhang.

Der Quotient aus der Masse m eines Gases oder Körpers und der Stoffmenge v, also $\frac{m}{v}$, heißt **molare Masse** M: $M = \frac{m}{v}$. Einheit der molaren Masse: $[M] = 1 \, \frac{kg}{mol}$.

Die molare Masse M in $\frac{kg}{kmol}$ oder in $\frac{g}{mol}$ stimmt im Zahlenwert mit der relativen Atommasse A_r bzw. der relativen Molekülmasse überein.

Beispiele

1. Molare Masse einiger gasförmiger Stoffe:

Element	Molare Masse in $\frac{g}{mol}$	Verbindung	Molare Masse in $\frac{g}{mol}$
Argon (Ar)	39,948	Ethan(C_2H_6)	30,07
Helium (He)	4,003	Kohlendioxid (CO_2)	44,01
Sauerstoff (O)	15,999	Luft (trocken)	28,96
Wasserstoff (H)	1,008	Methan (CH_4)	16,04
Xenon (Xe)	131,300	Stickstoff (N_2)	28,01

2. Das Gas Propan (C_3H_8) hat die molare Masse $M_1 = 44{,}01 \, gmol^{-1} = \frac{44{,}01 \, g}{1 \, mol}$, das Gas Methan die molare Masse $M_2 = 16{,}043 \, gmol^{-1} = \frac{16{,}043 \, g}{1 \, mol}$. Da in einem Mol eines Stoffes immer $6{,}0221 \cdot 10^{23}$ gleiche Teilchen enthalten sind, folgt sofort, dass die Propan-Moleküle eine größere Masse haben als die Methan-Moleküle. Das bestätigt eine Rechnung: $m(C_3H_8) = \frac{44{,}01 \, g}{6{,}0221 \cdot 10^{23}} = 7{,}31 \cdot 10^{-26} \, kg$; $m(CH_4) = \frac{16{,}04 \, g}{6{,}0221 \cdot 10^{23}} = 2{,}66 \cdot 10^{-26} \, kg$. Die molare Masse gibt immer die Gesamtmasse m von $6{,}0221 \cdot 10^{23}$ gleichen Teilchen eines Stoffes an.

3. Das Element Sauerstoff mit der molaren Masse $M = 15{,}999 \, \frac{g}{mol}$ hat die relative Atommasse $A_r = 15{,}999$ und umgekehrt, wie ein Blick in eine Formelsammlung bestätigt.

Ein Mol eines bestimmten Gases nimmt unter gleichen physikalischen Bedingungen immer dasselbe Volumen, sein **molares Volumen** V_m, ein. Das Molvolumen V_m eines Gases oder Stoffes ist der Quotient aus seinem Volumen V und der Stoffmenge v: $V_m = \frac{V}{v}$. Das Molvolumen idealer Gase unter Normalbedingung beträgt $V_{m0} = 22{,}414 \cdot 10^{-3} \, m^3 mol^{-1}$. Ist die Stoffmenge v eines Gases unter Normalbedingung bekannt, dann ergibt die allgemeine Gasgleichung mit $p_1 = p_0 = 1013{,}25 \, hPa$, $V_1 = V_0 = vV_{m0}$ und $T_1 = T_0 = 273{,}15 \, K$:

$$\frac{p_1 V_1}{T_1} = \frac{p_0 v V_{m0}}{T_0} = \frac{1{,}01325 \cdot 10^5 \, Pa \, \cdot \, v \cdot 22{,}414 \, \cdot 10^{-3} \, m^3 mol^{-1}}{273{,}15 \, K} = v \, \cdot \, 8{,}3145 \, Jmol^{-1}K^{-1}.$$

p_0, V_{m0} und T_0 sind Konstanten, sodass sich aus der Berechnung des Quotienten eine neue Konstante, die **universelle Gaskonstante** R, ergibt: $R = 8{,}3145 \, Jmol^{-1}K^{-1}$.

Die allgemeine Gasgleichung geht dann über in die universelle Gasgleichung.

▸ **Universelle Gasgleichung für ideale Gase:** $pV = \nu RT$ mit $R = 8,3144621 \, \text{Jmol}^{-1}\text{K}^{-1}$.

Beispiel

a) Man berechne das Volumen V, das 7,00 kg gasförmiger Stickstoff N_2 bei einer Zimmer-temperatur von 20,0 °C unter einem Druck von $1,0 \cdot 10^7$ Pa einnimmt.

b) Man ermittle die Dichte ρ des Stickstoffs unter diesen Bedingungen.

  Lösung:

  a) Man setzt die universelle Gasgleichung ein und verknüpft sie mit der Gleichung für die molare Masse. Man beachte außerdem, dass Stickstoff als N_2-Molekül vorliegt.

  1. $pV = \nu RT$

  2. $M = \dfrac{m}{\nu}$

  3. $A_r(N_2) = 2 \cdot 14 = 28$ bzw. mithilfe einer Tabelle genau:

  $A_r(N_2) = 28,013$

  Somit: $V = \dfrac{\nu RT}{p} = \dfrac{mRT}{Mp}$.

  Mit Messwerten: $V = \dfrac{7,00 \cdot 10^3 \, \text{g} \cdot 8,314 \, \text{JK}^{-1}\text{mol}^{-1} \cdot 293 \, \text{K}}{28 \, \text{gmol}^{-1} \cdot 1,0 \cdot 10^7 \, \text{Pa}} = 0,061 \, \text{m}^3$.

  b) Für die Stoffdichte gilt: $\rho = \dfrac{m}{V}$. Mit Messwerten: $\rho = \dfrac{7,00 \, \text{kg}}{0,0609 \, \text{m}^3} = 114,9 \, \text{kgm}^{-3}$.

  Stickstoff nimmt unter den gegebenen Bedingungen ein Volumen von 0,061 m³ ein und hat die Dichte 110 kgm⁻³.

18.6 Grundbegriffe der kinetischen Gastheorie

Bei den bisherigen Betrachtungen zu Temperatur und thermischem Verhalten von Körpern bezogen sich die Aussagen auf den Körper als Ganzes. Mithilfe der Zustandsgrößen Temperatur, Druck und Volumen und der Materialkonstanten wurden verschiedene Gesetzmäßigkeiten mathematisch beschrieben. Man kann das thermische Verhalten der Körper aber auch durch die Bewegung und die Eigenschaften der sie aufbauenden Teilchen (Moleküle, Atome) erklären.

18.6.1 Molekulare Struktur der Gase

Körper lassen sich durch mechanisches Zerteilen oder durch Auflösen in einer Flüssigkeit in immer kleinere Teilchen zerlegen. Diese sind zu Beginn des Vorganges noch unter dem Mikroskop sichtbar. Später gelangt man rasch an Grenzen.

Beobachtungen bei Versuchen (z. B. Ölfleckversuch) und Berechnungen zeigen, dass die Zerteilung immer bei einer bestimmten Teilchengröße endet. Diese kleinsten Teilchen heißen Atome oder, in chemischen Verbindungen, Moleküle. Einen großen Beitrag zu diesen Erkenntnissen leistete die Chemie im 18. und 19. Jahrhundert (s. Kap. 16.1). Als wichtiges Ergebnis fand man das Gesetz der konstanten und multiplen Proportionen. Es besagt:

▸ **In chemischen Verbindungen stehen die Massenanteile der Elemente stets in einem ganzzahligen Verhältnis zueinander.**

Wie in Kapitel 16.1.2 besprochen, stellte Dalton im Jahre 1808 das erste neuzeitliche Atom-modell auf, das folgende Aussagen macht:

- Jedes Element besteht aus kleinsten, nicht weiter teilbaren Teilchen, den Atomen.

- Alle Atome eines Elements haben die gleiche Größe und die gleiche Masse.

- Bei chemischen Reaktionen werden Atome miteinander verbunden oder voneinander ge-trennt. Dabei werden sie nie zerstört oder neu gebildet, sie werden nicht in Atome eines anderen Elements umgewandelt.

Die Moleküle eines Gases sind relativ frei beweglich. Das folgende Beispiel zeigt, dass sich die Teilchen von Gasen in ständiger thermischer Bewegung befinden.

Beispiel

Man bringt etwas Rauch in einen Glaszylinder. Wenn man die Rauchteilchen mit einem Mikroskop betrachtet, so stellt man fest, dass sie sich völlig unregelmäßig bewegen. Ursache dieser Bewegungen sind zum Beispiel Zusammenstöße der Luftmoleküle mit den Rauchteilchen. Sie wurden erstmals im Jahr 1827 von dem schottischen Botaniker Robert Brown (1773–1858) beobachtet und heißen heute **brownsche Bewegung** (B 559). Die Heftigkeit der Teilchenbewegungen nimmt mit der Temperatur zu.

Bild 559

Man wählt zwei Glaszylinder, die mit unterschiedlichen Gasen gefüllt sind, und bringt sie an den Öffnungen, durch eine Glasscheibe getrennt, zusammen. Entfernt man die Glasscheibe, so stellt man nach kurzer Zeit fest, dass sich beide Gase selbstständig vermischt haben. Ein Teilchentransport hat stattgefunden, den man als **Diffusion** bezeichnet. Die Diffusion zeigt, dass sich die Moleküle der Gase in ständiger Bewegung befinden. Die Diffusion ist beendet, wenn sich eine homogene Gasmischung gebildet hat (B 560).

Die brownsche Bewegung und die Diffusion ermög-lichen Aussagen über den molekularen Aufbau der Gase. Die Moleküle stoßen wegen ihrer thermischen Bewegung ständig zusammen und gegen die Wand des Gefäßes. Bei diesen Zusammenstößen ändern sie im Allgemeinen den Betrag und die Richtung der Geschwindigkeit und des Impulses.

Glas-scheibe

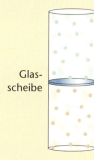

Bild 560

18.6.2 Grundgleichung der kinetischen Gastheorie

Die Anzahl der Teilchen in einem Gas ist hoch. So sind beispielsweise in einem Mol eines Gases $6{,}02 \cdot 10^{23}$ Teilchen enthalten (s. Kap. 18.5.2). Um die Gesetzmäßigkeiten der Gase aus ihren Teilchen herleiten zu können, muss man von einfachen Teilchenmodellen ausge-hen. Die universelle Gasgleichung zeigt, dass Gase weitgehend übereinstimmende thermi-sche Eigenschaften haben.

Die **kinetische Gastheorie** dagegen erklärt den Gasdruck als Folge elastischer Stöße der Moleküle des Gases auf die Wand des einschließenden Gefäßes.
Man geht von folgenden Grundannahmen aus:

- Die Gasmoleküle sind Punktmassen (siehe Dalton).

- Zwischen den Molekülen wirken keine Kräfte.

- Die Stöße zwischen den Gasmolekülen und der Gefäßwand sind elastisch.

- Die Moleküle bewegen sich völlig ungeordnet.

Mit diesen idealisierenden Annahmen über ein Gas lässt sich der Druck mithilfe mechanischer Gesetzmäßigkeiten mathematisch beschreiben. Ergebnis dieser Überlegung ist die Grundgleichung der kinetischen Gastheorie.

▸▸ **Grundgleichung der kinetischen Gastheorie:** $pV = \dfrac{2}{3}N\bar{E}_{kin} = \dfrac{1}{3}Nm\bar{v}^2$.

Das Produkt pV beträgt zwei Drittel der kinetischen Energie aller im Volumen V eingeschlossenen Teilchen des Gases. Diese Energie ist zugleich die im Gas gespeicherte innere Energie, die sich bei konstanter Temperatur nicht ändert.

Legende:
p: Druck einer abgeschlossenen Gasmenge
V: Volumen des Gases
N: Anzahl der Teilchen (Atome, Moleküle) im Gas
m: Masse eines Teilchens
$\bar{E}_{kin}$:   mittlere kinetische Energie eines Teilchens
$\bar{v}$:   mittlere Geschwindigkeit der Teilchen

18.6.3 Folgerungen aus der Grundgleichung

Die Grundgleichung der kinetischen Gastheorie $pV = \dfrac{1}{3}Nm\bar{v}^2$ und die universelle Gasgleichung für ideale Gase $pV = \nu RT$ lassen sich zusammenfassen:

$$\nu RT = \frac{1}{3}Nm\bar{v}^2 = \frac{2}{3}N\frac{m}{2}\bar{v}^2 = \frac{2}{3}N\bar{E}_{kin}.$$ Nach Umformung entsteht: $\bar{E}_{kin} = \dfrac{3}{2}\dfrac{\nu R}{N}T$.   (*)

Da in einer abgeschlossenen Gasmenge $\dfrac{3}{2}\dfrac{\nu R}{N} =$ konstant, ist die mittlere kinetische Energie $\bar{E}_{kin}$ eines Teilchens proportional zur absoluten Temperatur T: $\bar{E}_{kin} \sim T$. Für alle N Teilchen dieser Menge gilt: $N\bar{E}_{kin} = \dfrac{3}{2}\nu RT$ bzw. $N\bar{E}_{kin} \sim T$.

▸ **Die mittlere kinetische Energie aller Moleküle eines idealen Gases ist zur absoluten Temperatur direkt proportional.**

Da der kleinste Wert der kinetischen Energie null ist, leitet sich daraus für die absolute Temperatur T eine untere Grenze mit 0 Kelvin her. Sie heißt **absoluter Nullpunkt**.

Eine weitere Umformung ist möglich, falls man mit $N = N_A \nu$ (s. Kap. 18.5.2) bzw. $\nu = \dfrac{N}{N_A}$ den Zusammenhang zwischen der Anzahl N der Teilchen in einer festen Gasmenge und ihrer Stoffmenge ν einbringt. Aus (*) ergibt sich: $\bar{E}_{kin} = \dfrac{3}{2}\dfrac{\nu R}{N}T = \dfrac{3}{2}\dfrac{N}{N_A}\dfrac{R}{N}T = \dfrac{3}{2}\dfrac{R}{N_A}T$.

Wählt man für die Konstante $\dfrac{R}{N_A}$ das Formelzeichen k, so entsteht: $\overline{E}_{kin} = \dfrac{3}{2}kT$. $k = \dfrac{R}{N_A}$ ist eine universelle Konstante und heißt **Boltzmannkonstante.** Benannt ist sie nach dem österreichischen Physiker Boltzmann. Sie hat heute den Wert:

$k = 1,380\ 6504 \cdot 10^{-23}\ \mathrm{JK}^{-1} = 8,617\ 343 \cdot 10^{-5}\ \mathrm{eVK}^{-1}$.

Beispiel

Man berechne die Temperatur T eines Gases, das bei einem Druck von $1,0 \cdot 10^{-6}$ Pa gerade $1,0 \cdot 10^8$ Teilchen pro cm³ enthält.

Lösung:

Zur Bestimmung der gesuchten Temperatur T verwendet man die universelle Gasgleichung, in der die Stoffmenge ν und die Temperatur T unbekannt sind. Dafür ist in der Gleichung für die mittlere kinetische Energie eines Gasteilchens die Boltzmannkonstante k gegeben. Mit den Gleichungen

1. $pV = \nu RT = \dfrac{2}{3}N\overline{E}_{kin}$

2. $\overline{E}_{kin} = \dfrac{3}{2}kT$

erhält man: $pV = \dfrac{2}{3}N\overline{E}_{kin} = \dfrac{2}{3}N\dfrac{3}{2}kT = NkT,\ T = \dfrac{pV}{Nk}$.

Mit Messwerten: $T = \dfrac{1,0 \cdot 10^{-6}\ \mathrm{Pa} \cdot 1,0 \cdot 10^{-6}\ \mathrm{m}^3}{1,0 \cdot 10^8 \cdot 1,381 \cdot 10^{-23}\ \mathrm{JK}^{-1}} = 720\ \mathrm{K}$.

Das Gas hat unter den genannten Bedingungen eine Temperatur von 720 K.

18.7   1. Hauptsatz der Thermodynamik

18.7.1 Geschichtlicher Hintergrund

Aus täglicher Erfahrung weiß man, dass Wärme eine Form von Energie ist. Hände erwärmen sich, wenn man sie reibt. Bei technischen Prozessen muss man Erwärmung, die durch Bewegung oder Reibung entsteht, oft unterbinden, um Materialschäden zu vermeiden.

Wärme als Form von Energie und die Möglichkeiten ihrer Umwandlung in andere Energieformen beschäftigten die Physiker und Chemiker im 19. Jahrhundert intensiv. Im Jahre 1842 gelangte der deutsche Arzt und Physiker Mayer zu folgender Überlegung: Wenn Bewegungsenergie sich in Wärmeenergie umwandelt, müsste man z. B. Wasser durch Schütteln erwärmen können. Er löste das Problem und entdeckte dabei das Prinzip von der Erhaltung der Energie.

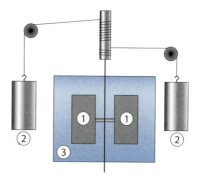

Bild 561: Kalorimeter

Um diese Zeit untersuchte auch der Engländer Joule Wärmeprozesse. Mit einem Kalorimeter maß er Wärmemengen, die bei chemischen oder physikalischen Vorgängen freigesetzt werden. B 561 zeigt ein solches Gerät; es ist mit einer Flüssigkeit ③ gefüllt. Durch Drehen eines mechanischen Rührwerkes ① erwärmte sie sich. Die zugeführte Wärmemenge lässt sich bestimmen. Sie ist gleich der mechanischen Arbeit, die von den beiden Massestücken ② beim Absenken verrichtet wird. Joule kam unabhängig von Mayer ebenfalls zum Prinzip von der Erhaltung der Energie. Darüber hinaus untersuchte er die Umwandlung von elektrischer Energie in Wärmeenergie und fand bestimmte konstante Umrechnungsverhältnisse.

Die Ergebnisse dieser Untersuchungen veranlassten den deutschen Physiker Hermann von Helmholtz, nach experimenteller Überprüfung aller damals bekannten Naturvorgänge das Prinzip von der Erhaltung der Energie auf alle Gebiete der Physik mit ihren jeweiligen Energieformen zu übertragen. Er gilt heute als der Erfinder des Energieprinzips.

18.7.2 Formulierung des 1. Hauptsatzes der Wärmelehre

In Kapitel 18.6.3 wurde gezeigt, dass die mittlere kinetische Energie der Teilchen in einem idealen Gas zur absoluten Temperatur proportional ist. Somit ist die absolute Temperatur ein Maß für die mittlere Energie der Teilchen. Summiert man die kinetische Energie aller Teilchen einer festen Gasmenge, so erhält man die Gesamtenergie oder **innere Energie** ΔU der Gasmenge.

Die innere Energie ΔU eines Gases kann von außen auf zwei Arten geändert werden:

- durch Verrichtung mechanischer Arbeit W,

- durch Zufuhr oder Entzug der Wärme Q.

Dieser Sachverhalt kommt in der Gleichung $\Delta U = W + Q$ zum Ausdruck. Hierbei wird dem Körper zugeführte Energie positiv, vom Körper abgegebene Energie negativ behandelt.

▸ **1. Hauptsatz der Thermodynamik:**
Die Änderung der inneren Energie ΔU eines Körpers ist gleich der Summe aus der zugeführten oder abgegebenen Wärme Q und der am System oder vom System verrichteten Arbeit W: $\Delta U = Q + W$.

18.7.3 Anwendungen des 1. Hauptsatzes

Energieumwandlung bei isochorer Zustandsänderung

Ein Gas wird in einem geschlossenen Gefäß erwärmt, dessen Volumen konstant bleibt. Das Gas kann sich nicht ausdehnen und so wird keine mechanische Arbeit verrichtet: $W = 0$.

Aus dem 1. Hauptsatz $\Delta U = Q + W$ folgt:

▸ **Energiebilanz bei isochorer Zustandsänderung: $\Delta U = Q$.** $\qquad(1)$

Bei einer isochoren Zustandsänderung (V = konstant) ist die zugeführte (abgegebene) Wärmemenge Q gleich der Vergrößerung (Verkleinerung) der inneren Energie ΔU des Gases.

Die Wärmemenge berechnet sich mit $Q = c_v m \Delta T$, $\qquad(2)$
wobei c_v die spezifische Wärmekapazität des Gases bei konstantem Volumen ist.
Aus (1) und (2) folgt: $\Delta U = c_v m \Delta T$.

Die einem System von außen zugeführte Wärmemenge wird vollständig in innere Energie umgesetzt und führt zu einer Temperaturerhöhung, da $W = 0$.

Beispiel

Man berechne die Wärme Q, die Wasserstoffgas ($c_V = 10{,}17$ kJkg^{-1}K^{-1}) mit dem festen Volumen $V = 0{,}0050$ m^3 (5,0 l) zugeführt werden muss, damit der Druck von 2,0 MPa auf 3,0 MPa ansteigt.

Lösung:

$V =$ konstant $\rightarrow$ isochore Zustandsänderung; man verwendet $Q = c_V m \Delta T$, ΔT ist unbekannt. Daher benötigt man die universelle Gasgleichung als zweite Gleichung:

$$\Delta p V = \nu R \Delta T \text{ bzw. } \Delta T = \frac{\Delta p V}{\nu R}.$$

Mit $M = \dfrac{m}{\nu}$ für die molare Masse des molekularen Wasserstoffs H$_2$ erhält man:

$$Q = \frac{c_V m \Delta p V}{\nu R} = \frac{c_V \Delta p V}{R} \frac{m}{\nu} = \frac{c_V \Delta p V}{R} M.$$

Mit Messwerten: $Q = \dfrac{10{,}17 \cdot 10^3 \, \text{Jkg}^{-1}\text{K}^{-1} \cdot 1{,}0 \cdot 10^6 \, \text{Pa} \cdot 0{,}0050 \, \text{m}^3}{8{,}314 \, \text{JK}^{-1}\text{mol}^{-1}} \cdot 2{,}0 \, \text{gmol}^{-1} = 12 \, \text{kJ}$.

Es ist die Wärme $Q = 12$ kJ notwendig.

Energieumwandlung bei isobarer Zustandsänderung

Das Gefäß ist durch einen ideal beweglichen, fast masselosen Kolben abgeschlossen. Bei Erwärmung dehnt sich das eingebrachte Gas aus, der Kolben wird gegen den Außendruck verschoben (B 562). Die Volumenzunahme $\Delta V = A \Delta h$ soll in so kleinen Schritten vorgenommen werden, dass der Druck des Gases als konstant gelten darf ($p =$ konstant). Dann erhält man für die vom System aus Gefäß, Gas und Kolben verrichtete mechanische Arbeit die Gleichung:

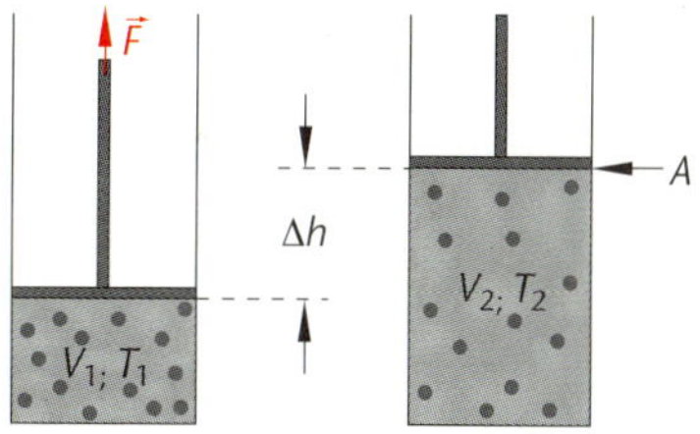

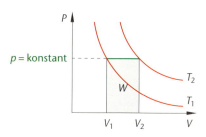

Bild 562

$$W = -F\Delta h = -pA\Delta h = -p\Delta V.$$

A ist der Flächeninhalt der Kolbenfläche. Also gilt:
$W = -p(V_2 - V_1)$, $V_2 > V_1$.

Die Arbeit kann im V-p-Diagramm durch eine Rechteckfläche dargestellt werden (B 563). Es gilt hier: $T_2 > T_1$.

Durch Zufuhr von Wärme bei konstantem Druck wird nicht nur mechanische Arbeit verrichtet, vielmehr tritt auch eine Temperaturerhöhung ein. Sie vergrößert die innere Energie des Gases. Aus dem 1. Hauptsatz folgt $\Delta U = Q - p\Delta V$ oder die allgemeine

Bild 563

▸ **Energiebilanz bei isobarer Zustandsänderung:** $Q = \Delta U + p\Delta V$.
Bei einer isobaren Zustandsänderung (p = konstant) ist die zugeführte (abgegebene) Wärmemenge Q gleich der Summe aus der Veränderung der inneren Energie des Gases und der vom Gas abgegebenen (aufgenommenen) mechanischen Arbeit.

Die Wärmemenge ergibt sich aus: $Q = c_p m \Delta T$, wobei c_p die spezifische Wärmekapazität des Gases bei konstantem Druck ist.

Die innere Energie eines idealen Gases ist nur von der Temperatur abhängig. Der 1. Hauptsatz kann dann wie folgt geschrieben werden: $c_p m \Delta T = c_v m \Delta T + p \Delta V$.

Daraus entsteht nach Umformung die Gleichung: $c_p - c_v = \dfrac{p\Delta V}{m\Delta T}$.

Bringt man die universelle Gasgleichung $p\Delta V = \nu R \Delta T$ und die molare Masse $M = \dfrac{m}{\nu}$ bzw.

$\dfrac{1}{M} = \dfrac{\nu}{m}$ ein, so erhält man den Zusammenhang: $c_p - c_v = \dfrac{\nu R \Delta T}{m \Delta T} = \dfrac{R}{M} = R_i$. R_i ist die spezifische

Gaskonstante aus Kapitel 18.5.2.

Aus der letzten Gleichung folgt stets: $c_p > c_v$, da $R_i > 0$. Außerdem stellen sich einfache Beziehungen ein zwischen der speziellen und der universellen Gaskonstanten in der Form

$R_i = \dfrac{R}{M}$ und zwischen den spezifischen Gaskonstanten c_p, p = konstant, und c_v, V = konstant, in der Form: $c_p - c_v = R_i$.

Beispiel

2,0 kg Luft mit der molaren Masse $M = 29\ \text{gmol}^{-1}$ und der Anfangstemperatur 30 °C werden isobar erwärmt. Dabei verrichtet das Gas die Arbeit $W = 1,0 \cdot 10^5$ J. Man berechne die Endtemperatur T_2 der Luft.

Lösung:
p = konstant → isobare Zustandsänderung; daher verwendet man zur Berechnung von ΔT die (positive) Arbeit $W = p\Delta V$ in Verbindung mit der universellen Gasgleichung.

1. $W = p\Delta V$

2. $p\Delta V = \nu R \Delta T$

Somit: $p = \dfrac{\nu R \Delta T}{\Delta V}$; eingesetzt in 1.: $W = \dfrac{\nu R \Delta T}{\Delta V}\Delta V = \nu R \Delta T$,

$\Delta T = \dfrac{W}{\nu R} = \dfrac{MW}{mR}$. $\quad T_2 = T_1 + \Delta T$.

Mit Messwerten: $\Delta T = \dfrac{29\ \text{gmol}^{-1} \cdot 1,0 \cdot 10^5\ \text{J}}{2,0 \cdot 10^3\ \text{g} \cdot 8,314\ \text{Jmol}^{-1}\text{K}^{-1}} = 174\ \text{K}$,

$T_2 = 303\ \text{K} + 174\ \text{K} = 477\ \text{K}$.

Die Luft erreicht die Endtemperatur 477 K bzw. 204 °C.

Energieumwandlung bei isothermer Zustandsänderung

Nun bleibt die Temperatur konstant, die innere Energie des Gases ändert sich nicht. Es gilt: $\Delta U = 0$.

Aus dem 1. Hauptsatz ergibt sich die

▸ **Energiebilanz bei isothermer Zustandsänderung: $W = -Q$.**
  Bei einer isothermen Zustandsänderung (T = konstant) ist die vom Gas aufgenommene (abgegebene) Wärmemenge gleich der verrichteten Expansionsarbeit (Kompressionsarbeit).

Die bei der isothermen Zustandsänderung verrichtete mechanische Expansionsarbeit oder Volumenänderungsarbeit kann man als Fläche unter der Kurve $p = p(V)$ darstellen (B 564). Der Druck ist eine gleichseitige Hyperbel. Die Fläche zwischen Graph und V-Achse lässt sich nicht durch eine einfache Rechteckfläche ersetzen. Ihr Inhalt ergibt sich mithilfe der Integralrechnung:

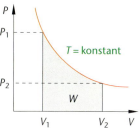

Bild 564

$$W = -\int_{V_1}^{V_2} p(V)\,dV = -vRT\int_{V_1}^{V_2}\frac{1}{V}dV = -vRT(\ln V)\Big|_{V_1}^{V_2} = -vRT(\ln V_2 - V_1) = -vRT\ln\frac{V_2}{V_1}$$

$$= vRT\ln\frac{V_1}{V_2}.$$

Mit $v = \dfrac{m}{M}$ und $R_i = \dfrac{R}{M}$ bildet sich: $W = -\dfrac{m}{M}RT\ln\dfrac{V_2}{V_1} = -mR_iT\ln\dfrac{V_2}{V_1}$.

▸ **Die nach außen verrichtete mechanische Expansionsarbeit oder Volumenänderungsarbeit beträgt bei einer isothermen Zustandsänderung: $W = -vRT\ln\dfrac{V_2}{V_1} = -mR_iT\ln\dfrac{V_2}{V_1}$.**

Die Berechnung der Wärmemenge folgt mit: $Q = vRT\ln\dfrac{V_2}{V_1}$.

Beispiel

In einem Zylinder befindet sich 0,500 kg Kohlenstoffdioxid bei einem Druck von 1,2 MPa und einer Temperatur von 20 °C.

a) Man berechne das Volumen V_1 des Gases in diesem Zustand.
b) Man berechne den Druck p_2 des Gases, wenn es isotherm auf die Hälfte seines Anfangsvolumens komprimiert wird.
c) Man berechne die mechanische Arbeit W, die für die Kompression in b) notwendig ist.

Lösung:

a) 1. $p_1V_1 = vRT$

    2. $v = \dfrac{m}{M}$

    Somit: $V_1 = \dfrac{mRT}{Mp_1}$.

Mit Messwerten: $V_1 = \dfrac{0,500 \cdot 10^3 \, \text{g} \cdot 8,314 \, \text{Jmol}^{-1}\text{K}^{-1} \cdot 293 \, \text{K}}{44 \, \text{g mol}^{-1} \cdot 1,2 \cdot 10^6 \, \text{Pa}} = 0,0231 \, \text{m}^3$.

Das Volumen des Gases in diesem Zustand beträgt 0,023 m³ bzw. 23 l.

b) $p_1 V_1 = p_2 V_2$, $p_2 = p_1 \dfrac{V_1}{V_2}$. Mit Messwerten: $p_2 = 1,2 \, \text{MPa} \dfrac{V_1}{0,5 V_1} = 2,4 \, \text{MPa}$.

Das Gas unterliegt nach der isothermen Kompression dem Druck 2,4 MPa.

c) $W = -\nu R T \ln \dfrac{V_2}{V_1} = \nu R T \ln \dfrac{V_1}{V_2} = \dfrac{m}{M} R T \ln \dfrac{V_1}{V_2}$.

Mit Messwerten: $W = \dfrac{0,500 \cdot 10^3 \, \text{g} \cdot 8,314 \, \text{Jmol}^{-1}\text{K}^{-1} \cdot 293 \, \text{K} \cdot \ln 2}{44 \, \text{gmol}^{-1}} = 19,2 \, \text{kJ}$.

Bei der Kompression muss die Arbeit 19 kJ aufgebracht werden.

Energieumwandlung bei adiabatischer Zustandsänderung

Eine Zustandsänderung heißt **adiabatisch**, wenn kein Wärmeaustausch mit der Umgebung stattfindet. Diese Bedingung ist bei gut isolierenden Behältern erfüllt oder bei physikalischen Prozessen, die sehr schnell ablaufen. So sind z. B. thermische Prozesse in Verbrennungsmotoren weitgehend adiabatisch, da in der kurzen Zeitspanne kein Wärmeaustausch mit der Umgebung möglich ist. Bei adiabatischer Zustandsänderung gilt also $Q = 0$. Unter dieser Bedingung geht der 1. Hauptsatz über in den

▸ **1. Hauptsatz bei adiabatischer Zustandsänderung:** $\Delta U = W$.

Verdichtet man ein Gas adiabatisch, so erhöht sich seine Temperatur. Grund: Die beim Zusammendrücken am Gas verrichtete Arbeit wird als innere Energie gespeichert. Beispiel: Eine Fahrradpumpe erwärmt sich beim Gebrauch.
Dagegen kühlt sich ein Gas bei adiabatischer Entspannung ab. Grund: Das Gas verrichtet zulasten seiner inneren Energie Arbeit nach außen.

Zusammengefasst: Die adiabatische Aufnahme von mechanischer Energie erhöht die innere Energie eines Gases, die adiabatische Abgabe verringert sie. Anders gesagt:

▸ **Die bei einer adiabatischen Zustandsänderung verrichtete mechanische Arbeit entsteht aus der Veränderung der inneren Energie.**

Der 1. Hauptsatz nimmt unter adiabatischer Betrachtung die neue Form $-c_V m \Delta T = p \Delta V$ an.

Das Minuszeichen kommt aus der Überlegung, dass sich bei einer adiabatischen Volumenvergrößerung die Temperatur verringert. Daher haben ΔV und ΔT unterschiedliche Vorzeichen.

Aus der universellen Gasgleichung folgt durch Erweiterung: $-c_V m \Delta T = \nu R T \dfrac{\Delta V}{V}$; Umformung ergibt: $-c_V m \dfrac{\Delta T}{T} = m \dfrac{R}{M} \dfrac{\Delta V}{V}$. Mit der Beziehung $c_p - c_V = \dfrac{R}{M}$ erhält man: $-c_V \dfrac{\Delta T}{T} = (c_p - c_V) \dfrac{\Delta V}{V}$, in infinitesimaler Schreibweise: $-c_V \dfrac{1}{T} dT = (c_p - c_V) \dfrac{1}{V} dV$.
Die Integration beider Seiten in den Zeitgrenzen von T_1 bis T_2 bzw. in den zugehörigen Volumengrenzen von V_1 bis V_2 führt zu: $c_V \ln \dfrac{T_1}{T_2} = (c_p - c_V) \ln \dfrac{V_2}{V_1}$.

Daraus leiten sich die Gleichungen $\left(\dfrac{T_1}{T_2}\right)^{c_V} = \left(\dfrac{V_2}{V_1}\right)^{c_p - c_V}$ oder $\dfrac{T_1}{T_2} = \left(\dfrac{V_2}{V_1}\right)^{\frac{c_p}{c_V} - 1}$ direkt her.

Man ersetzt den Quotienten $\dfrac{c_p}{c_V}$ durch die Konstante κ (Kappa). Sie heißt **Adiabatenexponent** und ist eine reine Zahl. So erhält man das folgende

▸ **Temperatur-Volumen-Gesetz für die adiabatische Zustandsänderung:**

$$\frac{T_1}{T_2} = \left(\frac{V_2}{V_1}\right)^{\kappa - 1} \text{ mit } \kappa = \frac{c_p}{c_V}.$$

Unter Verwendung der Zustandsgleichung $pV = mR_iT$ aus Kapitel 18.5.2 kann man die Temperatur T eliminieren, denn es gilt: $T_1 = \dfrac{p_1 V_1}{mR_i}$, $T_2 = \dfrac{p_2 V_2}{mR_i}$, $\dfrac{T_1}{T_2} = \dfrac{p_1 V_1}{p_2 V_2} = \left(\dfrac{V_2}{V_1}\right)^{\kappa - 1}$, $p_1 V_1 V_1^{\kappa - 1} = p_2 V_2 V_2^{\kappa - 1}$, $p_1 V_1^{\kappa} = p_2 V_2^{\kappa} = \text{konstant}$. Dies ist die adiabatische Zustandsgleichung ohne Temperatur T. Man nennt sie auch **Adiabatengleichung**.

▸ **Zwischen dem Druck p und dem Volumen V besteht bei adiabatischer Zustandsänderung ($Q = 0$) eine Beziehung nach der Adiabatengleichung $pV^{\kappa} = $ konstant. Der Exponent κ hängt von der Art des Gases ab. Für einatomige Gase ist $\kappa = \dfrac{5}{3}$, für zweiatomige $\kappa = \dfrac{7}{5}$.**

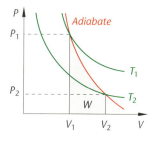

Bild 565

Der rote Graph im V-p-Diagramm heißt **Adiabate**. Sie schneidet die Isothermen und verläuft steiler als diese. Die mechanische Arbeit berechnet man ebenfalls aus der Fläche unter der Kurve im V-p-Diagramm (B 565). Hier sind $p_1 > p_2$ und $V_1 < V_2$.

Bemerkungen

- Genau genommen sind adiabatische Prozesse nicht möglich, da sich ein Wärmeaustausch mit der Umgebung selbst bei bester Isolierung oder schnellstem Ablauf des Vorgangs nicht unterdrücken lässt.

- Die Adiabatengleichung lässt sich auch ohne Volumen V angeben: $\left(\dfrac{T_1}{T_2}\right)^{\kappa} = \left(\dfrac{p_1}{p_2}\right)^{\kappa - 1}$

18.7.4 Energiebilanz bei einfachen Wärmekraftmaschinen

Da Wärme eine Energie darstellt, könnte man vermuten, dass sich jede Wärmemenge vollständig in eine andere Energieart und jede andere Energieart vollständig in Wärme umwandeln lässt. Es zeigt sich, dass man zwar jede Energieart vollständig in Wärme überführen kann, dass es aber unmöglich ist, eine zur Verfügung stehende Wärmemenge vollständig in eine andere Energieart, z. B. in mechanische Arbeit, zu wechseln. Der Grund dafür liegt im Wesen der Wärme: Nach der kinetischen Gastheorie wird diese Energieform als ungeordnete Molekularbewegung dargestellt.

Um möglichst viel Wärme in mechanische Arbeit umzuwandeln, überträgt man sie zuerst auf ein Gas. Es strömt mit hoher Temperatur gegen den Rotor einer Dampfturbine oder in einen Zylinder mit beweglichem Kolben. Moleküle, die auf die Turbinenschaufel oder den Kolben einer Wärmekraftmaschine prallen, geben nur einen Teil ihrer kinetischen Energie ab. Dadurch verringert sich ihre Geschwindigkeit, eine Temperaturabnahme des Gases ist die Folge.

Zur Wiederholung des Vorgangs muss der Kolben im Zylinder wieder die Ausgangsstellung und das antreibende Gas die Anfangstemperatur einnehmen. Der französische Ingenieur Carnot hat sich mit diesem Problem beschäftigt und festgestellt, dass die Ausnutzung der Wärme optimal ist, wenn das beteiligte Gas einen bestimmten Kreisprozess durchläuft.

Carnotscher Kreisprozess

Im Jahr 1824 entwickelte Carnot diesen wichtigen Kreisprozess der Thermodynamik. Er bildet die theoretische Grundlage zur Berechnung des Wirkungsgrades von Wärmekraftmaschinen. Dem carnotschen Kreisprozess liegt folgendes Modellexperiment zugrunde:

Ein ideales Gas befindet sich in einem Zylinder mit einem beweglichen Kolben. Es kann mit einem Wärmebehälter der Temperatur T_1 und einem weiteren mit der niedrigeren Temperatur T_2 Wärme austauschen. Vier aufeinanderfolgende Zustandsänderungen bilden den carnotschen Kreisprozess (B 566):

- A: Isotherme Expansion (1–2):
  Das Gas entnimmt einem isolierten Wärmebehälter der konstanten Temperatur T_1 eine Wärmemenge. Es expandiert isotherm, vergrößert also sein Volumen von V_1 auf V_2, und gibt dabei mechanische Arbeit ab. Dem Wärmebehälter wird die Wärme Q_1 entzogen und dem System zugeführt. Formelmäßig: $T_1 =$ konstant, $V_2 > V_1$ bzw. $p_2 < p_1$, abgegebene Arbeit:

$$W_{12} = -\nu R T_1 \ln \frac{V_2}{V_1} = -Q_1.$$

- B: Adiabatische Expansion (2–3):
  Das Gas expandiert adiabatisch ($Q_{23} = 0$) gering weiter ($V_3 > V_2$, $p_3 < p_2$), bis es sich auf die Temperatur T_2 abgekühlt hat. (Es findet also kein Wärmeaustausch mit der Umgebung statt.) Zulasten der Wärmemenge im Gas wird die weitere mechanische Arbeit

$$W_{23} = c_V m(T_2 - T_1) \text{ verrichtet. Es gilt das Temperatur-Volumen-Gesetz: } \frac{T_1}{T_2} = \left(\frac{V_3}{V_2}\right)^{\kappa-1}.$$

- C: Isotherme Kompression (3–4):
  Das Gas kommt mit dem Wärmebehälter der niedrigeren Temperatur T_2 in Kontakt. Es wird unter dem Aufwand einer äußeren Arbeit isotherm komprimiert. Deshalb gibt es die Wärme $-Q_2$ an den Behälter ab. Die am System verrichtete mechanische Arbeit beträgt

$$W_{34} = -\nu R T_2 \ln \frac{V_4}{V_3} = -Q_2.$$

  Formelmäßig: $T_2 =$ konstant, $V_4 < V_3$ bzw. $p_4 > p_3$.

- D: Adiabatische Kompression (4–1):
  Das Gas wird unter weiterer äußerer Arbeit adiabatisch ($Q_{41} = 0$) komprimiert, bis es wieder die höhere Temperatur T_1 einnimmt. Dazu ist die mechanische Arbeit $W_{41} = c_V m(T_1 - T_2)$ erforderlich. Das Gas befindet sich in seinem Anfangszustand. Es gilt:

$$\frac{T_2}{T_1} = \left(\frac{V_1}{V_4}\right)^{\kappa-1}, \text{ außerdem: } T_1 > T_2, V_1 < V_4 \text{ bzw. } p_1 > p_4; \text{ die zugeführte Arbeit beträgt:}$$
$$W_{41} = -W_{23}.$$

Alle diese Prozesse können auch in umgekehrter Richtung ablaufen, d.h., sie sind **reversibel**.

In den Phasen A und B dehnt sich das ideale Gas, die Arbeitssubstanz, aus, hebt den Kolben und verrichtet Arbeit nach außen. Ihr entspricht in B 566 die Fläche unter den Kurventeilen A und B. In den Phasen C und D wird das Gas durch den belasteten Kolben zusammengedrückt, die Umgebung verrichtet am Gas Arbeit. Ihr entspricht die Fläche unter den Kurventeilen C und D. Die Gesamtarbeit W bei einem vollständigen Zyklus des carnotschen Kreisprozesses ist nach B 566 die von A, B, C und D umschlossene Fläche, also die Differenz aus der Fläche unter A, B und der Fläche unter C, D. W wird zum Antrieb von Maschinen herangezogen. Insgesamt erinnert die Wärmekraftmaschine nach Carnot an ein Wasserrad, bei dem Wasser aus einer großen Höhe zur kleineren gelangt und dabei Arbeit abgibt.

Im V-p-Diagramm ist die umschlossene Fläche gleich der Arbeit, die bei einem carnotschen Kreisprozess verrichtet wird (B 566). Man erkennt, dass die Umwandlung von Wärme in mechanische Energie nicht vollständig gelingt.

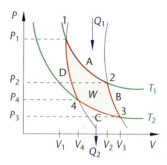

Bild 566: V-p-Diagramm beim Kreisprozess nach Carnot

Stirlingscher Kreisprozess

Der schottische Pfarrer Stirling ließ im Jahr 1816 einen Heißluftmotor patentieren. Dieser ist eine periodisch arbeitende Wärmekraftmaschine, die Wärmeenergie in mechanische Energie umwandelt. Die Wärme wird als Antriebsenergie von außen zugeführt.

Von der Idee her ist der Stirlingmotor einfach. Ein Zylinder ist mit einer konstanten Menge Arbeitsgas gefüllt und dicht verschlossen. Der obere Teil des Zylinders wird von außen erhitzt, der untere bleibt kühl. Im Zylinder des Stirlingmotors bewegen sich zwei miteinander verbundene und um 90° verschoben arbeitende Kolben (B 567), der Arbeitskolben und der Verdrängerkolben. Im oberen Teil des Zylinders befindet sich z.B. ein Wärmebad mit der höheren Temperatur T_1, im unteren ein Kühlbereich mit der niedrigeren Temperatur T_2. Der Verdrängerkolben schiebt das Arbeitsgas zwischen diesen beiden Bereichen hin und her. Es strömt dabei wie im Modell von B 567 durch Kanäle im Verdränger selbst oder durch einen äußeren Hilfskanal. Beide Kolben müssen sich zueinander in der richtigen Weise bewegen, nämlich um 90° phasenverschoben.

Der Heißluftmotor arbeitet in vier Takten oder Phasen. Es entsteht der stirlingsche Kreisprozess (B 567, 568).

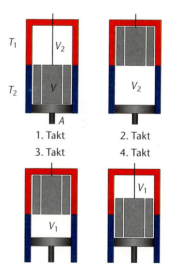

Bild 567: Modell einer Wärme-Kraft-Maschine nach Stirling

1. Takt: Isotherme Expansion
Dem Arbeitsgas (z.B. Luft) wird im oberen Teil des Zylinders die Wärme Q_1 zugeführt. Es dehnt sich bei der konstanten Temperatur T_1 aus ($V_2 > V_1$ bzw. $p_2 < p_1$) und treibt den Arbeitskolben A und Verdränger V nach unten. Das Gas verrichtet Arbeit.

2. Takt: Isochore Abkühlung
Während der Arbeitskolben dem unteren Umkehrpunkt der Bewegung zustrebt, eilt der Verdränger dem Arbeitskolben um 90° voraus mit maximaler Geschwindigkeit nach oben und schiebt das Gas in den unteren Kühlbereich. Bei etwa konstantem Volumen V_2 verliert es (möglichst schlagartig) die Wärme Q_4 und kühlt auf die Temperatur T_2 ab. Das Gas verrichtet keine Arbeit.

3. Takt: Isotherme Kompression

Nun befindet sich der Verdränger im oberen Umkehrpunkt. Der Arbeitskolben schiebt sich nach oben und komprimiert bei der konstanten Temperatur T_2 die Luft ($V_1 < V_2$ bzw. $p_4 > p_3$). Die Kompression läuft (nahezu) ohne Temperaturänderung ab. Die entstehende Wärme Q_2 wird an den Kühlbereich abgeführt. Am Gas wird Arbeit verrichtet.

4. Takt: Isochore Erwärmung

Hat der Arbeitskolben nahezu den oberen Umkehrpunkt eingenommen, so läuft der Verdränger gerade mit maximaler Geschwindigkeit nach unten und schiebt das Arbeitsgas in den heißen Bereich des Zylinders. Das strömende Gas entzieht Wärme. Bei konstantem Volumen V_1 wird insgesamt die Wärmemenge Q_3 zugeführt. Das Gas verrichtet keine Arbeit.

Mit einem V-p-Diagramm (B 568) kann der Kreisprozess folgendermaßen beschrieben werden: Die Wärmemengen Q_3 und Q_4 sind gleich groß, da die Temperaturdifferenz bei konstantem Volumen in beiden Fällen gleich ist. Die insgesamt verrichtete mechanische Arbeit entspricht dem Flächeninhalt der von der V-p-Kurve eingeschlossenen rot umrandeten Fläche. Anfangs- und Endzustand sind gleich, damit ist $\Delta U = 0$.

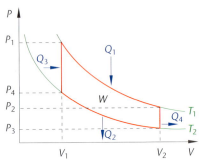

Bild 568

Setzt man diesen Sachverhalt in den 1. Hauptsatz der Thermodynamik ein, so ergibt sich: $\Delta U = W + Q_1 + Q_2$ bzw. $0 = W + Q_1 + Q_2$.

Die Wärme Q_1 wird zugeführt (positiv), die mechanische Arbeit W und die Wärme Q_2 werden abgegeben (negativ): $|W| = Q_1 + Q_2$.

Ziel ist, die gesamte Energie, die einem System zugeführt wird, in mechanische Arbeit umzuwandeln. Da das in der Realität nicht möglich ist, strebt man ein größtmögliches Verhältnis aus abgegebener Arbeit und zugeführter Energie an. Dieses Verhältnis ist ein Maß für die Wirtschaftlichkeit eines Prozesses und wird als **Wirkungsgrad** bezeichnet (siehe Kap. 5.3).

Der Wirkungsgrad η, bei dem die Wärmemenge Q_1 in die mechanische Arbeit W umgewandelt wird, ist gleich dem Quotienten $\eta = \dfrac{|W|}{Q_1} = \dfrac{Q_1 + Q_2}{Q_1} = 1 + \dfrac{Q_2}{Q_1} = 1 - \dfrac{|Q_2|}{Q_1}$. Die Umformung dieser Gleichung (man beachte die Aufgabe 4a) in 18.8.4) ergibt mithilfe des Temperatur-Volumen-Gesetzes aus Kapitel 18.7.3 schließlich: $\eta = 1 - \dfrac{T_2}{T_1}$.

Könnte man die zugeführte Wärmemenge Q_1 vollständig in mechanische Arbeit umwandeln, dann hätte man den Wirkungsgrad $\eta = 1$. Das würde aber bedeuten, dass keine Wärmemenge Q_2 abgegeben wird. Ein solcher Prozess ist nicht realisierbar.

Beispiel

Man berechne den thermischen Wirkungsgrad η eines carnotschen Kreisprozesses, der im Temperaturbereich von 179 °C bis 20 °C abläuft.

Lösung:

Den thermischen Wirkungsgrad erhält man einfach aus dem Gesetz $\eta = 1 - \dfrac{T_2}{T_1}$, da beide Prozesstemperaturen bekannt sind. Mit Messwerten gilt: $\eta = 1 - \dfrac{293\ \text{K}}{452\ \text{K}} = 1 - 0{,}64 = 0{,}36$.

Der Wirkungsgrad beträgt 36 %.

18.8   2. Hauptsatz der Thermodynamik

18.8.1 Reversible und irreversible Zustandsänderungen

Eine Zustandsänderung, die in einem System zeitlich umkehrbar ist, bezeichnet man als **reversibel**. Das heißt, das System erreicht wieder den Anfangszustand, ohne dass im System oder in der Umgebung Veränderungen zurückbleiben. Solche Prozesse beobachtet man bei mechanischen Schwingungen (Federpendel, Fadenpendel), die reibungsfrei ablaufen.

Ein Prozess heißt **irreversibel**, wenn er zeitlich nicht umkehrbar ist. Das bedeutet, dass der Anfangszustand nur mithilfe äußerer Einflüsse wieder erreicht werden kann.

▸ **Alle von selbst ablaufenden Prozesse sind irreversibel.**

18.8.2 Notwendigkeit des 2. Hauptsatzes

Der 1. Hauptsatz der Thermodynamik verlangt, dass in einem abgeschlossenen System die Gesamtenergie bei allen Zustandsänderungen konstant bleibt. Betrachtet man das folgende Beispiel, so treten Widersprüche auf, und der 1. Hauptsatz der Thermodynamik reicht zur Erklärung nicht mehr aus.

Beispiel

1. Ein Körper fällt aus der Höhe h im gewählten Bezugssystem. Potenzielle Energie wandelt sich in kinetische Energie um. Beim Aufprall auf dem Boden vergrößert sich die innere Energie von „Körper und Umgebung" durch Erwärmung. Betrachtet man diesen Prozess umgekehrt, so müsste sich die innere Energie von „Körper und Umgebung" durch Abkühlen verringern lassen und der Körper dadurch wieder in seine Ausgangslage, die Höhe h, zurückkehren. Ein solcher Prozess ist nach dem 1. Hauptsatz der Thermodynamik möglich, entspricht aber nicht unserer Erfahrung.

2. Aus einem gefüllten Ballon strömt beim Öffnen Gas nach außen. Es wurde noch nie beobachtet, dass das ausgeströmte Gas von selbst wieder in den Ballon zurückkehrt.

Beide irreversiblen Prozesse legen nahe, eine Aussage zu formulieren, die eindeutige Angaben über die Richtung thermodynamischer Prozesse macht.

18.8.3 Formulierung des 2. Hauptsatzes der Thermodynamik

Für den 2. Hauptsatz der Thermodynamik gibt es verschiedene Formulierungen; eine lautet:

▸ **Es ist unmöglich, eine periodisch arbeitende Maschine zu bauen, die nichts anderes bewirkt als die Erzeugung mechanischer Arbeit unter Abkühlung eines Wärmespeichers.**

Eine solche Maschine würde erlauben, aus der Wärme, die zum Beispiel in der Luft oder im Meerwasser in großen Mengen vorhanden ist, unbegrenzt mechanische Arbeit zu entnehmen. Man nennt sie **Perpetuum mobile 2. Art**.

Eine kurze Formulierung des 2. Hauptsatzes besagt:

▸ **Ein Perpetuum mobile 2. Art gibt es nicht.**

Nach dem 2. Hauptsatz der Thermodynamik ist es nicht möglich, dass Wärme von einem kälteren auf einen wärmeren Körper übergeht **ohne** äußere Einwirkung.

18.8.4 Anwendung des 2. Hauptsatzes der Thermodynamik

Der Energiebedarf in der heutigen Zeit steigt ständig. Die fossilen Brennstoffe gehen zur Neige, und so greift man auf regenerative Energiequellen (Sonne, Wasser, Wind) oder auf Uranerz zu.

Es gilt, die fossilen Brennstoffe so aufzubereiten, dass sie ohne große Verluste zum Verbraucher gelangen. Prozesse, bei denen chemische Energie durch Verbrennung in thermische Energie umgewandelt wird, etwa um Turbinen in Rotation zu versetzen und damit aus der mechanischen Energie im Generator elektrische Energie zu erzeugen, sind heute in Kohlekraftwerken und anderen weltweit technisch realisiert und ausgereift. Bei diesen Vorgängen wandelt man Primärenergie in Wärmeenergie um. Auf der Basis des 2. Hauptsatzes sind Angaben über den Wirkungsgrad solcher großtechnischen Energiewandler möglich.

In Kapitel 18.7.4 wurde der Wirkungsgrad als Quotient aus abgegebener mechanischer Arbeit W und zugeführter Wärmemenge Q_1 definiert und unter Einbeziehung der Temperaturen wie folgt formuliert: $\eta = 1 - \dfrac{T_2}{T_1}$. Demnach nimmt der Wirkungsgrad einen maximalen Wert an, wenn die Wärmekraftmaschine Wärmeenergie unter sehr hoher Temperatur T_1 aufnimmt und Wärmeenergie von möglichst niedriger Temperatur T_2 abgibt. Dann liegt der Wert des Quotienten $\dfrac{T_2}{T_1}$ nahe bei null und es gilt: $\eta \approx 1$. Diesem hohen Temperaturgefälle sind technische Grenzen gesetzt. Die Temperatur T_1 ist z. B. durch die Werkstoffe für Kessel, Turbinen usw. festgelegt; sie kann nicht unbegrenzt erhöht werden.

Wählt man die nicht besonders extremen Temperaturen $T_1 = 800$ K und $T_2 = 300$ K, so erhält man für den Wirkungsgrad nach Carnot: $\eta = 1 - \dfrac{300 \text{ K}}{800 \text{ K}} = 0{,}625$ bzw. $\eta = 62{,}5\ \%$.

Realistische Werte liegen bei 40 %. Auftretende Energieverluste im Kessel, über den Kühlturm und im Generator sind unvermeidlich.

Aufgaben

1. Vervollständigen Sie bei den Diagrammen in B 569 (Zustandsänderungen eines idealen Gases bei einer abgeschlossenen Gasmenge) die Bezeichnungen der Graphen und berechnen Sie die fehlenden Zustandsgrößen. Fehlende Werte dürfen nicht abgelesen werden!

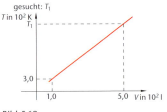 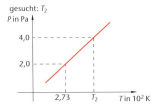 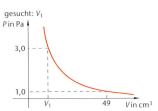

Bild 569

2. Eine Sauerstoffflasche ($R_{O_2} = 260\ \mathrm{J\,kg^{-1}K^{-1}}$) mit dem Volumen $V = 1{,}00 \cdot 10^2$ l steht bei der Temperatur $\vartheta = 30\ ^\circ C$ unter dem Druck $p = 110$ bar.
   a) Berechnen Sie die Dichte ρ des Sauerstoffs in der Flasche.
   b) Bestimmen Sie den Druckanstieg in %, wenn sich die Temperatur des Sauerstoffs infolge Sonneneinstrahlung auf 50 °C erhöht.

3. Gegeben sind die vier Zustände einer abgeschlossenen Gasmenge im V-p-Diagramm (B 570). Geben Sie die Fachbegriffe für die Zustandsänderungen 2–3 und 3–4 an und ermitteln Sie (nicht ablesen!) die fehlenden Zustandsgrößen, falls bekannt ist:

$T_1 = 3{,}0 \cdot 10^2$ K, $V_1 = 2{,}0 \cdot 10^1$ l, $p_2 = 3{,}0 \cdot 10^1$ bar, $V_2 = 5{,}0$ l, $p_3 = 6{,}0 \cdot 10^1$ bar; $V_4 = 3V_3$.

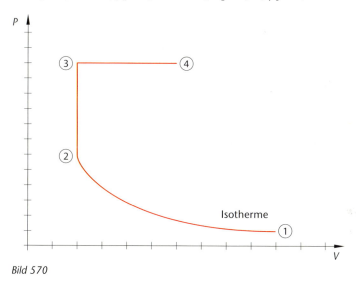

Bild 570

4. Ein Stirlingmotor mit dem Wirkungsgrad $\eta = 0{,}3$ verwendet Helium als Arbeitsgas. Es nimmt bei der Temperatur $T_1 = 750$ K und dem Druck $p_1 = 3{,}8 \cdot 10^5$ Pa das Volumen $V_1 = 4{,}5 \cdot 10^{-3}$ m^3 ein.
   a) Berechnen Sie die Temperatur T_2 des kälteren Wärmebehälters.
   b) Erklären Sie anhand der gegebenen Daten und unter Verwendung eines geeigneten V-p-Diagramms den stirlingschen Kreisprozess.

Bildquellenverzeichnis

akg-images GmbH, Berlin: S. 9 (akg-images/Orsi Battaglini), 10.1, 10.2 (akg-images/Nimatallah),
11.1 und 11.2 (IAM/akg), 13.2, 14 (IAM/akg), 15.1, 15.2 (Bildarchiv Pisarek/akg-images),
16.1, 16.2, 17.1 (IAM/akg), 17.2, 18, 19, 20.2, 21 (Bildarchiv Pisarek/akg-images), 22.1 (IAM/akg),
22.2, 23 (rechts: akg/Imagno), 24, 25, 166: B139, 167: B140 (Erich Lessing), B141 (IAM/akg),
174: B148 (akg/Johann Brandstetter), 190: B168, B170 (IAM/akg)

dpa picture-alliance GmbH, Frankfurt: S. 12 (MP/Leemage), 13.1 (Imagno), 20.1 (Votava), 23 (links: epa),
60: B34 (DB), 191: B167, B169 (beide: akg-images)

Universität Ulm, Vorlesungssammlung Physik, Ulm: S. 86: B65

Wikipedia Commons: S. 390: B415.1 (a: Herbertweidner, b: NASA), S. 391: B415.2 (Phrood), B415.3 (NASA)

Zeichnungen
Tiff.any GmbH, Berlin/Bildungsverlag EINS, Köln

Literaturverzeichnis

Halliday, David/Resnick, Robert/Walker, Jearl: Physik, übers. v. Anna Schleitzer/Thomas Filk/ Ilka Flegel,
Jochen Greß/ Michael Bär, Weinheim: Wiley-VCH GmbH & Co. KGaA, 2001

Meschede, Dieter: Gerthsen Physik, 22. Auflage, Berlin Heidelberg: Springer-Verlag, 2004

Greulich, Walter [Hrsg.]: Lexikon der Physik in sechs Bänden, Heidelberg Berlin: Spektrum Akademischer
Verlag, 1998–2000

Tipler, Paul A.: Physik, 3. korrigierter Nachdruck 2000 der 1. Auflage 1994, Heidelberg Berlin Oxford:
Spektrum Akademischer Verlag, 2000

Gobrecht, Heinrich: Bergmann Schaefer Lehrbuch der Experimentalphysik, Band I (9. Auflage, 1975), Band II
(6. Auflage, 1971), Berlin New York: Walter de Gruyter

Kirchhoff, Hans-W. [Hrsg.]: HrsMaterialien-Handbuch Physik, Band 6, Köln: Aulis Verlag Deubner & Co KG,
1994

Landau, L. D./Lifschitz, E. M.: Lehrbuch der theoretischen Physik, Band I (10. Auflage, 1981, übers. v.
Hardwin Jungclaussen), Band II (5. Auflage, 1971, übers. v. Georg Dautcourt), Berlin: Akademie-Verlag

Meÿenn, Karl von [Hrsg.]: Die großen Physiker, Band I und II, München: Verlag C. H. Beck, 1997

Sachwortverzeichnis